计算机科学丛书

原书第4版

数据挖掘

概念与技术

[美] 韩家炜（Jiawei Han）
[加] 裴健（Jian Pei） 著
[中] 童行行
丁小欧 柴成亮 刘雪莉 王宏志 译

Data Mining

Concepts and Techniques Fourth Edition

机械工业出版社
CHINA MACHINE PRESS

Data Mining: Concepts and Techniques, Fourth Edition
Jiawei Han, Jian Pei, Hanghang Tong
ISBN: 9780128117606

Authorized Chinese translation published by China Machine Press.
《数据挖掘：概念与技术》(原书第 4 版)(丁小欧　柴成亮　刘雪莉　王宏志　译)
ISBN: 978-7-111-77593-5

注意

本书涉及领域的知识和实践标准在不断变化。新的研究和经验拓展我们的理解，因此须对研究方法、专业实践或医疗方法作出调整。从业者和研究人员必须始终依靠自身经验和知识来评估和使用本书中提到的所有信息、方法、化合物或本书中描述的实验。在使用这些信息或方法时，他们应注意自身和他人的安全，包括注意他们负有专业责任的当事人的安全。在法律允许的最大范围内，爱思唯尔、译文的原文作者、原文编辑及原文内容提供者均不对因产品责任、疏忽或其他人身或财产伤害及 / 或损失承担责任，亦不对由于使用或操作文中提到的方法、产品、说明或思想而导致的人身或财产伤害及 / 或损失承担责任。

北京市版权局著作权合同登记　图字：01-2023-2670 号。

图书在版编目（CIP）数据

数据挖掘 : 概念与技术 : 原书第 4 版 / (美) 韩家炜 , (加) 裴健 , 童行行著 ; 丁小欧等译 . -- 北京 : 机械工业出版社 , 2025. 2. -- (计算机科学丛书).
ISBN 978-7-111-77593-5
Ⅰ. TP311.131
中国国家版本馆 CIP 数据核字第 2025B8D547 号

机械工业出版社（北京市百万庄大街 22 号　邮政编码 100037）
策划编辑：朱　劼　　　　责任编辑：朱　劼
责任校对：颜梦璐　王文凭　王小童　景　飞　　责任印制：刘　媛
三河市宏达印刷有限公司印刷
2025 年 7 月第 1 版第 1 次印刷
185mm × 260mm・35.75 印张・935 千字
标准书号：ISBN 978-7-111-77593-5
定价：129.00 元

电话服务
客服电话：010-88361066
010-88379833
010-68326294

网络服务
机　工　官　网：www.cmpbook.com
机　工　官　博：weibo.com/cmp1952
金　　书　　网：www.golden-book.com
机工教育服务网：www.cmpedu.com

译者序

随着信息化的完成与深化，各种各样的信息系统里积累了大量的数据，这些数据精准地描述了我们的世界，刻画了物理世界的行为，对这些数据进行深入的挖掘以产生新知识（即数据挖掘）是数据增值的主要途径，是从数据到智能的必由之路，是大数据和人工智能时代的最重要的主题之一。

由于数据挖掘扮演着重要角色，有大量研究人员投入到了这一领域中，提出了很多理论和技术，当前数据挖掘已经成为计算机科学中的一个重要领域。数据挖掘有很多研究主题，包括基础理论、基本模型、高效算法、高可扩展系统、面向应用的数据科学等，从不同角度形成了“数据科学”“大数据”“数据挖掘基础”等不同分支。由于其研究领域的多样性和发展的快速，对于这个领域的学习殊为不易，既要梳理出完整的知识体系，又要兼顾深度和广度、理论和应用、模型和算法，同时还要不断更新知识。

本书的第一作者韩家炜先生是数据挖掘领域的泰斗，是该领域的奠基人之一，第二和第三作者裴健教授与童行行教授是数据挖掘领域的知名专家。韩家炜先生现在在 UIUC 工作，同时也是 ACM 会士，他在 Guide2Research 世界顶尖计算机科学家排名中名列第 4，是华人科学家之首。韩家炜先生桃李满天下，培养出一大批杰出的数据挖掘专家，大力推动了数据挖掘领域的发展。

作为数据挖掘领域知名的经典教材，本书已经出版了二十多年，经历过 3 次重要修订，此译本是经过 10 年酝酿形成的第 4 版（第 3 版于 2012 年出版），有以下几个重要的特点：

- **建立了完整的知识体系**：尽管数据挖掘是一个发展迅速的新兴领域，但经过几位作者多年科研和教学的实践，本书已经形成了数据挖掘的完整知识体系，包括数据挖掘基础、数据准备、数据管理、一系列不同类别的数据挖掘的模型与算法，该知识体系已经成为学术界和教育界认同的数据挖掘课程教育标准。
- **兼顾了基础与前沿**：数据挖掘作为数据库和机器学习的交叉学科，经过多年的发展，已经成为相对独立的领域，但学习这门课程需要的知识既要具有数据库和机器学习的基础，又要体现其特色。本书一方面给读者建立起完整的数据挖掘知识体系，构建数据挖掘特有的能力体系，另一方面考虑到领域的最新成果，充分展现出该领域的增长点。这使得本书既能为本科生构建基本知识体系，又能为研究生指明研究方向。
- **教学资源丰富**：作为一本经过二十余年充分建设的教材，本书有丰富的教学资源，包括习题、幻灯片以及视频等，非常适合教学选用。

本书的翻译分工如下。王宏志组织了全书的翻译。丁小欧负责第 1 ～ 6 章、前言等；其中，梁峥和李庚龙同学参与了前言和第 1 章的翻译，王煜彤和刘畅同学参与了第 2 章的翻译，唐亚锋、宋紫轩、彭聪、周牧云同学参与了第 3 ～ 5 章的翻译，陈思莹、宋亦宸同学参与了第 6 章的翻译，梁晨同学参与了上述章节的校对，以及全书术语的审校。柴成亮带领由张驰、孙兆泽、姜宇晴、金凯森、曹梓崎等同学组成的团队，共同完成了第 7 ～ 10 章以及附录 A 的翻译工作。此外，张弛同学还负责校对上述章节。刘雪莉负责第 11、12 章，麦珍珍、董博文同学参与了这两章的翻译工作。

限于译者水平，译文中存在许多不足，敬请读者批评指正。如有任何建议，请发送邮件至 dingxiaoou@hit.edu.cn。

推 荐 序

数据分析比以往任何时候都更加重要和普及。即使是小型机构，收集和存储大型数据集也变得容易了，磁盘和“云”的预算是完全支付得起的。因此，没有理由不进行数据分析来发现模式、趋势和异常。

本书涵盖了与数据挖掘相关的所有经典内容，同时增加了有关该领域最新进展。本书用一整章介绍了深度学习，其余章节包括文本挖掘（包括我最喜欢的算法之一，ToPMine）、挖掘频繁子图（涵盖 gSpan 和 CloseGraph 算法）等主题，以及对可解释性（LIME）、遗传算法、强化学习、错误信息识别、生产力与团队科学、因果关系、公平性和其积极的社会影响等内容的汇总。

本书附录包含了数据挖掘的基本公式，例如梯度下降、牛顿法，以及用于优化的相关资料；矩阵代数的 SVD、特征值和伪逆；信息论中的熵和 KL 散度；以及用于信号处理的 DFT 和 FFT。

本书有一个令人印象深刻、精心挑选的文献列表，包含 800 多篇引用文献，其中 250 多篇引文是 2015 年之后的论文。简而言之，本书是一本优秀的教科书，也是一本关于数据挖掘的“百科全书”。

Christos Faloutsos
卡内基梅隆大学
匹兹堡，2022 年 6 月

第 2 版序

我们被各种数据所淹没——科学数据、医疗数据、人口统计数据、金融数据和市场数据。人们无暇审视所有这些数据，人类的注意力已成为一种珍贵资源。因此，我们必须开发新的方法来自动化地分析数据、分类数据、总结数据、识别数据趋势，并自动标记异常情况。这是数据库研究领域中最活跃和最令人兴奋的部分之一。包括统计学、可视化、人工智能和机器学习在内的多个学科的研究人员都对此领域做出了贡献。该领域的广度使得我们难以把握过去几十年里的非凡进步。

六年前，Jiawei Han 和 Micheline Kamber 的开创性教科书整理并介绍了数据挖掘，开启了该领域的创新黄金时代。本次修订反映了该书的进展，其中超过一半的参考文献和历史注释是近期的成果。该领域已日趋成熟，涵盖了流、序列、图、时间序列、地理空间、音频、图像和视频等多种数据类型。尽管人们对数据挖掘的研究和商业兴趣仍在增长，但我们还远未见顶。

本书首先简要介绍了数据库和数据挖掘的基本概念，并特别强调了数据分析的重要性。随后，它通过逐章深入讨论分类、预测、关联和聚类等核心技术，展示了构成这些概念和技术的各种方法。这些主题结合实例、算法的最佳选择和各种技术的实用规则进行了展示，其苏格拉底式的教学风格既易于理解又信息丰富。阅读第 1 版我受益匪浅，在阅读第 2 版的过程中，我重新完善了自己的知识体系，并了解了技术领域的最新进展。

Jiawei Han 和 Micheline Kamber 一直是数据挖掘研究的领军人物。本书是他们用于帮助学生迅速掌握该领域知识的工具。虽然该领域发展迅速，但本书提供了一种快速学习基础概念并理解当前领域动态的方法。我发现本书非常具有启发性，相信你也会有同感。

Jim Gray

我们所处社会的数字化极大地增强了我们从不同来源生成和收集数据的能力。海量的数据几乎淹没了我们生活的各个方面。存储或瞬态数据的爆炸式增长导致对新技术和自动化工具的迫切需求，这些技术和工具将智能地帮助我们把大量数据转化为有用的信息和知识。这引出了计算机科学中充满希望和蓬勃发展的前沿领域，它被称为数据挖掘及其各种应用。数据挖掘也常常被称为从数据中发现知识，能够自动或方便地提取存储在大型数据库、数据仓库、Web、其他海量信息存储库或数据流中的知识的模式。

本书探讨了知识发现和数据挖掘的概念和技术。作为一个跨学科领域，数据挖掘借鉴了统计学、机器学习、模式识别、数据库技术、信息检索、自然语言处理、网络科学、基于知识的系统、人工智能、高性能计算和数据可视化等学科的知识与技术。我们关注并发现隐藏在大数据集中的模式相关的技术问题，包括可行性、有用性、有效性和可扩展性等。因此，本书的目的并不是作为统计学、机器学习、数据库系统或其他此类领域的介绍，尽管我们确实提供了一些背景知识，以帮助读者理解这些知识在数据挖掘中的角色。相反，本书是对数据挖掘的全面介绍，并且适用于计算机科学专业的学生、应用程序开发人员、商业专业人士和涉及上述任何学科的研究人员。

数据挖掘出现于20世纪80年代末，在20世纪90年代取得了长足进步，并持续蓬勃发展。本书展示了该领域的整体概况，介绍了有趣的数据挖掘概念和技术，并讨论了应用和研究方向。写作本书的一个重要动机是建立一个有组织的数据挖掘研究框架，这是一项具有挑战性的任务，因为它包含很多快速发展的学科领域。我们希望本书能够鼓励不同背景的人交流有关数据挖掘的经验，从而为进一步推广并塑造这个令人兴奋和充满活力的领域做出贡献。

本书的组织

自本书前三版出版以来，数据挖掘领域取得了巨大进展。许多新的数据挖掘方法、系统和应用程序被提出，特别是用于处理新类型的数据，包括信息网络、图、复杂结构、数据流，以及文本、Web、多媒体、时间序列和时空数据。不断快速发展和丰富的新技术内容使得本书难以覆盖全领域。我们决定不再继续扩大本书的覆盖范围，而是涵盖核心内容，使其具有足够的广度和深度，将复杂数据类型及其处理应用留给专门讨论这些特定主题的书籍。

第4版对前三版进行了大幅修订，并对技术内容进行了大量改进和重组。本书处理一般数据类型的不同挖掘方法的核心技术内容，得到了扩展和显著增强。为了使本书内容保持简洁、与时俱进，我们做了以下主要修订：（1）第3版中的两章，“了解数据”和“数据预处理”合并为一章“数据、度量与数据预处理”，删除了“数据可视化”，因为这些方法已有多本专门介绍数据可视化的书籍涉及，并且软件工具在网络上随处可见；（2）第3版中的两章，“数据仓库与在线分析处理”和“数据立方体技术”合并为一章，省略了一些应用较少的数据立方体计算方法和数据立方体扩展，但引入了更新的概念“数据湖”；（3）第3版中关于模式发现、分类、聚类和离群点分析的数据挖掘方法被保留，并大幅增强和更新了其内容；（4）新增一章“深度学习”，系统阐述神经网络和深度学习方法；（5）最后一章“数据挖掘趋势和研究前沿”完全重写了许多新的高级主题，全面、简洁地介绍了数据挖掘；（6）附录A简要介绍了理解本书内容所需的基本数学知识。

新版各章简要介绍如下，这里着重介绍新的内容。

第 1 章介绍了数据挖掘的多学科领域。讨论了信息技术的演变历史，引出了数据挖掘的需求，以及数据挖掘的重要性及其应用。概述了要挖掘的各种数据，并根据待挖掘的知识类型、技术类型以及目标应用类型对数据挖掘任务进行了分类，阐述了数据挖掘包括的很多学科。最后，讨论了数据挖掘如何影响社会。

第 2 章介绍了数据、度量与数据预处理。首先讨论了数据对象和属性类型，然后介绍了基本统计数据描述的典型度量，介绍了度量各种数据相似性和相异性的方法。接下来，本章引入了数据预处理技术，并特别介绍了数据质量的概念以及数据清洗和集成的方法。同时还讨论了各种数据转换和维归约方法。

第 3 章全面介绍了数据仓库和在线分析处理（OLAP）。本章从公认的数据仓库定义开始，介绍了架构和数据湖的概念。然后研究作为多维数据模型的数据仓库的逻辑设计，并详述 OLAP 操作以及如何索引 OLAP 数据以进行高效分析。本章深入探讨了构建数据立方体以实现数据仓库的技术。

第 4 章和第 5 章介绍了在大数据集中挖掘频繁模式、关联和相关性的方法。第 4 章介绍了基本概念，例如购物篮分析，以有组织的方式呈现频繁项集挖掘的技术。从基本的 Apriori 算法及其变体到提高效率的更高级方法，包括频繁模式增长方法、垂直数据格式的频繁模式挖掘以及挖掘闭频繁项集和最大频繁项集。本章还讨论了模式评估方法并介绍了用于挖掘相关模式的度量。第 5 章介绍高级模式挖掘方法。它讨论了多层和多维空间中的模式挖掘方法、挖掘定量关联规则、挖掘高维数据、挖掘稀有和负模式、挖掘压缩或近似模式、基于约束的模式挖掘，然后讨论了挖掘序列模式和子图模式的高级方法。还介绍了模式挖掘的应用，包括文本数据中的短语挖掘以及软件程序中的复制和粘贴错误挖掘。

第 6 章和第 7 章描述了数据分类的方法。由于分类方法的重要性和多样性，内容分为两章。第 6 章介绍了分类的基本概念和方法，包括决策树归纳、贝叶斯分类、k- 最近邻分类器和线性分类器，还讨论了模型评估和选择方法以及提高分类准确率的方法，包括集成方法以及如何处理数据不平衡问题。第 7 章讨论了高级的分类方法，包括特征选择、贝叶斯信念网络、支持向量机、基于规则和基于模式的分类。额外的内容包括弱监督分类、对丰富数据类型分类、多类分类、距离度量学习、分类的可解释性、遗传算法和强化学习。

聚类分析是第 8 章和第 9 章的主题。第 8 章介绍了数据聚类的基本概念和方法，包括基本聚类分析方法概述、划分方法、层次方法、基于密度和基于网格的方法，还介绍了聚类评估方法。第 9 章讨论了高级聚类方法，包括基于概率模型的聚类、聚类高维数据、图聚类和网络数据聚类，以及半监督聚类。

第 10 章介绍了深度学习，它是一系列基于人工神经网络的强大技术。在计算机视觉、自然语言处理、机器翻译、社交网络分析等领域有着广泛的应用。我们从反向传播算法这一基本概念和基础技术开始。然后，介绍各种技术来改进训练深度学习模型，包括响应性激活函数、自适应学习率、dropout、预训练、交叉熵和自编码器。还介绍了几种常用的深度学习架构，包括前馈神经网络、卷积神经网络、循环神经网络和图神经网络。

第 11 章专门讨论离群点检测。介绍了离群点和离群点分析的基本概念，从监督程度（即监督、半监督和无监督）的角度以及从方法（即统计方法、基于邻近性的方法、基于重构的方法、基于聚类的方法和基于分类的方法）的角度分析和讨论了各种离群点检测方法。还讨论了挖掘情境和集体离群点的方法，以及高维数据中的离群点检测。

最后，在第 12 章中，我们讨论了数据挖掘的未来趋势和研究前沿。我们从挖掘复杂数据类型的简要介绍开始，包括文本数据、图和网络以及时空数据。之后，介绍一些数据挖掘应用，包括情感和观点分析、真值发现和错误信息识别、信息和疾病传播、生产力与团队科学。然后本章继续介绍其他数据挖掘方法，包括对非结构化数据进行结构化处理、数据增强、因果关系分析、将网络作为情境和自动化机器学习。最后，讨论了数据挖掘的社会影响，包括保护隐私的数据挖掘、人类与算法的交互、公平性、可解释性和鲁棒性以及造福社会的数据挖掘。

在书中，楷体字用于强调已定义的术语，粗体字用于强调突出或总结主要思想，粗斜体字表示多维量。

本书有几个区别于其他数据挖掘教科书的特点。对数据挖掘原理进行了广泛而深入的介绍。各章节的编写尽可能独立，以便读者可以按照感兴趣的顺序阅读。有些章节提供了更大范围的视角，感兴趣的读者可以考虑选择性阅读。本书介绍了数据挖掘中有关多维 OLAP 分析的重要主题，这些主题在其他数据挖掘书籍中经常被忽视或很少讨论。本书还配有包含大量在线资源的网站，可帮助教师、学生和其他该领域的专业人士。这些将在下面进一步描述。

致教师

本书旨在对数据挖掘领域进行广泛而详细的概述。首先，本书可以用于本科高年级或一年级研究生的数据挖掘入门课程。此外，本书还提供了关于数据挖掘的必备材料供高年级研究生课程使用。

根据教学时间的长短、学生的背景和你的兴趣，你可以选择任意章节以各种顺序进行教学。例如，入门课程可能涵盖以下章节。

- 第 1 章：绪论
- 第 2 章：数据、度量与数据预处理
- 第 3 章：数据仓库和在线分析处理
- 第 4 章：模式挖掘：基本概念和方法
- 第 6 章：分类：基本概念和方法
- 第 8 章：聚类分析：基本概念和方法

如果时间允许，一些关于深度学习（第 10 章）或离群点检测（第 11 章）的内容可供选择。每章都应涵盖基本概念，而涉及高级主题的一些内容可以选择性地教授。

作为另一个例子，为了让教学更好地涵盖监督机器学习，可以在数据挖掘课程中深入讨论聚类。这样的课程可以基于以下章节。

- 第 1 章：绪论
- 第 2 章：数据、度量与数据预处理
- 第 3 章：数据仓库和在线分析处理
- 第 4 章：模式挖掘：基本概念和方法
- 第 8 章：聚类分析：基本概念和方法
- 第 9 章：聚类分析：高级方法
- 第 11 章：离群点检测

教授高级数据挖掘课程的教师可能会发现第 12 章的内容特别丰富，因为它讨论了数据挖掘中快速发展的广泛新主题。

或者，你可以选择以两门课程的顺序教授整本书，涵盖书中的所有章节，如果时间允许，还可以教授一些高级主题，例如图和网络数据挖掘。此类高级主题的资料可以从本书网站提供的配套章节中选择，并附有一组精选的研究论文。

本书中的各个章节也可用于相关课程中的教程或特殊主题，例如机器学习、模式识别、数据仓库和智能数据分析。

每章结尾都有一组练习，适合作为作业。练习包括测试对所学知识的基本掌握程度的简短问题，以及需要分析思考的较长问题，或者代码实践项目。有些练习也可以用作研究讨论主题。每章末尾的文献注释可用于查找包含所提出的概念和方法的起源、对相关主题的深入处理以及可能的扩展的研究文献。

致学生

我们希望本书能够激发你对数据挖掘这一新兴但快速发展的领域的兴趣。我们试图以清晰的方式呈现材料，并仔细解释所覆盖的主题。每章结尾都有一个描述要点的总结。本书包含了许多图表，使本书更加有趣且更适合读者阅读。虽然本书被设计为教科书，但我们也尽力对其进行组织，以便使它也可以作为参考书或参考手册，以供你日后研究或从业时使用。

阅读这本书你需要了解什么？

- 你应该了解一些与统计、数据库系统和机器学习相关的概念和术语。然而，我们确实尝试提供足够的背景基础知识，所以如果你对这些领域不太熟悉或者有所遗忘，你也不会觉得书中的讨论难以理解。
- 你应该有一些编程经验。特别是，你应该能够阅读伪代码并理解简单的数据结构，例如多维数组和结构。

致专业人士

本书旨在涵盖数据挖掘领域的广泛主题。它是一个关于该主题的优秀手册。因为每一章都被设计为尽可能独立，你可以专注于你最感兴趣的主题。本书可供希望了解数据挖掘关键思想的程序员、数据科学家和信息服务经理使用。本书对于银行、保险、医药和零售等行业的技术数据分析人员也很有用，他们对将数据挖掘解决方案应用于其业务感兴趣。此外，本书可以作为数据挖掘领域的全面综述，也能够对那些想要推进数据挖掘技术并扩展数据挖掘应用领域的研究人员有所帮助。

本书所提出的技术和算法具有实用性。书中描述的算法不是选择在小型数据集上表现良好的算法，而是用于发现隐藏在大型真实数据集中的模式和知识。书中介绍的算法将以伪代码说明。伪代码类似于 C 语言编程，但其设计使不熟悉 C 或 C++ 的程序员也能轻松理解。如果你想实现任何算法，你会发现将我们的伪代码翻译成编程语言是一项相当简单的任务。

提供资源的网站[⊖]

本书有一个配套网站：https://educate.elsevier.com/book/details/9780128117606。该网站包含许多补充材料，供本书读者或任何对数据挖掘感兴趣的人使用。资源包括以下内容：

- 每章的幻灯片演示：提供每一章的幻灯片讲义。
- 教师手册：本书练习的完整答案，请有需要的教师访问网站获取。

⊖ 关于本书教辅资源，只有使用本书作为教材的教师才可以申请，需要的教师请访问爱思唯尔的教材网站 https://textbooks.elsevier.com/ 进行申请。——编辑注

- 书中的数据：这可能会帮助你为课堂教学制作幻灯片。
- PDF 格式的本书目录。
- 本书不同印刷版本的勘误：我们鼓励你指出书中的任何错误。一旦错误被确认，我们将更新勘误表并肯定你的贡献。

有兴趣的读者也可以查看作者的课程教学网站。所有作者均为大学教授。请查看他们对应的数据挖掘课程网站，其中可能包含本科生入门课程或研究生数据挖掘高级课程材料，包括更新的课程 / 章节幻灯片、教学大纲、作业、编程作业、研究项目、勘误表和其他相关信息。

致　谢

我们衷心感谢前几版的合著者 Micheline Kamber。Micheline 对这些版本做出了重大贡献。由于她有其他职责，无法参与本版的写作。我们非常感谢她多年来的合作和贡献。

我们还要向 UIUC 的数据与信息系统（DAIS）实验室、数据挖掘小组、IDEA 实验室和 iSAIL 实验室以及 SFU 的数据挖掘小组的教职员工和学生包括前任和现任成员，以及许多朋友和同事表示感谢，他们的持续支持和鼓励使我们在这一版的工作中受益匪浅。感谢我们在 UIUC 和 SFU 教授的许多数据挖掘课程中的学生和助教，以及暑期学校和其他学校的学生，他们仔细地检查了本书的草稿和早期版本，发现了许多错误，并提出了各种改进建议。

我们还要感谢 Elsevier 的 Steve Merken 和 Beth LoGiudice，感谢他们在我们编写本书期间给予的支持。我们感谢项目经理 Gayathri S 和她的团队成员，让我们按计划进行本书的写作。我们也感谢来自所有审稿人的宝贵反馈。

我们要感谢美国国家科学基金会（NSF）、美国国防高级研究计划局（DARPA）、美国陆军研究实验室（ARL）、美国国立卫生研究院（NIH）、美国国防威胁降低局（DTRA）和自然科学与工程加拿大研究委员会（NSERC）以及微软研究院、谷歌研究院、IBM 研究院、Amazon、Adobe、LinkedIn、Yahoo!、HP 实验室、PayPal、Facebook、Visa Research 等行业研究实验室以研究补助金、合同和赠礼的形式支持我们的研究。此类研究支持加深了我们对本书讨论主题的理解。

最后，我们要感谢家人在我们编写本书的过程中给予的全力支持。

韩家炜（Jiawei Han）是伊利诺伊大学厄巴纳－香槟分校计算机科学系 Michael Aiken 讲席教授。他因在知识发现和数据挖掘研究方面的贡献获得了无数奖项，包括 ACM SIGKDD 创新奖（2004 年）、IEEE 计算机学会技术成就奖（2005 年）和 IEEE W. Wallace McDowell 奖（2009 年）。他是 ACM 会士和 IEEE 会士，曾担任 *ACM Transactions on Knowledge Discovery from Data*（2006—2011）创始主编，并担任多种期刊的编委会成员，包括 *IEEE Transactions on Knowledge and Data Engineering* 和 *Data Mining and Knowledge Discovery*。

裴健（Jian Pei）现任杜克大学计算机科学、生物统计与生物信息学、电气学与计算机工程教授。2002 年，他在 Jiawei Han 博士的指导下，于西蒙弗雷泽大学获得了计算机科学博士学位。他在很多顶级学术论坛发表了大量关于数据挖掘、数据库、网络搜索和信息检索的文章，并积极为学术界服务。他是加拿大皇家学会会员、加拿大工程院院士、ACM 和 IEEE 的会士。荣获 2017 年 ACM SIGKDD 创新奖以及 2015 年 ACM SIGKDD 服务奖。

童行行现为伊利诺伊大学厄巴纳－香槟分校计算机科学系副教授。他于 2009 年在卡内基梅隆大学获得博士学位。他发表了 200 多篇文章。他的研究获得了多个权威机构的奖项和数千次引用。他是 *SIGKDD Explorations*（ACM）的主编和多家期刊的副主编。

绪 论

本书是关于一个新兴且快速发展的领域——数据挖掘的导论。数据挖掘又称从数据中发现知识（Knowledge Discovery from Data，KDD）。本书重点关注在各种应用场景下从数据中发现有趣模式的基本数据挖掘概念和技术，并特别强调用于开发有效、高效和可扩展的数据挖掘工具的突出技术。

本章结构如下。在 1.1 节中，我们了解什么是数据挖掘，以及为何数据挖掘需求如此旺盛。1.2 节将数据挖掘与整体的知识发现过程联系起来。接下来，我们从多个方面来了解数据挖掘，比如可以挖掘的数据类型（1.3 节）、要挖掘的知识种类（1.4 节）、数据挖掘与其他学科的关系（1.5 节）、数据挖掘的应用（1.6 节）。最后，我们讨论数据挖掘对社会的影响（1.7 节）。

1.1 什么是数据挖掘

需求是发明之母。

——柏拉图

我们生活在一个不断且迅速产生海量数据的世界。

一种流行的说法是“我们生活在信息时代”，但是，实际上我们生活在数据时代。每天都有数太字节（TeraByte，TB）或数拍字节（PetaByte，PB）的数据被注入我们的计算机网络、万维网和各种设备，这些数据来自商业、新闻机构、社会、科学、工程、医学以及日常生活的方方面面。可用数据的爆炸式增长是社会计算机化及功能强大的计算、传感、数据收集、存储和发布工具快速发展的结果。

全球范围内的企业生成庞大的数据集，包括销售交易、股票交易记录、产品描述、促销活动、公司概况和业绩，以及客户反馈。科学和工程实践以持续的方式生成高达拍字节的数据，涵盖遥感、过程测量、科学实验、系统性能、工程观察和环境监测等领域。医疗保健业通过基因测序仪、生物医学实验和研究报告、医疗记录、患者监测及医学成像生成了大量数据。由搜索引擎支持的数十亿次 Web 搜索每天处理数十拍字节的数据。社交媒体工具变得越来越流行，产生了大量的文本、图片和视频，形成了各种各样的网络社区和社交网络。产生海量数据的数据源是举不胜举的。

这种爆炸式增长的、广泛可用的、体量庞大的数据使我们的时代成为真正的数据时代。我们迫切需要强大而通用的工具来自动从海量数据中发现有价值的信息，并将这些数据转化为有条理的知识。这种需求催生了数据挖掘的诞生。

从本质上讲，**数据挖掘**是在大数据集中发现有趣的模式、模型和其他知识的过程。“数据挖掘”这个词，于 20 世纪 90 年代首次出现，形象地描绘了在数据中搜寻黄金的过程。但是对于从岩石或沙子中挖掘黄金，我们通常说的是黄金挖掘而不是石沙挖掘。类比地，“数据挖掘”应该被更恰当地命名为“从数据中挖掘知识”，只可惜这个说法有点太长。但是更短的词语“知识挖掘”并不能强调知识是从大量数据中挖掘才能得到的。尽管如此，挖掘是一个生动的词语，它抓住了从大量原始材料中发现小部分珍贵金块的特点。因此，这个既包含“数据”又包含“挖掘”的具有误导性的名称变成了一种流行的选择。此外，许多其他术语与“数据挖掘”具有类似的含义，例如“从数据中挖掘知识”、KDD（即“从数据中发现知识”）、“模式发现”“知识提取”“数据考古学”“数据分析”和“信息收集”。

数据挖掘是一个充满活力和前景的新兴领域。在我们从数据时代迈向即将到来的信息时代的旅程中，它已经取得了巨大的进展，并将继续取得更大的成就。

例 1.1 数据挖掘将大量的数据集合转化为知识。谷歌搜索引擎每天接收数十亿的查询。随着时间的推移，搜索引擎可以从用户处收集到的如此庞大的查询集合中学到什么新颖而有用的知识呢？有趣的是，在用户搜索查询中发现的一些模式可以揭示出宝贵的知识，这些知识是无法通过单独读取单个数据项获得的。例如，谷歌的*流感趋势*使用特定的搜索词作为流感活动的指标。研究发现，搜索流感相关信息的人数与实际出现流感症状的人数之间存在密切关系。当所有与流感相关的搜索查询被聚合在一起时，一个模式就出现了。利用汇总的谷歌搜索数据，流感趋势可以比传统系统早两周地估计流感活动[㊀]。这个例子展示了数据挖掘如何将大量的数据集合转化为知识，从而帮助人们应对当前的全球挑战。 □

1.2 数据挖掘：知识发现中不可或缺的一步

许多人将数据挖掘视为另一个广泛使用的术语——“**从数据中发现知识**”（Knowledge Discovery from Data，KDD）的同义词，而另一些人则认为数据挖掘仅仅是知识发现整个过程中的一个重要步骤。整个知识发现过程如图 1.1 所示，由以下步骤的迭代序列组成。

1. **数据准备**

   a. **数据清洗**（去除噪声和不一致的数据）

   b. **数据集成**（可能需要整合多个数据源）[㊁]

   c. **数据转换**（通过执行汇总或聚合操作，将数据转换并合并为适合挖掘的形式）[㊂]

   d. **数据选择**（从数据库中检索与分析任务相关的数据）

2. **数据挖掘**（应用智能方法提取模式或构建模型的基本过程）

3. **模式 / 模型评估**（识别基于*兴趣度度量*表示知识的真正有趣的模式或模型，参见 1.4.7 节）

4. **知识表示**（使用可视化和知识表示技术将挖掘的知识呈现给用户）

步骤 1 中的 a ～ d 是数据预处理的不同形式，为挖掘准备数据。数据挖掘步骤可能与用户或知识库进行交互。有趣的模式被呈现给用户，并可能作为新的知识存储在知识库中。

尽管数据挖掘出于能够发现用于评估的潜在模式或模型而对于知识发现是必不可少的，上述观点也仅把数据挖掘表示为知识发现的一个步骤。然而在工业、媒体和研究界，“数据挖掘”一词经常被用来指整个知识发现过程（也许是因为这个词比“从数据中发现知识”要短）。因此，我们对数据挖掘的功能采用了一个宽泛的观点：*数据挖掘是从大量数据中挖掘有趣模式和知识的过程*。数据源可以包括数据库、数据仓库、网络、其他信息库或动态地流进系统的数据。

㊀ 参见文献 [GMP+09]，流感趋势报告于 2015 年停止。

㊁ 信息行业的一个流行趋势是，将数据清洗和数据集成作为预处理步骤，并将得到的数据存储在数据仓库。

㊂ 数据转换和整合通常在数据选择过程前执行，特别是在数据仓库的情况下。也可以执行数据归约以在不牺牲完整性的情况下得到原始数据的较小表示。

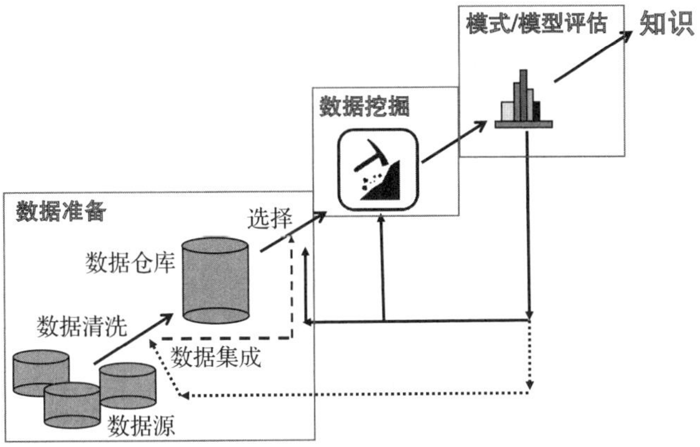

图 1.1 数据挖掘：知识发现过程中的必要一步

1.3 数据挖掘的数据类型多样性

数据挖掘作为一种通用技术，可以应用于任何类型的数据，只要数据对目标应用是有意义的。然而，不同类型的数据可能需要截然不同的数据挖掘方法，从简单到相当复杂，使得数据挖掘成为一个丰富多样的领域。

结构化数据和非结构化数据

根据数据是否具有清晰的结构，我们可以将数据分为*结构化*和*非结构化数据*。

存储在*关系数据库*、*数据立方体*、*数据矩阵*和许多*数据仓库*中的数据具有统一的、类似记录或表的结构，由其数据字典定义，具有一组固定的属性（或字段、列），每个字段都有一组固定的值范围和语义。这些数据集都是高度结构化数据的典型示例。在许多实际应用中，这种严格的结构要求可以通过多种方式进行放宽，以适应数据的*半结构化*性质，比如允许包含一个集合值、一小组异类类型值或嵌套结构的数据对象，或者允许可以灵活动态地定义对象或子对象的结构（例如，XML 结构）。

许多数据集可能并不像关系表或数据矩阵那样是结构化的，然而，它们确实有某种具有明确语义的结构。例如，*事务数据集*可能包含一大组事务，每个事务都包含一组项目。*序列数据集*可能包含一大组序列，每个序列都包含一个有序的元素集，这些元素本身又可以包含一组项目。许多应用数据集，如购物交易数据、时间序列数据、基因或蛋白质数据，或者博客数据，都属于这一类别。

一种更复杂的半结构化数据集是*图或网络数据*，其中一组节点由一组边（也称为链接）连接；并且每个节点 / 链接可以具有其自己的语义描述或子结构。

每一类这样的结构化和半结构化数据集都可能具有需要挖掘的特殊类型的模式或知识，并且已经开发了许多专用的数据挖掘方法来分析这些数据集，例如序列模式挖掘、图模式挖掘和信息网络挖掘方法。

除了这些结构化或半结构化数据，还存在大量非结构化数据，如文本数据和多媒体（例如音频、图像、视频）数据。尽管一些研究将它们视为一维或多维字节流，但它们确实包含了许多有趣的语义。在自然语言理解、文本挖掘、计算机视觉和模式识别等领域，已经开发了特定领域的方法来分析这些数据。此外，尽管最近对文本、图像和视频数据的处理在深度学习的推动下取得了巨大的进展，但从非结构化数据中挖掘潜在的结构仍然可以极大地帮助我们更好地理解和充分利用这些数据。

现实世界中的数据往往是结构化数据、半结构化数据和非结构化数据的混合体。举例来说，一个在线购物网站可能存有大量产品信息，这些信息本质上是存储在关系数据库中的结构化数据，包含一组产品名称、价格、规格等方面的固定的字段。然而，某些字段可能本质上是文本、图像和视频数据，比如产品介绍、专家或用户评价、产品图片和广告视频。数据挖掘方法通常是为挖掘某种特定类型的数据而开发的，它们的结果可以被整合和协调，以服务于整体目标。

与不同应用相关联的数据

不同的应用可能生成或需要处理非常不同的数据集，并且需要相当不同的数据分析方法。因此，在对需要数据挖掘的数据进行分类时，我们应该考虑到具体的应用。

以序列数据为例。生物序列（如DNA或蛋白质序列）与购物交易序列或网络点击流相比可能有非常不同的语义，因此需要截然不同的序列挖掘方法。一种特殊类型的序列数据是时间序列数据，其中时间序列可能包含等时间间隔的有序数值集，这也与购物交易序列非常不同，后者可能没有固定的时间间隔（顾客可以随时购物）。

一些应用中的数据可能与空间信息、时间信息或二者相关联，分别形成空间数据、时间数据和时空数据。应该为挖掘这些数据集开发特殊的数据挖掘方法，如空间数据挖掘、时间数据挖掘、时空数据挖掘或轨迹模式挖掘。

对于图数据和网络数据，不同的应用可能还需要相当不同的数据挖掘方法。例如，社交网络（如Facebook或LinkedIn数据）、计算机通信网络、生物网络和信息网络（如作者与关键词链接）可能具有非常不同的语义，并需要不同的挖掘方法。

即使对于相同的数据集，发现不同类型的模式或知识可能需要不同的数据挖掘方法。例如，对于相同的软件（源）程序集，寻找抄袭的子程序模块或查找复制粘贴错误可能需要截然不同的数据挖掘技术。

丰富的数据类型和多样的应用需求需要非常多样化的数据挖掘方法。因此，数据挖掘是一个丰富且迷人的研究领域，有许多新方法尚待研究和开发。

存储数据和流数据

通常，数据挖掘处理有限的、存储在各种大型数据存储库中的数据集。然而，在一些应用中，比如视频监控或远程感知，数据可能会以动态和持续的方式不断涌入，形成无限的数据流。与挖掘存储数据相比，挖掘流数据需要使用截然不同的方法，这可能成为我们研究中的另一个有趣主题。

1.4 挖掘各种各样的知识

通过数据挖掘可以发现不同类型的模式和知识。一般来说，数据挖掘任务可以分为两类：**描述性数据挖掘**和**预测性数据挖掘**。描述性挖掘任务刻画目标数据集中数据的一般性质，而预测性挖掘任务在当前数据集上进行归纳以便做出预测。

在本节中，我们会介绍不同的数据挖掘任务。其中包括多维数据汇总（1.4.1节），对频繁模式、关联和相关性的挖掘（1.4.2节），分类和回归（1.4.3节），聚类分析（1.4.4节），离群点分析（1.4.6节）。不同的数据挖掘功能产生不同类型的结果，通常被称为模式、模型或知识。在1.4.7节中，我们还将介绍模式或模型的有趣性。在许多情况下，只有有趣的模式或模型才会被视为知识。

1.4.1 多维数据汇总

对于用户来说，检查大量数据集的细节通常很烦琐。因此有必要对目标数据集进行自动化总结，并在较高抽象层次上与参照数据集展开对比分析。这种对目标数据集的总结性描述被称为**数据汇总**。数据汇总通常在多维空间中进行。如果多维空间被明确定义并且被经常使用，以产品类别、生产者、位置或时间为例，则可以以**数据立方体**的形式聚合海量数据，以便用户通过鼠标点击对汇总空间进行下钻或上卷。多维数据汇总的输出可以以各种形式呈现，如**饼图**、**柱状图**、**曲线**、**多维数据立方体**和**多维表**（包括交叉表）等。

针对结构化数据，已经开发了多维聚合方法，以便于使用数据立方体技术进行多维聚合的预计算或在线计算，这将在第3章中讨论。对于非结构化数据（如文本），这项任务变得具有挑战性。我们将在最后一章对这些研究前沿进行简要讨论。

1.4.2 挖掘频繁模式、关联和相关性

顾名思义，**频繁模式**就是在数据中频繁出现的模式。频繁模式有很多类型，包括频繁项集、频繁子序列（也称为序列模式）和频繁子结构。频繁项集通常指的是在事务数据集中经常一起出现的项目的集合，如许多顾客经常同时购买的牛奶和面包。频繁出现的子序列，比如顾客倾向于先购买笔记本电脑，接着购买电脑包，然后再购买其他配件的模式，就是一个（频繁）序列模式。子结构可能涉及不同的结构形式（例如子图、子树或子晶格），可以与项集或子序列相结合。如果一个子结构频繁出现，它被称为（频繁）结构化模式。挖掘频繁模式可以发现数据内部有趣的关联和相关性。

例 1.2 关联分析。假设一个网店经理想知道哪些商品经常被（在同一笔交易中）一起购买。从交易数据库中挖掘出的这类规则的一个例子是：

$$buys(X, \text{“}computer\text{”}) \Rightarrow buys(X, \text{“}webcam\text{”})\ [\text{support} = 1\%, \text{confidence} = 50\%]$$

其中 X 是表示顾客的变量。50% 的**置信度**（confidence），或者说确定性，意味着如果一个顾客购买了一台计算机（*computer*），那么她还有 50% 的概率会购买网络摄像头（*webcam*）。1% 的**支持度**（support）表示，在进行分析的所有交易中，有 1% 显示计算机和网络摄像头是一起购买的。这个关联规则涉及一个重复出现的单一属性或谓词（即 *buys*）。包含单一谓词的关联规则被称为**单维关联规则**。去掉谓词符号，上述规则可以简单地写为“$computer \Rightarrow webcam[1\%, 50\%]$”。

假设，通过对相同数据库挖掘还会生成另一条关联规则：

$$age(X, \text{“20..29”}) \wedge income(X, \text{“40K..49K”}) \Rightarrow buys(X, \text{“laptop”})$$
$$[\text{support} = 0.5\%, \text{confidence} = 60\%]$$

该规则指出，在其研究的所有顾客中，有 0.5% 的顾客年龄在 20 ～ 29 岁，收入在 40 000 ～ 49 000 美元，并且购买过笔记本计算机（laptop）。而且这个年龄和收入群体的顾客购买笔记本计算机的概率为 60%。请注意，这是一个涉及多个属性或谓词（即 *age*、*income* 和 *buys*）的关联。采用多维数据库中使用的术语，其中每个属性都被称为一个维度，上述规则可以被称为**多维关联规则**。 □

通常情况下，如果关联规则不能同时满足**最小支持度阈值**和**最小置信度阈值**，则会被视为无趣而被丢弃。还可以做进一步的分析，发现相关联的属性 - 值对之间的有趣的统计**相关性**。

频繁项集挖掘是频繁模式挖掘的一种基本形式。挖掘频繁项集、关联和相关性将在第4章讨论。各种各样的频繁模式、序列模式和结构模式的挖掘，将在第5章中讨论。

1.4.3 用于预测分析的分类和回归

分类是找出描述和区分数据类或概念的**模型**（或函数）的过程。该模型是在分析一组**训练**

数据（即类标签已知的数据对象）的基础上推导出来的。该模型用于预测类标签未知的对象的类标签。

根据分类方法，推导得出的模型可以有多种形式，例如一组分类规则（即 IF-THEN 规则）、决策树、数学公式或学习的神经网络（图 1.2）。**决策树**是一种类似流程图的树结构，其中每个节点表示对一个属性值的测试，每个分支表示测试的一个结果，而树叶则表示类或类分布。决策树可以很容易地转换为分类规则。**神经网络**在用于分类时，通常是一组类似神经元的处理单元的集合，这些单元之间有加权连接。构建分类模型的方法还有很多，比如朴素贝叶斯分类、支持向量机和 *k* 最近邻分类。

age(*X*, "youth") AND *income*(*X*, "high") ⟶ *class*(*X*, "A")
age(*X*, "youth") AND *income*(*X*, "low") ⟶ *class*(*X*, "B")
age(*X*, "middle_aged") ⟶ *class*(*X*, "C")
age(*X*, "senior") ⟶ *class*(*X*, "C")

a）IF-THEN规则

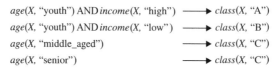

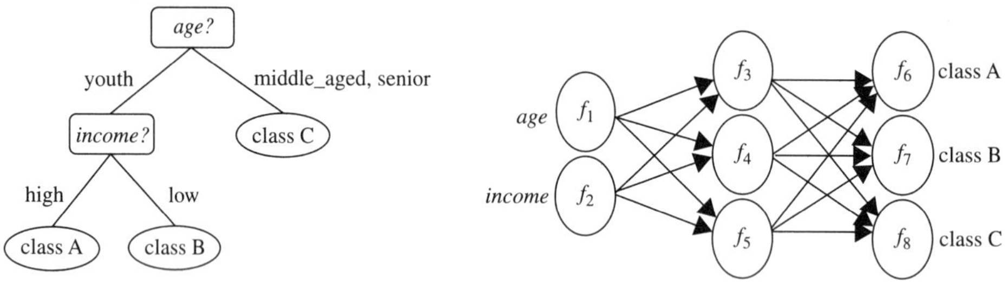

b）决策树　　c）神经网络

图 1.2　分类模型的表示形式

分类预测的是类别（离散的、无序的）标签，而**回归**模型是连续值函数。也就是说，回归用来预测缺失的或难以获得的数值数据值，而不是（离散的）类标签。"预测"一词既指数值预测，也指类标签预测。尽管也存在其他方法，但**回归分析**是一种最常用于数值预测的统计方法。回归还包括基于可用数据的分布趋势识别。

分类和回归之前可能需要进行**特征选择**或**相关性分析**，其试图识别与分类和回归过程显著相关的属性（通常称为特征）。这些属性将会被选来进行分类和回归，而其他不相关的属性则可以排除在考虑之外。

例 1.3　分类与回归。假设一名网店销售经理想要根据销售活动的三种响应类型（良好响应、温和响应和无响应）对网店中的大量商品进行分类。你希望根据商品的描述性特征（如 *price*、*brand*、*place_made*、*type* 和 *category*）为这三个类别分别建立模型。所得的分类应该在最大程度上区分每个类别，提供对数据集的有条理的描述。

假设所得的分类以决策树的形式表达。例如，决策树可能确定 *price* 是最能区分这三个类别的首要因素。帮助进一步区分各个类别对象的其他特征包括 *brand* 和 *place_made*。这样的决策树可以帮助经理了解给定销售活动的影响，并在将来设计更有效的活动。

相反，假设与其为每个网店商品预测分类响应标签，你想要根据以前的销售数据预测每个商品在即将到来的销售中将产生的收入。这是回归分析的一个例子，因为构建的回归模型将预测一个连续函数（或有序值）。□

第 6 章和第 7 章更详细地讨论了分类问题。由于回归分析通常在统计课程中介绍，因此这些章节只做了简要介绍。更多信息的来源在文献注释中给出。

1.4.4 聚类分析

与分析具有类标签的（训练）数据集的分类和回归任务不同，**聚类分析**（也称为**聚类**）任务在不考虑类标签的情况下对数据对象进行分组。在许多情况下，类标签可能在开始时根本不存在。聚类可用于为一组数据生成类标签。数据对象根据最大化类内相似性和最小化类间相似性的原则分成簇或组。也就是说，对象的簇形成的是这样一种情况，簇内的对象彼此之间具有高相似性，但与其他簇内的对象相比却不相似。每个这样形成的簇可以看作一类对象，可以从中推导出规则。聚类还可以促进**分类体系**的形成，即将观测结果组织成将相似事件聚合在一起的一种层次结构。

例 1.4 聚类分析。可以对网店的顾客数据进行聚类分析，以识别顾客的同质子群体。这些簇可能代表营销的目标群体。图 1.3 显示了关于城市中顾客位置的二维图。数据点的三个簇清晰可见。□

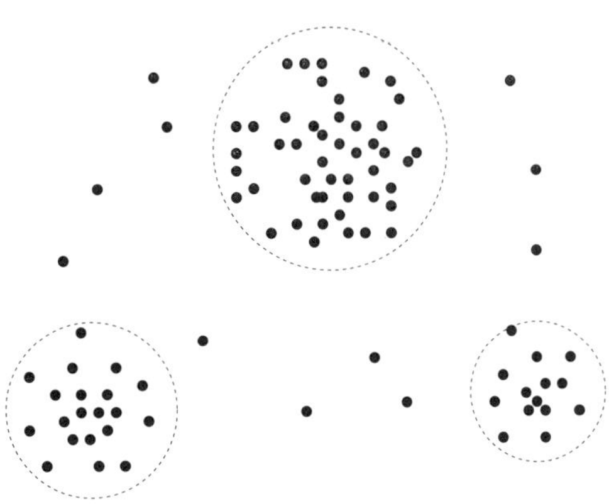

图 1.3 根据城市中顾客位置绘制的顾客数据的二维图，显示三个数据簇

聚类分析是第 8 章和第 9 章的主题。

1.4.5 深度学习

对于许多数据挖掘任务，比如分类和聚类任务而言，一个关键步骤通常在于找到“好的特征”，即每个输入数据元组的向量表示。例如，为了预测一个地区性疾病是否会暴发，人们可能已经从健康监测数据中收集了大量特征，包括每日阳性病例数、每日检测数、每日住院数等。传统上，这一步骤（称为特征工程）通常严重依赖于领域知识。深度学习技术提供了一种自动进行特征工程的方式，能够从初始输入特征中生成语义上有意义的特征（例如，每周阳性率）。生成的特征通常显著提高挖掘性能（例如，分类准确度）。

深度学习基于神经网络。神经网络是一组连接的输入 - 输出单元，每个连接都有一个关联的权重。在学习阶段，网络通过调整权重来学习能够预测输入元组的正确目标值（例如，类标签）。学习这些权重的核心算法被称为反向传播，它搜索一组权重和偏差值，以能够模拟数据，从而最小化网络预测与数据元组的实际目标输出之间的损失函数。已经开发了各种形式的神经网络结构（称为架构），包括前馈神经网络、卷积神经网络、循环神经网络、图神经网络等。

深度学习在计算机视觉、自然语言处理、机器翻译、社交网络分析等领域具有广泛应用。它已经在各种数据挖掘任务中得到应用，包括分类、聚类、离群点检测和强化学习。

深度学习是第 10 章的主题。

1.4.6 离群点分析

数据集中可能包含不符合数据的一般行为或模型的数据对象。这些数据对象被称为**离群点**。许多数据挖掘方法将离群值视为噪声或异常而将其丢弃。然而，在某些应用中（例如，欺诈检测），罕见事件可能比经常发生的事件更有趣。对离群数据的分析称为**离群点分析**或**异常挖掘**。

离群点可以通过假定数据的分布或概率模型的统计检验来检测，也可以使用距离度量来检测，其中远离任何其他簇的对象被视为离群点。与使用统计或距离度量不同，基于密度的方法可能会在局部区域识别离群点，尽管从全局统计分布的角度看，它们可能看起来正常。

例 1.5　离群点分析。通过检测与同一账户产生的常规费用相比，某一账户的购买金额异常大，离群点分析可能会揭示信用卡的欺诈使用。离群点还可以在购买的位置和类型，或购买频率方面被检测出来。□

离群点分析在第 11 章中详细讨论。

1.4.7　数据挖掘的所有结果都有趣吗

数据挖掘有可能产生大量结果。一个问题可能是："*所有挖掘的结果都有趣吗?*"

这是一个很好的问题。每种数据挖掘功能都有其对挖掘质量评估的度量标准。尽管如此，还是有一些共有的哲学和原则。

以模式挖掘为例，模式挖掘可能会生成数千甚至数百万个模式或规则。你可能会想，"*什么使得模式有趣呢？数据挖掘系统能生成所有有趣的模式吗？或者系统能只生成有趣的模式吗?*"

对于第一个问题，模式是**有趣的**需要满足以下条件：(1) 模式是容易被人类理解的；(2) 在一定*确定度*上，对于新数据或者测试数据模式是*有效的*；(3) 模式是潜在*有用的*；(4) 模式是*新颖的*。如果一个模式验证了用户*寻求证实*的假设，那么它也是有趣的。

目前已有几种对**模式兴趣度的客观度量**。这些度量基于所发现的模式结构和关于它们的统计量。对于形如 $X \Rightarrow Y$ 的关联规则，一种客观度量是规则的**支持度**，表示事务数据库中满足规则的事务所占的百分比。支持度可以取概率 $P(X \cup Y)$，其中 $X \cup Y$ 表示同时包含 X 和 Y 的事务，即项集 X 和 Y 的并。关联规则的另一种客观度量是**置信度**，它评估所发现规则的确定度。置信度可以取条件概率 $P(Y|X)$，即包含 X 的事务也包含 Y 的概率。更形式化地说，支持度和置信度的定义如下：

$$\text{support}(X \Rightarrow Y) = P(X \cup Y),$$

$$\text{confidence}(X \Rightarrow Y) = P(Y|X)$$

一般地，每个兴趣度度量都与一个阈值相关，该阈值可以由用户控制。例如，不满足置信度阈值（例如 50%）的规则可以被认为是无趣的。低于阈值的规则可能反映噪声、异常或少数情况，可能不太有价值。

目前还有其他的客观度量。例如，一个人可能希望在关联规则中项集表现出强相关性。我们将在相应的章节中讨论这些度量。

尽管客观度量有助于识别有趣的模式，但仅有这些通常是不够的，还需要结合反映特定用户需求和兴趣的主观度量。例如，对于营销经理，描述经常在线购物的顾客特征的模式应该是有趣的，但研究同一数据库中员工绩效模式的其他分析师可能不会对此感兴趣。此外，许多从客观标准来看是有趣的模式可能代表常识，因此实际上是无趣的。

兴趣度的主观度量基于用户对数据的信念。如果模式是**意料之外的**（与用户的信念相矛盾），或者提供了用户可以采取行动的战略信息，这些度量就会发现模式是有趣的。在后一种情况下，这样的模式被称为**可操作的**。例如，如果用户能够根据信息采取行动来拯救生命，那么像"大地震往往伴随着一连串余震"这样的模式可能是高度可操作的。如果模式证实了用户希望验证的假设，或者它们类似于用户的直觉，即使它们是**意料之内的**也很有趣。

第二个问题——"*数据挖掘系统能生成所有有趣的模式吗?*"——涉及数据挖掘算法的**完整性**。鉴于其海量性，期望模式挖掘系统生成所有可能的模式通常是不切实际且低效的。然而，人们可能也会担心如果系统提前停止，是否会错过一些重要的模式。为解决这个困境，应根据用户提供的约束和兴趣度聚焦搜索。通过明确定义的兴趣度度量和用户提供的约束，实际上能确保模式挖掘的完整性。涉及的有关方法将在第 4 章中详细讨论。

第三个问题——“数据挖掘系统能只生成有趣的模式吗？”——是数据挖掘中的优化问题。用户希望数据挖掘系统只生成有趣的模式。这对于数据挖掘系统和用户来说都是高效的，因为系统可能花费更少的时间来生成更少但有趣的模式，而用户也不需要从大量的模式中筛选并识别真正有趣的模式。第 5 章中描述的基于约束的模式挖掘就是这方面的一个很好的例子。

评估数据挖掘结果的质量或兴趣度的方法，以及如何使用它们来提高数据挖掘效率，在整本书中都有讨论。

1.5 数据挖掘：多学科的交汇

作为一门研究从各种大规模数据集中高效、有效地挖掘模式和知识的学科，数据挖掘自然而然地涉及多个学科的交汇，吸纳了机器学习、统计学、模式识别、自然语言处理、数据库技术、可视化与人机交互（HCI）、算法、高性能计算、社会科学以及许多应用领域的大量技术（见图 1.4）。数据挖掘研究和发展的跨学科性质极大促进了数据挖掘的成功及广泛应用。另一方面，数据挖掘不仅仅是从这些学科的知识和发展中孕育出来的，对各种大数据进行专门的研究、开发和应用在近年来可能也已经对这些学科的发展产生了实质性的影响。在本节中，我们将讨论几个与数据挖掘的研究、发展和应用密切相关并积极互动的学科。

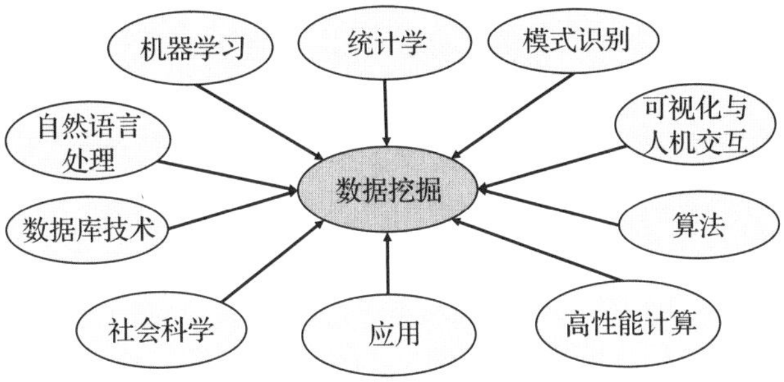

图 1.4 数据挖掘：多学科的交汇

1.5.1 统计学与数据挖掘

统计学研究数据的收集、分析、解释以及呈现。数据挖掘与统计学有着天然联系。

统计模型是一组数学函数，它们用随机变量及其相关的概率分布来刻画目标类中对象的行为。统计模型广泛用于对数据和数据类建模。例如，在数据表征和分类等数据挖掘任务中，可以建立目标类的统计模型。换言之，这种统计模型可以是数据挖掘任务的结果。反过来，数据挖掘任务也可以建立在统计模型之上。例如，我们可以使用统计模型对噪声和缺失的数据值建模。于是，在大数据集中挖掘模式时，数据挖掘过程可以使用该模型来帮助识别数据中的噪声和缺失值。

统计学研究开发了一些使用数据和统计模型进行预测和预报的工具。统计学方法可以用来汇总或描述数据集。在第 2 章介绍了数据的基本**统计描述方法**。统计学对于从数据中挖掘各种模式，以及理解产生和影响这些模式的潜在机制是有用的。**推理统计学**（或**预测统计学**）以一种考虑到观察中的随机性和不确定性的方式对数据进行建模，并被用来对所考察的过程或总体进行推断。

统计学方法也可以用来验证数据挖掘结果。例如，建立分类或预测模型之后，应该使用统计假设检验来验证模型。**统计假设检验**（有时称为验证性数据分析）使用实验数据进行统计决策。如果一个结果不太可能是偶然发生的，则称它为统计显著的。如果分类或预测模型有效，则该模型的描述统计量将增强模型的可靠性。

在数据挖掘中使用统计学方法并不简单。通常，一个巨大的挑战是如何把统计学方法用于大型数据集。许多统计学方法都具有很高的计算复杂度。当这些方法应用于分布在多个逻辑或物理站点上的大型数据集时，应该小心地设计和调整算法，以降低计算开销。对于在线应用来说，这一挑战变得更加艰巨，例如搜索引擎中的在线查询建议，在这些应用中，数据挖掘需要持续地处理快速、实时的数据流。

数据挖掘研究为分析海量数据集和数据流开发了许多可扩展和有效的解决方案。此外，不同类型的数据集和不同的应用程序可能需要截然不同的分析方法。有效的解决方案已经提出并经过测试，从而产生了许多新的、可扩展的基于数据挖掘的统计分析方法。

1.5.2　机器学习与数据挖掘

机器学习研究计算机如何基于数据进行学习（或提高其性能）。机器学习是一门快速发展的学科，近年来开发了许多新的方法和应用，从支持向量机到概率图形模型和深度学习，我们将在本书中介绍这些方法和应用。

总的来说，机器学习解决了两个经典问题：监督学习和无监督学习。

- **监督学习**：监督学习的一个经典例子是分类。学习中的监督来自训练数据集中的标记示例。例如，为了自动识别邮件上的手写邮政编码，学习系统将一组手写邮政编码图像及其对应的机器可读翻译作为训练示例，并学习（即计算）一个分类模型。
- **无监督学习**：无监督学习的一个经典例子是聚类。学习过程是无监督的，因为输入示例没有类标签。通常来说，我们可能使用聚类方法发现数据中的分组。例如，无监督学习方法可以将一组手写数字的图像作为输入。假设它找到了 10 个数据簇。这些簇可能分别对应 0 ～ 9 的 10 个不同的数字。然而，由于训练数据没有标签，学习到的模型无法告诉我们找到的簇的语义含义。

关于这两个基本问题，数据挖掘和机器学习确实有很多相似之处。然而，数据挖掘与机器学习在几个主要方面有所不同。首先，即使在分类和聚类这样类似的任务上，数据挖掘通常适用于非常大的数据集，甚至适用于无限的数据流，可扩展性可能是一个重要的问题，必须开发许多高效且高度可扩展的数据挖掘算法或流挖掘算法来完成这样的任务。

其次，在许多数据挖掘问题中，数据集通常很大，但由于专家为许多示例提供高质量标签的成本较高，训练数据仍然可能相当小。因此，数据挖掘必须在开发弱监督方法方面付出很多努力。这些方法包括使用少量标记数据但大量未标记数据的半监督学习方法（如图 1.5 中所述的思想），集成或组合来自非专家（例如通过众包获得的模型）的多个弱模型，远程监督，例如使用通用的（但与要解决的问题有一定差异的）知识库（例如维基百科、DBPedia），通过精选示例询问人类专家进行主动学习，或通过集成从类似问题领域学到的模型来迁移学习。数据挖掘一直在拓展这些弱监督方法，以通过非常有限的高质量训练数据在大型数据集上

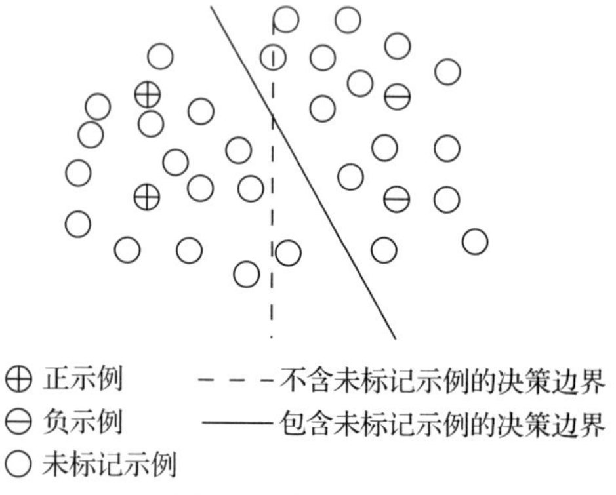

图 1.5　半监督学习

构建高质量分类模型。

最后，机器学习方法可能无法处理大数据上的多种知识发现问题。另一方面，数据挖掘致力于为具体应用问题开发有效的解决方案，深入问题领域，并远远超出了机器学习所涵盖的范围。例如，许多应用问题，如业务交易数据分析、软件程序执行序列分析以及化学和生物结构分析，需要挖掘频繁模式、序列模式和结构模式的有效方法。数据挖掘研究为这些任务生成了许多可扩展的、有效的且多样化的挖掘方法。另一个例子是大规模社交和信息网络的分析，这带来了许多具有挑战性的问题，由于这些网络中链接和节点之间的信息交互，这些问题可能不适合许多机器学习方法的典型范围。数据挖掘已经为这些问题提供了许多有趣的解决方案。

从这个角度来看，数据挖掘和机器学习是两个不同但又密切相关的学科。数据挖掘深入到具体的、数据密集型的应用领域，不局限于单一的解决问题的方法，并为许多具有挑战性的应用问题开发具体的（有时相当新颖）、有效的和可扩展的解决方案。这是一个新兴的、广泛的、有前途的研究学科，值得许多研究人员和从业人员研究并为此工作。

1.5.3　数据库技术与数据挖掘

数据库系统研究侧重于为单位组织和终端用户创建、维护和使用数据库。特别是，数据库系统研究人员在数据模型、查询语言、查询处理和优化、数据存储以及索引方法方面已经建立了公认的原则。数据库技术以其在处理非常大型的、相对结构化的数据集方面的可扩展性而闻名。

许多数据挖掘任务需要处理大型数据集，甚至是实时的、快速流动的数据。数据挖掘可以充分利用可扩展的数据库技术，以在大型数据集上实现高效性和可扩展性。此外，数据挖掘任务可以用来扩展现有数据库系统的能力，以满足用户复杂的数据分析需求。

最近的数据库系统通过使用数据仓库和数据挖掘设施，对数据库数据建立了系统化的数据分析能力。**数据仓库**集成了来自多个来源和不同时间框架的数据。它整合多维空间中的数据，形成部分实体化的数据立方体。数据立方体模型不仅有助于多维数据库中的在线分析处理（OLAP），还促进了*多维数据挖掘*，这将在后续章节中进一步讨论。

1.5.4　数据挖掘与数据科学

近年来，随着几乎每个学科和各种应用领域都存在大量的数据，大数据和数据科学已经成为热门话题。**大数据**通常是指各种形式的大量结构化和非结构化数据，而**数据科学**是一个跨学科的领域，它利用科学的方法、过程、算法和系统从各种形式的海量数据中提取知识和见解。显然，数据挖掘在数据科学中发挥着至关重要的作用。

对于大多数人来说，数据科学是一个将统计学、机器学习、数据挖掘及其相关方法统一起来的概念，以理解和分析海量数据。它运用了数学、统计学、信息科学和计算机科学等多个领域的技术和理论。对于许多业内人士来说，“数据科学”一词通常指的是业务分析、商业智能、预测建模或对数据的任何有意义的使用，并被视为将统计学、数据挖掘、机器学习或任何形式的数据分析重新包装的时髦术语。到目前为止，许多大学的数据科学学位课程对数据科学的定义和合适的课程内容都没有达成共识。尽管如此，大多数大学将统计学、机器学习、数据挖掘、数据库和人机交互方面产生的基础知识作为数据科学教育的核心课程。

20世纪90年代，已故的图灵奖获得者吉姆·格雷（Jim Gray）将数据科学视为科学的“第四范式”（即从经验范式到理论范式、计算范式，再到现在的数据驱动范式），并断言“由于信息技术的影响以及大规模数据的出现，科学的方方面面都在发生变革”。因此，数据科学、大数据、数据挖掘三者密切相关，并代表了科学技术发展的必然趋势。

1.5.5 数据挖掘与其他学科

除了统计学、机器学习和数据库技术之外，数据挖掘还与许多其他学科密切相关。

现实世界中的大多数数据都是非结构化的，以自然语言文本、图像或音视频数据的形式存在。因此，自然语言处理、计算机视觉、模式识别、音视频信号处理和信息检索技术将在处理这些数据时提供关键帮助。实际上，处理任何特殊类型的数据都需要将领域知识整合到数据挖掘算法设计中。例如，挖掘生物医学数据将需要整合来自生物科学、医学科学和生物信息学的知识；挖掘地理空间数据将需要来自地理学和地理空间数据科学的大量知识和技术；挖掘大型软件程序中的软件错误将需要结合软件工程与数据挖掘；挖掘社交媒体和社交网络将需要社会科学和网络科学的知识和技能。由于数据挖掘将渗透到几乎所有应用领域，此类例子可以不断延伸。

数据挖掘面临的一个主要挑战是效率和可扩展性，因为我们必须经常处理大量数据，并受到严格的时间和资源限制。数据挖掘与高效的算法设计密切相关，如低复杂度、增量和流数据挖掘算法。它经常需要借助先进的硬件以及云计算或集群计算环境探索高性能计算、并行计算和分布式计算。

数据挖掘还与人机交互密切相关。用户需要以有效的方式与数据挖掘系统或过程进行交互，告诉系统要挖掘什么，如何整合背景知识，如何挖掘，以及如何以易于理解（例如通过解释和可视化）和易于交互（例如通过友好的图形用户界面和交互式挖掘）的方式呈现挖掘结果。

当今，不仅有许多交互式数据挖掘系统，而且还有许多隐藏在各种应用程序中的数据挖掘功能。期望社会中的每个人都能理解并掌握数据挖掘技术是不切实际的。同时，行业也禁止公开其大型数据集。许多系统内置了数据挖掘功能，使人们可以通过单击鼠标来执行数据挖掘或使用数据挖掘结果。例如，智能搜索引擎和在线零售通过收集其数据和用户的搜索或购买历史，将数据挖掘融入其组件以提高性能、功能和用户满意度，来执行这种**看不见的数据挖掘**。在网上购物时，收到一些智能推荐可能就是这种看不见的数据挖掘的结果。

1.6 数据挖掘与应用

有数据的地方就有数据挖掘的应用。

作为一门高度应用驱动的学科，数据挖掘在许多应用领域中取得了巨大成功。但是要列举出数据挖掘发挥关键作用的所有应用是不可能的。数据挖掘在知识密集型应用领域（如生物信息学和软件工程）的演示需要更深入的处理，超出了本书的范围。为了展示数据挖掘应用的重要性，我们简要讨论一些非常成功和受欢迎的数据挖掘应用实例：*商业智能、Web 搜索引擎、社交媒体与社交网络*，以及生物学、医学和医疗保健。

商业智能

对于企业来说，更好地了解其商业环境，如客户、市场、供应和资源以及竞争对手，是至关重要的。**商业智能**（BI）技术提供对业务运营的历史、当前和预测性的视图。例子包括报告、在线分析处理、业务绩效管理、竞争情报、基准测试和预测分析。

“*数据挖掘在商业智能中有多重要？*”没有数据挖掘，许多企业可能无法进行有效的市场分析，比较客户对类似产品的反馈，发现竞争对手的优势和劣势，留住高价值客户，并做出明智的业务决策。

显然，数据挖掘是商业智能的核心。商业智能中的在线分析处理工具依赖于数据仓库和多维数据挖掘。分类和预测技术是商业智能中预测分析的核心，它在分析市场、供应和销售方面有许多应用。此外，聚类在客户关系管理中发挥着核心作用，它根据客户的相似性对其进行分组。利用多维汇总技术，我们可以更好地了解每个客户群体的特征，并制订定制的客户奖励计划。

Web 搜索引擎

Web 搜索引擎是一种专门的计算机服务器，用于在网络上搜索信息。用户查询的搜索结果通常以列表的形式返回（有时称为*命中*）。这些命中可能包括网页、图像和其他类型的文件。一些搜索引擎还搜索并返回公共数据库或开放目录中的可用数据。搜索引擎与**网络目录**不同之处在于，网络目录由人工编辑维护，而搜索引擎通过算法运行或通过算法和人工输入的混合运行。

搜索引擎对数据挖掘提出了巨大的挑战。首先，它们必须处理庞大且不断增长的数据。通常，这些数据无法使用一台或少数几台机器处理。相反，搜索引擎通常需要使用*计算云*，这包括成千上万台计算机，协同挖掘大量数据。在计算云和大型分布式数据集上扩展数据挖掘方法是一个活跃的研究领域。

其次，Web 搜索引擎经常需要处理在线数据。搜索引擎可能能够在庞大的数据集上离线构建模型。为此，它可以构建一个查询分类器，根据查询主题将搜索查询分配给预定义的类别（即搜索查询“苹果”是否意味着检索有关水果或计算机品牌的信息）。即使模型是离线构建的，在线模型的自适应也必须足够快，以便实时回答用户查询。

另一个挑战是在快速增长的数据流上维护和增量更新模型。例如，查询分类器可能需要持续进行增量维护，因为新的查询不断涌现，而预定义的类别和数据分布可能会发生变化。大多数现有的模型训练方法是离线和静态的，因此不能在这种情况下使用。

最后，Web 搜索引擎经常需要处理那些只被询问了很少次的查询。假设搜索引擎希望提供*上下文感知*的查询推荐。也就是说，当用户提出查询时，搜索引擎试图使用用户的个人资料和查询历史来推断查询的上下文，以在很短的时间内返回更加定制化的回答。然而，尽管被询问的查询总数可能很大，但许多查询可能只询问一次或几次。这种严重偏斜的数据对许多数据挖掘和机器学习方法来说都是具有挑战性的。

社交媒体与社交网络

社交媒体和社交网络的普及从根本上改变了我们的生活方式，也改变了我们当今交流信息和社交的方式。由于有大量的社交媒体和社交网络数据可用，分析这些数据以提取可操作的模式和趋势变得至关重要。

社交媒体挖掘是为了筛选大量的社交媒体数据（例如社交媒体使用情况、在线社交行为、个体之间的联系、在线购物行为、内容交换等），以识别模式和趋势。这些模式和趋势已被用于社交事件检测、公共卫生监测与预警、社交媒体情感分析、社交媒体推荐、信息溯源、社交媒体可信度分析以及社交垃圾检测。

社交网络挖掘是通过使用网络和图论以及数据挖掘方法来调查社交网络结构和与这些网络相关的信息。社交网络结构以节点（网络内的个体、人或事物）和连接它们的纽带、边或链接（关系或交互）为特征。通过社交网络分析通常可视化的社交结构的例子包括社交媒体网络、模因传播、友谊和熟人网络、合作关系图、亲缘关系、疾病传播。这些网络通常通过社会图表进行可视化，其中节点被表示为点，关系纽带被表示为线。

社交网络挖掘已被用于发现隐藏社区，揭示社交网络的演变和动态，计算网络度量（例如中心性、传递性、互惠性、平衡、状态和相似性），分析信息在社交媒体站点中的传播方式，测量和建模节点 / 子结构的影响和同质性，并进行基于地理位置的社交网络分析。

社交媒体挖掘和社交网络挖掘是数据挖掘的重要应用。

生物学、医学和医疗保健

生物学、医学和医疗保健也一直在以指数增长的规模生成大量数据。生物医学数据有多种形式，从“组学”到成像、移动健康和电子健康记录。随着更高效的数字收集方法的出现，生物医学科学家和临床医生现在发现自己面临着越来越大的数据集，并试图想出创造性的方法来筛选这些堆积如山的数据并理解其中的意义。事实上，曾被认为是海量的数据，如今却变得似乎很小，这是由于一个研究者在一天内收集的数据量可能超过甚至是十年前他整个职业生涯所产生的数据。生物医学信息的泛滥需要对如何管理和分析数据进行新的思考，以进一步科学理解和改善医疗保健。

生物医学数据挖掘涉及许多具有挑战性的数据挖掘任务，包括挖掘大规模基因组和蛋白质组序列数据、挖掘用于分类生物数据的频繁子图模式、挖掘调控网络、蛋白质相互作用的特征和预测、医学图像的分类和预测分析、生物文本挖掘、从生物文本数据构建生物信息网络、挖掘电子健康记录以及挖掘生物医学网络。

1.7 数据挖掘与社会

随着数据挖掘渗透到我们日常生活中，研究数据挖掘对社会的影响变得至关重要。我们如何利用数据挖掘技术造福社会？我们如何防范其滥用？数据的不当披露或使用以及可能侵犯个人隐私和数据保护权利的问题是需要解决的关切领域。

数据挖掘将有助于科学发现、业务管理、经济复苏和安全保护（例如实时发现入侵者和网络攻击）。然而，它也存在风险，可能意外披露一些机密的商业或政府信息，以及泄露个人信息。关于数据挖掘中的数据安全以及隐私保护数据发布和数据挖掘的研究是一个重要的、持续的研究主题。其理念是在成功进行数据挖掘的同时，观察数据敏感性，保护数据安全和用户隐私。

这些与数据挖掘的研究、发展和应用相关的问题以及许多其他问题将贯穿整本书进行讨论。

1.8 总结

- *需求是发明之母*。随着在各种应用中数据的不断增长，数据挖掘满足了社会对有效的、可扩展的和灵活的数据分析的迫切需求。数据挖掘可以被视为信息技术的自然演进，是几个相关学科和应用领域的融合。
- **数据挖掘**是从海量数据中发现有趣模式和知识的过程。作为一个*知识发现过程*，它通常涉及数据清洗、数据集成、数据选择、数据转换、模式和模型发现、模式或模型评估以及知识表示。
- 如果一个模式或模型在一定确定度上对测试数据有效、新颖、潜在有用（例如，可以根据用户好奇的预感进行操作或验证），并且易于被人类理解，那么它就是*有趣的*。有趣的模式代表知识。**模式兴趣度**的度量，无论是*客观的*还是*主观的*，都可以用来引导发现过程。
- 只要数据对目标应用程序有意义，数据挖掘就可以在任何类型的**数据**上进行，例如结构化数据（如关系数据库、事务数据）和非结构化数据（如文本和多媒体数据），以及与不同应用相关联的数据。数据还可以被分类为存储数据与流数据，而后者可能需要探索特殊的流挖掘算法。

- **数据挖掘功能**用于指定在数据挖掘任务中要找到的模式或**知识**的类型。这些功能包括表征和区分，挖掘频繁模式、关联和相关性，分类和回归，深度学习，聚类分析，以及离群点检测。随着新类型的数据、新应用程序和新的分析需求不断出现，毫无疑问，我们将在未来看到越来越多的新颖数据挖掘任务。
- 数据挖掘是多个学科的交汇，但它有着独特的研究重点，致力于许多高级应用。我们研究数据挖掘与统计学、机器学习、数据库技术以及许多其他学科之间的密切关系。
- 数据挖掘有许多成功的**应用**，如商业智能、Web 搜索、生物信息学、健康信息学、金融、数字图书馆和数字政府。
- 数据挖掘可能已经对社会产生了强大的影响，研究这种影响，例如如何确保数据挖掘的有效性，同时确保数据的隐私和安全，已经成为一个重要问题。

1.9 练习

1.1 什么是*数据挖掘*？在你的回答中，涉及以下内容：

a. 它是从*数据库*、*统计学*、*机器学习*和*模式识别*发展而来的技术的简单转化或应用吗？

b. 有人认为数据挖掘是信息技术演变的不可避免的结果。如果你是数据库研究人员，请说明数据挖掘是数据库技术自然演变的结果。如果你是机器学习研究人员或者统计学家，你有什么看法呢？

c. 描述数据挖掘作为知识发现过程所涉及的步骤。

1.2 定义以下每种*数据挖掘功能*：关联和相关性分析、分类、回归、聚类、深度学习和离群点分析。使用你熟悉的真实数据库，举例说明每种数据挖掘功能。

1.3 提供一个数据挖掘对业务成功至关重要的例子。这个业务需要哪些*数据挖掘功能*（例如，考虑可以被挖掘的模式类型）？这样的模式是否可以通过数据查询处理或简单的统计分析来替代生成？

1.4 解释相关性分析和分类之间的差异和相似之处，分类和聚类之间的差异，以及分类和回归之间的差异。

1.5 根据你的观察，描述另一种可能需要通过数据挖掘方法发现的知识，但在本章中未列出。这是否需要一种与本章中概述的方法相当不同的挖掘方法？

1.6 *离群点*通常被作为噪声丢弃。然而，一个人的垃圾可能是另一个人的财富。例如，在信用卡交易中的离群点可以帮助我们检测信用卡的欺诈使用。以欺诈检测为例，提出两种可以用于检测离群点的方法，并讨论哪一种更可靠。

1.7 与挖掘少量数据（如由数百条元组构成的数据集）相比，在挖掘大规模数据（例如数十亿条元组）时，存在哪些主要挑战？

1.8 在一个特定的应用领域中，如流数据 / 传感器数据分析、时空数据分析或生物信息学，概述数据挖掘的主要研究挑战。

1.10 文献注释

由 Piatetsky-Shapiro 和 Frawley[PFS91] 编辑的 *Knowledge Discovery in Databases* 一书，是关于从数据中发现知识的早期研究论文的汇集。另一本关于知识发现和数据挖掘的早期研究结果的汇集是由 Fayyad，Piatetsky-Shapiro，Smyth 和 Uthurusamy[FPSSe96] 编辑的 *Advances in Knowledge Discovery and Data Mining* 一书。从那时起，已经出版了许多关于数据挖掘的教材或研究书籍。其中一些有名的书籍包括 *Data Mining: Practical Machine Learning Tools and Techniques*（第 4 版），作者是 Witten，Frank，Hall 和 Pal[WFHP16]；*Data Mining: Concepts and Techniques*（第 3 版），作者是 Han 和 Kamber 以及 Pei[HKP11]；*Introduction to Data Mining*（第 2 版），作者是 Tan，Steinbach，Karpatne 和 Kumar[TSKK18]；*Data Mining: The Textbook* [Agg15b]；*Data Mining and Machine Learning: Fundamental Concepts and Algorithms*（第 2 版），作者是 Zaki 和 Meira[ZJ20]；*Mining of Massive Datasets*（第 3 版），作者是 Leskovec，Rajaraman 和 Ullman；*The Elements of Statistical Learning*（第 2 版），作者是 Hastie，Tibshirani 和 Friedman[HTF09]；*Data Mining Techniques: For Marketing, Sales, and Customer Relationship Management*（第 3 版），作者是 Linoff 和 Berry[LB11]；*Principles of Data Mining (Adaptive Computation and Machine Learning)*，作者是 Hand，Mannila 和 Smyth[HMS01]；*Mining the Web: Discovering Knowledge from Hypertext Data*，作者是 Chakrabarti[Cha03]；*Web Data Mining: Exploring Hyperlinks, Contents, and Usage Data*，作者是 Liu[Liu06]；*Data Mining: Multimedia, Soft Computing, and Bioinformatics*，作者是 Mitra 和 Acharya[MA03]。

还有许多书籍，其中包含有关特定知识发现方面的论文或章节，如聚类分析、离群点检测、分类、关联挖掘以及挖掘特定类型的数据，如文本数据、多媒体数据、关系数据、地理空间数据、社交和信息网络数据以及社交媒体数据。然而，这份清单多年来已经变得很长，我们不会逐个列出它们。在主要的数据挖掘、数据库、机器学习、统计学和 Web 技术会议上，有许多关于数据挖掘的辅导资料。

KDNuggets 是一个包含知识发现和数据挖掘相关信息的定期的电子通讯，自 1991 年以来由 Piatetsky-Shapiro 审核。KDNuggets 网站（https://www.kdnuggets.com）包含了大量与 KDD 相关的信息。

数据挖掘界于 1995 年开始了其第一届国际知识发现和数据挖掘会议。该会议起源于 1989—1994 年间举办的四次国际数据库知识发现研讨会。ACM-SIGKDD 是 ACM 下设的关于数据库知识发现的特别兴趣小组，成立于 1998 年，并自 1999 年以来一直组织国际知识发现和数据挖掘会议。IEEE 计算机学会自 2001 年以来一直组织年度数据挖掘会议，即国际数据挖掘大会（ICDM）。自 2002 年以来，SIAM（美国工业和应用数学学会）每年组织一次数据挖掘会议，即 SIAM 数据挖掘大会（SDM）。由 Springer 出版的专门的期刊 *Data Mining and Knowledge Discovery* 于 1997 年创刊。ACM 的期刊 *ACM Transactions on Knowledge Discovery from Data* 于 2007 年出版了第一卷。

ACM-SIGKDD 还定期出版一份双年刊的通讯，名为 *SIGKDD Explorations*。还有一些关于数据挖掘的国际或区域性会议，如欧洲机器学习和数据库知识发现原理与实践会议（ECMLPKDD）、亚太知识发现与数据挖掘会议（PAKDD）和国际网络搜索与数据挖掘会议（WSDM）。

数据挖掘研究还广泛发表在许多关于数据挖掘、数据库、统计学、机器学习和数据可视化的教材、研究书籍、会议和期刊中。

第 2 章

Data Mining Concepts and Techniques, Fourth Edition

数据、度量与数据预处理

为了更加成功地进行数据挖掘，最重要的事情就是熟悉你的数据。我们可能想要知道如下有关数据的问题：数据由什么类型的属性或字段组成？每个属性具有何种类型的数据值？这些数据值是如何分布的？有什么方法可以度量某些数据对象与其他数据对象之间的相似性？洞察数据将有助于其后的分析。但是，现实世界中的数据一般有噪声，数据庞大（通常数吉字节甚至更多），并且可能来自异种数据源的混合。如何衡量数据的质量？如何对来自多个异种数据源的数据进行清洗和集成？怎样规范化、压缩或转换数据？如何对数据降维以便后续的数据分析？以上均为本章将要解决的问题。

在 2.1 节，我们从研究各种属性类型开始，包括标称属性、二元属性、序数属性和数值属性。基本的统计描述可以用来获得关于属性值的更多知识，如 2.2 节所述。例如，给定 *temperature* 属性，我们可以确定它的均值（平均值）、中位数（中间值）和众数（最常见的值）。这些都是中心趋势度量，使我们了解分布的“中部”或中心。了解有关每个属性的这种基本统计量有助于在数据预处理时填充缺失值、平滑噪声、识别离群点。了解关于属性和属性值也有助于解决数据集成时出现的不一致。绘制中心趋势的图形可以向我们显示数据是对称的还是倾斜的。分位数图、直方图和散点图都是显示基本统计描述的其他图形方法。这些在数据预处理时都可能是有用的，并且可以提供对数据挖掘的洞察。

我们同样希望考察数据对象的相似性（或相异性）。例如：假设我们有一个数据库，其中数据对象是患者，用他们的症状描述。我们可能希望找出患者之间的相似性或相异性。这些信息使得我们可以发现数据集中类似患者的簇。数据对象之间的相似性 / 相异性也可以用来检测数据中的离群点，或进行最近邻分类。有多种评估相似性和相异性的度量。这种度量一般被称作邻近性度量。可以把两个对象之间的邻近性看作对象之间距离的函数，尽管邻近性也可以基于概率而不是实际距离来计算。数据邻近性度量在 2.3 节介绍。

最后，我们将讨论数据预处理，它能解决当今现实面临的挑战：由于数据集通常规模巨大，并且可能来自多个异种数据源，因此数据集极易受到噪声、缺失和不一致数据的影响，低质量的数据将导致低质量的挖掘结果。为了有效挖掘数据，需要对数据进行预处理，以提高数据质量。2.4 节将聚焦数据清洗与数据集成，前者可以用来清除数据中的噪声与纠正数据中的不一致，而后者是将来自多个数据源的数据合并成一个一致的数据存储（如数据仓库）。2.5 节介绍数据转换，数据转换将数据转换或合并为适合挖掘的形式。也就是说，数据转换可以使作为结果的挖掘过程更加有效，并且发现的数据模式也更容易理解。目前已经开发了大量的数据转换技术。例如，数据规范化可以将数据压缩到较小的区间，如 [0.0,1.0]；数据离散化用区间标签或概念标签替换数值属性的原始值；数据归约技术（如压缩和抽样）将输入数据转换为简化的表示，可以提高涉及距离度量的挖掘算法的准确性和效率。2.6 节讲述维归约，维归约是一个减少随机变量或属性数量的过程。我们可以注意到，各种数据预处理技术并不是无关的，它们可能会同时起作用。例如，数据清洗可能涉及纠正错误数据的转换，例如将日期字段的所有条目转换为通用格式。

2.1 数据类型

数据集由数据对象构成。一个**数据对象**代表一个实体，例如，在一个销售数据库中，对象可以是顾客、商品或者销售额；在一个医疗数据库中，对象可以是病人；在一个大学数据库中，对象可以是学生、教授和课程。通常数据对象用属性描述。数据对象又称样本、示例、实例、数据点或对象。如果数据对象存储在数据库中，则它们是数据元组。也就是说，数据库的行对应于数据对象，而列对应于属性。在本节，我们定义属性，并考察各种属性类型。

什么是属性？**属性**是一个数据字段，代表数据对象的一个特征。在文献中，属性、维度、特征和变量可以互换使用。术语“维度”一般用在数据仓库中。机器学习的文献更倾向于使用术语“特征”，而统计学家则更愿意使用术语“变量”。数据挖掘和数据库的专业人士通常使用术语“属性”，我们在本书中也使用术语“属性”。例如，描述顾客对象的属性可能包括 *customer_ID*、*name* 和 *address*。给定属性的观测值称为观测。用来描述一个给定对象的一组属性称作属性向量（或特征向量）。涉及一个属性（或变量）的数据分布称作单变量分布。双变量分布涉及两个属性，以此类推。

属性的**类型**由该属性可能具有的值的集合决定，属性可以是标称的、二元的、序数的或数值的。我们将在下面的小节中对每一种类型进行介绍。

2.1.1 标称属性

标称意味着“与名称相关”。**标称属性**的值是一些符号或事物的名称。每个值代表某种类别、编码或状态，因此标称属性又被看作分类属性。这些值不必具有有意义的顺序。在计算机科学中，这些值也被看作枚举的。

例 2.1　标称属性。假设 *hair_color*（头发颜色）和 *marital_status*（婚姻状况）是描述人的两个属性。在我们的应用中，*hair_color* 的值可能是黑色、棕色、淡黄色、红色、赤褐色、灰色和白色，*marital_status* 的值可能是单身、已婚、离异和丧偶。*hair_color* 和 *marital_status* 都是标称属性。标称属性的另一个例子是 *occupation*（职业），其值为教师、牙医、程序员、农民等。 □

尽管我们说标称属性的值是一些符号或“事物的名称”，但是可以用数表示这些符号和名称。例如，对于 *hair_color*，我们可以指定编码 0 表示黑色，编码 1 表示棕色，等等。另一个例子是 *customer_ID*（顾客号），它的值可能都是数值。然而，在这种情况下，并不打算量化使用这些数。也就是说，对标称属性进行数学运算没有意义。与从一个年龄值（这里 *age* 是数值属性）减去另一个年龄值不同，从一个顾客号减去另一个顾客号毫无意义。尽管一个标称属性可以取整数值，但是也不能把它视作数值属性，因为并不打算量化使用这些整数。在 2.1.4 节，我们将更详细地说明数值属性。

因为标称属性并不具有有意义的顺序，并且不是量化的，因此对于一个对象集，求标称属性的均值（平均值）或中位数（中间值）没有意义。然而，有意义的是使该属性最常出现的值，这个值称为众数，是一种中心趋势度量。我们将在 2.2 节介绍中心趋势度量。

2.1.2 二元属性

二元属性是一种标称属性，它只有两个类别或状态：0 或 1，其中 0 通常代表该属性不出现，而 1 代表出现。如果两种状态对应于 true 或者 false，则二元属性又称**布尔属性**。

例 2.2　二元属性。假定属性 *smoker* 用来描述一个患者对象，1 表示患者抽烟，0 表示患者不抽烟。相似地，假设患者进行具有两种可能结果的医学化验。属性 *medical_test* 是二元

的，其中值 1 表示患者的化验结果为阳性，0 表示结果为阴性。 □

如果一个二元属性的两种状态具有同等价值并且具有相同的权重，则它是**对称的**；即用 0 或 1 编码结果并无偏好。例如，具有男和女这两种状态的属性 *gender*（性别）。

如果一个二元属性的状态的结果不是同样重要的，则称它是**非对称的**，如艾滋病病毒（HIV）的阳性和阴性化验结果。为方便统计，我们将用 1 对最重要的结果（通常是稀有的）进行编码（例如 HIV 阳性），而另一个用 0 编码（例如 HIV 阴性）。

计算涉及对称和非对称二元属性的对象之间的相似性将在本章后面的部分讨论。

2.1.3　序数属性

序数属性是一种其可能的值之间具有有意义的顺序或排名的属性，但是连续值之间的差是未知的。

例 2.3　序数属性。假设 *drink_size* 对应于快餐店供应的饮料量。这个标称属性具有 3 个可能的值：小、中、大。这些值具有有意义的先后次序（对应于递增的饮料量）；然而我们不能说大比中多多少。序数属性的其他例子包括 *grade*（成绩，例如 A+、A、A−、B+ 等）和 *professional_rank*（职位）。职位可以按顺序枚举，如教师有助教、讲师和教授，军衔有列兵、上等兵、下士、中士等。

对于记录不能客观度量的主观质量评估，序数属性是有用的；因此，序数属性通常用于等级评定调查。在一项调查中，参与者作为顾客，被要求评定他们的满意程度。顾客的满意程度有如下序数类别：1（很不满意），2（不太满意），3（中性），4（满意），5（非常满意）。□

正如在后续的数据归约中所看到的，序数属性也可以通过把数值范围划分成有限个有序类别，把数据属性离散化而得到。

序数属性的中心趋势可以用它的众数和中位数（有序序列的中间值）来表示，但不能定义均值。

注意，标称、二元和序数属性都是*定性的*。也就是说，它们*描述*对象的特征，但是不给出实际的大小或数量。这种定性属性的值通常是代表类别的词，如果使用整数，则它们代表类别的计算机编码，而不是可测量的量（例如，0 代表小杯饮料，1 代表中杯，2 代表大杯）。下一小节，我们考虑数值属性，它提供对象的*定量*度量。

2.1.4　数值属性

数值属性是*定量的*，这表示它是一个可度量的量，用整数或者实数表示。数值属性可以是区间标度的或比率标度的。

区间标度属性

区间标度属性用相等的单位尺度度量。区间标度属性的值有序，可以为正、0 或负。因此，除了提供值的排序之外，这种属性允许我们比较和量化值之间的*差*。

例 2.4　区间标度属性。*temperature*（温度）是一个区间标度属性。假设我们有许多天的室外温度值，其中每一天都是一个对象。把这些值排序，我们得到这些对象关于温度的排序。此外，我们还可以量化不同值之间的差。例如，温度 20℃比 15℃高出 5℃。日期是另一个例子。例如，2012 年与 2020 年相差 8 年。 □

摄氏温度和华氏温度都没有绝对零点，即 0℃和 0 ℉都不代表“没有温度”。（例如，对于摄氏温度，度量单位是水在标准大气压下沸点温度与冰水混合物温度之差的 1/100。）尽管我们能够计算温度值之间的*差*，但是我们不能说一个温度是另一个温度的*倍数*。没有真正的零，例如，我们不能说 10℃比 5℃温暖 2 倍。也就是说，我们不能用比率谈论这些值。相似地，日期也没有绝对零点。(0 年并不对应于时间的开始。) 因此引入了比率标度属性，它存在绝对零点。

由于区间标度属性是数值的，除了中心趋势的中位数和众数度量之外，我们还可以计算它们的均值。

比率标度属性

比率标度属性是有固定零点的属性。这意味着，如果度量值是比率标度的，则我们可以说一个值是另一个的倍数（或比率）。此外，这些值是有序的，所以我们可以计算这些值之间的差，也能计算均值、中位数和众数。

例 2.5　比率标度属性。不像摄氏温度和华氏温度，开氏温标（K）具有绝对零点（0K = −273.15℃）：在该点，构成物质的粒子具有零动能。比率标度属性的其他例子包括诸如工作年限（例如，对象是雇员）和字数（例如，对象是文档）。其他例子包括度量重量、高度、速度和货币量（例如，100 美元是 1 美元的 100 倍）的属性。□

2.1.5　离散属性与连续属性

我们已经把属性分为标称、二元、序数和数值类型。可以用很多方法来组织属性类型，这些类型并不互斥。

机器学习领域开发的分类算法通常把属性分为*离散的*或*连续的*。每种类型都可以用不同的方法处理。**离散属性**具有有限个或无限可数个值，可以用也可以不用整数表示。属性 *hair_color*、*smoker*、*medical_test* 和 *drink_size* 都有有限个值，因此是离散的。注意，离散属性可以具有数值型的值，如对于二元属性取 0 和 1，对于年龄属性取 0 ～ 110。如果一个属性可能值的集合是无限的，但是这些值可以与自然数一一对应，则这个属性是*无限可数的*。例如，属性 *customer_ID* 是无限可数的。顾客数量是无限增长的，但事实上实际的值的集合是可数的（这些值与整数集合一一对应）。邮政编码是另一个例子。

如果一个属性不是离散的，那么它是**连续的**。在文献中，术语“*数值属性*”与“*连续属性*”通常可以互换使用（这可能令人困惑，因为在经典意义下，连续值是实数，而数值型的值可以是整数或者实数）。实际上，实数值用有限位数字表示，连续属性一般用浮点变量表示。

2.2　数据的基本统计描述

对于成功的数据预处理而言，把握数据的全貌是至关重要的。基本统计描述可以用来识别数据的性质，凸显哪些数据值应该视为噪声或离群点。

本节讨论三类基本统计描述。我们从*中心趋势度量*开始（2.2.1 节），它度量数据分布的中部或中心位置。直观地说，给定一个属性，它的值大部分落在何处？特殊地，我们讨论均值、中位数、众数和中列数。

除了估计数据集的中心趋势之外，我们还想知道*数据的离散*。即，数据如何分散？最常见的数据离散度量是数据的*极差*、*四分位数*（例如，Q_1 为第一四分位数，即第 25 百分位数）、*四分位距*、*五数概括*和*箱线图*，以及数据的*方差*和*标准差*。对于识别离群点，这些度量是有用的。这些在 2.2.2 节介绍。

为了便于描述多变量之间的关系，在 2.2.3 节中引入了数值数据的*协方差*和*相关系数*，以及标称数据的 χ^2 *相关检验*的概念。

最后，我们可以使用基本统计描述的许多图形显示来可视化地审视数据（2.2.4 节）。许多可视化或图形数据表示软件包都包含条形图、饼图和线图。其他流行的数据汇总和分布显示方式包括分位数图、分位数 - 分位数图、直方图和散点图。

2.2.1 中心趋势度量

本节，我们考察度量数据中心趋势的各种方法。假设我们有某个属性 X，如 *salary*（工资），并且已经对一个数据对象集记录了它们的值。令 $x_1,x_2,\cdots,x_N$ 为 X 的 N 个观测值或观测。在本节的余下部分，这些值又称（X的）"数据集"。如果我们标出 *salary* 的这些观测值，大部分值将落在何处？这反映了数据的中心趋势的思想。中心趋势度量包括均值、中位数、众数和中列数。

数据集"中心"的最常用、最有效的数值度量是（算术）均值。令 $x_1,x_2,\cdots,x_N$ 为某数值属性 X（如 *salary*）的 N 个观测值或观测。该值集合的**均值**（mean）为

$$\bar{x}=\frac{\sum_{i=1}^{N}x_i}{N}=\frac{x_1+x_2+\cdots+x_N}{N} \tag{2.1}$$

这对应于关系数据库系统提供的内置聚合函数 average（SQL 的 `avg()`）。

例 2.6　均值。假设我们有 *salary* 的如下值（以千美元为单位），按递增次序显示：30,36,47,50,52,52,56,60,63,70,70,110。使用式（2.1），我们有

$$\bar{x}=\frac{30+36+47+50+52+52+56+60+63+70+70+110}{12}=\frac{696}{12}=58$$

因此，工资的均值为 58 000 美元。□

有时，对于 $i=1,\cdots,N$，每个值 x_i 可以与一个权重 w_i 相关联。权重反映它们所依附的对应值的意义、重要性或出现的频率。在这种情况下，我们可以计算

$$\bar{x}=\frac{\sum_{i=1}^{N}w_ix_i}{\sum_{i=1}^{N}w_i}=\frac{w_1x_1+w_2x_2+\cdots+w_Nx_N}{w_1+w_2+\cdots+w_N} \tag{2.2}$$

这称作**加权算术均值**或**加权平均**。

尽管均值是描述数据集的最有用的单个量，但是它并非总是度量数据中心的最佳方法。主要问题是，均值对极端值（例如离群点）很敏感。例如，公司的平均工资可能被少数几个高收入的经理显著推高。类似地，一个班的考试平均成绩可能被少数很低的成绩大幅拉低。为了抵消少数极端值的影响，我们可以使用**截尾均值**（trimmed mean）。截尾均值是丢弃高低极端值后的均值。例如，我们可以对 *salary* 的观测值排序，并且在计算均值之前去掉高端的和低端的 2%。我们应该避免在两端截去太多（如 20%），因为这可能导致丢失有价值的信息。

对于倾斜（非对称）数据，数据中心的更好度量是**中位数**（median）。中位数是有序数据值的中间值。它是把数据较高的一半与较低的一半分开的值。

在概率论与统计学中，中位数一般用于数值数据。然而，我们把这一概念推广到序数数据。假设某属性 X 的 N 个给定值按递增顺序排序。如果 N 是奇数，则中位数是该有序集的中间值；如果 N 是偶数，则中位数不唯一，它是最中间的两个值和它们之间的任意值。在 X 是数值属性的情况下，根据约定，中位数取作最中间两个值的平均值。

例 2.7　中位数。让我们找出例 2.6 中数据的中位数。该数据已经按递增顺序排序。有偶数个观测值（即 12 个观测值），因此中位数不唯一。它可以是最中间两个值 52 和 56（即列表中的第 6 个和第 7 个值），也可以是 52 和 56 之间的任意值。根据约定，我们指定这两个最中

间的值的平均值为中位数。即 (52+56) / 2 = 108 / 2 = 54。于是，中位数为 54 000 美元。

假设我们只有该列表的前 11 个值。给定奇数个值，中位数是最中间的值。这是列表中的第 6 个值，其值为 52 000 美元。 □

当观测值的数量很大时，中位数的计算开销很大。然而，对于数值属性，我们可以很容易计算中位数的近似值。假定数据根据它们的 x_i 值划分成区间，并且已知每个区间的频数（即数据值的个数）。例如，可以根据年薪将职员划分到诸如 10 000 ～ 20 000 美元、20 001 ～ 50 000 美元等区间（在练习 2.3 的数据表中可以看到一个类似的具体例子）。令包含中位数频数的区间为中位数区间。我们可以使用如下公式，用插值计算整个数据集的中位数的近似值（例如，工资的中位数）：

$$median \approx L_1 + \left(\frac{\frac{N}{2} - \left(\sum freq\right)_l}{freq_{\text{median}}} \right) \times width \tag{2.3}$$

其中，L_1 是中位数区间的下界，N 是整个数据集中值的个数，$\left(\sum freq\right)_l$ 是低于中位数区间的所有区间的频数和，$freq_{\text{median}}$ 是中位数区间的频数，而 $width$ 是中位数区间的宽度。

众数是另一种中心趋势度量。数据集的**众数**（mode）是集合中出现最频繁的值。因此，可以对定性和定量属性确定众数。可能最高频数对应多个不同值，导致多个众数。具有一个、两个、三个众数的数据集合分别称为**单峰的**（unimodal）、**双峰的**（bimodal）和**三峰的**（trimodal）。通常，具有两个或更多众数的数据集是**多峰的**（multimodal）。

例 2.8 众数。例 2.6 的数据是双峰的，两个众数为 52 000 美元和 70 000 美元。 □

对于适度倾斜（非对称）的单峰数值数据，我们有下面的经验关系：

$$mean - mode \approx 3 \times (mean - median) \tag{2.4}$$

这意味着，如果均值和中位数已知，则适度倾斜的单峰频率曲线的众数容易近似计算。

中列数（midrange）也可以用来评估数值数据的中心趋势。中列数是数据集的最大和最小值的平均值。中列数容易使用 SQL 的聚合函数 `max()` 和 `min()` 计算。

例 2.9 中列数。例 2.6 数据的中列数为 (30 000+110 000) /2= 70 000 美元。 □

在具有完全对称的数据分布的单峰频率曲线中，均值、中位数和众数都位于相同的中心值处，如图 2.1a 所示。

在大部分实际应用中，数据都是不对称的。它们可能是正倾斜的，其中众数出现在小于中位数的值上（见图 2.1b）；或者是负倾斜的，其中众数出现在大于中位数的值上（见图 2.1c）。

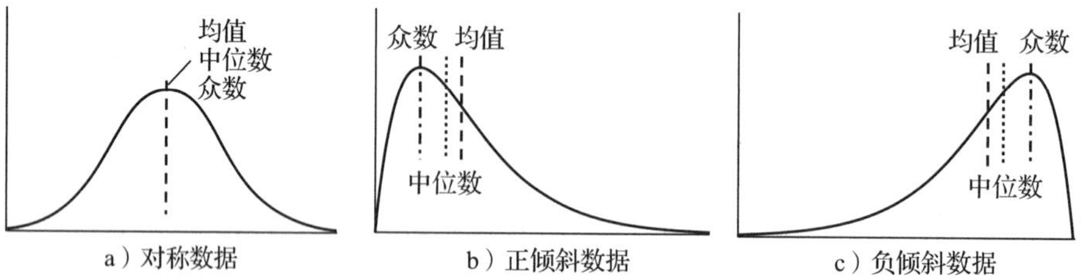

图 2.1 对称、正倾斜和负倾斜数据的中位数、均值和众数

2.2.2 数据离散趋势度量

现在，我们考察评估数值数据离散或散布的度量。这些度量包括极差、分位数、四分位数、百分位数和四分位距。五数概括可以用箱线图显示，它对于识别离群点是有用的。方差

和标准差也可以指出数据分布的散布。

极差、四分位数和四分位距

开始，我们先学习作为数据离散度量的极差、分位数、四分位数、百分位数和四分位距。

设 $x_1, x_2, \cdots, x_N$ 是某数值属性 X 上的观测值的集合。该集合的**极差**（range）是最大值（max()）与最小值（min()）之差。

假设属性 X 的数据以数值递增顺序排列。想象一下，我们可以挑选某些数据点，以便把数据分布划分成大小相等的连续集，如图 2.2 所示。这些数据点称作分位数。**分位数**（quantile）是取自数据分布的每隔一定间隔上的点，点把数据划分成基本上大小相等的连续集（我们说“基本上”，因为可能不存在把数据划分成恰好大小相等的子集的 X 的数据值。为简单起见，我们将称它们相等）。给定数据分布的第 k 个 q- 分位数是值 x，使得最多 k/q 的数据值小于 x，而最多 $(q-k)/q$ 的数据值大于 x，其中 k 是整数，使得 $0<k<q$。我们有 $q-1$ 个 q- 分位数。

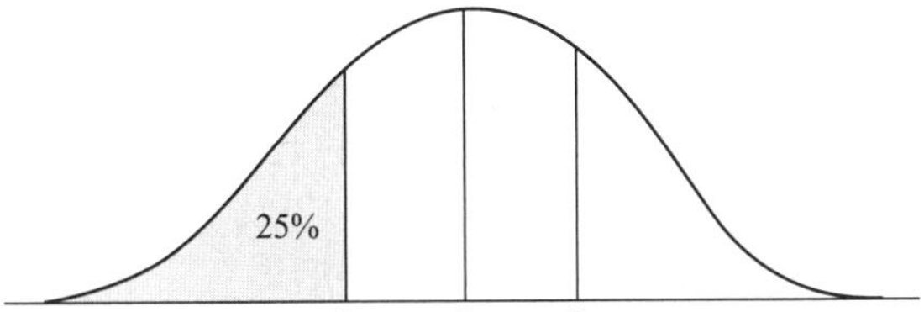

图 2.2　某些属性 X 的数据分布图。绘制的分位数是四分位数，三个四分位数将分布划分为四个大小相等的连续子集。第二个四分位数对应于中位数

2- 分位数是一个数据点，它把数据分布划分成高低两半。2- 分位数对应于中位数。4- 分位数是三个数据点，它们把数据分布划分成四个相等的部分，使得每部分表示数据分布的四分之一。通常称它们为**四分位数**（quartile）。100- 分位数通常称作**百分位数**（percentile），它们把数据分布划分成 100 个大小相等的连续集。中位数、四分位数和百分位数是使用最广泛的分位数。

四分位数显示出分布的中心、散布和形状。**第一四分位数**记作 Q_1，是第 25 百分位数，它截止最低的 25% 的数据。**第三四分位数**记作 Q_3，是第 75 百分位数，它截止最低的 75%（或最高的 25%）的数据。第二四分位数是第 50 百分位数，它作为中位数，给出数据分布的中心。

第一和第三四分位数之间的距离是散布的一种简单度量，它给出数据的中间一半所覆盖的范围。该距离称为**四分位距**（IQR），定义为

$$\text{IQR} = Q_3 - Q_1 \tag{2.5}$$

例 2.10　四分位距。四分位数是将排序后的数据集分成四个相等部分的三个值。例 2.6 的数据包含 12 个观测值，并且已经按升序排序。由于这个列表中有偶数个元素，所以列表的中位数应该是中间两个元素的平均值，即 (52 000 + 56 000)/2 = 54 000。那么第一四分位数应该是第 3 个和第 4 个元素的平均值，即 (47 000 + 50 000)/2 = 48 500，而第三四分位数应该是第 9 个和第 10 个元素的平均值，即 (63 000 + 70 000)/2 = 66 500。因此，四分位距为 IQR = 66 500−48 500 = 18 000。□

五数概括、箱线图与离群点

对于描述倾斜分布，单个散布数值度量（例如，IQR）都不是很有用。看一看图 2.1 的对

称和倾斜的数据分布。在对称分布中，中位数（和其他中心度量）把数据划分成相同大小的两半。对于倾斜分布，情况并非如此。因此，除中位数之外，提供两个四分位数 Q_1 和 Q_3 更加有益。识别可疑的离群点的通常规则是，挑选落在第三四分位数之上或第一四分位数之下至少 $1.5 \times IQR$ 处的值。

因为 Q_1、中位数和 Q_3 不包含数据的端点（例如尾部）信息，通过提供最高和最低数据值，可以得到分布形状的更完整概括。这称作*五数概括*。分布的**五数概括**（five-number summary）由中位数（Q_2）、四分位数 Q_1 和 Q_3、最小和最大单个观测值组成，按次序写成 Minimum, Q_1, Median, Q_3, Maximum。

箱线图（boxplot）是一种流行的分布的直观表示。箱线图体现了五数概括：

- 箱的端点一般在四分位数上，使得箱的长度是四分位距（IQR）。
- 中位数用箱内的线标记。
- 箱外的两条线（称作*胡须*）延伸到最小（Minimum）和最大（Maximum）观测值。

当处理数量适中的观测值时，值得个别地绘出可能的离群点。在箱线图中这样做：仅当最高和最低观测值超过四分位数不到 $1.5 \times IQR$ 时，胡须延伸到它们。否则，胡须在出现在四分位数的 $1.5 \times IQR$ 之内的最极端的观测值处截止，剩下的情况个别地绘出。箱线图可以用来比较若干个相容的数据集。

例 2.11　箱线图。图 2.3 给出在给定的时间段内线上商店的四个分店销售的商品的单价数据的箱线图。对于分店 1，我们看到销售商品单价的中位数是 80 美元，Q_1 是 60 美元，Q_3 是 100 美元。注意，该分店的两个离群的观测值被个别地绘出，因为它们的值 175 和 202 都超过 IQR 的 1.5 倍，这里 IQR =40。 □

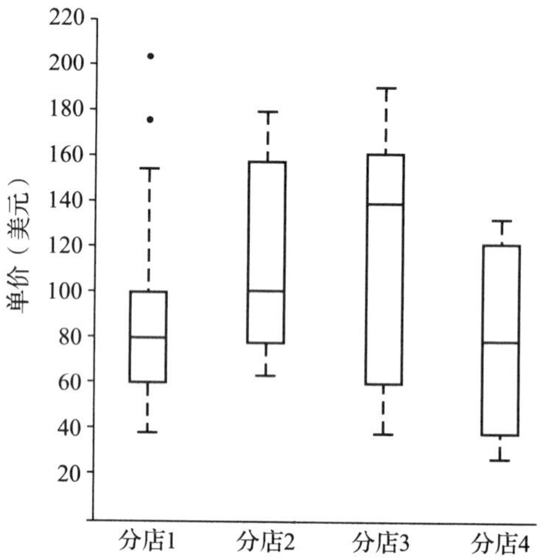

图 2.3　在给定时间段内线上商店的四个分店销售的商品的单价数据的箱线图

方差和标准差

方差与标准差都是数据离散度量，它们指出数据分布的散布程度。低标准差意味着数据观测值趋向于非常靠近均值，而高标准差表示数据散布在一个大的值域中。

数值属性 X 的 N 个观测值 $x_1, x_2, \cdots, x_N$（N 较大时）的**方差**（variance）是

$$\sigma^2 = \frac{1}{N}\sum_{i=1}^{N}(x_i - \bar{x})^2 = \left(\frac{1}{N}\sum_{i=1}^{N}x_i^2\right) - \bar{x}^2 \qquad (2.6)$$

其中 $\bar{x}$ 是观测值的均值，由式（2.1）定义。观测值的**标准差**（standard deviation) σ 是方差 σ^2 的平方根。

例 2.12　方差和标准差。在例 2.6 中，使用式（2.1）计算均值，我们得到 $\bar{x}$ =58 000 美元。为了确定该例子数据集的方差和标准差，我们设置 N=12，使用式（2.6）得到

$$\sigma^2 = \frac{1}{12}(30^2 + 36^2 + 47^2 + \cdots + 110^2) - 58^2 \approx 379.17$$

$$\sigma \approx \sqrt{379.17} \approx 19.47$$

□

作为离散度量，标准差 σ 的基本性质是

- σ 度量关于均值的散布，仅当选择均值作为中心度量时使用。

- 仅当不存在分散时，即当所有的观测值都具有相同值时，$\sigma=0$；否则，$\sigma>0$。

重要的是，一个观测值一般不会远离均值超过标准差的数倍。从数学上讲，使用切比雪夫不等式，可以证明最少 $\left(1-\frac{1}{k^2}\right)\times 100\%$ 的观测值离均值不超过 k 个标准差。因此，标准差是数据集散布的理想指标。

大型数据库中方差和标准差的计算是可伸缩的。

2.2.3　协方差和相关系数

数值数据的协方差

在概率论和统计学中，相关性和协方差是评估两个属性一起变化多少的两个类似度量。考虑两个数值属性 A 和 B，以及一组 n 个实值观测值 $\{(a_1,b_1),\cdots,(a_n,b_n)\}$。$A$ 和 B 的均值也分别称为 A 和 B 的**期望值**，即

$$E(A)=\bar{A}=\frac{\sum_{i=1}^{n}a_i}{n}$$

和

$$E(B)=\bar{B}=\frac{\sum_{i=1}^{n}b_i}{n}$$

A 和 B 之间的**协方差**定义为

$$\text{Cov}(A,B)=E((A-\bar{A})(B-\bar{B}))=\frac{\sum_{i=1}^{n}(a_i-\bar{A})(b_i-\bar{B})}{n} \tag{2.7}$$

在数学上，可以表示为

$$\text{Cov}(A,B)=E(A\cdot B)-\bar{A}\bar{B} \tag{2.8}$$

这个等式可以简化计算。

对于趋于同时变化的两个属性 A 和 B，如果 A 的一个值 a_i 大于 $\bar{A}$（A 的期望值），则属性 B 对应的值 b_i 很可能大于 $\bar{B}$（B 的期望值），因此 A 与 B 之间的协方差为正。另一方面，如果当其中一个属性低于其期望值，而另一个属性倾向于高于其期望值时，则 A 和 B 的协方差为负。

如果 A 和 B 是独立的（即它们没有相关性），则 $E(A\cdot B)=E(A)\cdot E(B)$。因此协方差是 $\text{Cov}(A,B)=E(A\cdot B)-\bar{A}\bar{B}=E(A)\cdot E(B)-\bar{A}\bar{B}=0$。然而，反之则不成立。一些随机变量（属性）对的协方差可能为 0，但它们不是独立的。只有在一些额外的假设下（例如，数据服从多元正态分布），协方差为 0 才意味着独立性。

例 2.13　数字属性的协方差分析。参考表 2.1，它给出了在五个时间点观察到的 AllElectronics 和高科技公司 HighTech 的股票价格的简化示例。如果这些股票受到相同行业趋势的影响，它们的价格会一起上涨还是一起下跌？

$$E(\text{AllElectronics})=\frac{6+5+4+3+2}{5}=\frac{20}{5}=4\text{美元}$$

$$E(\text{HighTech})=\frac{20+10+14+5+5}{5}=\frac{54}{5}=10.80\text{美元}$$

表 2.1　AllElectronics 和 HighTech 的股票价格

时间点	AllElectronics	HighTech
t1	6	20
t2	5	10
t3	4	14
t4	3	5
t5	2	5

因此，使用式（2.7），我们可以得出

$$\text{Cov}(\text{AllElectronics}, \text{HighTech}) = \frac{6\times 20+5\times 10+4\times 14+3\times 5+2\times 5}{5} - 4\times 10.80$$
$$= 50.2 - 43.2 = 7$$

因此，给定正协方差，我们可以说两家公司的股票价格一起上涨。□

*方差*是协方差的一种特殊情况，其中两个属性是相同的（即，属性与自身的协方差）。

数值数据的相关系数

对于数值属性，我们可以通过计算**相关系数**（也称为**皮尔逊积矩系数**，以其提出者卡尔·皮尔逊的名字命名）来评估两个属性 A 和 B 之间的相关性。即

$$r_{A,B} = \frac{\sum_{i=1}^{n}(a_i-\bar{A})(b_i-\bar{B})}{n\sigma_A\sigma_B} = \frac{\sum_{i=1}^{n}(a_ib_i)-n\bar{A}\bar{B}}{n\sigma_A\sigma_B} \tag{2.9}$$

其中 n 是元组的个数，a_i 和 b_i 分别是元组 i 中 A 和 B 的值，$\bar{A}$ 和 $\bar{B}$ 分别是 A 和 B 的均值，σ_A 和 σ_B 分别是 A 和 B 的标准差（定义见 2.2.2 节），$\sum(a_ib_i)$ 是 AB 的外积之和（即对于每个元组，A 的值乘以该元组中 B 的值）。且 $-1 \leqslant r_{A,B} \leqslant 1$。如果 $r_{A,B}$ 大于 0，则 A 与 B *呈正相关*，即 A 的值随着 B 的值的增加而增加。值越大，相关性越强（即，每个属性对另一个属性的影响越大）。因此，较大的值可能表示 A（或 B）可以作为冗余删除。

如果结果值等于 0，则 A 和 B 是*独立的*，两者之间不存在相关性。如果结果值小于 0，那么 A 和 B *呈负相关*，其中一个属性的值随另一个属性的值的减少而增加。这意味着每个属性都阻碍了其他属性。散点图也可以用来查看属性之间的相关性（见 2.2.4 节）。例如，图 2.8 的散点图分别显示了正相关数据和负相关数据，而图 2.9 显示了不相关数据。

请注意，相关性并不意味着因果关系。也就是说，如果 A 和 B 是相关的，这并不一定意味着 A 导致 B 或 B 导致 A。例如，在分析人口统计数据库时，我们可能会发现，代表一个地区的医院数量和汽车盗窃数量的属性是相关的，这并不意味着一个导致另一个，两者实际上都与第三个属性有因果关系，即人口。

标称数据的 χ^2 相关检验

对于标称数据，两个属性 A 和 B 之间的相关关系可以通过 χ^2（**卡方**）检验来发现。假设 A 有 c 个不同的值，即 $a_1,a_2,\cdots,a_c$，B 有 r 个不同的值，即 $b_1,b_2,\cdots,b_r$。A 和 B 描述的数据元组可以表示为**列联表**，其中 A 的 c 个值组成列，B 的 r 个值组成行。令 (A_i,B_j) 表示当属性 A 取值 a_i 且属性 B 取值 b_j 的联合事件，即 $(A=a_i, B=b_j)$。每个可能的 (A_i,B_j) 联合事件在表中都有自己的单元格。χ^2 值（也称为 Pearson χ^2 *统计量*）的计算过程为

$$\chi^2 = \sum_{i=1}^{c}\sum_{j=1}^{r}\frac{(o_{ij}-e_{ij})^2}{e_{ij}} \tag{2.10}$$

其中 o_{ij} 为联合事件 (A_i,B_j) 的*观测频数*（即实际计数），e_{ij} 为 (A_i,B_j) 的*期望频数*，可计算为

$$e_{ij} = \frac{count(A=a_i)\times count(B=b_j)}{n} \tag{2.11}$$

其中 n 是数据元组的个数，$count(A=a_i)$ 是 A 的值 a_i 的元组的个数，$count(B=b_j)$ 是 B 的值为 b_j 的元组的个数。式（2.10）中的和是在所有 $r\times c$ 个单元格上计算的。请注意，对 χ^2 值贡献最大的单元格是那些实际计数与预期计数相差很大的单元格。

χ^2 统计检验假设 A 和 B 是独立的，即它们之间没有相关性。该检验基于显著性水平，具有 $(r-1)\times(c-1)$ 个自由度。我们在例 2.14 中说明了这个统计量的使用。如果假设可以被拒绝，

那么我们说 A 和 B 在统计上是相关的。

例 2.14　使用 χ^2 对标称属性进行相关分析。假设一组 1 500 人被调查。每个人的性别都被记录下来。每个人都被问及他喜欢的阅读材料类型是小说还是非小说。因此，我们有两个属性：性别和阅读偏好。每个可能的联合事件的观测频数（或计数）汇总在表 2.2 所示的列联表中，其中括号内的数字为期望频数。使用式（2.11）根据两个属性的数据分布计算期望频数。

表 2.2　例 2.14 的 2×2 列联表数据

	男性	女性	合计
小说	250 (90)	200 (360)	450
非小说	50 (210)	1 000 (840)	1 050
合计	300	1 200	1 500

注：性别和阅读偏好相关吗？

使用式（2.11），我们可以验证每个单元的期望频数。例如，单元格（男性，小说）的期望频数为

$$e_{11}=\frac{count(\text{男性})\times count(\text{小说})}{n}=\frac{300\times 450}{1\,500}=90$$

其他的期望频数也可以这样计算。注意，在任何一行中，期望频数的总和必须等于该行观察到的总频数，并且任何列中期望频数的总和也必须等于该列观察到的总频数。

使用式（2.10）进行 χ^2 计算，得到

$$\chi^2=\frac{(250-90)^2}{90}+\frac{(50-210)^2}{210}+\frac{(200-360)^2}{360}+\frac{(1\,000-840)^2}{840}$$
$$=284.44+121.90+71.11+30.48=507.93$$

对于这个 2×2 表，自由度为 (2−1)×(2−1)=1。对于 1 个自由度，在 0.001 显著性水平上拒绝假设所需的 χ^2 值为 10.828（取自 χ^2 分布的上百分比表，通常可从任何统计学教科书中获得）。由于我们的计算值高于此值，我们可以拒绝性别和阅读偏好是独立的假设，并得出结论，对于给定的人群，这两个属性是（强）相关的。□

2.2.4　数据基本统计描述的图形显示

本节我们研究基本统计描述的图形显示，包括分位数图、分位数 - 分位数图、直方图和散点图。这些图形有助于可视化地审视数据，对于数据预处理是有用的。前三种图显示单变量分布（即，一个属性的数据），而散点图显示双变量分布（即，涉及两个属性）。

分位数图

分位数图（quantile plot）是一种观察单变量数据分布的简单有效方法。首先，它显示给定属性的所有数据（允许用户评估总体情况和不寻常出现）。其次，它绘出了分位数信息（见 2.2.2 节）。对于某序数或数值属性 X，设 $x_i(i=1,\cdots,N)$ 是按递增顺序排序的数据，使得 x_1 是最小的观测值，而 x_N 是最大的。每个观测值 x_i 与一个百分数 f_i 配对，表明大约 $f_i\times100\%$ 的数据小于值 x_i。我们说“大约”，因为可能没有一个精确的小数值 f_i，使得 $f_i\times100\%$ 的数据小于值 x_i。注意，0.25 分位数对应于四分位数 Q_1，0.50 分位数对应于中位数，而 0.75 分位数对应于 Q_3。

令

$$f_i=\frac{i-0.5}{N}\qquad(2.12)$$

这些数从 $1/2N$（稍大于 0）到 $1-1/2N$（稍小于 1），以相同的步长 $1/N$ 递增。在分位数图中，x_i 对应 f_i 画出。这使得我们可以基于分位数比较不同的分布。例如，给定两个不同时间段的销售数据的分位数图，我们一眼就可以比较它们的 Q_1、中位数、Q_3 以及其他 f_i 值。

例 2.15　分位数图。图 2.4 显示了表 2.3 的单价数据的分位数图。□

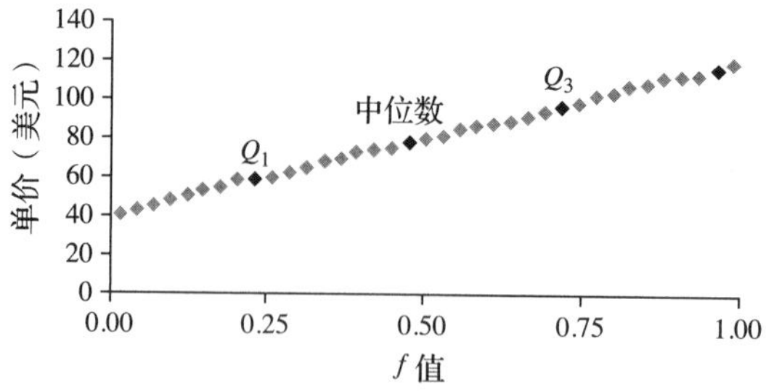

图 2.4　表 2.3 的单价数据的分位数图

分位数 – 分位数图

分位数 – 分位数图（quantile-quantile plot）或称 q-q 图，绘制了一个单变量分布的分位数与另一个单变量分布对应的分位数之间的关系。它是一种强有力的可视化工具，使得用户可以观察从一个分布到另一个分布是否有偏移。

表 2.3　线上购物商店的某分店销售的商品的单价数据集

单价（美元）	商品销售量
40	275
43	300
47	250
⋮	⋮
74	360
75	515
78	540
⋮	⋮
115	320
117	270
120	350

假定对于属性或变量单价，我们有两个观测集，取自两个不同的分店。设 $x_1,\cdots,x_N$ 是取自第一个分店的数据，$y_1,\cdots,y_M$ 是取自第二个分店的数据，其中每组数据都已按递增顺序排序。如果 $M=N$（即每个集合中的点数相等），则我们简单地绘制 y_i 关于 x_i 的图，其中 y_i 和 x_i 都是它们对应数据集的 $(i-0.5)/N$ 分位数。如果 $M<N$（即第二个分店的观测值比第一个少），则可能只有 M 个点在 q-q 图中。这里，y_i 是 y 数据的 $(i-0.5)/M$ 分位数，在图上对应 x 数据的 $(i-0.5)/M$ 分位数。在典型情况下，该计算涉及插值。

例 2.16　分位数 – 分位数图。图 2.5 显示在给定的时间段内线上商店的两家不同分店销售的商品的单价数据的分位数 – 分位数图。每个点对应于每个数据集的相同的分位数，并对该分位数显示分店 1 与分店 2 销售的商品单价。（为帮助比较，我们也画了一条直线，它代表对于给定的分位数，两个分店的单价相同的情况。此外，加黑的点分别对应于 Q_1、中位数和 Q_3。）

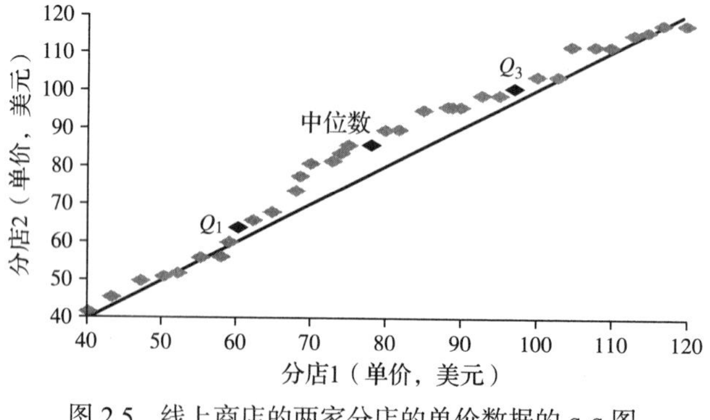

图 2.5　线上商店的两家分店的单价数据的 q-q 图

例如，我们看到，在 Q_1，分店 1 销售的商品单价比分店 2 稍低。换言之，分店 1 销售的商品中有 25% 的价格低于或等于 60 美元，而在分店 2 销售的商品中有 25% 的价格低于或等于 64 美元。在第 50 分位数（标记为中位数，即 Q_2），我们看到分店 1 销售的商品中有 50%

的价格低于或等于 78 美元，而在分店 2 销售的商品中有 50% 的价格低于或等于 85 美元。通常，我们注意到分店 1 的分布相对于分店 2 有一个偏移，因为分店 1 销售的商品单价趋向于比分店 2 低。□

直方图

直方图（histogram，或**频率直方图**）至少有一个世纪的历史，并且被广泛使用。"histo"的意思是杆子或桅杆，"gram"的意思是图表，所以直方图是柱形图表。绘制直方图是对给定属性 X 的分布进行汇总的一种图形化方法。根据图中所需极点的个数，将 X 的取值范围划分为一组不相交的连续子范围。子范围，称为桶或箱，是 X 的数据分布的不相交子集。桶的范围称为**宽度**。通常，桶的宽度是相等的。例如，值范围为 1 ～ 200 美元（四舍五入到整数）的价格属性可以划分为子范围 1 ～ 20、21 ～ 40、41 ～ 60，等等。对于每个子范围，绘制一个条形图，其高度表示子范围内观察到的项目总数。

请注意，直方图不同于另一种常用的图形表示形式——**条形图**。条形图使用一组条形（通常用空格分隔），其中 X 表示一组分类数据，例如 *automobile_model* 或 *item_type*，条形（列）的高度表示由类别定义的组的大小。另一方面，直方图绘制定量数据，将一系列 X 值分组到箱子或间隔中。直方图用于显示分布（沿 X 轴），条形图用于比较类别。讨论直方图的偏度总是合适的；也就是说，观测值更倾向于落在 X 轴的低端或高端。然而，条形图的 X 轴没有低端或高端；因为 X 轴上的标签是分类的，而不是定量的。因此，条形图中的条形可以重新排序，但在直方图中则不行。

例 2.17　直方图。图 2.6 显示了一个地区研究奖励分布数据集的直方图，其中桶（或箱）由代表 1 000 美元增量的等宽范围定义，频数是对应桶内研究奖励的数量。□

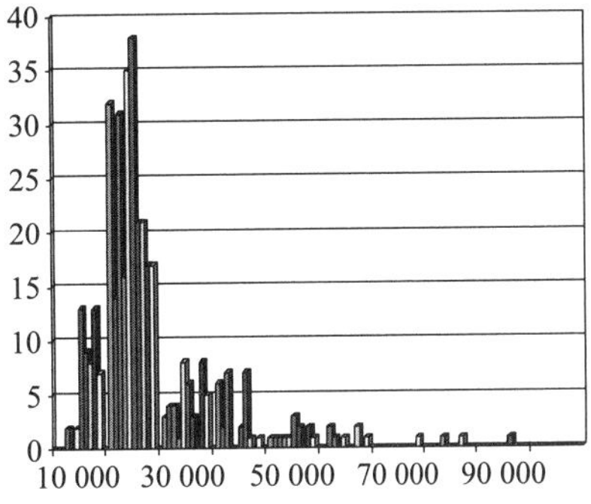

图 2.6　关于某一地区研究奖励分布的直方图

尽管直方图被广泛使用，但是对于比较单变量观测组，它可能不如分位数图、q-q 图和箱线图方法有效。

散点图与数据相关性

散点图（scatter plot）是确定两个数值属性之间看上去是否存在联系、模式或趋势的最有效的图形方法之一。为构造散点图，每个值对视为一个代数坐标对，并作为一个点画在平面上。图 2.7 显示表 2.3 中数据的散点图。

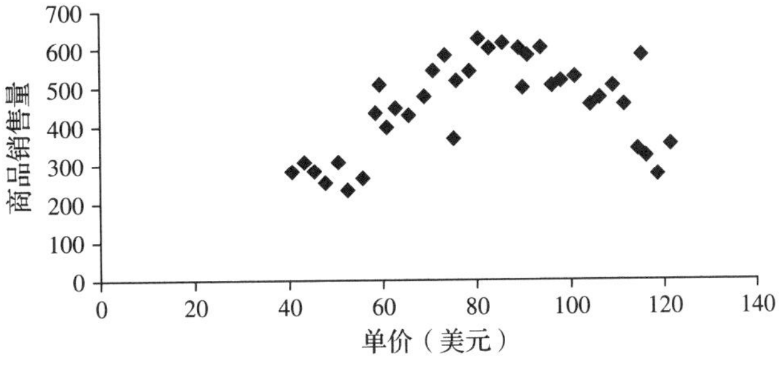

图 2.7　表 2.3 数据集的散点图

散点图是一种观察双变量数据的有用的方法，用于观察点簇和离群点，或考察相关联系的可能性。两个属性 X 和 Y，如果一个属性蕴含另一个，则它们是**相关的**。相关可能是正、负或零相关（不相关）。图 2.8 显示了两个属性之间正相关和负相关的例子。

如果绘制的点的模式从左下到右上倾斜，则意味 X 的值随 Y 的值增加而增加，暗示正相关（见图 2.8a）。如果绘制的点的模式从左上到右下倾斜，则意味 X 的值随 Y 的值减小而增加，暗示负相关（见图 2.8b）。可以画一条最佳拟合的线，来研究变量之间的相关性。附录 A 中介绍了相关性的统计检验。

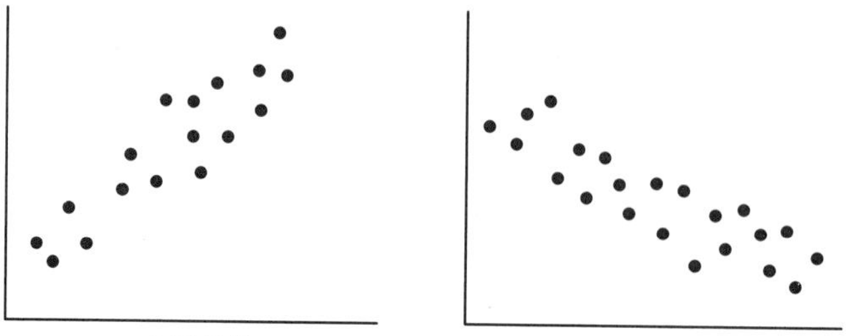

a）正相关　　b）负相关

图 2.8　散点图可以用来发现属性之间的相关性

图 2.9 显示了三种情况，在每个给定的数据集中两个属性之间都不存在相关关系。散点图也可扩展到 n 个属性，得出**散点图矩阵**。

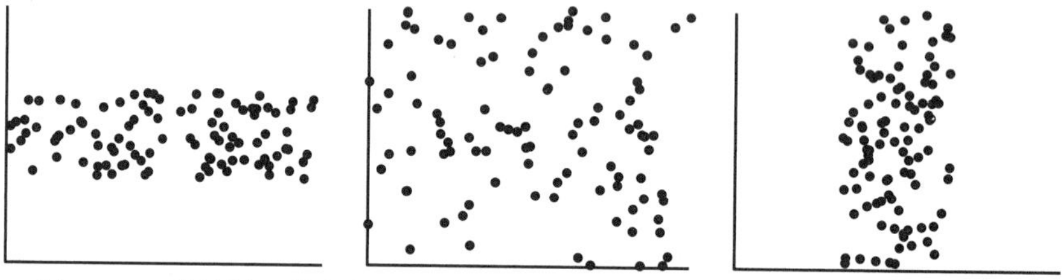

图 2.9　三种情况，其中每个数据集中两个属性之间都不存在观察到的相关性

综上所述，基本数据描述（如中心趋势度量和离散度量）和图形统计显示（如分位数图、直方图和散点图）提供了数据总体情况的有价值的洞察。由于有助于识别噪声和离群点，所以它们对于数据清理有一定的效果。

2.3　数据的相似性与相异性度量

在诸如聚类、离群点分析和最近邻分类等数据挖掘应用中，我们需要评估对象之间的相似或不相似程度。例如，商店希望搜索顾客对象簇，得出具有类似特征（例如，类似的收入、居住区域和年龄等）的顾客组。这些信息可以用于促销。**簇**是数据对象的集合，使得同一个簇中的对象彼此**相似**，而与其他簇中的对象**相异**。离群点分析也使用基于聚类的技术，把可能的离群点看作与其他对象高度相异的对象。对象的相似性可以用于最近邻分类，对给定的对象（例如，患者）基于它与模型中其他对象的相似性赋予一个类标签（比如说，诊断结论）。

本节给出相似性和相异性度量。相似性和相异性都称**邻近性**（proximity）。相似性和相异性是有关联的。通常，如果两个对象 i 和 j 不相似，则它们的相似性度量将返回 0。相似性值越高，对象之间的相似性越大（通常，值 1 表示完全相似，即对象是等同的）。相异性度量正好相反。如果对象相同（因而远非不相似），则它返回值 0。相异性值越高，两个对象越相异。

在 2.3.1 节，我们介绍通常用于上述应用的两种数据结构：**数据矩阵**（用于存放数据对象）和**相异性矩阵**（用于存放数据对象对的相异性值）。我们切换到与本章前面不同的数据对象概念，因为现在要处理由多个属性刻画的对象。接着，我们讨论如何计算被**标称属性**（2.3.2 节）、**二元属性**（2.3.3 节）、**数值属性**（2.3.4 节）、**序数属性**（2.3.5 节）和这些属性类型的组合（2.3.6 节）刻画的对象的相异性。2.3.7 节提供对非常长、稀疏的数据向量（如表示信息检索中文档的词频向量）的相似性度量。最后，2.3.8 节讨论如何度量相同变量 x 上的两个概率分布之间的差异，并介绍了一种度量，称为 Kullback-Leibler 散度，或简称为 KL 散度，该散度已在数据挖掘文献中广泛使用。

关于如何计算相异性对于研究属性是有用的，并且也被后面关于聚类（第 8 和 9 章）、离群点分析（第 11 章）和最近邻分类（第 6 章）这些主题所引用。

2.3.1　数据矩阵与相异性矩阵

在 2.2 节，我们考察了研究某属性 X 的观测值的中心趋势和离散的方法。在那里，我们的对象是一维的，即被单个属性刻画。本节，我们谈论的对象被多个属性刻画。因此，我们需要改变记号。假设我们有 n 个对象（如人、商品或课程），被 p 个属性（又称维度或特征，如年龄、身高、体重或性别）刻画。这些对象是 $x_1=(x_{11},x_{12},\cdots,x_{1p})$，$x_2=(x_{21},x_{22},\cdots,x_{2p})$，等等，其中 x_{ij} 是对象 x_i 的第 j 个属性的值。为简单起见，以后我们称对象 x_i 为对象 i。这些对象可以是关系数据库中的元组，也称数据样本或特征向量。

通常，主要的基于内存的聚类和最近邻算法都在如下两种数据结构上运行：

- **数据矩阵**（data matrix，或称对象－属性结构）：这种数据结构用关系表的形式或 $n\times p$（n 个对象 $\times p$ 个属性）矩阵的形式存放 n 个数据对象：

$$\begin{bmatrix} x_{11} & \cdots & x_{1f} & \cdots & x_{1p} \\ \cdots & \cdots & \cdots & \cdots & \cdots \\ x_{i1} & \cdots & x_{if} & \cdots & x_{ip} \\ \cdots & \cdots & \cdots & \cdots & \cdots \\ x_{n1} & \cdots & x_{nf} & \cdots & x_{np} \end{bmatrix} \tag{2.13}$$

  每行对应于一个对象。在记号中，我们可能使用 f 作为遍取 p 个属性的下标。

- **相异性矩阵**（dissimilarity matrix，或称对象－对象结构）：这种数据结构存放所有 n 个对象两两之间的邻近度，通常用一个 $n\times n$ 矩阵表示：

$$\begin{bmatrix} 0 & & & & \\ d(2,1) & 0 & & & \\ d(3,1) & d(3,2) & 0 & & \\ \vdots & \vdots & \vdots & & \\ d(n,1) & d(n,2) & \cdots & \cdots & 0 \end{bmatrix} \tag{2.14}$$

  其中 $d(i,j)$ 是对象 i 和对象 j 之间的**相异性**或“差别”的度量。一般而言，$d(i,j)$ 是一个非负的数值，对象 i 和 j 彼此高度相似或“接近”时，其值接近于 0；而对象越不同，该值越大。注意，$d(i,i)=0$，即一个对象与自身的差别为 0。此外，$d(i,j)=d(j,i)$（为了易读性，我们不显示 $d(j,i)$ 项，该矩阵是对称的）。相异性度量的讨论遍及本章的余下部分。

相似性度量可以表示成相异性度量的函数。例如，对于标称数据

$$\mathrm{sim}(i,j)=1-d(i,j) \tag{2.15}$$

其中，$\mathrm{sim}(i,j)$ 是对象 i 和 j 之间的相似性。本章的其余部分，我们也对相似性度量进行讨论。

数据矩阵由两种实体或“事物”组成，即行（代表对象）和列（代表属性）。因而，数据矩阵经常被称为**二模**（two-mode）矩阵。相异性矩阵只包含一类实体，因此被称为**单模**（onemode）矩阵。许多聚类和最近邻算法都在相异性矩阵上运行。在使用这些算法之前，可以把数据矩阵转化为相异性矩阵。

2.3.2　标称属性的邻近性度量

标称属性可以取两个或多个状态（2.1.1 节）。例如，*map_color* 是一个标称属性，它可以有五种状态：红色、黄色、绿色、粉色和蓝色。

设一个标称属性的状态数目是 M。这些状态可以用字母、符号或者一组整数（如 $1,2,\cdots,M$）表示。注意这些整数只是用于数据处理，并不代表任何特定的顺序。

"如何计算标称属性所刻画的对象之间的相异性？"两个对象 i 和 j 之间的相异性可以根据不匹配率来计算：

$$d(i,j)=\frac{p-m}{p} \tag{2.16}$$

其中，m 是匹配的数目（即 i 和 j 处于相同状态的属性数），而 p 是刻画对象的属性总数。我们可以通过赋予 m 较大的权重，或者赋给有较多状态的属性中的匹配更大的权重来增加 m 的影响。

例 2.18　标称属性之间的相异性。假设我们有表 2.4 中的样本数据，不过只有对象标识符和属性 test-1 是可用的，其中 test-1 是标称的。（在后面的例子中，我们将会用到 test-2 和 test-3。）让我们来计算相异性矩阵，即式（2.14）：

$$\begin{bmatrix} 0 & & & \\ d(2,1) & 0 & & \\ d(3,1) & d(3,2) & 0 & \\ d(4,1) & d(4,2) & d(4,3) & 0 \end{bmatrix}$$

表 2.4　包含混合类型属性的样本数据表

对象标识符	test-1（标称的）	test-2（序数的）	test-3（数值的）
1	A	优秀	45
2	B	一般	22
3	C	好	64
4	A	优秀	28

由于我们只有一个标称属性 test-1，在式（2.16）中，我们令 $p=1$，使得当对象 i 和 j 匹配时，$d(i,j)=0$；当对象不同时，$d(i,j)=1$。于是，我们得到

$$\begin{bmatrix} 0 & & & \\ 1 & 0 & & \\ 1 & 1 & 0 & \\ 0 & 1 & 1 & 0 \end{bmatrix}$$

由此，我们看到除了对象 1 和 4（即 $d(4,1)=0$）之外，所有对象都互不相似。　□

或者，相似性可以用下式计算

$$\text{sim}(i,j)=1-d(i,j)=\frac{m}{p} \tag{2.17}$$

标称属性刻画的对象之间的邻近性也可以使用编码方案来计算。标称属性可以按以下方法用非对称的二元属性编码：对 M 个状态的每个状态创建一个新的二元属性。对于一个具有给定状态值的对象，对应于该状态值的二元属性设置为 1，而其余的二元属性都设置为 0。例如，为了对标称属性 *map_color* 进行编码，可以对上面所列的五种颜色分别创建一个二元属性。如果一个对象是黄色，则黄色属性设置为 1，而其余的四个属性都设置为 0。对于这种形式的编码，可以用下面讨论的方法来计算邻近性。

2.3.3　二元属性的邻近性度量

本节我们介绍用对称和非对称二元属性刻画的对象间的相异性和相似性度量。

回忆一下，二元属性只有两种状态：0 或 1，其中 0 表示该属性不出现，1 表示它出现（2.1.2 节）。例如，给出一个描述患者的属性 *smoker*，1 表示患者抽烟，而 0 表示患者不抽烟。像对待数值属性一样来处理二元属性会产生误导。因此，要采用特定的方法来计算二元数据的相异性。

“那么，如何计算两个二元属性之间的相异性？”一种方法涉及由给定的二元数据计算相异性矩阵。如果所有的二元属性都被看作具有相同的权重，则我们得到一个两行两列的列联表，见表 2.5，其中 q 是对象 i 和 j 取 1 的属性数，r 是在对象 i 中取 1、在对象 j 中取 0 的属性数，s 是在对象 i 中取 0、在对象 j 中取 1 的属性数，而 t 是对象 i 和 j 都取 0 的属性数。属性的总数是 p，其中 $p=q+r+s+t$。

表 2.5　二元属性的列联表

		对象 j		
		1	0	加和
对象 i	1	q	r	$q+r$
	0	s	t	$s+t$
	加和	$q+s$	$r+t$	p

回忆一下，对于对称的二元属性，每个状态都同样重要。基于对称二元属性的相异性称作**对称的二元相异性**。如果对象 i 和 j 都用对称的二元属性刻画，则 i 和 j 的相异性为

$$d(i,j)=\frac{r+s}{q+r+s+t} \tag{2.18}$$

对于非对称的二元属性，两个状态不是同等重要的；如病理化验的阳性（1）和阴性（0）结果。给定两个非对称的二元属性，两个都取值 1 的情况（正匹配）被认为比两个都取值 0 的情况（负匹配）更有意义。因此，这样的二元属性经常被认为是“一元的”（只有一种状态）。基于这种属性的相异性被称为**非对称的二元相异性**，其中负匹配数 t 被认为是不重要的，因此在计算时被忽略，如下所示：

$$d(i,j)=\frac{r+s}{q+r+s} \tag{2.19}$$

互补地，我们可以基于相似性而不是基于相异性来度量两个二元属性的差别。例如，对象 i 和 j 之间的**非对称的二元相似性**可以用下式计算：

$$\text{sim}(i,j)=\frac{q}{q+r+s}=1-d(i,j) \tag{2.20}$$

式（2.20）的系数 $\text{sim}(i,j)$ 被称作 **Jaccard 系数**，它在文献中被广泛使用。

当对称的和非对称的二元属性出现在同一个数据集中时，可以使用 2.3.6 节中介绍的混合类属性方法。

例 2.19　二元属性之间的相异性。假设一个患者记录表（见表 2.6）包含属性姓名、性别、发烧、咳嗽、test-1、test-2、test-3 和 test-4，其中姓名是对象标识符，性别是对称二元属性，其余的属性都是非对称二元属性。□

表 2.6　通过二元属性描述患者的关系表

姓名	性别	发烧	咳嗽	test-1	test-2	test-3	test-4
Jack	M	Y	N	P	N	N	N
Jim	M	Y	Y	N	N	N	N
Mary	F	Y	N	P	N	P	N
⋮	⋮	⋮	⋮	⋮	⋮	⋮	⋮

对于非对称二元属性，值 Y（yes）和 P（positive）被设置为 1，值 N（no 或 negative）被设置为 0。假设对象（患者）之间的距离只基于非对称二元属性来计算。根据式（2.19），三个患者 Jack、Jim 和 Mary 两两之间的距离如下：

$$d(\text{Jack},\text{Jim})=\frac{1+1}{1+1+1}=0.67$$
$$d(\text{Jack},\text{Mary})=\frac{0+1}{2+0+1}=0.33$$
$$d(\text{Jim},\text{Mary})=\frac{1+2}{1+1+2}=0.75$$

这些度量显示 Jim 和 Mary 不大可能患类似的疾病，因为他们具有最高的相异性。在这三个患者中，Jack 和 Mary 最可能患类似的疾病。

2.3.4 数值属性的相异性：闵可夫斯基距离

本节，我们介绍广泛用于计算数值属性刻画对象的相异性的距离度量。这些度量包括欧几里得距离、曼哈顿距离和闵可夫斯基距离。

在某些情况下，在计算距离之前数据应该规范化。这涉及转换数据，使之落入较小的公共值域，如 [−1.0,1.0] 或 [0.0,1.0]。例如，考虑 *height*（高度）属性，它可能用米或英寸为单位测量。一般而言，用较小的单位表示一个属性将导致该属性具有较大的值域，因而趋向于给这种属性更大的影响或“权重”。规范化数据试图赋给所有属性相同的权重。在特定的应用中，这可能有用，也可能没用。数据规范化方法将在 2.5 节数据预处理中详细讨论。

最流行的距离度量是**欧几里得距离**（即，直线或“乌鸦飞行”距离）。令 $i=(x_{i1},x_{i2},\cdots,x_{ip})$ 和 $j=(x_{j1},x_{j2},\cdots,x_{jp})$ 为两个被 p 个数值属性描述的对象。对象 i 和 j 之间的欧几里得距离定义为

$$d(i,j)=\sqrt{(x_{i1}-x_{j1})^2+(x_{i2}-x_{j2})^2+\cdots+(x_{ip}-x_{jp})^2} \tag{2.21}$$

另一个著名的度量方法是**曼哈顿（或城市块）距离**，之所以如此命名，是因为它是城市中两点之间的街区距离（如，向南 2 个街区，横过 3 个街区，共计 5 个街区）。其定义如下：

$$d(i,j)=|x_{i1}-x_{j1}|+|x_{i2}-x_{j2}|+\cdots+|x_{ip}-x_{jp}| \tag{2.22}$$

欧几里得距离和曼哈顿距离都满足如下数学性质：

非负性：$d(i,j)\geqslant 0$，距离是一个非负的数值。

同一性：$d(i,i)=0$，对象到自身的距离为 0。

对称性：$d(i,j)=d(j,i)$，距离是一个对称函数。

三角不等式：$d(i,j)\leqslant d(i,k)+d(k,j)$，在空间中从对象 i 到对象 j 的直接距离不会大于途经任何其他对象 k 的距离。

满足这些条件的测度称作**度量**（metric）。注意非负性被其他三个性质所蕴含。

例 2.20 欧几里得距离和曼哈顿距离。令 $x_1=(1,2)$ 和 $x_2=(3,5)$ 表示如图 2.10 所示的两个对象。两点间的欧几里得距离是 $\sqrt{2^2+3^2}=3.61$。两者的曼哈顿距离是 $2+3=5$。□

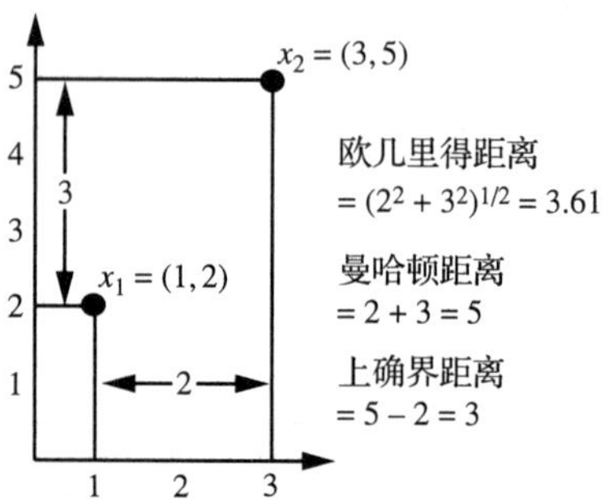

图 2.10 两个对象间的欧几里得距离、曼哈顿距离和上确界距离

闵可夫斯基距离（Minkowski distance）是欧几里得距离和曼哈顿距离的推广，定义如下：

$$d(i,j)=\sqrt[h]{|x_{i1}-x_{j1}|^h+|x_{i2}-x_{j2}|^h+\cdots+|x_{ip}-x_{jp}|^h} \tag{2.23}$$

其中，h 是实数，$h\geqslant 1$。（在某些文献中，这种距离又称 L_p **范数**（norm），其中 p 就是我们的 h。我们保留 p 作为属性数，以便与本章的其余部分一致。）当 h=1 时，表示曼哈顿距离（即，L_1 范数）；当 h = 2 时，表示欧几里得距离（即，

L_2 范数）。

上确界距离（又称 L_{max}、L_∞ 范数和**切比雪夫**（Chebyshev）**距离**）是 $h \to \infty$ 时闵可夫斯基距离的推广。为了计算它，我们找出属性 f，它产生两个对象的最大值差。这个差是上确界距离，更形式化地定义为

$$d(i,j)=\lim_{h\to\infty}\left(\sum_{f=1}^{p}|x_{if}-x_{jf}|^h\right)^{\frac{1}{h}}=\max_{f}^{p}|x_{if}-x_{jf}| \tag{2.24}$$

L_∞ 范数又称为*一致范数*（uniform norm）。

例 2.21　上确界距离。让我们使用相同的数据对象 $x_1=(1,2)$ 和 $x_2=(3,5)$，如图 2.10 所示。第二个属性给出这两个对象的最大值差，为 $\max(|3-1|,|5-2|)=3$。这是这两个对象间的上确界距离。□

如果对每个变量根据其重要性赋予一个权重，则**加权的欧几里得距离**可以用下式计算：

$$d(i,j)=\sqrt{w_1|x_{i1}-x_{j1}|^2+w_2|x_{i2}-x_{j2}|^2+\cdots+w_p|x_{ip}-x_{jp}|^2} \tag{2.25}$$

加权也可以用于其他距离度量。

2.3.5　序数属性的邻近性度量

序数属性的值之间具有有意义的顺序或排名，而连续值之间的量值未知（2.1.4 节）。例子包括 *size* 属性的值序列 *small*，*medium*，*large*。序数属性也可以通过把数值属性的值域划分成有限个类别，对数值属性离散化得到。这些类别组织成排位。即，数值属性的值域可以映射到具有 M_f 个状态的序数属性 f。例如，区间标度属性 *temperature*（摄氏度）的值域可以组织成如下状态：−30 ～ −10，−10 ～ 10，10 ～ 30，分别代表 *cold temperature*，*moderate temperature* 和 *warm temperature*。令序数属性可能的状态数为 M_f。这些有序的状态定义了一个排位 $1,\cdots,M_f$。

"*如何处理序数属性?*"在计算对象之间的相异性时，序数属性的处理与数值属性非常类似。假设 f 是用于描述 n 个对象的一组序数属性之一。关于 f 的相异性计算涉及如下步骤：

1. 第 i 个对象的 f 值为 x_{if}，属性 f 有 M_f 个有序的状态，表示排位 $1,\cdots,M_f$。用对应的排位 $r_{if}\in\{1,\cdots,M_f\}$ 取代 x_{if}。

2. 由于每个序数属性都可以有不同的状态数，所以通常需要将每个属性的值域映射到 [0.0,1.0] 上，以便每个属性都有相同的权重。我们通过用 z_{ij} 代替 f 属性中第 i 个对象的 r_{if} 来实现数据规范化，其中

$$z_{if}=\frac{r_{if}-1}{M_f-1} \tag{2.26}$$

3. 相异性可以用 2.3.4 节介绍的任意一种数值属性的距离度量计算，使用 z_{if} 作为第 i 个对象的 f 值。

例 2.22　序数属性间的相异性。假定我们有前面表 2.4 中的样本数据，不过这次只有对象标识符和连续的序数属性 test-2 可用。test-2 有三个状态，分别是一般、好和优秀，也就是 M_f =3。第一步，如果我们把 test-2 的每个值替换为它的排位，则 4 个对象将分别被赋值 3、1、2、3。第二步，通过将排位 1 映射到 0.0，排位 2 映射到 0.5，排位 3 映射到 1.0 来实现对排位的规范化。第三步，我们可以使用比如说欧几里得距离（式（2.21））得到如下的相异性矩阵：

$$\begin{bmatrix} 0 & & & \\ 1.0 & 0 & & \\ 0.5 & 0.5 & 0 & \\ 0 & 1.0 & 0.5 & 0 \end{bmatrix}$$

因此，对象 1 与对象 2 最不相似，对象 2 与对象 4 也不相似（即，$d(2,1)=1.0$，$d(4,2)=1.0$）。这是直观的，因为对象 1 和对象 4 都是优秀。对象 2 是一般，在 test-2 的值域的另一端。□

序数属性的相似性值可以由相异性得到：$\text{sim}(i,j)=1-d(i,j)$。

2.3.6　混合类属性的相异性

2.3.2 ～ 2.3.5 节讨论了如何计算由相同类型的属性描述的对象之间的相异性，其中这些类型可能是标称的、对称二元的、非对称二元的、数值的或序数的。然而，在许多实际的数据库中，对象是被混合类型的属性描述的。一般来说，一个数据库可能包含上面列举的所有属性类型。

“那么，我们如何计算混合属性类型的对象之间的相异性？”一种方法是将每种类型的属性分成一组，对每种类型分别进行数据挖掘分析（例，聚类分析）。如果这些分析得到一致的结果，则这种方法是可行的。然而，在实际的应用中，对每种属性类型进行分别分析不大可能产生一致的结果。

一种更可取的方法是将所有属性类型一起处理，只做一次分析。这样的技术将不同的属性组合在单个相异性矩阵中，把所有有意义的属性转换到共同的区间 [0.0,1.0] 上。

假设数据集包含 p 个混合类型的属性，对象 i 和 j 之间的相异性 $d(i,j)$ 定义为

$$d(i,j)=\frac{\sum_{f=1}^{p}\delta_{ij}^{(f)}d_{ij}^{(f)}}{\sum_{f=1}^{p}\delta_{ij}^{(f)}} \tag{2.27}$$

其中，如果 x_{if} 或 x_{jf} 缺失（即对象 i 或对象 j 没有属性 f 的度量值），或者 $x_{if}=x_{jf}=0$，并且 f 是非对称的二元属性，则指示符 $\delta_{ij}^{(f)}=0$；否则，指示符 $\delta_{ij}^{(f)}=1$。属性 f 对 i 和 j 之间相异性的贡献 $d_{ij}^{(f)}$ 根据它的类型计算：

- 如果 f 是数值的：$d_{ij}^{(f)}=\frac{|x_{if}-x_{jf}|}{\max_h x_{hf}-\min_h x_{hf}}$，其中 h 遍取属性 f 的所有非缺失对象。
- 如果 f 是标称或二元的：如果 $x_{if}=x_{jf}$，则 $d_{ij}^{(f)}=0$；否则，$d_{ij}^{(f)}=1$。
- 如果 f 是序数的：计算排位 r_{if} 和 $z_{if}=\frac{r_{if}-1}{M_f-1}$，并将 z_{if} 作为数值属性对待。

上面的步骤与我们所见到的各种单一属性类型的处理相同。唯一的不同是对于数值属性的处理，其中规范化使得变量值映射到了区间 [0.0, 1.0]。这样，即便描述对象的属性具有不同类型，对象之间的相异性也能够进行计算。

例 2.23　混合类型属性间的相异性。我们来计算表 2.4 中对象的相异性矩阵。现在，我们将考虑所有属性，它们具有不同类型。在例 2.18 ～例 2.22 中，我们对每种属性计算了相异性矩阵。处理 test-1（它是标称的）和 test-2（它是序数的）的过程与上文所给出的处理混合类型属性的过程是相同的。因此，在下面计算式（2.27）时，我们可以使用由 test-1 和 test-2 所得到的相异性矩阵。然而，我们首先需要对第 3 个属性 test-3（它是数值的）计算相异性

矩阵。即，我们必须计算 $d_{ij}^{(3)}$。根据数值属性的规则，我们令 $\max_h x_h = 64$， $\min_h x_h = 22$。在式（2.27）中二者之差用来规范化相异性矩阵的值。结果，test-3 的相异性矩阵为

$$\begin{bmatrix} 0 & & & \\ 0.55 & 0 & & \\ 0.45 & 1.00 & 0 & \\ 0.40 & 0.14 & 0.86 & 0 \end{bmatrix}$$

现在就可以在计算式（2.27）时利用这三个属性的相异性矩阵了。对于每个属性 f，指示符 $\delta_{ij}^{(f)} = 1$。例如，我们得到 $d(3,1) = \dfrac{1(1)+1(0.50)+1(0.45)}{3} = 0.65$。由三个混合类型的属性所描述的数据得到的相异性矩阵如下：

$$\begin{bmatrix} 0 & & & \\ 0.85 & 0 & & \\ 0.65 & 0.83 & 0 & \\ 0.13 & 0.71 & 0.79 & 0 \end{bmatrix}$$

见表 2.4，基于对象 1 和对象 4 在属性 test-1 和 test-2 上的值，我们可以直观地猜测出它们两个最相似。这一猜测通过相异性矩阵得到了印证，因为对于任何两个不同对象，$d(4,1)$ 是最小值。类似地，相异性矩阵表明对象 2 和对象 4 最不相似。 □

2.3.7 余弦相似性

余弦相似性度量了内积空间中两个向量之间的相似性。它是由两个向量之间夹角的余弦来测量的，并确定两个向量是否大致指向相同的方向。在文本分析中，它常用于度量文档的相似性。

文档用数以千计的属性表示，每个属性记录文档中一个特定词（如关键字）或短语的频数。这样，每个文档都被一个所谓的*词频向量*（term-frequency vector）表示。例如，在表 2.7 中，我们看到文档 1 包含词“队伍”的 5 个实例，而“曲棍球”出现 3 次。正如计数值 0 所示，“教练”在整个文档中未出现。这种数据可能是高度非对称的。

表 2.7 文档向量或词频向量

文档	队伍	教练	曲棍球	棒球	足球	处罚	得分	胜利	失败	赛季
文档 1	5	0	3	0	2	0	0	2	0	0
文档 2	3	0	2	0	1	1	0	1	0	1
文档 3	0	7	0	2	1	0	0	3	0	0
文档 4	0	1	0	0	1	2	2	0	3	0

词频向量通常很长，并且是**稀疏**的（即，它们有许多 0 值）。使用这种结构的应用包括信息检索、文本文档聚类、生物数据分析。对于这类稀疏的数值数据，我们研究过的传统的距离度量效果并不好。例如，两个词频向量可能有很多公共 0 值，意味对应的文档许多词是不共有的，而这使得它们不相似。我们需要一种度量，它关注两个文档确实共有的词，以及这种词出现的频数。换言之，我们需要忽略 0 匹配的数值数据度量。

余弦相似性是一种度量，它可以用来比较文档，或针对给定的查询词向量对文档排序。令 $\boldsymbol{x}$ 和 $\boldsymbol{y}$ 是两个待比较的向量，使用余弦度量作为相似性函数，我们有

$$sim(\boldsymbol{x},\boldsymbol{y}) = \frac{\boldsymbol{x} \cdot \boldsymbol{y}}{\|\boldsymbol{x}\|\|\boldsymbol{y}\|} \tag{2.28}$$

其中，$\|\boldsymbol{x}\|$是向量$\boldsymbol{x}=(x_1,x_2,\cdots,x_p)$的欧几里得范数，定义为$\sqrt{x_1^2+x_2^2+\cdots+x_p^2}$。从概念上讲，它就是向量的长度。类似地，$\|\boldsymbol{y}\|$是向量$\boldsymbol{y}$的欧几里得范数。该度量计算向量$\boldsymbol{x}$和$\boldsymbol{y}$之间夹角的余弦。余弦值0意味两个向量呈90°夹角（正交），没有匹配。余弦值越接近于1，夹角越小，向量之间的匹配越大。注意，由于余弦相似性度量不遵守2.3.4节定义的度量测度性质，因此它被称作非度量测度（nonmetric measure）。

例2.24 两个词频向量的余弦相似性。 假设$\boldsymbol{x}$和$\boldsymbol{y}$是表2.7的前两个词频向量。即$\boldsymbol{x}$=(5,0,3,0,2,0,0,2,0,0)和$\boldsymbol{y}$=(3,0,2,0,1,1,0,1,0,1)。$\boldsymbol{x}$和$\boldsymbol{y}$的相似性如何？使用式（2.28）计算这两个向量之间的余弦相似性，我们得到：

$$\boldsymbol{x}\cdot\boldsymbol{y}=5\times3+0\times0+3\times2+0\times0+2\times1+0\times1+0\times0+2\times1+0\times0+0\times1=25$$

$$\|\boldsymbol{x}\|=\sqrt{5^2+0^2+3^2+0^2+2^2+0^2+0^2+2^2+0^2+0^2}=6.48$$

$$\|\boldsymbol{y}\|=\sqrt{3^2+0^2+2^2+0^2+1^2+1^2+0^2+1^2+0^2+1^2}=4.12$$

$$sim(\boldsymbol{x},\boldsymbol{y})=0.94$$

因此，如果使用余弦相似性度量比较这两个文档，它们将被认为是高度相似的。 □

当属性是二值属性时，余弦相似性函数可以用共享特征或属性解释。假设如果$x_i=1$，则对象$\boldsymbol{x}$具有第i个属性。于是，$\boldsymbol{x}\cdot\boldsymbol{y}$是$\boldsymbol{x}$和$\boldsymbol{y}$共同具有的属性数，而$\|\boldsymbol{x}\|$和$\|\boldsymbol{y}\|$分别是$\boldsymbol{x}$具有的属性数与$\boldsymbol{y}$具有的属性数的几何均值。于是，$sim(\boldsymbol{x},\boldsymbol{y})$是公共属性相对拥有的一种度量。

对于这种情况，余弦度量的一个简单的变体如下：

$$sim(\boldsymbol{x},\boldsymbol{y})=\frac{\boldsymbol{x}\cdot\boldsymbol{y}}{\boldsymbol{x}\cdot\boldsymbol{x}+\boldsymbol{y}\cdot\boldsymbol{y}-\boldsymbol{x}\cdot\boldsymbol{y}} \tag{2.29}$$

这是$\boldsymbol{x}$和$\boldsymbol{y}$所共有的属性数与$\boldsymbol{x}$或$\boldsymbol{y}$所具有的属性数之间的比率。这个函数被称为**Tanimoto系数**或**Tanimoto距离**，它经常用在信息检索和生物学分类中。

2.3.8 度量相似的分布：Kullback-Leibler散度

最后，我们介绍Kullback-Leibler散度，或简称为KL散度，这是一种在数据挖掘文献中广泛使用的度量，用于度量同一变量x上两个概率分布之间的差异。这个概念起源于概率论和信息论。

KL散度与相对熵、信息散度和判别信息密切相关，是两个概率分布$p(x)$和$q(x)$之间差异的非对称度量。具体来说，$q(x)$与$p(x)$的KL散度，记为$D_{\mathrm{KL}}(p(x)\|q(x))$，是用$q(x)$近似$p(x)$时信息损失的度量。

设$p(x)$和$q(x)$为离散随机变量x的两个概率分布，即$p(x)$之和与$q(x)$之和均为1，对于X中的任意x, $p(x)>0$且$q(x)>0$，$D_{\mathrm{KL}}(p(x)\|q(x))$在式（2.30）中定义。

$$D_{\mathrm{KL}}(p(x)\|q(x))=\sum_{x\in X}p(x)\ln\frac{p(x)}{q(x)} \tag{2.30}$$

KL散度度量的是，当使用基于$q(x)$的编码而不是基于$p(x)$的编码时，编码来自$p(x)$的样本所需的额外比特数。通常$p(x)$表示数据、观察值或精确计算的理论分布的“真实”分布。测度$q(x)$通常代表$p(x)$的理论、模型、描述或近似值。

KL散度的连续版本为

$$D_{\mathrm{KL}}(p(x)\|q(x))=\int_{-\infty}^{+\infty}p(x)\ln\frac{p(x)}{q(x)}\mathrm{d}x \tag{2.31}$$

虽然KL散度度量两个分布之间的“距离”，但它不是距离度量。这是因为KL散度不是

度量。它不是对称的：从 $p(x)$ 到 $q(x)$ 的 KL 散度通常与从 $q(x)$ 到 $p(x)$ 的 KL 散度不同。此外，它不需要满足三角不等式。然而，$D_{KL}(p(x)\|q(x))$ 是一个非负测度。$D_{KL}(p(x)\|q(x))\geqslant 0$，$D_{KL}(p(x)\|q(x))=0$ 当且仅当 $p(x)=q(x)$。

在计算 KL 散度时需要注意。我们知道 $\lim\limits_{p(x)\to 0} p(x)\log p(x)=0$。然而，当 $p(x)\neq 0$ 而 $q(x)=0$ 时，$D_{KL}(p(x)\|q(x))$ 被定义为 ∞。这意味着，如果一个事件 e 是可能的（即 $p(e)>0$），而另一个事件预测它绝对不可能（即 $q(e)=0$），那么这两个分布是绝对不同的。然而，在实践中，两个分布 P 和 Q 是从观测和样本计数中得出的，即从频数分布中得出的。在推导出的概率分布中预测一个事件完全不可能发生是不合理的，因为我们必须考虑到不可见事件的可能性。可以使用平滑方法从观察到的频数分布中推导出概率分布，如下面的例子所示。

例 2.25 通过平滑计算 KL 散度。假设有两个样本分布 P 和 Q，P:(a:3/5, b:1/5, c:1/5) 和 Q:(a:5/9, b:3/9, d:1/9)。为了计算 KL 散度 $D_{KL}(P\|Q)$，我们引入一个小常数 ϵ，例如 $\epsilon=10^{-3}$，并定义 P 和 Q 的平滑结果 P' 和 Q'，如下所示。

P 中观察到的样本集，$SP=\{a,b,c\}$。同样，$SQ=\{a,b,d\}$。联合集为 $SU=\{a,b,c,d\}$。通过平滑，可以将缺失的符号相应添加到每个分布中，具有较小概率 ϵ。因此我们有 $P':(a:3/5-\epsilon/3, b:1/5-\epsilon/3, c:1/5-\epsilon/3, d:\epsilon)$ 和 $Q':(a:5/9-\epsilon/3, b:3/9-\epsilon/3, c:\epsilon, d:1/9-\epsilon/3)$。$D_{KL}(P'\|Q')$ 可以很容易地计算。 □

2.3.9 捕获相似性度量中的隐藏语义

相似性度量是数据挖掘中的一个基本概念。我们介绍了多种计算对象之间相似性的方法，这些对象涉及数值属性、对称和非对称二元属性、序数属性和标称属性。我们还介绍了如何使用向量空间模型计算文档相似性，以及如何使用 KL 散度的概念比较两个分布。这些关于对象相似性的概念和度量将在随后的模式发现、分类、聚类和离群点分析方法的研究中大量使用。

在实际应用中，我们可能会遇到超出本章所讨论的对象相似性的概念。即使是简单的对象，对象之间的相似性也往往与其语义密切相关，而基于上述定义的相似性度量无法捕获这些语义。例如，人们通常认为几何和代数比几何与音乐或政治更相似，即使它们都是学校学习的科目。此外，由相似频率分布的单词（或相似的单词包）组成的文档可能表达相当不同的含义（例如，“猫咬老鼠”和“老鼠咬猫”）。这超出了向量空间模型（如 2.3.7 节所示，将单词表示为高维向量空间中的一组向量）所能处理的范围。此外，对象可以由相当复杂的结构和连接组成。可能需要引入图和网络的相似性度量，这超出了这里介绍的对象相似性的概念。

在接下来的章节中，我们将介绍遇到的其他相似性度量以及要讨论的问题和方法。特别是，在第 12 章中，我们将简要介绍分布式表示和表示学习的概念，其中文本嵌入和深度学习将用于计算这种高级相似性概念。

2.4 数据质量、数据清洗和数据集成

在本节中，我们首先讨论数据质量度量（2.4.1 节）。然后，我们介绍数据清洗（2.4.2 节）和数据集成（2.4.3 节）的常见技术。

2.4.1 数据质量度量

数据如果能满足其应用要求，那么它是高质量的。**数据质量**涉及许多因素，包括准确性、完整性、一致性、时效性、可信性和可解释性。

想象你是一家线上商店的经理，负责分析分店的销售数据。你立即着手进行这项工作，仔细地研究和审查公司的数据库和数据仓库，识别并选择应当包含在你的分析中的属性或维度（例如，商品、价格和销售量）。你注意到，许多元组在一些属性上没有值。对于你的分析，你希望知道每种销售商品是否做了降价销售广告，但是发现这些信息根本未被记录。此外，你的数据库系统用户已经报告了某些事务记录中的一些错误、不寻常的值和不一致。换言之，你希望使用数据挖掘技术分析的数据是*不完整的*（缺少属性值或某些感兴趣的属性，或仅包含聚合数据）、*不正确的或含噪声的*（包含错误或存在偏离期望的值），并且是*不一致的*（例如，用于商品分类的部门编码存在差异）。欢迎来到现实世界！

这种情况阐明了数据质量的三个要素：**准确性**（accuracy）、**完整性**（completeness）和**一致性**（consistency）。不正确、不完整和不一致的数据是现实世界的大型数据库和数据仓库的共同特点。导致不正确的数据（即具有不正确的属性值）可能有多种原因：收集数据的设备可能出故障；在数据输入时可能出现人或计算机的错误；当用户不希望提交个人信息时，可能故意向强制输入字段输入不正确的值（例如，生日选择默认值“1 月 1 日”）。这称为*伪装的缺失数据*。错误也可能在数据传输中出现。这些可能是由于技术的限制，如用于数据转移和消耗同步缓冲区大小的限制。不正确的数据也可能是由命名约定或所用的数据代码不一致，或输入字段（如日期）的格式不一致而导致的。重复元组也需要数据清洗。

不完整数据的出现可能有多种原因。有些感兴趣的属性，如销售事务数据中顾客的信息，并非总是可以得到的。其他数据没有包含在内，可能只是因为输入时认为它们是不重要的。相关数据没有记录可能是由于理解错误，或者设备故障。与其他记录不一致的数据可能已经被删除。此外，历史或修改的数据可能被忽略。缺失的数据，特别是某些属性上缺失值的元组，可能需要推导出来。

注意，数据质量依赖于数据的应用。对于给定的数据库，两个不同的用户可能有完全不同的评估。例如，市场分析人员可能访问上面提到的数据库，得到顾客地址的列表。有些地址已经过时或不正确，但毕竟还有 80% 的地址是正确的。市场分析人员考虑到对于目标市场营销而言，这是一个大型顾客数据库，因此对该数据库的准确性还算满意，尽管作为销售经理，你发现数据是不正确的。

时效性（timeliness）也影响数据的质量。假设你正在监控公司的高端销售代理的月销售奖金分布。然而，一些销售代理未能在月末及时提交他们的销售记录。月底之后还有大量更正与调整。在下月的一段时间内，存放在数据库中的数据是不完整的。然而，一旦所有的数据被接收之后，它就是正确的。月底数据未能及时更新对数据质量具有负面影响。

影响数据质量的另外两个因素是可信性和可解释性。**可信性**（believability）反映有多少数据是用户信赖的，而**可解释性**（interpretability）反映数据是否容易理解。假设在某一时刻数据库有一些错误，之后这些错误都被更正。然而，过去的错误已经给销售部门的用户造成了问题，因此他们不再相信该数据。数据还使用了许多会计编码，销售部门并不知道如何解释它们。即便该数据库现在是正确的、完整的、一致的、及时的，但是由于很差的可信性和可解释性，销售部门的用户仍然可能把它看成低质量的数据。

2.4.2 数据清洗

现实世界的数据一般是不完整的、有噪声的和不一致的。*数据清洗*例程试图填充缺失值、平滑噪声并识别离群点、纠正数据中的不一致。本节我们将研究数据清洗的基本方法。首先我们介绍处理缺失值的方法，然后，我们介绍数据平滑技术，最后讨论将数据清洗作为一个过程的方法。

缺失值

想象一下，你需要分析一家公司的销售和顾客数据。你注意到许多元组的一些属性（如顾客的收入）没有记录值。怎样才能为该属性填上缺失的值？看看下面的方法。

1. **忽略元组**：当缺少类标签时通常这样做（假定挖掘任务涉及分类）。除非元组有多个属性缺少值，否则该方法不是很有效。当每个属性缺失值的百分比变化很大时，它的性能特别差。采用忽略元组，你不能使用该元组的剩余属性值。这些数据可能对手头的任务是有用的。

2. **人工填写缺失值**：一般来说，该方法很费时，并且当数据集很大、缺失很多值时，该方法可能行不通。

3. **使用一个全局常量填充缺失值**：将缺失的属性值用同一个常量（如“Unknown”或 $-\infty$）替换。如果缺失的值都用“Unknown”替换，则挖掘程序可能误以为它们形成了一个有趣的概念，因为它们都具有相同的值——“Unknown”。因此，尽管该方法简单，但是并不十分可靠。

4. **使用属性的中心度量（如均值或中位数）填充缺失值**：2.2 节中讨论了中心趋势度量，它们指示数据分布的“中间”值。对于正态的（对称的）数据分布而言，可以使用均值，而倾斜数据分布应该使用中位数（2.2 节）。例如，假定顾客收入的数据分布是对称的，并且平均收入为 56 000 美元，则使用该值替换收入中的缺失值。

5. **使用与给定元组属同一类的所有样本的属性均值或中位数**：例如，如果将顾客按“信用风险”分类，则用具有相同信用风险的顾客的平均收入替换“收入”中的缺失值。如果给定类的数据分布是倾斜的，则中位数是更好的选择。

6. **使用最可能的值填充缺失值**：可以用回归、使用贝叶斯形式化方法的基于推理的工具或决策树归纳确定。例如，利用数据集中其他顾客的属性，可以构造一棵决策树，来预测收入的缺失值。决策树、回归和贝叶斯推理在第 6 章和第 7 章中有详细的介绍。

方法 3 ～方法 6 使数据有偏，填入的值可能不正确。然而，方法 6 是最流行的策略。与其他方法相比，它使用已有数据的大部分信息来预测缺失值。在估计收入的缺失值时，通过考虑其他属性的值，有更大的机会保持收入和其他属性之间的联系。

重要的是要注意，在某些情况下，缺失值并不意味数据有错误。例如，在申请信用卡时，可能要求申请人提供驾驶证号。没有驾驶证的申请者可能自然地不填写该字段。表格应当允许填表人使用诸如“不适用”等值。软件例程也可以用来发现其他空值（例如，“不知道”“?”或“无”）。理想情况下，每个属性都应当有一个或多个关于空值条件的规则。这些规则可以说明是否允许空值，并且（或者）说明这样的空值应当如何处理或转换。如果在业务处理的后续步骤中提供值，也可能在字段中故意留下空白。因此，尽管在得到数据后，我们可以尽可能来清理数据，但好的数据库和数据输入设计将有助于在第一时间就把缺失值或错误的数量降至最低。

噪声数据

“什么是噪声？” **噪声**（noise）是被测量的变量的随机误差或方差。给定一个数值属性，如价格，我们怎样才能“平滑”数据、去掉噪声？我们看看下面的数据平滑技术。

分箱（binning）：分箱方法通过考察数据的“邻域”（即周围的值）来平滑有序数据值。这些有序的值被分布到一些“桶”或箱中，由于分箱方法考察邻域的值，因此它进行局部平滑。图 2.11 展示了一些分箱技术。在该图中，价格数据首先被排序并被划分到大小为 3 的等频的箱中（即每个箱包含 3 个值）。**用箱均值平滑**，箱中每一个值都被替换为箱中的均值。例如，箱 1 中的值 4、8 和 15 的均值是 9。因此，该箱中的每一个值都被替换为 9。

类似地，可以使用**用箱中位数平滑**，此时，箱中的每一个值都被替换为该箱的中位数。对于**用箱边界平滑**，给定箱中的最大和最小值同样被视为箱边界，而箱中的每一个值都被替换为最近的边界值。一般而言，宽度越大，平滑效果越明显。箱也可以是等宽的，其中每个箱值的区间范围是常量。分箱也可以作为一种离散化技术使用。

回归（regression）：数据平滑也可以通过回归来完成，回归是一种使数据值符合函数的技术。线性回归涉及找出拟合两个属性（或变量）的“最佳”直线，使得一个属性可以用来预测另一个。多元线性回归是线性回归的扩展，其中涉及的属性多于两个，并且数据拟合到一个多维曲面。回归将在第 6 章进一步讨论。

离群点分析（outlier analysis）：可以通过如聚类来检测离群点。聚类将类似的值组织成群或“簇”。直观地，落在簇集合之外的值被视为离群点（如图 2.12 所示）。第 11 章专门研究离群点分析。

根据价格（美元）排序数据：
4, 8, 15, 21, 21, 24, 25, 28, 34

等频分箱：
箱 1：4, 8, 15
箱 2：21, 21, 24
箱 3：25, 28, 34

用箱均值平滑：
箱 1：9, 9, 9
箱 2：22, 22, 22
箱 3：29, 29, 29

用箱边界平滑：
箱 1：4, 4, 15
箱 2：21, 21, 24
箱 3：25, 25, 34

图 2.11　不同分箱方法的数据平滑

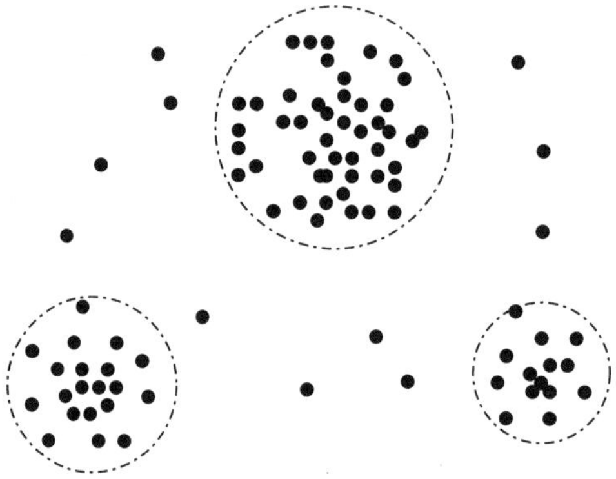

图 2.12　关于城市中顾客位置的二维顾客数据图，显示三个数据簇。离群值可能是检测为簇集之外的值

许多数据平滑方法也用于数据离散化（一种数据转换形式）和数据归约。例如，上面介绍的分箱技术减少了每个属性的不同值的数量。对于基于逻辑的数据挖掘方法（如决策树归纳），它反复地在排序后的数据上进行比较，这充当了一种形式的数据归约。概念层次是一种数据离散化形式，也可以用于数据平滑。例如，*price* 的概念层次可以把实际的 *price* 的值映射到便宜、适中和昂贵，从而减少了挖掘过程需要处理的值的数量。数据离散化将在 2.5.2 节讨论。有些分类方法（例如，神经网络）有内置的数据平滑机制。分类是第 6 章和第 7 章的主题。

数据清洗作为一个过程

缺失值、噪声和不一致都会导致不正确的数据。迄今为止，我们已经考察了处理缺失数据和平滑数据的技术。“但是，数据清洗可能是一项繁重的任务。数据清洗作为一个过程怎么样？如何正确地进行这项工作？有没有工具来帮助做这件事？”

数据清洗过程的第一步是偏差检测（discrepancy detection）。导致偏差的因素可能有多种，包括具有很多可选字段的设计糟糕的输入表单、人为的数据输入错误、有意的错误（例如，受访者不愿意泄露自己的信息），以及数据退化（例如，过时的地址）。偏差也可能源于不一致的数据表示和不一致的编码使用。记录数据的设备的错误和系统错误是另一种偏差源。当数据以不同于当初的目的（不适当地）使用时，也可能出现错误。数据集成也可能导致不一致（例如，当给定的属性在不同的数据库中具有不同的名称时）。㊀

*“那么，如何进行偏差检测？”*作为开始，使用任何你可能具有的关于数据性质的知识。这种知识或“关于数据的数据”称作**元数据**。在这里，我们可以使用在本章前几节中获得的关于数据的知识。例如，每个属性的数据类型和定义域是什么？每个属性可接受的值是什么？对于把握数据趋势和识别异常，2.2 节介绍的数据的基本统计描述是有用的。例如，找出均值、中位数和众数。数据是对称的还是倾斜的？值域是什么？所有的值都落在期望的区间内吗？每个属性的标准差是多少？对于类高斯分布，距离给定属性均值超过两个标准差的值可能标记为可能的离群点。属性之间存在已知的相关吗？在这一步，你可以编写自己的脚本或使用我们稍后将讨论的某种工具。由此，你可能发现噪声、离群点和需要考察的不寻常的值。

作为一位数据分析人员，你应当警惕编码使用的不一致和数据表示的不一致问题（例如，日期“2010/12/25”和“25/12/2010”）。**字段过载**（field overloading）是另一种错误源，通常是这样产生的：开发者将新属性的定义挤进已经定义的属性的未使用（位）部分（例如，一个属性未使用的位，该属性取值已经使用了 32 位中的 31 位）。

还应当根据唯一性规则、连续性规则和空值规则考察数据。**唯一性规则**指给定属性的每个值都必须不同于该属性的其他值。**连续性规则**指属性的最低和最高值之间没有缺失的值，并且所有的值必须是唯一的（例如，支票编号）。**空值规则**说明空白、问号、特殊符号或指示空值条件的其他字符串的使用（例如，一个给定属性的值何处不能用），以及如何处理这样的值。如前所述，缺失值的原因可能包括：（1）被要求提供属性值的人拒绝提供或发现所要求的信息不适用（例如，非驾驶员未填写驾驶证号属性）；（2）数据输入者不知道正确的值；（3）值在稍后提供。空值规则应当说明如何记录空值条件，例如数值属性存放 0，分类属性存放空白或其他使用方便的约定（诸如“不知道”或“？”这样的项应当转换成空白）。

有大量不同的商业工具可以帮助我们进行偏差检测。**数据清洗工具**（data scrubbing tool）使用简单的领域知识（如邮政地址知识和拼写检查），检查并纠正数据中的错误。在清理多个数据源的数据时，这些工具依赖于分析和模糊匹配技术。**数据审计工具**（data auditing tool）通过分析数据发现规则和联系，并检测违反这些条件的数据来发现偏差。它们是数据挖掘工具的变体。例如，它们可以使用统计分析来发现相关性，或通过聚类识别离群点。它们也可以使用 2.2 节介绍的基本统计描述。

有些数据不一致可以使用其他材料人工地加以更正。例如，数据输入时的错误可以使用纸上的记录加以更正。然而，大部分错误需要进行*数据转换*。也就是说，一旦发现偏差，通常我们需要定义并使用（一系列）转换来纠正它们。

商业工具可以支持数据转换步骤。**数据迁移工具**（data migration tool）允许指定简单的转换，如将字符串“gender”用“sex”替换。**ETL**（Extraction/Transformation/ Loading，提取/转换/加载）**工具**允许用户通过图形用户界面（GUI）指定转换。通常，这些工具只支持有限的转换，因此我们可能需要为数据清洗过程的这一步编写定制的脚本。

偏差检测和数据转换（纠正偏差）的两步过程迭代执行。然而，这一过程容易出错并且费时。有些转换可能导致更多偏差。有些*嵌套的偏差*可能在其他偏差解决之后才能检测到。例

㊀ 数据集成和删除由集成导致的冗余数据将在 2.4.3 节进一步讨论。

如，年份字段上的打字错误“20010”可能在所有日期值都转换成统一格式之后才会浮现。转换常常以批处理方式进行，用户等待而无反馈信息。仅当转换完成之后，用户才能回过头来检查是否错误地产生了新的异常。通常，需要多次迭代才能使用户满意。不能被给定转换自动处理的元组通常写到一个文件中，而不给出失败的原因解释。这样，整个数据清洗过程也缺乏交互性。

新的数据清洗方法强调加强交互性。例如，Potter’s Wheel 是一种公开的数据清洗工具，它集成了偏差检测和数据转换。用户在一个类似于电子数据表的界面上，通过编辑和调试每个转换，一次一步，逐渐构造一个转换序列。转换可以通过图形或提供的例子说明。结果立即显示在屏幕上的记录中。用户可以撤销转换，使得导致额外错误的转换可以被“清除”。该工具在最近一次转换的数据视图上自动地进行偏差检测。随着偏差的发现，用户逐渐地开发和精化转换，从而使数据清洗更有效。2.5 节将介绍一些常见的数据转换技术，包括规范化、离散化、压缩和抽样。

另一种提高数据清洗交互性的方法是开发数据转换操作的规范说明语言。这种工作关注定义 SQL 扩展和算法，使得用户可以有效地表达数据清洗具体要求。

随着我们对数据的了解的加深，不断更新元数据以反映这种知识很重要。这有助于加快在相同数据的未来版本上的数据清洗。

2.4.3　数据集成

数据挖掘经常需要数据集成——合并来自多个数据存储的数据。仔细集成有助于减少结果数据集的冗余和不一致。这有助于提高其后挖掘过程的准确性和速度。

数据语义的异构和结构对数据集成提出了巨大的挑战。在本节中，我们首先介绍实体识别问题，该问题匹配来自不同来源的模式和对象。然后，我们提出相关检验，以发现相关的数值和标称数据。最后，我们介绍元组重复和数据值冲突的检测和解决。

实体识别问题

数据分析任务多半涉及数据集成。数据集成将多个数据源中的数据合并，存放在一个一致的数据存储中，如存放在数据仓库中。这些数据源可能包括多个数据库、数据立方体或一般文件。

在数据集成时，有许多问题需要考虑。模式集成和对象匹配可能需要技巧。来自多个数据源的现实世界的等价实体如何才能“匹配”？这涉及**实体识别问题**。例如，数据分析者或计算机如何才能确信一个数据库中的 *customer_id* 与另一个数据库中的 *cust_number* 指的是相同的属性？元数据还可以用来帮助实体识别（例如，*pay_type* 的数据编码在一个数据库中可以是“H”和“S”，而在另一个数据库中是 1 和 2）。每个属性的元数据包括名称、含义、数据类型和属性的允许取值范围，以及处理空白、零或 NULL 值的空值规则（见 2.4.2 节）。这样的元数据可以用来帮助避免模式集成的错误。因此，这一步也与前面介绍的数据清洗有关。

在集成期间，当一个数据库的属性与另一个数据库的属性匹配时，必须特别注意数据的结构。这旨在确保源系统中的任何属性功能依赖和参照约束与目标系统中的匹配。例如，在一个系统中，属性 *discount* 可能用于订单，而在另一个系统中，它用于订单内的商品。如果在集成之前未发现，则目标系统中的商品可能被不正确地打折。

冗余和相关分析

冗余是数据集成的另一个重要问题。一个属性（例如，年收入）如果能由另一个或另一组属性“导出”，则这个属性可能是冗余的。属性或维度命名的不一致也可能导致结果数据集中的冗余。

有些冗余可以被**相关分析**检测到。给定两个属性，这种分析可以根据可用的数据，度量一个属性能在多大程度上蕴含另一个。对于标称数据，我们使用 χ^2（卡方）检验。对于数值属性，我们使用相关系数和协方差，它们都评估一个属性的值如何随另一个变化。

元组重复

除了检测属性间的冗余外，还应当在元组级检测重复（例如，对于给定的唯一数据实体，存在两个或多个相同的元组）。去规范化表（denormalized table）的使用（这样做通常是通过避免连接来提高性能）是数据冗余的另一个来源。不一致通常出现在各种不同的副本之间，由于不正确的数据输入，或者由于更新了数据的某些出现，但未更新所有的出现。例如，如果订单数据库包含订货人的姓名和地址属性，而不是这些信息在订货人数据库中的键，则差异就可能出现，如同一订货人的名字可能以不同的地址出现在订单数据库中。

数据值冲突的检测与处理

数据集成还涉及数据值冲突的检测与处理。例如，对于现实世界的同一实体，来自不同数据源的属性值可能不同。这可能是因为表示、尺度或编码不同。例如，重量属性可能在一个系统中以公制单位存放，而在另一个系统中以英制单位存放。对于连锁旅馆，不同城市的房价不仅可能涉及不同的货币，而且可能涉及不同的服务（如免费早餐）和税收。例如，不同学校交换信息时，每个学校可能都有自己的课程计划和评分方案。一所大学可能采取学季制，开设三门数据库系统课程，用 A+ ～ F 评分；而另一所大学可能采用学期制，开设两门数据库课程，用 1 ～ 10 评分。很难在这两所大学之间制定精确的课程成绩转换规则，这使得信息交换非常困难。

属性也可能在不同的抽象层上，其中记录一个系统中属性的抽象层可能比另一个系统中“相同的”属性低。例如，*total_sales* 在一个数据库中可能涉及公司的一个分店，而另一个数据库中相同名字的属性可能表示给定地区的所有分店的总销售量。

不一致检测问题在 2.4.2 节数据清洗中进行了描述。

2.5　数据转换

在数据转换中，数据被转换或统一成适合挖掘的形式。通过适当的数据转换，使得挖掘过程可能更有效，并且发现的模式可能更容易理解。已经开发了各种数据转换策略。在本节中，我们首先介绍数据规范化（2.5.1 节），其中属性数据被缩放，以便落在较小的范围内，例如 −1.0 ～ 1.0 或 0.0 ～ 1.0。然后，我们将学习数据离散化（2.5.2 节），它用区间标签（例如，0 ～ 10，11 ～ 20 等）或概念标签（例如，青年人、中年人、老年人）替换数字属性（例如，年龄）的原始值。数据压缩（2.5.3 节）和抽样（2.5.4 节）是两种数据规约技术，它们将输入数据转换为体积小得多的约简表示，但密切保持原始数据的完整性。

2.5.1　规范化

所用的度量单位可能影响数据分析。例如，把 *height*（高度）的度量单位从米变成英寸，把 *weight*（重量）的度量单位从千克改成磅，可能导致完全不同的结果。一般而言，用较小的单位表示属性将导致该属性具有较大值域，因此趋向于赋予这样的属性较大的影响或较高的“权重”。为了避免对度量单位选择的依赖性，数据应该规范化或标准化。这涉及转换数据，使之落入较小的共同区间，如 [−1.0,1.0] 或 [0.0,1.0]。（在数据预处理中，术语“规范化”和“标准化”可以互换使用，尽管后一术语在统计学中还具有其他含义。）

规范化数据试图赋予所有属性相等的权重。对于涉及神经网络的分类算法或基于距离度量的分类（如最近邻分类）和聚类，规范化特别有用。如果使用神经网络后向传播算法进行分类挖掘（第 10 章），对训练元组中每个属性的输入值规范化将有助于加快学习阶段的速度。对于基于距离的方法，规范化可以帮助防止具有较大初始值域的属性（如收入）与具有较小初始值域的属性（如二元属性）相比权重过大。在没有数据的先验知识时，规范化也是有用的。

有许多数据规范化的方法，我们将学习三种：min-max 规范化、z-score 规范化和小数定标规范化。在我们的讨论中，令 A 是数值属性，具有 n 个观测值 $v_1, v_2, \cdots, v_n$。

min-max 规范化对原始数据进行线性变换。假如 $\min_A$ 和 $\max_A$ 分别为属性 A 的最小值和最大值。通过计算

$$v_i' = \frac{v_i - \min_A}{\max_A - \min_A}(\text{new\_max}_A - \text{new\_min}_A) + \text{new\_min}_A \tag{2.32}$$

min-max 规范化把 A 的值 v_i 映射到区间 $[\text{new\_min}_A, \text{new\_max}_A]$ 中的 v_i'。

min-max 规范化保持原始数据值之间的联系。如果今后的输入实例落在 A 的原始数据值域之外，则该方法将面临"越界"错误。

例 2.26 min-max 规范化。假设属性收入的最小值与最大值分别为 12 000 美元和 98 000 美元。我们想把收入映射到区间 [0.0,1.0]。根据 min-max 规范化，收入值 73 600 美元将变换为 $\frac{73\,600 - 12\,000}{98\,000 - 12\,000}(1.0 - 0) + 0 = 0.716$。 □

在 **z-score 规范化**（或零均值规范化）中，属性 A 的值基于 A 的均值（即平均值）和标准差规范化。A 的值 v_i 被规范化为 v_i'，由下式计算：

$$v_i' = \frac{v_i - \bar{A}}{\sigma_A} \tag{2.33}$$

其中，$\bar{A}$ 和 σ_A 分别为属性 A 的均值和标准差。均值和标准差已在 2.2 节讨论，其中 $\bar{A} = \frac{1}{n}(v_1 + v_2 + \cdots + v_n)$，而 σ_A 用 A 的方差的平方根计算（见式（2.6））。当属性 A 的实际最小值和最大值未知，或离群点左右了 min-max 规范化时，该方法是有用的。

例 2.27 z-score 规范化。假设属性收入的均值和标准差分别为 54 000 美元和 16 000 美元。使用 z-score 规范化，73 600 美元被转换为 $\frac{73\,600 - 54\,000}{16\,000} = 1.225$。 □

式（2.33）的标准差可以用均值绝对偏差替换。A 的**均值绝对偏差**（mean absolute deviation）s_A 定义为

$$s_A = \frac{1}{n}(|v_1 - \bar{A}| + |v_2 - \bar{A}| + \cdots + |v_n - \bar{A}|) \tag{2.34}$$

这样，使用均值绝对差的 z-score 规范化为

$$v_i' = \frac{v_i - \bar{A}}{s_A} \tag{2.35}$$

对于离群点，均值绝对偏差 s_A 比标准差更加鲁棒。在计算均值绝对偏差时，与均值的偏差（即 $|x_i - \bar{x}|$）不取平方，因此离群点的影响在一定程度上降低了。

小数定标规范化通过移动属性 A 的值的小数点位置进行规范化。小数点的移动位数依赖于 A 的最大绝对值。A 的值 v_i 被规范化为 v_i'，由下式计算：

$$v_i' = \frac{v_i}{10^j} \tag{2.36}$$

其中，j 是使得 $\max(|v_i'|)<1$ 的最小整数。

例 2.28　小数定标。 假设 A 的取值为 $-986 \sim 917$。A 的最大绝对值为 986。因此，为使用小数定标规范化，我们用 1 000（即 $j=3$）除以每个值。因此，-986 被规范化为 -0.986，而 917 被规范化为 0.917。□

注意，规范化可能将原来的数据改变很多，特别是使用 z-score 规范化或小数定标规范化时。还有必要保留规范化参数（如均值和标准差，如果使用 z-score 规范化的话），以便将来的数据可以用一致的方式规范化。

2.5.2　离散化

数据离散化是一种常见的数据转换技术，其中数值属性（例如，年龄）的原始值用区间标签（例如，0 ～ 10，11 ～ 20 等）或概念标签（例如，青年人、中年人、老年人）替换。这些标签可以递归地组织成更高层概念，导致数值属性的概念层次。图 2.13 显示了属性价格的一个概念层次。对于同一个属性可以定义多个概念层次，以适合不同用户的需要。

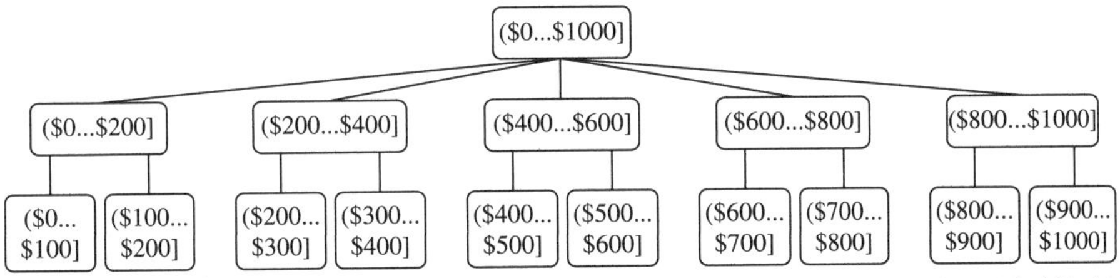

图 2.13　属性价格的一个概念层次，其中区间 ($X...$Y] 表示从 $X（不包括）到 $Y（包括）的区间

离散化技术可以根据如何进行离散化加以分类，如根据是否使用类信息，或根据离散化的进行方向（即自顶向下或自底向上）来分类。如果离散过程使用类信息，则称它为监督的离散化（supervised discretization）；否则是非监督的（unsupervised）。如果离散化过程首先找出一个或几个点（称作分裂点或割点）来划分整个属性区间，然后在结果区间上递归地重复这一过程，则称它为自顶向下离散化或分裂。这与自底向上离散化或合并正好相反，它们首先将所有的连续值看作可能的分裂点，通过合并邻域的值形成区间，然后在结果区间递归地应用这一过程。

我们介绍了两种基本的离散化技术，包括分箱和直方图分析。其他离散化方法包括聚类分析、决策树分析和相关分析。这些技术中的每一种都可用于为数值属性生成概念层次结构。

通过分箱离散化

分箱是一种基于指定的箱个数的自顶向下的分裂技术。2.4.2 节讨论了数据平滑的分箱方法。这些方法也可以用作数据归约和概念层次产生的离散化方法。例如，通过使用等宽或等频分箱，然后用箱均值或中位数替换箱中的每个值，可以将属性值离散化，就像用箱均值平滑或箱中位数平滑一样。这些技术可以递归地作用于结果划分，产生概念层次。

分箱并不使用类信息，因此是一种非监督的离散化技术。它对用户指定的箱个数很敏感，也容易受离群点的影响。

通过直方图分析离散化

直方图分析也是一种非监督离散化技术，因为它也不使用类信息。直方图已在 2.2.4 节介绍过。直方图把属性 A 的值划分成不相交的区间，称作桶或箱。如果每个桶只代表单个属性值 / 频率对，则该桶称为单值桶。单值桶对于存储高频离群点很有用。通常，桶表示给定属性的一个连续区间。

例 2.29　以下数据是某公司常用商品的单价列表（以美元为单位四舍五入取整）。已对数据进行了排序：1，1，5，5，5，5，5，8，8，10，10，10，10，12，14，14，14，15，15，15，15，15，15，18，18，18，18，18，18，18，18，20，20，20，20，20，20，20，21，21，21，21，25，25，25，25，25，28，28，30，30，30。

图 2.14 使用单值桶显示了这些数据的直方图。为进一步压缩数据，通常让一个桶代表给定属性的一个连续值域。在图 2.15 中每个桶代表价格的一个不同的 10 美元区间。□

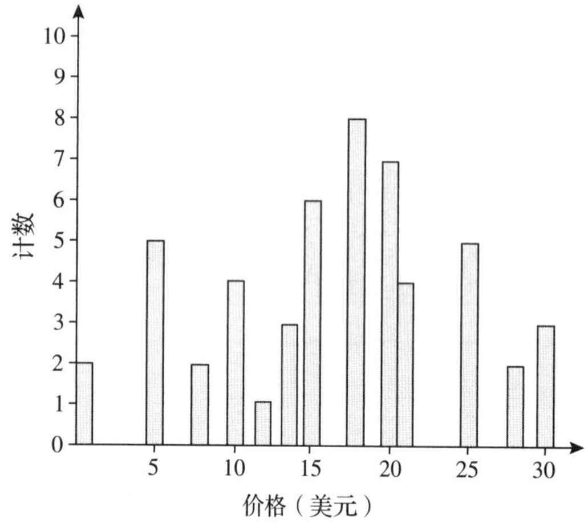

图 2.14　使用单值桶的价格直方图——每个桶代表一个价格值 / 频率对

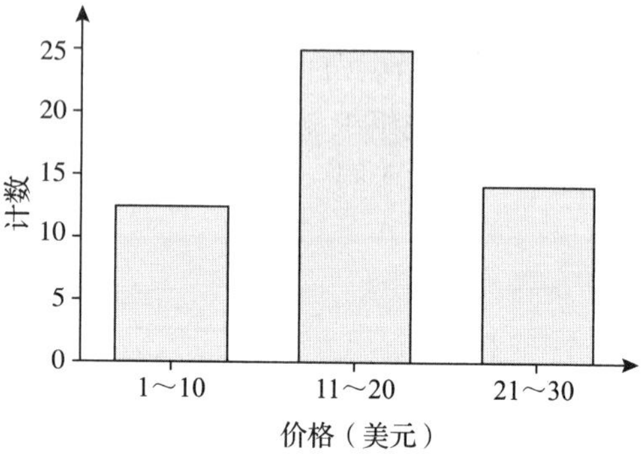

图 2.15　价格的等宽直方图，值被聚集使得每个桶都有一致的宽度，即 10 美元

*“如何确定桶和划分属性值？”*以下有一些划分规则：

- **等宽**：在等宽直方图中，每个桶的宽度是一致的（例如，图 2.15 中每个桶的宽度为 10 美元）。
- **等频（或等深）**：在等频直方图中，桶在创建时，每个桶的频率大致地为常数（即，每个桶大致包含相同个数的邻近数据样本）。

对于近似稀疏和稠密数据，以及高倾斜和均匀的数据，直方图都是非常有效的。上面介绍的单属性直方图可以推广到多个属性。*多维直方图*可以表现属性间的依赖。这些直方图被发现在近似具有多达五个属性的数据时是有效的。对于更高维的多维直方图的有效性尚需进一步研究。

直方图分析算法可以递归地用于每个分区，自动地产生多级概念层次，直到达到一个预先设定的概念层数，过程终止。也可以对每一层使用*最小区间长度*来控制递归过程。最小区间长度设定每层每个分区的最小宽度，或每层每个分区中值的最少数目。

2.5.3　数据压缩

数据压缩（data compression）使用某种变换，以便得到原始数据的归约或“压缩”表示。如果原始数据能够从压缩后的数据*重构*，而不损失信息，则该数据归约称为**无损的**。如果我们只能近似重构原始数据，则该数据归约称为**有损的**。对于字符串压缩，有一些无损压缩算法。然而，它们一般只允许有限的数据操作。维归约（2.6 节）也可以视为某种形式的数据压缩。

离散小波变换（DWT）是一种线性信号处理技术，用于数据向量 $\boldsymbol{x}$ 时，将它变换成数值不同的**小波系数**向量 $\boldsymbol{x}'$。两个向量具有相同的长度。当这种技术用于数据归约时，每个元组看作一个 n 维数据向量，即 $\boldsymbol{x}=(x_1, x_2,\cdots, x_n)$，描述 n 个数据库属性在元组上的 n 个测量值。

“如果小波变换后的数据与原始数据的长度相等，这种技术如何能够用于数据压缩？”关键在于小波变换后的数据可以截短。仅存放一小部分最强的小波系数，就能保留近似的压缩数据。例如，保留大于用户设定的某个阈值的所有小波系数，其他系数置为 0。这样，结果数据表示非常稀疏，使得如果在小波空间进行计算的话，利用数据稀疏特点的操作计算得非常快。该技术也能用于消除噪声，而不会平滑掉数据的主要特征，使得它们也能有效地用于数据清洗。给定一组系数，使用所用的 DWT 的逆，可以构造原始数据的近似。

DWT 与离散傅里叶变换（DFT）有密切关系。DFT 是一种涉及正弦和余弦的信号处理技术。然而，一般来说，DWT 实现了更好的有损压缩。也就是说，对于给定的数据向量，如果 DWT 和 DFT 保留相同数目的系数，则 DWT 将提供原始数据更准确的近似。因此，对于相同的近似，DWT 需要的空间比 DFT 小。与 DFT 不同，小波空间局部性相当好，有助于保留局部细节。

只有一种 DFT，但有若干族 DWT。图 2.16 显示了一些小波族。流行的小波变换包括 Haar-2、Daubechies-4 和 Daubechies-6。离散小波变换的一般过程使用一种层次金字塔算法（pyramid algorithm），它在每次迭代时将数据减半，导致计算速度很快。该方法如下：

1. 输入数据向量的长度 L 必须是 2 的整数幂。必要时，可以通过在数据向量后添加 0 来满足这一条件 $(L \geqslant n)$。

2. 每个变换涉及应用两个函数。第一个使用某种数据平滑，如求和或加权平均。第二个进行加权差分，提取数据的细节特征。

3. 两个函数作用于 $\boldsymbol{X}$ 中的数据点对，即作用于所有的测量对 (x_{2i}, x_{2i+1})。这导致两个长度为 $L/2$ 的数据集。一般而言，它们分别代表输入数据的平滑后版本或低频版本和它的高频内容。

4. 两个函数递归地作用于前面迭代得到的数据集，直到得到的结果数据集的长度为 2。

5. 由以上迭代得到的数据集中选择的值被指定为数据变换的小波系数。

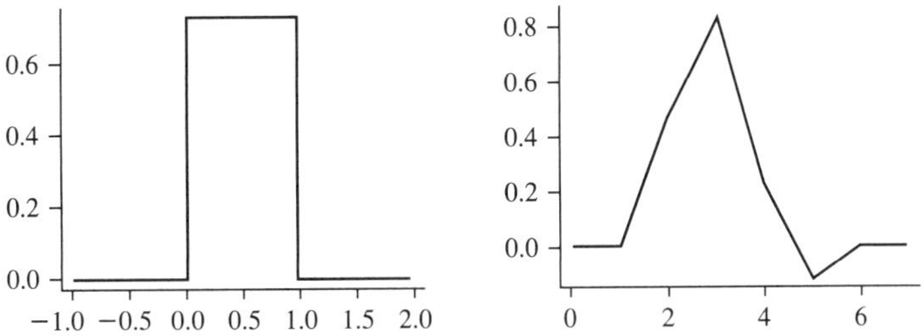

a）Haar-2　　b）Daubechies-4

图 2.16　小波族的示例。小波名称旁边的数字是小波的消失矩的数量。这是系数必须满足的一组数学关系，并且与系数的数量有关

等价地，可以将矩阵乘法用于输入数据，以得到小波系数。所用的矩阵依赖于给定的 DWT。矩阵必须是**标准正交的**，即它们的列是单位向量并相互正交，使得矩阵的逆是它的转置。尽管受篇幅限制，这里我们不再讨论，但这种性质允许由平滑和平滑 − 差数据集重构数据。通过将矩阵分解成几个稀疏矩阵的乘积，对于长度为 n 的输入向量，“快速 DWT”算法的复杂度为 $O(n)$。

小波变换可以用于多维数据，如数据立方体。可以按以下方法实现：首先将变换用于第一个维度，然后第二个，以此类推。计算复杂度与立方体中单元的个数呈线性关系。对于稀疏或倾斜数据和具有有序属性的数据，小波变换给出了很好的结果。据报道，小波变换的有

损压缩优于 JPEG 压缩（当前的商业标准）。小波变换有许多实际应用，包括指纹图像压缩、计算机视觉、时间序列数据分析和数据清洗。

2.5.4 抽样

抽样可以作为一种数据归约技术使用，因为它允许用小得多的随机数据样本（或子集）表示大型数据集。假定大型数据集 D 包含 N 个元组。我们看看可以用于数据归约的、最常用的对 D 的抽样方法。

- **s 个样本的无放回简单随机抽样（SRSWOR）**：从 D 中抽取 s 个样本，每次抽取一个样本后，不再将它放回 D 中。
- **s 个样本的有放回简单随机抽样（SRSWR）**：该方法类似于 SRSWOR，不同之处在于当一个元组从 D 中抽取后，记录它，然后放回原处。也就是说，一个元组被抽取后，它又被放回 D 中，以便它可以被再次抽取。
- **簇抽样**：如果 D 中的元组被分组，放入 M 个互不相交的“簇”，则可以得到 s 个簇的简单随机抽样（SRS），其中 $s < M$。例如，数据库中的元组通常一次检索一页，这样每页就可以视为一个簇。例如，可以将 SRSWOR 用于页，得到元组的簇样本，由此得到数据的归约表示。也可以利用其他携带更丰富语义信息的聚类标准。例如，在空间数据库中，我们可以基于不同区域位置上的邻近程度定义簇。
- **分层抽样**：如果 D 被划分成互不相交的部分，称作“层”，则通过对每一层简单随机抽样就可以得到 D 的分层抽样。特别是当数据倾斜时，这可以帮助确保样本的代表性。例如，可以得到关于顾客数据的一个分层抽样，其中对顾客的每个年龄组创建一个层次。这样，顾客人数最少的年龄组肯定能够被代表。

采用抽样进行数据归约的优点是，得到样本的花费正比于样本集的大小 s，而不是数据集的大小 N。因此，抽样的复杂度可能亚线性（sublinear）于数据的大小。其他数据归约技术至少需要完全扫描 D。对于固定的样本大小，抽样的复杂度仅随数据的维数 n 线性地增加；而其他技术，如使用直方图，复杂度随 n 呈指数增长。

用于数据归约时，抽样最常用来估计聚合查询的回答。在指定的误差范围内，可以（使用中心极限定理）确定估计一个给定的函数所需的样本大小。样本的大小 s 相对于 N 可能非常小。对于归约数据的逐步求精，抽样是一种自然选择。通过简单地增加样本大小，这样的集合可以进一步求精。

2.6 维归约

维归约（dimensionality reduction）是减少所考虑的随机变量或属性的个数的过程。维归约方法包括主成分分析（2.6.1 节），这是一种将原数据变换或投影到较小的空间的线性方法。属性子集选择（2.6.2 节）是一种维归约方法，其中不相关、弱相关或冗余的属性或维度被检测和删除。还有许多非线性维归约方法（2.6.3 节），如核主成分分析和随机邻域嵌入。

2.6.1 主成分分析

本节，我们直观地介绍主成分分析，把它作为一种维归约方法。详细的理论解释已超出本书范围。关于参考文献，请参阅 2.9 节文献注释。

假设待归约的数据由用 d 个属性或维度描述的元组或数据向量组成。**主成分分析**（Principal Components Analysis，PCA；又称 Karhunen-Loeve 或 K-L 方法）搜索 k 个最能代表数据的 d

维正交向量，其中 $k \leq d$。这样，原始数据投影到一个小得多的空间上，导致维归约。与属性子集选择（2.6.2 节）通过保留原属性集的一个子集来减少属性集的大小不同，PCA 通过创建一个替换的、较小的变量集来“组合”属性的基本要素。原始数据可以投影到该较小的集合中。PCA 常常能够揭示先前未曾察觉的联系，并因此允许解释不寻常的结果。

基本过程如下：

1. 对输入数据规范化，使得每个属性都落入相同的区间。此步骤有助于确保具有较大定义域的属性不会支配具有较小定义域的属性。

2. PCA 计算 k 个标准正交向量，作为规范化输入数据的基。这些是相互垂直的单位向量。这些向量被称为*主成分*。输入数据是主成分的线性组合。

3. 对主成分按“重要性”或强度降序排列。主成分本质上充当数据的新坐标系，提供关于方差的重要信息。也就是说，对坐标轴进行排序，使得第一个坐标轴显示数据的最大方差，第二个显示数据的次大方差，以此类推。例如，图 2.17 显示原来映射到轴 X_1 和 X_2 的给定数据集的前两个主成分 $\boldsymbol{Y}_1$ 和 $\boldsymbol{Y}_2$。这一信息帮助识别数据中的组或模式。

4. 既然主成分根据“重要性”降序排列，因此可以通过去掉较弱的成分（即方差较小的成分）来归约数据。使用最强的主成分，应该能够重构原始数据的良好近似。

PCA 可以用于有序和无序的属性，并且可以处理稀疏和倾斜数据。多于二维的多维数据可以通过将问题归约为二维问题来处理。主成分可以用作多元回归和聚类分析的输入。

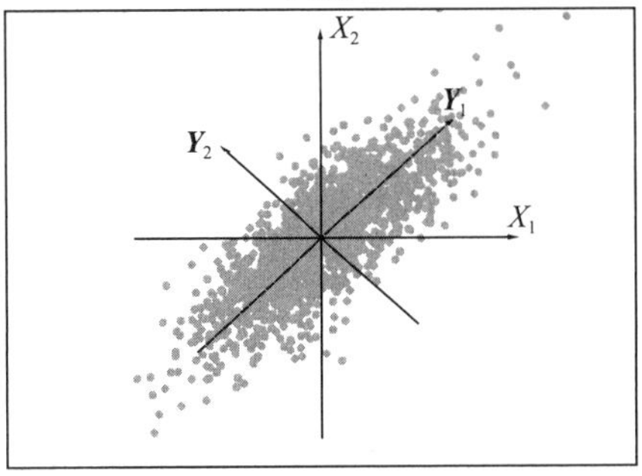

图 2.17 主成分分析。$\boldsymbol{Y}_1$ 和 $\boldsymbol{Y}_2$ 是给定数据的前两个主成分

2.6.2 属性子集选择

用于分析的数据集可能包含数以百计的属性，其中大部分属性可能与挖掘任务不相关，或者是冗余的。例如，如果分析任务是按顾客听到广告后是否愿意购买新的流行 CD 将顾客分类，与属性 *age*（年龄）和 *music_taste*（音乐鉴赏力）不同，诸如顾客的电话号码等属性基本是不相关的。尽管领域专家可以挑选出有用的属性，但这可能是一项困难而费时的任务，特别是当数据的行为不是十分清楚的时候更是如此（因此，需要分析）。遗漏相关属性或留下不相关属性都可能是有害的，会导致所用的挖掘算法无所适从。这可能导致发现质量很差的模式。此外，不相关或冗余的属性增加了数据量，可能会减慢挖掘进程。

属性子集选择[㊀]通过删除不相关或冗余的属性（或维度）减少数据量。这使得挖掘专注于相关维度。在缩小的属性集上挖掘还有其他的优点：它减少了出现在发现模式中的属性数目，使得模式更易于理解。

“如何找出原属性的一个‘好的’子集？”对于 d 个属性，有 2^d 个可能的子集。穷举搜索找出属性的最佳子集可能是不现实的，特别是当 d 和数据类的数目增加时。因此，对于属性子集选择，通常使用压缩搜索空间的启发式算法。通常，这些方法是典型的贪婪算法，在搜索属性空间时，总是做看上去是最佳的选择。它们的策略是做局部最优选择，期望由此导致全局最优解。在实践中，这种贪婪方法是有效的，并可以逼近最优解。

㊀ 在机器学习中，属性子集选择被称为特征子集选择。

“最好的”（和“最差的”）属性通常使用统计显著性检验来确定。这种检验假定属性是相互独立的。也可以使用一些其他属性评估度量，如建立分类决策树使用的信息增益度量[1]。

属性子集选择的基本启发式方法包括以下技术，其中一些在图 2.18 中给出。

1. **逐步向前选择：**该过程由空属性集作为归约集开始，确定原属性集中最好的属性，并将它添加到归约集中。在其后的每一次迭代中，将剩下的原属性集中的最好的属性添加到该集合中。

2. **逐步向后删除：**该过程由整个属性集开始。在每一步中，删除尚在属性集中的最差的属性。

3. **逐步向前选择和逐步向后删除相结合：**可以将逐步向前选择和逐步向后删除方法结合在一起，每一步选择一个最好的属性，并在剩余属性中删除一个最差的属性。

4. **决策树归纳：**决策树算法（例如，ID3、C4.5 和 CART）最初是用于分类的。决策树归纳构造一个类似于流程图的结构，其中每个内部（非叶）节点表示一个属性上的测试，每个分枝对应于测试的一个结果，每个外部（叶）节点表示一个类预测。在每个节点上，算法选择“最好”的属性，将数据划分成类。

当决策树归纳用于属性子集选择时，由给定的数据构造决策树。不出现在树中的所有属性假定是不相关的。出现在树中的属性形成归约后的属性子集。

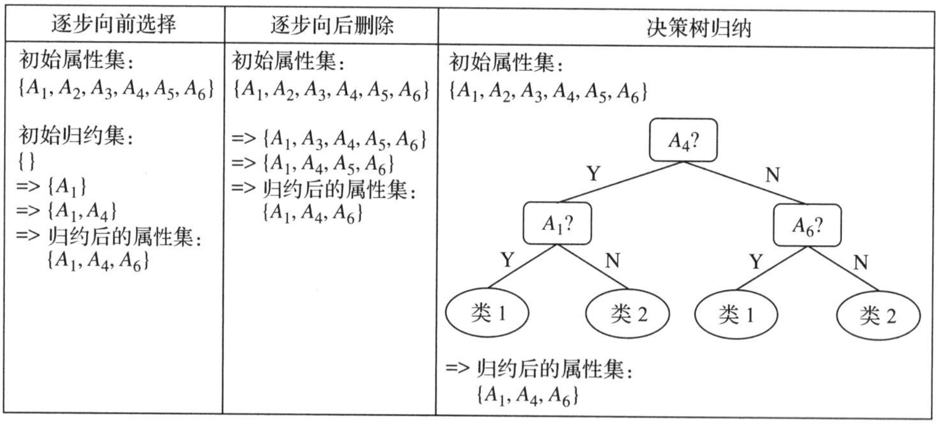

图 2.18 属性子集选择的贪婪（启发式）方法

这些方法的结束条件可以不同。可以使用一个度量阈值来决定何时停止属性选择过程。

在某些情况下，可能基于其他属性创建一些新属性。这种**属性构造**[2]可以帮助提高准确性和对高维数据结构的理解。例如，可能希望根据属性 *height*（高度）和 *width*（宽度）增加属性 *area*（面积）。通过组合属性，属性构造可以发现关于数据属性间联系的缺失信息，这对知识发现是有用的。

2.6.3 非线性维归约方法

PCA 是一种线性维归约方法，其中每个主成分是原始输入属性的线性组合。如果输入数据近似地遵循高斯分布或形成几个线性可分簇，则这种方法很有效。然而，当输入数据是线性不可分时，PCA 就失效了。幸运的是，在这种情况下，可以使用许多非线性方法。

[1] 第 6 章详细描述了信息增益度量。

[2] 在机器学习文献中，属性构造被称为特征构造。

一般步骤

假设有 n 个数据元组 $\boldsymbol{x}_i(i=1,\cdots,n)$，每一个都由一个 d 维属性向量表示。我们如何将维数降为 k，其中 $k \ll d$？换句话说，用 k 维属性向量 $\hat{\boldsymbol{x}}_i(i=1,\cdots,n)$ 来表示每个输入数据元组。由于 $k \ll d$，称 k 维属性向量 $\hat{\boldsymbol{x}}_i(i=1,\cdots,n)$ 作为原始数据元组 $\boldsymbol{x}_i(i=1,\cdots,n)$ 的低维表示。

对于许多非线性维归约方法，它们通常遵循以下两个步骤（如图 2.19 所示）。在第一步（构造邻近性矩阵）中，构造一个 $n \times n$ 的邻近性矩阵 $\boldsymbol{P}$，$P(i,j)$ $(i,j=1,\cdots,n)$ 表示对应的两个数据元组 $\boldsymbol{x}_i$ 和 $\boldsymbol{x}_j$ 之间的仿射性或相关性。在第二步（保持邻近性）中，学习 k 维空间中输入数据元组的新的低维表示 $\hat{\boldsymbol{x}}_i(i=1,\cdots,n)$，从而在一定程度上保留了第一步构造的邻近性矩阵 $\boldsymbol{P}$。

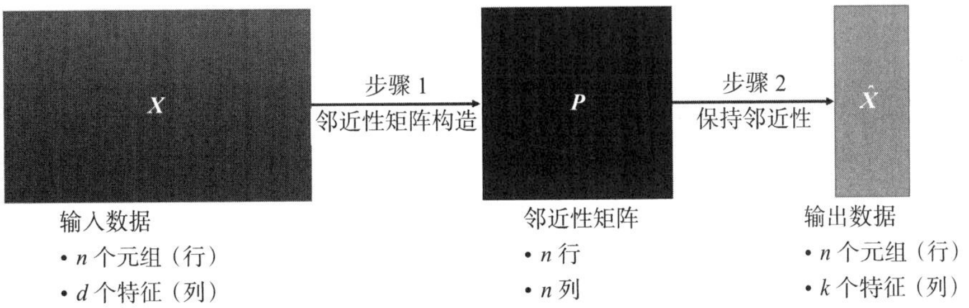

图 2.19　非线性维归约的一个例子

根据如何构造邻近性矩阵（步骤 1）和如何保持所构造的邻近性矩阵（步骤 2），已经开发了各种非线性维归约技术。让我们看看下面的两种代表性技术，包括核主成分分析（KPCA）和随机邻域嵌入（SNE）算法。表 2.8 总结了这两种方法的比较。

表 2.8　KPCA 和 SNE 的比较

	步骤 1：邻近性矩阵构造	步骤 2：保持邻近性
KPCA	$P(i,j)=\kappa(\boldsymbol{x}_i,\boldsymbol{x}_j)$	$\min\sum_{i,j=1}^{n}(P(i,j)-\hat{P}(i,j))^2=\Vert\boldsymbol{P}-\hat{\boldsymbol{P}}\Vert_{\text{fro}}^2$
SNE	$P(i,j)=\dfrac{\mathrm{e}^{-d_{ij}^2}}{\sum_{l=1,l\neq i}^{n}\mathrm{e}^{-d_{il}^2}}$	$\min\sum_{i=1}^{n}D_{\text{KL}}(\boldsymbol{P}_i\Vert\hat{\boldsymbol{P}}_i)$

核主成分分析

在核主成分分析（Kernel PCA，KPCA）中，我们使用核函数 $\kappa(\cdot)$ 来构造称为核矩阵的邻近性矩阵（步骤 1）：$P(i,j)=\kappa(\boldsymbol{x}_i,\boldsymbol{x}_j)$ $(i,j=1,\cdots,n)$。核函数 $\kappa(\cdot)$ 的详细内容将在后面的章（例如，第 7 章）进行介绍。用最简单的术语来说，核函数计算一些高维（通常是非线性）空间中一对输入数据元组的相似性。

同时，也可以根据学习到的低维表示来估计这种邻近性（即相似性）：$\hat{P}(i,j)=\hat{\boldsymbol{x}}_i\cdot\hat{\boldsymbol{x}}_j(i,j=1,\cdots,n)$，其中 · 为向量内积。最好的（即最优的）低维表示 $\hat{\boldsymbol{x}}_i(i=1,\cdots,n)$ 是什么？直观地讲，希望估计的邻近性矩阵 $\hat{\boldsymbol{P}}$ 尽可能接近核矩阵 $\boldsymbol{P}$。这导致了下面的优化问题（步骤 2），即最好的低维表示应该满足最小化 $\sum_{i,j=1}^{n}(P(i,j)-\hat{P}(i,j))^2=\Vert\boldsymbol{P}-\hat{\boldsymbol{P}}\Vert_{\text{fro}}^2$，其中 $\Vert\cdot\Vert_{\text{fro}}$ 是矩阵的 Frobenius 范数。我们不会深入探讨解决这个优化问题的数学细节。长话短说，它证明了最优的低维表示 $\hat{\boldsymbol{x}}_i(i=1,\cdots,n)$ 可以由核矩阵 $\boldsymbol{P}$ 的前 k 个特征向量和特征值得到。关于特征向量和特征值的复习，请参见附录 A。

核函数的典型选择包括（1）多项式核：$\kappa(\boldsymbol{x}_i,\boldsymbol{x}_j)=(1+\boldsymbol{x}_i\cdot\boldsymbol{x}_j)^p$，其中 p 是参数；（2）径向

基函数（RBF）：$\kappa(\boldsymbol{x}_i,\boldsymbol{x}_j)=\mathrm{e}^{\frac{-\|\boldsymbol{x}_i-\boldsymbol{x}_j\|^2}{2\sigma^2}}$，其中 σ 是参数。如果选择一个线性核：$\kappa(\boldsymbol{x}_i,\boldsymbol{x}_j)=\boldsymbol{x}_i\cdot\boldsymbol{x}_j$，KPCA 退化为标准 PCA。

随机邻域嵌入

在随机邻域嵌入（Stochastic neighbor embedding，SNE）算法中，首先构造邻近性矩阵 $\boldsymbol{P}$，如下：$P(i,j)=\frac{\mathrm{e}^{-d_{ij}^2}}{\sum_{l=1,\,l\neq i}^{n}\mathrm{e}^{-d_{il}^2}}$，其中 $d_{ij}^2=\frac{\|\boldsymbol{x}_i-\boldsymbol{x}_j\|^2}{2\sigma^2}$，$\sigma$ 是参数。可以将 $P(i,j)$ 看作数据元组 $\boldsymbol{x}_i$ 与数据元组 $\boldsymbol{x}_j$ 相邻的概率：两个数据元组越接近（即 d_{ij} 越小），$\boldsymbol{x}_i$ 与 $\boldsymbol{x}_j$ 相邻的可能性就越大。㊀

假设已经学习了低维表示 $\hat{\boldsymbol{x}}_i(i=1,\cdots,n)$，可以用类似的方法得到另一个估计的邻近性矩阵：$\hat{P}(i,j)=\frac{\mathrm{e}^{-\|\hat{\boldsymbol{x}}_i-\hat{\boldsymbol{x}}_j\|^2}}{\sum_{l=1,l\neq i}^{n}\mathrm{e}^{-\|\hat{\boldsymbol{x}}_i-\hat{\boldsymbol{x}}_l\|^2}}$。直观地讲，如果两个数据元组共享相似的低维表示（即，一个小的 $\|\hat{\boldsymbol{x}}_i-\hat{\boldsymbol{x}}_j\|$），则它们之间的估计邻近性很大（即，一个大的 $P(i,j)$）。现在，为了找出最优的低维表示 $\hat{\boldsymbol{x}}_i(i=1,\cdots,n)$，再次寻找那些使估计的邻近性 $\hat{\boldsymbol{P}}$ 尽可能接近邻近性矩阵 $\boldsymbol{P}$ 的值：$\boldsymbol{P}\approx\hat{\boldsymbol{P}}$。

与 KPCA 不同的是，在这种情况下，矩阵 $\boldsymbol{P}$ 和 $\hat{\boldsymbol{P}}$ 的每一行之和均为 1，并且所有的元素都是非负的。换句话说，矩阵 $\boldsymbol{P}$ 和 $\hat{\boldsymbol{P}}$ 的每一行都是一个概率分布，它说明每个数据元组是给定数据元组的邻域的概率。当然，可以使用 KL 散度（见 2.3.8 节）来度量它们之间的差异，以及最优的低维表示 $\hat{\boldsymbol{x}}_i(i=1,\cdots,n)$ 是使 $\boldsymbol{P}$ 的所有行与 $\hat{\boldsymbol{P}}$ 的总体 KL 散度最小的值：$\hat{\boldsymbol{x}}_i=\operatorname{argmin}_{\hat{\boldsymbol{x}}_i(i=1,\cdots,n)}\sum_{i=1}^{n}D_{\mathrm{KL}}(\boldsymbol{P}_i\|\hat{\boldsymbol{P}}_i)$，其中 $\boldsymbol{P}_i$ 和 $\hat{\boldsymbol{P}}_i$ 分别是 $\boldsymbol{P}$ 和 $\hat{\boldsymbol{P}}$ 的第 i 行。同样，我们不会深入研究解决这个优化问题的数学细节。可以使用许多现成的优化包，例如梯度下降法。

一种名为 t-SNE 的 SNE 变体已被广泛用于将各种深度学习模型（第 10 章）产生的多维表示投影到二维或三维空间中，以实现可视化。

注意，在上面的介绍中，省略了 KPCA 和 SNE 的一些实现细节。例如，需要确保数据元组以 KPCA 为中心；在 SNE 中常设 $P(i,j)=0$；SNE 的一个变体构造了一个对称邻近性矩阵 $\boldsymbol{P}$。有兴趣的读者可以参考文献注释中的相关论文。

来看以下一个例子。

例 2.30　给定二维空间中的数据元组集合（图 2.20a）。输入数据自然形成两个簇：一个朝上的新月形，一个朝下的。这两个簇彼此纠缠在一起，无法找到一个线性子空间（在这种情况下是一条线性线）来将它们彼此分开。这意味着无论从输入空间中选择哪种类型的线，如果将原始数据元组投影到这条线上，那么投影的部分（即低维表示）将总是相互混合。这就是图 2.20b 中 PCA 所发生的情况，将输入数据的投影绘制到由两个主成分所张成的空间上。可以看到，这两个簇仍然混合在一起，主成分的新表示本质上是输入数据的线性旋转。

相比之下，使用非线性维归约技术 KPCA（图 2.20c）或 t-SNE（图 2.20d），两个簇在这个新空间中可以更好地相互分离。

图 2.21 进一步显示了 PCA（图 2.21a）、KPCA（图 2.21b）和 t-SNE（图 2.21c）中相似性矩阵或邻近性矩阵的热图。两个对角线块分别表示两个簇内的邻近性，两个非对角线块表示来自两个簇的数据之间的邻近性。可以看到，一般来说，通过非线性方法（KPCA 和 t-SNE），来自同一簇的数据元组之间的邻近性远远高于来自不同簇的数据元组之间的邻近性。这反过

㊀ 一个有趣的现象是，这里的邻近性矩阵 $\boldsymbol{P}$ 是带有 RBF 核的 KPCA 中的行规范化核矩阵。

来又导致了比线性方法（例如 PCA）更好的维归约结果。 □

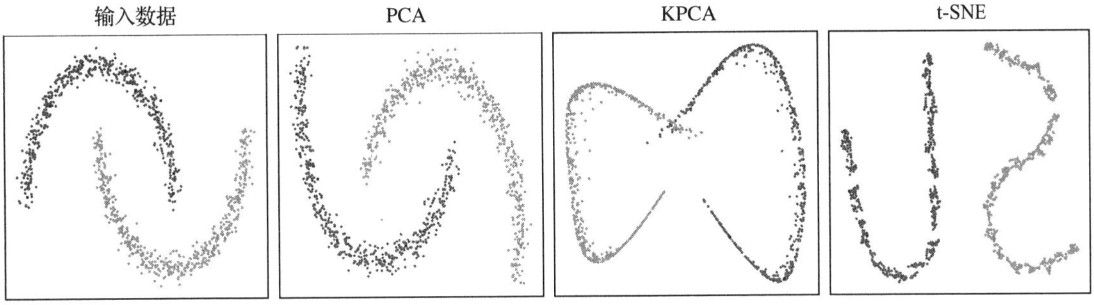

a）输入数据　　b）PCA　　c）KPCA　　d）t-SNE

图 2.20　线性和非线性维归约方法的一个例子

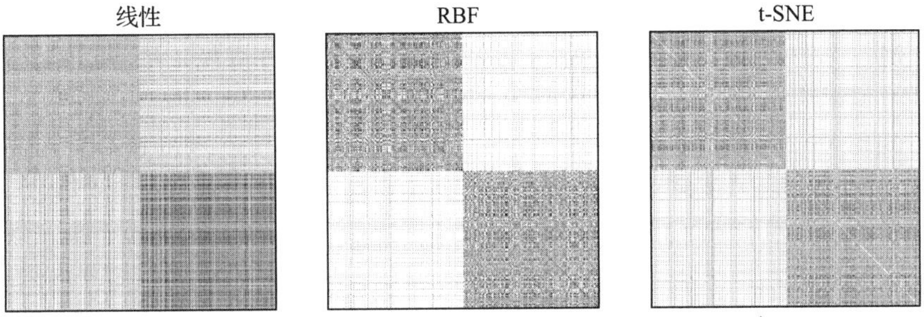

a）PCA　　b）KPCA　　c）t-SNE

图 2.21　PCA、KPCA 和 t-SNE 中相似性或邻近性矩阵的热图。两个对角块对应于图 2.20 中的两个簇

可以把 PCA 看作下面的过程。首先，我们找到主成分，并将原始数据元组投影到由主成分张成的子空间中。然后使用投影数据元组和主成分来重构原始数据元组。这是一个线性过程，因为投影步骤和重构步骤都是线性操作。使用一种称为自编码器的深度学习技术，可以使投影和重构步骤都是非线性的，这将在第 10 章中介绍。这样一个非线性投影步骤的输出就形成了输入数据元组的低维表示。

PCA、属性子集选择、KPCA 和 SNE 可以用作数据预处理步骤。也就是说，在看到特定的数据挖掘任务（例如分类、聚类和离群点检测）之前，首先在输入数据元组上应用其中一种技术来生成它们的低维表示。还可以将维归约与特定的数据挖掘任务一起执行。其合理性在于维归约和相应的数据挖掘任务很可能是相互补充的。例如，当将属性子集选择与分类任务结合（称为嵌入式特征选择）时，分类模型将指导属性选择过程，选择的特征将反过来帮助构建更好的分类模型；当维归约与聚类任务相结合时，聚类结构可能在新的低维空间中更加明显，同时这种聚类结构有助于找到更好的低维表示。我们将在第 9 章介绍这种维归约技术。

本节介绍的维归约方法，以及上一节介绍的数据压缩和抽样方法都是常见的数据归约技术。另一种类型的数据归约技术称为**数量归约**，它使用参数或非参数模型来获得原始数据的较小表示。参数模型只存储模型参数，而不是实际数据，例子包括回归和对数线性模型。非参数方法包括直方图、聚类、抽样和数据立方体聚合。

2.7　总结

- 数据集由数据对象组成，**数据对象**表示实体，数据对象由属性描述，属性可以是标称的、二元的、序数的或数值的。

- **标称（或分类）属性**的值是事物的符号或名称，其中每个值代表某种类别、编码或状态。
- **二元属性**是只有两种可能状态的名义属性（如 1 和 0 或 true 和 false）。如果两种状态同等重要，则属性是对称的；否则它就是不对称的。
- **序数属性**是具有可能值的属性，这些值之间具有有意义的序或排名，但连续值之间的大小是未知的。
- **数值属性**是定量的（即，它是一个可度量的量），以整数或实数表示。数值属性类型可以是区间标度的，也可以是比率标度的。**区间标度属性**的值是用固定的、相等的单位来度量的。**比率标度属性**是具有固有零点的数值属性。度量是按比率缩放的，因为我们可以说值比度量单位大一个数量级。
- **基本统计描述**为数据预处理提供了分析基础。数据汇总的基本统计度量包括均值、加权平均、中位数和众数，用于度量数据中心趋势；以及极差、分位数、四分位数、四分位距、方差和标准差，用于度量数据离散趋势。图形表示（例如箱线图、分位数图、分位数－分位数图、直方图和散点图）便于对数据进行可视化检查，因此对数据预处理和挖掘很有用。
- 对象**相似性**和**相异性**的**度量**用于数据挖掘应用，如聚类、离群点分析和最近邻分类。可以为本章研究的每种属性类型或这些属性的组合计算这种邻近性度量。示例包括用于非对称二元属性的 Jaccard 系数，以及用于数值属性的欧几里得距离、曼哈顿距离、闵可夫斯基距离和上确界距离。对于涉及稀疏数值数据向量的应用，如词频向量，余弦度量和 Tanimoto 系数常用于相似性评估。为了度量同一变量 x 上两个概率分布之间的差异，Kullback-Leibler 散度（或 KL 散度）已被广泛使用。$D_{KL}(p(x)\|q(x))$ 度量当使用基于 $q(x)$ 的编码而不是基于 $p(x)$ 的编码时，从 $p(x)$ 编码样本所需的额外位数。
- **数据质量**的定义包括准确性、完整性、一致性、时效性、可信性和可解释性。这些标准是根据数据的预期用途来评估的。
- **数据清洗**例程试图填充缺失值、识别离群点的同时平滑噪声、并纠正数据中的不一致。数据清洗通常是一个由偏差检测和数据转换组成的迭代两步过程。
- **数据集成**将来自多个数据源的数据组合在一起，形成一个一致的数据存储。语义异构、元数据、相关分析、元组重复检测和数据冲突检测的解决有助于数据集成的顺利进行。
- **数据转换**例程将数据转换为适合挖掘的形式。例如，在**规范化**中，属性值被缩放；**数据离散化**通过将值映射到区间或概念标签来转换数值数据；**数据压缩**和**数据抽样**作为两种典型的数据归约技术，将输入数据转换为约简表示。
- **维归约**减少了所考虑的随机变量或属性的数量。方法包括主成分分析、属性子集选择、核主成分分析和 SNE 算法。

2.8 练习

2.1 给出另外三种常用的统计方法，这些方法在本章中没有说明，用于描述数据离散情况，讨论如何在大型数据库中有效地计算它们。

2.2 假设用于分析的数据包含属性年龄。年龄数据元组的值依次为（按升序排列）13, 15, 16, 16, 19, 20, 20, 21, 22, 22, 25, 25, 25, 25, 30, 33, 33, 35, 35, 35, 35, 36, 40, 45, 46, 52, 70。

a. 数据的均值是多少？中位数是多少？

b. 数据的众数是什么？评论数据的模态（即双峰、三峰等）。

c. 数据的中列数是多少？

d. 你能（粗略地）找到数据的第一四分位数（Q_1）和第三四分位数（Q_3）吗？

e. 给出数据的五数概括。

f. 显示数据的箱线图。

2.3 假设给定数据集的值被分组到区间中。区间和对应的频数如下：

年龄	频数
1 ～ 5	200
6 ～ 15	450
16 ～ 20	300
21 ～ 50	1 500
51 ～ 80	700
81 ～ 110	44

计算数据的近似中位数。

2.4 分位数 - 分位数图和分位数图有什么不同？

2.5 在本书中，对于数值属性 X，N 个观测值 $x_1,x_2,\cdots,x_N$（当 N 较大时）的**方差**定义为

$$\sigma^2=\frac{1}{N}\sum_{i=1}^{N}(x_i-\overline{x})^2=\left(\frac{1}{N}\sum_{i=1}^{N}x_i^2\right)-\overline{x}^2 \tag{2.37}$$

其中 $\overline{x}$ 是观测值的均值，如式（2.1）所定义。这实际上是使用所有数据计算总体方差的公式（因此称为*总体方差*）。如果我们只使用一个数据样本来计算方差（因此称为*样本方差*），我们需要使用以下公式：

$$s^2=\frac{1}{n-1}\sum_{i=1}^{n}(x_i-\overline{x})^2=\frac{1}{n-1}\left(\sum_{i=1}^{n}x_i^2-n\overline{x}^2\right) \tag{2.38}$$

其中 n 是样本的大小。当样本大小为 n 时，*样本标准差*的定义类似。解释为什么在定义样本方差和总体方差时存在如此微小的差异。

2.6 为什么方差和标准差可以在非常大的数据集中有效地计算。

2.7 假设某医院对随机选择的 18 名成年人的年龄和体脂数据进行了检测，结果如下：

年龄	23	23	27	27	39	41	47	49	50
肥胖率	9.5	26.5	7.8	17.8	31.4	25.9	27.4	27.2	31.2
年龄	52	54	54	56	57	58	58	60	61
肥胖率	34.6	42.5	28.8	33.4	30.2	34.1	32.9	41.2	35.7

a. 计算年龄和肥胖率的均值、中位数和标准差。

b. 绘制年龄和肥胖率的箱线图。

c. 根据这两个变量绘制散点图和 q-q 图。

2.8 简要概述如何计算以下描述的对象之间的相异性：

a. 标称属性

b. 非对称二元属性

c. 数值属性

d. 词频向量

2.9 给定由元组 (22,1,42,10) 和 (20,0,36,8) 表示的两个对象：

a. 计算两个对象之间的欧几里得距离。

b. 计算两个对象之间的曼哈顿距离。

c. 计算两个对象之间的闵可夫斯基距离，使用 $h=3$。

d. 计算两个对象之间的上确界距离。

2.10 中位数是数据分析中最重要的度量之一。请提出几种中位数近似方法。分析它们各自在不同参数设置下的复杂度，决定在多大程度上可以近似真实值。此外，建议一种启发式策略来平衡准确性和复杂性，然后将其应用于你给出的所有方法。

2.11 在数据分析中，定义或选择相似性度量是很重要的。然而，目前没有普遍接受的主观相似性度量。结果可能因所使用的相似性度量而异。尽管如此，看似不同的相似性度量在经过一些转换后可能是等价的。

假设我们有以下二维数据集：

	A_1	A_2
$\boldsymbol{x}_1$	1.5	1.7
$\boldsymbol{x}_2$	2	1.9
$\boldsymbol{x}_3$	1.6	1.8
$\boldsymbol{x}_4$	1.2	1.5
$\boldsymbol{x}_5$	1.5	1.0

a. 将数据视为二维数据点。给定一个新的数据点，$\boldsymbol{x}=(1.4,1.6)$ 作为查询，根据与查询的相似性使用欧几里得距离、曼哈顿距离、上确界距离和余弦相似性对数据库点进行排序。

b. 对数据集进行规范化，使每个数据点的范数等于 1。对转换后的数据使用欧几里得距离对数据点进行排序。

2.12 数据质量可以根据几个问题进行评估，包括准确性、完整性和一致性。对于上述三个问题中的每一个，讨论数据质量评估如何依赖于数据的预期用途，并给出示例。提出数据质量的另外两个维度。

2.13 在真实的数据中，某些属性缺失值的元组很常见。描述处理这个问题的各种方法。

2.14 给定属性年龄的以下数据（按升序排列）：13, 15, 16, 16, 19, 20, 20, 21, 22, 22, 25, 25, 25, 25, 30, 33, 33, 35, 35, 35, 35, 36, 40, 45, 46, 52, 70。

a. 使用按箱均值平滑方法平滑这些数据，使用大小为 3 的等频分箱。说明你的步骤。评论这种技术对给定数据的影响。

b. 如何确定数据中的离群点？

c. 数据平滑还有哪些其他方法？

2.15 讨论在数据集成过程中要考虑的问题。

2.16 下列规范化方法的取值范围是什么？

a. min-max 规范化。

b. z-score 规范化。

c. 使用均值绝对偏差而不是标准差的 z-score 规范化。

d. 小数定标规范化。

2.17 使用这些方法规范化以下数据组：200，300，400，600，1 000。

a. 通过设置 new_min=0 和 new_max=1 进行 min-max 规范化。

b. z-score 规范化。

c. 使用均值绝对偏差而不是标准差进行 z-score 规范化。

d. 小数定标规范化

2.18 使用练习 2.14 中的年龄数据，回答如下问题：

a. 使用 min-max 规范化变换年龄值 35 到范围 $[0.0,1.0]$。

b. 使用 z-score 规范化变换年龄值 35，年龄的标准差是 12.70。

c. 使用小数定标规范化变换年龄值 35。

d. 对给定的数据评论你更喜欢用哪个方法，给出理由。

2.19 使用练习 2.7 给出的年龄和体脂数据，回答以下问题：

a. 基于 z-score 规范化对两个属性进行规范化。

b. 计算相关系数（皮尔逊积矩系数）。这两个属性是正相关还是负相关？计算它们的协方差。

2.20 假设一组 12 条销售价格记录的排序如下：5, 10, 11, 13, 15, 35, 50, 55, 72, 92, 204, 215。通过以下方法分别将其划分为三个箱：

a. 等频（等深）划分

b. 等宽划分

c. 聚类

2.21 用流程图总结属性子集选择的以下过程：

a. 逐步向前选择

b. 逐步向后删除

c. 向前选择和向后删除相结合

2.22 使用练习 2.14 中给出的年龄数据，

a. 绘制宽度为 10 的等宽直方图。

b. 绘制以下每种抽样技术的示例：SRSWOR、SRSWR、聚类抽样和分层抽样，使用大小为 5 的样本和“青年人”“中年人”和“老年人”分层。

2.23 鲁棒的数据加载给数据库系统带来了挑战，因为输入数据通常是脏的。在许多情况下，一个输入记录可能会遗漏多个值；一些记录可能受到污染，一些数据值超出了范围或与预期的数据类型不同。制定自动数据清洗和加载算法，使错误数据被标记出来，避免在数据加载过程中将受污染的数据错误地插入数据库。

2.9 文献注释

大多数统计学入门教科书都介绍了数据描述、统计数据度量和描述性数据特征。关于使用箱线图、分位数图、分位数 - 分位数图、散点图和 loess 曲线对数据进行基于统计的可视化，请参见 Cleveland [Cle93]。

在许多研究聚类分析的教科书中，已经引入了各种变量之间的相似性和距离度量，包括 Hartigan [Har75]；Jain 和 Dubes [JD88]；Kaufman 和 Rousseeuw [KR90]；Arabie, Hubert 和 de Soete [AHS96]。Kaufman 和 Rousseeuw [KR90] 提出了将不同类型的属性组合成单个相异性矩阵的方法。

数据预处理在 Pyle [Pyl99], Loshin [Los01], Redman [Red01], Dasu 和 Johnson [DJ03], García, Luengo 和 Herrera [GLH15], Luengo 等人 [LGGRG⁺20] 等多本教科书中都有讨论。

关于数据质量的讨论，请参见 Redman [Red01]；Wang, Storey 和 Firth [WSF95]；Wand 和 Wang [WW96]；Ballou 和 Tayi [BT99]；Olson [Ols03]。Potter's Wheel 是 2.4.2 节中描述的交互式数据清洗工具，由 Raman 和 Hellerstein [RH01] 提出。Galhardas 等人 [GFS⁺01] 给出了开发用于说明数据转换操作符的声明性语言的一个例子。Friedman [Fri77]；Breiman, Friedman, Olshen 和 Stone [BFOS84]；Quinlan[Qui89] 讨论了缺失属性值的处理。Hua 和 Pei [HP07] 提出了一种启发式方法来清理伪装的缺失数据，当用户不想透露个人信息时，他们在表单上错误地选择默认值（例如，出生日期为“1 月 1 日”），这些数据就会被捕获。

在 Guyon，Matic 和 Vapnik [GMV96] 中给出了一种在手写字符数据库中检测离群点或“垃圾”模式的方法。在许多文献中，包括 Kennedy 等人 [KLV⁺98], Weiss 和 Indurkhya [WI98], Pyle [Pyl99]，都讨论了分箱和数据规范化。包含属性（或特征）构造的系统包括 BACON（Langley, Simon, Bradshaw 和 Zytkow [LSBZ87]）；Stagger（Schlimmer[Sch86]）；FRINGE（Pagallo[Pag89]）；AQ17-DCI（Bloedorn 和 Michalski）。Liu 和 Motoda [LM98] 也描

述了属性构造。Dasu 等人 [DJMS02] 构建 BELLMAN 系统，并提出了一套通过挖掘数据库结构构建数据质量浏览器的有趣方法。

Barbará 等人 [BDF+97] 对数据归约技术进行了调查。关于数据立方体的算法及其预计算，请参见 Sarawagi 和 Stonebraker [SS94]；Agarwal 等人 [AAD+96]；Harinarayan，Rajaraman 和 Ullman [HRU96]；Ross 和 Srivastava [RS97]；Zhao，Deshpande 和 Naughton [ZDN97]。属性子集选择（或特征子集选择）在许多文献中都有描述，如 Neter，Kutner，Nachtsheim 和 Wasserman [NKNW96]；Dash 和 Liu [DL97]；Liu 和 Motoda [LM98]。Siedlecki 和 Sklansky [SS88] 提出了向前选择和向后删除相结合的方法。Kohavi 和 John [KJ97] 描述了一种用于属性选择的包装方法。无监督属性子集选择由 Dash，Liu 和 Yao [DLY97] 描述。

有关直方图的一般介绍，请参见 Barbará 等人 [BDF+97]，Devore 和 Peck [DP97]。关于单属性直方图到多属性的扩展，请参见 Muralikrishna 和 DeWitt [MD88]，以及 Poosala 和 Ioannidis [PI97]。

有许多评估属性相关性的方法。每种方法都有自己的偏差。信息增益度量偏向于具有许多值的属性。已经提出了许多替代方案，例如增益比（Quinlan [Qui93]），它考虑了每个属性值的概率。其他相关度量包括基尼指数（Breiman，Friedman，Olshen 和 Stone [BFOS84]）、χ^2 列联表统计量、不确定性系数（Johnson 和 Wichern [JW92]）。对于决策树归纳的属性选择度量的比较，请参见 Buntine 和 Niblett [BN92]。其他方法参见 Liu 和 Motoda [LM98]，Dash 和 Liu [DL97]，Almuallim 和 Dietterich [AD91]。

Liu 等人 [LHTD02] 对数据离散化方法进行了全面调查。Quinlan [Qui93] 描述了使用 C4.5 算法进行基于熵的离散化。在 Catlett [Cat91] 中，D-2 系统递归地对数字特征进行二值化。ChiMerge（Kerber [Ker92]）和 Chi2（Liu 和 Setiono [LS95]）是采用 χ^2 统计量的数值属性自动离散化方法。

关于小波维归约的描述，参见 Press，Teukolosky，Vetterling 和 Flannery。小波的一般描述可以在 Hubbard [Hub96] 中找到。有关小波软件包的列表，请参见 Bruce，Donoho 和 Gao [BDG96]。Daubechies [Dau92] 描述了 Daubechies 变换。大多数统计软件包中都包含 PCA 的例程，例如 SAS（http://www.sas.com）。KPCA 的介绍可以在 [MSS+98] 中找到，作者是 Mika，Schölkopf 和 Smola。随机邻域嵌入由 Hinton 和 Roweis [HR02] 提出。van der Maaten 等人 [vdMPvdH09] 对维归约进行了比较回顾。

第 3 章

Data Mining Concepts and Techniques, Fourth Edition

数据仓库和在线分析处理

数据分析，也被称作商业智能，是帮助企业深入、可交互地理解业务数据的一系列策略和技术。数据挖掘在数据分析和商业智能中扮演着核心角色。从根本上说，*数据仓库*在多维空间中泛化和整合数据。构建数据仓库包括数据清洗、数据集成和数据转换，可以视为数据挖掘的一个重要准备步骤。此外，数据仓库还提供了*在线分析处理*（OLAP）工具，用于对不同粒度的多维数据进行交互式分析，有助于有效的数据泛化和数据挖掘。许多其他数据挖掘功能，如关联、分类、预测和聚类，可以与 OLAP 操作集成，以增强在多个抽象层次上的交互式知识挖掘。OLAP 工具通常使用一个称为*数据立方体*的多维数据模型，以提供对汇总数据的灵活访问。数据湖作为企业信息基础设施，在企业中收集大量的数据并集成元数据，从而能够有效地进行数据探索。因此，数据仓库、OLAP、数据立方体和数据湖已经成为企业必要的数据和信息支柱。本章将深入而全面地介绍数据仓库、OLAP、数据立方体和数据湖技术。本章讲述的内容对于理解整个数据挖掘和知识发现过程以及实际应用至关重要。此外，本章也可以作为对数据分析和商业智能一个深入浅出的介绍。

在本章中，我们首先介绍公认的数据仓库定义，介绍其结构，并讨论数据湖的概念（3.1 节）。然后，我们介绍将数据仓库作为多维数据模型的逻辑设计（3.2 节）。接着，我们介绍 OLAP 操作，以及如何索引 OLAP 数据以进行高效分析（3.3 节）。最后，我们介绍构建数据立方体以实现数据仓库的技术（3.4 节）。

3.1 数据仓库

本节将介绍数据仓库。我们从数据仓库的定义开始，并解释数据仓库如何可以作为商业智能的基础（3.1.1 节）。接下来，我们将讨论数据仓库架构（3.1.2 节）。最后，我们将讨论数据湖（3.1.3 节）。

3.1.1 数据仓库：基本概念

组织中的数据往往是在操作层面被记录下来的。例如，为了提高业务效率，电子商务公司通常会在第一个表中记录客户交易的详细信息，在第二个表中记录关于客户的信息，并在第三个表中记录关于产品供应商的详细信息。运营数据主要涉及单个业务功能，如采购交易、新客户注册和一批产品装运到商店。其主要优点是，通过在一个或少量表中只插入、删除或修改一条或几条记录，可以有效地进行业务运营，比如客户购买商品，因此可以同时进行许多业务运营。

与此同时，业务分析师和高管往往会关注业务运营的历史、当前和预测性视图，而不是单个交易细节。例如，一家电子商务公司的业务分析师可能希望调查客户的类别，比如他们上个月花费最多的人口统计群体，以及他们购买的产品的主要类别。计算这类分析问题通常需要消耗大量时间和资源，因为得到答案需要连接多个数据表，并进行大量的分组聚合操作，因此需要对数据进行独立访问。许多分析任务可能是周期性的，有些可能是临时、定制化的，因此可能严重影响业务运营，因为这些业务运营往往是在线、频繁和并发的。

为了解决业务运营的高效需求和低效的数据分析之间差距过大的问题，数据仓库为业务分析师和高管提供架构和工具，以便系统地组织、理解和使用他们的数据来进行决策。在当今竞争激烈、快速发展的世界中，数据仓库系统是很有价值的工具。在过去的20年里，许多公司花费了数十亿美元建设企业范围的数据仓库。众所周知，随着每个行业的竞争加剧，数据仓库是必须拥有的业务基础设施，这是一种通过更多地了解客户的需求和行为来留住客户的方式。

*"那么数据仓库到底是什么呢？"*一般来说，数据仓库指为数据分析而特别构建的数据存储库，它与组织的操作数据库分开维护。数据仓库系统通过提供用于分析的整合历史数据的坚实平台来支持信息处理。

正如数据仓库系统构建的杰出架构师 William H.Inmon 所说，"数据仓库是一种面向主题的、集成的、时变的、非易失的数据集合，以支持管理层的决策过程"[Inm96]。这个简短而全面的定义展示了数据仓库的主要特性。这四个关键字：*面向主题的*、*集成的*、*时变的*和*非易失的*，将数据仓库与其他数据存储库系统区分开来，如关系数据库系统、事务处理系统和文件系统。

- **面向主题的**：将数据仓库围绕主要主题组织起来，这些主要主题通常是根据企业或部门的方式进行标识的，如客户、供应商、产品和销售。数据仓库不专注于组织的日常运营和事务处理，而是专注于为决策者建模和分析数据。因此，数据仓库通常通过删除在决策支持过程中无用的数据来提供特定主题的简洁的视图。
- **集成的**：数据仓库通常是通过集成多个异构源来构建的，如关系数据库、平面文件和在线事务记录，应用了数据清洗和数据集成技术，以确保命名约定、编码结构、属性度量等方面的一致性。
- **时变的**：存储数据是为了从历史的角度（如，过去的5～10年里）提供信息。数据仓库中的每个关键结构都隐式或显式地包含一个时间元素。换句话说，数据仓库通常记录跨越很长时间的历史数据。
- **非易失的**：数据仓库总是从操作环境中的应用程序数据转换而来的物理上独立的数据存储。由于这种分离，数据仓库不需要强大的事务处理、恢复和并发控制机制，因此对操作系统没有干扰。在数据访问中通常只需要两种操作：*数据的初始加载*和*数据的访问*。换句话说，存储在数据仓库中的数据通常不会被删除。

总之，数据仓库是一个语义一致和持久的数据存储，它作为决策支持数据模型的物理实现。它存储了企业做出战略决策所需的信息。数据仓库通常也被视为一种架构，通过集成来自多个异构源的数据来构建，以支持结构化或临时查询、分析报告和决策。相应地，**放入数据仓库**是构建和使用数据仓库的过程。数据仓库的构建需要数据清洗、数据集成和数据整合。

*"组织如何使用来自数据仓库的信息？"*许多组织利用这些信息来支持业务决策活动。例如，通过识别最活跃的客户群体，一个电子商务公司可以设计促销活动来牢牢留住这些客户。通过分析产品在不同季节的销售模式，公司可以设计供应链策略来降低季节性产品的库存成本。来自数据仓库的分析结果通常通过定期或特别的报告呈现给分析师和决策者，例如每日、每周和每月的销售分析报告分析客户群体、地区、产品和促销活动的销售模式。

*"操作数据库系统和数据仓库之间的主要区别是什么？"*传统的操作数据库系统的主要任务是执行**在线事务处理**（OLTP）。这些OLTP系统涵盖了组织的大部分日常操作，如采购、

库存、制造、银行业务、工资单、注册和会计等。数据仓库系统为业务分析师和高管（通常也称为知识工作者）提供服务，他们通过从不同角度组织和呈现数据来获得业务洞察力并做出决策，以适应来自不同用户的不同需求。这些系统被称为在线分析处理（OLAP）系统。

OLTP 和 OLAP 的主要区别特点如下：

- **用户和系统导向**：OLTP 系统是面向事务的，用于职员和客户端执行操作。OLAP 系统是面向业务洞察力的，用于知识工作者（包括经理、高管和分析师）数据汇总和分析。
- **数据内容**：OLTP 系统管理当前数据，这些数据通常太详细，无法轻松用于业务决策。OLAP 系统管理大量的历史数据，提供汇总和聚合的功能，并存储和管理不同粒度级别的信息，例如每周 – 每月 – 每年。这些特性使数据更容易用于明智的决策。
- **数据库设计**：OLTP 系统通常采用实体 – 关系（ER）数据模型和面向应用程序的数据库设计。OLAP 系统通常采用星型模型或雪花模式（见 3.2.2 节）和面向主题的数据库设计。
- **查看**：OLTP 系统主要关注企业或部门内的当前数据，而不涉及历史数据或不同组织中的数据。相比之下，由于一个组织的演化过程，OLAP 系统经常需要跨越一个数据库模式的多个版本。OLAP 系统还可以处理来自不同组织的信息，并集成来自许多数据存储的信息。
- **访问模式**：OLTP 系统的访问模式主要由短的原子事务组成，例如将金额从一个账户转移到另一个账户。这样的系统需要并发控制和恢复机制。然而，对 OLAP 系统的访问大多是只读操作（因为大多数数据仓库存储的是历史信息，而不是最新信息）。许多访问可能是复杂的查询。

“为什么不直接对操作数据库执行 OLAP，而是构建一个单独的数据仓库呢？”分离的一个主要原因是确保这两个系统的高性能。操作数据库是根据已知的任务和工作负载设计和调整的，比如使用主键进行索引和哈希、搜索特定记录和优化“固定”查询，这些是预先编程和在业务中经常使用的查询。然而，OLAP 查询通常很复杂。它们涉及在汇总级别上计算大型数组，可能需要使用基于多维视图的特殊数据组织、访问和实现方法。直接在操作数据库中处理 OLAP 查询可能会严重危及操作任务的性能。操作数据库支持多个事务的并发处理。并发控制和恢复机制（如，需要锁定和日志记录）可以确保事务的一致性和鲁棒性。OLAP 查询通常需要对大量数据记录进行只读访问以进行汇总和聚合。并发控制和恢复机制如果应用于这样的 OLAP 操作，可能会严重延迟并发事务的执行，从而大大降低 OLTP 系统的吞吐量。

最后，操作数据库与数据仓库的分离基于这两种系统中数据的不同结构、内容和使用情况。决策支持需要历史数据，而操作数据库通常不维护历史数据。在这种情况下，操作数据库中的数据通常对决策来说还远不完整。决策支持需要整合（如聚合和汇总）来自异构源的数据，从而产生高质量、干净和集成的数据。相比之下，操作数据库只包含详细的原始数据，如事务，在分析之前需要整合。由于这两个系统提供了非常不同的功能，并且需要不同类型的数据，因此目前有必要维护单独的数据库。

3.1.2　数据仓库的架构：企业数据仓库和数据集市

“数据仓库的架构是什么样子的？”为了回答这个问题，我们首先介绍数据仓库的一般三层架构，然后讨论两种主要的数据仓库模型：企业仓库和数据集市。

三层架构

数据仓库通常采用三层架构，如图 3.1 所示。

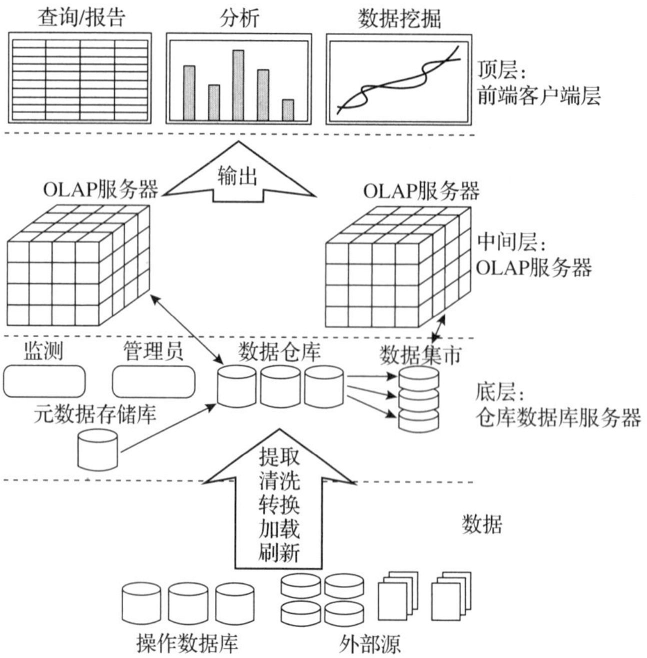

图 3.1 一个三层的数据仓库体系结构

底层是一个**仓库数据库服务器**，它通常是一个主流数据库系统，例如关系数据库或键值存储。后端工具和数据提取 / 转换 / 加载（ETL）实用程序用于将数据从操作数据库或其他外部源（如由外部合作伙伴提供的客户个人资料信息）输入底层。这些工具和实用程序执行数据提取、清洗和转换，以及加载和刷新功能来更新数据仓库。此层还包含一个元数据存储库，它存储有关数据仓库及其内容的信息。

中间层是一个 **OLAP 服务器**，通常使用**关系型 OLAP**（ROLAP）模型（即一种扩展的关系数据库管理系统（DBMS），它将多维数据上的操作映射到标准的关系操作）或**多维 OLAP**（MOLAP）模型（即一个直接实现多维数据和操作的特殊用途的服务器）。我们将在后面详细讨论 OLAP 服务器。

顶层是**前端客户端层**，它包含用于查询、报告、可视化、分析或数据挖掘的工具，如趋势分析和预测。

"*仓库数据库服务器中的元数据是什么？*"**元数据**是关于数据的数据。当在数据仓库中使用时，元数据是定义仓库对象的数据。系统将为给定仓库的数据名称和定义创建元数据。可以创建和捕获额外的元数据，以便对任何提取的数据、提取数据的来源以及通过数据清洗或集成过程添加的缺失字段使用时间戳。

此外，元数据存储库可能包含对*数据仓库结构*的描述（如模式、视图、维度、派生数据定义等）、*操作元数据*（如数据转换沿袭、数据的新鲜度）、数据汇总的定义、从操作数据到数据仓库的映射、系统信息和相关的业务信息。

元数据与其他数据仓库数据起着非常不同的作用，元数据重要的原因有很多。例如，元数据被用作一个目录，以帮助分析人员定位数据仓库的内容，并在数据从操作环境转换到数据仓库环境时作为数据映射的指南。元数据还可以作为用于当前详细数据和简单汇总数据之间以及简单汇总数据和高度汇总数据之间进行汇总的算法的指南。元数据应该被持久地存储和管理（即在磁盘上）。

数据仓库系统使用后端工具和实用程序来填充和刷新它们的数据（图 3.1）。这些工具和实用程序包括**数据提取**（从多个、异构和外部源收集数据）、**数据清洗**（检测数据中的错误并在可能的情况下纠正它们）、**数据转换**（将数据从旧版或主机格式转换为仓库格式）、**加载**（排序、汇总、整合、计算视图、检查完整性以及构建索引和分区）以及**刷新**（将更新从数据源传播到仓库）等功能。此外，数据仓库系统通常提供一套很好的数据仓库管理工具。

数据仓库的 ETL

为了加载并定期刷新数据仓库中的内容，通常数据仓库系统会实现一些 ETL 模块。我们在第 2 章中讨论了数据提取、转换和加载的基本技术和方法，它们也服务于数据仓库。在这里，我们简要介绍 ETL 对数据仓库的一些主要任务。

数据提取

数据提取过程从外部源提取数据，这通常是 ETL 最重要的方面。例如，数据仓库可能需要从 OLTP 数据库中提取事务数据，也需要从社交媒体存储库中提取用户评论数据。为了封装各种数据源的详细信息，通常会开发和部署包装器，它们与数据源交互，并将提取的数据提供给 ETL 模块。由于数据源的多样性和动态性，手动开发包装器在质量上往往是低效和无效的。最近，越来越多的包装器是由数据驱动的，并且可以自动适应数据源的变化，如模式、更新频率、布局和编码的变化。例如，OLTP 数据库的包装器可以监视和适应模式更新。社交媒体的包装器可以从社交媒体中抓取数据，并从文本中提取关键字段，比如产品名称和用户评论的观点。此外，包装器还可以适应社交媒体布局的变化，并保持对垃圾邮件的鲁棒性。

数据转换

通常情况下，从源中提取的数据可能不能立即满足数据仓库的要求。可能存在一些差距，如数据格式的不匹配、业务完整性约束的执行以及对数据质量的要求。数据转换应用规则和函数对提取的数据进行转换，强制执行业务逻辑并提高质量，使转换后的数据可以加载到数据仓库中。例如，在转换步骤中，可以清除有关地址的数据，以便使用地址的标准表示，并识别和编码有关国家、州、城市和邮政编码的正确信息。此外，通过转换，我们可以强制执行业务逻辑，例如要求每一笔金额超过 100 万美元的交易都必须与一个客户代表相关联。数据清洗和质量改进也是数据转换阶段的重要任务。

数据转换是一个动态的过程。数据挖掘技术常用于数据转换过程。例如，数据挖掘技术可用于检测数据质量问题并改进数据清洗。此外，随着业务的发展，业务逻辑也有相应的发展。数据转换过程必须相应地进行更新。

数据加载

从源中提取数据并进行转换后，加载阶段将数据加载到数据仓库中。加载可能需要很多不同的方式。例如，一个相对较小的数据仓库可以以集中和定期的方式加载数据（如每天、每周或每月加载）。跨越许多分布式服务器的大型数据仓库可能必须以分布式的方式加载数据。如果数据仓库支持高度时间敏感的业务，那么数据仓库可能必须以更频繁甚至实时的方式加载数据。加载数据通常很耗时，而且是 ETL 过程中最慢的部分。加载还可能会影响数据仓库的有效性、可用性和带宽。数据加载开发了各种技术，以实现将数据加载到数据仓库中的高性能，并尽量减少对数据仓库提供的常规服务的干扰。

企业数据仓库和数据集市

从架构的角度来看，有两种主要的数据仓库模型，即企业仓库和数据集市。

企业仓库：企业仓库收集跨越整个组织的有关主题的所有信息。它提供企业范围内的数据集成，通常来自一个或多个操作系统或外部信息提供商，并且在范围上具有交叉功能。它通常包含详细的数据和汇总的数据，大小从数百吉字节到太字节甚至以上不等。它需要在企业级进行广泛的业务建模，并且可能需要数年的时间来设计和构建。

数据集市：数据集市包含公司范围数据的子集，该数据对特定的用户群体有价值，例如业务部门内的用户。该范围仅限于特定的主题。例如，营销数据集市可能会将其主题限制为客户、商品、营销渠道和销售。风险控制数据集市可能会关注客户信用、风险和不同类型的欺诈行为。数据集市中所包含的数据倾向于被汇总。数据集市的实现周期更有可能以数周来衡量，而不是数月或数年。然而，如果它的设计和规划不是企业范围的，那么从长远来看，它可能涉及复杂的集成。

根据数据的来源，数据集市可以分为独立的或依赖的。独立的数据集市来自从一个或多个操作系统或外部信息提供商捕获的数据，或来自在特定部门或地理区域内生成的数据。依赖的数据集市直接来自企业数据仓库。在实践中，许多数据集市从企业数据仓库和外部或特定内部数据源加载数据。

有些情况下还使用了*虚拟仓库*，这是操作数据库上的一组视图。为了高效地处理查询，只能实现一些可能的汇总视图。虚拟仓库很容易构建，但会给操作数据库服务器造成额外的开销。

“人们常说，企业在商业中越来越多地使用人工智能（简称 AI），而数据是人工智能的基础。数据仓库和人工智能之间的关系是什么？”一般来说，数据仓库可以支持人工智能和机器学习功能的部署。同时，人工智能和机器学习工具可以在数据仓库之上使用，以利用数据仓库的最佳优势。

人工智能是指各种可以执行通常需要人类智能的任务的计算机系统，如玩棋盘游戏、自动驾驶和与人类对话。机器学习是人工智能的核心技术之一，它能建立计算机系统，而无须明确编写特定的指令。许多机器学习技术被用于数据挖掘，如分类和聚类，这将在本书的后面详细讨论。

人工智能和机器学习工具需要消耗大量的数据来为复杂的任务构建各种模型。数据仓库在适当的级别上组织和汇总数据，从而可以支持人工智能和机器学习功能的部署。例如，一家电子商务公司可能希望建立一个人工智能模型，将客户分类为不同的群体，以更好地进行客户关系管理。这个复杂的任务可以大大受益于客户信息的数据集市，该数据集市可以提供关于客户的清洗、集成和汇总的数据。

同时，人工智能和机器学习技术被广泛应用于数据仓库的各个步骤中。例如，机器学习技术可以用于构建数据仓库，比如在数据清洗中填充缺失值和识别实体（参见第 2 章）。此外，来自人工智能模型的输出可以包含在数据仓库中。例如，客户信息的数据集市可能包括客户档案，其中客户和客户群体通常根据他们的行为进行标记，如年龄组、收入水平和消费偏好。这些标签通常是由从客户数据中训练出来的机器学习模型预测的。人工智能和机器学习技术也可用于优化数据仓库的性能。例如，机器学习技术可以用于调整分布在大型数据中心的数据仓库中的数据索引和任务执行的性能，也有助于大幅降低功耗。最后重要的是，人工智能和机器学习技术对于知识工作者探索和理解数据仓库中的数据并做出明智的决策至关重要。例如，分析师可以建立机器学习模型来探索不同地区的业务增长率与营销成本之间的关系。更多的例子将在本书的后面部分给出。

3.1.3 数据湖

“在一些组织中，人们提到了‘数据湖’。什么是数据湖？数据湖和数据仓库之间的关系和区别是什么？”在一个大型组织中，通常有大量复杂的数据源，其数据类型、格式和质量多样，如关系数据库中的业务数据、客户与组织之间的通信记录、规则、市场分析和外部市场信息。许多数据探索分析都是一次性的，可能不得不使用来自不同角落的数据。设计和开发一个数据仓库可能需要很长时间，在其中可以根据定义的用法对数据进行集成、转换、结构化和加载。此外，许多数据驱动的探索必须是自助式的商业智能，以便数据科学家能够自己分析和探索数据。为了解决组织中庞大的数据使用需求，作为一种选择，可以构建一个数据湖。

从概念上讲，*数据湖*是一个以自然格式存储所有企业数据的单一存储库，这些数据可以为关系数据、半结构化数据（如XML、CSV、JSON）、非结构化数据（如电子邮件、PDF文件），甚至二进制数据（如图像、音频、视频）。通常情况下，数据湖以对象块或文件的形式出现，并使用基于云的或分布式的数据存储库进行托管。数据湖通常同时存储原始数据副本和转换后的数据。许多分析任务，如报告、可视化、分析和数据挖掘，都可以在数据湖上进行。

*"数据仓库和数据湖之间的本质区别是什么？"*首先，要构建一个数据仓库，就必须分析数据源，了解业务流程，并开发相应的数据模型。数据仓库中的主体反映了相应的业务分析和决策过程中的因素。相比之下，数据湖保留了组织中的所有数据，包括当前数据和历史数据，以及当前正在使用和此时未使用的数据。其基本原理是，作为完整存储库的数据湖可以被用作现在和将来所有与数据相关的任务的基础。

其次，数据仓库通常存储从事务数据中提取的数据，包括定量度量值和属性值，并且不包含太多非关系数据，如文本、图像和视频。数据将根据预定义的模式加载到数据仓库中。相反，数据湖原生地包含所有数据类型。数据在使用时会进行转换。

再次，数据仓库是为数据分析师和高管设计的。在数据仓库上的查询通常支持决策制定。相比之下，由于数据湖以自然形式包含了所有数据，因此它可以支持组织中的所有用户，包括操作用户、分析师和高管。

接着，数据仓库中设计良好的结构为目标分析任务提供了高质量的支持。但是，对于数据仓库设计没有涵盖的新查询或业务更改，升级数据仓库以满足新的需求需要时间，这是数据仓库中的主要痛点。相比之下，数据湖以原始形式存储所有数据，因此总是可用于探索任何新的用途。数据科学家可以直接在数据湖上工作，进行数据分析。分析结果也可能成为数据湖的一部分。

最后，由于构建数据仓库需要时间和资源，因此数据仓库通常不能覆盖组织中的所有业务和分析用户。对于那些不受数据仓库支持的业务和用户，他们仍然可以使用数据湖来获得高效洞察。

数据仓库和数据湖代表了关于数据分析的两种观点。数据仓库更加自上而下、结构化和集中化。相比之下，数据湖更加自下而上、原型设计更快速。在企业实践中，组合使用它们通常是为了获得最好的收益。

*"由于数据湖必须存储所有企业数据，这些数据通常规模巨大、类型和格式多样，数据湖是如何存储和组织数据的？"*通常，数据湖有一个核心存储层，它存储原始数据或少量处理的数据。在设计和实现数据湖存储时有几个重要的考虑因素。第一，由于数据湖是作为整个企业的集中式数据存储库，因此数据存储必须具有非凡的可伸缩性。第二，由于数据湖必须响应各种各样的查询和分析任务，因此数据的鲁棒性是至关重要的。因此，数据存储层必须具有较高的耐用性。换句话说，存储在数据湖中的数据应该是完整和原始的。第三，为了解决企业中数据的多样性，数据湖存储必须支持不同格式的不同类型的数据，包括结构化数据、半结构化数据和非结构化数据。所有这些数据都必须在同一存储库中一致地、统一地存储和管理。第四，由于数据湖被用于支持不同类型的查询、分析和应用程序，数据存储应该能够

支持各种数据模式，在设计数据湖时，其中许多数据模式可能是未知或不可用的。换句话说，数据湖的存储必须独立于任何固定的模式。第五，与许多包含数据和计算的应用程序相比，数据湖的存储层应该与计算资源解耦，以便各种计算资源（从遗留的大型机服务器到云）都可以访问数据湖中的数据。这种分离可以使数据湖和数据湖支持的应用程序都具有最大的可伸缩性。

从概念上讲，数据湖有一个作为单一存储库的存储层。在实现过程中，数据存储库仍然被划分为多层。通常，存储库有三个强制层：原始数据层、清洗后数据层和应用数据层。可选地，可以添加一个标准化数据层和一个沙箱层。让我们自下而上解释这些层。图 3.2 总结了这些层。

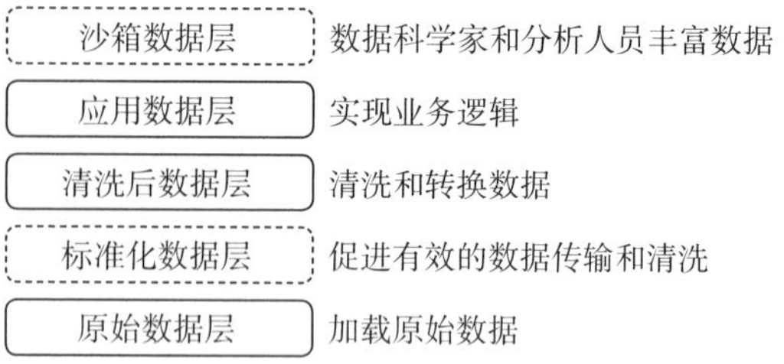

图 3.2　数据湖中的数据存储层

原始数据层是最底层，也被称为摄入层或着陆区域。在这一层中，原始数据以原生格式加载，不进行任何数据处理，如清洗、重复删除或数据转换。数据通常按区域、数据源、对象和摄入时间组织到文件夹中。这个级别的数据还没有准备好使用，因此不应该允许数据湖的终端用户访问原始数据层。

可选地，数据湖可以在原始数据层之上具有标准化的数据层。标准化数据层的主要目标是在数据传输和清洗方面具有高性能。例如，在原始数据层中，数据以其原生格式存储。在标准化数据层中，数据可以被转换为一些最适合清洗的格式。此外，数据可以被划分为更细的颗粒结构，以获得更有效的访问和处理。

再上一层是清洗后数据层，也称为策划层或一致层。在这一层中，数据被清洗和转换，例如被去规范化或合并。此外，数据被组织成数据集，并存储到表或文件中。数据湖的终端用户可以访问该层的数据。

在清洗后数据层之上是应用数据层，也称为信任层、安全层或生产层。业务逻辑是在这一层上实现的。因此，许多应用程序，包括那些数据挖掘和机器学习应用程序，都可以基于这一层来构建。

在一些组织中，数据科学家和分析人员可能会进行实验，并发现模式和相关性。他们的项目可以极大地丰富数据，从而创建新的数据。这些数据可以存储在可选的沙箱数据层中。

*“以数据湖存储为中心，数据湖的架构是什么？除了数据存储之外，数据湖中其他重要的组成部分是什么？”*图 3.3 显示了数据湖的概念架构。数据湖从企业或组织中的广泛数据存储库中获取数据，如数据库、文档、从网络爬取的数据、社交媒体、图像（如产品），以及可能的外部数据源。来自这些数据源的数据通过连接器以连续的方式加载到数据湖中。一旦数据被输入到一个数据湖中，这些数据就会经过我们刚才讨论过的各个层。

数据湖是企业和组织的集中式数据存储库。终端用户，如分析人员和数据科学家，可以访问在数据湖清洗后数据层及上层的数据集。一种主要的访问类型是发现可用于完成分析任务的数据集。这些“数据发现”任务是通过企业搜索引擎来执行的。例如，设计市场营销活动的数据科学家可能希望在行业“电子制造”部分找到与客户相关的所有数据。通过搜索引擎，数据科学家可能找到数据集，诸如来自操作数据库的购买交易、与相关客户的沟通文档、从网络爬取的这些客户的产品类别、来自社交媒体的产品评论、作为外部数据源的客户提供的产品图像和产品可用性数据。显然，如果没有数据湖作为集中式数据存储库，数据科学家可能不得不花费大量的时间来找到分散在企业不同部门的这些数据，并获得对这些数据集的访问权限。为了方便数据在数据湖中的应用，企业搜索引擎采用数据模型和字典、业务规则和字典作为领域业务知识库，使数据集的搜索面向业务而不是面向技术。最后，许多应用程序可以通过相应的应用程序编程接口（API）建立在数据湖提供的数据服务之上。还可以相应地开发和维护定期的分析和报告服务。

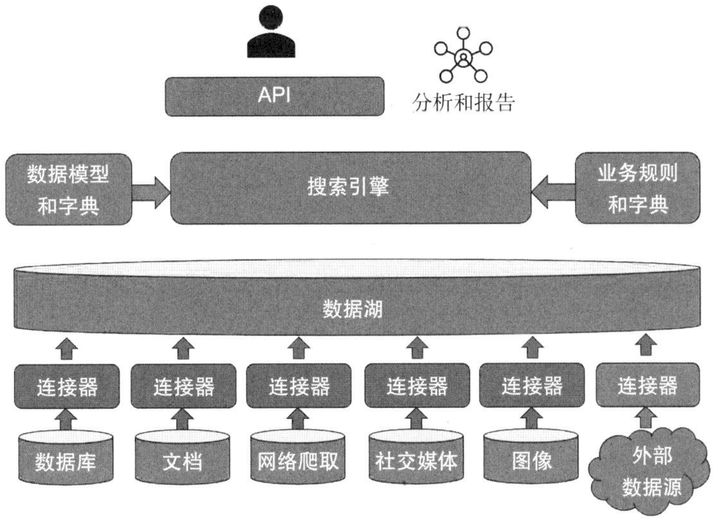

图 3.3　数据湖的概念架构

数据湖作为企业的集中式数据存储库，在数据驱动的业务运营和决策方面带来了巨大的效率和优势。与此同时，数据湖在经营管理方面也面临着重大挑战。除了数据存储层外，数据湖还需要解决一系列重要方面的问题。其中，安全是一个核心部分。数据湖的访问应该正确定义，并在正确的时期分配给正确的人。数据湖中存储的数据应得到妥善保护。认证、问责制、授权和数据保护应一致和全面地保持。为了确保安全性和为高性能进行调整，数据湖应该进行系统的治理。例如，应该定期执行监视、日志记录和沿袭。数据湖的可用性、安全性和完整性应该一直被监控和管理。此外，数据质量、数据审计、档案和管理也是数据湖的其他一些重要方面。

3.2　数据仓库建模：模式和度量标准

如在上一节中所讨论的，数据仓库以面向主题和非易挥发的方式集成历史数据和当前数据。数据仓库中使用的数据模型是根据主题来组织数据的。在这里，主题（如客户）由维度（如性别、年龄和职业）和度量（如总购买量和平均交易金额）来捕获。自然地，数据仓库和 OLAP 工具是基于**多维数据模型**的，它们以*数据立方体*的形式查看数据。在本节中将学习数据立方体如何建模 n 维数据（3.2.1 节）。在 3.2.2 节中，将解释各种多维模型：星型模式、雪花模式和事实星座。数据仓库中的数据可以根据不同粒度进行分析，并且由概念层次定义。我们将在 3.2.3 节中学习概念层次结构，还将了解不同类别的度量，以及如何有效地计算它们（3.2.4 节）。

3.2.1　数据立方体：一个多维数据模型

*“什么是数据立方体？”*多维数据分析的核心是跨多个维度集合的聚合的有效计算。**数据立方体**允许在多个维度中建模和查看数据，它是由维度和事实来定义的。

多维数据模型通常围绕一个中心主题进行组织，该中心主题也被称为主题，比如销售。

在分析中，关于一个主题的信息可以分为两部分。第一部分是主题的分析视角。例如，对于公司中的主题销售，可能的视角包括时间、商品、分店和地点。这些视角被建模为**维度**。在最简单的多维数据模型中，可以为每个维度构建一个维度表。例如，*item*（商品）的维度表可能包含属性 *item_name*（商品名称）、*brand*（品牌）和 *type*（类型）。

第二部分是对一个主题的度量。这些度量值被称为**事实**。例如，对于一个公司的主题销售，事实可以是 *dollars_sold*（销售额，以美元为单位）、*units_sold*（销售量）和 *amount_budgeted*（预算金额）。事实通常是数值的，但仍然可能采用一些其他的数据类型，如分类数据或文本。

在数据仓库中，**事实表**存储事实或度量的名称，以及引用每个相关维度表的（外）键。

一般来说，数据立方体可以具有业务需要的任意多个维度，因此是 *n* 维的。为了详细设计数据立方体和多维数据模型，我们首先看一个简单的二维数据立方体，它实际上是一个公司销售数据的表格或电子表格。以温哥华为例，我们将特别关注该城市每季度商品销售数据。具体数据见表 3.1。在这个二维表示中，温哥华的销售显示了 *time* 维度（以季度为单位）和 *item* 维度（根据销售商品类型组织）。所展示的事实或度量是 *dollars_sold*（以千美元为单位）。

表 3.1 根据 *time* 和 *item* 构建的销售数据的二维视图

location = "Vancouver"				
time（季度）	*item*（类型）			
	家庭娱乐	计算机	手机	证券
Q1	605	825	14	400
Q2	680	952	31	512
Q3	812	1 023	30	501
Q4	927	1 038	38	580

注：来自温哥华分店的销售数据，展示的度量是 *dollars_sold*（以千美元为单位）。

现在，假设我们想使用第三个维度来查看销售数据。例如，假设我们想根据 *time*（时间）、*item*（商品）和 *location*（地点）来查看芝加哥、纽约、多伦多和温哥华的数据。这些三维数据如表 3.2 所示。表中的三维数据用一系列的二维表来表示。从概念上讲，我们也可以以三维数据立方体的形式来表示相同的数据，如图 3.4 所示。

假设我们现在想要用额外的第四个维度来查看销售数据，例如 *supplier*（供应商）。在四维中可视化变得很棘手。但是，我们可以将一个四维立方体视为一系列三维立方体，如图 3.5 所示，如果我们以这种方式继续进行，就可以将任何 *n* 维数据显示为一系列 (*n*−1) 维的"立方体"。数据立方体是多维数据存储的表征。这些数据的实际物理存储可能与其逻辑表示方式不同。需要记住的重要一点是，数据立方体是 *n* 维的，并且不会将数据限制为三维。

表 3.2 根据 *time*, *item* 和 *location* 构建的销售数据的三维视图

time	*location* = "Chicago"				*location* = "New York"				*location* = "Toronto"				*location* = "Vancouver"			
	item				*item*				*item*				*item*			
	家庭娱乐	计算机	手机	证券	家庭娱乐	计算机	手机	证券	家庭娱乐	计算机	手机	证券	家庭娱乐	计算机	手机	证券
Q1	854	882	89	623	1 087	968	38	872	818	746	43	591	605	825	14	400
Q2	943	890	64	698	1 130	1 024	41	925	894	769	52	682	680	952	31	512
Q3	1 032	924	59	789	1 034	1 048	45	1 002	940	795	58	728	812	1 023	30	501
Q4	1 129	992	63	870	1 142	1 091	54	984	978	864	59	784	927	1 038	38	580

注：展示的度量是 *dollars_sold*（以千美元为单位）。

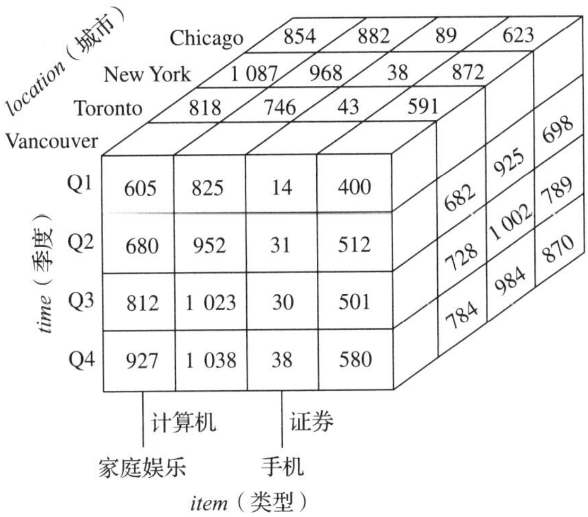

图 3.4　根据 *time*、*item* 和 *location*，采用表 3.2 中数据的三维数据立方体表示。展示的度量是 *dollars_sold*（以千美元为单位）

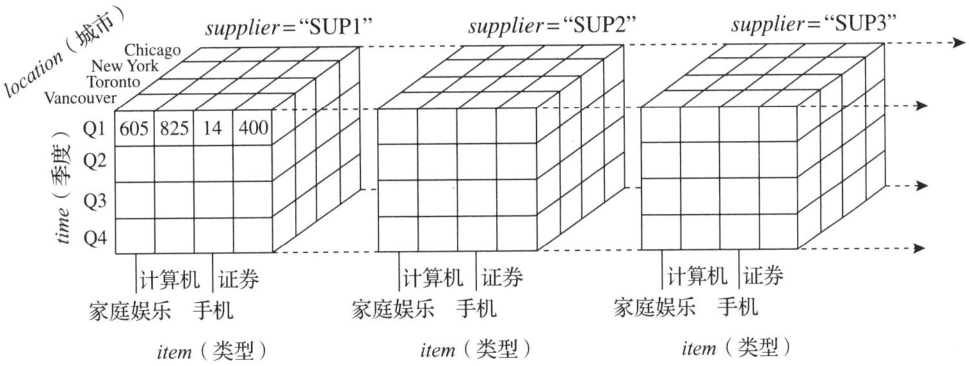

图 3.5　根据 *time*、*item*、*location* 和 *supplier* 的销售数据的四维数据立方体表示。展示的度量是 *dollars_sold*（以千美元为单位）。为了提高可读性，只显示了一些立方体的值

表 3.1 和表 3.2 给出了不同程度的汇总数据。在数据仓库研究文献中，如图 3.4 和图 3.5 所示的数据立方体通常被称为**方体**（cuboid）。在 SQL 术语中，这些聚合被称为 `group by`。每个 `group by` 都可以用一个立方体表示。

给定一组维度，我们可以为给定维度的每个可能的子集生成一个方体，包括空集。结果将形成一个方体晶格，每个方体以不同的汇总水平或分组水平显示数据。方体的晶格随后被称为数据立方体。图 3.6 显示了方体晶格，其形成 *time*、*item*、*location* 和 *supplier* 的数据立方体。

拥有最低汇总水平的方体被称为**基方体**。例如，图 3.5 中的四维方体是给定 *time*、*item*、*location* 和 *supplier* 维度的基方体。图 3.4 是一个关于 *time*、*item* 和 *location* 的三维（非基）方体，对所有供应商进行了汇总。零维方体，具有最高汇总水平，被称为**顶点方体**。在我们的示例中，这是在所有四个维度上汇总的总销售额，或 *dollars_sold*。顶点方体通常由 all 表示。

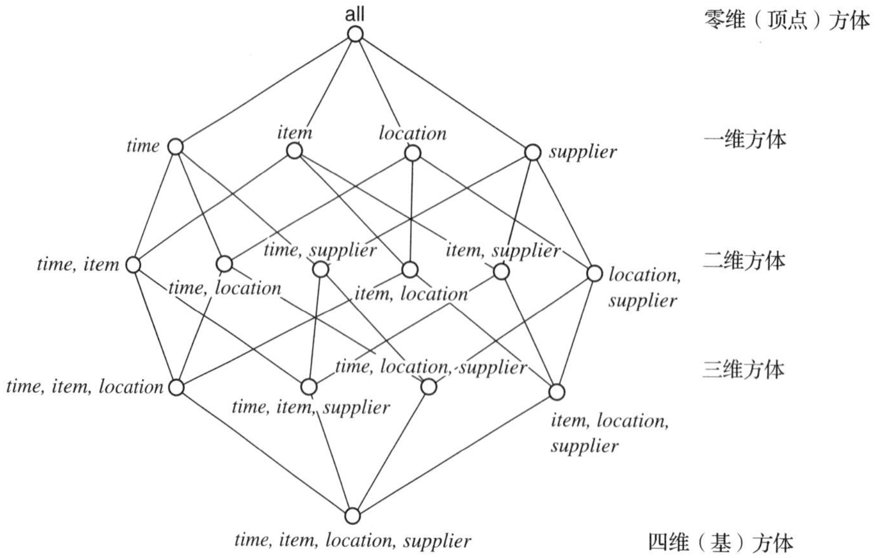

图 3.6 方体的晶格，构成一个包含 *time*、*item*、*location* 和 *supplier* 的四维数据立方体。每个方体代表着不同程度的汇总

3.2.2 多维数据模型的模式：星型、雪花和事实星座

实体－关系数据模型通常用于关系数据库的设计，其中数据库模式由一组实体及其之间的关系组成。规范化是为了将一个宽的表分解为更窄的表，以便许多事务操作只需要访问一个或少量表中的很少的记录，从而可以最大化事务操作的并发性。这种数据模型适用于在线交易处理。在线数据分析通常需要扫描大量的数据。为了支持在线数据分析，数据仓库需要一个简洁的、面向主题的模式，以便有效地扫描大量数据。

数据仓库中最流行的数据模型是**多维模型**。多维模型最常见的范式是**星型模式**，其中数据仓库包含（1）一个大的中心表（事实表），其包含大量的数据，没有冗余，（2）一组较小的数据辅助表（**维度表**），每个维度对应一个表。模式图类似于星图，维度表以围绕中心事实表的径向模式显示。

例 3.1 星型模式。销售的星型模式如图 3.7 所示。销售可以从四个维度来考虑：*time*（时间）、*item*（商品）、*branch*（分店）和 *location*（位置）。该模式包含一个 *sales*（销售）的中心事实表，其中包含四个维度的键，以及两个度量：*dollars_sold*（销售额）和 *units_sold*（销售量）。为了最小化事实表的大小，维度标识符（如 *time_key* 和 *item_key*）是系统生成的标识符。□

请注意，在星型模式中，每个维度只由一个表表示，并且每个表都包含一组属性。例如，*location* 维度表包含属性集 {*location_key*, *street*, *city*, *province_or_state*, *country*}。这个约束可能会引入一些冗余。例如，“厄巴纳”和“芝加哥”都是美国伊利诺伊州的城市。*location* 维度表中此类城市的条目在属性 *province_or_state* 和 *country* 之间创建冗余，即（...，Urbana，IL，USA）和（...，Chicago，IL，USA）。

雪花模式是星型模式的一种变体，其中一些维度表是被规范化的，从而进一步将数据拆分成额外的表。生成的模式图形成了一个类似于雪花的形状。

雪花模式和星型模式模型之间的主要区别是，雪花模式的维度表可以保持规范化形式，以减少冗余。这样的表易于维护，并节省了存储空间。然而，与事实表的典型大小相比，这种空间节省可以忽略不计。此外，雪花结构可能会降低其浏览的有效性，因为需要更多的连接来执行一个查询。因此，系统的性能可能会受到不利的影响。因此，虽然雪花模式减少了冗余，但在数据仓库设计中，它不如星型模式那么流行。

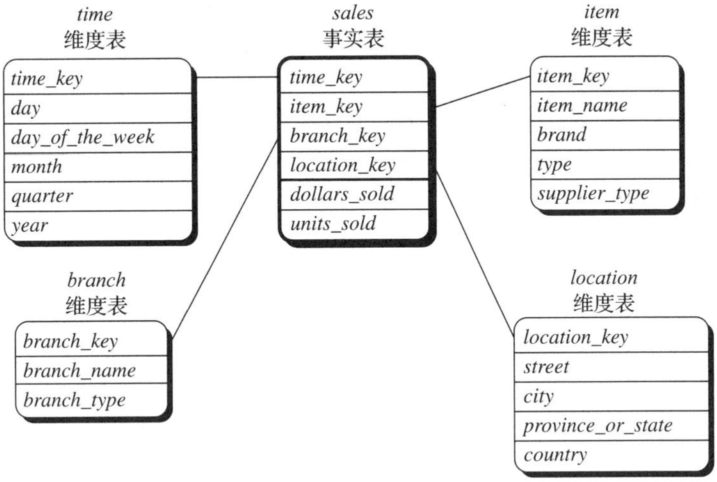

图 3.7　销售数据仓库的星型模式

例 3.2　雪花模式。图 3.8 给出了销售数据集的雪花模式。这里的 *sales*（销售）事实表与图 3.7 中星型模式的相同。这两种模式之间的主要区别在于维度表的定义。星型模式中 *item* 的单维度表在雪花模式中被规范化，从而产生新的 *item* 和 *supplier* 表。例如，*item* 维度表现在包含属性 *item_key*, *item_name*, *brand*, *type* 和 *supplier_key*，其中 *supplier_key* 链接到 *supplier* 维度表，其中包含 *supplier_key* 和 *supplier_type* 信息。类似地，星型模式中 *location* 的单维度表可以规范化为两个新表：*location* 和 *city*。新 *location* 表中的 *city_key* 链接到 *city* 维度表。请注意，如果需要，可以在图 3.8 中所示的雪花模式中对 *province_or_state* 和 *country* 进行进一步的规范化。 □

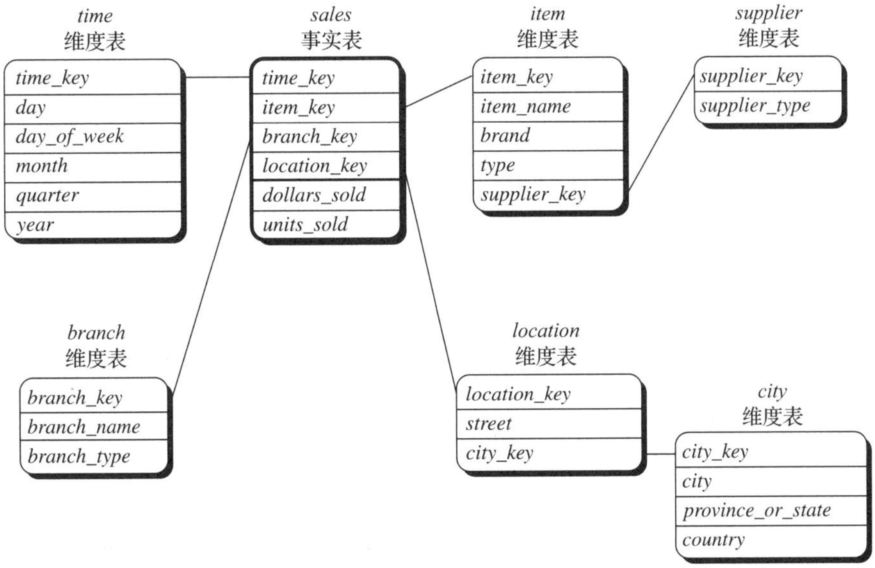

图 3.8　销售数据仓库的雪花模式

复杂的应用程序可能需要多个事实表来共享维度表。这种模式可以看作星型模式的集合，因此被称为**星系模式**或**事实星座**。

例 3.3　事实星座。一个事实星座模式如图 3.9 所示。此模式指定了两个事实表，即 *sales*（销售）和 *shipping*（运输）。*sales* 表的定义与星型模式的定义相同（图 3.7）。*shipping* 表有五个维度，或键（*item_key*, *time_key*, *shipper_key*, *from_location*, *to_location*），以及两个度量（*dollars_cost*, *units_shipped*）。事实星座模式允许在事实表之间共享维度表。例如，有关 *time*、*item* 和 *location* 的维度表在 *sales* 和 *shipping* 事实表之间共享。□

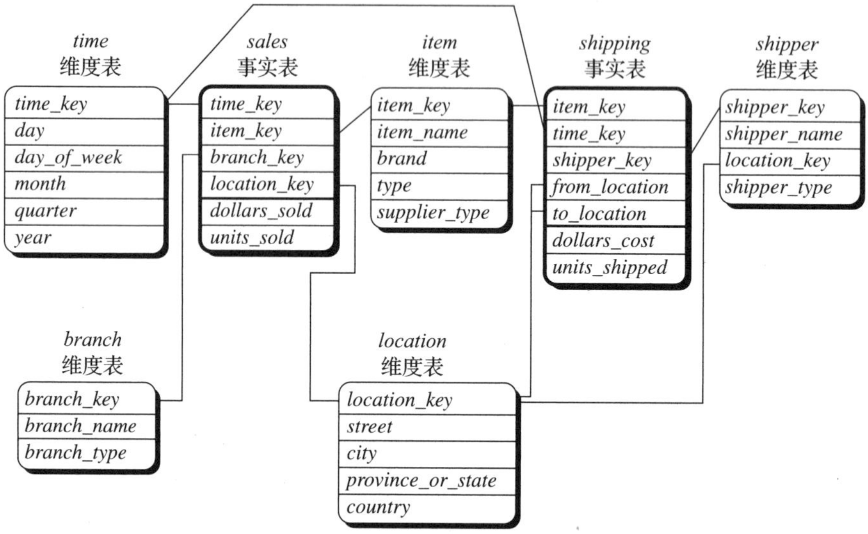

图 3.9　销售和运输数据仓库的事实星座模式

3.2.3　概念层次结构

维度定义了概念层次结构。**概念层次结构**定义了从一组从低级概念到更高级、更一般的概念的映射序列。考虑维度 *location* 的概念层次结构。*location* 的城市值包括温哥华、多伦多、纽约和芝加哥。然而，每个城市都可以被映射到它所属的省或州。例如，温哥华可以映射到不列颠哥伦比亚省，芝加哥可以映射到伊利诺伊州。各省和州可以依次映射到其所属的国家（如它们所属的加拿大或美国）。这些映射形成了维度 *location* 的概念层次结构，映射一组低级概念（如城市）到更高层、更一般的概念（如国家）。此概念层次结构如图 3.10 所示。

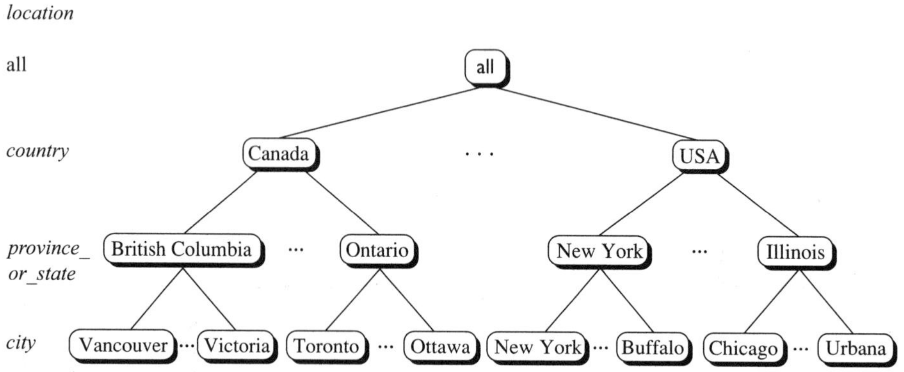

图 3.10　关于 *location* 的概念层次结构。受空间限制，没有显示出所有的层次节点，用节点之间的省略号表示

许多概念层次结构都隐含在数据库模式中。例如，假设维度 *location* 由 *number, street, city, province_or_stake, zip_code, country* 来描述。这些属性由一个全序关系相关联，形成一个概念层次结构，如“*street* < *city* < *province_or_state* < *country*”。这个层次结构如图 3.11a 所示。或者，一个维度的属性可以按偏序组织，形成一个无环有向图。基于属性 *day, week, month, quarter, year* 的 *time* 维度的偏序的一个示例是“*day* < {*month* < *quarter*;*week*} < *year*”。㊀该偏序结构如图 3.11b 所示。数据库模式中属性之间的全序或偏序的概念层次结构称为**模式层次结构**。概念层次结构（如对于时间）对许多应用都是通用的，可以在数据挖掘系统中进行预定义。数据挖掘系统应为用户提供根据特定需求能够灵活定制化的预定义层次结构。例如，用户可能希望定义从 4 月 1 日开始的财政年，或从 9 月 1 日开始的学年。

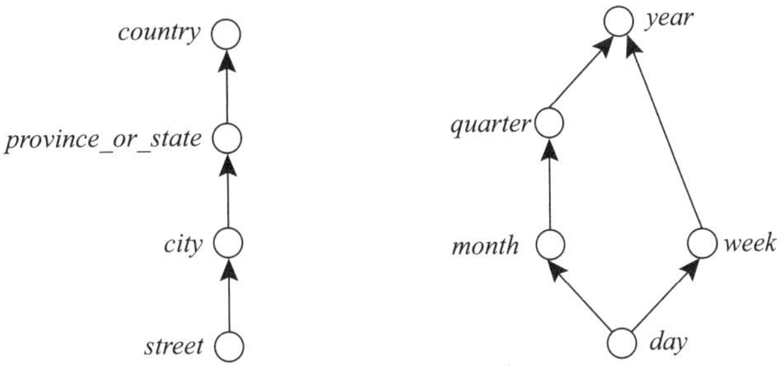

a）*location*的层次结构　　b）*time*的晶体结构

图 3.11　仓库维度中属性的层次结构和晶体结构

概念层次结构也可以通过将给定维度或属性的值离散化或分组化来定义，从而形成**集合分组层次结构**。可以在值组之间定义全序或偏序。图 3.12 显示了维度价格的一个集合分组层次结构示例，其中区间（\$X…\$Y] 表示从 \$X（不包含）到 \$Y（包含）的范围。

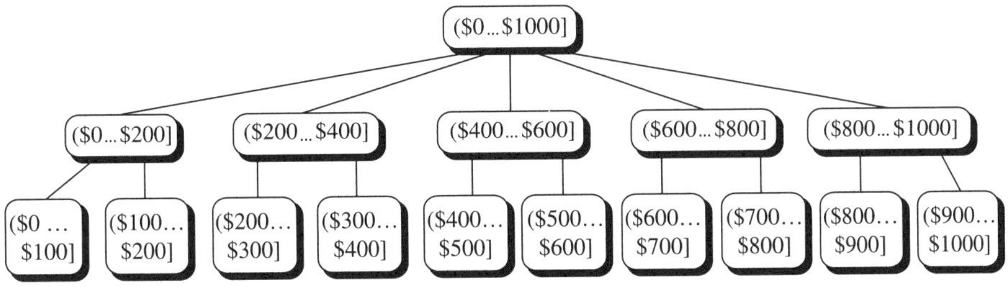

图 3.12　关于价格的概念层次结构

根据不同的用户视角，对于给定的属性或维度，可能有多个概念层次结构。例如，用户可能更喜欢通过定义便宜、中等价格和昂贵的范围来组织价格。

概念层次结构可以由系统用户、领域专家或知识工程师手动提供，也可以根据数据分布的统计分析自动生成。概念层次结构允许在不同的抽象层次上处理数据，正如我们将在 3.2.4 节中看到的那样。

3.2.4　度量：分类和计算

“度量是如何计算的？”为了回答这个问题，我们首先研究如何对度量进行分类。注意，数据立方空间中的多维点，也称为数据立方体中的单元，可以由一组维度 - 值对定

㊀ 由于一周经常跨越连续两个月，它通常不被视为一个 *month* 的低级抽象。相反，它通常被视为一个 *year* 的低级抽象，因为一年包含大约 52 周。

义；例如，〈*time*=“Q1”，*location*=“Vancouver”，*item*=“计算机”〉。数据立方空间中的**度量**是一个可以在数据立方空间中的每个点上进行计算的数值函数。通过聚合与定义给定点的各自维度 - 值对对应的数据，来计算给定点的度量值。例如，对于单元〈*time*=“Q1”，*location*=“Vancouver”，*item*=“计算机”〉，其 *total_sales*（总销售额）是通过汇总事实表中第一季度温哥华分店售出计算机的所有金额来计算的。

根据所使用的聚合函数的类型，度量可以分为三类：分布式、代数式和整体式。

分布式：如果一个聚合函数可以以分布式方式计算，那么它就是*分布式的*。假设数据被任意划分为 *n* 个集合。我们将聚合函数应用于每个分区，从而得到 *n* 个聚合值。如果将函数应用于 *n* 个聚合值得到的结果与将函数应用于整个数据集（即不分区）得到的结果相同，该函数被称为以分布式的方式计算。

例如，可以通过首先将数据集划分为一组子数据集，计算每个子数据集的 `sum()`，然后相加来计算一个数据集的 `sum()`。因此，`sum()` 是一个分布式聚合函数。出于同样的原因，`count()`、`min()` 和 `max()` 都是分布式聚合函数。通过默认将每个非空基单元的计数值视为 1，立方体中任何单元的 `count()` 都可以视为其子立方体中所有对应子单元的计数值之和。因此 `count()` 是分布式的。如果度量是通过分布式聚合函数得到的，则度量是*分布式的*。由于计算的可划分性，可以有效地计算分布式度量。

代数式：如果一个聚合函数可以由带有 *M* 个参数（*M* 为固定正整数）的代数函数计算，每个参数都通过应用一个分布式聚合函数得到，那么它是*代数式的*。例如，`avg()` 可以通过具有两个参数的 `sum()/count()` 来计算，其中 `sum()` 和 `count()` 都是分布式聚合函数。同样地，可以证明 `min_N()` 和 `max_N()`（它们在给定的集合中分别找到 *N* 个最小值和 *N* 个最大值）以及 `standard_deviation()` 是代数式聚合函数。如果度量是通过应用代数式聚合函数得到的，则度量是*代数式的*。

整体式：如果描述子聚合所需的存储大小没有常数约束，则聚合函数就是*整体式的*。也就是说，不存在一个具有 *M* 个参数的代数函数（其中 *M* 是常数）来描述计算过程。整体式函数的一些例子包括 `median()`、`mode()` 和 `rank()`。如果度量可以通过应用整体式聚合函数得到，那么它就是*整体式的*。

大多数大型数据立方体应用程序都需要高效和可伸缩的计算，因此经常使用分布式和代数式度量。存在许多使用分布式和代数式度量计算数据立方体的有效技术。我们将在本章的后面介绍一些原理和方法。相比之下，很难有效地计算出整体式度量。然而，用于近似计算一些整体式度量的有效技术确实存在。在许多情况下，这些技术足以克服有效计算整体式度量的困难。

3.3 OLAP 操作

数据仓库需要支持在线多维分析查询。在本节中，我们将了解一系列关于数据仓库的典型 OLAP 操作（3.3.1 节），以及如何索引数据以支持某些 OLAP 查询（3.3.2 节）。一个重要的问题是如何正确地存储数据以支持 OLAP 操作，这将在 3.3.3 节中进行解释。

3.3.1 典型的 OLAP 操作

*“如何在数据分析中使用多维 OLAP 操作？”*在多维模型中，数据被组织成多个维度，每个维度都包含由概念层次结构定义的多个抽象层次。这样的组织为用户提供了从不同角度查看数据的灵活性。许多 OLAP 数据立方体操作支持对数据的交互式查询和分析。因此，OLAP

为交互式数据分析提供了一个用户友好的环境。

例 3.4 OLAP 操作。让我们来看看针对多维数据的一些典型的 OLAP 操作。以下每个操作如图 3.13 所示。该图的中心是一个公司销售的数据立方体。该立方体包含三个维度：*location*、*time* 和 *item*，其中 *location* 根据城市值聚合，*time* 根据季度聚合，*item* 根据商品类型聚合。为了帮助我们进行解释，我们将这个立方体称为中心立方体。显示的度量是 *dollars_sold*（以千美元为单位）。（为了易读性，只显示立方体中的一些单元值。）调查的是芝加哥、纽约、多伦多和温哥华的数据。

上卷操作（roll-up）：上卷操作（一些销售商也称它为 drill-up 操作）对数据立方体执行聚合，可以通过提升维度的概念层次结构，或者通过降维做到。图 3.13 显示了对中心立方体进行上卷操作的结果，具体做法是提升图 3.10 给出的 *location* 的概念层次结构。这个层次结构的全序被定义为“*street* < *city* < *province_or_state* < *country*”。所显示的上卷操作通过将 *location* 层次结构从 *city* 层次提升到 *country* 层次来聚合数据。换句话说，生成的立方体不是按城市对数据进行分组，而是按国家对数据进行分组。当通过降维来执行上卷时，将从给定的立方体中删除一个或多个维度。例如，考虑一个只包含 *location* 和 *time* 的销售数据立方体。上卷可以通过删除“*location*”维度来执行，从而按时间聚合整个公司的总销售额，而不是按地点和时间。

下钻操作（drill-down）：下钻与上卷相反。它从不那么详细的数据导航到更详细的数据。下钻可以通过降低维度的概念层次结构或引入其他维度来实现。图 3.13 显示了对中心立方体执行下钻操作的结果，即降低定义为“*day* < *month* < *quarter* < *year*”的 *time* 概念层次结构。下钻是通过将 *time* 层次结构从 *quarter* 层次降到更详细的 *month* 层次来实现的。生成的数据立方体汇总了更详细的每月的总销售额，而不是季度总销售额。因为下钻为给定数据添加了更多细节，因此也可以通过向立方体添加新维度来执行。例如，可以通过引入一个额外维度（如 *customer_group*）来对图 3.13 中心立方体进行下钻。

切片和切块：切片（slice）操作对给定立方体的一个维度执行选择，从而生成一个子立方体。图 3.13 显示了一个切片操作，其中使用标准 *time*=“Q1”，从中心立方体中选择 *time* 维度的销售数据。切块（dice）操作通过在两个或多个维度上执行选择来定义子立方体。图 3.13 显示了基于以下三个维度的选择标准，在中心立方体上的骰子操作：（*location*=“Toronto”或“Vancouver”）和（*time*=“Q1”或“Q2”）和（*item*=“家庭娱乐”或“计算机”）。

轴（旋转）：轴（也称为旋转）是一种可视化操作，该操作可以旋转视图中的数据轴以提供可选的新的数据表示。图 3.13 显示了一个轴操作，其中一个二维切片中的 *item* 和 *location* 轴被旋转。其他的例子包括旋转三维立方体中的轴，或将三维立方体转换为一系列二维平面。

其他 OLAP 操作：一些 OLAP 系统提供额外的钻操作。例如，**钻过**（drill-cross）执行涉及（跨越）不止一个事实表的查询。**钻透**（drill-through）使用关系 SQL 工具从数据立方体的底层向下钻取到其后端关系表。其他 OLAP 操作可能包括对列表中排名前 *N* 或后 *N* 的项进行排序，以及计算移动平均线、增长率、利息、内部收益率、折旧、货币转换和统计函数。 □

OLAP 提供了分析建模功能，包括用于推导比率、方差等以及跨多个维度计算度量的计算引擎。它可以在每个粒度水平和每个维度交集处生成汇总、聚合和层次结构。OLAP 还支持用于预测、趋势分析和统计分析的功能模型。因此，OLAP 引擎是一个功能强大的数据分析工具。

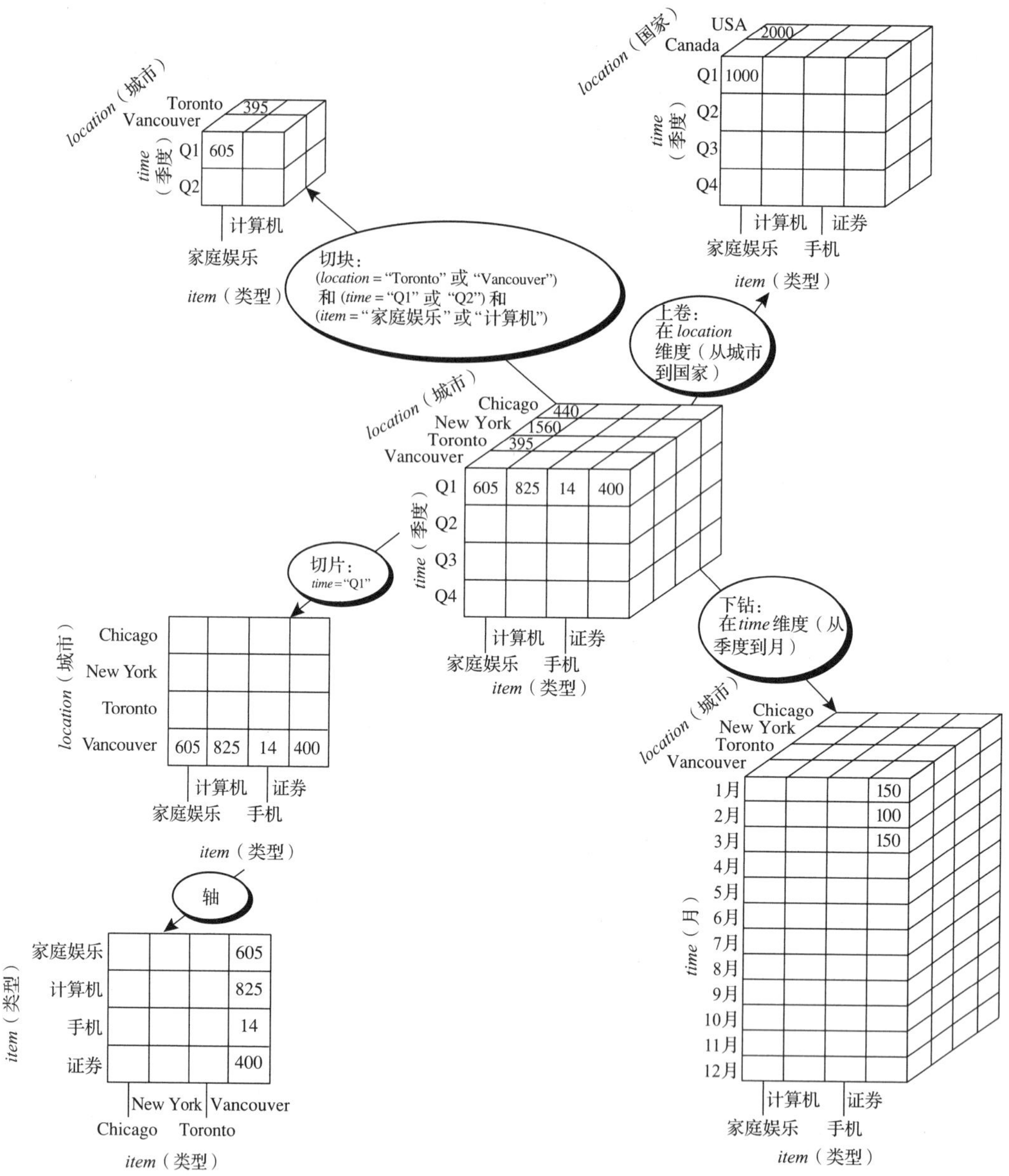

图 3.13　在多维数据上的典型 OLAP 操作示例

3.3.2　索引 OLAP 数据：位图索引和连接索引

为了方便高效的数据访问，大多数数据仓库系统都支持索引结构和物化视图（使用方体）。我们将在 3.4 节讨论选择方体进行物化的一般方法。在本小节中，我们将研究如何通过位图索引和连接索引来索引 OLAP 数据。

位图索引

位图索引方法在 OLAP 产品中很流行，因为它允许在数据立方体中进行快速搜索。位图索引是 *record_ID*（RID）列表的替代表示。在给定属性的位图索引中，对于属性域中的每个值 v，都有一个不同的位向量 ***Bv***。如果一个给定属性的域由 n 个值组成，那么位图索引中的每个条目都需要 n 位来表示（有 n 个位向量）。如果该属性在数据表中给定行具有值 v，那么

表示该值 v 的位在位图索引对应的行中被设置为 1。该行的所有其他位都被设置为 0。

例 3.5 位图索引。考虑图 3.14 中所示的客户信息表，其中有一个属性性别。为了让我们的讨论更简单，假设属性性别有两个可能的值。我们可以使用一个字符，即 8 位，对每条记录表示性别值，如 F 表示女性，M 表示男性。位图索引使用 1 位表示性别值，例如 0 表示女性，1 表示男性。可以看到，这种表示方式节省了存储空间，只用了 1/8 的存储。

更重要的是，位图索引可以加快许多聚合查询的速度。例如，我们统计客户信息表中女性客户的数量。最直观的方法必须扫描每条记录和计数。对于一个有 10 000 条记录和每条记录占用 100 字节的表，总 I/O 成本为 10 000 × 100=1 000 000 字节。

位图索引对每条记录只使用 1 位。这些位被打包在存储中的文字中。如对于表中的前 8 条记录，位图索引值被打包到一个字节 01010011 中。扫描整个位图索引在 I/O 中只需要 10 000 位，即 1 250 字节，是扫描整个表的成本的 1/800。

为了统计一个字节中 0 的数量，我们可以简单地使用一个预先计算的哈希表，该表使用字节值作为索引，并存储相应的 0 个数。例如，哈希表在第 83 条目中存储值 4，因为 83 是二进制 01010011 的十进制值，而二进制字符串有 4 个 0。使用字节 01010011 来搜索哈希表，我们立即知道在前 8 条记录中有 4 个女性客户。我们可以在整个性别属性上使用位图索引，逐字节排列属性并计算每个字节中 0 的个数，汇总字节级计数，以得出女性客户的总数。在实践中，人们可以使用机器字而不是字节来进一步加快计数过程。□

客户信息

姓名	…	性别	…
Ada	…	Female	…
Bob	…	Male	…
Cathy	…	Female	…
Dan	…	Male	…
Elsa	…	Female	…
Flora	…	Female	…
George	…	Male	…
Hogan	…	Male	…
…	…	…	…

位图索引

性别
0
1
0
1
0
0
1
1
…

记录字节中0的个数的表

字节	0的个数
00000000	8
00000001	7
00000010	7
00000011	6
…	…
01010011	4
…	…

图 3.14 使用位图索引对 OLAP 数据进行索引

与哈希和树索引相比，位图索引在回答某些类型的 OLAP 查询方面具有优势。它对于基数小的值域特别有用，因为比较、连接和聚合操作随后被简化为位运算，这大大减少了处理时间。位图索引可以显著减少空间代价和输入 / 输出（I/O）代价，因为一个字符串可以用单个位来表示。

位图索引可以扩展到数值数据的位切片索引。让我们用一个例子来说明这些思想。

例 3.6 位切片索引。假设我们想计算图 3.15 事实表中的金额属性的和。我们可以把金额（美元）写成整数倍的美分数，然后把这个数表示为一个 n 位的二进制数。如果我们使用 32 位表示金额，即 4 字节，最多能够表示 42 949 672.95 美元，对于许多应用场景都足够了。

事实表

...	...	金额
...	...	15.21
...	...	27.06
...	...	...

位切片索引

权重											
2^{11}	2^{10}	2^9	2^8	2^7	2^6	2^5	2^4	2^3	2^2	2^1	2^0
0	1	0	1	1	1	1	1	0	0	0	1
1	0	1	0	1	0	0	1	0	0	1	0
...	...	...	...	...	...	...	...	...	...	...	...

图 3.15 使用位切片索引对 OLAP 数据进行索引

在我们用二进制形式表示所有的金额数之后，我们可以为每一位构建一个位切片索引。为了计算所有金额的总和，我们统计每个位的 1 的数量。用 x_i $(i \geqslant 0)$ 表示金额从右到左第 i 位中 1 的个数，最右边的是第 0 位。由于第 i 位的每个 1 代表 2^i 美分，那么所有金额的第 i 位有 x_i 个 1 表示该位上的金额和为 $x_i \cdot 2^i$ 美分。因此，金额之和为所有位上的金额和，即 $\sum_{i\geqslant 0} x_i \cdot 2^i$ 美分或 $\frac{\sum_{i\geqslant 0} x_i \cdot 2^i}{100}$ 美元。 □

连接索引

在诸如星型模式这样的数据仓库模式中，我们通常需要连接事实表和维度表。对于各种查询，反复连接表绝对是昂贵的。因此，可以使用**连接索引**来预先计算和存储连接结果的标识符对，以便能够有效地访问连接结果。

例 3.7　连接索引。在例 3.1 中，我们定义了一个星型模式，其形式为“*sales_star* [*time*, *item*, *branch*, *location*]：*dollars_sold* = sum(*sales_in_dollars*)”。图 3.16 中显示了 *sales* 事实表和 *locations* 和 *items* 维度表之间的连接索引示例。考虑 OLAP 查询“BC 地区智能手机和台式计算机的总销售额”。如果没有出现索引，那么我们必须连接事实表和维度表 *locations* 与 *items*，并只选择那些关于“智能手机”和“台式计算机”的连接结果。

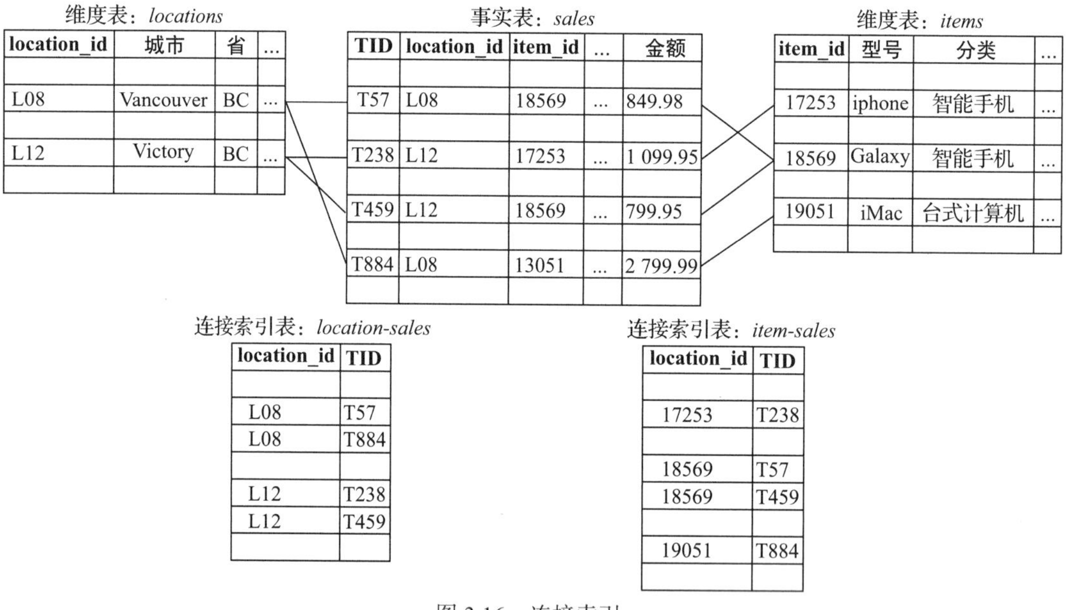

图 3.16　连接索引

连接索引表将匹配元组的主键记录在两个表中。例如，在 *location-sales* 的连接索引表中，记录维度表 *locations* 和 *sales* 中匹配元组的 *location_id* 和 *TID* 对。从连接索引表中，我们可以快速找到 *sales* 事实表中属于“BC”的元组的 TID。类似地，使用 *item-sales* 的连接索引，我们可以识别销售表中关于“智能手机”和“台式计算机”的元组。使用识别的 TID，我们可以准确地访问事实表中计算 OLAP 聚合和降低 I/O 成本所需的元组。通常，数据仓库只包含关于选定区域和产品类别的很小比例的交易。例如，事实表中可能只有 0.1% 的交易是在 BC 销售的智能手机和台式计算机。在不使用任何索引的情况下，我们必须将整个事实表读入主存中，以计算聚合。使用连接索引，即使在事实表中每个页面包含 100 条交易记录，且所有在 BC 销售的智能手机和台式计算机的交易都是均匀分布的，我们只需要将 10% 的页

面读入主存，从而节省 90% 的 I/O。□

3.3.3　存储实现：基于列的数据库

“如何存储数据，以便能够有效地回答 OLAP 查询？”在许多应用中，一个事实表可能很宽，并且包含数十个甚至数百个属性。通常一个 OLAP 查询可以计算所有记录的聚合，或计算少量属性上的大部分记录的聚合。如果数据存储在传统的关系表中，其中记录被逐行存储，那么我们必须扫描所有记录以回答查询，但只使用记录中的一小段。这一观察结果为 OLAP 数据开发更有效的存储方案提供了一个重要的机会。

为了使存储能够更有效地回答 OLAP 查询，基于列的数据库存储一个宽表，通常用于按列样式聚合查询。具体来说，基于列的数据库将列中的所有记录的值存储在连续的存储块中。所有记录在所有列中以相同的顺序列出。

例 3.8　基于列的数据库。考虑一个关于客户信息的事实表，其中包括属性和存储空间(以字节为单位)：*customer_id* (2), *last_name* (20), *first_name* (20), *gender* (1), *birthdate* (2), *address_street* (50), *address_city* (2), *address_province* (1), *address_country* (1), *email* (30), *registration_date* (2) 和 *family_income* (2)。每条记录占用 133 个字节。如果事实表中包含 1 000 万条客户记录，那么总空间就超过了 1GB。

如果数据是逐行存储的，我们想回答接省划分的女性客户平均家庭收入的 OLAP 查询，那么我们必须扫描整个表，读取所有记录。I/O 成本为 1GB。同时，对于每条记录，我们只需要在 133 个字节中使用 4 个字节，即属性 *gender*, *address_province* 和 *family_income*。换句话说，只有 4/133 ≈ 3% 的数据读取对回答查询有用。

基于列的数据库将数据属性按属性存储在列中，如图 3.17 所示。为了回答上述查询，一个基于列的数据库只需要读取三列：*gender*, *address_province* 和 *family_income*。它检查 *gender* 上的值，并相应地计算 *address_province* 的总数。总的来说，在这种情况下，一个基于列的数据库所产生的 I/O 总量为 4 × 1 000 万 =4 000 万字节，实现了巨大的节省。

在实现过程中，一种好的方式是基于列的数据库一次处理一列，并使用位图来保持中间结果，以便可以将它们传递给下一列。在这个例子中，我们可以首先处理 *gender* 列，并使用位图来保存女性客户的列表。也就是说，每个客户都和一个位关联，女性是 0，男性是 1。接下来，我们可以处理 *address_province* 列，并为每个省形成位图。例如，如果客户居住在 BC，则将 BC 位图中的关联位设置为 1，否则将设置为 0。最后，为了计算 BC 省客户的平均家庭收入，我们只需要在性别的位图和 BC 省的位图之间进行按位与操作。生成的位图用于选择 *family_income* 列中的条目，以计算平均值。□

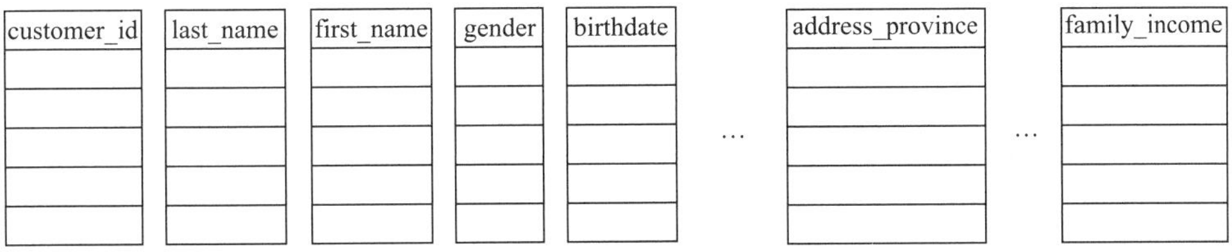

图 3.17　基于列的存储

基于列的数据库已广泛应用于工业数据仓库和 OLAP 数据库。基于列的数据库对于类似 OLAP 的工作负载具有显著优势，例如那些在宽表中搜索所有记录的几列的聚合查询。同时，基于列的数据库必须将事务分成列，并在存储时压缩事务，这使基于列的数据库对于 OLAP 工作负载来说成本很高。

3.4 数据立方体计算

数据仓库包含大量数据。OLAP 服务器要求决策支持查询以秒级响应。数据立方体是数据仓库的核心。因此，对于数据仓库系统而言，保证高效的数据立方体计算、访问和查询处理至关重要。在本节中，我们将概述数据立方体计算背后的思想。我们还将学习与数据立方体相关的基本术语（3.4.1 节），完全或部分物化部分数据立方体的方法（3.4.2 节），如何使用各种架构存储数据立方体（3.4.3 节）以及数据立方体计算中常用的一般策略（3.4.4 节）。最后，在 3.5 节中将介绍详细的数据立方体计算方法。

3.4.1 数据立方体计算的相关术语

数据立方体计算的一种方法是在用户指定的维度中的所有子集上计算聚合。当维度较大时，这种方法可能需要过多的存储空间。为了讨论数据立方体计算和分析的细节，我们需要先介绍一些术语。

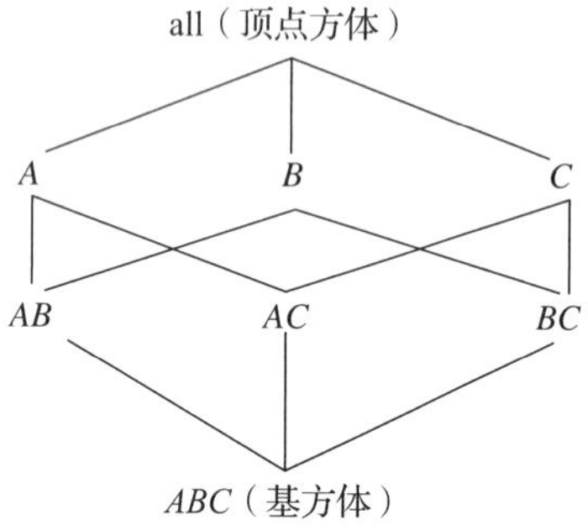

图 3.18 组成三维数据立方体的方体晶格，具有三个维度 A、B 和 C，聚合度量 M

图 3.18 显示了三维数据立方体，三个维度为 A、B 和 C，以及聚合度量为 M。在后文中，我们使用术语*数据立方体*来指代方体（cuboid）的晶格，而非单个方体。方体中的一个元组也称为一个**单元**，它表示数据立方体空间中的一个点。在基方体中的单元是**基单元**。来自非基方体的单元是**聚合单元**。聚合单元在一个或多个维度上聚合，其中每个聚合维度用单元符号中的 * 表示。假设我们有一个 n 维数据立方体，我们用 $a=(a_1,a_2,\cdots,a_n,$度量$)$ 表示组成数据立方体的方体中的一个单元。我们定义：如果在 $\{a_1,a_2,\cdots,a_m\}$ 中恰好有 $m(m\leqslant n)$ 个值不是 *，则 a 为 **m 维单元**（即来自 m 维立方体）。特别地，如果 $m=n$，则 a 是基单元；否则，它是一个聚合单元（即 $m<n$）。

例 3.9 基单元与聚合单元。考虑一个三维数据立方体，具有三个维度：月份，城市，顾客群体，以及对应的度量销量。一维单元包括（一月，*，*，2800），（*，芝加哥，*，1200）；二维单元为（一月，*，商业，150）；三维单元为（一月，芝加哥，商业，45）。在这个例子中，由于数据立方体维度为三维，因而三维单元为基单元，一维、二维单元为聚合单元。

（月份，城市，*）是一个二维方体，其包含了所有月份与城市非空的二维单元。基方体（月份，城市，顾客群体）包含了所有的基单元；顶点方体仅由一个零维单元（*，*，*）组成。□

单元之间可能存在祖先 - 后代关系。在 n 维数据立方体中，i 维单元 $a=(a_1,a_2,\cdots,a_n,$度量$)$ 是 j 维单元 $b=(b_1,b_2,\cdots,b_n,$度量$)$ 的**祖先**，单元 b 是单元 a 的**后代**，当且仅当：(1)$i<j$ 且 (2)$1\leqslant k\leqslant n$，$a_k=b_k$，其中 $a_k\neq *$。特别地，当且仅当 $j=i+1$ 时，单元 a 被称为单元 b 的**父代**，而 b 是 a 的**子代**。

例 3.10 祖先单元与后代单元。参考例 3.9，一维单元 $a=($一月,*,*,2800$)$ 和二维单元 $b=($一月,*，商业,150$)$ 是三维单元 $c=($一月，芝加哥，商业,45$)$ 的祖先；c 是 a 和 b 的后代；b 是 c 的父代，c 是 b 的子代。□

"*n 维数据立方体中有多少个方体？*"如果没有与任何维度相关联的层次结构，那么 n 维数据立方体的立方体总数，如我们所见，是 $\binom{n}{0}+\binom{n}{1}+\cdots+\binom{n}{n}=2^n$。然而，在现实中，许多维度确实具有层次结构。例如，时间通常在多个概念层次上进行拓展，如在"日<月<季度<年"

的层次结构中。在与 L 层相关联的维度上，方体有 $L+1$ 个可能的选择，即 L 层中的任一层或虚拟顶层 all 都不包括分组（group-by）中的维度。因此，对于一个具有 n 维的数据立方体，其方体的总数（包括每个维度沿层次结构向上生成的方体）为：

$$\text{方体总数} = \prod_{i=1}^{n}(L_i+1) \tag{3.1}$$

其中 L_i 表示与维度 i 相关联的层数。

例如，上文提到，时间维度有四个概念层次，如果考虑虚拟层次 all，则共有五个层次。如果数据立方体有 10 个维度，并且每个维度有 5 个层次（包括 all），则可以生成的方体的总数为 $5^{10} \approx 9.8\times10^6$。每个方体的大小为方体中所含的单元个数，取决于每个维度的*基数*（即不同值的数量）。例如，如果每个商品都在每个城市中销售，则仅在（城市，商品）分组中就会有 | 城市数量 | × | 商品数量 | 的元组。随着维数、概念层次结构或基数的增加，许多分组所需的存储空间将大大超过（有限的）输入关系的大小。实际上，给定一个基表和一组维度，如何快速计算或估计数据立方体中元组的数量，成了一个尚未解决的挑战。

3.4.2　数据立方体物化思路

截至目前，你大概意识到在大规模应用程序中，预先计算并物化从一个数据立方体（即基方体）生成的所有方体可能是不现实的。如果有很多方体，而且这些方体的尺寸很大，一个更合理的选择是将其*部分物化*；也就是说，只物化可以生成的一些可能的方体。

数据立方体物化有三种可能的方式：

- **不物化：**不预先计算任何非基方体。这将导致在运行中计算昂贵的多维度聚合，运算速度可能非常慢。
- **完全物化：**预先计算所有的方体。计算得到的方体晶体被称为*完整立方体*。这种方法通常需要大量的内存空间来存储所有预先计算的方体。
- **部分物化：**有选择地计算整个可能的方体集中一个真子集。比如计算数据立方体的一个子集，它只包含满足用户指定的某种条件（如每个单元的元组计数大于某个阈值）的那些单元。对于后一种情况，我们将使用术语*子立方体*（subcube），其中各种方体只有某些单元被预先计算。数据立方体的部分物化是 OLAP 的存储空间和响应时间二者之间的很好折中。我们可以只计算数据立方体的方体的某个子集，或各种方体的单元子集构成的子立方体，而不是计算完整立方体。

尽管如此，完整数据立方体计算的算法还是很重要的。我们可以用此类的算法计算规模更小的数据立方体。这些立方体由给定维度集合的子集组成，或者由某些维度的较小范围的可能取值组成。在上述情况下，较小的数据立方体是给定维度或维度值子集的完整立方体。透彻理解完整立方体的计算方法，将有助于我们研究并计算部分立方体。因此，探索具有可拓展性的方法来计算构成数据立方体的所有方体（即完全物化）非常重要。这些方法必须考虑到用于方体计算的有限主内存、计算数据立方体的总大小以及此类计算所需的时间。

实际上，方体中的许多单元可能根本无法引起数据分析人员的关注。回想一下，完整数据立方体中的每个单元记录一个聚合值，如 count 或 sum。对于方体中的许多单元，度量值将为零。例如，如果商品“snow-tire”在 6 月份根本没有在城市“Pheonix”销售，则相应的聚合单元的 count 或 sum 的度量值将为 0。在方体中，当大多数单元的度量值为 0 时，也就是说方体中维度的基数的乘积远远大于存储在方体中的非零值元组的数量。此时，我们认为方体是**稀疏**的。如果一个数据立方体包含许多稀疏方体，我们说这个数据立方体是**稀疏**的。

在许多情况下，数据立方体的大量空间可能被大量度量值很低的单元占用。这是因为立方体单元通常非常稀疏地分布在多维空间中。例如，顾客一次可能只在商店购买几件商品。这样的事件将只生成少数非空单元，使大多数其他立方体单元为空。在这种情况下，一个有效的方案是只物化方体（分组）中度量值高于某个最小阈值的单元。例如，在关于销售的数据立方体中，我们可能希望只物化那些计数≥ 10 的单元（即，给定维度组合的单元中至少存在 10 个元组），或者只物化那些表示销售额≥ 100 美元的单元。这不仅可以节省处理时间和磁盘空间，还可以进行更集中的分析。不满足阈值约束的单元则被认为价值过低，不值得进一步分析。

这种部分物化的立方体被称为**冰山立方体**（iceberg cube）。最小阈值称为**最小支持阈值**，或简称为最小支持（min_sup）。通过在数据立方体中仅物化一小部分单元，其结果被视为“冰山一角”，其中的“冰山”是包含所有单元的潜在完整立方体。冰山立方体可以使用 SQL 查询指定，如例 3.11 所示。

例 3.11　数据立方体。考虑如下的冰山立方体查询：

```
compute cube sales_iceberg as
select month, city, customer_group, count(*)
from salesInfo
cube by month, city, customer_group
having count(*) >= min_sup
```

compute cube 语句指定冰山立方体 *sales_iceberg* 的预计算，包含三个维度：*month*、*city* 和 *customer_group*，以及聚合度量 count()。输入元组位于 *salesInfo* 关系中。cube by 子句指定要为给定维度的每个可能的子集形成聚合（分组）。如果我们计算的是完整数据立方体，那么每个分组将对应于数据立方体晶格中的一个方体。having 子句中指定的约束称为**冰山条件**。这里，冰山的度量是 count()。请注意，这里计算的冰山立方体可用于回答指定维度的任意组合下的聚合查询，其中 having count(*)>=v，其中 $v \geq$ min_sup。冰山条件可以指定更复杂的度量，例如 average()，而不是 count()。

如果我们省略 having 子句，我们将得到完整的立方体。我们将这个立方体命名为 *sales_cube*。冰山立方体 *sales_iceberg* 排除计数小于 min_sup 的 *sales_cube* 中的所有单元。显然，如果我们将 *sales_iceberg* 中的最小支持 min_sup 设置为 1，那么得到的立方体将是完整立方体 *sales_cube*。□

一个计算冰山立方体的基础方法是先计算完整立方体，然后剪枝不符合冰山条件的单元。然而，这种方法代价仍然非常昂贵。一种有效的方法是直接计算冰山立方体而不计算完整立方体。3.5.2 节讨论了如何高效计算冰山立方体。

引入冰山立方体减轻了在数据立方体中计算价值较小的聚合单元的负担。然而，我们可能仍然会计算大量无意义的单元。例如，假设一个 100 维的数据库有 2 个基单元，表示为 $\{(a_1,a_2,a_3,\cdots,a_{100}):10,(a_1,a_2,b_3,\cdots,b_{100}):10\}$，其中每个单元计数为 10。如果将最小支持设置为 10，需要计算和存储的单元数仍难以容忍，尽管大多数单元毫无意义。例如，有 $2^{101}-6$ 个不同的聚合单元，如 $\{(a_1,a_2,a_3,a_4,\cdots,a_{99},*):10,(a_1,a_2,*,a_4,\cdots,a_{99},a_{100}):10,\cdots,(a_1,a_2,a_3,*,\cdots,*,*):10\}$，但其中大部分不包含新的信息。如果我们忽略所有可以通过在保持相同度量值的情况下用 * 替换若干常数来获得的聚合单元，则只剩下三个不同的单元：$\{(a_1,a_2,a_3,\cdots,a_{100}):10,(a_1,a_2,b_3,\cdots,b_{100}):10,(a_1,a_2,*,\cdots,*):20\}$。也就是说，在 $2^{101}-4$ 个不同的基单元和聚合单元中，只有三个单元真正能提供有价值的信息。

为了系统地压缩数据立方体，需要引入闭覆盖（closed coverage）的概念。单元 c 的**覆盖**

是 c 的后代基单元的集合。c 的度量是由 c 的后代基单元计算的。换句话说，c 的度量是由 c 的覆盖决定的。显然，如果两个单元 c_1 和 c_2 具有相同的覆盖，那么无论使用什么聚合函数，它们都具有相同的度量。基于这一观察，如果不存在单元 d，使得 d 是单元 c 的后代（即 d 通过将 c 中的“*”值用非“*”值替换得到)，并且 d 与 c 具有相同的覆盖，则单元 c 是闭单元（closed cell)。**商立方体**是一个仅由闭单元组成的数据立方体。例如，上面导出的三个单元是数据集 $\{(a_1,a_2,a_3,\cdots, a_{100}):10,(a_1,a_2,b_3,\cdots,b_{100}):10\}$ 的数据立方体的三个闭单元。它们形成了一个闭立方体的晶格，如图 3.19 所示。其他的非闭单元可以通过晶格中对应的闭单元导出。例如，“$(a_1,*,*,\cdots,*):20$”可以由“$(a_1,a_2,*,\cdots,*):20$”推导出来，因为前者是后者的非闭单元泛化。类似地，我们有“$(a_1,a_2,b_3,*,\ldots,*):10$”。

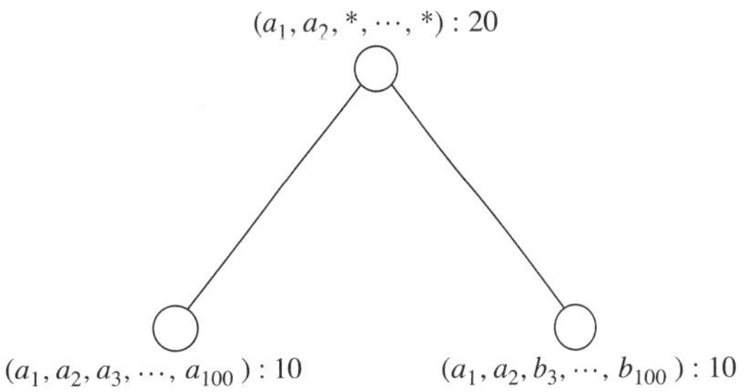

图 3.19　形成闭立方体晶格的三个闭单元

部分物化的另一种策略是只预先计算涉及少量维度的方体，例如 3 ～ 5 维。这些方体形成相应数据立方体的**立方体壳**。在额外的维度组合上的查询必须即时计算。例如，可以预计算 n 维数据立方体中所有三维或更少维度的方体，从而得到大小为 3 的立方体壳。然而，这仍然导致需要计算大量的方体，特别是当 n 很大时。或者，基于感兴趣的方体，选择预先计算立方体壳的部分或**片段**。3.5.3 节将讨论计算这种**壳片段**的方法，并探讨如何使用它们高效处理 OLAP 查询。

3.4.3　OLAP 服务器架构 :ROLAP、MOLAP、HOLAP

基于本节前面描述的各种立方体，有许多有效的数据立方体计算方法。通常，有两种基本的数据结构用于存储方体。关系型 OLAP（ROLAP）使用关系表实现，而多维 OLAP（MOLAP）使用多维数组实现。在某些情况下，也可以结合 ROLAP 和 MOLAP，得到混合 OLAP（HOLAP）方法。下面我们将详细阐述它们的架构。

从逻辑上讲，OLAP 服务器向业务用户提供来自数据仓库或数据集市的多维数据，而不关心数据的存储方式或存储位置。然而，OLAP 服务器物理上的架构和实现必须考虑数据存储问题。用于 OLAP 处理的数据仓库服务器有以下几种实现方式。

关系型 OLAP（ROLAP）服务器：这些是介于关系型后端服务器和前端客户端工具之间的中间服务器。它们使用关系或扩展关系 DBMS 来存储和管理仓库数据，使用 OLAP 中间件来支持处理缺失的部分。ROLAP 服务器架构包括对每个 DBMS 后端的优化、聚合逻辑的实现以及其他工具和服务。ROLAP 技术比 MOLAP 技术具有更好的可扩展性。

多维 OLAP（MOLAP）服务器：这些服务器通过基于数组的多维存储引擎支持多维数据视图。它们将多维视图直接映射到数据立方体数组结构。使用数据立方体的优点是，它允许对预先计算的汇总数据进行快速索引。注意，这种方案存储多维数据时，如果数据集是稀疏的，那么存储利用率可能很低。在这种情况下，应该探索稀疏矩阵压缩技术。

许多 MOLAP 服务器采用两级存储表示来处理密集和稀疏数据集：密集子数据集被识别并存储为数组结构，而稀疏子数据集采用压缩技术来有效地存储。

混合 OLAP（HOLAP）服务器：混合 OLAP 方法结合了 ROLAP 和 MOLAP 技术，受益于 ROLAP 更大的可扩展性和 MOLAP 更快的计算速度。例如，HOLAP 服务器允许将大量详细数据存储在关系数据库中，而将聚合保存在单独的 MOLAP 存储中。

专门的 SQL 服务器：为了满足关系数据库中 OLAP 日益增长的需求，一些数据库系统供应商实现了专门的 SQL 服务器，这些服务器为只读环境中星型和雪花模式上的 SQL 查询提供高级查询语言和查询处理支持。

“数据实际上是如何存储在 ROLAP 和 MOLAP 架构中的？”我们先来看看 ROLAP。顾名思义，ROLAP 使用关系表来存储用于在线分析处理的数据。回想一下，与基方体相关联的事实表被称为基本事实表。基本事实表在给定数据立方体的模式中的连接键所指示的抽象层次存储数据。聚合数据也可以存储在事实表中，即**汇总事实表**。有些汇总事实表既存储基本事实表数据，也存储聚合数据，或者可以为每个抽象层次使用单独的汇总事实表，以仅存储聚合的数据。

例 3.12　一个 ROLAP 数据存储。表 3.3 显示了一个包含基本事实数据和聚合数据的汇总事实表。模式为〈*record_identifier* (*RID*), *item*,⋯, *day*, *month*, *quarter*, *year*, *dollars_sold*〉，其中 *day*, *month*, *quarter* 和 *year* 定义销售日期，而 *dollars_sold* 是销售额。考虑 *RID* 分别为 1001 和 1002 的元组。这些元组的数据属于基本事实层次，其中销售日期分别为 2010 年 10 月 15 日和 2010 年 10 月 23 日。考虑 *RID* 为 5001 的元组。这个元组比元组 1001 和元组 1002 具有更常见的抽象层次。将 *day* 值泛化到 all，因此对应的 *time* 值为 2010 年 10 月。也就是说，显示的 *dollars_sold* 量代表 2010 年 10 月整个月的总和，而不仅仅是 2010 年 10 月 15 日或 23 日。特殊值 all 用于表示汇总数据中的小计。□

表 3.3　基本事实和汇总事实的单一表格

RID	*item*	…	*day*	*month*	*quarter*	*year*	*dollars_sold*
1001	TV	⋯	15	10	Q4	2010	250.60
1002	TV	⋯	23	10	Q4	2010	175.00
⋯	⋯	⋯	⋯	⋯	⋯	⋯	⋯
5001	TV	⋯	all	10	Q4	2010	45 786.08
⋯	⋯	⋯	⋯	⋯	⋯	⋯	⋯

MOLAP 使用多维数组结构来存储用于在线分析处理的数据。

大多数数据仓库系统采用客户端 - 服务器架构。关系数据存储总是驻留在数据仓库 / 数据集市服务器站点。多维数据存储可以驻留在数据库服务器站点或客户端站点上。

3.4.4　数据立方体计算的一般策略

虽然 ROLAP 和 MOLAP 可能各自研究不同的立方体计算方法，但一些优化技术是通用的。

优化技术 1：排序、哈希和分组

应该对维度属性应用排序、哈希和分组操作，以便对相关元组进行重新定序和聚类。

在立方体计算中，对共享同一组维度值的元组（或单元）执行聚合。重要的是利用排序、哈希和分组操作对这样的数据进行访问和分组，以便有利于此类聚合的计算。

例如，为了按 *branch*、*day*、*item* 计算总销售额，更有效的方法是按 *branch*、然后按 *day*、最后按 *item* 对元组或单元进行排序。使用排序后的数据，很容易根据 *item* 名称对它们进行分组。大型数据集中这些操作的有效实现已经在算法和数据库研究领域广泛开展，如计数排序。这些实现可以扩展到数据立方体计算。

这种技术还可以进一步扩展，进行**共享排序**（当使用基于排序的方法时，在多个方体之间共享排序开销），或进行**共享划分**（当使用基于哈希的算法时，在多个方体之间共享划分开销）。例如，使用先按 *branch* 排序，然后按 *day* 排序，最后按 *item* 排序的数据，我们不仅可以计算方体 (*branch*,*day*,*item*)，还可以计算方体 (*branch*,*day*,*)，(*branch*,*,*) 和 ()。

优化技术 2：同时聚合和缓存中间结果

在立方体计算中，根据先前计算的较低层聚合而不是基本事实表计算较高层聚合是有效的，因为较高层聚合的元组数量远远少于基本事实表中的元组数量。例如，要计算一年的总销售额，将该年不同商品的小计汇总起来会更有效。此外，根据缓存的中间计算结果进行同时聚合可能会减少昂贵的磁盘输入 / 输出（I/O）操作。这种技术可以进一步扩展到执行**平摊扫描**（即，同时计算尽可能多的方体以平摊磁盘读取）。

优化技术 3：当存在多个子方体时，从最小的子元素开始聚合

当存在多个子方体时，由先前计算的最小子方体计算父母方体（即更泛化的方体）通常更有效。例如，要计算销售方体 C_{branch}，当存在两个先前计算过的方体 $C_{\{branch, year\}}$ 和 $C_{\{branch, item\}}$ 时，如果不同的 *item* 比不同的 *year* 多得多，则使用 $C_{\{branch, year\}}$ 计算 C_{branch} 显然比使用 $C_{\{branch, item\}}$ 更有效。

优化技术 4：可以使用先验剪枝方法有效地计算冰山立方体

对于许多聚合度量，先验性质表述如下：如果给定的单元不满足冰山条件，则该单元的后代（即泛化的单元）也都不满足冰山条件。

例如，考虑冰山条件“count(*)=>1000”。如果单元 (*,*Bellingham*,*):800 未能满足冰山条件，则该单元的任何后代，如 (*March*,*Bellingham*,*) 和 (*,*Bellingham*,*small-business*)，也不能满足该条件，因此不能被包含在冰山立方体中。

利用反单调性可以大大减少冰山立方体的计算量。一个常见的冰山条件是单元必须满足最小支持阈值，例如最小计数或总和。在这种情况下，可以使用先验性对该单元后代的探查进行剪枝。

在下面几节中，我们介绍一些流行的计算立方体的有效方法，它们使用以上这些优化策略。

3.5　数据立方体计算方法

数据立方体计算是数据仓库实现中的一项重要任务。对数据立方体的全部或部分进行预计算，可以大幅度缩短响应时间，提高在线分析处理的性能。然而，这样的计算是具有挑战性的，因为它可能需要大量的计算时间和存储空间。本节探讨数据立方体计算的有效方法。3.5.1 节描述计算完全立方体的多路数组聚合（MultiWay）方法。3.5.2 节描述 BUC 方法，该方法从顶点方体向下计算冰山立方体。3.5.3 节描述一种计算壳片段以实现高效高维 OLAP 的壳片段立方体方法。最后，3.5.4 节将演示如何使用数据集中的方体处理 OLAP 查询。

为了简化讨论，不考虑通过提升维度的概念层次而得到的方体。这类立方体可以通过扩展所讨论的方法计算。关于闭立方体的有效计算方法，留给感兴趣的读者作为练习。

3.5.1　用于完全立方体计算的多路数组聚合

多路数组聚合（或简称 MultiWay）方法使用多维数组作为其基本数据结构来计算完整的数据立方体。它是一种使用数组直接寻址的典型 MOLAP 方法，其中维度值通过对应数组位置的索引访问。MultiWay 构造基于数组的立方体结构的方法如下所述：

- 第一步：将数组划分为块。**块**是一个子立方体，它足够小，可以放入立方体计算时可用的内存中。**分块**是一种将 *n* 维数组划分为小的 *n* 维块的方法，其中每个块作为一个对象存储在磁盘上。块被压缩，以避免空数组单元所导致的空间浪费。如果一个单元不含有任何有效数据（其单元计数为零），则该单元为空。例如，为了**压缩稀疏数组结构**，在块内搜索单元时可以用“churklD+offset”作为单元的寻址机制。这种压缩技术功能强大，可以处理磁盘和内存中的稀疏立方体。

- 第二步：通过访问立方体单元（即访问立方体单元的值）来计算聚合。可以优化访问单元的次序，使得每个单元必须被重复访问的次数最小化，从而减少内存访问开销和存储开销。思想是使用这种次序，使得多个方体的聚合单元可以被同时计算，避免不必要的单元再次访问。

由于分块技术涉及“重叠”某些聚合计算，因此称该技术为多路数组聚合。它执行**同时聚集**，即同时在多个维度上计算聚合。

我们接下来通过一个具体的例子，解释这种基于数组的立方体构造方法。

例 3.13 多路数组立方体计算。考虑一个包含三个维度 A、B 和 C 的三维数组。该三维数组被划分成小的、基于内存的块。在这个例子中，该数组被划分为 64 块，如图 3.20 所示。维度 A 被组织成 4 个相等的分区 a_0,a_1,a_2和a_3。类似地，维度 B 和 C 也被划分成 4 个分区。块 1、块 2、块…、块 64 分别对应于子立方体 $a_0b_0c_0,a_1b_0c_0,\cdots,a_3b_3c_3$。假设维度 A、B 和 C 的基数分别是 40、400 和 4 000。这样，对于维度 A、B 和 C，数组的大小也分别为 40、400 和 4 000。因此，A、B 和 C 每个分区的大小分别是 10、100 和 1 000。对应数据立方体的完全物化涉及计算定义该立方体的所有方体。所得的完全立方体由如下各方体组成：

- 基方体，记作 ABC（其他方体都直接或间接地由它计算）。该方体已经计算出来，并且对应于给定的三维数组。
- 二维方体 AB、AC 和 BC，分别对应于按 AB、AC 和 BC 分的组。这些方体需要计算。
- 一维方体 A、B 和 C，分别对应于按 A、B 和 C 分的组。这些方体需要计算。
- 零维（顶点）方体，记作 all，对应于这些方体需要计算，它只包含一个值。如果数据立方体度量是 count，则要计算的值就是 ABC 中所有元组的总计数。

我们看看如何用多路数组聚合技术进行这种计算。存在多种可能的次序将各块读入内存，用于计算立方体。考虑图 3.20 中从 1 ～ 64 标记的次序。假设想要计算 BC 方体中的 b_0c_0 块，在块内存中为该块分配存储空间，并通过扫描 ABC 的块 1 ～ 4，计算 b_0c_0 块。即 b_0c_0 单元在 a_0 ～ a_3 上聚合。然后，块内存可以分配给下一个块 b_1c_0，在扫描接下来的四个 ABC 块（块 5 ～ 8）后完成 b_1c_0 的聚合。如此继续下去，可以计算整个 BC 方体。因此，一次只需要把一个 BC 块放入内存，就可以计算所有 BC 块。

在计算 BC 方体时，必须扫描 64 块中的每一块。“在计算其他方体（如 AB 和 AC）时有没有办法避免重新扫描所有的块？”回答是肯定的。这正是“多路计算”或“同时聚合”思想的由来。例如，扫描块 1（即 $a_0b_0c_0$）时（例如，如上所述，为计算 BC 中的二维块 b_0c_0），可以同时计算与 $a_0b_0c_0$ 有关的所有二维块。也就是说，扫描 $a_0b_0c_0$ 时，应该同时计算三个二维聚合平面 BC、AC 和 AB 上的三个块 b_0c_0、a_0c_0 和 a_0b_0。换句话说，当一个三维块在内存中时，多路计算同时聚合到每一个二维平面。

现在，看看块扫描和方体计算的不同次序对整体数据立方体的计算效率有什么影响。注意，维度 A、B 和 C 的大小分别为 40、400 和 4 000。因此，最大的二维平面是 BC（大小为 $400\times4\ 000=1\ 600\ 000$）；次大的二维平面是 AC（大小为 $40\times4\ 000=160\ 000$）；AB 是最小的二维平面（大小为 $40\times400=16\ 000$）。

假设以所示次序从块 1 到块 64 扫描各块。如上所述，扫描包含块 1 ～块 4 的行后，b_0c_0 完全被聚合；扫描包含块 5 ～ 8 的行后，b_1c_0 完全被聚合，以此类推。于是，为了完全计算 BC 方体的一个块（其中 BC 是最大的二维平面），需要按此次序扫描该三维方体的 4 个块。换言之，按照这个次序扫描，每扫描一行，BC 的一个块就被完全计算。相比之下，给定扫描次序 1 ～ 64，完全计算次大的二维平面 AC 上的一个块需要扫描 13 个块。也就是说，扫描块 1、5、9 和 13 后，a_0c_0 才被完全聚合。

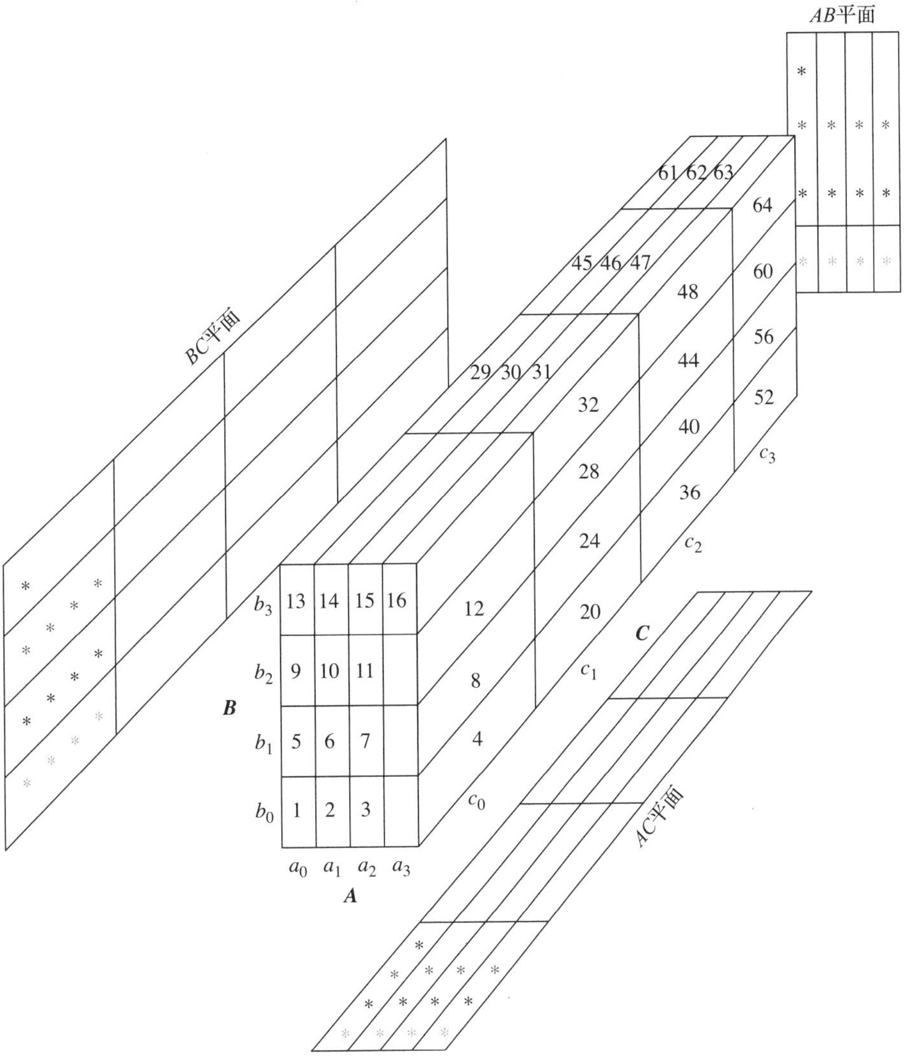

图 3.20　将维度 A、B 和 C 的三维数组划分为 64 块。每块都足够小，可以放入立方体计算可用的内存中。* 表示已经在处理中聚合的块 1 ～ 13

最后，计算最小的二维平面 AB 上的一个块需要扫描 49 个块。例如，扫描块 1、17、33 和 49 后，a_0b_0 被完全聚合。因此，为了完成计算，AB 需要的扫描块数最多。为了避免把一个三维块多次调入内存，根据从 1 ～ 64 的扫描次序，在块内存中保存所有相关二维平面所需的最小内存为 40 × 400（用于整个 AB 平面）+40 × 1 000（用于 AC 平面的一列）+100 × 1 000（用于 BC 平面的一个块）=16 000+40 000+100 000=156 000 个存储单位。

换一种次序，假设块的扫描次序为 1、17、33、49、5、21、37、53 等。也就是说，假定扫描次序是首先向 AB 平面聚合，然后向 AC 平面聚合，最后向 BC 平面聚合。在块内存中保存二维平面所需的最小内存为 400 × 4 000（用于整个 BC 平面）+10 × 4 000（用于 AC 平面的一行）+10 × 100（用于 AB 平面的一个块）=1 600 000+40 000+1 000=1 641 000 个存储单位。注意，这是扫描次序 1 ～ 64 所需内存的 10 倍多。

类似地，可以算出一维和零维方体多路计算的最小内存需求量。图 3.21 显示了计算一维方体的最有效方法。一维方体 A 和 B 的各块在计算最小的二维方体 AB 时计算。最小的一维方体 A 的所有块都放入内存，而较大的一维方体 B 一次只有一块在内存中。类似地，方体 C 的块在计算次小的二维方体 AC 时计算，一次只需要一块在内存中。根据这种分析，可以看出数组立方体计算的最有效次序是块次序 1 ～ 64，使用了上述内存分配策略。□

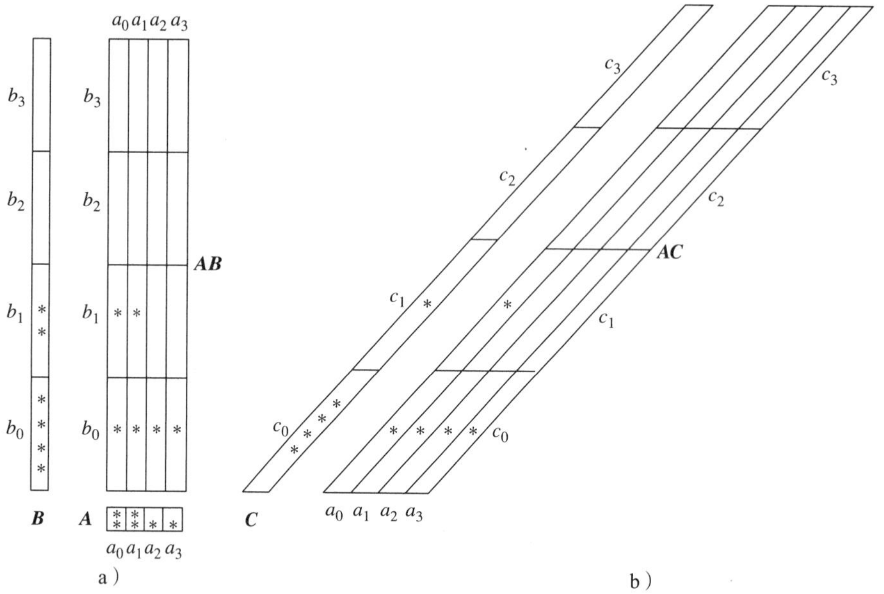

图 3.21　计算一维方体的内存分配和计算次序。a）一维方体 A 和 B 的各块在计算最小的二维方体 AB 时被聚合；b）一维方体 C 的块在计算次小的二维方体 AC 时被聚合。* 表示已经聚合的块

在例 3.13 中，假设有足够的内存空间进行一次立方体计算（即通过一次扫描所有块来计算所有的立方体）。如果内存空间不足，则完成计算将需要多次扫描三维数组。然而，在这种情况下，确定块计算次序的基本原则是相同的。当维度基数乘积适中且数据不太稀疏时，MultiWay 是最有效的方法。当维度很高或者数据非常稀疏时，内存中的数组变得过大无法放入内存中，这种方法就变得不可行。

使用适当的稀疏数组压缩技术和立方体计算顺序，实验表明 MultiWay 数组立方体计算比传统的 ROLAP（基于关系记录）计算更快。与 ROLAP 不同，MultiWay 的数组结构无须节省空间来存放搜索码。此外，MultiWay 采用直接数组寻址，比 ROLAP 基于关键字的寻址搜索策略更快。对于 ROLAP 立方体计算而言，不是直接使用表格进行计算，而是将表格转换为数组进行立方体计算，然后再将结果转换回表格可能会更快。然而，这种方法可能只在维度较少的情况下有效，因为需要计算的立方体数量与维数呈指数增长。

“如果试图用 MultiWay 计算冰山立方体效果如何？”回想一下，先验性质表明，如果给定的单元不满足最小支持度，则它的任何后代也不满足。不幸的是，MultiWay 的计算从基方体开始，逐步向上到更泛化的祖先方体。它不能利用先验剪枝，因为先验剪枝需要在计算子节点（即更具体的节点）之前计算父节点。例如，如果 AB 中的单元 c 不满足冰山条件指定的最小支持度，那么也不能剪掉 c，因为在方体 A 或 B 中 c 的祖先的计数可能大于最小支持度，并且它们的计算需要聚合 c 的计数。

3.5.2 BUC：从顶点方体向下计算冰山立方体

BUC 是一种计算稀疏冰山立方体的算法。与 MultiWay 不同，BUC 从顶点方体向下到基方体构造冰山立方体。这使得 BUC 可以分担数据划分开销。这种处理次序也使得 BUC 在构造立方体时使用先验性质进行剪枝。

图 3.22 显示了一个方体的晶格，构成一个具有维度 *A*、*B* 和 *C* 的三维数据立方体。顶点（零维）方体代表概念 all（即 (*,*,*)），在晶格的顶部。这是最聚合或最泛化的层。三维基方体 *ABC* 在晶格的底部。这是最不聚合（最细节或最特化）的层。这种方体晶格的表示（顶点方体在顶部而基方体在底部）在数据仓库界广泛接受。它将下钻（从高聚合单元向较低、更细化的单元移动）和上卷（从细节的、低层单元向较高层、更聚合的单元移动）概念结合起来。

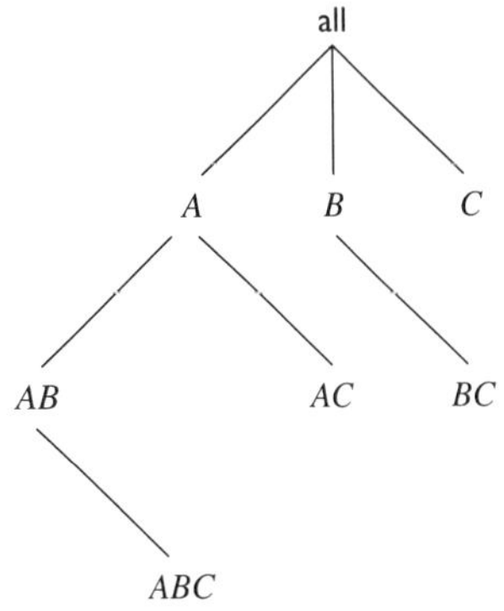

图 3.22 三维数据立方体计算的 BUC 探索。注意，计算从顶点方体开始

BUC 代表“自底向上构造”。然而，根据本书前面介绍的并使用的晶格的约定，BUC 的处理次序实际上是自顶向下的！BUC 的作者以相反的次序观察方体的晶格，顶点方体在底部，而基方体在顶部。从这种角度看，BUC 确实是自底向上构造的。然而，由于我们采用下钻表示从顶点方体向下钻取到基方体的应用观点，因此将 BUC 的探索过程视为自顶向下。三维数据立方体计算的 BUC 探索显示在图 3.22 中。

BUC 算法显示在图 3.23 中。我们首先解释算法，然后给出一个例子。开始，用输入关系（元组集）调用该算法。BUC 聚合整个输入（第 1 行）并输出结果总数（第 3 行）。（第 2 行是优化特征，稍后在例子中讨论。）对于每个维度 *d*（第 4 行），输入在 *d* 上划分（第 6 行）。由 `Partition()` 返回，*dataCount* 包含维度 *d* 的每个不同值的元组总数。*d* 的每个不同值形成自己的分区。第 8 行对每个分区迭代。第 10 行检查分区的最小支持度。也就是说，如果该分区中的元组数满足（即≥）最小支持度，则该分区成为递归调用 BUC 的输入关系，BUC 在维度 *d*+1 到 *numDims* 的分区上计算冰山立方体（第 12 行）。

注意，对于完全立方体（即 `having` 子句中的最小支持度为 1），最小支持度条件总是满足的。这样，递归调用在晶格中下降一层。一旦从递归调用返回，就继续处理 *d* 的下一个分区。当所有的分区都处理完后，就对剩下的每个维度重复该过程。

算法：BUC。用于计算稀疏和冰山立方体的算法。

输入：
- *input*：要聚合的关系；
- *dim*：这次迭代的起始维度。

全局变量：
- *numDims*：维度总数；
- *cardinality*[*numDims*]：每个维度的基数；
- *min_sup*：分区中要输出的元组的最小数量；
- *outputRec*：当前输出记录；
- *dataCount*[*numDims*]：每个分区的存储大小。*dataCount*[*i*] 是大小为 *cardinality*[*i*] 的整数列表。

输出：递归输出满足最小支持度的冰山立方体单元。

方法：

（1） Aggregate(input); // 扫描 *input* 以计算度量，例如，计数。结果放在 *outputRec* 中。
（2） **if** input.count() == 1 **then**
        WriteDescendants(input[0], dim); **return**;
    endif

图 3.23 计算稀疏或冰山立方体的 BUC 算法

来源：Beyer 和 Ramakrishnan[BR99]。

```
write outputRec;
for (d = dim; d < numDims; d ++) do // 为每个维度分区
    C = cardinality[d];
    Partition(input, d, C, dataCount[d]); // 为维度 d 创建 C 个数据分区
    k = 0;
    for (i = 0; i < C; i ++) do // 对于每个分区（维度 d 的每个值）
        c = dataCount[d][i];
        if c >= min_sup then // 测试冰山条件
            outputRec.dim[d] = input[k].dim[d];
            BUC(input[k..k + c − 1], d + 1); // 在下一个维度上聚合
        endif
        k += c;
    endfor
    outputRec.dim[d] = all;
endfor
```

图 3.23　计算稀疏或冰山立方体的 BUC 算法（续）

例 3.14　冰山立方体的 BUC 构建。考虑如下用 SQL 表达的冰山立方体：

```
compute cube iceberg_cube as
select A, B, C, D, count(*)
from R
cube by A, B, C, D
having count(*)>=3
```

让我们看看 BUC 如何构造维度 A、B、C 和 D 的冰山立方体，其中最小支持度计数为 3。假设维度 A 有 4 个不同的值 a_1,a_2,a_3,a_4；B 有 4 个不同的值 b_1,b_2,b_3,b_4；C 有 2 个不同的值 c_1,c_2；而 D 有 2 个不同的值 d_1,d_2。如果将每个分组看成一个划分，则必须计算满足最小支持度（即具有 3 个元组）的分组属性的每个组合。

图 3.24 显示了如何首先根据维度 A，然后根据维度 B、C 和 D 的不同属性值将输入进行划分。为了进行划分，BUC 扫描输入，聚合元组得到 all 的计数，对应于单元 (*,*,*,*)。使用维度 A 将输入分成 4 个分区，每个对应于 A 的一个不同值。A 的每个不同值的元组数（计数）记录在 *dataCount* 中。

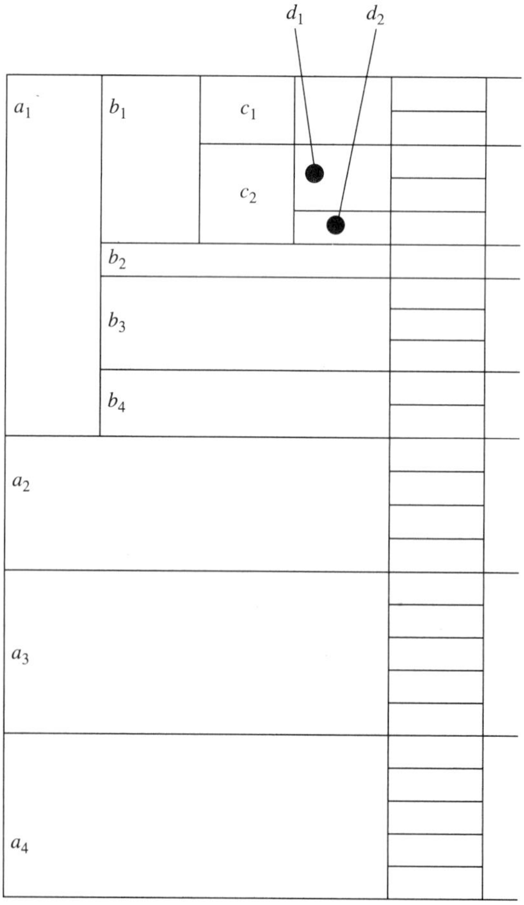

图 3.24　BUC 划分给定四维数据集的简要说明

在搜索满足冰山条件的元组时，BUC 使用先验性质节省搜索时间。从维度 A 的值 a_1 开始，聚合 a_1 分区，为 A 的分组创建一个元组，对应于单元 $(a_1,*,*,*)$。假设 $(a_1,*,*,*)$ 满足最小支持度，此时在 a_1 的分区上进行递归调用。BUC 在维度 B 上划分 a_1。它检查 $(a_1,b_1,*,*)$ 的计数，看它是否满足最小支持度。如果满足，则输出 AB 分组聚合元组，并在 $(a_1,b_1,*,*)$ 上递归，从 c_1 开始对 C 划分。假设 $(a_1,b_1,c_1,*)$ 的单

元计数是 2，不满足最小支持度。根据先验性质，如果一个单元不满足最小支持度，则它的任何后代也不可能满足。因此，BUC 剪掉对 $(a_1,b_1,c_1,*)$ 的进一步探索。也就是说，它避免在维度 D 上对该单元划分。它回溯到 a_1,b_1 分区，并且在 $(a_1,b_1,c_2,*)$ 上递归，以此类推。通过在每次递归调用前检查冰山条件，只要单元的计数不满足最小支持度，BUC 就节省了大量处理时间。

使用线性排序方法 CountingSort 可使得划分过程更加简化。CountingSort 很快，因为它不执行任何关键字比较就能找到划分边界。例如，要根据属性 A 的值，即 1 到 100 之间的整数，对 10 000 个元组进行排序，我们可以设置 100 个计数器并扫描一次数据，以计数属性 A 上 1，2，…，100 的数量。假设有 i_1 个元组在 A 上有 1，i_2 个元组在 A 上有 2，以此类推。然后，在下一次扫描中，我们可以将属性 A 上值为 1 的所有元组移动到前 i_1 个槽，属性 A 上值为 2 的元组移动到槽 $i_1+1,\cdots,i_1+i_2$，等等。这两次扫描后，元组根据 A 已分类。此外，排序时计算的计数可以在 BUC 计算分组时重用。

图 3.23 第 2 行是对具有计数 1 的分区进行优化，如例子中的 $(a_1,b_2,*,*)$。为了节省划分开销，将计数写到每个元组后代的分组上。这特别有用，因为在实践中，许多分区都具有单个元组。□

BUC 的性能容易受维度的次序和倾斜数据的影响。理想地，应当首先处理最有区分能力的维度。维度应当以基数递减次序处理。基数越高，分区越小，因而分区越多，从而为 BUC 剪枝提供了更大的机会。类似地，维度越均匀（即具有较小的倾斜），剪枝效果越好。

BUC 的主要贡献是分担划分开销的思想。然而，与 MultiWay 不同，它不在父与子的分组之间共享聚合计算。例如，方体 AB 的计算对 ABC 的计算并无帮助。后者基本上需要从头开始计算。

3.5.3　为快速高维 OLAP 预计算壳片段

物化数据集有助于灵活快速的 OLAP 操作。然而，计算高维的完全数据立方体需要大量的存储空间和不切实际的计算时间。虽然有冰山立方体和闭立方体的计算方案，但它们仍然局限于低维数据（如小于 12 维的数据），无法处理高维数据。一个可能的解决方案是计算一个很薄的**立方体壳**（cube shell）。例如，计算 60 维数据立方体中的具有三维或更少维度的所有方体，得到大小为 3 的立方体壳。但是，这样的立方体壳不能支持涉及四个或更多维度的 OLAP 或查询。

本节讨论 OLAP 查询处理的壳片段方法，这基于对高维 OLAP 的如下观察：尽管数据立方体可能包含许多维度，但是大部分 OLAP 操作一次只在与某些查询选择条件相关的少数维度上执行。换言之，一个 OLAP 查询很可能忽略许多维度（即把它们视为不相关的维度），约束某些维度的某些条件（例如使用查询常量），只留下几个维度进行操作（钻取、旋转等）。这是因为任何人完全理解同时涉及高维空间中数十个维度的数千个单元既不现实，也没有多大效果。

基于这种观察，首先在高维立方体中定位一些感兴趣的低维立方体，然后在这些低维立方体上执行 OLAP 是很自然的。这意味着，如果多维聚合可以在高维空间内的少量维度上快速计算，我们仍然可以在不物化原始高维数据立方体的情况下实现快速 OLAP。这引出了一种*半在线计算方法*，称为*壳片段*，如下所示：首先，给定一个基方体，我们可以预先计算（即离线）立方体壳片段。然后，当出现查询时，可以使用预处理的数据快速在线组装低维立方体，并执行 OLAP 操作。壳片段方法可以处理高维数据库，并且可以快速在线计算小的局部立方体。它探索了在信息检索和基于 Web 的信息系统中流行的*倒排索引*数据结构。

其基本思想如下。给定一个高维数据集，把维度划分成一组互不相交的维度*片段*，把每个片段转换成倒排索引表示，然后构造立方体壳片段，并保持与立方体单元相关联的倒排索引。使用预计算的立方体壳片段，可以在线动态地组装和计算所需要的数据立方体的方体单元。这可以通过倒排索引上的集合交（set intersection）操作有效地完成。

为了解释壳片段方法，使用表 3.4 中很小的数据库作为运行例子。令立方体度量为 `count()`。其他度量稍后讨论。首先，看看如何构造给定数据库的倒排索引。

表 3.4　原始数据库

TID	A	B	C	D	E
1	a_1	b_1	c_1	d_1	e_1
2	a_1	b_2	c_1	d_2	e_1
3	a_1	b_2	c_1	d_1	e_2
4	a_2	b_1	c_1	d_1	e_2
5	a_2	b_1	c_1	d_1	e_3

例 3.15　构造倒排索引。对于每个维度的每个属性值，列出具有该值的所有元组的元组标识符（TID）。例如，属性值 a_2 出现在元组 4 和元组 5。a_2 的 TID 列表恰包含 2 个项，即 4 和 5。得到的倒排索引表显示在表 3.5 中。它保留了原数据库的所有信息。□

表 3.5　倒排索引

属性值	TID 列表	列表长度
a_1	{1,2,3}	3
a_2	{4,5}	2
b_1	{1,4,5}	3
b_2	{2,3}	2
c_1	{1,2,3,4,5}	5
d_1	{1,3,4,5}	4
d_2	{2}	1
e_1	{1,2}	2
e_2	{3,4}	2
e_3	{5}	1

“如何计算数据立方体的壳片段？”首先，把给定数据集的所有维度划分成独立的维度组，称为片段。扫描基方体，并构造每个属性的倒排索引表。对于每个片段，计算完全局部（即基于片段的）数据立方体，而保留倒排索引。例如，考虑 60 个维度 $A_1, A_2, \cdots, A_{60}$ 的数据库。首先把这 60 个维度划分为 20 个长度为 3 的片段：$(A_1, A_2, A_3), (A_4, A_5, A_6), \cdots, (A_{58}, A_{59}, A_{60})$。对于每个片段，在记录倒排索引的同时，计算它的完全数据立方体。例如，对片段 (A_1, A_2, A_3)，计算 7 个方体：$A_1, A_2, A_3, A_1A_2, A_2A_3, A_1A_3, A_1A_2A_3$。此外，为这些方体的每个单元保留倒排索引。即对于每个单元，记录它的关联 TID 列表。

通过简单的计算可以看出计算每个壳片段的局部立方体，而不是计算整个立方体壳的好处。对于 60 个维度的基方体，根据上述壳片段划分，只需要计算 $7 \times 20 = 140$ 个方体。这与先前介绍的计算大小为 3 的立方体壳的 36 050 个方体形成鲜明对照！注意上面片段划分简单地基于相邻维度分组。更可取的方法是根据常用的维度分组进行划分。这种信息可以从领域专家或者从 OLAP 查询历史中得到。

让我们回到运行例子，看看如何计算壳片段。

例 3.16　计算壳片段。假定要计算大小为 3 的壳片段。首先，将 5 个维度划分成两个片段 (A, B, C) 和 (D, E)。对于每个片段，按方体晶格自顶向下深度优先次序取表 3.5 中 TID 列表的交集，计算完全局部数据立方体。例如，为了计算单元 $(a_1, b_2, *)$，取 a_1 和 b_2 的 TID 列表的交集，得到一个新列表 $\{2,3\}$。方体 AB 显示在表 3.6 中。

计算了方体 AB 后，通过取表 3.6 和表 3.5 行 c_1 之间的所有逐对组合的交集，可以计算方体 ABC。注意，因为单元 (a_2, b_2) 为空，根据先验性质，在随后的计算中可以丢弃它。同样的过程可以用来计算片段 (D, E)，它完全独立于 (A, B, C) 的计算。方体 DE 显示在表 3.7 中。□

表 3.6　方体 *AB*

单元	交集	TID 列表	列表长度
(a_1, b_1)	{1, 2, 3} ∩ {1, 4, 5}	{1}	1
(a_1, b_2)	{1, 2, 3} ∩ {2, 3}	{2, 3}	2
(a_2, b_1)	{4, 5} ∩ {1, 4, 5}	{4, 5}	2
(a_2, b_2)	{4, 5} ∩ {2, 3}	{}	0

表 3.7　方体 *DE*

单元	交集	TID 列表	列表长度
(d_1, e_1)	{1, 3, 4, 5} ∩ {1, 2}	{1}	1
(d_1, e_2)	{1, 3, 4, 5} ∩ {3, 4}	{3, 4}	2
(d_1, e_3)	{1, 3, 4, 5} ∩ {5}	{5}	1
(d_2, e_1)	{2} ∩ {1, 2}	{2}	1

如果冰山条件中的度量是 count()（元组计数），则不再需要引用原始数据库，因为 TID 列表的长度就等于元组计数。“如果计算其他度量，如 average()，需要引用原始数据库吗？”实际上，可以建立和引用 *ID_measure* 数组，存放需要计算的其他度量。例如，为了计算 average()，让 *ID_measure* 数组为每个单元存放 3 个元素（*TID*、*item_count*、*sum*）。只需要访问该 *ID_measure* 数组，可以使用 sum()/item_count() 计算每个聚合单元的 average()。显然，*ID_measure* 数组是比对应的高维数据库更紧凑的数据结构，它更有可能适合内存。

“一旦我们计算了壳片段，如何使用它们来回答 OLAP 查询？”给定预先计算的壳片段，可以将立方体空间看作虚拟立方体，并且支持 OLAP 查询。通常，有两种可能的查询类型：（1）点查询；（2）子立方体查询。在点查询中，立方体中的所有相关维度都已被实例化，并且只查询相应的度量，而在子立方体中查询时，至少查询立方体中的一个相关维度。让我们只检查子立方体查询。例如在 n 维数据立方体 $A_1, A_2, \cdots, A_n$ 中，子立方体查询的格式可能为 $\langle A_1, A_5?, A_9, A_{21}?: M?\rangle$，其中 $A_1 = \{a_{11}, a_{18}\}, A_9 = a_{94}, A_5$ 和 A_{21} 是被查询维度而 M 是查询度量。

子立方体查询返回一个基于实例化和被查询维度的局部数据立方体。这种数据立方体需要以多维方式聚合，使得用户可以使用在线分析处理（如钻取、切块、旋转等），灵活地操纵和分析。由于实例化维度通常提供具有高度选择性的常量，大幅度压缩了有效 TID 列表的长度，因此应当最大限度地利用预计算的壳片段，找出最适合实例化维度集合的片段，取出相关联的 TID 列表并取其交集，导出归约的 TID 列表。这个列表可以用来取被查询维度组成的最合适的壳片段的交集。这将产生相关的和被查询的基方体，然后，使用有效的在线立方体算法，该基方体可以用来计算相关的子立方体。

设子立方体查询形如 $\langle \alpha_i, \alpha_j, A_k?, \alpha_p, A_q?: M?\rangle$，其中 $\alpha_i, \alpha_j, \alpha_p$ 分别表示维度 A_i, A_j 和 A_p 上的实例化值的集合，A_k 和 A_q 代表两个被查询维度。首先，检查壳片段模式，确定（1）A_i, A_j 和 A_p，（2）A_k 和 A_q 中的哪些维度在相同的片段分区中。假设 A_i, A_j 属于相同的片段，A_k 和 A_q 也属于相同的片段，但是 A_p 在不同的片段。使用实例化 α_i, α_j，在为 A_i, A_j 预计算的二维片段中取出对应的 TID 列表，然后使用实例化 α_p，在为 A_p 预计算的一维片段中取出对应的 TID 列表，再使用非实例化（即所有可能的值），分别在为 A_k 和 A_q 预计算的一维片段中取出对应的 TID 列表。取这些 TID 列表的交集，导出最终的 TID 列表。该列表用于从 *ID_measure* 数组中取出对应的度量，以导出二维 (A_k, A_q) 的二维子立方体的“基方体”。基于导出的基立方体，可以应用一种快速的立方体计算算法来计算这个二维立方体。然后，计算得到的二维立方体就可以进行 OLAP 操作了。

3.5.4 使用立方体高效处理 OLAP 查询

物化立方体和构造 OLAP 索引结构的目的是加快数据集中的查询处理。给定物化视图，查询处理应按照以下步骤进行：

1. 确定应该对可用的方体执行哪些操作：这涉及将查询中指定的任何选择、投影、上卷（分组）和下钻操作转换成相应的 SQL 或 OLAP 操作。例如，数据立方体的切片和切块可以对应于物化立方体上的选择或投影操作。

2. 确定应将相关操作应用于哪个物化方体：这涉及识别可能用于回答查询的所有物化方体，利用方体之间的“支配”关系知识对集合进行剪枝，估计利用剩余物化方体的成本，选择成本最低的方体。

例 3.17　OLAP 查询处理。假设一个零售公司的数据立方体以“*sales_cube*[*time*, *item*, *location*]: sum(*sales_in_dollars*)”的形式定义。使用的维度层次结构为，“$day < month < quarter < year$”表示 *time*；“$item\_name < brand < type$”表示 *item*；“$street < city < province\_or\_state < country$”表示 *location*。

假设要处理的查询是关于 {*brand*, *province_or_state*} 的，选择常数为“*year* = 2010”。同样，假设有四个物化方体，如下：

- 方体 1：{*year*, *item_name*, *city*}
- 方体 2：{*year*, *brand*, *country*}
- 方体 3：{*year*, *brand*, *province_or_state*}
- 方体 4：{*item_name*, *province_or_state*}，其中 *year* = 2010

“应该选择这四个方体中的哪一个来处理查询？”不能从粗粒度数据生成细粒度数据。因此，方体 2 不能使用，因为 *country* 是一个比 *province_or_state* 更一般的概念。方体 1、3 和 4 可以用于处理查询，因为（1）它们在查询中具有相同的维度集合或超集，（2）查询中的选择子句蕴含方体中的选择，以及（3）这些方体中 *item* 和 *location* 维度的抽象层次分别比 *brand* 和 *province_or_state* 更精细。

“如果用于处理查询，比较每个方体的成本如何？”使用方体 1 的成本可能最大，因为 *item_name* 和 *city* 的层次都低于查询中指定的 *brand* 和 *province_or_state* 概念。如果方体中与 *item* 相关的 *year* 值不多，但每个 *brand* 有几个 *item_name*，那么方体 3 的成本将小于方体 4，因此应该选择方体 3 来处理查询。但是，如果方体 4 有有效的索引，那么方体 4 可能是更好的选择。因此，需要一些基于成本的估计来决定应该选择哪一组方体进行查询处理。□

3.6　总结

- **数据仓库**是面向主题的、集成的、时变的和非易失的数据集合，为支持管理决策而组织。有几个因素区分了数据仓库和操作数据库。由于这两个系统提供完全不同的功能并需要不同类型的数据，因此有必要将数据仓库与操作数据库分开维护。
- 数据仓库通常采用**三层架构**。底层是**仓库数据库服务器**，它通常是一个关系数据库系统。中间层是一个 OLAP 服务器，而顶层是包含查询和报告工具的客户端。
- 数据仓库包含用于填充和刷新仓库的**后端工具**和**实用程序**。这些工具包括数据提取、数据清洗、数据转换、加载、刷新和仓库管理。
- 数据仓库**元数据**是定义仓库对象的数据。元数据存储库提供有关仓库结构、数据历史、用于汇总的算法、从源数据到仓库的映射、系统性能以及业务术语和问题的详细信息。
- **数据湖**是一个以自然格式存储所有企业数据的单一存储库。数据湖通常同时存储原始数据副本和转换后的数据。数据湖可以执行许多分析任务。在企业和组织中，数据仓库和数据湖具有不同的目的，并相互补充。
- 数据湖中的**数据存储层**自下而上包括原始数据层、可选的标准化数据层、清洗后数据层、应用数据层，以及可选的沙箱数据层。
- **多维数据模型**通常用于设计企业数据仓库和部门数据集市。这样的模型可以采用星型模式、雪花模式或事实星座模式。多维模型的核心是**数据立方体**，它由大量的事实（或度量）和若干维度组成。维度是组织希望保留记录的实体或视角，并具有层次结构。

- 数据立方体由多个**方体晶格**组成，每个晶格对应于不同程度的多维数据汇总。
- **概念层次**将属性或维度的值组织成逐渐抽象的级别。它们在具有多个抽象层次的数据挖掘中非常有用。
- OLAP 服务器可以采用**关系型 OLAP**（ROLAP）、**多维 OLAP**（MOLAP）或**混合 OLAP**（HOLAP）的实现方式。ROLAP 服务器使用扩展的关系数据库管理系统（DBMS），将多维数据上的 OLAP 操作映射到标准关系操作。MOLAP 服务器直接将多维数据视图映射到数组结构。HOLAP 服务器结合了 ROLAP 和 MOLAP。例如，它可以在历史数据上使用 ROLAP，同时将频繁访问的数据保留在单独的 MOLAP 存储中。
- 数据立方体中的**度量**是一个数值函数，可以在数据立方体空间的每个点（即单元）上进行评估。度量可以分为三类，即**分布式**、**代数式**和**整体式**。
- 可以在数据仓库 / 数据集市中使用多维数据模型执行**在线分析处理**。典型的 OLAP 操作包括上卷、下钻、钻过、钻透、切片和切块、轴（旋转），以及统计操作，如排名和计算移动平均线和增长率。使用数据立方体结构可以有效地实现 OLAP 操作。
- 为了促进高效的数据访问，大多数数据仓库系统使用索引结构。**位图索引**使用位来表示具有低基数的给定属性，可以大幅降低 I/O 成本并加速许多聚合查询的计算。**连接索引**预先计算并存储事实表和维度表之间的连接结果的标识符对，因此可以显著降低聚合计算中的 I/O 成本。
- 在许多应用中，事实表可能包含许多属性，但 OLAP 查询可能仅使用几个属性。**基于列的数据库**将所有记录的值按列而不是按行存储，可以在计算聚合时节省大量 I/O 成本和处理时间。
- 数据立方体由方体的晶格组成。每个方体都对应于给定多维数据的不同程度的汇总。**完全物化**是指计算数据立方体晶格中的所有方体。**部分物化**是指选择性地计算晶格中方体单元的子集。冰山立方体和壳片段都是部分物化的例子。**商立方体**作为数据立方体的简洁表示，只包含闭单元，减少了冗余信息。**冰山立方体**是一种数据立方体，它仅存储其聚合值（如 `count`）大于某最小支持度阈值的立方体单元。对于数据立方体的**壳片段**，只计算涉及少数维度的某些方体，并且可以动态计算额外维度组合上的查询。
- 有几种高效的**数据立方体计算方法**。在本章中，我们详细讨论了一些立方体计算方法：（1）MultiWay 是基于稀疏数组的多路数组聚合，用于在自底向上、共享的计算中物化完全数据立方体；（2）BUC 方法，通过探索有效的自顶向下计算次序和排序来计算冰山立方体；以及（3）**壳片段**立方体，通过仅预计算分区的立方体壳片段来支持高维 OLAP。

3.7 练习

3.1 考虑大学环境中关于学生、教师、课程和学院部门的数据。当此类数据用作操作数据时，请提供三个操作示例。如果我们想要使用这些数据构建一个数据仓库，那么数据仓库的主题可能是什么？

3.2 用一个例子讨论数据集市、企业数据仓库和机器学习应用程序如何相互连接并构建。

3.3 一个企业是否可以同时运行数据仓库和数据湖？如果可以，数据仓库和数据湖之间的关系是什么？你能描述一个情景，说明维护数据仓库和数据湖都是必要且有益的吗？

3.4 假设一个数据仓库包括 *time*（时间），*doctor*（医生）和 *patient*（患者）三个维度，以及 *count*（计数）和 *charge*（费用）两个度量，其中 *charge* 是医生为患者看诊所收取的费用。

a. 枚举用于建模数据仓库的三类常用模式。

b. 使用（a）中列出的模式类别之一绘制上述数据仓库的模式图。
c. 从基方体 [*day*，*doctor*，*patient*] 开始，为了列出每位医生在 2010 年收取的总费用，应执行哪些具体的 OLAP 操作？
d. 要获得相同的列表，假设数据存储在具有费用模式 (*day*，*month*，*year*，*doctor*，*hospital*，*patient*，*count*，*charge*) 的关系数据库中，编写一个 SQL 查询。

3.5 假设 *Big_University* 的数据仓库包括 *student*（学生）、*course*（课程）、*semester*（学期）和 *instructor*（教师）四个维度，以及 *count*（计数）和 *avg_grade*（平均成绩）两个度量。在最低的概念层次（例如，对于给定的学生、课程、学期和教师组合），*avg_grade* 度量存储了学生的实际课程成绩。在较高的概念层次，*avg_grade* 存储了给定组合的平均成绩。
a. 为数据仓库绘制一个雪花模式图。
b. 从基方体 [*student*，*course*，*semester*，*instructor*] 开始，为了列出 Big_University 每位学生的 CS 课程的平均成绩，应执行哪些特定的 OLAP 操作（例如，从 *semester* 到 *year* 的上卷）？
c. 如果每个维度都有五个层次（包括 all），例如“*student* < *major* < *status* < *university* < all”，那么这个数据立方体将包含多少个方体（包括基方体和顶点方体）？

3.6 假设一个数据仓库包括 *date*（日期）、*spectator*（观众）、*location*（地点）和 *game*（比赛）四个维度，以及 *count*（计数）和 *charge*（费用）两个度量，其中 *charge* 是观众在特定日期观看比赛时支付的票价。观众可以是学生、成年人或老年人，每个类别都有自己的费用率。
a. 为数据仓库绘制一个星型模式图。
b. 从基方体 [*date*，*spectator*，*location*，*game*] 开始，为了列出 2010 年在 *GM_Place* 学生观众支付的总费用，应执行哪些具体的 OLAP 操作？
c. 位图索引在数据仓库中很有用。以这个数据立方体为例，简要讨论使用位图索引结构的优点和问题。

3.7 数据仓库可以使用星型模式或雪花模式进行建模。简要描述这两种模型的相似之处和不同之处，然后分析它们的优缺点。你认为哪个更具经验用途，给出你的观点，并说明得出该观点的原因。

3.8 为地区气象局设计一个数据仓库。气象局有大约 1 000 个探测器，分布在该地区的各个陆地和海洋位置，以收集基本气象数据，包括每小时的气压、温度和降水量。所有数据都被发送到中央站点，该站点收集这些数据已经超过了 10 年。你的设计应便于高效的查询和在线分析处理，并从多维空间中提取一般的气象模式。

3.9 一种常见的数据仓库实现方法是构建一个多维数据库，称为数据立方体。不幸的是，这往往会生成一个巨大但非常稀疏的多维矩阵。
a. 提供一个示例，说明这样一个巨大而稀疏的数据立方体。
b. 设计一种实现方法，可以优雅地解决稀疏矩阵问题。请注意，你需要详细解释你的数据结构，讨论所需的空间，以及如何从你的结构中检索数据。
c. 修改你在（b）中的设计，以处理增量数据更新。给出新设计背后的原因。

3.10 关于数据立方体中度量的计算：
a. 基于计算数据立方体时所使用的聚合函数种类，列举三类度量。
b. 对于一个包含 *time*，*location*，*item* 三个维度的数据立方体，方差函数属于哪一类？描述如果将立方体分成多个块，如何计算方差。

提示：计算方差的公式是 $\frac{1}{N}\sum_{i=1}^{N}(x_i-\bar{x}_i)^2$，其中 $\bar{x}_i$ 是 x_i 的均值。

c. 假设函数是“前 10 名销售额”。讨论如何在数据立方体中高效地计算这个度量。

3.11 假设一家公司希望设计一个数据仓库，以便以在线分析处理的方式分析移动车辆。该公司以（*Auto_ID*，位置，速度，时间）的格式登记了大量的汽车运动数据。每个 *Auto_ID* 代表一个与信息相关的车辆（例如，车辆类别、驾驶员类别），每个位置可能与城市中的一条街道相关联。假设该城市有一张街道地图可用。

a. 设计这样一个数据仓库，以便在多维空间中进行有效的在线分析处理。
b. 运动数据可能包含噪声。讨论如何开发一种方法，自动发现可能在数据存储库中错误登记的数据。
c. 运动数据可能是稀疏的。讨论如何开发一种方法，在数据稀疏的情况下仍能构建一个可靠的数据仓库。
d. 如果你想在特定时间从 A 点开车到 B 点，讨论系统如何使用这个仓库中的数据来找出一条快速路线。

3.12　射频识别常用于追踪对象的移动和执行库存控制。RFID 读取器可以在任何预定时间从有限距离成功读取 RFID 标签。假设一家公司希望设计一个数据仓库，以便以在线分析处理方式分析带有 RFID 标签的对象。该公司以（RFID，位置，时间）的格式登记了大量 RFID 数据，并且还有一些有关携带 RFID 标签的对象的信息，例如（RFID，产品名称，产品类别，生产商，生产日期，价格）。
a. 设计一个数据仓库，以便有效地登记和在线分析处理此类数据。
b. RFID 数据可能包含大量冗余信息。讨论在 RFID 数据仓库中登记数据时最大限度地减少冗余的方法。
c. RFID 数据可能包含大量噪声，如缺失的登记和误读的 ID。讨论如何有效地清洗 RFID 数据仓库中的噪声数据。
d. 如果你希望进行在线分析处理，以确定从洛杉矶海港到伊利诺伊州香槟市的 BestBuy 商店发货了多少台电视机，按月份、品牌和价格范围划分。如果你在仓库中存储这种 RFID 数据，概述如何高效地完成此任务。
e. 如果客户退回一瓶牛奶并抱怨在保质期之前已经变质，请讨论如何在仓库中调查这种情况，找出问题是在运输过程还是在存储过程中。

3.13　在许多应用中，新数据集被逐步添加到现有的大型数据集中。因此，一个重要的考虑因素是是否可以以增量方式高效地计算度量。以计数、标准差和中位数为例，显示分布式或代数式度量有助于高效的增量计算，而整体式度量则不具备这一特点。

3.14　假设我们需要在一个数据立方体中记录三个度量：最小值 `min()`、平均值 `average()` 和中位数 `median()`。考虑到该立方体允许*逐渐删除数据*（即每次删除一小部分数据），为每个度量设计一个高效的计算和存储方法。

3.15　在数据仓库技术中，多维视图可以通过关系数据库技术（ROLAP）、多维数据库技术（MOLAP）或混合数据库技术（HOLAP）来实现。
a. 简要描述每种实现技术。
b. 对于每种技术，解释如何实现以下各项功能：
i. 数据仓库的生成（包括聚合）
ii. 上卷
iii. 下钻
iv. 增量更新
c. 你更喜欢哪种实现技术，为什么？

3.16　假设一个数据仓库包含 20 个维度，每个维度大约有 5 个粒度层次。
a. 用户主要关心 4 个特定维度，每个维度有 3 个经常访问的层次，用于上卷和下钻。如何设计数据立方体结构以有效支持这种偏好？
b. 有时，用户可能希望对立方体进行钻取以获取某个或两个特定维度的原始数据。如何支持这个功能？

3.17　一个数据立方体 C 有 n 个维度，每个维度在基方体中具有 p 个不同的值。假设没有与这些维度相关联的概念层次结构。
a. 基方体中可能存在的最大单元数量是多少？

b. 基方体中可能存在的最小单元数量是多少？

c. 数据立方体 C 中可能存在的最大单元数量（包括基单元和聚合单元）是多少？

d. C 中可能存在的最小单元数量是多少？

3.18 假设一个 10 维基方体只包含三个基单元：（1）$(a_1,d_2,d_3,d_4,\cdots,d_9,d_{10})$，（2）$(d_1,b_2,d_3,d_4,\cdots,d_9,d_{10})$，（3）$(d_1,d_2,c_3,d_4,\cdots,d_9,d_{10})$，其中 $a_1 \neq d_1, b_2 \neq d_2, c_3 \neq d_3$。立方体的度量是计数 count()。

a. 一个完全数据立方体将包含多少非空方体？

b. 一个完全立方体将包含多少非空聚合（即非基）单元？

c. 如果冰山立方体的条件是 $count \geqslant 2$，那么一个冰山立方体将包含多少非空聚合单元？

d. 如果不存在一个单元 d，使得 d 是单元 c 的特化（即，通过将 c 中的 * 替换为一个非 * 值获得 d）并且 d 具有与 c 相同的度量值，则单元 c 是一个闭单元。一个闭立方体是一个仅由闭单元组成的数据立方体。一个完全立方体中有多少闭单元？

3.19 有几种典型的立方体计算方法，例如 MultiWay [ZDN97]、BUC [BR99] 和 Star-Cubing [XHLW03]。简要描述这三种方法（即，使用一两句概述关键点），并在以下条件下比较它们的可行性和性能：

a. 计算低维度（例如，小于 8 个维度）的稠密完全立方体。

b. 计算具有高度倾斜数据分布的约 10 个维度的冰山立方体。

c. 计算高维度（例如，超过 100 个维度）的稀疏冰山立方体。

3.20 假设一个数据立方体 C 有 D 个维度，基方体包含 k 个不同的元组。

a. 提出一个公式，用于计算立方体 C 可能包含的最小单元数量。

b. 提出一个公式，用于计算 C 可能包含的最大单元数量。

c. 回答问题（a）和（b），假设每个立方体单元中的计数不低于阈值 v。

d. 回答问题（a）和（b），假设只考虑闭单元（具有最小计数阈值 v）。

3.21 假设一个基方体有三个维度，分别是 A、B 和 C，其包含的单元数量如下：$|A| = 1\,000\,000$，$|B|=100$，$|C|=1\,000$。假设每个维度都被均匀分成 10 个分区以进行分块处理。

a. 假设每个维度只有一个层次，绘制该立方体的完整晶格。

b. 如果每个立方体单元存储一个占用四个字节的度量值，那么如果该立方体是稠密的，则计算出的立方体的总大小是多少？

c. 指出立方体中需要最少空间的分块顺序，并指出计算二维平面所需的总主存空间量。

3.22 在计算高维度的立方体时，我们面临维度灾难问题：存在大量维度组合的子集。

a. 假设在一个 100 维的基方体中只有两个基单元，$\{(a_1, a_2, a_3, \cdots, a_{100}), (a_1, a_2, b_3, \cdots, b_{100})\}$。计算非空聚合单元的数量。评论计算这些单元所需的存储空间和时间。

b. 假设我们要根据（a）计算一个冰山立方体。如果冰山条件中的最小支持度计数为 2，冰山立方体中将有多少聚合单元？展示这些单元。

c. 引入冰山立方体将减轻在数据立方体中计算无关紧要的聚合单元的负担。然而，即使使用冰山立方体，我们仍可能需要计算大量无趣的聚合单元（即，计数小的单元）。假设一个数据库中有 20 个元组映射到（或覆盖）100 维基方体中的两个基单元，每个单元的计数为 10：$\{(a_1,a_2,a_3,\cdots,a_{100}):10, (a_1,a_2,b_3,\cdots,b_{100}):10\}$。

i. 让最小支持度计数为 10。类似以下单元将有多少个不同的聚合单元：$\{(a_1,a_2,a_3,a_4,\cdots,a_{99},*):10,\cdots,(a_1,a_2,*,a_4,\cdots,a_{99},a_{100}):10,\cdots,(a_1,a_2,a_3,*,\cdots,*,*):10\}$？

ii. 如果我们忽略所有可以通过将一些常数替换为 * 而保持相同度量值的聚合单元，那么将剩下多少个不同的单元？这些单元是什么？

3.23 提出一个有效计算闭冰山立方体的算法。

3.24 假设我们要计算维度为 A、B、C、D 的冰山立方体，希望物化所有满足最小支持度计数至少为 v 的单元，并且满足 $cardinality(A) < cardinality(B) < cardinality(C) < cardinality(D)$ 的条件。请展示 BUC 处理树（显示 BUC 算法探索数据立方体晶格的顺序，从 all 开始）以构建此冰山立方体。

3.25 讨论如何扩展 Star-Cubing 算法以计算冰山数据立方体，其中冰山条件测试平均值不大于某个值 *v*。

3.26 某旅行代理商的航班数据仓库包括六个维度：*traveler*（旅客），*departure*（*city*）[出发地（城市）]，*departure_time*（出发时间），*arrival*（到达地），*arrival_time*（到达时间）和 *flight*（航班）。两个度量：旅客数量 `count()` 和平均票价 `avg_fare()`，其中 `avg_fare()` 在最低层次存储具体票价，而在其他层次存储平均票价。

a. 假设数据立方体是完全物化的。从基方体 [*traveler, departure, departure_time, arrival, arrival_time, flight*] 开始，要列出 2009 年每位乘坐美国航空（AA）从洛杉矶出发的商务旅客的每月平均票价，应执行哪些具体的 OLAP 操作（例如，从 *flight* 到 *arrival* 的上卷）？

b. 假设计算数据立方体，其中条件是记录的个数最少为 10，并且平均票价超过 500 美元。概述一种有效的立方体计算方法（基于航班数据分布的常识）。

3.27 （**实现项目**）有四种典型的数据立方体计算方法：MultiWay [ZDN97]、BUC [BR99]、H-Cubing [HPDW01] 和 Star-Cubing [XHLW03]。

a. 从这些立方体计算算法中任选一种加以实现，并介绍你的实现、实验和性能。找另外一个在相同平台（如 Linux 上的 C++）上实现不同算法的学生，比较你们的算法性能。

输入：

i. 一个 n 维基方体表 ($n < 20$)，它本质上是一个具有 n 个属性的关系表。

ii. 冰山条件：$\text{count}(C) \geq k$，其中 k 是一个正整数作为参数。

输出：

i. 计算满足条件的方体的集合，按产生的次序输出。

ii. 用如下形式汇总方体的集合“方体 ID：非空单元数”，按方体字母次序排序，例如 A:155，AB:120，ABC:22，$ABCD$:4，$ABCE$:6，ABD:36，其中，“：”后的数表示非空单元数。（这用来快速检查你的结果的正确性。）

b. 基于你的实现，讨论如下问题：

i. 随着维数增加，遇到的挑战性计算问题是什么？

ii. 冰山立方体如何对某些数据集解决（a）中的问题？描述这些数据集的特性。

iii. 给出一个简单的例子，表明冰山立方体有时不能提供好的解决方案。

c. 替代计算高维数据立方体，可以选择物化仅含少数维度组合的方体。例如，对于 30 维的数据立方体，可以只计算所有可能的五维组合的五维方体。结果方体形成一个壳立方体。讨论修改你的算法以调节这种计算的难易程度。

3.28 为了对抽样数据（例如调查数据）进行多维分析，提出了*抽样立方体*。在许多实际应用中，抽样数据可能是高维的（例如，超过 20 维的调查数据并不罕见）。

a. 如何为大型抽样数据集构造有效的、可伸缩的高维抽样立方体？

b. 为这种高维抽样立方体设计一个有效的增量更新算法。

c. 讨论如何支持质量下钻，尽管某些底层单元可能为空或对可靠的分析而言包含的数据太少。

3.29 排名立方体是为了支持关系数据库系统中 top-*k*（排序）查询而设计的。然而，也可以对数据仓库提出排序查询，其中排序是在多维聚合上，而不是在基本事实的度量上进行。例如，考虑正在分析销售数据库的产品经理。销售数据库存储全国范围的销售历史，按地点和时间组织。为了进行投资决策，经理可能提出如下查询：“具有最大总产品销售额的前 10 个（*state, year*）单元是哪些？”然后，他可能进一步询问“前 10 个（*city, month*）单元是哪些？”假设系统能够执行这种部分物化，导出如下两种类型的物化方体：指导方体（guiding cuboid）和支持方体（supporting cuboid），其中前者包含许多指导单元，这些单元提供简明的高层次数据统计量来指导排序处理，而后者提供支持有效在线聚合的倒排索引。

a. 设计一种有效计算这种聚合排序立方体的方法。

b. 扩展你的框架，以处理更高级的度量。一个可能的例子如下：考虑一个组织捐赠数据库，其中捐赠者按年龄、收入和其他属性分组。感兴趣的问题包括“哪些年龄和收入分组的平均捐款额是前 k 个？”和“哪个捐赠者的收入分组在捐款额方面具有最大的标准差？”

3.30 最近，研究人员提出了另一种类型的查询，称为天际线查询（skyline query）。天际线查询返回不受任何其他对象 p_j 支配的所有对象 p_i，其中支配定义如下：令 p_i 在维度 d 上的值为 $v(p_i,d)$，当且仅当对于每个偏爱的维度 d，有 $v(p_j,d) \leqslant v(p_i,d)$，并且至少有一个维度 d 使得等号成立，我们说 p_i 被 p_j 支配。

a. 设计一个排名立方体，使得可以有效地处理天际线查询。

b. 对于某些用户而言，天际线查询有时太严格，并非他们所期望的。可以把天际线概念推广到广义天际线：给定一个 d 维数据库和一个查询 q，广义天际线（generalized skyline）是如下对象的集合：（1）天际线对象；（2）非天际线对象，即天际线对象的 ε- 近邻，其中如果 r 与 p 之间的距离不超过 ε，r 是一个天际线对象 p 的 ε- 近邻。设计一个排名立方体，以有效地处理广义天际线查询。

3.31 预测立方体是立方体空间中多维数据挖掘的一个很好的例子。

a. 提出一种有效算法，在给定的多维数据库中计算预测立方体。

b. 你的算法可以使用何种分类模型。解释原因。

3.32 多特征立方体允许我们基于相当复杂的查询条件构造感兴趣的数据立方体。将如下查询转换成本书介绍的查询形式，你能为这些查询构造多特征立方体吗？

a. 构造一个聪明购物者立方体，其中，如果一位购物者每次购买的商品中至少有 10% 是降价出售的，则她是聪明的。

b. 为最划算的产品构造一个数据立方体，其中，最划算的产品是指在给定的月份售价最低的产品。

3.33 发现驱动的立方体探索是一种在数据立方体的大量单元中标记关注点的可取方法。对于一个点是否应该被视为足够有趣而值得标记，每个用户都可能有不同的看法。假设一个人想要标记这些对象，对象的 z 分数绝对值在 d 维平面的每行每列都大于 2。

a. 设计一种有效的计算方法，在数据立方体计算时识别这样的点。

b. 假设部分物化的立方体有 $(d-1)$ 维和 $(d+1)$ 维方体，但是没有 d 维方体。设计一种方法，用包含这种标记点的 d 维子代来标记这样的 $(d-1)$ 维单元。

3.8 文献注释

有很多关于数据仓库和 OLAP 技术的入门级教材，例如 Kimball 等人 [KRTM08]；Imhoff，Galemmo 和 Geiger [IGG03]；以及 Inmon [Inm96]。Chaudhuri 和 Dayal [CD97] 提供了对数据仓库和 OLAP 技术的早期概述。Gupta 和 Mumick [GM99] 在 *Materialized Views: Techniques, Implementations, and Applications* 中汇集了一组关于物化视图和数据仓库实现的研究论文。

决策支持系统的历史可以追溯到 20 世纪 60 年代。然而，构建多维数据分析的大型数据仓库的提议归功于 Codd [CCS93]，他创造了在线分析处理的 OLAP 术语。OLAP 理事会于 1995 年成立。Widom [Wid95] 指出了数据仓库中的一些研究问题。Kimball 和 Ross [KR02] 概述了 SQL 在支持商业世界常见的比较方面的不足之处，并提供了一组需要数据仓库和 OLAP 技术的应用案例。有关 OLAP 系统与统计数据库的概述，请参见 Shoshani [Sho97]。

Gray 等人 [GCB⁺97] 提出数据立方体作为一种关系聚合运算符，概括了分组、交叉表和小计。Harinarayan，Rajaraman 和 Ullman 的 [HRU96] 提出了一种贪婪算法，用于在计算数据立方体时部分物化方体。数据立方体计算方法在许多研究中得到了探讨，例如 Sarawagi 和 Stonebraker [SS94]；Agarwal 等人 [AAD⁺96]；Zhao，Deshpande 和 Naughton [ZDN97]；Ross

和 Srivastava [RS97]；Beyer 和 Ramakrishnan [BR99]；Han，Pei，Dong 和 Wang [HPDW01]；以及 Xin，Han，Li 和 Wah [XHLW03]。

冰山查询的概念首次在 Fang 等人 [FSGM+98] 中引入。使用连接索引加速关系查询处理的方法由 Valduriez [Val87] 提出。O'Neil 和 Graefe [OG95] 提出了一种位图连接索引方法，用于加速基于 OLAP 的查询处理。位图和其他非传统索引技术性能的讨论见 O'Neil 和 Quass [OQ97]。

关于为了高效的 OLAP 查询处理而选择物化方体的工作，可参考 Chaudhuri 和 Dayal [CD97]；Harinarayan，Rajaraman 和 Ullman [HRU96]；Srivastava 等人 [SDJL96]；Gupta [Gup97]；Baralis，Paraboschi 和 Teniente [BPT97]；Shukla，Deshpande 和 Naughton [SDN98]。有关立方体大小估计方法的讨论，可参考 Deshpande 等人 [DNR+97]；Ross 和 Srivastava [RS97]；以及 Beyer 和 Ramakrishnan [BR99]。Agrawal，Gupta 和 Sarawagi [AGS97] 提出了用于建模多维数据库的操作。关于通过在线聚合快速回答查询的方法，详见 Hellerstein，Haas 和 Wang [HHW97] 以及 Hellerstein 等人 [HAC+99]。用于估算前 N 个查询的技术在 Carey 和 Kossman [CK98] 以及 Donjerkovic 和 Ramakrishnan [DR99] 中有所提出。

多位研究人员对在数据立方体中高效计算多维聚合进行了研究。Gray 等人 [GCB+97] 提出了 "cube-by" 作为一种关系聚合运算符，它概括了分组、交叉表和小计，并将数据立方体度量分为三类：分布式、代数式和整体式。Harinarayan，Rajaraman 和 Ullman [HRU96] 提出了一种贪婪算法，用于在计算数据立方体时部分材料化多维数据立方体。Sarawagi 和 Stonebraker [SS94] 开发了一种基于块的计算技术，用于高效组织大型多维数组。Agarwal 等人 [AAD+96] 为 ROLAP 服务器的多维聚合的高效计算提出了一些建议。

基于块的多路数组聚合方法用于 MOLAP 中的数据立方体计算，由 Zhao，Deshpande 和 Naughton [ZDN97] 提出。Ross 和 Srivastava [RS97] 开发了一种用于计算稀疏数据立方体的方法。首次描述了冰山查询的文献是 Fang 等人 [FSGM+98]。BUC 是一种可扩展的方法，它从顶点方体向下计算冰山立方体，由 Beyer 和 Ramakrishnan [BR99] 引入。Han，Pei，Dong 和 Wang [HPDW01] 提出了一种使用 H 树结构计算具有复杂度量的冰山立方体的 H-Cubing 方法。

用于计算具有动态星树结构的冰山立方体的 Star-Cubing 方法是由 Xin，Han，Li 和 Wah [XHLW03] 引入的。MM-Cubing 是一种高效的冰山立方体计算方法，用于分解晶格空间，由 Shao，Han 和 Xin [SHX04] 开发。用于高效的高维 OLAP 的基于壳片段的立方体方法是由 Li，Han 和 Gonzalez [LHG04] 提出的。

除了计算冰山立方体之外，减少数据立方体计算的另一种方法是物化压缩、dwarf 或商立方体，它们是闭立方体的变种。Wang，Lu，Feng 和 Yu [WLFY02] 提出了计算一种称为压缩立方体的简化的数据立方体。Sismanis，Deligiannakis，Roussopoulos 和 Kotidis [SDRK02] 提出了计算一种称为 dwarf 立方体的简化的数据立方体。Lakshmanan，Pei 和 Han [LPH02] 提出了商立方体结构来概括数据立方体的语义，该方法由 Lakshmanan，Pei 和 Zhao [LPZ03] 进一步扩展为 qc 树结构。Xin, Han, Shao 和 Liu[XHSL06] 开发了一种基于聚合的方法 C-Cubing（即 Closed-Cubing），该方法用新的代数度量闭性（closedness）进行有效的闭立方体计算。

还有各种关于通过近似计算压缩数据立方体的研究，包括 Barbara 和 Sullivan 提出的准立方体（quasicube）[BS97]；Vitter，Wang 和 Iyer 提出的小波立方体（wavelet cube）[VWI98]；Shanmugasundaram，Fayyad 和 Bradley [SFB99] 提出的用于在连续维度上进行查询近似的压缩立方体；Barbara 和 Wu [BW00] 使用对数线性模型来压缩数据立方体；以及 Burdick 等人 [BDJ+05] 提出的面向不确定和不精确数据的 OLAP。

数据立方体建模和计算已经扩展到远超关系型数据。Chen 等人 [CDH+02] 研究了多维流数据分析的*流立方体计算*。Stefanovic，Han 和 Koperski [SHK00] 对*空间数据立方体*的高效计算进行了研究，Papadias，Kalnis，Zhang 和 Tao [PKZT01] 研究了空间数据仓库中的高效 OLAP，Shekhar 等人 [SLT+01] 提出了一种用于可视化空间数据仓库的地图立方体。Zaiane 等人 [ZHL+98] 通过 MultiMediaMiner 构建了一个多媒体数据立方体。用于分析多维文本数据库的基于向量空间模型的 TextCube，由 Lin 等人 [LDH+08] 提出，而基于主题建模方法的 TopicCube 由 Zhang，Zhai 和 Han [ZZH09] 提出。Gonzalez 等人 [GHLK06, GHL06] 提出了用于分析 RFID 数据的 RFID Cube 和 FlowCube。

Li 等人 [LHY+08] 提出了用于分析采样数据的*采样立方体*。用于高效处理数据库中排名（top-*k*）查询的*排名立方体*是由 Xin，Han，Cheng 和 Li [XHCL06] 提出的。这一方法已经由 Wu，Xin 和 Han [WXH08] 扩展到 ARCube，支持在部分物化数据立方体中对聚合查询排名。它也被扩展为 PromoCube，由 Wu，Xin，Mei 和 Han [WXMH09] 提出，支持多维空间中的促销查询分析。

Sarawagi，Agrawal 和 Megiddo [SAM98] 提出了用于 OLAP 数据立方体的发现驱动探索。Sarawagi 和 Sathe [SS01] 对 OLAP 与数据挖掘功能的集成进行了进一步研究，以智能探索多维 OLAP 数据。Ross，Srivastava 和 Chatziantoniou [RSC98] 描述了多特征数据立方体的构建。Hellerstein，Haas 和 Wang [HHW97]，以及 Hellerstein 等人 [HAC+99] 描述了在线聚合快速回答查询的方法。一个名为 cubegrade 的立方体梯度分析问题首次由 Imielinski，Khachiyan 和 Abdulghani [IKA02] 提出。Dong 等人 [DHL+01] 研究了多维约束梯度分析的高效方法在数据立方体中的应用。

许多研究人员已经进行了有关挖掘立方体空间或将知识发现与 OLAP 立方体集成的研究。在线分析挖掘（OLAM）或 OLAP 挖掘的概念是由 Han [Han98] 引入的。Chen 等人开发了一个用于基于回归的时间序列数据多维分析的*回归立方体* [CDH+02, CDH+06]。Fagin 等人 [FGK+05] 研究了多结构数据库中的数据挖掘。Chen，Chen，Lin 和 Ramakrishnan [CCLR05] 提出了*预测立方体*，它将预测模型与数据立方体集成，以发现便于预测的有趣数据子空间。Chen，Ramakrishnan，Shavlik 和 Tamma [CRST06] 研究了将数据挖掘模型作为多步挖掘过程的构建块，以及使用立方体空间来直观地定义从局部区域预测全局聚合的感兴趣空间。Ramakrishnan 和 Chen [RC07] 提出了在立方体空间中进行探索性挖掘的有组织图景。

数据湖的创新主要是由产业推动的。一些关于数据湖概念的一般介绍包括 [Fan15]。Inmon [Inm16] 讨论了数据湖架构。一些数据湖系统的示例包括 Azure Data Lake Store [RSD+17]，Google Goods [HKN+16]，Constance [HGQ16] 和 CoreDB [BBN+17]。

模式挖掘：基本概念和方法

频繁模式是在数据集中频繁出现的模式（例如，项集、子序列或子结构）。例如，在事务数据集中经常一起出现的一组项（例如牛奶和面包）就是*频繁项集*。一个子序列，例如先购买智能手机，然后购买智能电视，然后购买智能家居设备，如果它在购物历史数据库中频繁出现，则属于（*频繁*）*序列模式*。子结构可以指不同的结构形式，例如子图、子树或子晶格。如果子结构频繁出现，则称为（*频繁*）*结构模式*。寻找频繁模式在挖掘数据之间的关联、相关性和许多其他有趣的关系中起着至关重要的作用。此外，它还有助于数据分类、聚类和其他数据挖掘任务。因此，频繁模式挖掘已成为数据挖掘的一项重要任务和数据挖掘研究的热点。

在本章中，我们介绍频繁模式、关联和相关性的基本概念（4.1 节），并研究如何有效地挖掘它们（4.2 节）。我们还讨论如何判断发现的模式是否有趣（4.3 节）。在后续章节中，我们将讨论扩展到高级频繁模式挖掘，包括挖掘更复杂形式的频繁模式及其应用。

4.1 基本概念

频繁模式挖掘揭示了给定数据集中的重复关系。本节介绍频繁模式挖掘的基本概念，用于发现事务和关系数据库中项集之间有趣的关联与交互。我们从 4.1.1 节以介绍购物篮分析的样例开始，这是关联规则频繁模式挖掘的最早形式，而挖掘频繁模式和关联的基本概念将在 4.1.2 节中讨论。

4.1.1 购物篮分析：启发示例

一组项目称为**项集**。频繁项集挖掘可以发现大型事务或关系数据集中项目之间的关联和相关性。随着大量数据的不断收集和存储，许多行业都对从数据库中挖掘此类模式感兴趣。大量业务事务记录之间有趣的关联关系的发现可以帮助许多业务决策过程，例如目录设计、交叉营销和客户购物行为分析。

频繁项集挖掘的一个典型例子是**购物篮分析**。该过程通过查找顾客放置在“购物篮”中的不同商品之间的关联来分析顾客的购买习惯（图 4.1）。这些关联的发现可以帮助零售商通过深入了解顾客经常一起购买哪些商品来制定营销策略。例如，如果顾客购买牛奶，他们在超市同时购买面包（以及哪种面包）的可能性有多大？这些信息可以帮助零售商进行选择性营销和规划货架空间，从而增加销售额、收入和顾客。

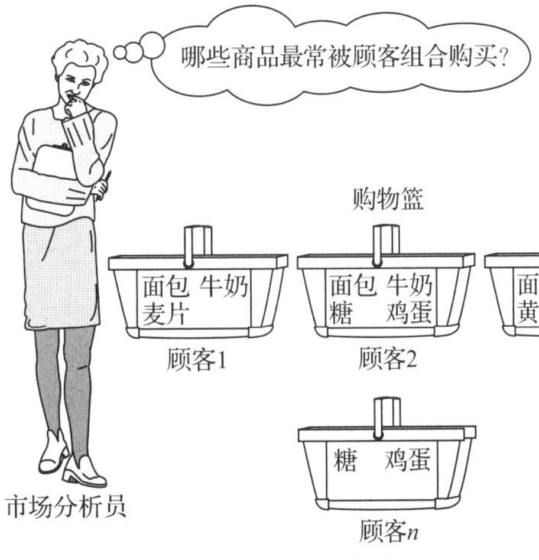

图 4.1 购物篮分析

让我们看一个例子来说明购物篮分析如何发挥作用。

例 4.1 购物篮分析。假设，作为一家零售公司的经理，你想更多地了解顾客的购买习惯。具体来说，你想知道"顾客在某一次逛商店时可能会一起购买哪些商品？"为了回答你的问题，可以对你商店中顾客交易的零售数据进行购物篮分析。然后，你可以使用这些结果来选择营销策略并帮助创建新的目录。例如，购物篮分析可以帮助你设计不同的商店布局。在一种策略中，可以将经常一起购买的商品邻近摆放，以促进这些商品组合销售。如果购买计算机的顾客也倾向于同时购买杀毒软件，那么将硬件显示屏靠近软件显示屏可能有助于增加这两种产品的销量。

在另一种策略中，将硬件和软件放置在商店的两端可能会吸引购买此类商品的顾客沿途挑选其他商品。例如，在决定购买昂贵的计算机后，顾客可能会在走向软件显示器购买杀毒软件时观察待售的安全系统，并且也可能决定购买家庭安全系统。购物篮分析还可以帮助零售商计划降价销售哪些商品。如果顾客倾向于同时购买计算机和打印机，那么降低打印机的价格可能会有助于打印机和计算机的销售。 □

如果我们将宇宙视为商店中可用的商品集合，那么每个商品都有一个布尔变量，表示该商品是否存在。然后，每个篮子都可以由分配给这些变量的值的布尔向量表示。可以分析布尔向量以提取反映经常关联或一起购买的商品的购买模式。这些模式可以用**关联规则**的形式表示。例如，购买计算机的顾客往往同时购买杀毒软件的信息用下面的关联规则表示：

$$computer \Rightarrow antivirus\_software\ [\text{support} = 2\%, \text{confidence} = 60\%] \tag{4.1}$$

规则**支持度**和**置信度**是规则兴趣度的两个衡量标准。它们分别反映了发现的规则的有用性和确定性。规则（4.1）的支持度为 2%，意味着所分析的所有交易中有 2% 表明计算机和杀病毒软件是一起购买的。60% 的置信度意味着 60% 购买计算机的顾客也购买了该软件。通常，如果关联规则满足**最小支持度阈值**和**最小置信度阈值**，则认为关联规则是有趣的。这些阈值可以由用户或领域专家设置。可以执行附加分析来发现相关项目之间有趣的统计相关性。

4.1.2 频繁项集、闭项集和关联规则

设 $\mathcal{I} = \{I_1, I_2, \cdots, I_m\}$ 为项集。设 D（任务相关数据）为一组数据库事务，其中每个事务 T 都是一个非空项集，使得 $T \subseteq \mathcal{I}$。每个事务都与一个称为 TID 的标识符相关联。设 A 为一组项目。如果 $A \subseteq T$，则事务 T 被称为包含 A。关联规则是 $A \Rightarrow B$ 形式的蕴涵，其中 $A \subset \mathcal{I}$, $B \subset \mathcal{I}, A \neq \varnothing, B \neq \varnothing$，且 $A \cap B = \varnothing$。规则 $A \Rightarrow B$ 在具有**支持度** s 的事务集 D 中成立，其中 s 是 D 中包含 $A \cup B$（即，集合 A 和 B 的并集，或者 A 和 B 两者）事务的百分比。这被视为概率 $P(A \cup B)$。[⊖]规则 $A \Rightarrow B$ 在事务集 D 中具有**置信度** c，其中 c 是 D 中包含 A 的事务也包含 B 的百分比。这被视为条件概率 $P(B \mid A)$。则，

$$\text{support}(A \Rightarrow B) = P(A \cup B) \tag{4.2}$$

$$\text{confidence}(A \Rightarrow B) = P(B \mid A) \tag{4.3}$$

同时满足最小支持度阈值（min_sup）和最小置信度阈值（min_conf）的规则称为**强规则**。按照惯例，支持度和置信度值以百分比表示。

包含 k 个项目的项集是 ***k*- 项集**。集合 $\{computer, antivirus\_software\}$ 是一个 2- 项集。**项集的出现频数**是包含该项集的事务的数量。出现频数也称为项集的**频数**、**支持度计数**或**计数**。

⊖ 注意，$P(A \cup B)$ 表示事务包含集合 A 和 B 并集的概率（即包含 A 和 B 中的每一项）。这不应与 $P(A \text{ 或 } B)$ 混淆，它表示事务包含 A 或 B 的概率。

注意，式（4.2）中定义的项集支持度有时也称为相对支持度，出现频数称为**绝对支持度**。如果项集 I 的相对支持度满足预先指定的**最小支持度阈值**（即 I 的绝对支持度满足相应的**最小支持度计数阈值**），则 I 是**频繁**项集㊀。频繁 k- 项集的集合通常用 L_k 表示。㊁

由式（4.3），我们有

$$\begin{aligned}\text{confidence}(A \Rightarrow B) = P(B \mid A) &= \frac{\text{support}(A \cup B)}{\text{support}(A)} \\ &= \frac{\text{support\_count}(A \cup B)}{\text{support\_count}(A)}\end{aligned} \tag{4.4}$$

式（4.4）表明，规则 $A \Rightarrow B$ 的置信度可以很容易地从 A 和 $A \cup B$ 的支持度计数中得出。也就是说，一旦找到 A、B、$A \cup B$ 的支持度计数，就可以直接推导出相应的关联规则 $A \Rightarrow B$ 和 $B \Rightarrow A$ 并检查它们是否为强规则。这样关联规则的挖掘问题就可以简化为频繁项集的挖掘问题。

一般来说，关联规则挖掘可以被视为一个两步过程：

1. **找出所有频繁项集**。根据定义，这些项集中的每一个都将至少与预先指定的最小支持度计数（min_sup）一样频繁地出现。

2. **从频繁项集中生成强关联规则**。根据定义，这些规则必须满足最小支持度和最小置信度。

可用于发现关联项之间的相关关系的其他兴趣度度量将在 4.3 节中讨论。挖掘关联规则的整体性能由第一步决定，因为第二步的成本比第一步低得多。

从大型数据集中挖掘频繁项集的一个主要挑战是，这样的挖掘通常会生成满足最小支持度阈值的大量项集，尤其是当最小支持度阈值设置较低时。这是因为如果一个项集是频繁的，那么它的每个子集也是频繁的。长项集将包含多个较短的频繁子项集的组合。例如，长度为 100 的频繁项集，如 $\{a_1, a_2, \cdots, a_{100}\}$，包含 $\binom{100}{1}=100$ 个频繁 1- 项集：$\{a_1\},\{a_2\},\cdots,\{a_{100}\}$；$\binom{100}{2}$ 个频繁 2- 项集：$\{a_1, a_2\},\{a_1, a_3\},\{a_1, a_4\},\cdots,\{a_2,a_3\},\{a_2,a_4\},\cdots,\{a_{99},a_{100}\}$；等等。因此它包含的频繁项集总数是

$$\binom{100}{1}+\binom{100}{2}+\cdots+\binom{100}{100}=2^{100}-1\approx 1.27\times 10^{30} \tag{4.5}$$

对于任何计算机来说，这个项集的数量太大了，从而无法计算或存储。为了克服这个困难，我们引入闭频繁项集和最大频繁项集的概念。

如果不存在真超项集 Y㊂，使得 Y 与 D 中的 X 具有相同的支持度计数，则项集 X 在数据集 D 中是**闭合**的。如果 X 在 D 中既闭合又频繁，则项集 X 是集合 D 中的**闭频繁项集**。如果 X 是频繁的，并且不存在超项集 Y，使得 $X \subset Y$ 且 Y 在 D 中是频繁的，则项集 X 是数据集 D 中的**最大频繁项集**（或**最大项集**）。

令 $\mathcal{C}$ 为满足最小支持度阈值的数据集 D 的闭频繁项集的集合。令 $\mathcal{M}$ 为满足最小支持度阈值的 D 的最大频繁项集的集合。假设我们有 $\mathcal{C}$ 和 $\mathcal{M}$ 中每个项集的支持度计数。请注意，$\mathcal{C}$ 及其计数信息可用于导出整个频繁项集集合。因此我们说 $\mathcal{C}$ 包含有关其相应频繁项集的完整

㊀ 在早期研究中，满足最小支持度的项集被称为**大型项集**。然而，这一术语有点令人困惑，因为它的含义是项集中项目的数量而不是集合的出现频数。因此我们使用更接近的术语“**频繁项集**”。

㊁ 尽管术语“频繁项集”比“大型（large）项集”更合适，但出于历史原因，频繁 k- 项集仍用 L_k 表示。

㊂ 如果 X 是 Y 的真子项集，即 $X \subset Y$，则 Y 是 X 的真超项集。换句话说，X 的每一项都包含在 Y 中，但 Y 中至少有一项不在 X 中。

信息。另一方面，$\mathcal{M}$ 仅记录最大项集的支持度。它通常不包含有关其相应频繁项集的完整支持度信息。我们用例 4.2 来说明这些概念。

例 4.2 闭项集和最大频繁项集。假设一个事务数据库只有两个事务：$\{\langle a_1,a_2,\cdots,a_{100}\rangle;\langle a_1,a_2,\cdots,a_{50}\rangle\}$ 。设最小支持度计数阈值为 1。我们找到两个闭频繁项集及其支持度计数，即 $\mathcal{C}=\{\{a_1,a_2,\cdots,a_{100}\}:1;\{a_1,a_2,\cdots,a_{50}\}:2\}$ 。只有一个最大频繁项集：$\mathcal{M}=\{\{a_1,a_2,\cdots,a_{100}\}:1\}$ 。请注意，我们不能将 $\{a_1,a_2,\cdots,a_{50}\}$ 作为最大频繁项集，因为它有一个频繁超集 $\{a_1,a_2,\cdots,a_{100}\}$ 。与之前相比，我们确定有 $2^{100}-1$ 个频繁项集，多得无法枚举！

闭频繁项集的集合包含有关频繁项集的完整信息。例如，从 $\mathcal{C}$ 中我们可以导出（1）$\{\{a_2,a_{45}\}:2\}$ ，因为 $\{a_2,a_{45}\}$ 是项集 $\{\{a_1,a_2,\cdots,a_{50}\}:2\}$ 的子项集；（2）$\{\{a_8,a_{55}\}:1\}$ ，因为 $\{a_8,a_{55}\}$ 不是前一个项集的子项集，而是项集 $\{\{a_1,a_2,\cdots,a_{100}\}:1\}$ 的子项集。然而，从最大频繁项集，我们只能断言两个项集（$\{a_2,a_{45}\}$ 和 $\{a_8,a_{55}\}$）都是频繁的，但我们不能断言它们的实际支持度计数。 □

4.2 频繁项集挖掘方法

在本节中，你将学习挖掘最简单形式的频繁模式的方法，例如 4.1.1 节中讨论的购物篮分析方法。我们首先在 4.2.1 节中介绍 Apriori，这是查找频繁项集的基本算法。在 4.2.2 节中，我们研究如何从频繁项集生成强关联规则。4.2.3 节描述 Apriori 算法的几种变体，以提高效率和可扩展性。4.2.4 节介绍挖掘频繁项集的模式增长方法，该方法将后续搜索空间限制为仅包含当前频繁项集的数据集。4.2.5 节介绍利用垂直数据格式挖掘频繁项集的方法。

4.2.1 Apriori 算法：通过受限候选生成来查找频繁项集

Apriori 是 R.Agrawal 和 R.Srikant 于 1994 年提出的一种开创性算法，用于挖掘布尔关联规则的频繁项集 [AS94b]。该算法的名称基于该算法使用频繁项集属性的*先验知识*这一事实，正如我们稍后将看到的。Apriori 采用称为*逐层搜索*的迭代方法，其中使用 k- 项集来探索 $(k+1)$- 项集。首先，通过扫描数据库来累积每个项目的计数，并收集满足最小支持度的那些项目，来找到频繁 1- 项集的集合。所得集合用 L_1 表示。接下来，L_1 用于查找 L_2（频繁 2- 项集的集合），L_2 用于查找 L_3，以此类推，直到找不到更频繁的 k- 项集。查找每个 L_k 都需要对数据库进行一次完整扫描。

为了提高频繁项集逐层生成的效率，使用一个称为 **Apriori 属性**的重要属性来减小搜索空间。

Apriori 属性：*频繁项集的所有非空子集也必须是频繁的。*

Apriori 属性基于以下观察。根据定义，如果一个项集 I 不满足最小支持度阈值（min_sup)，则 I 不是频繁的，即 $P(I)<\text{min\_sup}$ 。如果将项目 A 添加到项集 I 中，则所得项集（即 $I\cup A$）不会比 I 更频繁地出现。因此 $I\cup A$ 也不频繁，即 $P(I\cup A)<\text{min\_sup}$ 。

此属性属于称为**反单调性**的特殊属性类别，因为*如果一个集合无法通过测试，则其所有超集也将无法通过相同的测试*。它被称为反单调性，因为该属性在测试失败的情况下是单调的。

“*算法中如何使用 Apriori 属性？*”为了理解这一点，让我们看看如何使用 L_{k-1} 来找到 $k\geqslant 2$ 时的 L_k 。接下来是一个两步过程，包括**连接**和**修剪**操作。

1. **连接步骤**。为了找到 L_k ，通过将 L_{k-1} 与其自身连接来生成**候选** k- 项集。这组候选表示为 C_k 。设 l_1 和 l_2 是 L_{k-1} 中的项集。符号 $l_i[j]$ 指的是 l_i 中的第 j 个项目（例如，$l_1[k-2]$ 指的是 l_1 中倒数第二个项目）。为了有效实现，Apriori 假设事务或项集中的项目按字典顺序排序。对于

$(k-1)$-项集 l_i，这意味着项目被排序使得 $l_i[1] < l_i[2] < \cdots < l_i[k-1]$。执行连接 $L_{k-1} \bowtie L_{k-1}$，其中如果 L_{k-1} 的前 $(k-2)$ 项是相同的，则 L_{k-1} 的成员是可连接的。也就是说，如果 $(l_1[1]=l_2[1]) \wedge (l_1[2]=l_2[2]) \wedge \cdots \wedge (l_1[k-2]=l_2[k-2]) \wedge (l_1[k-1] < l_2[k-1])$，则 L_{k-1} 的成员 l_1 和 l_2 是可连接的。条件 $l_1[k-1] < l_2[k-1]$ 只是确保不会生成重复项。连接 l_1 和 l_2 形成的结果项集为 $\{l_1[1], l_1[2], \cdots, l_1[k-2], l_1[k-1], l_2[k-1]\}$。

2. **修剪步骤**。C_k 是 L_k 的超集，即它的成员可能是频繁的，也可能不是频繁的，但所有频繁 k-项集都包含在 C_k 中。确定 C_k 中每个候选计数的数据库扫描将导致 L_k 的确定（即，根据定义，计数不少于最小支持度计数的所有候选都是频繁的，因此属于 L_k）。然而，C_k 可能很大，因此这可能涉及大量计算。为了减小 C_k 的大小，按如下方式使用 Apriori 属性。任何不频繁的 $(k-1)$-项集不能是频繁 k-项集的子集。因此，如果候选 k-项集的任何 $(k-1)$-子集不在 L_{k-1} 中，则该候选集也不能是频繁的，因此可以从 C_k 中删除。可以通过维护所有频繁项集的哈希树快速完成此**子集测试**。

例 4.3　Apriori。让我们看一个基于表 4.1 的事务数据集 D 的具体示例。该数据库中有 9 个事务，即 $|D|=9$。我们使用图 4.2 来说明在 D 中查找频繁项集的 Apriori 算法。

表 4.1　事务数据集

TID	项目 ID 的列表
T100	I1, I2, I5
T200	I2, I4
T300	I2, I3
T400	I1, I2, I4
T500	I1, I3
T600	I2, I3
T700	I1, I3
T800	I1, I2, I3, I5
T900	I1, I2, I3

1. 在算法的第一次迭代中，每个项目都是候选 1-项集的集合 C_1 的成员。该算法只是扫描所有事务来统计每个项目出现的次数。

2. 假设所需的最小支持度计数为 2，即 min_sup=2。（这里我们指的是绝对支持度，因为我们使用的是支持度计数。对应的相对支持度为 $2/9=22\%$。）然后可以确定频繁 1-项集的集合 L_1。它由满足最小支持度的候选 1-项集组成。在我们的示例中，C_1 中的所有候选者都满足最小支持度。

3. 为了发现频繁 2-项集的集合 L_2，该算法使用连接 $L_1 \bowtie L_1$ 来生成 2-项集的候选集 C_2[⊖]。C_2 由 $\binom{|L_1|}{2}$ 个 2-项集组成。请注意，在修剪步骤中，不会从 C_2 中删除任何候选，因为候选的每个子集也是频繁的。

4. 接下来，扫描 D 中的事务并累加 C_2 中每个候选项集的支持度计数，如图 4.2 第二行的中间表所示。

5. 然后确定频繁 2-项集的集合 L_2，它由 C_2 中具有最小支持度的候选 2-项集组成。

6. 候选 3-项集的集合 C_3 的生成如图 4.3 所示。从连接步骤中，我们首先得到 $C_3 = L_2 \bowtie L_2 = \{\{I1, I2, I3\}, \{I1, I2, I5\}, \{I1, I3, I5\}, \{I2, I3, I4\}, \{I2, I3, I5\}, \{I2, I4, I5\}\}$。根据 Apriori 属性，即频繁项集的所有子集也必须是频繁的，我们可以确定后面的四个候选不可能是频繁的。因此，我们将它们从 C_3 中删除，从而在后续扫描 D 以确定 L_3 期间不必获取它们的计数。请注意，当给定一个候选 k-项集时，我们只需要检查它的 $(k-1)$-子集是否频繁，因为 Apriori 算法使用逐层搜索策略。C_3 的修剪版本如图 4.2 底行的第一个表所示。

7. 扫描 D 中的事务以确定 L_3，由 C_3 中具有最小支持度的候选 3-项集组成（见图 4.2）。

8. 该算法使用 $L_3 \bowtie L_3$ 生成候选 4-项集的集合 C_4。尽管连接结果为 $\{\{I1, I2, I3, I5\}\}$，但项

⊖ $L_1 \bowtie L_1$ 等价于 $L_1 \times L_1$，因为 $L_k \bowtie L_k$ 的定义要求两个连接项集共享 $k-1=0$ 项。

集 {I1, I2, I3, I5} 被剪枝，因为其子集 {I2, I3, I5} 不频繁。因此，$C_4=\varnothing$，算法终止，已找到所有频繁项集。 □

扫描D，计数每个候选 →

C_1

项集	支持度计数
{I1}	6
{I2}	7
{I3}	6
{I4}	2
{I5}	2

用最小支持度计数比较候选支持度计数 →

L_1

项集	支持度计数
{I1}	6
{I2}	7
{I3}	6
{I4}	2
{I5}	2

从L_1中生成候选集C_2 →

C_2

项集
{I1, I2}
{I1, I3}
{I1, I4}
{I1, I5}
{I2, I3}
{I2, I4}
{I2, I5}
{I3, I4}
{I3, I5}
{I4, I5}

扫描D，计数每个候选 →

C_2

项集	支持度计数
{I1, I2}	4
{I1, I3}	4
{I1, I4}	1
{I1, I5}	2
{I2, I3}	4
{I2, I4}	2
{I2, I5}	2
{I3, I4}	0
{I3, I5}	1
{I4, I5}	0

用最小支持度计数比较候选支持度计数 →

L_2

项集	支持度计数
{I1, I2}	4
{I1, I3}	4
{I1, I5}	2
{I2, I3}	4
{I2, I4}	2
{I2, I5}	2

从L_2中生成候选集C_3 →

C_3

项集
{I1, I2, I3}
{I1, I2, I5}

扫描D，计数每个候选 →

C_3

项集	支持度计数
{I1, I2, I3}	2
{I1, I2, I5}	2

用最小支持度计数比较候选支持度计数 →

L_3

项集	支持度计数
{I1, I2, I3}	2
{I1, I2, I5}	2

图 4.2 生成候选项集和频繁项集，其中最小支持度计数为 2

a. 连接：$C_3=L_2 \bowtie L_2$={{I1, I2}, {I1, I3},{I1, I5},{I2, I3},{I2, I4},{I2, I5}} × {{I1, I2},{I1, I3},{I1, I5},{I2, I3},{I2,I4},{I2, I5}}
={{I1, I2, I3},{I1, I2, I5},{I1, I3, I5},{I2, I3, I4},{I2, I3, I5},{I2, I4, I5}}。

b. 使用 Apriori 属性修剪：频繁项集的所有非空子集也必须是频繁的。候选中是否有不频繁的子集？

- {I1, I2, I3} 的 2- 项子集是 {I1, I2},{I1, I3} 和 {I2, I3}。{I1, I2, I3} 的所有 2- 项子集都是 L_2 的成员。因此，在 C_3 中保留 {I1, I2, I3}。
- {I1, I2, I5} 的 2- 项子集是 {I1, I2},{I1, I5} 和 {I2, I5}。{I1, I2, I5} 的所有 2- 项子集都是 L_2 的成员。因此，在 C_3 中保留 {I1, I2, I5}。
- {I1, I3, I5} 的 2- 项子集是 {I1, I3},{I1, I5} 和 {I3, I5}。{I3, I5} 不是 L_2 的成员，因此它不是频繁的。因此，从 C_3 中移除 {I1, I3, I5}。
- {I2, I3, I4} 的 2- 项子集是 {I2, I3},{I2, I4} 和 {I3, I4}。{I3, I4} 不是 L_2 的成员，因此它不是频繁的。因此，从 C_3 中移除 {I2, I3, I4}。
- {I2, I3, I5} 的 2- 项子集是 {I2, I3},{I2, I5} 和 {I3, I5}。{I3, I5} 不是 L_2 的成员，因此它不是频繁的。因此，从 C_3 中移除 {I2, I3, I5}。
- {I2, I4, I5} 的 2- 项子集是 {I2, I4},{I2, I5} 和 {I4, I5}。{I4, I5} 不是 L_2 的成员，因此它不是频繁的。因此，从 C_3 中移除 {I2, I4, I5}。

c. 因此，经过剪枝后，C_3 = {{I1, I2, I3}, {I1, I2, I5}}。

图 4.3 使用 Apriori 属性从 L_2 生成和修剪候选 3- 项集的集合 C_3

图 4.4 显示了 Apriori 算法的伪代码及其相关过程。Apriori 的步骤 1 找到频繁 1- 项集 L_1。在步骤 2 ～ 10 中，L_{k-1} 用于生成候选 C_k，以找到 $k \geq 2$ 时的 L_k。apriori_gen 程序生成候选，然后使用 Apriori 属性消除那些具有不频繁子集的候选（步骤 3）。一旦生成所有候选，就会扫描数据库（步骤 4）。对于每个事务，子集函数用于查找作为候选事务的所有子集（步骤 5），并累积每个候选事务的计数（步骤 6 和 7）。最后，满足最小支持度的所有候选（步骤

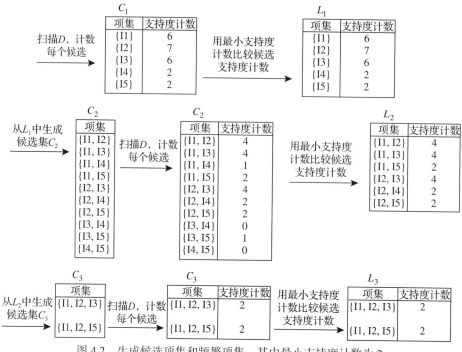

9）形成频繁项集的集合 L（步骤 11）。然后可以调用一个程序来从频繁项集生成关联规则。4.2.2 节描述了此类程序。

apriori_gen 程序执行两种操作，即**连接**和**剪枝**，如前所述。在连接组件中，L_{k-1} 与 L_{k-1} 连接以生成潜在的候选（步骤 1 ～ 4）。修剪组件（步骤 5 ～ 7）使用 Apriori 属性来删除具有不频繁子集的候选。程序 has_infrequent_subset 中显示了对非频繁子集的测试。

算法：Apriori。使用基于候选生成的迭代逐层方法查找频繁项集。

输入：

- D，一个事务数据库；
- min_sup，最小支持度计数阈值。

输出： L，D中的频繁项集。

方法：

```
(1)   L1 = find_frequent_1-itemsets(D);
(2)   for (k = 2; Lk−1 ≠ ∅; k++) {
(3)      Ck = apriori_gen (Lk−1);
(4)      for 每个事务 t ∈ D { // 扫描 D，计数
(5)          Ct = subset(Ck, t); // 获取候选的 t 的子集
(6)          for 每个候选 c ∈ Ct
(7)              c.count++;
(8)      }
(9)      Lk = {c ∈ Ck | c.count ≥ min_sup }
(10)  }
(11)  return L = ∪k Lk;

程序 apriori_gen (Lk−1：频繁 (k − 1)-项集)
(1)   for 每个集合 l1 ∈ Lk−1
(2)      for 每个集合 l2 ∈ Lk−1
(3)          if (l1[1] = l2[1]) ∧ (l1[2] = l2[2])
                ∧... ∧ (l1[k − 2] = l2[k − 2]) ∧ (l1[k − 1] < l2[k − 1]) then {
(4)              c = l1 ⋈ l2; // 连接步骤：生成候选
(5)              if has_infrequent_subset (c, Lk−1) then
(6)                  delete c; // 修剪步骤：删除没有结果的候选
(7)              else 将 c 添加到 Ck;
(8)          }
(9)   return Ck;

程序 has_infrequent_subset (c：候选 k-项集;
           Lk−1：频繁 (k − 1)- 项集 ); // 使用先验知识
(1)   for c 的 (k − 1) 个子集 s
(2)      if s ∉ Lk−1 then
(3)          return TRUE;
(4)   return FALSE;
```

图 4.4　发现用于挖掘布尔关联规则的频繁项集的 Apriori 算法

4.2.2　从频繁项集生成关联规则

一旦找到数据库 D 中事务的频繁项集，就可以直接根据它们生成强关联规则（其中强关联规则同时满足最小支持度和最小置信度）。这可以使用式（4.4）的置信度来完成，为了完整性我们在这里再次展示：

$$\text{confidence}(A \Rightarrow B) = P(B \mid A) = \frac{\text{support\_count}(A \cup B)}{\text{support\_count}(A)}$$

条件概率以项集支持度计数表示，其中 $\text{support\_count}(A \cup B)$ 是包含项集 $A \cup B$ 的事务数，$\text{support\_count}(A)$ 是包含项集 A 的事务数。基于此等式，关联规则可以如下生成。

- 对于每个频繁项集 l，生成 l 的所有非空子集。

- 对于l的每个非空子集s，如果$\frac{\text{support_count}(l)}{\text{support_count}(s)} \geqslant \text{min_conf}$，则输出规则“$s \Rightarrow (l-s)$”，其中$\text{min_conf}$是最小置信度阈值。

由于规则是从频繁项集生成的，因此每一条规则都会自动满足最小支持度。频繁项集及其计数可以提前存储在哈希表中，以便可以快速访问它们。

例 4.4　生成关联规则。我们来看一个基于表 4.1 中所示事务数据的示例。数据包含频繁项集$X=\{\text{I1, I2, I5}\}$。从X可以生成哪些关联规则？X的非空子集为$\{\text{I1,I2}\}$，$\{\text{I1,I5}\}$，$\{\text{I2,I5}\}$，$\{\text{I1}\}$，$\{\text{I2}\}$和$\{\text{I5}\}$。生成的关联规则如下所示，每个关联规则都列出了其置信度：

$\{\text{I1,I2}\} \Rightarrow \text{I5}$, confidence=2/4=50%

$\{\text{I1,I5}\} \Rightarrow \text{I2}$, confidence=2/2=100%

$\{\text{I2,I5}\} \Rightarrow \text{I1}$, confidence=2/2=100%

$\text{I1} \Rightarrow \{\text{I2,I5}\}$, confidence=2/6=33%

$\text{I2} \Rightarrow \{\text{I1,I5}\}$, confidence=2/7=29%

$\text{I5} \Rightarrow \{\text{I1,I2}\}$, confidence=2/2=100%

如果最小置信度阈值为 70%，则仅输出第二个、第三个和最后一个规则，因为这些是唯一生成的强规则。请注意，与传统的分类规则不同，关联规则可以在规则的右侧包含多个合取词。□

4.2.3　提高 Apriori 的效率

“如何进一步提高基于 Apriori 的挖掘效率？”人们提出了 Apriori 算法的许多变体，重点是提高原始算法的效率。这些变体中的几个总结如下。

基于哈希的技术（将项集哈希到相应的存储桶中）。基于哈希的技术可用于减小候选k-项集C_k, $k>1$的大小。例如，当扫描数据库中的每个事务（例如，令$t=\{i_1, i_2, i_4\}$）以生成频繁 1- 项集L_1时，我们可以为每个事务生成所有 2- 项集（例如，三个事务t的 2- 项集$\{i_1,i_2\}$，$\{i_1,i_4\}$和$\{i_2,i_4\}$），将它们哈希（即映射）到哈希表结构的不同桶中，并增加相应的桶计数，如图 4.5 所示。哈希表中相应桶计数低于支持度阈值的 2- 项集不可能是频繁的，因此应从候选集中删除。这种基于哈希的技术可以大大减少所检查的候选k-项集的数量（特别是当$k=2$时）。

使用哈希函数
$h(x, y)$=((order of x)×10+(order of y))mod 7
创建哈希表H_2

H_2

桶地址	0	1	2	3	4	5	6
桶计数	2	2	4	2	2	4	4
桶中的内容	{I1, I4} {I3, I5}	{I1, I5} {I1, I5}	{I2, I3} {I2, I3} {I2, I3} {I2, I3}	{I2, I4} {I2, I4}	{I2, I5} {I2, I5}	{I1, I2} {I1, I2} {I1, I2} {I1, I2}	{I1, I3} {I1, I3} {I1, I3} {I1, I3}

图 4.5　用于候选 2- 项集的哈希表H_2。此哈希表在确定L_1时通过扫描表 4.1 的事务生成。如果最小支持度计数为 3，则储存在桶 0，1，3 和 4 中的项集不是频繁的，它们不应包含在C_2中

事务减少（减少未来迭代中扫描的事务数量）。不包含任何频繁k-项集的事务不能包含任何频繁$(k+1)$-项集。因此，这样的事务可以被标记或根据进一步的考虑删除，因为随后的数据库扫描j-项集（其中$j>k$）将不需要考虑这样的事务。

分区（对数据进行分区以查找候选项集）。可以使用分区技术，只需要两次数据库扫描即

可挖掘频繁项集（图 4.6）。它由两个阶段组成。在第一阶段，算法将 D 中的事务划分为 n 个不重叠的分区。如果 D 中事务的最小相对支持度阈值为 min_sup，则分区的最小支持度计数为 min_sup × 该分区中的事务数。对于每个分区，找到所有局部频繁项集（即分区内的频繁项集）。局部频繁项集对于整个数据库 D 可能是频繁项集，也可能不是频繁项集。但是，任何关于 D 潜在的频繁项集必须作为频繁项集出现在至少一个分区中。[㊀]因此，所有局部频繁项集是关于 D 的候选项集。来自所有分区的频繁项集的集合形成关于 D 的全局候选项集。在第二阶段，对 D 进行第二次扫描，其中评估每个候选的实际支持度以确定全局频繁项集。设置分区大小和分区数量，以便每个分区都可以放入主存中，因此在每个阶段只能读取一次。

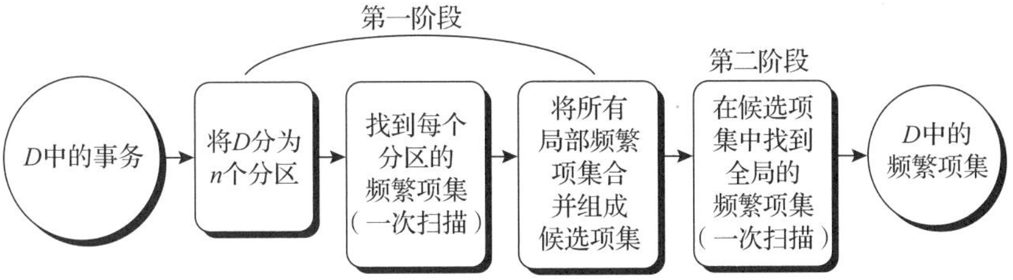

图 4.6　通过分区数据进行挖掘

抽样（挖掘给定数据的子集）。抽样方法的基本思想是从给定数据 D 中选取一个随机样本 S，然后在 S 而不是 D 中搜索频繁项集。通过这种方式，我们在一定程度的确定性和效率之间进行了权衡。S 的样本大小使得对 S 中的频繁项集的搜索可以在主存中完成，因此总体上只需要对 S 中的事务进行一次扫描。因为我们正在搜索 S 中的频繁项集而不是 D 中的，我们可能会错过一些全局频繁项集。

为了减少这种可能性，我们使用比最小支持度更低的支持度阈值来查找 S 局部的频繁项集（表示为 L_S）。然后数据库的其余部分用于计算 L_S 中每个项集的实际频数。使用一种机制来确定 L_S 中是否包含所有全局频繁项集。如果 L_S 实际上包含 D 中的所有频繁项集，则只需要对 D 进行一次扫描。否则，可以进行第二次扫描来查找在第一次中遗漏的频繁项集。当效率至关重要时，例如在必须频繁运行的计算密集型应用程序中，抽样方法尤其有用。

动态项集计数（在扫描期间在不同点添加候选项集）。提出了一种动态项集计数技术，其中数据库被划分为由起始点标记的块。在此变体中，可以在任何起始点添加新的候选项集，这与 Apriori 不同，Apriori 仅在每次完整的数据库扫描后才确定新的候选项集。该技术使用到目前为止的计数作为实际计数的下限。如果到目前为止的计数通过了最小支持度，则该项集将被添加到频繁项集集合中，并可用于生成更长的候选。与 Apriori 相比，这会减少数据库扫描次数以查找所有频繁项集。

其他变体将在下一章中讨论或留作练习。

4.2.4　挖掘频繁项集的模式增长方法

正如我们所看到的，在许多情况下，Apriori 候选生成和测试方法显著减小了候选集的大小，从而获得了良好的性能增益。然而，它可能有两个不小的成本。

- 它可能仍然需要生成大量的候选集。例如，如果有 10^4 个频繁 1- 项集，Apriori 算法将需要生成超过 10^7 个候选 2- 项集。
- 它可能需要重复扫描整个数据库并通过模式匹配检查大量候选。检查数据库中的每个

㊀ 该性质的证明留作练习（见练习 4.3d）。

事务以确定候选项集的支持度的成本很高。

"我们能否设计一种方法来挖掘频繁项集的完全集，而不需要如此高成本的候选生成过程？"这种尝试中一个有趣的方法称为**频繁模式增长**，或简称为 **FP 增长**，它采用如下的分治策略。首先，它将表示频繁项目的数据库压缩为**频繁模式树**或 **FP 树**，该树保留了项集关联信息。然后，它将压缩数据库划分为一组条件数据库（一种特殊类型的投影数据库），每个条件数据库与迄今为止找到的一个项集或"模式片段"相关联，并分别挖掘每个数据库。对于每个"模式片段"，仅需要检查其关联的数据集。因此，随着正在检查的模式的"增长"，这种方法可以大大减小要搜索的数据集的大小。你将在例 4.5 中看到它是如何工作的。

例 4.5　FP 增长（在不生成候选的情况下查找频繁项集）。我们使用频繁模式增长重新检查例 4.3 中表 4.1 的事务数据库 *D* 的挖掘方法。

数据库的第一次扫描与 Apriori 相同，它导出频繁项集（1- 项集）及其支持度计数（频数）。令最小支持度计数为 2。频繁项集的集合按支持度计数降序排序。这个结果集合或列表用 *L* 表示。因此，我们有 $L=\{\{I2:7\},\{I1:6\},\{I3:6\},\{I4:2\},\{I5:2\}\}$。

然后按如下方式构建 FP 树。首先，创建树的根，标记为"null"。第二次扫描数据库 *D*。每个事务中的项目按 *L* 顺序（即根据支持度计数降序排序）处理，并为每个事务创建一个分支。例如，扫描第一个事务"T100:I1,I2,I5"，其中包含三个项目（按 *L* 顺序排列的 I2,I1,I5），从而构建具有三个节点〈I2:1〉、〈I1:1〉和〈I5:1〉的树的第一个分支，其中 I2 作为子节点链接到根，I1 链接到 I2，I5 链接到 I1。第二个事务 T200 包含按 *L* 顺序排列的项目 I2 和 I4，这将产生一个分支，其中 I2 链接到根，I4 链接到 I2。然而，该分支将与 T100 的现有路径共享一个公共**前缀** I2。因此，我们将 I2 节点的计数增加 1，并创建一个新节点〈I4:1〉，它作为子节点链接到〈I2:2〉。一般来说，当考虑为事务添加分支时，沿公共前缀的每个节点的计数加 1，并相应地创建并链接前缀后面的项目的节点。

为了便于树遍历，构建了项目头表，以便每个项目通过**节点链接**链指向其在树中的出现。扫描所有事务后获得的树如图 4.7 所示，并带有相关的节点链接。这样，数据库中频繁模式的挖掘问题就转化为 FP 树的挖掘问题。

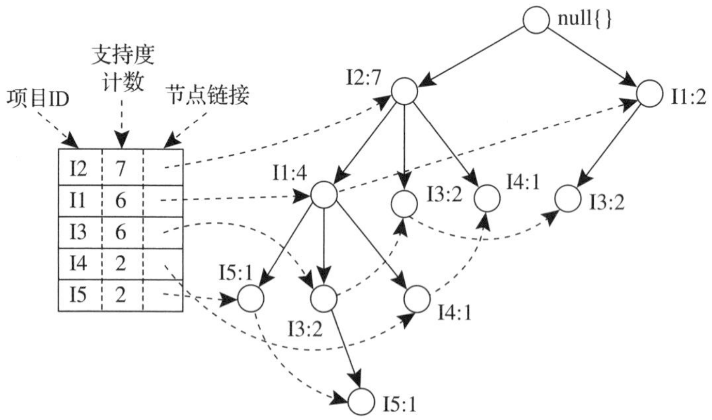

图 4.7　一个记录压缩的频繁模式信息的 FP 树

FP 树的挖掘如下。从每个频繁的长度为 1 的模式（作为初始**后缀模式**）开始，构造其**条件模式库**（一个"子数据库"，由 FP 树中与后缀模式同时出现的一组前缀路径组成），然后构造（条件）FP 树，并在树上递归地执行挖掘。模式增长是通过将后缀模式与条件 FP 树生成的频繁模式联结来实现的。

FP 树的挖掘总结于表 4.2 中，详细信息如下。

表 4.2 通过创建条件（子）模式库来挖掘 FP 树

项目	条件模式库	条件 FP 树	条件模式生成
I5	{{I2, I1: 1},{I2, I1, I3: 1}}	〈I2: 2, I1: 2〉	{I2, I5: 2},{I1, I5: 2},{I2, I1, I5: 2}
I4	{{I2, I1: 1},{I2: 1}}	〈I2: 2〉	{I2, I4: 2}
I3	{{I2, I1: 2},{I2: 2},{I1: 2}}	〈I2: 4, I1: 2〉,〈I1: 2〉	{I2, I3: 4},{I1, I3: 4},{I2, I1, I3: 2}
I1	{{I2: 4}}	〈I2: 4〉	{I2, I1: 4}

- 我们首先考虑 I5，它是 L 中的最后一项，而不是第一项。当我们解释 FP 树挖掘过程时，从列表末尾开始的原因将显而易见。I5 出现在图 4.7 的两个 FP 树分支中。（通过跟踪其节点链接链，可以轻松找到 I5 的出现。）这些分支形成的路径是〈I2,I1,I5:1〉和〈I2,I1,I3,I5:1〉。因此，将 I5 视为后缀，其对应的两个前缀路径是〈I2,I1:1〉和〈I2,I1,I3:1〉，构成其条件模式库。使用这个条件模式库作为事务数据库，我们构建一个 I5 条件 FP 树，它只包含一条路径〈I2:2,I1:2〉；I3 不包括在内，因为其支持度计数 1 小于最小支持度计数。单个路径生成频繁模式的所有组合：{I2,I5:2},{I1,I5:2},{I2,I1,I5:2}。
- 对于 I4，它的两条前缀路径形成条件模式库 {{I2,I1:1},{I2:1}}，生成一棵单节点条件 FP 树〈I2:2〉，并派生出一个频繁模式 {I2,I4:2}。
- 与前面的分析类似，I3 的条件模式库为 {{I2,I1:2},{I2:2},{I1:2}}。其条件 FP 树有两个分支，〈I2:4,I1:2〉和〈I1:2〉，如图 4.9 所示，生成模式集 {{I2,I3:4},{I1,I3:4},{I2,I1,I3:2}}。
- 最后，I1 的条件模式库是 {{I2:4}}，具有仅包含一个节点〈I2:4〉的 FP 树，它生成一个频繁模式 {I2,I1:4}。

图 4.8 总结了该挖掘过程。 □

算法：FP 增长。通过模式片段增长使用 FP 树挖掘频繁项集。
输入：
- D，一个事务数据库；
- *min_sup*，最小支持度计数阈值。

输出：频繁模式的完全集
方法：

1. FP 树通过以下步骤构建：
   a. 扫描事务数据库 D 一次。获取频繁项目的集合 F 和它的支持度计数。将 F 按照支持度计数降序排序为频繁项目的列表 L。
   b. 创建 FP 树的根节点，标记为 " null"。对于 D 中的每一个事务 *Trans*，执行以下步骤：根据 L 的顺序选择并排序 *Trans* 中的频繁项目。使 *Trans* 中排序后的频繁项目列表为 $[p|P]$，其中 p 是第一个元素，P 是剩余列表。调用函数 `insert_tree` $([p|P], T)$，执行如下步骤：如果 T 有一个子节点 N，使得 *N.item-name=p.item-name*，则将 N 的计数增加 1；否则创建一个新节点 N，并使其计数为 1，其父节点链接到 T，其通过节点链接结构节点链接到具有相同项目名称的节点。如果 P 是非空的，则递归地调用函数 `insert_tree` (P, N)。
2. FP 树是通过调用 `FP_growth` (*FP_tree*, *null*) 来挖掘的，具体实现如下。

程序 `FP_growth` (*Tree*, α)
(1) **if** *Tree* 包含单个路径 P，**then**
(2) **for** 路径 P 中节点的每个组合（表示为 β）
(3) 用 *support_count*=β 中节点的最小支持度计数，生成模式 $\beta \cup \alpha$；
(4) **else for** *Tree* 头部中的每个 a_i{
(5) 用 *support_count*=a_i.*support_count*，生成模式 $\beta = a_i \cup \alpha$；
(6) 构建 β 的条件模式库，然后构造 β 的条件 FP 树 $Tree_\beta$；
(7) **if** $Tree_\beta \neq \varnothing$，**then**
(8) 调用 `FP_growth` $(Tree_\beta, \beta)$;}

图 4.8 FP 增长算法，用于发现频繁项集而无须生成候选项集

FP 增长方法将查找长频繁模式的问题转化为在更小的条件数据库中递归搜索较短的模式，然后联结后缀。它使用最不频繁的项目作为后缀，提供良好的选择性。该方法大大降低了搜索成本。

当数据库很大时，构建基于主存的 FP 树有时是不现实的。一个有趣的替代方法是首先将数据库划分为一组投影数据库，然后构建一个 FP 树并在每个投影数据库中挖掘它。如果 FP 树仍然无法容纳在主存中，则可以将此过程递归地应用于任何投影数据库。

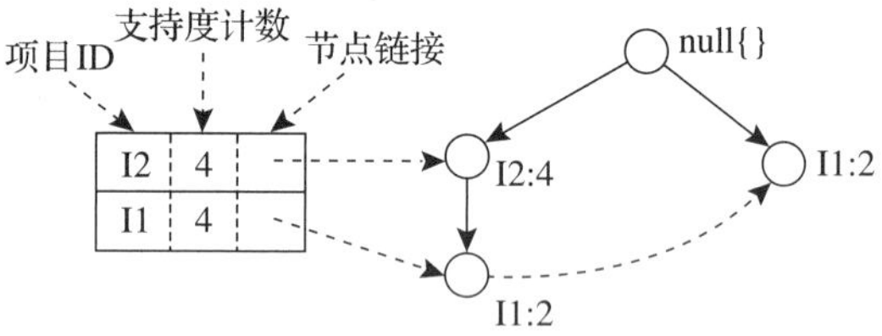

图 4.9　与条件节点 I3 关联的 FP 树

4.2.5　使用垂直数据格式挖掘频繁项集

Apriori 和 FP 增长方法都从 *TID-itemset* 格式（即 {*TID*:*itemset*}）的一组事务中挖掘频繁模式，其中 *TID* 是事务 ID，*itemset* 是在事务 TID 中获得的项集。这称为**水平数据格式**。或者，数据可以以 *item-TID_set* 格式呈现（即 {*item*:*TID_set*}），其中 *item* 是项目名称，*TID_set* 是包含该项目的事务标识符的集合。这称为**垂直数据格式**。

在本小节中，我们将了解如何使用垂直数据格式有效地挖掘频繁项集，这是 Eclat（Equivalence Class Transformation，等价类转换）算法的本质。

例 4.6　使用垂直数据格式挖掘频繁项集。考虑例 4.3 中表 4.1 的事务数据库 *D* 的水平数据格式。通过扫描一次数据集即可将其转换为表 4.3 所示的垂直数据格式。

可以通过将每对频繁单个项目的 TID_set 相交来对该数据集进行挖掘。最小支持度计数为 2。由于表 4.3 中每个项目都是频繁的，因此总共执行 10 次相交，从而产生 8 个非空 2- 项集，如表 4.4 所示。请注意，由于项集 {I1, I4} 和 {I3, I5} 每个仅包含一个事务，因此它们不属于频繁 2- 项集的集合。

表 4.3　表 4.1 中事务数据集 *D* 的垂直数据格式

项集	TID_set
I1	{T100, T400, T500, T700, T800, T900}
I2	{T100, T200, T300, T400, T600, T800, T900}
I3	{T300, T500, T600, T700, T800, T900}
I4	{T200, T400}
I5	{T100, T800}

表 4.4　垂直数据格式的 2- 项集

项集	TID_set
{I1, I2}	{T100, T400, T800, T900}
{I1, I3}	{T500, T700, T800, T900}
{I1, I4}	{T400}
{I1, I5}	{T100, T800}
{I2, I3}	{T300, T600, T800, T900}
{I2, I4}	{T200, T400}
{I2, I5}	{T100, T800}
{I3, I5}	{T800}

根据 Apriori 属性，仅当给定的 3- 项集的每一个 2- 项集子集都是频繁的时，该给定的 3- 项集才是候选 3- 项集。这里的候选生成过程将仅生成两个 3- 项集：{I1, I2, I3} 和 {I1, I2, I5}。将这些候选 3- 项集的任意两个对应 2- 项集的 TID_set 相交，得到表 4.5，其中只有两个频繁 3- 项集：{I1, I2, I3: 2} 和 {I1, I2, I5: 2}。　□

表 4.5　垂直数据格式的 3- 项集

项集	TID_set
{I1, I2, I3}	{T800, T900}
{I1, I2, I5}	{T100, T800}

例 4.6 说明了通过探索垂直数据格式来挖掘频繁项集的过程。首先，我们通过扫描一次数据集将水平格式的数据转换为垂直格式。项集的支持度计数就是项集的 TID_set 的长度。

从 k=1 开始，频繁 k- 项集可用于基于 Apriori 属性构造候选 (k+1)- 项集。通过频繁 k- 项集的 TID_set 的交集来计算相应的 (k+1)- 项集的 TID_set，从而完成计算。重复这个过程，k 每次加 1，直到找不到频繁项集或候选项集。

除了利用 Apriori 属性从频繁 k- 项集生成候选 (k+1)- 项集之外，该方法的另一个优点是不需要扫描数据库来寻找 (k+1)- 项集（$k \geq 1$）的支持度。这是因为每个 k- 项集的 TID_set 都携带计数这种支持度所需的完整信息。然而，TID_set 可能相当长，需要大量的内存空间以及计算时间来交叉长集合。

为了进一步减少记录长 TID_set 的成本以及随后的相交成本，我们可以使用一种称为 diffset 的技术，该技术仅跟踪 (k+1)- 项集和相应 k- 项集的 TID_set 的差异。例如，在例 4.6 中，我们有 {I1}={T100, T400, T500, T700, T800, T900},{I1, I2}={T100, T400, T800, T900}。两者之间的差异为 *diffset*({I1, I2},{I1})={T500, T700}。因此，我们可以使用 *diffset* 只记录两个 TID，表示 {I1} 和 {I1, I2} 之间的差异，而不是记录构成 {I1} 和 {I2} 交集的四个 TID。通过这种压缩的簿记，仍然可以正确计算项集频数。实验表明，在某些情况下，例如当数据集包含许多密集且长的模式时，该技术可以大幅降低频繁项集垂直格式挖掘的总成本。

4.2.6　挖掘闭模式和最大模式

在 4.1.2 节中，我们看到频繁项集挖掘可能会生成大量频繁项集，特别是当 min_sup 阈值设置较低或数据集中存在长模式时。例 4.2 表明，闭频繁项集可以显著减少频繁项集挖掘中生成的模式数量，同时保留有关频繁项集的完整信息。也就是说，从闭频繁项集的集合中，我们可以很容易地推导出频繁项集的集合及其支持度。因此，在实践中，在大多数情况下，更需要挖掘闭频繁项集的集合而不是所有频繁项集的集合。

*“我们如何挖掘闭频繁项集？”*一种简单的方法是首先挖掘频繁项集的完全集，然后删除作为现有频繁项集的真子集并具有与现有频繁项集相同支持度的每个频繁项集。然而，这是成本相当高的。如例 4.2 所示，该方法必须首先导出 $2^{100}-1$ 个频繁项集以获得长度为 100 的频繁项集，然后才能开始消除冗余项集。这极其昂贵。事实上，例 4.2 的数据集中只存在极少量的闭频繁项集。

推荐的方法是，一旦我们能够在挖掘过程中识别出闭项集的情况，就修剪搜索空间。例如，下面介绍一种项集合并方法。

项集合并：*如果每个包含频繁项集 X 的事务也包含项集 Y 但不包含 Y 的任何真超集，则 $X \cup Y$ 形成闭频繁项集，并且不需要搜索包含 X 但不包含 Y 的任何项集。*

例如，例 4.5 的表 4.2 中，前缀项集 {I5 : 2} 的投影条件数据库为 {{I2, I1},{I2, I1, I3}}，从中我们可以看到它的每个事务都包含项集 {I2, I1} 但不包含 {I2, I1} 的真超集。项集 {I2, I1} 可以与 {I5} 合并形成闭项集 {I5, I2, I1 : 2}，并且我们不需要挖掘包含 I5 但不包含 {I2, I1} 的闭项集。

目前已经开发了许多搜索空间修剪和封闭检查方法来挖掘闭频繁项集。此外，由于最大频繁项集与闭频繁项集有许多相似之处，因此为挖掘闭项集而开发的许多优化技术可以扩展到挖掘最大频繁项集。有兴趣的读者可以通过研究相关研究论文进行更深入的挖掘。

4.3　哪些模式有趣？——模式评估方法

大多数关联规则挖掘算法采用支持度 - 置信度框架。尽管最小支持度和置信度的阈值有助于排除对大量无趣规则的探索，很多用户对生成的许多规则依然不感兴趣，尤其是当在低支持度阈值下挖掘与长模式挖掘时。这是关联规则挖掘成功应用的主要瓶颈。

在本节中，我们首先关注为什么即使是强关联规则也可能是无趣的或是具有误导性的（4.3.1 节）。然后，我们讨论如何用基于相关分析的额外兴趣度度量来补充支持度 - 置信度框架（4.3.2 节）。4.3.3 节介绍其他模式评估方法，以及对上述讨论的所有方法的总体比较。最后，你将了解哪种模式评估方法对于发现有趣的规则是最有效的。

4.3.1　强规则不一定有趣

一个规则的兴趣度可以从主观或客观评价。最终，只有用户才能判断给定的规则是否有趣，而这种判断是主观的，结果可能因用户而异。然而，基于数据“背后”的统计数据的客观兴趣度度量，可以作为一个手段，用于清除那些可能呈现给用户的无趣规则。

“我们怎么知道哪些强关联规则是真正有趣的？”让我们看看下面的例子。

例 4.7　具有误导性的“强”关联规则。假设我们要分析与购买计算机游戏和视频有关的事务。指定 *game* 为包含计算机游戏的事务，*video* 为包含视频的事务。在分析的 10 000 个事务中，数据显示 6 000 个事务包括计算机游戏，7 500 个事务包括视频，4 000 个事务同时包括计算机游戏和视频。假设在该数据上运行一个用于发现关联规则的数据挖掘程序，使用最小支持度 30%，最小置信度 60%。发现如下关联规则：

$$buys(X,\text{"}computer\ game\text{"}) \Rightarrow buys(X,\text{"}video\text{"})$$
$$[\text{support} = 40\%, \text{confidence} = 66\%] \qquad (4.6)$$

规则（4.6）是一个需要被记录的强关联规则，因为其支持度 4 000/10 000=40% 与置信度 4 000/6 000=66% 分别满足最小支持度与最小置信度阈值。然而，规则（4.6）是具有误导性的，因为实际购买视频的概率是 75%，甚至大于 66%。实际上，购买计算机游戏和购买视频是负相关的，因为购买其中一个会降低购买另一个的可能性。如果不能完全理解这一现象，我们很容易根据规则（4.6）做出不明智的业务决策。□

例 4.7 也说明了规则 $A \Rightarrow B$ 的置信度可能是有欺骗性的。它不衡量 A 和 B 之间的相关性和蕴涵的实际强度（或缺乏强度）。因此，支持度 - 置信度框架的替代方案在挖掘有趣的数据关系时可能很有用。

4.3.2　从关联分析到相关分析

正如前文所述，支持度和置信度度量不足以过滤掉无趣的关联规则。为了弥补这一缺陷，可以将相关度量扩展到关联规则的支持度 - 置信度框架中。由此，我们引出相关规则：

$$A \Rightarrow B[\text{support}, \text{confidence}, \text{correlation}] \qquad (4.7)$$

也就是说，一个相关规则不仅通过它的支持度和置信度，还通过项集 A 和 B 之间的相关性来衡量。有许多不同的相关度量可供我们选择。在本小节中，我们将研究几种相关度量，以确定哪种度量适合挖掘大型数据集。

提升度（lift）是一种简单的相关度量，如下给出。如果 $P(A \cup B) = P(A)P(B)$，说明项集 A 的出现和项集 B 的出现**无关**；否则，项集 A 和 B 是**相互依赖**和**相关**的。这个定义可以很容易地扩展到两个以上的项集。项集 A 和 B 之间的提升度可以用下式计算：

$$\text{lift}(A,B) = \frac{P(A \cup B)}{P(A)P(B)} \qquad (4.8)$$

如果式（4.8）的结果值小于 1，那么 A 的出现与 B 的出现呈负相关，意味着其中一个项集的出现更有可能导致另一个项集的缺失。如果结果值大于 1，那么 A 和 B 呈正相关，意味着其中一个项集的出现更有可能导致另一个项集的出现。如果结果值等于 1，那么 A 和 B 是独立的，它们之间没有相关性。

式（4.8）等价于 $P(B|A)/P(B)$，或者 $\text{conf}(A \Rightarrow B)/P(B)$，它也表示关联（或相关）规则 $A \Rightarrow B$ 的提升。换句话说，它表示一件事的出现对另一件事出现的可能性"提升"的程度。例如，如果 A 对应于计算机游戏的销售，B 对应于视频的销售，那么给定当前的市场条件，游戏的销售会通过式（4.8）计算得到的因子来增加或"提升"视频销售的可能性。

让我们回到例 4.7 的计算机游戏和视频数据。

例 4.8　利用提升度进行相关分析。为了从例 4.7 的数据中过滤掉形式为 $A \Rightarrow B$ 的具有误导性的"强"关联规则，我们需要知道两个项集 A 和 B 是如何相互关联的。使用 $\overline{game}$ 来表示例 4.7 中不包含计算机游戏的事务，$\overline{video}$ 表示不包含视频的事务。这些事务可以汇总成一个列联表，如表 4.6 所示。

表 4.6　2×2 列联表，汇总与游戏和视频购买有关的事务

	$game$	$\overline{game}$	$\sum_{row}$
$video$	4 000	3 500	7 500
$\overline{video}$	2 000	500	2 500
$\sum_{col}$	6 000	4 000	10 000

从表中我们可以看出，购买计算机游戏的概率为 $P(\{game\}) = 0.60$，购买视频的概率为 $P(\{video\}) = 0.75$，同时购买两者的概率为 $P(\{game, video\}) = 0.40$。根据式（4.8），规则（4.6）的提升度为 $P(\{game, video\}) / [P(\{game\}) \times P(\{video\})] = 0.40 / (0.60 \times 0.75) = 0.89$。因为这个值小于 1，所以 $\{game\}$ 和 $\{video\}$ 的出现呈负相关。分子是顾客同时购买两种商品的可能性，而分母是两种商品完全独立时的可能性。这种负相关无法通过支持度 − 置信度框架来确定。□

我们研究的第二个相关度量是 χ^2 度量，这是在第 2 章中介绍的（式（2.10））。为了计算 χ^2 的值，我们取列联表中相关位置（A 和 B）的观测值与期望值的差的平方，除以期望值。对列联表的所有位置求和。对例 4.8 进行 χ^2 分析。

表 4.7　表 4.6 列联表，现在附有期望值

	$game$	$\overline{game}$	$\sum_{row}$
$video$	4 000 (4 500)	3 500 (3 000)	7 500
$\overline{video}$	2 000 (1 500)	500 (1 000)	2 500
$\sum_{col}$	6 000	4 000	10 000

例 4.9　用 χ^2 进行相关分析。为了对标称数据使用 χ^2 分析来计算相关性，我们需要列联表各位置的观测值和期望值（括号内显示），如表 4.7 所示。从表中，我们可以如下计算 χ^2 值：

$$\chi^2 = \sum \frac{(\text{observed} - \text{expected})^2}{\text{expected}}$$

$$= \frac{(4\,000 - 4\,500)^2}{4\,500} + \frac{(3\,500 - 3\,000)^2}{3\,000} + \frac{(2\,000 - 1\,500)^2}{1\,500} + \frac{(500 - 1\,000)^2}{1\,000} = 555.6$$

由于 χ^2 值大于 1，且位置 $(game, video)$ 的观测值为 4 000，小于期望值 4 500，所以购买计算机游戏与购买视频呈负相关。这与例 4.8 中通过提升度度量分析得出的结论是一致的。□

4.3.3　模式评估方法的比较

上述讨论表明，不使用简单的支持度 − 置信度框架来评估频繁模式，而使用其他度量，如提升度和 χ^2，往往能揭示更多潜在的模式关系。这些度量的效果如何？我们还应该考虑其他选择吗？

在对挖掘频繁模式的可扩展方法进行深入研究之前，研究者已经研究了许多模式评估方法。在数据挖掘社区中，其他几种模式评估方法引起了人们的兴趣。在本节中，我们提出四

种这样的度量：all_confidence，max_confidence，Kulczynski 和 cosine。这四种度量中的每一种都有一个有趣的性质：每个度量的值只受 A、B 和 $A\cup B$ 的支持度的影响，更确切地说，受 $P(A|B)$ 和 $P(B|A)$ 的条件概率的影响，而不受事务总数的影响。另一个共同的性质是，每个度量值的范围从 0 到 1，值越大，A 和 B 之间的关系越密切。

给定两个项集 A 和 B，A 和 B 的 all_confidence 定义为

$$\text{all\_conf}(A,B)=\frac{\sup(A\cup B)}{\max\{\sup(A),\sup(B)\}}=\min\{P(A|B),P(B|A)\} \tag{4.9}$$

其中 $\max\{\sup(A),\sup(B)\}$ 表示项集 A 和 B 的最大支持度。因此 $\text{all\_conf}(A,B)$ 也是与 A 和 B 相关的两个关联规则的最小置信度，即“$A\Rightarrow B$”和“$B\Rightarrow A$”的最小置信度。

给定两个项集 A 和 B，A 和 B 的 max_confidence 定义为

$$\text{max\_conf}(A,B)=\max\{P(A|B),P(B|A)\} \tag{4.10}$$

max_conf 度量是两个关联规则“$A\Rightarrow B$”和“$B\Rightarrow A$”的最大置信度。

给定两个项集 A 和 B，A 和 B 的 Kulczynski 度量（简称 Kulc）定义为

$$\text{Kulc}(A,B)=\frac{1}{2}(P(A|B)+P(B|A)) \tag{4.11}$$

它是由波兰数学家 S.Kulczynski 在 1927 年提出的。它可以看作两个置信度度量的平均值。也就是说，它是两个条件概率（给定项集 A 时项集 B 的概率，以及给定项集 B 时项集 A 的概率）的平均值。

最后，给定两个项集 A 和 B，A 和 B 的 cosine 定义为

$$\begin{aligned}\text{cosine}(A,B)&=\frac{P(A\cup B)}{\sqrt{P(A)\times P(B)}}=\frac{\sup(A\cup B)}{\sqrt{\sup(A)\times\sup(B)}}\\&=\sqrt{P(A|B)\times P(B|A)}\end{aligned} \tag{4.12}$$

cosine 指标可以看作一个协调的提升度度量。这两个公式很相似，只是 cosine 是对 A 和 B 的概率的乘积求平方根。这是一个重要的区别，因为通过求平方根，cosine 值只受 A、B 和 $A\cup B$ 的支持度的影响，而不受事务总数的影响。

现在，结合 lift 和 χ^2，我们一共介绍了六种模式评估方法。你可能想知道，“*在评估已发现的模式关系时，哪种方法是最好的？*”为了回答这个问题，我们检查了它们在一些典型数据集上的性能。

例 4.10 六种模式评估方法在典型数据集上的比较。表 4.8 的 2×2 列联表中汇总了牛奶和咖啡这两种商品的购买历史，其中一个条目（如 mc）表示同时包含牛奶和咖啡的事务数量，可以通过此表来检查它们之间的购买关系。

表 4.8 两个商品的 2×2 列联表

	牛奶	$\overline{牛奶}$	Σ_{row}
咖啡	mc	$\overline{m}c$	c
$\overline{咖啡}$	$m\overline{c}$	$\overline{m}\overline{c}$	$\overline{c}$
Σ_{col}	m	$\overline{m}$	Σ

表 4.9 显示了一组事务数据集及其相应的列联表和六种评估度量中每一种的相关值。首先检查前四个数据集 $D_1\sim D_4$。从表中可以看出，m 和 c 在 D_1 和 D_2 中呈正相关，在 D_3 中呈负相关，在 D_4 中呈中性。对于 D_1 和 D_2，m 和 c 呈正相关是因为 $mc(10\,000)$ 明显大于 $\overline{m}c(1\,000)$ 和 $m\overline{c}(1\,000)$。直观地说，购买牛奶 $(m=10\,000+1\,000=11\,000)$ 的人很可能也买了咖啡 $(mc/m=10/11=91\%)$，反之亦然。

表 4.9 使用列联表对各种数据集进行六种模式评估的比较

数据集	mc	$\overline{m}c$	$m\overline{c}$	$\overline{m}\overline{c}$	χ^2	lift	all_conf	max_conf	Kulc	cosine
D_1	10 000	1 000	1 000	100 000	90 557	9.26	0.91	0.91	0.91	0.91

（续）

数据集	mc	$\overline{m}c$	$m\overline{c}$	$\overline{m}\overline{c}$	χ^2	lift	all_conf	max_conf	Kulc	cosine
D_2	10 000	1 000	1 000	100	0	1	0.91	0.91	0.91	0.91
D_3	100	1 000	1 000	100 000	670	8.44	0.09	0.09	0.09	0.09
D_4	1 000	1 000	1 000	100 000	24 740	25.75	0.5	0.5	0.5	0.5
D_5	1 000	100	10 000	100 000	8 173	9.18	0.09	0.91	0.5	0.29
D_6	1 000	10	100 000	100 000	965	1.97	0.01	0.99	0.5	0.10

四个新引入的度量结果表明，m 和 c 在两个数据集中产生 0.91 的度量值，呈强正相关。然而，由于 D_1 和 D_2 对 $\overline{m}\overline{c}$ 的敏感性，提升度和 χ^2 产生了显著不同的度量值。实际上，在许多实际场景中，$\overline{m}\overline{c}$ 通常是巨大且不稳定的。例如，在市场购物篮数据库中，事务总数可能每天都在波动，并且绝对超过包含任何特定项集的事务数量。因此，一个好的兴趣度度量不应该受到不包含感兴趣项集的事务的影响；否则会产生不稳定的结果，如 D_1 和 D_2 所示。

同样，在 D_3 中，四个新的度量正确地表明 m 和 c 之间呈强负相关，因为 mc 与 c 的比值等于 mc 与 m 的比值，即 100/1 100=9.1%。然而，提升度和 χ^2 都以一种不正确的方式反驳了这一点：它们的 D_2 值介于 D_1 和 D_3 之间。

对于数据集 D_4，提升度和 χ^2 都表示 m 和 c 之间存在高度正相关，而其他都表示“中性”关联，因为 mc 与 $\overline{m}c$ 的比值等于 mc 与 $m\overline{c}$ 的比值，即 1。这意味着，如果一个顾客买了咖啡（或牛奶），他也会买牛奶（或咖啡）的概率正好是 50%。□

“为什么提升度和 χ^2 在区分以前的事务数据集中的模式关联关系方面如此之差？”要回答这个问题，我们必须考虑无效事务。**无效事务**是不包含任何正在检查的项集的事务。在我们的例子中，$\overline{m}\overline{c}$ 表示无效事务的数量。提升度和 χ^2 难以区分有趣的模式关联关系，因为它们都受到 $\overline{m}\overline{c}$ 的强烈影响。通常，无效事务的数量可能超过个人购买的数量，例如，许多人可能既不买牛奶也不买咖啡。另一方面，其他四个度量是有趣的模式关联的良好指标，因为它们的定义消除了 $\overline{m}\overline{c}$ 的影响（即，它们不受无效事务数量的影响）。

这个讨论表明，非常希望有一个独立于无效事务数量的度量。如果度量的值不受无效事务的影响，则该度量为**无效不变**度量。在大型事务数据库中，无效不变性是度量关联模式的一个重要性质。在本节讨论的六种度量中，只有提升度和 χ^2 不是无效不变度量。

“在 all_confidence, max_confidence, Kulczynski 和 cosine 度量中，哪个最能显示有趣的模式关系？”

为了回答这个问题，我们引入了**不平衡比率**（IR），它评估了规则蕴涵中 A 和 B 两个项集的不平衡。它被定义为

$$\mathrm{IR}(A,B)=\frac{|\sup(A)-\sup(B)|}{\sup(A)+\sup(B)-\sup(A\cup B)} \tag{4.13}$$

其中，分子是项集 A 和 B 的支持度之差的绝对值，分母是包含 A 或 B 的事务数量。如果 A 和 B 之间两个方向的蕴涵相同，则 IR(A,B) 将为零。否则，两者之差越大，不平衡比率越大。该比率与无效事务的数量无关，也与事务的总数无关。

我们继续检查例 4.10 中剩下的数据集。

例 4.11　模式评估中无效不变度量的比较。尽管本节中介绍的四种度量是无效不变的，但它们可能在一些细微不同的数据集上呈现出截然不同的值。我们检查数据集 D_5 和 D_6，如表 4.9 所示，其中两个事件 m 和 c 具有不平衡的条件概率。即 mc 与 c 的比值大于 0.9。这意味着知道 c 出现应该强烈暗示 m 也会出现。mc 与 m 的比值小于 0.1，表明 m 意味着 c 不太可

能发生。all_confidence 和 cosine 度量认为这两种情况都是负相关的，而 Kulc 度量认为两者都是中性的。max_confidence 度量认为这些情况有很强的正相关。这些度量给出了非常不同的结果！

“哪个度量能直观地反映出购买牛奶和咖啡之间的真实关系？”实际上，在这种情况下，很难说这两个数据集是正相关还是负相关。从一个角度来看，D_5 中只有 $mc/(mc+m\overline{c})=1\,000/(1\,000+10\,000)=9.09\%$ 的含有牛奶的事务中同时含有咖啡，而 D_6 中这一比例为 $1\,000/(1\,000+100\,000)=0.99\%$，两者都表明了负相关。另一方面，$D_5$ 中 90.9%（即 $mc/(mc+\overline{m}c)=1\,000/(1\,000+100)$）和 D_6 中 9%（即 $1\,000/(1\,000+10)$）的含有咖啡的事务同时也含有牛奶，这表明牛奶和咖啡之间存在正相关关系，这是一个非常不同的结论。

在这种情况下，像 Kulc 一样将其视为中性是公平的。同时，用不平衡比率(IR)来表示其偏度也会很好。根据式（4.13），对于 D_4，我们有 $\text{IR}(m,c)=0$，这是一个完全平衡的情况；对于 D_5，$\text{IR}(m,c)=0.89$，这是一个相当不平衡的情况；而对于 D_6，$\text{IR}(m,c)=0.99$，这是一个非常偏斜的情况。因此，两个度量 Kulc 和 IR 一起使用为所有三个数据集（$D_4 \sim D_6$）提供了一个清晰的画面。 □

总之，仅使用支持度和置信度度量来挖掘关联可能会生成大量规则，其中许多规则可能对用户来说不感兴趣。相反，我们可以使用模式兴趣度度量来补充支持度 - 置信度框架，这有助于将挖掘重点放在具有强模式关系的规则上。添加的度量大大减少了生成的规则数量，并有助于发现更有意义的规则。除了本节介绍的这些度量，文献中还研究了许多其他有趣的度量。不幸的是，它们中的大多数不具有无效不变性。因为大型数据集通常有许多无效事务，所以在为模式评估选择适当的兴趣度度量时，考虑无效不变性是很重要的。在本文研究的四个无效不变度量中，即 all_confidence、max_confidence、Kulc 和 cosine，我们建议将 Kulc 与不平衡比率结合使用。

4.4 总结

- 在大量数据中挖掘频繁模式、关联和相关关系，在选择性营销、决策分析和业务管理中非常有用。一个流行的应用领域是**购物篮分析**，它通过搜索顾客经常一起购买（或按顺序购买）的商品集来研究顾客的购买习惯。
- **关联规则挖掘**包括首先找到**频繁项集**（满足最小支持度阈值或任务相关元组的百分比的项集，如 A 和 B），从中生成 $A \Rightarrow B$ 形式的强关联规则。这些规则还满足最小置信度阈值（在满足 A 的条件下满足 B 的预先指定的概率）。可以进一步分析关联以揭示**相关规则**，这些规则传达了项集 A 和 B 之间的统计相关性。
- 对于**频繁项集挖掘**，已经开发了许多高效、可扩展的算法，从中可以导出关联和相关规则。这些算法可以分为三类：（1）类似 Apriori 算法；（2）基于频繁模式增长的算法，例如 FP 增长；（3）使用垂直数据格式的算法。
- **Apriori 算法**是一种为布尔关联规则挖掘频繁项集的开创性算法。它探索了逐层挖掘 Apriori 属性，即频繁项集的所有非空子集也必须是频繁的。在第 k 次迭代时（对于 $k \geqslant 2$），基于频繁 $(k-1)$- 项集形成频繁 k- 项集候选，并扫描数据库一次，找到频繁 k- 项集的完全集 L_k。

  可以使用涉及哈希和事务减少的变体来提高程序的效率。其他变体包括对数据进行分区（在每个分区上挖掘，然后组合结果）和对数据进行抽样（在数据子集上挖掘）。这些变体可以将所需的数据扫描次数减少到两次甚至一次。

- **频繁模式增长**是一种不需要生成候选项集的频繁项集挖掘方法。它构造了一个高度紧凑的数据结构（FP 树）来压缩原始事务数据库。它不采用类似 Apriori 方法的生成和测试策略，而是关注频繁模式（片段）增长，避免了昂贵的候选生成，从而提高了效率。
- **使用垂直数据格式（Eclat）挖掘频繁项集**是一种将给定的事务数据集以水平数据格式 *TID-itemset* 转换为垂直数据格式 *item-TID_set* 的方法。它基于 Apriori 属性和 *diffset* 等额外的优化技术，通过 *TID_set* 交集挖掘转换后的数据集。
- 并非所有强关联规则都有趣。因此，应该在支持度 - 置信度框架中增加模式评估度量，从而促进有趣规则的挖掘。如果度量的值不受**无效事务**（即不包含任何正在检查的项集的事务）的影响，则度量为**无效不变**。在许多模式评估度量中，我们检查了提升度、χ^2、all_confidence、max_confidence、Kulczynski 和 cosine，并表明只有后四个是无效不变的。我们建议一起使用 Kulczynski 度量和不平衡比率来表示项集之间的模式关系。

4.5 练习

4.1 假设你有数据集 D 上所有闭频繁项集的集合 $\mathcal{C}$，以及每个闭频繁项集的支持度计数。描述一种算法来确定给定的项集 X 是否频繁，以及如果它是频繁的，计算 X 的支持度。

4.2 如果数据集 D 上不存在一个真子项集 $Y \subset X$，使得 $\text{support}(X)=\text{support}(Y)$，则项集 X 称为生成器。如果 $\text{support}(X)$ 超过最小支持度阈值，则生成器 X 为频繁生成器。设 $\mathcal{G}$ 为数据集 D 上所有频繁生成器的集合。

a. 你能否仅使用 $\mathcal{G}$ 和所有频繁生成器的支持度计数来确定项集 A 是否频繁以及 A 的支持度（如果频繁）？如果能，请展示你的算法。如果不能，还需要提供什么信息？假设需要的信息是可用的，你能给出一个算法吗?

b. 闭项集和生成器之间的关系是什么?

4.3 Apriori 算法利用了子集支持度属性的先验知识。

a. 证明一个频繁项集的所有非空子集也必须是频繁的。

b. 证明项集 s 的任何非空子集 s' 的支持度必须至少与 s 的支持度一样大。

c. 给定频繁项集 l 和 l 的子集 s，证明规则“$s' \Rightarrow (l-s')$”的置信度不大于规则“$s \Rightarrow (l-s)$”的置信度，其中 s' 是 s 的子集。

d. Apriori 的分区变体将数据库 D 的事务细分为 n 个不重叠的分区。证明在 D 中频繁的任何项集必须在 D 的至少一个分区中频繁。

4.4 设 c 为由 Apriori 算法生成的 C_k 中的候选项集。在修剪步骤中我们需要检查多少个长度为 $(k-1)$ 的子集？根据你之前的回答，你能给出图 4.4 中程序 `has_infrequent_subset` 的改进版本吗?

4.5 4.2.2 节描述了从频繁项集生成关联规则的方法。提出一个更有效的方法，并解释为什么它更有效。（提示：考虑将练习 4.3b，c 的性质合并到你的设计中。）

4.6 一个数据库有五个事务。设 min_sup=60%，min_conf=80%。

TID	购买商品
T100	{M, O, N, K, E, Y}
T200	{D, O, N, K, E, Y }
T300	{M, A, K, E}
T400	{M, U, C, K, Y}
T500	{C, O, O, K, I, E}

a. 分别使用 Apriori 和 FP 增长找到所有频繁项集。比较两种挖掘过程的效率。

b. 列出与以下超规则匹配的所有强关联规则（具有支持度 s 和置信度 c），其中 X 是代表顾客的变量，$item_i$ 表示代表商品的变量（例如，$A, B,$）：

$$\forall x \in transaction, buys(X, item_1) \wedge buys(X, item_2) \Rightarrow buys(X, item_3) \quad [s, c]$$

4.7 （**实现项目**）使用你熟悉的编程语言，如 C++ 或 Java，实现本章介绍的三种频繁项集挖掘算法：（1）Apriori[AS94b]，（2）FP 增长 [HPY00]，（3）Eclat[Zak00]（使用垂直数据格式进行挖掘）。结合各种大型数据集将每种算法的性能进行比较。写一份报告来分析一种算法可能比其他算法表现更好的情况（例如，数据大小、数据分布、最小支持度阈值设置和模式密度），并说明原因。

4.8 一个数据库有四个事务。设 min_sup=60%， min_conf=80%。

cust_ID	TID	购买商品（形式为品牌－商品类别）
01	T100	{King's-Crab, Sunset-Milk, Dairyland-Cheese, Best-Bread}
02	T200	{Best-Cheese, Dairyland-Milk, Goldenfarm-Apple, Tasty-Pie, Wonder-Bread}
01	T300	{Westcoast-Apple, Dairyland-Milk, Wonder-Bread, Tasty-Pie}
03	T400	{Wonder-Bread, Sunset-Milk, Dairyland-Cheese}

a. 在商品类别的粒度上（例如，$item_i$ 可以是 *Milk*），对于规则模板

$$\forall x \in transaction, buys(X, item_1) \wedge buys(X, item_2) \Rightarrow buys(X, item_3) \quad [s, c]$$

列出最大为 k 的频繁 k- 项集，以及包含最大为 k 的频繁 k- 项集的所有强关联规则（其支持度为 s，置信度为 c）。

b. 在品牌－商品类别的粒度上（例如，$item_i$ 可以是 *Sunset-Milk*），对于规则模板，

$$\forall x \in customer, buys(X, item_1) \wedge buys(X, item_2) \Rightarrow buys(X, item_3)$$

列出最大为 k 的频繁 k- 项集（但不打印任何规则）。

4.9 假设一个大型商店有一个事务数据库，分布在四个位置。每个组件数据库中的事务具有相同的格式，即 $T_j : \{i_1, \cdots, i_m\}$，其中 T_j 为事务标识，$i_k (1 \leq k \leq m)$ 为事务中购买的商品标识。请提出一种高效的全局关联规则挖掘算法。你的算法不应要求将所有数据传送到一个站点，也不应造成过多的网络通信开销。

4.10 假设为大型事务数据库 DB 保存频繁项集。如果（增量）添加一组新的事务，表示为 ΔDB，讨论如何在相同最小支持度阈值下有效地挖掘（全局）关联规则？

4.11 大多数常见的模式挖掘算法只考虑事务中的不同项目。然而，在同一个购物篮中多次出现一个项目，例如四个蛋糕和三罐牛奶，在事务数据分析中可能很重要。考虑到项目的多次出现，如何有效地挖掘频繁项集？请提出对 Apriori、FP 增长等知名算法的修改，以适应这种情况。

4.12 （**实现项目**）为了进一步提高频繁项集挖掘算法的性能，目前已经提出了许多技术。以基于 FP 树的频繁模式增长算法（如 FP 增长）为例，实现以下优化技术之一。将新实现的性能与未优化的版本进行比较。

a. 4.2.4 节的频繁模式挖掘方法使用 FP 树来生成使用自底向上的投影技术（即投影到项目 p 的前缀路径上）的条件模式库。然而，我们也可以开发一种自顶向下的投影技术，即在生成条件模式库时投影到项目 p 的后缀路径上。设计并实现自顶向下 FP 树挖掘方法。将其性能与自底向上的投影方法进行比较。

b. 在 FP 增长算法设计中，节点和指针在 FP 树中统一使用。但是，当数据稀疏时，这种结构可能会消耗大量的空间。一种可能的替代设计是探索基于数组和指针的混合实现，其中节点可以在不包含指向多个子分支的分离点时存储多个项目。开发这样一个实现，并将其与原始实现进行比较。

c. 在模式增长挖掘过程中，生成大量的条件模式库需要耗费大量时间和空间。一个有趣的替代方案是右推特定项 p 已挖掘的分支，也就是说，将它们推到 FP 树的剩余分支。这样做可以减少

生成的条件模式库，并且在挖掘剩余的 FP 树分支时可以探索额外的共享。设计并实现该方法，并对其进行性能研究。

4.13 举一个简短的例子来说明强关联规则中的项目实际上可能是负相关的。

4.14 下面列联表汇总了超市事务数据，其中 *hot dogs* 指含热狗的事务，$\overline{hot\ dogs}$ 指不含热狗的事务，*hamburgers* 指含汉堡的事务，$\overline{hamburgers}$ 指不含汉堡的事务。

	hot dogs	$\overline{hot\ dogs}$	$\sum_{row}$
hamburgers	2 000	500	2 500
$\overline{hamburgers}$	1 000	1 500	2 500
$\sum_{col}$	3 000	2 000	5 000

a. 假设挖掘了关联规则“ $hot\ dogs \Rightarrow hamburgers$ ”。给定 25% 的最小支持度阈值和 50% 的最小置信度阈值，该关联规则是强关联规则？

b. 根据给定的数据，热狗的购买是否独立于汉堡的购买？如果不独立，两者之间存在怎样的相关关系？

c. 比较 all_confidence 、 max_confidence 、 Kulczynski 和 cosine 度量对给定数据的提升度和相关性的使用。

4.15 （**实现项目**）DBLP 数据集（https://dblp.uni-trier.de/xml/）包括在计算机科学会议和期刊上发表的 300 多万篇研究论文。在这些条目中，有很多作者有共同作者关系。

a. 提出一种方法来有效地挖掘一组密切相关的共同作者关系（例如，经常共同撰写论文）。

b. 基于本章所讨论的挖掘结果和模式评估方法，讨论哪一种方法比其他方法更能令人信服地揭示密切协作模式。

c. 在 a 研究的基础上，开发一种方法，可以粗略地预测顾问和被顾问的关系以及这种咨询监督的大致周期。

4.6 文献注释

关联规则挖掘最早由 Agrawal，Imielinski 和 Swami[AIS93] 提出。用于频繁项集挖掘的 Apriori 算法（见 4.2.1 节）在 Agrawal 和 Srikant[AS94b] 的研究中有所讨论。使用类似修剪启发式算法的变体由 Mannila， Tiovonen 和 Verkamo[MTV94] 独立开发。这些研究的联合出版物后来在 Agrawal 等人 [AMS⁺96] 中出现。 Agrawal 和 Srikant[AS94a] 描述了一种从频繁项集中生成关联规则的方法。

4.2.3 节中描述的 Apriori 变体的参考文献如下。 Park， Chen 和 Yu[PCY95a] 研究了使用哈希表提高关联挖掘效率的方法。 Savasere， Omiecinski 和 Navathe[SON95] 提出了分区技术。Toivonen[Toi96] 讨论了抽样方法。 Brin， Motwani， Ullman 和 Tsur[BMUT97] 提出了动态项集计数方法。 Cheung， Han， Ng 和 Wong[CHNW96] 提出了高效的挖掘关联规则的增量更新方法。 Park， Chen 和 Yu[PCY95b]; Agrawal 和 Shafer[AS96]；以及 Cheung 等人 [CHN⁺96] 研究了基于 Apriori 框架的并行和分布式关联数据挖掘。另一种并行关联挖掘方法使用垂直数据库布局探索项集聚类，由 Zaki， Parthasarathy， Ogihara 和 Li[ZPOL97] 提出。

为了替代基于 Apriori 的方法，提出了其他可扩展的频繁项集挖掘方法。 Han， Pei 和 Yin[HPY00] 提出了 FP 增长，这是一种不需要候选生成的用来挖掘频繁项集的模式增长方法（见 4.2.4 节）。 Pei 等人 [PHL01] 提出了对频繁模式的超结构挖掘，称为 H-Mine。 Liu， Pan， Wang和Han[LPWH02] 提出了在模式增长挖掘中整合 FP 树的自顶向下和自底向上遍历的方法。 Grahne 和 Zhu[GZ03b] 提出了基于数组的前缀树结构实现，这用于高效的模式增长挖掘。

Zaki[Zak00] 提出了 Eclat，这是一种通过探索垂直数据格式来挖掘频繁项集的方法。Agarwal，Aggarwal 和 Prasad[AAP01] 提出了通过树投影技术深度优先生成频繁项集的方法。Sarawagi，Thomas 和 Agrawal[STA98] 研究了将关联挖掘与关系数据库系统整合的方法。

Pasquier，Bastide，Taouil 和 Lakhal[PBTL99] 提出了闭频繁项集的挖掘，并介绍了一种基于 Apriori 的算法 A-Close。Pei，Han 和 Mao[PHM00] 提出了基于频繁模式增长方法的高效闭项集挖掘算法 CLOSET。Zaki 和 Hsiao[ZH02] 提出了 CHARM，开发了一种紧凑的垂直 TID 列表结构，称为 diffset，它只记录候选模式与其前缀模式的 TID 列表的差异。CHARM 还使用了快速哈希方法来修剪非闭模式。Wang，Han 和 Pei[WHP03] 提出了 CLOSET+，整合了先前提出的有效策略以及新开发的技术，如混合树投影和项目跳过（item skipping）。Liu，Lu，Lou 和 Yu[LLLY03] 提出了 AFOPT，这是一种在挖掘过程中探索 FP 树的右推操作的方法。Grahne 和 Zhu[GZ03b] 提出了 FPClose，这是一种集成了数组表示的前缀树算法，用于使用模式增长方法挖掘闭项集。

Pan 等人 [PCT+03] 提出了 CARPENTER，这是一种用于在长生物数据集中发现闭模式的方法，它整合了垂直数据格式和模式增长方法的优点。Bayardo[Bay98] 首次研究了最大模式的挖掘，并提出了 MaxMiner，这是一种基于 Apriori 的逐层广度优先搜索方法，通过减少搜索空间的超集频繁修剪和子集非频繁修剪来查找最大项集。Burdick，Calimlim 和 Gehrke[BCG01] 开发了另一种高效方法 MAFIA，使用垂直位图压缩 TID 列表，从而提高计数效率。Goethals 和 Zaki[GZ03a] 组织了一次专门研究频繁项集挖掘实现方法的 FIMI（频繁项集挖掘实现）研讨会。

许多研究人员研究了挖掘有趣规则的问题。Piatetski-Shapiro[PS91] 研究了数据挖掘中规则的统计独立性。Chen，Han 和 Yu[CHY96]；Brin，Motwani 和 Silverstein [BMS97]；以及 Aggarwal 和 Yu[AY99] 讨论了强关联规则的兴趣度问题，涵盖了提升度在内的几种兴趣度度量。Brin，Motwani 和 Silverstein[BMS97] 提出了一种将关联概括为相关性的方法。Brin，Motwani，Ullman 和 Tsur[BMUT97] 以及 Ahmed，E1-Makky 和 Taha[AEMT00] 提出了支持度 - 置信度框架以外的其他方法来评估关联规则的兴趣度。

Imielinski，Khachiyan 和 Abdulghani[IKA02] 提出了一种挖掘项集之间强梯度关系的方法。Silverstein，Brin，Motwani 和 Ullman[SBMU98] 研究了在事务数据库中挖掘因果结构的问题。Hilderman 和 Hamilton[HH01] 对不同的兴趣度度量进行了一些比较研究。Tan，Kumar 和 Srivastava[TKS02] 提出了无效事务不变性的概念，并对兴趣度度量进行了比较分析。Omiecinski[Omi03] 以及 Lee，Kim，Cai和Han[LKCH03] 研究了使用 all_confidence 作为生成有趣关联规则的相关性度量。Wu，Chen 和 Han[WCH10] 引入了 Kulczynski 度量用于关联模式，并对一组模式评估度量进行了比较分析。

模式挖掘：高级方法

由于大量的研究、问题范围的扩展以及广泛的应用，**频繁模式挖掘**已经远远超出了其最初的范畴。在本章中，我们将学习模式挖掘的高级方法。我们首先介绍挖掘各种类型模式的方法，包括挖掘多层模式、多维模式、连续数据中的模式、稀有模式、负模式和高维数据中的频繁模式。我们还研究挖掘压缩和近似模式的方法。然后，我们研究利用约束来降低频繁模式挖掘成本的方法。由于序列模式和图模式很常见，但它们需要相当不同的挖掘方法，我们介绍在序列数据集中挖掘序列模式和在图数据集中挖掘子图模式的概念和方法。为了了解如何扩展模式挖掘方法以促进多样化的应用，我们以挖掘大型软件程序中的复制和粘贴错误为例进行分析。请注意，*模式挖掘*是一个比*频繁模式挖掘*更一般的术语，因为前者也涵盖稀有和负模式。然而，当没有歧义时，这两个术语可以互换使用。

5.1 挖掘多类型的模式

在上一章中，我们研究了在单个概念层和单维度空间（例如购买的产品）中挖掘模式和关联的方法。然而，在许多应用中，人们可能希望从大量数据中发掘更复杂的模式。例如，人们可能希望找到涉及不同抽象层的概念的*多层关联*，涉及多个维度或谓词（例如顾客购买的东西与其年龄相关的规则）的*多维关联*，涉及数值属性（例如年龄、薪水）的*定量关联规则*，可能表明有趣的但稀有的项目组合的*稀有模式*，以及显示项目之间负相关的*负模式*。

在本节，我们将研究在多个抽象层上挖掘模式和关联的方法（5.1.1 节），在多维空间中挖掘模式和关联的方法（5.1.2 节），处理具有定量属性数据的方法（5.1.3 节），在高维空间中挖掘模式的方法（5.1.4 节），以及挖掘稀有模式和负模式的方法（5.1.5 节）。

5.1.1 挖掘多层关联

对于许多应用来说，在高抽象层上发现强关联虽然经常具有高可靠性，但同时只是常识性关联（例如经常一起购买面包和牛奶）。我们可能希望深入挖掘以在更详细的层次上发现新的模式（例如经常一起购买何种面包和何种牛奶）。另一方面，在低或原始抽象层上可能存在太多分散的模式，其中一些只是高层上模式的琐碎特例。因此，我们很有兴趣研究如何开发不同抽象层上挖掘有意义模式的有效方法，同时具有足够的灵活性以便在不同的抽象空间之间进行轻松遍历。

例 5.1　对于多层关联规则的挖掘。表 5.1 提供了电子商店中销售的事务数据的任务相关集，展示了每个事务购买的商品。商品的概念层次如图 5.1 所示。概念层次定义了从一组低层概念到更高层、更一般的概念集的序列映射。通过将数据中的低层概念替换为其在概念层次中的相应高层概念或*祖先*，可以对数据进行泛化。

表 5.1　任务相关的数据 *D*

TID	购买的商品
T100	Apple 15 英寸 MacBook Pro，HP Photosmart 7520 打印机

（续）

TID	购买的商品
T200	Microsoft Office 专业版 2020，Microsoft Surface Mobile 鼠标
T300	Logitech MX Master 2S 无线鼠标，Gimars GEL 护腕垫
T400	Dell Studio XPS 16 Notebook，Canon PowerShot SX70 HS 电子摄像头
T500	Apple iPad Air（10.5 英寸，Wi-Fi，256GB），Norton Security Premium
…	…

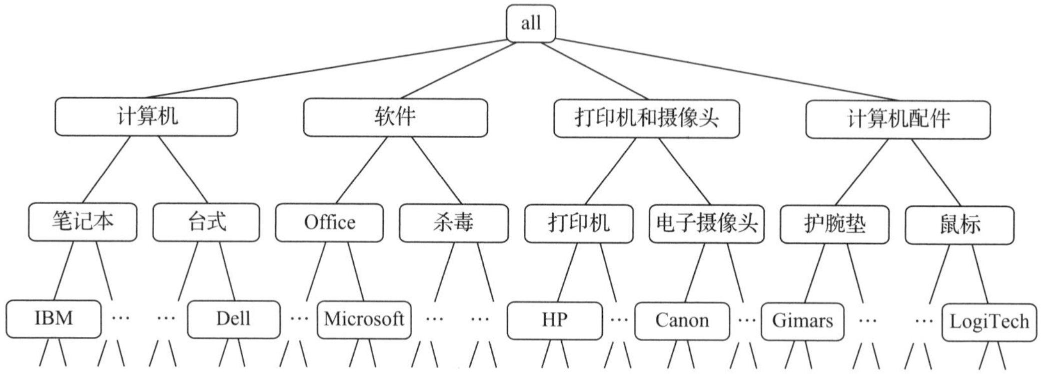

图 5.1　电子商店计算机商品的概念层次

图 5.1 中的概念层次有五层，分别称为层 0 ～层 4，从根节点 all 的层 0 开始（最一般的抽象层）。因此，层 1 包含计算机、软件、打印机和摄像头以及计算机配件；层 2 包含笔记本计算机、台式计算机、Office 软件、杀毒软件等；层 3 包含 Dell 台式计算机，……，Microsoft Office 软件等。层 4 是该层次结构中最具体的抽象层，它由具体的商品构成。

标称属性的概念层次结构可以由熟悉数据的用户（如商店经理）指定。或者，它们可以根据对产品规格、属性值或数据分布的分析从数据中生成。数值属性的概念层次结构可以使用离散化技术生成，例如第 2 章中介绍的技术。对于我们的示例，提供了图 5.1 的概念层次结构。

表 5.1 中的商品处于图 5.1 概念层次结构的最低层。在如此原始层的数据中很难找到感兴趣的购买模式。例如，如果“Dell Studio XPS 16 Notebook”或“Logitech VX Nano 无线激光鼠标”出现在非常少的事务中，那么很难找到涉及这些特定商品的强关联。很少有人会一起购买这些商品，这使得项集不太可能满足最低支持度。然而，我们预计更容易在这些商品的广义抽象之间找到强关联，例如“Dell Notebook”和“无线鼠标”之间。□

在多个抽象层挖掘数据生成的关联规则称为**多层关联规则**。在支持度 - 置信度框架下，使用概念层次结构可以有效地挖掘多层关联规则。一般来说，可以采用自顶向下的策略，其中从概念层 1 开始，在层次结构中向下朝着更具体的概念层工作，在每个概念层累积用于计算频繁项集的计数，直到找不到更频繁的项集为止。对于每一层，可以使用任何用于发现频繁项集的算法，例如 Apriori 算法或其变体。

接下来将描述这种方法的多个变体，其中每个变体都涉及以稍微不同的方式“灵活对待”支持度阈值。这些变体如图 5.2 和图 5.3 所示，其中节点表示已检查的项目或项集，具有粗边框的节点表示已检查的项目和项集是频繁的。

- **对所有层使用统一的最小支持度（称为统一支持度）：**在每个抽象层挖掘时使用相同的最小支持度阈值。例如，在图 5.2 中，始终使用 5% 的最小支持度阈值（例如，从“计算机”向下挖掘到“笔记本计算机”）。“计算机”和“笔记本计算机”都是频繁的，而“台式计算机”则不然。

当使用统一的最小支持度阈值时，搜索过程被简化。该方法也很简单，因为用户只需要指定一个最小支持度阈值。基于祖先是其后代的超集的知识，可以采用类似 Apriori 的优化技术：搜索避免检查包含祖先没有最小支持度的任何项目或项集的项集。

然而，统一支持度方法也有一些缺点。较低抽象层的项目不太可能像较高抽象层的项目那样频繁出现。如果最小支持度阈值设置得太高，它可能会错过在低抽象层发生的一些有意义的关联。如果阈值设置得太低，则可能会在高抽象层上产生许多不感兴趣的关联。这为下一个方法提供了动力。

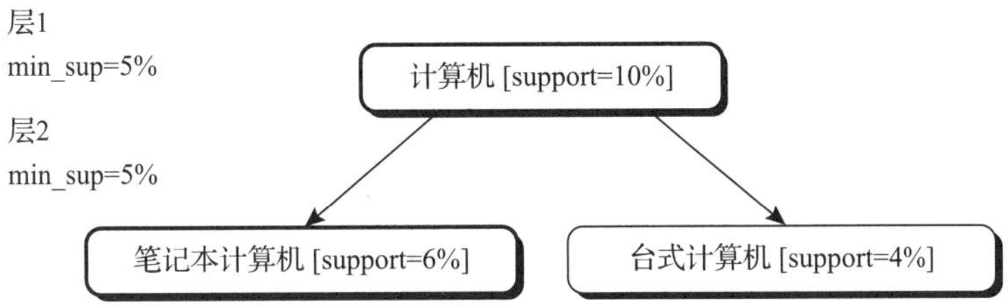

图 5.2　具有统一支持度的多层挖掘

- **在较低层使用减少的最小支持度**（称为**减少的支持度**）：每个抽象层都有自己的最小支持度阈值。抽象层越深，相应的阈值就越小。例如，在图 5.3 中，层 1 和层 2 的最小支持度阈值分别为 5% 和 3%。这样，“计算机”“笔记本计算机”和“台式计算机”都被认为是频繁的。

  对于挖掘支持度减少的多层模式，在挖掘过程中应使用最低抽象层上的最小支持度阈值，以允许挖掘深入到最低抽象层。然而，对于最终的模式 / 规则提取，应该强制使用与相应项目相关联的阈值，以仅打印出感兴趣的关联。

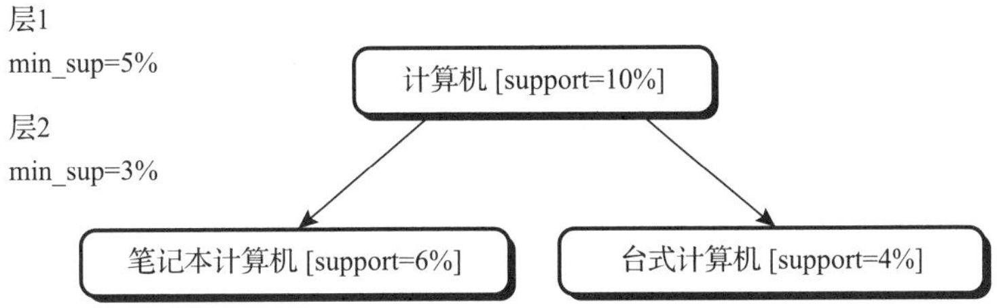

图 5.3　具有减少的支持度的多层挖掘

- **使用基于项目或组的最小支持度**（称为**基于组的支持度**）：由于用户或专家通常会了解哪些组比其他组更重要，因此在挖掘多层规则时，有时需要设置用户特定、基于项目或基于组的最小支持度阈值。例如，用户可以根据产品价格或感兴趣的项目设置最小支持度阈值，例如为“价格超过 1 000 美元的相机”设置特别低的支持度阈值，以特别注意包含这些类别中项目的关联模式。

  对于从具有不同支持度阈值的组中挖掘混合项目的模式，通常将所有参与组中的最小支持度阈值作为挖掘中的支持度阈值。这将避免从支持度阈值最小的组中筛选出包含项目的有价值的模式。同时，应该保持每个单独组的最小支持度阈值，以避免从每个组生成不感兴趣的项集。在项集挖掘之后，可以使用其他兴趣度度量来提取真正感兴趣的规则。

挖掘多层关联规则的一个严重副作用是，由于项目之间的“祖先”关系，它在多个抽象层上生成了许多冗余规则。例如，考虑以下规则，其中“笔记本计算机”是基于图 5.1 的概念层次结构的“Dell 笔记本计算机”的祖先，其中 X 是代表购买商品的顾客的变量。

$$buys(X, \text{“笔记本计算机”}) \Rightarrow buys(X, \text{“HP 打印机”})$$
$$[\text{support} = 8\%, \text{confidence} = 70\%] \tag{5.1}$$
$$buys(X, \text{“Dell 笔记本计算机”}) \Rightarrow buys(X, \text{“HP 打印机”})$$
$$[\text{support} = 2\%, \text{confidence} = 72\%] \tag{5.2}$$

“如果规则（5.1）和（5.2）都被挖掘，那么规则（5.2）是否提供了任何新颖的信息？”如果 $R1$ 可以通过用概念层次结构中的祖先替换 $R2$ 中的项目来获得，我们说规则 $R1$ 是规则 $R2$ 的祖先。例如，规则（5.1）是规则（5.2）的祖先，因为“笔记本计算机”是“Dell 笔记本计算机”的祖先。根据这一定义，如果规则的支持度和置信度接近其“预期”值，则可以认为该规则是冗余的。

例 5.2 检查多层关联规则之间的冗余。 假设大约四分之一的“笔记本计算机”销售是针对“Dell 笔记本计算机”的。由于规则（5.1）有 70% 的置信度和 8% 的支持度，我们可以预计规则（5.2）的置信度约为 70%（因为“Dell 笔记本计算机”的所有数据样本也是“笔记本计算机”的样本），支持度约为 2%（即 $8\% \times \frac{1}{4}$）。如果确实是这样的话，那么规则（5.2）就没有意义了，因为它没有提供任何额外的信息，也没有规则（5.1）那么笼统。 □

5.1.2 挖掘多维关联

到目前为止，我们已经研究了隐含单个谓词的关联规则，即谓词 buys。例如，在挖掘数据集时，我们可能会发现布尔关联规则

$$buys(X, \text{“Apple iPad air”}) \Rightarrow buys(X, \text{“HP 打印机”}) \tag{5.3}$$

根据多维数据库中使用的术语，我们将规则中的每个不同谓词称为维度。因此，我们可以将规则（5.3）称为**单维**或**维内关联规则**，因为它包含一个多次出现的单个谓词（例如 buys）（即谓词在规则中出现不止一次）。这样的规则通常是从事务数据中挖掘出来的。

销售和相关信息通常与关系数据链接或集成到数据仓库中，而不是只考虑事务数据。这样的数据存储本质上是多维的。例如，除了跟踪在销售事务中购买的商品外，关系数据库还可以记录与商品或事务相关联的其他属性，例如商品描述或销售的分店位置。还可以存储关于购买商品的顾客的附加关系信息（例如，顾客年龄、职业、信用评级、收入和地址）。考虑到每个数据库属性或仓库维度都是一个谓词，因此我们可以挖掘包含多个谓词的关联规则，例如

$$age(X, \text{“18 ... 25”}) \wedge occupation(X, \text{“学生”}) \Rightarrow buys(X, \text{“笔记本”}) \tag{5.4}$$

涉及两个或多个维度或谓词的关联规则可以称为**多维关联规则**。规则（5.4）包含三个谓词（*age*（年龄）、*occupation*（职业）和 *buys*（购买）），每个谓词在规则中只出现一次。因此，我们说它**没有重复的谓词**。没有重复谓词的多维关联规则称为**跨维关联规则**。我们还可以挖掘具有重复谓词的多维关联规则，其中包含一些谓词的多次出现。这些规则称为**混合维关联规则**。下面是这样一个规则的例子，其中谓词 *buys* 是重复的：

$$age(X, \text{“18 ... 25”}) \wedge buys(X, \text{“计算机”}) \Rightarrow buys(X, \text{“HP 打印机”}) \tag{5.5}$$

数据库属性可以是**标称**属性，也可以是定量属性。**标称**（或分类）属性的值是“事物的名称”。**标称**属性有有限数量的可能值，值（例如，职业、品牌、颜色）之间没有顺序。**定量**属性是数值的，并且值（例如，年龄、收入、价格）之间具有隐含的顺序。挖掘多维关联规则的技术可以分为两种关于定量属性处理的基本方法。

在第一种方法中，使用预定义的概念层次对定量属性进行离散化。这种离散化发生在挖掘之前。例如，*income*（收入）的概念层次结构可以用于用区间标签（如“0..20K”“21K..30K”“31K..40K”等）替换该属性的原始数值。这里，离散化是静态的和预先确定的。关于数据预处理的第 2 章给出了离散数值属性的几种技术。离散化的数值属性及其区间标签可以被视为标称属性（其中每个区间被视为一个类别）。我们称之为**使用定量属性的静态离散化来挖掘多维关联规则**。

在第二种方法中，根据数据分布将定量属性离散化或聚类为“箱”。这些箱可以在挖掘过程中被进一步组合。离散化过程是动态的，并且被建立来满足一些挖掘标准，例如最大化所挖掘规则的置信度。由于该策略将数值属性值视为数量，而不是预定义的范围或类别，因此从该方法中挖掘的关联规则也被称为**（动态）定量关联规则**。

让我们研究这些挖掘多维关联规则的方法。为了简单起见，我们将讨论限制在跨维关联规则上。注意，在多维关联规则挖掘中，我们搜索频繁谓词集，而不是搜索频繁项集（如单维关联规则挖掘所做的那样）。***k*- 谓词集**是包含 *k* 个合取谓词的集合。例如，规则（5.4）中的谓词集 {*age*, *occupation*, *buys*} 是一个 3- 谓词集。

5.1.3　挖掘定量关联规则

如前所述，关系数据和数据仓库数据通常涉及定量属性或度量。在关联挖掘中，我们可以将定量属性离散为多个区间，然后将其视为标称数据。然而，这种简单的离散化可能会导致生成大量的规则，其中许多规则可能没有用处。在这里，我们介绍三种可以帮助克服这一困难来发现新的关联关系的方法：（1）数据立方体方法，（2）基于聚类的方法，以及（3）揭示异常行为的统计分析方法。

基于数据立方体的定量关联挖掘

在许多情况下，定量属性可以在挖掘之前使用预定义的概念层次结构或数据离散化技术进行离散化，其中数值由区间标签代替。如果需要，标称属性也可以推广到更高的概念层。如果生成的任务相关数据存储在关系表中，那么我们讨论过的任何频繁项集挖掘算法都可以很容易地进行修改，以便找到所有频繁谓词集。特别是，我们需要搜索所有相关属性，而不是像 *buys* 那样只搜索一个属性，将每个属性值对视为一个项集。

或者，变换后的多维数据可以用于构造数据立方体。数据立方体非常适合挖掘多维关联规则：它们在多维空间中存储聚合（例如计数），这对于计算多维关联规则的支持度和置信度至关重要。第 3 章对数据立方体技术和数据立方体计算算法进行了综述。图 5.4 显示了定义 *age*、*income* 和 *buys* 维度的数据立方体的方体晶格。*n* 维方体的单元可以用于存储相应的 *n*- 谓词集的支持度计数。基方体按 *age*、*income* 和 *buys* 聚合任务相关数据；二维方体，比如（*age*，*income*）按 *age* 和 *income* 进行聚合；顶点方体包含任务相关数据中的事务总数。

由于数据仓库和 OLAP 技术的不断使用，包含用户感兴趣的维度的数据立方体可能已经存在，完全或部分物化。如果是这种情况，我们可以简单地获取相应的聚合值，或者使用较低层的物化聚合来计算它们，并使用规则生成算法返回所需的规则。请注意，即使在这种情况下，Apriori 属性仍然可以用于修剪搜索空间。如果给定的 *k*- 谓词集具有不满足最小支持度的支持度 sup，则应该终止对该集的进一步探索。这是因为任何更专业的 *k*- 项集版本都将具有不大于 sup 的支持度，因此也不会满足最小支持度。在挖掘任务不存在相关数据立方体的情况下，我们必须动态创建一个立方体。这就变成了一个冰山立方体计算问题，其中最小支持度阈值被视为冰山条件（第 3 章）。

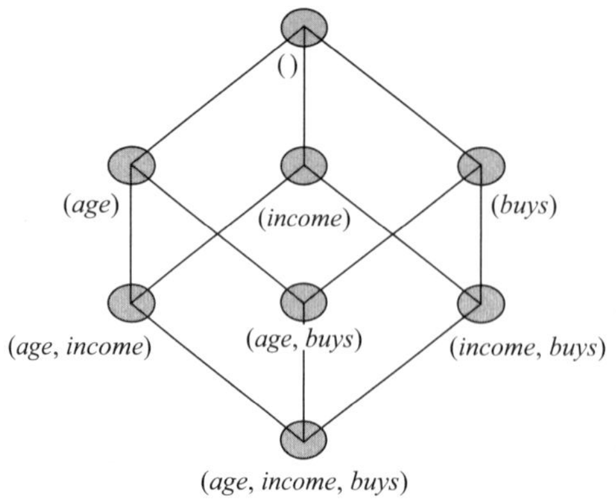

图 5.4 方体晶格，构成三维数据立方体。每个方体代表一个不同的组。基方体包含 *age*、*income* 和 *buys* 三个谓词

基于聚类的定量关联挖掘

除了使用基于离散化或基于数据立方体的数据集来生成定量关联规则外，我们还可以通过在定量维度上对数据进行聚类来生成定量关联规则。(回想一下，簇中的对象彼此相似，但与其他簇中的对象不同。) 一般的假设是，有趣的频繁模式或关联规则通常在相对密集的定量属性簇中找到。在这里，我们描述一种自顶向下的方法和一种自底向上的聚类方法，以找到定量关联。

用于寻找基于聚类的定量频繁模式的典型自顶向下的方法如下。对于每个定量维度，可以应用标准聚类算法（例如，第 8 章中描述的 *k*- 均值或基于密度的聚类算法）来寻找该维度中满足最小支持度阈值的簇。然后，对于每个簇，我们检查通过将簇与另一维度的簇或标称值组合而生成的二维空间，以查看这种组合是否超过了最小支持度阈值。如果超过了，我们将继续在这个二维区域中搜索簇，并发展到更高维的组合。Apriori 修剪仍然适用于这个过程：如果在任何时候，组合的支持度都没有最小支持度，那么它的进一步划分或与其他维度的组合也不能有最小支持度。

用于寻找基于聚类的频繁模式的自底向上的方法如下。通过首先在高维空间中聚类以形成具有满足最小支持度阈值的支持度的簇，然后在包含较少维度组合的空间中投影和合并这些簇。然而，对于高维数据集来说，找到高维聚类本身就是一个难题。因此，这种方法不太现实。

运用统计学理论揭示异常行为

可以发现揭示异常行为的定量关联规则，其中“异常”是基于统计理论定义的。例如，以下关联规则可能指示异常行为：

$$性别 = 女性 \Rightarrow 平均工资 = 7.90\ 美元/小时\ (总体平均工资 = 9.02\ 美元/小时) \quad (5.6)$$

这条规则规定，女性的平均工资仅为 7.90 美元 / 小时。这条规则（主观上）很有趣，因为它揭示了一群人的工资明显低于 9.02 美元 / 小时的平均工资。

我们定义的一个重要方面是应用统计检验来确认我们规则的有效性。也就是说，只有在统计检验（在这种情况下，*Z* 检验）具有高置信度证实女性人口的平均工资确实低于其他人口的平均收入的情况下，规则（5.6）才被接受。

5.1.4 挖掘高维数据

我们在上面两小节中关于挖掘多维模式的讨论仅限于涉及少量维度的模式。然而，一些应用可能需要挖掘*高维数据*（即具有数百或数千维的数据）。然而，将以前的多维模式挖掘方法

扩展到高维数据挖掘并不容易，因为这些方法的搜索空间随着维度数量的增加呈指数级增长。

处理高维数据的一个有趣方向是通过探索垂直数据格式来扩展模式增长方法，以处理具有大量维度（也称为特征或项目，例如基因）但具有少量行（也称为事务或元组，例如样本）的数据集。这在生物信息学中的基因表达分析等应用中是有用的，例如，我们经常需要分析包含大量基因（例如，10 000 ～ 100 000）但仅包含少量样本（例如，数十至数百）的微阵列数据。

另一个方向是开发一种新的方法，将挖掘工作集中在巨大模式上，即长度相当长的模式，而不是模式的完全集。一种有趣的方法被称为模式融合，它在模式搜索空间中取得了飞跃，从而很好地近似了巨大频繁模式的完全集。我们在这里简要概述了模式融合的概念，并建议感兴趣的读者参阅详细的技术论文。

在一些应用中（例如，生物信息学），研究人员可能更感兴趣的是发现巨大模式（例如，长 DNA 和蛋白质序列），而不是发现小的（即，短的）模式，因为巨大模式通常具有更重要的意义。发现巨大模式很有挑战性，因为增量挖掘往往在达到大型候选模式之前就被爆炸性数量的中型模式“困住”了。

到目前为止，我们研究的所有模式挖掘策略，如 Apriori 和 FP 增长，本质上都使用增量增长策略，即候选模式的长度一次增加 1。像 Apriori 这样的广度优先的搜索方法无法绕过生成爆炸性数量的中型模式，从而无法达到巨大的模式。即使是像 FP 增长这样的深度优先搜索方法，在达到巨大模式之前，也很容易被困在大量的子树中。显然，需要一种全新的挖掘方法来克服这一障碍。

正如我们在图 5.5 中观察到的，可能存在少量的巨大模式（例如，长度接近 100 的模式），但这种模式可能会产生指数级数量的中型模式。模式融合不是挖掘中型模式的完全集，而是将少量较短的模式融合为更大的巨大模式候选，并对照数据集进行检查，以确定这些候选中的哪些是真正的频繁模式，可以进一步融合以生成更大的巨大模式候选。这种逐步融合在模式搜索空间中实现了飞跃，避免了广度优先和深度优先搜索的陷阱，如图 5.6 所示。

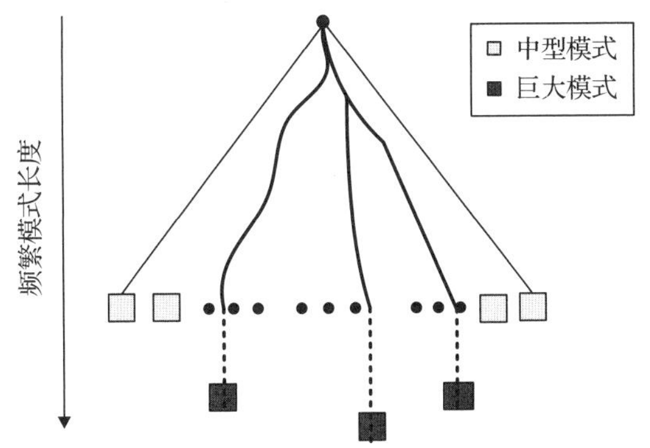

图 5.5 高维数据集可能包含一小组巨大模式，但可能包含指数级的许多中型模式

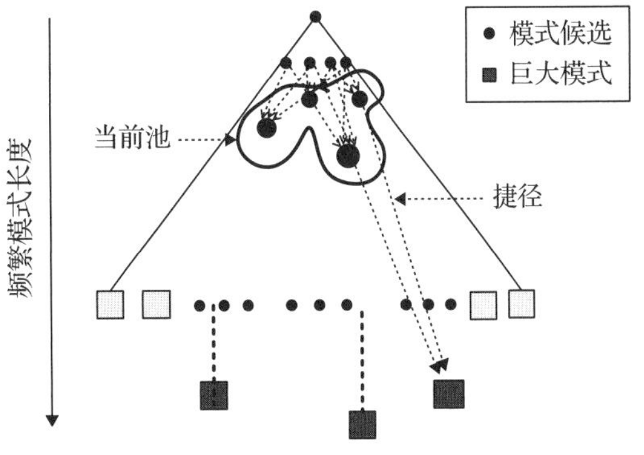

图 5.6 模式树遍历：从模式池中提取候选模式，这会得到通过模式空间到巨大模式的捷径

注意，像 $\{a_1,a_2,\cdots,a_{100}\}$: 55 这样的巨大模式意味着数据集包含很多短的子模式，比如 $\{a_1,a_2,a_9,\cdots,a_{30}\}$: 55+ ；$\{a_1,a_9,\cdots,a_{40}\}$: 55+，其中 55+ 表示支持度计数至少为 55。也就是说，巨大模式应该比较小的模式产生更多的小模式。从某种意义上说，如果从模式中删除少量项目，则生成的模式将具有类似的支持度集，因此，巨大模式更鲁棒。模式大小越大，这种鲁棒性就越突出。巨大模式与其对应的短模式之间的这种鲁棒性关系可以扩展到多个层次。

因此，模式融合能够识别良好的合并候选，这些候选模式共享一些子模式并具有一些类似支持度集。这确实有助于搜索在模式空间中更直接地跳跃到巨大模式。

理论上已经表明，模式融合导致了巨大模式的良好近似（参见 [ZYH+07]）。该方法在由程序跟踪数据和微阵列数据构建的合成和真实数据集上进行了测试。实验表明，该方法可以高效地找到大部分的巨大模式。

5.1.5 挖掘稀有模式和负模式

到目前为止，本章中介绍的所有方法都是用于挖掘频繁模式的。然而，有时发现罕见而非频繁的模式，或者反映项目之间负相关性的模式是很有趣的。这些模式分别被称为稀有模式和负模式。在本小节中，我们考虑定义稀有模式和负模式的各种方法，这些方法对挖掘也很有用。

例 5.3 稀有模式和负模式。在珠宝销售数据中，钻石手表的销售并不多见；不过，涉及钻石手表的销售模式可能很有趣。在超市数据中，如果我们发现顾客经常购买经典可口可乐或健怡可乐，但不是两者都购买，那么同时购买经典可口可乐和健怡可乐被认为是一种负（相关）模式。在汽车销售数据中，经销商向特定顾客销售一些耗油量大的汽车（例如 SUV），然后再向同一顾客销售电动汽车。尽管购买 SUV 和购买电动汽车可能是负相关的事件，但发现和研究这种特殊情况可能会很有趣。 □

非频繁（或**稀有**）**模式**是频数支持度低于（或远低于）用户指定的（相对）最小支持度阈值的模式。然而，由于大多数项集的出现频数通常低于甚至远低于最小支持度阈值，因此在实践中，用户需要为稀有模式指定其他条件。例如，如果我们想找到至少包含一个值超过 500 美元的项目的模式，我们应该显式指定这样的约束。在挖掘多维关联（5.1.1 节）中讨论了对此类项集的有效挖掘，其中的策略是采用多个（例如，基于项或组的）最小支持度阈值。在基于约束的模式挖掘（5.3 节）中讨论了其他适用的方法，其中用户指定的约束被深入到迭代挖掘过程中。

我们可以通过多种方式来定义负模式。我们将考虑三个这样的定义。

定义 5.1 *如果项集 X 和 Y 都是频繁的，但很少一起出现（即 $\text{sup}(X \cup Y) < \text{sup}(X) \times \text{sup}(Y)$），则项集 X 与 Y 是***负相关***的，并且模式 $X \cup Y$ 是***负相关模式***。如果 $\text{sup}(X \cup Y) \ll \text{sup}(X) \times \text{sup}(Y)$，则 X 和 Y 是***强负相关***的，并且模式 $X \cup Y$ 是***强负相关模式***。*

这个定义可以很容易地扩展到包含 $k > 2$ 的 k- 项集的模式。

然而，该定义的一个问题是它不是*无效不变*。也就是说，它的值可能会受到无效事务的误导性影响，其中*无效事务*是指不包含任何正在检查的项集的事务（4.3.3 节）。例 5.4 对此进行了说明。

例 5.4 定义 5.1 存在无效事务处理问题。如果数据集中有很多无效事务，那么无效事务的数量而不是观察到的模式可能会强烈影响度量对模式是否负相关的评估。例如，假设一家缝纫店出售针包 A 和 B。该店出售 A 和 B 各 100 个，但只有一笔交易同时包含 A 和 B。直观地说，A 与 B 呈负相关，因为购买一个似乎并不鼓励购买另一个。

让我们看看上面的定义是如何处理这种情况的。如果有 200 个事务，我们有 $\text{sup}(A \cup B) = 1/200 = 0.005$，$\text{sup}(A) \times \text{sup}(B) = (100/200) \times (100/200) = 0.25$。因此，$\text{sup}(A \cup B) \ll \text{sup}(A) \times \text{sup}(B)$，因此定义 5.1 表明 A 和 B 是强负相关的。如果数据库中只有 10^6 个事务，而不是 200 个事务，该怎么办？在这种情况下，有许多无效事务，也就是说，许多事务既不包含 A 也不包含 B。该定义如何成立？它计算出 $\text{sup}(A \cup B) = 1/10^6$，$\text{sup}(X) \times \text{sup}(Y) = (100/10^6) \times (100/10^6) = 1/10^8$。因此，尽管 A 和 B 的出现次数没有改变，但 $\text{sup}(A \cup B) \gg \text{sup}(X) \times \text{sup}(Y)$ 与早期的发现相矛盾。定义

5.1 中的度量不是无效不变的，其中无效不变对于 4.3.3 节中讨论的高质量的兴趣度度量至关重要。□

定义 5.2　如果 X 和 Y 是强负相关的，那么

$$sup(X \cup \bar{Y}) \times sup(\bar{X} \cup Y) \gg sup(X \cup Y) \times sup(\bar{X} \cup \bar{Y})$$

直观地说，如果事务包含 X 或 Y 的概率远大于同时包含 X 和 Y 或既不包含 X 也不包含 Y 的概率，那么两个项集 X 和 Y 是强负相关的。

例 5.5　定义 5.2 存在无效事务处理问题。给出我们的针包示例，当数据库中总共有 200 个事务时，我们有

$$sup(A \cup \bar{B}) \times sup(\bar{A} \cup B) = (99/200) \times (99/200) \approx 0.245$$
$$\gg sup(A \cup B) \times sup(\bar{A} \cup \bar{B}) = (1/200) \times [(200-199)/200] \approx 0.25 \times 10^{-4}$$

根据定义 5.2，这表明 A 和 B 是强负相关的。然而，如果数据库中有 10^6 个事务，则该度量将计算

$$sup(A \cup \bar{B}) \times sup(\bar{A} \cup B) = (99/10^6) \times (99/10^6) \approx 9.8 \times 10^{-9}$$
$$\ll sup(A \cup B) \times sup(\bar{A} \cup \bar{B}) = (1/10^6) \times ((10^6 - 199)/10^6) \approx 10^{-6}$$

这一次，度量表明 A 和 B 正相关，因此存在矛盾。度量不是无效不变的。□

作为第三种选择，考虑定义 5.3，它基于 Kulczynski 度量（即条件概率的平均值）。它遵循 4.3.3 节中引入的兴趣度度量的精神。

定义 5.3　假设项集 X 和 Y 都是频繁的，即 $sup(X) \geqslant min\_sup$ 和 $sup(Y) \geqslant min\_sup$，其中 min_sup 是最小支持度阈值。如果 $(P(X|Y) + P(Y|X))/2 < \epsilon$，其中 ϵ 是负模式阈值，则模式 $X \cup Y$ 是**负相关模式**。

例 5.6　使用定义 5.3 的负相关模式，基于 Kulczynski 度量。让我们重新检查针包示例。设 min_sup 为 0.01%，且 $\epsilon = 0.02$。当数据库中有 200 个事务时，我们有 $sup(A)=sup(B)=100/200=0.5 > 0.01\%$，$(P(B|A)+P(A|B))/2=(0.01+0.01)/2 < 0.02$；因此 A 和 B 是负相关的。如果我们有更多的事务，这仍然成立吗？当数据库中有 10^6 个事务时，度量计算 $sup(A)=sup(B)=100/10^6=0.01\% \geqslant 0.01\%$ 和 $(P(B|A)+P(A|B))/2=(0.01+0.01)/2 < 0.02$，再次表明 A 和 B 呈负相关。这符合我们的直觉。该度量不具有所考虑的前两个定义的无效不变问题。

让我们来看看另一个案例：假设在 10 万笔交易中，商店卖出了 1000 包 A 针，但只卖出了 10 包 B 针；然而，每次出售 B 时，A 也被出售（即，它们出现在同一交易中）。在这种情况下，度量计算出 $(P(B|A)+P(A|B))/2=(0.01+1)/2=0.505 \gg 0.02$，这表明 A 和 B 是正相关的，而不是负相关的。这也符合我们的直觉。□

有了这个负相关的新定义，可以很容易地导出在大型数据库中挖掘负模式的有效方法。这留给感兴趣的读者作为练习。

5.2　挖掘压缩模式或近似模式

频繁模式挖掘的一个主要挑战是发现的模式数量巨大。使用最小支持度阈值来控制找到的模式的数量效果有限。过低的值可能导致产生爆炸性数量的输出模式，而过高的值可能导致只发现常识性模式。

为了减少挖掘中生成的大量频繁模式，同时保持高质量的模式，我们可以挖掘一组压缩或近似的频繁模式。提出了 top-k 最频繁模式，使挖掘过程只集中在 k 个最频繁模式的集合上。尽管有趣，但由于项集之间的频率分布不均匀，它们通常不能代表 k 个最具代表性的模式。基于约束的频繁模式挖掘（5.3 节）结合了用户指定的约束来过滤掉不感兴趣的模式。模

式 / 规则的兴趣度和相关性的度量（5.3 节）也可以用于帮助将搜索限制在感兴趣的模式 / 规则上。

在上一章中，我们介绍了频繁模式的两种初步“压缩”形式：闭模式，它是频繁模式集合的无损压缩；最大模式，它是有损压缩。在本节中，我们将研究频繁模式的两种高级“压缩”形式，它们建立在闭模式和最大模式的概念之上。5.2.1 节探讨基于聚类的频繁模式压缩，该压缩根据模式的相似度和频数支持度将模式分组。5.2.2 节采用一种“汇总”方法，其目的是推导出覆盖整个（闭）频繁项集的冗余感知的 top-k 代表性模式。该方法不仅考虑了模式的代表性，还考虑了它们的相互独立性，以避免生成的模式集中的冗余。k 代表性在频繁模式的集合上提供了紧凑的压缩，使它们更易于解释和使用。

5.2.1　利用模式聚类挖掘压缩模式

模式压缩可以通过模式聚类来实现。聚类技术在第 8 章和第 9 章中有详细描述。在本节中，不需要了解聚类的详细信息。相反，你将了解如何将聚类的概念应用于压缩频繁模式。聚类是将相似对象分组在一起的自动过程，这样簇中的对象彼此相似，而与其他簇中的对象不同。在这种情况下，对象是频繁模式。使用一种称为 δ- 簇的紧密度度量对频繁模式进行聚类。为每个簇选择一个代表性的模式，从而提供一组频繁模式的压缩版本。

在开始之前，让我们回顾一下一些定义。如果 X 是频繁的，并且不存在 X 的真超项集 Y，使得 Y 与 D 中的 X 具有相同的支持度计数，则项集 X 是数据集 D 中的**闭频繁项集**。如果 X 是频繁的，并且不存在超项集 Y，使得 $X \subset Y$ 且 Y 在 D 中是频繁的，则项集 X 是数据集 D 中的**最大频繁项集**。如我们在例 5.7 中所见，仅使用这些概念不足以获得数据集的良好代表性压缩。

例 5.7　压缩的闭项集和最大项集的缺点。表 5.2 显示了大型数据集上频繁项集的子集，其中 a、b、c、d、e、f 表示单个项。此处没有未封闭的项集；因此，我们不能使用闭频繁项集来压缩数据。唯一的最大频繁项集是 P_3。然而，我们观察到项集 P_2、P_3 和 P_4 在其支持度计数方面显著不同。如果我们使用 P_3 来表示数据的压缩版本，我们将完全丢失此支持度计数信息。考虑两对 (P_1, P_2) 和 (P_4, P_5)。直接观察，每一对中的模式在支持度和表达方面都非常相似。因此，直观地说，P_2、P_3 和 P_4 应共同作为数据的更好压缩版本。□

表 5.2　频繁项集的一个子集

ID	项集	支持度
P_1	$\{b, c, d, e\}$	205 227
P_2	$\{b, c, d, e, f\}$	205 211
P_3	$\{a, b, c, d, e, f\}$	101 758
P_4	$\{a, c, d, e, f\}$	161 563
P_5	$\{a, c, d, e\}$	161 576

让我们看看我们是否可以找到一种对频繁模式进行聚类的方法，作为获得它们的压缩表示的一种方法。我们需要定义一个好的相似度度量，根据该度量对模式进行聚类，然后为每个簇只选择并输出一个有代表性的模式。由于闭频繁模式集是对原始频繁模式集的无损压缩，因此在近似闭模式集周围发现代表性模式是一个好主意。

我们可以使用以下闭模式之间的距离度量。设 P_1 和 P_2 是两个闭模式。它们的支持事务集分别是 $T(P_1)$ 和 $T(P_2)$。P_1 和 P_2 的**模式距离** $Pat\_Dist(P_1, P_2)$ 定义为

$$Pat\_Dist(P_1,P_2)=1-\frac{|T(P_1)\cap T(P_2)|}{|T(P_1)\cup T(P_2)|} \tag{5.7}$$

模式距离是在事务集上定义的距离度量。它包含了模式的支持度信息，正如之前所希望的那样。

例 5.8　模式距离。假设 P_1 和 P_2 是两种模式，使得 $T(P_1)=\{t_1,t_2,t_3,t_4,t_5\}$ 和 $T(P_2)=\{t_1,t_2,t_3,t_4,t_6\}$，其中 t_i 是数据库中的事务。P_1 和 P_2 之间的距离为 $Pat\_Dist(P_1,P_2)=1-\frac{4}{6}=\frac{1}{3}$。 □

现在，我们考虑模式的表达。给定两个模式 A 和 B，如果 $O(B)\subset O(A)$，其中 $O(A)$ 是模式 A 的对应项集，我们说 B 可以用 A 来**表达**。根据这个定义，假设模式 $P_1,P_2,\cdots,P_k$ 在同一簇中。簇的代表性模式 P_r 应该能够表达簇中的所有其他模式。很明显，我们得到了一个定义，即 $\bigcup_{i=1}^{k}O(P_i)\subseteq O(P_r)$。

使用距离度量，我们可以简单地将聚类方法，如 k- 均值（9.2 节），应用于频繁模式的集合。然而，这带来了两个问题。首先，簇的质量无法得到保证；其次，它可能无法找到每个簇的代表性模式（即，模式 P_r 可能不属于同一簇）。为了克服这些问题，这里引入了 δ- 簇的概念，其中 $\delta(0\leqslant\delta\leqslant 1)$ 度量簇的紧密度。

如果 $O(P)\subseteq O(P')$ 且 $Pat\_Dist(P,P')\leqslant\delta$，则模式 P 被另一个模式 P' **δ- 覆盖**。如果存在代表性模式 P_r，使得对于集合中的每个模式 P，P 被 $P_r\delta$- 覆盖，则该模式集形成 **δ- 簇**。

注意，根据 δ- 簇的概念，一个模式可以属于多个簇。此外，使用 δ- 簇，我们只需要计算每个模式与簇的代表性模式之间的距离。因为只有当 $O(P)\subseteq O(P_r)$ 时，模式 P 才被代表性模式 $P_r\delta$- 覆盖，所以我们可以通过只考虑模式的支持度来简化距离计算：

$$Pat\_Dist(P,P_r)=1-\frac{|T(P)\cap T(P_r)|}{|T(P)\cup T(P_r)|}=1-\frac{|T(P_r)|}{|T(P)|} \tag{5.8}$$

如果我们将代表性模式限制为频繁模式，那么代表性模式（即簇）的数量不小于最大频繁模式的数量。这是因为最大频繁模式只能由其自身覆盖。为了实现更简洁的压缩，我们放宽了对代表性模式的限制，也就是说，我们允许代表性模式的支持度稍微小于 min_sup。

对于任何代表性模式 P_r，假设其支持度为 k。由于它必须覆盖至少一个频繁模式（即 P），支持度至少为 min_sup，因此我们有

$$\delta\geqslant Pat\_Dist(P,P_r)=1-\frac{|T(P_r)|}{|T(P)|}\geqslant 1-\frac{k}{\text{min\_sup}} \tag{5.9}$$

即 $k\geqslant(1-\delta)\times\text{min\_sup}$。这是代表性模式的最小支持度，表示为 min_sup_r。

基于前面的讨论，模式压缩问题可以定义如下：给定事务数据库、最小支持度 min_sup 和簇质量度量 δ，模式压缩的问题是找到一组代表性模式 R，使得对于每个频繁模式 P（相对于 min_sup），都有一个代表性模式 $P_r\in R$（相对于 min_sup_r），P_r 覆盖 P，并且 $|R|$ 的值被最小化。

找到一组最小的代表性模式是一个 NP 难问题。然而，已经开发出有效的方法，将生成的闭频繁模式的数量相对于闭模式的原始集合减少数量级。这些方法成功地找到了模式集的高质量压缩。

5.2.2　提取冗余感知的 top-*k* 模式

挖掘前 k 个最频繁的模式是一种减少挖掘过程中返回的模式数量的策略。然而，在许多情况下，频繁模式不是相互独立的，而是经常聚集在小区域中。这有点像在世界上发现 20 个人口中心，这可能导致城市聚集在少数国家，而不是均匀分布在全球。相反，大多数用户更喜欢导出 k 个最有趣的模式，这些模式不仅重要，而且相互独立，几乎没有冗余。一小组 k 个代表性模式，不仅具有高显著性，而且具有低冗余度，称为**冗余感知 top-*k* 模式**。

例 5.9　冗余感知 top-k 策略与其他 top-k 策略。图 5.7 说明了冗余感知 top-k 模式与传统 top-k 和 k 汇总模式之间的直觉。假设我们有如图 5.7a 所示的频繁模式集，其中每个圆代表一个显著性以灰度着色的模式。两个圆之间的距离反映了两个相应模式的冗余度：圆越近，相应模式彼此之间的冗余度就越高。假设我们想找到三个最能代表给定集合的模式，即 k=3。我们应该选择哪三个？

如果使用冗余感知的 top-k 模式（图 5.7b）、传统 top-k 模式（图 5.7c）或 k 汇总模式（图 5.7d），则使用箭头来展示所选择的模式。在图 5.7c 中，**传统 top-k 策略**仅依赖于显著性：它选择三个最显著的模式来表示集合。

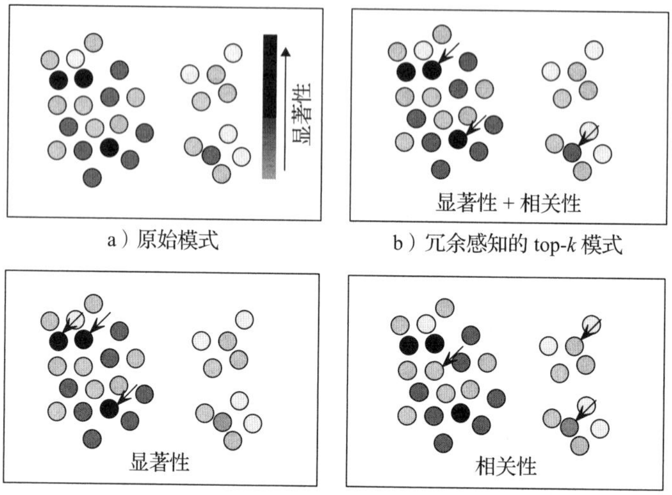

a）原始模式　　b）冗余感知的 top-k 模式

c）传统 top-k 模式　　d）k 汇总模式

图 5.7　比较 top-k 方法的概念视图（其中灰度级表示模式显著性，并且两个模式显示得越近，它们彼此之间的冗余度就越高）

在图 5.7d 中，**k 汇总模式策略**仅基于非冗余性来选择模式。它检测三个簇，并从每个簇中找到最具代表性的“最中心”模式。选择这些模式来表示数据。所选模式被视为“汇总模式”，因为它们代表或提供了它们所代表的簇的摘要。

相比之下，在图 5.7b 中，**冗余感知的 top-k 模式**在显著性和冗余性之间进行了权衡。这里选择的三种模式具有高显著和低冗余。例如，观察两个高显著的模式，这两个模式基于它们的冗余性，彼此相邻显示。考虑到两个将是冗余的，冗余感知的 top-k 策略只选择其中一个。为了形式化冗余感知的 top-k 模式的定义，我们需要定义显著性和冗余度的概念。　□

显著性度量 S 是将模式 $p \in \mathcal{P}$ 映射到实值的函数，使得 $S(p)$ 是模式 p 的有趣程度（或有用程度）。一般来说，显著性度量可以是客观的或主观的。客观度量仅取决于给定模式的结构和发现过程中使用的基础数据。常用的客观度量包括支持度、置信度、相关性和 tf-idf（或词频与逆文档频率），后者经常用于信息检索。主观度量是基于用户对数据的信念。因此，它们依赖于检查模式的用户。主观度量通常是基于用户先验知识或背景模型的相对得分。它通常通过计算模式与背景模型的差异来衡量模式的出乎意料性。设 $S(p, q)$ 是模式 p 和 q 的**组合显著性**，$S(p|q)=S(p, q)-S(q)$ 是给定 q 的 p 的**相对显著性**。注意，组合显著性 $S(p, q)$ 表示两个单独模式 p 和 q 的集体显著性，而不是单个超模式 $p \cup q$ 的显著性。

给定显著性度量 S，两个模式 p 和 q 之间的**冗余度 R** 被定义为 $R(p, q)=S(p)+S(q)-S(p, q)$。随后，我们得到了 $S(p|q)=S(p)-R(p, q)$。

我们假设两个模式的组合显著性不小于任何单独模式的显著性（因为它是两个模式的集体显著性），并且不超过两个单独显著模式的总和（因为存在冗余）。也就是说，两种模式之间的冗余度应该满足

$$0 \leqslant R(p,q) \leqslant \min(S(p),S(q)) \tag{5.10}$$

理想的冗余度度量 $R(p,q)$ 通常很难获得。然而，我们可以使用模式之间的距离来近似冗余度，例如使用 5.2.1 节中定义的距离度量。

因此，找到冗余感知的 top-k 模式的问题可以转化为找到最大化边际显著性的 k 个模式集，这是信息检索中一个研究得很好的问题。在该领域中，如果文档既与查询相关，又与先前选择的文档具有最小的边际相似性，则文档具有高的边际相关性，其中通过选择最相关的所选文档来计算边际相似性。这里省略了详细的计算方法。实验研究表明，基于该原理的计算是有效的，能够找到高显著性和低冗余度的 top-k 模式。

5.3 基于约束的模式挖掘

模式挖掘过程可能会从给定的数据集中发现数千个模式，其中许多模式最终可能与用户无关或用户不感兴趣。通常，用户很清楚挖掘的哪个“方向”可能会导致有趣的模式，以及他们想要找到的模式或规则的“形式”。他们也可能对规则有一种“条件”感，这将消除他们知道不感兴趣的某些规则的发现。因此，一个好的选择是让用户指定这种直觉或期望作为约束以限制搜索空间，或基于中间挖掘结果交互式地执行约束细化。这种策略被称为基于约束的挖掘。约束可以包括以下内容：

- **知识类型约束：**这些约束指定要挖掘的知识类型，如关联、相关性、分类或聚类。
- **数据约束：**这些约束指定一组与任务相关的数据。
- **维度 / 层次约束：**这些约束指定数据的所需维度（或属性）、抽象层或挖掘中使用的概念层次结构的层。
- **兴趣度约束：**这些约束规定规则兴趣度的统计度量的阈值，如支持度、置信度和相关性。
- **规则 / 模式约束：**这些约束指定要挖掘的规则 / 模式的形式或条件。这样的约束可以表示为元规则（规则模板），表示为可以在规则前件或后件中出现的谓词的最大或最小数量，或者表示为属性、属性值和 / 或聚合之间的关系。

这些约束可以使用高级数据挖掘查询语言或基于模板的图形用户界面来指定。

前面四种约束类型已经在本书中介绍过了。在本节中，我们将讨论使用规则 / 模式约束来关注挖掘任务。这种基于约束的挖掘形式允许用户描述他们想要揭示的规则或模式，从而使数据挖掘过程更加有效。同时，可以使用复杂的挖掘查询优化器来利用用户指定的约束，从而提高挖掘过程的效率。

在某些情况下，用户可能喜欢指定她有兴趣挖掘的某些语法形式的规则（也称为元规则）。这种语法形式有助于用户表达自己的期望，也有助于系统限制搜索空间，提高挖掘效率。

例如，元规则可以是

$$P_1(X,Y) \wedge P_2(X,W) \Rightarrow buys(X,\text{“iPad”}) \tag{5.11}$$

其中，P_1 和 P_2 是在挖掘过程中可以实例化为给定数据库中的属性的**谓词变量**，X 是表示顾客的变量，Y 和 W 分别取分配给 P_1 和 P_2 的属性的值。通常，用户可以指定 P_1 和 P_2 实例化时要考虑的属性列表。否则，可以使用默认设置。

元规则形成了关于用户有兴趣探索或确认的关系的假设。根据这样的模板，系统可以挖掘与给定元规则匹配的具体规则。可能，符合元规则（5.11）的规则（5.12）将作为挖掘结果

返回。

$$age(X,\text{"20..29"}) \wedge income(X,\text{"41K..60K"}) \Rightarrow buys(X,\text{"iPad"}) \qquad (5.12)$$

为了生成有趣和有用的挖掘结果，用户可能有多种方法来指定规则 / 模式约束。挖掘系统希望使用规则 / 模式约束来修剪搜索空间，也就是说，将这种约束深入到挖掘过程中，同时仍然确保挖掘查询返回的答案的完整性。然而，这是一项不平凡的任务，它的研究导致了基于约束的模式挖掘。

为了研究如何在挖掘频繁模式或关联规则时使用约束，我们检查以下运行示例。

例 5.10 对购物交易挖掘的限制。假设一个多维购物交易数据库包含以下相互关联的关系：

- *item* (*item_ID*, *item_name*, *description*, *category*, *price*)
- *sales* (*transaction_ID*, *day*, *month*, *year*, *store_ID*, *city*)
- *trans_item* (*item_ID*, *transaction_ID*)

这里，*item* 表包含属性 *item_ID*、*item_name*、*description*、*category* 和 *price*；*sales* 表包含属性 *transaction_ID*、*day*、*month*、*year*、*store_ID* 和 *city*；并且这两个表通过表 *trans_item* 中的外键属性 *item_ID* 和 *transaction_ID* 连接。

挖掘查询可能包含多个约束。例如，我们可能会有一个查询：“从 2020 年芝加哥的销售中，找到哪些廉价商品（价格总和低于 10 美元）与哪些昂贵商品（最低价格为 50 美元）出现在同一交易中的模式（即商品集）。”

这个查询包含以下四个约束：（1）$\text{sum}(I.price) < 10$ 美元，其中 I 表示廉价商品的 *item_ID*；（2）$\text{min}(J.price) \geq 50$ 美元，其中 J 表示昂贵物品的 *item_ID*；（3）$T.city =$ 芝加哥；以及（4）$T.year = 2020$，其中 T 表示 *transaction_ID*。 □

在基于约束的模式挖掘中，搜索空间可以在挖掘过程中通过两种策略进行修剪：修剪模式搜索空间和修剪数据搜索空间。前者检查候选模式，并决定是否应该从进一步处理中删除某个模式。例如，如果它的所有超模式在剩下的挖掘过程中都是无用的，比如说，基于 Apriori 属性，它可能会修剪一个模式。后者检查数据集，以确定特定的数据对象是否无法在剩余的挖掘过程中为后续生成可满足的模式做出贡献（从而安全地修剪数据对象）。

我们将在以下小节中研究这些修剪策略。

5.3.1 具有模式修剪约束的模式空间修剪

基于约束如何与模式挖掘过程相互作用，我们将模式挖掘约束划分为四类：（1）反单调的，（2）单调的，（3）可转换的，（4）不可转换的。让我们逐一检查。

模式反单调性

第一组约束具有**模式反单调性**。如果约束 C 具有以下属性，则它是**模式反单调**的：如果项集不满足约束 C，则其超集都不会满足 C。

让我们检查一个约束“ C_1: $\text{sum}(I.price) \leq 100$ 美元”，看看如果将该约束添加到我们的购物交易挖掘查询中会发生什么。假设我们在第 k 次迭代时使用 Apriori 算法等挖掘大小为 k 的项集。如果候选项集 S_1 中的项目的价格之和大于 100 美元，则应该从搜索空间中修剪该项集，因为不仅当前集合不能满足约束，而且向集合中添加更多项目（假设任何项目的价格不小于零）将永远不能满足约束。注意，约束 C_1 的这种模式（频繁项集）的修剪并不局限于 Apriori 候选生成和测试框架。例如，出于同样的原因，S_1 应该在模式增长框架中被修剪，因为模式 S_1 及其进一步的增长永远不能使约束 C_1 满足。

这个性质被称为反单调性，因为约束的单调性通常意味着，如果模式 p 满足约束 C，则它的进一步扩展将始终满足 C；然而，这里我们声称这个约束可能具有相反的行为：一旦模式 p_1 违反了约束 C_1，它的进一步增长（或扩展）将总是违反 C_1。在 Apriori 风格算法的每次迭代中，都可以应用反单调性的模式修剪，以帮助提高整个挖掘过程的效率，同时保证数据挖掘任务的完整性。

值得注意的是，非常基本的 Apriori 属性本身（声明频繁项集的所有非空子集也必须是频繁的）是反单调的：如果项集不满足最小支持度阈值，那么它的超集都不能满足。在 Apriori 算法的每次迭代中都使用了这个属性，以减少要检查的候选项集的数量，从而减小频繁模式挖掘的搜索空间。

有许多约束是反单调的。例如，约束条件“$\min(J.price) \geqslant 50$ 美元”和“$\text{count}(I) \leqslant 10$”是反单调的。然而，也有许多约束条件不是反单调的。例如，约束条件“$\text{avg}(I.price) \leqslant 10$ 美元”不是反单调的。这是因为，即使对于不满足该约束的给定项集 S，通过添加一些（廉价的）项目创建的超集也可能使它满足该约束。因此，在挖掘过程中引入这种约束并不能保证数据挖掘过程的完整性。表 5.3 的第一列列出了常见的约束条件。第二列显示了约束条件的反单调性。为了简化我们的讨论，只给出了存在算子（例如 $=, \in$，但没有 $\neq, \notin$）和具有相等的比较（或包含）算子（例如 $\leqslant, \subseteq$）。

表 5.3 常用的修剪约束的特性

约束	反单调的	单调的	简洁的
$v \in S$	否	是	是
$S \supseteq V$	否	是	是
$S \subseteq V$	是	否	是
$\min(S) \leqslant v$	否	是	是
$\min(S) \geqslant v$	是	否	是
$\max(S) \leqslant v$	是	否	是
$\max(S) \geqslant v$	否	是	是
$\text{count}(S) \leqslant v$	是	否	否
$\text{count}(S) \geqslant v$	否	是	否
$\text{sum}(S) \leqslant v (\forall a \in S, a \geqslant 0)$	是	否	否
$\text{sum}(S) \geqslant v (\forall a \in S, a \geqslant 0)$	否	是	否
$\text{range}(S) \leqslant v$	是	否	否
$\text{range}(S) \geqslant v$	否	是	否
$\text{avg}(S) \theta v, \theta \in \{\leqslant, \geqslant\}$	可转换的	可转换的	否
$\text{support}(S) \geqslant \xi$	是	否	否
$\text{support}(S) \leqslant \xi$	否	是	否
$\text{all\_confidence}(S) \geqslant \xi$	是	否	否
$\text{all\_confidence}(S) \leqslant \xi$	否	是	否

模式单调性

第二类约束是**模式单调性**。如果约束 C 具有以下性质，则它是**模式单调**的：如果项集满足约束 C，则其所有超集都将满足 C。

让我们检查另一个约束“C_2: $\text{sum}(I.price) \geqslant 100$ 美元”，看看如果将该约束添加到我们的示例查询中会发生什么。假设我们在第 k 次迭代时使用 Apriori 算法等挖掘大小为 k 的项集。如果候选项集 S_1 中的项目的价格之和小于 100 美元，则不应从搜索空间中修剪该项集，因为向当前集合添加更多项目可以使项集满足约束。然而，一旦项集 S 中的项目的价格之和满足约束 C_2，就不再需要针对 S 检查该约束，因为添加更多的项目将不会降低总值，并且将始终满足约束。换句话说，如果一个项集满足约束，那么它的所有超集也满足约束。请注意，该属性独立于特定的迭代模式挖掘算法。例如，模式增长算法也应该采用相同的修剪方法。

在实践中存在许多模式单调约束。例如，"$\min(I.price) \leq 10$ 美元"和"$\text{count}(I) \geq 10$"就是这样的约束。经常遇到的约束列表的模式单调性如表 5.3 的第三列所示。

可转换约束：事务中的数据排序

存在既不是模式反单调的也不是模式单调的约束。例如，很难直接将约束"C_3: $\text{avg}(I.price) \leq 10$ 美元"深入到迭代挖掘过程中，因为要添加到当前项集的下一个项目可能比迄今为止计算的项集的平均价格更高或更低。乍一看，在模式挖掘中，似乎很难探索这种约束的约束深入。然而，注意到事务中的项目可以被视为一个集合，因此可以按照任何特定的顺序排列事务中的项目。有趣的是，当项集中的项目按价格升序或降序排列时，可以像以前一样在频繁项集挖掘中探索有效的修剪。在这种情况下，可以将这种约束转换为单调约束或反单调约束。因此，我们将这种约束称为**可转换约束**。

让我们重新检查约束 C_3。如果在模式增长挖掘过程中，所有事务中的项目都按升序排序（或按此顺序添加任何事务中的项目），则约束 C_3 变为反单调的，因为如果项集 I 违反了约束（即，平均价格大于 10 美元），那么向项集中进一步添加更昂贵的项目将永远不会使其满足约束。类似地，如果所有事务中的项目都按价格降序排序（或添加到正在挖掘的项集），则它变得单调，因为如果项集满足约束（即，平均价格不大于 10 美元），则将更便宜的项目添加到当前项集仍将使平均价格不超过 10 美元。

*Apriori 类似算法会很好地利用可转换约束来修剪其搜索空间吗？*不幸的是，这样的约束满足性检查不能用类似 Apriori 的候选生成和测试算法容易地完成，因为类似 Apriori 的算法要求候选 $\{abc\}$ 的所有子集（例如，$\{ab\}$, $\{bc\}$, $\{ac\}$）必须是频繁的并且满足约束。然而，即使 $\{abc\}$ 本身可能是一个有效的项集（即，$\text{avg}(\{abc\}.price) \leq 10$ 美元），子集 $\{bc\}$ 也可能违反了 C_3，并且由于 $\{bc\}$ 已被修剪，我们将永远无法生成 $\{abc\}$。

设 S 表示一组项目，其值为价格。除了"$\text{avg}(S) \leq c$"和"$\text{avg}(S) \geq c$"，还有其他可转换约束。例如，"$\text{variance}(S) \geq c$"、"$\text{standard\_deviation}(S) \geq c$"是可转换约束。然而，这并不意味着每个非单调或非反单调约束都是可转换的。例如，如果集合中项目值的聚合函数具有随机采样行为，则很难按单调递增或递减的顺序排列项目。因此，仍然存在一类**不可转换**的约束。好消息是，尽管存在一些不可转换的严格约束，但大多数简单和常用的约束属于我们刚刚描述的三类约束之一，即反单调、单调和可转换，可以应用有效的约束挖掘方法。

5.3.2　具有数据修剪约束的数据空间修剪

在基于约束的频繁模式挖掘中，搜索空间修剪的第二种方法是*修剪数据空间*。如果数据片段在挖掘过程中对后续生成的可满足模式没有贡献，则该策略会对其进行修剪。我们在本节中检查了*数据的反单调性*。

有趣的是，许多约束都是**数据反单调**的，因为在挖掘过程中，如果数据条目不能满足基于当前模式的数据反单调约束，则可以对它进行修剪。我们对它进行修剪，因为在剩余的挖掘过程中，它无法对当前模式的任何超模式的生成做出贡献。

例 5.11　数据反单调性。我们检验约束条件 C_1: $\text{sum}(I.price) \geq 100$ 美元，也就是说，挖掘模式中项目的价格之和必须不小于 100 美元。假设当前频繁项集 S 不满足约束 C_1（例如，

因为 S 中项目的价格之和是 50 美元）。如果事务 T_i 中的剩余频繁项目不能使 S 满足约束（例如，T_i 中的其余频繁项目为 {i_2.*price* = 5 美元，i_5.*price* = 10 美元，i_8.*price* = 20 美元 }），则 T_i 不能对从 S 中挖掘的模式做出贡献，并且可以从进一步的挖掘中进行修剪。

请注意，仅在挖掘过程开始时强制执行这种修剪可能不会有效。这是因为它可以修剪那些项目的总和不满足约束 C_1 的事务。然而，我们可能会遇到这样一种情况，即 i_3.*price* = 90 美元，但在稍后的挖掘过程中，i_3 在事务数据集中与 S 一起变得不频繁，此时，T_i 应该被修剪。因此，应该在每次迭代时强制执行这种检查和修剪，以减小数据搜索空间。 □

注意，约束 C_1 是关于模式空间修剪的单调约束。正如我们所看到的，这种模式单调约束在减小模式修剪中的搜索空间方面的能力非常有限。然而，相同的约束是数据反单调的，并且可以用于有效地减小数据搜索空间。

对于模式反单调约束，例如 C_2: sum(*I.price*) ≤ 100 美元，我们可以同时修剪模式和数据搜索空间。基于我们对模式修剪的研究，我们已经知道，如果当前项集中的价格总和超过 100 美元，则可以对其进行修剪（因为其进一步扩展永远无法满足 C_2）。同时，我们还可以修剪事务 T_i 中不能使约束 C_2 有效的任何剩余项目。例如，如果当前项集 S 中的项目的价格之和是 90 美元，则可以修剪 T_i 中剩余的频繁项目中价格超过 10 美元的任何项目。如果 T_i 中的剩余项目都不能使约束有效，则应该修剪整个事务 T_i。

考虑既不是反单调的也不是单调的模式约束，例如“C_3: avg(*I.price*) ≤ 10 美元”。这些可以是数据反单调的，因为如果事务 T_i 中的剩余项目不能使约束有效，那么 T_i 也可以被修剪。因此，数据反单调约束对于基于约束的数据空间修剪非常有用。

请注意，根据数据反单调性进行搜索空间修剪仅限于基于模式增长的挖掘算法，因为数据条目的修剪是根据它是否有助于特定模式来确定的。如果使用 Apriori 算法，则不能使用数据反单调性来修剪数据空间，因为数据与所有当前活动的模式相关联。在任何迭代中，通常都有许多活动模式。不能有助于形成给定模式的超模式的数据条目可能仍然能够有助于其他活动模式的超模式。因此，对于基于非模式增长的算法来说，数据空间修剪的能力可能非常有限。

5.3.3 具有简洁性约束的挖掘空间修剪

对于模式挖掘，还有另一类约束，称为简洁约束。如果可以通过直接从数据库中修剪一些数据对象或直接枚举所有集合和仅保证满足约束的集合来强制执行约束 c，则约束 c 是**简洁的**。前者被称为**数据简洁**，因为它可以实现直接的数据空间修剪，而后者被称为**模式简洁**，因为它可以从满足约束的初始模式开始直接生成模式。让我们来看看几个例子。

首先，让我们检查约束 $i \in S$，即模式必须包含项目 i。为了找到包含项目 i 的模式，可以只挖掘 i- 投影数据库，因为事务不包含 i 将不会对包含 i 的模式做出贡献，对于那些包含 i 的事务，所有剩余的项目都可以参与挖掘过程的剩余部分。这有助于在开始时对数据空间进行修剪，因此这种约束既数据简洁又模式简洁。另一方面，为了找到不包含项目 i（即 $i \notin S$）的模式，可以通过挖掘删除了 i 的事务数据库来挖掘它，因为事务中的 i 对模式没有贡献。这有助于在开始时进行数据空间修剪，也有助于模式空间修剪（因为它避免了挖掘任何包含 i 的中间模式，因此约束是简洁的，它既是模式简洁的又是数据简洁的）。

作为另一个例子，约束“min(*S.price*) ≥ 50 美元”是数据简洁的，因为我们可以从事务中删除所有价格低于 50 美元的项目，因为任何价格不低于 50 美元的项目都不会对模式挖掘过程做出贡献。同样，min(*S.price*) ≤ v 是模式简洁的，因为我们只能从价格不大于 v 的项目开始。

请注意，并非所有约束都是简洁的。例如，约束 sum(*S.price*) ≥ *v* 并不简洁，因为它不能用于在过程开始时从事务中修剪任何项目，这是因为项集 *S* 的价格之和将不断增加。

基于 SQL 基元的约束列表的模式简洁性如表 5.3 的第四列所示。

从上面的讨论中，我们可以看到，同一约束可能属于多个类别。例如，约束"min(*I.price*) ≤ 10 美元"是模式单调的，也是数据简洁的。在这种情况下，我们可以使用数据简洁性，只从价格不超过 10 美元的项目开始。这样做，它已经隐式地应用了模式单调性属性，因为一旦在起点使用了约束（即满足），我们就不需要再检查它了。作为另一个例子，约束"c_0: sum(*I.price*) ≥ 100 美元"既是模式单调的，也是数据反单调的，我们可以使用数据反单调性来修剪那些剩余项目的价格加在一起不能达到 100 美元的事务。同时，一旦模式满足 c_0，我们就不需要在挖掘过程中再次检查 c_0。

在应用程序中，用户可以提出可能包含多个约束的挖掘查询。在许多情况下，可以一起执行多个约束来联合修剪挖掘空间，这可能会导致更高效的处理。然而，在某些情况下，不同的约束可能需要不同的项目排序才能有效地执行约束，尤其是对于可转换约束。例如，查询可能同时包含 c_1: avg(*S.profit*) > 20 美元和 c_2: avg(*S.price*) < 50 美元。不幸的是，按照值降序对利润进行排序可能不会导致相关项目价格的值降序。在这种情况下，最好估计哪种排序可能会导致更有效的修剪，而在更有效的修剪排序之后进行挖掘将导致更高效的处理。假设很难找到满足 c_1 的模式，但很容易找到满足 c_2 的模式。然后，系统应按利润递减顺序对事务中的项目进行排序。一旦当前项集的平均利润降至 20 美元以下，就可以丢弃该项集（即不再使用它进行进一步挖掘），这将导致高效的处理。

5.4　序列模式挖掘

序列数据库由具有或不具有明确时间概念的有序元素或事件序列组成。存在许多涉及序列数据的应用。典型示例包括顾客购物顺序、Web 点击流、生物序列以及科学、工程、自然和社会发展中的事件序列。在本节中，我们研究事务数据库中的*序列模式挖掘*，通过适当的扩展，这些挖掘算法可以帮助找到许多其他应用的序列模式，比如寻找 Web 点击流、科学、工程和社会事件挖掘的序列模式。我们从 5.4.1 节的序列模式挖掘的基本概念开始。5.4.2 节介绍一些可扩展的用于此类挖掘的方法。我们将在 5.4.3 节讨论基于约束的序列模式挖掘。

5.4.1　序列模式挖掘：概念与原语

"什么是序列模式挖掘?" **序列模式挖掘**是指频繁出现的有序事件或子序列作为模式进行挖掘的过程。一个示例序列模式是"购买 iPad Pro 的顾客很可能在 90 天内购买 Apple pencil。"对于零售数据，序列模式在货架摆放和促销方面非常有用。这个行业以及电信和其他业务可能还会利用序列模式进行定向营销、客户保留和其他许多任务。其他可以应用序列模式的领域包括 Web 访问模式分析、生产流程和网络入侵检测。需要注意的是，大多数序列模式挖掘的研究集中在分类或符号模式上，而数值曲线分析通常属于统计时间序列分析中的趋势分析和预测范畴，这些内容可以在许多统计学或时间序列分析教材中找到。

序列模式挖掘问题最早由 Agrawal 和 Srikant 于 1995 年首次提出，基于他们对顾客购买序列的研究，其定义如下：给定一组序列，其中每个序列包含事件（或元素）列表，每个事件包含一组项目，以及给定用户指定的最小支持度阈值 min_sup，序列模式挖掘旨在找到所有频繁子序列，即在序列集合中出现频数不低于 min_sup 的子序列。

让我们为关于序列模式挖掘的讨论建立一些专业词汇。令 $\mathcal{I}=\{I_1,I_2,\cdots,I_p\}$ 表示所有项目的集合。**项集**是一组非空的项目。**序列**是**事件**的有序列表。一个序列 s 表示为 $\langle e_1e_2e_3\cdots e_l\rangle$，其中事件 e_1 发生在 e_2 之前，e_2 发生在 e_3 之前，以此类推。事件 e_j 也被称为 s 的**元素**。在顾客购买数据的情况下，一个事件指的是顾客在某个商店购买物品的购物行程。该事件因此是一个项集，即顾客在行程中购买的物品的无序列表。项集（或事件）表示为 $(x_1x_2\cdots x_q)$，其中 x_k 是一个项目。为简洁起见，如果一个元素只有一个项目，那么将省略括号，即元素 (x) 写为 x。假设一个顾客多次前往商店购物。这些有序事件形成了该顾客的序列。也就是说，顾客首先在 e_1 中购买物品，然后在 e_2 中购买物品，以此类推。一个项目在序列的事件中最多出现一次[⊖]，但可以在序列的不同事件中出现多次。序列中项目的实例数量称为序列的**长度**。长度为 l 的序列称为 ***l*- 序列**。如果存在整数 $1\leqslant j_1<j_2<\cdots<j_n\leqslant m$，使得 $a_1\subseteq b_{j_1},a_2\subseteq b_{j_2},\cdots,a_n\subseteq b_{j_n}$，则序列 $\alpha=\langle a_1a_2\cdots a_n\rangle$ 被称为另一个序列 $\beta=\langle b_1b_2\cdots b_m\rangle$ 的**子序列**，β 是 α 的**超序列**，表示为 $\alpha\sqsubseteq\beta$。例如，如果 $\alpha=\langle(ab),d\rangle$ 和 $\beta=\langle(abc),(de)\rangle$，其中 a、b、c、d 和 e 是项目，那么 α 是 β 的子序列，β 是 α 的超序列。

一个**序列数据库** S 是一组元组 $\langle \mathrm{SID},s\rangle$，其中 SID 是序列 ID，$s$ 是序列。对于我们的示例，S 包含商店所有顾客的序列。如果 α 是 s 的子序列，元组 $\langle \mathrm{SID},s\rangle$ 被认为**包含**序列 α。在序列数据库 S 中，序列 α 的**支持度**是包含 α 的元组数量，即 $\mathrm{support}_S(\alpha)=|\{\langle \mathrm{SID},s\rangle|(\langle \mathrm{SID},s\rangle\in S)\wedge(\alpha\sqsubseteq s)\}|$。如果序列数据库在上下文中清楚，可以表示为 support(α)。给定一个正整数 min_sup 作为**最小支持度阈值**，如果 $\mathrm{support}_S(\alpha)\geqslant \mathrm{min\_sup}$，则序列 α 在序列数据库 S 中是**频繁的**。也就是说，要使序列 α 成为频繁序列，它必须在 S 中至少出现 min_sup 次。频繁序列称为**序列模式**。长度为 l 的序列模式称为 ***l*- 模式**。以下示例说明了这些概念。

例 5.12　序列模式。考虑表 5.4 中给出的序列数据库 S，该数据库将在本节的示例中使用。令 min_sup = 2。数据库中的项目集合为 $\{a, b, c, d, e, f, g\}$。数据库包含四个序列。

表 5.4　序列数据库

序列 ID	序列
1	$\langle a(abc)(ac)d(cf)\rangle$
2	$\langle(ad)c(bc)(ae)\rangle$
3	$\langle(ef)(ab)(df)cb\rangle$
4	$\langle eg(af)cbc\rangle$

让我们仔细观察序列 1，它是 $\langle a(abc)(ac)d(cf)\rangle$。它包含五个事件，分别是 (a)、(abc)、(ac)、(d) 和 (cf)，按照列出的顺序出现。项目 a 和 c 在序列的不同事件中都出现了多次。序列 1 中共有九个项目实例。因此，它的长度是 9，称为 9- 序列。项目 a 在序列 1 中出现了三次，因此对序列的长度有三个贡献。然而，整个序列对 $\langle a\rangle$ 的支持度只有 1。序列 $\langle a(bc)df\rangle$ 是序列 1 的子序列，因为前者的事件都是序列 1 事件的子集，而且事件的顺序保持不变。考虑子序列 $s=\langle(ab)c\rangle$。从序列数据库 S 中可以看出，只有序列 1 和序列 3 包含了子序列 s。因此，s 的支持度是 2，满足最小支持度阈值。因此 s 是频繁的，因此我们称其为序列模式。它是一个 3- 模式，因为它是长度为 3 的序列模式。□

这个序列模式挖掘模型是对顾客购物序列分析的抽象。关于在这类数据上进行序列模式挖掘的可扩展方法在接下来的 5.4.2 节中进行了描述。许多其他序列模式挖掘应用可能不适用于这一模型。例如，在分析 Web 点击流序列时，如果想要预测接下来的点击是什么，那么点击之间的间隔就变得重要。在 DNA 序列分析中，近似模式变得有用，因为 DNA 序列可能包含（符号）插入、删除和突变。这些多样的需求可以被视为约束的松弛或强制。在 5.4.3

⊖ 我们以与频繁项集挖掘相同的思想简化此处的讨论，但所开发的方法可以扩展到考虑多个相同的项目。

节中，我们将讨论如何将基本的序列挖掘模型扩展到受到约束的序列模式挖掘，以处理这些情况。

5.4.2 可扩展的序列模式挖掘方法

序列模式挖掘在计算上具有挑战性，因为这种挖掘可能会生成或测试组合爆炸性数量的中间子序列。

“我们如何开发高效且可扩展的序列模式挖掘方法呢?”我们可以将序列模式挖掘方法分为两类：（1）用于挖掘完整序列模式集的高效方法，（2）仅用于挖掘闭序列模式集的高效方法。其中，如果不存在任何序列模式 s'，其中 s' 是 s 的真子超序列，并且 s' 有与 s 相同的（频数）支持度，则序列模式 s 被称为**闭序列模式**。[⊖]由于频繁序列的所有子序列也是频繁的，挖掘闭序列模式集可以避免生成不必要的子序列，因此通常会产生比挖掘完整序列模式集更紧凑的结果以及更高效的方法。我们首先研究挖掘完整序列模式集的方法，然后探讨如何扩展它们以挖掘闭序列模式集。此外，我们还将讨论挖掘多层、多维序列模式（即具有多个粒度级别）的修改方法。

挖掘完整序列模式集的主要方法与第 5 章介绍的挖掘频繁项集方法类似。在这里，我们讨论三种用于序列模式挖掘的方法，分别由算法 GSP、SPADE 和 PrefixSpan 代表。GSP 采用候选生成和测试方法，使用水平数据格式（数据以 $\langle sequence\_ID : sequence\_of\_itemsets \rangle$ 的形式表示，其中每个项集是一个事件）。SPADE 采用候选生成和测试方法，使用垂直数据格式（数据以 $\langle itemset : (sequence\_ID, event\_ID) \rangle$ 的形式表示）。垂直数据格式可以通过仅一次扫描从水平格式的序列数据库转换而来。PrefixSpan 是一种模式增长方法，不需要生成候选。

这三种方法都直接或间接地探讨了所谓的 **Apriori 属性**，该属性如下所述：序列模式的每个非空子序列都是一个序列模式。（回想一下，一个模式要称为序列模式，它必须是频繁的，即必须满足最小支持度。）Apriori 属性是反单调的（或向下封闭的），即如果一个序列无法通过测试（例如，关于最小支持度），那么它的所有超序列也将无法通过测试。利用这一属性来修剪搜索空间可以帮助提高序列模式的发现效率。

GSP：一种基于候选生成和测试的序列模式挖掘算法

GSP（Generalized Sequential Pattern）是一种序列模式挖掘方法，由 Srikant 和 Agrawal 于 1996 年开发。它是他们在频繁项集挖掘领域的重要算法 Apriori（5.2 节）的扩展。GSP 利用了序列模式的向下封闭性质，并采用了多遍的候选生成和测试方法。该算法概述如下：在数据库的第一次扫描中，它找到了所有的频繁项目，即那些具有最小支持度的项目。每个这样的项目产生了一个长度为 1 的频繁序列，由该项目组成。每个后续的遍历从一个序列模式的种子集开始，即在前一遍中找到的序列模式集。这个种子集用于生成新的潜在频繁模式，称为候选序列。每个候选序列都比生成它的种子序列模式多一个项目。回顾一下，一个序列中项目的实例数量就是该序列的长度。因此，在给定遍历中，所有的候选序列都具有相同的长度。我们将长度为 k 的序列称为 k- 序列。记 C_k 为候选 k- 序列的集合。遍历数据库，找到每个候选 k- 序列的支持度。C_k 中具有至少 min_sup 的候选序列形成了所有频繁 k- 序列的集合 L_k。然后，该集合成为下一次遍历 k+1 的种子集。算法在一次遍历中不再找到新的序列模式或无法生成候选序列时终止。

该方法在以下示例中进行了说明。

[⊖] 闭频繁项集在第 4 章介绍，在这里，该定义适用于序列模式。

例 5.13 GSP：候选生成和测试（使用水平数据格式）。假设我们有与例 5.12 中的表 5.4 相同的序列数据库 S，最小支持度 min_sup=2。注意，数据以水平数据格式表示。在第一次扫描 (k=1) 中，GSP 收集每个项目的支持度。因此，候选 1- 序列的集合是（以“序列：支持度”形式显示）：$\langle a\rangle:4, \langle b\rangle:4, \langle c\rangle:4, \langle d\rangle:3, \langle e\rangle:3, \langle f\rangle:3, \langle g\rangle:1$。

序列 $\langle g\rangle$ 的支持度仅为 1，是唯一一个不满足最小支持度的序列。通过过滤它，我们获得第一个种子集 $L_1=\{\langle a\rangle,\langle b\rangle,\langle c\rangle,\langle d\rangle,\langle e\rangle,\langle f\rangle\}$。集合中的每个成员代表一个长度为 1 的序列模式。随后的每次扫描都以前一次扫描中找到的种子集开始，并使用它来生成新的候选序列，这些序列可能是频繁的。

以 L_1 作为种子集，这 6 个长度为 1 的序列模式生成了 $6\times6+\dfrac{6\times5}{2}=51$ 个长度为 2 的候选序列，$C_2=\{\langle aa\rangle,\langle ab\rangle,\cdots,\langle af\rangle,\langle ba\rangle,\langle bb\rangle,\cdots,\langle ff\rangle,\langle(ab)\rangle,\langle(ac)\rangle,\cdots,\langle(ef)\rangle\}$。注意，$\langle aa\rangle$ 表示 $\langle a\rangle$ 在序列中出现两次，而 $\langle ab\rangle$ 表示 $\langle a\rangle$ 后跟着 $\langle b\rangle$。

一般来说，候选集是通过前一次遍历发现的序列模式的自连接生成的（详见 5.2.1 节）。GSP 应用 Apriori 属性来修剪候选集，具体方法如下：在第 k 次遍历中，只有当候选序列的每个长度为 $(k-1)$ 的子序列都是在第 $(k-1)$ 次遍历找到的序列模式时，该序列才是候选序列。对数据库的新扫描收集每个候选序列的支持度，并找到一个新的序列模式集 L_k。这个集合成为下一次遍历的种子。算法在一次遍历中不再找到序列模式或无法生成候选序列时终止。显然，扫描的次数至少是序列模式的最大长度。如果在最后一次扫描获得的序列模式仍然生成新的候选，GSP 需要再进行一次扫描。

尽管 GSP 受益于 Apriori 修剪，但仍会生成大量的候选序列。在这个示例中，6 个长度为 1 的序列模式生成了 51 个长度为 2 的候选；22 个长度为 2 的序列模式生成了 64 个长度为 3 的候选；以此类推。GSP 生成的一些候选可能根本不出现在数据库中。在这个示例中，64 个长度为 3 的候选中有 13 个根本不出现在数据库中，导致搜索工作被浪费。□

这个示例显示，尽管像 GSP 这样的类似 Apriori 的序列模式挖掘方法减小了搜索空间，但通常需要多次扫描数据库。特别是在挖掘长序列时，它可能会生成大量的候选序列。需要更高效的挖掘方法。

SPADE：一种基于 Apriori 的垂直数据格式的序列模式挖掘算法

类似于 Apriori 的序列模式挖掘方法（基于候选生成和测试）也可以通过将序列数据库映射到垂直数据格式来探索。在垂直数据格式中，数据库变成了一组元组，形式如 $\langle itemset:(sequence\_ID, event\_ID)\rangle$。也就是说，对于给定的项集，我们记录项集出现的序列标识符和相应的事件标识符。**事件标识符**在序列内作为时间戳。第 i 个项集（或事件）的 *event_ID* 是 i。需要注意的是，一个项集可以在多个序列中出现。对于给定项集，(*sequence_ID*, *event_ID*) 组成项集的 *ID_list*（**ID 列表**）。从水平格式到垂直格式的映射需要扫描数据库一次。使用这种格式的一个主要优势是，我们可以通过简单地连接任何两个 $(k-1)$ 长度子序列的 *ID_list* 来确定任何 k- 序列的支持度。所得 *ID_list* 的长度（即唯一的 *sequence_ID* 值）等于 k- 序列的支持度，这告诉我们序列是否频繁。

SPADE（使用等价类的序列模式发现）是一个基于 Apriori 的序列模式挖掘算法，它使用垂直数据格式。与 GSP 一样，SPADE 需要进行一次扫描以找到频繁 1- 序列。为了找到候选 2- 序列，我们连接所有成对的单个项目，如果它们是频繁的（在此应用 Apriori 属性），共享相同的序列标识符，并且它们的事件标识符遵循序列顺序。也就是说，成对中的第一个项目必须在第二个项目之前作为事件出现，两者在同一序列中出现。类似地，我们可以将项集的长度从 2 增加到 3，以此类推。该过程在找不到频繁序列或无法通过这种连接形成这样的序列时停止。以下示例有助于说明这个过程。

例 5.14　SPADE：使用垂直数据格式的候选生成与测试。设定最小支持度为 2。我们运行的示例序列数据库 *S* 如表 5.4 所示，以水平数据格式存储。SPADE 首先扫描 *S* 并将其转换为垂直格式，如图 5.8a 所示。每个项集（或事件）都与其 ID_list 相关联，ID_list 是包含该项集的 SID（*sequence_ID*）和 EID（*event_ID*）对的集合。

SID	EID	项集
1	1	*a*
1	2	*abc*
1	3	*ac*
1	4	*d*
1	5	*cf*
2	1	*ad*
2	2	*c*
2	3	*bc*
2	4	*ae*
3	1	*ef*
3	2	*ab*
3	3	*df*
3	4	*c*
3	5	*b*
4	1	*e*
4	2	*g*
4	3	*af*
4	4	*c*
4	5	*b*
4	6	*c*

a）垂直格式数据库

a		*b*		…
SID	EID	SID	EID	…
1	1	1	2	
1	2	2	3	
1	3	3	2	
2	1	3	5	
2	4	4	5	
3	2			
4	3			

b）一些 1- 序列的 ID_list

ab			*ba*			…
SID	EID (*a*)	EID (*b*)	SID	EID (*b*)	EID (*a*)	…
1	1	2	1	2	3	
2	1	3	2	3	4	
3	2	5				
4	3	5				

c）一些 2- 序列的 ID_list

aba				…
SID	EID (*a*)	EID (*b*)	EID (*a*)	…
1	1	2	3	
2	1	3	4	

d）一些 3- 序列的 ID_list

图 5.8　SPADE 挖掘过程

各个单独项目（如 *a*、*b* 等）的 ID_list，如图 5.8b 所示。例如，项目 *b* 的 ID_list 包括以下 (SID, EID) 对：{(1, 2), (2, 3), (3, 2), (3, 5), (4, 5)}，其中条目 (1, 2) 表示 *b* 出现在序列 1，事件 2 等。项目 *a* 和 *b* 都是频繁的。它们可以连接组成长度为 2 的序列 $\langle a,b \rangle$。我们可以如下找到这个序列的支持度。我们通过在相同的 *sequence_ID* 上连接 *a* 和 *b* 的 ID_list 来连接 *a* 和 *b*，只要根据 *event_ID*，*a* 在 *b* 之前出现。也就是说，连接必须保持所涉及事件的时间顺序。这种连接的结果如图 5.8c 中的 *ab* 的 ID_list 所示。例如，2- 序列 *ab* 的 ID_list 是一组三元组 (SID，EID(*a*)，EID(*b*))，即 {(1, 1, 2), (2, 1, 3), (3, 2, 5), (4, 3, 5)}。例如，条目 (2, 1, 3) 显示 *a* 和 *b* 都出现在序列 2 中，*a*(该序列的事件 1）在 *b*(事件 3）之前出现，如所需的那样。此外，可以将频繁 2- 序列连接起来（考虑 Apriori 修剪启发式，即候选 *k*- 序列的 $(k-1)$- 子序列必须是频繁的），以形成 3- 序列，如图 5.8d 所示，以此类推。当找不到频繁序列或无法生成候选序列时，该过程终止。 □

使用垂直数据格式以及创建 ID_list 减少了对序列数据库的扫描次数。ID_list 携带了查找候选序列支持度所需的信息。随着频繁序列的长度增加，其 ID_list 的大小减小，从而实现快速连接。然而，SPADE 和 GSP 的基本搜索方法是广度优先搜索（例如，首先探索 1- 序列，然后是 2- 序列，等等）和 Apriori 修剪。尽管进行了修剪，但为了生成更长的序列，这两个算法仍然需要以广度优先方式生成大量候选序列。因此，SPADE 中将会重现 GSP 算法中遇到的大部分困难。

PrefixSpan：前缀投影序列模式增长

模式增长是一种不需要生成候选的频繁模式挖掘方法。这一技术源于用于事务数据库的 FP 增长算法。这一方法的基本思想如下：首先找出频繁的单个项目，然后将这些信息压缩成一个频繁模式树，即 FP 树。FP 树用于生成一组投影数据库，每个数据库与一个频繁项目相关联。然后，可以单独递归地挖掘这些数据库，避免了候选的生成。有趣的是，这种模式增长方法可以扩展到挖掘序列模式，从而得到一种新算法，即 PrefixSpan，如下所示。

不失一般性，一个事件内的所有项目可以按字母顺序列出。例如，不必将事件中的项目列为 (bac)，而可以列为 (abc)。给定序列 $\alpha=\langle e_1e_2\cdots e_n\rangle$（其中每个 e_i 对应于序列数据库 S 中的一个频繁事件），序列 $\beta=\langle e_1'e_2'\cdots e_m'\rangle$ $(m\leqslant n)$，当且仅当（1）$e_i'=e_i$（对于 $i\leqslant m-1$）；（2）$e_m'\subseteq e_m$；（3）(e_m-e_m') 中的所有频繁项目都按字母顺序排在 e_m' 之后，那么 β 就是 α 的**前缀**。序列 $\gamma=\langle e_m''e_{m+1}\cdots e_n\rangle$ 被称为相对于前缀 β 的 α 的**后缀**，表示为 $\gamma=\alpha/\beta$，其中 $e_m''=e_m-e_m'$。[⊖] 我们也可以表示 $\alpha=\beta\cdot\gamma$。需要注意，如果 β 不是 α 的子序列，那么相对于 β 的 α 的后缀为空。

我们可以通过以下示例来说明这些概念。

例 5.15　前缀和后缀。考虑序列 $s=\langle a(abc)(ac)d(cf)\rangle$，对应于表 5.4 序列数据库中的序列 1。$\langle a\rangle$、$\langle aa\rangle$、$\langle a(ab)\rangle$ 和 $\langle a(abc)\rangle$ 是 s 的四个前缀。相对于前缀 $\langle a\rangle$，$\langle (abc)(ac)d(cf)\rangle$ 是 s 的后缀；相对于前缀 $\langle aa\rangle$，$\langle (\_bc)(ac)d(cf)\rangle$ 是 s 的后缀；相对于前缀 $\langle a(ab)\rangle$，$\langle (\_c)(ac)d(cf)\rangle$ 是 s 的后缀。□

基于前缀和后缀的概念，挖掘序列模式的问题可以分解成一组子问题，如下所示。

1. 令 $\{\langle x_1\rangle,\langle x_2\rangle,\cdots,\langle x_n\rangle\}$ 为序列数据库 S 中长度为 1 的序列模式的完全集。S 中序列模式的完全集可以划分为 n 个不相交的子集。第 i 个子集（$1\leqslant i\leqslant n$）是具有前缀 $\langle x_i\rangle$ 的序列模式集合。

2. 令 α 为长度为 l 的序列模式，$\{\beta_1,\beta_2,\cdots,\beta_m\}$ 为所有具有前缀 α 的长度为 $(l+1)$ 的序列模式集合。具有前缀 α 的序列模式的完全集，除了 α 本身，可以划分为 m 个不相交的子集。第 j 个子集（$1\leqslant j\leqslant m$）是以 β_j 为前缀的序列模式集合。

基于这一观察，问题可以递归地进行划分。也就是说，每个序列模式子集在必要时可以进一步划分。这形成了一个分治的框架。为了挖掘序列模式的子集，我们构建相应的投影数据库并递归地挖掘每个子集。

让我们使用运行示例来查看如何使用基于前缀的投影方法来挖掘序列模式。

例 5.16　PrefixSpan：一种基于模式增长的方法。使用表 5.4 相同的序列数据库 S，最小支持度为 2，可以通过以下步骤使用前缀投影方法挖掘 S 中的序列模式。

1. 查找长度为 1 的序列模式。扫描 S 一次，找到序列中的所有频繁项目。这些频繁项目都是长度为 1 的序列模式。它们是 $\langle a\rangle:4$, $\langle b\rangle:4$, $\langle c\rangle:4$, $\langle d\rangle:3$, $\langle e\rangle:3$ 和 $\langle f\rangle:3$，其中记号"〈模式〉：计数"表示该模式及其相关的支持度计数。

2. 对搜索空间进行分区。序列模式的完全集可以根据六个前缀分为以下六个子集：（1）具有前缀 $\langle a\rangle$ 的子集，（2）具有前缀 $\langle b\rangle$ 的子集，……，（6）具有前缀 $\langle f\rangle$ 的子集。

3. 查找序列模式的子集。第 2 步提到的序列模式子集可以通过构建相应的投影数据库并进行递归挖掘来找到。投影数据库以及其中找到的序列模式列在表 5.5 中，挖掘过程如下所述。

a. 查找前缀为 $\langle a\rangle$ 的序列模式。应仅收集包含 $\langle a\rangle$ 的序列。此外，在包含 $\langle a\rangle$ 的序列中，只

⊖ 如果 e_m'' 非空，后缀也表示为 $\langle (e_m''\text{中的项目})e_{m+1}\cdots e_n\rangle$。

应考虑以第一次出现的 $\langle a\rangle$ 为前缀的子序列。例如，在序列 $\langle (ef)(ab)(df)cb\rangle$ 中，只应考虑以 $\langle a\rangle$ 为前缀的序列模式挖掘的子序列 $\langle (\_b)(df)cb\rangle$。请注意，$(\_b)$ 表示前缀中的最后一个事件，即 a 与 b 一起形成一个事件。

S 中包含 $\langle a\rangle$ 的序列在对 $\langle a\rangle$ 进行投影时，将形成 $\langle a\rangle$ - 投影数据库，其中包括四个后缀序列：$\langle (abc)(ac)d(cf)\rangle$, $\langle (\_d)c(bc)(ae)\rangle$, $\langle (\_b)(df)cb\rangle$ 和 $\langle (\_f)cbc\rangle$。

通过扫描 $\langle a\rangle$ - 投影数据库一次，可以找到局部频繁项目 a: 2，b:4，$\_b$:2，c:4，d:2 和 f:2。因此，找到了所有以 $\langle a\rangle$ 为前缀的长度为 2 的序列模式，它们是 $\langle aa\rangle:2$, $\langle ab\rangle:4$, $\langle (ab)\rangle:2$, $\langle ac\rangle:4$, $\langle ad\rangle:2$ 和 $\langle af\rangle:2$。

表 5.5　投影数据库和序列模式

前缀	投影数据库	序列模式
$\langle a\rangle$	$\langle (abc)(ac)d(cf)\rangle, \langle (\_d)c(bc)(ae)\rangle, \langle (\_b)(df)cb\rangle, \langle (\_f)cbc\rangle$	$\langle a\rangle, \langle aa\rangle, \langle ab\rangle, \langle a(bc)\rangle, \langle a(bc)a\rangle, \langle aba\rangle, \langle abc\rangle, \langle (ab)\rangle, \langle (ab)c\rangle, \langle (ab)d\rangle, \langle (ab)f\rangle, \langle (ab)dc\rangle, \langle ac\rangle, \langle aca\rangle, \langle acb\rangle, \langle acc\rangle, \langle ad\rangle, \langle adc\rangle, \langle af\rangle$
$\langle b\rangle$	$\langle (\_c)(ac)d(cf)\rangle, \langle (\_c)(ae)\rangle, \langle (df)cb\rangle, \langle c\rangle$	$\langle b\rangle, \langle ba\rangle, \langle bc\rangle, \langle (bc)\rangle, \langle (bc)a\rangle, \langle bd\rangle, \langle bdc\rangle, \langle bf\rangle$
$\langle c\rangle$	$\langle (ac)d(cf)\rangle, \langle (bc)(ae)\rangle, \langle b\rangle, \langle bc\rangle$	$\langle c\rangle, \langle ca\rangle, \langle cb\rangle, \langle cc\rangle$
$\langle d\rangle$	$\langle (cf)\rangle, \langle c(bc)(ae)\rangle, \langle (\_f)cb\rangle$	$\langle d\rangle, \langle db\rangle, \langle dc\rangle, \langle dcb\rangle$
$\langle e\rangle$	$\langle (\_f)(ab)(df)cb\rangle, \langle (af)cbc\rangle$	$\langle e\rangle, \langle ea\rangle, \langle eab\rangle, \langle eac\rangle, \langle eacb\rangle, \langle eb\rangle, \langle ebc\rangle, \langle ec\rangle, \langle ecb\rangle, \langle ef\rangle, \langle efb\rangle, \langle efc\rangle, \langle efcb\rangle$
$\langle f\rangle$	$\langle (ab)(df)cb\rangle, \langle cbc\rangle$	$\langle f\rangle, \langle fb\rangle, \langle fbc\rangle, \langle fc\rangle, \langle fcb\rangle$

递归地，所有以 $\langle a\rangle$ 为前缀的序列模式可以分为六个子集：（1）以 $\langle aa\rangle$ 为前缀的模式，（2）以 $\langle ab\rangle$ 为前缀的模式，……，（6）以 $\langle af\rangle$ 为前缀的模式。这些子集可以通过构建各自的投影数据库并递归挖掘每个子集来进行挖掘，如下所示。

i. $\langle aa\rangle$ - 投影数据库由两个非空（后缀）子序列组成，它们以 $\langle aa\rangle$ 为前缀：$\{\langle (\_bc)(ac)d(cf)\rangle, \langle (\_e)\rangle\}$。由于从这个投影数据库中不可能生成任何频繁子序列，因此 $\langle aa\rangle$ - 投影数据库的处理终止。

ii. $\langle ab\rangle$ - 投影数据库包含三个后缀序列：$\langle (\_c)(ac)d(cf)\rangle$, $\langle (\_c)a\rangle$ 和 $\langle c\rangle$。对 $\langle ab\rangle$ - 投影数据库进行递归挖掘返回四个序列模式：$\langle (\_c)\rangle$, $\langle (\_c)a\rangle$, $\langle a\rangle$ 和 $\langle c\rangle$（即 $\langle a(bc)\rangle$, $\langle a(bc)a\rangle$, $\langle aba\rangle$ 和 $\langle abc\rangle$）。它们构成以 $\langle ab\rangle$ 为前缀的序列模式的完全集。

iii. $\langle (ab)\rangle$ - 投影数据库只包含两个序列：$\langle (\_c)(ac)d(cf)\rangle$ 和 $\langle (df)cb\rangle$，从而找到以 $\langle (ab)\rangle$ 为前缀的以下序列模式：$\langle c\rangle$, $\langle d\rangle$, $\langle f\rangle$ 和 $\langle dc\rangle$。

iv. $\langle ac\rangle$ -, $\langle ad\rangle$ - 和 $\langle af\rangle$ - 投影数据库可以以类似的方式构建和递归挖掘。表 5.5 中显示了找到的序列模式。

b. 分别找到具有前缀 $\langle b\rangle$, $\langle c\rangle$, $\langle d\rangle$, $\langle e\rangle$ 和 $\langle f\rangle$ 的序列模式。这可以通过构建相应的 $\langle b\rangle$-, $\langle c\rangle$-, $\langle d\rangle$, $\langle e\rangle$ - 和 $\langle f\rangle$ - 投影数据库，然后对其进行挖掘。相应的投影数据库和找到的序列模式也在表 5.5 中显示。

4. 序列模式的集合是在上述递归挖掘过程中找到的模式的集合。 □

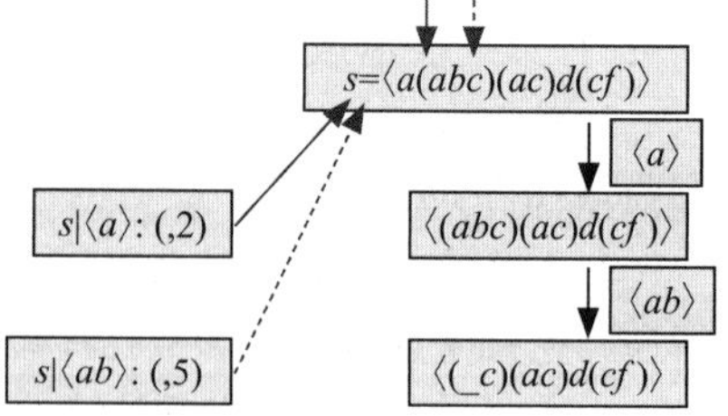

图 5.9　在 PrefixSpan 中的伪投影与物理投影

上述描述的方法在挖掘过程中不生成候选序列。然而，该方法会生成许多投影数据库，每个频繁前缀子序列对应一个投影数据库。如果必须物理地生成此类数据库，那么递归生成大量的投影数据库可能成为该方法的主要成本。一个重要的优化技术是**伪投影**，如图 5.9 所示。例如，对于序列 $\langle a(abc)(ac)d(cf)\rangle$，$\langle a\rangle$ 的投影将生成一个投影子序列 $\langle (abc)(ac)d(cf)\rangle$（即 $\langle a\rangle$ 的后缀），然后对 $\langle b\rangle$ 进行的投影会生成 $\langle ab\rangle$ 的投影序列 $\langle (\_c)(ac)d(cf)\rangle$。这种物理投影可能需要大量的时间和空间来复制和存储投影子序列，其中包含大量冗余信息。伪投影方法通过记录相应序列的索引（或标识符）和投影后缀在序列中的起始位置来替代物理投影。也就是说，将序列的物理投影替换为记录序列标识符和投影位置索引点。例如，在上述两个投影中，不是生成两个物理投影后缀，而是创建两个指针（一个指向实线箭头所示的位置 2，另一个指向虚线箭头所示的位置 5）。这可以节省复制和粘贴后缀的时间，并节省存储此类后缀的空间。

当可以在主存储器中进行投影时，伪投影大大降低了投影成本。然而，如果伪投影用于基于磁盘的访问，可能不够高效，因为对磁盘空间的随机访问成本高昂。建议的方法是，如果原始序列数据库或投影数据库太大而无法放入内存，那么应该应用物理投影，然而一旦投影数据库可以放入内存，执行应切换到伪投影。这种方法已在 PrefixSpan 实现中采用。

GSP、SPADE 和 PrefixSpan 的性能比较显示，PrefixSpan 在整体性能上表现最佳。尽管在大多数情况下 SPADE 比 PrefixSpan 弱，但它优于 GSP。生成庞大的候选集可能会消耗大量内存，从而导致候选生成和测试算法变得相当缓慢。比较还发现，当存在大量频繁子序列时，三种算法都运行较慢。这个问题可以通过闭序列模式挖掘来部分解决。

挖掘闭序列模式

挖掘频繁子序列的完全集可能会生成大量的序列模式，一个有趣的替代方法是仅挖掘频繁的闭子序列，也就是那些不包含具有相同支持度的超序列的子序列。挖掘闭序列模式可以生成的序列模式数量明显少于挖掘完整的序列模式集生成的。需要注意的是，完整的频繁子序列集，以及它们的支持度，可以轻松地从闭子序列中派生出来。因此，闭子序列具有与相应的完整子序列集相同的表现能力。由于它们的紧凑性，它们可能更容易找到。

CloSpan 是一种高效的闭序列模式挖掘方法。与挖掘闭频繁模式类似，如果发现连续挖掘不会生成新的结果，它可以跳过挖掘冗余的闭序列模式。例如，如图 5.10 所示，如果前缀 $\langle ac\rangle$ 的投影数据库 Δ 与后一个前缀 $\langle c\rangle$ 的投影数据库 Δ 相同（被称为后向子模式，因为 $\langle c\rangle\Delta$ 较晚出现，且是 $\langle ac\rangle\Delta$ 的子模式），CloSpan 将修剪后一个 Δ 挖掘以避免冗余。类似地，CloSpan 将搜索用于修剪以避免冗余挖掘的后向超模式。更具体地说，如果基于前缀的投影数据库 $S|_\alpha$ 的大小与基于前缀的投影数据库 $S|_\beta$ 的大小相同，并且 α 和 β 有子字符串 / 超字符串关系，则它将停止增长基于前缀的投影数据库 $S|_\beta$。

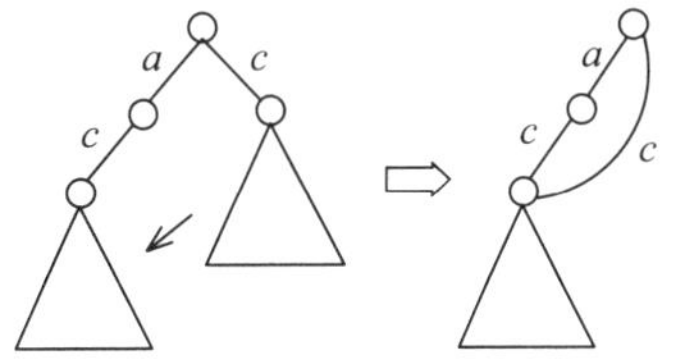

a）后向子模式

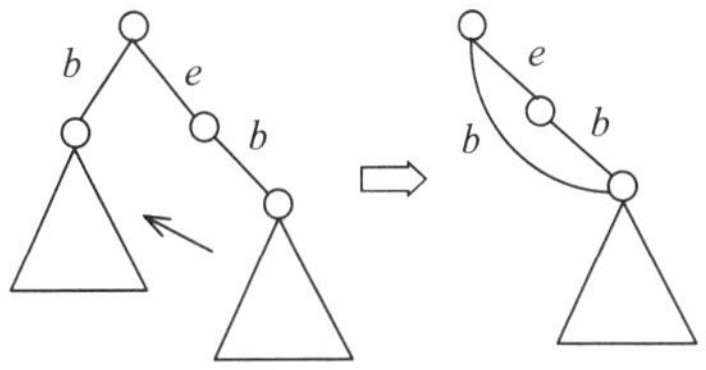

b）后向超模式

图 5.10　后向子模式与后向超模式的修剪

这是基于序列数据库的属性，称为**投影数据库的等价性**，具体表述如下：两个投影序列数据库等价，$S|_\alpha = S|_\beta$，[㊀]其中 $\alpha \subseteq \beta$（即 α 是 β 的子序列），当且仅当 $S|_\alpha$ 中的总项目数等于 $S|_\beta$ 中的总项目数。

让我们来看一个例子。

例 5.17　CloSpan：修剪冗余的投影数据库。给定一个小的序列数据库 S，如图 5.11 所

㊀ 在 $S|_\alpha$ 中，序列数据库 S 关于序列（如前缀）α 投影。$S|_\beta$ 的定义类似。

示，其中 min_sup=2。前缀⟨*af*⟩的前缀投影序列数据库为 (⟨*bcg*⟩,⟨*egb*(*ac*)⟩,⟨*ea*⟩)，共 12 个符号（包括括号），而前缀⟨*f*⟩的投影序列数据库的大小与之相同。显然，这两个投影数据库应该是相同的，没有必要再挖掘后者，即⟨*f*⟩-投影序列数据库。这是可以理解的，因为对于任何序列 *s*，如果它在⟨*af*⟩和⟨*f*⟩上的投影不相同，后者必然包含比前者更多的符号（例如，它可能仅包含⟨*f*⟩，但不包含⟨*a*…*f*⟩，或者在⟨*a*…*f*⟩前面包含⟨*f*⟩）。然而，现在这两个大小是相等的。这意味着它们的投影数据库必须是相同的。这种后向子模式修剪和后向超模式修剪可以大大减小搜索空间。 □

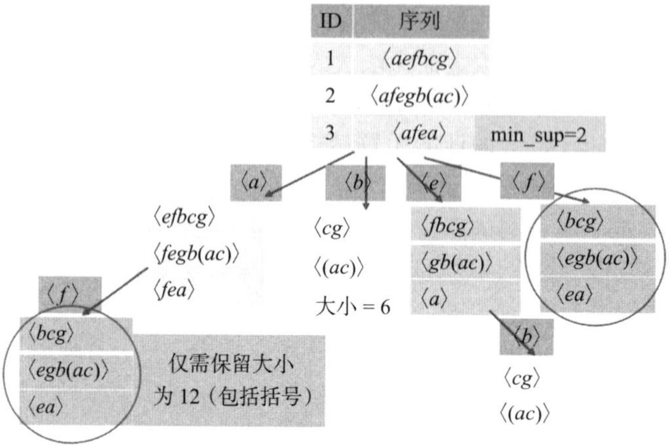

图 5.11 后向子模式或后向超模式的修剪

实证结果显示，与挖掘序列模式完全集的 PrefixSpan 相比，CloSpan 通常会在更短的时间内生成小得多的序列模式集。

挖掘多维、多层序列模式

序列标识符（例如代表单个顾客）和序列项目（例如购买的商品）通常与附加信息关联。序列模式挖掘可以利用这些附加信息，在多维、多层信息空间中发现有趣的模式。以顾客购物交易为例。在这类数据的序列数据库中，与序列 ID 相关的附加信息可以包括顾客的居住区域、分组和职业。与项目相关的信息可以包括商品类别、品牌、型号类型、型号编号、制造地点和制造日期。多维、多层序列模式挖掘是在这样一个广阔的维度空间中，以不同层次的细节发现有趣的模式。

例 5.18 多维、多层序列模式。发现“购买智能家居恒温器的退休顾客可能在一个月内购买可视门铃”和“购买笔记本计算机的年轻人可能在 90 天内购买激光打印机”等模式，是多维、多层序列模式的示例。根据年龄维度的值将顾客分组为“退休顾客”和“年轻人”，并将商品概括为“智能恒温器”而不是特定型号，这里挖掘的模式与某些维度相关，并且处于更高的抽象层次。 □

“*典型的序列模式算法，比如 PrefixSpan，是否可以扩展以高效挖掘多维、多层序列模式？*”一个建议的修改是将多维、多层的信息分别与 *sequence_ID* 和 *item_ID* 相关联，挖掘方法可以在查找频繁子序列时考虑这些信息。例如，（芝加哥，中年，商业）可以与 *sequence_ID_1002*（对于给定顾客）相关联，而（激光打印机，HP，LaserJetPro，G3Q47A，美国，2020）可以与序列中的 *item_ID_543005* 相关联。序列模式挖掘算法将在挖掘过程中使用这些信息来找到与多维、多层信息相关的序列模式。

5.4.3　基于约束的序列模式挖掘

正如我们在频繁模式挖掘研究中所展示的，如果没有用户指定的约束条件，挖掘可能会生成大量不感兴趣的模式。这种无焦点的挖掘会降低频繁模式挖掘的效率和可用性。因此，我们提倡**基于约束的挖掘**，它结合了用户指定的约束条件，以减小搜索空间并仅提取用户感兴趣的模式。

约束可以以多种形式表达。它们可以指定所挖掘的模式之间的期望关系，这些关系可以涉及属性、属性值或模式内的聚合。正则表达式也可以用作约束，以“模式模板”的形式指定所要挖掘的模式的期望形式。为基于约束的频繁模式挖掘引入的一般概念也适用于基于约束的序列模式挖掘。关键思想是，这些类型的约束可以在挖掘过程中使用，以限制搜索空间，从而提高挖掘的效率和找到结果模式的趣味性。这个思想也被称为“将约束深入挖掘过程中”。

现在，让我们看一些序列模式挖掘的典型约束条件示例。

第一，约束可以与序列的**持续时间** T 相关。持续时间可以由用户指定，与特定时间段相关，例如过去的 6 个月。然后，序列模式挖掘可以限制在指定持续时间 T 内的数据上。与特定持续时间相关的约束可以被视为简明约束。如果我们可以在支持度计数开始之前列举出所有和仅那些满足约束的序列，则约束是**简明**的。在这种情况下，我们可以将数据选择过程深入挖掘过程中，并在挖掘开始之前选择在所需期间内的序列，以减小搜索空间。

第二，用户可以限制要挖掘的序列模式的最大或最小长度。要挖掘的序列模式的最大或最小长度可以分别视为反单调或单调约束。例如，约束 $L \leqslant 10$ 是反单调的，因为如果一个序列模式违反了这个约束，则随后的挖掘都会违反这个约束。类似地，对于序列模式挖掘，数据的反单调性以及搜索空间修剪规则也可以相应地建立。

第三，在序列模式挖掘中，约束可以与**事件折叠窗口** w 相关。在指定的时间段内发生的事件集合可以被视为同时发生。如果将 w 设置为 0（即没有事件序列折叠），则找到的序列模式将是每个事件发生在不同的时间点，例如，“顾客购买了笔记本计算机，然后购买了数码相机，再然后购买了激光打印机”将被视为长度为 3 的序列，即使所有这些事件都发生在同一天。然而，如果将 w 设置为基于周的，那么这些交易将被视为在同一时期内发生，并且这样的序列将在分析中被“折叠”成一个集合。在极端情况下，如果 w 被设置为与整个持续时间 T 一样长，那么序列模式挖掘将退化为不考虑序列的频繁模式挖掘。

第四，用户可以指定已发现模式中事件之间的所需时间**间隔**作为约束。例如，$min\_gap \leqslant gap \leqslant max\_gap$ 是为了找到至少相隔 min_gap 但最多相隔 max_gap 的模式。类似“如果一个人租了电影 A，她可能不会在 6 天内而是在 30 天内租电影 B”这样的模式，暗示着 $6 < gap \leqslant 30$（天）。将时间间隔约束直接应用于序列模式挖掘是直截了当的。通过对挖掘过程进行微小修改，可以处理具有近似时间间隔的约束。

第五，用户可以通过提供正则表达式形式的“模式模板”来指定对序列模式的约束。在这里，我们将讨论如何使用正则表达式来挖掘串行事件和并行事件。**串行事件**是一组以全序发生的事件，而**并行事件**是一组其发生顺序不重要的事件。考虑以下示例。

例 5.19　使用正则表达式指定串行事件和并行事件。假设符号 (E, t) 表示事件类型 E 在时间 t 发生。考虑数据 $(A, 1)$，$(C, 2)$ 和 $(B, 5)$，其中事件折叠窗口宽度为 w=2，数据中出现了串行事件 $A \to B$ 和并行事件 $A\&C$。用户可以以正则表达式的形式指定约束，例如 $\{A|B\}C^*\{D|E\}$，这表示用户希望找到事件 A 和 B 首先发生（但它们是并行的，它们的相对顺序无关紧要），然后是一个或一组事件 C 发生，再然后是事件 D 和 E 发生（其中 D 可以在 E 之前

或之后发生）的模式。在正则表达式中指定的事件之间可以发生其他事件。□

正则表达式约束可能既不是反单调的，也不是单调的。在这种情况下，我们无法以上面描述的方式使用它来修剪搜索空间。然而，通过修改基于 PrefixSpan 的模式增长方法，可以以一种优雅的方式处理这些约束。让我们看一个这样的例子。

例 5.20　使用正则表达式约束的基于约束的序列模式挖掘。假设我们的任务是挖掘序列模式，再次使用表 5.4 中的序列数据库 S。但是，这一次，我们特别关注与正则表达式约束 $C=\langle a*\{bb|(bc)d|dd\}\rangle$ 匹配的模式，要求最小支持度。

这个约束不能深入挖掘过程中。然而，它可以很容易地与模式增长挖掘过程集成，如下所示。首先，只需要挖掘 $\langle a\rangle$ - 投影数据库 $S|_{\langle a\rangle}$，因为正则表达式约束 C 以 a 开头。只保留 $S|_{\langle a\rangle}$ 中包含集合 $\{b, c, d\}$ 中的项目的序列。其次，可以从后缀开始进行剩余挖掘。这实质上是 Suffix-Span 算法，与 PrefixSpan 对称，它从序列末尾向前增长后缀。增长应该与后缀匹配作为约束，即 $\langle\{bb|(bc)d|dd\}\rangle$。对于与这些后缀匹配的投影数据库，可以以前缀或后缀扩展的方式增长序列模式，以找到所有剩余的序列模式。□

因此，我们已经看到了一些可以用来提高序列模式挖掘的效率和可用性的约束方式。

5.5　挖掘子图模式

图在建模复杂结构方面变得越来越重要，如电路、图像、工作流、XML 文档、网页、化合物、蛋白质结构、生物网络、社交网络、信息网络、知识图谱和互联网。在化学信息学、计算机视觉、视频索引、网络搜索和文本检索等领域已经开发了许多图搜索算法。随着对大量结构化数据分析需求的增加，图挖掘已成为数据挖掘中的一个活跃和重要主题。

在各种类型的图模式中，*频繁子结构*或*子图*是可以在图集合中发现的基本模式。它们有助于描述图集合、区分不同组的图、对图进行分类和聚类、构建图索引，并促进图数据库中的相似性搜索。最近的研究已经开发了几种图挖掘方法，并将它们应用于各种应用中的有趣模式的发现。例如，已经有报道称，通过对比不同类别之间频繁图的支持度来发现 HIV 筛查数据集中的活性化合物结构。还对以下进行了研究：将频繁结构用作分类化合物的特征，使用频繁图挖掘技术研究蛋白质结构家族，检测代谢网络中相当大的频繁子路径，并利用频繁图模式在图数据库中进行图索引和相似性搜索。尽管图挖掘可能包括挖掘频繁子图模式、图分类、聚类和其他分析任务，但在本节中，我们将重点放在挖掘频繁子图上。我们将研究各种方法、它们的扩展和应用。

5.5.1　挖掘频繁子图的方法

在介绍图挖掘方法之前，首先需要介绍一些与频繁图挖掘相关的初步概念。

我们用 $V(g)$ 表示图 g 的**顶点集**，用 $E(g)$ 表示**边集**。标签函数 L 将顶点或边映射到一个标签。如果存在从 g 到 g' 的子图同构，则图 g 是另一个图 g' 的**子图**。给定一个带标签的图数据集 $D=\{G_1,G_2,\cdots,G_n\}$，我们定义 support(g)（或 frequency(g)）为图数据库（即图的集合）D 中图的百分比（或数量），其中 g 是子图。**频繁图**是支持度不低于最小支持度阈值 min_sup 的图。

例 5.21　频繁子图。图 5.12 显示了一个化学结构的样本集。图 5.13 显示了在给定最小支持度为 66.6% 的情况下，数据集中的两个频繁子图。□

*“我们如何发现频繁子结构？”*通常，发现频繁子结构包括两个步骤。第一步，我们生成频繁子结构的候选。每个候选的频数在第二步中进行检查。大多数关于频繁子结构发现的研

究集中在第一步的优化上。这是因为第二步涉及子图同构测试，其计算复杂度非常高（即 NP 完全问题）。

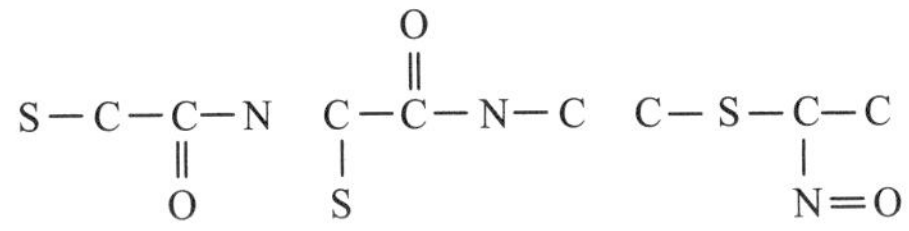
(g1)　(g2)　(g3)

图 5.12　一个样本图数据集

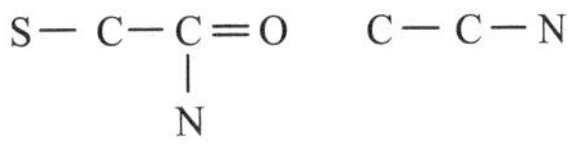
频数：2　频数：3

图 5.13　频繁图

在本节中，我们将研究各种用于频繁子结构挖掘的方法。一般来说，解决这个问题有两种基本方法：一种是基于 Apriori 的方法，另一种是基于模式增长的方法。

基于 Apriori 的方法

基于 Apriori 的频繁子结构挖掘算法与基于 Apriori 的频繁项集挖掘算法（第 4 章）具有类似的特点。搜索频繁图的过程从“大小”较小的图开始，并通过生成具有额外顶点、边或路径的候选，以自底向上的方式继续。图大小的定义取决于所使用的算法。

基于 Apriori 的频繁子结构挖掘方法的一般框架如图 5.14 所示。我们将这个算法称为 AprioriGraph。S_k 表示大小为 k 的频繁子结构集合。当我们在下面描述特定的基于 Apriori 的方法时，将阐明图大小的定义。AprioriGraph 采用逐层挖掘方法。在每次迭代中，新发现的频繁子结构的大小增加一。这些新的子结构首先是由两个在先前调用 AprioriGraph 时发现的相似但略有不同的频繁子图连接而生成的。该候选生成过程如第 4 行所示。然后检查新形成结构的频数。那些被发现是频繁的结构将用于在下一轮中生成更大的候选。

算法：AprioriGraph(D, minsup, S_k)

输入：图数据集D和最小支持度。
输出：频繁子结构集S_k。

1: S_{k+1}←∅;
2: **for**每个频繁的$g_i \in S_k$ **do**
3: 　**for**每个频繁的$g_j \in S_k$ **do**
4: 　　**for**由g_i和g_j合并形成的每个大小为（k+1）的图g **do**
5: 　　　**if** g在D中是频繁的且$g \notin S_{k+1}$ **then**
6: 　　　　将g插入S_{k+1};
7: **if** $S_{k+1} \neq \varnothing$ **then**
8: 　调用AprioriGraph(D,minsup,S_{k+1});
9: **return**;

图 5.14　AprioriGragh

基于 Apriori 的子结构挖掘算法的主要设计复杂性在于候选生成步骤。频繁项集挖掘中的候选生成是直接的。例如，假设我们有两个大小为 3 的频繁项集：(abc) 和 (bcd)。它们生成的大小为 4 的频繁项集候选仅为 ($abcd$)，根据连接而得到。然而，频繁子结构挖掘中的候选生成问题比频繁项集挖掘中的更难，因为有许多方法可以连接两个子结构，如下所示。

基于 Apriori 的频繁子结构挖掘算法包括 AGM、FSG 和一种路径连接方法。AGM 与基于 Apriori 的项集挖掘具有类似的特点。FSG 和路径连接方法以基于 Apriori 的方式探索边和连接。由于边是比顶点更大的单位，且它施加的约束比单个顶点多，基于边的候选生成方法 FSG 比基于顶点的候选生成方法 AGM 提高了效率。我们在这里讨论 FSG 方法。

FSG 算法采用了一种基于边的候选生成策略，每次调用 AprioriGraph 时将子结构大小增加一条边。仅当两个大小为 k 的模式共享具有 (k−1) 条边的相同子图（称为**核心**）时，它们才会合并。在这里，图大小是指图中的边数。新形成的候选包括核心以及来自大小为 k 的模式的额外两条边。图 5.15 显示了由两个子结构模

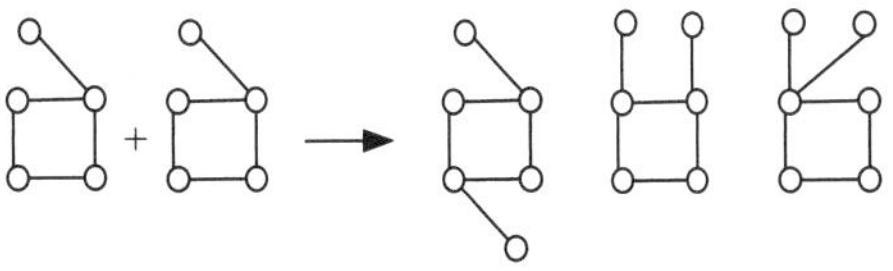

图 5.15　FSG：两个子结构模式及其潜在候选

式形成的潜在候选。每个候选都比这两个模式多一条边，但这条额外的边可以与不同的顶点关联。这个示例说明了连接两个结构以形成大型候选的复杂性。

在第三种基于 Apriori 的方法中，提出了一种*边不相交路径方法*，其中图根据它们具有的不相交路径的数量进行分类，如果两条路径没有共同的边，则它们是边不相交的。具有 $k+1$ 条不相交路径的子结构模式是通过连接具有 k 条不相交路径的子结构生成的。

基于 Apriori 的算法在连接两个大小为 k 的频繁子结构以生成大小为 $(k+1)$ 的图候选时会有相当大的开销。开销出现在以下情况：（1）连接两个大小为 k 的频繁图（或其他结构，如路径）以生成大小为 $(k+1)$ 的图候选；（2）分别检查这些候选的频数。这两个操作构成了类似 Apriori 算法的性能瓶颈。为了避免这种开销，开发了基于非 Apriori 的算法，其中大多数采用了模式增长方法。这种方法试图直接从单个模式扩展模式。以下，我们介绍频繁子图挖掘的模式增长方法。

模式生长方法

基于 Apriori 的方法必须使用广度优先搜索（BFS）策略，因为它采用了逐层候选生成。为了确定大小为 $(k+1)$ 的图是否频繁，必须检查它的所有对应的大小为 k 的子图，以获取其频数的上限。因此，在挖掘任何大小为 $(k+1)$ 的子图之前，类似 Apriori 的方法通常必须完成大小为 k 的子图的挖掘。因此，类似 Apriori 方法需要使用 BFS。相比之下，*模式增长方法*在搜索方法方面更加灵活。它可以使用广度优先搜索和深度优先搜索（DFS），后者消耗更少的内存。

图 g 可以通过添加新边 e 来扩展。新形成的图用 $g \diamond_x e$ 表示。边 e 可能会也可能不会引入图 g 的新顶点。如果 e 引入了新顶点，我们用 $g \diamond_{xf} e$ 来表示新图，否则用 $g \diamond_{xb} e$ 表示，其中 f 或 b 表示扩展是在向前或向后方向上。

图 5.16 展示了一种基于模式生长的频繁子图挖掘的一般框架。我们将这个算法称为 PatternGrowthGraph。对于每个已发现的图 g，它会递归执行扩展，直到发现嵌入 g 的所有频繁图。递归停止的条件是不再生成频繁图。

算法：PatternGrowthGraph(g, D, **minsup**, S)

输入：频繁图 g、图数据集 D 和支持度阈值 minsup。
输出：频繁图集 S。

1: **if** $g \in S$ **then return**;
2: **else** 将 g 插入 S;
3: 扫描一次 D，找到所有的边 e，使得 g 可以扩展为 $g \diamond_x e$;
4: **for** 每个频繁的 $g \diamond_x e$ **do**
5: 　调用 PatternGrowthGraph($g \diamond_x e$, D, minsup, S);
6: **return**;

图 5.16　PatternGrowthGraph

PatternGrowthGraph 算法简单但效率不高。其低效性表现在图的扩展上。同一个图可能会被多次发现。例如，可能存在 n 个不同的 $(n-1)$ 边图可以扩展成相同的 n 边图。多次发现相同的图在计算上效率低下。第二次发现的图被称为**重复图**。尽管 PatternGrowthGraph 的第 1 行处理了重复图，但生成和检测重复图可能会增加工作量。为减少生成重复图，每个频繁图应尽可能保守地扩展。这一原则导致了一些新算法的设计，其中一个典型示例是 gSpan 算法，如下所述。

gSpan 算法旨在减少生成重复图。它无须搜索先前发现的频繁图来检测重复，也不会扩展任何重复图，但仍能确保发现完整的频繁图集。

让我们看看 gSpan 算法是如何工作的。它采用深度优先搜索来遍历图。最初，随机选择一个起始顶点，并标记图中的顶点，以便知道哪些顶点已被访问。已访问的顶点集会重复扩展，直到建立完整的深度优先搜索（DFS）树。同一个图可能有不同的 DFS 树，具体取决于深度优先搜索的执行方式，即顶点的访问顺序。图 5.17b ～ d 中的加粗边显示了相同图的三棵 DFS 树。顶点标签为 x、y 和 z；边标签为 a 和 b。默认情况下，标签采用字母顺序。在构建 DFS 树时，顶点的访问顺序形成线性顺序。我们使用下标记录这个顺序，其中 $i < j$ 表示

在进行深度优先搜索时 v_i 在 v_j 之前被访问。用 DFS 树 T 标记的图 G 写作 G_T。T 被称为 G 的 **DFS 下标**。给定 DFS 树 T，我们将 T 中的起始顶点 v_0 称为根，将最后访问的顶点 v_n 称为*最右侧顶点*。从 v_0 到 v_n 的直线路径称为*最右侧路径*。在图 5.17b ～ d 中，基于相应的 DFS 树生成了三种不同的下标。在图 5.17b 和图 5.17c 中，最右侧路径是 (v_0, v_1, v_3)，在图 5.17d 中是 (v_0, v_1, v_2, v_3)。

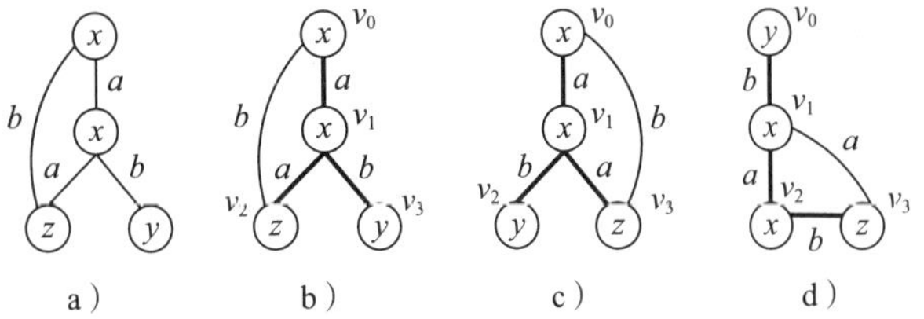

图 5.17　DFS 下标表示法

PatternGrowth 在每个可能的位置扩展频繁图，这可能会生成大量重复的图。gSpan 算法引入了一种更复杂的扩展方法。新方法限制扩展如下：给定一个图 G 和图 G 中的 DFS 树 T，可以在最右侧顶点和最右侧路径上的其他顶点之间添加新边 e（*向后扩展*）；或者它可以引入一个新顶点并连接到最右侧路径上的顶点（*向前扩展*）。由于这两种扩展都发生在最右侧路径上，因此我们称它们为*最右侧扩展*，表示为 $G\lozenge_r e$（为简洁起见，此处省略了 T）。

例 5.22　向后扩展和向前扩展。如果我们想要扩展图 5.17b 中的图，向后扩展的候选可以是 (v_3, v_0)。向前扩展的候选可以是从 v_3、v_1 或 v_0 扩展的边，并引入新顶点。□

图 5.18b ～ g 展示了图 5.18a 的所有可能的最右侧扩展。实心顶点显示了最右侧路径。其中，图 5.18b ～ d 从最右侧顶点生长，而图 5.18e ～ g 从最右侧路径上的其他顶点生长。图 5.18b.0 ～ b.4 是图 5.18b 的子图，而图 5.18f.0 ～ f.3 是图 5.18f 的子图。总之，向后扩展仅在最右侧顶点上进行，而向前扩展从最右侧路径上的顶点引入新边。

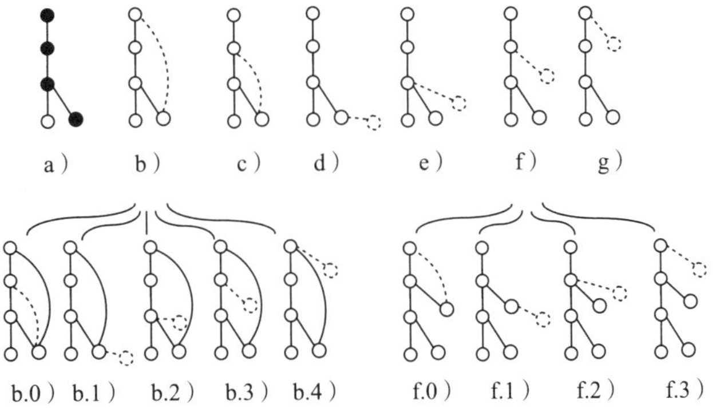

图 5.18　最右侧扩展

由于对于同一图可能存在许多 DFS 树 / 下标，我们选择其中一个作为基下标，并仅对该 DFS 树 / 下标进行最右侧扩展。否则，最右侧扩展不能减少重复图的生成，因为我们将不得不对每个 DFS 下标扩展相同的图。

我们将每个下标图转换为一个称为 **DFS 代码**的边序列，以便在这些序列之间建立顺序。目标是选择生成最小序列作为其基下标的下标。在此转换过程中有两种排序：（1）*边的顺序*，将下标图中的边映射到一个序列；（2）*序列的顺序*，建立边序列（即图）之间的顺序。

首先，我们介绍边的顺序。直观地说，DFS 树定义了向前边的发现顺序。对于图 5.17b 中所示的图，向前边按照以下顺序访问：(0, 1)，(1, 2)，(1, 3)。现在我们按照如下方式将向后边放入顺序中。对于顶点 v，它的所有向后边应该出现在它的向前边之前。如果 v 没有任何向前边，我们将其向后边放在 v 是第二个顶点的向前边之后。例如，对于图 5.17b 中的顶点

v_2，它的向后边 (2, 0) 应该出现在 (1, 2) 之后，因为 v_2 没有任何向前边。对于来自同一顶点的向后边，我们可以强制一种顺序。假设顶点 v_i 有两条向后边，(i, j_1) 和 (i, j_2)。如果 $j_1 < j_2$，那么边 (i, j_1) 将出现在边 (i, j_2) 之前。到目前为止，我们已经完成了图中边的排序。基于这个顺序，可以将图转换为一个边序列。图 5.17b 的完整序列是 (0, 1)，(1, 2)，(2, 0)，(1, 3)。

基于这个顺序，由图 5.17b、c 和 d 中的 DFS 下标生成的三个不同的 DFS 代码 γ_0、γ_1 和 γ_2 分别如表 5.6 所示。边由一个 5 元组 $(i, j, l_i, l_{(i,j)}, l_j)$ 表示，其中 l_i 和 l_j 分别是 v_i 和 v_j 的标签，$l_{(i,j)}$ 是连接它们的边的标签。

表 5.6　图 5.17b、c 和 d 的 DFS 代码

边	γ_0	γ_1	γ_2
e_0	$(0, 1, X, a, X)$	$(0, 1, X, a, X)$	$(0, 1, Y, b, X)$
e_1	$(1, 2, X, a, Z)$	$(1, 2, X, b, Y)$	$(1, 2, X, a, X)$
e_2	$(2, 0, Z, b, X)$	$(1, 3, X, a, Z)$	$(2, 3, X, b, Z)$
e_3	$(1, 3, X, b, Y)$	$(3, 0, Z, b, X)$	$(3, 1, Z, a, X)$

通过 DFS 编码，建立了下标图和 DFS 代码之间的一对一映射（一对多映射是图和 DFS 代码之间的关系）。当上下文清晰时，我们将下标图及其 DFS 代码视为相同。下标图的所有符号也可应用于 DFS 代码。由 DFS 代码 α 表示的图写作 G_α。

其次，我们定义了边序列之间的顺序。由于一个图可能具有多个 DFS 代码，我们希望在这些代码之间建立一个顺序，并选择一个代码来代表图。由于我们处理的是带标签的图，标签信息应该被视为顺序因素之一。顶点和边的标签用于在两条边具有完全相同的下标但具有不同标签时解决冲突。让边序关系 $\prec_T$ 占据第一优先级，顶点标签 l_i 占据第二优先级，边标签 $l_{(i,j)}$ 占据第三优先级，顶点标签 l_j 占据第四优先级，来确定两条边的顺序。例如，表 5.6 中三个 DFS 代码的第一条边分别为 $(0, 1, X, a, X)$、$(0, 1, X, a, X)$ 和 $(0, 1, Y, b, X)$。它们都共享相同的下标 (0, 1)。因此关系 $\prec_T$ 不能区分它们之间的差异。然而，使用标签信息，按照第一个顶点标签、边标签和第二个顶点标签的顺序，我们有 $(0, 1, X, a, X) < (0, 1, Y, b, X)$。基于上述规则的排序称为 DFS 字典序。根据这个排序，对于表 5.6 中列出的 DFS 代码，我们有 $\gamma_0 < \gamma_1 < \gamma_2$。

根据 DFS 字典序，给定图 G 的最小 DFS 代码，写作 dfs (G)，是所有 DFS 代码中最小的代码。例如，表 5.6 中的代码 γ_0 是图 5.17a 中图的最小 DFS 代码。生成最小 DFS 代码的下标称为基下标。

最小 DFS 代码与两个图的同构之间存在如下重要关系：给定两个图 G 和 G'，当且仅当 $\text{dfs}(G)=\text{dfs}(G')$ 时，G 与 G' 同构。基于这一属性，我们在挖掘频繁子图时仅需要在最小 DFS 代码上执行最右侧扩展，因为这种扩展将确保挖掘结果的完整性。

图 5.19 显示了如何通过最右侧扩展来排列搜索树中的所有 DFS 代码。根是一个空代码。每个节点都是一个编码图的 DFS 代码。每条边表示从 $(k-1)$ 长度 DFS 代码到 k 长度 DFS 代码的最右侧扩展。树本身是有序的：左侧兄弟在 DFS 字典序中小于右侧兄弟。由于任何图至少有一个 DFS 代码，搜索树可以列举图数据集中的所有可能子图。然而，一个图可能具有多个 DFS 代码，包括最小和非最小的。搜索非最小 DFS 代码不会产生有用的结果。“是否有必要对非最小 DFS 代码执行最右侧扩展？”答案是“没有必要”。如果图 5.19 中的代码 s 和 s' 编码相同的图，那么可以安全地修剪 s' 下的搜索空间。

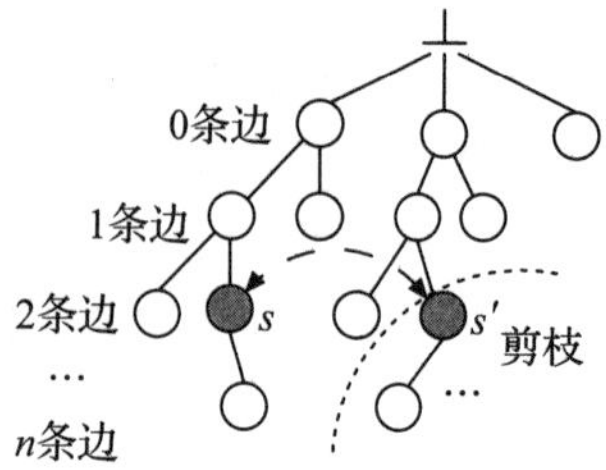

图 5.19　字典序搜索树

gSpan 的详细信息如图 5.20 所示。gSpan 被递归调用以扩展图模式，以便找到其频繁后代，直到它们的支持度小于 minsup 或其代码不再是最小的为止。gSpan 和 PatternGrowth 之间的区别在于非最小 DFS 代码的最右侧扩展和扩展终止（第 1 ～ 2 行）。我们将 PatternGrowth 第 1 ～ 2 行中的存在判断替换为不等式 $s \neq \mathrm{dfs}(s)$。实际上，计算 $s \neq \mathrm{dfs}(s)$ 更高效。第 5 行需要在 D 中穷举 s，以便计算 s 的所有可能的最右侧扩展的频数。

算法：gSpan (s, D, **minsup**, S)

输入：DFS代码s、图数据集D和最小支持度minsup。
输出：频繁图集S。

1: **if** $s \neq \mathrm{dfs}(s)$, **then**
2:     **return**;
3: 将 s 插入 S;
4: 设 C 为 $\varnothing$;
5: 扫描一次 D，找到所有的边 e，使得s可以最右侧扩展为 $s \diamond_r e$；
    将$s \diamond_r e$插入 C 中并统计其频数;
6: 按照DFS字典序对 C 进行排序;
7: **for** C 中每个频繁的 $s \diamond_r e$ **do**
8:     调用 gSpan($s \diamond_r e$, D, minsup, S)；
9: **return**;

图 5.20 gSpan：一种用于频繁子结构挖掘的模式增长算法

图 5.20 的算法实现了 gSpan 的深度优先搜索版本。实际上，广度优先搜索也可行：对于第 8 行中每个新发现的频繁子图，我们不是直接调用 gSpan，而是将其插入全局的先进先出队列 Q 中，记录所有尚未扩展的子图。然后，我们逐个从 Q 中“gSpan”每个子图。广度优先搜索版本的 gSpan 性能非常接近深度优先搜索版本，尽管后者通常消耗更少的内存。

5.5.2 挖掘变体和受约束子结构模式

前一节中讨论的频繁子图挖掘仅处理一种特殊类型的图：带有标签、无向、连通的简单图，没有特定的约束。换句话说，我们假设要挖掘的数据库包含一组图，每个图都由一组带标签的顶点和带标签但无向的边组成，没有其他约束。然而，许多应用程序或用户可能需要对要挖掘的模式实施各种约束或寻找变体子结构模式。例如，我们可能希望挖掘包含特定顶点 / 边的模式，或其中顶点 / 边的总数在指定范围内。或者，如果我们寻找图模式的平均密度高于某个阈值的模式会怎样呢？尽管可以为每种情况开发定制算法，但需要考虑的变体情况太多。相反，需要一个通用框架，它可以组织变体和约束，并有助于系统地开发高效的挖掘方法。在本节中，我们研究了几种变体和受约束的子结构模式，并讨论如何对它们进行挖掘。

挖掘闭频繁子结构

闭频繁子结构是频繁子结构的一个重要变体。以挖掘频繁子图为例。与挖掘频繁项集和挖掘序列模式类似，挖掘图模式可能会生成大量模式。根据 Apriori 属性，频繁图的所有子图都是频繁的。因此，一个大型图模式可能生成指数级多的频繁子图。例如，在艾滋病抗病毒筛查数据集中有 423 种确认为活性的化合物，其中有近 100 万种支持度至少为 5% 的频繁图模式。这使得对频繁图的进一步分析几乎不可能。

缓解这个问题的一种方法是仅挖掘频繁闭图，其中频繁图 G 是**封闭**的，当且仅当不存在一个具有与 G 相同支持度的真超图 G'。或者，我们可以挖掘最大子图模式，其中频繁模式

G 是**最大**的，当且仅当不存在 G 的频繁超模式。闭子图模式集合在相同的最小支持度阈值下具有与完整子图模式集合相同的表达能力，因为后者可以由派生的闭图模式集合生成。另一方面，最大模式集是闭模式集的子集。通常情况下，它比闭模式集更紧凑。然而，我们不能使用它来重建整个频繁模式集，如果频繁模式是最大模式的真子模式，但具有不同的支持度，那么模式的支持度信息将丢失。

例 5.23　最大频繁图。图 5.13 中的两个图是闭频繁图，但只有第一个图是最大频繁图。第二个图不是最大图，因为它有一个频繁超图。□

挖掘闭图导致了完整但更紧凑的表示。例如，对于上面提到的艾滋病抗病毒数据集，其中 100 万个频繁图中，只有大约 2 000 个是闭频繁图。如果对闭频繁图而不是频繁图进行进一步的分析，如分类或聚类，它将在减少冗余和提高效率的情况下实现类似的准确性。

通过扩展 gSpan 算法开发了一种名为 CloseGraph 的高效方法，用于挖掘闭频繁图。高效挖掘闭频繁子图的关键在于确定在什么条件下，当频繁子图 g 的扩展子图 g' 的支持度与 g 相同时，应该修剪 g 的进一步增长。实验证明，CloseGraph 生成的图模式通常要少得多，并且比挖掘完整子图模式集的 gSpan 更高效。

模式增长方法的扩展：挖掘替代的子结构模式

典型的模式增长图挖掘算法，如 gSpan 或 CloseGraph，用于挖掘带有标签、连通、无向的频繁或闭子图模式。这样的图挖掘框架可以轻松扩展以挖掘替代的子结构模式。在这里，我们讨论一些这样的替代方案。

第一，该方法可以扩展为**挖掘未标记或部分标记的图**。我们先前讨论的图中每个顶点和每条边都包含标签。或者，如果图中的顶点和边都没有标签，那么该图是**未标记**的。如果仅有一些边或顶点有标签，那么该图是**部分标记**的。为处理这种情况，我们可以构建一个包含原始标签集和一个新的空标签 ϕ 的标签集。标签 ϕ 被分配给没有标签的顶点和边。请注意，标签 ϕ 可以与任何标签匹配，或仅与 ϕ 匹配，这取决于应用语义。通过这种转换，gSpan（和 CloseGraph）可以直接挖掘未标记或部分标记的图。

第二，我们检查 gSpan 是否可以扩展以**挖掘非简单图**。**非简单图**可能具有自环（即，一条边将一个顶点连接到自身）和重边（即，连接两个相同顶点的多条边）。在 gSpan 中，我们总是首先增长向后的边，然后增长向前的边。为了适应自环，增长顺序应该改为向后的边、自环和向前的边。如果允许 DFS 代码中的两个相邻边共享相同的顶点，DFS 字典的定义可以平稳处理重边。因此，gSpan 也可以高效地挖掘非简单图。

第三，我们看看如何扩展 gSpan 以**挖掘有向图**。在有向图中，图的每条边都有一个定义好的方向。如果我们使用一个 5 元组 $(i, j, l_i, l_{(i,j)}, l_j)$ 来表示无向边，那么对于有向边，引入了一个新状态以形成 6 元组 $(i, j, d, l_i, l_{(i,j)}, l_j)$，其中 d 表示边的方向。令 d=+1 表示从 $i(v_i)$ 到 $j(v_j)$ 的方向，而 d=−1 表示从 $j(v_j)$ 到 $i(v_i)$ 的方向。请注意，d 的符号与边的前向或后向无关。在用一条额外边扩展一个图时，这条边可能有两种 d 的选择，这只在增长过程中引入一个新状态，无须改变 gSpan 的框架。

第四，该方法也可以扩展以**挖掘非连通图**。有两种情况需要考虑：（1）数据集中的图可能是非连通的，（2）图模式可能是非连通的。对于第一种情况，我们可以通过在每个图中添加一个虚拟顶点来连接非连通图，从而转换原始数据集。然后，我们将 gSpan 应用于新的图数据集。对于第二种情况，我们重新定义 DFS 代码。一个非连通图模式可以被视为一组连通图，即 $r=\{g_0, g_1,\cdots, g_m\}$，其中 g_i 是一个连通图，$0 \leqslant i \leqslant m$。由于每个图可以映射到一个最小 DFS 代码，非连通图 r 可以被翻译成一个代码，$\gamma=(s_0,s_1,\cdots,s_m)$，其中 s_i 是 g_i 的最小 DFS 代码。r 中 g_i 的顺序是无关紧要的。因此，我们强制在 $\{s_i\}$ 中有一个顺序，使得 $s_0 \leqslant s_1 \leqslant \cdots \leqslant s_m$。$\gamma$ 可以通过添加一条边 $s_{m+1}(s_m \leqslant s_{m+1})$ 或扩展 $s_m, \cdots, s_0$ 来扩展。在检查图数据集中 γ 的频数时，请确保 $g_0, g_1, \cdots, g_m$ 互不连通。

第五，如果我们将树视为退化的图，将该方法扩展到**挖掘频繁子树**是很直接的。与一般图相比，树可以被视为一个不包含可以返回其父节点或祖先节点的任何边的退化有向图。因此，如果我们考虑我们的遍历始终从根节点开始（因为树不包含任何向后边），gSpan 已准备好挖掘树结构。根据基于模式增长方法的挖掘效率，预计 gSpan 可以在树结构挖掘中取得良好的性能。

挖掘具有用户指定约束的子结构模式

用户的挖掘请求可以关联各种类型的约束或特定需求。与其开发许多特定情况的子结构挖掘算法，不如建立一个通用框架来促进这种挖掘。

基于约束的频繁子结构挖掘。类似于先前介绍的基于约束的频繁模式和序列模式挖掘，基于约束的频繁子结构挖掘可以系统地开发。以图挖掘为例。在基于约束的频繁模式挖掘框架中，图约束也可以被分类为几个类别，包括模式反单调、模式单调、数据反单调和简洁。可以通过扩展高效的图模式挖掘算法，如 gSpan 和 CloseGraph，以类似的方式开发高效的基于约束的挖掘方法。

例 5.24　基于约束的子结构挖掘。让我们来检查一些常见的约束类别，看看约束推进技术如何集成到模式增长挖掘框架中。

1. **元素、集合或子图包含约束**。假设用户要求挖掘的模式包含特定的一组子图。这是一个**简洁的约束**，可以深入挖掘过程的开始。也就是说，我们可以将给定的子图集合视为查询，首先使用约束进行选择，然后通过从给定的子图集合扩展模式，在所选数据集上进行挖掘。如果要求挖掘的图模式必须包含特定的一组边或顶点，可以开发类似的策略。

2. **几何约束**。几何约束可以是每对连接边之间的角度必须在一定范围内，表示为“C_G=min_angle $\leqslant$ angle$(e_1, e_2, v, v_1, v_2) \leqslant$ max_angle”，其中两条边 e_1 和 e_2 在顶点 v 处连接，另一端的两个顶点分别为 v_1 和 v_2。C_G 是一种**模式反单调约束**，因为如果由两条边形成的图中的一个角度不满足 C_G，那么对该图的进一步增长将永远不会满足 C_G。因此，C_G 可以深入边的增长过程，并拒绝不满足 C_G 的任何增长。C_G 也是**数据反单调约束**：对于任何数据图 g_i，对于候选子图 g_c，如果在剩余的 g_i 中没有包含满足 C_G 的边的组件，g_i 就不应进一步考虑 g_c，因为它不支持 g_c 的进一步扩展。

3. **值和约束**。这种约束的一个示例可以是边上（正）权重的和 $\mathrm{Sum_e}$ 必须在从低到高的范围内。这个约束可以分为两个约束：$\mathrm{Sum_e} \geqslant$ low 和 $\mathrm{Sum_e} \leqslant$ high。前者是**模式单调约束**，因为一旦满足了它，通过添加更多的边，对图的进一步“增长”将始终满足约束。后者是**模式反单调约束**，因为一旦不满足条件，$\mathrm{Sum_e}$ 的进一步增长永远不会满足它。这两个约束都是**数据反单调**的，即在模式增长过程中不能满足这些约束的任何数据图应被修剪。然后可以轻松制定约束推进策略。□

请注意，图挖掘查询可能包含多个约束。例如，我们可能希望挖掘满足几何与边权重和范围约束的图模式。在这种情况下，我们应该尝试同时推进多个约束，探索类似于为频繁项集挖掘开发的方法。对于难以同时推进的多个约束，可以相应地开发定制的基于约束的挖掘算法。

挖掘近似的频繁子结构

减少要生成的模式数量的另一种方法是挖掘近似的频繁子结构，允许轻微的结构变化。

通过这种技术，我们可以使用一个近似子结构来表示几个略有不同的频繁子结构。

在一个名为 SUBDUE 的子结构发现系统中采用了最小描述长度原则（第 6 章），该系统用于挖掘近似频繁子结构。SUBDUE 寻找一个子结构模式，根据最小描述长度（MDL）原则，它可以最佳地压缩一个图集，该原则基本上表明简单的表示更受偏好。SUBDUE 采用了一种受约束的束搜索方法。它通过扩展其中的一个节点，逐步增加一个单个顶点。在每次扩展时，它搜索最佳的总描述长度：模式的描述长度以及所有模式实例压缩成单个节点后的图集的描述长度。SUBDUE 执行近似匹配以允许子结构的轻微变化，从而支持近似子结构的发现。

挖掘近似子结构模式应该有许多不同的方法。一些方法可能导致对整个子结构模式集合的更好表示，而其他方法可能导致更高效的挖掘技术。在这个方向上需要进行更多的研究。

挖掘一致子结构

如果频繁子结构 G 与其自身的每个子图之间的相互信息高于某个阈值，那么频繁子结构 G 就是**一致子图**。一致子结构的数量明显比频繁子结构的数量少得多。因此，挖掘一致子结构可以有效地修剪冗余模式，即相互类似并且具有相似支持度的模式。已经开发了一种有前景的方法来挖掘这种类型的子结构。该方法的实验表明，在从蛋白质结构图中挖掘空间基序时，发现的一致子结构通常具有统计显著性。这表明一致子结构挖掘选择了具有高区分能力的特征子集，可以区分不同的蛋白质类别。

5.6 模式挖掘：应用程序示例

模式挖掘除了在购物篮分析问题中挖掘频繁模式外，还捕获了海量数据集中多个组件的内在共现特性，在各种应用中发挥着重要作用。下面介绍两种典型的案例：海量文本数据中的短语挖掘和软件错误分析。

5.6.1 海量文本数据中的短语挖掘

文本数据无处不在，在人类交际中起着传递语义的重要作用。然而，文本数据是非结构化和高维的。因此，将非结构化文本转换为结构化单位将大大减少语义歧义，并提高操作此类数据的能力和效率。一个这样的结构化单位是语义上有意义的短语。虽然单词一直被认为是人类语言中表达语义的基本单位，但单个单词（通常被称为“单字”）在表达语义时往往是模棱两可的。例如，单个单词“united”与其他单词组合时可以形成 United Airline、United States、United Kingdom 等，单词本身可能不是一个独立的语义单位。然而，一个短语，如“United States”或“United Airline”不会导致任何歧义。显然，短语代表了一个自然的、有意义的、明确的语义单位。短语挖掘，即从海量文本中提取有意义的短语，可以将文本数据从单词粒度转换为短语粒度，提高对非结构化数据的处理能力和效率。

短语挖掘在命名实体识别这一基本的自然语言处理任务中起着关键作用。命名实体识别通常被建模为序列标记问题。为了解决这个问题，可以先用“B”来标记句子中的单词，作为名词短语的开头，下一个单词可以用“I”标记，表示它仍然在同一个短语中，或者用“O”标记，表示它不在短语中，有些人甚至用“S”来表示短语的单例（即单字符实体）。这种注释可能需要人类标注数百个文档作为训练数据，然后根据词性特征训练一个监督模型。然而，这种训练可能是昂贵的，因为它需要人类做很多烦琐的标记工作。此外，这种人工注释过程不能扩展到新语言、新领域（例如科学和工程）或新兴应用程序（例如分析社交媒体数据）。显然，自动化或半自动化的过程可能更适合短语挖掘。

自动化短语查找过程的一个简单方法是将文本中频繁出现的单词序列（例如频繁出现的

双单词和三单词）作为短语。不幸的是，许多频繁使用的双或三单词并不能构成有意义的短语。例如，“study of”可能是一个频繁出现的双单词，但它不是一个有意义的短语，而“this paper”虽然频繁出现，但可能没有多少有用的信息。此外，一些频繁出现的双单词或三单词甚至可能不会“独立”出现。例如，“vector machine”（向量机）可能是机器学习文献语料库中经常出现的双单词，但可能不独立存在，因为“vector machine”可能仅作为真正的频繁短语“support vector machine”（支持向量机）的子序列存在。

如何判断一个短语的质量

这就引出了短语挖掘中的一个重要问题：如何在给定的语料库中判断一个短语是高质量的。短语是在文本中连续出现的单词序列，在给定文档的特定上下文中形成完整的语义单位。一个短语的原始频率是它出现的总次数。目前短语的质量没有一个被普遍接受的定义。然而，将短语质量量化为一个单词序列作为一个完整的语义单位的概率，满足以下标准是有用的：

- **普适性**：在给定的文档集合中，一个高质量短语应该以足够的频率出现。
- **一致性**：在质量短语中出现标志搭配的概率应该显著高于预期的概率。例如，“strong tea”（但不是“powerful tea”）可能是由两个组合的单词组成的短语。
- **信息性**：如果一个短语表明了一个特定的主题或概念，那么它就是信息性的。“this paper”是一个流行且一致的短语，但在研究论文语料库中没有提供任何信息。
- **完整性**：如果一个短语在特定的上下文中可以被解释为一个完整的语义单位，那么它就是完整的。例如，“vector machine”（向量机）在机器学习语料库中并不是作为一个完整的短语出现，因为几乎所有的“vector machine”的出现都只是“support vector machine”（支持向量机）的一个子组成部分。请注意，一个短语及其子短语在适当的上下文中都可以是有效的。例如，“关系数据库系统”“关系数据库”和“数据库系统”在特定的上下文中都可以是有效的。

短语分割和计算短语质量

根据上述四个标准，短语质量可以定义为一个多词序列作为一个连贯的语义单位的概率。给定一个短语 v，它的短语质量可以定义为：$Q(v)=p(\lceil v \rfloor | v)\in[0,1]$，其中$\lceil v \rfloor$指的是 v 中的单词组成一个短语的事件。对于单个单词 w，我们定义 $Q(w)=1$。对于短语，Q 是从数据中学习到的。例如，一个好的质量评估器能够返回 Q（关系数据库系统）≈ 1 和 Q（向量机）≈ 0。

一致性计算。一致性对短语质量的评估有显著的贡献，因为高质量短语中的标志共现（也称为“托管”）的概率应该显著高于预期的概率。有多种方法可以用来评估语料库中单词序列的共现频率超过预期的程度。

为了使具有不同长度的短语具有可比性，我们以所有可能的方式将每个候选短语划分为两个不相交的部分，并推导出测量其一致性的有效特征。

假设对于每个单词或短语 $u\in\mathcal{U}$，我们有它的原始频率 $f[u]$。其概率 $p(u)$ 被定义为

$$p(u)=\frac{f[u]}{\sum_{u'\in\mathcal{U}} f[u']}$$

给定一个短语 $v\in\mathcal{P}$，我们将它分成两个最有可能的子单元 $\langle u_l,u_r\rangle$，从而使点态互信息最小化。点态互信息量化了它们的真实搭配的概率与独立假设下的假定搭配之间的差异。数学表示：

$$\langle u_l,u_r\rangle=\arg\min_{u_l\oplus u_r=v}\log\frac{p(v)}{p(u_l)p(u_r)}$$

得到 $\langle u_l,u_r\rangle$，我们可以直接使用点态互信息作为一致性特征之一。

$$PMI(u_l,u_r)=\log\frac{p(v)}{p(u_l)p(u_r)}$$

另一个特征也来自信息论，称为点态 Kullback-Leibler 散度：

$$PKL(v\|\langle u_l,u_r\rangle)=p(v)\log\frac{p(v)}{p(u_l)p(u_r)}$$

附加的 $p(v)$ 与点态互信息相乘，从而减少了对罕见出现的短语的偏见。

这两个特征都应该与一致性呈正相关。一致性也可以使用其他统计测量方法来评估，如 t 检验、z 检验、卡方检验和似然比。

其中许多方法可以用来指导一个聚合的短语分割过程。

短语分割。短语分割对应于将一个单词序列划分为多个子序列，这样每个子序列就对应于一个单词或一个短语。短语分割提供了提取高质量短语所需的必要粒度。考虑一个短语的原始频率是它在原始语料库中出现的总次数。在分段语料库中一个短语出现的总次数称为修正频率。

一个序列的分割可能不是唯一的。一个序列可能是模糊的，并可能基于不同的分割方式有不同的解释。例如，"「support vector machine」learning"和"「support vector」「machine learning」"可能都是有效的分区，具有不同的含义。然而，在大多数情况下，提取高质量的短语不需要完美的分割，无论是否存在这样的分割。在一个大型的文档集合中，普遍采用的短语多次出现在各种上下文中。即使有一些错误或有争议的分区，一个合理的高质量的分割也将为这些质量短语保留足够的支持度（即修正频率），另一方面，高质量的分割不太可能产生像"support「vector machine」"这样的分区。因此，"vector machine"即使有很高的原始频率，也是一个错误的短语，因为它将有非常低的修复频率。

信息量计算。有些候选短语不太可能提供信息，因为它们是功能性的或者是终止词。以下基于终止词的特征可用于计算信息量：

- 终止词位于候选短语的开头还是结尾，这需要一个终止词组成的字典。以终止词开头或结束的短语，如"我是"，通常是功能性的，而不是信息性的。

  一个更通用的特征是基于语料库统计信息来衡量信息量。

- 对单词计算平均逆文档频率（IDF），其中一个单词 w 的 IDF 计算为

$$\text{IDF}(w)=\log\frac{|\mathcal{C}|}{|\{d\in[D]:w\in C_d\}|}$$

其中，一个单词或短语 w 的 IDF 得分是语料库中文档总数（即 $|\mathcal{C}|$）除以 w 出现的文档数（即 $|\{d\in[D]:w\in C_d\}|$）的对数。它是一种传统的信息检索度量方法，用来衡量一个单词提供了多少信息，以便从一个语料库中检索出文档的一小部分子集。一般来说，高质量的短语的平均 IDF 应该不会太小。

除了基于单词的特征外，还经常在文本中用标点符号来帮助解释特定的概念或想法。这些信息对我们的任务很有帮助。具体来说，我们采用以下特征：

- 标点符号：引号、括号或大写中的短语的概率。

更高的概率通常表明一个短语更有可能提供信息。

短语挖掘方法

有此类质量方法作为指导，短语挖掘可以采用无监督、弱监督或远程监督的方法。

无监督的短语挖掘：ToPMine。ToPMine 在语料库中基于统计数据找到高质量的短语，而不使用任何人工监督或注释。它首先使用连续的序列模式挖掘来挖掘频繁的短语，然后使

用这些短语通过一个聚合的短语构造方法对每个文档进行分割。对于频繁的短语挖掘过程，它使用了一个典型的连续序列模式挖掘算法，如 PrefixSpan，并将候选单词之间的间隔设为零。然后，它简单地收集语料库中满足一定最小支持度阈值的所有连续单词的聚合计数。

聚合短语构建过程采用自下而上的短语 / 单词合并过程。在每次迭代中，它在统计显著性得分的指导下，对合并单字和多字短语制定局部最优决策（即合并两个连续的短语，使它们的合并具有最高的显著性）。接下来的迭代将新合并的短语视为一个单位，并评估合并两个短语的显著性。下一次显著性最高的合并短语不符合预先确定的显著性阈值，或当所有术语都合并为一个短语时，算法终止。频繁短语挖掘算法满足频率要求，而短语构造算法满足搭配和完整性准则。

通过将这种短语挖掘过程与基于细化的 LDA（潜在 Dirichlet 分配）的主题建模过程集成，ToPMine 生成由高质量短语组成的主题簇，如图 5.21 所示。

	主题 1	主题 2	主题 3	主题 4	主题 5
1 个单词	problem	word	data	programming	data
	algorithm	language	method	language	patterns
	optimal	text	algorithm	code	mining
	solution	speech	learning	type	rules
	search	system	clustering	object	set
	solve	recognition	classification	implementation	event
	constraints	character	based	system	time
	programming	translation	features	compiler	association
	heuristic	sentences	proposed	java	stream
	genetic	grammar	classifier	data	large
n 个单词	genetic algorithm	natural language	data sets	programming language	data mining
	optimization problem	speech recognition	support vector machine	source code	data sets
	solve this problem	language model	learning algorithm	object oriented	data streams
	optimal solution	natural language processing	machine learning	type system	association rules
	evolutionary algorithm	machine translation	feature selection	data structure	data collection
	local search	recognition system	paper we propose	program execution	time series
	search space	context free grammars	clustering algorithm	run time	data analysis
	optimization algorithm	sign language	decision tree	code generation	mining algorithms
	search algorithm	recognition rate	proposed method	object oriented programming	spatio temporal
	objective function	character recognition	training data	java programs	frequent itemsets

图 5.21　在一个完整的 DBLP 抽象数据集上运行的 50 个主题的 ToPMine 的 5 个主题。总的来说，我们看到了连贯的主题和高质量的主题短语，它们可以被解释为“搜索 / 优化”“自然语言处理”“机器学习”“编程语言”和“数据挖掘”

弱监督短语挖掘：SegPhrase。在没有任何人工监督的情况下挖掘高质量的短语是可能的；然而，由于在不同领域形成短语的方式不同，通常更需要使用一小组人为提供的标记数据来帮助进行短语挖掘。

本文介绍了一种弱监督短语挖掘方法，称为 SegPhrase，它以一小组标记高质量短语 L 和劣质 $\bar{L}$ 的语料库作为输入，生成一个质量下降的短语排序列表，以及一个分段语料库作为输出。取一小组标记数据，可以使用各种分类器，这些分类器可以用一小组标记数据有效地训练，并输出 0 到 1 之间的概率分数。例如，我们可以采用随机森林算法，这是第 7 章中介绍的典型的基于集成的分类算法，可以有效地训练具有少量正标签（即高质量短语）和负标签

（即劣质短语）的质量分类器。所有决策树中正预测的比率可以解释为一个短语的质量估计。实验结果表明，200 ～ 300 个标签就足以训练出一个令人满意的分类器。分类结果将被输入一个短语分割过程，以计算每个短语的修正频率。结合短语质量估计，去除高原始频率的坏短语，由于其修正频率趋于零。此外，修正后的短语频率可以被反馈，以产生额外的特征并改进短语质量估计。

这种短语质量估计和短语分割是一个相互增强的过程。一个更好的短语质量估计器可以指导一个更好的分割，而一个更好的分割将进一步提高短语质量估计。因此，错误分类的短语候选可以在重新训练分类器后得到纠正。因此，这种集成的、相互增强的框架有望利用质量估计和短语分割的质量，有机地解决所有四个短语的质量要求。实验表明，用修正频率对分类器进行再训练的好处是只需要一轮迭代，使接下来多次迭代的性能曲线相似。

由于只有一小部分人工制作的训练数据，SegPhrase 在用多种自然语言从不同类型的语料库生成大量高质量的短语方面显示出了高性能。对不同方法生成的短语质量的性能研究也表明，SegPhrase 的性能优于许多其他短语挖掘或 chunking 方法。图 5.22 显示了从 SIGMOD 和 SIGKDD 会议上发表的大量论文中挖掘出的一组有趣的短语，它们明显优于于 JATE 中采用短语挖掘方法生成的短语集（https://code.google.com/p/jatetoolkit）。

会议	SIGMOD		SIGKDD	
方法	SegPhrase+	chunking	SegPhrase+	chunking
1	data base	data base	data mining	data mining
2	database system	database system	data set	association rule
3	relational database	query processing	association rule	knowledge discovery
4	query optimization	query optimization	knowledge discovery	frequent itemset
5	query processing	relational database	time series	decision tree
…	…	…	…	…
51	sql server	database technology	association rule mining	search space
52	relational data	database server	rule set	domain knowledge
53	data structure	large volume	concept drift	important problem
54	join query	performance study	knowledge acquisition	concurrency control
55	web service	web service	gene expression data	conceptual graph
…	…	…	…	…
201	high dimensional data	efficient implementation	web content	optimal solution
202	location based service	sensor network	frequent subgraph	semantic relationship
203	xml schema	large collection	intrusion detection	effective way
204	two phase locking	important issue	categorical attribute	space complexity
205	deep web	frequent itemset	user preference	small set
…	…	…	…	…

图 5.22 从 SIGMOD 和 SIGKDD 会议上发表的论文中挖掘出的有趣的短语

远程监督短语挖掘：AutoPhrase。AutoPhrase 是一个自动化的短语挖掘框架，它进一步避免了额外的人工标记工作，并通过两种技术提高了性能：（1）鲁棒的且仅有正例的远程训练，（2）POS 引导的短语分割。

许多高质量的短语可以在一般知识库中免费获得，而且它们可以很容易地获得，规模比人类专家所产生的规模大得多。特定领域的语料库通常包含通用知识库或特定领域的知识库（如生物医学知识库）中编码的高质量短语。我们可以利用现有的来自通用知识库（如维基百科和 Freebase）的高质量短语或针对特定领域的短语，作为可用的“正”标签来进行远程训练。

然而，知识库很少能识别不符合我们标准的劣质短语。一个重要的观察结果是，基于 n 个单词的短语候选的数量是巨大的，而且它们中的大多数实际上是质量较差的（例如，“Francisco opera and”）。根据实验，在数百万短语候选中，通常只有 10% 的质量良好。因此，来自给定语料库但不能匹配来自给定知识库的任何高质量短语的短语候选被用来填充一个大但有噪声的负池。图 5.23 概述了在远程监督中探索知识库的框架。

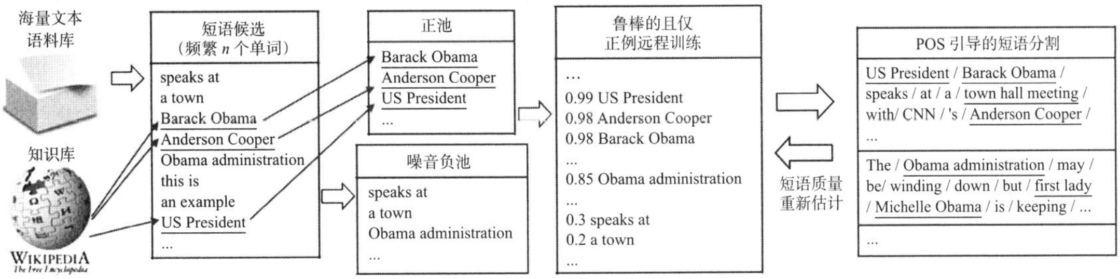

图 5.23　AutoPhrase：通过远程监督自动进行短语挖掘

直接训练基于有噪声的标签池的分类器不是一个明智的选择：给定语料库中的一些高质量短语可能会被遗漏（即，不准确地放在负池中）。相反，聪明的方法是利用一个集成分类器来平均 T 个独立训练的基分类器的结果。对于每个基分类器，分别从正池和负池中随机有放回地抽取 K 个短语候选。所有短语候选的完整集的 $2K$ 子集称为干扰训练集，因为一些高质量短语的标签从正转换为负。为了使集成分类器减轻这种噪声的影响，我们需要使用训练误差最小的基分类器。一个未修剪的决策树可以生长到分离所有短语以满足这个要求的程度。预测该短语是一个高质量短语的所有决策树的比例可以用于计算一个特定短语的短语质量分数。

为了进一步提高短语挖掘的性能，可以结合一个预先训练好的词性（POS）标记器来利用语言知识。POS 引导的短语分割利用 POS 标签中的浅层语法信息，指导短语分割模型更准确地定位短语的边界。POS 标签可能提供浅层的、特定于语言的知识，这可能有助于提高短语检测的准确性，特别是在该语言的语法组成边界处。例如，假设整个 POS 标签序列是“NNNNNNVBDTNN”。一个好的 POS 序列质量估计器可能返回 $Q(\mathrm{NNNNNN}) \approx 1$ 和 $Q(\mathrm{NNVB}) \approx 0$，其中 NN 指单数或复数名词（例如，database），VB 指基本形式的动词（例如：is），DT 是限定词（例如：the）。

大量的实验表明，AutoPhrase 是领域独立的，优于其他短语挖掘方法，并以最少的人工参与有效地支持多种语言（如英语、西班牙语和中文）。

5.6.2　挖掘软件程序中的复制和粘贴错误

模式挖掘在软件程序分析中发现了有趣的应用，因为程序模块的源代码由编程语句的长序列组成，且软件程序的执行形成了一系列执行的代码。一个大型软件程序可能由许多程序模块组成，其执行可能会留下大量的执行痕迹。手动检查这类编程代码或执行跟踪可能是单调乏味和昂贵的。频繁和序列模式挖掘可以提供有用的工具来发现有趣的规律或不规则性。典型的例子可能包括从源程序或执行序列中挖掘软件错误，从程序修订历史中挖掘编程规则，通过检查频繁子序列来挖掘软件功能优先协议，以及通过频繁项集或子图挖掘来揭示被忽略的条件。

在这里，我们研究一个探索模式发现的示例，以从源代码中找到复制粘贴软件程序的错误。由于许多程序片段可能共享一些类似的功能，代码复制粘贴在软件编程中已经很流行。程序员可以在程序的一个位置突出显示几行程序代码，复制这些行，将它们粘贴到程序中的另一个位置，然后对粘贴的编程代码执行适当的修改。

复制粘贴是一种常见的编程实践。一些统计数据显示，Linux 文件系统中约 12% 的程序代码和 X Window 系统中约 19% 的程序代码是复制粘贴的。但是，复制粘贴的代码很容易出错。由于程序员的粗心大意，对粘贴代码的更改可能并不总是始终一致地完成。这种“忘记更改”的错误可能会很常见，并会导致程序出现问题。

有趣的是，这种复制粘贴的错误可以通过将源代码转换为序列数据集来挖掘，在序列数据集上可以进行序列模式挖掘来识别可能不匹配的标识符名称，从而捕获“忘记更改”的错误。

让我们来看看这样的一个例子。图 5.24 显示了一个包含复制粘贴错误的程序模块：复制第一个 for 循环块并粘贴形成第二个 for 循环块，每次粘贴的标识符“total”都应该一致地更改为“taken”。不幸的是，“total”的最后一个更改丢失了，导致出现一个错误。

```
void__init prom_meminit(void)
{
    ......
    for (i=0;i < n; i++){
        total[i].adr = list[i].addr;
        total[i].bytes = list[i].size;
        total[i].more = &total[i+1];
    }
    ......
for (i=0;i < n; i++){
        taken[i].adr = list[i].addr;
        taken[i].bytes = list[i].size;
        taken[i].more = &total[i+1];
    }
```

图 5.24 一个包含复制粘贴错误的程序片段

找到这种编程错误的关键是识别相应的复制粘贴块，并检查粘贴块中的语句修改是否一致。“*如何自动识别此类复制粘贴块？*”一个有趣的策略是将一个长源程序映射到一个长数字序列中，其中每个语句都用一个数字表示。如果正在复制和粘贴的语句可以映射到相同的数字，那么正在复制和粘贴的语句块将显示类似的序列，并且序列模式挖掘算法将能够识别这样的复制粘贴块。

如何通过一个聪明的设计，将两个语句，一个复制和一个粘贴，映射到相同的数字？要将语句“total[i].adr = list[i].addr;”和“taken[i].adr = list[i].addr;”映射到相同的数字，我们可以设计以下映射规则：(1) 相同类型的标识符被映射到相同的标记，(2) 不同的操作符、常量和关键字被映射到不同的标记，(3) 由相同的标记序列组成的语句被映射到相同的数字，而由不同的标记序列组成的语句被映射到不同的数字。

按照这组规则，名称标识符“total”“list”“taken”“i”和“addr”被映射到同一个标记（例如：3）。同样地，我们可能有“[”映射到 5，“]”映射到 6；“.”映射到 8，“=”映射到 9，“;”映射到 1，“&”映射到 2。然后，语句“total[i].adr = list[i].addr;”被映射到一个标记序列“3 5 3 6 8 3 9 3 5 3 6 8 3 1”。这样的序列可以（例如使用哈希函数）被映射到一个数字（例如 16）。通过这种映射，程序中的每个语句都被映射到一个数字；以及两个具有类似函数的语句，如“total[i].adr = list[i].addr;”和“taken[i].adr = list[i].addr;”，将被映射到相同的数字 16，尽管它们的标识符名称不同，但因为它们有相同的标记序列。因此，图 5.24 中所示的一系列语句被转换为图 5.25 中所示的数字（或哈希值）序列。

上述的转换将一个程序映射到一个数字序列。人们可以进一步按块切割一个长序列。因此，我们在图 5.24 中的程序代码将被转换为一个序列数据集，如下所示：(65), (16, 16, 71), …, (65), (16, 16, 71)。通过序列模式挖掘，人们可以找到序列模式“(65), (16, 16, 71)”。

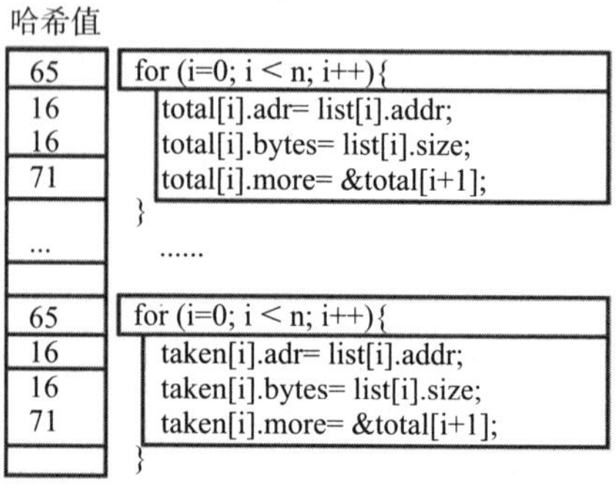
哈希值
65
16
16
71
...
65
16
16
71
for (i=0; i < n; i++){
total[i].adr= list[i].addr;
total[i].bytes= list[i].size;
total[i].more= &total[i+1];
}
......
for (i=0; i < n; i++){
taken[i].adr= list[i].addr;
taken[i].bytes= list[i].size;
taken[i].more= &total[i+1];
}

图 5.25 将语句序列转换为数字序列

注意，即使在这样的语句序列中间插入了一些其他语句，典型的序列模式挖掘算法（如 PrefixSpan）仍然能够找到正确的序列模式。例如，对两个序列（16, 16, 71）和（16, 18, 16, 25, 71）进行挖掘，将生成相同的频繁子序列（16，16，71）。这使得该方法可以检测复制粘贴的错误，即使在已粘贴的程序代码中插入了一些其他语句，只要这样的插入被限制在一个预定义的最大间隙内（用于序列模式挖掘）。

在识别出复制粘贴块之后，下一步是在所粘贴的语句中查找不一致的修改。通过比较这两个复制粘贴块，可以很容易地完成这一点。如果一个多次出现的标识符（例如，“total”）被更改为另一个标识符（例如，“taken”），那么少数出现的标识符（例如，保留的“total”）可能是错误。可以很容易地设置一个“不变的比率”来识别这种“忘记改变”的错误。

软件错误挖掘程序 CP-Miner 采用了这里描述的挖掘方法，已经成功地在 Linux、Apache 和其他开源程序中发现了许多复制粘贴错误。

5.7 总结

- 频繁模式挖掘研究的**范围**远远超出了第 4 章中介绍的挖掘频繁项集和关联的基本概念和方法。本章介绍了该领域的路线图，其中将根据可以挖掘的模式和规则的类型、挖掘方法和应用程序来组织主题。
- 除了挖掘基本的频繁项集和关联外，还可以挖掘**模式的高级形式**，如多层关联和多维关联、定量关联规则、稀有模式和负模式。我们还可以挖掘高维模式和压缩或近似模式。
- **多层关联**涉及多个抽象层上的数据（例如，“购买计算机”和“购买笔记本计算机”）。这些数据可以使用多个最小支持度阈值进行挖掘。**多维关联**包含多个维度。挖掘此类关联的技术在它们处理重复谓词的方式上有所不同。**定量关联规则**涉及定量属性。揭示异常行为的离散化、聚类和统计分析可以与模式挖掘过程集成。
- **稀有模式**很少发生，但特别有趣。**负模式**是指具有表现出负相关行为的成分的模式。在定义负模式时应注意，并考虑到无效不变性。稀有和负模式可能会突出数据中的异常行为，这可能是令人感兴趣的。
- **基于约束的挖掘**策略可用于帮助将挖掘过程导向匹配用户直觉或满足某些约束的模式。许多用户指定的约束可以被深入到挖掘过程中。约束可以分为**模式修剪约束**和**数据修剪约束**。这些约束条件的性质包括单调性、反单调性、数据反单调性和简洁性。具有这些属性的约束可以适当地合并到有效的模式挖掘过程中。
- **高维空间**中挖掘模式的方法已经被开发。这包括一种基于行枚举的模式增长方法，用于挖掘维数较大而数据元组数量较小的数据集（例如，微阵列数据），以及通过模式融合方法挖掘**巨大模式**（即非常长的模式）。
- 为了减少挖掘中返回的模式的数量，我们可以挖掘压缩模式或近似模式。压缩模式可以用基于聚类概念定义的代表性模式来挖掘，近似模式可以通过提取**冗余感知的 top-*k* 模式**（即一组 *k* 个代表性模式，不仅具有高显著性，而且彼此之间具有低冗余）来挖掘。
- **序列模式挖掘**是将频繁发生的有序事件或子序列作为模式挖掘。Apriori 修剪原则可用于序列模式挖掘中的剪枝，从而得到了高效的序列挖掘算法，如 GSP、SPADE 和 PrefixSpan 算法。CloSpan 是一种挖掘闭序列模式的有效方法。还开发了有效的多维和多层序列模式挖掘方法以及基于约束的序列模式挖掘方法。
- **子图模式挖掘**是在一组图中对频繁子图的挖掘。Apriori 修剪原则可用于子图模式挖掘中的修剪，从而产生了高效的子图挖掘算法，如 AGM、FSG 和 gSpan（一种模式增长方法）。Close Graph 是一种挖掘闭子图模式的有效方法。还开发了有效的方法来挖掘其他频繁子结构模式，如有向图、树结构和非连通图，挖掘具有用户指定约束的频繁子结构，挖掘近似的频繁子结构，以及挖掘一致子结构。

- 模式挖掘具有广泛而有趣的应用。除了流行的市场分析应用外，本章还讨论了软件工程中海量文本和软件复制粘贴错误挖掘。针对短语挖掘，介绍了一种无监督方法 ToPMine、一种弱监督方法 SegPhrase 和一种远程监督方法 AutoPhrase。针对软件复制粘贴错误挖掘，介绍了 CP-Miner 中采用的一种方法。

5.8 练习

5.1 提出并概述一种**层次共享挖掘**方法来挖掘多层关联规则，其中每个项目都由其层次位置进行编码。设计它，使数据库的初始扫描收集每个概念层上的每个项目的计数，识别频繁和次频繁的项目。评论使用该方法挖掘多层关联与挖掘单层关联相比的处理成本。

5.2 假设你是一个连锁商店的经理，你希望使用销售交易数据来分析商店广告的有效性。特别是，你想研究特定因素如何影响宣传特定类别销售商品的广告的有效性。需要研究的因素是顾客居住的地区、广告在周几几点投放。讨论如何设计一种有效的方法来挖掘交易数据集，并解释多维和多层挖掘方法如何帮助你获得一个好的解决方案。

5.3 **定量关联规则**可以揭示数据集中的异常行为，其中“异常”可以根据统计理论来定义。例如，5.1.3 节显示了关联规则：

性别 = 女性 ⇒ 平均工资 =7.90 美元 / 小时（总体平均工资 =9.02 美元 / 小时）

这表明了一个异常的模式。该规则表明，女性的平均工资仅为每小时 7.90 美元，明显低于每小时 9.02 美元的总体平均工资。讨论如何在具有定量属性的大数据集中系统而有效地发现这种定量规则。

5.4 在多维数据分析中，提取与数据立方体中度量的实质性变化相关的相似单元特征对是很有趣的，其中，如果单元通过上卷（即祖先）、下钻（即后代）或一维突变（即兄弟）操作相关，则它们被认为是相似的。这种分析被称为**立方体梯度分析**。

假设立方体的度量是平均值。用户提出一组探针单元，并希望找到相应的梯度单元集，每个单元都满足一定的梯度阈值。例如，找到平均售价大于给定探针单元 20% 的相应梯度单元集。开发一种算法，并在一个大数据立方体中有效地挖掘约束梯度单元集。

5.5 5.1.5 节介绍了定义负相关模式的各种方法。考虑定义 5.3：“假设项集 X 和 Y 都是频繁的，即 $\sup(X) \geqslant min\_sup$ 和 $\sup(Y) \geqslant min\_sup$，其中 min_sup 是最小支持度阈值。如果 $(P(X|Y)+P(Y|X))/2 < \epsilon$，其中是一个负模式阈值，则模式 $X \cup Y$ 是一个负相关模式。”设计一种有效的模式增长算法来挖掘负相关模式集。

5.6 证明下表中的每个条目都正确地描述了其对频繁项集挖掘的相应规则约束。

	规则约束	反单调的	单调的	简洁的
a.	$v \in S$	否	是	是
b.	$S \subseteq V$	是	否	是
c.	$\min(S) \leqslant v$	否	是	是
d.	$\text{range}(S) \leqslant v$	是	否	否

5.7 商店里每件商品的价格都是非负的。商店经理只对挖掘规则的约束感兴趣。对于以下每种情况，确定它们所表示的**约束**类型，并简要讨论如何使用**基于约束的模式挖掘**来挖掘这些关联规则。

a. 包含至少一个蓝光 DVD 电影。

b. 包含价格总额低于 150 美元的商品。

c. 包含一个免费商品和其他价格总和至少为 200 美元的商品，而所有商品的平均价格在 100 美元到 500 美元之间。

5.8 5.1.4 节介绍了一种用于**挖掘高维数据**的核心模式 – 融合方法。解释为什么如果数据集中存在长模式，可能会被这种方法发现。

5.9 5.2.1 节将闭模式 P_1 和 P_2 之间的模式距离度量定义为

$$Pat\_Dist(P_1,P_2)=1-\frac{|T(P_1)\cap T(P_2)|}{|T(P_1)\cup T(P_2)|}$$

其中，$T(P_1)$ 和 $T(P_2)$ 分别为 P_1 和 P_2 的支持事务集。这是一个有效的距离度量标准吗？证明推导结果以支持你的答案。

5.10 关联规则挖掘通常会生成大量的规则，其中许多规则可能是相似的，因此不包含太多的新信息。设计一种有效的算法，将大量的模式**压缩**成一个小的紧凑集。讨论你的挖掘方法在不同的模式相似性定义下是否具有鲁棒性。

5.11 频繁的模式挖掘可能会生成许多多余的模式。因此，开发挖掘压缩模式的方法是很重要的。假设一个用户只想获得 k 个模式（其中 k 是一个较小的整数）。概述一种有效的方法，生成 **k 个最具代表性的模式**，其中更不同的模式比非常相似的模式更受青睐。使用小数据集说明方法的有效性。

5.12 序列模式挖掘是为按顺序出现的一组项目挖掘序列模式。在实践中，人们可能喜欢找到项目类型而不是找到具体项目的序列模式，例如由高层次概念形成的序列模式。例如，不是在购物交易中寻找由 i-phone 的具体模型组成的序列模式，而是寻找由苹果产品、智能手机、电子产品等组成的模式。概述一种有效的序列模式挖掘算法，它可以**同时在多个抽象层次上挖掘序列模式**。

5.13 在研究顾客的购物序列时，人们可能会发现，如果一个顾客从一家公司购买了一系列的产品，他从另一家公司购买类似产品的机会将会大大减少。你能概述出一种能够捕获这些**负相关序列模式**的有效算法吗？

5.14 我们对子图模式挖掘的研究一直是关于如何从图数据集中挖掘频繁的子结构。当前的网页结构（例如，维基百科）或社交网络可以形成一个或少量的巨大的网络结构。人们可能需要从一个巨大的网络中找到常见的公共子结构。概述一种在大型网络中找到前 k 个大型子结构模式的有效方法。

5.15 在本章中，我们介绍了一种挖掘软件程序中复制粘贴错误的有效方法。通常，一个软件程序可能接受不同的输入，这可能导致不同的程序执行序列。对于某些输入，程序执行会成功完成，但对于其他一些输入，程序执行将会失败（例如，获取一个核心转储）。你能否制定出一种算法，可以使用序列模式挖掘来识别可以使用哪些执行序列来区分程序失败和程序成功？

5.9 文献注释

本章介绍了将基础的频繁项集挖掘技术（在第 4 章中介绍）扩展的各种方式。扩展的一个方向是挖掘多层和多维关联规则。Srikant 和 Agrawal[SA95] 以及 Han 和 Fu[HF95] 研究了多层关联挖掘。Srikant 和 Agrawal[SA95] 在研究广义关联规则的背景下，提出了一种用于去除冗余规则的 R-interest 测量方法。Kamber，Han 和 Chiang[KHC97] 研究了使用定量属性的静态离散化和数据立方体挖掘多维关联规则。

另一个扩展方向是挖掘数值属性上的模式。Srikant 和 Agrawal[SA96] 提出了一种基于非网格的方法来挖掘定量关联规则，该方法使用部分完整性测量。Lent，Swami 和 Widom[LSW97] 提出了基于规则聚类的定量关联规则挖掘技术。Fukuda，Morimoto，Morishita 和 Tokuyama[FMMT96] 以及 Yoda 等人 [YFM+97] 提出了基于 x 单调和直线区域的定量规则挖掘技术。Miller 和 Yang[MY97] 提出了在区间数据上挖掘基于距离的关联规则。Aumann 和 Lindell[AL99] 基于统计理论研究了定量关联规则的挖掘，以仅展示那些显著偏离正常数据的规则。

Wang，He 和 Han[WHH00] 提出了通过施加组约束来挖掘稀有模式。Savasere，Omiecinski 和 Navathe[SON98] 以及 Tan，Steinbach 和 Kumar[TSK05] 讨论了负关联规则的挖掘。

基于约束的挖掘将挖掘过程引导至用户可能感兴趣的模式。Klemettinen 等人 [KMR+94]

提出了使用元规则作为定义有趣单维关联规则形式的语法或语义过滤器。Shen，Ong，Mitbander 和 Zaniolo[SOMZ96] 提出了元规则引导的挖掘，其中元规则的后件指定了要应用于满足元规则前件的数据的操作（例如，贝叶斯聚类或绘图）。Fu 和 Han[FH95] 研究了基于关系的元规则引导的关联规则挖掘。

Ng，Lakshmanan，Han 和 Pang[NLHP98]；Lakshmanan，Ng，Han 和 Pang[LNHP99]；以及 Pei，Han 和 Lakshmanan[PHL01] 研究了使用模式修剪约束的基于约束的挖掘方法。Bonchi，Giannotti，Mazzanti 和 Pedreschi[BGMP03] 以及 Zhu，Yan，Han 和 Yu[ZYHY07] 研究了通过数据修剪约束进行数据规约的基于约束的模式挖掘。Grahne，Lakshmanan 和 Wang[GLW00] 提出了一种有效的挖掘受限相关集的方法。Bucila，Gehrke，Kifer 和 White[BGKW03] 提出了一种双重挖掘方法。Anand 和 Kahn[AK93]；Dhar 和 Tuzhilin[DT93]；Hoschka 和 Klösgen[HK91]；Liu，Hsu 和 Chen[LHC97]；Silberschatz 和 Tuzhilin[ST96]；以及 Srikant，Vu 和 Agrawal[SVA97] 讨论了在挖掘中使用模板或谓词约束的其他思想。

传统模式挖掘方法在挖掘高维模式时遇到挑战，例如生物信息学应用。Pan 等人 [PCT⁺03] 提出了 CARPENTER，这是一种在高维生物数据集中寻找闭模式的方法，结合了垂直数据格式和模式增长方法的优势。Pan，Tung，Cong 和 Xu[PTCX04] 提出了 COBBLER，通过结合行枚举和列枚举来发现频繁闭项集。Liu，Han，Xin 和 Shao[LHXS06] 提出了 TDClose，通过从最大行集开始并结合行枚举树来挖掘高维数据中的频繁闭模式。它利用最小支持度阈值的修剪能力来减小搜索空间。为了挖掘称为巨大模式的长模式，Zhu 等人 [ZYH⁺07] 开发了核心模式融合方法，该方法可以跨越大量中间模式直接达到巨大的模式。

为了生成一个精简的模式集，最近的研究集中在挖掘压缩的频繁模式集。闭模式可以被视为频繁模式的无损压缩，而最大模式则是频繁模式的有损压缩。Wang，Han，Lu 和 Tsvetkov[WHLT05] 研究的 top-*k* 模式，Yang，Fayyad 和 Bradley[YFB01] 研究的容错模式，作为有趣模式的替代形式。Afrati，Gionis 和 Mannila[AGM04] 提出了使用 *k*- 项集来覆盖一组频繁项集。Yan，Cheng，Han 和 Xin[YCHX05] 提出了基于配置文件的频繁项集压缩方法，Xin，Han，Yan 和 Cheng[XHYC05] 提出了基于聚类的方法。通过考虑模式的显著性和冗余性，Xin，Cheng，Yan 和 Han[XCYH06] 提出了一种提取冗余感知 top-*k* 模式的方法。

自动语义注释频繁模式对于解释模式的意义非常有用。Mei 等人 [MXC⁺07] 研究了频繁模式的语义注释方法。

频繁项集挖掘的一个重要扩展是序列和结构数据的挖掘。这包括挖掘序列模式（Pei 等人 [PHMA⁺01，PHMA⁺04]；Zaki[Zak01]），挖掘频繁事件（Mannila，Toivonen 和 Verkamo[MTV97]），挖掘结构模式（Inokuchi，Washio 和 Motoda[IWM98]；Kuramochi 和 Karypis[KK01]；以及 Yan 和 Han[YH02]），挖掘循环关联规则（Özden，Ramaswamy 和 Silberschatz[ORS98]），跨事务关联规则挖掘（Lu，Han 和 Feng[LHF98]），以及日历购物篮分析（Ramaswamy，Mahajan 和 Silberschatz[RMS98]）。尽管主要的图模式挖掘研究集中在挖掘图集合中的频繁图模式，但也有研究在单个大型网络中挖掘大型子结构模式，如 Zhu 等人 [ZQL⁺11]。

模式挖掘已经扩展到有效的数据分类和聚类。基于模式的分类（Liu，Hsu 和 Ma[LHM98] 以及 Cheng，Yan，Han 和 Hsu[CYHH07]）在第 7 章讨论。基于模式的聚类分析（Agrawal，Gehrke，Gunopulos 和 Raghavan[AGGR98] 以及 Wang，Wang，Yang 和 Yu[WWYY02]）在第 9 章讨论。

模式挖掘还帮助了许多其他数据分析和处理任务，如数据立方体梯度挖掘和判别分析（Imielinski，Khachiyan 和 Abdulghani[IKA02]；Dong 等人 [DHL⁺04]；Ji，Bailey 和

Dong[JBD05]），基于判别模式的索引（Yan，Yu 和 Han[YYH05]），以及基于判别模式的相似性搜索（Yan，Zhu，Yu 和 Han[YZYH06]）。

模式挖掘已经扩展到空间、时间、时间序列、多媒体数据和数据流的挖掘。空间关联规则或空间共现规则的挖掘由 Koperski 和 Han[KH95]；Xiong 等人 [XSH⁺04]；以及 Cao，Mamoulis 和 Cheung[CMC05] 研究。基于模式的时间序列数据挖掘在 Shieh 和 Keogh[SK08] 以及 Ye 和 Keogh[YK09] 中讨论。还有许多研究基于模式的多媒体数据挖掘，如 Zaïane，Han 和 Zhu[ZHZ00] 以及 Yuan，Wu 和 Yang[YWY07]。许多研究人员提出了在流数据上挖掘频繁模式的方法，包括 Manku 和 Motwani[MM02]；Karp，Papadimitriou 和 Shenker[KPS03]；以及 Metwally，Agrawal 和 El Abbadi[MAA05]。

模式挖掘有广泛的应用。应用领域包括计算机科学，如软件错误分析、传感器网络挖掘和操作系统性能改进。例如，Li，Lu，Myagmar 和 Zhou[LLMZ04] 的 CP-Miner 使用模式挖掘识别复制粘贴的代码以隔离错误。Li 和 Zhou[LZ05] 的 PR-Miner 使用模式挖掘从源代码中提取特定应用的编程规则。判别模式挖掘用于程序故障检测以分类软件行为（Lo 等人 [LCH⁺09]）以及用于传感器网络中的故障排除（Khan 等人 [KLA⁺08]）。

作为另一个模式挖掘的应用，近年来对海量文本数据的短语挖掘进行了研究。El-Kishky 等人 [EKSW⁺14] 开发了一种探索频繁连续模式的无监督短语挖掘方法 ToPMine；Liu 等人 [LSW⁺15] 开发了一种探索短语分割和模式引导分类的弱监督短语挖掘方法 SegPhrase；Shang 等人 [SLJ⁺18] 介绍了一种使用维基百科作为远程监督源的短语挖掘方法 AutoPhrase；Gu 等人 [GWB⁺21] 开发了利用预训练语言模型提取信息的 UCPhrase。

分类：基本概念和方法

分类是一种重要的数据分析形式，它提取刻画重要数据类的模型。这种模型称为分类器，预测分类的（离散的、无序的）类标签。例如，我们可以建立一个分类模型，把银行贷款申请划分为安全或危险，或者根据患者的功能性磁共振成像（fMRI）扫描来识别认知障碍的早期迹象，或者帮助自动驾驶汽车自动识别各种道路标志。这种分析可以帮助我们更好地全面理解数据。许多分类方法已经被机器学习、模式识别和统计学方面的研究人员提出。传统的分类算法通常假定数据规模较小或适中。而现代分类技术已经在此基础上发展，开发了可伸缩的分类和预测技术，能够处理相当大规模的数据。分类属于监督学习任务，并与许多其他数据挖掘任务密切相关。分类具有大量应用，包括欺诈检测、目标营销、性能预测、制造和医疗诊断等。

我们从 6.1 节介绍分类的主要思想开始。在本章的其余部分，我们将学习数据分类的基本技术，例如如何构建决策树分类器（6.2 节）、贝叶斯分类器（6.3 节）、惰性学习器（6.4 节）和线性分类器（6.5 节）。6.6 节讨论如何评估和比较不同的分类器，给出了准确率的各种度量，以及得到可靠、准确估计的各种技术。6.7 节介绍提高分类器准确率的方法，包括集成方法和处理类不平衡的数据（即感兴趣的主要类稀有的情况）。

6.1 基本概念

在 6.1.1 节，我们介绍分类的概念。6.1.2 节描述分类作为一个两阶段过程的一般方法。在第一阶段，我们基于先前的数据构建一个分类模型。在第二阶段，我们确定模型的准确率是否是可以接受的，如果可以接受，我们就使用该模型对新的数据进行分类。

6.1.1 什么是分类

银行贷款员需要分析数据，以便搞清楚哪些贷款申请者是“安全的”，银行的“风险”是什么，而她的风险管理部门同事希望进行欺诈交易检测。电子商店的销售经理需要数据分析，以便帮助他猜测具有给定特征的顾客是否会购买新的计算机，或了解社交媒体帖子对新发布产品的情感倾向，或检测新产品的虚假评论，或者识别可能流失到竞争电子商店的订户（即顾客流失预测）。IT 安全分析员希望了解网络系统是否受到攻击（入侵检测），或特定应用程序是否受到恶意软件感染（恶意软件检测）。教师希望预测在线课程学生在课程完成之前的辍学情况。人才招聘专员希望了解某人是否正在寻找新的职业发展机会。医学研究人员希望分析乳腺癌数据，以便预测患者应接受三种具体治疗方法中的哪一种。心脏病专家希望根据患者的慢性病史识别可能会出现充血性心力衰竭的患者。神经科学家希望基于患者的功能性磁共振成像（fMRI）扫描识别认知障碍（可能导致阿尔茨海默病）的早期迹象。智能问答系统需要理解用户提出的问题类型（问题分类），作为自动提供高质量答案的第一步。自动驾驶汽车需要自动识别各种道路标志（例如“停车”“绕行”等）。物理学家需要从大型实验数据中识别高能事件，这可能会引发新的发现。执法部门希望预测犯罪热点，以便可以采取主动的预防措施。

在这些示例中，数据分析任务皆为**分类**，即构建模型或**分类器**用于预测类（分类的）标签，如贷款申请数据的“安全”或“危险”；情感分类的“积极”或“消极”；销售数据的“是”或“否”；在线课程报名的“退出”或“留下”；医疗数据的“治疗方案 A”“治疗方案 B”或“治疗方案 C”；或用于问答系统的各种问题类型。这些类别可以用离散值表示，其中值之间的次序没有意义。例如，可以使用值 1、2 和 3 表示上面的治疗方案 A、B 和 C，其中这组治疗方式之间并不存在次序。

假设销售经理希望预测一位指定的顾客在购物期间的消费支出，或者房地产经纪人有兴趣了解不同住宅区域明年的平均房价，或者职业规划师希望预测不同专业大学毕业生在毕业后的平均年收入。这种数据分析任务是**数值预测**的一个例子，其中所构建的模型预测连续值函数或有序值，而非类标签。**回归分析**是一种常用于数值预测的统计方法；因此，尽管还存在其他数值预测方法，这两个术语常常作为同义词使用。**排名**是数值预测的另一种类型，模型预测有序值（即排名），例如，Web 搜索引擎（例如 Google）对特定查询的相关网页进行排名，排名较高的网页与查询更相关。分类和数值预测是**预测问题**的两种主要类型。本章将主要讲述分类。值得一提的是，分类和数值预测（例如回归）密切相关。许多分类技术可以用于回归任务，我们将看到一些示例，包括决策树（6.2 节）、惰性学习（6.4 节）、线性回归（6.5.1 节）和梯度树提升（6.7.1 节）。

6.1.2　分类的一般方法

“如何进行分类？”**数据分类**是一个两阶段过程，包括一个学习阶段（构建分类模型），以及一个分类阶段（使用模型预测给定数据的类标签）。该过程如图 6.1 所示，以贷款申请数据为例来说明。为了便于解释，数据被简化。实际上，我们可能需要考虑更多的属性。

在第一阶段，构建描述预定义数据类或概念的分类器。这是**学习阶段**（也称为训练阶段），其中分类算法通过分析或“学习”由数据库元组及其相关类标签组成的**训练集**来建立分类器。元组 $\boldsymbol{X}$ 由一个 n 维**属性向量** $\boldsymbol{X}=(x_1, x_2,\cdots, x_n)$ 表示，分别描述元组在 n 个数据库属性 $A_1, A_2,\cdots, A_n$ 上的 n 个度量。假定每个元组 $\boldsymbol{X}$ 属于一个预定义的类，由一个称为**类标签属性**的数据库属性确定。类标签属性是离散值和无序的，它是分类（或标称）属性，其中每个值代表一个类。构成训练集的单个元组被称为**训练元组**，它们是从数据库中随机抽样得到的。在分类背景下，数据元组可以被称为样本、示例、实例、数据点或对象。

由于提供了每个训练元组的类标签，这一阶段属于**监督学习**（即分类器的学习是在被告知每个训练元组属于哪个类的“监督”下进行的）。监督学习的范围比纯粹的分类更广泛，它包括广泛的学习方法，用于训练数值预测模型（如回归、排名），只要在学习阶段已知训练元组的真实目标值。监督学习与**无监督学习**（例如**聚类**）形成对比，其中每个训练元组的真实目标值（例如类标签）未知，甚至在学习之前可能不知道要学习的类数量或类集合。例如，如果在训练集中没有 *loan_decision* 数据可用，我们可以使用聚类尝试确定“相似元组的群组”，这些群组可能对应于贷款申请数据中的风险群组。同样，我们可以使用聚类技术找到分享相似主题的社交媒体帖子，而不知道它们的实际类标签。聚类是第 8 章和第 9 章的主题。预测问题的领域（例如分类、回归、排名）已超越了监督学习与无监督学习。还有其他一些变体，例如**半监督分类**，它基于有限数量的带标签训练元组（在训练期间提供真实类标签），以及大量无标签训练元组（在训练期间类标签未知）来构建分类模型；还有**零样本学习**，其中在构建分类模型之后可能出现一些类标签。换句话说，在训练阶段，对于这些类标签来说，没有

（即零）带标签的训练元组。半监督学习和零样本学习都属于**弱监督学习**，因为用于训练模型的监督信息比标准监督学习要弱。对于分类任务，这意味着在半监督学习中，只有整个训练集的一小部分具有监督信息（即训练元组的真实类标签已知）；或者在零样本学习中，对于某些类标签，训练阶段完全没有（即零）带标签的训练元组。弱监督分类将在第 7 章中介绍。

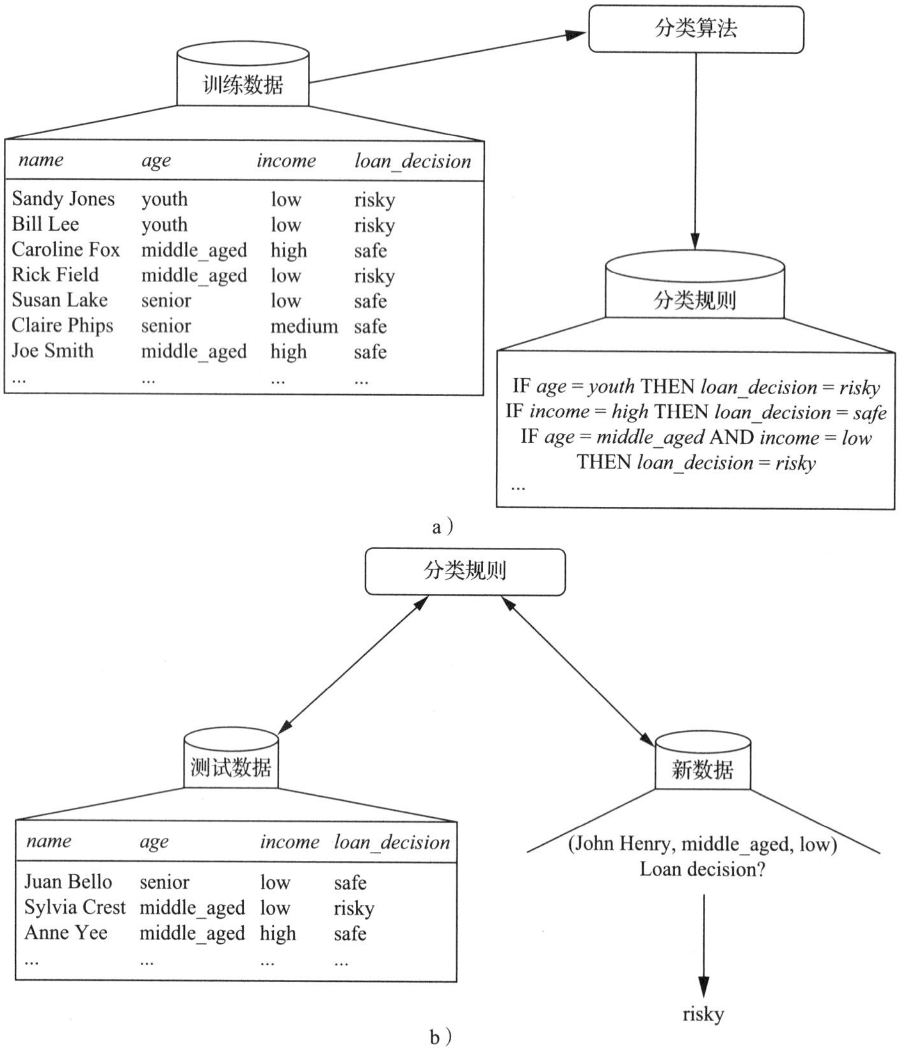

图 6.1　数据分类过程

注：a）学习：分类算法分析训练数据。在这里，类标签属性是 *loan_decision*，学习到的模型或分类器以分类规则的形式表示。b）分类：用测试数据估计分类规则的准确度。如果准确度可以接受，则将规则应用于新数据元组的分类。

分类过程的第一个阶段也可被视为学习一个映射或函数 $y=f(\boldsymbol{X})$，用于预测给定元组 $\boldsymbol{X}$ 的相关类标签 y。从这个角度来看，我们希望学习一个把数据类区分开的映射或函数。在典型情况下，该映射以分类规则、决策树或数学公式的形式表示。在我们的示例中，该映射用分类规则表示，这些规则识别贷款申请是安全的还是有风险的（见图 6.1a）。这些规则可用于对未来的数据元组分类，也能对数据内容提供更好的理解。它们也提供了数据的压缩表示。

“分类的准确率如何？”在第二阶段（见图 6.1b），使用模型进行分类。首先评估分类器的预测准确率。如果使用训练集来度量分类器的准确率，则评估很可能是乐观的，因为分类器容易**过拟合**数据（即在学习过程中，它可能包含训练数据中的某些特定的异常，这些异常并不代表整体数据集）。因此，需要使用一个**测试集**，由**测试元组**及其相关类标签组成，它们独立于训练元组，这意味着测试集没有被用于构建分类器。

在给定测试集上，分类器的**准确率**指的是被分类器正确分类的测试元组的百分比。将每个测试元组的相关类标签与学得的分类器对该元组的类别预测进行比较。6.6 节介绍了多种评估分类器准确率的方法。如果分类器的准确率是可以接受的，那么该分类器可用于分类类标签未知的数据元组。这种类型的数据在机器学习文献中通常被称为“未知数据”或“先前未见过的数据”。例如，图 6.1a 通过分析以前的贷款申请数据学到的分类规则可用于批准或拒绝新的或未来的贷款申请人。

6.2 决策树归纳

决策树归纳是从带有类标签的训练元组中学习决策树的过程。**决策树**是一种类似流程图的树状结构，其中每个**内部节点**（非叶节点）表示对属性的测试，每个**分支**表示测试的结果，每个**叶节点**（或终端节点）保存一个类标签。树的顶层节点是**根节点**。典型的决策树如图 6.2 所示，它表示 *buys_computer* 的概念，即预测电子商店的顾客是否可能购买计算机。内部节点由矩形表示，叶节点由椭圆形（或圆形）表示。一些决策树算法生成二叉树（其中每个内部节点正好分支到两个其他节点），而其他算法可以生成非二叉树。

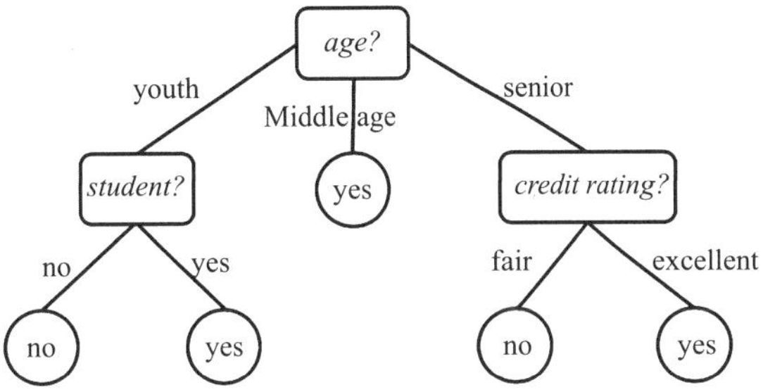

图 6.2 *buys_computer* 概念的决策树，指示顾客是否可能购买一台计算机。每个内部（非叶）节点表示对属性的测试。每个叶节点代表一个类（*buys_computer* = *yes* 或者 *buys_computer* = *no*）

“如何使用决策树分类？”对于一个类标签未知的元组 ***X***，在决策树上测试该元组的属性值。跟踪从根节点到叶节点的一条路径，叶节点保存了该元组的类预测。决策树可以轻松地转化为分类规则。

“为什么决策树分类器如此受欢迎？”构建决策树分类器无须领域知识或参数设置，因此适用于探索性知识发现。决策树可以处理多维数据。它们以树形形式表示获取的知识，直观并且通常易于被人理解。决策树归纳的学习和分类步骤简单且迅速。一般来说，决策树分类器具有良好的准确性。然而，成功的使用可能取决于手头的数据。决策树归纳算法已经在许多应用领域中用于分类，如医学、制造与生产、金融分析、天文学和分子生物学。决策树是几个商业规则归纳系统的基础。

在 6.2.1 节，我们将描述学习决策树的基本算法。在树的构建过程中，会使用属性选择度量来选择最佳属性，将元组分成不同的类别。属性选择的常见度量在 6.2.2 节中给出。在构建决策树时，许多分支可能反映训练数据中的噪声或离群点。树的剪枝试图识别并删除这些分支，以提高对未知数据的分类准确性。树的剪枝在 6.2.3 节中介绍。

6.2.1 决策树算法

在 20 世纪 70 年代末和 80 年代初，机器学习领域的研究人员 J. Ross Quinlan 开发了一种决策树算法，被称为 **ID3**（迭代二分法）。这项工作扩展了 E. B. Hunt，J. Marin 和 P. T. Stone 等人关于概念学习系统的早期研究。Quinlan 随后提出了 **C4.5**（ID3 的接替者），它成了新一代监督学习算法常常与之相比较的基准。1984 年，一组统计学家（L. Breiman，J. Friedman，R.

Olshen 和 C. Stone）出版了 *Classification and Regression Trees*（CART）一书，描述了二叉决策树的生成过程。ID3 和 CART 是在大致相同时期独立发明的，但采用了类似的方法来从训练元组中学习决策树。这两个基础算法催生了大量关于决策树归纳的研究工作。

ID3、C4.5 和 CART 采用了贪婪（即非回溯）的方法，以自顶向下的递归分治方式构建决策树。大多数决策树归纳算法也遵循自顶向下的方法，从训练元组及其相关的类标签开始。随着树的构建，训练集被逐步划分为较小的子集。决策树算法的基本策略如图 6.3 所示。乍看之下，该算法可能显得有些冗长，但请不必担心！它非常直观。其策略如下。

算法：*Generate_decision_tree*。用数据划分D中的训练元组生成一个决策树。

输入：

- 数据划分D，训练元组和它们相关类标签的集合；
- *attribute_list*，候选属性的集合；
- *Attribute_selection_method*，用于确定从数据元组到单个类的“最佳”划分准则的过程。这个准则包括一个 *splitting_attribute*，可能还包括一个划分点或划分子集。

输出：一棵决策树。

方法：

（1）创建一个节点 N;
（2）**if** D 中的元组都属于同一个类 C **then**
（3）　　**return** N 作为一个标记为类 C 的叶节点；
（4）**if** *attribute_list* 为空 **then**
（5）　　**return** N 作为 D 中一个标记为多数类的叶节点；//多数投票
（6）应用 ***Attribute_selection_method*** (D, *attribute_list*) 寻找“最佳”的划分准则；
（7）利用划分准则标记节点 N;
（8）**if** *splitting_attribute*是离散值 **and**
　　　　允许多路划分 **then** //不限制为二叉树
（9）　　*attribute_list* ← *attribute_list*−*splitting_attribute*；// 移除*splitting_attribute*
（10）**for** 划分准则的每个输出 j
　　　// 划分元组并对每个划分生成子树
（11）　　让 D_j 成为 D 中满足输出 j 的数据元组的集合；//一个分区
（12）　　**if** D_j 为空 **then**
（13）　　　　将 D 中标记为多数类的叶节点附加到节点 N;
（14）　　**else** 将*Generate_decision_tree* (D_j, *attribute_list*) 返回的节点附加到节点 N;
　　　endfor
（15）**return** N

图 6.3　从训练元组归纳决策树的基本算法

- 该算法被调用时需要三个参数：D，*attribute_list* 和 *Attribute_selection_method*。其中，D 是数据集的一个划分，初始时包括完整的训练元组以及它们对应的类标签。*attribute_list* 参数包含描述元组的各属性。*Attribute_selection_method* 指定了一个启发式过程，用于根据类来选择“最优”的属性，以实现元组之间的区分。这一过程使用属性选择度量，例如信息增益或基尼指数（这些度量将在下一小节介绍）。树是否是严格二叉树通常由属性选择度量来决定。某些属性选择度量，如基尼指数，要求生成的树是二叉的，而其他的属性选择度量，比如信息增益，则允许多路划分（即从一个节点生长出两个或多个分支）。
- 树的构建从单一节点 N 开始，该节点表示数据集 D 中的训练元组（步骤 1）。
- 如果数据集 D 中的元组都属于同一类，那么节点 N 会成为一个叶节点，并标记为该类（步骤 2 和 3）。需要注意的是，步骤 4 和 5 代表了终止条件，而所有的终止条件将在算法的末尾详细解释。

- 如果数据集 D 中的元组属于不同类，算法会调用 *Attribute_selection_method* 来确定**划分准则**。划分准则通过确定如何最好地将数据集 D 中的元组分成各个类，指导了在节点 N 上测试哪个属性（步骤 6）。划分准则还告诉我们应根据所选测试的结果从节点 N 生长出哪些分支。更具体地说，划分准则指示了**划分属性**，可能还指示**划分点**或**划分子集**。划分准则的选择旨在使每个分支的分区尽可能**纯**，理想情况下，分区中的所有元组都属于同一类。换句话说，如果根据划分准则的互斥结果将数据集 D 中的元组进行划分，我们希望最终的分区尽可能纯。
- 节点 N 用划分准则标记，它将用作节点上的测试（步骤 7）。每个划分准则的结果都会导致从节点 N 生长出一个分支，元组在数据集 D 中被相应地划分（步骤 10 和 11）。有三种可能的情况，如图 6.4 所示。假设 A 是划分属性，根据训练数据，A 有 v 个不同的取值 $\{a_1,a_2,\cdots,a_v\}$。

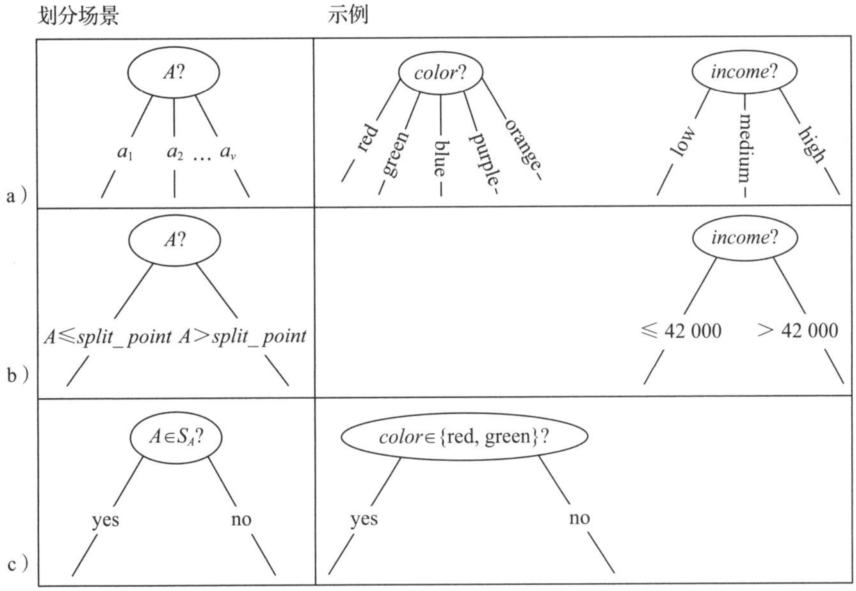

图 6.4　该图显示了基于划分准则划分元组的三种可能，每种都有示例。设 A 为划分属性。a）如果 A 是离散值，则对 A 的每个已知值生长一个分支。b）如果 A 是连续值，则生长两个分支，分别对应于 $A \leqslant split\_point$ 和 $A > split\_point$。c）如果 A 是离散值且必须生成二叉树，则测试的形式为 $A \in S_A$，其中 S_A 是 A 的划分子集

1. 属性 A 是离散值：在这种情况下，节点 N 处的测试结果直接对应于属性 A 的已知取值。为属性 A 的每个已知取值 a_j 创建一个分支，并用该取值进行标记（图 6.4a）。将数据集 D 中具有属性 A 的值 a_j 的类标签元组的子集称为分区 D_j。因为给定分区中的所有元组对于属性 A 都具有相同的取值，所以在未来的任何划分元组过程中都不需要考虑属性 A。因此，在 *attribute_list* 中将其移除（步骤 8 和 9）。

2. 属性 A 是连续值：在这种情况下，节点 N 处的测试有两种可能的结果，分别对应于条件 $A \leqslant split\_point$ 和 $A > split\_point$，其中 *split_point* 是由作为划分准则一部分的 *Attribute_selection_method* 返回的分裂点。（在实际应用中，划分点 a 通常被视为属性 A 在训练数据中两个相邻已知值的中点，因此可能并非实际存在于训练数据中的 A 的取值。）从节点 N 出发，生长出两个分支，并根据之前的结果进行标记（如图 6.4b 所示）。元组被划分，使得 D_1 包含

了 D 中在属性 A 上取值小于 *split_point* 的类标记元组的子集，而 D_2 包含了其余部分。

3. 属性 A 是离散值，并且必须生成二叉树（根据所使用的属性选择度量或算法决定）：节点 N 处的测试形式为“$A \in S_A$?”，其中 S_A 是由作为划分准则一部分的 *Attribute_selection_method* 返回的属性 A 的划分子集。这是 A 的已知取值的子集。如果给定元组的属性 A 的取值为 a_j，且 $a_j \in S_A$，那么节点 N 处的测试条件成立。从节点 N 出发，生长出两个分支（如图 6.4c 所示）。按照约定，从节点 N 出发的左分支标记为 *yes*，因此 D_1 对应于 D 中满足测试条件的类标签元组的子集。从节点 N 出发的右分支标记为 *no*，因此 D_2 对应于 D 中不满足测试条件的类标签元组的子集。

- 该算法通过递归应用相同的过程，为 D 中的每个生成的分区 D_j 构建决策树（步骤 14）。
- 递归划分仅在满足以下任一终止条件时停止。

1. 在节点 N 所代表的分区 D 中，所有的元组都属于同一个类（步骤 2 和 3）。

2. 没有剩余的属性可供进一步划分元组（步骤 4）。在这种情况下，采用多数投票的方法（步骤 5）。这意味着将节点 N 转换为一个叶节点，并将其标记为 D 中出现最频繁的类。或者，也可以保存节点中元组的类分布情况。

3. 对于某个给定的分支没有节点，也就是说，分区 D_j 为空（步骤 12）。在这种情况下，将创建一个叶节点，其类为 D 中出现最频繁的类（步骤 13）。

- 生成的决策树被返回（步骤 15）。

考虑给定的训练集 D，算法的计算复杂度为 $O(n \times |D| \times \log(|D|))$，其中 n 是描述 D 中元组的属性数量，$|D|$ 是 D 中的训练元组数量。这表示随着 D 元组的增加，生成决策树的计算成本以 $n \times |D| \times \log(|D|)$ 的速度增长。具体的证明留给读者作为练习。

此外，还提出了决策树归纳的**增量**版本。当提供新的训练数据时，它会重构从先前训练数据中学得的决策树，而不是从头开始重新学习一棵新树。

决策树算法的不同之处包括在创建树时如何选择属性（6.2.2 节）和用于修剪的机制（6.2.3 节）。

决策树与另一种称为**回归树**的树密切相关，回归树用于预测连续输出值。回归树与决策树非常相似，因为它也将整个属性空间划分为多个子区域，每个子区域对应一个叶节点。主要区别如下：在回归树中，叶节点包含连续值，而不是决策树中的分类值（即类标签）。叶节点的连续值在训练阶段学得，设置为所有落入相应子区域的训练元组的平均输出值。CART 使用**残差平方和**（RSS）作为目标函数，即训练元组的实际输出值与回归树预测输出值之间的平方差之和

$$\mathrm{RSS} = \sum_i (y_i - \hat{y}_i)^2 \tag{6.1}$$

其中 y_i 是第 i 个训练元组的实际输出值，$\hat{y}_i$ 是回归树的预测输出值。选择相应子区域中所有训练元组的平均输出值是最优的，因为它最小化了式（6.1）中的 RSS。然后，每个叶节点的值用于预测落入其中的测试元组的输出。图 6.5 展示了一个基于个人的教

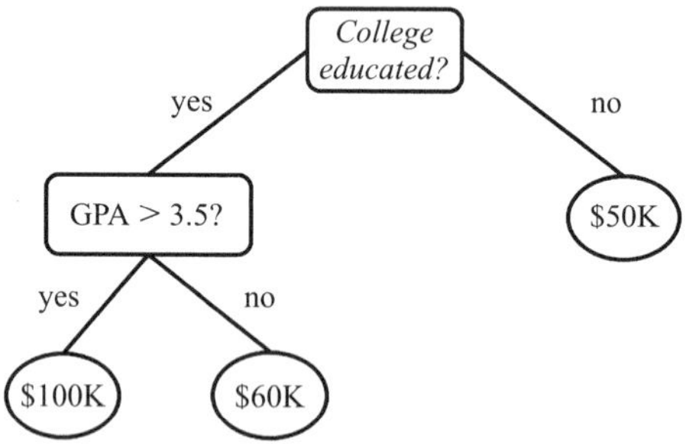

图 6.5 根据个人教育程度预测平均年收入的回归树

注：三个叶节点的值计算如下。\$50K 是没有大学学位的所有训练个体的平均年收入；\$60K 是拥有大学学位但 GPA 小于或等于 3.5 的所有训练个体的平均年收入；以及 \$100K 是所有具有大学学位、GPA 高于 3.5 的训练个体的平均年收入。叶节点值（\$50K、\$60K 和 \$100K）用于预测落入相应叶节点的任何测试个体的年收入。

育情况（例如是否上过大学、大学平均 GPA 等）预测平均年收入的回归树示例。

6.2.2　属性选择度量

属性选择度量是一种启发式方法，用于选择划分准则，把给定类标签的训练元组的数据分区 D “最好地”分成单独的类。如果我们根据划分准则的输出结果将 D 划分成较小的分区，理想情况下，每个分区都应该是纯的（即所有落入特定分区的元组都属于相同的类）。从概念上来说，“最佳”划分准则是最接近实现这种情况的划分。属性选择度量也被称为**划分规则**，因为它们确定了如何划分给定节点的元组。

属性选择度量为描述给定训练元组的每个属性提供了秩排序。具有最高度量得分[⊖]的属性被选择为给定元组的*划分属性*。如果划分属性是连续值的，或者如果我们受限于二叉树，那么分别需要确定作为划分准则一部分的*划分点*或*划分子集*。为分区 D 创建的树节点用划分准则标记，为划分准则的每个结果生成分支，然后相应地划分元组。本节描述了三种常用的属性选择度量方法，包括*信息增益*、*增益率*和*基尼指数*。

这里使用的符号如下：设 D 是带有类标签元组的训练集的分区。假设类标签属性具有 m 个不同值，定义了 m 个不同的类 $C_i\,(i=1,\cdots,m)$。设 $C_{i,D}$ 是 D 中属于类 C_i 的元组集合。设 $|D|$ 和 $|C_{i,D}|$ 分别表示 D 中的元组数量和 $C_{i,D}$ 中的元组数量。

信息增益

ID3 算法采用**信息增益**作为属性选择度量。这一度量基于 Claude Shannon 在信息论方面的开创性工作，研究了消息的价值或“信息内容”。令节点 N 表示或保存分区 D 中的元组。选择具有最高信息增益的属性作为节点 N 的划分属性。这一属性最小化了用于分类结果分区中元组所需的信息，反映了这些分区中最小的随机性或“不纯度”。这种方法最小化了分类给定元组所需的测试数的期望，并确保找到一个简单的（但不一定是最简单的）树。

计算分类 D 中元组所需的期望信息时使用以下公式：

$$Info(D)=-\sum_{i=1}^{m}p_i\log_2(p_i) \tag{6.2}$$

其中 p_i 是 D 中任意元组属于类 C_i 的非零概率，由 $|C_{i,D}|/|D|$ 估计得出，即 C_i 在 D 中的元组数除以 D 中的元组总数。因为信息以位方式编码，所以用以 2 为底的对数函数计算。$Info(D)$ 仅是识别 D 中元组的类标签所需的平均信息量。需要注意的是，这时我们的信息仅基于每个类的元组比例。$Info(D)$ 也被称为 D 的**熵**。

现在，假设我们要基于某个具有 v 个不同值 $\{a_1,a_2,\cdots,a_v\}$ 的属性 A 对 D 中的元组进行划分，这些值是从训练数据中观察到的。如果 A 是离散值，这些值直接对应于对 A 进行测试的 v 个结果。属性 A 可以用来将 D 分为 v 个分区或子集 $\{D_1,D_2,\cdots,D_v\}$，其中 D_j 包含 D 中具有属性 A 的结果 a_j 的元组。这些分区对应于从节点 N 生长出的分支。理想情况下，我们希望这种分区可以产生元组的准确分类，也就是说，我们希望每个分区都是纯的。然而，这些分区很可能不纯（例如，一个分区可能包含不同类的元组集合，而不仅仅来自单一类）。

在分区后，我们还需要多少额外信息才能得出准确的分类？这个信息量被如下公式度量：

$$Info_A(D)=\sum_{j=1}^{v}\frac{|D_j|}{|D|}\times Info(D_j) \tag{6.3}$$

项 $\frac{|D_j|}{|D|}$ 充当第 j 个分区的权重。$Info_A(D)$ 是基于属性 A 的划分对 D 中元组进行分类所需的期

⊖ 根据度量，最高或最低得分被选为最佳的（某些度量力求最大化，而另一些力求最小化）。

望信息。期望信息越小，分区的纯度就越高。$Info_A(D)$ 也被称为 D 的条件熵（在属性 A 的条件下）。

信息增益定义为原始信息需求（即基于类的比例）与新需求（即基于属性 A 划分后获得的需求）之间的差异。也就是说，

$$Gain(A)=Info(D)-Info_A(D) \tag{6.4}$$

换言之，增益 $Gain(A)$ 反映了在属性 A 上进行分支会带来多少信息。它表示通过了解属性 A 的值而导致的信息需求的期望减少值。选择具有最大信息增益 $Gain(A)$ 的属性 A 作为节点 N 处的划分属性。这相当于我们希望选择属性 A 进行分区，以实现最佳分类，从而最小化完成元组分类所需的信息量（即最小化 $Info_A(D)$）。

例 6.1　使用信息增益进行决策树归纳。表 6.1 呈现了一个来自电子商店顾客数据库的带有类标签元组的训练集 D，这些元组是随机选择的。（这些数据改编自 Quinlan[Qui86]。在此示例中，每个属性都是离散值。连续值属性已经被泛化处理。）类标签属性 *buys_computer* 具有两个不同的取值（即 {*yes*, *no*}），因此存在两个不同的类（即 m=2）。让类 C_1 对应"*yes*"，类 C_2 对应"*no*"。有九个属于"*yes*"类的元组，五个属于"*no*"类的元组。为这些元组创建了一个（根）节点 N。要找到这些元组的划分准则，我们必须计算每个属性的信息增益。首先，我们使用式（6.2）计算对 D 中元组进行分类所需的期望信息：

$$Info(D)=-\frac{9}{14}\log_2\left(\frac{9}{14}\right)-\frac{5}{14}\log_2\left(\frac{5}{14}\right)=0.940\text{位}$$

表 6.1　来自电子商店顾客数据库的带有类标签的训练元组

RID	age	income	student	credit_rating	类：buys_computer
1	youth	high	no	fair	no
2	youth	high	no	excellent	no
3	middle_aged	high	no	fair	yes
4	senior	medium	no	fair	yes
5	senior	low	yes	fair	yes
6	senior	low	yes	excellent	no
7	middle_aged	low	yes	excellent	yes
8	youth	medium	no	fair	no
9	youth	low	yes	fair	yes
10	senior	medium	yes	fair	yes
11	youth	medium	yes	excellent	yes
12	middle_aged	medium	no	excellent	yes
13	middle_aged	high	yes	fair	yes
14	senior	medium	no	excellent	no

随后，我们需要计算每个属性的期望信息需求。让我们以"*age*"属性为例。我们需要考察每个年龄类别中"*yes*"和"*no*"元组的分布情况。对于"*youth*"年龄类别，有两个"*yes*"元组和三个"*no*"元组。对于"*middle_aged*"年龄类别，有四个"*yes*"元组和零个"*no*"元组。对于"*senior*"年龄类别，有三个"*yes*"元组和两个"*no*"元组。利用式（6.3），如果按照"*age*"属性对元组进行分组，用于分类数据集 D 中的元组的期望信息需求如下：

$$Info_{age}(D)=\frac{5}{14}\times\left(-\frac{2}{5}\log_2\frac{2}{5}-\frac{3}{5}\log_2\frac{3}{5}\right)+\frac{4}{14}\times\left(-\frac{4}{4}\log_2\frac{4}{4}\right)+\frac{5}{14}\times\left(-\frac{3}{5}\log_2\frac{3}{5}-\frac{2}{5}\log_2\frac{2}{5}\right)=0.694\text{位}$$

因此，这种划分的信息增益将是

$$Gain(age) = Info(D) - Info_{age}(D) = 0.940 - 0.694 = 0.246\text{位}$$

类似地，我们可以计算 *Gain*(*income*)=0.029 位，*Gain*(*student*)=0.151 位，以及 *Gain*(*credit_rating*)=0.048 位。由于 *age* 在属性中具有最高的信息增益，因此它被选为划分属性。节点 *N* 被标记为 *age*，然后为属性的每个值生长分支。然后，如图 6.6 所示，元组被相应地划分。注意，落入 *age*=*middle_aged* 分区的元组都属于同一类。因为它们都属于类“*yes*”，因此应在该分支的末尾创建一个叶节点，并标记为“*yes*”。算法返回的最终决策树在图 6.2 中已展示。　□

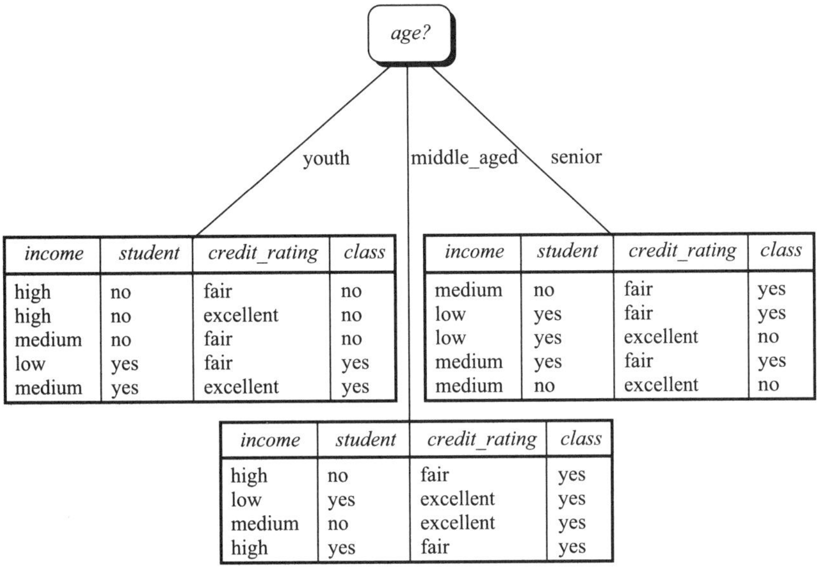

income	*student*	*credit_rating*	*class*
high	no	fair	no
high	no	excellent	no
medium	no	fair	no
low	yes	fair	yes
medium	yes	excellent	yes

income	*student*	*credit_rating*	*class*
medium	no	fair	yes
low	yes	fair	yes
low	yes	excellent	no
medium	yes	fair	yes
medium	no	excellent	no

income	*student*	*credit_rating*	*class*
high	no	fair	yes
low	yes	excellent	yes
medium	no	excellent	yes
high	yes	fair	yes

图 6.6　属性 *age* 具有最高的信息增益，因此成为决策树根节点处的划分属性。每一个 *age* 值都生长出了分支。元组显示在相应的分区中

“但是，如何计算与例子中的离散值不同的连续值属性的信息增益呢？”假设我们有一个属性 *A*，它是连续值而不是离散值。（例如，假设我们有这个属性的原始值，而不是例子中的离散版本的年龄。）对于这种情况，我们必须确定属性 *A* 的“最佳”划分点，其中划分点是 *A* 上的阈值。

首先，我们按递增顺序对 *A* 的值进行排序。通常，每对相邻值之间的中点作为可能的划分点。因此，对于给定的 *A* 的 *v* 个值，会评估 $(v-1)$ 个可能的划分点。例如，*A* 的值 a_i 和 a_{i+1} 之间的中点是

$$\frac{a_i + a_{i+1}}{2} \tag{6.5}$$

如果属性 *A* 的值事先排序，那么确定属性 *A* 的最佳划分点只需要对这些值进行一次遍历。对于属性 *A* 的每一个可能的划分点，我们评估 $Info_A(D)$，其中分区数为 2，即式（6.3）中的 $v=2$（或 $j=1, 2$）。选择期望信息需求最小的点作为属性 *A* 的划分点。D_1 是数据集 *D* 中满足 $A \leqslant split\_point$ 的元组集合，而 D_2 是数据集 *D* 中满足 $A > split\_point$ 的元组集合。

增益率

信息增益度量偏向于具有许多结果的测试。换句话说，它更喜欢选择具有大量取值的属性。例如，考虑一个充当唯一标识符的属性，比如 *product_ID*。对 *product_ID* 进行划分会导致大量分区（与取值一样多），每个分区只包含一个元组。因为每个分区都是纯的，所以基于这种划分对数据集 *D* 进行分类所需的信息为 $Info_{product\_ID}(D)=0$。因此，通过对此属性进行划分

所获得的信息增益是最大的。显然，这种划分对于分类是无用的。

C4.5 是 ID3 的后继者，它使用一种被称为增益率的信息增益扩展，旨在克服这种偏差。它对信息增益应用了一种规范化，使用与 $Info(D)$ 类似定义的“划分信息”值：

$$SplitInfo_A(D) = -\sum_{j=1}^{v} \frac{|D_j|}{|D|} \times \log_2\left(\frac{|D_j|}{|D|}\right) \quad (6.6)$$

这个值代表了将训练数据集 D 划分成 v 个分区所产生的潜在信息，这些分区对应于属性 A 上的 v 种测试结果。需要注意的是，对于每一种测试结果，它考虑了具有该结果的元组的数量相对于 D 中的总元组数量。它不同于信息增益，后者衡量的是基于相同划分所获得的与分类相关的信息。增益率定义为

$$GainRatio(A) = \frac{Gain(A)}{SplitInfo_A(D)} \quad (6.7)$$

选择具有最大增益率的属性作为划分属性。然而需要注意的是，当划分信息接近 0 时，增益率会变得不稳定。为避免这种情况，我们添加了一个约束，即所选测试的信息增益必须足够大，至少与所有考察的测试的平均增益一样大。

例 6.2 计算属性“*income*”的增益率。对 *income* 进行的测试将表 6.1 中的数据划分为三个部分，即 *low*、*medium*、*high*，分别包含四、六和四个元组。要计算“*income*”的增益率，首先使用式（6.6）得到

$$SplitInfo_{income}(D) = -\frac{4}{14} \times \log_2\left(\frac{4}{14}\right) - \frac{6}{14} \times \log_2\left(\frac{6}{14}\right) - \frac{4}{14} \times \log_2\left(\frac{4}{14}\right) = 1.557$$

根据例 6.1，我们有 $Gain(income)$=0.029。因此 $GainRatio(income)$=0.029/1.557=0.019。 □

基尼指数

在 CART 中使用了基尼指数（或简称基尼）。使用先前描述的符号，基尼指数度量了数据分区 D 或一组训练元组的不纯度，如下所示：

$$Gini(D) = 1 - \sum_{i=1}^{m} p_i^2 \quad (6.8)$$

其中 p_i 是数据集 D 中的元组属于类 C_i 的概率，由 $|C_{i,D}|/|D|$ 估计得出。求和是在 m 个类上进行的。

基尼指数考虑了每个属性的二元划分。首先考虑 A 是一个具有 v 个不同值 $\{a_1, a_2, \cdots, a_v\}$ 的离散属性的情况，这些值在 D 中出现。为了确定 A 上的最佳二元划分，我们需要检查使用 A 的已知值形成的所有可能子集。每个子集 S_A 都可以被视为属性 A 的二元测试，形式为“$A \in S_A$?”。对于给定的元组，如果元组的 A 值在 S_A 列出的值中，则该测试成立。如果 A 有 v 个可能的值，那么可能的子集有 2^v 个。例如，如果 *income* 有三个可能的值，即 {*low*, *medium*, *high*}，则可能的子集有 {*low*, *medium*, *high*}，{*low*, *medium*}，{*low*, *high*}，{*medium*, *high*}，{*low*}，{*medium*}，{*high*} 和 {}。我们排除了幂集 {*low*, *medium*, *high*} 和空集，因为从概念上讲，它们不代表一个划分。因此，基于 A 的二元划分有 $(2^v - 2)/2$ 种可能方式可以将数据 D 划分成两个分区。

在考虑二元划分时，我们计算每个结果分区的不纯度的加权总和。例如，如果在属性 A 上进行二元划分，将数据集 D 分成 D_1 和 D_2 两部分，那么给定该划分的 D 的基尼指数为

$$Gini_A(D) = \frac{|D_1|}{|D|}Gini(D_1) + \frac{|D_2|}{|D|}Gini(D_2) \quad (6.9)$$

对于每个属性，考虑了所有可能的二元划分。对于离散值属性，选择使该属性的基尼指数最

小的子集作为其划分子集。

对于连续值属性，必须考虑每个可能的划分点。该策略类似于先前描述的信息增益，其中在每一对（排序后的）相邻值之间取中点作为可能的划分点。对于给定的（连续值）属性，取使基尼指数最小的点作为该属性的划分点。回顾一下，对于属性 A 的可能划分点，D_1 是 D 中满足 $A \leqslant split\_point$ 的元组集合，D_2 是 D 中满足 $A > split\_point$ 的元组集合。

在离散值或连续值属性 A 上进行二元划分将导致不纯度减少，减少为

$$\Delta Gini(A) = Gini(D) - Gini_A(D) \tag{6.10}$$

选择最大化不纯度减少（或等效地具有最小基尼指数）的属性作为划分属性。这一属性和它的划分子集（对于离散值划分属性）或划分点（对于连续值划分属性）一同构成了划分准则。

例 6.3　使用基尼指数归纳决策树。假设 D 是如表 6.1 所示的训练数据，其中有 9 个元组属于类 *buys_computer=yes*，剩下的 5 个元组属于类 *buys_computer=no*。为 D 中的元组创建（根）节点 N。首先，我们使用式（6.8）计算 D 的基尼指数：

$$Gini(D) = 1 - \left(\frac{9}{14}\right)^2 - \left(\frac{5}{14}\right)^2 = 0.459$$

为了找到数据集 D 中元组的划分准则，我们需要计算每个属性的基尼指数。让我们从属性 *income* 开始，考虑每个可能的划分子集。考虑子集 {*low*, *medium*}。这将导致分区 D_1 中有 10 个满足条件"$income \in \{low, medium\}$"的元组。数据集 D 中的其余 4 个元组将被分配到分区 D_2 中。基于这种划分计算的基尼指数值为

$$\begin{aligned}Gini_{income\in\{low,medium\}}(D) &= \frac{10}{14}Gini(D_1) + \frac{4}{14}Gini(D_2)\\ &= \frac{10}{14}\left(1-\left(\frac{7}{10}\right)^2-\left(\frac{3}{10}\right)^2\right)+\frac{4}{14}\left(1-\left(\frac{2}{4}\right)^2-\left(\frac{2}{4}\right)^2\right)=0.443\\ &= Gini_{income\in\{high\}}(D)\end{aligned}$$

同样地，剩余子集的基尼指数值为 0.458（对于子集 {*low*, *high*} 和 {*medium*}）和 0.450（对于子集 {*medium*, *high*} 和 {*low*}）。因此，对于属性"*income*"，最佳的二元划分是 {*low*, *medium*}（或 {*high*}），因为它最小化了基尼指数。对于属性"*age*"的评估，我们得到了最佳划分 {*youth*, *senior*}（或 {*middle_aged*}），其基尼指数为 0.375；而属性"*student*"和"*credit_rating*"都是二元属性，其基尼指数分别为 0.367 和 0.429。

因此，属性"*age*"和划分子集 {*youth*, *senior*} 在整体上具有最小的基尼指数，减少的不纯度为 0.459−0.357=0.102。二元划分"$age \in \{youth, senior?\}$"导致最大化数据集 D 中元组不纯度的减少，并作为划分准则返回。节点 N 用该准则标记，从中生长出两个分支，并相应地划分元组。□

*"那么，基尼指数和信息增益之间的关系是什么呢？"*从直觉上来看，这两个度量都旨在量化，如果我们基于给定属性对当前节点进行划分，不纯度将减少到什么程度。信息增益根植于信息论，根据确定元组的类标签所需的平均信息量（的变化）来衡量不纯度。基尼指数与错误分类有如下关系：根据当前节点中的类标签分布，它告诉我们如果将一个随机选择的元组分配给随机类标签，它将被错误分类的可能性有多大。基尼指数总是用于二元划分，而信息增益允许多路划分。就计算而言，基尼指数比信息增益略有效，因为后者涉及对数计算。然而，在实践中，这两种度量通常导致非常相似的决策树。

其他的属性选择方法

本节关于属性选择度量的内容并非详尽无遗。我们介绍了三种常用于构建决策树的度量

方法。这些度量方法都带有一定的偏倚。正如我们所了解的，信息增益对多值属性有所偏倚。尽管增益率进行了偏倚调整，但它倾向于偏好不平衡的划分，其中一个分区明显小于其他分区。基尼指数对多值属性有所偏倚，在类数目较大时会面临困难。它还倾向于支持产生大小相等的分区和纯度的测试。尽管存在这些偏倚，这些度量方法在实践中表现相当不错。

还有许多其他属性选择度量方法被提出。CHAID 是一种在市场营销中流行的决策树算法，它使用了基于统计 χ^2 检验独立性的属性选择度量。其他度量方法包括 C-SEP（在某些情况下其表现优于信息增益和基尼指数）和 G 统计量（一种信息论度量，与 χ^2 分布近似）。

对于回归树，自然而然地，我们使用了 RSS（式（6.1））作为划分准则。也就是说，对于给定属性，最佳的划分点是导致最小 RSS 的那个点。我们选择具有最小 RSS 的属性来将树节点分成两个叶节点，包括左叶节点和右叶节点。

例 6.4　让我们看表 6.2 中使用 RSS 找到最佳划分点的示例。假设在回归树节点上有五个训练元组，每个训练元组都有一个真实的输出值 y_i 和一个连续属性 $x_i\,(i=1,\cdots,5)$。我们希望找到属性 x_i 的最佳划分点，将树节点分成两个叶节点。具体来说，所有 x_i 小于或等于划分点的元组将进入左叶节点，而其余的训练元组将进入右叶节点。

考虑到 x_i 是一个具有五个可能值的连续属性，我们有四个候选划分点，分别是 $x_i=1.5$，$x_i=2.5$，$x_i=3.5$ 和 $x_i=4.5$。对于每个候选划分点，我们将当前的树节点划分成两个叶节点。左叶节点中，我们使用训练元组的平均输出值 y_l 来预测所有位于左叶节点中的元组的输出。同样，在右叶节点中，我们使用训练元组的平均输出值 y_r 来预测所有位于右叶节点中的元组的输出。例如，如果划分点 $x_i=1.5$，只有第一个训练元组进入左叶节点，我们有 $y_l=y_1=10$；$y_r=(y_2+y_3+y_4+y_5)/4=(12+8+20+22)/4=15.5$。利用所有五个训练元组的预测输出值（$y_l$ 或 y_r），我们可以使用式（6.1）计算残差平方和（RSS）。再次说明，如果划分点 $x_i=1.5$，我们有 $\mathrm{RSS}=\sum_{i=1}^{5}(y_i-\hat{y}_i)^2=(y_1-y_l)^2+(y_2-y_r)^2+(y_3-y_r)^2(y_4-y_r)^2+(y_5-y_r)^2=122.25$。所有四个可能划分点的计算结果总结在表 6.3 中。由于 $x_i=3.5$ 具有最小的 RSS，因此选择它作为划分点。□

表 6.2　回归的训练数据

属性 x_i	1	2	3	4	5
输出 y_i	10	12	8	20	22

注：在回归树节点处给定五个训练元组，每个都有一个真实输出值 y_i 和一个连续属性 $x_i\,(i=1,\cdots,5)$。我们想要找到属性 x_i 最佳划分点，以把该节点划分成两个节点（左节点和右节点）。

表 6.3　使用 RSS 为表 6.2 中的元组选择最佳划分点

候选划分点 x_i	1.5	2.5	3.5	4.5
左叶节点的预测值 y_l	10	11	10	12.5
右叶节点的预测值 y_r	15.5	16.7	21	22
RSS	131	116.67	10	83

基于**最小描述长度**（MDL）原则的属性选择度量对多值属性的偏倚最小。基于 MDL 的度量使用编码技术来定义“最佳决策树”，即需要最少数量的位来同时（1）对树编码；（2）对树的异常编码（即被树不正确地分类的情况）。其主要思想是首选最简单的解决方案。支持 MDL 原则的哲学是**奥卡姆剃刀**，也被称为简约法则。在数据挖掘和机器学习中，奥卡姆剃刀通常被转化为一种设计原则，即人们应该更倾向于一个描述较短（因此最小描述长度）的模型，而不是一个更长的模型，前提是其他一切相等（例如，更短和更长的模型具有相同的训练集误差）。

其他属性选择度量考虑**多元划分**（即，基于属性的组合而不是单一属性的元组划分）。例如，CART 系统可以找到基于属性线性组合的多元划分。多元划分是**属性**（或特征）**构造**的一种形式，其中新属性是基于现有属性创建的。（属性构造也作为数据转换的一种形式在第 2 章中进行了讨论。）这里提到的其他度量超出了本书的范围。本章末尾的文献注释提供了更多资料（6.10 节）。

“哪个属性选择度量最好？”所有度量都存在一定的偏倚。已经证明，决策树归纳的时间复杂度通常随着树高呈指数增长。因此，倾向于生成较浅的树（例如，使用多路划分而不是二元划分，以及倾向于更平衡的划分）的度量可能更可取。然而，一些研究发现，较浅的树往往具有更多的叶节点和更高的错误率。尽管进行了多次比较研究，但没有发现任何一个属性选择度量明显优于其他度量。大多数度量都能够取得相当不错的效果。

6.2.3 剪枝

在构建决策树时，许多分支将反映由于噪声或离群点导致的训练数据中的异常情况。树剪枝方法解决了数据过拟合的问题。这些方法通常使用统计度量来删除最不可靠的分支。图 6.7 显示了未剪枝的树和剪枝后的树。剪枝后的树往往较小、较简单，因此更容易理解。它们通常比未剪枝的树更快速、更好地对独立的测试数据（即以前未见的元组）进行正确分类。

“如何进行树剪枝？”树剪枝有两种常见方法：预剪枝和后剪枝。

在**预剪枝**方法中，通过提前停止树的构建来“剪枝”树（例如，决定不进一步划分给定节点的训练元组子集）。一旦停止，该节点成为叶节点。叶节点可能包含子集元组中最频繁的类标签或这些元组的类标签的概率分布。

在构建树时，可以使用统计显著性、信息增益、基尼指数等度量来评估划分的好坏。如果在节点处划分元组会导致划分值低于预先设定的阈值，那么给定子集的进一步划分将停止。然而，在选择适当的阈值方面存在困难。高阈值可能导致过度简化的树，而低阈值可能导致简化程度很低。

第二种更常见的方法是**后剪枝**，即从“完全生长”的树中剪去子树。给定节点处的子树通过移除其分支并用叶子替换它来进行修剪。叶子被标记为被替换的子树中最频繁的类标签。例如，注意图 6.7 中未剪枝树中的节点“A_3”。假设此子树中最常见的类是“类 B”。在树的修剪版本中，通过将其替换为叶子“类 B”来修剪所讨论的子树。

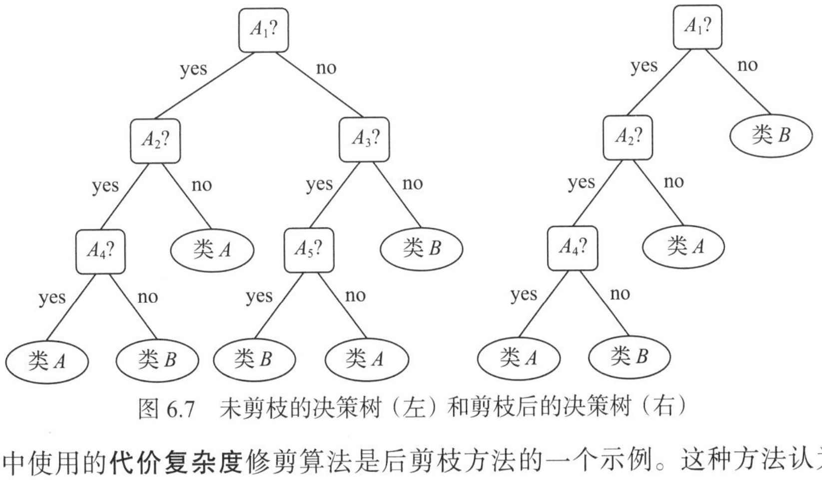

图 6.7　未剪枝的决策树（左）和剪枝后的决策树（右）

CART 中使用的**代价复杂度**修剪算法是后剪枝方法的一个示例。这种方法认为树的代价复杂度是树中叶子的数量和树的错误率的函数（**错误率**是被树错误分类的元组的百分比）。它从树的底部开始。对于每个内部节点 N，它计算子树在 N 处的代价复杂度，以及子树在 N 处被修剪（即被叶节点替换）时的代价复杂度。比较这两个值。如果在节点 N 处修剪子树的代价复杂度较小，则对子树进行修剪；否则，它将被保留。

使用类标签元组的**剪枝集**来估计代价复杂度。该集合独立于（1）用于构建未修剪树的训练集和（2）用于准确度估计的任何测试集。该算法生成一组逐步修剪的树。一般来说，最小的决策树可以使代价复杂度最小化。

C4.5 使用了一种称为**悲观剪枝**的方法，这种方法与代价复杂度法类似，它也使用错误率估计来做出关于子树剪枝的决策。然而，悲观剪枝不需要使用剪枝集。相反，它使用训练集来估计错误率。回想一下，基于训练集的准确度或误差估计过于乐观，因此有很强的偏差。因此，悲观修剪方法通过增加惩罚来调整从训练集得到的错误率，从而抵消产生的偏差。

我们可以根据编码所需的位数来修剪树，而不是根据估计的错误率来修剪树。“最佳”剪枝树是使编码位数最小的树。该方法采用 MDL 原则，在 6.2.2 节中简要介绍了 MDL 原则。其基本思想是首选最简单的解决方案。与代价复杂度剪枝不同，它不需要独立的元组集合（即剪枝集）。

或者，预剪枝和后剪枝可以交错地用于组合方法。后剪枝比预剪枝需要更多的计算，但通常会得到更可靠的树。没有发现任何一种修剪方法优于所有其他方法。尽管一些修剪方法确实依赖于用于修剪的额外数据的可用性，但在处理大型数据库时，这通常不是一个问题。

虽然修剪后的树往往比未修剪的树更紧凑，但它们可能仍然相当庞大和复杂。决策树可能会受到重复和复制的影响（图 6.8），这使得它们难以解释。**重复**是沿着树的给定分支重复测试属性（例如，“$age < 60$?”，其次是“$age < 45$?”，等等）。对于**复制**，树中存在重复的子树。这些情况会阻碍决策树的准确性和可理解性。使用多元划分（基于属性组合的划分）可以避免这些问题。另一种方法是使用不同形式的知识表示，例如规则，而不是决策树。第 7 章描述了这一点，它展示了如何通过从决策树中提取 IF-THEN 规则来构建基于规则的分类器。

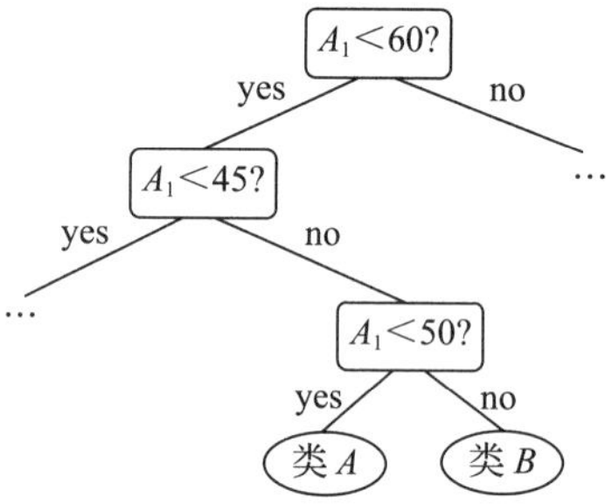

a）

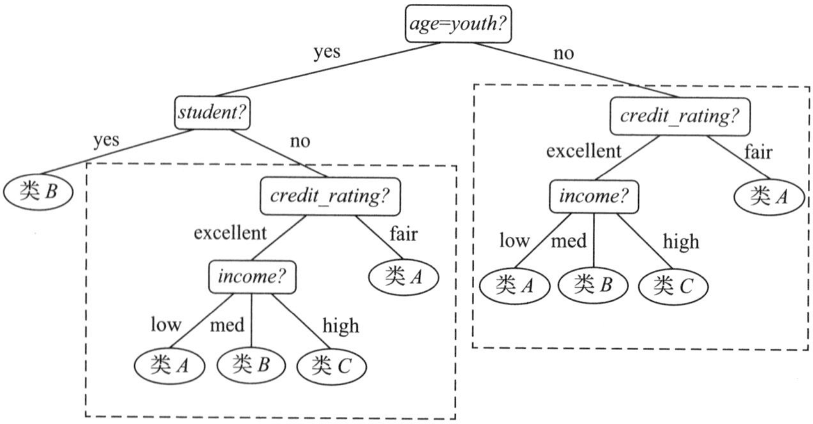

b）

图 6.8　图 a 是子树重复的示例，其中沿着树的给定分支（例如，*age*）重复地测试属性。图 b 是子树复制的示例，其中在树中存在重复子树（例如，以节点“*credit_rating*？”为首的子树）

6.3 贝叶斯分类方法

“什么是贝叶斯分类器？”贝叶斯分类器是统计分类器，可以预测类中成员的概率，例如某个给定元组属于特定类的概率。

贝叶斯分类基于下文即将介绍的贝叶斯定理。比较不同的分类算法，可以发现一个简单的贝叶斯分类器（即朴素贝叶斯分类器）的性能与决策树和选定的神经网络分类器相当，同时贝叶斯分类器应用在大型数据库时准确性和速度都较好。

朴素贝叶斯分类器假设一个属性值对给定类的影响与其他属性的值无关。这种假设被称为类条件独立性。它被用来简化计算，在此意义上，被认为是“朴素的”。

6.3.1 节回顾了基本概率符号和贝叶斯定理。在 6.3.2 节中将学习如何进行朴素贝叶斯分类。

6.3.1 贝叶斯定理

贝叶斯定理是以 Thomas Bayes 的名字命名的，他是一位并不墨守成规的英国牧师，18 世纪在概率论和决策论方面做了一些早期工作。设 $\boldsymbol{X}$ 是一个数据元组，在贝叶斯术语中，$\boldsymbol{X}$ 是“证据”，通常以对一组 n 个属性的实际测量来描述该“证据”。设 H 为某个假设，例如假设数据元组 $\boldsymbol{X}$ 属于特定的类 C。对于分类问题，我们想要确定 $P(H|\boldsymbol{X})$，就是求给定“证据”或观察到的数据元组 $\boldsymbol{X}$，假设 H 成立的概率。换句话说，给定元组 $\boldsymbol{X}$ 的属性描述，我们希望寻找 $\boldsymbol{X}$ 属于类 C 的概率。

$P(H|\boldsymbol{X})$ 是 H 在 $\boldsymbol{X}$ 条件下的**后验概率**。例如，假定我们的数据是由 *age* 和 *income* 属性描述的顾客，$\boldsymbol{X}$ 是一个 35 岁、收入为 40 000 美元的顾客，H 是顾客将购买一台计算机的假设。那么 $P(H|\boldsymbol{X})$ 反映了在已知顾客的年龄和收入的情况下，顾客 $\boldsymbol{X}$ 购买计算机的概率。

相反，$P(H)$ 是 H 的**先验概率**。对于我们的例子，这是任何给定顾客购买计算机的概率，与年龄、收入或任何其他信息无关。后验概率 $P(H|\boldsymbol{X})$ 比独立于 $\boldsymbol{X}$ 的先验概率 $P(H)$ 基于更多的信息（例如，顾客的年龄和收入信息）。

同样地，$P(\boldsymbol{X}|H)$ 是以 H 为条件的 $\boldsymbol{X}$ 的条件概率，也就是说，假设我们知道顾客 $\boldsymbol{X}$ 会买一台计算机，它是顾客 $\boldsymbol{X}$ 年龄为 35 岁、收入为 40 000 美元的概率。在分类中，$P(\boldsymbol{X}|H)$ 也常被称为似然。

$P(\boldsymbol{X})$ 是 $\boldsymbol{X}$ 的先验概率，在我们的例子中，它是顾客集中有一个人 35 岁、收入为 40 000 美元的概率。在分类中，$P(\boldsymbol{X})$ 也常被称为边际概率。

“这些概率是如何估计的？”我们将在后文看到，$P(H)$、$P(\boldsymbol{X}|H)$ 和 $P(\boldsymbol{X})$ 可以从给定的数据中估计出来。**贝叶斯定理**提供了一种根据 $P(H)$、$P(\boldsymbol{X}|H)$ 和 $P(\boldsymbol{X})$ 计算后验概率 $P(H|\boldsymbol{X})$ 的方法。贝叶斯定理为

$$P(H\mid \boldsymbol{X})=\frac{P(\boldsymbol{X}\mid H)P(H)}{P(\boldsymbol{X})} \tag{6.11}$$

“贝叶斯分类器是什么样的？”假设有 m 个类 $C_1, C_2,\cdots, C_m$。给定一个元组 $\boldsymbol{X}$，我们想要预测它属于哪个类。在贝叶斯分类器中，它首先计算 m 类中每一类的后验概率 $P(C_i|\boldsymbol{X})$ $(i=1,\cdots, m)$，然后预测元组 $\boldsymbol{X}$ 属于后验概率最高的类。在上面的例子中，给定顾客 $\boldsymbol{X}$，其 35 岁、收入为 40 000 美元，我们想预测顾客是否会购买计算机。所以，在这个任务中，有两个可能的类（买计算机和不买计算机）。假设 P（买计算机 $|\boldsymbol{X}$）=0.8，P（不买计算机 $|\boldsymbol{X}$）=0.2。贝叶斯分类器将预测顾客 $\boldsymbol{X}$ 将购买一台计算机。

“那么，贝叶斯分类器有多好呢？”从理论上讲，贝叶斯分类器是最优的，因为它与所有其他分类器相比具有最小的分类错误率。由于贝叶斯分类器是一种概率方法，它可能对任何

给定的元组做出错误的预测。在上面的例子中，贝叶斯分类器预测顾客将购买一台计算机。因为 P（不买计算机 $|\boldsymbol{X}$）=0.2，所以贝叶斯分类器做出的预测有 20% 的可能性是不正确的。然而，由于贝叶斯分类器总是以最大后验概率预测类，因此与所有其他分类器相比，对于给定元组 $\boldsymbol{X}$ 它预测错误的概率（通常称为风险）是最低的。在我们的示例中，给定顾客的风险为 0.2。换句话说，贝叶斯分类器预测错误的概率为 20%。因此，贝叶斯分类器的总体分类误差，即所有可能元组的风险期望（即加权平均值）在所有可能分类器中是最低的。由于其理论上的最优性，贝叶斯分类器在统计机器学习领域起着基础性作用。例如，许多分类器（例如朴素贝叶斯分类器、k- 最近邻分类器、logistic 回归、贝叶斯网络等）可以被视为近似贝叶斯分类器。贝叶斯分类器也为没有明确使用贝叶斯定理的其他分类器提供了理论依据。例如，在某些假设下，可以证明许多神经网络和曲线拟合算法输出最大后验假设，像贝叶斯分类器一样。

"那么，我们为什么不直接使用贝叶斯分类器呢？" 根据贝叶斯定理（式（6.11）），为了计算后验概率 $P(C_i|\boldsymbol{X})(i=1,\cdots,m)$，我们需要知道条件概率 $P(\boldsymbol{X}|C_i)(i=1,\cdots,m)$、先验概率 $P(C_i)(i=1,\cdots,m)$ 和边际概率 $P(\boldsymbol{X})$。在贝叶斯分类器中，我们只需要知道哪个类的后验概率最高，对于给定的元组 $\boldsymbol{X}$，它的边际概率 $P(\boldsymbol{X})$ 与不同的类无关。换句话说，不同后验概率 $P(C_i|\boldsymbol{X})(i=1,\cdots,m)$ 具有相同的边际概率 $P(\boldsymbol{X})$。因此，为了预测给定元组属于哪一类，我们只需要估计条件概率 $P(\boldsymbol{X}|C_i)(i=1,\cdots,m)$ 和先验 $P(C_i)(i=1,\cdots,m)$。[㊀]

从训练数据集中估计先验 $P(C_i)(i=1,\cdots,m)$ 相对容易（细节将在下一节中介绍）。另一方面，直接估计条件概率 $P(\boldsymbol{X}|C_i)(i=1,\cdots,m)$ 通常是非常具有挑战性的。为了理解这一点，让我们假设有 n 个二元属性 $A_1, A_2,\cdots, A_n$。然后，n 维属性向量 $\boldsymbol{X}$ 有 2^n 个可能值，我们需要估计属性向量的每个可能值相对于每个类标签的条件概率。[㊁]换句话说，属性值空间是指数的！要估计这么多的条件概率参数是非常困难的。[㊂]

因此，贝叶斯分类器的主要困难在于如何有效地估计条件概率，通常使用一些近似，现在已经开发了许多解决方案。其中一个最简单但非常有效的解决方案是朴素贝叶斯分类器，我们将在下面介绍它。

6.3.2　朴素贝叶斯分类

朴素贝叶斯分类器，或**简单贝叶斯**分类器，除了估计条件概率的方式不同，遵循与贝叶斯分类器相同的过程。具体工作原理如下：

1. 设 D 是元组及其相关类标签的训练集。像往常一样，每个元组由一个 n 维属性向量 $\boldsymbol{X}$ 表示，$\boldsymbol{X}=(x_1, x_2,\cdots, x_n)$，$n$ 维向量分别对应从 n 个属性 $A_1, A_2,\cdots, A_n$ 对元组进行的 n 次测量。

2. 假设有 m 类 $C_1, C_2,\cdots, C_m$。给定元组 $\boldsymbol{X}$，分类器将预测 $\boldsymbol{X}$ 属于后验概率最高的类。也就是说，朴素贝叶斯分类器预测元组 $\boldsymbol{X}$ 属于类 C_i，当且仅当

$$P(C_i|\boldsymbol{X}) > P(C_j|\boldsymbol{X}) \quad 1\leqslant j\leqslant m, j\neq i$$

因此我们最大化 $P(C_i|\boldsymbol{X})$。$P(C_i|\boldsymbol{X})$ 最大的类 C_i 称为*最大后验假设*。根据贝叶斯定理（式（6.11）），

$$P(C_i|\boldsymbol{X})=\frac{P(\boldsymbol{X}|C_i)P(C_i)}{P(\boldsymbol{X})} \tag{6.12}$$

㊀ 边际概率 $P(\boldsymbol{X})$ 可以由条件概率 $P(\boldsymbol{X}|C_i)(i=1,\cdots,m)$ 和先验概率 $P(C_i)(i=1,\cdots,m)$ 根据全概率定理计算，即 $P(\boldsymbol{X})=\sum_{i=1}^{m}P(\boldsymbol{X}|C_i)P(C_i)$。某些情况下有必要计算边际概率（如估计贝叶斯分类器的风险）。

㊁ 在此情况下，我们需要估计的条件概率的参数总数为 $m(2^n-1)$。细节留作练习。

㊂ 在统计中，这意味着估计结果具有高方差，不可靠。

3. 由于 $P(\boldsymbol{X})$ 对所有类都是常数，我们只需要找出哪个类使 $P(\boldsymbol{X}|C_i)P(C_i)$ 最大化。如果类先验概率未知，则通常假设类是等可能的，即 $P(C_1)=P(C_2)=\cdots=P(C_m)$，那么我们将最大化 $P(\boldsymbol{X}|C_i)$。否则，我们最大化 $P(\boldsymbol{X}|C_i)P(C_i)$。注意，类的先验概率可以用 $P(C_i)=|C_{i,D}|/|D|$ 来估计，其中 $|C_{i,D}|$ 是 D 中类 C_i 的训练元组的个数。

4. 给定具有许多属性的数据集，由于上述原因，计算 $P(\boldsymbol{X}|C_i)$ 的成本将非常高。为了减少计算 $P(\boldsymbol{X}|C_i)$ 的计算量，提出了**类条件独立**的朴素假设。这假定属性的值在给定元组的类标签的情况下是有条件地相互独立的（即，如果我们知道元组属于哪个类，则属性之间没有依赖关系）。因此

$$P(\boldsymbol{X}\mid C_i)=\prod_{k=1}^{n}P(x_k\mid C_i)=P(x_1\mid C_i)\times P(x_2\mid C_i)\times\cdots\times P(x_n\mid C_i) \tag{6.13}$$

我们可以很容易地从训练元组中估计概率 $P(x_1|C_i), P(x_2|C_i),\cdots, P(x_n|C_i)$。回想一下，这里的 x_k 指的是元组 $\boldsymbol{X}$ 的属性 A_k 的值。对于每个属性，我们查看该属性是分类的还是连续值。例如，为了计算 $P(\boldsymbol{X}|C_i)$，我们考虑如下情况：

a. 如果 A_k 是分类的，则 $P(x_k|C_i)$ 是 D 中具有 A_k 值 x_k 的 C_i 类元组的个数除以 $|C_{i,D}|$，$|C_{i,D}|$ 为 D 中 C_i 类元组的个数。[⊖]

b. 如果 A_k 是连续值，那么我们需要做更多的工作，但是计算很简单。通常假设连续值属性具有均值为 μ，标准差为 σ 的高斯分布，定义为

$$g(x,\mu,\sigma)=\frac{1}{\sqrt{2\pi}\sigma}\mathrm{e}^{-\frac{(x-\mu)^2}{2\sigma^2}} \tag{6.14}$$

那么，

$$P(x_k\mid C_i)=g(x_k,\mu_{C_i},\sigma_{C_i}) \tag{6.15}$$

这些公式可能看起来令人望而生畏，但是坚持住！我们需要计算 μ_{C_i} 和 σ_{C_i}，它们分别是类 C_i 的训练元组的属性 A_k 值的均值和标准差。然后，我们将这两个量与 x_k 一起代入式（6.14），以估计 $P(x_k\mid C_i)$。

例如，设 $\boldsymbol{X}$=(35, \$40 000)，其中 A_1 和 A_2 分别是 *age* 属性和 *income* 属性。令类标签属性为 *buys_computer*。$\boldsymbol{X}$ 的相关类标签是 *yes*（即 *buys_computer=yes*）。假设 *age* 没有被离散化，因此作为一个连续值属性存在。假设从训练集中，我们发现 D 中购买计算机的顾客年龄为 38±12 岁。换句话说，对于 *age* 属性和这个类（即 *buys_computer=yes*），我们有 μ=38 岁和 σ=12。我们可以将这些量，加上元组 $\boldsymbol{X}$ 的 x_1=35，代入式（6.14）来估计 $P(age=35|buys\_computer=yes)$。对于均值和标准差计算的回顾，请参见 2.2 节。

5. 为了预测 $\boldsymbol{X}$ 的类，对每个类 C_i 求 $P(\boldsymbol{X}|C_i)P(C_i)$。分类器预测元组 $\boldsymbol{X}$ 的类标签为类 C_i，当且仅当

$$P(\boldsymbol{X}\mid C_i)P(C_i)>P(\boldsymbol{X}\mid C_j)P(C_j)\quad 1\leqslant j\leqslant m, j\neq i \tag{6.16}$$

也就是说，预测的类是 $P(\boldsymbol{X}|C_i)P(C_i)$ 最大的类 C_i。

“朴素贝叶斯分类器有多有效？”请注意，朴素贝叶斯分类器和贝叶斯分类器之间的唯一区别是类条件独立性假设。因此，如果这样的假设确实成立，朴素贝叶斯分类器将是分类误差可能最小的最优分类器。然而，在实践中，情况并非总是如此，因为它所做的假设不准确，例如类条件独立性，以及缺乏可用的概率数据。尽管如此，将该分类器与决策树和选定的神经网络分类器进行比较的各种实证研究发现，它在某些领域具有可比性。朴素贝叶斯分类器

⊖ 在统计中，这是经典的最大似然估计（MLE）法。

的另一个优点是它可以自然地处理缺失的属性。

例 6.5 使用朴素贝叶斯分类预测类标签。我们希望使用朴素贝叶斯分类来预测元组的类标签，给出与例 6.3 中决策树归纳相同的训练数据。训练数据如表 6.1 所示。数据元组由属性 *age*、*income*、*student* 和 *credit_rating* 描述。类标签属性 *buys_computer* 有两个不同的值（即 {*yes*, *no*}）。设 C_1 对应类 *buys_computer=yes*，C_2 对应类 *buys_computer=no*。我们希望分类的元组是

$$\mathbf{X}=(age=youth, income=medium, student=yes, credit\_rating=fair)$$

我们需要找出当 i=1, 2 时，哪个类使 $P(\mathbf{X}|C_i)P(C_i)$ 最大化。每个类的先验概率 $P(C_i)$ 可以根据训练元组计算：

$$P(buys\_computer=yes)=9/14=0.643$$
$$P(buys\_computer=no)=5/14=0.357$$

为了计算 i=1, 2 时的 $P(\mathbf{X}|C_i)$，我们计算以下条件概率：

$$P(age=youth|buys\_computer=yes)=2/9=0.222$$
$$P(age=youth|buys\_computer=no)=3/5=0.600$$
$$P(income=medium|buys\_computer=yes)=4/9=0.444$$
$$P(income=medium|buys\_computer=no)=2/5=0.400$$
$$P(student=yes|buys\_computer=yes)=6/9=0.667$$
$$P(student=yes|buys\_computer=no)=1/5=0.200$$
$$P(credit\_rating=fair|buys\_computer=yes)=6/9=0.667$$
$$P(credit\_rating=fair|buys\_computer=no)=2/5=0.400$$

利用这些概率，我们得到

$$\begin{aligned}P(\mathbf{X}|buys\_computer=yes)=&P(age=youth|buys\_computer=yes)\times\\&P(income=medium|buys\_computer=yes)\times\\&P(student=yes|buys\_computer=yes)\times\\&P(credit\_rating=fair|buys\_computer=yes)\\=&0.222\times0.444\times0.667\times0.667=0.044\end{aligned}$$

类似地，

$$P(\mathbf{X}|buys\_computer=no)=0.600\times0.400\times0.200\times0.400=0.019$$

为了求使 $P(\mathbf{X}|C_i)P(C_i)$ 最大化的类 C_i，我们计算

$$P(\mathbf{X}|buys\_computer=yes)P(buys\_computer=yes)=0.044\times0.643=0.028$$
$$P(\mathbf{X}|buys\_computer=no)P(buys\_computer=no)=0.019\times0.357=0.007$$

因此，朴素贝叶斯分类器对于元组 **X** 预测 *buys_computer=yes*。 □

“如果我遇到概率值为零的情况怎么办？”回想一下，在式（6.13）中，我们估计 $P(\mathbf{X}|C_i)$ 为概率 $P(x_1|C_i), P(x_2|C_i),\cdots, P(x_n|C_i)$ 的乘积，基于类条件独立性的假设。这些概率可以从训练元组中估计出来（步骤 4）。我们需要为每个类 (i=1, 2,⋯, m) 计算 $P(\mathbf{X}|C_i)$，以找到 $P(\mathbf{X}|C_i)\cdot P(C_i)$ 最大的类 C_i（步骤 5）。让我们考虑一下这个计算，对于元组 **X** 中的每个属性 - 值对（即 $A_k=x_k$，对于 k=1, 2,⋯, n），我们需要计算每个类（即每个 C_i，对于 i=1, 2,⋯, m）中具有该属性 - 值对的元组的数量。在例 6.5 中，我们有两个类（m=2），即 *buys_computer=yes* 和 *buys_computer=no*。因此，对于 **X** 的属性 - 值对 *student=yes*，我们需要计算两个数：*buys_computer=yes* 的学生顾客数量（这对 $P(\mathbf{X}|buys\_computer=yes)$ 有用）和 *buys_computer=no* 的学生顾客数量（这对 $P(\mathbf{X}|buys\_computer=no)$ 有用）。

但是，如果没有训练元组表示类 *buys_computer=no* 的学生，使得 $P(student=yes|buys\_computer=no)=0$，那会怎么样？换句话说，如果我们最终得到某个 $P(x_k|C_i)$ 的概率值为 0，会发生什么？将这个零值代入式（6.13）将使 $P(\boldsymbol{X}|C_i)$ 返回零概率，没有这个零概率，我们可能会得到一个表明 $\boldsymbol{X}$ 属于类 C_i 的高概率！一个零概率抵消了乘积中所有其他（后验）概率（对 C_i）的影响。

有一个简单的技巧可以避免这个问题。我们可以假设训练数据库 D 很大，以至于在我们需要的每个计数上加 1 只会对估计的概率值产生微不足道的影响，但可以方便地避免概率值为零的情况。这种概率估计的技术被称为**拉普拉斯校正**或**拉普拉斯估计器**，以法国数学家 Pierre Laplace（1749—1827）的名字命名。[⊖]如果我们有 q 个加 1 的计数，那么我们必须在概率计算中相应的分母上加上 q。我们在例 6.6 中说明这种技术。

例 6.6　利用拉普拉斯校正避免计算概率值为零。假设在某个包含 1 000 个元组的训练数据库 D 中，对于类 *buys_computer=yes*，我们有 0 个 *income=low* 的元组，990 个 *income=medium* 的元组，10 个 *income=high* 的元组。在没有拉普拉斯校正的情况下，这些事件的概率分别为 0,0.990（来自 990/1 000）和 0.010（来自 10/1 000）。对这三个量使用拉普拉斯校正，我们假设每个收入 – 值对都有一个元组。通过这种方式，我们可以得到以下概率（四舍五入到小数点后三位）：

$$\frac{1}{1\,003}=0.001,\frac{991}{1\,003}=0.988,\frac{11}{1\,003}=0.011$$

相应地，“校正的”概率估计值与其“未校正的”对应值接近，但是避免了零概率值。　□

朴素贝叶斯分类器的主要思想在于类条件独立性假设，它极大地简化了条件概率 $P(\boldsymbol{X}|C_i)$ $(i=1,\cdots,m)$ 的估计。然而，这（类条件独立性假设）也是朴素贝叶斯分类器的一个主要限制，因为它可能不适合某些应用。为了解决这个问题，我们需要更复杂的方法来近似条件概率，比如贝叶斯网络，这将在下一章中介绍。

6.4　惰性学习器

到目前为止，本书中讨论的分类方法（决策树归纳和贝叶斯分类）都是急切学习器的例子。当给定一组训练元组时，**急切学习器**将在接收新元组（如测试元组）进行分类之前构建泛化（分类）模型。我们可以认为学习到的模型已经准备好并渴望对以前未见过的元组进行分类。

想象一种相反的惰性方法，在这种方法中，学习器直到最后一刻才构建模型来对给定的测试元组进行分类。也就是说，当给定一个训练元组时，**惰性学习器**只是存储它（或者只做一点次要的处理），然后等待，直到给出一个测试元组。只有当它看到测试元组时，它才会根据该元组与存储的训练元组的相似性对元组进行泛化分类。与急切学习方法不同，惰性学习器在训练元组出现时做的工作更少，而在进行分类或数值预测时做的工作更多。因为惰性学习器存储训练元组或“实例”，所以它们也被称为**基于实例的学习器**，尽管所有的学习本质上都是基于实例的。

在进行分类或数值预测时，惰性学习器的计算成本可能很高。它们需要高效的存储技术，并且非常适合在并行硬件上实现。它们对数据的结构几乎没有提供解释或观察。然而，惰性学习器自然支持增量学习。它们能够建模具有超多边形形状的复杂决策空间，这些形状可能不容易被其他学习算法描述（例如由决策树建模的超矩形形状）。在本节中，我们观察两个惰

⊖ 在统计中，这属于最大后验（MAP）方法。这也可以被视为一种平滑技术（即平滑零概率）。在实践中，我们也可以用一个小整数 k 来替换 1。每个属性 – 值对都有 k 个（而不是 1 个）更多的元组。

性学习器的例子：*k*- 最近邻分类器（6.4.1 节）和基于案例的推理分类器（6.4.2 节）。

6.4.1 *k*- 最近邻分类器

k- 最近邻方法最早是在 20 世纪 50 年代初提出的。当给定一个大的训练集时，这种方法是劳动密集型的，直到 20 世纪 60 年代计算能力增强时才开始流行。它已被广泛应用于模式识别领域。

假设你要决定是否购买一台计算机。你会怎么做？做出这样的决定的一个可能方式是了解你朋友对这个问题的决定（是否买一台计算机）。如果你的大多数亲密朋友都买了计算机，也许你也会决定买一台计算机。最近邻分类器遵循一个非常类似的通过类比学习的思想，即通过比较给定的测试元组和与之相似的训练元组。训练元组由 *n* 个属性描述。每个元组表示 *n* 维空间中的一个点。这样，所有的训练元组都存储在一个 *n* 维属性空间中。当给定一个未知元组时，***k*- 最近邻分类器**在属性空间中搜索最接近未知元组的 *k* 个训练元组（即，上面的例子中是找到你的亲密朋友）。这 *k* 个训练元组是未知元组的 *k* 个"最近邻居"。然后 *k*- 最近邻分类器在 *k* 个近邻中选择最常见的类标签作为未知元组的预测类标签（即，在上面的例子中遵循你朋友的多数决定）。

"接近度"是根据距离度量来定义的，比如欧几里得距离。两点或元组之间的欧几里得距离，例如 $\boldsymbol{X}_1=(x_{11}, x_{12},\cdots, x_{1n})$ 和 $\boldsymbol{X}_2=(x_{21}, x_{22},\cdots, x_{2n})$ 的距离为

$$dist(\boldsymbol{X}_1,\boldsymbol{X}_2)=\sqrt{\sum_{i=1}^{n}(x_{1i}-x_{2i})^2} \tag{6.17}$$

换句话说，对于每个数值属性，我们取元组 $\boldsymbol{X}_1$ 和元组 $\boldsymbol{X}_2$ 中该属性对应值之间的差值，对这个差值进行平方，并累加。对总累计距离取平方根。通常，我们在使用式（6.17）之前对每个属性的值进行规范化。这有助于防止初始范围较大的属性（例如，*income*）的影响超过初始范围较小的属性（例如，二元属性）。例如，min-max 规范化可用于将数值属性 *A* 的值 *v* 转换为 [0, 1] 范围内的 v'，通过如下计算：

$$v'=\frac{v-\min_A}{\max_A-\min_A} \tag{6.18}$$

其中，$\min_A$ 和 $\max_A$ 是属性 *A* 的最小值和最大值。第 2 章描述了作为数据转换形式的数据规范化的其他方法。

对于 *k*- 最近邻分类，未知元组被分配为其 *k*- 最近邻中最常见的类标签。当 $k=1$ 时，将未知元组分配给属性空间中最接近它的训练元组的类。当 $k>1$ 时，我们可以在其 *k* 个最近的邻居中对类标签进行（加权）多数投票。最近邻分类器也可用于数值预测，即返回给定未知元组的真实值预测。在这种情况下，分类器返回未知元组的 *k*- 最近邻的实值标签的（加权）平均值。

"但是对于标称（或分类）属性，而不是数值属性，例如颜色，如何计算距离呢？" 前面的讨论假设用于描述元组的属性都是数值。对于分类属性，一种简单的方法是将元组 $\boldsymbol{X}_1$ 中的属性对应值与元组 $\boldsymbol{X}_2$ 中的属性对应值进行比较。如果两者相同（例如，元组 $\boldsymbol{X}_1$ 和 $\boldsymbol{X}_2$ 的颜色都是蓝色），则两者之间的差值为 0。如果两者不同（例如，元组 $\boldsymbol{X}_1$ 是蓝色的，而元组 $\boldsymbol{X}_2$ 是红色的），那么差值被认为是 1。其他方法可能包含更复杂的差异评分方案（例如，相比于蓝和黑，给蓝和白分配较大的差异分数）。

"缺失值怎么办？" 通常，如果给定属性 *A* 的值在元组 $\boldsymbol{X}_1$ 或元组 $\boldsymbol{X}_2$ 中缺失，我们假定最大可能的差值。假设每个属性都映射到范围 [0, 1] 内。对于分类属性，如果 *A* 的一个或两个

对应值缺失，我们取差值为 1。如果 A 是数值属性，并且对应的值在元组 $\boldsymbol{X}_1$ 和元组 $\boldsymbol{X}_2$ 中都缺失，则差值也取为 1。如果只有一个值缺失，而另一个值（我们称之为 v'）存在并规范化，那么我们可以将差值取为 $|1-v'|$ 或者 $|0-v'|$（即，$1-v'$ 或者 v'），取其中较大者。

“*我怎样才能为 k，也就是邻居的数量确定一个合适的值？*”这可以通过实验来确定。从 k=1 开始，我们使用一个测试集来估计分类器的错误率。这个过程每次都可以通过递增 k 以允许多一个邻居来重复。选择对应错误率最小的 k 值。一般来说，训练元组的数量越多，k 的值就越大（这样分类和数值预测决策就可以基于存储元组的更大一部分）。当训练元组的数量趋近于无穷大且 k=1 时，错误率不可能比贝叶斯错误率低两倍（后者是理论最小值）。也就是说，1- 最近邻分类器是渐近最优的。如果 k 趋近于无穷，错误率趋近于贝叶斯的错误率。

最近邻分类器使用基于距离的比较，本质上为每个属性分配相等的权重。因此，当给定噪声或不相关的属性时，它们的准确性会很差。然而，该方法已经加入属性权值和噪声数据元组剪枝。距离度量的选择是至关重要的。可以使用曼哈顿（城市街区）距离（2.3 节）或者其他距离度量方法。图 6.9 给出了距离度量对 k- 最近邻分类器决策边界影响的说明示例。

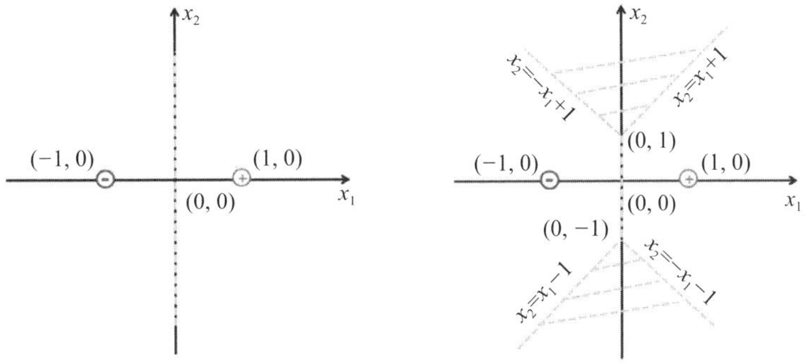

a）使用 L_2 范数的决策边界　　b）使用 L_∞ 范数的决策边界

图 6.9　距离度量对 1- 最近邻分类器的影响

注：给出两个训练示例，包括 (1, 0) 处的一个正例和 (−1, 0) 处的一个负例。使用不同距离度量的 1- 最近邻分类器的决策边界是完全不同的。使用 L_2 范数（左侧），决策边界是 x_2=0 处的垂直线。使用 L_∞ 范数（右侧），决策边界包括介于 (0, −1) 和 (0, 1) 的一条线段以及两个阴影区域。

在对测试元组进行分类时，最近邻分类器可能非常慢。如果 D 是 $|D|$ 个元组和 k=1 的训练数据库，则对给定的测试元组进行分类需要进行 $O(|D|)$ 次比较。通过将存储的元组预先排序并排列到搜索树中，比较次数可以减少到 $O(\log|D|)$。并行实现可以将运行时间减少到一个常数，即 $O(1)$，它与 $|D|$ 无关。

其他加快分类的技术包括使用*部分距离*计算和*编辑*存储元组。在**部分距离**方法中，我们基于 n 个属性的子集来计算距离。如果此距离超过阈值，则停止对给定存储元组的进一步计算，并继续处理下一个存储元组。**编辑**方法删除被证明无用的训练元组。此方法也被称为**剪枝**或**压缩**，因为它减少了存储元组的总数。另一种加速最近邻搜索的技术是通过**局部敏感散列**（LSH）。关键思想是通过*局部保持哈希函数*以高概率将相似的元组哈希到同一桶中。然后，给定一个测试元组，我们首先确定它属于哪个桶，然后我们只搜索同一桶中的训练元组以识别其最近的邻居。

6.4.2　基于案例的推理

基于案例的推理（CBR）分类器使用问题解决方案数据库来解决新问题。与将训练元组存储为欧几里得空间中点的 k- 最近邻分类器不同，CBR 将用于解决问题的元组或“案例”存储为复杂的符号描述。CBR 的业务应用包括客户服务中心的问题解决，其中案例描述了与产品相关的诊断问题。CBR 也被应用于工程和法律等领域，案例分别是技术设计或普通法制度下的法律裁决。医学教育是 CBR 应用的另一个领域，患者的病史和治疗方法被用来帮助诊断和治疗新患者。

当给定一个新案例进行分类时，基于案例的推理器将首先检查是否存在相同的训练案例。如果找到一个相同案例，则返回该案例的相应解决方案。如果没有找到相同的案例，那么基于案例的推理器将搜索具有与新案例相似组件的训练案例。从概念上讲，这些训练案例可以看作新案例的邻居。如果用图表示案例，则需要搜索与新案例的子图相似的子图。基于案例的推理器试图结合相邻训练案例的解决方案，为新案例提出解决方案。如果单个解决方案出现不兼容，则可能需要回溯以搜索其他解决方案。基于案例的推理器可以运用背景知识和问题解决策略来提出可行的组合解决方案。

基于案例推理的关键挑战包括找到一个好的相似性度量（例如，用于匹配子图）和合适的方法来组合解决方案。其他挑战包括为索引训练案例选择显著特征和开发有效索引技术。随着存储的案例数量变得非常多，准确性和效率之间的权衡也在不断发展。随着数量的增加，基于案例的推理器变得更加智能。然而，超过某一点后，系统的效率将受到影响，因为搜索和处理相关案例所需的时间增加。与最近邻分类器一样，一种解决方案是编辑训练数据库。为了提高性能，可以丢弃多余的或未被证明有用的案例。然而，这些决策并不明确，它们的自动化仍然是一个活跃的研究领域。

6.5　线性分类器

到目前为止，我们已经学习了一些能够生成复杂决策边界的分类器。例如，决策树分类器可能输出一个超矩形的决策边界（图 6.10a），而 *k*- 最近邻分类器可能输出一个超多边形的决策边界（图 6.10b）。然而，如果是一个简单的线性决策边界呢？对于图 6.10 中的例子，直观地看，线性决策边界（图 6.10c 中的直线）在分离正训练元组和负训练元组方面（几乎）与决策树分类器和 *k*- 最近邻分类器一样好。然而，这样的线性决策边界可能提供额外的优势，例如训练分类器的高效计算、更好的泛化性能和更好的可解释性。

在本节中，我们将介绍学习这种**线性分类器**的基本技术。我们将从线性回归开始，它构成了线性分类器的基础。然后，我们将介绍两个线性分类器，包括（1）**感知机**，这是最早的线性分类器之一；（2）**logistic 回归**，这是使用最广泛的线性分类器之一。其他的线性分类器将在第 7 章介绍，例如线性支持向量机。

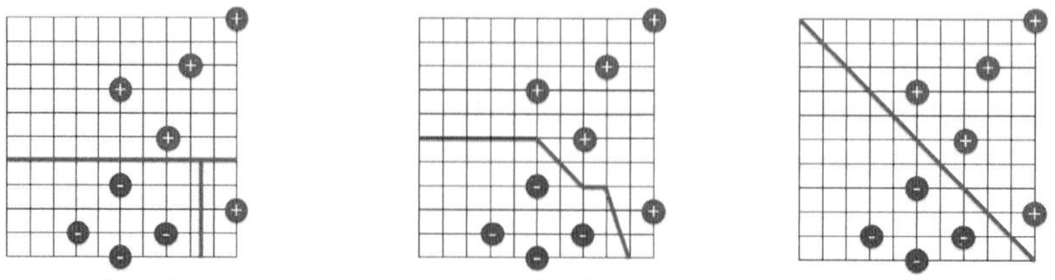

a）决策树分类器　　b）1- 最近邻分类器　　c）线性分类器

图 6.10　不同分类器的决策边界

注：这个例子是线性可分的，这意味着线性分类器（图 c）可以完美地将所有的正训练元组与所有的负训练元组分开。如果训练集是线性不可分的，我们仍然可以使用线性分类器，代价是一些训练元组位于决策边界的“错误”一侧。在第 7 章中，我们将介绍处理线性不可分情况的技术（例如，支持向量机）。

6.5.1　线性回归

线性回归是一种基于一个或多个独立属性预测连续值的统计技术。例如，我们可能希望根据居住面积来预测房价，或者根据学生就读的大学、专业和总体 GPA 等来预测学生未来的收入。由于线性回归的目的是预测一个连续的值，所以它不能直接应用于分类任务，因为分类任务的输出是一个分类变量。尽管如此，线性回归的核心技术构成了线性分类器的基础。因此，让我们首先简要介绍一下线性回归。

假设我们有 n 个元组，每个元组由 p 个属性 $\boldsymbol{x}_i=(x_{i,1},\cdots,x_{i,p})^{\mathrm{T}}$ 和一个连续输出值 $y_i(i=1,\cdots,n)$ 表示。在线性回归中，我们想要学习一个将 p 个输入属性值 $\boldsymbol{x}_i$ 映射到输出变量 y_i 的线性函数，也就是说，$\hat{y}_i=\boldsymbol{w}^{\mathrm{T}}\boldsymbol{x}_i+b=\sum_{j=1}^{p}w_jx_{i,j}+b$，其中 $\hat{y}_i$ 是第 i 个元组的预测输出值，$\boldsymbol{w}=(w_1,\cdots,w_p)^{\mathrm{T}}$ 是一个 p 维权重向量，b 是一个偏差标量。换句话说，线性回归假设输出值是 p 个输入属性值的线性加权和，由偏差标量 b 抵消偏移量。权重向量 $\boldsymbol{w}_j(j=1,\cdots,p)$ 中的项说明了相应属性 $x_{i,j}$ 在预测输出变量 $\hat{y}_i$ 时的重要性。在前面的例子中，线性回归模型会假设房价与居住面积呈线性相关；学生的未来收入可以通过她所就读的大学、专业和总体 GPA（加上一个偏差标量 b）的线性加权组合来预测。如果我们知道权重向量 $\boldsymbol{w}$ 和偏差标量 b，我们可以根据 p 个输入属性值来预测输出值。

"那么，我们如何确定权重向量 $\boldsymbol{w}$ 和偏差标量 b 呢？" 直观地说，我们想从训练数据中学习最优权重向量 $\boldsymbol{w}$ 和最优偏差标量 b，让线性回归模型可以做出最优预测。即预测值 $\hat{y}_i=\boldsymbol{w}^{\mathrm{T}}\boldsymbol{x}_i+b$ 尽可能接近实际观测值 $y_i(i=1,\cdots,n)$。最常见的线性回归方法之一被称为**最小二乘回归**，其目的是最小化损失函数 $L(\boldsymbol{w},b)=\sum_{i=1}^{n}(y_i-\hat{y}_i)^2=\sum_{i=1}^{n}(y_i-(\boldsymbol{w}^{\mathrm{T}}\boldsymbol{x}_i+b))^2$。因此，最佳权重向量 $\boldsymbol{w}$ 和偏差标量 b 是使损失函数 $L(\boldsymbol{w}, b)$ 最小的量，损失函数 L 度量预测输出值 $\hat{y}_i$ 与实际观测值 y_i 之间的平方差之和。例如，如果只有一个输入属性（即 $p=1$），则最优权重 $w=\dfrac{\sum_{i=1}^{n}x_i(y_i-\bar{y})}{\sum_{i=1}^{n}x_i^2-\frac{1}{n}(\sum_{i=1}^{n}x_i)^2}$ 和最优偏差标量 $b=\frac{1}{n}\sum_{i=1}^{n}(y_i-wx_i)$，其中 $\bar{y}=\frac{1}{n}\sum_{i=1}^{n}y_i$ 是所有 n 个训练元组的平均观测输出值。

例 6.7　让我们看看图 6.11 中最小二乘回归的一个例子。有四个训练元组，每个元组由一个一维属性 x_i 和一个输出变量 $y_i(i=1,2,3,4)$ 表示。我们希望找到基于输入属性 x 预测输出 y 的最小二乘回归模型 $y=wx+b$。我们使用上面提到的两个方程来找到最优权重 w 和最优偏差标量 b。我们首先找到最优权重 w，如下所示。四个训练元组的平均输出是 $\bar{y}=(y_1+y_2+y_3+y_4)/4=(4+10+14+16)/4=11$。因此我们得到 $\sum_{i=1}^{4}x_i(y_i-\bar{y})=1(4-11)+3(10-11)+5(14-11)+7(16-11)=40$。同时，我们得到 $\sum_{i=1}^{4}x_i^{\,2}=1^2+3^2+5^2+7^2=84$ 和 $\dfrac{(\sum_{i=1}^{4}x_i)^2}{4}=\dfrac{(1+3+5+7)^2}{4}=64$。因此最优权重 $w=\dfrac{\sum_{i=1}^{n}x_i(y_i-\bar{y})}{\sum_{i=1}^{n}x_i^{\,2}-\frac{1}{n}(\sum_{i=1}^{n}x_i)^2}=\dfrac{40}{84-64}=2$。基于最优权重 w，得到最优偏差标量 $b=\dfrac{\sum_{i=1}^{4}(y_i-wx_i)}{4}=\dfrac{(4-2\times1)+(10-2\times3)+(14-2\times5)+(16-2\times7)}{4}=3$。□

"但是，如果有多个 $p(p>1)$ 属性呢？" 在这种情况下（称为**多元线性回归**），让我们首先稍微改变一下符号。我们假设有一个额外的"虚拟"属性，对于任何元组，它总是取值为 1。设此虚拟

属性的权重为 w_0。那么整个权重向量 $\boldsymbol{w}=(w_0,w_1,\cdots,w_p)$ 和新的输入属性向量 $\boldsymbol{x}_i=(1,x_{i,1},\cdots,x_{i,p})$ 都是 $(p+1)$ 维向量。多元线性回归模型可以改写为 $\hat{y}_i=\boldsymbol{w}^{\mathrm{T}}\boldsymbol{x}_i=w_0+w_1x_{i,1}+\cdots+w_px_{i,p}$。我们使用与之前相同的损失函数，即 $L(\boldsymbol{w})=\sum_{i=1}^{n}(y_i-\hat{y}_i)^2=\sum_{i=1}^{n}(y_i-(\boldsymbol{w}^{\mathrm{T}}\boldsymbol{x}_i))^2$。结果表明，最优权重向量 $\boldsymbol{w}$ 可以计算为 $\boldsymbol{w}=(\boldsymbol{X}\boldsymbol{X}^{\mathrm{T}})^{-1}\boldsymbol{X}\boldsymbol{y}$，其中 $\boldsymbol{X}=[\boldsymbol{x}_1,\boldsymbol{x}_2,\cdots,\boldsymbol{x}_n]$ 是 $(p+1)\times n$ 矩阵，$\boldsymbol{y}=[y_1,\cdots,y_n]^{\mathrm{T}}$ 是一个 $n\times 1$ 向量。（如何推导单线性回归和多线性回归的封闭解作为练习。）

索引 (i)	1	2	3	4
属性 (x_i)	1	3	5	7
输出 (y_i)	4	10	14	16

a）训练元组

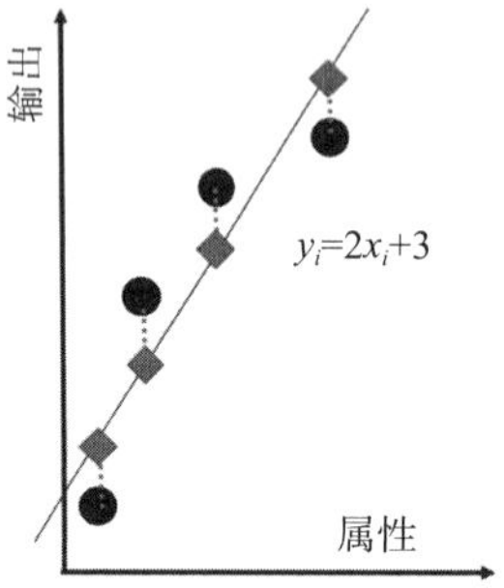

b）最小二乘回归

图 6.11　最小二乘回归的示例

注：a）四个训练元组。b）训练元组（黑点）和最小二乘回归模型（直线）的散点图。菱形是预测输出 $y_i(i=1,2,3,4)$，虚线表示相应训练元组的预测误差 $(|y_i-\hat{y}_i|)$。

在最小二乘回归中，我们通过预测值和实际输出值之间的平方差之和来衡量学习回归模型的“好坏”。平方损失可能对训练集中的离群值很敏感。在鲁棒回归中，它使用对这些离群值不太敏感的替代损失函数。例如，鲁棒回归中的 Huber 方法使用以下损失：$L(\boldsymbol{w})=\sum_{i=1}^{n}l_H(y_i-\hat{y}_i)$，其中如果 $|y_i-\hat{y}_i|<\theta$，那么 $l_H(y_i-\hat{y}_i)=(y_i-\hat{y}_i)^2$，否则 $l_H(y_i-\hat{y}_i)=2\theta|y_i-\hat{y}_i|-\theta^2$，$\theta>0$ 是用户指定的参数。注意，多元线性回归的最优权重向量 $\boldsymbol{w}$ 涉及矩阵的逆（即 $(\boldsymbol{X}\boldsymbol{X}^{\mathrm{T}})^{-1}$）。在 $p>n$（即属性的数量大于训练元组的数量）的情况下，不存在这样的矩阵逆。解决这个问题的一个有效方法是引入一个关于权重向量 $\boldsymbol{w}$ 的范数的正则化项。例如，如果我们使用权重向量 $\boldsymbol{w}$ 的 L_2 范数，相应的回归模型称为 Ridge 回归；如果我们使用权重向量 $\boldsymbol{w}$ 的 L_1 范数，则相应的回归模型称为 LASSO 回归，它通常学习稀疏权重向量。这意味着学习到的权重向量 $\boldsymbol{w}$ 的一些项是零，这表明这些属性没有在回归模型中使用。在 7.1 节中，我们将使用 LASSO 回归进行特征选择。

6.5.2　感知机：将线性回归转化为分类

“我们如何修改线性回归模型来执行分类任务？”假设我们有一个二分类任务。㊀给定元组的输出值 y_i 是一个二元变量：$y_i=+1$ 表示第 i 个元组是一个正元组（例如，购买计算机），$y_i=0$ 表示第 i 个元组是一个负元组（例如，不购买计算机）。对于这种二分类任务，修改线性回归模型的一种方法是使用线性回归模型输出的符号作为预测的类标签，即 $\hat{y}_i=\mathrm{sign}(\boldsymbol{w}^{\mathrm{T}}\boldsymbol{x}_i)$，其中 $\hat{y}_i$ 是第 i 个元组的预测类标签，如果 $z>0$，则 sign(z)=1，否则，则 sign(z)=0。请注意，

㊀ 对于接下来要介绍的感知机和 logistic 回归分类器，主要关注二分类任务。而我们的技术可以推广到处理这两个分类器的多类分类任务上。

我们使用与多元线性回归相同的符号，其中引入了一个“虚拟”属性，该属性对于任何元组总是取值为 1。因此，如果我们知道权重向量 $\boldsymbol{w}$，我们可以用它来预测给定元组的类标签，如下所示。我们计算给定元组的属性值的线性组合，由权重向量 $\boldsymbol{w}$ 的相应项加权。如果这样一个线性组合的结果值是正的，我们预测给定元组是一个正元组。否则，我们预测它是负元组。

“我们如何从一组训练元组中找到最优权重向量 $\boldsymbol{w}$？” 训练感知机的经典学习算法如下。我们从对权重向量 $\boldsymbol{w}$ 的初始猜测开始（例如，我们可以简单地设置 $\boldsymbol{w}=0$），然后，学习算法将迭代，直到收敛，或者满足最大迭代次数或其他预设的停止条件。在每次迭代中，我们对每个训练元组 $\boldsymbol{x}_i$ 执行以下操作。我们尝试使用当前权重向量 $\boldsymbol{w}$ 来预测 $\boldsymbol{x}_i$ 的类标签，即 $\hat{y}_i = \text{sign}(\boldsymbol{w}^{\mathrm{T}}\boldsymbol{x}_i)$，如果预测是正确的（即 $\hat{y}_i = y_i$），我们对权重向量不做任何处理。然而，如果预测不正确（即 $\hat{y}_i \neq y_i$），我们用以下两种方法之一更新当前权重向量。如果 $y_i = +1$（即，第 i 个元组是一个正元组，但当前分类器预测它是一个负元组），我们更新权重向量为 $\boldsymbol{w} \leftarrow \boldsymbol{w} + \eta\boldsymbol{x}_i$。如果 $y_i = 0$（即第 i 个元组是负元组，当前分类器错误地将其预测为正元组），我们将权重向量更新为 $\boldsymbol{w} \leftarrow \boldsymbol{w} - \eta\boldsymbol{x}_i$，其中 $\eta > 0$ 是用户指定的学习率。因此，直觉上，在训练过程的每次迭代中，算法都会关注当前权重向量 $\boldsymbol{w}$ 预测错误的训练元组。如果错误预测的训练元组 $\boldsymbol{x}_i$ 是一个正元组，我们通过将权重向量 $\boldsymbol{w}$ 移向该训练元组的属性向量 $\boldsymbol{x}_i$（即 $\boldsymbol{w} \leftarrow \boldsymbol{w} + \eta\boldsymbol{x}_i$）来更新权重向量 $\boldsymbol{w}$。另一方面，如果错误预测的训练元组 $\boldsymbol{x}_i$ 是一个负元组，我们通过将权重向量 $\boldsymbol{w}$ 远离这个训练元组的属性向量 $\boldsymbol{x}_i$（即 $\boldsymbol{w} \leftarrow \boldsymbol{w} - \eta\boldsymbol{x}_i$）来更新权重向量 $\boldsymbol{w}$。

例 6.8 让我们看一下图 6.12 中训练感知机分类器的例子。在图 6.12 中，为了说明清楚，我们假设偏差 $w_0 = 0$。图 6.12a 显示了当前决策边界和权重向量 $\boldsymbol{w}$，其中两个训练元组被错误分类，包括一个正元组 $\boldsymbol{x}_1$ 和一个负元组 $\boldsymbol{x}_8$。因此在当前迭代中只使用这两个元组来更新权重向量，即 $\boldsymbol{w} \leftarrow \boldsymbol{w} + \eta\boldsymbol{x}_1 - \eta\boldsymbol{x}_8$。更新后的权重向量 $\boldsymbol{w}$ 和相应的决策边界如图 6.12b 所示，其中所有训练元组都被正确分类。 □

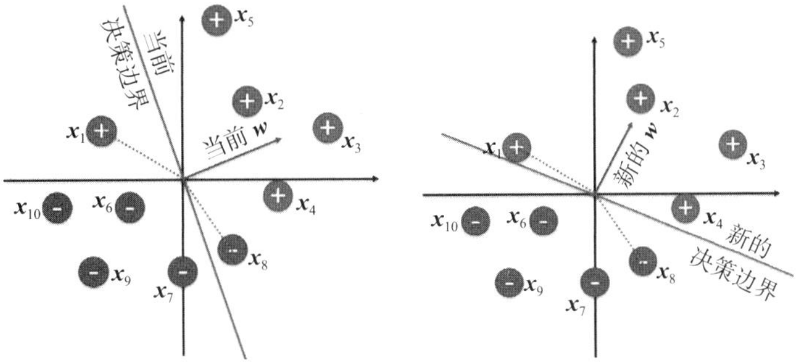

a）当前决策边界和权重向量 $\boldsymbol{w}$ b）更新后的决策边界和权重向量 $\boldsymbol{w}$

图 6.12 训练一个感知机分类器

“感知机学习算法有多有效？” 如果训练元组是线性可分的（例如，图 6.12 中的示例），则感知机算法保证找到一个权重向量（即超平面决策边界），将所有正训练元组与所有负训练元组完美分离。然而，如果训练元组不是线性可分的，该算法将无法收敛。

感知机是最早的线性分类器之一，最早发明于 1958 年。它也可以用作将在第 10 章介绍的深度神经网络中的构建块（称为“神经元”）。

6.5.3 logistic 回归

我们在前一节中介绍的感知机能够预测给定元组的二元类标签。然而，我们是否也能知

道这样的预测有多可信呢？让我们再次考虑一个二分类任务，假设有两种可能的类标签，即 y=1 表示正元组，y=0 表示负元组。回想一下，在（朴素）贝叶斯分类器中，我们可以估计后验概率 $P(y_i=1|x_i)$，它可以直接用来表示预测的分类结果的置信度。例如，如果 $P(y_i=1|x_i)$ 接近于 1，则分类器高度确信元组 x_i 是一个正例。

我们如何让一个线性分类器不仅预测元组具有哪个类标签，而且还告诉我们它做出这样的预测时有多可信？一个有效的方法是通过 logistic 回归分类器。让我们首先介绍一个重要的函数，叫作 sigmoid 函数，定义为 $\sigma(z)=\dfrac{1}{1+e^{-z}}=\dfrac{e^z}{1+e^z}$。从图 6.13 可以看出，sigmoid 函数将 $(-\infty,+\infty)$ 范围内的实数（即图 6.13 的 x 轴）映射到 (0, 1) 范围内的输出值（即图 6.13 的 y 轴）。因此，如果我们利用 sigmoid 函数将线性回归模型的输出映射到 0 到 1 之间的数字，我们可以将映射结果解释为观察到正类标签的后验概率。这正是 logistic 回归分类器要做的！

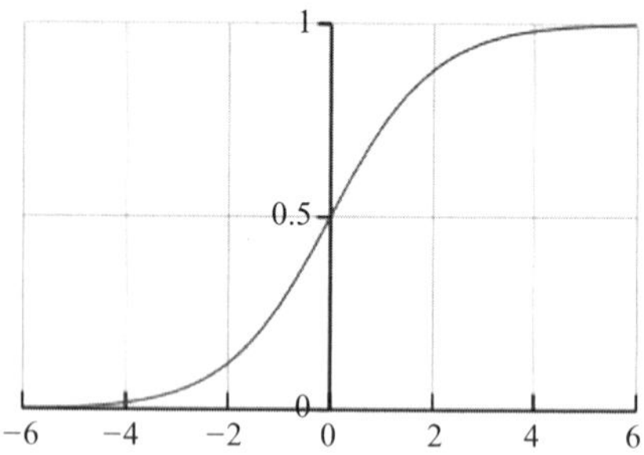

图 6.13　sigmoid 函数的图示

注：sigmoid 函数将输入从较大范围 $(-\infty,+\infty)$“压缩”到较小范围 (0, 1)。因此，sigmoid 函数也被称为 squash 函数。在第 10 章中，我们将看到其他类型的 squash 函数，它们在深度学习术语中被称为激活函数。

形式上，我们有 $P(\hat{y}_i=1|\boldsymbol{x}_i,\boldsymbol{w})=\sigma(\boldsymbol{w}^{\mathrm{T}}\boldsymbol{x}_i)=\dfrac{1}{1+e^{-\boldsymbol{w}^{\mathrm{T}}\boldsymbol{x}_i}}$，其中 $\hat{y}_i$ 是属性为 $\boldsymbol{x}_i$ 的元组的预测类标签，$\boldsymbol{w}$ 是权重向量。注意，我们通过引入虚拟属性来简化符号，将偏差项 b 吸收到权重向量 $\boldsymbol{w}$ 中，就像我们在多元线性回归模型和感知机中所做的那样。自然地，如果 $P(\hat{y}_i=1|\boldsymbol{x}_i,\boldsymbol{w})>0.5$，分类器预测元组 $\boldsymbol{x}_i$ 是一个正元组（即 $\hat{y}_i=1$），否则，它预测 $\boldsymbol{x}_i$ 是一个负元组（即，$\hat{y}_i=0$）。这相当于以下线性分类器（细节留作练习）：如果 $\boldsymbol{w}^{\mathrm{T}}\boldsymbol{x}_i>0$，则预测 $\hat{y}_i=1$（即，正元组），如果 $\boldsymbol{w}^{\mathrm{T}}\boldsymbol{x}_i<0$，则预测 $\hat{y}_i=0$（即，负元组）。因此，如果我们知道权重向量 $\boldsymbol{w}$，那么给定元组的分类任务就非常简单了。也就是说，我们只需将给定元组的属性向量 $\boldsymbol{x}_i$ 与权重向量 $\boldsymbol{w}$ 相乘，然后根据 $\boldsymbol{w}^{\mathrm{T}}\boldsymbol{x}_i$ 的符号进行预测。如果 $\boldsymbol{w}^{\mathrm{T}}\boldsymbol{x}_i$ 是一个正数，我们预测给定的元组是一个正元组。否则，我们预测它是一个负元组。

“我们如何从一组训练元组中确定最优权重向量 $\boldsymbol{w}$？”训练 logistic 回归分类器的经典方法（即从训练集中确定最优权重向量 $\boldsymbol{w}$）是通过最大似然估计（MLE）。同样，假设有 n 个训练元组 $(x_i,y_i)(i=1,\cdots,n)$。因为我们有一个二分类任务，我们可以将预测类标签 $\hat{y}_i$ 视为伯努利随机变量，只有两个可能的值，包括 $P(\hat{y}_i=1|\boldsymbol{x}_i,\boldsymbol{w})=p_i$ 和 $P(\hat{y}_i=0|\boldsymbol{x}_i,\boldsymbol{w})=1-p_i$，其中 $p_i=\sigma(\boldsymbol{w}^{\mathrm{T}}\boldsymbol{x}_i)=\dfrac{1}{1+e^{-\boldsymbol{w}^{\mathrm{T}}\boldsymbol{x}_i}}$ 由 sigmoid 函数决定，它描述了观察到预测类标签正类输出的概率（即，$\hat{y}_i=1$）。请注意，第 i 个元组真正的类标签 y_i 是一个二元变量。因此我们得到 $P(\hat{y}_i=y_i)=p_i^{y_i}(1-p_i)^{1-y_i}$。最大似然估计法旨在解决以下优化问题，即我们应该选择使训练集的似然值最大化的最优权重向量 $\boldsymbol{w}$。直觉是，我们想要找到最优的模型参数（即权重向量 $\boldsymbol{w}$），以便有最大的“机会”（即似然或概率）观察到整个训练集。

$$\boldsymbol{w}^*=\arg\max_{\boldsymbol{w}} L(\boldsymbol{w})=\prod_{i=1}^{n}p_i^{y_i}(1-p_i)^{1-y_i}=\prod_{i=1}^{n}\left(\frac{e^{\boldsymbol{w}^{\mathrm{T}}\boldsymbol{x}_i}}{1+e^{\boldsymbol{w}^{\mathrm{T}}\boldsymbol{x}_i}}\right)^{y_i}\left(\frac{1}{1+e^{\boldsymbol{w}^{\mathrm{T}}\boldsymbol{x}_i}}\right)^{1-y_i} \tag{6.19}$$

“但是，我们如何开发一种算法来解决这个优化问题，找到最优的权重向量 $\boldsymbol{w}$ 呢？”首先，我们注意到似然函数 $L(\boldsymbol{w})$ 有许多非负项相乘。在实践中，处理这种复杂函数的对数通常更方

便。因此，我们有以下等价的优化问题，其中 $l(\boldsymbol{w})$ 称为对数似然

$$\boldsymbol{w}^* = \arg\max_{\boldsymbol{w}} l(\boldsymbol{w}) = \sum_{i=1}^{n} y_i \boldsymbol{x}_i^{\mathrm{T}} \boldsymbol{w} - \log(1 + \mathrm{e}^{\boldsymbol{w}^{\mathrm{T}} \boldsymbol{x}_i}) \tag{6.20}$$

从优化的角度来看，好消息是式（6.20）中的对数似然函数是一个严格的凹函数，因此它的最大值（最优解）唯一存在。然而，坏消息是上述优化问题的封闭解并不存在。在这种情况下，常用的策略是迭代地找到最优解 $\boldsymbol{w}^*$，如下所示。在每次迭代中，我们尝试改进当前的权重向量 $\boldsymbol{w}$，使我们希望最大化的目标函数（对数似然函数 $l(\boldsymbol{w})$）得到最大的改进。为了最大限度地增加当前目标函数 $l(\boldsymbol{w})$，结果表明，对权重向量 $\boldsymbol{w}$ 的当前估计进行更新的最佳方向是跟随其梯度。据此得到以下算法从训练集中学习最优权重向量 $\boldsymbol{w}^*$。我们从对权重向量 $\boldsymbol{w}$ 的初始猜测开始（例如，我们可以简单地设置 $\boldsymbol{w}$=0），然后，学习算法将迭代直到收敛，或者满足最大迭代次数或其他预设的停止条件。在每次迭代中，它更新权重向量 $\boldsymbol{w}$ 如下：$\boldsymbol{w} \leftarrow \boldsymbol{w} + \eta \sum_{i=1}^{n} (y_i - P(\hat{y}_i = 1 | \boldsymbol{x}_i, \boldsymbol{w})) \boldsymbol{x}_i$，其中 $\eta > 0$ 为用户指定的学习率。

“那么，上述算法的直觉是什么？”让我们分析每个训练元组 $(\boldsymbol{x}_i, y_i)$ 对更新权重向量 $\boldsymbol{w}$ 估计的影响。考虑两种情况，这取决于它是一个正元组（即 $y_i = 1$）还是一个负元组（即 $y_i = 0$）。对于前者，给定元组对更新权重向量 $\boldsymbol{w}$ 的影响可以计算为 $\boldsymbol{w} \leftarrow \boldsymbol{w} + \eta(1 - P(\hat{y}_i = 1 | \boldsymbol{x}_i, \boldsymbol{w})) \boldsymbol{x}_i$。直觉告诉我们，我们想要将当前的权重向量 $\boldsymbol{w}$ 向着这个正元组的属性向量 $\boldsymbol{x}_i$ 的方向来更新 $\boldsymbol{w}$。对于后一种情况（即 $y_i = 0$），给定元组对更新权重向量 $\boldsymbol{w}$ 的影响可以计算为 $\boldsymbol{w} \leftarrow \boldsymbol{w} - \eta P(\hat{y}_i = 1 | \boldsymbol{x}_i, \boldsymbol{w}) \boldsymbol{x}_i$。直觉是，我们想要将当前权重向量 $\boldsymbol{w}$ 远离这个负元组的属性向量 $\boldsymbol{x}_i$ 的方向来更新 $\boldsymbol{w}$。从这个角度来看，训练 logistic 回归分类器的学习算法与感知机算法有一些相似之处。也就是说，这两种算法都试图更新当前的权重向量 $\boldsymbol{w}$，使其（1）与正元组的属性向量更一致，（2）与负元组的属性向量更不一致（即朝着相反的方向）。

然而，这两种算法（感知机和 logistic 回归）在算法更新权重向量 $\boldsymbol{w}$ 的程度上有所不同。对于感知机，它对所有根据当前权重向量 $\boldsymbol{w}$ 错误预测的元组使用一个固定的学习率 η。而对于 logistic 回归，它基于学习率 η 的同时还基于 $P(\hat{y}_i = 1 | \boldsymbol{x}_i, \boldsymbol{w})$（即，基于当前权重向量 $\boldsymbol{w}$ 的给定元组属于正类的概率）。这使得 logistic 回归算法在以下意义上自适应。例如，如果 $P(\hat{y}_i = 1 | \boldsymbol{x}_i, \boldsymbol{w})$ 对于一个正元组来说是高的，这意味着当前权重向量 $\boldsymbol{w}$ 对这个正元组的预测不仅是正确的（即 $P(\hat{y}_i = 1 | \boldsymbol{x}_i, \boldsymbol{w}) > 0.5$），而且是相当可信的（即 $P(\hat{y}_i = 1 | \boldsymbol{x}_i, \boldsymbol{w})$ 接近 1）。那么，这个正元组（即，$\eta(1 - P(\hat{y}_i = 1 | \boldsymbol{x}_i, \boldsymbol{w}))$）对更新权重向量的影响相对较小。另一方面，如果 $P(\hat{y}_i = 1 | \boldsymbol{x}_i, \boldsymbol{w})$ 对于负元组来说很高，则意味着当前权重向量 $\boldsymbol{w}$ 对该负元组的预测要么是错误的（即 $P(\hat{y}_i = 1 | \boldsymbol{x}_i, \boldsymbol{w}) > 0.5$），要么是正确的但置信度很低（即 $P(\hat{y}_i = 1 | \boldsymbol{x}_i, \boldsymbol{w})$ 略低于 0.5）。那么，这个负元组（即 $\eta P(\hat{y}_i = 1 | \boldsymbol{x}_i, \boldsymbol{w})$）对更新权重向量的影响就会比较大。换句话说，logistic 回归学习算法更关注那些“难”的训练元组，即被当前权重向量 $\boldsymbol{w}$ 错误预测或以低置信度正确预测的训练元组。回想图 6.12a 的例子，感知机只使用 $\boldsymbol{x}_1$ 和 $\boldsymbol{x}_8$ 来更新当前权重向量 $\boldsymbol{w}$，因为这两个元组被当前 $\boldsymbol{w}$ 错误分类。logistic 回归使用所有训练元组更新权重向量 $\boldsymbol{w}$，其中 $\boldsymbol{x}_1$ 和 $\boldsymbol{x}_8$ 对更新 $\boldsymbol{w}$ 的影响最大，因为它们都被当前分类器错误分类；$\boldsymbol{x}_2$、$\boldsymbol{x}_3$、$\boldsymbol{x}_5$、$\boldsymbol{x}_9$ 和 $\boldsymbol{x}_{10}$ 的影响最小，因为它们都被当前权重向量 $\boldsymbol{w}$ 正确分类且置信度高；$\boldsymbol{x}_4$、$\boldsymbol{x}_6$ 和 $\boldsymbol{x}_7$ 的影响适中，因为它们分类正确，但置信度相对较低。

“logistic 回归算法有多好？潜在的限制是什么？如何缓解？”由于对数似然函数 $l(\boldsymbol{w})$ 是一个凹函数，因此上述训练 logistic 回归分类器的算法保证收敛到其最优解。然而，如果训练集是线性可分的，则算法可能收敛到具有无穷大范数的权重向量 $\boldsymbol{w}$（如图 6.14 所示）。一

个“大”的权重向量 $\boldsymbol{w}$ 可能会使训练的分类器容易受到给定元组某些属性的噪声的影响。反过来，这将导致学习的 logistic 回归分类器的泛化性能较差。换句话说，学习到的 logistic 回归分类器过拟合训练集。缓解过拟合的一种有效方法是在目标函数 $l(\boldsymbol{w})$ 中引入正则化项 $\|\boldsymbol{w}\|_2^2$，以防止学习到的权重向量“过大”。㊀第二个潜在的限制是 logistic 回归背后的独立性假设。回想一下，当计算训练集的似然 $L(\boldsymbol{w})$ 时，我们简单地将每个训练元组的似然相乘（式（6.19））。这意味着我们隐式地假设不同的训练元组是相互独立的。但是，在某些应用中可能会违反此假设（例如，社交网络上的用户彼此连接）。基于图的分类可能为这个问题提供了一种自然的补救方法。第三个潜在的限制是计算方面的挑战。注意，在上面描述的更新规则 $\boldsymbol{w} \leftarrow \boldsymbol{w} + \eta\sum_{i=1}^{n}(y_i - P(\hat{y}_i = 1 | \boldsymbol{x}_i, \boldsymbol{w}))\boldsymbol{x}_i$ 中，我们需要计算所有训练元组的梯度 $(y_i - P(\hat{y}_i = 1 | \boldsymbol{x}_i, \boldsymbol{w}))$，然后将它们相加以更新权重向量 $\boldsymbol{w}$。如果有数百万个训练元组，执行这样的计算是非常昂贵的。解决这一问题的有效方法是使用随机梯度下降法训练 logistic 回归分类器。也就是说，在每次迭代中，我们将随机采样一小部分训练元组（这通常被称为小批量），并且仅使用采样元组（而不是所有训练元组）来更新权重向量。值得指出的是，随机梯度下降被广泛应用于许多其他数据挖掘算法，如深度学习方法，这将在第 10 章中介绍。

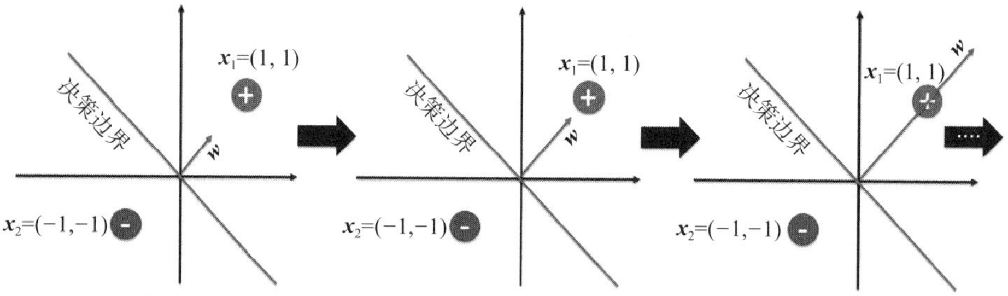

a）第 1 轮迭代　　b）第 2 轮迭代　　c）第 3 轮迭代

图 6.14　线性可分情况下 logistic 回归的无穷大权重向量图解

注：在二维空间中有两个训练元组，一个是正训练元组 $\boldsymbol{x}_1 = (1,1)$，一个是负训练元组 $\boldsymbol{x}_2 = (-1,-1)$。为了简单起见，令偏差标量 b=0，学习率 η=1。假设在第 1 轮迭代中，权重向量 $\boldsymbol{w}$=(1,1)。然后，上面介绍的 logistic 回归算法会将权重向量更新为 $\boldsymbol{w}_{\text{new}} = \boldsymbol{w}_{\text{old}} + (1 - P(\hat{y}_1 = 1 | \boldsymbol{x}_1, \boldsymbol{w}_{\text{old}}))\boldsymbol{x}_1 - P(\hat{y}_2 = 1 | \boldsymbol{x}_2, \boldsymbol{w}_{\text{old}})\boldsymbol{x}_2 = (0.5, 0.5) + a(1,1) = (1 + 2a)\boldsymbol{w}_{\text{old}}$，其中 $a = 1 - P(\hat{y}_1 = 1 | \boldsymbol{x}_1, \boldsymbol{w}_{\text{old}}) + P(\hat{y}_2 = 1 | \boldsymbol{x}_2, \boldsymbol{w}_{\text{old}}) > 0$。所以新的权重向量 $\boldsymbol{w}_{\text{new}}$ 和旧向量 $\boldsymbol{w}_{\text{old}}$ 的方向一致。因此，决策边界保持不变，但新的权重向量 $\boldsymbol{w}_{\text{new}}$ 以 $(1+2a)$ 倍增长。随着 logistic 回归算法的发展，这种趋势将继续下去，导致权重向量具有无穷大的大小。

6.6　模型评估与选择

既然已经建立了分类模型，你的脑海中可能浮现许多问题。例如，假设使用先前的销售数据训练分类器，预测顾客的购物行为。你希望评估该分类器预测未来顾客购物行为（即未经过训练的未来顾客数据）的准确率。你甚至尝试过不同的方法来构建多个分类器，现在希望比较它们的准确率。但是，什么是准确率？如何估计它？分类器“准确率”的某些度量比其他度量更合适吗？如何得到可靠的准确率估计？本节将讨论这些问题。

6.6.1 节描述分类器预测准确率的多种评估度量。基于给定数据的随机抽样划分，保持和随机二次抽样（6.6.2 节）、交叉验证（6.6.3 节）和自助法（6.6.4 节）都是评估准确率的常用技术。如果有多个分类器并且想选择一个“最好的”怎么办？这称为模型选择（即选择

㊀ 从统计参数估计的角度看，我们正从最大似然估计（MLE）转到最大后验估计（MAP）。在 $l(\boldsymbol{w})$ 中加入正则化项 $\|\boldsymbol{w}\|_2^2$，等价于施加高斯先验，其均值向量为原点。

一个分类器）。我们在最后两节讨论这一问题。6.6.5 节讨论如何使用统计显著性检验来评估两个分类器的准确率之差是否纯属偶然。6.6.6 节介绍如何使用成本效益和接受者操作特征（Receiver Operating Characteristic，ROC）曲线比较分类器。

6.6.1 评估分类器性能的度量

本节将介绍一些评估度量，用来评估分类器在预测元组类标签方面的性能或“准确率”。我们将考虑各类元组大致符合均匀分布的情况，也考虑类不平衡的情况（例如，在医学化验中，感兴趣的重要类稀少）。本节介绍的分类器评估度量汇总在图 6.15 中，包括准确率（又称为识别率）、错误率、灵敏度（或称为召回率）、特异性、精度、F_1 和 F_β。注意，尽管准确率是一个特定的度量，但是“准确率”一词也经常用作谈论分类器预测能力的通用术语。

度量	公式
准确率、识别率	$\frac{TP+TN}{P+N}$
错误率、误分类率	$\frac{FP+FN}{P+N}$
灵敏度、真正例率、召回率	$\frac{TP}{P}$
特异性、真负例率	$\frac{TN}{N}$
精度	$\frac{TP}{TP+FP}$
F，F_1，F- 分数、精度和召回率的调和均值	$\frac{2\times precision\times recall}{precision+recall}$
F_β（β 是非负实数）	$\frac{(1+\beta^2)\times precision\times recall}{\beta^2\times precision+recall}$

图 6.15 评估度量

注：有些度量有多个名称。TP、TN、FP、FN、P、N 分别指真正例、真负例、假正例、假负例、正例和负例的数量（见正文）。

由于学习算法对训练数据的过分特化，使用训练数据导出分类器，然后评估结果模型的准确率可能错误地导致过于乐观的估计。（稍后我们会更详细地讨论！）相反，最好在由未用于训练模型的类标签元组组成的测试集上测量分类器的准确率。

在讨论各种度量之前，需要熟悉一些术语。回忆一下谈论过**正元组**（感兴趣的主要类的元组）和**负元组**（所有其他元组）。[⊖]例如，给定两个类，正元组可能是 *buys_computer=yes*，负元组是 *buys_computer=no*。假设在有标签的元组组成的测试集上使用分类器。P 是正元组数，N 是负元组数。对于每个元组，我们把分类器预测的类标签与该元组已知的类标签进行比较。

还有四个需要知道的术语。这些术语是用于计算各种评估度量的“构建块”，理解它们有助于领会各种度量的含义。

- **真正例**（True Positive，TP）：是指被分类器正确分类的正元组。令 TP 为真正例的个数。
- **真负例**（True Negative，TN）：是指被分类器正确分类的负元组。令 TN 为真负例的个数。
- **假正例**（False Positive，FP）：是被错误地标记为正元组的负元组（例如，类 *buys_*

⊖ 在机器学习和模式识别文献中，这些分别被称为正样本和负样本。

computer=no 的元组，被分类器预测为 buys_computer=yes）。令 FP 为假正例的个数。

- **假负例**（False Negative，FN）：是被错误地标记为负元组的正元组（例如，类 buys_computer=yes 的元组，被分类器预测为 buys_computer=no）。令 FN 为假负例的个数。

这些术语汇总在图 6.16 的混淆矩阵中。

混淆矩阵是分析分类器识别不同类元组的一种有用工具。TP 和 TN 告诉我们分类器何时分类正确，而 FP 和 FN 告诉我们分类器何时分类错误。给定 m 个类（其中 $m \geqslant 2$），**混淆矩阵**是一个至少为 $m \times m$ 的表。第 m 行和第 m 列中的项 $CM_{i,j}$ 指出类 i 的元组被分类器标记为类 j 的元组个数。理想地，对于具有高准确率的分类器，大部分元组应该被混淆矩阵从 $CM_{1,1}$ 到 $CM_{m,m}$ 的对角线上的项表示，而其他项为 0 或者接近 0。也就是说，FP 和 FN 接近 0。

		预测类		
		yes	no	总计
真实类	yes	TP	FN	P
	no	FP	TN	N
	总计	P′	N′	P+N

图 6.16 混淆矩阵，显示正元组和负元组的总数

该表可能有附加的行和列提供总计。例如，在图 6.16 的混淆矩阵中，显示了 P 和 N。此外，P′ 是被分类器标记为正的元组数（TP+FP），N′ 是被标记为负的元组数（TN+FN）。元组的总数为 TP+TN+FP+PN，或 P+N，或 $P'+N'$。注意，尽管所显示的混淆矩阵是针对二分类问题的，但是容易用类似的方法给出多类问题的混淆矩阵。

现在，从准确率开始，考察评估度量。分类器在给定的测试集上的**准确率**（accuracy）是被该分类器正确分类的元组所占的百分比。即，

$$accuracy = \frac{TP + TN}{P + N} \tag{6.21}$$

在模式识别文献中，准确率又称为分类器的总体**识别率**；即它反映了分类器对各类元组的正确识别情况。两个类 buys_computer=yes（正类）和 buys_computer=no（负类）的混淆矩阵的例子在图 6.17 中，显示了总计，以及每类和总体的识别率。从混淆矩阵中很容易看出相应的分类器是否混淆了两个类。

类	buys_computer = yes	buys_computer = no	总计	识别率（%）
buys_computer = yes	**6 954**	**46**	7 000	99.34
buys_computer = no	**412**	**2 588**	3 000	86.27
总计	7 366	2 634	10 000	95.42

图 6.17 类 buys_computer=yes 和 buys_computer=no 的混淆矩阵，其中行 i 和列 j 中的项显示为被分类器标记为类 j 的类 i 的元组数量。理想情况下，非对角线项应为零或接近于零

例如，我们看到 412 个“no”元组被误标记为“yes”。当类分布相对平衡时，准确率最有效。

我们也可以说分类器 M 的**错误率**（error rate）或**误分类率**（misclassification rate），它是 1−accuracy(M)，其中 accuracy(M) 是 M 的准确率。它也可以用下式计算

$$error\ rate = \frac{FP + FN}{P + N} \tag{6.22}$$

如果使用训练集（而不是测试集）来估计模型的错误率，则该量称为**再代入误差**（re-substitution error）。[⊖]这种错误估计是实际错误率的最优估计（类似地，对应的准确率估计也是最优的），因为并未在没有见过的任何样本上对模型进行测试。

现在，考虑类不平衡问题，其中感兴趣的主要类是稀少的。也就是说，数据集的分布反

⊖ 在机器学习文献中，它通常被称为训练误差。

映了负类显著地占多数，而正类占少数。例如，在欺诈检测应用中，感兴趣的类（或正类）是"*fraud*"（欺诈），它的出现远不及负类"*nonfraudulant*"（非欺诈）频繁。在医疗数据中，可能也有稀少类，如"*cancer*"（癌症）。假设已经训练了一个分类器来对医疗数据元组分类，其中类标签属性是"*cancer*"，而可能的类值是"*yes*"和"*no*"。97% 的准确率使得该分类器看上去相当准确，但是，如果实际只有 3% 的训练元组是癌症，会怎么样呢？显然，97% 的准确率可能不是可接受的。例如，该分类器可能只是正确地标记非癌症元组，而错误地对所有癌症元组分类。因此，需要其他的度量，评估分类器正确地识别正元组（*cancer=yes*）的情况和正确地识别负元组（*cancer=no*）的情况。

为此，可以分别使用**灵敏度**（sensitivity）和**特异性**（specificity）度量。灵敏度也称为真正例（识别）率（即正确识别的正元组的百分比），而特异性是真负例率（即正确识别的负元组的百分比）。这些度量定义为

$$sensitivity=\frac{TP}{P} \tag{6.23}$$

$$specificity=\frac{TN}{N} \tag{6.24}$$

可以证明准确率是灵敏度和特异性度量的函数：

$$accuracy=sensitivity\frac{P}{P+N}+specificity\frac{N}{P+N} \tag{6.25}$$

例 6.9　灵敏度和特异性。图 6.18 显示了医疗数据的混淆矩阵，其中类标签属性 *cancer* 的类值为 *yes* 和 *no*。该分类器的灵敏度为 $\frac{90}{300}=30.00\%$。特异性为 $\frac{9\,560}{9\,700}=98.56\%$。该分类器的总体准确率为 $\frac{9\,650}{10\,000}=96.50\%$。这样，我们注意到，尽管该分类器具有很高的准确率，但是考虑到它很低的灵敏度，它正确标记正类（稀有类）的能力还是很差。处理类不平衡数据集的技术在 6.7.5 节给出。□

类	*yes*	*no*	总计	识别率（%）
yes	**90**	**210**	300	30.00
no	**140**	**9 560**	9 700	98.56
总计	230	9 770	10 000	96.40

图 6.18　类 *cancer = yes* 和类 *cancer = no* 的混淆矩阵

精度和召回率度量也在分类中广泛使用。**精度**（precision）可以看作精确性的度量（即标记为正类的元组中实际为正类的百分比），而**召回率**（recall）是完全性的度量（即正元组标记为正的百分比）。召回率看上去很熟悉，因为它就是灵敏度（或真正例率）。这些度量可以如下计算：

$$precision=\frac{TP}{TP+FP} \tag{6.26}$$

$$recall=\frac{TP}{TP+FN}=\frac{TP}{P} \tag{6.27}$$

例 6.10　精度与召回率。关于图 6.18 中 *yes* 类，分类器的精度为 $\frac{90}{230}$=39.13%。召回率为 $\frac{90}{300}$=30.00%，与例 6.9 计算的灵敏度相同。□

类 *C* 的精度满分 1.0 意味分类器标记为类 *C* 的每个元组都确实属于类 *C*。然而，对于被分类器错误分类的类 *C* 的元组数，它什么也没告诉我们。类 *C* 的召回率满分 1.0 意味类 *C* 的每个元组都标记为类 *C*，但是并未告诉我们有多少其他元组被不正确地标记为类 *C*。精度与

召回率之间趋向于呈反比关系，有可能以降低一个为代价而提高另一个。例如，通过标记所有以肯定方式出现的癌症元组为 *yes*，医疗数据分类器可能获得高精度，但是，如果它误标记许多其他癌症元组，则它可能具有很低的召回率。精度和召回率通常一起使用，用固定的召回率值比较精度值，或用固定的精度值比较召回率值。例如，可以在 0.75 的召回率水平比较精度值。

另一种使用精度和召回率的方法是把它们组合到一个度量中。这是 F 度量（又称为 F_1 分数或 F 分数）和 F_β 度量的方法。它们定义如下：

$$F=\frac{2\times precision\times recall}{precision+recall} \tag{6.28}$$

$$F_\beta=\frac{(1+\beta^2)\times precision\times recall}{\beta^2\times precision+recall} \tag{6.29}$$

其中，β 是非负实数。F 度量是精度和召回率的调和均值（证明留作练习）。它赋予精度和召回率相等的权重。F_β 度量是精度和召回率加权度量。它赋予召回率的权重是精度权重的 β 倍。通常使用的 F_β 是 F_2。（它赋予召回率的权重是精度的 2 倍）和 $F_{0.5}$（它赋予精度的权重是召回率的 2 倍）。

“还有其他准确率可能不合适的情况吗？”在分类问题中，通常假定所有的元组都是唯一分类的，即每个训练元组都只能属于一个类。然而，由于大型数据库中的数据非常多样，假定所有的对象都唯一分类并非总是合理的。假定每个元组属于多个类是可行的。那么，如何度量大型数据库上分类器的准确率呢？准确率度量是不合适的，因为它没考虑元组属于多个类的可能性。

不是返回类标签，返回类分布概率是有用的。这样，准确率度量可以采用**二次猜测**（second guess）试探：如果类预测与最可能的或次可能的类一致，则它被断定是正确的。尽管这在某种程度上确实考虑了元组的非唯一分类，但它不是完全解。

除了基于准确率的度量外，还可以根据其他方面比较分类器：

- **速度**：这指的是产生和使用分类器所涉及的计算开销。
- **鲁棒性**：这是假定数据有噪声或有缺失值时分类器做出正确预测的能力。通常，鲁棒性用表示噪声和缺失值渐增程度的一系列合成数据集评估。
- **可伸缩性**：这指的是给定大量数据的情况下有效地构建分类器的能力。通常，可伸缩性用规模渐增的一系列数据集评估。
- **可解释性**：这指的是分类器或预测器提供的理解和洞察水平。可解释性是主观的，因而很难评估。决策树和分类规则可能容易解释，但随着它们变得更复杂，它们的可解释性也随之降低。我们将在第 7 章介绍一些基本技术来提高分类模型的可解释性。

总之，我们已经介绍了一些评估度量。当数据类比较均衡地分布时，准确率效果最好。其他度量，如灵敏度（或召回率）、特异性、精度、F 和 F_β，更适合处理类不平衡问题，因为感兴趣的主要类是稀少的。本节剩余部分集中讨论如何获得可靠的分类器准确率估计。

6.6.2　保持方法和随机二次抽样

保持（holdout）方法是我们迄今为止讨论准确率时略微提及的方法。在这种方法中，给定数据随机地划分成两个独立的集合：训练集和测试集。通常，2/3 的数据分配到训练集，其余 1/3 分配到测试集。使用训练集导出模型，然后用测试集估计其准确率（见图 6.19）。该估计是悲观的，因为只有一部分初始数据用于导出模型。

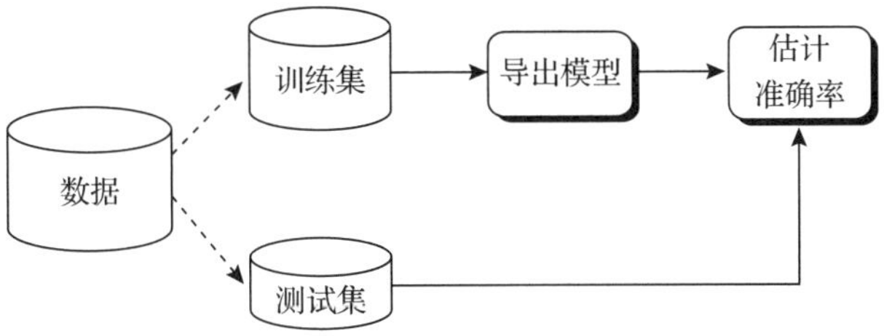

图 6.19　利用保持方法估计准确率

随机二次抽样（random subsampling）是保持方法的一种变体，它将保持方法重复 k 次。总体准确率估计取每次迭代所得准确率的平均值。

6.6.3　交叉验证

在 **k-折交叉验证**（k-fold cross-validation）中，初始数据随机地划分成 k 个互不相交的子集或“折” $D_1, D_2,\cdots, D_k$，每个折的大小大致相等。训练和测试进行 k 次。在第 i 次迭代中，分区 D_i 用作测试集，其余的分区一起用于训练模型。也就是说，在第一次迭代中，子集 $D_2,\cdots, D_k$ 一起作为训练集，得到第一个模型，并在 D_1 上测试；第二次迭代在子集 $D_1, D_3,\cdots, D_k$ 上训练，并在 D_2 上测试；以此类推。与上面的保持和随机二次抽样不同，这里每个样本用于训练的次数相同，并且均用于测试一次。对于分类，准确率估计是 k 次迭代中正确分类的元组总数除以初始数据中的元组总数。

留一交叉验证（leave-one-out-cross-validation）是 k-折交叉验证的特殊情况，其中 k 设置为初始元组数。也就是说，每次只给测试集“留出”一个样本。当初始数据集较小时，通常会使用留一交叉验证法。在**分层交叉验证**（stratified cross-validation）中，折被分层，使得每个折中样本的类分布与初始数据中的类分布大致相同。

一般地，建议使用分层 10-折交叉验证估计准确率（即使计算能力允许使用更多的折），因为它具有相对较低的偏差和方差。

6.6.4　自助法

与上面提到的准确率估计方法不同，**自助法**（bootstrap）从给定训练元组中有放回地均匀抽样。也就是说，每当选中一个元组，它等可能地被再次选中并被再次添加到训练集中。例如，想象一台从训练集中随机选择元组的机器。在有放回地抽样中，允许机器多次选择同一个元组。

有多种自助法。最常用的一种是 .632 自助法，其原理如下。假设给定的数据集包含 d 个元组。该数据集被有放回地抽样 d 次，产生 d 个样本的自助样本集或训练集。原数据元组中的某些元组很可能在该样本集中出现多次。没有进入该训练集的数据元组最终形成测试集。假设进行这样的抽样多次。其结果是，在平均情况下，63.2% 的原数据元组将出现在自助样本中，而其余 38.8% 的元组将形成测试集（因此称为 .632 自助法）。

“数字 63.2% 从何而来？”每个元组被选中的概率是 $1/d$，因此未被选中的概率是 $(1-1/d)$。需要挑选 d 次，因此一个元组在 d 次挑选都未被选中的概率是 $(1-1/d)^d$。如果 d 很大，该概率近似为 $e^{-1}=0.368$。[㊀]因此 36.8% 的元组未被选为训练元组而留在测试集中，其余的 63.2% 的元组将形成训练集。

㊀ e 为自然对数的底数，e=2.718。

可以重复抽样过程 k 次，其中在每次迭代中，使用当前的测试集获得从当前自助样本得到的模型的准确率估计。模型 M 的总体准确率则用下式估计

$$Acc(M)=\frac{1}{k}\sum_{i=1}^{k}(0.632\times Acc(M_i)_{\text{test\_set}}+0.368\times Acc(M_i)_{\text{train\_set}}) \tag{6.30}$$

其中，$Acc(M_i)_{\text{test\_set}}$ 是自助样本 i 得到的模型用于测试集 i 时的准确率。$Acc(M_i)_{\text{train\_set}}$ 是自助样本 i 得到的模型用于原数据元组集时的准确率。自助法往往过于乐观。对于小数据集，自助法效果很好。

6.6.5 使用统计显著性检验选择模型

假设由数据产生了两个分类模型 M_1 和 M_2。我们已经进行了 10- 折交叉验证，得到了每个模型的平均错误率[⊖]。如何确定哪个模型最好？直观地，可以选择具有最低错误率的模型。然而，平均错误率只是对未来数据真实总体误差的估计。10- 折交叉验证实验的错误率之间可能存在相当大的方差。尽管由 M_1 和 M_2 得到的平均错误率看上去可能不同，但是差异可能不是统计显著的。如果两者之间的差异可能只是偶然的，怎么办？本节将讨论这些问题。

为了确定两个模型的平均错误率是否存在“真正的”差异，需要使用统计显著性检验。此外，希望得到平均错误率的置信界，使得我们可以做出这样的陈述：“对于未来样本的 95%，观测到的均值将不会偏离 ±2 个标准误差”或者“一个模型比另一个模型好，误差幅度为 ±4%。”

为了进行统计检验，我们需要什么？假设对于每个模型，我们做了 10 次 10- 折交叉验证，每次使用不同的 10 折数据划分。每个划分都独立地进行。可以分别对 M_1 和 M_2 得到的 10 个错误率取平均值，得到每个模型的平均错误率。对于一个给定的模型，在交叉验证中计算的每个错误率都可以看作来自一种概率分布的不同的独立样本。一般地，它们服从具有 $k-1$ 个自由度的 t 分布，其中 $k=10$。（该分布看上去很像正态或高斯分布，尽管定义这两个分布的函数非常不同。两个分布都是单峰的、对称的和钟形的。）这使得我们可以做假设检验，其中所使用的显著性检验是 **t 检验**，或**学生 t 检验**（Student's t-test）。假设这两个模型相同，换言之，两者的平均错误率之差为 0。如果我们能够拒绝该假设（称为*原假设*），则我们可以断言两个模型之间的差异是统计显著的。在此情况下，我们可以选择具有较低错误率的模型。

在数据挖掘实践中，通常使用单个测试集，即可能对 M_1 和 M_2 使用相同的测试集。在这种情况下，对于 10- 折交叉验证的每一轮，**逐对比较**两个模型，也就是说，对于 10- 折交叉验证的第 i 轮，使用相同的交叉验证划分得到 M_1 的错误率和 M_2 的错误率。设 $err(M_1)_i$（或 $err(M_2)_i$）是模型 M_1（或 M_2）在第 i 轮的错误率。对 M_1 的错误率取平均值得到 M_1 的平均错误率，记为 $\overline{err}(M_1)$。类似地，可以得到 $\overline{err}(M_2)$。两个模型差的方差记为 $var(M_1-M_2)$。t 检验计算 k 个样本具有 $k-1$ 个自由度的 t 统计量。在我们的例子中，$k=10$，因为这里的 k 个样本是从每个模型的 10- 折交叉验证得到的错误率。逐对比较的 t 统计量按下式计算：

$$t=\frac{\overline{err}(M_1)-\overline{err}(M_2)}{\sqrt{var(M_1-M_2)/k}} \tag{6.31}$$

其中

$$var(M_1-M_2)=\frac{1}{k}\sum_{i=1}^{k}[err(M_1)_i-err(M_2)_i-(\overline{err}(M_1)-\overline{err}(M_2))]^2 \tag{6.32}$$

为了确定 M_1 和 M_2 是否显著不同，计算 t 并选择**显著性水平** sig。在实践中，通常使用 5%

⊖ 回顾模型 M 的错误率为 $1-accuracy(M)$。

或 1% 的显著性水平。然后，在标准的统计学教科书中查找 t 分布表。通常，该表以自由度为行，显著性水平为列。假定要确定 M_1 和 M_2 之差对于 95% 的总体（即 sig=5% 或 0.05）是否显著不同。需要从该表查找对应于 $k-1$ 个自由度（对于我们的例子，自由度为 9）的 t 分布值。然而，由于 t 分布是对称的，通常只显示分布的上百分位数。因此，查找 $z=sig/2=0.025$ 的表值，其中 z 也被称为**置信界**（confident limit）。如果 $t>z$ 或 $t<-z$，则 t 值落在分布的尾部的拒绝域。这意味着可以拒绝 M_1 和 M_2 的均值相同的原假设，并断言两个模型之间存在统计显著的差异。否则，如果不能拒绝原假设，于是断言 M_1 和 M_2 之间的差异可能是偶然的。

如果有两个测试集而不是单个测试集，则使用 t 检验的非逐对版本，其中两个模型的均值之间的方差估计为

$$var(M_1-M_2)=\frac{var(M_1)}{k_1}+\frac{var(M_2)}{k_2} \tag{6.33}$$

其中，k_1 和 k_2 分别是用于 M_1 和 M_2 的交叉验证样本数（在上述情况下，是 10- 折交叉验证的轮数）。这也称为**双样本 t 检验**。在查 t 分布表时，自由度取两个模型的最小自由度。

6.6.6　基于成本效益和 ROC 曲线比较分类器

真正例、真负例、假正例和假负例也可以用于评估与分类模型相关联的**成本效益**（或风险收益）。与假负例（如错误地预测癌症患者未患癌症）相关联的成本比与假正例（不正确地但保守地将非癌症患者分类为癌症患者）相关联的成本大得多。在这些情况下，通过赋予每种错误不同的成本，可以使一种类型的错误比另一种更重要。这些成本可能考虑了对病人的危害、由此产生治疗的费用和其他医院开销。类似地，与真正例决策相关联的效益也可能不同于真负例。到目前为止，为计算分类器的准确率，一直假定成本相等，并用真正例和真负例之和除以测试元组的总数。

或者，通过计算每个决策的平均成本（或效益），来考虑成本效益。涉及成本效益的其他应用包括贷款申请决策和目标营销广告邮寄。例如，贷款给一个违约者的成本远超过拒绝贷款给一个非违约者导致业务损失的成本。类似地，在试图识别回应促销邮寄广告的家庭的应用中，向大量不理睬的家庭邮寄广告的成本，可能比不向本来可能回应的家庭邮寄广告而导致业务损失的成本更大。在总体分析中考虑的其他成本包括收集数据和开发分类工具的开销。

接受者操作特征（Receiver Operating Characteristic，ROC）曲线是一种比较两个分类模型的有用的可视化工具。ROC 曲线源于信号检测理论，是第二次世界大战期间为分析雷达图像开发的。ROC 曲线显示了给定模型的*真正例率*（*TPR*）和*假正例率*（*FPR*）之间的权衡。[⊖] 给定一个测试集和模型，*TPR* 是该模型正确标记的正（或“*yes*”）元组的比例；而 *FPR* 是该模型错误标记为正的负（或“*no*”）元组的比例。假定 *TP*、*FP*、*P* 和 *N* 分别是真正例、假正例、正元组和负元组数。根据 6.6.1 节，我们知道 $TPR=\frac{TP}{P}$，这是灵敏度。此外，$FPR=\frac{FP}{N}$，它是 1− 特异性。

对于二类问题，ROC 曲线使得我们可以对测试集的不同部分，可视化模型正确地识别正实例的比率与模型错误地把负实例识别成正实例的比率之间的权衡。*TPR* 的增加以 *FPR* 的增加为成本。ROC 曲线下方的面积是模型准确率的度量。

为了绘制给定分类模型 M 的 ROC 曲线，模型必须能够返回每个测试元组的类预测概率。使用这些信息，对测试元组定秩和排序，使得最有可能属于正类或“*yes*”类的元组出现在列

[⊖] *TPR* 和 *FPR* 是两个正在比较的操作特征。

表的顶部，而最不可能属于正类的元组放在该列表的底部。朴素贝叶斯（6.3 节）和 logistic 回归（6.5 节）分类器都返回每个预测的类概率分布，因此是合适的。而其他分类器，如决策树分类器（6.3 节），可以很容易地修改，以便返回类概率预测。对于给定的元组 $\boldsymbol{X}$，设概率分类器返回的值为 $f(\boldsymbol{X}) \to [0,1]$。对于二类问题，通常选择阈值 t，使得 $f(\boldsymbol{X}) \geqslant t$ 的元组 $\boldsymbol{X}$ 被视为正的，而其他元组被视为负的。注意，真正例数和假正例数都是 t 的函数，因此可以把它们表示成 $TP(t)$ 和 $FP(t)$。二者都是单调非递增函数。

首先介绍绘制 ROC 曲线的一般思想，然后给出一个例子。ROC 曲线的垂直轴表示 TPR，水平轴表示 FPR。为了绘制 M 的 ROC 曲线，从左下角开始（这里，$TPR=FPR=0$），检查列表顶部元组的实际类标签。如果它是真正例（即正确分类的正元组），则 TP 增加，从而 TPR 增加。在图中，向上移动并绘制一个点。如果模型把一个负元组分类为正，则有一个假正例，因而 FP 和 FPR 都增加。在图中，向右移动并绘制一个点。按排序对每个测试元组重复该过程，对于真正例每次都在图中向上移动，而对于假正例向右移动。

例 6.11 绘制 ROC 曲线。图 6.20 显示了一个概率分类器返回的 10 个测试元组的概率值（第 3 列），按概率的递减顺序排序。第 1 列只是元组的标识号，方便解释。第 2 列是元组的实际类标签。有 5 个正元组和 5 个负元组，因此 $P=5$，$N=5$。当我们考察每个元组的已知类标签时，可以确定其他列 TP、FP、TN、FN、TPR 和 FPR 的值。从元组 1 开始，该元组具有最高的概率得分，取该得分为阈值，即 $t=0.9$。这样，分类器认为元组 1 为正，而其他所有元组为负。由于元组 1 的实际类标签为正，所以有一个真正例，因此 $TP=1$，而 $FP=0$。在其余 9 个元组中，它们都被分类为负，5 个实际为负（因此 $TN=5$），其余 4 个实际为正，因此 $FN=4$。可以计算 $TPR=\frac{TP}{P}=\frac{1}{5}=0.2$，而 $FPR=0$。这样，得到了 ROC 曲线的一个点 (0.2, 0)。

元组 #	类	概率	TP	FP	TN	FN	TPR	FPR
1	P	0.90	1	0	5	4	0.2	0
2	P	0.80	2	0	5	3	0.4	0
3	N	0.70	2	1	4	3	0.4	0.2
4	P	0.60	3	1	4	2	0.6	0.2
5	P	0.55	4	1	4	1	0.8	0.2
6	N	0.54	4	2	3	1	0.8	0.4
7	N	0.53	4	3	2	1	0.8	0.6
8	N	0.51	4	4	1	1	0.8	0.8
9	P	0.50	5	4	1	0	1.0	0.8
10	N	0.40	5	5	0	0	1.0	1.0

图 6.20 元组按得分递减顺序排序，其中得分是概率分类器返回的值

然后，设置阈值 t 为元组 2 的概率值 0.8，因此该元组现在也被视为正的，而元组 3 ～ 10 都被看作负的。元组 2 的实际类标签为正，因此现在 $TP=2$。该行剩余部分都容易计算，得到点 (0.4, 0)。接下来，考察元组 3 的类标签并令 $t = 0.7$，即分类器为该元组返回的概率值。因此，元组 3 被看作正的，但它的实际类标签为负，因此它是一个假正例。因此，TP 不变，FP 递增，所以 $FP=1$。该行的其他值也容易计算，得到点 (0.4, 0.2)。通过检查每个元组，得到的 ROC 曲线是一个锯齿线，如图 6.21 所示。

有许多方法可以从这些点得到一条曲线，最常用的是凸包。该图还显示一条对角线，对模型的每个真正例元组，都有可能恰好遇到一个假正例。为了比较，这条直线代表随机猜测。□

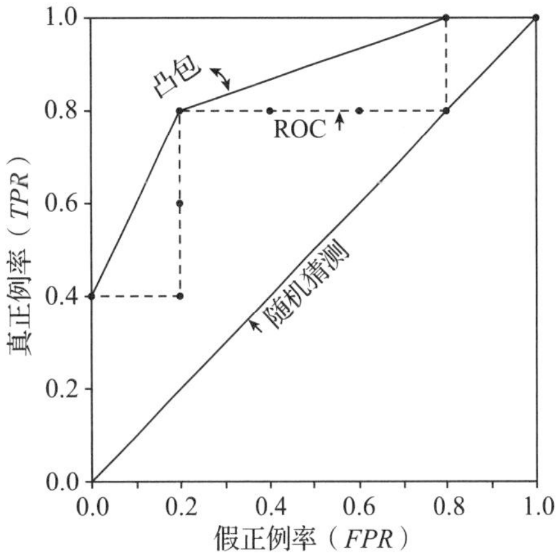

图 6.21 图 6.20 中数据的 ROC 曲线

图 6.22 显示了两个分类模型的 ROC 曲线。该图还显示了一条对角线，代表随机猜测。模型的 ROC 曲线离对角线越近，模型的准确率越低。如果模型真的很好，则随着有序列表向下移动，开始可能会遇到真正例元组。这样，曲线将陡峭地从 0 开始上升。后来，遇到的真正例元组越来越少，假正例元组越来越多，曲线平缓并变得更加水平。

为了评估模型的准确率，可以测量曲线下方的面积。有一些软件包可以用来进行这些计算。面积越接近 0.5，对应模型的准确率越低。完全准确的模型面积为 1.0。

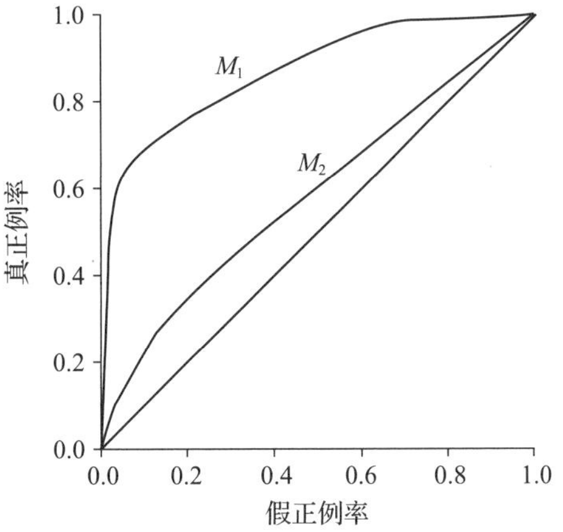

图 6.22 两个分类模型 M_1 和 M_2 的 ROC 曲线

注：对角线表明，对于每个真正例，我们通常可能会遇到假正例。ROC 曲线越接近对角线，模型的准确率就越低，因此在这里 M_1 更准确。

6.7 提高分类准确率的技术

本节将学习提高分类准确率的一些技巧。我们关注集成方法。分类集成（ensemble）是一个复合模型，由多个分类器组合而成。个体分类器投票，集成分类器基于投票结果返回类标签预测。集成分类器往往比它的成员分类器更准确。在 6.7.1 节，我们从介绍一般的集成分类方法开始。装袋（6.7.2 节）、提升（6.7.3 节）和随机森林（6.7.4 节）都是流行的集成分类方法。

传统的学习模型假定数据类是良好分布的。然而，在现实世界的许多领域中，数据是类不平衡的，其中感兴趣的主要类只有少量元组。这称为类不平衡问题。我们还研究了提高类不平衡数据分类准确率的技术。这些在 6.7.5 节介绍。

6.7.1 集成分类方法简介

装袋、提升和随机森林都是集成分类方法的例子（见图 6.23）。集成分类把 k 个学习得到的模型（或基分类器）M_1, M_2, …, M_k 组合在一起，旨在创建一个改进的复合分类模型 M^*。使

用给定的数据集 D 创建 k 个训练集 $D_1, D_2, \cdots, D_k$（$1 \leqslant i \leqslant k$），其中 D_i 用于创建分类器 M_i。给定一个待分类的新数据元组，每个基分类器通过返回类预测进行投票。集成分类器基于基分类器的投票结果返回类预测。

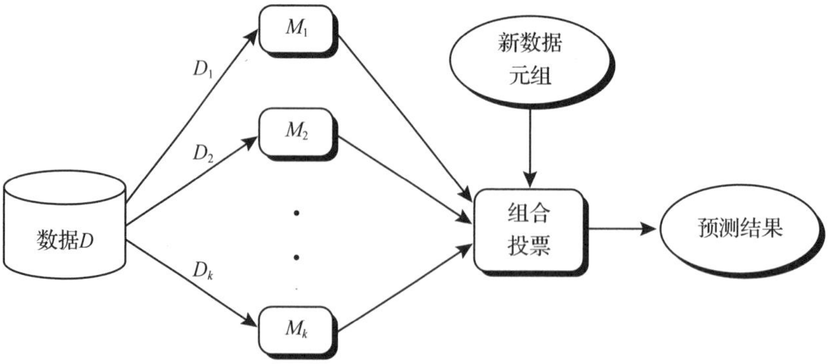

图 6.23 提高分类器准确率，集成方法生成一组分类模型 $M_1, M_2, \cdots, M_k$。给定一个要分类的新数据元组，每个分类器为该元组的类标签“投票”。集成将投票结果组合起来进行类预测

集成分类器往往比它的基分类器更准确。例如，考虑一个进行多数投票的集成分类器。也就是说，给定一个待分类元组 $\boldsymbol{X}$，它收集由基分类器返回的类标签预测，并输出占多数的类。基分类器可能出错，但是仅当超过一半的基分类器出错时，集成分类器才会误分类 $\boldsymbol{X}$。当模型之间存在显著差异时，集成分类器产生更好的结果。也就说，理想地，基分类器之间几乎不相关。基分类器还应该优于随机猜测。每个基分类器都可以分配到不同的 CPU 上，因此集成分类方法是可并行的。

为了帮助解释集成分类的能力，考虑一个被两个属性 x_1 和 x_2 描述的二类问题，这个问题有一个线性决策边界。图 6.24a 显示了该问题的决策树分类器的决策边界。图 6.24b 显示了相同问题的决策树的集成分类器的决策边界。尽管集成分类器的决策边界仍然是分段常数，但是它具有更好的解并且比单棵树好。

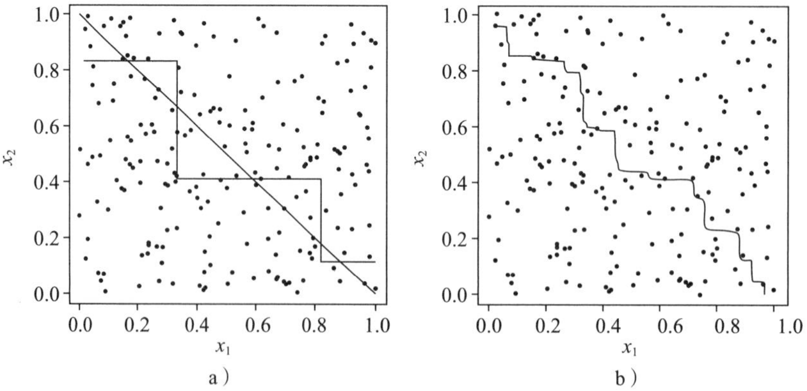

图 6.24 线性可分问题的（a）单棵决策树和（b）决策树集成的决策边界（即，实际决策边界是一条直线）。决策树难以近似线性边界，集成的决策边界更接近真实边界

来源：来自 Seni 和 Elder[SE10]。© 2010 Morgan & Claypool Publishers；经许可使用。

6.7.2 装袋

现在直观地了解装袋如何作为一种提高准确率的方法。假设你是一位患者，希望根据你

的症状做出诊断。你可能选择看多位医生，而不是一位。如果某种诊断比其他诊断出现的次数多，则你可能将它作为最终或最好的诊断。也就是说，最终诊断是根据多数投票做出的，其中每位医生都具有相同的投票权重。现在，将医生换成分类器，你就得到了装袋的基本思想。直观地，更多医生的多数投票比少数医生的多数投票更可靠。

给定 d 个元组的集合 D，**装袋**（bagging）过程如下。对于迭代 $i(i=1,2,\cdots,k)$，d 个元组的训练集 D_i 采用有放回抽样，从原始元组集 D 抽取元组。注意，术语装袋表示自助聚合（bootstrap aggregation）。每个训练集都是一个自助样本，如 6.6.4 节所介绍的那样。由于使用有放回抽样，D 的某些元组可能不在 D_i 中出现，而其他元组可能出现多次。由每个训练集 D_i 学习，得到一个分类模型 M_i。为了对一个未知元组 $\boldsymbol{X}$ 分类，每个分类器 M_i 返回它的类预测，算作一票。装袋分类器 M^* 统计得票，并将得票最高的类分配给 $\boldsymbol{X}$。通过取给定测试元组的每个预测的平均值，装袋也可以用于连续值的预测。算法汇总在图 6.25 中。

算法：装袋。装袋算法——为一个学习方案创建一个分类模型的集成，其中每个模型给出一个相同权重的预测。

输入：
- D，包含 d 个训练元组的集合；
- k，集成中模型的数量；
- 分类学习方案（如决策树算法、朴素贝叶斯等）。

输出：集成——复合模型 M^*。

方法：

(1)　**for** $i = 1$ to k **do** // 创建 k 个模型：
(2)　　通过对 D 进行有放回抽样，创建自助样本 D_i；
(3)　　使用 D_i 和学习方案导出模型 M_i。
(4)　**endfor**

使用集成分类元组 $\boldsymbol{X}$：

令 k 个模型中的每个都分类 $\boldsymbol{X}$ 并返回多数投票；

图 6.25　装袋算法

装袋分类器的准确率通常显著高于从原始训练集 D 导出的单个分类器的准确率。对于噪声数据和过拟合的影响，它也不会很差并且更鲁棒。准确率的提高是因为复合模型降低了个体分类器的方差。

6.7.3　提升

现在了解提升的集成分类方法。与上一节一样，假设你是一位患者，患有某些症状。你选择咨询多位医生，而不是一位。假设你根据每位医生先前的诊断准确率，对其诊断赋予一个权重。然后，这些加权诊断的组合作为最终的诊断。这就是提升的基本思想。

在**提升**（boosting）方法中，为每个训练元组分配权重。迭代地学习 k 个分类器。学习得到分类器 M_i 之后，更新权重，使得其后的分类器 M_{i+1}"更关注"被 M_i 误分类的训练元组。最终提升的分类器 M^* 组合每个个体分类器的投票，其中每个分类器投票的权重是其准确率的函数。

Adaboost（Adaptive Boosting）是一种流行的提升算法。假设我们想提升某种学习方法的准确率。给定数据集 D，它包含 d 个具有类标签的元组 $(\boldsymbol{X}_1, y_1), (\boldsymbol{X}_2, y_2), \cdots, (\boldsymbol{X}_d, y_d)$，其中 y_i 是元组 $\boldsymbol{X}_i$ 的类标签。开始，Adaboost 对每个训练元组分配相等的权重 $1/d$。为集成分类器产生 k 个基分类器需要执行算法的其余部分 k 轮。可以抽样形成任意大小的训练集 D_i，不一定

是 d 的大小。使用有放回抽样——同一个元组可能被选中多次。每个元组被选中的机会由它的权重决定。从训练集 D_i 导出分类器 M_i。然后使用 D 作为测试集计算 M_i 的误差。训练元组的权重根据它们的分类情况进行调整。

如果元组不正确分类，则它的权重增加。如果元组正确分类，则它的权重减少。元组的权重反映了对它们分类的困难程度——权重越高，越可能错误地分类。然后，使用这些权重，为下一轮的分类器产生训练样本。其基本思想是，当构建分类器时，希望它更关注上一轮误分类的元组。某些分类器可能比其他分类器更擅长对某些"困难"元组分类。这样，建立了一系列互补的分类器。算法汇总在图 6.26 中。

算法：Adaboost。提升算法——创建一个分类器的集成，每个分类器提供加权的投票。

输入：
- D，包含 d 个带类标签的训练元组的集合；
- k，生成分类器的轮数（每轮生成一个分类器）；
- 分类学习方案。

输出：复合模型。

方法：

```
(1) 初始化 D 中的每个元组的权重为 1/d;
(2) for i = 1 to k do // 对每轮循环;
(3)     根据元组的权重对 D 进行有放回抽样以获得 D_i;
(4)     使用训练集 D_i 导出模型 M_i;
(5)     计算 M_i 的错误率 error(M_i)（式(6.34)）。
(6)     if error(M_i) > 0.5 then
(7)         中断循环;
(8)     endif
(9)     for D 中每个被正确分类的元组 do
(10)            将元组的权重乘以 error(M_i)/(1 − error(M_i)); // 更新权重
(11)    规范化每个元组的权重。
(12) endfor
```

使用集成分类元组 X：

```
(1) 初始化每个类的权重为 0;
(2) for i = 1 to k do // 对每个分类器:
(3)     w_i = log((1 − error(M_i)) / error(M_i)); // 每个分类器的投票权重
(4)     c = M_i(X); // 从模型 M_i 获取 X 的类预测
(5)     在类 c 的权重上增加 w_i
(6) endfor
(7) 返回权重最高的类标签
```

图 6.26　Adaboost，提升算法

现在，让我们考察该算法涉及的某些数学问题。为了计算模型 M_i 的错误率，求 M_i 误分类 D_i 中的每个元组的加权和。即，

$$error(M_i)=\sum_{j=1}^{d} w_j \times err(\boldsymbol{X}_j) \tag{6.34}$$

其中，$err(\boldsymbol{X}_j)$ 是元组 $\boldsymbol{X}_j$ 的误分类误差：如果 $\boldsymbol{X}_j$ 被误分类，则 $err(\boldsymbol{X}_j)$ 为 1；否则为 0。如果分类器 M_i 的性能太差，错误率超过 0.5，则丢弃它，并重新生成新的训练集 D_i，由它导出新的 M_i。

M_i 的错误率影响训练元组权重的更新。如果一个元组在第 i 轮正确分类，则其权重乘以 $error(M_i)/(1-error(M_i))$。一旦所有正确分类元组的权重都被更新，就对所有元组的权重（包

括误分类的元组）规范化，使得它们的和与以前一样。为了规范化权重，将它乘以旧权重之和，再除以新权重之和。结果，正如上面介绍的一样，误分类元组的权重增加，而正确分类元组的权重减少。

“一旦提升完成，如何使用分类器的集成预测元组 $\boldsymbol{X}$ 的类标签？”不像装袋将相同的投票权重赋予每个分类器，提升根据分类器的分类情况，为每个分类器的投票分配一个权重。分类器的错误率越低，它的准确率就越高，因此它的投票权重就应当越高。分类器 M_i 的投票权重为

$$\log\frac{1-error(M_i)}{error(M_i)} \tag{6.35}$$

对于每个类 c，对每个将类 c 分配给 $\boldsymbol{X}$ 的分类器的权重求和。具有最大权重和的类是“赢家”，并作为元组 $\boldsymbol{X}$ 的类预测返回。

梯度提升是另一种强大的提升技术，可用于分类、回归和排序。如果我们使用树（例如，用于分类的决策树、用于回归的回归树）作为基础模型（即弱学习器），则称为**梯度树提升**，或**梯度提升树**。图 6.27 给出了回归任务的梯度树提升算法。它的工作原理如下。

梯度树提升算法从一个简单的回归模型 $F(x)$ 开始（第 1 行），它输出一个常数（即所有训练元组的平均输出）。然后，与 Adaboost 类似，它试图在每轮中找到一个新的基础模型（即弱学习器）$M_t(x)$（第 3 行）。将新构建的基础模型 $M_t(x)$ 添加到回归模型 $F(x)$ 中（第 8 行）。换句话说，复合回归模型 $F(x)$ 由 k 个加性基础模型 $M_t(x)(t=1,\cdots,k)$ 组成。当我们搜索一个新的基础模型 $M_t(x)$ 时，所有先前构建的基础模型（即 $M_1(x),\cdots,M_{t-1}(x)$）保持不变。

为了构建一个新的基础模型 $M_t(x)$，我们首先通过当前回归模型 $F(x)$ 计算每个训练元组的预测输出 $\hat{y}_i$（第 4 行），并计算损失函数在 $\hat{y}_i$ 上的**负梯度** r_i（第 5 行）。然后，我们对训练集 $\{(x_1,r_1),\cdots,(x_n,r_n)\}$ 拟合回归树模型，其中负梯度 r_i 被视为第 i 个训练元组的目标输出值。由于负梯度 $r_i(i=1,\cdots,n)$ 在不同的轮中变化，我们最终得到不同的基础模型 $M_t(x)(t=1,\cdots,k)$。

“但是，为什么我们要用负梯度来构建新的基础模型呢？”假设损失函数 $L(y_i,F(x_i))=\frac{1}{2}(y_i-\hat{y}_i)^2$（回想一下，我们对回归树和最小二乘线性回归模型使用了类似的损失函数）。然后，我们可以证明负梯度 $r_i=y_i-\hat{y}_i$，即当前回归模型 $F(x)$ 实际输出值与预测输出值之差（即残差）。换句话说，负梯度 r_i 揭示了当前回归模型 $F(x)$ 的“缺点”（即预测输出值与实际输出值的距离）。如果我们使用其他损失函数（例如鲁棒回归中的 Huber 损失），负梯度不再等于残差 $y_i-\hat{y}_i$，但就当前回归模型 $F(x)$ 对第 i 个训练元组的预测质量而言，仍然提供了一个很好的指标。由此，负梯度也被称为*伪残差*。通过对负梯度拟合回归树模型（即当前回归模型 $F(x)$ 的“缺点”所在），新构建的基础模型 $M_t(x)$ 有望显著改进复合回归模型 $F(x)$。

除了图 6.27 中的算法外，还有几种梯度树提升的备选设计选择。例如，与 Adaboost 类似，我们可以为每个基础模型 $M_t(x)$ 学习一个权重，然后复合回归模型 $F(x)$ 成为 k 个基础模型的*加权和*。在实践中发现，对新构建的基础模型进行收缩有助于提高第 8 行中的复合模型 $F(x)$（即 $F(x)\leftarrow F(x)+\eta M_t(x)$，其中 $0<\eta<1$ 为收缩常数）的泛化性能。回归树 $M_t(x)$ 的叶节点数 T 对复合模型 $F(x)$ 的学习性能有重要影响。也就是说，如果 T 太小，$F(x)$ 可能欠拟合训练集，但如果 T 太大，$F(x)$ 可能过拟合训练集。T 的典型选择在 4 和 8 之间。在给定的第 t 轮，我们可以使用整个训练集的子样本来构建基础模型 $M_t(x)$。采用这种子抽样策略的梯度树提升称为*随机梯度（树）提升*，可以显著提高复合模型 $F(x)$ 的准确率。一个高度可扩展的

端到端梯度树提升系统被称为XGBoost，它能够处理数十亿规模的训练集。XGBoost在训练梯度树提升方面做了很多创新，包括为稀疏数据设计的新的树构建算法、特征子抽样（与随机梯度提升中的训练元组子抽样相反），以及高效的缓存感知块结构。XGBoost已被数据科学家成功地用于许多数据挖掘挑战，通常会带来具有竞争力的结果。

算法：回归任务的梯度树提升。

输入：

- D，包含 n 个训练元组 $\{(x_1, y_1), \cdots, (x_n, y_n)\}$ 的集合，其中 x_i 是第 i 个训练元组的属性向量且 y_i 是其真实目标输出值；
- k，生成分类器的轮数（每轮生成一个回归模型）；
- 可微的损失函数 $Loss = \sum_{i=1}^{n} L(y_i, F(x_i))$

输出： 复合回归模型 $F(x)$。

方法：

（1）初始化回归模型 $F(x) = \frac{\sum_{i=1}^{n} y_i}{n}$；
（2）**for** $t = 1$ to k **do** // 每轮构造一个弱学习器 $M_t(x)$：
（3）　　**for** $i = 1$ to n// 每个训练元组：
（4）　　　　计算 $\hat{y}_i = F(x_i)$；// 当前的模型 $F(x)$ 的预测值
（5）　　　　计算负梯度 $r_i = -\frac{\partial L(y_i, \hat{y}_i)}{\partial \hat{y}_i}$
（6）　　**endfor**
（7）　　在训练集 $\{(x_1, r_1), \cdots, (x_n, r_n)\}$ 上拟合回归树模型 $M_t(x)$；
（8）　　更新复合回归模型 $F(x) \leftarrow F(x) + M_t(x)$。
（9）**endfor**

图 6.27　回归任务的梯度树提升算法

“提升与装袋相比，情况如何？”由于提升关注误分类元组，所以存在结果复合模型对数据过拟合的危险。因此，“提升的”结果模型有时可能没有从相同数据导出的单个模型的准确率高。装袋不太受过拟合的影响。尽管与单个模型相比，两者都能够显著提高准确率，但是提升往往得到更高的准确率。

6.7.4 随机森林

现在，介绍另一种集成方法，称为**随机森林**。想象集成分类器中的每个分类器都是一棵决策树，因此分类器的集合就是一个“森林”。个体决策树在每个节点处使用随机选择的属性来确定划分。更准确地说，每一棵树都依赖于独立抽样的随机向量的值，并与森林中所有树具有相同分布。分类时，每棵树都投票并且返回得票最多的类。

随机森林可以使用装袋（6.7.2 节）与随机属性选择相结合来构建。给定 d 个元组的训练集 D，为集成分类器产生 k 棵决策树的一般过程如下。对于每次迭代 $i(i=1,2,\cdots,k)$，使用有放回抽样，由 D 产生 d 个元组的训练集 D_i。也就是说，每个 D_i 都是 D 的一个自助样本（6.6.4 节），使得某些元组可能在 D_i 中出现多次，而另一些可能不出现。设 F 是用来在每个节点处确定划分的属性数，其中 F 远小于可用属性数。为了构建决策树分类器 M_i，在每个节点处随机选择 F 个属性作为该节点划分的候选属性。使用 CART 算法的方法来增长树。树增长到最大规模，并且不剪枝。用这种方式，使用随机输入选择形成的随机森林称为 Forest-RI。

随机森林的另一种形式称为 Forest-RC，使用输入属性的随机线性组合。它不是随机地选择一个属性子集，而是由已有属性的线性组合创建一些新属性（特征）。即一个属性由指定的

L 个原属性组合产生。在每个给定的节点处，随机选择 L 个属性，并且以从 $[-1, 1]$ 中均匀随机选取的数为系数相加。产生 F 个线性组合，并在其中搜索找到最佳划分。当只有少量属性可用时，为了降低个体分类器之间的相关性，这种形式的随机森林是有用的。

随机森林的准确率可以与 Adaboost 相媲美，但是对错误和离群点更鲁棒。随着森林中树的个数增加，森林的泛化误差收敛。因此，过拟合不是问题。随机森林的准确率依赖于个体分类器的能力和它们之间的依赖性。理想情况是保持个体分类器的能力而不提高它们的相关性。随机森林对每次划分所考虑的属性数不敏感。通常最多选取 $\log_2 d+1$ 个属性。（一个有趣的观察是，使用单个随机选择的属性可能产生很好的准确率，常常比使用多个属性更高。）由于随机森林在每次划分时只考虑很少的属性，因此它们在大型数据库上非常有效。它们可能比装袋和提升更快。随机森林给出了可变重要性的内在估计。

6.7.5　提高类不平衡数据的分类准确率

本节再次考虑类不平衡问题。尤其是，我们研究了提高类不平衡数据分类准确率的方法。

给定两类数据，如果感兴趣的主要类（正类）只有少量元组，而大多数元组都代表负类，则该数据是类不平衡的。对于多类不平衡数据，每个类的数据分布显著不同，其中，主要类或感兴趣的类的元组稀少。类不平衡问题与成本敏感学习密切相关，其中每个类的错误成本并不相等。例如，在医疗诊断中，错误地把一位癌症患者诊断为健康（假负例）的成本远高于错误地把一个健康人诊断为患有癌症（假正例）。假负例错误可能导致失去生命，因此比假正例错误的成本高得多。类不平衡数据的其他应用包括欺诈检测、从卫星雷达图像检测石油泄漏和故障监测。

传统的分类算法旨在最小化分类错误数。它们假定：假正例和假负例错误的成本是相等的。由于假定类平衡分布和相等的错误成本，所以传统的分类算法不适合类不平衡数据。本章前面介绍了一些处理类不平衡问题的方法。尽管准确率度量假定各类的成本都相等，但是可以使用不同类型分类的其他评估度量。例如，6.6.1 节介绍的灵敏度或召回率（真正例率）和特异性（真负例率），都有助于评估分类器正确预测类不平衡数据类标签的能力。已讨论的其他相关度量包括 F_1 和 F_β。6.6.6 节展示了 ROC 曲线如何绘制灵敏度与 1- 特异性（即假正例率）。当研究分类器在不平衡数据上的性能时，这种曲线可以提供对数据的洞察。

本节将介绍提高类不平衡数据分类准确率的一般方法。这些方法包括：（1）过抽样；（2）欠抽样；（3）阈值移动；（4）集成技术。前三种不涉及对分类模型结构的改变。也就是说，过抽样和欠抽样改变训练集中的元组分布；阈值移动影响对新数据分类时模型做出决策的方式。集成方法沿用 6.7.2 ～ 6.7.4 节介绍的技术。为了便于解释，我们针对两类不平衡数据问题介绍这些一般方法，其中较高成本的类比较低成本的类稀少。

过抽样和欠抽样都改变训练集的分布，使得稀有（正）类能够很好地表示。**过抽样**对正元组重复采样，使得结果训练集包含相同个数的正元组和负元组。**欠抽样**减少负元组的数量。它随机地从多数（负）类中删除元组，直到正元组与负元组的数量相等。

例 6.12　过抽样与欠抽样。假设原始训练集包含 100 个正元组和 1 000 个负元组。在过抽样中，复制稀有类元组，形成包含 1 000 个正元组和 1 000 个负元组的新训练集。在欠抽样中，随机地删除负元组，形成包含 100 个正元组和 100 个负元组的新训练集。□

存在过抽样和欠抽样的多种变体。它们可能因如何增加和删除元组而异。例如，SMOTE 算法使用过抽样，把元组空间中“靠近”给定正元组的合成元组添加到训练集。

类不平衡问题的**阈值移动**（threshold-moving）方法不涉及抽样。它用于对给定输入元组返回一个连续输出值的分类器（像6.6.6节讨论的ROC如何绘制曲线那样）。即对于输入元组 X，这种分类器返回一个映射 $f(X) \to [0, 1]$ 作为输出。该方法不是操控训练元组，而是基于输出值返回分类决策。最简单的方法是，对于某个阈值 t，满足 $f(X) \geq t$ 的元组 X 被视为正的，而其他元组被看作负的。其他方法可能涉及用加权操控输出。一般而言，阈值移动方法移动阈值 t，使得稀有类的元组更容易分类（因此降低了成本高的假负例出现的机会）。这种分类器的例子包括朴素贝叶斯分类器（6.3节）和神经网络（第10章）。阈值移动方法尽管不像过抽样和欠抽样那么流行，但是它简单，并且对于两类不平衡数据表现得相当成功。

集成方法（6.7.2～6.7.4节）也已经用于类不平衡问题。组成集成分类器的个体分类器可以使用上面介绍的方法，如过抽样和阈值移动。

上面介绍的方法对两类任务的类不平衡问题相对有效。实验观察表明，阈值移动和集成方法优于过抽样和欠抽样。即便在非常不平衡的数据集上，阈值移动也很有效。多类任务上的类不平衡问题困难得多，使用过抽样和阈值移动都不太有效果。尽管阈值移动和集成方法表现出了希望，但是为多类不平衡问题寻找更好的解决方案依然是尚待解决的问题。

6.8　总结

- **分类**是一种数据分析的形式，它提取描述数据类的模型；分类器或分类模型可以预测分类标签（类）。而**数值预测**能够建模连续值函数。分类预测和数值预测是预测问题中的两种主要类型。
- **决策树归纳**是一种自顶向下的递归树归纳算法，它使用属性选择度量来为树中的每个非叶节点选择被测试的属性。ID3、C4.5和CART是使用不同属性选择度量的这类算法的例子。**树的剪枝算法**试图通过去除数据中反映噪声的分支来提高准确率。
- **朴素贝叶斯分类**是基于后验概率的贝叶斯定理。它假设类的条件独立性——属性值对给定类的影响独立于其他属性值的影响。
- **线性分类器**计算输入属性值的线性加权组合，并在此基础上预测给定元组的类标签。感知机和logistic回归是两个经典的例子。
- 决策树分类器、贝叶斯分类器和线性分类器都是**急切学习器**的例子，因为它们使用训练元组来构建泛化模型，并通过这种方法为分类新的元组做好了准备。这与**惰性学习器**或**基于实例**的分类方法形成对比，如最近邻分类器和基于案例的推理分类器，它们将所有的训练元组存储在模式空间中，直到出现一个测试元组后再执行泛化。因此，惰性学习器需要有效的索引技术。
- **混淆矩阵**可以用来评估分类器的质量。对于一个二类问题，它显示了真正例、真负例、假正例和假负例。评估一个分类器的预测能力的度量包括**准确率**、**灵敏度**（也称为**召回率**）、**特异性**、**精度**、F 和 F_β。当感兴趣的主要类为少数时，依赖准确率度量可能是有欺骗性的。
- 分类器的构建和评估需要将标记数据划分为训练集和测试集。**保持**、**随机抽样**、**交叉验证**和**自助法**是用于这种划分的典型方法。
- 显著性检验和ROC曲线是模型选择的有用工具。**显著性检验**可以用来评估两个分类器之间的准确率差异是否是偶然的。**ROC曲线**绘制了一个或多个分类器的真正例率（或灵敏度）与假正例率（或1−特异性）。
- **集成方法**可以通过学习和结合一系列单独的（基础）分类器模型来提高总体准确率。**装袋**、**提升**和**随机森林**是流行的集成方法。

- 当感兴趣的主要类仅由几个元组表示时，就会出现**类不平衡**问题。解决这个问题的策略包括**过抽样**、**欠抽样**、**阈值移动**和**集成技术**。

6.9 练习

6.1 简要概述决策树分类的主要步骤。

6.2 为什么剪枝在决策树归纳中有用？使用一个单独的元组集合来评估剪枝有什么缺点？

6.3 给定一个决策树，你可以选择（a）将决策树转换为规则，然后剪枝得到的规则，或者（b）修剪决策树，然后将剪枝后的树转换成规则。其中（a）比（b）有什么优势？

6.4 计算决策树算法的最坏情况计算复杂度很重要，给定数据集 D、属性数 n 和训练元组数 $|D|$，根据 n 和 $|D|$ 分析计算复杂度。

6.5 给定一个 5GB 的数据集，包含 50 个属性（每个属性包含 100 个不同的值）和笔记本计算机中 512 MB 的主存，概述一种在如此大的数据集中构建决策树的有效方法。通过粗略计算你的主存的使用情况来验证你的答案。

6.6 为什么朴素贝叶斯分类被称为“朴素”？简要概述朴素贝叶斯分类的主要思想。

6.7 下表包含来自员工数据库的培训数据。数据已经一般化。例如，“31 ～ 35”表示年龄范围为 31 ～ 35。对于给定的行条目，计数表示具有该行中给出部门、状态、年龄和工资值的元组的数量。

部门	状态	年龄	工资	计数
sales	senior	31 ～ 35	46K ～ 50K	30
sales	junior	26 ～ 30	26K ～ 30K	40
sales	junior	31 ～ 35	31K ～ 35K	40
systems	junior	21 ～ 25	46K ～ 50K	20
systems	senior	31 ～ 35	66K ～ 70K	5
systems	junior	26 ～ 30	46K ～ 50K	3
systems	senior	41 ～ 45	66K ～ 70K	3
marketing	senior	36 ～ 40	46K ～ 50K	10
marketing	junior	31 ～ 35	41K ～ 45K	4
secretary	senior	46 ～ 50	36K ～ 40K	4
secretary	junior	26 ～ 30	26K ～ 30K	6

请将状态设置为类标签属性。

a. 你将如何修改基本的决策树算法，以考虑每个一般化数据元组的计数（即，每个行条目的计数）？

b. 使用你的算法从给定的数据中构造一个决策树。

c. 给定一个属性值分别为“systems”“26 ～ 30”和“46K ～ 50K”的元组数据，这些属性分别对应部门、年龄和工资，该元组状态的朴素贝叶斯分类是什么？

6.8 比较急切分类（例如，决策树、贝叶斯、神经网络）与惰性分类（例如，k- 最近邻、基于案例的推理）的优缺点。

6.9 写出 k- 最近邻分类的算法，k 是最近的邻居数，n 是描述每个元组的属性数。

6.10 Rainforest 是一种可扩展的决策树归纳算法。开发可扩展的朴素贝叶斯分类算法，该算法对于大多数数据库来说，只需对整个数据集进行一次扫描。讨论是否可以改进这样的算法，以结合提升来进一步提高其分类准确率。

6.11 设计一种有效的方法，对无限数据流执行有效的朴素贝叶斯分类（即，你只能扫描数据流一次）。如果我们想发现这种分类方案的演变（例如，比较目前的分类方案与早期的方案，如一周前的方案），你会建议修改什么设计呢？

6.12 感知机模型 $y = f(\boldsymbol{x}) = \text{sign}(\boldsymbol{w}^{\mathrm{T}}\boldsymbol{x} + b)$ 可用于从训练数据学习二元分类器。

a. 假设有两个训练样本。正样本是 $\boldsymbol{x}_1=(2,1)^{\mathrm{T}}$；负样本是 $\boldsymbol{x}_2=(1,0)^{\mathrm{T}}$。学习率 $\eta=1$。从 $\boldsymbol{w}=(1,1)^{\mathrm{T}}$ 和 $b=0$ 开始，求解分类器的参数。

b. 假设有四个训练样本。正样本为 $\boldsymbol{x}_1=(1,1)^{\mathrm{T}}$ 和 $\boldsymbol{x}_2=(0,0)^{\mathrm{T}}$；负样本为 $\boldsymbol{x}_3=(1,0)^{\mathrm{T}}$ 和 $\boldsymbol{x}_4=(0,1)^{\mathrm{T}}$。我们能使用感知机模型对所有的训练样本正确分类吗？为什么？

6.13 假设我们有三个正例 $\boldsymbol{x}_1=(1,0,0)$，$\boldsymbol{x}_2=(0,0,1)$ 和 $\boldsymbol{x}_3=(0,1,0)$ 和三个负例 $\boldsymbol{x}_4=(-1,0,0)$，$\boldsymbol{x}_5=(0,-1,0)$ 和 $\boldsymbol{x}_6=(0,0,-1)$。应用标准梯度上升法训练 logistic 回归分类器（无正则化项）。使用两个不同的值初始化权重向量，并设置 $w_0^0=0$（例如 $\boldsymbol{w}^0=(0,0,0,0)^{\mathrm{T}}$，$\boldsymbol{w}^0=(0,0,1,0)^{\mathrm{T}}$）。对于两个不同的初始值，最终的权重向量（$\boldsymbol{w}^*$）是否相同？值是什么？请详细解释你的答案。你可以假设学习率是一个正的实常数 η。

6.14 假设我们正在训练一个朴素贝叶斯分类器和一个 logistic 回归分类器：$f: \boldsymbol{X}\to Y$，将 d 维实值特征向量 $\boldsymbol{X}\in\mathbf{R}^d$ 映射到二元类标签 $Y\in\{0,1\}$。在朴素贝叶斯分类器中，我们假设所有的 $\boldsymbol{X}_i(i=1,\cdots,n)$ 在给定类标签 y 下都是条件独立的，同时类先验 $P(Y)$ 遵循伯努利分布。其中 $P(Y=1)=\theta$。现在，基于这两个假设证明 logistic 回归和朴素贝叶斯的等价性。

a. 对于每个 $\boldsymbol{X}_i$，我们假设它是从高斯分布 $P(\boldsymbol{X}_i\mid Y=k)\sim\mathcal{N}(\mu_{ik},\sigma_{ik})$ 中得出的，其中 $k=0,1$。我们还假设 $\sigma_{i0}=\sigma_{i1}=\sigma_i$。

b. 对于每个 $\boldsymbol{X}_i$，我们假设它是从伯努利分布 $P(\boldsymbol{X}_i=1|Y=k)=p_k$ 中得出的，其中 $k=0,1$。

6.15 证明准确率是灵敏度和特异性的函数，即证明式（6.25）。

6.16 调和均值是多种平均值中的一种。第 2 章讨论如何计算**算术平均值**，这是大多数人在计算平均值时通常会想到的。正实数 $x_1,x_2,\cdots,x_n$ 的**调和均值** H 定义为

$$H=\frac{n}{\dfrac{1}{x_1}+\dfrac{1}{x_2}+\cdots+\dfrac{1}{x_n}}=\frac{n}{\sum_{i=1}^{n}\dfrac{1}{x_i}}$$

F 度量是精度和召回率的调和均值。用这个事实来推导式（6.28），此外，将 F_β 写为 TP、FN 和 FP 的函数。

6.17 图 6.28 的数据元组按分类器返回的概率值递减排序。对于每个元组，计算真正例（TP）、假正例（FP）、真负例（TN）和假负例（FN）。计算真正例率（TPR）和假正例率（FPR）。绘制数据的 ROC 曲线。

元组 #	类	概率
1	*P*	0.95
2	*N*	0.85
3	*P*	0.78
4	*P*	0.66
5	*N*	0.60
6	*P*	0.55
7	*N*	0.53
8	*N*	0.52
9	*N*	0.51
10	*P*	0.40

图 6.28　元组按得分递减顺序排序，其中得分是概率分类器返回的值

6.18 当单个数据对象一次可能属于多个类时，很难评估分类的准确率。在这种情况下，请说明你将使用哪些标准比较基于相同数据建模的不同分类器。

6.19 假设我们想在两个预测模型 M_1 和 M_2 中进行选择。我们对每个模型进行了 10 轮 10- 折交叉验证，其中 M_1 和 M_2 都使用了第 i 轮中相同的数据分区。M_1 的错误率分别为 30.5、32.2、20.7、20.6、31.0、41.0、27.7、26.0、21.5、26.0。M_2 的错误率分别为 22.4、14.5、22.4、19.6、20.7、20.4、22.1、19.4、16.2、35.0。考虑到 1% 的显著性水平，评价一个模型是否显著优于另一个模型。

6.20 什么是提升？解释为什么它可以提高决策树归纳的准确率。

6.21 概述解决类不平衡问题的方法。假设一家银行想要开发一个分类器来防止欺诈性的信用卡交易。说明如何基于大量合法的例子和非常少的欺诈案例来导出高质量的分类器。

6.22 XGBoost 是一个用于树提升的可扩展机器学习系统。其目标函数为训练损失和正则化项：$\mathcal{L}=\sum_i l(y_i,\hat{y}_i)+\sum_k \Omega(f_k)$。阅读 XGBoost 的论文并回答以下问题：

a. 什么是 $\hat{y}_i$？第 t 次迭代中，XGBoost 固定 $f_1,\cdots,f_{t-1}$，并训练第 t 个树模型 f_t。XGBoost 如何近似这里的训练损失 $l(y_i,\hat{y}_i)$？

b. 什么是 $\Omega(f_k)$？在第 t 次迭代中需要考虑正则化项中的哪一部分？

6.10 文献注释

分类是机器学习、统计学和模式识别中的一个基本主题。许多这些领域的教科书都强调了分类方法，如 Mitchell [Mit97]; Bishop [Bis06a]; Duda, Hart 和 Stork [DHS01];Theodoridis 和 Koutroumbas [TK08];Hastie，Tibshirani 和 Friedman[HTF09]; Alpaydin [Alp11];Marsland [Mar09]；以及 Aggarwal [Agg15a]。

对于决策树归纳，C4.5 算法在 Quinlan [Qui93] 的书中有描述。Breiman，Friedman，Olshen 和 Stone [BFOS84] 在 *Classification and Regression Trees* 中详细介绍了 CART 系统。这两本书都很好地阐述了许多与决策树归纳有关的问题。C4.5 有一个商业接替者，称为 C5.0，可以在 http://www.rulequest.com 上找到。ID3 是 C4.5 的前身 , 详见 Quinlan[Qui86]。它扩展了 Hunt，Marin 和 Stone[HMS66] 所描述的概念学习系统的开创性工作。

其他用于决策树归纳的算法包括 FACT（Loh 和 Vanichsetakul [LV88]），QUEST（Loh 和 Shih [LS97]），PUBLIC（Rastogi 和 Shim [RS98]），CHAID（Kass [Kas80] 和 Magidson [Mag94]）。INFERULE（Uthurusamy, Fayyad 和 Spangler [UFS91]）从非结论性数据中学习决策树，获得的是概率而不是明确的分类规则。KATE（Manago 和 Kodratoff [MK91]）从复杂的结构化数据中学习决策树。ID3 的增量版本包括 ID4（Schlimmer 和 Fisher [SF86]）和 ID5（Utgoff [Utg88]），后者在 Utgoff, Berkman 和 Clouse[UBC97] 中得到了扩展。CART 的增量版本在 Crawford [Cra89] 中描述。BOAT（Gehrke, Ganti, Ramakrishnan 和 Loh [GGRL99]）是一种解决数据挖掘中可扩展性问题的决策树算法。而其他解决可扩展性问题的决策树算法包括 SLIQ（Mehta, Agrawal 和 Rissanen [MAR96]），SPRINT（Shafer, Agrawal 和 Mehta [SAM96]），RainForest（Gehrke, Ramakrishnan 和 Ganti [GRG98]），以及更早的方法，如 Catlet [Cat91]，Chan 和 Stolfo [CS93a,CS93b]。

对与决策树归纳相关的许多突出问题进行了全面的调查，如属性选择和剪枝，详见 Murthy [Mur98]。基于感知的分类（PBC），这是一种可视化和交互式的决策树构造方法，由 Ankerst, Elsen, Ester 和 Kriegel 提出 [AEEK99]。

关于属性选择度量的详细讨论，参见 Kononenko 和 Hong [KH97]。信息增益是由 Quinlan[Qui86] 提出的，并且基于 Shannon 和 Weaver [SW49] 在信息论方面的开创性工作。增益率是对信息增益的扩展，它作为 C4.5 的一部分被描述（Quinlan[Qui93]）。CART 的基尼不纯度是 Breiman，Friedman, Olshen 和 Stone [BFOS84] 提出的。基于信息论的 G 统计量在

Sokal 和 Rohlf [SR81] 中给出。属性选择度量的比较包括 Buntine 和 Niblett [BN92], Fayyad 和 Irani [FI92]，Kononenko [Kon95]，Loh 和 Shih [LS97]，以及 Shih [Shi99]。Fayyad 和 Irani[FI92] 展示了基于不纯度的度量的局限性，例如信息获取和基尼不纯度。他们提出了一类称为 C-SEP（Class SEParation）的属性选择度量，在某些情况下优于基于不纯度的度量。

Kononenko [Kon95] 指出，基于最小描述长度原则的属性选择度量对多值属性的偏差最小。Martin 和 Hirschberg [MH95] 证明了，在最坏情况下决策树归纳的时间复杂度相对于树的高度呈指数级增长，以及在平均情况下复杂度为一般情况。Fayyad 和 Irani[FI90] 发现浅层的决策树往往对于大量的域叶子较多，错误率较高。属性（或特征）构造在 Liu 和 Motoda [LM98,Le98] 中有描述。

决策树剪枝的算法有很多，包括代价复杂度剪枝（Breiman, Friedman, Olshen 和 Stone [BFOS84]），减少错误剪枝（Quinlan [Qui87]），以及悲观剪枝（Quinlan[Qui86]）。PUBLIC（Rastogi 和 Shim [RS98]）将决策树构造与树剪枝结合。基于 MDL 的剪枝方法可以在 Quinlan 和 Rivest [QR89]；Mehta, Agrawal 和 Rissanen [MAR96];Rastogi 和 Shim [RS98] 中找到。其他方法包括 Niblett 和 Bratko [NB86]，Hosking, Pednault 和 Sudan [HPS97]。基于剪枝方法的经验比较，参见 Mingers [Min89] 以及 Malerba, Floriana 和 Semeraro [MFS95]。关于简化决策树的调查，参见 Breslow 和 Aha [BA97]。

关于贝叶斯分类的详细介绍可以在 Duda, Hart 和 Stork [DHS01]，Weiss 和 Kulikowski [WK91] 以及 Mitchell [Mit97] 中找到。对违反类条件独立性假设时的朴素贝叶斯分类器预测能力的分析，参见 Domingos 和 Pazzani [DP96]。对朴素贝叶斯分类器连续值属性进行核密度估计，而不是高斯估计的实验，在 John [Joh97] 中有提到。

最近邻分类器于 1951 年由 Fix 和 Hodges [FH51] 提出。一个全面的关于最近邻分类的文章集合可以在 Dasarathy [Das91] 中找到。额外的参考文献可以在许多关于分类的文献中可以找到，如 Duda, Hart 和 Stork [DHS01]；James [Jam85]；Cover 和 Hart [CH67]；以及 Fukunaga 和 Hummels [FH87]。它们与属性加权以及对噪声实例剪枝的整合在 Aha[Aha92] 中有描述。使用搜索树来改善最近邻分类时间在 Friedman，Bentley 和 Finkel [FBF77] 中有详细介绍。部分距离法是由向量量化和压缩领域中的研究者提出的。在 Gersho 和 Gray [GG92] 中有概述。删除"无用的"训练元组的编辑方法是由 Hart[Har68] 首先提出的。用于基于局部敏感哈希的 *k*- 最近邻加速计算，详见 Pan 和 Manocha [PM12,PM11]；Zhang, Huang, Geng 和 Liu[ZHGL13]。

最近邻分类器的计算复杂度在 Preparata 和 Shamos [PS85] 以及 Haghani, Sebastian 和 Karl[HMA09] 中有描述。关于基于案例推理的参考文献包括 Riesbeck 和 Schank [RS89]；Kolodner [Kol93]；Leake [Lea96]；Aamodt 和 Plazas [AP94]。关于商业应用列表，见 Allen [All94]。医学方面的例子包括 Koton[Kot88] 的 CASEY 以及 Bareiss，Porter 和 Weir [BPW88] 的 PROTOS，而 Rissland 和 Ashley [RA87] 是法律领域 CBR 的一个例子。CBR 在一些商业软件产品中可用。

线性回归及其众多变体，如 RIDGE 回归、鲁棒回归等在大多数统计学教科书中都有所涉及，如 Freedman [Fre09]; Draper 和 Smith [DS98]；以及 Fox[Fox97]。关于 LASSO，见 Tibshirani [Tib11]。感知机最早是由 Rosenblatt [Ros58] 发明的，Novikoff [Nov63] 分析了它的收敛性。感知机是最早的线性分类器之一，它成为早期机器学习的里程碑。1969 年，Minsky 和 Papert [MP69] 表明感知机无法学习线性不可分的概念。logistic 回归的一般介绍可以在大多数机器学习教科书中找到，如 Mitchell [Mit97]; Hastie，Tibshirani 和 Friedman[HTF09]; 和

Aggarwal [Agg15a]。Ng 和 Jordan [NJ02] 对朴素贝叶斯分类器和 logistic 回归进行了彻底的比较。logistic 回归和对数线性模型之间的关系可以在 Christensen [Chr06] 中找到。

Weiss 和 Kulikowski [WK91] 以及 Witten 和 Frank [WF05] 中描述了估计分类器精度所涉及的问题。灵敏度、特异性和精度在大多数信息检索教科书中被讨论。关于 F 和 F_β 测度，参见 van Rijsbergen [vR90]。基于 Kohavi [Koh95] 的理论和实证研究，对于保留、交叉验证、留一（Stone [Sto74]）和自助（Efron 和 Tibshirani [ET93]）方法，建议使用 10- 折交叉验证来估计分类器的准确率。置信界和显著性统计检验见 Freedman、Pisani 和 Purves [FPP07]。

ROC 分析参见 Egan [Ega75]，Swets [Swe88]，以及 Vuk 和 Curk [VC06]。装袋由 Breiman [Bre96] 提出。Freund 和 Schapire [FS97] 提出了 Adaboost。这种增强技术已经应用于几种不同的分类器，包括决策树归纳（Quinlan[Qui96]）以及朴素贝叶斯分类（Elkan [Elk97]）。Friedman [Fri01] 提出了梯度增强机。Chen 和 Guestrin [CG16] 设计了一个高度可扩展的系统，叫作 XGBoost。随机森林的集成技术由 Breiman 描述 [Bre01]。Seni 和 Elder [SE10] 提出重要性抽样学习集成（ISLE）框架，其中将装袋、Adaboost、随机森林和梯度增强作为通用集成生成程序的特殊情况。有许多集成程序的在线软件包，包括装袋、Adaboost、梯度增强和随机森林。类不平衡问题或成本敏感学习的研究包括 Weiss [Wei04]；Zhou 和 Liu [ZL06]；Zapkowicz 和 Stephen [ZS02]；Elkan [Elk01]；Domingos [Dom99]；以及 Huang, Li, Loy 和 Tang [HLLT16]。

UCI 维护着一个用于开发和测试分类算法的数据集的机器学习存储库。它还维护着数据库中知识发现（KDD）档案、大型数据集的在线存储库，包括广泛的数据变量类型、分析任务和应用领域。有关这两个存储库的信息，请参见 http://www.ics.uci.edu/~mlearn/MLRepository.html 和 http://kdd.ics.uci.edu。

对于所有的数据类型和域，没有一种分类方法是优于其他所有分类方法的。分类方法的经验比较有 Quinlan[Qui88];Shavlik，Mooney 和 Towell [SMT91]; Brown, Corruble 和 Pittard [BCP93];Curram 和 Mingers [CM94];Michie，Spiegelhalter 和 Taylor [MST94];Brodley 和 Utgoff [BU95]；以及 Lim，Loh 和 Shih [LLS00]。

第 7 章

分类：高级方法

本章将介绍数据分类的高级技术。首先，本章对**特征选择与特征工程**（7.1 节）进行概述。接着，将介绍**贝叶斯信念网络**（7.2 节），它与朴素贝叶斯分类器的区别在于它不假设类的条件件独立性。在 7.3 节中，将介绍一种强大的分类方法——支持向量机。**支持向量机**可以将训练数据映射到一个更高维的空间，并在此空间中找到一个超平面，借助称为*支持向量*的基本训练元组将数据按类分开。在 7.4 节中，将介绍**基于规则和基于模式的分类**方法。前者使用一组“IF-THEN”规则来进行分类，后者则探索数据中频繁出现的属性 - 值对之间的关系。这种方法建立在频繁模式挖掘的基础上（第 4 章和第 5 章）。在 7.5 节中主要介绍弱监督分类。之后，7.6 节将介绍在丰富数据类型（例如流数据、序列数据和图数据）上进行分类的各种技术。最后，7.7 节将介绍与分类相关的其他技术，如多类分类、距离度量学习、分类的可解释性、遗传算法和强化学习等。

7.1 特征选择与特征工程

将于第 6 章中介绍的分类任务，为了训练一个分类器（如朴素贝叶斯分类器、k- 最近邻分类器），我们假设存在一个包含 n 个元组的训练集，其中每个元组都由 p 个属性或特征组成。“*那么，该如何得到这 p 个初始的特征呢？*”可以考虑以下两种情况。

第一种情况是**特征选择**。在这种情况下，可能已经收集了大量的（比如数百个、数千个甚至更多）特征。然而，这其中的很多特征可能与分类任务无关或者彼此之间冗余。例如，如果要预测在线学生是否会在完成课程之前退学，学生的学号就是一个无关的特征。同样，在另一个例子中，如果要预测顾客是否会购买一台计算机，那么年收入和月收入这两个特征中的一个就是冗余的，因为其中的一个（比如年收入）可以从另一个（比如月收入）中推断出来。在这种情况下，这些冗余或无关的特征在分类器的训练过程中不仅不会提高分类准确性，反而还可能使训练的分类器对噪声非常敏感，从而降低泛化性能。那么，“*如何从初始的 p 个输入特征中选择最相关的特征子集来训练分类模型呢？*”这将是本节的重点。

第二种情况是**特征工程**。在这种情况下，人们往往会想：“*如何构造 p 个特征，以便它们都对所要解决的分类任务非常重要？*”或者“*给定初始 p 个特征，如何才能将它们转换成另外 p' 个特征，使这些经过转换的特征对给定的分类任务更加有效？*”这些都是特征工程试图回答的问题。例如，为了预测某地区是否会暴发某种疾病，可以收集各种与健康监测相关的特征，比如每日阳性病例数、每日检测次数和每日住院病例数。但经后续研究发现，用于预测疾病暴发最有效的特征是*每周的阳性率*，即每周的阳性病例数与检测次数的比率。这个特征可以通过对初始特征（如每日阳性病例数和每日检测次数）进行组合和转化得到。特征工程可以帮助模型更好地理解数据并提高性能，因此它在构建分类模型时非常重要。传统上，特征工程需要大量相关领域的知识。在第 2 章中提到的数据转换技术（如 DWT、DFT 和 PCA）就可以被视为一种特征工程方法。在第 10 章中将介绍的深度学习技术同样提供了一种自动实现特征工程的方法，这种方法可以从原始的输入特征中自动生成更强大的特征。工程化的特征通常在语义上更有意义，从而显著提高分类的准确性。

本节将介绍三种特征选择方法，分别是**过滤法**（filter method）、**包装法**（wrapper method）和**嵌入法**（embedded method）。过滤法使用独立于特定分类模型的“好坏”度量来选择特征。包装法将特征选择和构建分类模型的步骤结合在一起，迭代地使用当前选定的特征子集来构建分类模型，并使用该模型反过来更新所选的特征子集。嵌入法在分类模型的构建过程中嵌入了特征选择步骤，这一步骤与模型的构建过程紧密结合，以便在构建模型时选择最相关的特征。图 7.1 提供了这三种方法的比较示意图。

特征选择除了可以应用在分类和回归任务中，还可以应用于无监督的数据挖掘任务中，如聚类。在本节中，将使用分类任务来演示过滤法和包装法，并使用 6.5 节中介绍的线性回归任务来解释嵌入法的工作原理。

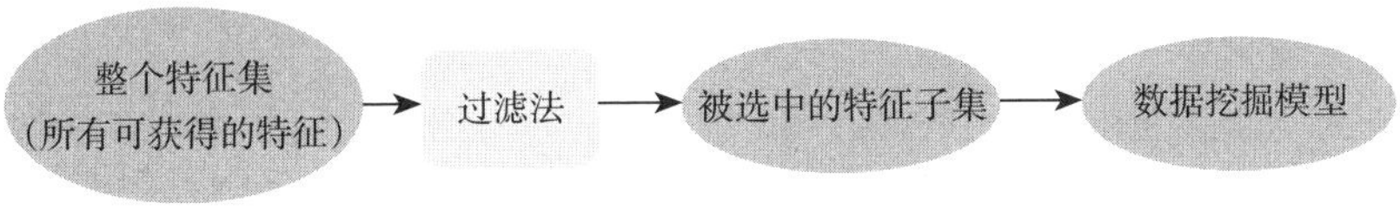

a）过滤法

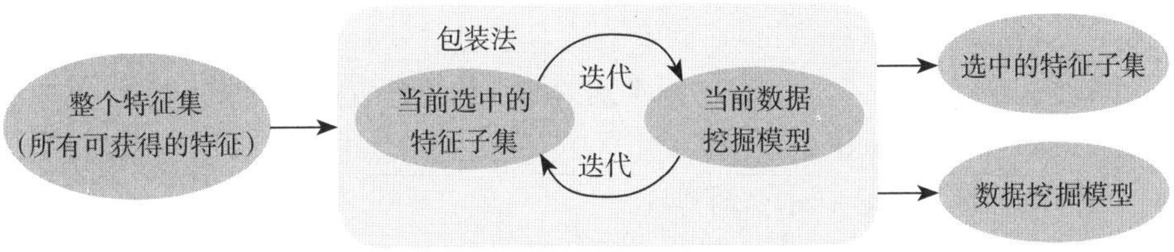

b）包装法

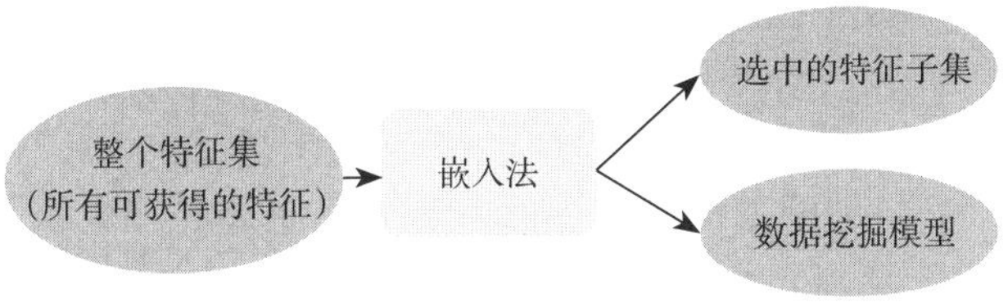

c）嵌入法

图 7.1　三种特征选择方法概述

7.1.1　过滤法

过滤法根据输入特征的某种“好坏”度量来选择“好”的特征。它与具体的分类模型无关，通常用作其他特征选择方法（如包装法或嵌入法）的预处理步骤。其基本原理非常简单。假设有 p 个初始特征，而使用此方法希望可以从中选择 k 个特征（其中 $k<p$）。如果每个特征都有一个好坏得分，那么只需选择好坏得分最高的 k 个特征即可。

“那么，如何度量一个特征的好坏呢？”直观来看，如果一个特征与想要预测的类标签高度相关，那么这个特征就是“好”的。那么，对于给定的 n 个训练元组，应该如何度量特征 x 和类标签 y 之间的相关性呢？当特征 x 是一个分类属性时（如职位），可以使用在 2.2.3 节中介绍过的 χ^2 检验来度量特征 x 和类标签 y 之间的相关性。在这种方法中，χ^2 值越高，特征 x 和类标签 y 之间的相关性就越强。我们选择 χ^2 值最高的 k 个属性。

“但是，如果给定的特征 x 是一个连续属性（例如，年收入）怎么办？”此时有两种选择。第一种是可以将连续属性 x 离散化为一个分类属性（例如，高、中、低收入），然后使用 χ^2 检验来度量离散化后的属性与类标签之间的相关性，从而选择与类标签最相关的 k 个特征。第二种方法则可以使用**费希尔得分**（Fisher score）来直接度量连续变量（给定特征 x）与分类变量（类标签 y）之间的相关性。

假设现在有一个二元的类标签 y（即，顾客是否购买计算机）。直观上看，在以下条件下，特征 x（如收入）与类标签 y 之间具有强相关性：

（1）购买计算机的顾客的平均收入与未购买计算机的顾客的平均收入显著不同。

（2）所有购买计算机的顾客收入相似。

（3）所有未购买计算机的顾客收入相似。

费希尔得分的形式化定义如下：

$$s=\frac{\sum_{j=1}^{c}n_j(\mu_j-\mu)^2}{\sum_{j=1}^{c}n_j\sigma_j^2} \tag{7.1}$$

其中，c 是类别的总数（在例子中 $c=2$），n_j 是属于 j 类的训练元组个数，μ_j 是特征 x 在属于 j 类的所有元组中的均值，σ_j^2 是特征 x 在属于 j 类的所有元组中的方差，μ 是特征 x 在所有训练元组中的均值。因此，如果满足以下条件，x 的费希尔得分更高：

（1）不同类别的均值 u_j $(j=1,\cdots,c)$ 之间存在显著差异（如式（7.1）中费希尔得分的分子较大）。这意味着在平均情况下，来自不同类别的特征值之间存在显著差异。

（2）不同类别的方差 σ_j^2 较小（如式（7.1）中费希尔得分的分母较小）。这表明，在同一个类别中，不同的训练元组具有相似的特征值。

例 7.1　在图 7.2a 中给出了 10 个训练元组，其中每个元组由两个属性（即属性 A 和属性 B）和一个二元类标签（+ 或 −）组成。本例希望使用费希尔得分来确定哪个属性与类标签的相关性更高。从图 7.2 中可以看出，训练元组有 5 个正元组和 5 个负元组，因此 $n_1=n_2=5$。对于属性 A，所有训练元组的均值 $\mu=(1+2+3+4+5+2+3+4+5+6)/10=3.5$，正训练元组中的均值 $\mu_1=(1+2+3+4+5)/5=3$，负训练元组中的均值 $\mu_2=(2+3+4+5+6)/5=4$，正元组的方差 $\sigma_1{}^2=((1-3)^2+(2-3)^2+(3-3)^2+(4-3)^2+(5-3)^2)/5=2$，负元组的方差 $\sigma_2{}^2=((2-4)^2+(3-4)^2+(4-4)^2+(5-4)^2+(6-4)^2)/5=2$。因此属性 A 的费希尔得分 s（属性 A）$=(5\times(3-3.5)^2+5\times(4-3.5)^2)/(5\times2+5\times2)=0.125$。可以用类似的方法计算属性 B 的费希尔得分，得到 s（属性 B）$=200$。根据费希尔得分的大小，可以得出结论：属性 B 与类标签的相关性比属性 A 更强。这与图 7.2b 中的散点图一致：散点图中的正、负元组在垂直轴（属性 B）上分离得很好，而在水平轴（属性 A）上混在一起，分离效果并不理想。□

元组索引	1	2	3	4	5	6	7	8	9	10
属性 A	1	2	3	4	5	2	3	4	5	6
属性 B	1.0	0.9	0.8	1.2	1.1	5.1	4.8	4.9	5.2	5.0
类标签	+	+	+	+	+	−	−	−	−	−

a）训练元组

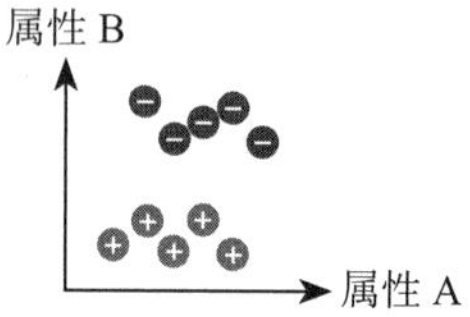

b）散点图

图 7.2　按费希尔得分划分的特征部分

注：a）10 个训练元组，每个元组由两个属性（属性 A 和属性 B）和一个二元类标签（+ 和 −）表示。b）训练元组的散点图。从直观上看，属性 B 比属性 A 更能区分正样本和负样本。这与费希尔得分一致：s（属性 B）=200 > s（属性 A）=0.125。

在特征选择中，除了使用相关性度量外（如分类特征使用 χ^2 检验，连续特征使用费希尔得分），还可以使用**信息论的“好坏”度量**来判断特征与类标签的相关性，即如果一个特征 x

包含了想要预测的类标签 y 的“大量信息”，那么这个特征就是好的。信息论中的“好坏”度量包括信息增益（information gain）和互信息（mutual information, MI）两种方法。信息增益、熵和条件熵在 6.2 节中介绍。设 $H(y)$ 为类标签 y 的熵，$H(y|x)$ 为给定特征 x 的类标签 y 的条件熵。特征 x 的信息增益定义为 $H(y)$ 与 $H(y|x)$ 之差。信息增益越大，特征越能减少类标签的不纯度（例如熵），就表示特征提供了更多用于预测类标签的信息。与信息增益不同的是，特征与类标签之间的互信息衡量了特征提供了多少信息来正确预测类标签。因此，选择具有最大互信息的特征通常是一个好的策略。有关互信息的计算方法请参见附录 A。

使用过滤法进行特征选择的一般过程如下（图 7.1a）。首先，给定一组 p 个初始特征，使用过滤法从中选出 k 个最相关的特征（例如，从 p 个特征中选择费希尔得分最高的 k 个特征）。然后，使用所选的 k 个特征构建分类器（如 logistic 回归分类器）。最后，评估训练分类器的性能，这里通常使用交叉验证来计算准确性。注意，在特征选择过程中，过滤法独立于将使用所选特征进行训练的特定分类模型。过滤法的一个潜在缺点是，它没有考虑不同特征之间的相互作用，因此可能会选择冗余的特征。

7.1.2　包装法

包装法采用了与过滤法不同的特征选择策略，它将特征选择过程和分类器训练过程结合在一起，形成了一个迭代过程（图 7.1b），因此得名“wrapper”（包装）。在每次迭代中，包装法都使用当前选定的特征子集来构建分类器，并利用所构建的分类器来更新（如添加、去除、交换）选定的特征子集。

包装法中最重要的部分是搜索最佳的特征子集，这有助于构建最优的分类模型。一种直接的方法是穷举搜索，即尝试给定 p 个特征的所有可能的子集，使用每个子集构建分类模型并评估其性能，如使用留出法或交叉验证评估分类准确度，并从中选择分类准确度最高的特征子集。尽管这种方法能够确保找到最优的特征子集，但计算成本却非常高，因为它需要搜索给定的 p 个特征的所有（2^p-1）个子集，而这是一个指数级的数字。

为了减小计算成本，包装法通常采用一些启发式的搜索策略，以避免指数级的搜索空间。2.6.2 节介绍的不同的属性子集选择策略可以在这里应用。这些策略包括*逐步向前选择*、*逐步向后删除*以及它们的组合。逐步向前选择方法从一个空的特征子集开始，每次都迭代地向当前特征子集添加一个额外的特征，此时能最大程度地提高分类模型的性能（如用留出法或交叉验证度量分类准确度），直到分类器的性能不再提高为止。逐步向后删除方法则从所有初始特征开始，迭代地去除对性能提升最没有帮助的特征。此外，还可以结合这两种操作，在迭代过程中同时进行特征的添加和去除，以找到性能最佳的特征子集。除了上述三种方法，包装法还可以使用其他更复杂的搜索策略，如模拟退火和遗传算法。其中，模拟退火是一种概率优化技术，通常用于复杂（如非凸）优化问题；遗传算法将在 7.7 节中介绍。

包装法通常比过滤法具有更好的性能，因为它更加综合地考虑了特征选择与分类模型构建过程。然而，由于需要迭代地搜索特征子集并重新训练分类模型，包装法的计算成本通常比过滤法要高很多。那么，怎样才能同时利用过滤法和包装法的优点呢？这就是嵌入法试图回答的问题。

7.1.3　嵌入法

嵌入法的目的是结合过滤法和包装法的优点。这样，嵌入法既能同时进行特征选择和分类模型构建，又能避免包装法中昂贵的迭代搜索过程。

实际上，6.2 节中提到的决策树归纳方法就是一个嵌入法的示例。在决策树归纳中，只有一小部分初始属性出现在构建的决策树模型中，而其余属性未被使用。例如，在图 6.2 中，尽管初始属性可能有几十个或几百个，但最终只有三个属性（即年龄、学生、信用等级）出现在了决策树模型中。出现这种情况的原因可能是决策树归纳算法在穷尽所有 d 个初始属性之前就终止了，或者是在剪枝过程中删除了最初建立的决策树中的某些属性。无论是哪种情况，所有出现在非叶树节点上的属性都可以被视为选定的特征子集，决策树归纳本身可以看作一种嵌入式特征选择，因为特征选择的过程（即决定哪些属性用于非叶树节点）被嵌入到决策树归纳的过程中。总的来说，嵌入法的精髓在于将特征选择过程与分类模型构建的过程合二为一。

其他的嵌入法通常使用*稀疏学习*技术。接下来先介绍一下这种技术的思想，然后再以线性回归为例来详细解释其工作原理。一些数据挖掘模型可以从优化问题的角度来解决，例如线性回归模型和 logistic 回归模型。简而言之，可以通过最小化某个目标函数（或损失函数），该函数直接或间接地衡量了相应数据挖掘模型的性能，来构建这些数据挖掘模型。例如，最小二乘线性回归通过最小化预测输出与实际输出之差的平方和来求最优权重向量 $\boldsymbol{w}$；在 logistic 回归中，通过最小化负对数似然来求最优权重向量 $\boldsymbol{w}$。稀疏学习的思想是对这些目标函数进行修改，使目标函数同时对所使用的特征数量进行“惩罚”。通过最小化修改后的目标函数，训练后的数据挖掘模型可能只使用来自所有 d 个初始特征的一个子集，从而实现特征选择的任务。这样，就可以在模型训练的过程中嵌入特征选择过程，通过对最终模型中使用的特征数量进行惩罚来实现特征选择。

*“那么，应该如何惩罚数据挖掘模型中使用的特征数量，又如何解决相应修改后的优化问题呢？”*接下来将以最小二乘线性回归（在 6.5 节中介绍）为例来详细解释一下。首先，考虑多元线性回归模型，假设 $\hat{y}_i=\boldsymbol{w}^{\mathrm{T}}\boldsymbol{x}_i=w_0+w_1x_{i,1}+\cdots+w_dx_{i,d}$，其中 $\hat{y}_i$ 是第 i 个元组的预测输出，$\boldsymbol{x}_i=(1,x_{i,1},\cdots,x_{i,d})$ 是第 i 个元组的属性（特征）向量，$\boldsymbol{w}=(w_0,w_1,\cdots,w_d)$ 是权重向量。可以通过最小化损失函数，即 $L(\boldsymbol{w})=\frac{1}{2}\sum_{i=1}^{n}(y_i-\hat{y}_i)^2=\frac{1}{2}\sum_{i=1}^{n}(y_i-\boldsymbol{w}^{\mathrm{T}}\boldsymbol{x}_i)^2$（损失函数用于衡量预测输出（$\hat{y}_i$）和实际输出（$y_i$）之差的平方和）来求最佳权重向量 $\boldsymbol{w}$。*“如何在训练这样一个线性回归模型的过程中”嵌入“特征选择？”*对于第 j 个特征，如果对应的权重 $\boldsymbol{w}_j=0$，那么它对线性回归模型就没有贡献。换句话说，这个特征是“未被选择的”。这表明，可以使用权重向量 $\boldsymbol{w}$ 的 L_0 范数[⊖]（即权重向量 $\boldsymbol{w}$ 中非零元素的个数）来衡量训练后的线性回归模型中使用（即选择）了多少特征。因此，如果通过最小化修正后的损失函数 $\tilde{L}(\boldsymbol{w})=\frac{1}{2}\sum_{i=1}^{n}(y_i-\hat{y}_i)^2+\lambda\|\boldsymbol{w}\|_0=\frac{1}{2}\sum_{i=1}^{n}(y_i-\boldsymbol{w}^{\mathrm{T}}\boldsymbol{x}_i)^2+\lambda\|\boldsymbol{w}\|_0$ 来训练线性回归模型，那么最优权重向量 $\boldsymbol{w}$ 就很可能包含一些零元素。这时会选择那些在权重向量 $\boldsymbol{w}$ 中对应权重不为零的特征。在修正后的损失函数中，参数 $\lambda>0$ 平衡了这两项。一般来说，λ 越大，可选择的特征数量就越少（即权重向量 $\boldsymbol{w}$ 中为零的元素就越多）。

然而，要找到能使修正后的损失函数 $\tilde{L}(\boldsymbol{w})$ 最小的最优权重向量 $\boldsymbol{w}$ 是非常困难的。这是因为权重向量 $\boldsymbol{w}$ 的 L_0 范数是非凸的，该范数表示选择了多少个特征。为了解决这个问题，可以用另一个凸范数来代替 L_0 范数：L_1 范数 $\|\boldsymbol{w}\|_1=\sum_{j=0}^{d}|w_j|$ 是 L_0 范数的最佳凸逼近，其中 $|w_j|$ 是 w_j 的绝对值。因此，有了如下的新损失函数：

⊖ L_0 是当 p 趋于 0 时的 L_p 范数的一种特殊情况。L_p 范数在第 2 章引入。

$$\hat{L}(\boldsymbol{w})=\frac{1}{2}\sum_{i=1}^{n}(y_i-\hat{y}_i)^2+\lambda\|\boldsymbol{w}\|_1=\frac{1}{2}\sum_{i=1}^{n}(y_i-\boldsymbol{w}^{\mathrm{T}}\boldsymbol{x}_i)^2+\lambda\sum_{j=0}^{d}|w_j| \tag{7.2}$$

在式（7.2）中，最小化新的损失函数 $\hat{L}(\boldsymbol{w})$ 的回归模型被称为 LASSO，代表着“最小绝对值缩减和选择算子”（Least Absolute Shrinkage and Selection Operator）。这种模型通常具有稀疏的最优权重向量 $\boldsymbol{w}$，这意味着某些元素可能为零。$\boldsymbol{w}$ 中的非零元素表示线性回归模型选择了相应的特征。图 7.3a 是 LASSO 损失函数（式（7.2））的示意图。

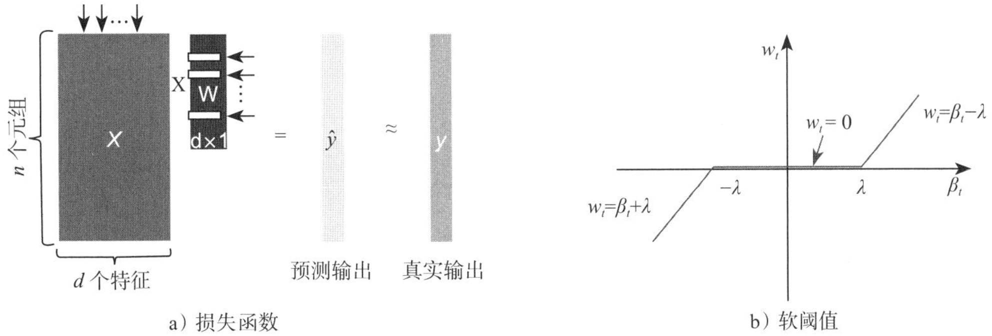

图 7.3 LASSO 的说明

注：a）LASSO 损失函数的示意图（式（7.2））。训练集由 $n\times d$ 特征矩阵 $\boldsymbol{X}$（它的行为元组，列为特征）和 $n\times 1$ 输出向量 $\boldsymbol{y}$ 表示。通过最小化实际输出与预测输出之差的平方和（即式（7.2）的第一项），训练后的线性回归模型会尽量使预测输出 $\hat{y}$ 接近实际输出 $\hat{y}$。通过最小化权重向量 $\boldsymbol{w}$ 的 L_1 范数（即式（7.2）的第二项），权重向量 $\boldsymbol{w}$ 中的一些元素为零（箭头所示），相应的特征（特征矩阵 $\boldsymbol{X}$ 的列）“未被选择”。b）软阈值处理会将幅度较小（$-\lambda$ 和 λ 之间）的系数置为零，同时将其余系数的幅度缩小 λ 个数量级。

“那么，如何才能找到最优权重向量 $\boldsymbol{w}$，使式（7.2）中的 $\hat{L}$ 最小呢？”好消息是，与非凸函数 $\tilde{L}$ 不同，式（7.2）中的损失函数 $\hat{L}$ 是一个凸函数。事实上，有许多数值优化软件包都可以解决这个问题。本节仅介绍一种叫作“坐标下降法”的方法。

不同于最小二乘回归具有封闭解，LASSO 没有封闭解。坐标下降法通过迭代的方式求最优权重向量 $\boldsymbol{w}$。其工作原理如下：首先，初始化权重向量 $\boldsymbol{w}$，可以将 $\boldsymbol{w}$ 中的每个元素简单设为 0。然后，算法不断迭代，直到满足收敛条件或达到最大迭代次数等停止条件。在每次迭代中，算法会尝试逐一更新权重向量 $\boldsymbol{w}$ 中的每个元素，同时固定 $\boldsymbol{w}$ 中的其余元素。因此，问题可以简化为：“如何在固定所有其他元素的情况下，更新单个元素（如 w_t，其中 $0\leqslant t\leqslant d$）？”解决这个问题经历以下三个步骤：第一步，计算每个训练元组的残差 $r_i=y_i-\sum_{j=0,j\neq t}^{d}w_jx_{i,j}$，表示不使用第 t 个特征时，第 i 个元组的预测误差。第二步，训练一个最小二乘回归模型，用于所有输入元组，其中每个元组由一个输入特征 $x_{i,t}$ 表示，其输出为残差 r_i。在这个最小二乘回归模型中，β_t 表示第 t 个特征的权重或系数（在 6.5 节中介绍过使用最小二乘回归的封闭解来求系数 β_t 的方法）。结果表明，如果将除第 t 个特征之外的所有特征固定，那么系数 β_t 就是使整体最小二乘预测误差最小的最佳系数。第三步按如下方法更新权重 w_t。

$$w_t=\begin{cases}\beta_t-\lambda, & \beta_t\geqslant\lambda,\\ \beta_t+\lambda, & \beta_t\leqslant-\lambda,\\ 0, & \text{其他}\end{cases} \tag{7.3}$$

第三步也被称为软阈值，其原理如下：如果 $|\beta_t|$ 大于正则化参数 λ 时，软阈值的步骤会使 β_t 的数量级减少 λ，并以此作为更新后的系数 w_t；否则将系数 w_t 置为零。换句话说，软阈值会把较小数量级的系数归零，同时压缩其余的系数。这样，最终的权重向量 $\boldsymbol{w}$ 很可能是稀疏

的，包含许多零元素，从而达到特征选择的目的。图 7.3b 是软阈值的示意图。

早期求解 LASSO 的方法被称为 **LAR**，即最小角回归。回想一下在 6.5 节中介绍的线性回归，可以将权重向量的 L_2 范数的平方添加到损失函数中以防止过拟合（即岭回归）。同样也可以在损失函数 L 中同时加入 L_1 范数以及 L_2 范数的平方，这种回归模型被称为**弹性网络**（Elastic net）。与 LASSO 相比，弹性网络所选择的特征之间的相关性更小。因此可以使用与 LASSO 非常相似的思想，将特征选择的过程嵌入到分类模型中。例如，可以在 logistic 回归的目标函数中引入 L_1 范数正则化项，这样训练后的 logistic 回归分类器的权重向量就会是稀疏的，这意味着它只使用了少数几个选定的特征。

7.2　贝叶斯信念网络

第 6 章中介绍了贝叶斯定理和朴素贝叶斯分类。在本节中将介绍另一种概率图模型——贝叶斯信念网络。与朴素贝叶斯分类器不同，贝叶斯信念网络可以表示属性子集之间的依赖关系。同时，它还可以用于分类任务。在后面的 7.2.1 节中将介绍贝叶斯信念网络的基本概念，7.2.2 节中将介绍如何训练这种模型。

7.2.1　概念和原理

朴素贝叶斯分类器假设类条件独立，即给定元组的类标签，假设属性值之间是条件独立的。这种假设的好处是它大大简化了计算。当假设成立时，与其他分类器相比，朴素贝叶斯分类器是最准确的。但实际上，变量（即属性）之间可能存在依赖关系。**贝叶斯信念网络**（Bayesian belief network）是一个概率图模型，它指定了联合概率分布，允许在变量子集之间定义类的条件独立性。它提供了一种蕴含了因果关系的图模型，可以基于此进行学习。训练后的贝叶斯信念网络可用于分类。贝叶斯信念网络也被称为**信念网络**、**贝叶斯网络**和**概率网络**。为简洁起见，在本章中将其称为信念网络。

信念网络由两部分组成——一个有向无环图和一组条件概率表（图 7.4）。有向无环图中的每个节点代表一个随机变量，这些变量可以是离散的或连续的，它们可能与数据中的实际属性相对应，也可能与被认为是形成某种关系的“隐藏变量”相对应（例如，在医疗数据中，隐藏变量可能表示一种综合征，代表一种特定疾病的一系列症状）。每条有向边代表一种概率依赖关系。如果从节点 Y 到节点 Z 之间有一条有向边，那么 Y 就是 Z 的**父节点**或**直接前元**，而 Z 就是 Y 的**后代节点**。给定变量的父节点，图中每个变量都条件独立于它的非后代节点。

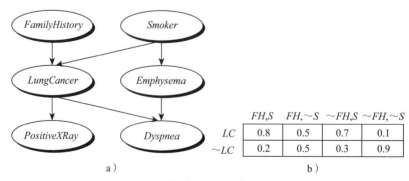

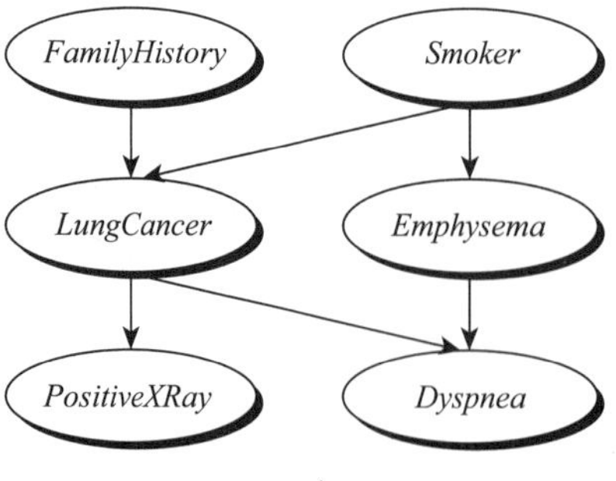

a）

	FH,S	FH,~S	~FH,S	~FH,~S
LC	0.8	0.5	0.7	0.1
~LC	0.2	0.5	0.3	0.9

b）

图 7.4　简单的贝叶斯信念网络

注：a）提议的因果模型，由有向无环图表示。b）变量 *LungCancer*（*LC*）值的条件概率表，显示其父节点 *FamilyHistory*（*FH*）和 *Smoker*（*S*）值的每种可能组合。

来源：改编自 Russell，Binder，Koller 和 Kanazawa[RBKK95]。

图 7.4 是一个包含 6 个布尔变量的简单信念网络，改编自 Russell，Binder，Koller 和 Kanazawa [RBKK95]。图 7.4a 中的边可以表示因果知识。例如，患肺癌可能受到家族遗传以及此人是否吸烟的影响。需要注意的是，一旦确认患者患有肺癌，*PositiveXRay*（X 光阳性）的值就不再受到家族遗传或是否吸烟的影响。换句话说，一旦确定了变量 *LungCancer*（肺癌）的结果，*FamilyHistory*（家族遗传）和 *Smoker*（吸烟者）的就不会提供关于 *PositiveXRay* 的任何额外信息。有向边还表明，给定变量 *LungCancer* 的父节点 *FamilyHistory* 和 *Smoker*，*LungCancer* 与 *Emphysema*（肺气肿）条件独立。然而，给定 *LungCancer* 的父节点，不能认为 *LungCancer* 与 *Dyspnea*（呼吸困难）条件独立。这是因为在信念网络中，*Dyspnea* 是 *LungCancer* 的一个结果。

信念网络中的每个变量都有一个**条件概率表**（Conditional Probability Table, CPT）。变量 Y 的 CPT 详细描述了它的条件分布 $P(Y|Parents(Y))$，其中 $Parents(Y)$ 是 Y 的父节点。图 7.4b 给出了变量 *LungCancer* 的 CPT，为每个已知的变量 *LungCancer* 值提供了其父节点每一种可能组合下的条件概率。例如，左上角和右下角的元素分别表示了以下两种情况的条件概率：

$$P(LungCancer = \text{是} \mid FamilyHistory = \text{是},\ Smoker = \text{是}) = 0.8$$

$$P(LungCancer = \text{否} \mid FamilyHistory = \text{否},\ Smoker = \text{否}) = 0.9$$

设 $\boldsymbol{X} = (x_1,\cdots,x_n)$ 是由变量或属性 $Y_1,\cdots,Y_n$ 分别描述的数据元组。如之前所述，给定变量的父节点，每个变量都条件独立于其非后代节点。因此，信念网络可以通过下列公式完整地表示联合概率分布：

$$P(x_1,\cdots,x_n)=\prod_{i=1}^{n} P(x_i|Parents(Y_i)) \tag{7.4}$$

其中 $P(x_1,\cdots,x_n)$ 是 $\boldsymbol{X}$ 的值的特定组合的概率，$P(x_i|Parents(Y_i))$ 的值对应于属性 Y_i 的 CPT 条目。

在信念网络中，可以选择一个或多个节点作为“输出“节点，表示类标签属性。这些输出节点可以用于推理和学习各种算法。分类过程可以返回每个类的概率分布，而不仅仅是单一的类标签。此外，信念网络还可以回答各种查询，如：给定一组属性值，求某类标签的概率（例如，假设一个人同时 X 光阳性和呼吸困难，那么他患肺癌的概率是多少？）；或者给定一组属性值，求最可能的类标签（例如，哪一部分人最可能同时出现 X 光阳性和呼吸困难？）。

信念网络已成功地模拟了许多著名的问题，例如遗传连锁（genetic linkage）分析（即将基因映射到染色体上）。通过使用贝叶斯网络推理和高效的算法来解决基因连锁问题，可以极大地提高此类分析的可扩展性。其他受益于信念网络的应用包括计算机视觉（如图像恢复和立体视觉）、文档和文本分析、决策支持系统、金融欺诈检测和敏感性分析。许多应用程序都可以很容易地简化为贝叶斯网络推理，这一点很有优势，因为它减少了为每种应用程序设计专门算法的需要。

7.2.2　训练贝叶斯信念网络

“贝叶斯信念网络如何学习？”贝叶斯信念网络的学习或训练过程可能会涉及多种情况。网络**拓扑结构**（或节点与边的“布局”）既可以由人类专家构建，也可以从数据中推断。在全部或部分训练元组中，网络变量可能是可观察的，也可能是隐藏的。隐藏的数据也被称为缺失值或不完整数据。

给定包含可观察变量的训练数据，有几种算法可以从中学习网络拓扑结构。这个问题是一个离散优化问题，解决方案请参阅本章末尾的文献注释（7.10 节）。人类专家通常能够很好地理解分析领域中的直接条件依赖关系，这有助于设计网络。专家必须为参与直接依赖关系的节点指定条件概率。这些概率可以用来计算剩余的概率值。

如果网络拓扑结构是已知的，并且变量也是可观察的，那么训练网络就相对简单。这包括计算 CPT 条目，就像在朴素贝叶斯分类法中计算概率一样。

在给定网络拓扑结构并隐藏部分变量的情况下，有多种方法可以选择训练信念网络。这里将介绍一种基于梯度下降的有效方法，该方法在第 6 章中也用于训练 logistic 回归分类器。对于没有高等数学背景的人来说，梯度下降法的描述可能看起来相当复杂，因为它包含大量的微积分公式。不过，目前已有软件包可以求解这些方程。下面来回顾一下梯度下降法的总体思路。

设 D 是由数据元组 $\boldsymbol{X}_1,\boldsymbol{X}_2,\cdots,\boldsymbol{X}_{|D|}$ 组成的训练集。训练信念网络意味着必须要学习 CPT 条目的值。假设 w_{ijk} 是变量 $Y_i=y_{ij}$ 的 CPT 条目，父变量 $U_i=u_{ik}$，其中 $w_{ijk}\equiv P(Y_i=y_{ij}|U_i=u_{ik})$。例如，如果 w_{ijk} 是图 7.4b 中左上角的 CPT 条目，则 Y_i 是 *LungCancer*；y_{ij} 是它的值，即“是”；U_i 列出了 Y_i 的父节点，即 {*Family*，*Smoker*}；u_{ik} 列出了父节点的值，即 { 是，是 }。w_{ijk} 被视为权重，类似于 logistic 回归中的权重。权重集合被统称为 $\boldsymbol{W}$。权重被初始化为随机概率值。梯度下降策略执行贪婪的爬山算法。在每次迭代中，权重都会被更新，并最终收敛到一个局部最优解。

假设 w_{ijk} 的每种可能取值都具有相同的可能性，**梯度下降**（gradient descent）策略可用于寻找某些变量的最优值，从而最小化目标函数。这种策略是迭代式的，它可以不断沿着目标函数的负梯度（即下降最快的方向）来寻找最终解。也可以设置为寻找使目标函数最大化的一组权重 $\boldsymbol{W}$。[⊖]开始，将这些权重初始化为随机的概率值。此后，由于梯度上升法采用的是贪婪的爬山算法，因此在每一次迭代中，算法都会朝着当前最优解的方向移动，而不会回溯。这样，每一次迭代权重都会被更新。最终，这些权重会收敛于局部最优解。

对于前面的问题，为了使目标函数 $P_w(D)=\prod_{d=1}^{|D|}P_w(\boldsymbol{X}_d)$ 最大化，可以通过追踪 $\ln P_w(D)$ 的梯度来对问题进行简化（这与第 6 章中用于训练 logistic 回归分类器的技巧类似）。在给定网络拓扑结构并初始化 w_{ijk} 后，算法如下：

1. 计算梯度：对于每个 i，j，k，计算

$$\frac{\partial \ln P_w(D)}{\partial w_{ijk}}=\sum_{d=1}^{|D|}\frac{\partial \ln(P(Y_i=y_{ij},\ U_i=u_{ik}\mid \boldsymbol{X}_d))}{\partial w_{ijk}} \tag{7.5}$$

式（7.5）右侧的概率是针对 D 中的每个训练元组 $\boldsymbol{X}_d$ 计算的。为简洁起见，可以将这个概率简称为 p。当 Y_i 和 U_i 所代表的变量对某个 $\boldsymbol{X}_d$ 是隐藏的时，相应的概率 p 可以由贝叶斯网络推理的标准算法（如商业软件包 HUGIN（http://www.hugin.dk）中提供的算法）从元组的观察变量中计算出来。

2. 沿梯度方向前进一小步：通过下式来更新梯度

$$w_{ijk}\leftarrow w_{ijk}+\eta\frac{\partial \ln P_w(D)}{\partial w_{ijk}} \tag{7.6}$$

其中 η 是代表步长的**学习率**，$\frac{\partial \ln P_w(D)}{\partial w_{ijk}}$ 由式（7.5）计算得出。学习率通常被设置为一个小常数，从而有助于收敛。

⊖ 为了应用梯度下降策略来最大化而不是最小化目标函数，本节实际上做了梯度上升，沿着梯度（即梯度上升）的方向更新当前解。

3. 重新规范化权重：由于权重 w_{ijk} 是概率值，因此必须在 0.0 和 1.0 之间，并且对于所有的 i，k 来说，$\sum_j w_{ijk}$ 都必须等于 1。在根据式（7.6）更新权重后，通过重新规范化权重就能达到这些标准。

遵循这种学习形式的算法被称为*自适应概率网络*（adaptive probabilistic network）。在 7.10 节的文献注释中还提到了其他训练信念网络的方法。由于信念网络提供了明确的因果结构表示，因此专家可以用网络拓扑结构或条件概率值的形式为训练过程提供先验知识，这样可以显著提高学习速度。

7.3 支持向量机

本节将讨论**支持向量机**（Support Vector Machine，SVM），这是一种可以对线性和非线性数据进行分类的方法。简单来说，SVM 的工作原理如下。首先，它使用非线性映射将原始训练数据映射到高维空间。然后，在这个新空间中，它搜寻最优的线性分离超平面（即一个“决策边界”，用于将一个类的元组与另一个类分开）。通过适当的非线性映射到足够高维的空间后，两个类的数据总是可以被一个超平面分开。SVM 使用*支持向量*（“基本”训练元组）和间隔（由支持向量定义）来找到这个超平面。本节后面的部分将深入探讨这些新概念。

“*为什么 SVM 近年来引起了广泛关注？*”关于支持向量机的第一篇论文是由 Vladimir Vapnik 和他的同事 Bernhard Boser 和 Isabelle Guyon 在 1992 年发表的，尽管 SVM 的基础工作早在 20 世纪 60 年代便已展开（包括 Vapnik 和 Alexei Chervonenkis 在统计学习理论方面的早期研究）。即使是最快的 SVM，其训练速度仍较为缓慢。然而，由于支持向量机能够模拟复杂的非线性决策边界，因此它的准确率相当高，且相较于其他方法更不容易出现过拟合。此外，支持向量还能提供对所学模型的精简描述。因此，SVM 目前已被广泛应用于数值预测和分类，包括手写数字识别、物体识别、情感识别、说话者识别以及基准时间序列预测等实际应用场景。

7.3.1 线性支持向量机

为了解释 SVM 的奥秘，先来看一个最简单的例子——线性可分的二分类问题。设数据集 D 为 $(\boldsymbol{X}_1,y_1),(\boldsymbol{X}_2,y_2),\cdots,(\boldsymbol{X}_{|D|},y_{|D|})$，其中 $\boldsymbol{X}_i$ 是由所有带有类标签 y_i 的训练元组组成的集合。在本例中，每个 y_i 可以取两个值中的一个，+1 或 −1（即 $y_i \in \{+1,-1\}$），它们分别对应于 *buys_computer = yes* 和 *buys_computer = no*。为了便于直观理解，此处以两个输入属性 A_1 和 A_2 为例，如图 7.5 所示。从图中可以看到二维数据是**线性可分的**（简称“线性”），因为可以画一条直线将所有类别为 +1 的样本与类别为 −1 的样本分开。

在图中可以画出无数条分隔线，因此人们希望从中找到“最好的”一条线，即（希望）对之前未见过的元组有最小的分类误差。那么，该如何找到这条最好的分割线呢？请注意，如果数据是三维的（即有三个属性），那么就希望找到最好的*分离平面*。推广到 n 维，就希望找到最好的*超平面*。无论输入属性的数量是多少，本节都将使用“超平面”来指代当前正在寻找的决策边界。

SVM 通过搜索**最大间隔超平面**（Maximum Marginal Hyperplane, MMH）来解决这一问题。考虑图 7.6，它显示了两个可能的分离超平面和它们的相关间隔。在深入探讨间隔的定义之前，请先直观地看一下这个图。图中两个超平面都能正确地对给定的数据元组进行分类。然而，直观上期望间隔较大的超平面在对未来数据元组进行分类时比间隔较小的超平面更准确。这就是为什么 SVM 要在学习或训练阶段搜索间隔最大的超平面，即最大间隔超平面（MMH），因为它能够最大限度地区分不同的类。

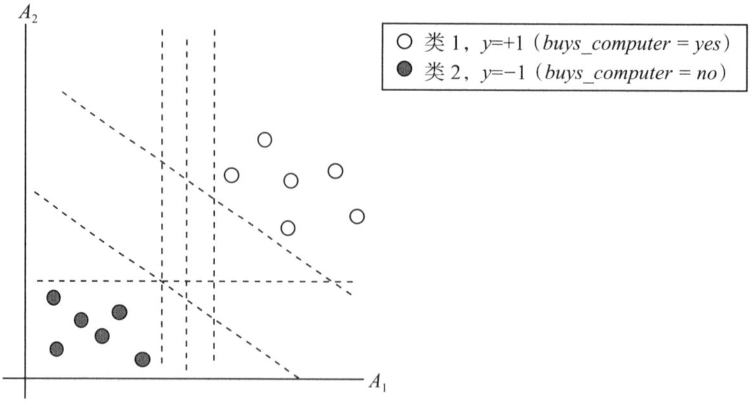

图 7.5 线性可分的二维训练数据。有无数个可能的分离超平面或“决策边界”，其中一些在这里用虚线表示。这些“决策边界”中哪一个是最好的

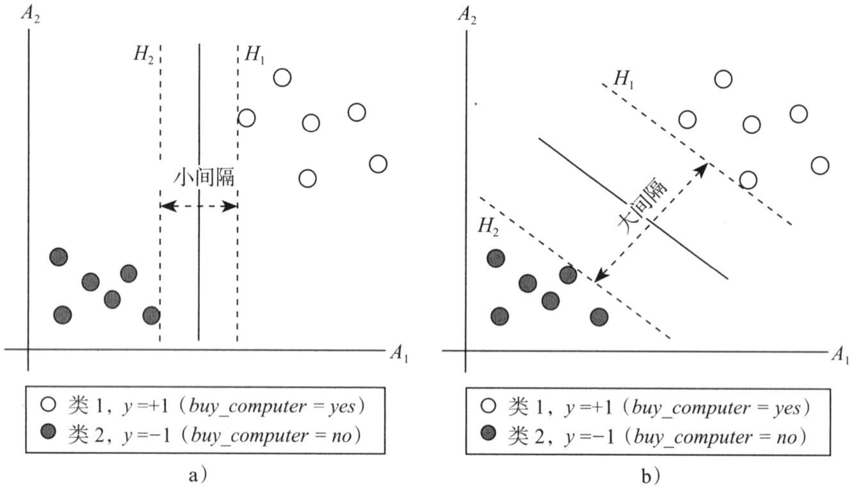

图 7.6 这里可以看到两个可能的分离超平面及其相关间隔，哪个更好？间隔较大的那个（图 b）应该具有更高的泛化精度

间隔可以非正式地定义，可以说从超平面到其间隔一侧的最短距离等于从超平面到其间隔另一侧的最短距离，其中间隔的两侧均平行于超平面。这个距离实际上就是 MMH 到每个类中最近的训练元组的最短距离。

与第 7 章中介绍的其他线性分类器（如感知器、logistic 回归）类似，分离超平面本质上也是一个线性分类器。它可以写成

$$\boldsymbol{W} \cdot \boldsymbol{X} + b = 0 \tag{7.7}$$

其中 $\boldsymbol{W}$ 为权重向量，即 $\boldsymbol{W} = \{w_1, w_2, \cdots, w_n\}$；$n$ 是属性个数；b 是一个标量，通常被称为偏差。为了便于理解，请考虑以下两个输入属性，A_1 和 A_2，如图 7.6b 所示。训练元组是二维的（如 $\boldsymbol{X} = (x_1, x_2)$），其中 x_1，x_2 分别是 $\boldsymbol{X}$ 的属性 A_1 和 A_2 的值。因此，式（7.7）中关于 $\boldsymbol{X}$ 的等式可以写成

$$b + w_1 x_1 + w_2 x_2 = 0 \tag{7.8}$$

这样，位于分离超平面上方的点满足

$$b + w_1x_1 + w_2x_2 > 0 \tag{7.9}$$

类似地，位于分离超平面下方的点满足

$$b + w_1x_1 + w_2x_2 < 0 \tag{7.10}$$

权重可以调整，因此定义间隔“两侧”的超平面可以写成

$$H_1{:}b+w_1x_1+w_2x_2 \geqslant 1，\ y_i=+1 \tag{7.11}$$

$$H_2{:}b+w_1x_1+w_2x_2 \leqslant -1，\ y_i=-1 \tag{7.12}$$

也就是说，任何位于 H_1 或 H_1 以上的元组都属于类 +1，任何位于 H_2 或 H_2 以下的元组都属于类 −1。结合两个不等式（7.11）和（7.12），可以得到

$$y_i(b+w_1x_1+w_2x_2) \geqslant 1，\ \forall i \tag{7.13}$$

所有落在超平面 H_1 或 H_2 上的训练元组（即 $y_i(b+w_1x_1+w_2x_2)=1$）被称为**支持向量**。也就是说，它们离（分离的）MMH 一样近。在图 7.7 中，支持向量被较粗的边框包围。从本质上讲，支持向量是最难分类的元组，也是最能提供分类信息的元组。

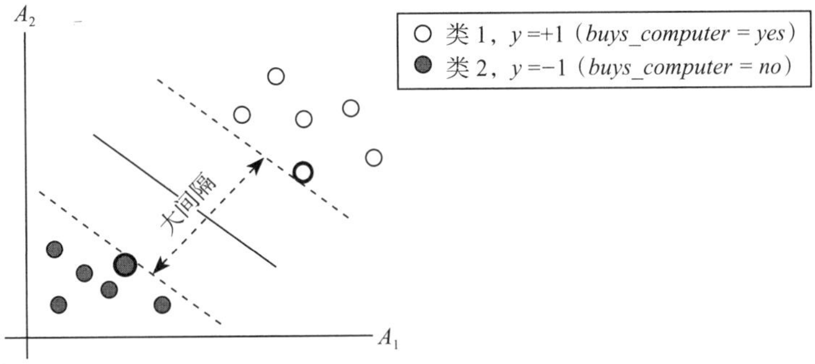

图 7.7　支持向量。SVM 会找到具有最大间隔的分离超平面，即最近的训练元组之间距离最大的超平面。图中支持向量的边框较粗

由此，可以得到一个关于最大间隔范围的计算公式。从分离超平面到 H_1 上任意点的距离为 $1/\|\boldsymbol{W}\|$，其中 $\|\boldsymbol{W}\|$ 是 $\boldsymbol{W}$ 的欧几里得范数，即 $\sqrt{\boldsymbol{W}\cdot\boldsymbol{W}}$。[⊖]根据定义，它等于 H_2 上任意一点到分离超平面的距离。因此，最大边距为 $2/\|\boldsymbol{W}\|$。这表明应最小化 $\|\boldsymbol{W}\|^2$，以使得间隔尽可能大。注意，如果元组在 n 维空间中，式（7.13）将变成 $y_i(\boldsymbol{W}^{\mathrm{T}}\boldsymbol{X}_i + b) \geqslant 1$。综上所述，得到的 SVM 的数学公式如下：

$$\begin{aligned}&\min \|\boldsymbol{W}\|^2,\\ &\text{s.t.}\quad y_i(\boldsymbol{W}^{\mathrm{T}}\boldsymbol{X}_i+b)\geqslant 1, \forall i\end{aligned} \tag{7.14}$$

上述公式的直观含义是，想要找到一个线性分类器（即超平面），使得：（1）它的间隔尽可能大（即 $\min \|\boldsymbol{W}\|^2$），（2）每个训练元组都能被正确分类（即 $y_i(\boldsymbol{W}^{\mathrm{T}}\boldsymbol{X}_i + b) \geqslant 1,\ \forall i$）。相应的分类器通常称为*硬间隔线性* SVM。

“那么，SVM 是如何找到 MMH 和支持向量的呢？”可以利用一些“奇特的数学技巧”来重写式（7.14），使其成为已知的（凸）二次规划问题。这些奇特的数学公式超出了本书的范围。感兴趣的读者可能注意到，这些技巧包括使用拉格朗日公式将式（7.14）改写为对偶形式，然后使用 Karush-Kuhn-Tucker（KKT）条件求解。详细的信息可以在本章末尾的文献注释（7.10 节）中找到。

如果数据相对较少（例如，只有几千个训练元组），则可以使用任何用于求解凸二次规划

⊖　如果 $\boldsymbol{W}=\{w_1,w_2,\cdots,w_n\}$，则 $\sqrt{\boldsymbol{W}\cdot\boldsymbol{W}}=\sqrt{w_1^2+w_2^2+\cdots+w_n^2}$。

问题的优化软件包来寻找支持向量和 MMH。对于较大的数据集，可以采用特殊且更有效的算法来训练 SVM。这其中的细节已超出了本书的范围，因此暂不介绍。一旦找到了支持向量和 MMH（请注意，支持向量定义了 MMH！），那么就可以得到一个经过训练的支持向量机。MMH 是一个线性的类边界，因此相应的 SVM 可以用来分类线性可分的数据。

"一旦获得一个训练后的支持向量机，如何使用它来对测试元组（即新元组）进行分类呢？"根据前面提到的拉格朗日公式，MMH 可以改写为决策边界：

$$d(\boldsymbol{X})=\sum_{i=1}^{l} y_i\alpha_i \boldsymbol{X}^{\mathrm{T}}\boldsymbol{X}_i+b \tag{7.15}$$

其中，y_i 是支持向量 $\boldsymbol{X}_i$ 的类标签；$\boldsymbol{X}$ 是测试元组，T 表示一个向量的转置；α_i 和 b 是由前面提到的优化方法或 SVM 算法自动确定的数值参数；l 是支持向量的个数，这通常远小于训练元组的总数。感兴趣的读者可能会注意，α_i 是拉格朗日因子。对于线性可分的数据，支持向量是实际训练元组的一个子集。在下文中将看到，在处理非线性可分的数据时，这一点会略有变化。

给定测试元组 $\boldsymbol{X}$，将其代入式（7.15），然后检查结果的符号，可以得到测试元组落在超平面的哪一侧。如果符号为正，则 $\boldsymbol{X}$ 位于 MMH 上方，因此 SVM 预测 $\boldsymbol{X}$ 属于类 +1（在本例中表示 *buys_computer = yes*）。如果符号为负，则 $\boldsymbol{X}$ 位于 MMH 下方，类预测为 −1（表示 *buys_computer = no*）。

注意，本例中的拉格朗日公式（式（7.15））中包含了支持向量 $\boldsymbol{X}_i$ 和测试元组 $\boldsymbol{X}$ 之间的点积。当给定的数据线性不可分时，这对于找到非线性 SVM 的 MMH 和支持向量非常有用，这在下一节中将会进一步说明。不过，在此之前，先要简要地介绍一下如何修改硬间隔线性 SVM 的公式（式（7.14））使其适用于非线性情况。也就是说，当训练元组是线性不可分时，仍希望能找到一个线性分类器（即超平面）。这里的诀窍在于允许一些训练元组被误分类。具体来说，可以为每个训练元组 $\boldsymbol{X}_i$ 引入一个非负的松弛变量 $\xi_i \geqslant 0$。如果 $\xi_i = 0$，则意味着相应的元组 $\boldsymbol{X}_i$ 被超平面正确分类（即，$y_i(\boldsymbol{W}^{\mathrm{T}}\boldsymbol{X}_i + b) \geqslant 1$）。换句话说，$\xi_i = 0$ 的训练实例就像硬间隔线性 SVM 中的示例一样。然而，如果 $\xi_i > 0$，则意味着元组 $\boldsymbol{X}_i$ 被超平面错误分类，并且它的幅度 $|\xi|$ 表明训练元组与其对应侧的距离（即，H_1 表示正训练示例，H_2 表示负训练示例）。参见图 7.8a。

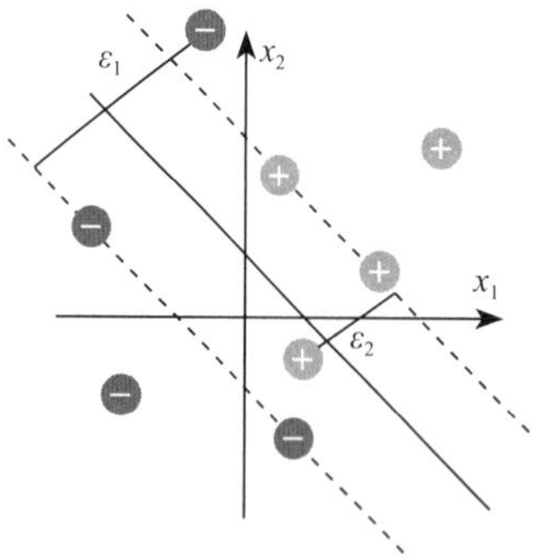

a）带有松弛变量的软间隔线性 SVM

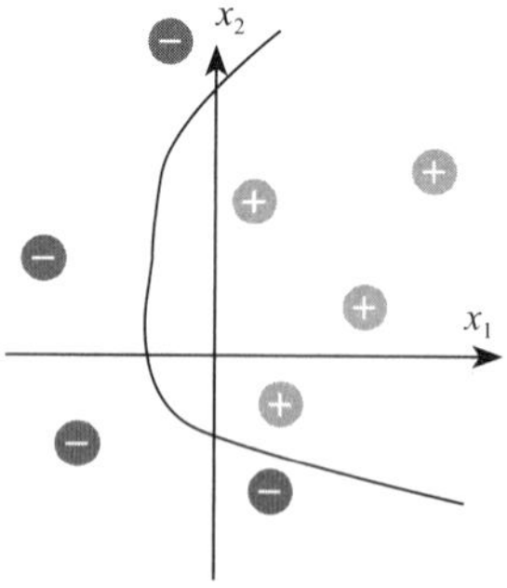

b）使用核技巧的非线性 SVM

图 7.8　一个简单的二维示例，显示了线性不可分的数据，其中每个元组由两个属性（x_1 和 x_2）表示。与图 7.5 中的线性可分数据不同，这里无法画一条直线将两个类完全分开。不过，在松弛变量（ε_1 和 ε_2）的帮助下，可以使用软间隔线性 SVM，以两个训练元组被错误分类为代价，产生一个线性决策边界（图 a）。或者，也可以寻找非线性决策边界（图 b）

这样，就有了 SVM 的另一种数学表达式。相应的分类器通常被称为软间隔线性 SVM。不同于硬间隔线性 SVM，新的目标函数包括两项：（1）$\|\boldsymbol{W}\|^2$，用于衡量间隔大小（$\|\boldsymbol{W}\|^2$ 越小，

间隔越大）；（2）所有松弛变量的总和 $\sum_{i=1}^{N}\xi_i$，用于衡量错误分类的训练元组的（近似）总数（即训练误差）。在式（7.16）中，N 是训练元组的总数，并且 $C>0$ 是一个由用户调整的参数，用于平衡间隔和训练误差的大小。值得注意的是，与硬间隔线性 SVM 相同的凸二次规划优化技术可用于解决这个新的目标函数（式（7.16））。同样地，训练后的软间隔线性分类器也使用相同的方程（式（7.15））来对测试元组进行分类。

$$\min \|\boldsymbol{W}\|^2 + C\sum_{i=1}^{N}\xi_i, \quad \text{s.t.} \quad y_i(\boldsymbol{W}^{\mathrm{T}}\boldsymbol{X}_i + b) \geqslant 1-\xi_i, \ \forall i \tag{7.16}$$

在本节的最后，有两点需要注意。首先，学习到的分类器的复杂度取决于支持向量的数量，而不是数据的维度。因此，与其他一些方法相比，SVM 更不容易出现过拟合。在 SVM 中，支持向量是最关键的训练元组，因为它们最接近决策边界（MMH）。即使删除所有其他训练元组并重新进行训练，SVM 仍会获得相同的分离超平面。此外，支持向量的数量可以用于计算 SVM 分类器预期错误率的（上）界，而这与数据的维度无关。即使数据维度很高，支持向量数量较少的 SVM 也能够具有良好的泛化能力。

7.3.2 非线性支持向量机

在 7.3.1 节中，我们学习了用于分类线性可分数据的硬间隔线性 SVM，还学习了当训练数据线性不可分时，允许一小部分训练元组被误分类的软间隔线性 SVM。那么，有没有一个“更好”的分类器可以避免这种误分类呢？例如，对于图 7.8 所示的情况，任何线性 SVM 都不可能找到一条直线将这些类分开。

好消息是，硬间隔和软间隔的线性 SVM 方法可以扩展到*非线性 SVM*，以分类*线性不可分的数据*（也称为*非线性可分数据*，或简称*非线性数据*）。这样的 SVM 能够在输入空间中找到非线性决策边界（即非线性超曲面）。

*“那么，该如何扩展线性方法呢？”*这可以通过以下两个步骤来实现。在第一步中，使用非线性映射将原始输入数据转换到高维空间。在这一步可以使用几种常见的非线性映射方法，这将在下文中进一步介绍。当数据被映射到新的高维空间后，第二步就是在新的空间中寻找线性分离超平面。这时，问题再次变成了使用线性 SVM 公式（即凸二次规划）进行求解的优化问题。换句话说，需要在新的空间中找到对应原始空间中非线性分离超曲面的最大间隔超平面。

例 7.2　将原始输入数据非线性映射到高维空间。请看下面的例子。使用映射 $\phi_1(\boldsymbol{X})=x_1$，$\phi_2(\boldsymbol{X})=x_2$，$\phi_3(\boldsymbol{X})=x_3$，$\phi_4(\boldsymbol{X})=(x_1)^2$，$\phi_5(\boldsymbol{X})=x_1x_2$ 和 $\phi_6(\boldsymbol{X})=x_1x_3$，将三维输入向量 $\boldsymbol{X}=(x_1,x_2,x_3)$ 映射到六维空间 $\boldsymbol{Z}$ 中。新空间中的决策超平面是 $d(\boldsymbol{Z})=\boldsymbol{W}^{\mathrm{T}}\boldsymbol{Z}+b$，其中 $\boldsymbol{W}$ 和 $\boldsymbol{Z}$ 均为向量。这个决策超平面相对于新特征 $\boldsymbol{Z}$ 是线性的。之后求出 $\boldsymbol{W}$ 和 b 的值，然后代入到式子中，这样新 $(\boldsymbol{Z})$ 空间中的线性决策超平面就对应于原始三维输入空间中的非线性二阶多项式。

$$\begin{aligned} d(\boldsymbol{Z}) &= w_1x_1 + w_2x_2 + w_3x_3 + w_4(x_1)^2 + w_5x_1x_2 + w_6x_1x_3 + b \\ &= w_1z_1 + w_2z_2 + w_3z_3 + w_4z_4 + w_5z_5 + w_6z_6 + b \end{aligned}$$

□

不过，这个方法也存在一些问题。首先，需要选择如何将原始数据映射到高维空间的非线性映射函数。其次，这种方法的计算成本会很高。参考针对测试元组 $\boldsymbol{X}$ 进行分类的式（7.15）。特别是在训练中，给定测试元组，必须计算每对训练元组的点积，[⊖]以找到最大间隔超平面。

⊖ 两个向量 $\boldsymbol{X}=(x_1,x_2,\cdots,x_n)$ 和 $\boldsymbol{X}_i=(x_{i1},x_{i2},\cdots,x_{in})$ 的点积是 $x_1x_{i1}+x_2x_{i2}+\cdots+x_nx_{in}$。需要注意的是，这涉及 n 个维度中的每一个维度的一次乘法和一次加法。

这导致了大量的点积计算，带来了昂贵的计算成本。

幸运的是，可以使用另一种数学技巧来解决这个问题。在求解线性 SVM 的二次优化问题时（也就是在新的更高维空间中搜索线性 SVM 时），训练元组只以点积 $\phi(\boldsymbol{X}_i)\cdot\phi(\boldsymbol{X}_j)$ 的形式出现，其中 $\phi(\boldsymbol{X})$ 是用于对训练元组进行非线性映射的函数。事实证明，这在数学上等效于将核函数 $K(\boldsymbol{X}_i,\boldsymbol{X}_j)$ 应用在原始输入数据上，而无须在转换后的数据元组上再次计算点积。即

$$K(\boldsymbol{X}_i,\boldsymbol{X}_j)=\phi(\boldsymbol{X}_i)\cdot\phi(\boldsymbol{X}_j) \tag{7.17}$$

也就是说，在训练算法中出现 $\phi(\boldsymbol{X}_i)\cdot\phi(\boldsymbol{X}_j)$ 的地方都可以用 $K(\boldsymbol{X}_i,\boldsymbol{X}_j)$ 来代替。这样，所有计算都可以在原始的输入空间中进行，而原始输入空间的维度则要低得多！这样就可以安全地避开映射，事实证明，在这个方法中甚至都不需要知道映射是什么！本节后面将详细讨论哪些函数可以用作这个问题的核函数。在应用这个技巧之后，就可以继续寻找一个最大间隔分离超平面了。这个过程与 7.3.1 节中描述的过程类似。

例 7.3　图 7.9a 显示了一个训练集，它有四个正元组和四个负元组。在原始特征空间中，每个元组由两个特征（x_1 和 x_2）表示，其中训练集是线性不可分的（图 7.9b）。如果将原始特征空间转换为三维空间，即 $\Phi_1=x_1^2,\Phi_2=x_2^2,\Phi_3=\sqrt{2}x_1x_2$。那么在转换后的特征空间中（图 7.9c），正元组与负元组就是线性可分的。换句话说，可以使用超平面 $\Phi_1+\Phi_2=2.5$ 将所有正元组与所有负元组完美分离。因此，转换后的特征空间中的超平面等价于原始二维空间中的非线性决策边界 $x_1^2+x_2^2=2.5$。注意，转换后的特征空间中的两个元组（X_i 和 X_j）的点积可以直接在原始特征空间计算：$\Phi(X_i)\cdot\Phi(X_j)=(X_i\cdot X_j)^2$。　□

	元组索引	1	2	3	4	5	6	7	8
原始特征	x_1	1	1	−1	−1	2	−2	2	−2
	x_2	1	−1	1	−1	2	2	−2	−2
	类标签	+	+	+	+	−	−	−	−
映射后的特征	x_1^2	1	1	1	1	4	4	4	4
	x_2^2	1	1	1	1	4	4	4	4
	$\sqrt{2}x_1x_2$	$\sqrt{2}$	$-\sqrt{2}$	$-\sqrt{2}$	$\sqrt{2}$	$4\sqrt{2}$	$-4\sqrt{2}$	$-4\sqrt{2}$	$4\sqrt{2}$

a）原始特征空间 (x_1,x_2) 和映射后特征空间（阴影部分）中的训练元组

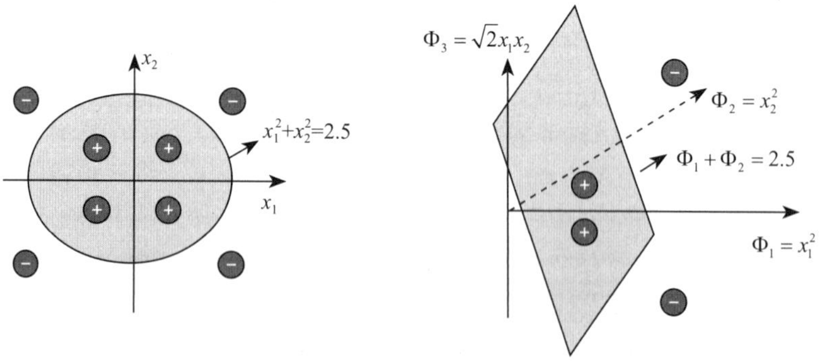

b）原始特征空间 (x_1,x_2)　　c）映射后的特征空间 (Φ_1,Φ_2,Φ_3)

图 7.9　核技巧示例

注：图 a 是原始二维特征空间和转换后的三维空间（阴影部分）中的训练元组。原始特征空间中的训练元组是线性不可分的（图 b），但在转换后的特征空间中则变成线性可分的（图 c）。转换后的特征空间中的线性决策边界（即超平面）等价于原始特征空间中的非线性决策边界。转换后的特征空间中两个元组的点积可以直接在原始特征空间中计算出来。

“映射时可以使用哪些核函数？”在研究了可以用来代替点积的核函数的性质后，人们发

现了三个可接受的核函数：

阶数为h的多项式核：$K(\boldsymbol{X}_i,\boldsymbol{X}_j)=(\boldsymbol{X}_i\cdot\boldsymbol{X}_j+1)^h$，

高斯径向基函数核：$K(\boldsymbol{X}_i,\boldsymbol{X}_j)=\mathrm{e}^{-\|\boldsymbol{X}_i-\boldsymbol{X}_j\|^2/2\sigma^2}$，

Sigmoid核：$K(\boldsymbol{X}_i,\boldsymbol{X}_j)=\tanh(\kappa\boldsymbol{X}_i\cdot\boldsymbol{X}_j-\delta)$

这其中的每一个函数，都构造了（原始）输入空间中不同的非线性分类器。到目前为止，还没有一个黄金法则可以确定哪种核函数能产生最准确的 SVM。不过在实践中，所选择的核函数通常不会在结果的准确度方面产生很大的差异。

到目前为止，本节已经介绍了用于二元（即两类）分类的线性和非线性 SVM。SVM 分类器实际上也可以组合用于多类情况。可以参见 7.7.1 节，如每个类训练一个分类器并使用纠错码。

SVM 的一个主要研究目标是提高训练和测试的速度，从而使 SVM 能够适合非常大的数据集（如数百万个支持向量）。一种非常有效的策略是使用随机次梯度下降法来直接训练 SVM（如式（7.14）和式（7.16））。回想一下，在第 7 章中，我们曾使用过类似的随机梯度下降法的技术，来解决 logistic 回归分类器的可扩展性问题。其他问题包括：（1）为给定数据集确定一个最佳核函数，并寻找更有效的方法来处理多类分类问题；（2）通过使用权重向量 $\boldsymbol{W}$ 的其他范数（如 L_1 范数 SVM、$L_{2,1}$ 范数 SVM、上限 L_p 范数 SVM），使 SVM 对训练数据中的噪声更具鲁棒性。非线性 SVM 背后的一个关键思想是核技巧，即在不明确构建非线性映射的情况下找到一个非线性分类器。这一技巧已广泛应用于其他数据挖掘任务，包括回归、聚类等。

7.4　基于规则和基于模式的分类

本节将讨论基于规则和基于模式的分类器。对于前者，学习到的模型会表现为一系列“IF-THEN”规则。首先，本节将会详细介绍这些规则是如何用于分类的（7.4.1 节）。然后，将研究生成这些规则的方法，包括从决策树中提取规则（7.4.2 节）或者使用*序列覆盖算法*直接从训练数据中生成规则（7.4.3 节）。随后，本节引入基于模式的分类器，这种分类器会使用频繁模式进行分类。此后，在 7.4.4 节中会探讨**关联分类**，即从频繁模式中生成关联规则，并将这些规则用于分类。其总体思想是，寻找频繁模式（即属性 - 值对的合取）与类标签之间的强关联。由于通常会使用挖掘出的关联规则所构建的集合来进行分类，因此关联分类本质上是一种基于规则的分类器。7.4.5 节进一步探讨**基于判别频繁模式的分类**，这里频繁模式被用作组合特征。在构建分类模型时，除了关注单一特征，还需考虑组合特征。由于频繁模式揭示了多个属性间高度可信的关联，因此基于频繁模式的分类能有效克服引入决策树归纳所带来的一些限制，因为决策树通常一次只考虑一个属性。研究发现，相较于 C4.5 中的一些传统分类方法，许多基于频繁模式的分类方法具有更高的准确性和可扩展性。

7.4.1　使用 IF-THEN 规则进行分类

规则是一种表示信息或少量知识的好方法。**基于规则的分类器**使用一组 IF-THEN 规则来进行分类。一条 IF-THEN 规则可以表示为

IF 条件 THEN 结论。

一个例子是规则 $R1$，

$R1$：IF *age=youth* AND *student=yes* THEN *buys_computer=yes*

其中，规则的“IF”部分（或左侧）被称为**规则前件**或**规则前提**，“THEN”部分（或右侧）被称为**规则后件**。在规则前件中，条件由一个或多个属性测试（例如，*age = youth* 和 *student=yes*）的逻辑 AND（与）运算组成。规则后件包含一个类预测（在本例中，预测顾客购买计算机）。规则 *R*1 也可写成：

$$R1:\ (age = youth) \wedge (student = yes) \Rightarrow (buys\_computer = yes)$$

如果规则前件中的条件（即所有属性测试）对于给定的数据元组成立，则称规则前件被**满足**（或者简单地说，规则被满足）并且规则**覆盖**（cover）了该元组。

可通过规则 *R* 的覆盖率和准确率来评估其质量。给定元组 ***X***，它来自一个带有类标签的数据集 *D*。假设规则 *R* 覆盖了数据集 *D* 中的 n_{cover} 个元组，其中被 *R* 正确分类的元组数为 n_{correct}，且 *D* 中总元组数为 $|D|$。那么，规则 *R* 的**覆盖率**（coverage）和**准确率**（accuracy）可定义为

$$\text{coverage}(R) = \frac{n_{\text{cover}}}{|D|} \tag{7.18}$$

$$\text{accuracy}(R) = \frac{n_{\text{correct}}}{n_{\text{cover}}} \tag{7.19}$$

也就是说，覆盖率表示规则覆盖的元组所占的百分比（即规则前件对这些元组的属性值成立）。而准确率则表示规则覆盖的所有元组中被正确分类的元组所占的百分比。

例 7.4　规则的准确率和覆盖率。回顾表 6.1 中的数据（6.2 节）。这些数据是带有类标签的元组，取自 AllElectronics 的顾客数据库。下面将使用这些数据来预测顾客是否会购买计算机。考虑规则 *R*1，它覆盖了 14 个元组中的 2 个，可以对这 2 个元组做出正确分类。因此，*R*1 的覆盖率 coverage(*R*1)= 2/14 = 14.28%，准确率 accuracy(*R*1)= 2/2 = 100%。□

下面来看看如何使用基于规则的分类方法来预测给定元组 ***X*** 的类标签。若 ***X*** 满足某规则，则称该规则被**触发**。例如，假设有

$$\boldsymbol{X} = (age = youth,\ income = medium,\ student = yes,\ credit\_rating = fair)$$

这里的目标是根据 *buys_computer* 对 ***X*** 进行分类。若 ***X*** 满足 *R*1，则触发该规则。

若 *R*1 是唯一被满足的规则，那么该规则将被**激活**，并返回 ***X*** 的类预测。请注意，触发并不总意味着激活，因为可能有多条规则同时被满足。若多条规则同时被触发，就会面临一个潜在问题：如果每条规则指定了不同的类怎么办？或者，如果 ***X*** 不满足任何规则怎么办？

首先来解决第一个问题。如果有多条规则同时被触发，那么就需要一个**冲突解决策略**来确定激活哪条规则，并将其类预测分配给 ***X***。这个问题有许多种解决策略，在这里只讨论其中的两种：大小排序和规则排序。

大小排序（size ordering）策略会为“最苛刻”的规则分配最高优先级，这里的苛刻程度是由规则前件中的条件数量来衡量的。也就是说，具有最多属性测试的触发规则最先获得激活权。

规则排序（rule ordering）策略会预先确定规则的优先级。这种排序可以是基于类的或基于规则的。在**基于类的排序**中，类按照“重要性”递减的顺序排列，如按普遍性递减的顺序排序。换言之，在所有规则中，最普遍（或最频繁）类的规则排在最前，接下来是下一个普遍类的规则，以此类推。或者，也可根据每个类的误分类成本进行排序。需要留意的是，在每个类中，规则间没有次序，也不需要次序，因为它们都对相同的类进行预测（因此不存在类冲突！）。

在**基于规则的排序**中，会根据一些规则质量指标，如准确率、覆盖率、大小（规则前件中属性测试的数量），或根据领域专家的建议，将规则组织成一个很长的优先级列表。使用规

则排序策略时，规则集被称为**决策列表**。在使用规则排序的过程中，最早出现在列表中的触发规则具有最高的优先级，因此它可以激活类预测。任何其他满足 ***X*** 的规则都会被忽略。大多数基于规则的分类系统都使用基于类的规则排序策略。

在大小排序策略中，需要强调所有规则都没有*明确次序*。这意味着分类器可以采用任意顺序对元组进行分类。换言之，不同规则之间存在隐含的析取关系（逻辑 OR（或））。每条规则代表一个独立的知识片段。这与基于规则的排序策略（决策列表）相反，基于规则的排序策略要求严格遵循规定的顺序以避免冲突。决策列表中的每条规则都暗示着在其之前规则的否定。因此，决策列表中的规则更难以解释。

现在已经了解了如何处理冲突，接下来讨论 ***X*** 不满足任何规则的情况。那么，如何确定 ***X*** 的类标签呢？这种情况下，可以基于训练集设定一个后备或**默认规则**来指定默认类。默认规则可以选择多数类，或者是未被任何规则覆盖的元组中的多数类。当且仅当没有其他规则覆盖 ***X*** 时，默认规则最终被评估。默认规则的条件为空。这样，当没有其他规则被满足时，该默认规则就会被激活。

在接下来的部分，将探讨如何构建基于规则的分类器。

7.4.2 从决策树中提取规则

6.2 节中详细介绍了如何使用一组训练数据来构建决策树分类器。决策树分类器是一种常见的分类方法，其原理非常简单易懂且准确度很高。然而，决策树可能变得非常庞大，难以解释。本节将探讨如何利用从决策树中提取的 IF-THEN 规则来建立基于规则的分类器。与决策树相比，IF-THEN 规则更易于人们理解，尤其是在决策树变得庞大时。

当从决策树中提取规则时，每条从根节点到叶节点的路径都会形成一条规则。这条路径上的每个分裂准则都会与其他分裂准则进行逻辑 AND（与）运算，从而构成规则前件（“IF”部分）。决策树中的每个叶节点都保存了类预测的结果，形成规则后件（“THEN”部分）。

例 7.5 从决策树中提取分类规则。通过追踪从树中根节点到每个叶节点的路径，可以将图 6.2 中的决策树转换为 IF-THEN 分类规则。从图 6.2 中提取到的规则如下：

*R*1：IF *age = youth* AND *student = no* THEN *buys_computer = no*

*R*2：IF *age = youth* AND *student = yes* THEN *buys_computer = yes*

*R*3：IF *age = middle_aged* THEN *buys_computer = yes*

*R*4：IF *age = senior* AND *credit_rating = excellent* THEN *buys_computer = yes*

*R*5：IF *age = senior* AND *credit_rating = fair* THEN *buys_computer = no* □

从树中提取的规则之间蕴含着析取（逻辑 OR（或））关系。由于这些规则是直接从树中提取的，因此这些规则是**互斥**且**穷举**的。*互斥*意味着不会出现规则冲突，因为每个元组只能触发一条规则（每个叶节点只有一条规则，每个元组只映射到一个叶节点）。*穷举*意味着每种可能的属性 - 值组合都对应着一条规则，因此这个规则集不需要默认规则。显然这些规则的顺序并不重要——它们是*无序的*。

每个叶节点都会产生一条规则，所提取的规则集并不比相应的决策树简单！实际上，在某些情况下，提取出的规则可能比原始树更难解释。例如，图 6.7 展示了受到子树重复和复制问题影响的决策树。由此产生的规则集可能非常庞大且难以理解，因为其中一些属性测试可能是不相关或冗余的，这就使情况变得更加复杂。尽管从决策树中提取规则本身很容易，但修剪结果规则集可能需要更多工作。

“*如何修剪规则集？*”对于给定的规则前件，任何无法提高结果准确度的规则条件都可以被修剪（即删除），从而概括规则。C4.5 算法从一棵未修剪的决策树中提取规则，然后采用类似于树剪枝的悲观策略来对规则剪枝。规则的准确率通过训练元组及类标签进行评估。然而，直接评估通常过于乐观，需调整以获得更保守的准确率估计。不提高整体规则集准确率的规则应被剔除。

不过，在修剪规则集的过程中可能会出现其他问题，因为此时这些规则不再是互斥和穷举的。为了处理冲突，C4.5 采用了**基于类的排序策略**。具体来说，C4.5 将同类规则按一定顺序排序，在同一类的规则集内部，不再进一步排序。该策略旨在降低假正误差（即，规则预测类为 C，但实际类不是 C）。首先检查具有最少假正数的类规则集，修剪规则后，通过剔除冗余规则再次检查。在选择默认类时，C4.5 不会盲目选择包含元组最多的类，因为这些类可能已被多条规则覆盖。相反，选择包含最多未被规则覆盖的元组序列的类作为默认类。

7.4.3　使用序列覆盖算法进行规则归纳

使用**序列覆盖算法**可以直接从训练数据中提取 IF-THEN 规则（即，无须预先生成决策树）。这个算法的名称源于规则是按序列（一次一个）学习的，其中每个给定类的规则在理想情况下应覆盖该类的多个元组（并且希望不包含其他类的元组）。序列覆盖算法是最广泛使用的挖掘分类规则析取集的方法，因此本节将重点研究此方法。

现如今人们已经提出了许多序列覆盖算法，其中流行的变体包括 AQ、CN2 以及新提出的 RIPPER。序列覆盖算法的一般策略如下：每次学习一条规则，并且在每学习一条规则后，移除该规则覆盖的元组，然后对剩余的元组重复这一过程。这种按序列学习规则的方法与决策树归纳法截然不同。由于决策树中每条到叶节点的路径都对应着一条规则，因此可以将决策树归纳法视为同时学习一组规则。

图 7.10 展示了一个基础的序列覆盖算法。从图中可以看出，算法每次可以学习一个类的规则。理想情况下，在学习类 C 的规则时，人们希望这条规则能够覆盖类 C 中所有（或尽可能多）的训练元组，并且不（或尽可能少）覆盖其他类的元组。通过这种方式，学到的规则应该具有很高的准确率。在这个算法中，规则不一定需要很高的覆盖率，这是因为一个类可以有多条规则，这样使用多个不同的规则就可以覆盖同一类内的不同元组。这个过程会一直持续下去，直到终止条件被满足，例如当没有更多的训练元组，或是返回的规则质量低于用户设定的阈值时。Learn_One_Rule 程序会根据当前训练元组集，为当前类找到"最佳"的规则。

"如何学习规则？"通常，规则是以一种从一般到特殊的方式被学习的（如图 7.11 所示）。这一过程可以被视为束搜索（beam search），即从一个空的规则开始，逐渐对其添加属性测试。并将属性测试以逻辑合取加到已有的规则前件条件中。假设训练集 D 由贷款申请数据组成，其中每个申请人的属性包括他们的年龄、收入、教育水平、居住地、

算法：序列覆盖。学习一组IF-THEN分类规则。
输入：
- D，类标签元组的数据集；
- Att_vals，所有属性与它们可能取值的集合。

输出： IF-THEN 规则的集合。
方法：

（1）Rule_set = {}; // 学习的规则集初始为空
（2）**for** 每个类 c **do**
（3）　　**repeat**
（4）　　　　Rule = **Learn_One_Rule**(D,At_vals,c);
（5）　　　　从 D 中删除被 Rule 覆盖的元组；
（6）　　　　Rule_set = Rule_set + Rule; // 将新规则添加到规则集
（7）　　**until** 终止条件满足；
（8）**endfor**
（9）返回 Rule_Set;

图 7.10　基础的序列覆盖算法

信用评级和贷款期限。在这个例子中，分类属性是贷款决策（*loan_decision*），表示贷款被接受（被认为是安全的）或被拒绝（被认为是有风险的）。在学习“接受”（*accept*）类的规则之前，先要学习最一般的规则，即规则前件为空的规则。这个规则是

IF THEN *loan_decision* = *accept*

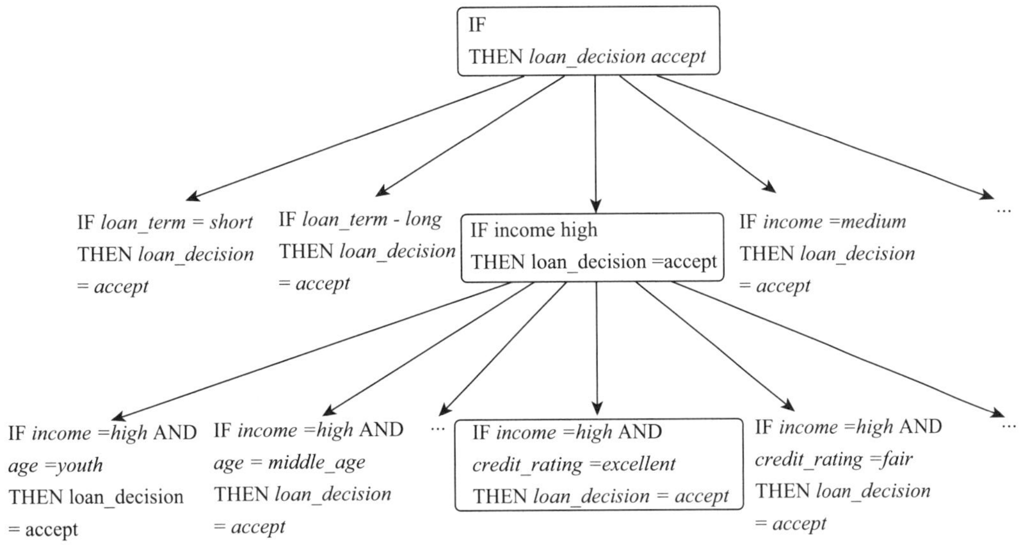

图 7.11 在规则空间中进行从一般到特殊的搜索

然后，考虑每个可添加到规则中的可能属性测试。这些测试可以从参数 *Att_vals* 中导出。这里的参数 *Att_vals* 是一个包含属性及其相关值的列表。例如，对于属性－值对 (*att*，*val*)，可以考虑诸如 *att* = *val*，*att* ≤ *val*，*att* > *val* 等测试。通常，训练数据会包含许多属性，每个属性都有多个可能的取值，因此，寻找一个最佳的规则集可能会变得非常复杂，因为需要考虑的组合方式非常多。为了解决这个问题，Learn_One_Rule 采用了一种贪婪的深度优先策略。具体来说，当向当前规则添加一个新的属性测试（合取）时，它都会根据训练样本选择能最大程度提升规则质量的那个测试。关于规则质量的度量方法，本章稍后会详细介绍，现在暂且先使用规则的准确率来衡量规则质量。回到图 7.11 中的示例，假设 Learn_One_Rule 发现属性测试 *income* = *high* 最能提高当前（空）规则的准确率。那么便将其添加到规则前件中，这样当前规则就变成了

IF *income* = *high* THEN *loan_decision* = *accept*

每当向规则中添加一个新的属性测试时，生成的规则应该相对覆盖更多“接受”（*accept*）元组。在下一次迭代中，再次考虑所有可能的属性测试，并最终选择 *credit_rating* = *excellent*。这时，当前的规则又被扩展为

IF *income* = *high* AND *credit_rating* = *excellent* THEN *loan_decision* = *accept*

这个过程不断重复，每一步都贪婪地扩展规则，直到生成的规则达到可接受的质量水平。

贪婪搜索过程不允许回溯。在其每一步中，都会*启发式*地添加当前看起来最好的选择。那么，如果在途中做了一个不好的选择怎么办？为了减少这种情况发生，可以选择最佳的 *k* 个属性测试，而不仅仅选择一个属性测试添加到当前的规则中。这样，算法就可以执行宽度为 *k* 的束搜索，在每一步中都保留 *k* 个最佳候选，而不是单一的最佳候选。

规则质量度量

Learn_One_Rule 需要一个衡量规则质量的标准。每当考虑一个新的属性测试时，它都必

须检查在当前规则的规则前件中附加这样的属性测试是否能够改进规则。准确率这一度量看起来可能是一个显而易见的选择，但不妨考虑一下例 7.6。

例 7.6　基于准确率从两条规则中做出选择。考虑如图 7.12 所示的两条规则。这两条规则都针对类 *loan_decision* = *accept*。此处，使用“*a*”表示类为“*accept*”（接受）的元组，使用“*r*”表示类为“*reject*”（拒绝）的元组。规则 *R*1 覆盖了 40 个元组，其中的 38 个元组的分类是正确的。而规则 *R*2 仅覆盖了 2 个元组，但这 2 个元组的分类均是正确的。可以看到，它们的准确率分别是 95% 和 100%。因此，*R*2 的准确率高于 *R*1，但实际上它并不是更好的规则，因为它的覆盖范围更小。□

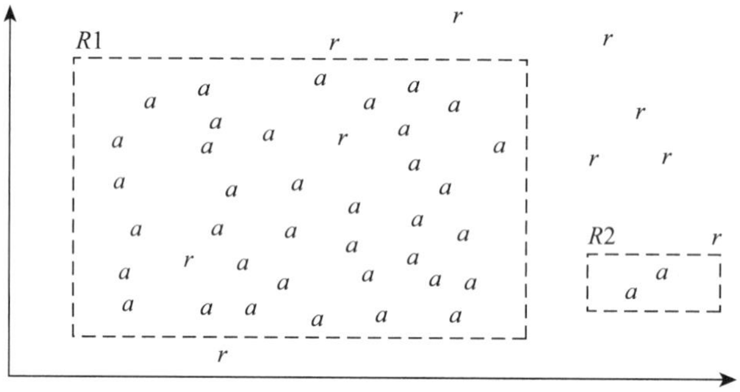

图 7.12　针对类 *loan_decision=accept* 的规则，其中显示了 *accept*（*a*）和 *reject*（*r*）元组

从这个例子中可以看出，单纯依赖准确率无法可靠地评估规则质量。同样地，仅关注覆盖率也没什么用处，因为对于某个给定的类，可能有一条规则覆盖了大量元组，但其中的大部分元组却属于其他类！因此，需要寻找其他能同时考虑准确率和覆盖率等因素的度量来评估规则的质量。这里将会探讨一些其他的度量方法，包括基于熵、信息增益的方法以及一种考虑覆盖率的统计检验方法。对此，不妨假设此时正在学习对应于类 *c* 的规则，并进一步假设当前的规则为 *R*：IF *condition* THEN *class* = *c*。此时想要探究的是将给定的属性测试与 condition 进行逻辑 AND（与）运算时，是否会得到更好的规则。于是，将新条件称为 *condition*′，对应的 *R*′：IF *condition*′ THEN *class* = *c* 即是可能的新规则。那么换句话说，此处想要探究的实际上是 *R*′ 是否比 *R* 更好。

在讨论决策树归纳法中用于属性选择的信息增益度量时，曾提到过熵。熵是衡量对数据集 *D* 中各类元组进行分类时所需信息量的预期值。这里的“数据集 *D*”指的是被特定条件 *condition*′ 覆盖的元组集合，而 p_i 则表示数据集 *D* 中属于类 C_i 的元组的概率。简单地说，熵的值越小，说明使用该 *condition*′ 来划分数据集的效果越好。较低的熵值表示 *condition*′ 将大多数元组归为同一类，而其他类的元组则相对较少，使得数据分类更加清晰。

另一种度量方法则以信息增益为基础，这是在 **FOIL**（First Order Inductive Learner，一阶归纳学习器）中提出的。FOIL 是一种学习一阶逻辑规则的序列覆盖算法。相比之下，学习一阶规则会更为复杂，因为这些规则包含变量，而在本节所讨论的规则都是命题式的（即不包含变量）。[⊖]在机器学习中，要学习规则的类元组被称为正元组，其余则被称为负元组。因此，假设 *pos* 和 *neg* 分别是 *R* 覆盖的正元组和负元组的数量，而 *pos*′ 和 *neg*′ 则分别是 *R*′ 覆盖的正元组和负元组的数量。FOIL 通过扩展 *condition*′ 获得的信息增益来评估规则的质量：

$$FOIL\_Gain = pos' \times \left(\log_2 \frac{pos'}{pos' + neg'} - \log_2 \frac{pos}{pos + neg} \right) \quad (7.20)$$

⊖　顺便提一下，FOIL 也是由 ID3 的创始人 Quinlan 提出的。

它支持规则具有高准确率并覆盖许多正元组。

此外，还可以采用显著性统计检验来验证规则的有效性，以确保其效果不是偶然的，而是属性值与类之间存在真实的相关性。这种检验比较了两个分布：规则覆盖的数据元组在不同类中的实际观察分布与假设规则随机预测得到的预期分布。通过利用**似然比统计量**（likelihood ratio statistic）评估两个分布的差异，可以推断出属性值和类之间是否存在真实且非随机的相关性。即

$$Likelihood\_Ratio = 2\sum_{i=0}^{m} f_i \log\left(\frac{f_i}{e_i}\right) \tag{7.21}$$

此处的 m 表示类的数目。

对于满足规则的元组，f_i 表示每个类 i 的观测频率。e_i 表示规则随机预测时每个类 i 的期望频率。这个统计量服从自由度为 $m-1$ 的 χ^2 分布。似然比越高，意味着规则正确预测与随机预测之间的差异越显著。换言之，似然比越大，表明规则的性能越不是由于随机因素引起的。这个比率有助于识别覆盖率较低的规则。

CN2 算法使用熵和似然比检验，而 RIPPER 则使用 FOIL 的信息增益。

规则修剪

Learn_One_Rule 在评估规则时不依赖于测试集。相反，它评估规则质量的过程基于原始训练数据集中的元组。这种方法可能会导致评估结果过于乐观，因为规则可能会在这些数据上过拟合。换句话说，尽管规则在训练数据上表现良好，但在未接触过的新的测试数据上，其性能可能有所下降。解决这一问题的方法之一是修剪规则。如果经过修剪的规则在一个独立的数据集（称为修剪集）上表现更佳，那么就可以通过剔除规则中的一个或多个合取条件（即属性测试）来实现修剪，这类似于决策树的修剪策略。

FOIL 使用了一种简单但很有效的方法。对于一个给定的规则 R：

$$FOIL\_Prune(R) = \frac{pos - neg}{pos + neg} \tag{7.22}$$

其中，pos 和 neg 分别表示规则 R 所覆盖的正元组和负元组的数量。这个值将随着 R 在修剪集上准确率的增加而增加。因此，如果修剪后 R 的 $FOIL\_Prune$ 值更高，那么就对 R 进行修剪操作。

通常情况下，RIPPER 在修剪时往往会从最新添加的合取条件开始。并且只要条件的修剪能提高准确率，就会继续修剪。

7.4.4 关联分类

在本节中，将介绍关联分类，所涉及的方法包括 CBA、CMAR 和 CPAR。

在开始讨论之前，先来看看什么是关联规则挖掘。关联规则挖掘通常包括两个步骤：频繁项集挖掘和规则生成。第一步是搜索在数据集中重复出现的属性 - 值对，其中每个属性 - 值对都被视为一个项目。由此得到的属性 - 值对构成频繁项集（也称为频繁模式）。第二步是分析频繁项集从而生成关联规则。所有的关联规则都必须满足关于“准确性”（或置信度）和它们实际代表的数据在数据集中所占的比例（称为支持度）的准则。例如，下面是一个从数据集 D 中挖掘出的关联规则，这里展示了它的置信度和支持度：

$$\begin{gathered} age = youth \wedge credit = OK \Rightarrow buys\_computer = yes \\ [\text{support} = 20\%, \text{confidence} = 93\%] \end{gathered} \tag{7.23}$$

其中，$\wedge$ 表示逻辑 AND（与）。后文中将会详细介绍置信度和支持度。

在更严谨的描述中，假设 D 是由包含 n 个属性 $A_1,A_2,\cdots,A_n$ 和一个类标签属性 A_{class} 的元组组成的数据集。其中，所有的连续属性都被离散化为分类（或数值）属性。**项目** p 是形如 (A_i,v) 的属性 - 值对，其中 A_i 是属性，v 是它的取值。当且仅当 $x_i=v$ 时，数据元组 $\boldsymbol{X}=(x_1,x_2,\cdots,x_n)$ 满足项目 $p=(A_i,\ v)$，其中 x_i 是 $\boldsymbol{X}$ 的第 i 个属性的值。在关联规则的规则前件（左侧）和规则后件（右侧）中，可以包含任意数量的项目。然而，在挖掘用于分类的关联规则时，仅仅只需要关注形如 $p_1\wedge p_2\wedge\cdots\wedge p_l\Rightarrow A_{\text{class}}=C$ 的关联规则，其中规则前件是项 p_1，p_2，$\cdots$，$p_l(l\leqslant n)$ 的合取，并与类标签 C 相关联。对于给定的规则 R，R 的**置信度**表示 D 中满足同时具有类标签 C 的 R 前件的元组所占的百分比。

从分类的角度看，规则的置信度类似于规则的准确率。比如，式（7.23）中规则的置信度为 93% 意味着，数据集 D 中 93% 的年轻、信用评级为 OK 的顾客属于 *buys_computer = yes* 类。规则的**支持度**表示 D 中满足 R 前件且包含类标签 C 的数据元组的百分比。例如，式（7.23）中规则的支持度为 20% 表示数据集 D 中有 20% 的年轻顾客，信用评级为 OK，并属于 *buys_computer = yes* 类。

从一般来说，关联规则分类包括以下几个步骤：

1. 挖掘数据中的频繁项集，即找到数据中经常出现的属性 - 值对。
2. 分析频繁项集，为每个类生成满足置信度和支持度准则的关联规则。
3. 组织这些规则，从而构建基于规则的分类器。

不同关联分类方法的主要区别在于进行频繁项集挖掘的方法和分析、利用得出的规则进行分类的过程。现在来看一些关联分类的具体方法。

CBA（Classification Based on Associations，基于关联的分类）是最早提出的一种简单关联分类算法。与 4.2.1 节中描述的 Apriori 算法相似，CBA 采用迭代方法挖掘频繁项集。这需要多次扫描数据集，利用已发现的频繁项集来生成和检验更长的项集序列。一般来说，数据需要被遍历的次数与最长规则的长度相同。挖掘出满足最小置信度和支持度阈值的完整规则集后，将进一步分析这些规则，以决定是否适合将其纳入分类器。CBA 构建分类器时采用一种启发式排序方法，基于规则的置信度和支持度按照优先级降序排列。对于具有相同前件的规则集，系统会选择置信度最高的规则。在分类新数据元组时，首先找到满足元组条件的最优先规则，然后使用该规则进行分类。这种方法确保了分类过程的效率和准确性。分类器还包含一条默认规则，其优先级最低，用于为任何不满足其他规则的新元组指定默认类。以这种方式，构成分类器的规则集形成一个*决策列表*。在实践中，CBA 通常在许多数据集上比 C4.5 更准确可靠。

CMAR（Classification based on Multiple Association Rules，基于多重关联规则的分类）与 CBA 在频繁项集挖掘策略和分类器构建方面有所不同。它采用多种规则修剪策略，使用树结构高效存储和检索规则。CMAR 采用了 FP 增长算法的变体来查找满足最小置信度和支持度阈值的完整规则集。回顾 4.2.4 节中介绍的 FP 增长算法，它使用 FP 树记录包含在数据集 D 中的所有频繁项集信息，仅需两次扫描数据集即可从 FP 树中挖掘频繁项集。CMAR 使用增强的 FP 树维护满足每个频繁项集的元组中的类标签分布，使规则生成与频繁项集挖掘在同一步骤中进行。

CMAR 还使用了另一种树结构来高效存储和检索规则，并根据置信度、相关性和数据库覆盖率来修剪规则。每次插入规则到树时，就会触发规则修剪策略。例如，给定两条规则 $R1$ 和 $R2$，如果 $R1$ 的规则前件比 $R2$ 的规则前件更具有一般性，并且 $conf(R1)\geqslant conf(R2)$，那么就会修剪 $R2$。这样做的理由是，如果存在一个更一般的版本具有更高的置信度，那么具有低置信度的更特殊的规则就可以被修剪。CMAR 还会根据统计显著性的 χ^2 检验，来修剪那些规则前件和类之间没有正相关关系的规则。

“当有多个规则同时适用时，该如何选择？”作为分类器，CMAR 的工作原理与 CBA 不同。假设当前需要对一个元组 ***X*** 进行分类，并且只有一条规则满足或匹配 ***X***，[⊖]这种情况实际上很简单，只需分配规则的类标签即可。但如果有多条规则同时满足 ***X***，这些规则组成了一个集合 *S*，那么此时应该使用哪条规则来确定 ***X*** 的类标签呢？ CBA 会将具有最高置信度的规则所对应的类标签分配给 ***X***。而 CMAR 在进行类预测时则会考虑多条规则：根据类标签分组，同一组内的规则具有相同类标签，而不同组间的规则类标签不同。

CMAR 根据组内规则的统计相关性，使用加权的 χ^2 度量来寻找规则组中“最强”的组。然后，它将 ***X*** 分配给最强组的类标签。这使 CMAR 在预测新元组的类标签时考虑多条规则，而不仅是依赖最高置信度的单条规则。CMAR 在实验中平均准确性略高于 CBA，同时具有更高的运行效率、可扩展性和内存使用效率。

“有没有方法可以减少产生的规则数量？”CBA 和 CMAR 都通过频繁项集挖掘技术来生成候选关联规则。这个过程首先构造出所有属性 - 值对（项目）的合取，这些合取需满足预设的最小支持度。紧接着，算法会对这些潜在的规则进行评估，筛选出一部分规则子集，最终用这些精选的规则来构建分类器。不过，这种方法会产生大量规则。CPAR（Classification based on Predictive Association Rules，基于预测关联规则的分类）采用了一种不同的规则生成方法，它以 FOIL(一种用于分类的规则生成算法）为基础。FOIL 构建规则从而区分正元组（例如，*buys_computer=yes*）和负元组（例如，*buys_computer=no*）。对于多类问题，FOIL 则被用于每个类。换句话说，对于一个类 *C*，类 *C* 的所有元组都被视为正元组，而其余类的元组则被视为负元组。生成的规则即用于区分 *C* 类元组和所有其他类的元组。在每次生成规则时，该算法会删除它所满足（或*覆盖*）的正样本，直到数据集中的所有正元组都被覆盖，这样一来，生成的规则数量就会减少。CPAR 则放宽这一步骤，允许继续考虑被覆盖元组但降低它们的权重。对每个类重复此过程，最终合并规则以形成分类器规则集。

在分类过程中，CPAR 采用的多规则策略与 CMAR 略有不同。如果有多条规则满足一个新元组 ***X***，那么这些规则就会根据类被分成不同的组，这一点与 CMAR 类似。然而，CPAR 根据期望的准确性，仅使用每个组中最佳的 *k* 条规则来预测 ***X*** 的类标签。由于仅考虑每个组的最佳 *k* 条规则而不是全部规则，CPAR 避免了排名较低规则的影响。在许多数据集上，CPAR 表现出的准确性接近于 CMAR。然而，由于 CPAR 生成的规则比 CMAR 少得多，因此它在较大的训练数据集上具有更高的效率。

综上，关联分类方法通过基于数据中频繁出现的属性 - 值对的合取建立规则，提供了一种有效的分类机制。

7.4.5　基于判别频繁模式的分类

在关联分类的部分中，频繁模式能够反映数据中属性 - 值对（或项目）之间的强关联，这一点对分类十分有用。

“但是，频繁模式的判别能力究竟如何呢？”频繁模式代表特征组合。下面将比较频繁模式和单一特征的判别能力。图 7.13 比较了三个 UCI 数据集中频繁模式和单一特征（即长度为 1 的模式）的信息增益。[⊜]结果显示，某些频繁模式的判别能力优于单一特征。这种差异的原

⊖ 如果规则前件满足或匹配 ***X***，则该规则满足 ***X***。

⊜ 加州大学欧文分校（UCI）在 http://kdd.ics.uci.edu/ 存档了几个大型数据集。这些数据集通常被研究人员用于测试和比较机器学习和数据挖掘算法。

因在于频繁模式通过将数据映射到更高维度的空间，捕捉了更多的底层语义，因此拥有比单一特征更强的表现力。

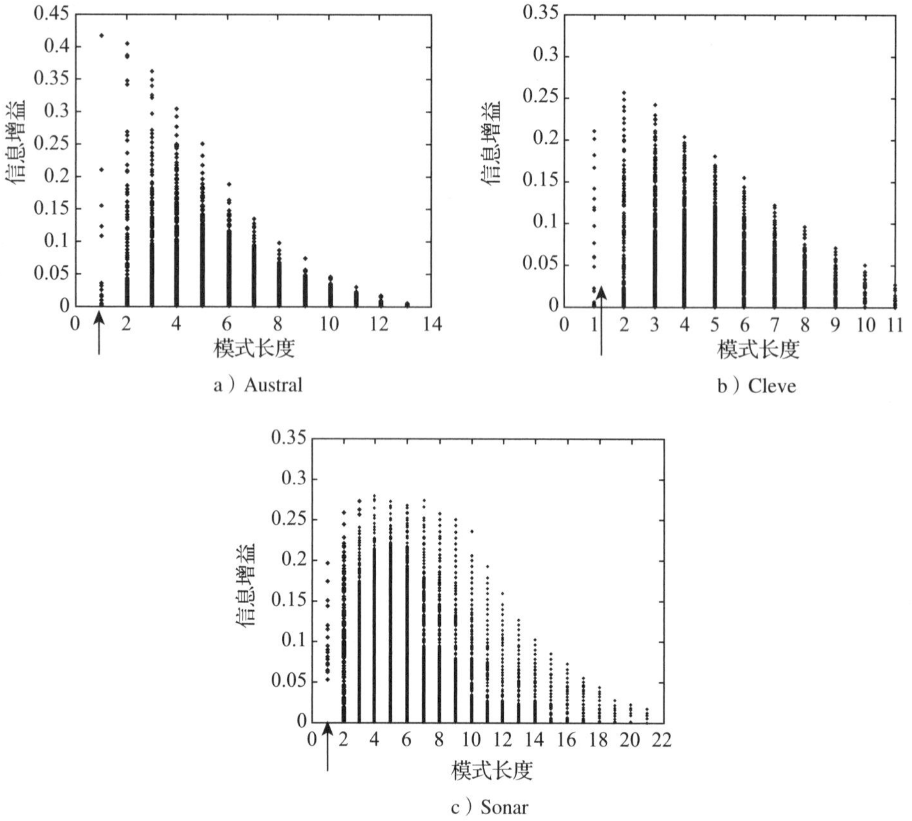

图 7.13　单一特征与频繁模式：三个 UCI 数据集的单一特征（长度为 1 的模式，箭头所示）和频繁模式（组合特征）的信息增益图

来源：改编自 Cheng，Yan，Han 和 Hsu [CYHH07]。

“在建立分类模型时，为什么不把频繁模式视为单一特征之外的组合特征呢？”这种想法就是**基于频繁模式的分类**基础，即在包含单一属性和频繁模式的特征空间中学习分类模型。这样，就可以将原始特征空间扩展为更大的空间，从而提高包含重要特征的机会。

再回到之前的问题：频繁模式的判别能力如何？在频繁项集挖掘中生成的许多频繁模式可能都缺乏判别性，因为它们仅考虑了支持度，而忽略了预测能力。按照定义，模式必须满足最小支持度阈值（min_sup）时才能被认为是频繁模式。例如，如果 min_sup 为 5%，则只有在 5% 的数据元组中出现的模式才是频繁模式。图 7.14 呈现了三个 UCI 数据集的信息增益与模式频率（支持度）的对比。图中展示了通过分析得出的信息增益的理论上限。结果表明，低频模式的判别能力（此处以信息增益来评估）受到一个较小值的限制，这是由于模式的数据集覆盖范围有限。同时，非常高频的模式也受到了限制，因为它们太过常见。信息增益的上限是模式频率的函数。支持度中等或较大的模式（例如，在图 7.14a 中支持度为 300）可能具有判别性，也可能不具有。并非所有频繁出现的模式都是有用的。

因此，将所有频繁模式添加到特征空间中会导致特征空间过于庞大。这会减慢模型的学习速度、导致模型过拟合，并降低准确率。另外，许多模式也可能是冗余的。因此，使用特征选择来剔除那些判别性较差和冗余的频繁模式是个好主意。基于判别频繁模式分类的一般框架如下。

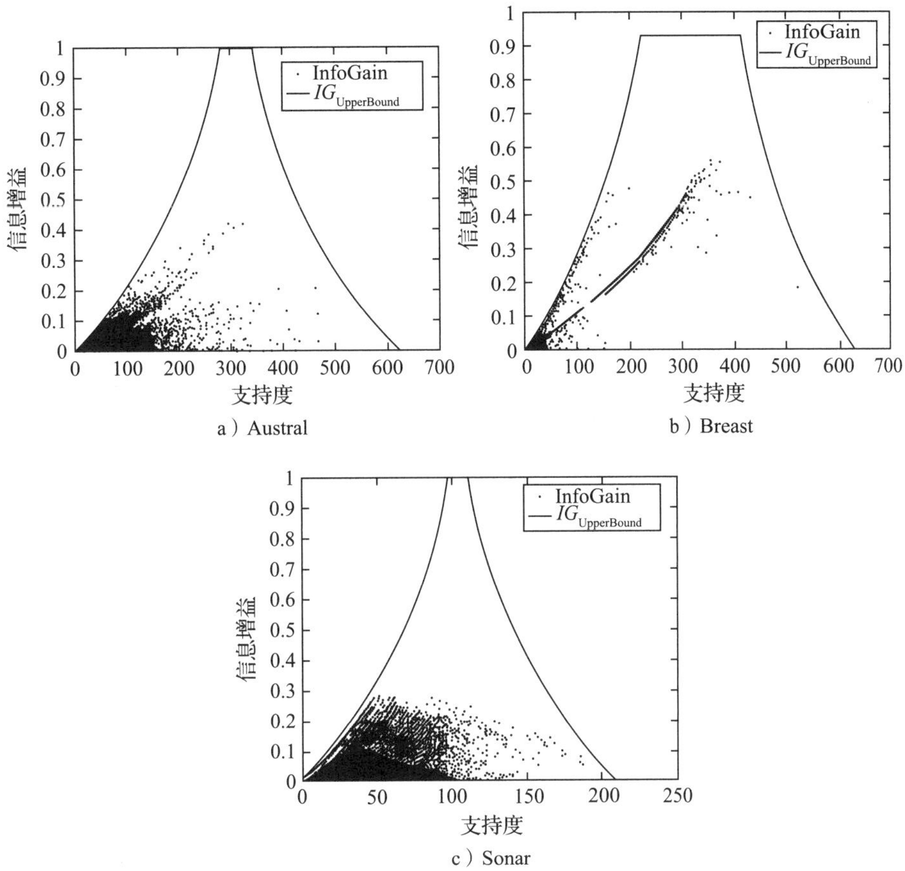

图 7.14 三个 UCI 数据集的信息增益与模式频率（支持度）的关系。图中还显示了信息增益的理论上限（$IG_{\text{UpperBound}}$）

来源：改编自 Cheng，Yan，Han 和 Hsu [CYHH07]。

1. **特征生成**：根据类标签对数据集 D 进行分区，并在每个分区中使用频繁项集挖掘找到满足最小支持度的频繁模式。这些频繁模式 $\mathcal{F}$ 组成了特征候选。

2. **特征选择**：对频繁模式集 $\mathcal{F}$ 进行特征选择，得到选择后的（更具判别能力的）频繁模式集 $\mathcal{F}_S$。此过程可以采用信息增益、费希尔得分等评估指标。这一步也可以应用相关性检查，以剔除冗余模式。此时，数据集 D 被转换为 D'，其中特征空间包括了单一特征和选定的频繁模式 $\mathcal{F}_S$。常见的特征选择方法曾在 7.1 节中介绍。

3. **分类模型的学习**：在数据集 D' 上构建分类器。任何学习算法都可以用于构建分类模型。

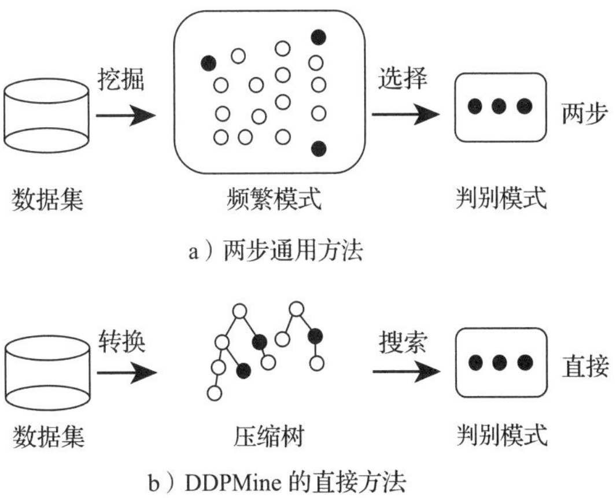

图 7.15 基于频繁模式的分类框架

图 7.15a 概括了这个一般框架，其中具有判别性的模式用实心圆圈表示。尽管这种方法简单明了，但依然可能会遇到计算瓶颈，因为必须先要找到所有的频繁模式，然后再

分析每个模式从而进行选择。由于项目之间模式组合的数量巨大，因此找到的频繁模式数量可能也会非常庞大。

为了进一步提高上述框架的效率，可以考虑将步骤 1 和步骤 2 合并为一步。也就是说，与其生成完整的频繁模式集，不如只挖掘具有较高判别性的模式。这种更直接的方法被称为 DDPMine（Direct Discriminative Pattern Mining，直接判别模式挖掘）。如图 7.15b 所示，DDPMine 采用了这种方法。首先，它将训练数据转换成一种压缩树结构，称为频繁模式树或 FP 树（第 4 章），其中包含了所有属性 - 值对（项集）的关联信息。然后，在树中搜索有判别能力的判别模式。这种方法很直接，因为它避免了产生大量无判别性的模式。它通过逐渐消除训练元组来逐渐缩小 FP 树，从而进一步加快挖掘速度。

通过将原始数据转换为 FP 树，DDPMine 避免了生成冗余模式，因为 FP 树仅存储闭频繁模式。根据定义，闭模式 α 的任何子模式 β 对于 α 而言都是冗余的（第 5 章）。DDPMine 直接挖掘判别模式，并将特征选择集成到挖掘框架中。信息增益的理论上限用于促进分支和边界搜索，从而显著减小了搜索空间。实验结果显示，DDPMine 在不降低分类准确性的情况下，比两步方法的速度提高了几个数量级。此外，DDPMine 在准确性和效率方面也优于最先进的关联分类方法。

尽管 DDPMine 技术在修剪大量非判别频繁模式方面优于传统关联分类器，但在构建分类模型时依然可能会使用数百甚至数千个频繁模式。如何进一步减少模式数量，从而建立一个更加精简高效的分类器依旧是个挑战（这样做不仅能提升计算速度，而且能使终端用户更易于理解分类器的工作原理）。为了解决这一挑战，DPClass（Discriminative Pattern-based Classification，基于判别模式的分类）方法融合了基于树的分类器的技术和特征选择的策略，并吸取了两者的长处。它特别利用了 6.2 节中介绍的决策树分类器、随机森林等基于树的方法，以及 7.1 节中介绍的向前选择、LASSO 等特征选择技术。DPClass 首先采用了由多个基于树的分类器构成的随机森林模型。接下来，DPClass 将这些随机森林中每棵树从根节点到非叶节点的前缀路径都视作一种潜在的判别模式。最后，它借助于向前特征选择和基于 LASSO 的技术，从这些判别模式中选出一组判别力强的模式子集，来构建如 logistic 回归或线性 SVM 这样的线性分类器。对多个 UCI 数据集的实际评估表明，DPClass 的表现不仅足以匹敌 DDPMine，有时甚至可以更胜一筹。更重要的是，DPClass 所需的判别模式数量显著少于 DDPMine，这使得由 DPClass 生成的分类器更加简洁，运行速度更快，同时其透明度和易理解性也大大增强，因此更适合终端用户使用。

7.5 弱监督分类

前面讨论的各种分类器，如支持向量机、logistic 回归、k- 最近邻算法等，大多都依赖“强监督”学习。这意味着，要训练出一个高度准确的分类器，通常需要大量高质量的训练元组，而且每个数据元组都需要由该领域的专家精确标记。但是，如果只有少量带标签的训练元组怎么办呢？在诸如文档分类、语音识别、计算机视觉和信息提取等领域中，未标记的数据通常非常庞大。以文档分类为例，假设要构建一个模型来自动对文本文档（如文章或网页）进行分类，特别是希望这个模型能够区分冰球和足球相关的内容。尽管现在有海量的可用文档，但这些文档却缺少相应的类标签。回想一下，监督学习通常需要用一组带有类标签的数据集进行训练，但手动为每个文档分配类标签（以形成训练集）既耗时又昂贵。语音识别需要专业的语言学家对语音进行准确的标注。据调查，标注 1 分钟的语音需要 10 分钟，而标注音素（即声音的基本单位）则需要 400 倍的时间。再比如，信息提取系统通常需详尽的注释训练，这由专业人员在文本中标记感兴趣的项目或关系（如公司名或个人名）完成。在生物医学信息提取等专业领域，标注基因和疾病信息可能需要深厚专业知识。很明显，人工手动分配类标签不仅昂贵，而且极其耗时。另外，在计算机视觉中，建立自动识别各种对象（即类标签）的高精度分类器是基本任务。然而，某些对象（如新品种的狗）可能在分类器创建后才出现。换句话说，新出现的类标签可能根本没有与之对应的训练元组。那么，在这种情况下，分类器该如何识别这些新品种狗的测试图像呢？

本节中将讨论五种分类方法，它们均适用于没有或只有有限数量带标记训练元组的情况。7.5.1 节主要介绍*半监督分类*，这种方法同时使用已标记和未标记的数据来构建分类器。7.5.2 节介绍*主动学习*，即学习算法挑选出高质量的未标记数据元组并要求人工标记元组。7.5.3 节介绍*迁移学习*，目的是从一个或多个源分类任务（如相机评价分类）中提取知识并将知识应用于目标分类任务（如电视评价分类）。7.5.4 节研究*远程监督*，其核心思想是自动获取大量廉价但可能存在噪声的标记训练元组。最后，7.5.5 节介绍*零样本学习*（zero-shot learning），它处理的是完全没有特定类标签的训练元组的情况。这些策略有助于减少数据注释的需求，节省成本和时间。与需要“强监督”（即有大量高质量的标记元组可用于训练分类器）的传统方法相比，这些方法被统称为**弱监督分类**。

此外，还存在许多其他形式的弱监督。例如，*众包学习*的目的是用带噪声的训练集来训练分类模型。在这种情况下，类标签由众包平台（如亚马逊的 Mechanical Turk）上的工作人员提供，这样便可以用相对较低的成本获得大量带标签的训练元组。然而，众包工作人员提供的一些（可能很多）标签可能是错误的。因此如何从噪声标签中推断出真实标签（即 ground truth）是众包学习的一个重点。众包学习可以看作一种弱监督学习，因为监督（即标签）是有噪声的或不准确的。在*多实例学习*中，每个训练元组（如图像、文档）被称为一个*包*，它由一组*实例*（如图像的不同区域、文档的不同句子）组成。只要数据包中有一个实例被分配了正类标签，该包就被标记为正包。如果数据包中的任何实例都没有正类标签，那么它就被标记为负包。例如，如果图像中至少有一个区域与海滩有关，则将其标记为“海滩”，如果没有任何一个区域与海滩有关，则将其标记为“非海滩”。给定一组带有标签的包，多实例学习的目标是训练一个分类器来预测测试集中（之前未见过的）包的标签。多实例学习可以被看作一种弱监督学习的形式，因为标签（即监督）是以较粗的粒度提供的（即在包级别而不是实例级别）。包的标签也被称为*组级标签*（例如，图像的一组区域，文档的一组句子）。

7.5.1 半监督分类

半监督分类同时使用带标签和无标签的数据来构建分类器。设 $X_l = \{(x_1, y_1), \cdots, (x_l, y_l)\}$ 为带标签数据集，$X_u = \{x_{l+1}, \cdots, x_n\}$ 为无标签数据集。下面将举例说明这种分类方法。

自训练（Self-training）是半监督分类的最简单形式。它首先使用带标签数据构建分类器，然后分类器尝试对无标签数据进行标注，并将对标签预测最有信心的元组添加到带标签数据集中。此过程不断重复（见图 7.16）。尽管这种方法容易理解，但其缺点在于可能会加强错误。

协同训练（Co-training）是半监督分类的另一种形式，即两个或多个分类器互相学习。每个分类器使用不同的、理想情况下相互独立的特征集对每个元组进行处理。例如，在网页数据中，图像相关属性和相应文本相关属性构成两组特征。每个特征集（被称为“视图”）都足以训练出一个良好的分类器。假设特征集分为两组，分别用于训练两个分类器 f_1 和 f_2。这两个分类器在不同特征集上进行训练。随后，用 f_1 和 f_2 来预测无标签数据 X_u 的类标签。每个分类器都向另一个传递预测结果，即 f_1 中最可靠的预测结果将与其对应的元组一同添加到 f_2 的带标签数据集中。

同样地，f_2 中具有最可靠预测的元组会被添加到 f_1 的带标签数据集中。图 7.16 总结了这种方法。与自训练相比，协同训练对错误的敏感度较低。但协同训练的困难之处在于假设条件可能不成立，也就是说，可能无法将特征分割成互斥且类条件独立的集合。

自训练

1.选择一种学习方法，如贝叶斯分类。使用带类标签的数据 X_l 构建一个分类器。

2.使用该分类器对无类标签的数据 X_u 标注。

3.选择具有最高置信度（最可靠预测）的元组 $x \in X_u$，将它和它的预测标签添加到 X_l。

4.重复以上过程（即使用扩展的带标签的数据重新训练分类器）。

协同训练

1.对于带类标签的数据 X_l，定义两个不重叠的特征集。

2.在标签数据上训练两个分类器 f_1 和 f_2，其中，f_1 使用一个特征集训练，而 f_2 使用另一个训练。

3.分别用 f_1 和 f_2 对 X_u 分类。

4.将最可靠的 $(x, f_1(x))$ 添加到 f_2 使用的有标签的数据集上，其中 $x \in X_u$。类似地，将最可靠的 $(x, f_2(x))$ 添加到 f_1 使用的有标签的数据集上。

5.重复以上过程。

图 7.16　半监督分类的自训练和协同训练

半监督学习还有其他方法。例如，可以对特征和标签的联合概率分布进行建模。对于无标签的数据，可以将标签视为缺失数据。可以使用 EM 算法（第 9 章）来最大化模型的似然性，以及使用支持向量机的半监督分类方法。

“*半监督分类在什么情况下有效？*”一般而言，半监督学习建立在两个核心假设之上。首先是*聚类假设*，它指出同一个簇中的数据元组很可能拥有相同的类标签。关于聚类算法，将在第 8 章和第 9 章中详细探讨。半监督支持向量机（S3VM）是一个典型的聚类假设应用。回顾标准支持向量机（见 7.3 节），其目标是找到一个最大间隔超平面来清晰地分隔正负元组。但 S3VM 在达到此目标的同时，为了确保不破坏未标记数据的聚类结构，因此更偏向于那些穿过未标记数据元组稀疏区域的分类器，例如超平面。另一个常见的假设是流形假设[⊖]，在这里不会深入讨论其技术细节，简言之，流形假设认为彼此接近的数据点可能属于同一类。基于此假设的一个实际例子是基于图的半监督分类算法。这个算法首先构建一个图，图的节点代表所有输入元组，包括已标记的和未标记的，而边则代表节点间的局部邻近性。例如，可以将每个数据元组与其最接近的 k 个邻居相连。在这个图中，标记节点只占很小比例，大多数节点是未标记的。分类过程涉及将已标记节点的标签传播至未标记节点，利用图的结构特性，有效传播标签信息。

7.5.2　主动学习

主动学习是一种迭代式的监督学习，适用于数据充足但类标签稀缺或难以获取的情况。这种算法能够主动地向用户（如人类注释者）请求所需要的标签信息。用这种方式学习一个概念所需的元组数量通常比典型的监督学习方法所需的数量要少得多。

“*主动学习如何克服标签瓶颈？*”主动学习致力于以最少的标注实例实现尽可能高的准确

⊖　在数学术语中，流形是一个拓扑空间，它在每个数据点的附近近似于欧几里得空间。

率，从而降低成本并提高效率。假设 D 是待分析的数据集。如图 7.17 所示，一种常见的主动学习策略是*基于数据池的方法*。在这种情况下，数据集 D 的一小部分是已经标注好的，将这部分称为 L（标注集）。其余未标注的数据构成了集合 U，即未标注数据池。在主动学习过程的开始，学习器使用标注集 L 进行初步训练。随后，学习器应用一个*查询函数*，从未标注数据池 U 中精心选择一个或若干个样本，并请求外部专家（或称为“Oracle”，例如人类注释者）对这些样本进行标注。新获得的标签样本随即被纳入 L 集合中，学习器便利用这些新增的数据以标准的监督学习方式进行进一步训练。该过程循环迭代，不断重复。主动学习的核心目标是最小化标注成本，即用尽可能少的标注样本达到尽可能高的准确率。评估主动学习算法的效果时，通常采用学习曲线，这种曲线图能够绘制出准确率与查询实例数量之间的函数关系图。

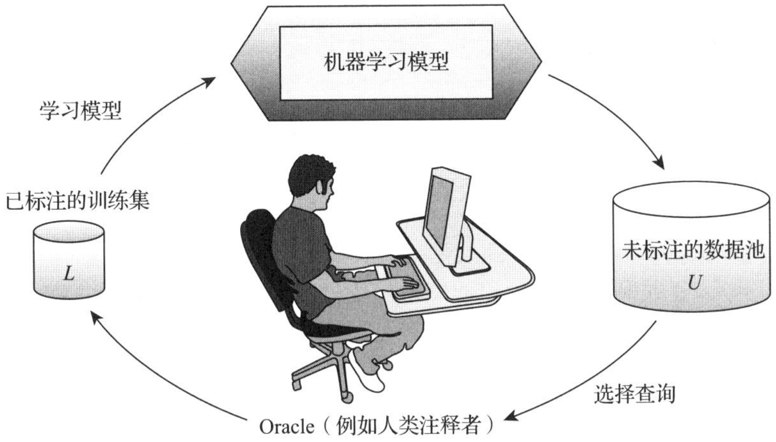

图 7.17　基于数据池的主动学习循环

来源：摘自 Settles [Set10]，Burr Settles Computer Sciences Technical Report 1648，University of Wisconsin-Madison；*经授权使用。*

大多数关于主动学习的研究都侧重于如何选择要查询的数据元组。目前，已经提出了几种不同的策略框架。*不确定性采样*就是其中的一种常用策略，它指的是主动学习算法会优先询问那些它最不确定如何标记的数据元组。而*投票询问*（query-by-committee）则是另一种流行的策略，在这种策略中，会构建多个分类器，比如五个，然后选择那些在分类决策上存在最大分歧的未标记元组进行查询。例如，如果有三个分类器将一个样本归为正类，另外两个分类器将其归为负类，那么这个元组就会被选中进行进一步的查询。其他策略专注于减小*版本空间*，即降低与已有训练元组一致的假设集合范围。或者，采用决策理论方法来估算期望的误差降低，选择可能最大限度减少错误预测数量的元组，例如通过降低未标记数据集 U 上的预期熵来选择元组。虽然这种方法能有效指导选择，但计算成本往往较高。

7.5.3　迁移学习

假设一家电子产品商店收集了许多顾客对某款相机的评价。分类任务的目的是自动将这些评价标记为积极或消极。这个任务被称为**情感分类**。在这个任务中，可以检查每一条评价并为其添加*积极*或*消极*的类标签来对其进行注释。然后，标记后的评价可以用于训练和测试一个分类器，以便将未来的产品评价自动标记为积极或消极。相对于耗时且费力的人工标注，这种自动化方式更为高效、成本更低。

假设现在同一家商店也收集了顾客对其他商品（如电视）的评价。由于不同种类商品的评价数据往往有较大的差异，因此不能假设电视评价数据与相机评价数据具有相同的数据分布。也就是说，需要为电视评价数据开发专门的分类模型。然而，检查并标记电视评价以构建训练集是一项耗时的任务。为每类商品开发准确的分类模型需要大量标记数据。能够调整已有的分类模型（如相机评价的模型）来辅助电视评价模型的学习将非常有帮助。这种策略，即知识迁移，能够显著减少标记大批数据的需要，从而节省了时间和成本。这正是迁移学习的本质。

迁移学习是一种高效的机器学习方法，其核心理念是将一个或多个源任务中的知识应用到新的目标任务中。在前面的示例中，源任务是对相机的评价进行分类，目标任务是对电视的评价进行分类。图 7.18 展示了传统学习方法与迁移学习之间的差别。在传统学习方法中，会针对每个新的分类问题构建一个全新的分类器，使用带标签的训练和测试数据。而迁移学习则利用已有的源任务知识来构建新（目标）任务的分类器，通常需要更少的训练数据和更短的训练时间。传统学习假设训练数据和测试数据应该来自同一分布，并具有相同特征空间。如果分布发生改变，就需要重新构建模型。

与此相反，迁移学习提供更大的灵活性，允许使用不同的分布、任务甚至数据领域进行训练和测试。这种灵活性类似于人类学习过程。比如，人们可以将学习吹笛子时获得的阅读乐谱能力和音乐理论知识，迁移到学习弹钢琴的过程中，从而使新任务的学习变得更加容易。同理，会说西班牙语的人往往能更快地学会意大利语，因为两种语言在词汇和语法上有许多相似之处。迁移学习正是利用了这种相似性，使机器学习任务更加高效。

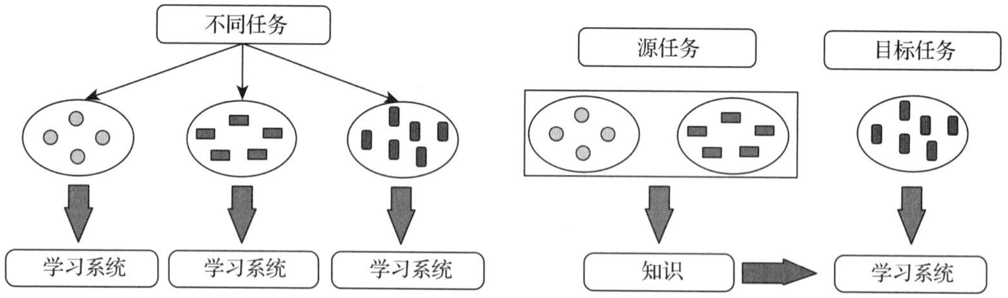

a）传统学习方法　　b）迁移学习

图 7.18　迁移学习与传统学习方法

注：a）传统学习方法为每个分类任务从头开始构建一个新的分类器。b）迁移学习应用源分类任务中的知识，简化了为新的目标分类任务构建分类器的过程。

来源：Pan 和 Yang [PY10]；经授权使用。

迁移学习同样可以有效处理数据过时或数据分布发生变化的情况。下面将举两个例子来说明这一点：首先是网页文档的分类任务。可能当前已有一个对新闻组文章分类的分类器，但网络上的热门话题不断变化，使得分类器使用的网页数据很快过时。迁移学习可以用于更新和适应这些变化的主题，以确保分类器仍然有效。另一个例子是对垃圾邮件过滤。假设当前使用一组用户的数据训练了一个分类器，能够将电子邮件标记为“垃圾邮件”和“非垃圾邮件”。此时，对于新加入的用户，他们的电子邮件分布可能与原始组不同，因此需要通过迁移学习来调整学习到的模型，从而纳入新的数据。综上，迁移学习可以调整已学习的模型，使其包括新用户数据特征，以保持过滤器的准确性和相关性。

迁移学习作为一种知识迁移的手段，涵盖了多种方法，其中最常见的是基于实例的迁移学习方法。该方法通过调整源任务中选定数据的权重，以支持目标任务的学习过程。在此领域，TrAdaboost（迁移 Adaboost）算法是一个经典的例子。以网页文档分类为例，旧数据（即源数据）用于训练分类器，现在需要处理新数据（即目标数据），这两者在数据分布上可能有所不同。TrAdaboost 算法是建立在这样一个假设上的：尽管源域数据和目标域数据在数据分布上有显著的不同，但它们共享相同的属性集（特征空间）和类标签集。该算法是对 Adaboost 集成算法（6.7.3 节中详细介绍）的一种扩展，巧妙地只需对少量目标数据进行标记。这个算法的优势在于不完全抛弃所有的源数据，并且基于一个理念——源数据中的大多数信息依然有价值，可以被用来训练新的分类模型。它通过自动调整分配给训练元组的权重，有效过滤掉那些与目标数据差异较大的源数据，从而减少其对新任务学习的干扰。这种方法实现了新旧数据间的平衡，优化了学习过程，并提高了新任务的分类性能。

回想一下，在提升中，集成是通过学习一系列的分类器来创建的。首先，为每个元组分配一个权重。在学习了分类器 M_i 之后，权重会被更新，以便让后续的分类器 M_{i+1} “更关注”被 M_i 误分类的训练元组。TrAdaboost 遵循这种策略。但是，如果源数据元组被错误分类，TrAdaboost 推断该元组可能与目标数据非常不同。因此，它会减小这些元组的权重，从而减少它们对后续分类器的影响。因此，TrAdaboost 只需使用少量新数据和大量旧数据就可以学习准确的分类模型，即使仅凭新数据不足以训练模型。因此，TrAdaboost 可以将知识从旧分类器迁移到新分类器。

负迁移是迁移学习所面临的一大挑战，当新分类器的性能较没有迁移时更差，就会出现负迁移。如何避免负迁移是一个活跃的研究领域，其中的关键是量化源任务和目标任务之间的差异。另一个活跃的研究主题是*异构迁移学习*，涉及从不同的特征空间和多个源域迁移知识。传统上，迁移学习主要应用于小规模应用。若要将迁移学习应用于较大规模的应用，如社交网络分析和视频分析，则通常需要建立在深度学习模型上，采用“预训练”和“微调”的策略，这将在第 10 章中介绍。

迁移学习与另一种叫作*多任务学习*的强大的弱监督学习方法密切相关。[⊖]下面将以情感分类为例来说明迁移学习和多任务学习之间的区别。在迁移学习中，假设有大量人工标注的相机评价数据（即源任务），但人工标注的电视评价数据（即目标任务）却非常有限。迁移学习的目标是迁移源任务（相机评价情感分类）的知识，以帮助构建更好的电视评价情感（即目标任务）分类器。现在，假设电视评价和相机评价都只有少量人工标注的数据。如何才能准确地构建用于电视评价情感分类和相机评价情感分类的两个分类器呢？多任务学习通过同时训练两个分类器来解决这一问题，这样一个学习任务（如电视评价情感）中的知识就可以迁移到另一个学习任务（如相机评价情感）中，反之亦然。

7.5.4　远程监督

下面，再来看一个情感分类的例子。假设一家电子商店在社交媒体平台（如 Twitter）上推出了一项新的节假日促销活动，这项活动通过数十万条推文迅速传播开来。店长想要了解这些推文的情感，以便相应地调整促销策略。这时，可以人工标注大量推文的情感，并训练一个分类器来预测其余推文的情感（积极或消极）。但是，这样做很费时间。店长想知道：“能不能在不进行任何人工标注的情况下对推文进行情感分类器训练呢？”**远程监督**旨在通过自动生成大量带标签的元组来回答这个问题。特别是，店长注意到，大部分推文的文本内容中都

⊖ 在一些机器学习文献中，多任务学习被视为迁移学习的一个特例，即归纳式迁移学习，其中源域和目标域共享相同的特征（即属性）空间。

带有符号“ :)”或“ :(”，这些符号通常与积极和消极情感相关联。因此，可以将所有带有符号“:)”的推文视为积极元组，将带有符号“:(”的推文视为消极元组，并使用它们来训练情感分类器。一旦训练好分类器，就可以使用它来预测未来任何一条推文的情感，即使它不包含“:)”或“:(”符号。请注意，在这种情况下，人们无须人工标注任何推文的情感，因为这些关于积极或消极情感的标签都是自动生成的。

在前面的情感分类示例中，通过利用推文中的具体信息（如表情符号“ :)”或“ :(”）来自动生成带有情感标签的训练数据元组。远程监督的一种策略是借助外部知识库，自动生成训练元组的标签。例如，若要根据不同主题（如新闻、健康、科学、游戏等）对推文进行分类，可以使用 Open Directory Project (ODP, http://odp.org)，这是一个由志愿者维护的 Web 链接目录。如果一条推文包含了一个链接，如 http://nytimes.com，则可以直接查询 ODP，找出其分类（例如“新闻”），并将其视为推文的标签。这样，就能够自动生成大量带标签的训练集。在训练好分类器后，可以用它来预测那些没有链接的推文的类。另一种方法基于与推文链接的 YouTube 视频，能自动生成带标签的训练数据。这种方法基于两个观察：首先，存在大量推文，每条推文都附带了一个 YouTube 视频的链接；其次，每个 YouTube 视频都与 18 个预定义的分类标签中的一个相关。这样，就可以将 YouTube 视频的分类标签视为相应推文的标签。

除了社交媒体帖子的分类任务外，远程监督技术同样适用于自然语言处理中的关系提取。这其中的一个研究焦点是如何更高效地编写标签函数从而自动生成标签，而不是让用户手动标注大量数据。不过，远程监督的一个主要局限是，自动生成的标签通常噪声较大。例如，一些带有“ :)”符号的推文可能带有中性甚至负面的情绪，而推文的类标签并不总是与其包含的链接（网页或 YouTube 视频）的标签一致。

7.5.5 零样本学习

假设有一组动物图像，每张图像都有唯一的标签，包括“猫头鹰”“狗”或“鱼”。使用这个训练数据集可以构建一个分类器，如 SVM 或 logistic 回归分类器。[㊀]然后，对于一张给定的测试图像，就可以用训练好的分类器来预测它的类标签，也就是预测这张图像是关于三种可能的动物（猫头鹰、狗或鱼）中的哪一种。但是，如果测试图像实际上是关于一只猫的呢？换句话说，测试数据的类标签从未在训练数据中出现过。这就是零样本学习要解决的问题，即分类器需要预测一个在训练阶段从未出现过其类标签的测试元组。

乍一看，这个任务似乎不可能完成。人们往往会想：“如果没有关于猫的训练元组，该如何构建识别猫图像的分类器呢？”事实上，可以获取一些有关新类的高层次描述信息。以“猫”为例，可从维基百科中了解到猫有可伸缩的爪子和超强夜视能力。零样本学习试图利用这种外部知识或额外信息来构建一个可以识别新类标签的分类器。

下面，将以动物分类为例（图 7.19）来解释零样本学习是如何工作的。假设有 n 张训练图像，每张图像用一个 d 维特征向量来描述，并用一个 3 维标签向量指明图像属于哪个已知类。例如，“狗”对应的标签向量是 [1,0,0]。此外，还能获得与类标签相关的额外信息，其中提供了每个类标签（动物）的语义描述，可以用四个语义属性[㊁]描述每个类，这些属性包括“是否有四条腿”“是否有翅膀”“是否有可伸缩的爪子”以及“是否具备超强夜视能力”。以“狗”

㊀ 迄今为止所见的分类任务通常只涉及两个可能的类标签（例如，积极与消极情感），但在这个场景下，是一个多分类问题，因为存在三个可能的类标签。将在 7.7.1 节中介绍多类分类的技术。

㊁ 在文献中，语义属性也被称为语义特征、语义性质或者只是属性。

为例，它有四条腿但没有翅膀、没有可伸缩的爪子或不具备超强夜视能力，因此“狗”的类可以用一个 4 维的语义属性向量 [1,0,0,0] 来描述。另外，对于“猫”的类标签，其对应的语义属性向量是 [1,0,1,1]，表明猫有四条腿、有可伸缩的爪子且具备超强夜视能力，但没有翅膀。重要的是要认识到，这些额外的知识不仅适用于已经知道的类标签，如“猫头鹰”“狗”和“鱼”，它们也同样适用于新的类标签，比如“猫”和“公鸡”。这样的知识架构使得零样本学习能够在没有直接训练数据的情况下，识别和分类新的动物类别。

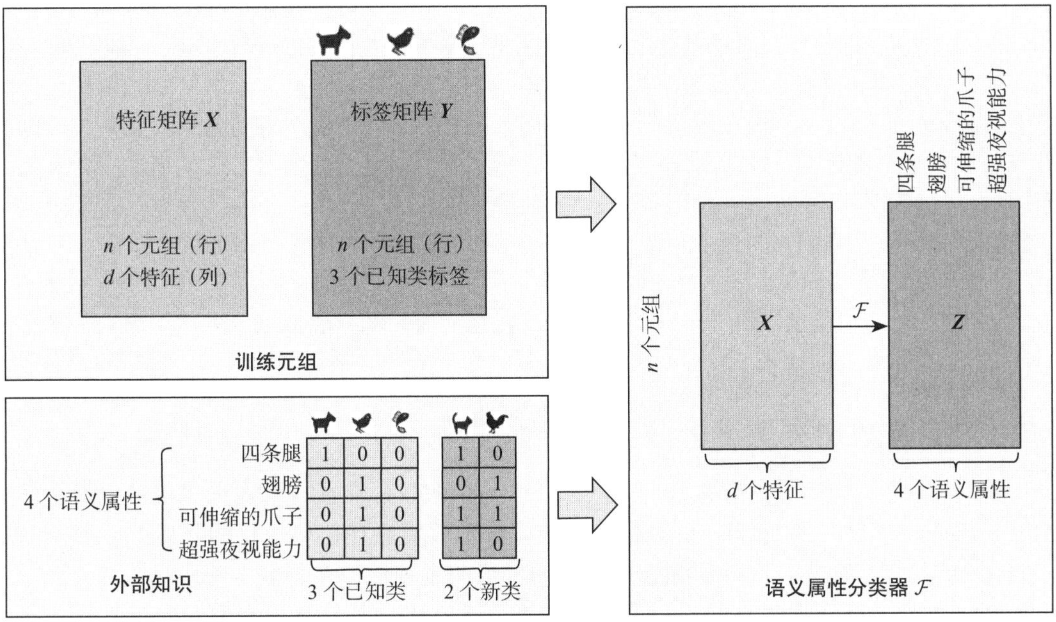

图 7.19　左上图：输入 d 维特征空间中的 n 个训练元组，每个元组都标有三个已知类（即“狗”“猫头鹰”和“鱼”）中的一个。左下图：外部知识，每个已知类和新类由四个语义属性描述。右图：训练好的语义属性分类器 $\mathcal{F}$

然后，使用输入训练元组（即图 7.19 左上角的 $n\times d$ 特征矩阵 $\boldsymbol{X}$ 和 $n\times 3$ 标签矩阵 $\boldsymbol{Y}$）以及关于三个已知类的外部知识（即图 7.19 左下角的三个已知类标签对应的四个属性信息），可以训练一个语义属性分类器 $\mathcal{F}$。这个分类器可以预测一个由 4 维语义属性向量组成的输出，这个向量代表了由 d 维特征向量所描述的输入图像的属性。在给出的例子中，语义属性分类器 $\mathcal{F}$ 的输出能够揭示一张图像是否具有以下属性：“四条腿”“翅膀”“可伸缩的爪子”以及“超强夜视能力”。为了训练这样一个语义属性分类器，可以使用一个双层神经网络，这将在第 10 章中详细讨论。[⊖]然后，给定一个测试图像，可以根据以下两个步骤来预测它属于哪个新类（即“猫”还是“公鸡”）。首先，给定测试图像的 d 维特征向量，使用语义属性分类器 $\mathcal{F}$ 输出一个 4 维语义属性向量，其元素指示测试图像是否具有相应的语义属性。例如，如果语义属性分类器输出一个向量 [1,0,0,1]，这意味着分类器预测测试图像（1）有四条腿，（2）没有翅膀，（3）没有可伸缩的爪子，以及（4）具备超强夜视能力。其次，将预测的语义属性向量与关于两个新类的外部知识（即图 7.19 中左下图的右侧 4×2 表格）分别进行比较。这样，预测测试图像属于其语义属性向量与测试图像最相似的新类。在上述示例中，由于预测的语

⊖　这个双层神经网络的输入是 d 维特征，隐藏层对应于四个语义属性，输出层对应于三个已知的类标签。与典型的神经网络不同，第二层（从语义属性到已知类标签）的模型参数可以根据已知类标签的四个语义属性的外部知识直接获得。

义属性向量 [1,0,0,1] 与“猫”的语义属性向量（[1,0,1,1]）更相似，而不是与“公鸡”的语义属性向量（[0,1,1,0]）更相似，因此预测这是一张关于“猫”的图像。

上述方法的核心是使用语义属性作为桥梁，将经过已知语义标签训练的语义分类器的输出迁移到新类的预测上。从这个角度来看，零样本学习可以被视为迁移学习的一个变体，因为它可以将已知类的知识迁移到新的类中。除了语义属性外，还可以利用其他类型的外部知识来进行零样本学习，如类间的相似性。例如，在动物图像分类任务中，可以训练多类分类器来预测图片属于三个已知的动物类中的哪一个。如果现在有一张属于新类（比如“猫”或“公鸡”）的图像，并且分类器预测它是“狗”，借助于对类间相似性的理解（知道“猫”与“狗”更相似），则可以合理推测这张图像其实是“猫”。在标准的零样本学习场景中，测试图像总被假定属于新的类之一，这在现实应用中可能过于理想化。例如，测试图像可能来自已知类（如狗、猫或鱼）或新类（如猫或公鸡）。为了适应这种更加复杂的情况，人们研究了广义的零样本学习。零样本学习的另一应用领域是神经活动识别，在这一任务中，分类器需要根据功能性磁共振成像（fMRI）图像中反映的大脑活动来识别一个人正在思考的词汇。在这种情况中，图像的类标签是词汇。由于人们很难收集到一个包含所有词汇的训练集，因此零样本学习在这里可以帮助，将在有限词汇上（已知的类标签）训练得到的分类器推广应用到训练阶段从未见过的新词汇（即新类）上。

7.6 对丰富数据类型进行分类

到目前为止，本章所讨论的分类方法都基于一个假设：存在一个训练集，其中每个样本均由一个特征（属性）向量和一个类标签组成。分类器建立在这些信息的基础上，来预测未见过的测试元组的标签。这些训练无组可以用特征向量表示，在特征空间中呈现为点（即空间数据）。然而，现实世界中并不只有空间数据，还有多种其他数据类型，如流数据、序列（如文本）、图数据、网格数据（如图像）和时空数据（如视频）等。为了处理这些不同类型的数据，研究人员已经研发出了多种分类技术。本节将介绍其中的三个典型案例：流数据分类（7.6.1 节）、序列分类（7.6.2 节）和图数据分类（7.6.3 节）。第 10 章将介绍的深度学习技术可以通过自动学习各种输入数据（如图像、文本、图）的特征表示，为丰富数据类型的分类提供另一种强大方法。

7.6.1 流数据分类

假设一家银行计划研发一种数据挖掘工具，来自动检测欺诈交易。首先，可以收集大量包含合法和欺诈交易的历史数据，并将其作为训练集来构建分类器（如 SVM 或 logistic 回归）。如果训练好的分类器性能可接受，则会将其整合到银行的 IT 系统中，用于将未来的交易分类为欺诈或合法。此后，每当分类器标识出一笔新的欺诈交易时，银行都会邀请专家进行手动检查，以确定是欺诈交易还是误报（即被标记为欺诈的交易实际上是合法的）。一旦得到专家的标注，就可将其自然地用于新的训练集，以提升分类准确度。这种分类设置就是*流数据分类*，其中交易按时间顺序以流的形式到达，[⊖]分类器需要：（1）在新交易到来时对其进行分类，（2）使用新获得的标记元组（如银行专家新确认的欺诈交易）进行更新（即重新训练）。

流数据分类面临多重挑战。首先，流数据的产生速度极快。仅依赖最新的有标签的数据（如银行专家最近确认的欺诈交易）和历史数据来重新训练分类模型是行不通的，因为重新训

⊖ 形式上，数据流是一系列数据元组的有序序列。

练分类器的速度可能比新数据产生的速度还要慢。其次，流数据的规模通常非常庞大，在理论上甚至可能是无限的。例如，一家银行可能在多年内不断收到新的交易。因此，保存所有数据并不现实，通常假设每个数据元组只会被访问一次或少数次，即“一遍限制”。再次，分类所依赖的底层数据特征可能会随着时间发生变化。例如，一些欺诈者可能会改变行为以规避检测系统。在这种情况下，之前的训练数据便不再相关，甚至可能成为干扰噪声，不适用于新型欺诈交易的分类器。这种现象通常被称为“概念漂移”，即概念（分类器要学习的类标签）会随着时间的推移而不断变化。

基于集成的方法可以有效地对流数据进行分类，其工作原理如下（如图 7.20）。首先，将流数据划分为大小相等的块。每个块包含一个训练集 $(\boldsymbol{X}_i, \boldsymbol{y}_i)(i = 0,1,\cdots,k)$，其中 $\boldsymbol{X}_i$ 和 $\boldsymbol{y}_i$ 分别是第 i 个块的特征矩阵和标签向量；$i = 0,1,\cdots,k$ 是块的索引，其中 $i = 0$ 是当前（即最近）的块，$i = k$ 是最旧的块。对于 k 个历史块（即 $i = 1,\cdots,k$）中的每一个，都需要训练一个分类器 f_i（如朴素贝叶斯分类器），它可以输出给定元组 x 属于目标类 c（如欺诈交易）的后验概率 $f_i(x) = p_i(c|x)$。每个分类器 f_i 还与权重 w_i 相关联。因此，测试元组 x 的集成输出（即给定交易 x 是欺诈交易的整体预测概率）是这 k 个分类器输出的加权和，即 $p(c\,|\,x)=\sum_{i=1}^{k} f_i(x)w_i$。当一个新的块 $(\boldsymbol{X}_0,\boldsymbol{y}_0)$ 到达时，就训练一个新的分类器 f_0。同时，使用新到达的数据块作为测试集，来估计所有 $(k + 1)$ 个分类器 $f_i(i = 0,\cdots,k)$ 的分类误差，[⊖]并在所有的 $(k + 1)$ 个分类器中，选择分类误差最低的 k 个分类器作为集成的成员。换句话说，分类错误率最高的分类器将被丢弃。同时，对于保留的 k 个分类器，更新它们的权重。分类错误率越低，权重越高。可以看到，这种方法有效解决了流数据分类的三大挑战。第一，能仅使用最新的数据块来训练新的分类器 f_0，这样就能应对高速到达的数据。第二，每个数据元组只被访问一次，用于训练当前分类器和更新单个分类器的权重，因此可以大大加快训练速度。第三，通过调整单个分类器的权重，集成会更关注最相关的数据块，从而自然地捕捉到随时间漂移的类概念。

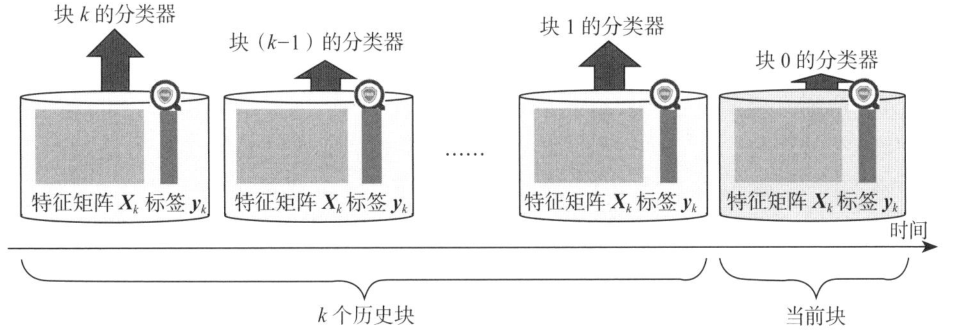

图 7.20　基于集成的流数据分类方法。每个块训练一个单独的分类器，并使用最近的块（块 0）来估计分类误差。分类误差越大，集合中的权重就越低。图中，黑色箭头的高度表示分类误差。块 k 的分类器将被丢弃，因为它的错误率最高。与块 $(k-1)$ 或块 0 相比，块 1 的单个分类器在集合中的权重较低

流数据分类不仅可以应用于金融领域，还在市场营销、网络监控和传感器网络等领域被广泛使用。当前，存在多种流数据分类的学习策略。例如，快速决策树（VFDT）建立在（a）Hoeffding 树基础上，这种树通过使用训练元组的采样子集来建立决策树（例如，在树节

⊖ 对于新构造的分类器 f_0，不能直接使用新块 $(\boldsymbol{X}_0,\boldsymbol{y}_0)$ 作为测试集，因为它也用来训练分类器 f_0。否则，会导致过于乐观的误差率。可以在块 $(\boldsymbol{X}_0,\boldsymbol{y}_0)$ 上使用交叉验证技术来估计分类器 f_0 的误差率。

点上分割属性）；（b）滑动窗口机制来获得分类器，这种分类器更偏向于使用最新到达的流数据。流数据的另一个特点在于它的半监督性质。这意味着大多数新到达的数据都是无标签的，只有少数是有标签的。例如，在欺诈交易的示例中，银行专家可能只能对其中很小的一部分（如 1%）进行了人工标注。对于基于集成方法进行的半监督流数据分类方法，目前已有不少研究。

7.6.2 序列分类

一个**序列**，也称序列数据，是一系列按顺序排列的值 $(x^1,x^2,\cdots,x^T)$，其中 $x^t(t=1,\cdots,T)$ 是特定位置或时间戳 t 处的值，T 是序列的长度。这些值 x^t 可以是分类值（即符号）、数值，甚至是向量或项集。在实际应用中，序列存在于多个领域。比如，自然语言处理中的序列可以是句子，其中 x^t 是输入句子的第 t 个单词，T 是句子的长度（单词数）；在基因组分析中，序列可以是 DNA 片段，其中每个值 x^t 是四种氨基酸 A、C、G 和 T 中的一种；在时间序列中，序列则包含了不同时间戳处的一系列测量值，其中 x^t 是第 t 个时间戳处的一个或多个测量值（例如，温度、湿度），T 是时间戳的总数；在市场分析的频繁模式挖掘中，序列可以是顾客的交易列表，其中每个 x^t 代表顾客在相应时间戳 t 处购买的项集。序列分类的目标是建立一个分类器，用于预测给定序列的标签。这些标签可能表示自然语言处理中句子的情感（积极与消极）、基因组分析中编码区域和非编码区域、市场分析中高价值和普通顾客等。

序列分类的一种常见方法是*特征工程*。这包括将输入序列转换为特征向量，然后将这些向量提供给传统分类器（如决策树或支持向量机）。例如，对于每个值 x^t 都是分类值的符号序列，可以通过 n-gram 模型来构造候选特征。具体来说，n-gram 指的是一段连续出现 n 个符号的序列。在基因组分析中，一个 1-gram（也称为单体）代表四种氨基酸之一：A、C、G、T；而 2-gram（也称为双体）则由两个相邻的氨基酸组成，如 AC、AG、GT 等。在自然语言处理领域，一个单体可以指一个单词，而双体则指一对连续的单词。若要进行频繁序列模式挖掘，可采用基于模式的方法，这时每个候选特征都是一个频繁序列模式。确定了一组候选特征后，序列就能被转换为一个特征向量，其中每个元素代表相应的候选特征是否存在于输入序列中，或者表示对应特征出现的频数。具体示例可以参考图 7.21。对于数值序列，可能首先需要将它们离散化为符号序列，但这个过程可能会导致某些信息丢失。特征工程方法的一个潜在问题是，候选特征的数量可能非常庞大，并且许多特征可能与分类任务不相关。因此，在序列分类任务中，特征工程往往需要与特征选择紧密结合，后者在 7.1 节中曾有过详细介绍。

	单体				双体															
索引	1	2	3	4	5	6	7	8	9	10	11	12	13	14	15	16	17	18	19	20
候选特征	A	C	G	T	AC	AG	AT	CG	CT	CA	GA	GC	GT	TA	TC	TG	AA	CC	GG	TT
特征向量（二元）	1	1	1	1	1	0	0	1	0	0	0	0	1	0	0	0	0	1	0	0
特征向量（频数）	1	5	1	1	1	0	0	1	0	0	0	0	1	0	0	0	0	4	0	0

图 7.21　使用 n-gram 进行序列数据特征工程的示例。给定 DNA 片段"ACCCCCGT"，希望使用 n-gram 将其转换为特征向量。总共有 20 个候选特征，包括 4 个单体和 16 个双体。对于二元特征向量（第三行），元素表示相应的特征在输入序列中出现（1）或不出现（0）。对于加权特征向量（第四行），元素表示相应特征在输入序列中出现的次数（频数）

某些分类器在分类时依赖数据元组之间的距离度量（如 k- 最近邻分类器）或核函数（如支持向量机）。对于序列数据，也可以采用这种方法，即通过定义合适的距离度量或核函数来区分不同的序列。举例来说，k- 最近邻分类器结合常使用的距离度量（比如欧几里得距离），就能够在序列分类任务中取得不错的性能。此外，还开发了专门针对序列数据的距离度量和核函数。例如，动态时间规整（Dynamic Time Warping, DTW）距离能够更好地处理时间上的伸缩变化；而字符串核（string kernel）等序列数据核函数可有效用于支持向量机的序列数据分类。

除了为整个序列预测类标签，一些序列分类任务还试图为每个时间戳预测一个标签。例如，在自然语言处理中，可能希望预测给定句子中的每个单词是否是特定类型的命名实体（例如，位置、人物）；在词性标注中，需要预测每个单词是代词、动词还是名词。序列分类的关键是准确地对不同值 $x^t(t = 1,\cdots,T)$ 之间的序列依赖关系进行建模。一种用于建模序列依赖性的传统方法称为隐马尔可夫模型（Hidden Markov Model，HMM），它具有根本性的限制，即假定未来值 $(x^{t+1},x^{t+2},\cdots)$ 在给定当前值 x^t 的情况下独立于过去值 $(x^1,\cdots,x^{t-1})$（称为马尔可夫假设）。一种更强大的处理序列依赖性的方法是循环神经网络（RNN），这将在第 10 章中详细介绍。

7.6.3 图数据分类

图数据，又称网络数据，本质上是通过边互相连接的节点（或称为顶点）的集合。这种数据类型在多个领域广泛存在，如社交网络、电力网络、交易网络和生物学网络等。图数据分类的目标是创建一个分类器，能够预测节点（即节点级分类）或整个图（即图级分类）的分类标签。例如，节点级的分类可用于网页分类：考虑一个网页图，其中每个节点代表一个网页，每条边表示一个网页链接到另一个网页的超链接。这个例子的任务是确定每个网页（节点）属于哪个类（标签）。图级分类的一个应用是毒性预测：给定一系列代表分子结构的图，需要开发一个分类器来预测特定分子结构的毒性（正类标签）或无毒性（负类标签）。

进行图数据分类时，可采用类似于序列分类的方法，即通过特征工程或相似度度量。在基于特征工程的图分类中，首先提取能够代表各个节点或整个图的特征集合。提取后，将这些特征作为输入，传入传统分类器，如决策树或 logistic 回归，从而构建节点级或图级分类器。节点级分类的常用节点特征包括与给定节点相连的邻居节点数量（即节点度）、给定节点所参与的三角形个数、邻居节点的边权重之和（也称为加权节点度）、节点的重要性度量（如特征向量的中心性得分、PageRank 得分）以及局部聚类系数（这衡量了一个节点的邻域与完全团的相似程度）。图级分类的常用图特征包括图的规模（如节点数量、边数量、边的总权重）、图的直径，以及图中三角形的总数等。而在现代方法中，通常利用一种深度学习技术，称为图神经网络（该技术将在第 10 章详细介绍），来自动提取这些节点级或图级的特征，以实现更精准的分类。

“如何度量两个节点或两个图之间的邻近度？”首先来介绍一下邻接矩阵的符号表示。邻接矩阵是一个 $n \times n$ 的矩阵，用于表示具有 n 个节点的图。邻接矩阵 $\boldsymbol{A}$ 的行和列均代表节点。对于给定的两个节点 i 和 j，如果它们之间有连接，则将邻接矩阵的相应项设置为 1（即 $\boldsymbol{A}(i,j) = \boldsymbol{A}(j,i) = 1$）；否则，令 $\boldsymbol{A}(i,j) = \boldsymbol{A}(j,i) = 0$。此处，还可以将项 $\boldsymbol{A}(i,j)$ 设置为数值，以指示相应边的权重。图 7.22 中呈现了一个示例。衡量节点邻近度的一种有效方法称为**重启随机游走**（random walk with restart）。该算法在图 7.23 中进行了总结，其步骤描述如下。

在给定查询节点 i 的情况下，图 7.23 会生成一个长度为 n 的节点邻近度向量 $\boldsymbol{r}$，这个向量包含了从节点 i 到图中其他节点的邻近度度量。首先（步骤 1），引入一个查询向量 $\boldsymbol{e}$，它是一个 $n \times 1$ 的向量，其中第 i 个元素为 1（即 $\boldsymbol{e}(i) = 1$），而所有其他元素都为 0。然后（步骤 2），将节点邻近度向量 $\boldsymbol{r}$ 初始化为查询向量 $\boldsymbol{e}$。接下来（步骤 3 ～ 4），对邻接矩阵进行规范化，使得 $\hat{\boldsymbol{A}}$ 的每一列之和均为 1。[⊖]此后，迭代地更新节点邻近度向量 $\boldsymbol{r}$（步骤 6），直到满足终止条件。在每次迭代中，都按如下方式更新每个节点的邻近度分数。对于查询节点本身，其邻近度分数更新为 $\boldsymbol{r}(i) \leftarrow c\sum_{t=1}^{n} \hat{\boldsymbol{A}}(t,i)\boldsymbol{r}(t) + (1-c)$。也就是说，节点 i 更新的邻近度分数是其相邻节点邻近度分数的加权和，这个过程中会应用一个参数 c 来进行调节。最终，还会加上一个常数项 $(1-c)$，以完成更新。对于每个其他节点 $j(j \neq i)$，其邻近度分数更新为 $\boldsymbol{r}(j) \leftarrow c\sum_{t=1}^{n} \hat{\boldsymbol{A}}(t,j)\boldsymbol{r}(t)$。也就是说，节点 j 更新的邻近度分数是其相邻节点邻近度分数的加权和，通过参数 c 进行抑制。不断重复这个过程直到满足终止条件（例如，达到最大迭代次数，或者连续两次迭代中节点邻近度向量之间的差异足够小）。

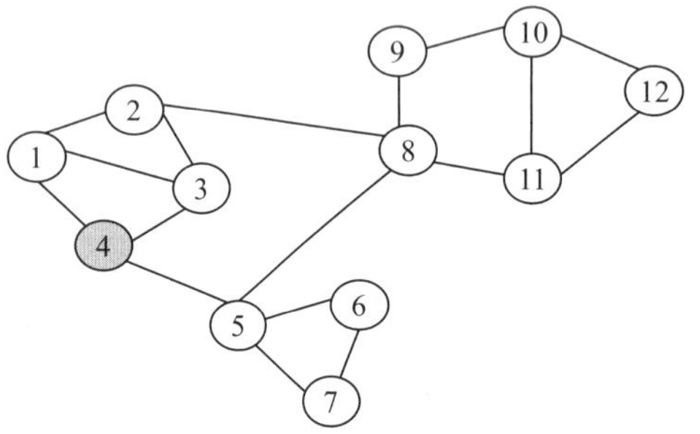

a）图

0	1	1	1	0	0	0	0	0	0	0	0
1	0	1	0	0	0	0	1	0	0	0	0
1	1	0	1	0	0	0	0	0	0	0	0
1	0	1	0	1	0	0	0	0	0	0	0
0	0	0	1	0	1	1	1	0	0	0	0
0	0	0	0	1	0	1	0	0	0	0	0
0	0	0	0	1	1	0	0	0	0	0	0
0	1	0	0	1	0	0	0	1	0	0	0
0	0	0	0	0	0	0	1	0	1	0	0
0	0	0	0	0	0	0	0	1	0	1	1
0	0	0	0	0	0	0	1	0	1	0	1
0	0	0	0	0	0	0	0	0	1	1	0

b）邻接矩阵

图 7.22　图（a）及其邻接矩阵（b）的示例

算法：重启随机游走计算节点邻近度。

输入：

- $\boldsymbol{A}$，一个$n\times n$输入图的邻接矩阵；
- i，查询节点；
- $0 < c < 1$，阻尼系数。

输出：大小为$n\times 1$的节点邻近度向量 $\boldsymbol{r}$。

方法：

//预处理

（1）将查询向量c设置为一个 $n\times 1$ 的向量，其中$\boldsymbol{e}(i)=1$，$\boldsymbol{e}(j)=1(j\neq i)$；

（2）初始化邻近度向量 $\boldsymbol{r}=\boldsymbol{e}$;

（3）计算 $\boldsymbol{A}$ 的度矩阵 $\boldsymbol{D}$，其中$\boldsymbol{D}(i,i)=\sum_{j=1}^{n}\boldsymbol{A}(i,j), \boldsymbol{D}(i,j)=0(i\neq j, i,j=1,\cdots,n)$

（4）规范化$\hat{\boldsymbol{A}}=\boldsymbol{A}\boldsymbol{D}^{-1}$；

（5）**while**（未满足终止条件）{ //对于每次迭代

（6）　　更新 $\boldsymbol{r} \leftarrow c\hat{\boldsymbol{A}}\boldsymbol{r}+(1-c)\boldsymbol{e}$;

（7）　　}

图 7.23　用于度量图上节点间邻近度的重启随机游走

⊖ 存在其他的规范化方法。例如，对于有向图，可以设置 $\hat{\boldsymbol{A}}=(\boldsymbol{D}^{-1}\boldsymbol{A})^{\mathrm{T}}$，其中标记 T 表示矩阵的转置。也可以使用对称规范化 $\hat{\boldsymbol{A}}=\boldsymbol{D}^{-1/2}\boldsymbol{A}\boldsymbol{D}^{-1/2}$。

例 7.7　将图 7.23 中的重启随机游走算法应用到图 7.22 中，目标是计算从查询节点 4 到所有其他节点的邻近度分数。为此，将查询节点 $\boldsymbol{e}$ 设置为长度为 12 的向量（因为总共有 12 个节点），查询向量的第 4 项为 1，其余项为 0。邻近度向量 $\boldsymbol{r}$ 初始化为与查询向量 $\boldsymbol{e}$ 相同，即 $\boldsymbol{r}=\boldsymbol{e}=(0,0,0,1,0,0,0,0,0,0,0,0)^{\mathrm{T}}$，并对邻接矩阵进行规范化（图 7.24a）。为了更新节点邻近度向量，可以迭代地应用图 7.23 中的第 7 步。图 7.24a 展示了第一次迭代的计算结果。最终的邻近度分数和邻近度向量如图 7.24b 所示。观察可以发现，结果基本符合直觉，即与查询节点 4 更接近的节点（例如节点 1、2、3、5）获得更高的邻近度分数。□

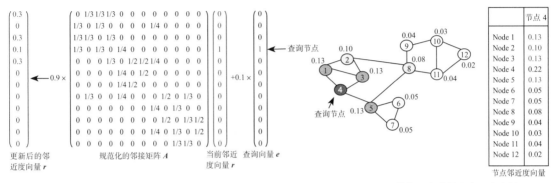

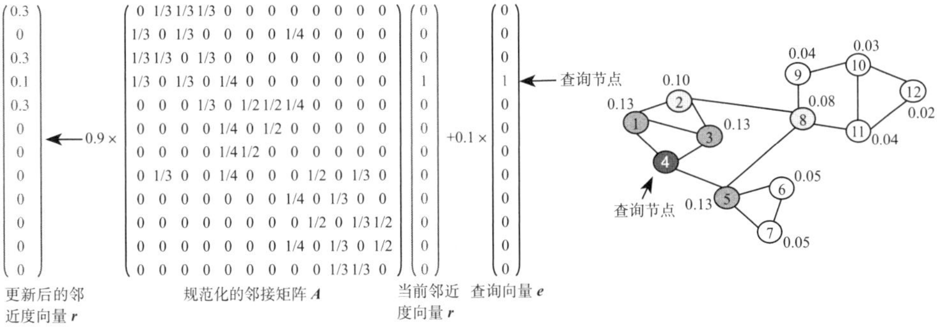

	节点 4
Node 1	0.13
Node 2	0.10
Node 3	0.13
Node 4	0.22
Node 5	0.13
Node 6	0.05
Node 7	0.05
Node 8	0.08
Node 9	0.04
Node 10	0.03
Node 11	0.04
Node 12	0.02

节点邻近度向量

a）重启随机游走的第一次迭代　　b）最终邻近度分数和邻近度向量

图 7.24　应用重启随机游走算法计算查询节点 4 的邻近度向量的示例

注：a）算法的第一次迭代，其中阻尼系数 c=0.9。b）节点 4 与其他节点的最终邻近度分数（灰底色节点越多表示邻近度分数越高）和邻近度向量。

“为什么重启随机游走是一种很好的节点邻近度度量方法？”图 7.23 所展示的算法可以视为随机游走的过程。具体来说，一个随机粒子起始于查询节点（以图中的节点 4 为例）。在每轮迭代中，这个粒子将进行以下两种操作之一：其一，它可能会在图中随机移动，即根据与相邻节点之间边的权重，按比例随机跳转至某个相邻节点。其二，它可能会回到起始的查询节点，这就是所谓的“重启”机制。实际上，图 7.23 所计算出的邻近度分数，与随机粒子最终在各节点上达到稳定分布的概率是相等的。因此，与查询节点更邻近的节点将更有可能是随机粒子的最终停留点，进而获得更高的邻近度分数。重启随机游走机制是衡量节点间邻近性的有效方法，它能够综合考虑图中节点间多重加权关系。以图 7.24 为例，节点 4 与节点 8 之间的邻近度分数不仅反映了两节点间所有路径，而且还优先考虑了那些更短、权重更大的路径。这意味着，如果两个节点之间存在多条路径，每条路径都相对较短且权重较大，那么重启随机游走算法就会给这些节点间的邻近度分配更高的分数。

当能够准确度量图中各个节点之间的邻近程度后，这种度量可以用于半监督的节点分类任务中。具体来说，在给定一个图及其中少数已知标签的节点的情况下，可以通过以下方法来预测其他节点的标签：首先计算一个未标记节点与所有已标记为正的节点的平均邻近度，再计算它与所有已标记为负的节点的平均邻近度。如果该未标记节点与正标记节点的平均邻近度更高，便预测它是正节点；如果与负标记节点的平均邻近度更高，则预测它是负节点。这样，就能对图中未标记的节点进行有效分类。

重启随机游走的理念已经催生了多种衍生版本。例如，某些方法基于随机游走的基本原理，运用通勤时间或者命中时间[⊖]来评估图中节点之间的邻近度；其他方法则类比图为电路，

⊖ 命中时间是指随机粒子从源节点出发到达目标节点的预期时间。通勤时间是指随机粒子从源节点出发到达目标节点，然后返回到源节点的预期时间。

依据有效电导来衡量节点间的邻近度。这些方法大多遵循重启随机游走的核心思想，即通过综合节点间多重加权关系来衡量它们的邻近度。除了基础的图结构，一些方法还拓展了重启随机游走的应用，使其适用于属性图。这种扩展不仅考虑了图的拓扑结构，还将节点和边的属性融入邻近度的计算中。基于随机游走的算法同样可用于衡量不同图之间的邻近度。比如，某种方法借鉴了重启随机游走的数学模型，但是是在所谓的 Kronecker 图上定义，用于衡量两个图的相似程度。这种相似性的测量结果可以作为一种有效的核函数，即基于随机游走理论的图核，随后可将这种相似性用于支持向量机（SVM）以执行图级分类任务。

7.7 其他相关技术

分类技术是数据挖掘领域的核心，在过去几十年中取得了巨大的进展。目前，研究者针对不同的分类问题已经开发出了多种技术。在这当中，尽管大部分众所周知的分类算法都能够应对多类分类问题，但有些算法（例如支持向量机和 logistic 回归）却更常用于仅涉及两个类的数据。对于*多类分类问题*，将在 7.7.1 节深入讨论如何调整二分类算法以适应多分类的需求。在这个问题中，理解数据元组之间的距离或相似性是多类分类问题的关键部分，很多分类器（比如 k- 最近邻（k-NN））都依赖于这种度量。在 7.7.2 节中，将探讨如何自动学习有效的距离度量以改善分类任务的性能。分类的准确性一直是评估的重点，但分类结果的可解释性也越来越受到重视。一个理想的分类器不仅应准确预测出测试元组的类，还应帮助用户理解其做出特定预测的原因。7.7.3 节将介绍提高分类器可解释性的方法。此外，尽管许多分类问题可以从优化的角度进行建模，但由于其组合性和非凸性，使得部分问题变得更难解决。对于这些组合优化问题，遗传算法提供了一个有力的解决途径，这将在 7.7.4 节中详细探讨。最后，分类是监督学习的一个分支，在这个过程中，算法通过*指示性反馈*（即训练数据的真实类标签）来构建最佳分类器。*强化学习*是监督学习的另一个分支，其中学习代理通过*评估性反馈*（例如对特定时间步采取行动的奖励，而不是该行动的真实值）来学习。7.7.5 节将深入探讨强化学习的概念和方法。

7.7.1 多类分类

一些分类算法，如支持向量机和 logistic 回归，最初是为解决二分类问题设计的。那么，该如何扩展这些算法，使之适用于**多类分类**（即涉及两个以上类的分类）呢？

一种简单的方法是“**一对多**”（One-Vs.-All，OVA）。即，在给定 m 个不同的类时，这种方法会为每个类训练一个二元分类器。其中，每个分类器 j 都会将第 j 个类的元组作为正元组，将其他所有类的元组作为负元组来进行训练。训练完成后，每个分类器在遇到一个未知元组 $\boldsymbol{X}$ 时，会对其进行评估：若分类器 j 预测元组 $\boldsymbol{X}$ 属于正类，那么类 j 就得到一票；若预测结果为负，那么除类 j 之外的所有类各得一票。最终，获得票数最多的类将被指定为元组 $\boldsymbol{X}$ 的预测类。

“**多对多**”（All-Vs.-All, AVA）是另一种可行方法。这种方法会为每一对不同的类训练一个二元分类器。在有 m 个类的情况下，它会构建 $m(m-1)/2$ 个二元分类器。其中每个分类器只用于区分它被训练要分辨的那两个类。在对一个未知元组 $\boldsymbol{X}$ 进行分类时，所有分类器都会参与投票，元组 $\boldsymbol{X}$ 最终会被分类为获得最多投票的类。“多对多”方法往往优于“一对多”方法。

上述方法存在的问题是，二元分类器对错误非常敏感。这意味着，只要有一个分类器的预测出现偏差，就可能影响整个投票过程，进而影响最终分类的准确性。

可以使用**纠错码**提高多类分类的准确性。纠错码最初应用于通讯领域，它通过在数据传输中引入额外的冗余位来纠正信号噪声所引起的错误。这个概念也成功应用于分类任务，尤其是需要准确标记实例的多个选项的情况。在这种方法中，每个类都分配了一个独特的位向量作为纠错码。例如，如图 7.25 所示，四个类 C_1、C_2、C_3 和 C_4 分别对应一个 7 位长的码字。这意味着每个位对应一个专门的二元分类器，[㊀]在这个示例中需要训练七个分类器。即使个别分类器可能出现错误，纠错码中的冗余位仍然能够提供足够的信息来纠正这些错误，并为未知数据准确预测类。利用汉明距离的原理，即使出现错误，也能确定哪个类的纠错码与接收到的码字最匹配，从而推断最可能的正确类。这种技术在例 7.8 中有更详细的描述。

例 7.8　使用纠错码进行多类分类。考虑图 7.25 中与类别 C_1 到 C_4 相关联的 7 位纠错码。假设有一个未知的训练元组，7 个训练过的二元分类器共同输出码字 0001010，这个码字与四个类的码字都不匹配，显然出现了分类错误。现在想要确定最可能的类，可以考虑使用**汉明距离**，即两个码字之间不相同的位量。输出码字与 C_1 的码字之间的汉明距离为 5，因为它们有 5 位不同（即第 1、2、3、5、7 位）。类似地，输出码字与 C_2、C_3、C_4 的汉明距离分别为 3、3 和 1。此时，输出码字与 C_4 的码字最接近。换句话说，输出码字与类码字之间的汉明距离最小的类是 C_4，因此将 C_4 作为给定元组的类标签。□

类	纠错码
C_1	1111111
C_2	0000111
C_3	0011001
C_4	0101010

图 7.25　涉及四个类的多类分类问题的纠错码

纠错码是一种强大的工具，能够纠正多达 $(h-1)/2$ 个 1 位错误，这里的“h”指的是任意两个不同码字之间的最小汉明距离。如果为每个类分配一个位，例如对 C_1 到 C_4 使用 4 位码字，那么这就类似于采用了“一对多”的策略。但这种编码方式并不具备自我纠错的能力（请作为练习自行尝试）。在为多类分类问题选择纠错码时，所选的码字需要在行和列之间具有足够的分离度。简单来说，这些码字之间的汉明距离越大，其错误就越有可能被纠正。

二分类与多类分类。以图 7.26 为例来解释二分类和多类分类之间的关系。为了清晰起见，这里使用线性分类器，如 logistic 回归或线性支持向量机。假设有一个 $n \times d$ 维的特征矩阵 $\boldsymbol{X}$，用来表示 d 维特征空间中的 n 个训练图像。对于二分类（见图 7.26a），要预测给定图像是否是“狗”。因此，可以用一个二元标量来表示每个训练图像的类标签（例如，1 表示图像是狗，-1 表示不是）。用一个 $n \times 1$ 维的标签向量 $\boldsymbol{y}$ 表示所有 n 个训练元组的类标签。为了训练一个线性分类器，需要找到一个能最小化损失函数的 d 维权重向量 $\boldsymbol{w}$，$\boldsymbol{w} = \text{argmin}_{\boldsymbol{w}}\mathcal{L}(\boldsymbol{Xw}, \boldsymbol{y})+\lambda\Omega(\boldsymbol{w})$。其中，$\mathcal{L}$ 是依赖于具体分类器的损失函数[㊁]，$\lambda > 0$ 是正则化参数，$\Omega()$ 是权重向量 $\boldsymbol{w}$ 的正则化项。权重向量 $\boldsymbol{w}$ 的默认正则化项 $\Omega(\boldsymbol{w})$ 可以使用权重向量 $\boldsymbol{w}$ 的 L_2 范数的平方。现在，对于多类分类问题（图 7.26b），需要预测给定的图像属于 c 个类（例如，“狗”“猫头鹰”“鱼”等）中的哪一个。在这个问题中，每个训练图像的类标签都可以表示为一个 c 维标签向量（例如，$[-1,1,\cdots,-1]$ 表示图像是猫头鹰）。因此，可以用一个 $n \times c$ 的标签矩阵 $\boldsymbol{Y}$ 来表示所有 n 个训练元组的类标签。为了训练一个线性分类器，需要寻找一个最优的 $d \times c$ 权重矩阵 $\boldsymbol{W}$（而不是一个向量）来最小化损失函数，$\boldsymbol{W} = \text{argmin}_{\boldsymbol{W}}\mathcal{L}(\boldsymbol{XW}, \boldsymbol{Y})+\lambda\Omega(\boldsymbol{W})$，其中损失函数 $\mathcal{L}$、正则化参数 λ 和正则化项 $\Omega()$ 的含义与二分类中类似。注意，在多类分类中，分类器是以 $d \times c$ 权重矩阵 $\boldsymbol{W}$ 的形式表示的。测试元组 $\tilde{\boldsymbol{x}}$ 的预测类标签 $\tilde{\boldsymbol{y}}$ 可以设置为 $\tilde{\boldsymbol{y}} = \text{argmax}_i \tilde{\boldsymbol{x}} \cdot \boldsymbol{W}_i$，其中 · 表示两个向量之间的点积，$\boldsymbol{W}_i$ 是 $\boldsymbol{W}$ 的第 i 列，其元素衡量了类标签 i 的相应特征的权重。权重矩阵 $\boldsymbol{W}$ 的正则化项 $\Omega()$ 可以默认选择为权重矩阵 $\boldsymbol{W}$ 的 Frobenius 范数的平方。

㊀ 从概念上来看，可以将每个位视为零样本学习设置中的一个语义属性，这在 7.5.5 节中有介绍。

㊁ 例如，$\mathcal{L}$ 是线性 SVM 的 hinge 损失函数，是 logistic 回归分类器的负对数似然函数。

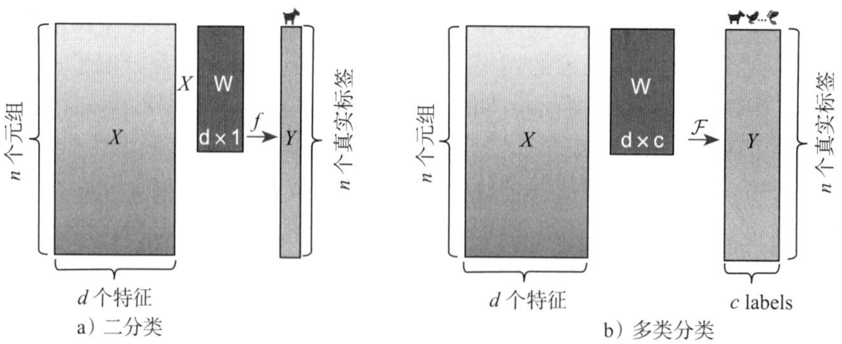

图 7.26 二分类与多类分类的比较

多类分类和**多标签分类**问题密切相关。在多标签分类中，每个数据元组可以同时属于多个类，因此可以具有多个标签。例如，在文档分类中，一个文档可能属于多个类，每个类用一个独立的标签来表示。假设总共有 L 个类。在处理多标签问题时，一种直观的方法是建立 L 个独立的二元分类器，每个分类器分别对应一个类。这意味着，对于类 $l(l=1,\cdots,L)$，第 l 个分类器判断数据元组是否应该被标记为该类。需要注意的是，这种处理方式在策略上与之前提到的多类分类问题中的一对多或多对多方法存在细微的差别。在多标签分类中，由于 L 个分类器是分别独立训练和使用的，因此一个数据元组可以同时被划分到多个类。而在多类分类中，每个数据元组通常只会被赋予单一的类标签，即从 L 个候选标签中选出一个最佳匹配。另一种处理多标签分类问题的策略是通过标签幂集转换将问题变成一个多类分类问题，这个新问题具有 (2^L-1) 个类。例如，对于一个具有三个可能标签（即 A、B 和 C）的多标签问题，可以转换成一个包含七个可能类的多类问题（即 A、B、C、AB、AC、BC 和 ABC）。每个新类代表原标签集合的一个子集，即原始数据元组可能被赋予的标签组合。

在第 10 章中，将会介绍深度学习技术。这种技术通过在输出层为每个类标签引入一个节点，可以自然地处理多类分类问题。

7.7.2 距离度量学习

有些分类器（如 k- 最近邻分类器）依赖于距离度量的方法。在 6.4 节中曾提到过，即便使用相同的训练元组和相同的 k 值，不同的距离度量方法（例如，L_1 与 L_2）也可能会导致完全不同的决策边界。那么，有没有方法可以自动学习适用于特定分类任务的最佳距离度量方法呢？这就是距离度量学习（也称为度量学习）试图回答的问题。

常用的距离度量是欧几里得距离（也称为 L_2 距离），它通常是许多分类器的默认选择。给定 p 维空间中的两个数据元组 $\boldsymbol{X}_1=(X_{1,1},X_{1,2},\cdots,X_{1,p})^{\mathrm{T}}$ 和 $\boldsymbol{X}_2=(X_{2,1},X_{2,2},\cdots,X_{2,p})^{\mathrm{T}}$，它们之间的欧几里得距离定义如下：$d(\boldsymbol{X}_1,\boldsymbol{X}_2)=\sqrt{\sum_{i=1}^{p}(X_{1,i}-X_{2,i})^2}=\sqrt{(\boldsymbol{X}_1-\boldsymbol{X}_2)^{\mathrm{T}}(\boldsymbol{X}_1-\boldsymbol{X}_2)}$，其中 T 表示向量的转置。比较两个输入数据元组在每个维度上的差值 $(X_{1,i}-X_{2,i})$，并对所有维度上的差值进行平方求和，就可以得到欧几里得距离。换句话说，不同维度对两个数据元组之间的总距离具有相同的权重，它们的影响是被独立考虑的。因此，如果某些维度的取值范围比其他维度大，或者不同维度之间相互关联，欧几里得距离就可能会导致分类效果不理想。为了克服欧几里得距离的局限性，下面引入一种更灵活、更强大的距离度量，称为马氏距离（Mahalanobis distance），其定义如下：

$$d_{\boldsymbol{M}}(\boldsymbol{X}_1,\boldsymbol{X}_2)=\sqrt{(\boldsymbol{X}_1-\boldsymbol{X}_2)^{\mathrm{T}}\boldsymbol{M}(\boldsymbol{X}_1-\boldsymbol{X}_2)}=\sqrt{\sum_{i,j=1}^{p}(X_{1,i}-X_{2,i})\boldsymbol{M}(i,j)(X_{1,j}-X_{2,j})} \tag{7.24}$$

在上述公式中，符号 T 表示矩阵的转置，$\boldsymbol{M}$ 是一个 $p\times p$ 的对称半正定矩阵。[⊖]与欧几里得距离相比，马氏距离自然地（1）为不同的维度分配不同的权重（通过矩阵 $\boldsymbol{M}$ 的对角元素），以及（2）在测量两个输入元组之间的距离时，将不同维度相互作用的效应（通过矩阵 $\boldsymbol{M}$ 的非对角元素）纳入考虑。

马氏距离是一种考虑数据内在相关性的距离度量，其特性由所选的 $\boldsymbol{M}$ 矩阵决定。因此，距离度量学习的目标就变成了为给定的分类任务学习最佳的 $\boldsymbol{M}$ 矩阵。假设在 p 维空间中有 n 个带标签的训练元组。定义集合 $\mathcal{S}$ 包含所有相似的数据元组对（例如，$\mathcal{S}$ 中的每个成员都是一对具有相同类标签的训练元组）。同时，定义集合 $\mathcal{D}$ 包含所有不相似的训练元组对（即 $\mathcal{D}$ 中的每对训练元组拥有不同的类标签）。距离度量学习的基本思想是寻找最优的 $\boldsymbol{M}$ 矩阵（最佳的马氏距离），使得（1）$\mathcal{S}$ 中的任意一对相似元组之间的距离很小，（2）$\mathcal{D}$ 中的任意一对不相似元组之间的距离很大（见图 7.27）。在数学上，可以将其表述为以下的优化问题：

$$\begin{aligned}&\max_{\boldsymbol{M}\in\mathbf{R}^{p\times p}}\sum_{(\boldsymbol{X}_i,\boldsymbol{X}_j)\in\mathcal{D}}d_{\boldsymbol{M}}^2(\boldsymbol{X}_i,\boldsymbol{X}_j)\\&\text{s.t.}\quad\sum_{(\boldsymbol{X}_i,\boldsymbol{X}_j)\in\mathcal{S}}d_{\boldsymbol{M}}^2(\boldsymbol{X}_i,\boldsymbol{X}_j)\leqslant 1,\ \ \boldsymbol{M}\succeq 0\end{aligned}\tag{7.25}$$

$\boldsymbol{M}\succeq 0$ 表示矩阵 $\boldsymbol{M}$ 是半正定的。式（7.25）中定义的优化问题是凸优化问题。因此，可以使用现成的优化软件来解决它。这些细节超出了本书的涵盖范围，在此不再赘述。

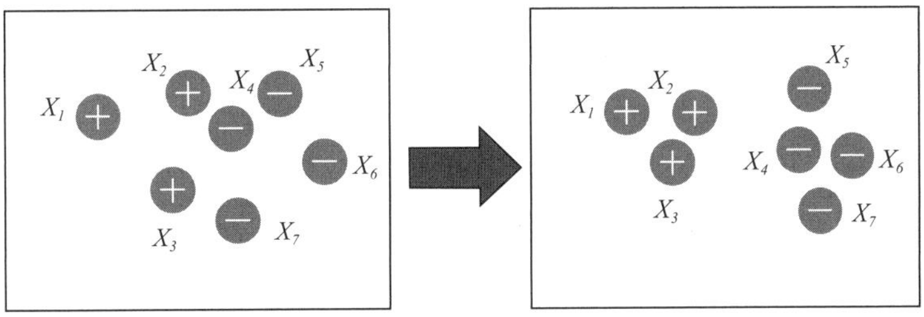

a）欧几里得距离　　b）学习马氏距离后

图 7.27　距离度量学习示例。给定三个正训练元组 $(\boldsymbol{X}_1,\boldsymbol{X}_2,\boldsymbol{X}_3)$ 和四个负训练元组 $(\boldsymbol{X}_4,\boldsymbol{X}_5,\boldsymbol{X}_6,\boldsymbol{X}_7)$。左图：欧几里得距离。右图：学习马氏距离后，即相同类标签的元组对之间的距离小于不同类标签的元组对之间的距离。$\mathcal{S}=\{(\boldsymbol{X}_1,\boldsymbol{X}_2),(\boldsymbol{X}_1,\boldsymbol{X}_3),(\boldsymbol{X}_3,\boldsymbol{X}_2),(\boldsymbol{X}_4,\boldsymbol{X}_5),(\boldsymbol{X}_4,\boldsymbol{X}_6),(\boldsymbol{X}_4,\boldsymbol{X}_7),(\boldsymbol{X}_5,\boldsymbol{X}_6),(\boldsymbol{X}_5,\boldsymbol{X}_7),(\boldsymbol{X}_6,\boldsymbol{X}_7)\}$，$\mathcal{D}=\{(\boldsymbol{X}_1,\boldsymbol{X}_4),(\boldsymbol{X}_1,\boldsymbol{X}_5),(\boldsymbol{X}_1,\boldsymbol{X}_6),(\boldsymbol{X}_1,\boldsymbol{X}_7),(\boldsymbol{X}_2,\boldsymbol{X}_4),(\boldsymbol{X}_2,\boldsymbol{X}_5),(\boldsymbol{X}_2,\boldsymbol{X}_6),(\boldsymbol{X}_2,\boldsymbol{X}_7),(\boldsymbol{X}_3,\boldsymbol{X}_4),(\boldsymbol{X}_3,\boldsymbol{X}_5),(\boldsymbol{X}_3,\boldsymbol{X}_6),(\boldsymbol{X}_3,\boldsymbol{X}_7)\}$

式（7.25）中的目标函数和约束条件都涉及一对训练元组。实际上，这个公式可以看作一个二分类问题，其中输入是一对训练元组。如果这对元组来自 $\mathcal{S}$（即它们具有相同的类标签），那么其类标签为 +1；如果这对元组来自 $\mathcal{D}$（即它们具有不同的类标签），那么其类标签为 −1。距离度量学习还有其他的方法。例如，在排序任务中，监督的形式可能是，对于给定查询，某些元组的排名应高于其他元组。这种形式下的距离度量学习可以针对训练元组的三元组（例如，查询元组、排名较高元组和排名较低元组）进行设定。式（7.25）采用马氏距离的平方，这导致目标函数和其约束条件与矩阵 $\boldsymbol{M}$ 呈线性关系。这种方法通常称为线性距离度

⊖ 数学上，一个 $p\times p$ 矩阵 $\boldsymbol{M}$ 如果对于任意 $\boldsymbol{X}\in\mathbf{R}^p$，都有 $\boldsymbol{X}^{\mathrm{T}}\boldsymbol{M}\boldsymbol{X}\geqslant 0$，那么它是半正定的。这保证了在式（7.24）中定义的 $d_{\boldsymbol{M}}(\boldsymbol{X}_1,\boldsymbol{X}_2)$ 是有效的距离度量。由于 $\boldsymbol{M}$ 是对称的并且半正定，因此能够将 $\boldsymbol{M}$ 分解为 $\boldsymbol{M}=\boldsymbol{L}^{\mathrm{T}}\boldsymbol{L}$，其中 $\boldsymbol{L}$ 是一个 $r\times p$ 矩阵。这样一来，就可以将马氏距离重新表示为 $d_{\boldsymbol{M}}(\boldsymbol{X}_1,\boldsymbol{X}_2)=\sqrt{(\boldsymbol{L}\boldsymbol{X}_1-\boldsymbol{L}\boldsymbol{X}_2)^{\mathrm{T}}(\boldsymbol{L}\boldsymbol{X}_1-\boldsymbol{L}\boldsymbol{X}_2)}$。由此，马氏距离可以被解释为以下过程。首先，通过 $r\times p$ 矩阵 $\boldsymbol{L}$ 对输入元组进行线性特征变换（即 $\boldsymbol{X}_j\to\boldsymbol{L}\boldsymbol{X}_j$（$j$=1，2））；然后，在 r 维空间中计算两个转换后的数据元组之间的欧几里得距离。

量学习。另一种是非线性距离度量学习。举例来说，可以像 7.3 节中将线性 SVM 分类器转换为非线性一样，将线性距离度量学习核化。还有一些非线性距离度量方法学习多个局部线性度量（例如，给定簇中的元组学习一个线性马氏距离）。在计算式（7.25）时，一个主要的限制在于矩阵 $\boldsymbol{M}$ 必须是正半定矩阵（即，$\boldsymbol{M} \succeq 0$）。如果不需要这个约束条件，式（7.25）就会变成一个相似性学习问题，通常比距离度量学习问题更容易处理。除了标准分类之外，距离度量学习还被应用于弱监督分类（如半监督学习、迁移学习）和其他数据挖掘任务（如排序、聚类）。

7.7.3 分类的可解释性

到目前为止，分类主要的关注点都在于分类模型的准确性。事实上，数据挖掘、机器学习和人工智能等领域在提高分类准确性方面已经取得了巨大进步。甚至对于某些应用领域（如计算机视觉、自然语言处理）而言，复杂的分类模型（如将在第 10 章中介绍的深度学习技术）现在已经可以在各种分类任务中达到与人类相当甚至超越人类的准确度。不过，对于许多应用场景来说，仅有准确性往往是不够的。例如，终端用户（如电子产品商店的经理）如何理解 SVM 分类器的分类结果？如果一个新开发的分类模型比现有分类器的情感分类准确率提高了 10%，那么人们可以相信这个结果吗？也就是说，这 10% 的提高是由于新模型能够捕捉到现有分类器忽略的与情感相关的隐藏特征，还是仅仅由于随机噪声？这些问题的答案就在于可解释性，它描述了模型以用户可理解的方式解释分类结果或过程的能力。

可解释性通常自然地与本书之前提到的一些分类模型相伴而生。例如，决策树分类器能解释从根节点到测试元组所属叶节点的路径，说明为何分类器能预测给定测试元组的某个类标签。对于 6.1 节中的例子（表 6.1 和图 6.5）来说，这样的解释可以是“由于个体年轻，收入中等，信用评级优秀，因此分类器预测他将购买一台计算机”。同样，基于规则的分类模型中的规则前件也可以提供类似的解释，说明分类器为什么会预测元组的某个类标签。然而，当决策树变得更深或规则前件变得更长时，这样的解释就不那么有效了。此外，在线性分类器（如感知器、logistic 回归）中，分类器决策边界的形式为 $\sum_{i=1}^{p} w_i x_i = 0$，其中 w_i 是第 i 个属性的权重。因此，权重 w_i 的大小和符号都可以解释相应属性对类预测的影响或贡献。对于具有大量属性的高维数据来说，如果将线性分类器与特征选择（如 7.1 节中介绍的 LASSO）结合起来，通常会带来更有效的解释，这样就可以将注意力集中在几个最重要的属性上，从而解释分类结果。然而，不能直接用这种策略来解释非线性分类模型，例如贝叶斯信念网络、非线性支持向量机、深度神经网络。

上面提到的各种解释技术（如决策树中的路径、规则前件中的条件、线性分类器的权重）通常适用于能详细了解其运作的模型。但是，有时终端用户可能仅能接触到一个“黑盒”分类器，也就是模型 f，它能对任意给定的测试元组 x 预测出一个类标签 y。问题在于，用户并不了解模型的具体构造和参数细节。那么，对于这类黑盒模型，该如何提供一个模型无关的解释呢？一个行之有效的办法是采用一个本身易于理解的替代模型 g，例如一个简单的决策树或稀疏线性分类器，来近似并解释黑盒模型 f 在特定测试元组局部领域的行为。[⊖]LIME（Local Interpretable Model-agnostic Explanation，局部可解释的模型无关解释）就是这样一个工具。下面以图 7.28 为例来探究 LIME 的核心思想。在图 7.28a 中可以看到一个黑盒二分类模型 f，

⊖ 存在使用替代模型在整个特征空间中近似 f 的方法（即，不考虑希望解释哪个测试元组）。然而，这些方法并不常见，因为很难找到一个可以全局近似黑盒分类模型的可解释替代模型。

它通过复杂的决策边界将区域内的数据分为正负两类，正类在阴影区域内，负类在阴影区域外。为了帮助终端用户理解为什么黑盒模型 f 预测其类标签为正，需要对测试元组（黑点）进行解释。这时，LIME 方法就派上用场了。如图 7.28b 所示，LIME 在测试元组的局部邻域采样了一系列数据元组（图 7.28b 中的大圆圈）。这些数据元组根据黑盒模型 f 的预测被标上了类标签。每个数据元组都会根据与测试元组的距离被赋予一个权重，即离测试元组越近的元组权重越大（在图 7.28b 中以元组的大小表示）。随后，LIME 利用这些加权的元组训练了一个易于解释的替代模型 g（如图 7.28c 中的线性分类器）。通过这个替代模型 g 的解释，用户可以得到黑盒模型 f 对该特定测试元组的分类决策的直观理解。在本例中，黑盒模型将测试元组分类为正元组，替代模型 g 的决策边界是 $-2x_1-x_2+10=0$。因此，可以有以下解释："黑盒模型 f 将元组分类为正元组。这是因为在它的局部邻域中，（1）两个属性（x_1 和 x_2）对正类标签产生了负面影响（x_1 和 x_2 越大，测试元组属于正类的可能性越小）；（2）第一个属性 x_1 的影响是第二个属性 x_2 的两倍。"

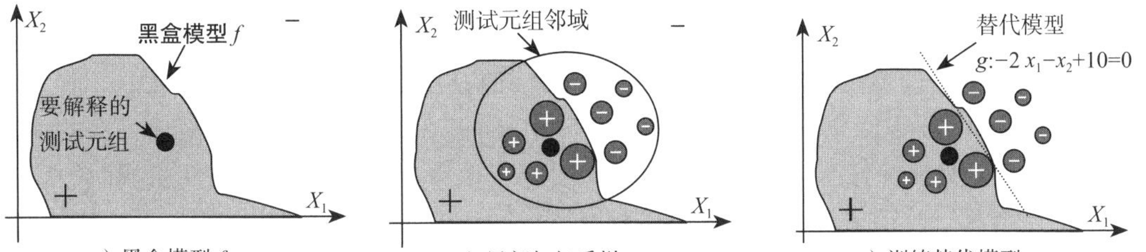

a）黑盒模型 f　　b）局部加权采样　　c）训练替代模型

图 7.28　LIME 模型的一个示例

在训练局部替代模型 g 时，使用了黑盒模型 f 的预测标签作为采样元组的标签。这确保了替代模型 g 在测试元组 x 的局部邻域内对黑盒模型 f 的近似程度，也称为模型的*局部保真度*。同时，为了便于终端用户理解，替代模型 g 应尽可能保持"简单"。为此，替代模型 g 通常使用一组可解释的特征（例如文本分类的实际单词、图像分类的区域或超像素），而与黑盒模型 f 所使用的特征不同。LIME 的关键是要在*局部保真度*和*模型复杂度*之间取得平衡，因为通常模型的复杂度（如决策树模型的深度、稀疏线性分类器所选择的特征数量）与可解释性成反比：即，模型越复杂，可解释性越差。

还存在解释分类模型的方法。*反事实解释*通过改变测试元组属性来解释其预测结果，比如在文本分类中删除单词、在图像分类中改变超像素或扰乱连续属性值。*影响函数*是另一种强大的解释技术，源自鲁棒统计学。通过影响函数分析，它可以识别*最具影响力*的训练元组，如果扰动这些元组，则会显著改变分类模型（例如线性分类器中的权重向量）。

除了分类之外，可解释性在其他数据挖掘任务中也发挥着重要作用，包括聚类、离群点检测、排序和推荐等。除了可以使数据挖掘模型透明化以获取用户对模型的信任外，可解释性还与数据挖掘的其他重要方面密切相关，如公平性、鲁棒性、因果性和隐私性等。

7.7.4　遗传算法

遗传算法中融入了自然进化的思想。通常的遗传学习过程如下：首先，创建一个起始**种群**，其中包含随机生成的规则。每个规则都可以用一串位来表示。例如，考虑一个简单的情景，给定训练集包含由两个布尔属性 A_1 和 A_2 描述的样本，以及两个类 C_1 和 C_2。规则"IF A_1 AND NOT A_2 THEN C_2"可以被编码为位串"100"，这里最左边的两位分别代表属性 A_1 和 A_2，最右边的位表示类。类似地，规则"IF NOT A_1 AND NOT A_2 THEN C_1"可以被编码为

"001"。如果一个属性有 k 个值，其中 $k > 2$，就可以使用 k 位来编码属性的值，类也可以按照类似的方式进行编码。

根据适者生存的原则，新种群会由当前种群中适应性最强的规则和它们的后代组成。通常，规则的**适应性**是通过规则在一组训练样本上的分类准确度来衡量的。遗传算法通过应用遗传操作，比如交叉和突变，来产生后代。在**交叉**中，来自一对规则的子串被交换以生成新的规则对。在**突变**中，规则串中随机选择的位被翻转。这种基于过去种群进化产生新种群的过程会持续进行，直到得到一个种群 P，其中 P 中的每条规则都满足设定的适应性阈值。此外，遗传算法可以轻松并行化，并且已经用于分类、特征选择以及其他优化问题。在数据挖掘中，它们可以用于评估其他算法的适应性。

7.7.5　强化学习

假设电子商店的广告部门每天都有一定的预算，可以对以下三种产品之一进行一次广告宣传：电视、相机或打印机。那么广告部门每天应该选择哪种产品进行宣传呢？

首先，引入一些符号表示。在这里，有三种可能的行动 a：$a \in$ { 电视，相机，打印机 }，表示在特定的一天选择哪种产品来进行广告宣传。假设每个行动都对应一个固定的值 $q(a)=E(R|a)$，用于衡量采取行动 a 时的预期奖励，其中 $R|a$ 是采取了某个行动（对应产品的广告）的奖励（例如，增加的收入）。请注意，奖励本身是一个随机变量，因为即使是相同的广告，在不同的日期宣传实际增加的收入也可能会有所不同。因此，可以使用其期望值来衡量相应行动的值，即相应行动（广告）平均增加的收入。如果知道值 $q(a)$，那么就可以选择具有最高值的行动（广告），因为它带来了最高的（预期）奖励。然而，在现实中，这些值都是未知的。那么，应该如何选择相应行动（广告）呢？事实证明，可以借助一种称为**强化学习**的强大计算方法，通过交互来学习。

在这个例子中，可以在不同的日子尝试不同产品的广告，并观察这些天的实际奖励，然后再根据观察到的结果调整未来的广告策略。假设先尝试投放相机广告 4 天，电视广告 1 天，观察这 5 天的奖励，如图 7.29a 所示。基于这些观察到的奖励，可以计算每个行动的估计值 $Q(a)$（如图 7.29b）。因此，一种可能的策略是在下一天选择具有最高估计值 $Q(a)$ 的行动（在这种情况下是电视广告）。这种策略是贪婪的，因为它试图充分利用迄今为止收集到的关于真实值 $q(a)$ 的信息。然而，如果估计值 $Q(a)$ 和真实值 $q(a)$ 之间存在很大差距怎么办？换句话说，尽管估计值 Q(相机) < Q(电视)，但实际上很有可能 q(相机) > q(电视)，特别是在这个示例中，Q(相机) 和 Q(电视) 是基于非常有限的数据（相机广告 4 天，电视广告 1 天）得到的。此外，由于根本没有尝试投放打印机广告，因此对 q(打印机) 一无所知。如果打印机广告实际上具有最高的值怎么办？

	Day 1	Day 2	Day 3	Day 4	Day 5
行动	相机	相机	电视	相机	相机
奖励	20	20	100	150	10

a）行动和奖励

	电视	相机	打印机
真实值 $q(a)$	?	?	?
估计值 $Q(a)$	100	50	?

b）估计值

图 7.29　一个关于强化学习的例子

另一种可行的策略是随机策略（探索）。即，每天都随机选择一个产品进行广告宣传，并观察所获得的奖励。如果连续执行这个策略多天，估计值 $Q(a)$ 可能会非常接近真实值 $q(a)$。之后，就可以选择具有最高估计值的广告。这种策略在长期内是最优的。然而，在找到最佳行动之前，可能需要花费很多天，而在此期间，所获得的奖励可能会很低。

一个更好的策略是将贪婪策略和随机策略结合在一起。也就是说，每天以概率 $1-\varepsilon$（$0<\varepsilon<1$）选择具有最高估计值 $Q(a)$ 的行动（广告）；以概率 ε 选择一个随机行动；并在一天结束时，使用观察到的奖励来更新估计值 $Q(a)$。这种策略（称为 ε- 贪婪策略）可以在短期回报和长期回报之间取得更好的平衡。

在强化学习的领域里，学习代理通过与其环境交互来确定要采取的行为，比如挑选最合适的产品进行广告宣传，目的是最大化收益增长。这个过程与传统的分类任务相似，但又有其独特之处。在分类任务中，分类器依靠*指示性反馈*（即已知训练元组的真实标签）来构建出能够准确分类的模型。而在强化学习中，学习代理不是获得明确的指示性反馈，而是基于*评估性反馈*来进行学习，例如，它可能会根据特定时间步上所采取行动的直接奖励来调整自身策略，以此来探索并找到最佳的行动方案。

上述问题称为*多臂老虎机问题*，可以想象一个具有多个臂的老虎机，每个臂代表一个具有未知值的行动（如产品广告）。除了 ε- 贪婪算法之外，还存在许多其他方法。例如，*上界置信区间*方法在每个时间步中根据对 $Q(a)$ 的估计以及估计的不确定性（或置信度）来选择行动。多臂老虎机问题是强化学习的一个经典场景，其中学习代理试图在一个单一情境中找到最佳的行动（例如，每个广告都有一个固定的值）。在更复杂的情况下，学习代理需要在不同情境下选择不同的行动。这种情况下，强化学习常被建模为（有限的）马尔可夫决策过程。强化学习已经在多个领域得到应用，包括在线广告、机器人技术和国际象棋等。

7.8　总结

- **特征选择**旨在从一组初始特征中选择出最有力的几个特征。典型的方法包括*过滤法*、*包装法*和*嵌入法*。**特征工程**旨在基于初始特征构建更有力的特征。
- 不同于朴素贝叶斯分类（它假设类的条件独立性），**贝叶斯信念网络**允许在变量子集之间定义类的条件独立性。它们提供了因果关系的图模型，可以基于此进行学习。经过训练的贝叶斯信念网络可以用于分类。
- **支持向量机**是一种可以对线性和非线性数据分类的算法。它在将原始数据转换到更高维的空间后，使用**支持向量**这样关键的训练元组来找到数据分离的超平面。
- **基于规则的分类器**使用一组 IF-THEN 规则进行分类。规则既可以从决策树中提取，也可以直接从训练数据中使用序列覆盖算法生成。*频繁模式*反映了数据中属性 - 值对（或项）之间的强关联性，并在**基于频繁模式的分类**中使用。这种分类方法包括关联分类和基于判别频繁模式分类。在**关联分类**中，分类器是由频繁模式生成的关联规则构建的。在基于**判别频繁模式分类**中，频繁模式作为组合特征，与单个特征一起用于构建分类模型。
- **半监督分类**在存在大量未标记数据时非常有用。它使用已标记和未标记数据来构建分类器。半监督分类的示例包括*自训练*和*协同训练*。
- **主动学习**是一种适用于数据丰富但类标签稀缺或昂贵的监督学习形式。学习算法可以主动向用户（例如人类注释者）查询标签。为了降低成本，主动学习旨在尽可能使用较少的标记实例来实现高精度的分类。
- **迁移学习**旨在从一个或多个*源任务*中提取知识并将知识应用于*目标任务*。TrAdaboost 是*基于实例的迁移学习方法*的示例，它重新加权源任务的一些数据并用它来学习目标任务，从而需要较少的标记目标任务元组。

- **远程监督**自动生成大量基于外部知识或附加信息的噪声标记元组。
- **零样本学习**构建一个分类器，用于预测在训练阶段从未观察到的测试元组的类标签。零样本学习的一个示例基于语义属性分类器。
- 在许多应用中，数据元组以流的方式到达。**流数据分类**的主要挑战包括可扩展性、一遍限制和概念漂移。
- **序列**是一个值的有序列表。**序列分类**的目标是构建一个分类器，用于预测整个序列或序列的每个时间戳的标签。序列分类的方法包括基于特征工程的方法和基于距离度量的方法。
- **图数据分类**的目标是构建一个分类器，用于预测节点或整个图的标签。与序列分类类似，图数据分类可以通过特征工程或邻近度量来实现。
- 二元分类方案，如支持向量机，也可以适应处理**多类分类**。这需要构建一组二元分类器的集成。纠错码可以用来提高集成的准确性。
- **距离度量学习**旨在学习适用于给定分类任务的最佳距离度量。基本思想是找到最优的距离度量，使得相似元组之间的距离小，而不相似元组之间的距离大。
- 在**遗传算法**中，规则种群通过交叉和突变操作“演化”，直到种群中的所有规则都满足指定的阈值。
- LIME（局部可解释的模型无关解释）是一种模型无关的解释方法。它在测试元组的局部邻域中找到一个替代模型，以平衡模型的保真度和模型的复杂度。
- 在分类中，学习代理（即分类器）接收指示性反馈，以构建最佳分类器。在**强化学习**中，学习代理接收评估性反馈，以找到最佳行动。有效的强化学习方法需要在利用和探索之间找到一个平衡点。

7.9 练习

7.1 特征选择旨在选择用于训练的特征子集。一般来说，有三种主要类型的特征选择策略：过滤法、包装法和嵌入方法。

a. 费希尔得分属于哪种类型的特征选择策略？请解释你的答案。

b. 假设有下面显示的六个训练示例。计算 θ_0 和 θ_1 的费希尔得分，并找出哪个更有判别性。

示例	θ_0	θ_1	标签
1	96	33	−
2	86	30	+
3	78	29	+
4	92	36	−
5	80	35	+
6	90	32	+

c. LASSO 属于哪种类型的特征选择策略？请解释你的答案。

d. 用特征系数的向量 $\boldsymbol{w}$ 表示，假设对 LASSO 有一个调整参数 λ（即 LASSO 惩罚项为 $\lambda\|\boldsymbol{w}\|_1$）。如果 λ 趋向无穷大，$\boldsymbol{w}$ 会发生什么变化？为什么？

7.2 支持向量机（SVM）是一种非常准确的分类方法。然而，当使用大量数据元组进行训练时，SVM 分类器会变得非常缓慢。请讨论如何克服这一困难，并开发一个可扩展的 SVM 算法，能够在大型数据集中进行高效的 SVM 分类。

7.3 比较关联分类和基于判别频繁模式的分类。并讨论为什么基于频繁模式的分类在许多情况下比传统决策树方法具有更高的分类准确性？

7.4 例 7.8 给出了在具有四个类的多类分类问题中使用纠错码的示例。

a. 假设要对一个未知的元组进行标记，七个训练好的二元分类器共同输出编码为 0101110 的码字，但这个码字与四个类中的任何一个的码字都不匹配。如果使用纠错码，应该为元组分配什么类标签？

b. 解释为什么使用 4 位向量的码字不足以进行纠错。

7.5 半监督分类、主动学习和迁移学习在存在大量未标记数据的情况下非常有用。

a. 描述半监督分类、主动学习和迁移学习。详细说明它们适用的应用领域，以及这些分类方法的挑战。

b. 研究并描述半监督分类的方法，除了自训练和协同训练。

c. 研究并描述主动学习的方法，除了基于数据池的学习。

d. 研究并描述基于实例的迁移学习的替代方法。

7.6 给定 n 个训练样本 $(\boldsymbol{x}_i,y_j)(i=1,2,\cdots,n)$，其中 $\boldsymbol{x}_i$ 是第 i 个训练样本的特征向量，y_i 是其类标签，假设在训练数据集上训练了一个带有径向基函数（RBF）核的支持向量机（SVM）。注意 RBF 核的定义为 $K_{\text{RBF}}(\boldsymbol{x},\boldsymbol{y})=\exp(-\gamma\|\boldsymbol{x}-\boldsymbol{y}\|_2^2)$。

a. 若 $\boldsymbol{G}$ 是 RBF 核的 $n\times n$ 核矩阵，即 $\boldsymbol{G}(i,j)=K_{\text{RBF}}(\boldsymbol{x}_i,\boldsymbol{x}_j)$。证明 $\boldsymbol{G}$ 的所有特征值都是非负的。

b. 证明 RBF 核是无限多个多项式核的总和。

c. 假设训练样本的分布如图 7.30 所示，其中“+”表示正样本，“−”表示负样本。如果将 γ 设置得足够大（如 1 000 或更大），那么训练后 SVM 的决策边界可能会是什么？请在图 7.30 上绘制出来。

d. 如果将 γ 设置为无限大，那么训练这个 SVM 时可能会发生什么？

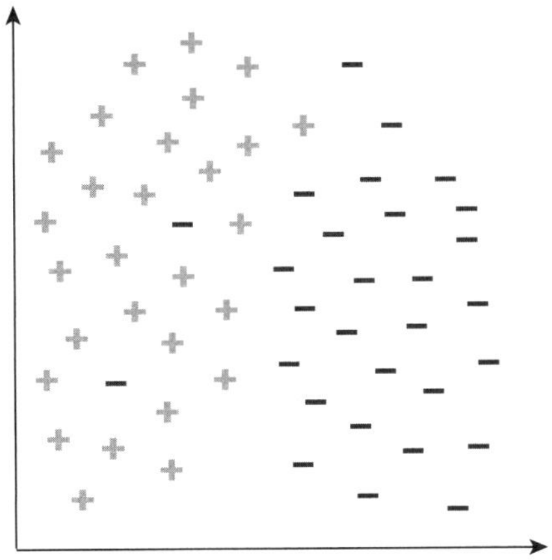

图 7.30 训练样本的分布

7.7 距离度量学习旨在学习能够最有效描述两个数据点之间距离的距离度量。其中最常用的距离度量之一是马氏距离，它的形式为 $d(\boldsymbol{x},\boldsymbol{y})^2=(\boldsymbol{x}-\boldsymbol{y})^{\mathrm{T}}\boldsymbol{M}(\boldsymbol{x}-\boldsymbol{y})$，其中 $\boldsymbol{x}$ 和 $\boldsymbol{y}$ 是两个不同数据点的特征向量。现在，假设有 n 个训练样本 $(\boldsymbol{x}_i,y_i)(i=1,2,\cdots,n)$，任务的目标是从数据中学习矩阵 $\boldsymbol{M}$。请研究并描述一种监督方法和一种无监督方法来学习矩阵 $\boldsymbol{M}$。

7.8 机器学习和数据挖掘技术正在彻底改变自动决策制定的方式，它们潜力巨大。这些技术虽然在实际应用中已取得显著成效，但一个突出的问题是，许多用户并不理解这些决策是如何得出的。因此，探究机器学习模型的可解释性变得至关重要。请研究并描述两种不同的方法来解释机器学习模型的预测，并说明它们是可解释的原因。

7.9 对于使用重启随机游走（RWR）进行图挖掘，公式为 $\boldsymbol{r}_i=c\tilde{\boldsymbol{W}}\boldsymbol{r}_i+(1-c)\boldsymbol{e}_i$，其中排名向量 $\boldsymbol{r}_i$ 将从节点 i 开始随机游走，c 是重启概率，$\tilde{\boldsymbol{W}}$ 是规范化权重矩阵，$\boldsymbol{e}_i$ 是起始向量。请解释：

a. 为什么 RWR 能够捕捉节点之间的多重加权关系？

b. 基于图的随机游走核函数和 RWR 之间的相似性和差异是什么？

7.10 传统的机器学习方法通常需要专家手动标注数据示例（例如文档、图像、信号等），以训练模型执行分类或回归。人工标记过程通常很费时间且价格昂贵。特别是对于深度模型，因为训练数据的规模可能非常大。

一种可行方法是**远程监督**，其中训练数据是通过利用现有数据库（如 Freebase）生成的。例如，如果目标是提取朋友关系，那么包含 Buzz Lightyear 和 Woody Pride 的 Freebase 中的项目将是一个正样本。通过这种方式，可以轻松生成大量带标签的训练数据。然而，对于模型的训练而言，仅有正样本是不够的。一个更关键的问题是如何从大规模数据库中生成负样本。请详细说明**远程监督**中生成负样本的至少两种方法。

7.11 在零样本学习中，模型观察来自在训练过程中未观察到的类的测试样本，并需要预测它们所属的类。形式上，训练数据具有标签空间 Y，测试数据具有不同的标签空间 Y'，其中 $Y \cap Y' = \varnothing$。给定训练数据 $\{(\boldsymbol{x}_i, y_i) | \boldsymbol{x}_i \in \mathbf{R}^n, i = 1,\cdots,N\}$，零样本学习旨在学习一个函数 f：$\mathbf{R}^n \to Y \cup Y'$。假设对于每个标签 $y \in Y \cup Y'$，也给出了一个标签表示向量 $\boldsymbol{y}_i \in \mathbf{R}^m$。

a. 假设目标是从训练数据中学习一个映射函数 g：$\mathbf{R}^n \to \mathbf{R}^m$（例如，$g(\boldsymbol{x})=\boldsymbol{W}\boldsymbol{x}$），使得对于所有的 i（$i=1,\cdots,N$），都有 $\boldsymbol{y}_i$ 接近于 $g(\boldsymbol{x}_i)$。请使用这个方法设计一个零样本学习算法。

b. 假设目标是从训练数据中学习一个评分函数 g：$\mathbf{R}^{n+m} \to \mathbf{R}$（例如，$g(\boldsymbol{x},\boldsymbol{y}) = \boldsymbol{x}^{\mathrm{T}}\boldsymbol{W}\boldsymbol{y}$），使得 $g(\boldsymbol{x}_i, \boldsymbol{y}_i)$ 较大 ($i=1,\cdots,N$)。请使用这个方法设计一个零样本学习算法。

7.12 在流数据分类中，存在一个形如 $(\boldsymbol{x},y)$ 的无限序列。目标是找到一个函数 $y = f(\boldsymbol{x})$，可以预测未见实例 $\boldsymbol{x}$ 的标签 y。由于流数据的不断演化，因此数据集的大小是未知的。在这个问题中，假设 $\boldsymbol{x} \in [-1,1] \times [-1,1]$，$y \in \{-1,1\}$，并且前八个训练样本如下所示。

训练样本	x_1	x_2	标签
1	0.5	−0.5	1
2	−0.5	0.5	−1
3	0.5	0.25	1
4	0.8	0.25	1
5	0.25	0.5	−1
6	−0.5	−0.25	−1
7	−0.8	−0.25	−1
8	−0.25	−0.5	1

a. 假设已经存储了前八个训练样本。现在有一个测试数据点 $\boldsymbol{x}_{\text{test}}=(0.7,0.25)^{\mathrm{T}}$。使用 k- 最近邻算法（k-NN）来预测 $\boldsymbol{x}_{\text{test}}$ 的标签。可以设置 $k=1$。

b. 由于流数据的大小未知，可能无法存储所有训练样本。但是，如果将特征空间划分为几个子区域（例如，$A_1 = [0,1] \times [0,1], A_2 = [-1,0) \times [0,1], A_3 = [-1,0) \times [-1,0)$ 和 $A_4 = [0,1] \times [-1,0)$），则可以有效地存储和更新每个子区域中的正 / 负训练样本数量。根据这个思路，设计一个用于分类流数据的算法。给出该算法对于测试点 $\boldsymbol{x}_{\text{test}}=(0.7,0.25)^{\mathrm{T}}$ 在前八个训练样本的情况下的预测结果。

c. 给出一个使 k-NN 算法和你的算法给出不同预测结果的例子。为了使你的算法能模拟 k-NN 的思路，在有足够多的训练数据的情况下，应如何改进你的算法？

7.13 简要描述遗传算法中的（a）分类步骤和（b）特征选择步骤。

7.14 假设有 M 个时间序列 $S=\{x^{(1)},\cdots,x^{(M)}\}$，其中每个时间序列 $x^{(m)}(m=1,\cdots,M)$ 都包含了 $n^{(m)}$ 个时间段，即 $x^{(m)} = \{x_1^{(m)},\cdots,x_{n^{(m)}}^{(m)}\}$。请注意，时间序列的长度可能不同。在 S 中存在正常序列（标记为 $Y^{(m)} = 0$）和异常序列（标记为 $Y^{(m)}=1$）。

a. 在无监督设置中，对异常序列和正常序列都没有任何标签。可以观察到（1）大多数时间序列都是正常的，只有一小部分时间序列对应于异常序列；以及（2）异常序列通常与正常序列差异很大。你能否提出自己的解决方案来识别 S 中的异常序列？

b. 在监督设置中，假设得到了一个带标签的训练集，其中包括异常序列和正常序列。你能否提出一个常用的监督序列分类模型来识别异常序列？与你在（a）中提出的无监督解决方案相比，监督方法有哪些优点和缺点？

7.15. 强化学习（RL）和多臂老虎机（MAB）都以建模代理与外部环境之间的交互以实现最大奖励而闻名。有趣的是，MAB 经常被称为单状态 RL 问题。你能解释为什么以及比较这两个问题之间的区别吗？

7.10 文献注释

Duda, Hart 和 Stork [DHS01] 中详细介绍了费希尔得分。Gu, Li 和 Han [GLH12] 提出了联合特征选择的广义费希尔得分。还有其他一些优秀的特征选择度量方法，例如 He，Cai 和 Niyogi [HCN05] 提出的 Laplacian 分数，以及 Nie 等人 [NXJ+08] 提出的 trace ratio。Kohavi 和 Sommerfield [KS95] 引入了特征选择的包装法。Tibshirani [Tib96] 开发了用于回归任务的 LASSO 特征选择方法。Ravikumar，Wainwright 和 Lafferty [RWL10] 使用了 logistic 回归分类器的 L1 正则化进行特征选择。还存在许多 LASSO 的扩展和泛化方法，如 Meier，Van 和 Buhlmann [MVDGB08] 的 Group LASSO；Tibshirani 等人 [TSR+05] 的 Fused LASSO；以及 Friedman，Hastie 和 Tibshirani [FHT08] 的 Graphical LASSO。关于特征选择的综合回顾，可参考 Chandrashekar 和 Sahin [CS14] 以及 Li 等人 [LCW+17]。

关于贝叶斯信念网络的介绍，可以参考 Darwiche [Dar10] 和 Heckerman [Hec96]。关于概率网络的详尽介绍，可以查阅 Pearl [Pea88] 以及 Koller 和 Friedman [KF09]。关于从可观测变量学习信念网络结构的解决方案，可以参考 Cooper 和 Herskovits [CH92]；Buntine [Bun94]；Heckerman，Geiger 和 Chickering [HGC95]。关于信念网络的推理算法，可在 Russell 和 Norvig [RN95]，Jensen [Jen96] 中找到。在 7.2.2 节中描述的用于训练贝叶斯信念网络的梯度下降方法，可以在 Russell，Binder, Koller 和 Kanazawa [RBKK95] 中找到。图 7.4 中给出的示例是根据 Russell 等人 [RBKK95] 进行修改的。

学习带有隐藏变量的信念网络的替代策略包括应用 Dempster, Laird 和 Rubin [DLR77] 的 EM（期望最大化）算法（Lauritzen [Lau95]）以及基于最小描述长度原则（Lam [Lam98]）的方法。Cooper [Coo90] 表明，在不受限制的信念网络中进行推理是 NP 难问题。信念网络的计算复杂性较大（Laskey 和 Mahoney [LM97]），这促使人们探索了分层和可组合的贝叶斯模型（Pfeffer，Koller，Milch 和 Takusagawa [PKMT99]；Xiang，Olesen 和 Jensen [XOJ00]），这些模型采用面向对象的知识表示方法。Fishelson 和 Geiger [FG02] 提出了用于遗传连锁分析的贝叶斯网络。

支持向量机（SVM）起源于 Vapnik 和 Chervonenkis [VC71] 关于统计学习理论的早期工作。SVM 的第一篇论文由 Boser，Guyon 和 Vapnik[BGV92] 提出。更详细的资料可以在 Vapnik 的书籍 [Vap95,Vap98] 中找到。入门 SVM 的书籍包括 Burges[Bur98] 的 SVM 教程，以及 Haykin[Hay08]、Kecman[Kec01] 以及 Cristianini 和 Shawe-Taylor[CST00] 等教材。关于解决优化问题的方法，可以参考 Fletcher[Fle87] 以及 Nocedal 和 Wright[NW99]。这些参考资料提供了进一步细节，涵盖了前文中提到的“奇特的数学技巧”，例如问题转化为拉格朗日形式，然后使用 Karush-Kuhn-Tucker（KKT）条件进行求解。Shalev-Shwartz，Singer，Srebro 和 Cotter 开发了一种名为 Pegasos 的基于次梯度的求解器，用于扩大 SVM 计算的规模 [SSSSC11]。存在许多 SVM 的变体，例如 Bradley 和 Mangasarian[BM98b] 提出的 L_1 SVM；

Cai，Nie，Huang 和 Ding [CNHD11] 提出的 $L_{2,1}$ SVM，以及 Nie，Wang 和 Huang[NWH17] 提出的 L_p SVM。有关核方法的全面介绍，请参阅 Hofmann，Schölkopf 和 Smola[HSS08]。

关于将 SVM 应用于回归问题，请参见 Schölkopf，Bartlett，Smola 和 Williamson [SBSW98] 以及 Drucker 等人 [DBK+97] 的研究。针对大规模数据的 SVM 方法包括 Platt[Pla98] 提出的序列最小化优化算法；Osuna，Freund 和 Girosi[OFG97] 提出的分解方法，以及 Yu，Yang 和 Han[YYH03] 提出的基于微聚类的大数据集的 CB-SVM 算法。支持向量机的软件库由 Chang 和 Lin 提供，同时支持多类分类。

还有一些基于规则的分类器的例子，包括 AQ15（Hong，Mozetic 和 Michalski[HMM86]）、CN2（Clark 和 Niblett[CN89]）、ITRULE（Smyth 和 Goodman[SG92]）、RISE（Domingos[Dom94]）、IREP（Furnkranz 和 Widmer[FW94]）、RIPPER（Cohen[Coh95]）、FOIL（Quinlan 和 Cameron-Jones[Qui90,QCJ93]）和 Swap-1（Weiss 和 Indurkhya[WI98]）。关于从决策树中提取规则的方法，请参见 Quinlan[Qui87,Qui93]。识别在给定规则集中最有趣规则的规则细化策略可以在 Major 和 Mangano[MM95] 中找到。

已经提出了许多将频繁模式挖掘应用于分类任务的算法。早期的关联分类研究包括 Liu，Hsu 和 Ma[LHM98] 提出的 CBA 算法。一种使用新兴模式（支持度在不同数据集之间变化显著的项集）的分类器在 Dong 和 Li[DL99] 以及 Li，Dong 和 Ramamohanarao[LDR00] 中提出。Li,Han 和 Pei 提出的 CMAR 在 [LHP01] 中介绍。Yin 和 Han 提出的 CPAR 在 [YH03] 中介绍。Cong，Tan，Tung 和 Xu 描述了 RCBT，这是一种用于高维基因表达数据高精度分类的挖掘前 k 个覆盖规则组的方法 [CTTX05]。

Wang 和 Karypis[WK05] 提出了 HARMONY（Highest confidence classificAtion Rule Mining fOr iNstance-centric classifYing，以实例为中心分类的最高置信度分类规则挖掘），它使用修剪策略直接挖掘最终的分类规则集。Lent，Swami 和 Widom[LSW97] 提出了关于挖掘多维关联规则的 ARCS 系统。它将关联规则挖掘、聚类和图像处理的思想结合，并应用于分类任务。Meretakis 和 Wüthrich[MW99] 提出通过挖掘长项集构建朴素贝叶斯分类器。Veloso，Meira 和 Zaki[VMZ06] 提出了一种基于关联规则的分类方法，采用一种惰性（非急切）学习方法，计算是按需进行的。

对于基于判别频繁模式的分类，Cheng，Yan，Han 和 Hsu[CYHH07]，以及 Cheng，Yan，Han 和 Yu[CYHY08] 进行了研究。前者建立了关于频繁模式（基于信息增益 [Qui86] 或费希尔得分 [DHS01]）判别能力的理论上界，可用作设置最小支持度的策略。后者描述了 DDPMine 算法，这是一种直接用于挖掘用于分类的判别频繁模式的方法，它避免了生成完整的频繁模式集合。Kim 等人提出了一种考虑重复特征的 NDPMine 算法，用于频繁和判别模式的分类 [KKW+10]。Shang，Tong，Peng 和 Han 提出了一种简洁而有效的基于判别模式的分类框架，名为 DPClass[STPH16]。

Zhu [Zhu05] 提供了半监督分类的综述。更多参考资料，请参阅由 Chapelle，Schölkopf 和 Zien 编辑的书籍 [ClZ06]。半监督 SVM（S3SVM）由 Bennett 和 Demiriz [BD+99] 开发。关于主动学习的综述，请参阅 Settles [Set10]。Tong 和 Chang 开发了一种基于版本空间概念的主动 SVM 方法 [TC01]。He 和 Carbonell 开发了一种基于最近邻的主动学习方法，用于发现新的类。Pan 和 Yang 提出了关于迁移学习的综述 [PY10]。用于迁移学习的 TrAdaboost 提升算法见 Dai，Yang，Xue 和 Yu [DYXY07]。关于迁移学习中的负迁移效应，请参阅 Rosenstein，Marx，Kaelbling 和 Dietterich [RMKD05]。Ge 等人 [GGN+14] 开发了一种有效的方法，用于减轻基于 Rademacher 分布的多源迁移学习中的负迁移。

Go，Bhayani 和 Huang 开发了一种使用远程监督的情感分类方法。Zubiaga 和 Ji 提出使用网页目录作为 Twitter 分类的远程监督。另外，Magdy，Sajjad，El-Ganainy 和 Sebastiani 将 Youtube 标签视为 Twitter 分类的远程监督。Ratner 等人 [RBE+17] 开发了 Snorkel，这是一个允许用户依赖于标签函数而不是手动标记来训练机器学习算法的系统。Palatucci，Pomerleau，Hinton 和 Mitchell[PPHM09] 开发了一种基于语义输出代码的零样本学习方法。Romera-Paredes 和 Torr[RPT15] 提出了一种简单但有效的基于两层线性网络的零样本学习方法。Wang，Zheng，Yu 和 Miao[WZYM19] 提供了关于零样本学习的全面综述。有关零样本学习的评估，请参阅 Xian，Schiele 和 Akata[XSA17]。

Wang，Fan，Yu 和 Han [WFYH03] 开发了一种用于分类流数据的集成方法，其中包含漂移概念。Hulten，Spencer 和 Domingos 开发了一种基于决策树的流数据分类的替代方法。Aggarwal，Han，Wang 和 Yu 提出了一种按需分类方法，该方法动态选择时间窗口以训练流数据分类器。Masud 等人 [MGK+08] 开发了一种用于分类流数据的半监督方法。Aggarwal 的书 [Agg07] 涵盖了各种流数据挖掘任务。Keogh 和 Pazzani[KP00] 开发了一种可扩展的计算时间弯曲距离的方法。在文本分类中使用字符串核的应用可以在 Lodhi 等人 [LSST+02] 中找到。有关序列数据分类的综述，请参阅 Xing，Pei 和 Keogh[XPK10] 以及 Dietterich[Die02]。Tong，Faloutsos 和 Pan[TFP06] 开发了一种快速的重启随机游走方法，用于计算图上节点邻近度。Henderson 等人 [HGL+11] 提出了以递归方式生成图结构特征的方法。许多用于图相似性或图核的方法存在，如 Vishwanathan，Schraudolph，Kondor 和 Borgwardt[VSKB10] 提出的随机游走图核，以及 Shervashidze 等人 [SSVL+11] 提出的 Weisfeiler-Lehman 图核。有关不同图相似性度量的比较，请参阅 Koutra 等人 [KSV+16]。

关于多类分类的研究可在 Hastie 和 Tibshirani 的著作 [HT98]、Tax 和 Duin 的著作 [TD02] 以及 Allwein，Shapire 和 Singer 的著作 [ASS00] 中找到。Dietterich 和 Bakiri [DB95] 提出了在多类分类中使用纠错码的方法。Weinberger 和 Saul [WS09] 介绍了最近邻分类中的距离度量学习。Xing，Jordan，Russell 和 Ng [XJRN02] 研究了在聚类背景下的距离度量学习。Movshovitz-Attias 等人 [MATL+17] 提出了使用基于代理的损失来加速距离度量学习的收敛。有关距离度量学习的综述，请参阅 Yang 和 Jin [YJ06] 以及 Wang 和 Sun [WS15]。Ribeiro，Singh 和 Guestrin [RSG16] 提出了 LIME 来解释分类器的工作原理。还开发了许多替代的可解释技术，如 Shapley 值 [LL17]、影响函数（Koh 和 Liang[KL17]）和反事实解释（Van Looveren 和 Klaise[VLK19]）。有关可解释机器学习的全面介绍，请参阅 Molnar [Mol20]。关于遗传算法的文献，请参阅 Goldberg [Gol89]、Michalewicz [Mic92] 和 Mitchell [Mit96]。关于特征选择中遗传算法的应用，请参阅 Ghamisi 和 Benediktsson [GB14]。Suguna 和 Thanushkodi [ST10] 应用遗传算法改进了 k-最近邻分类器。Feng 等人 [FHZ+18] 应用强化学习进行关系分类。有关强化学习的全面介绍，请参阅 Sutton 和 Barto [SB18]。

第 8 章

Data Mining Concepts and Techniques, Fourth Edition

聚类分析：基本概念和方法

想象一下，你作为一家零售公司的客户关系主管，管理数百万客户可能会变得低效且乏味。为了提高效率，你可能考虑将所有客户划分为几个小组，并分配给不同的经理进行管理。为了便于统一管理，你希望每个组内的客户尽可能相似，避免同一组内存在业务模式差异极大的两个客户。这种方式使你能够根据每个小组内客户的共同特征，制定专门针对该小组的客户活动。那么，有哪些数据挖掘技术能够完成这项任务呢？

与先前的分类任务不同，这项新任务要求我们主动探索各个客户的类标签（即组 ID）。由于客户群体庞大且其属性众多，仅仅依赖人工分析数据并为客户分组的成本相当高，甚至不具备可行性。因此，需要借助一种聚类工具来降低这一过程的复杂性和成本。

聚类是一种将数据分成多个簇（在本章中也被称为“组”）的过程。其目的是使同一簇内的对象具有高度相似性，而不同簇内的对象则表现出明显的差异。这里的相似性和相异性是根据对象的属性值来进行评估的，通常涉及距离度量。[⊖]聚类作为一种数据挖掘工具，起源于许多应用领域，如生物学、安全、商业智能和 Web 搜索等。

本章主要介绍聚类分析的基本概念和方法。在 8.1 节中，将介绍聚类的基本概念，并研究海量数据和各种应用对聚类方法的要求。此外，本章还将介绍几种基本的聚类技术，这些技术分为如下几类：*划分方法*（8.2 节）、*层次方法*（8.3 节），以及*基于密度和网格的方法*（8.4 节）。在 8.5 节中，将讨论如何评估聚类方法的性能。关于高级聚类方法的讨论将留在第 9 章进行。

8.1 聚类分析

本节旨在为研究聚类分析奠定基础。8.1.1 节会对聚类分析进行定义，并举例说明聚类的作用。在 8.1.2 节中，将从不同方面比较聚类方法，并介绍聚类算法需要满足的一些要求。8.1.3 节将概述基本的聚类技术。

8.1.1 什么是聚类分析

聚类分析（cluster analysis），简称**聚类**（clustering），是将一组数据对象（或观测值）划分为若干子集的过程。每个子集被称为一个**簇**（cluster），同一簇中的对象彼此相似，但又与其他簇中的对象不同。由聚类分析算法生成的簇的集合被称为一个**聚簇**。在这种语境下，不同的聚类方法在同一数据集上可能产生不同的簇。即使使用相同的聚类方法，如果设置了不同的参数或以不同的方式初始化，也可能导致产生不同的簇。这种对簇的划分并不是由人完成的，而是由聚类算法自动生成的。因此，聚类的价值在于它能够在数据中发现以前未知的分组信息。

聚类分析目前已广泛应用于商业智能、图像模式识别、网络搜索、生物学和安全等诸多

⊖ 数据的相似性和相异性在第 2 章中有详细讨论。可以参考相应的章节进行快速复习。

领域。例如，在商业智能中，聚类分析可以将大量客户组织成不同的组，使得每个组中的客户都具有很强的相似性。这有助于制定增强客户关系管理的业务战略。此外，设想一家拥有大量项目的咨询公司。为了改进项目管理，如项目交付和成果质量控制，可以根据业务场景、客户、所需专业知识、周期和规模等方面的相似性，应用聚类算法将项目划分到不同的组中，以便有效地进行项目审计和判断。

再比如，在图像识别中，聚类可以用于发现照片中的簇或“子类”。其中一种应用是根据从图像中识别的人脸来对照片进行自动分组，从而把同一个人的照片归为一组。该场景下并没有事先在图像中指定和标记好的人脸，因此无法使用分类方法。相反，聚类方法在此场景下可以用人脸作为特征，自动地将照片分为若干组，使得同一组中的人脸彼此相似，而不同组中的人脸互不相同。除按照人脸划分之外，还存在其他多种组织照片的方式。聚类能够自动识别重要特征，并提出相应的有意义方法来将照片分组。例如，通过蓝天和海滩的特征，可以将风景照片分成一组，另一组可能以雪为主题，其他组则以人物合影为主题。

在 Web 搜索中，聚类技术发挥着重要作用并具有广泛的应用。考虑到互联网上存在大量的网页，使用关键字进行搜索通常会导致返回大量与搜索相关的页面，使用户难以找到所需信息。聚类技术通过将搜索结果进行有效的分组，能够以简明易读的方式呈现这些结率，从而提高搜索效率。此外，聚类技术还可以将文档按主题进行分类，这在信息检索中很常用。

聚类分析作为一种数据挖掘方法，可以被视为一种帮助深入理解数据的分布的独立工具。它还可以辅助人们观察每个簇的特征，进而有针对性地对特定簇展开深入研究。此外，聚类分析还可作为其他算法的预处理步骤，例如特征描述、属性子集选择和分类。在这一过程中，可以对检测到的簇以及所选的属性或特征进行后续操作，从而更全面地分析数据集。

由于簇是一组数据对象的集合，这些数据对象在同一簇内彼此相似，但与其他簇中的对象不同，因此可以将数据对象的簇视为隐式类。从这个角度来看，聚类有时也被称为**自动分类**（automatic classification）或**无监督分类**（unsupervised classification）。这与先前介绍的分类算法的关键区别在于，聚类能够自动发现并划分数据到不同的类（簇）中，这正是聚类分析的显著优势之一。

聚类算法在一些应用中也被称为**数据分割**（data segmentation），因为聚类可以根据数据的相似性将大数据集划分成不同的组。聚类算法也可以用于**离群点检测**（outlier detection），其中离群点（“远离”任何簇的值）是更可能被人关注的数据。离群点检测的应用包括检测信用卡欺诈和监控电子商务中的犯罪活动。例如，信用卡交易中的异常情况：在不寻常的地点进行非常昂贵且不频繁的消费，就可能是诈骗活动。离群点检测将在第 11 章中进行讨论。

数据聚类目前正处于蓬勃发展阶段，其研究范围涵盖数据挖掘、统计学、机器学习和深度学习、空间数据库技术、信息检索、Web 搜索、生物学、市场营销等众多应用领域。鉴于数据库中积累的大量数据，聚类分析已经成为数据挖掘研究领域中一个非常活跃的研究课题。

作为统计学的一个分支，基于距离的聚类分析已经受到广泛关注与研究。许多统计分析软件包或系统，例如 SPlus、SPSS 和 SAS，都内置了基于 *k*- 均值（*k*-means）、*k*- 中心点（*k*-medoids）和其他几种方法的聚类分析工具。回顾一下，在机器学习中，分类被称为监督学习，因为类标签信息是事先给定的，也就是说，这种学习算法预先标注了每个训练元组的类。相反，聚类被称为**无监督学习**，因为事先并不提供类标签信息。因此，聚类**通过观察来学习**，而非通过示例来学习。在数据挖掘领域，人们一直在努力寻找能够对大型数据库进行高效聚类分析的方法。当前的研究重点主要集中在聚类方法的可伸缩性、对复杂形状（如非凸形）和各种数据类型（例如文本、图和图像）进行聚类的方法的有效性、高维聚类技术（例如对具有数千甚至数百万特征的对象进行聚类)，以及对大型数据集中的混合数值和标称数据进行聚类的方法。

8.1.2 聚类分析的要求

聚类是一个很有挑战性的研究领域。在本节中将介绍对作为一种数据挖掘工具的聚类的要求，以及可用于比较聚类方法优劣的诸多方面。

以下是数据挖掘中对聚类的典型要求。

- **处理不同类型数据对象的能力**：许多算法都是为聚类数值型（基于区间的）数据对象设计的。然而，实际中很可能需要对混合数据类型的对象进行聚类，例如二元、标称（分类）、序数数据，或者这些数据类型的混合，更有可能对诸如图、序列、图像、视频和文档这样复杂数据类型的对象进行聚类。
- **可伸缩性**：许多聚类算法在包含少于几百个数据对象的小数据集上运行良好；然而，大型数据库可能包含数百万甚至数十亿个对象，比如 Web 搜索场景。仅在给定大数据集的样本上进行聚类可能会导致有偏的结果。因此，需要高度可伸缩的聚类算法。
- **发现任意形状的簇**：许多聚类算法是基于欧几里得距离或曼哈顿距离度量来确定簇的（第 2 章）。基于这种距离度量的算法倾向于找到具有尺寸和密度相近的球状簇。然而，簇可以是任何形状的。例如，人们可能希望使用聚类来找到卫星图像中正在蔓延的森林火灾的边界，但这通常不是球形的。因此，开发能够检测任意形状的簇的算法是很重要的。
- **对确定输入参数的领域知识的需求**：许多聚类算法要求用户以输入参数的形式提供领域知识，如所需的簇的数量。因此，聚类结果可能对这样的参数很敏感。而这些参数通常很难确定，对于高维数据集中用户尚未深入理解的数据来说更是如此。要求给定领域知识规范不仅会加重用户的负担，还会使聚类的质量难以控制。因此，不严重依赖于领域知识输入或者能够帮助用户探索领域知识的聚类算法是非常有用的。
- **处理噪声数据的能力**：现实世界中的大多数数据集都包含离群点、缺失值、未知数据和错误数据。例如，物理传感器收集的数据通常都有噪声。聚类算法可能对这些噪声很敏感，并且因此产生质量较差的聚类结果。为此，需要聚类方法对噪声具有鲁棒性。
- **增量聚类和对输入顺序的不敏感性**：在许多应用中，增量更新（提供新数据）可能随时发生。一些聚类算法无法将增量更新纳入现有的聚类结构，而必须从头开始重新计算新的聚类。聚类算法还可能对输入数据的顺序很敏感。也就是说，在给定一组数据对象的情况下，聚类算法可能会根据对象的出现顺序返回截然不同的聚类结果。因此需要增量聚类算法和对输入顺序不敏感的算法。
- **聚类高维数据的能力**：一个数据集可能包含许多维度或属性。例如，在对文档进行聚类时，每个关键字都可以被视为一个维度，而关键字往往有成千上万个。大多数聚类算法都擅长处理低维数据，比如只涉及二维或三维的数据。在高维空间中寻找数据对象的簇是一项具有挑战性的任务，特别是当这类数据非常稀疏且呈高度倾斜分布的时候。
- **基于约束的聚类**：在实际应用中，可能需要在各种限制条件下执行聚类。假设当前任务是为一个城市中给定数量的新电动汽车充电站选址。为此可能需要对潜在的充电需求数据进行聚类，并且需要着重考虑城市中的可用空间、电力网络、河流和高速公路网络等限制因素。在满足特定约束的条件下，得到良好的聚类结果是非常具有挑战的。

- **可解释性与可用性**：用户希望聚类结果是可解释的、可理解的和可用的。也就是说，聚类可能需要与特定的语义解释和应用联系起来。重要的是研究应用目标如何影响聚类特征和聚类方法的选择。

给定一个数据集，使用不同的聚类方法或使用不同的参数或不同的初始化，都可能获得不同的聚类结果。那么，应该如何评估和比较聚类结果呢？可以从以下几个方面对聚类方法进行比较。

- **单层与多层聚类**：在很多聚类方法中，所有数据对象都会被分配到不同的簇中，且簇之间不存在层次结构。也就是说，从概念上讲，所有的簇都属于同一层。例如，将客户划分为若干组，使每个组都有自己的经理。另一种方法是对数据对象进行分层，在不同的语义层次上形成簇。例如，在文本挖掘中，人们可能希望将文档语料库组织成多个一般的主题，如“政治”和“体育”，且每个主题下都有子主题。例如，“足球”“篮球”“棒球”和“曲棍球”可以作为“体育”的子主题。后四个子主题在层次结构中的级别低于“体育”。
- **簇的分离性**：一些聚类方法可以将数据对象划分为互斥的簇。然而，在某些情况下，簇之间可能并不互相排斥，也就是说，一个数据对象可能同时属于多个簇。例如，将文档聚类到主题时，一个文档可能与多个主题相关。因此，作为簇的主题可能不具有互斥性。
- **相似性度量**：一些方法通过计算两个对象之间的距离来确定它们之间的相似性。这样的距离可以在欧几里得空间、公路网络、向量空间或一些其他空间上进行定义。在某些应用中，相似性可以用基于密度的连接性或邻近性定义，并且可能依赖也可能不依赖两个对象之间的绝对距离。相似性度量在聚类方法的设计中起着至关重要的作用。在实际应用中，虽然基于距离的方法可以利用最优化技术，但基于密度或邻接性的方法通常能发现任意形状的簇。
- **全空间聚类与子空间聚类**：许多聚类方法都是在整个给定的数据空间内搜索簇。这些方法对于低维数据集非常有用。然而，对于高维数据，由于存在许多不相关的属性，从而导致相似性度量变得不可靠。因此，在整个空间中找到的簇往往毫无意义。最好的办法是在同一数据集的不同子空间内寻找簇。子空间聚类则可以发现能够揭示对象相似性的簇和子空间（通常是低维的）。

总之，聚类算法有一系列的要求，包括处理不同类型数据对象的能力、可伸缩性、对噪声数据的鲁棒性、增量更新、划分任意形状的簇和约束等。与此同时，聚类的可解释性和可用性也很重要。此外，不同的聚类方法在划分的层次、簇是否互斥、所使用的相似性度量以及是否在子空间聚类等方面可能会有所不同。

8.1.3 基本聚类方法概述

在文献中提到了很多聚类算法，但有时很难明确定义这些方法属于哪个类别，因为它们之间可能存在交叉，一种方法可能同时具备多个类别的特征。尽管存在这样的复杂性，仍然有必要以一种相对有条理的方式来谈论这些聚类方法。一般来说，可以将主要的基本聚类方法分为以下几大类，这会在接下来的节中详细讨论。

划分方法：给定一个包含 n 个对象的集合，基于划分的方法会构造 $k(k \leqslant n)$ 个数据分区，其中每个分区代表一个簇。也就是说，它将数据划分为 k 个簇，使得每个簇必须至少包含一个对象。通常，k 被设置为一个小数字，即 $k \ll n$。划分方法是对数据集进行单层划分。基本的划分方法通常采用*互斥的簇分离*，即每个对象必须只属于一个簇。但这一要求可以适当放宽，例如在模糊划分技术中，一个对象可能属于多个簇。在本章文献注释（8.8 节）中给出了有关此类技术的参考文献。

大多数划分方法都是基于距离的。给定 k（要构造的簇的数量），划分方法会创建一个初始划分。然后，它会使用**迭代重定位技术**，试图通过将对象从一个簇中移动到另一个簇来改进划分。好的划分的一般标准是，同一簇中的对象互相“接近”或彼此相关，而不同组中的对象“相距遥远”或差异很大。有各种各样的标准可以用来判断分区的质量。传统的划分方法可以扩展到子空间聚类，而不是搜索整个数据空间。这在属性众多、数据稀疏的情况下非常有用。

在基于划分的聚类方法中，要达到全局最优通常需要穷举所有可能的分区，这个过程往往需要花费很多计算时间。因此，在大多数情况下都采用流行的启发式方法，如 *k- 均值*算法和 *k- 中心点*算法等贪婪算法，来逐步提高聚类质量并接近局部最优。这些启发式聚类方法可以很好地在中小型数据集中找到球状簇，但要想找到具有复杂形状的簇或应用于超大型数据集，则需要对基于划分的方法进行扩展。8.2 节将深入研究基于划分的聚类方法。

层次方法：层次方法对给定的数据对象集进行层次分解。根据层次分解的形成方式，可将层次方法分为*凝聚*和*分裂*的方法。*凝聚法*，也称为*自底向上*的方法，首先将每个对象分成一个单独的簇。再依次合并彼此接近的数据对象或簇，直到终止条件成立或所有簇合并为一个（层次结构的最顶层）才停止。*分裂法*，也称为*自顶向下*法，它从同一簇中的所有对象开始。在每一次连续的迭代中，一个簇被拆分成更小的簇，直到终止条件被满足或每个对象都在一个单独的簇中才结束。

层次聚类方法可以基于距离、密度或连通性。它的一些扩展方法还考虑了子空间聚类。

而层次方法的缺点在于，一旦完成某个步骤（合并或拆分），就永远无法撤销。这种严格性的好处在于，它无须担心不同选择的组合数量，从而降低了计算成本。然而这种技术不能纠正错误的步骤。不过，目前已经有人提出了提高层次聚类质量的方法。8.3 节将对层次聚类方法进行探讨。

基于密度和网格的方法：大多数划分方法都是根据对象之间的距离来进行聚类。这种方法只能找到球状簇，而很难发现其他形状的簇。目前已经开发了基于*密度*概念的聚类方法。这些方法的总体思路是，只要“邻域”中的密度（对象或数据点的数量）超过某个阈值，就会继续扩大该簇。也就是说，对于给定簇内的每个数据点，给定半径的邻域内必须至少包含一定数量的点。这种方法可以用于过滤噪声或离群点，并发现任意形状的簇。

基于密度的方法可以将一组对象划分为多个互斥的簇，或者形成一个簇的层次结构。通常，基于密度的方法只考虑互斥的簇，而不考虑模糊簇。此外，还可以把基于密度的方法从全空间聚类扩展到子空间聚类。

实现基于密度的聚类思想的一种方法是采用基于网格的方法，这种方法将对象空间量化为有限数量的单元，形成网格结构。在这种方法中，所有的聚类操作都是在这个网格结构（即量化空间）上执行的。例如，密集单元，即包含足够数量数据点的那些单元，被认为是簇的组成部分，用于组建簇。基于网格的方法的主要优点是处理速度快，这通常与数据对象的数量无关，而只取决于量化空间中每个维度的单元数。使用网格通常是解决包括聚类在内的许多空间数据挖掘问题的高效方法。除了基于密度的聚类，基于网格的方法还可以与其他聚类方法（如层次方法）融合。8.4 节将介绍基于密度和基于网格的聚类方法。

有些聚类算法融合了几种聚类方法的思想，因此有时很难将某一算法归类为某一种特定的聚类方法。此外，某些应用的聚类标准可能需要整合多种聚类技术。

下文将详细介绍具有代表性的聚类方法。关于高级聚类方法的相关问题将在第 9 章讨论。

8.2 划分方法

最简单、最基本的聚类分析方法是划分方法。它将给定集合中的对象组织成几个互斥的簇。每个簇都可以由一个对象来代表。换句话说，每个对象 o 可以被分配到与其最接近或最相似的代表性簇中。为了更简洁地描述该问题，可以假设预期簇的数量是给定的，该参数正是划分方法的起点。划分方法中有两个最重要的技术问题。第一，如何确定簇的代表性元素。第二，如何度量对象之间或对象与代表性元素之间的距离或相似性。

形式地，给定一个由 n 个对象组成的数据集 D，以及要形成的簇的数量 k，**划分算法**会将对象组织为 k 个分区（$k \leqslant n$），其中每个分区表示一个簇。簇的形成是为了优化一个客观划分准则，如基于距离的相异性函数，从而使簇内的对象在数据集属性方面彼此“相似”，而与其他簇内的对象“相异”。

本节将会介绍基于划分的方法。首先，从最著名的划分方法 k- 均值开始（8.2.1 节）。然后，在 8.2.2 节中，将会介绍一系列不同的划分方法，以应对不同类型的数据和不同的应用场景。最后，会讨论核 k- 均值方法，这是一种可以探索高维数据中簇间的非线性可分性的高级方法。

8.2.1 *k*- 均值：一种基于形心的技术

假设数据集 D 在欧几里得空间中包含 n 个对象。基于划分的方法将 D 中的对象划分成 k 个簇 $C_1,\cdots,C_k$，即 $C_i \subset D$，$|C_i| \geqslant 1$，且对于 $1 \leqslant i,\ j \leqslant k$，$i \neq j$，有 $C_i \cap C_j = \varnothing$。其中，每个簇都需要至少包含一个对象。使用一个目标函数来衡量划分的质量，目的是让同一簇内的对象相似，同时保持与其他簇内的对象相异。换言之，这个目标函数旨在实现高程度的簇内相似性和低程度的簇间相似性。

基于形心的划分方法使用簇 C_i 的*形心*作为该簇的代表。从概念上讲，簇的形心是它的中心点，形心可以通过多种方式进行定义，例如用分配给簇的对象（或点）的均值或中心点来定义。对象 $\boldsymbol{p} \in C_i$ 和簇的代表 $\boldsymbol{c}_i$ 之间的差异通过 $dist(\boldsymbol{p},\boldsymbol{c}_i)$ 来测量，其中 $dist(\boldsymbol{x}, \boldsymbol{y})$ 表示 $\boldsymbol{x}$ 和 $\boldsymbol{y}$ 两点之间的欧几里得距离。簇 C_i 的质量可以通过**簇内变差**（within-cluster variation）来衡量，它是 C_i 中所有对象与形心 $\boldsymbol{c}_i$ 之间的*误差平方和*，定义为

$$E = \sum_{i=1}^{k} \sum_{p \in C_i} dist(\boldsymbol{p},\boldsymbol{c}_i)^2 \tag{8.1}$$

其中，E 是数据集中所有对象的误差平方和；$\boldsymbol{p}$ 是空间中代表给定对象的点；而 $\boldsymbol{c}_i$ 是簇 C_i 的形心（$\boldsymbol{p}$ 和 $\boldsymbol{c}_i$ 都是多维的）。换句话说，对于每个簇中的每个对象，都要对该对象到其簇中心的距离进行平方并求和。该目标函数试图得到尽可能紧凑和分离的 k 个簇。因此，划分簇的任务可以被建模为：在所有可能的对象到簇的分配中，最小化簇内变差（式（8.1））。

最小化簇内变差在计算上具有挑战性。在最坏的情况下，必须要枚举所有可能的划分方式。不难看出，所有可能的划分方式的数量与对象数量呈指数关系。已证明，在一般欧几里得空间中，即使仅划分两个簇（即 k=2），这个问题也是 NP 难的。为了克服精确求解的高昂计算成本，在实践中经常使用贪婪算法。一个典型的例子就是 k- 均值算法，它很简单，也很常用。

“*k*- *均值算法是如何工作的？*” k- 均值算法将簇的形心定义为簇内各点的均值，其步骤如

下。首先，它从 D 中随机选择 k 个对象，每个对象表示一个簇的初始均值或中心。对于剩余的每个对象，根据对象和所选簇均值之间的欧几里得距离，将对象分配给最相似的簇。然后，k- 均值算法会迭代地改进簇内变差。对于每个簇，它都会使用在上一次迭代中分配给该簇的对象来计算新的均值。然后使用更新后的均值作为新的簇中心，重新分配所有对象。这样的迭代一直持续到分配稳定为止，也就是说，在新一轮中形成的簇与上一轮形成的簇相同。k-均值划分算法如图 8.1 所示。

算法：***k*-均值**。用于划分的 k-均值算法，其中每个簇的中心都用簇中所有对象的均值来表示。

输入：
- k：簇的数目；
- D：包含 n 个对象的数据集。

输出：k 个簇的集合。

方法：

（1）从 D 中任意选择 k 个对象作为初始簇中心；
（2）**repeat**
（3）　根据簇中对象的均值，将每个对象分配到对象最相似的簇；
（4）　更新簇中心，即重新计算每个簇中对象的均值；
（5）**until** 不再发生变化；

图 8.1　k- 均值划分算法

例 8.1　通过 k- 均值划分簇。考虑位于二维空间中的一组对象，如图 8.2a 所示。假设 k=3，也就是说，用户希望将对象划分为三个簇。根据图 8.1 中的算法，可以选择任意的三个对象作为三个簇的初始中心，用“+”表示。根据与簇中心的距离，每个对象被分配到最近的一个簇。如图 8.2a 所示，由虚线包围的轮廓表示了这种分配。

接下来，更新簇中心。也就是说，根据当前簇中的对象重新计算每个簇的均值。对于每个对象，都使用这些新的簇中心，把对象重新分配到离簇中心最近的簇中。如图 8.2b 所示，这种重新分配形成了由虚线包围的新轮廓。

这个过程反复进行，最终得到图 8.2c。这种迭代地将对象重新分配到簇以改进划分的过程称为**迭代的重定位**（iterative relocation）。最终，任何簇中的对象都不会被重新分配，该过程便结束。聚类过程最终将返回所产生的簇。□

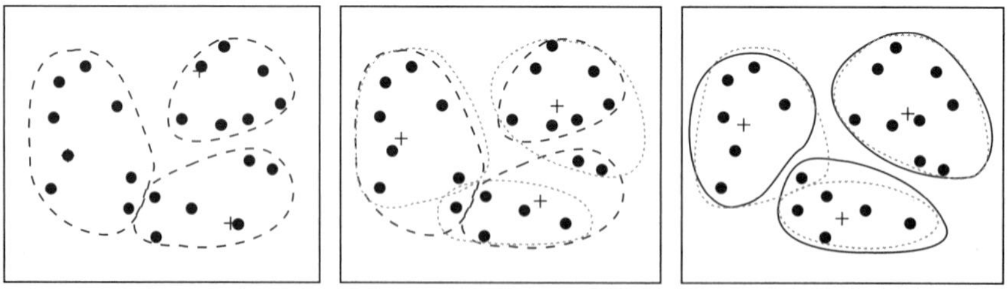

a）初始聚类　　　　b）迭代　　　　c）最终聚类

图 8.2　使用 k- 均值方法对一组对象进行聚类；图（b）更新聚类中心并相应地重新分配对象（每个聚类的均值用“+”标记）

k- 均值方法不能保证收敛到全局最优，它通常在局部最优处就会终止，并且最终的聚类结果可能取决于最初随机选择的簇中心。（作为练习，请你给出一个例子来证明这一点。）为了在实践中获得良好的结果，通常会使用不同的初始簇中心多次运行 k- 均值算法，并将簇内变差最小的聚类结果作为最终结果返回。

k- 均值算法的时间复杂度为 $O(nkt)$，其中 n 是对象总数，k 是簇的个数，t 是迭代次数。通常，$k \ll n$ 并且 $t \ll n$。因此，该方法在处理大型数据集时具有一定的可伸缩性和有效性。

作为最简单的划分方法，*k*- 均值方法有几个优点。第一，*k*- 均值方法在概念上是直观的，并且实现起来相对简单。事实上，在统计学、数据挖掘和机器学习领域的许多软件工具包和开源套件中都包含了 *k*- 均值方法。第二，正如前文所分析的那样，*k*- 均值方法可扩展到大型数据集，且运行时间关于数据集大小（即数据对象数量）、簇的数量和迭代次数呈线性关系。第三，*k*- 均值方法可以保证收敛到某个局部最优值，因此一般不会产生很差的结果。第四，如果用户对簇的可能位置有一些领域知识，那么可以人为地设置初始均值，然后再运行迭代步骤。换言之，*k*- 均值方法可以有一个良好的开端。第五，*k*- 均值方法很容易接受新的数据。也就是说，如果在迭代一定次数后出现了新的数据对象，*k*- 均值方法仍然可以很容易地将这些数据纳入下一次迭代，并且使更新后的聚类可以适应新的数据。

当然，*k*- 均值方法也有一些局限性。首先，用户必须手动指定簇的数量。当用户不熟悉数据集时，要正确设置这个参数并不容易。其次，聚类结果在很大程度上取决于初始均值的选择。为了克服这一问题，当簇的数量较少时可以使用不同的初始均值多次运行 *k*- 均值方法。然而，当簇数量很大时，即使多次运行 *k*- 均值方法也没办法很好地缓解这一问题，因为不太可能保证在一次运行中产生的所有簇都是合理的。再次，正如后面将要说明的那样（以图 8.16 为例），*k*- 均值方法在寻找大小和密度截然不同的簇时可能会遇到困难。此外，离群点也会影响簇的中心（见例 8.2）。最后，由于 *k*- 均值方法使用的是欧几里得距离，因此当维数增加时，距离测量将主要受噪声影响。根据预期，高维空间中任何两个数据对象之间的距离都是相同的。因此，*k*- 均值方法不能直接扩展到高维数据。

在本节的其余部分，将会讨论一些用来解决上述局限性的 *k*- 均值方法的变体。不幸的是，划分方法的一些共有问题必须通过引入其他类型的聚类方法来解决。

8.2.2　*k*- 均值方法的变体

为了解决各种限制，*k*- 均值方法有多种变体。在本小节中，将研究其中一些在各种应用中被广泛使用的方法。

_k_- 中心点：一种基于代表性对象的技术

k- 均值算法之所以对离群点很敏感，是因为这些数据对象远离大多数数据，因此当它们被分配给一个簇时，会极大地扭曲簇中的均值。这无意中影响了将其他对象分配到簇的过程。如例 8.2 所示，平方误差函数（式（8.1））的使用更是严重恶化了这一影响。

例 8.2　_k_- 均值的一个缺点。考虑一维空间中的七个点，它们的值分别为 1、2、3、8、9、10 和 25。直观地看，可以将这些点划分为簇 {1,2,3} 和 {8,9,10}，其中点 25 被排除在外，因为它看起来是一个离群点。那么，*k*- 均值是如何划分这些值的呢？如果将 k=2 和式（8.1）应用在 *k*- 均值中，那么划分 {{1,2,3},{8,9,10,25}} 便具有簇内变差：

$$(1-2)^2+(2-2)^2+(3-2)^2+(8-13)^2+(9-13)^2+(10-13)^2+(25-13)^2=196$$

其中簇 {1,2,3} 的均值是 2，而 {8,9,10,25} 的均值是 13。对比 {{1,2,3,8}，{9,10,25}} 的划分，*k*- 均值计算出的簇内变差为

$$(1-3.5)^2+(2-3.5)^2+(3-3.5)^2+(8-3.5)^2+(9-14.67)^2+(10-14.67)^2+(25-14.67)^2=189.67$$

其中 3.5 是簇 {1,2,3,8} 的均值，14.67 是簇 {9,10,25} 的均值。显然，后一种划分具有较低的簇内变差。因此，由于离群点 25 的存在，*k*- 均值方法将值 8 分配到了一个与包含 9 和 10 的簇不同的簇中。此外，第二个簇的中心点 14.67 与簇中的所有对象都相距甚远。□

“*应该如何修改 k- 均值算法来降低它对离群点的敏感度呢？*”与其将簇中对象的均值作为参考点，我们可以选择实际存在的对象来代表簇，并且每个簇使用一个代表性对象。每个剩余对象都分配到代表性对象最相似的簇。然后，通过最小化每个对象 $\boldsymbol{p}$ 与其对应的代表性对象之间的相异性之和来执行划分。也就是说，可以使用**绝对误差标准**（absolute-error criterion）来执行划分：

$$E = \sum_{i=1}^{k} \sum_{p \in C_i} dist(\boldsymbol{p}, \boldsymbol{o}_i) \tag{8.2}$$

其中，E 是数据集中所有对象 $\boldsymbol{p}$ 与 C_i 的代表性对象 $\boldsymbol{o}_i$ 的绝对误差之和。这是 **k- 中心点**（*k*-medoids）方法的基础，该方法通过最小化该绝对误差将 n 个对象分为 k 个簇（式（8.2））。

当 k=1 时，可以在 $O(n^2)$ 时间内找到精确的中位数。然而，当 k 为一般的正整数时，k- 中心点问题是 NP 难的。

围绕中心点划分（Partitioning Around Medoid，PAM）算法是一种流行的 k- 中心点聚类算法。它以一种迭代、贪婪的方式处理问题。与 k- 均值算法一样，初始的代表性对象（称为种子）也是任意选择的。需要考虑的是，用非代表性对象替换代表性对象是否能提高聚类质量。在这里需要尝试所有可能的替换，并且这个迭代过程会一直持续到任何替换都无法提高聚类结果的质量为止。这种质量是通过一个代价函数来衡量的，这个函数表示的是一个对象与其所在簇的代表性对象之间的平均相异性。

具体来说，设 $\boldsymbol{o}_1,\cdots,\boldsymbol{o}_k$ 是当前代表性对象（即中心点）的集合。为了确定由 $\boldsymbol{o}_{\text{random}}$ 表示的非代表性对象是否能够很好地替代当前的中心点 $\boldsymbol{o}_j(1 \leqslant j \leqslant k)$，需要计算从每个对象 $\boldsymbol{p}$ 到集合 $\{\boldsymbol{o}_1,\cdots,\boldsymbol{o}_{j-1},\boldsymbol{o}_{\text{random}},\boldsymbol{o}_{j+1},\cdots,\boldsymbol{o}_k\}$ 中最近对象的距离，并使用该距离更新代价函数。将对象重新分配给 $\{\boldsymbol{o}_1,\cdots,\boldsymbol{o}_{j-1},\boldsymbol{o}_{\text{random}},\boldsymbol{o}_{j+1},\cdots,\boldsymbol{o}_k\}$ 的过程很简单。假设对象 $\boldsymbol{p}$ 被分配到由中心点 $\boldsymbol{o}_j$ 表示的簇中（图 8.3a 或图 8.3b）。如果 $\boldsymbol{o}_j$ 被 $\boldsymbol{o}_{\text{random}}$ 取代，那么是否需要将 $\boldsymbol{p}$ 重新分配到另一个簇呢？事实上，对象 $\boldsymbol{p}$ 需要重新分配到 $\boldsymbol{o}_{\text{random}}$ 或由 $\boldsymbol{o}_i(i \neq j)$ 表示的某个其他簇（以最接近的簇为准）。例如，在图 8.3a 中，$\boldsymbol{p}$ 最接近 $\boldsymbol{o}_i$，因此被重新分配给 $\boldsymbol{o}_i$。然而，在图 8.3b 中，$\boldsymbol{p}$ 最接近 $\boldsymbol{o}_{\text{random}}$，因此被重新分配到 $\boldsymbol{o}_{\text{random}}$。相反，如果 $\boldsymbol{p}$ 当前被分配给由其他对象 $\boldsymbol{o}_i$ 表示的簇，且 $i \neq j$，该怎么办呢？只要 $\boldsymbol{p}$ 仍然更接近 $\boldsymbol{o}_i$ 而不是 $\boldsymbol{o}_{\text{random}}$，对象 $\boldsymbol{p}$ 就会继续被分配给由 $\boldsymbol{o}_i$ 表示的簇（图 8.3c）。否则，$\boldsymbol{p}$ 将被重新分配给 $\boldsymbol{o}_{\text{random}}$（图 8.3d）。

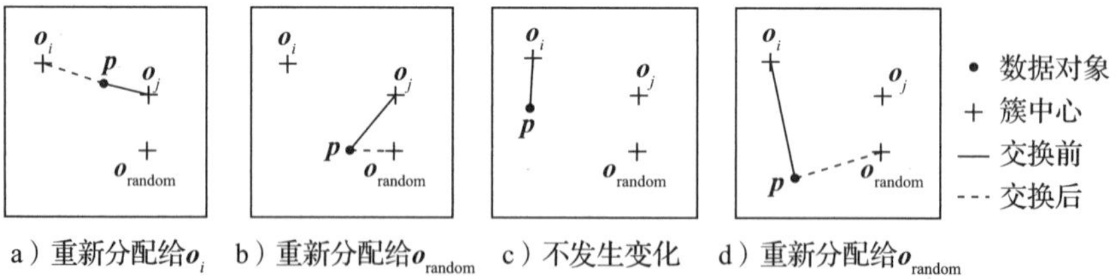

图 8.3 k- 中心点聚类代价函数的四种情况

每次重新分配时，绝对误差 E 的差都会影响代价函数。因此，如果当前代表性对象被非代表性对象取代，则由代价函数计算绝对误差值的差。交换的总代价是所有非代表性对象所产生的代价之和。如果总代价为负，则 $\boldsymbol{o}_j$ 被替换或与 $\boldsymbol{o}_{\text{random}}$ 互换，因为实际绝对误差 E 减少了。如果总代价为正，则认为当前的代表性对象 $\boldsymbol{o}_j$ 是可接受的，在迭代中不做任何改变。

“*k- 均值和 k- 中心点哪种方法更鲁棒？*”在存在噪声或离群点的情况下，k- 中心点方法比 k- 均值更具鲁棒性，因为与均值相比，中心点受离群点或其他极值的影响更小。然而，k- 中心点算法中每次迭代的时间复杂度均为 $O(k(n-k))$。因此，对于很大的 n 和 k，这种计算的成本会变得非常高，比 k- 均值方法的成本高得多。需要注意的是，这两种方法都要求用户指定 k，即簇的数量。

k- 中心点划分算法如图 8.4 所示。

算法：k-中心点。 PAM，一种基于中心点或中心对象进行划分的 k–中心点算法。
输入：
- k：簇的个数。
- D：包含 n 个对象的数据集合。

输出： k 个簇的集合。
方法：
（1）从 D 中随机选择 k 个对象作为初始的代表性对象或种子；
（2）**repeat**
（3）　　将每个剩余的对象分配到最近的代表性对象所代表的簇；
（4）　　随机地选择一个非代表性对象 $\boldsymbol{o}_{\text{random}}$；
（5）　　计算用 $\boldsymbol{o}_{\text{random}}$ 代替代表性对象 $\boldsymbol{o}_j$ 的总代价 S；
（6）　　**if** $S<0$ **then** $\boldsymbol{o}_{\text{random}}$ 替换 $\boldsymbol{o}_j$，形成新的 k 个代表性对象的集合；
（7）**until** 不发生变化；

图 8.4　k- 中心点划分算法

k- 众数：对标称数据进行聚类

k- 均值方法的一个局限性体现在它只能在一组对象的均值有定义的情况下使用。而在某些情况下，例如涉及具有标称属性的数据时，情况可能并非如此。***k*- 众数**方法是 k- 均值方法的一种变体，它用众数代替均值，从而将 k- 均值范式推广到对标称数据进行聚类上。

回想一下，一组数据的众数就是这组数据中出现频率最高的值。为了在聚类中使用众数，需要一种新的方法来计算两个对象之间的距离。给定两个对象 $\boldsymbol{x}=(x_1,\cdots,x_l)$ 和 $\boldsymbol{y}=(y_1,\cdots,y_l)$，其距离定义为

$$dist(\boldsymbol{x},\boldsymbol{y})=\sum_{i=1}^{l}d(x_i,y_i) \tag{8.3}$$

如果 $x\neq y$，则 $d(x,y)=1$，否则为 0。在这种变化下，误差平方和（式（8.1））仍然有效，其中 $\boldsymbol{c}_i$ 是簇 i 的代表。

k- 众数方法与 k- 均值方法基本相同。首先，它选择了 k 个初始众数，每个簇一个。然后，它利用式（8.3）中的距离函数，将对象分配到众数最接近该对象的簇中。接下来更新每个簇的众数。对于簇 i 和维度 j，众数会被更新为分配给该簇的所有对象在维度上出现最频繁的值。如果这样的值不止一个，也就是说，如果两个或两个以上相同频率的值在该簇中出现频率最高，那么就可以随机选择一个。k- 众数方法会反复进行对象分配和众数更新，直到误差平方和（式（8.1））趋于稳定或迭代次数达到给定值。

k- 均值和 k- 众数方法也可以结合使用，从而对混合了数值和标称值的数据进行聚类，这就是所谓的 k- 原型（k-prototype）方法。在每个维度上，根据是数值属性还是标称属性，可以分别使用绝对误差 $dist(x-y)$ 或众数差 $d(x,y)$。其中，如果 $x\neq y$，$d(x,y)=1$，否则为 0。由于数值属性的绝对误差范围可能比标称属性的众数差大得多，因此可以分别为数值属性的每个维度设定一个权重以平衡每个维度的影响。后续将在练习中进一步探索 k- 原型方法的细节。

划分方法中的初始化

通过仔细挑选初始簇中心，不仅可以加快 k- 均值算法的收敛速度，还可以保证最终聚类结果的质量。例如，k- 均值 ++（k-means++）算法按以下步骤选择初始中心：首先，它从数据集中均匀地随机选择一个中心。此后，在迭代过程中，对于所选择的中心以外的每个对象 p，

它都会以与 $D(p)^2$ 成比例的概率随机选择该对象作为新中心，其中 $D(p)$ 是从 p 到已选最近中心的距离。这种迭代持续进行，直到 k 个中心都被选中为止。

大量的实验结果表明，在大多数情况下，k- 均值 ++ 算法可以将聚类过程的速度提高 2 倍。此外，k- 均值 ++ 算法还保证了 $O(\log k)$ 的近似率；也就是说，k- 均值 ++ 得到的簇内变差不超过全局最优值的 $O(\log k)$ 倍。

估计簇数量

k- 均值方法的一个缺点是需要用户预先指定簇的数量 k。而所需的 k 数量往往取决于数据集中点分布的形状和规模，以及用户所需的聚类粒度。目前，人们已经研究出了一些方法来估计所需簇的个数。例如，给定一个包含 n 个对象的数据集，当有 k 个簇时，设 $W(k)$ 和 $B(k)$ 分别为簇内和簇间距离的平方和。Calinski-Harabasz 指数定义如下：

$$CH(k)=\frac{\frac{B(k)}{k-1}}{\frac{W(k)}{n-k}} \tag{8.4}$$

通过最大化 Calinski-Harabasz 指数，可以估算出簇的数量 k。

间隔统计量（gap statistic）是用来估计簇数量的另一种方法。簇 C_i 中所有点的成对距离之和为

$$SD_{C_i}=\sum_{\boldsymbol{p},\boldsymbol{q}\in C_i} dist(\boldsymbol{p},\boldsymbol{q})$$

如果数据集被划分为 k 个簇，则定义

$$W_k\sum_{i=1}^{k}\frac{SD_{C_i}}{2|C_i|}$$

它是聚集在簇的均值周围的簇内平方和之和。间隔统计量定义为

$$Gap_n(k)=E_n^*\{\log(W_k)\}-\log(W_k) \tag{8.5}$$

其中 E_n^* 是指从参考分布（即产生待聚类数据集的分布）中抽取大小为 n 的样本时的期望值。在这里可以选择使间隔统计量最大化的值 k 作为簇数量的估计值。

在 8.5.2 节中，将会介绍更多确定簇数量的方法。

应用特征变换

一般来说，采用欧几里得距离或任意度量的 k- 均值方法只能输出凸簇。这里，对于簇中的任意两点 a 和 b，如果连接 a 和 b 的线段上的每一点也属于该簇，那么这个簇就是凸的。此外，采用任何度量方法的 k- 均值方法都只能检测到线性可分的簇，也就是说，两个簇可以被一个线性超平面分开。

但在许多应用中，簇往往并不是凸的或线性可分的。例如在图 8.5a 中，可以很容易地看到有两个簇，其中一个凸形的簇由所有位于中心的点构成，另一个“环形”的簇则由剩余点构成。如果在数据集上应用 k- 均值，指定簇数 k=2 并使用欧几里得距离，则输出结果如图 8.5b 所示。可以看到，k- 均值用一条直线将数据集切成了两部分。然而，这两个部分并不符合视觉直觉。

那么，还能用 k- 均值方法来寻找凹且线性不可分的簇吗？实际上，核 k- 均值方法可以解决这个问题。核 k- 均值方法的思路是将原始输入空间中的数据点映射到一个更高维度的特征空间上。在这个新的特征空间中，属于同一簇的点彼此接近。如果明确定义一个高维空间，并将点映射到该空间中的话，计算成本可能会很高。相反，一种便捷的方法是使用核函数来测量点之间的距离。

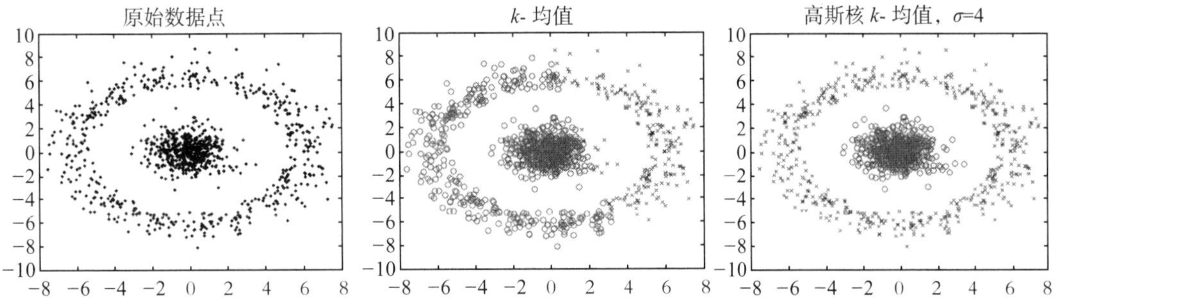

a）原始数据集　　b）k- 均值聚类结果　　c）高斯核 k- 均值聚类结果

图 8.5　核 k- 均值方法可以检测出凹簇和线性不可分簇

回顾 7.3.2 节介绍的核函数的概念。例如，使用高斯径向基函数（RBF）核，可以通过下式计算 $\boldsymbol{x}$ 和 $\boldsymbol{y}$ 两点之间的距离：

$$K(\boldsymbol{x},\boldsymbol{y})=\mathrm{e}^{\frac{-\|\boldsymbol{x}-\boldsymbol{y}\|^2}{2\sigma^2}}$$

其中 $\|\boldsymbol{x}-\boldsymbol{y}\|^2$ 实际上是两点之间欧几里得距离的平方，σ 是一个自由参数。显然，RBF 核的范围介于 0 和 1 之间，并随欧几里得距离的增大而减小。

核函数（如 RBF 核）是如何转换数据点之间的相似性的呢？请看图 8.6 中的五个点。欧几里得距离矩阵为

$$\begin{bmatrix} 0 & 5.66 & 5.66 & 5.66 & 5.66 \\ 5.66 & 0 & 8 & 11.31 & 8 \\ 5.66 & 8 & 0 & 8 & 11.31 \\ 5.66 & 11.31 & 8 & 0 & 8 \\ 5.66 & 8 & 11.31 & 8 & 0 \end{bmatrix}$$

其中第 i 行和第 j 列的值是 $\boldsymbol{x}_i$ 和 $\boldsymbol{x}_j$ 之间的欧几里得距离。设 $\sigma=4$。可以对同样的五个点应用 RBF 核。相应的 RBF 核相似性矩阵为

$$\begin{bmatrix} 1 & \mathrm{e}^{-1} & \mathrm{e}^{-1} & \mathrm{e}^{-1} & \mathrm{e}^{-1} \\ \mathrm{e}^{-1} & 1 & \mathrm{e}^{-2} & \mathrm{e}^{-4} & \mathrm{e}^{-2} \\ \mathrm{e}^{-1} & \mathrm{e}^{-2} & 1 & \mathrm{e}^{-2} & \mathrm{e}^{-4} \\ \mathrm{e}^{-1} & \mathrm{e}^{-4} & \mathrm{e}^{-2} & 1 & \mathrm{e}^{-2} \\ \mathrm{e}^{-1} & \mathrm{e}^{-2} & \mathrm{e}^{-4} & \mathrm{e}^{-2} & 1 \end{bmatrix}=\begin{bmatrix} 1 & 0.37 & 0.37 & 0.37 & 0.37 \\ 0.37 & 1 & 0.135 & 0.02 & 0.135 \\ 0.37 & 0.135 & 1 & 0.135 & 0.02 \\ 0.37 & 0.02 & 0.135 & 1 & 0.135 \\ 0.37 & 0.135 & 0.02 & 0.135 & 1 \end{bmatrix}$$

神奇的是，随着两点之间欧几里得距离的增加，RBF 核确实以超线性的方式降低了两点之间的相似性。这种相似性的非线性分配使得 k- 均值可以使用线性不可分的点来组成簇，并形成非凸的簇。例如，如果将 RBF 核和 k- 均值应用于图 8.5a 中的数据集，输出结果如图 8.5c 所示，其中圆圈表示的点形成一个簇，叉表示的点形成另一个簇。输出结果与视觉直觉非常吻合。

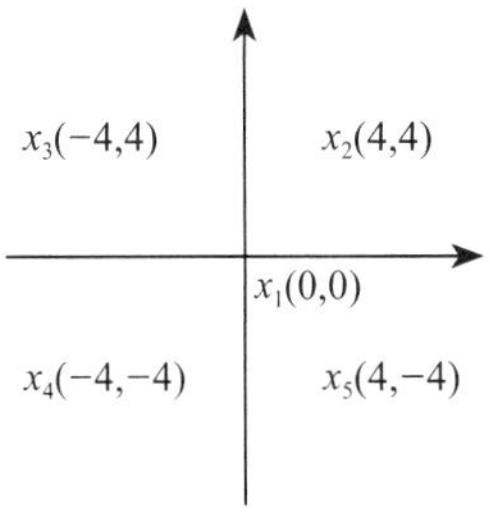

图 8.6　五个点的示例

8.3　层次方法

虽然划分方法满足了把一组对象分为多个互斥簇的基本聚类要求，但在某些情况下，人们更希望将数据按多个不同的层次划分。**层次方法**（hierarchical clustering method）的原理就是将数据对象分成一个具有层次结构或是“树状”的簇。

本节将介绍层次方法。8.3.1 节首先讨论基于层次聚类的基本概念。然后，8.3.2 节介绍层

次聚类中自底向上的凝聚方法。8.3.3 节介绍自顶向下的分裂方法。在这里，层次方法还可以与其他方法相结合。8.3.4 节讨论 BIRCH，这是一种适用于大量数值数据的具备良好伸缩性的层次聚类方法。最后，8.3.5 节介绍概率层次聚类方法。

8.3.1 层次聚类的基本概念

以层次结构的形式表示数据对象对于数据汇总和可视化非常有用。例如，作为一家公司的人力资源经理，你可以将雇员分为高管、经理和员工等主要群体。甚至，你还可以将这些群体进一步划分为更小的子群体。例如，员工这个群体可以进一步分为高级职员、普通职员和实习人员。所有这些群体形成了一个层次结构。可以很容易地汇总或描述按层次结构组织的数据，例如，可以用它来查找经理和职员的平均工资。

再以手写字符识别为例。可以首先将一组手写样本划分为一般的组，每个组对应于唯一一个字符。由于一个字符可以用多种不同的方式书写，因此一些组可以进一步划分为若干子组。例如，图 8.7 显示了一组手写数字 7。该组可以进一步划分为两个子组，第一行是在每次书写中都使用短横线的子组，第二行是另一个子组。如果需要，可以继续对其进行递归分层划分，直到达到所期望的粒度。

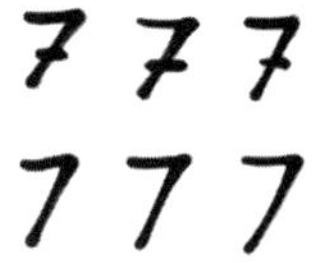

图 8.7　手写数字 7 的两个簇

在前面的例子中，尽管对数据进行了分层划分，但实际上却并未假定数据本身具有层次结构。在这里使用层次结构，只是为了以压缩的方式汇总和提供底层数据，这对于数据可视化非常有用。

另外，在某些应用中，人们可能认为数据具有他们想要发现的基本层次结构。例如，层次聚类可以揭示一家公司的雇员收入的层次结构。在生物进化研究中，层次聚类可以根据生物的特征对生物进行分组，从而揭示物种的进化路径，这是一个物种的层次结构。再比如，用层次方法对战略游戏（如国际象棋和西洋跳棋）进行布局聚类可以帮助开发用于训练棋手的游戏战略。

层次聚类方法可以是凝聚式的，也可以是分裂式的，这取决于层次分解是以自底向上（合并）还是自顶向下（拆分）的方式形成的。下面将进一步来介绍这些方法。

凝聚式层次聚类法使用的是自底向上的策略。它通常先让每个对象独立形成自己单独的簇，然后迭代地将这些簇合并为越来越大的簇，直到所有对象都在一个簇中或满足某些终止条件。其中，单个簇成为层次结构的根。在合并步骤中，它会根据某种相似性度量找到彼此最接近的两个簇，并将这两者组合形成一个新簇。由于每次迭代都要合并两个簇，而其中每个簇都至少包含一个对象，因此凝聚式的方法最多只需要 n 次迭代。

分裂式层次聚类法采用自顶向下的策略。它首先将所有对象放在一个簇中，也就是层次聚类的根簇。然后，它将根簇划分为几个较小的子簇，并递归地将这些簇划分为更小的簇。划分过程一直持续到最低层次的每个簇都足够清晰——要么只包含一个对象，要么簇中的对象彼此足够相似。

在凝聚式或分裂式的层次聚类中，用户可以指定所需要的簇数量作为终止条件。

例 8.3　凝聚式与分裂式层次聚类。图 8.8 显示了凝聚式层次聚类方法和分裂式层次聚类方法在数据集 $\{a,b,c,d,e\}$ 上的应用。最初，凝聚式方法将每个对象放入自己单独的簇中，然后根据某种准则逐步合并簇。例如，如果 C_1 中的一个对象和 C_2 中的一个对象之间的距离是所有属于不同簇的对象间欧几里得距离中最小的，则可以合并 C_1 和 C_2 两个簇。这是一种**单连接**（single-linkage）方法，因为每个簇都由簇中的所有对象表示，并且两个簇之间的相似性也是通过属于不同簇的最接近的数据点对的相似性来衡量的。合并簇的过程重复进行，直到所有对象最终合并为一个簇。

分裂式方法以相反的方式进行。所有对象都用来形成一个初始簇。根据某些原则（如簇中最近邻对象之间的最大欧几里得距离）对簇进行拆分。拆分的过程不断重复，直到最终每个新簇只包含一个对象。□

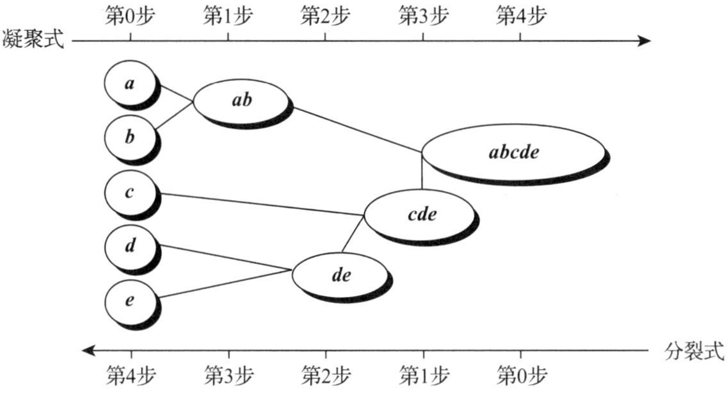

图 8.8 对数据对象 $\{a,b,c,d,e\}$ 进行凝聚式和分裂式层次聚类

合并簇或拆分簇的选择对于层次聚类方法来说至关重要，因为一旦一组对象被合并或拆分，下一步的过程就会立即对新生成的簇进行操作。它既不会撤销以前所做的操作，也不会在簇之间交换对象。因此，如果合并或拆分的决策选择不当，最终可能会导致形成低质量的簇。此外，由于合并或拆分的每个决策都需要检查和评估许多对象或簇，因此这些方法的伸缩性并不好。

提高层次聚类方法质量的一个具有研究价值的方向是将层次聚类与其他聚类技术相结合，形成**多阶段聚类**（multi-phase clustering）。将在 8.3.4 节中介绍具有代表性的 BIRCH 方法。BIRCH 首先使用树结构对对象进行层次划分，根据粒度的不同，叶节点或低层非叶节点可以被视为“微簇”（microcluster）。然后，它会应用其他聚类算法来对微簇进行宏聚类（macroclustering）。

存在多种方法可以对层次聚类方法进行分类。例如，它们可以被分为确定性方法和概率性方法。凝聚、分裂和多阶段方法是确定性的，因为它们将数据对象视为确定对象，并根据对象之间的确定距离来划分簇。概率性方法使用概率模型来确定簇，并通过模型的适配性来衡量聚类算法的质量。8.3.5 节将讨论概率层次聚类。

8.3.2 凝聚式层次聚类

本节将讨论凝聚式层次聚类方法中的一些重要问题。

层次聚类中的相似性度量

如何在聚类步骤中选择要合并的对象和簇？这个问题的核心是衡量两个簇之间的相似性，其中每个簇通常都是一组对象。

以下是四种广泛用于度量簇间距离的方法，其中 $|\boldsymbol{p}-\boldsymbol{p}'|$ 是两个对象或点 $\boldsymbol{p}$ 和 $\boldsymbol{p}'$ 之间的距离；$\boldsymbol{m}_i$ 是簇 C_i 的均值；n_i 是 C_i 中的对象的数目。它们也被称为连接度量（linkage measure）。

$$\text{最小距离：} dist_{\min}(C_i,C_j)=\min_{\boldsymbol{p}\in C_i,\boldsymbol{p}'\in C_j}\{\|\boldsymbol{p}-\boldsymbol{p}'\|\} \tag{8.6}$$

$$最大距离：dist_{\max}(C_i,C_j)=\max_{p\in C_i,p'\in C_j}\{\|\boldsymbol{p}-\boldsymbol{p}'\|\} \tag{8.7}$$

$$均值距离：dist_{mean}(C_i,C_j)=\|\boldsymbol{m}_i-\boldsymbol{m}_j\| \tag{8.8}$$

$$平均距离：dist_{avg}(C_i,C_j)=\frac{1}{n_in_j}\sum_{p\in C_i,p'\in C_j}\|\boldsymbol{p}-\boldsymbol{p}'\| \tag{8.9}$$

当一个算法使用最小距离 $dist_{\min}(C_i,C_j)$ 来衡量簇间距离时，通常被称为**最近邻聚类算法**（nearest-neighbor clustering algorithm）或**单连接算法**（single-linkage algorithm）。如果把数据点看成图的节点，图中的边构成簇内节点间的路径，那么两个簇 C_i 和 C_j 的合并就相当于在 C_i 和 C_j 中最近的一对节点之间添加一条边。

当一个算法使用最大距离 $dist_{\max}(C_i,C_j)$ 来衡量簇间距离时，通常被称为**最远邻聚类算法**（farthest-neighbor clustering algorithm）或**全连接算法**（complete-linkage algorithm）。如果将数据点视为图的节点，并用边将节点连接起来，就可以将每个簇视为一个完全子图，即用边连接了簇中所有的节点。两个簇之间的距离由两个簇中最远的节点间的距离决定。

与 k- 均值方法中的情况类似，单连接算法和全连接算法对离群点也很敏感。使用均值或平均距离是对最小和最大距离的一种折中，可以克服离群点敏感的问题。平均距离的计算是最简单的，并且平均距离的优势在于它既可以处理分类数据又可以处理数值数据。而分类数据的均值向量可能很难计算或根本无法定义。

例 8.4 单连接与全连接。将层次聚类应用于图 8.9a 中的数据集。图 8.9b 显示了使用单连接的簇的层次结构。图 8.9c 显示了使用全连接的情况，其中为了便于呈现，省略了簇 $\{A,B,J,H\}$ 和 $\{C,D,G,F,E\}$ 之间的边。这个例子表明，通过使用单连接，可以找到由局部邻近性定义的分层的簇，而全连接则倾向于选择由全局邻近性定义的簇。□

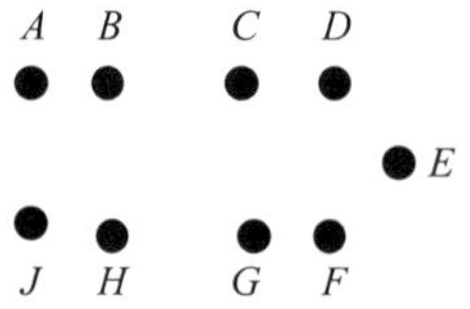

a）数据集

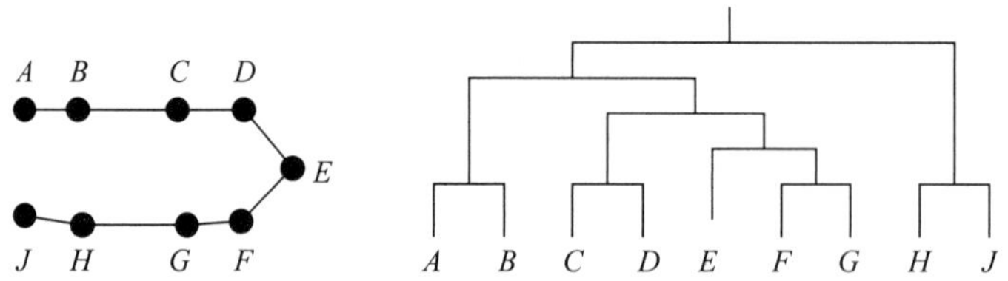

b）使用单连接的簇

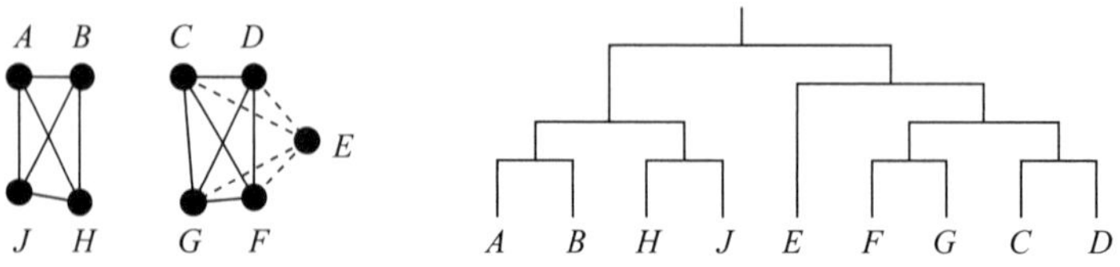

c）使用全连接的簇

图 8.9 使用单连接和全连接进行层次聚类

刚才讨论的四种基本连接度量有多种变体。例如，可以用簇的形心（即中心对象）之间的距离来衡量两个簇之间的距离。

凝聚式层次聚类和划分方法之间的联系

凝聚式层次聚类和划分方法（8.2 节）之间有什么联系吗？划分方法使用误差平方和（SSE）（式（8.1））来衡量可能的簇的紧凑程度和质量，也就是将点集划分为簇。可以想到，凝聚式层次聚类方法也可以使用误差平方和（SSE）来指导选择要合并的簇。

对于一个由 n 个点组成的数据集，如果将簇的数量设置为 n，则划分方法会自然地将每个点分配到一个簇中。这相当于凝聚式层次聚类的起点。在凝聚式聚类方法中，当合并簇时，簇的总数就会减少。那么应该选择哪两个簇进行合并呢？从启发式的角度来看，希望合并的两个簇能够使得到的簇也具有最小的误差平方和（SSE）（式（8.1）），SSE 也被用作 k- 均值划分方法的标准。

以图 8.10 中的五个簇为例进行说明。假设想要将其中的两个簇合并为一个，这样就能形成一个簇的层次结构。在所有可能的簇对中，合并 C_1 和 C_2 可使 SSE 最小化，因此在构建层次结构的下一步中，应合并 C_1 和 C_2。

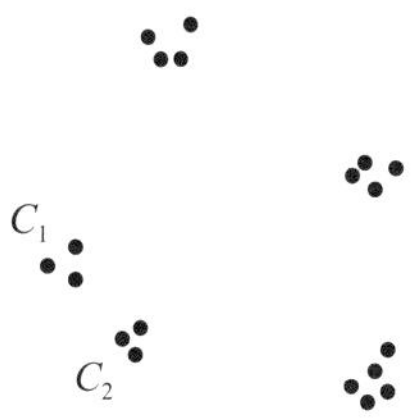

图 8.10　Ward 准则

上述方法将凝聚式层次聚类和划分方法联系起来，提供了一种衡量两个簇之间相似性的可行方案。如果两个簇合并为一个，可以关注 SSE 的增长（式（8.1）），越小则越好。这是由 J.H.Ward 确定的准则，因此被称为 **Ward 准则**。

假设两个不相交的簇 C_i 和 C_j 被合并，并且 $\boldsymbol{m}_{(ij)}$ 是新簇的均值。那么，Ward 准则定义为

$$W(C_i,C_j)=\sum_{x\in C_i\cup C_j}\|\boldsymbol{x}-\boldsymbol{m}_{(i,j)}\|^2-\sum_{x\in C_i}\|\boldsymbol{x}-\boldsymbol{m}_i\|^2-\sum_{x\in C_j}\|\boldsymbol{x}-\boldsymbol{m}_j\|^2$$

$$=\frac{n_i n_j}{n_i+n_j}\|\boldsymbol{m}_i-\boldsymbol{m}_j\|^2$$

Lance-Williams 算法

前面讨论了凝聚式层次聚类中簇的几种不同的邻近性度量，有没有一种方法可以对它们进行归纳？事实上，**Lance-Williams 公式**以一种统一的方式归纳了不同的度量方法。假设两个互斥簇 C_i 和 C_j 被合并。那么就需要指定合并后的簇（用 $C_{(ij)}$ 表示）和其他每个簇 C_k 之间的距离。合并后的簇 $C_{(ij)}$ 和簇 C_k 间的相似性由下式给出：

$$d(C_{(ij)},C_k)=\alpha_i d(C_i,C_k)+\alpha_j d(C_j,C_k)+\beta d(C_i,C_j)+\gamma|d(C_i,C_k)-d(C_j,C_k)|$$

其中，α_i、α_j、β 和 γ 是与相似性函数 $d(C_i,C_j)$ 一起决定层次聚类算法的参数。如公式所示，$C_{(ij)}$ 和 C_k 之间的相似性由四个项决定。前两项分别是 C_i 和 C_k、C_j 与 C_k 之间的相似性。第三项表示 C_i 和 C_j 之间的相似性。最后一项表示 C_i 和 C_k、C_j 和 C_k 之间的原始相似性之差对新相似性的贡献。

例如，在后续练习中，需要验证单连接法是否等效于 Lance-Williams 公式中取 $\alpha_i=\alpha_j=0.5$、$\beta=0$ 和 $\gamma=-0.5$。由于在单连接法中，两个簇之间的相似性是由属于不同簇的最接近的数据对之间的相似性决定的。因此，上述参数只需简单地在 $d(C_i,C_k)$ 和 $d(C_j,C_k)$ 之间选择较小的一个即可。还可以验证，全连接法是否等效于 $\alpha_i=\alpha_j=0.5$、$\beta=0$ 和 $\gamma=0.5$。此外，为了实现 Ward 准则，可以利用 Lance-Williams 公式取

$$\alpha_i=\frac{n_i+n_k}{n_i+n_j+n_k},\alpha_j=\frac{n_j+n_k}{n_i+n_j+n_k},\beta=-\frac{n_k}{n_i+n_j+n_k},\gamma=0$$

Lance-Williams 算法利用上述的 Lance-Williams 公式推广了凝聚式层次聚类。它采用凝聚的方式，在每次迭代中最小化距离总和，直到将所有的点都合并到同一个簇中为止。

8.3.3　分裂式层次聚类

分裂式层次聚类方法将一组对象逐步划分为多个簇。要设计一种分裂式层次聚类方法，需要考虑三个重要问题。

第一，一组对象可以有多种不同的拆分方式，因此需要一个拆分标准来确定哪种拆分是最好的。从技术上讲，给定两个拆分结果，拆分标准应该能够判断哪一个更好。例如，SSE（式（8.1））可以用于数值数据。如果两个拆分具有相同数量的簇，则首选 SSE 值较小的拆分结果。对于标称数据，可以使用基尼指数（第 6 章）。拆分标准的选择是设计分裂式层次聚类方法中最重要的决策之一，因为它决定了该方法可能产生的聚类结果。

第二，当决定分裂一个簇时，需要先设计一种拆分方法。虽然在通常情况下，拆分方法应该能够优化拆分标准，但其中一个主要的考虑因素是计算成本。例如，列举所有可能的拆分并找到最好的拆分在计算上可能是十分耗费算力的。因此，可以使用一些启发式或近似方法，例如二分 k- 均值方法，即设置 k=2。

第三，在分裂式层次聚类中，通常存在多个簇。那么，下一步应该拆分哪个簇？一个直观的想法是选择“最宽松”的簇。更具体地说，可以分别计算每个簇的平均 SSE，$E_{C_i} = \frac{1}{|C_i|}\sum_{x \in C_i}(\boldsymbol{x} - \boldsymbol{m}_i)^2$，然后选择具有最大平均 SSE 的簇进行拆分。

基于最小生成树的方法

下面将使用基于最小生成树的方法来说明分裂式层次聚类的基本思想。在加权图 G 中，最小生成树是包含 G 中所有节点的无环子图，并且该树的边权重之和最小。例如，考虑图 8.11 中的加权图，图中显示了权重不大于 9 的边，而权重大于 9 的边则被省略。最小生成树由实线的边组成，而虚线的边和省略的边不包括在最小生成树中。最小生成树可以使用如 Prim 算法和 Kruskal 算法来计算。

给定一组点，可以构造一个加权图，使每个点由图中的一个节点表示，两点之间的距离是连接图中两个相应节点的边的权重。然后，可以计算加权图的最小生成树。直观地说，最小生成树可以看作将点连接到一个簇的最紧凑的方式。通常，在基于最小生成树的分裂式层次聚类过程中，每个簇都是节点的子集，并由最小生成树表示，该最小生成树是整个数据集的最小生成树的子树。拆分标准是所有簇的生成树中所有边的总权重，其值越小越好。

根据这个生成树，可以将一个簇中的点集逐步划分为更小的簇。假设要进行二等分拆分，也就是说，每次都把一个簇拆分成两个更小的簇。在每一步中，都要考虑当前簇的生成树中的所有边，并删除权重最大的边。删除树中的一条边会将一个簇分成两个。因此，拆分方法就是通过删除最小生成树中权重最大的边来分裂簇的。

例如，考虑一组点 $\{a,b,c,d,e,f\}$，如图 8.11 所示。如果两点之间的距离小于 10，则在图中绘出一条加权边和相应的距离。基于最小生成树方法，首先删除最小生成树中权重最大的边 (a,e)，这将数据集划分为 $\{a,b,c,d\}$ 和 $\{e,f\}$ 两个簇。接下来，通过删除在剩余的最小生成树中具有最大权重的边 (a,d)，簇 $\{a,b,c,d\}$ 被拆分成两个较小的簇 $\{a,b\}$ 和 $\{c,d\}$。该过程持续进行，直到每个簇中只有一个点，并且删除最小生成树中的所有边为止。

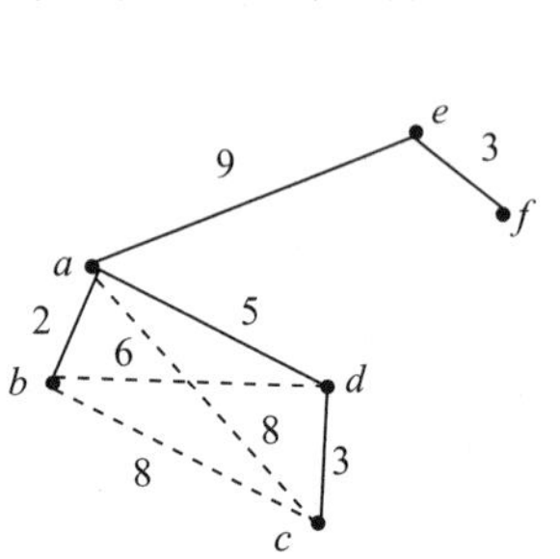

图 8.11　加权图和最小生成树

树状图

通常用一种称为**树状图**（dendrogram）的树结构来表示层次聚类的过程。它展示了对象是如何一步一步地合并在一起（在凝聚方法中）或拆分（在分裂方法中）的。图 8.12 显示了图 8.8 中五个对象的树状图，其中，l=0 显示在第 0 层 5 个对象都作为单元素簇。在 l=1 时，对象 $\boldsymbol{a}$ 和 $\boldsymbol{b}$ 被合并在一起以形成第一个簇，并且它们在所有后续各层上都保持在一起。此时还可以使用垂直轴来显示聚类之间的相似性。例如，当两组对象 $\{\boldsymbol{a},\boldsymbol{b}\}$ 和 $\{\boldsymbol{c},\boldsymbol{d},\boldsymbol{e}\}$ 的相似性大约为 0.16 时，它们就会被合并在一起形成一个簇。

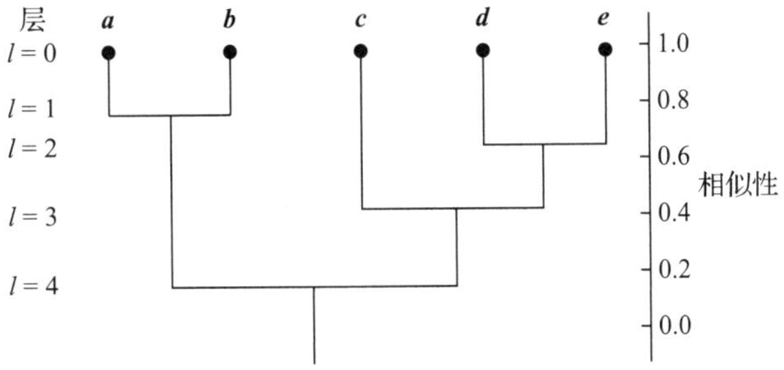

图 8.12　数据对象 $\{\boldsymbol{a}, \boldsymbol{b}, \boldsymbol{c}, \boldsymbol{d}, \boldsymbol{e}\}$ 层次聚类的树状图表示

完整的树状图将每个数据点显示为一个叶级别的节点，将整个数据集显示为根级别的一个簇。然而，在实践中，太小的簇并没有太大意义，太多这样的小簇又会让人无法处理。因此，数据分析过程通常只考虑树状图中根部附近的部分。此外，当图包含足够少的簇时，进一步将它们合并为更大的簇可能会违背聚类分析的目标。因此，树状图的根部在分析中也可以被忽略。

8.3.4 BIRCH：使用聚类特征树的可伸缩层次聚类

目前讨论的凝聚式和分裂式层次聚类方法有两个主要难点。首先，所有这些方法都无法重新查看之前做出的合并或拆分决策。因此，基于有限信息的不当决策可能会导致最终的聚类结果质量较低。此外，可伸缩性也是一个主要瓶颈，因为每次合并或拆分簇都需要检查许多可能的选项。为了克服这些困难，可以分多个阶段进行层次聚类，这样聚类结果就可以在各个阶段得到改进。使用层次结构的平衡迭代归约和聚类（Balanced Iterative Reducing and Clustering using Hierarchies，BIRCH）就是这样一种方法，它整合了层次聚类（在初始微聚类阶段）与诸如迭代地划分这样的其他聚类算法（在其后的宏聚类阶段）来对大量数值数据进行聚类。

BIRCH 使用聚类特征的概念来汇总一个簇，并使用聚类特征树（CF 树）来表示聚类的层次结构。这些结构有助于聚类方法在大型甚至流式数据库中实现良好的速度和伸缩性，并使其能够有效地对传入对象进行增量和动态聚类。

考虑一个由 n 个 d 维数据对象或点组成的簇。簇的**聚类特征**（Clustering Feature，CF）是汇总对象簇的信息的三维向量。它被定义为

$$\boldsymbol{CF}=(n,\boldsymbol{LS},SS) \tag{8.10}$$

其中 $\boldsymbol{LS}$ 是 n 个点的线性和（即 $\boldsymbol{LS}=\sum_{i=1}^{n}\boldsymbol{x}_i$），$SS$ 是数据点的平方和（即 $SS=\sum_{i=1}^{n}\|\boldsymbol{x}_i\|^2$）。

聚类特征本质上是对给定簇的统计汇总。使用聚类特征，可以很容易地导出簇的许多有用的统计量。例如，簇形心 $\boldsymbol{x}_0$、半径 R 和直径 D 分别为

$$\boldsymbol{x}_0=\frac{\sum_{i=1}^{n}\boldsymbol{x}_i}{n}=\frac{\boldsymbol{LS}}{n} \tag{8.11}$$

$$R=\sqrt{\frac{\sum_{i=1}^{n}(\boldsymbol{x}_i-\boldsymbol{x}_0)^2}{n}}=\sqrt{\frac{SS}{n}-\left(\frac{\|\boldsymbol{LS}\|}{n}\right)^2} \tag{8.12}$$

$$D=\sqrt{\frac{\sum_{i=1}^{n}\sum_{j=1}^{n}(\boldsymbol{x}_i-\boldsymbol{x}_j)^2}{n(n-1)}}=\sqrt{\frac{2nSS-2\|\boldsymbol{LS}\|^2}{n(n-1)}} \tag{8.13}$$

其中，R 是从簇的成员对象到形心的平均距离，D 是簇内逐对对象的平均距离。R 和 D 都反映了形心周围簇的紧密程度。

使用聚类特征来汇总簇可以避免存储单个对象或点的详细信息。相反，只需要一个恒定大小的空间来存储聚类特征。这就是在空间中 BIRCH 有效性的关键。此外，聚类特征是可加的。也就是说，对于两个不相交的簇 C_1 和 C_2，分别具有聚类特征 $\boldsymbol{CF}_1=\langle n_1, \boldsymbol{LS}_1, SS_1\rangle$ 和 $\boldsymbol{CF}_2=\langle n_2, \boldsymbol{LS}_2, SS_2\rangle$，通过合并 C_1 和 C_2 形成的新簇的聚类特征可以简单地写为

$$\boldsymbol{CF}_1+\boldsymbol{CF}_2=(n_1+n_2, \boldsymbol{LS}_1+\boldsymbol{LS}_2, SS_1+SS_2) \tag{8.14}$$

例 8.5　聚类特征。假设在一个簇 C_1 中有三个点：(2,5)，(3,2) 和 (4,3)。那么 C_1 的聚类特征为

$$\boldsymbol{CF}_1=\langle 3, (2+3+4, 5+2+3), (2^2+3^2+4^2)+(5^2+2^2+3^2)\rangle=\langle 3, (9, 10), 67\rangle$$

假设簇 C_1 与第二个簇 C_2 不相交，其中 $\boldsymbol{CF}_2=\langle 3, (35, 36), 857\rangle$。通过合并簇 C_1 和簇 C_2 形成的新簇 C_3 的聚类特征是通过对 $\boldsymbol{CF}_1$ 和 $\boldsymbol{CF}_2$ 求和得到的。即

$$\boldsymbol{CF}_3=\langle 3+3, (9+35, 10+36), 67+857\rangle=\langle 6, (44, 46), 924\rangle$$
□

CF 树是一种高度平衡的树（见图 8.13），它存储了层次聚类的聚类特征。根据定义，树中的非叶节点都有后代或“子节点”。非叶节点存储了其子节点的聚类特征的和，从而汇总了其子节点的聚类信息。CF 树有两个参数：分支因子 B 和阈值 T。分支因子指定了每个非叶节点的子节点的最大数目。阈值参数指定了存储在树的叶节点处的子簇的最大直径。这两个参数隐式地控制着生成的 CF 树的大小。

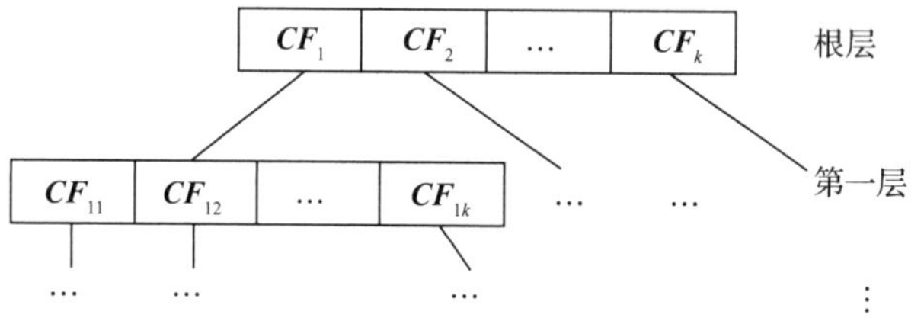

图 8.13　CF 树结构

在主存有限的情况下，BIRCH 中的一个重要考虑因素是最小化 I/O 时间。BIRCH 采用了一种多阶段聚类技术：对数据集进行单遍扫描就可以产生基本的、良好的聚类，还可以选择性地使用一次或多次额外的扫描来进一步改进聚类质量。主要阶段如下：

- **阶段 1**：BIRCH 扫描数据库以构建一个存放于内存的初始 CF 树，这可以看作对数据的多层压缩，试图保留数据固有的聚类结构。
- **阶段 2**：BIRCH 应用（选定的）聚类算法对 CF 树的叶节点进行聚类，将稀疏的簇作为离群点去除，并将稠密的簇合并为更大的簇。

对于阶段 1，CF 树是在插入对象时动态构建的。因此，该方法支持增量聚类。一个对象被插入到最近的叶条目（子簇）中。如果插入后存储在叶节点中的子簇的直径大于阈值，则该叶节点和可能的其他节点将被拆分。在插入新对象后，有关该对象的信息会被传递到树的根

节点。CF 树的大小可以通过修改阈值来改变。如果存储 CF 树所需的内存大小大于可用的主存大小，则可以指定一个更大的阈值，然后重建 CF 树。

重建过程是通过从旧树的叶节点构建一棵新树来执行的。因此，重建树的过程无须重新读取所有对象或点。这类似于 B+ 树构建过程中对节点的插入和拆分。因此，在构建树时，数据只需读取一次。目前该方法已经引入了一些启发式方法来处理离群点，并通过对数据的额外扫描来提高 CF 树的质量。一旦建立了 CF 树，任何聚类算法，如典型的划分方法，都可以在阶段 2 中与 CF 树一起使用。

"BIRCH 的有效性如何?" 该算法的时间复杂度为 $O(n)$，其中 n 是被聚类的对象数量。实验表明，该算法在对象数量上具有线性可伸缩性，并且数据聚类质量良好。然而，因为 CF 树中的每个节点由于其大小而只能容纳有限数量的条目，CF 树节点并不总是与用户可能认为的簇相对应。此外，如果簇的形状不是球状的，BIRCH 就不能很好地工作，因为它使用半径或直径的概念来控制簇的边界。

聚类特征和 CF 树的思想在 BIRCH 之外同样得到了应用。许多其他人都借鉴了这些想法来解决聚类流数据和动态数据的问题。

8.3.5 概率层次聚类

使用连接度量的层次聚类方法往往很容易理解，并且聚类的效率也很高，因此通常被用于许多聚类分析的应用中。不过，层次聚类方法也有几个缺点。第一，为层次聚类选择一个好的距离度量方法并非易事。第二，在这种方法中，数据对象不能有任何缺失的属性值。在只能观察到部分数据的情况下（即某些对象的某些属性值丢失），由于无法进行距离计算，因此很难应用层次聚类方法。第三，大多数层次聚类方法都是启发式的，并且在每一步都需要进行局部搜索来获得良好的合并 / 拆分策略，因此最终得到的聚类层次结构的优化目标可能并不明确。

概率层次聚类（probabilistic hierarchical clustering）旨在通过使用概率模型来衡量簇之间的距离，从而克服上述这些缺点。

看待聚类问题的一种方法是，将待聚类的数据对象集视为要分析的基础数据生成机制的一个样本，或者形式上视为生成模型（generative model）。例如，在对一组营销调查数据进行聚类分析时，假设收集到的数据是所有可能客户意见的一个样本。这里，数据生成机制是针对不同客户意见的概率分布，这是无法直接、完整地获得的。聚类的任务是使用待聚类的观测数据对象尽可能准确地估计该生成模型。

在实践中，可以假设该数据的生成模型符合常见的由参数控制的分布函数，如高斯分布或伯努利分布。这样，学习生成模型的任务就被归结为找到使得模型最佳拟合观测数据集的参数值。

例 8.6 生成模型。假设有一组由高斯分布生成的用于聚类分析的一维点集 $X=\{x_1,\cdots,x_n\}$，分布为

$$\mathcal{N}(\mu,\sigma^2)=\frac{1}{\sqrt{2\pi\sigma^2}}\mathrm{e}^{-\frac{(x-\mu)^2}{2\sigma^2}} \tag{8.15}$$

其中参数为 μ（均值）和 σ^2（方差）。

于是，模型生成点 $x_i\in X$ 的概率为

$$P(x_i\mid\mu,\sigma^2)=\frac{1}{\sqrt{2\pi\sigma^2}}\mathrm{e}^{-\frac{(x_i-\mu)^2}{2\sigma^2}} \tag{8.16}$$

因此，观测到的数据集 X 由模型生成的似然为

$$L(\mathcal{N}(\mu,\sigma^2):X)=P(X\mid\mu,\sigma^2)=\prod_{i=1}^{n}\frac{1}{\sqrt{2\pi\sigma^2}}\mathrm{e}^{-\frac{(x_i-\mu)^2}{2\sigma^2}} \tag{8.17}$$

学习该生成模型的任务是找到参数 μ 和 σ^2，使得似然 $L(\mathcal{N}(\mu,\sigma^2):X)$ 最大化，也就是说，找到

$$\mathcal{N}(\mu_0,\sigma_0^2)=\arg\max\{L(\mathcal{N}(\mu,\sigma^2):X)\} \tag{8.18}$$

其中 $\max\{L(\mathcal{N}(\mu,\sigma^2):X)\}$ 称为最大似然。□

给定一个对象集，所有对象形成的簇的质量可以通过最大似然来衡量。对于被划分为 m 个簇 $C_1,\cdots,C_m$ 的对象集，可以通过如下公式度量其质量：

$$Q(\{C_1,\cdots,C_m\})=\prod_{i=1}^{m}P(C_i) \tag{8.19}$$

其中，$P()$ 是最大似然。为了计算 $P(C_i)$，可以用生成模型 M_i 拟合每个簇 $C_i(1\leqslant i\leqslant m)$，并通过 $P(C_i)=\prod_{x\in C_i}P(x\mid M_i)$ 来估计概率。如果将两个簇 C_{j_1} 和 C_{j_2} 合并为一个簇 $C_{j_1}\cup C_{j_2}$，那么，整个聚类质量的变化为

$$\begin{aligned}&Q((\{C_1,\cdots,C_m\}-\{C_{j_1},C_{j_2}\})\cup\{C_{j_1}\cup C_{j_2}\})-Q(\{C_1,\cdots,C_m\})\\&=\frac{\prod_{i=1}^{m}P(C_i)\cdot P(C_{j_1}\cup C_{j_2})}{P(C_{j_1})P(C_{j_2})}-\prod_{i=1}^{m}P(C_i)\\&=\prod_{i=1}^{m}P(C_i)\left(\frac{P(C_{j_1}\cup C_{j_2})}{P(C_{j_1})P(C_{j_2})}-1\right)\end{aligned} \tag{8.20}$$

在层次聚类中选择合并两个簇时，对于任何一对簇，$\prod_{i=1}^{m}P(C_i)$ 都是常数。因此，给定一对簇 C_1 和 C_2，它们之间的距离可以通过下式计算：

$$dist(C_1,C_2)=-\log\frac{P(C_1\cup C_2)}{P(C_1)P(C_2)} \tag{8.21}$$

概率层次聚类方法可以采用凝聚式聚类框架，但需要使用概率模型（式（8.21））来衡量簇之间的相似性。

仔细观察式（8.20），可以发现合并两个簇并不一定使聚类质量提高，即 $\frac{P(C_{j_1}\cup C_{j_2})}{P(C_{j_1})P(C_{j_2})}$ 可能小于 1。例如，假设图 8.14 的模型中使用的是高斯分布函数。虽然合并簇 C_1 和 C_2 导致结果簇可以更好地拟合高斯分布，但是合并簇 C_3 和 C_4 却降低了聚类质量，因为没有一个高斯函数能够很好地拟合合并后的簇。

基于这一观察，概率层次聚类方案可以从每个对象构成一个簇开始，如果两个簇 C_i 和 C_j 之间的距离为负，则合并这两个簇。在每次迭代中，都试图找到 C_i 和 C_j，以便使 $\log\frac{P(C_i\cup C_j)}{P(C_i)P(C_j)}$ 最大化。只要 $\log\frac{P(C_i\cup C_j)}{P(C_i)P(C_j)}>0$，即只要聚类质量有所提高，迭代就会继续。伪代码如图 8.15 所示。

概率层次聚类方法十分易于理解，且通常与凝聚式层次聚类方法具有相同的效率；事实上，它们有着相同的框架。虽然概率模型的可解释性更好，但有时不如距离度量方法灵活。

概率模型还可以处理部分观测数据。例如，给定一个多维数据集，其中一些对象在某些维度上有缺失值。这时，可以利用该维度上的观测值，在每个维度上独立学习一个高斯模型。形成的簇的层次结构实现了用选定的概率模型拟合数据这一优化目标。

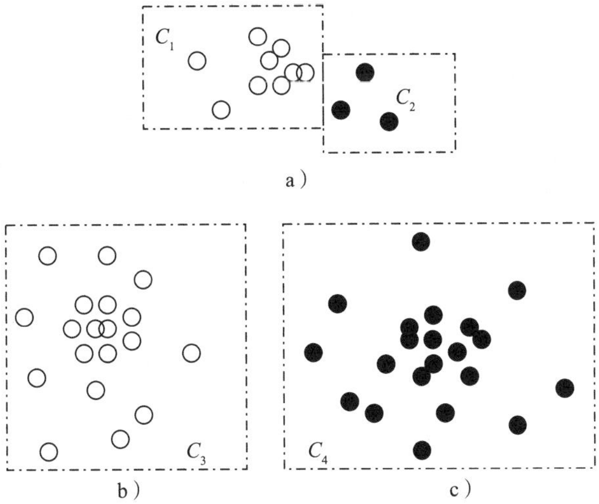

图 8.14　在概率层次聚类中合并簇：图 a 合并簇 C_1 和 C_2 会提高簇的整体质量，但合并图 b 中的簇 C_3 和图 c 中的 C_4 不会提高簇的整体质量

算法：概率层次聚类算法。

输入：

- 包含n个对象的数据集$D=\{\boldsymbol{o}_1,\cdots,\boldsymbol{o}_n\}$。

输出：簇的层次结构。

方法：

（1）为每一个对象创建一个簇$C_i=\{\boldsymbol{o}_i\},1\leqslant i\leqslant n$;

（2）**for** i=1 to n

（3）　　找出一对簇C_i和C_j使得 $C_i,C_j=\underset{i\neq j}{\operatorname{argmax}}\log\dfrac{P(C_i\cup C_j)}{P(C_i)P(C_j)}$;

（4）　　**if** $\log\dfrac{P(C_i\cup C_j)}{P(C_i)P(C_j)}>0$ **then** 合并C_i和C_j;

（5）　　**else** 停止;

图 8.15　一种概率层次聚类算法

使用概率层次聚类的一个缺点是，它只能根据所选概率模型输出一个层次结构。并且无法处理聚类层次结构的不确定性。给定一个数据集，可能存在多个能够拟合观测数据的层次结构。基于算法的方法和基于概率的方法都无法找到这些层次结构的分布。最近，人们已经开发了贝叶斯树结构模型来处理这些问题。贝叶斯和其他复杂的概率聚类方法被认为是更高级的主题，在本书不再阐述。

8.4　基于密度和基于网格的方法

大多数划分方法和层次方法都是为了寻找球状簇而设计的，但它们很难找到任意形状的簇，例如图 8.16 中的“S”形簇和椭圆形簇。尽管如核 k- 均值的一些特征转换方法可能会对这一问题有所帮助，但选择合适的核函数往往很棘手。并且对于这样的数据，它们可能会不准确地识别出凸区域，因为簇中可能包含噪声或离群点。

为了能发现任意形状的簇，可以将该簇建模为数据空间中被稀疏区域分隔开的稠密区域。

这就是基于密度的聚类方法背后的主要策略，该方法可以发现非球状的簇。本节将通过学习两种具有代表性的方法，即 DBSCAN（8.4.1 节）和 DENCLUE（8.4.2 节）来学习基于密度的聚类的基本技术。为了降低基于密度聚类的计算成本，可以将数据空间划分为网格。这一思想是基于网格的聚类方法（8.4.3 节）的灵感来源。

图 8.16　任意形状的簇

8.4.1　DBSCAN：基于高密度相连区域的密度聚类

"如何在基于密度的聚类中找到稠密区域？"对象 $\boldsymbol{o}$ 的密度可以用靠近 $\boldsymbol{o}$ 的对象数量来衡量。**DBSCAN**（Density-Based Spatial Clustering of Applications with Noise，具有噪声应用的基于密度的空间聚类）可以找到数据集中的核心对象，即其邻域稠密的对象。它可以将核心对象及其邻域连接起来，从而形成稠密区域并作为簇。在本节中将介绍 DBSCAN*，它是原始 DBSCAN 的改进版本。

"DBSCAN* 如何量化对象的邻域？"DBSCAN* 使用用户指定的参数 $\varepsilon > 0$ 来指定每个对象的邻域半径，即，对象 $\boldsymbol{o}$ 的 ε- **邻域**是以 $\boldsymbol{o}$ 为中心 ε 为半径范围内的空间。

由于参数 ε 确定了邻域的大小，所以可以简单地通过邻域中对象的数量来衡量**邻域的密度**。为了确定邻域是否稠密，DBSCAN* 使用了另一个由用户指定的参数 *MinPts*，该参数指定了稠密区域的密度阈值。如果一个对象的 ε- 邻域内至少包含 *MinPts* 个对象，那么该对象就是**核心对象**（core object），否则，它就是**噪声**（noise）。核心对象是稠密区域的关键组成部分。

给定一个对象集 D，DBSCAN* 就可以根据给定的参数 ε 和 *MinPts* 来识别所有核心对象。此处，聚类任务被简化为使用核心对象及其邻域来形成稠密区域，其中稠密区域就是簇。

如果 $d(\boldsymbol{p},\boldsymbol{q}) \leqslant \varepsilon$，那么两个核心对象 $\boldsymbol{p}$ 和 $\boldsymbol{q}$ 就是 ε- **可达的**（ε-reachable），也就是说，$\boldsymbol{p}$ 在 $\boldsymbol{q}$ 的 ε- 邻域中，反之亦然。如果 $\boldsymbol{p}$ 和 $\boldsymbol{q}$ 是 ε- 可达的或传递 ε- 可达的，则称两个核心对象 $\boldsymbol{p}$ 和 $\boldsymbol{q}$ 是**密度相连的**（density-connected），其中，如果存在一个或多个核心对象 $\boldsymbol{r}_1$，…，$\boldsymbol{r}_l$，使得 $\boldsymbol{p}$ 和 $\boldsymbol{r}_1$ 是 ε- 可达的，$\boldsymbol{r}_i$ 和 $\boldsymbol{r}_{i+1}(1 \leqslant i < l)$ 是 ε- 可达的，$\boldsymbol{r}_l$ 和 $\boldsymbol{q}$ 是 ε- 可达的，那么 $\boldsymbol{p}$ 和 $\boldsymbol{q}$ 是传递 ε- 可达的。这样，由参数 ε 和 *MinPts* 形成的簇 C 就是核心对象的一个非空极大子集，C 中的每对对象之间都是密度相连的。

在 DBSCAN* 中，簇中只包含核心对象。然而，很容易将位于核心对象 ε- 领域附近的非核心对象分配给包含该核心对象的簇。DBSCAN 明确地将这些非核心对象标识为**边界对象**（border object），DBSCAN* 可以使用后续处理步骤来取这些边界对象。那些不属于任何 ε- 邻域的对象就是离群点。

例 8.7　密度可达性和密度相连性。在图 8.17 中，ε 的值由圆的半径表示，假设 $MinPts$=3。

在标记的对象中，$\boldsymbol{p}$、$\boldsymbol{m}$、$\boldsymbol{o}$、$\boldsymbol{q}$ 和 $\boldsymbol{t}$ 都是核心对象，因为它们的每个 ε- 邻域（图中的虚线圆圈）都至少包含三个对象。对象 $\boldsymbol{p}$ 和 $\boldsymbol{o}$ 是 ε- 可达的，$\boldsymbol{o}$ 和 $\boldsymbol{q}$ 也是 ε- 可达的。因此，$\boldsymbol{p}$ 和 $\boldsymbol{q}$ 是密度相连的。

可以验证的是，核心对象 $\boldsymbol{p}$、$\boldsymbol{m}$、$\boldsymbol{o}$、$\boldsymbol{q}$ 和 $\boldsymbol{t}$ 形成了一个簇，因为它们中的每两个对象都是密度相连的，并且不能将其他核心对象再添加到该簇中，从而保持了成对的密度相连性。

对象 $\boldsymbol{s}$ 不是核心对象，因为 $\boldsymbol{s}$ 的 ε- 邻域中只包含两个对象。然而，$\boldsymbol{s}$ 在核心对象 $\boldsymbol{p}$ 的 ε- 邻域中，因此 $\boldsymbol{s}$ 是边界对象。

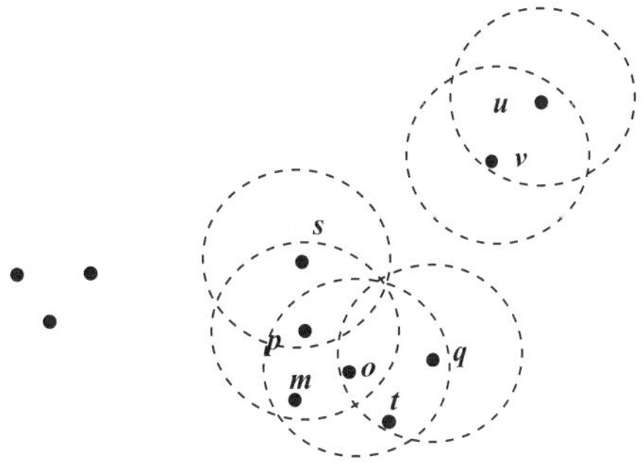

图 8.17　DBSCAN 中的密度可达性和密度相连性

由于对象 $\boldsymbol{u}$ 和 $\boldsymbol{v}$ 不是核心对象，也不在任何核心对象的 ε- 邻域中，因此它们是离群点。□

“DBSCAN* 如何寻找簇？”首先，DBSCAN* 将给定数据集 D 中的所有对象都标记为“**未访问**”（unvisited）。然后，它从中随机选择一个未访问的对象 $\boldsymbol{p}$，将其标记为“**已访问**”（visited），同时检查该对象的 ε- 邻域中是否至少包含 $MinPts$ 个对象。如果不包含，则将 $\boldsymbol{p}$ 标记为**噪声**（noise）点。否则，为 $\boldsymbol{p}$ 创建一个新的簇 C，并将 $\boldsymbol{p}$ 的 ε- 邻域中的所有对象都添加到候选集 N 中。

DBSCAN* 会反复地将 N 中不属于任何簇的核心对象添加到簇 C 中。在这个过程中，对于 N 中带有“未访问”标签的对象 $\boldsymbol{p}'$，DBSCAN* 会将其标记为“已访问”并检查其 ε- 邻域。如果 $\boldsymbol{p}'$ 的 ε- 邻域内至少有 $MinPts$ 个对象，那么 DBSCAN* 就会将其标记为核心对象并添加到簇 C 中，$\boldsymbol{p}'$ 的 ε- 邻域中的那些对象也会被添加到 N 中。DBSCAN* 会持续向簇 C 中添加对象，直到簇 C 不能再继续扩展（即 N 为空）。此时，簇 C 被聚类完成，于是输出簇 C。

为了找到下一个簇，DBSCAN* 会从剩余的对象中再随机选择一个未访问过的对象，并重复上述过程。这个聚类过程会一直持续到所有对象都被访问完毕。DBSCAN* 算法的伪代码如图 8.18 所示。

如果使用空间索引，DBSCAN* 算法的计算复杂度为 $O(n\log n)$，其中 n 是数据库对象的数量。若不使用空间索引，复杂度将为 $O(n^2)$。通过适当地设置参数 ε 和 $MinPts$，这个算法可以有效地找到任意形状的簇。

实际上，在 DBSCAN* 中确定 ε 和 $MinPts$ 这两个参数并不容易。此外，基于密度的簇也可能具有层次结构，即在一个密集区域内可能还有更密集的子区域。那么，是否存在一种方法可以实现基于密度的层次聚类呢？事实上，将 DBSCAN* 扩展到 HDBSCAN* 就可以实现基于密度的层次聚类。

在 HDBSCAN* 中，用户只需要指定一个参数 $MinPts$。对于对象 $\boldsymbol{p}$，其**核心距离**（core distance）为 $d_{\text{core}}(\boldsymbol{p})$，表示从 $\boldsymbol{p}$ 到其第 $MinPts$ 个最近邻居（包括 $\boldsymbol{p}$ 本身）之间的距离。换句话说，$d_{\text{core}}(\boldsymbol{p})$ 是在 DBSCAN* 中使得 $\boldsymbol{p}$ 成为核心对象所需的最小半径。对于两个对象 $\boldsymbol{p}$ 和 $\boldsymbol{q}$，它们之间的**相互可达距离**（mutual reachability distance）定义为 $d_{\text{mreach}}(\boldsymbol{p},\boldsymbol{q})=\max\{d_{\text{core}}(\boldsymbol{p}), d_{\text{core}}(\boldsymbol{q}), d(\boldsymbol{p},\boldsymbol{q})\}$。换句话说，在 DBSCAN* 中，$d_{\text{mreach}}(\boldsymbol{p},\boldsymbol{q})$ 是使得 $\boldsymbol{p}$ 和 $\boldsymbol{q}$ 都为 ε- 可达所需的最小半径。

给定一组对象作为 HDBSCAN* 的输入，便可以构造一个**相互可达性图**（mutual reachability graph）G_{MinPts}，它一个完全图。每个输入对象都是相互可达性图中的一个节点。$\boldsymbol{p}$ 和 $\boldsymbol{q}$ 之间的边的权重是相互可达距离 $d_{mreach}(\boldsymbol{p},\boldsymbol{q})$。在相互可达性图上可以使用最小生成树方法（8.3.3 节）来寻找基于密度的层次聚类。

算法：DBSCAN*，一种基于密度的聚类算法。

输入：

- D：一个包含 n 个对象的数据集。
- ε：半径参数。
- *MinPts*：邻域密度阈值。

输出： 基于密度的簇的集合。

方法：

```
标记所有对象为未访问;
do
    随机选择一个未被访问的对象p;
    标记p为已访问;
    if p的ε-邻域至少有MinPts个对象
        创建一个新簇C，并把p添加到C中;
        令N为p的ε-邻域中的对象的集合;
        for N中每个点p'
            if p'是未访问的
                标记p'为已访问;
                if p'的ε-邻域至少有MinPts个点，把这些点添加到N并且把p'添加到C;
        end for
        输出C;
    else 标记p为噪声;
until 没有标记为未访问的对象;
```

图 8.18　DBSCAN* 算法

为了进一步降低对参数设置的要求，人们提出了一种名为 OPTICS 的聚类分析方法。OPTICS 并不显式地生成数据集聚类，而是输出一个**簇排序**（cluster ordering），它是所有被分析对象的线性表，并且代表了数据的基于密度的聚类结构。在簇排序中，较为稠密的簇中的对象互相靠近。这种排序相当于从广泛的参数设置中获得的基于密度的聚类。因此，用户不需要向 OPTICS 指定密度阈值。簇排序可用于提取基本的聚类信息（例如，簇中心或任意形状的簇），导出内在的聚类结构，还可以提供聚类的可视化。

为了同时构建不同的聚类，需要按特定的顺序处理对象。该顺序会选择关于最小的 ε 值是密度可达的对象，以便先完成密度较高（即较低 ε）的簇。例如，图 8.19 显示了一个简单二维数据集的可达性图，它描绘了数据是如何结构化和聚类的。数据对象按聚类顺序（水平轴）与它们各自的可达距离（垂直轴）一起绘制。图中的三个高斯“凸点”反映了数据集中的三个簇。

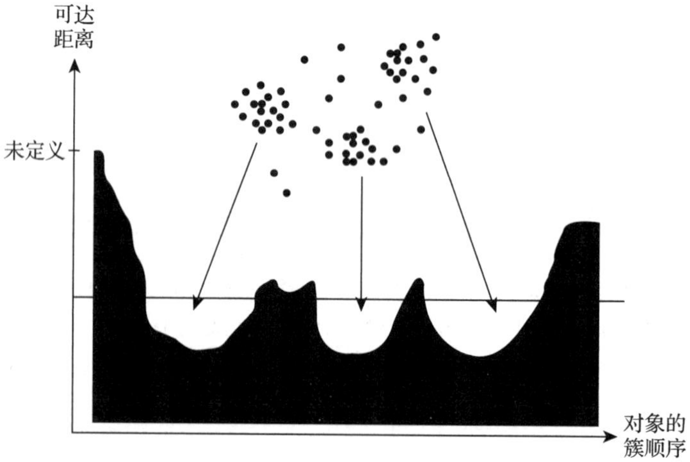

图 8.19　OPTICS 中的簇排序

来源：改编自 Ankerst，Breunig，Kriegel 和 Sander [ABKS99]。

OPTICS 可以看作对 DBSCAN 的一种推广，它将参数 ε 替换为最影响模型性能的参数。这样，*MinPts* 就变成了要查找的最小簇大小。该算法比 DBSCAN 更容易参数化，同时它通常会生成层次聚类，而不是 DBSCAN 所生成的更简单的数据划分。

8.4.2　DENCLUE：基于密度分布函数的聚类

密度估计是基于密度的聚类方法的核心问题。DENCLUE（DENsity-based CLUstEring，基于密度的聚类）是一种基于一组密度分布函数的聚类方法。本节首先给出与密度估计相关的一些背景知识，然后介绍 DENCLUE 算法。

在概率统计中，**密度估计**（density estimation）是指基于一系列观测数据来对不可观测的概率密度函数进行估计。在基于密度的聚类背景下，不可观测的概率密度函数是要分析的所有可能对象的总体的真实分布。观测到的数据集被视为来自该总体的一个随机样本。

DENCLUE 使用了**核密度估计**（kernel density estimation）方法，这是一种来自统计学的非参数密度估计方法。核密度估计背后的思路简单明了：将观测到的对象视为周围区域中高概率密度的指示器，并根据某一点到观测对象的距离来确定该点处概率密度值的大小。

形式上，设 $\boldsymbol{x}_1,\cdots,\boldsymbol{x}_n$ 是随机变量 f 的独立同分布的样本。概率密度函数的核密度近似为

$$\hat{f}_h(x)=\frac{1}{nh}\sum_{i=1}^{n}K\left(\frac{\boldsymbol{x}-\boldsymbol{x}_i}{h}\right) \tag{8.22}$$

其中 $K()$ 是核函数，h 是用作平滑参数的带宽。**核**（kernel）可以被视为建模其邻域内样本点的影响的函数。核 $K()$ 是一个非负的实值可积函数，它应该满足两个要求：对于 u 的所有值，$\int_{-\infty}^{+\infty}K(u)\mathrm{d}u=1$ 和 $K(-u)=K(u)$。一个常用的核是均值为 0、方差为 1 的标准高斯函数：

$$K\left(\frac{\boldsymbol{x}-\boldsymbol{x}_i}{h}\right)=\frac{1}{\sqrt{2\pi}}\mathrm{e}^{-\frac{(\boldsymbol{x}-\boldsymbol{x}_i)^2}{2h^2}} \tag{8.23}$$

DENCLUE 使用高斯核来估计基于给定的待聚类的对象集密度。如果点 $\boldsymbol{x}^*$ 是估计的密度函数的局部最大点，则称其为**密度吸引点**（density attractor）。为了避免平凡的局部最大点，DENCLUE 使用了一个噪声阈值 ξ，并且只考虑那些使 $\hat{f}(\boldsymbol{x}^*)\geqslant\xi$ 的密度吸引点 $\boldsymbol{x}^*$。这些非平凡密度吸引点都是簇的中心。

使用逐步爬山过程，通过密度吸引点将待分析的数据分配到簇中。对于一个对象 $\boldsymbol{x}$，爬山过程从 $\boldsymbol{x}$ 开始，并以被估计的密度函数的梯度为引导。也就是说，$\boldsymbol{x}$ 的密度吸引点计算为

$$\begin{gathered}\boldsymbol{x}^0=\boldsymbol{x}\\ \boldsymbol{x}^{j+1}=\boldsymbol{x}^j+\delta\frac{\nabla\hat{f}(\boldsymbol{x}^j)}{\left|\nabla\hat{f}(\boldsymbol{x}^j)\right|}\end{gathered} \tag{8.24}$$

其中，δ 是控制收敛速度的参数，以及

$$\nabla\hat{f}(\boldsymbol{x})=\frac{1}{h^{d+2}n\sum_{i=1}^{n}K\left(\frac{\boldsymbol{x}-\boldsymbol{x}_i}{h}\right)(\boldsymbol{x}_i-\boldsymbol{x})} \tag{8.25}$$

如果 $\hat{f}(\boldsymbol{x}^{k+1})<\hat{f}(\boldsymbol{x}^k)$，则爬山过程在步骤 $k>0$ 处停止，并将 $\boldsymbol{x}$ 分配给密度吸引点 $\boldsymbol{x}^*=\boldsymbol{x}^k$。如果对象 $\boldsymbol{x}$ 在爬山过程中收敛到局部最大值 $\boldsymbol{x}^*$，其中 $\hat{f}(\boldsymbol{x}^*)<\xi$，则对象 $\boldsymbol{x}$ 为离群点或噪声。

图 8.20 说明了爬山法的原理。对于一个点 $\boldsymbol{x}$，$\boldsymbol{x}$ 的密度吸引点初始化为 $\boldsymbol{x}^0=\boldsymbol{x}$。在下一次迭代中，密度吸引点朝着密度函数梯度所指示的方向（如图中箭头所示）移动一小步，直到密

度稳定的点 $\boldsymbol{x}^*$（图中的空心圆圈点），也就是局部最优点。

DENCLUE 中的簇是一组密度吸引点的集合 X 和一组输入对象的集合 C，使得 C 中的每个对象都被分配给 X 中的一个密度吸引点，并且每对密度吸引点之间都存在一条其密度大于 ξ 的路径。通过使用由路径连接的多个密度吸引点，DENCLUE 可以找到任意形状的簇。

DENCLUE 有几个优点。它可以被看作对几种著名聚类方法的推广，如单连接方法和 DBSCAN。此外，DENCLUE 不易受噪声影响。核密度估计可以将噪声均匀分布到输入数据中，从而有效降低噪声的影响。

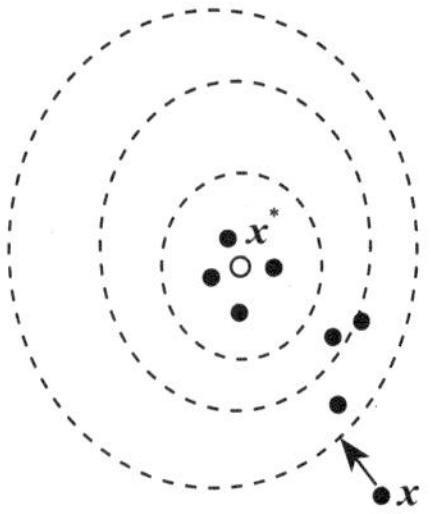

图 8.20 DENCLUE 中的爬山算法

8.4.3 基于网格的方法

正如前面几个小节中所分析的，基于密度的聚类方法的计算成本很高，特别是在处理大数据集和高维数据集的时候。因此，可以用网格将数据空间划分为多个单元来提高效率和可伸缩性，这就产生了基于网格的聚类方法。

基于网格的聚类方法（grid-based clustering）使用多分辨率的网格数据结构。它将对象空间量化为有限数量的单元，构成网格结构，并在该网格结构上执行所有的聚类操作。这种方法的主要优点是处理速度快，其处理时间通常只取决于量化空间中每个维度的单元数量，而与数据对象的数量无关。

通常，基于网格的聚类需要以下三个步骤。

1. 创建一个网格结构，以便将数据空间划分为有限数量的单元。

2. 计算每个单元的密度。通过精心设计的方法，只需扫描一次数据就能得到所有单元的密度。这一步是提高效率和可伸缩性的关键。

3. 使用稠密单元来组建簇，并选择性地汇总稠密单元和相应的簇。

下面将用一个例子来说明这一点。**CLIQUE**（CLustering In QUEst）是一种简单的基于网格的方法，用于在子空间中寻找基于密度的簇。CLIQUE 将每个维度都划分为互不重叠的区间，从而将整个数据空间划分为单元。它使用密度阈值来区分稠密单元和稀疏单元。如果映射到单元中的对象数量超过密度阈值，则该单元就是稠密的。

利用稠密单元在维度上的单调性是 CLIQUE 确定候选搜索空间的主要策略。它基于频繁模式和关联规则挖掘中使用的 Apriori 属性（第 4 章）。就子空间中的簇而言，单调性的含义是：只有当一个 k 维单元 $c(k>1)$ 在 $(k-1)$ 维子空间中每一维的投影都至少包含 l 个点时，c 才至少包含 l 个点。考虑图 8.21，其中的数据空间包含三个维度：年龄、薪水和假期。只有当一个二维单元（例如在年龄和薪水形成的子空间中）在每个维度（即年龄和薪水）上的投影都包含至少 l 个点时，该单元才包含 l 个点。

CLIQUE 分三个步骤进行聚类。在第一步中，CLIQUE 将 d 维数据空间划分为彼此不重叠的矩形单元。

在第二步中，CLIQUE 会在所有子空间中找出这些单元中的稠密单元。为此，CLIQUE 会将每个维度划分为若干区间，并找出至少包含 l 个点的区间，其中 l 是密度阈值。然后，如果 $D_{i_1}=D_{j_1},\cdots,D_{i_{k-1}}=D_{j_{k-1}}$，且 c_1 和 c_2 在这些维度中共享相同的区间，则 CLIQUE 就会迭代地连接子空间 $(D_{i_1},\cdots,D_{i_k})$ 和 $(D_{j_1},\cdots,D_{j_k})$ 中的两个 k 维稠密单元 c_1 和 c_2。连接操作会在空间 $(D_{i_1},\cdots,D_{i_{k-1}},D_{i_k},D_{j_k})$ 中生成一个新的 $(k+1)$ 维候选单元 c。CLIQUE 会检查 c 中的点数是否超过密度阈值。当不能生成候选单元或生成的候选单元不稠密时，迭代就会终止。

在最后一步中，CLIQUE 使用每个子空间中的稠密单元来聚集可能具有任意形状的簇。这一步的思想是应用最小描述长度（MDL）原理（第 7 章），使用最大区域来覆盖相连的稠密单元，其中最大区域是一个超矩形，落入此区域的每个单元都是稠密的，并且该区域不能在子空间中的任何维度上再扩展。一般来说，找到一个簇的最佳描述是 NP 难的。因此，CLIQUE 采用了一种简单的贪婪方法。它先从任意一个稠密单元开始，找到覆盖该单元的最大区域，然后再搜索尚未被覆盖的剩余稠密单元。贪婪方法会在所有稠密单元都被覆盖时终止。

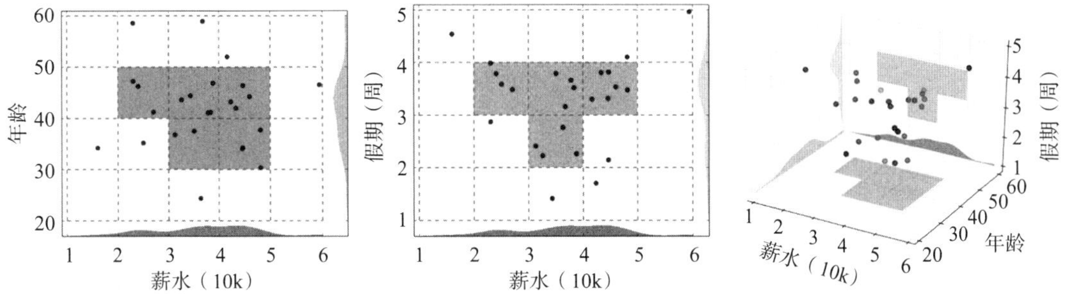

图 8.21　将根据年龄在薪水和假期维度上找到的稠密单元相交，可以得到更高维度稠密单元的候选空间

“*CLIQUE 的效果如何？*”CLIQUE 能自动找到含有高密度簇的最高维的子空间。它对输入对象的顺序不敏感，也无须假定任何规范的数据分布。它与输入数据的大小线性相关，并且当数据维度增加时仍具有良好的可伸缩性。不过，能否获得有意义的聚类结果取决于网格大小（在这里，网格是一种稳定的结构）和密度阈值的适当调整。这在实践中可能比较困难，因为网格大小和密度阈值会在数据集的所有维度组合中使用。因此，聚类结果的准确性可能会以牺牲简洁性为代价而降低。此外，对于给定的稠密区域，该区域在低维子空间上的所有投影也都是稠密的。这可能会导致所报告的稠密区域之间出现大量的重叠。此外，在不同维度的子空间内很难找到密度差异较大的簇。

STING 是另一种具有代表性的基于网格的多分辨率聚类技术。在 STING 中，输入对象的空间区域被划分为矩形单元，且空间可以以分层和递归的方式进行划分。这种矩形单元的不同层次对应于不同级别的分辨率，并形成一个层次结构：每一个高层的单元都被划分成若干个低一层的单元。关于每个网格单元中属性的统计信息，如均值、最大值和最小值，都会被作为*统计参数*预先计算并存储。这些统计参数对于查询处理和其他数据分析任务非常有用。

图 8.22 显示了 STING 聚类的层次结构。人们可以容易地根据低层单元的参数来计算较高层单元的统计参数。这些参数包括：与属性无关的参数——count（对象数量）；与属性相关的参数——mean（均值）、stdev（标准差）、min（最小值）、max（最大值），以及单元中属性值服从的分布类型，如 normal（正态分布）、uniform（均匀分布）、exponential（指数分布）或 none（如果分布未知）。这里，属性是用于分析的选定度量，如房屋对象的 *price*。当数据载入数据库后，底层单元的参数 count、mean、stdev、min 和 max 将直接从数据中计算出来。如果事先已知分布类型，用户可以事先指定分布的值，也可以通过假设检验（如 χ^2 检验）来获得。高层单元的分布类型可根据其对应的低层单元的大多数分布类型，结合阈值过滤过程计算得出。如果低层单元的分布类型彼此不同，且未通过阈值检验，则高层单元的分布类型将被设为 none。

“*这些统计信息如何用于回答查询？*”统计参数可以按自顶向下、基于网格的方式使用。首先，确定层次结构中的一个层，从该层开始查询应答过程。这一层通常包含少量单元。对于当前层中的每个单元，都要计算置信区间（或估计的概率范围），以反映该单元与给定查询的相关性。不相关的单元将被删除。下一个较低层的处理只检查剩余的相关单元。这一过程不断重复，直到到达底层。此时，如果查询要求被满足，则返回满足查询的相关单元区域。否则，属于相关单元的数据点将被检索并进一步处理，直到满足查询要求为止。

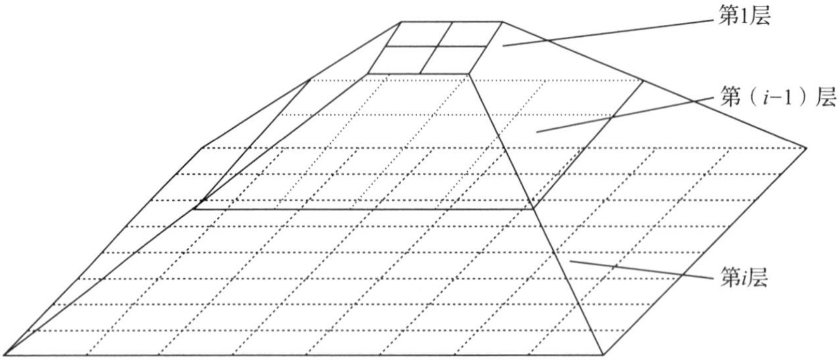

图 8.22　STING 聚类的层次结构

STING 的一个有趣的特性是，如果粒度接近 0（即接近非常低层的数据），它就会接近 DBSCAN 的聚类结果。换句话说，使用计数和单元大小信息，STING 可以近似地识别出稠密的簇。因此，STING 也可以看作一种基于密度的聚类方法。

“*STING 与其他聚类方法相比有什么优势？*”STING 有几个优点。首先，基于网格的计算是独立于查询的，因为存储在每个单元中的统计信息提供了网格单元中数据的汇总信息。此外，网格结构有利于并行处理和增量更新。最后，STING 的效率是一个主要优势：STING 只需遍历数据库一次来计算单元的统计参数，因此生成簇的时间复杂度为 $O(n)$，其中 n 是对象的总数。生成层次结构后，查询处理的时间为 $O(g)$，其中 g 是最底层的网格单元总数，通常比 n 小得多。

由于 STING 使用多分辨率方法进行聚类分析，因此 STING 的聚类质量取决于网格结构中最底层的粒度。如果最底层的粒度非常细，处理成本就会显著增加；然而，如果网格结构的最底层过于粗糙，则可能会降低聚类分析的质量。此外，STING 在构建父单元时没有考虑子单元与其相邻单元之间的空间关系。因此，生成的簇的形状是同质的，也就是说，所有的簇边界要么都是水平的，要么都是垂直的，没有斜的分界线。尽管该技术的处理时间很快，但很可能会降低聚类的质量和准确性。

8.5　聚类评估

现在，你已经学习了什么是聚类，并了解了几种常用的聚类方法。你可能会问，“*在数据集上尝试聚类方法时，如何评估聚类结果的好坏呢？*”通常，聚类评估所评估的是对数据集进行聚类分析的可行性以及聚类方法生成的结果的质量。聚类评估的主要任务包括：

- *评估聚类趋势。*在这个任务中，对于给定的数据集，需要评估数据中是否存在非随机结构。在数据集上盲目地应用聚类方法所得到的簇可能会具有误导性。只有当数据中存在非随机结构时，对数据集的聚类分析才有意义。
- *确定数据集中的簇数量。*一些算法（如 k- 均值）需要将数据集中的簇数量作为参数。此外，簇的数量可以被视为数据集的一个有趣而重要的汇总统计量。因此，在使用聚类算法得出详细的簇之前，最好能估算出这个数字。

- 衡量聚类质量。在对数据集应用聚类方法后，还需要评估所得到的簇的质量。可以使用多种方法来进行衡量。一些方法衡量簇对数据的拟合程度，另一些方法则衡量簇与真实值的匹配程度（如果这些数据可用的话）。还有一些衡量方法可以对聚类进行评分，从而对同一数据集上的两组聚类结果进行比较。

在本节中，我们将逐一讨论这三个主题。

8.5.1　评估聚类趋势

聚类趋势评估可以判断给定的数据集是否具有非随机结构，只有这样才能使后续的聚类操作有意义。考虑一个没有任何非随机结构的数据集，例如数据空间中均匀分布的点集。尽管聚类算法可能会返回簇，但这些簇是随机的，因此没有意义。

例 8.8　聚类需要分布不均匀的数据。图 8.23 显示了一个在二维数据空间中均匀分布的数据集。尽管聚类算法仍然可以人为地将点划分为簇，但由于数据是均匀分布的，因此这些簇对应用来说不具有任何重要意义。□

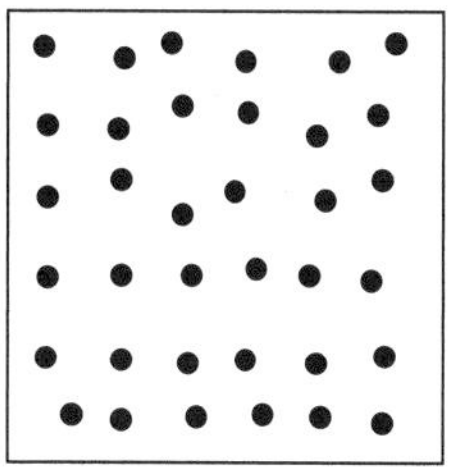

图 8.23　一个均匀分布在二维空间中的数据集

“如何评估数据集的聚类趋势呢？”直观地说，可以尝试度量数据集由均匀数据分布生成的概率。这可以使用空间随机性的统计检验来实现。为了说明这一想法，在这里引入一个简单而有效的统计量——Hopkins 统计量。

Hopkins 统计量（Hopkins statistic）是一种空间统计，用于检验在空间中分布的变量的空间随机性。给定一个数据集 D，将其视为随机变量 o 的样本，为了确定 o 与在数据空间中的均匀分布相差多少，可以按如下步骤计算 Hopkins 统计量：

1. 从数据空间中采样 n 个点 $\boldsymbol{p}_1,\cdots,\boldsymbol{p}_n$。对于每个点 $\boldsymbol{p}_i(1 \leqslant i \leqslant n)$，都在 D 中找到与其最接近的点，并设 x_i 为 $\boldsymbol{p}_i$ 和它在 D 中最近邻点之间的距离。也就是说，

$$x_i = \min_{\boldsymbol{v} \in D}\{dist(\boldsymbol{p}_i, \boldsymbol{v})\} \tag{8.26}$$

2. 从 D 中不替换地均匀采样 n 个点 $\boldsymbol{q}_1,\cdots,\boldsymbol{q}_n$。也就是说，$D$ 中每个点被包括在该样本中的概率相同，并且一个点最多只能被包括在样本中一次。对于每一个 $\boldsymbol{q}_i(1 \leqslant i \leqslant n)$，都在 $D-\{\boldsymbol{q}_i\}$ 中找到 $\boldsymbol{q}_i$ 的最近邻点，并让 y_i 是 $\boldsymbol{q}_i$ 与其在 $D-\{\boldsymbol{q}_i\}$ 中的最近邻点之间的距离。也就是说，

$$y_i = \min_{\boldsymbol{v} \in D, \boldsymbol{v} \neq \boldsymbol{q}_i}\{dist(\boldsymbol{q}_i, \boldsymbol{v})\} \tag{8.27}$$

3. 计算 Hopkins 统计量 H 为

$$H = \frac{\sum_{i=1}^{n} x_i^d}{\sum_{i=1}^{n} x_i^d + \sum_{i=1}^{n} y_i^d} \tag{8.28}$$

其中 d 是数据集 D 的维度。

“Hopkins 统计量是如何表明数据集 D 在数据空间中服从均匀分布的可能性有多大的呢？”如果数据集 D 是均匀分布的，那么 $\sum_{i=1}^{n} y_i^d$ 和 $\sum_{i=1}^{n} x_i^d$ 就会非常接近，因此 H 往往约为 0.5。然而，如果 D 是高度倾斜的，那么 D 中的点比随机点 $\boldsymbol{p}_1,\cdots,\boldsymbol{p}_n$ 更接近其最近邻点，因此 $\sum_{i=1}^{n} x_i^d$ 将远远大于 $\sum_{i=1}^{n} y_i^d$ 的期望值，并且 H 趋近于 1。

例 8.9 Hopkins 统计量。考虑数据空间 [0,10] 中的一维数据集 D={0.9, 1, 1.3, 1.4, 1.5, 1.8, 2, 2.1, 4.1, 7, 7.4, 7.5, 7.7, 7.8, 7.9, 8.1}。从 D 中不替换地抽取四个点的样本，比如 1.3, 1.8, 7.5 和 7.9。还从数据空间 [0, 10] 中均匀地抽取了四个点的样本，比如 1.9, 4, 6, 8。然后，Hopkins 统计量可以计算为

$$H=\frac{|1.9-2|+|4-4.1|+|6-7|+|8-8.1|}{(|1.9-2|+|4-4.1|+|6-7|+|8-8.1|)+(|1.3-1.4|+|1.8-2|+|7.5-7.4|+|7.9-7.8|)}$$

$$=\frac{1.3}{1.3+0.5}=\frac{1.3}{1.8}=0.72$$

由于 Hopkins 统计量的值远远大于 0.5 并且接近 1，因此数据集 D 具有较强的聚类趋势。实际上，在这个数据集中有两个簇，一个在 1.5 左右，另一个在 7.8 左右。 □

除了 Hopkins 统计量外，还有一些其他方法，如空间直方图和距离分布，可以比较待分析聚类趋势的数据集与相应均匀分布之间的统计数据。例如，距离分布比较了目标数据集中的成对距离分布和来自数据空间的随机均匀样本中的成对距离分布。

8.5.2 确定簇数量

确定数据集中“合适”的簇数量非常重要，这不仅是因为某些聚类算法（如 k- 均值）需要一个这样的参数，还因为适当的簇数量可以控制适当的聚类分析粒度。这可以看作在聚类分析中找到可压缩性和准确性之间的良好平衡。考虑两个极端情况。如果将整个数据集视为一个簇会怎么样？这将会最大限度地压缩数据，但这样的聚类分析没有任何价值。相反，将数据集中的每个对象视为一个簇，可以获得最佳的聚类分辨率（即由于对象与相应簇中心之间的距离为零，因此最准确）。在如 k- 均值这样的一些方法中，这甚至实现了最小开销。然而，每个簇只有一个对象并不能实现任何数据汇总。

确定簇的数量绝非易事，这往往是因为“合适”的数量并不明确。确定合适的簇数量往往取决于数据集的分布形状和尺度，也依赖于用户所需的聚类分辨率。估计簇数量的方法有很多。

例如，一种简单的方法是将 n 个点的数据集的簇数量设置为 $\sqrt{\frac{n}{2}}$ 左右。这样，每个簇都预期包含 $\sqrt{2n}$ 个点。8.2.2 节介绍了 Calinski-Harabasz 指数，它可以估计 k- 均值的簇数量。

再来看另外两种方法。

肘方法（elbow method）基于这样一种观点：增加簇的数量有助于减少每个簇内的方差之和。这是因为拥有更多的簇可以捕捉到更精细的数据对象簇，并且这些数据对象之间的相似性更高。不过，如果形成的簇过多，则减少簇内方差总和的边缘效应可能会下降，因为将一个凝聚的簇拆分为两个只会产生很小的减少。因此，选择适当簇数量的启发式方法是使用簇内方差之和关于簇数量的曲线中的拐点。

严格地说，给定一个 $k>0$ 的数字，可以使用类似 k- 均值的聚类算法在数据集上形成 k 个簇，并计算簇内方差之和 var(k)。然后，可以绘制 var 关于 k 的曲线。曲线的第一个（或最重要的）拐点表示“合适”的簇数量。

更高级的方法可以使用信息准则或信息论方法来确定簇的数量。更多信息请参阅文献注释（8.8 节）。

数据集中“合适”的簇数量也可以通过**交叉验证**（cross-validation）来确定，这是分类中经常使用的一种方法（第 6 章）。首先，将给定的数据集 D 划分为 m 个部分。接下来，使用

其中的 $m-1$ 个部分来构建聚类模型，并使用剩余的部分来测试聚类质量。例如，对于测试集中的每个点，都可以找到与其最接近的形心。因此，可以使用测试集中所有点与其最近的形心之间距离的平方和来衡量聚类模型对测试集的拟合程度。对于任何整数 $k>0$，均重复此过程 m 次，得出 k 个簇，并依次使用每个部分作为测试集进行验证。取质量度量的平均值即为总体质量度量。然后，可以比较不同 k 值的总体质量度量，并选取能最好拟合数据的簇数量。

8.5.3 衡量聚类质量：外在方法

假设已经评估了给定数据集的聚类趋势，并预先确定了数据集中的簇数量。现在，可以应用一个或多个聚类方法来获得数据集的聚类。“*一种方法生成的聚类效果如何？如何比较不同方法生成的聚类效果？*”

外在方法与内在方法

有几种用于衡量聚类质量的方法。一般来说，可以根据是否具有真实值将这些方法分为两类。在这里，真实值通常指由人类专家构建的理想聚类。

如果具有真实值，就可以通过**外在方法**（extrinsic method）来衡量聚类质量，这种方法能够将聚类与真实值和度量进行比较。如果不具有真实值，可以使用**内在方法**（intrinsic method），通过考虑簇的分离程度来评估聚类的好坏。真实值在这里可以被视为一种“聚类标签”形式的监督。因此，外在方法也被称为监督方法，而内在方法是*无监督方法*。

在本节中，将重点介绍外在方法。内在方法将在下一节中讨论。

外在方法的要求

当真实值可用时，可以将其与聚类进行比较，以评估聚类的质量。因此，外在方法的核心任务是在给定真实值 $\mathcal{C}_g$ 的情况下，给聚类 $\mathcal{C}$ 赋予一个评分 $Q(\mathcal{C},\mathcal{C}_g)$。外在方法是否有效，很大程度上取决于它使用的衡量标准 Q。

通常，如果聚类质量的度量 Q 满足以下四个基本标准，则它是有效的。

- **簇的同质性**（cluster homogeneity）。这要求聚类中的簇越纯净越好。这里不妨假设真实值表明数据集 $D=\{a,b,c,d,e,f,g,h\}$ 中的对象可以属于三类。对象 a 和 b 属于类别 L_1，对象 c 和 d 属于类别 L_2，其他对象属于类别 L_3。考虑聚类 $\mathcal{C}_1=\{\{a,b,c,d\},\{e,f,g,h\}\}$，其中簇 $\{a,b,c,d\}\in\mathcal{C}_1$ 包含来自两个类别 L_1 和 L_2 的对象。再考虑聚类 $\mathcal{C}_2=\{\{a,b\},\{c,d\},\{e,f,g,h\}\}$，它与 $\mathcal{C}_1$ 相同，只是 $\mathcal{C}_2$ 中 $\{a,b,c,d\}$ 被分成了两个簇，分别包含 L_1 和 L_2 中的对象。考虑到簇的同质性，聚类质量度量 Q 应该赋予 $\mathcal{C}_2$ 比 $\mathcal{C}_1$ 更高的分数，即 $Q(\mathcal{C}_2,\mathcal{C}_g)>Q(\mathcal{C}_1,\mathcal{C}_g)$。
- **簇的完全性**（cluster completeness）。这与簇的同质性相辅相成。簇的完全性要求，对于聚类来说，如果有两个对象根据真实值属于同一类别，那么它们应该被分配到同一簇中。簇的完全性要求聚类应该将属于同一类别（根据真实值）的对象分配到同一簇。继续前面提到的例子。假设聚类 $\mathcal{C}_3=\{\{a,b\},\{c,d\},\{e,f\},\{g,h\}\}$。$\mathcal{C}_3$ 和 $\mathcal{C}_2$ 是相同的，不同之处在于 $\mathcal{C}_3$ 将类别 L_3 中的对象划分为两个簇。因此，关于簇的完全性的聚类质量度量 Q 应该赋予 $\mathcal{C}_2$ 更高的分数，即 $Q(\mathcal{C}_2,\mathcal{C}_g)>Q(\mathcal{C}_3,\mathcal{C}_g)$。
- **碎布袋**（rag bag）。在许多实际场景中，通常存在一个“碎布袋”类别，其中包含无法与其他对象合并的对象。这种类别通常被称为“杂项”“其他”等。碎布袋准则规定，将异质物体放入一个纯净的簇中会比将其放入碎布袋中受到的惩罚更大。考虑一个聚类 $\mathcal{C}_1$ 和一个簇 $C\in\mathcal{C}_1$，使得根据真实值，C 中除了一个对象（用 $\boldsymbol{o}$ 表示）之外的所有对象都属于同一类别。考虑另一个聚类 $\mathcal{C}_2$，除了将 $\boldsymbol{o}$ 分配给 $\mathcal{C}_2$ 中的簇 $C' \neq C$ 外均与 $\mathcal{C}_1$ 相同，使得根据真实值，这里的 C' 包含来自各种类别的对象，因此是有噪声的。换句话说，$\mathcal{C}_2$ 中的 C' 是一个碎布袋。那么，符合碎布袋标准的聚类质量度量 Q 应该赋予 $\mathcal{C}_2$ 更高的分数，即 $Q(\mathcal{C}_2,\mathcal{C}_g) > Q(\mathcal{C}_1,\mathcal{C}_g)$。

- **小簇保持性**（small cluster preservation）。如果一个小类别在聚类中被拆分成碎片，那么这些碎片很可能会成为噪声，从而小的类别就不可能被该聚类发现。小簇保持准则指出，将一个小类别拆分成碎片比将一个大类别拆分成碎片更有害。考虑一个极端的情况。设 D 是一个包含 n+2 个对象的数据集，根据真实值，其中的 n 个对象（由 $\boldsymbol{o}_1,\cdots,\boldsymbol{o}_n$ 表示）属于一个类别，另外两个对象（由 $\boldsymbol{o}_{n+1}$，$\boldsymbol{o}_{n+2}$ 表示）属于另一个类别。假设聚类 $\mathcal{C}_1$ 有三个簇，$C_1^1=\{\boldsymbol{o}_1,\cdots,\boldsymbol{o}_n\}$，$C_2^1=\{\boldsymbol{o}_{n+1}\}$，$C_3^1=\{\boldsymbol{o}_{n+2}\}$。聚类 $\mathcal{C}_2$ 也有三个簇，即 $C_1^2=\{\boldsymbol{o}_1,\cdots,\boldsymbol{o}_{n-1}\}$，$C_2^2=\{\boldsymbol{o}_n\}$ 和 $C_3^2=\{\boldsymbol{o}_{n+1},\boldsymbol{o}_{n+2}\}$。换句话说，$\mathcal{C}_1$ 拆分小类别，$\mathcal{C}_2$ 拆分大类别。保持小簇的聚类质量度量 Q 应该赋予 $\mathcal{C}_2$ 更高的分数，即 $Q(\mathcal{C}_2,\mathcal{C}_g) > Q(\mathcal{C}_1,\mathcal{C}_g)$。

外在方法的类别

在评估聚类质量时，可以用不同的方式来使用真实值，这产生了不同的外在方法。一般来说，外在方法可以根据真实值的使用方式分为如下几类。

- **基于匹配的方法**检查聚类结果在划分数据集中的对象时与真实值的匹配程度。例如，纯度方法只评估一个簇与真实值中的一组对象的匹配程度。
- **基于信息论的方法**比较聚类结果的分布和真实值的分布。通常采用熵或信息论中的其他度量方法来量化比较结果。例如，可以度量聚类结果和真实值之间的条件熵，以衡量聚类结果的信息与真实值之间是否存在依赖关系。这种依赖性越高，聚类结果就越好。
- **基于成对比较的方法**将真实值中的每个组都视为一个类，然后检查聚类结果中对象的成对一致性。如果将更多的属于同一类的对象对放入同一簇，将更少的属于不同类的对象对放入同一簇，并能将更少的属于同一类的对象对放入不同簇中，那么聚类结果就是好的。

接下来，将用一些例子来说明上述几种外在方法。

基于匹配的方法

基于匹配的方法是将聚类结果中的簇和真实值中的组进行比较。下面的例子将解释其中的思路。

假设一个聚类方法将一组对象 $D=\{o_1,\cdots,o_n\}$ 划分为簇 $\mathcal{C}=\{C_1,\cdots,C_m\}$。真实值 $\mathcal{G}$ 也将同一组对象划分为组 $\mathcal{G}=\{G_1,\cdots,G_l\}$。设 $C(o_x)$ 和 $G(o_x)(1 \leqslant x \leqslant n)$ 分别是聚类结果以及真实值中对象 o_x 的簇 id 和组 id。

对于簇 $C_i(1 \leqslant i \leqslant m)$，$C_i$ 与真实值中组 G_j 的匹配程度可以用 $|C_i \cap G_j|$ 来衡量，这个值越大越好。$\dfrac{|C_i \cap G_j|}{|C_i|}$ 可以看作簇 C_i 的纯度，当 G_j 与 C_i 完全匹配时，$|C_i \cap G_j|$ 取到最大值。整个聚类结果的纯度可以由各个簇纯度的加权和计算得出。即，

$$purity = \sum_{i=1}^{m} \frac{|C_i|}{n} \max_{j=1}^{l} \left\{ \frac{|C_i \cap G_j|}{|C_i|} \right\} = \frac{1}{n} \sum_{i=1}^{m} \max_{j=1}^{l} \{|C_i \cap G_j|\} \tag{8.29}$$

这个纯度越高，簇就越纯净，即每个簇中有更多的对象属于真实值中对应的同一组。当纯度为 1 时，每个簇要么完全匹配某个组，要么是某个组的子集。换句话说，属于两个组的

两个对象不会混合在一个簇中。然而，在真实值中，可能存在多个簇属于同一个组的情况。

例 8.10 纯度。考虑对象的集合 $D=\{a,b,c,d,e,f,g,h,i,j,k\}$。表 8.1 列出了簇的真实值和两种方法输出的两个聚类 $\mathcal{C}_1$ 和 $\mathcal{C}_2$。

聚类 $\mathcal{C}_1$ 的纯度为 $\frac{1}{11}\times(4+2+4+1)=\frac{11}{11}=1$，而聚类 $\mathcal{C}_2$ 的纯度为 $\frac{1}{11}\times(2+3+1)=\frac{6}{11}$。就纯度而言，$\mathcal{C}_1$ 比 $\mathcal{C}_2$ 好。请注意，尽管 $\mathcal{C}_1$ 的纯度为 1，但它却将真实值中的 G_1 拆分为两个簇，即 C_1 和 C_2。 □

表 8.1 对象集合、聚类的真实值和两种聚类结果

对象	*a*	*b*	*c*	*d*	*e*	*f*	*g*	*h*	*i*	*j*	*k*
真实值 $\mathcal{G}$	G_1	G_1	G_1	G_1	G_1	G_1	G_2	G_2	G_2	G_2	G_3
聚类 $\mathcal{C}_1$	C_1	C_1	C_1	C_1	C_2	C_2	C_3	C_3	C_3	C_3	C_4
聚类 $\mathcal{C}_2$	C_1	C_1	C_2	C_2	C_2	C_3	C_1	C_2	C_2	C_1	C_3

还有一些基于匹配的方法可以进一步细化匹配质量的度量，例如最大匹配和使用 F- 度量（F-measure）。

基于信息论的方法

聚类将对象分配到簇中，因此可以视为对对象所携带信息的压缩。换句话说，聚类可以被视为给定对象集的压缩表示。因此，可以使用信息论来比较聚类结果和作为表征的真实值。这就是信息论方法的一般思想。

例如，可以根据一种方法的聚类输出分布来衡量描述真实值所需的信息量。聚类结果越接近真实值，所需的信息量就越少。这就自然产生了一种使用条件熵的方法。

具体地说，根据信息论，聚类 $\mathcal{C}$ 的熵为

$$H(\mathcal{C})=-\sum_{i=1}^{m}\frac{|C_i|}{n}\log\frac{|C_i|}{n}$$

真实值的熵为

$$H(\mathcal{G})=-\sum_{i=1}^{l}\frac{|G_i|}{n}\log\frac{|G_i|}{n}$$

给定簇 C_i 的 $\mathcal{G}$ 的条件熵为

$$H(\mathcal{G}\mid C_i)=-\sum_{j=1}^{l}\frac{|C_i\cap G_j|}{|C_i|}\log\frac{|C_i\cap G_j|}{|C_i|}$$

给定聚类 $\mathcal{C}$ 的 $\mathcal{G}$ 的条件熵为

$$H(\mathcal{G}\mid\mathcal{C})=\sum_{i=1}^{m}\frac{|C_i|}{n}H(\mathcal{G}\mid C_i)=-\sum_{i=1}^{m}\sum_{j=1}^{l}\frac{|C_i\cap G_j|}{n}\log\frac{|C_i\cap G_j|}{|C_i|}$$

除了简单的条件熵之外，还可以使用基于信息论的更复杂的度量方法，如规范化互信息和信息变化。

以表 8.1 中的情况为例，可以计算出

$$H(\mathcal{G}\mid\mathcal{C}_1)=-\left(\frac{4}{11}\log\frac{4}{4}+\frac{2}{11}\log\frac{2}{2}+\frac{4}{11}\log\frac{4}{4}+\frac{1}{11}\log\frac{1}{1}\right)=0$$

以及

$$\begin{aligned}H(\mathcal{G}\mid\mathcal{C}_2)&=-\left(\frac{2}{11}\log\frac{2}{4}+\frac{2}{11}\log\frac{2}{4}+\frac{3}{11}\log\frac{3}{5}+\frac{2}{11}\log\frac{2}{5}+\frac{1}{11}\log\frac{1}{2}+\frac{1}{11}\log\frac{1}{2}\right)\\&=0.297\end{aligned}$$

就条件熵而言，聚类 $\mathcal{C}_1$ 具有比 $\mathcal{C}_2$ 更好的质量。同样，尽管 $H(\mathcal{G}|\mathcal{C}_1)=0$，但条件熵同样无法检测到 $\mathcal{C}_1$ 将 G_1 中的对象拆分为两个簇的问题。

基于成对比较的方法

基于成对比较的方法将真实值中的每个组视为一个类。对于每对对象 o_i，$o_j \in D(1 \leqslant i, j \leqslant n, i \neq j)$，如果它们被分配到同一簇（组）中，则该分配被视为正，否则被视为负。那么，o_i 和 o_j 在聚类 $C(o_i),C(o_j),G(o_i)$ 和 $G(o_j)$ 中的分配有以下四种可能的情况。

	$C(o_i)=C(o_j)$	$C(o_i) \neq C(o_j)$
$G(o_i)=G(o_j)$	真正例	假负例
$G(o_i) \neq G(o_j)$	假正例	真负例

使用成对比较的统计数据，可以评估聚类结果接近真实值的程度。例如，可以使用 Jaccard 系数，该系数定义为

$$J=\frac{\text{真正例}}{\text{真正例}+\text{假负例}+\text{假正例}}$$

在成对比较统计量的基础上，还可以建立许多其他度量，如 Rand 统计量、fowlkes-Mallows 度量、BCubed 精度和召回率。成对比较结果可以进一步用于相关性分析。例如，可以根据真实值形成一个二元矩阵 $\boldsymbol{G}$，其中如果 $G(o_i)=G(o_j)$，则元素 $v_{ij}=1$，否则为 0。根据聚类 $\mathcal{C}$，也可以以类似的方式构建二元矩阵 $\boldsymbol{C}$。通过分析两个矩阵之间的元素相关性，可以衡量聚类结果的质量。显然，两个矩阵的相关性越高，聚类结果就越好。

8.5.4 内在方法

当无法获得数据集的真实值时，就必须使用内在方法来评估聚类的质量。由于无法参考任何外部的监督信息，内在方法只能回到聚类分析的基本直觉，即检查同一簇内的紧密程度和不同簇间的分离程度。许多内在方法都使用了数据集中对象之间的相似性或距离度量。

例如，**Dunn 指数**通过计算属于同一簇的两个点之间的最大距离，即 $\Delta=\max_{C(o_i)\neq C(o_j)}\{d(o_i,o_j)\}$，来衡量簇内的紧密程度。它同时还通过计算属于不同簇的两个点之间的最小距离，即 $\delta=\min_{C(o_i)\neq C(o_j)}\{d(o_i,o_j)\}$，来衡量簇间的分离程度。最后，Dunn 指数就是简单的比率 $DI=\frac{\delta}{\Delta}$。该比率越大，说明与簇内的紧密程度相比，簇之间被分离得越远。

Dunn 指数使用极端距离来衡量簇内的紧密程度和簇间的分离程度。不过，度量 δ 和 Δ 很可能会受到离群点的影响。因此，许多方法都采用了平均值作为衡量指标。**轮廓系数**（silhouette coefficient）就是这样一个度量。对于包含 n 个对象的数据集 D，假设 D 被划分为 k 个簇 $C_1,\cdots,C_k$，对于每个对象 $\boldsymbol{o}\in D$，均计算 $\boldsymbol{o}$ 与 $\boldsymbol{o}$ 所属簇中所有其他对象之间的平均距离，记为 $a(\boldsymbol{o})$。类似地，$b(\boldsymbol{o})$ 是从 $\boldsymbol{o}$ 到不包含 $\boldsymbol{o}$ 的所有簇的最小平均距离。形式上，假设 $\boldsymbol{o}\in C_i(1\leqslant i\leqslant k)$。然后计算

$$a(\boldsymbol{o})=\frac{\sum_{\boldsymbol{o}'\in C_i,\boldsymbol{o}\neq\boldsymbol{o}'} dist(\boldsymbol{o},\boldsymbol{o}')}{|C_i|-1} \tag{8.30}$$

和

$$b(\boldsymbol{o})=\min_{C_j:1\leqslant j\leqslant k,j\neq i}\left\{\frac{\sum_{\boldsymbol{o}'\in C_j} dist(\boldsymbol{o},\boldsymbol{o}')}{|C_j|}\right\} \tag{8.31}$$

$\boldsymbol{o}$ 的**轮廓系数**定义为

$$s(\boldsymbol{o})=\frac{b(\boldsymbol{o})-a(\boldsymbol{o})}{\max\{a(\boldsymbol{o}),b(\boldsymbol{o})\}} \tag{8.32}$$

轮廓系数的值介于 −1 和 1 之间。$a(\boldsymbol{o})$ 的值反映了 $\boldsymbol{o}$ 所属簇的紧凑性。该值越小，簇就越紧凑。$b(\boldsymbol{o})$ 的值表示 $\boldsymbol{o}$ 与其他簇的分离程度。$b(\boldsymbol{o})$ 越大，$\boldsymbol{o}$ 与其他簇的距离就越远。因此，当 $\boldsymbol{o}$ 的轮廓系数值接近 1 时，包含 $\boldsymbol{o}$ 的簇便是紧凑的，并且 $\boldsymbol{o}$ 与其他簇的距离较远，这是较优的情况。然而，当轮廓系数的值为负时（即，$b(\boldsymbol{o}) < a(\boldsymbol{o})$），这意味着，在预期中，$\boldsymbol{o}$ 更接近另一个簇中的对象，而不是与 $\boldsymbol{o}$ 在同一簇中的对象。在很多时候应尽量避免这种糟糕的情况。

要衡量一个聚类中某个簇的拟合性，可以计算该簇中所有对象的轮廓系数的平均值。为了衡量聚类质量，可以使用数据集中所有对象的轮廓系数的平均值。轮廓系数和其他内在度量方法也可以在肘方法中使用，通过取代簇内方差的总和来启发式地推导出数据集中的簇数量。

8.6 总结

- **簇**是数据对象的集合，在同一簇中的对象彼此相似，不同簇中的对象彼此相异。将物理或抽象对象的集合划分为相似对象的类的过程称为**聚类**。
- 聚类分析具有广泛的**应用**，包括商业智能、图像模式识别、Web 搜索、生物学和安全。聚类分析可以作为一种独立的数据挖掘工具来深入了解数据分布，也可以作为对检测到的簇进行操作的其他数据挖掘算法的预处理步骤。
- 聚类是数据挖掘中一个富有活力的研究领域。它与机器学习中的**无监督学习**有关。
- 聚类是一个具有挑战性的领域。它的典型**要求**包括可伸缩性、处理不同类型数据和属性的能力、发现任意形状的簇、确定输入参数的最小领域知识需求、处理噪声数据的能力、增量聚类和对输入顺序的不敏感性、聚类高维数据的能力、基于约束的聚类，以及可解释性和可用性。
- 目前已经开发出了许多聚类算法。这些算法可以从几个**正交的方面**进行分类，如关于划分标准、簇的分离性、使用的相似性度量和聚类空间。本章讨论了以下几类主要的基本聚类方法：*划分方法*、*层次方法*以及*基于密度和基于网格的方法*。某些算法可能属于多个类别。
- **划分方法**首先创建 k 个初始划分集，其中参数 k 是要构建的分区数。然后，它使用一种*迭代重定位技术*，试图通过将对象从一组移动到另一组来改进划分。典型的划分方法包括 k- 均值，k- 中心点和 k- 众数。
- **基于形心的划分技术**使用**簇内变差**来衡量簇的质量，簇内变差是簇中所有对象与簇的形心之间的误差平方和。最小化簇内变差在计算上具有挑战性，因此经常使用一些贪婪的方法。k- **均值方法**使用簇内的点的均值作为形心。它随机选择 k 个对象作为簇的初始形心，然后迭代地进行对象分配和均值更新步骤，直到分配变得稳定或达到一定的迭代次数。
- 为了克服离群点的影响，k- 均值的一种变体是 k- **中心点方法**，它使用实际对象来代表簇。虽然 k- 中心点对噪声和离群点更具鲁棒性，但在每次迭代过程中都会产生更高的计算成本。作为 k- 均值的另一种变体，k- **众数方法**使用众数来衡量标称数据的相似性。此外，还可以在 k- 均值中使用核函数（如高斯径向基函数），来寻找凹的且线性不可分的簇。
- **层次方法**对给定的数据对象集进行层次分解。根据层次分解的形成方式，该方法可以分为凝聚式（自底向上）和分裂式（自顶向下）。**连接度量**可用于评估层次聚类中簇之间的距离。一些广泛使用的度量方法包括最小距离（单连接）、最大距离（全连接）、均值距离和平均距离。**Lance-Williams 算法**汇集了不同的度量方法和凝聚式层次聚类框架。**基于最小生成树的方法**是分裂式层次聚类的代表性方法。层次聚类结果可以使用**树状图**来表示。

- BIRCH 是一种将层次聚类和其他聚类方法相结合的方法。在 BIRCH 中，聚类使用**聚类特征**（CF）来表示，层次聚类由 **CF 树**来表示。
- 为了克服层次聚类方法的一些缺点，**概率层次聚类**使用概率模型来衡量簇之间的距离。它与凝聚式层次聚类方法采用相同的框架，因此具有相同的效率。
- **基于密度的方法**根据密度概念对对象进行聚类。它根据邻域对象的密度（如在 DBSCAN 中）或根据密度函数（如在 DENCLUE 中）来建立簇。OPTICS 是一种基于密度的方法，它可以生成数据聚类结构的簇排序。
- **基于网格的方法**首先将对象空间量化为有限数量的单元，然后在网格结构上执行聚类。STING 就是基于存储在网格单元中的统计信息进行聚类的典型示例。CLIQUE 是一种基于网格和子空间聚类的算法。
- **聚类评估**主要评估对数据集进行聚类分析的可行性以及聚类方法生成的结果的质量。主要任务包括评估聚类趋势、确定簇的数量和衡量聚类质量。
- 一些统计量，如 **Hopkins 统计量**，也可以用来评估聚类趋势。除了 Calinski-Harabasz 指数外，还可以使用**肘方法**和**交叉验证技术**来确定数据集中的簇数量。根据真实值是否可用，衡量聚类质量的方法可以分为**外在方法**和**内在方法**。外在方法试图解决簇的同质性、簇的完全性、碎布袋和小簇保持性的问题。外在方法可分为**基于匹配的方法**（如纯度）、**基于信息论的方法**（例如熵）和**基于成对比较的方法**（如使用 Jaccard 系数）。内在方法的例子有 **Dunn 指数**和**轮廓系数**。

8.7 练习

8.1　简要描述并举例说明以下每种聚类方法：划分方法、层次方法、基于密度和基于网格的方法。

8.2　假设数据挖掘任务是将如下八个点（其中 (x, y) 表示位置）聚类为三个簇：

$$A_1(2, 10)，A_2(2, 5)，A_3(8, 4)，B_1(5, 8)，B_2(7, 5)，B_3(6, 4)，C_1(1, 2)，C_2(4, 9)$$

距离函数是欧几里得距离。假设初始时将 A_1、B_1 和 C_1 分别指定为每个簇的中心。请使用 *k*- 均值算法显示：

a. 第一轮执行后的三个簇中心。

b. 最后三个簇。

8.3　举例说明为什么 *k*- 均值算法可能找不到全局最优解，即不能优化簇内变差。

8.4　对于 *k*- 均值算法，值得注意的是，通过仔细选择簇的初始中心，不仅可以加快算法的收敛速度，还可以保证最终聚类的质量。*k*- 均值 ++ 算法是 *k*- 均值算法的一个变体，它的初始中心的选择如下：首先，它从数据集中的对象中随机均匀地选择一个中心。对于所选中心以外的每个对象 $\boldsymbol{p}$，它迭代地选择一个对象作为新中心。该对象是以与 $dist(\boldsymbol{p})^2$ 成比例的概率随机选择的，其中 $dist(\boldsymbol{p})$ 是 $\boldsymbol{p}$ 与已选定的最近中心的距离。这种迭代一直持续到选出了 k 个中心为止。

请解释为什么这种方法不仅能加快 *k*- 均值算法的收敛速度，还能保证最终聚类结果的质量。

8.5　请给出 PAM 算法中对象重新分配步骤的伪代码。

8.6　*k*- 均值和 *k*- 中心点算法都可以执行有效的聚类。

a. 说明 *k*- 均值与 *k*- 中心点相比的优缺点。

b. 说明这些方案与层次聚类方案相比的优缺点。

8.7 证明单连接方法等效于 Lance-Williams 公式中的 $\alpha_i=\alpha_j=0.5$，$\beta=0$，$\gamma=-0.5$；全连接方法等价于 $\alpha_i=\alpha_j=0.5$，$\beta=0$，$\gamma=0.5$；Ward 准则为 $\alpha_i=\frac{n_i+n_k}{n_i+n_j+n_k}$，$\alpha_j=\frac{n_j+n_k}{n_i+n_j+n_k}$，$\beta=-\frac{n_k}{n_i+n_j+n_k}$，以及 $\gamma=0$。

8.8 证明在 DBSCAN* 中，密度相连是一个等价关系。

8.9 证明在 DBSCAN* 中，对于固定的 *MinPts* 值和两个邻域阈值 $\varepsilon_1<\varepsilon_2$，关于 ε_1 和 *MinPts* 的簇 C 必须是关于 ε_2 和 *MinPts* 的簇 C' 的子集。

8.10 请写出 OPTICS 算法的伪代码。

8.11 为什么 BIRCH 方法在寻找任意形状的簇时遇到困难，而 OPTICS 却没有？请对 BIRCH 进行修改，以帮助它找到任意形状的簇。

8.12 写出在 CLIQUE 中在所有子空间中寻找稠密单元的步骤的伪代码。

8.13 写出在什么条件下，使用基于密度的聚类比划分方法的聚类和层次聚类更合适。请给出相应的应用示例。

8.14 举例说明如何集成特定的聚类方法，例如，将一种聚类算法用作另一种算法的预处理步骤。此外，请说明为什么两种方法的集成有时可以提高聚类质量和效率。

8.15 聚类是一项重要的数据挖掘任务，具有广泛的应用。请写出以下每种情况的一个应用示例：

a. 将聚类作为主要数据挖掘功能的应用示例。

b. 使用聚类作为预处理工具，为其他数据挖掘任务准备数据。

8.16 数据立方体和多维数据库以层次的或凝聚的形式包含标称的、序数的和数值的数据。根据对聚类方法的了解，设计一种在大型数据立方体中高效且有效查找簇的聚类方法。

8.17 根据以下标准描述下列每种聚类算法：

（1）可以确定簇的形状；（2）必须指定输入参数；（3）局限性。

a. *k*- 均值

b. *k*- 中心点

c. BIRCH

d. DBSCAN*

8.18 人眼能够快速有效地判断二维数据聚类方法的质量。你能否设计一种数据可视化方法，帮助人类可视化数据聚类并判断三维数据的聚类质量？对于更高维度的数据呢？

8.19 讨论纯度、熵和使用 Jaccard 系数的方法如何很好地满足外部聚类评估方法的四个基本要求。

8.8 文献注释

聚类已经被广泛研究了 40 多年，并且由于其广泛的应用而横跨了许多学科。大多数关于模式分类和机器学习的书籍都包含关于聚类分析或无监督学习的章节。一些教科书专门介绍聚类分析的方法，包括 Hartigan[Har75]；Jain 和 Dubes[JD88]；Kaufman 和 Rousseeuw [KR90]；以及 Arabie，Hubert 和 De Sort[AHS96]。还有许多关于聚类方法不同方面的综述文章。最近的一些综述包括 Jain，Murty 和 Flynn[JMF99]；Parsons，Haque 和 Liu[PHL04]；Xu 和 Wunsch[XW05]；Jain[Jai10]；Greenlaw 和 Kantabutra[GK13]；Xu 和 Tian[XT15]；Berkhin[Ber06]。

对于划分方法，*k*- 均值算法首先由 Lloyd[Llo57] 引入，然后由 MacQueen[Mac67] 引入。Arthur 和 Vassilvitskii[AV07] 提出了 *k*- 均值 ++ 算法。Kanungo 等人 [KMN+02] 中给出了一种过滤算法，该算法使用空间层次数据索引来加快簇的均值的计算。

PAM 和 CLARA 的 *k*- 中心点算法是由 Kaufman 和 Rousseeuw[KR90] 提出的。Huang [Hua98] 提出了 *k*- 众数（用于对标称数据进行聚类）和 *k*- 原型（用于对混合数据聚类）算法。

k- 众数聚类算法也由 Chaturvedi，Green 和 Carroll[CGC94，CGC01] 独立提出。CLARANS 算法由 Ng 和 Han[NH94] 提出。Ester，Kriegel 和 Xu[EKX95] 提出了使用高效的空间存取方法（如 R* 树和聚焦技术）进一步提高 CLARANS 性能的技术。Bradley，Fayyad 和 Reina[BFR98] 提出了一种基于 *k*- 均值的可伸缩的聚类算法。核 *k*- 均值方法由 Dhillon，Guan 和 Kulis[DGK04] 开发。

Day 和 Edelsbrunner[DE84] 对凝聚式层次聚类算法进行了早期调研。Murtagh 和 Contreras [MC12] 提供了一项关于层次聚类的最新综述。Zhao，Karypis 和 Fayyad[ZKF05] 调查了文档数据库的层次聚类算法。Kaufman 和 Rousseeuw[KR90] 引入了凝聚式层次聚类（如 AGNES）和分裂式层次聚类（例如 DIANA）。Rohlf[Roh73] 提出了使用最小生成树进行层次聚类的基本思想。提高层次聚类方法的聚类质量的一个有趣方向是将层次聚类与基于距离的迭代重定位或其他非层次聚类方法相结合。例如，Zhang，Ramakrishnan 和 Livny[ZRL96] 的 BIRCH 在应用其他技术之前，首先使用 CF 树执行层次聚类。层次聚类也可以通过复杂的连接分析、变换或最近邻分析来执行，例如 Guha，Rastogi 和 Shim[GRS98] 的 CURE；Guha，Rastogi 和 Shim[GRS99] 的 ROCK（用于聚类标称属性）；Karypis，Han 和 Kumar[KHK99] 的 Chameleon。

Ward[War63] 提出了 Ward 准则。Murtagh 和 Legendre[ML14] 调研了 Ward 准则的具体实施情况。Lance 和 Williams[LW67] 提出了 Lance-Williams 算法。Friedman[Fri03]、Heller 和 Ghahramani[HG05] 开发了一个遵循正常连接算法并使用概率模型定义簇相似性的概率层次聚类框架。

对于基于密度的聚类方法，Ester，Kriegel，Sander 和 Xu[EKSX96] 提出了 DBSCAN。Campello，Moulavi，Zimek 和 Sander[CMZS15] 开发了 DBSCAN* 和 HDBSCAN。Ankerst，Breunig，Kriegel 和 Sander[ABKS99] 开发了 OPTICS，这是一种簇排序方法，可以促进基于密度的聚类，而无须担心参数规范。DENCLUE 算法是由 Hinneburg 和 Keim[HK98] 提出的，它基于一组密度分布函数。Hinneburg 和 Gabriel[HG07] 开发了 DENCLUE 2.0，其中包括一个新的高斯核爬山过程，可以自动调整步长。

STING 是一种基于网格的多分辨率方法，用于收集网格单元中的统计信息，由 Wang，Yang 和 Muntz[WYM97] 提出。WaveCluster 由 Sheikholeslami，Chatterjee 和 Zhang[SCZ98] 开发，是一种通过小波变换对原始特征空间进行变换的多分辨率聚类方法。

Gibson，Kleinberg 和 Raghavan[GKR98]；Guha，Rastogi 和 Shim[GRS99]；以及 Ganti，Gehrke 和 Ramakrishnan[GGR99] 研究了对标称数据进行聚类的可伸缩方法。还有许多其他的聚类范型。例如，Kaufman 和 Rousseeuw[KR90]、Bezdek[Bez81] 以及 Bezdek 和 Pal[BP92] 中讨论了模糊聚类方法。

对于高维聚类，Agrawal，Gehrke，Gunopulos 和 Raghavan[AGGR98] 提出了一种基于 Apriori 的维度增长子空间聚类算法 CLIQUE。它集成了基于密度和基于网格的聚类方法。

最近的研究已经开始对流数据进行聚类（Babcock 等人 [BBD+02]）。Guha，Mishra，Motwani 和 O'Callaghan[GMMO00]，以及 O'Callaghan 等人 [OMM+02] 提出了一种基于 *k*- 中值的数据流聚类算法。Aggarwal，Han，Wang 和 Yu[AHWY03] 提出了一种对进化数据流进行聚类的方法。Aggarwal，Han，Wang 和 Yu[AHWY04] 提出了一种用于高维数据流投影聚类的框架。

聚类评估在一些专著和综述文章中进行了讨论，如 Jain 和 Dubes[JD88] 以及 Halkidi，Batistakis 和 Vazirgiannis[HBV01]。Hopkins 统计量是由 Hopkins 和 Skellam[HS54] 提出的。

例如，Sugar 和 James[SJ03] 以及 Cordeiro De Amorim 和 Hennig[CH15b] 讨论了确定数据集中簇的数量的问题。

对聚类质量评估的外在方法也有广泛的探索。最近的一些研究包括 Meilă[Mei03，Mei05] 和 Amigó，Gonzalo，Artiles 和 Verdejo[AGAV09]。本章中介绍的四个基本标准在 Amigó，Gonzalo，Artiles 和 Verdejo[AGAV09] 中进行阐述，而之前也提到了一些单独的标准，例如在 Meilă[Mei03] 以及 Rosenberg 和 Hirschberg[RH07] 中。Bagga 和 Baldwin[BB98] 介绍了 BCubed 度量。轮廓系数在 Kaufman 和 Rousseeuw[KR90] 中有描述。

聚类分析：高级方法

本书在上一章阐述了聚类分析的基本原理。本章将介绍高级聚类分析方法，主要从以下四个方面展开：

- **基于概率模型的聚类**：9.1 节介绍了导出簇的一般框架和方法，该方法为每个对象分配了其属于一个簇的概率。基于概率模型的聚类广泛应用于数据挖掘应用中，如文本挖掘和自然语言处理。
- **聚类高维数据**：当维度较高时，传统的距离度量可能会被噪声所干扰。因此，如何对高维数据聚类分析是一个重要难题。本章介绍了一些基本原理和方法来解决该问题。9.2 节介绍在高维数据上进行聚类分析的基本框架。9.3 节讨论双聚类，可以同时对对象和属性聚类，在生物信息学和推荐系统等许多应用中得到了广泛应用。9.4 节探讨了聚类的维归约方法。
- **聚类图和网络数据**：图和网络数据在社交网络、万维网（World Wide Web）和数字图书馆等领域越来越受欢迎。因此，在 9.5 节中将介绍聚类图和网络数据中的关键问题，包括相似性度量和聚类方法。
- **半监督聚类**：在迄今为止的讨论中，均假设在聚类中不存在任何用户知识。然而，在一些应用场景中，可以通过获得各种背景知识来加强聚类分析。例如，用户可以提供一些从聚类对象的背景知识或空间分布特征中提取出来的约束来增强聚类效果。半监督聚类提供了一个通用框架来利用这样的背景知识。在 9.6 节中将介绍如何进行半监督聚类。

在本章结束时，读者将掌握有关高级聚类分析的问题和技术。

9.1 基于概率模型的聚类

迄今为止，在讨论过的大多数聚类分析方法中，每个数据对象只能被分配到一个簇中。这种严格的聚类分配规则在某些应用中是必需的，比如将客户分配给各个营销经理负责管理。然而，在其他应用中，这种严格要求的效果可能并不理想。本节将解释在某些应用中模糊或灵活的簇分配的必要性，并介绍计算概率聚类和分配的一般方法。

“*在什么情况下，一个数据对象可能属于多个簇？*”如例 9.1 所示。

例 9.1 产品评论的聚类。假设一家电子商务公司拥有一个线上商店，顾客不仅可以在线购买商品，还可以对产品发表评论。有些产品可能没有收到任何评论，但是有些产品却可能会有很多评论，而剩下的产品则只有很少的评论。此外，一条评论可能涉及多个产品。因此，作为该公司的评论编辑，你的任务就是对这些评论进行聚类。

理想情况下，一个簇代表一个*主题*，例如一组高度相关的产品、服务或问题。在该场景，将评论互斥地分配到一个簇中效果并不好。假设存在一个“相机和摄像机”的簇和一个“计算机”的簇。如果一条评论评价了摄像机和计算机之间的兼容性，那么该评论就与两个簇都相关，而并不能互斥地属于其中的任何一个簇。

如果评论确实涉及多个主题，则希望有一种聚类方法，允许一条评论属于多个簇。为了反映评论属于某个簇的程度，可以在将评论分配到簇的时候附加一个代表这种部分隶属关系的权重。□

实际上，一个对象可能属于多个簇的情况在许多应用中经常出现，如下例。

例 9.2　研究用户搜索意图的聚类。例 9.1 中所讨论的线上商店在日志中记录了所有顾客的浏览和购买行为。一个重要的数据挖掘任务是使用日志数据对用户的搜索意图进行分类和理解。例如，考虑一次用户会话（用户与线上商店进行交互的短周期），用户是在搜索产品、对不同产品进行比较，还是寻找顾客支持信息？聚类分析在这种场景中很有帮助，因为通常很难完全预先确定用户的行为模式，一个包含类似用户搜索轨迹的簇可能代表类似的用户行为。

然而，并不是每次会话都只属于一个簇。例如，假设涉及购买数码相机的用户会话组成一个簇，而比较笔记本电脑的用户会话则组成了另一个簇。如果一个用户在一次会话中订购了一台数码相机，并同时比较了多种笔记本电脑，那该怎么办？这样的会话在某种程度上应同时属于这两个簇。□

本节将系统地研究允许一个对象属于多个簇的聚类问题。首先从 9.1.1 节中的模糊簇的概念开始，然后，在 9.1.2 节中将这一概念推广到基于概率模型的簇。最后，在 9.1.3 节中将介绍期望最大化算法，这是挖掘此类簇的通用框架。

9.1.1　模糊簇

给定一个对象集合 $X=\{x_1,\cdots,x_n\}$，**模糊集** S 是 X 的一个子集，使得 X 中的每个对象都具有一个 0 和 1 之间的隶属度。形式上，模糊集 S 可以建模为一个函数 $F_S:X\rightarrow[0,1]$。

例 9.3　模糊集。某型号数码相机的销量越大，则该型号相机的受欢迎程度就越高。在电子商务公司中，给定某型号数码相机 o 的销量为 i，则可以使用下式来计算该相机的受欢迎程度：

$$pop(o)=\begin{cases}1, & i\geqslant 1\,000\\ \dfrac{i}{1\,000}, & i<1\,000\end{cases} \tag{9.1}$$

函数 $pop()$ 定义了该型号数码相机受欢迎程度的模糊集。例如，假设某电子商务公司数码相机的销售情况如表 9.1 所示，则各个型号数码相机受欢迎程度的模糊集为 $\{A(0.05), B(1), C(0.86), D(0.27)\}$，其中，括号中的内容为隶属度。□

表 9.1　某电子商务公司的数码相机销量表

数码相机型号	销量（单位：个）
A	50
B	1 320
C	860
D	270

可以把模糊集的概念应用到簇。也就是说，给定一组对象，一个簇是对象的一个模糊集。这样的簇被称为模糊簇。因此，一个聚类包含多个模糊簇。

给定对象集 $o_1,\cdots,o_n$，k 个**模糊簇** $C_1,\cdots,C_k$ 的**模糊聚类**，可以使用一个**划分矩阵** $\boldsymbol{M}=[w_{ij}]$ $(1\leqslant i\leqslant n,1\leqslant j\leqslant k)$ 来表示，其中 w_{ij} 表示对象 o_i 在模糊簇 C_j 中的隶属度。划分矩阵应满足以下三个要求：

- 对于每个对象 o_i 和簇 C_j，$0\leqslant w_{ij}\leqslant 1$，这一要求强制模糊簇是模糊集。
- 对于每个对象 o_i，$\sum_{j=1}^{k}w_{ij}=1$，这一要求确保每个对象同等权重地参与聚类。

- 对于每个簇 C_j，$0 \leqslant \sum_{i=1}^{n} w_{ij} \leqslant n$，这一要求确保对于每个簇，最少有一个对象，其隶属度的值不为 0。

例 9.4　模糊簇。假设电子商务公司的线上商店有 6 条评论。表 9.2 中列出了这些评论中包含的关键词。

表 9.2　评论和关键词表

评论 ID	关键词
R_1	数码相机、镜头
R_2	数码相机
R_3	镜头
R_4	数码相机、镜头、计算机
R_5	计算机、CPU
R_6	计算机、计算机游戏

可以将这些评论划分为两个模糊簇 C_1 和 C_2。C_1 关于"数码相机"和"镜头"，C_2 关于"计算机"。划分矩阵为

$$\boldsymbol{M}=\begin{bmatrix} 1 & 0 \\ 1 & 0 \\ 1 & 0 \\ \frac{2}{3} & \frac{1}{3} \\ 0 & 1 \\ 0 & 1 \end{bmatrix}$$

这里使用关键词"数码相机"和"镜头"作为簇 C_1 的特征，而"计算机"作为簇 C_2 的特征。对于评论 R_i 和簇 $C_j(1 \leqslant i \leqslant 6, 1 \leqslant j \leqslant 2)$，$w_{ij}$ 定义为

$$w_{ij}=\frac{|R_i \cap C_j|}{|R_i \cap (C_1 \cup C_2)|}=\frac{|R_i \cap C_j|}{|R_i \cap \{\text{数码相机},\text{镜头},\text{计算机}\}|}$$

在这个模糊聚类中，评论 R_4 分别以隶属度 2/3 和 1/3 属于簇 C_1 和 C_2。□

"如何评估模糊聚类描述数据集的好坏程度？"给定一组对象 $o_1,\cdots,o_n$ 和 k 个簇 $C_1,\cdots,C_k$ 的模糊聚类 $\mathcal{C}$。设 $\boldsymbol{M}=[w_{ij}](1 \leqslant i \leqslant n, 1 \leqslant j \leqslant k)$ 为划分矩阵，设 $c_1,\cdots,c_k$ 分别为簇 $C_1,\cdots,C_k$ 的中心。其中，中心可以被定义为均值或中心点，或者用仅限于具体应用的其他特定方法定义。

正如第 8 章所讨论的，对象与它所分配的簇的中心之间的距离或相似性可用于度量该对象属于该簇的程度。这个想法可以扩充到模糊聚类。对于任意对象 o_i 和簇 C_j，如果 $w_{ij}>0$，则 $dist(o_i,c_j)$ 就可以度量 o_i 被 c_j 表示和属于簇 C_i 的程度。由于一个对象可以隶属于多个簇，所以用隶属度加权的到簇中心的距离之和，就可以表示对象拟合聚类的程度。

对于对象 o_i，**误差的平方和**（Sum of the Squared Error，SSE）由下式给出：

$$\mathrm{SSE}(o_i)=\sum_{j=1}^{k} w_{ij}^{p}\,dist(o_i,c_j)^2 \tag{9.2}$$

其中，参数 $p(p \geqslant 1)$ 控制隶属度的影响。p 的值越大，隶属度的影响就越大。簇 C_j 的 SSE 是

$$\mathrm{SSE}(C_j)\sum_{i=1}^{n} w_{ij}^{p}\,dist(o_i,c_j)^2 \tag{9.3}$$

最后，聚类 $\mathcal{C}$ 的 SSE 定义为

$$\mathrm{SSE}(\mathcal{C})\sum_{i=1}^{n}\sum_{j=1}^{k} w_{ij}^{p}\,dist(o_i,c_j)^2 \tag{9.4}$$

聚类的 SSE 可以用来度量模糊聚类与数据集的拟合程度。

模糊聚类也称为软聚类（soft clustering），因为它允许一个对象属于多个簇。不难看出，传统的（硬）聚类限制每个对象互斥地仅属于一个簇，这是模糊聚类的一种特例。9.1.3 节将讨论如何计算模糊聚类。

9.1.2 基于概率模型的簇

“模糊簇提供了一种灵活性，允许单一对象可以属于多个簇。有没有一个说明聚类的一般框架，其中对象可以用概率的方式参与多个簇？”在本节中将介绍基于概率模型的簇的一般概念来回答这一问题。

正如第 8 章所讨论的那样，之所以对数据集进行聚类分析，是因为假定数据集中的对象实际上属于不同的固有类别。回顾一下，可以使用聚类趋势分析（8.5.1 节）考察数据集是否包含可能生成有意义的簇的对象。这里，隐藏在数据中的固有类别是*潜在的*（latent），因为它们不能被直接地观察到。但是，可以通过观察到的数据进行推测。例如，隐藏在电子商务公司线上商店评论中的主题是潜在的，因为人们无法直接获取这些主题。但是，可以从评论中推导出这些主题，因为每条评论都是关于一个或多个主题的。

因此，聚类分析的目标就是发现隐藏类别。作为聚类分析主题的数据集可以被视为隐藏类别的可能实例的一个样本，但没有任何类别标签。聚类分析通过使用数据集来推断簇，其设计意图就是逼近隐藏的类别。

从统计学讲，可以假定隐藏类别是数据空间上的一种分布，可以用概率密度函数（或分布函数）精确地表示。这种隐藏类别被称为*概率簇*（probabilistic cluster）。对于一个概率簇 C，其概率密度函数为 f，给定一个数据空间中的点 o，则 $f(o)$ 是 C 的一个实例在 o 处出现的相对似然。

例 9.5 概率簇。假设一家电子商务公司销售的数码相机可以划分为两类：C_1 普通型（例如，傻瓜相机），C_2 专业型（例如，单反相机）。它们各自的关于价格属性的概率密度函数分别为 f_{consumer} 和 $f_{\text{professional}}$，如图 9.1 所示。

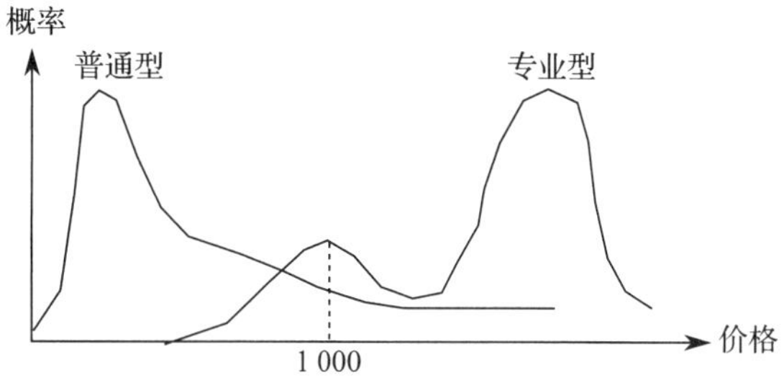

图 9.1 两个概率簇的概率密度函数

例如对于一个价格，如 1 000 美元，$f_{\text{consumer}}(1\ 000)$ 是价格为 1 000 美元的普通型相机的相对似然。类似地，$f_{\text{professional}}(1\ 000)$ 是价格为 1 000 美元的专业型相机的相对似然。

概率密度函数 f_{consumer} 和 $f_{\text{professional}}$ 不能被直接观测到。该公司只能通过分析销售的数码相机的价格来推断这些分布。此外，一个相机常常没有确定的类别（例如，“普通型”或“专业型”）。通常，这些类别基于用户的背景知识，并且因人而异。例如，介于普通型和专业型之间的数码相机，可能被某些顾客看作普通型的高端产品，而被其他顾客视为专业型的低端产品。

作为分析师，可以将每个类别看作一个概率簇，并对相机的价格进行聚类分析来逼近这些类别。 □

假设想要通过聚类分析找出 k 个概率簇 $C_1,\cdots,C_k$。对于包含 n 个对象的数据集 D，可以将 D 看作这些簇的可能实例的一个有限样本。从概念上讲，可以假设 D 的形式如下：每个簇 $C_j(1 \leqslant j \leqslant k)$ 与一个概率 ω_j 相关联，ω_j 表示从该簇中抽样到某个实例的概率。通常假定 $\omega_1,\cdots,\omega_k$ 作为问题设置的一部分给定，并且满足 $\sum_{j=1}^{k}\omega_j=1$ 的条件，以确保所有对象都由这 k 个簇产生。这里，参数 ω_j 反映了关于簇 C_j 相对总体的背景知识。

通过执行以下两个步骤，可以生成 D 的一个对象。这些步骤总共执行 n 次，则产生 D 的 n 个对象 $o_1,\cdots,o_n$。

1. 按照概率 $\omega_1,\cdots,\omega_k$，选择一个簇 C_j。

2. 按照簇 C_j 的概率密度函数 f_j，选择一个 C_j 的实例。

该数据生成过程是混合模型的基本假设。**混合模型**（mixture model）假定观测对象是由来自多个概率簇的实例的混合。从概念上讲，每个被观测对象都是独立地由上述两个步生成：首先，根据簇的概率选择一个概率簇，然后根据选定的簇的概率密度函数选择一个样本。

给定数据集 D 和所要求的簇数量 k，基于概率模型的簇分析的任务是推导出使用以上数据生成过程最可能生成 D 的 k 个概率簇。剩下的一个重要问题是，如何度量这 k 个概率簇的集合和它们生成一组可观测数据集的似然。

假设一个集合 $\boldsymbol{C}$，由 k 个概率簇 $C_1,\cdots,C_k$ 组成，k 个簇的概率分别为 $\omega_1,\cdots,\omega_k$，而它们的概率密度函数分别为 $f_1,\cdots,f_k$。对于对象 o，o 被簇 $C_j(1 \leqslant j \leqslant k)$ 生成的概率为 $P(o|C_j)=\omega_j f_j(0)$。因此，o 被簇的集合 $\boldsymbol{C}$ 生成的概率为

$$P(o \mid \boldsymbol{C}) = \sum_{j=1}^{k} \omega_j f_j(o) \tag{9.5}$$

由于假定对象是独立生成的，因此对于 n 个对象的数据集 $D=\{o_1,\cdots,o_n\}$，有

$$P(D \mid \boldsymbol{C}) \prod_{i=1}^{n} P(o_i \mid \boldsymbol{C}) = \prod_{i=1}^{n} \prod_{j=1}^{k} \omega_j f_j(o_i) \tag{9.6}$$

现在，数据集 D 上的基于概率模型的簇分析的任务是，找出由 k 个概率簇组成的数据集 $\boldsymbol{C}$，使得 $P(D|\boldsymbol{C})$ 的值最大化。最大化 $P(D|\boldsymbol{C})$ 通常是难处理的，因为通常来说，簇的概率密度函数可以取任意复杂的形式。为了使得基于概率模型的簇是计算可行，通常只能折中地假设概率密度函数是一个参数分布。

设 $o_1,\cdots,o_n$ 为 n 个观测对象，$\Theta_1,\cdots,\Theta_k$ 是 k 个分布的参数，分别用 $\mathbf{O}=\{o_1,\cdots,o_n\}$，$\boldsymbol{\Theta}=\{\Theta_1,\cdots,\Theta_k\}$ 表示。于是，对于任何对象 $o_i \in \mathbf{O}(1 \leqslant i \leqslant n)$，式（9.5）可以重写为

$$P(o_i \mid \boldsymbol{\Theta}) = \sum_{j=1}^{k} \omega_j P_j(o_i \mid \Theta_j) \tag{9.7}$$

其中 $P_j(o_i|\Theta_j)$ 表示使用第 j 个分布参数 Θ_j 生成 o_i 的概率。因此，式（9.6）可改写为

$$P(\mathbf{O} \mid \boldsymbol{\Theta}) = \prod_{i=1}^{n} \prod_{j=1}^{k} \omega_j P_j(o_i \mid \Theta_j) \tag{9.8}$$

使用参数化概率分布模型，基于概率模型的簇分析的任务是推导出最大化式（9.8）的参数集 $\boldsymbol{\Theta}$。

例 9.6　单变量高斯混合模型。下面将以单变量高斯分布为例，来解释基于概率模型的簇。假设每个簇的概率密度函数都服从一维高斯分布，并假设有 k 个簇。每个簇的概率密度函数的两个参数是中心 u_j 和标准差 $\sigma_j(1 \leqslant j \leqslant k)$。将参数分别记作 $\Theta_j=(\mu_j, \sigma_j)$ 和 $\boldsymbol{\Theta}=\{\Theta_1,\cdots,\Theta_k\}$。设数据集为 $\mathbf{O}=\{o_1,\cdots,o_n\}$，其中 $o_i(1 \leqslant i \leqslant n)$ 是实数，对于每个点 $o_i \in \mathbf{O}$，有

$$P(o_i \mid \Theta_j) = \frac{1}{\sqrt{2\pi}\sigma_j} \mathrm{e}^{-\frac{(o_i-\mu_j)^2}{2\sigma^2}} \tag{9.9}$$

假设每个簇具有相同的概率，即 $\omega_1=\omega_2=\cdots=\omega_k=\dfrac{1}{k}$，并把式（9.9）代入式（9.7），有

$$P(o_i \mid \boldsymbol{\Theta}) = \frac{1}{k} \sum_{j=1}^{k} \frac{1}{\sqrt{2\pi}\sigma_j} \mathrm{e}^{-\frac{(o_i-\mu_j)^2}{2\sigma^2}} \tag{9.10}$$

使用式（9.8），有

$$P(\mathbf{O} \mid \boldsymbol{\Theta}) = \frac{1}{k} \prod_{i=1}^{n} \prod_{j=1}^{k} \frac{1}{\sqrt{2\pi}\sigma_j} \mathrm{e}^{-\frac{(o_i-\mu_j)2}{2\sigma^2}} \tag{9.11}$$

使用单变量高斯混合模型的基于概率模型的簇分析的任务是推断 **Θ**，使得式（9.11）最大化。□

9.1.3　期望最大化算法

"如何计算模糊聚类和基于概率模型的聚类？"本节将介绍一种原理性方法。首先从回顾 8.2 节中研究的 k- 均值聚类问题和 k- 均值算法开始。

容易证明，k- 均值聚类是模糊聚类的一种特例（练习 9.1）。k- 均值算法迭代地执行到不能再改进聚类，每次迭代包括两个步骤：

- **期望步骤（E- 步）**：给定当前的簇中心，每个对象都被分配到簇中心离该对象最近的簇，期望每个对象属于最接近的簇。
- **最大化步骤（M- 步）**：对于给定簇分配的情况，对于每个簇，算法调整其中心，使分配到该簇的对象到新中心的距离之和最小化。也就是说，将分配到一个簇的对象的相似性最大化。

可以将上述过程推广到处理模糊聚类和基于概率模型的聚类。一般而言，**期望最大化（expectation-maximization，EM）算法**是一种框架，用于逼近统计模型参数最大似然或最大后验估计。在模糊或基于概率模型的聚类中，EM 算法从初始参数集出发开始迭代，直到不能改进聚类，即直到聚类收敛或变化足够小（小于一个预先设定的阈值）。每次迭代也由两步组成：

- **期望步骤**：根据当前的模糊簇或概率簇的参数，将对象分配到簇中。
- **最大化步骤**：发现新的聚类或参数来最小化模糊聚类中的 SSE（式（9.4）），或者最大化基于概率模型聚类的期望似然。

例 9.7　使用 EM 算法的模糊聚类。图 9.2 中有六个点，其中显示了这些点的坐标。下面使用 EM 算法计算两个模糊簇。

首先，随机选取两个点，$c_1=a$ 和 $c_2=b$ 作为两个簇的初始中心。第一次迭代执行期望步骤和最大化步骤的细节如下。

在 E- 步中，对于每个点，计算它属于每个簇的隶属度。对于任意点 o，其分配到 c_1 的隶属权重为

$$\frac{\dfrac{1}{dist(o,c_1)^2}}{\dfrac{1}{dist(o,c_1)^2}+\dfrac{1}{dist(o,c_2)^2}}=\frac{dist(o,c_2)^2}{dist(o,c_1)^2+dist(o,c_2)^2}$$

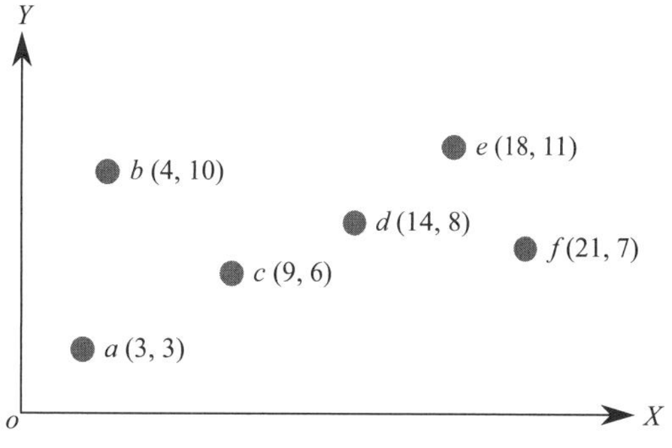

图 9.2　用于模糊聚类的数据集

分配到 c_2 的隶属权重为 $\dfrac{dist(o,c_1)^2}{dist(o,c_1)^2+dist(o,c_2)^2}$，其中 $dist(\,,)$ 是欧几里得距离。其基本原理是，如果 o 靠近 c_1 并且 $dist(o,c_1)$ 小，则 o 关于 c_1 的隶属度应该高。然后规范化隶属度，使得单一对象的隶属度之和等于 1。

对于点 a，有 $w_{a,c_1}=1$，$w_{a,c_2}=0$，即 a 互斥地属于 c_1。对于点 b，有 $w_{b,c_1}=0$，$w_{b,c_2}=1$。对于点 c，有 $w_{c,c_1}=\dfrac{41}{41+45}=0.48$，$w_{c,c_2}=\dfrac{45}{41+45}=0.52$。其他点的隶属度显示在表 9.3 的划分矩阵中。

表 9.3 例 9.7EM 算法前三次迭代的中间结果

迭代次数	E- 步	M- 步
1	$M^{T}=\begin{bmatrix}1 & 0 & 0.48 & 0.42 & 0.41 & 0.47\\ 0 & 1 & 0.52 & 0.58 & 0.59 & 0.53\end{bmatrix}$	$c_1=(8.47,5.12)$ $c_2=(10.42,8.99)$
2	$M^{T}=\begin{bmatrix}0.73 & 0.49 & 0.91 & 0.26 & 0.33 & 0.42\\ 0.27 & 0.51 & 0.09 & 0.74 & 0.67 & 0.58\end{bmatrix}$	$c_1=(8.51,6.11)$ $c_2=(14.42,8.69)$
3	$M^{T}=\begin{bmatrix}0.82 & 0.76 & 0.99 & 0.02 & 0.14 & 0.23\\ 0.20 & 0.24 & 0.01 & 0.98 & 0.86 & 0.77\end{bmatrix}$	$c_1=(6.40,6.24)$ $c_2=(16.55,8.64)$

在 M- 步中，根据划分矩阵重新计算簇的形心，最小化式（9.4）的 SSE，其中示例的参数 $p=2$。新的形心应该调整为

$$c_j=\frac{\sum_{\text{每个点}o} w_{o,c_j}^2 o}{\sum_{\text{每个点}o} w_{o,c_j}^2} \tag{9.12}$$

其中，$j=1,2$。在这个例子中

$$\begin{aligned}c_1=&\left(\frac{1^2\times3+0^2\times4+0.48^2\times9+0.42^2\times14+0.41^2\times18+0.47^2\times21}{1^2+0^2+0.48^2+0.42^2+0.41^2+0.47^2},\right.\\&\left.\frac{1^2\times3+0^2\times10+0.48^2\times6+0.42^2\times8+0.41^2\times11+0.47^2\times7}{1^2+0^2+0.48^2+0.42^2+0.41^2+0.47^2}\right)\\=&(8.47,5.12)\end{aligned}$$

并且

$$\begin{aligned}c_2=&\left(\frac{0^2\times3+1^2\times4+0.52^2\times9+0.58^2\times14+0.59^2\times18+0.53^2\times21}{0^2+1^2+0.52^2+0.58^2+0.59^2+0.53^2},\right.\\&\left.\frac{0^2\times3+1^2\times10+0.52^2\times6+0.58^2\times8+0.59^2\times11+0.53^2\times7}{0^2+1^2+0.52^2+0.58^2+0.59^2+0.53^2}\right)\\=&(10.42,8.99)\end{aligned}$$

重复该迭代，其中每个迭代包含一个 E- 步和一个 M- 步。表 9.3 显示了前三次迭代的结果。当簇中心收敛或变化足够小时，算法停止。 □

“如何使用 EM 算法计算基于概率模型的聚类？”下面使用单变量高斯混合模型（例 9.6）进行解释。

例 9.8 对混合模型使用 EM 算法。给定数据对象集 $\mathbf{O}=\{o_1,\cdots,o_n\}$，希望挖掘参数集 $\boldsymbol{\Theta}=\{\Theta_1,\cdots,\Theta_k\}$，使得式（9.11）中的 $P(\mathbf{O}|\boldsymbol{\Theta})$ 最大化，其中 $\Theta_j=(\mu_j,\sigma_j)(1\leqslant j\leqslant k)$，$\mu$ 和 σ 分别对应第 j 个单变量高斯分布的均值和标准差。

可以使用 EM 算法，将随机值作为初值赋予参数 $\boldsymbol{\Theta}$，然后迭代地执行 E- 步和 M- 步，直到参数收敛或变化足够小。

在 E- 步中，对于每个对象 $o_i\in\mathbf{O}(1\leqslant i\leqslant n)$，计算 o_i 属于每个分布的概率，即

$$P(\Theta_j\,|\,o_i,\boldsymbol{\Theta})=\frac{P(o_i\,|\,\Theta_j)}{\sum_{i=1}^{k}P(o_i\,|\,\Theta_l)} \tag{9.13}$$

在 M- 步中，调整参数 $\boldsymbol{\Theta}$，使得式（9.11）中的期望似然 $P(\mathbf{O}\,|\,\boldsymbol{\Theta})$ 最大化，可以通过设置

$$\mu_j = \frac{1}{k}\sum_{i=1}^{n} o_i \frac{P(\Theta_j \mid o_i, \mathbf{\Theta})}{\sum_{l=1}^{n} P(\Theta_j \mid o_l, \mathbf{\Theta})} = \frac{1}{k}\frac{\sum_{i=1}^{n} o_i P(\Theta_j \mid o_i, \mathbf{\Theta})}{\sum_{i=1}^{n} P(\Theta_j \mid o_i, \mathbf{\Theta})} \tag{9.14}$$

和

$$\sigma_j = \sqrt{\frac{\sum_{i=1}^{n} P(\Theta_j \mid o_i, \mathbf{\Theta})(o_i - u_j)^2}{\sum_{i=1}^{n} P(\Theta_j \mid o_i, \mathbf{\Theta})}} \tag{9.15}$$

来实现。□

在许多应用中，基于概率模型的聚类已经表现出了很好的效果，因为它比划分方法和模糊聚类方法更通用。其显著优点是，可以通过使用适当的统计模型来捕获潜在的簇。EM 算法因其简洁性，已经广泛用于处理数据挖掘和统计中的许多学习问题。注意，一般而言，EM 算法可能收敛不到最优解，而是可能收敛于局部极大。人们探索了许多避免收敛于局部极大的启发式方法。例如，可以使用不同的随机初始值多次运行 EM 过程。此外，如果分布很多或数据集包含很少观测数据点，则 EM 算法开销可能很大。

9.2 聚类高维数据

迄今为止，本书所介绍的聚类方法在维度不高时，即少于 10 个属性时，运行良好。然而，存在一些重要的高维应用，那么，“*如何在高维数据上进行聚类分析？*”

本章将学习聚类高维数据的方法。首先，讨论为什么对高维数据进行聚类具有挑战性，并对现有的聚类高维数据方法进行分类。然后介绍几种有代表性的聚类方法，包括轴平行子空间聚类方法和任意定向子空间聚类方法。最后，在 9.3 节将介绍双聚类方法，该聚类方法常用于高维生物数据集的分析。

9.2.1 聚类高维数据的问题和挑战

在介绍聚类高维数据的具体方法之前，先通过一些例子来说明对高维数据聚类分析的必要性，及其面临的挑战。然后，对聚类高维数据的主要方法加以分类。

聚类高维数据的动机

在一些场景中，一个数据对象可以由很多属性描述。这种对象被称为高维数据空间中的对象。

例 9.9　高维数据和它们的聚类。假设一家电子商务公司记录每个顾客购买的产品。作为该公司的客户关系经理，你想根据顾客的购买记录对顾客进行分组。

顾客购买数据的维度很高。该公司销售成千上万种产品，因此顾客购物档案是公司所经营产品的向量，具有数万维度。

“*传统距离度量在低维聚类分析中经常使用，但在高维数据上依旧有效吗？*”在表 9.4 中有 10 种产品 $P_1, \cdots, P_{10}$。如果顾客购买了某种产品，则对应的位被置为 1；否则，置为 0。计算 Ada、Bob 和 Cathy 之间的欧几里得距离。容易看出：

$$dist(\text{Ada}, \text{Bob}) = dist(\text{Bob}, \text{Cathy}) = dist(\text{Ada}, \text{Cathy}) = \sqrt{2}$$

根据欧几里得距离，这 3 个对象彼此之间的相似性（或相异性）完全一样。然而，进一步观察就会发现，Ada 与 Cathy 应该比与 Bob 更相似，因为 Ada 和 Cathy 都购买了产品 P_1。□

表 9.4 顾客购买数据表

顾客	P_1	P_2	P_3	P_4	P_5	P_6	P_7	P_8	P_9	P_{10}
Ada	1	0	0	0	0	0	0	0	0	0
Bob	0	0	0	0	0	0	0	0	0	1
Cathy	1	0	0	0	1	0	0	0	0	1

如例 9.9 所示，在高维空间中，传统的距离度量可能没有效果。这种距离度量可能被一些维度上的噪声所影响。因此，在整个高维空间中的簇可能不可靠，而发现这样的簇没有意义。

通常，随着维数增加，数据空间中对象之间的关系会变得越来越复杂，使用传统的距离度量很难发现这些复杂关系。同时高维空间本身就具有较高的噪声。这就是所谓的“维度诅咒”(curse of dimensionality)。具体来说，维度诅咒是由以下四点造成的：

- **高维数据集中存在大量无关或相关的属性**。高维数据集中的很多属性可能与分析任务并不相关。例如，顾客购买档案可能包含了几十个甚至数百个属性。其中，很多属性与分析任务“信用卡预审批”无关，例如性别、交流中的首选语言、种族、乳制品购买情况以及与商店的距离。此外，理想情况下，数据集中的属性是相互独立的，以便每个属性都能提供一些独立且非冗余的信息。然而，在高维数据集中，往往会存在一些相关属性。这些相关属性会在分析中提供冗余信息，因此可能导致偏差。例如，假设麦克风和网络摄像头经常被一起购买，因此它们之间具有很强的相关性。那么，当这两个属性作为独立属性被纳入聚类分析中时，比如计算两个顾客之间的相似性，这两个属性的相关信息可能会导致对其他独立属性的偏见，如运动手表的购买情况。换句话说，高维数据集的固有维度可能远低于嵌入维度，即数据空间的维度在高维数据集中存在众多无关或相关的属性，这为随机噪音被误当成假正信号（false positive signal）并引入偏差留下了很大的空间，因此给聚类分析带来了许多挑战。
- **数据稀疏**。尽管高维数据包含众多属性，但每个对象通常仅在少数几个属性上具有非平凡的（有效的）数值。以例 9.9 中的情景为例，尽管公司提供了成千上万种产品，因此对应的顾客购买数据集也有数万个属性，但一个顾客可能仅购买几十种不同的产品。换句话说，在数据集中，一个顾客可能在大多数属性上没有有效值。这种稀疏性为高维数据的聚类带来了巨大挑战。当在全空间中比较两个对象时，它们在绝大多数属性上看起来都很相似，因为它们在这些属性上都只取较小的数值或无效值。而内在的相似性和聚类关系仅体现在极少数的属性上。因此，寻找这些关键属性成为在高维数据中寻找有意义簇的关键。
- **相似性度量的距离集中效应**。在低维数据的聚类分析中，经常用到欧几里得距离和 L_p 范数。这里先回顾一下 L_p 范数距离的公式：

$$|\boldsymbol{x}-\boldsymbol{y}|_p=\sqrt[p]{\sum_{i=1}^{d}|\boldsymbol{x}[i]-\boldsymbol{y}[i]|^p} \tag{9.16}$$

其中 d 是维数，$\boldsymbol{x}$ 和 $\boldsymbol{y}$ 是 d 维向量。在高维数据中，出现了距离集中效应。也就是说，随着维数的增加，相近邻居之间的距离和较远邻居之间的距离变得非常相似。[⊖]由于距离集中效应，在高维数据集中，基于 L_p 范数的距离度量失去了区分近邻和远邻的能力。因此，使用基于 L_p 范数的距离度量来寻找本质上彼此接近的对象组变得非常困难。

⊖ 在数学上，如果 $\lim\limits_{d\to\infty}\operatorname{var}\left(\frac{|x|}{E[|x|]}\right)=0,\lim\limits_{d\to\infty}\frac{D_{\max}-D_{\min}}{D_{\min}}=0$，其中 $E[|x|]$ 表示数据集中均值点向量的长度，$D_{\max}$ 和 $D_{\min}$ 分别表示最远点和最近点的距离。

- **优化困难**。大多数聚类分析任务都是试图优化目标函数。例如，k- 均值聚类问题试图最小化所有对象的平方误差之和。一般而言，随着属性数量的增加，也就是函数中所涉及的变量数量增加，优化目标函数的难度会呈指数级增加。换句话说，在处理高维数据的聚类中，优化过程更为复杂。

高维聚类模型

主要挑战之一是如何为高维数据中的簇创建合适的模型。与低维空间中的传统簇不同，高维数据中隐藏的簇通常要小得多，并通过一个明显较小的属性子集来表现。以顾客购买记录数据为例，不太可能期望有很多顾客具有相似的购买模式。这些购买模式通常只由数十种产品来体现，而商店可能提供成千上万种不同的产品。因此，寻找这种小而有意义的簇就像大海捞针一样困难。

对高维数据进行聚类的一个基本原则是寻找子空间中的簇。聚类方法针对两种不同的子空间。

第一种是在**轴平行子空间**（axis-parallel subspace）中寻找簇的方法。对于簇来说，轴平行子空间是一组相关属性的子集，簇在这个子空间中是全维度（full-dimensional）的。簇内的所有对象都可以投影到该子空间中，并形成平行于无关轴的超平面。如图 9.3a 所示，一个簇包括多个在属性 z 上数值约为 50 000 的对象，而属性 x 和 y 对于这个簇来说是无关紧要的。因此，子空间 $z = 5$ 即为一个与属性 x 和 y 都平行的超平面。

第二种是在**任意定向子空间**（arbitrarily oriented subspace）中寻找簇的方法。当簇中一组对象的两个或多个属性线性相关时，这些对象将分散在由这些相关属性之间的线性依赖所定义的超平面上。因此，簇的子空间与该超平面正交，并且不平行于这些相关属性。如图 9.3b 所示，由于属性 x 和 y 之间存在相关性，即 $x = y$，簇中的对象分布在超平面 $x = y$ 上。簇中的对象在属性 z 上的值约为 50 000。该子空间与超平面 $x = y$ 正交。

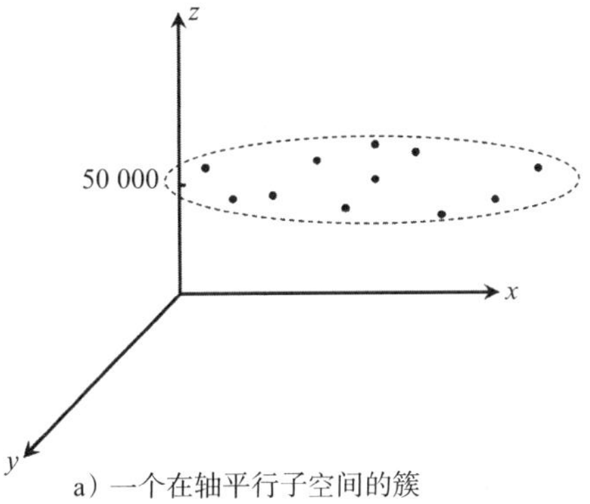

a）一个在轴平行子空间的簇

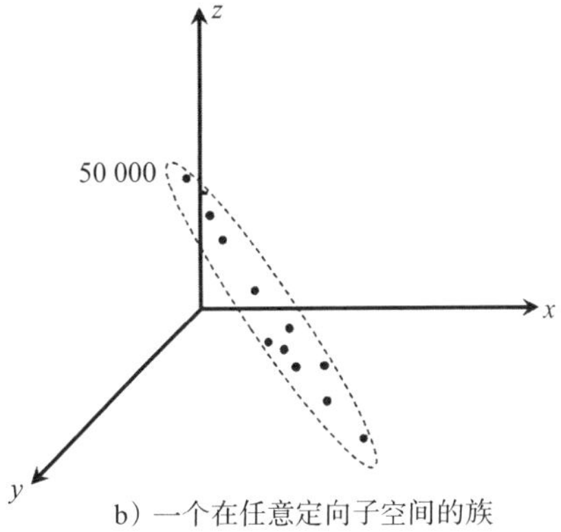

b）一个在任意定向子空间的族

图 9.3 轴平行子空间和任意定向子空间的簇说明

高维（数据）聚类方法的分类

高维数据的聚类分析方法可分为两类。

第一类是**聚类方法**，该类方法试图在子空间中识别簇。这些方法建立在上一章介绍的传统聚类方法（如 k- 均值算法）的基础上，并结合新的技术来处理高维数据。这些针对高维数据的技术可进一步分为三组。

- **子空间聚类方法**（subspace clustering method）旨在整个数据空间的所有子空间中找到所有的簇。一个数据对象可以同时属于零个、一个或多个簇。在不同的子空间中的簇也可能有很大程度的重叠。该组代表方法是 CLIQUE，这是一种基于网格的方法，在 8.4.3 节中有简要介绍。

- **投影聚类方法**（projected clustering method）将给定数据集划分为不重叠的子集。换句话说，一个数据对象属于且仅属于一个簇。对于每个簇，可用该方法搜索相应的子空间。PROCLUS 是一种具有开创性和代表性的投影聚类方法。
- **双聚类方法**（bi-clustering method）同时对属性和对象进行聚类。在双聚类方法中以对称的方式处理属性和对象。这组方法已被广泛用于生物数据分析和推荐系统。在 9.3 节将介绍双聚类。

第二类是**维归约方法**（dimensionality-reduction method）。正如前文所介绍的，在高维数据集中，固有维数可能比嵌入维数低得多。因此，维归约方法通过构造新的属性来逼近固有维度，并将对象从原始的嵌入数据空间转换到低维的构造空间。然后在构造空间中进行聚类分析。聚类分析的维归约方法将在 9.4 节介绍。

9.2.2　轴平行子空间方法

下面将介绍一些有代表性的子空间聚类方法和投影聚类方法。本节将通过 CLIQUE、PROCLUS 和 LAC 这三种方法来说明轴平行子空间的基本思想。

CLIQUE：一种子空间聚类方法

子空间聚类方法是在整个数据空间的各个子空间中寻找所有的簇。CLIQUE 就是其中的代表方法。在 8.4.3 节中曾介绍了 CLIQUE 作为基于网格的聚类方法。这里简要回顾一下 CLIQUE 在处理高维数据时的两个主要思想。

1. CLIQUE 采取自底向上的策略。它从低维子空间开始搜索，仅当较高维子空间可能存在簇时，才搜索较高维子空间。为了减少需要搜索的较高维子空间的数量，CLIQUE 采用了多种修剪技术。

2. CLIQUE 允许不同子空间的簇之间有重叠。例如，在图 8.21 中，由工资、年龄、假期构成的三维子空间中，“工资 30 000 ～ 40 000 美元，年龄 35 ～ 40，假期 2 ～ 3 周”对应的稠密单元，同时属于“工资 30 000 ～ 40 000 美元，年龄 35 ～ 40”和“年龄 35 ～ 40，假期 2 ～ 3 周”对应的稠密单元。因此，属于两个子空间中的两个簇。综上，三维稠密单元中的每个对象也属于这两个簇。

PROCLUS：一种投影聚类方法

PROCLUS 是一种类似于 k- 中心点的方法。PROCLUS 分为三个阶段：

- 在初始化阶段，PROCLUS 使用数据集的贪婪样本生成 k 个潜在的簇中心，即中心点。
- 在迭代阶段，PROCLUS 会逐步提高中心点的质量。为了评估由当前的 k 个中心点所定义的聚类质量，PROCLUS 执行以下两个步骤。
  - 在第一步中，PROCLUS 找到每个中心点的属性。对于每个中心点 m_i，设 δ_i 是从任何其他中心点到 m_i 的最小距离，局部 L_i 是数据集中距离 m_i 小于或者等于 δ_i 的对象集。PROCLUS 在每个属性 A_j 上检查 L_i 中的所有对象到 m_i 的平均距离 X_{m_i,A_j}。令 $Y_i=\frac{\sum_{j=1}^{d}X_{m_i,A_j}}{d}$ 为 L_i 内所有对象与 m_i 相对于整个空间的曼哈顿分段距离（Manhattan segmental distance）的平均值，其中 $\delta_i=\sqrt{\frac{\sum_{j=1}^{d}(X_{m_i,A_j}-Y_i)^2}{d-1}}$ 为标准差，d 为维数。

$Z_{m_i,A_j}=\dfrac{X_{m_i,A_j}-Y_i}{\sigma_i}$ 表示 L_i 中的对象在属性 A_j 上与中心点 m_i 的相关性，该值越小越好。PROCLUS 选取与当前 k 个中心点集合相关联的具有最小 Z_{m_i,A_j} 值的 $k\cdot l$ 个属性，以便每个中心点至少与两个属性相关联。与中心点关联的属性构成中心点的子空间。

- 在第二步中 PROCLUS 形成簇。将每个数据对象分配给相对于中心点子空间具有最小曼哈顿分段距离的中心点。

  可以使用数据对象到簇相应中心的平均曼哈顿分段距离来评估一组中心点的质量。PROCLUS 通过迭代不断提升质量，直到找到最佳的中心点集。

- 在改进阶段，PROCLUS 只使用分配给一个簇的数据对象而不是 L_i 中的对象来调整簇的子空间。通过这种方式，改进后的属性可以更好地逼近簇的子空间。

通过比较 PROCLUS 和 CLIQUE，可以看到投影聚类（由 PROCLUS 代表）和子空间聚类（由 CLIQUE 代表）之间的两个主要差异。首先，PROCLUS 将一个对象仅分配给一个簇，因此各个簇是互斥的。相反，CLIQUE 允许不同子空间的簇之间存在重叠，即一个对象可以属于多个簇。其次，PROCLUS 以自顶向下的方式搜索子空间中的簇，从整个空间开始，根据属性相对于簇的位置对属性进行排序。而 CLIQUE 以自底向上的方式进行。

软投影聚类方法

PROCLUS 和一些投影聚类方法需要为每个簇分配一个“硬”子空间。也就是说，一个属性要么属于簇的子空间，要么被排除在外。此外，对于所有包含在内的属性，在距离计算中的权重都是相同的。然而，在很多应用中，不同属性可能以不同的度量标准衡量，并在相似性度量中具有不同的重要性。为了反映这种情况并提供对每个簇属性的灵活规范化，可以使用**软投影聚类（soft projected clustering）方法**。

LAC（locally adaptive clustering，局部自适应聚类）方法是一种软投影聚类方法。在 LAC 中，每个属性 A_i 都会在距离计算中引入权重 w_i。也就是说，式（9.16）修改为

$$|\boldsymbol{x}-\boldsymbol{y}|_p^{w}=\sqrt[p]{\sum_{i=1}^{d}w_i\cdot|\boldsymbol{x}[i]-\boldsymbol{y}[i]|^p}\tag{9.17}$$

其中 $\boldsymbol{w}=\langle w_1,\cdots,w_d\rangle$ 是权重向量。软投影聚类可以使用 EM 框架进行计算，在 9.1.3 节中介绍了相关内容。

9.2.3　任意定向子空间方法

如前文所述，当簇无法与数据空间中的属性很好地对齐时，需要采用任意定向子空间方法。下面通过图 9.4 中的两个簇来演示这种直觉。图中显示了一个三维数据集在两个二维子空间 X-Y 和 X-Z 上的投影。图中所有对象形成了两个簇 P 和 Q。然而，这两个簇不与属性 X、Y 或 Z 匹配。为了找到这种位于任意方向的子空间中的簇，需要一种根据数据构建子空间的方法。

ORCLUS 就是这样的方法。ORCLUS 的基本思想与 PROCLUS 非常相似。换句话说，ORCLUS 也以类似于 k- 均值算法的方式将数据对象分为 k 个簇，并为每个簇找到子空间。关键的区别在于，ORCLUS 不是使用属性子集作为簇的子空间，而是基于分配给该簇的对象的特征系统构建簇的子空间，并且使用弱特征向量（即对应较小特征值的特征向量）构建新的属性。这里使用弱特征向量（weak eigenvector）是因为在这些维度上，分配给簇的对象稠密且

无法区分，且满足了聚类的要求。特征系统会迭代改进，直到获得高质量的聚类。

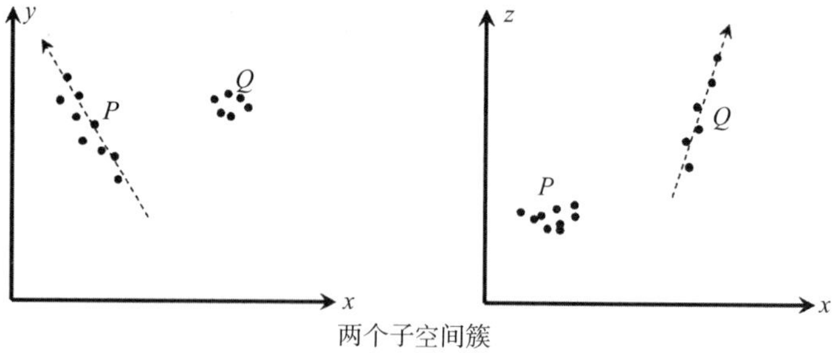

图 9.4　任意定向子空间中的簇

9.3　双聚类

在迄今为止所讨论聚类分析中，都是根据对象的属性值来对其进行聚类。对象和属性以不同的方式处理。然而，在一些应用中，对象和属性以对称的方式定义，其中数据分析涉及在数据矩阵中搜索具有独特模式的子矩阵作为簇。这类聚类技术属于双聚类（biclustering）。

本节首先介绍双聚类的两个重要应用场景——基因表达和推荐系统（9.3.1 节）。随后引出不同类型的双聚类（9.3.2 节）。最后介绍双聚类方法（9.3.3 节和 9.3.4 节）。

9.3.1　为什么以及在哪里使用双聚类

双聚类技术最初被提出是为了分析基因表达数据。基因是从一个生命有机体向其后代传递特征的单元。典型地，基因存在于一个 DNA 段中。对于所有生物，基因都是至关重要的，因为它们确定所有的蛋白质和功能 RNA 链。它们持有用来构建和维持生命有机体细胞和传递遗传特征到后代的信息。功能基因的合成产生 RNA 或者蛋白质，依赖于基因表达过程。基因型是细胞、有机体或个体的基因组成。显性是有机体的可观测的特征。基因表达在遗传学的最基本层面，因为基因型导致显性。

利用 DNA 图谱（也称为 DNA 微阵列）和其他生物工程技术，可以在大量不同的实验条件下，衡量一个有机体的大量（可能是所有的）基因的表达水平。这些条件可能对应于实验中的不同时间点或取自不同器官的样本。粗略地说，基因表达数据或 DNA 微阵列数据在概念上是一个基因 - 样本 / 条件矩阵，其中每行对应一个基因，每列对应一个样本或条件。矩阵的每个元素都是一个实数，记录一个基因在特定条件下的表达水平。微阵列数据矩阵如图 9.5 所示。

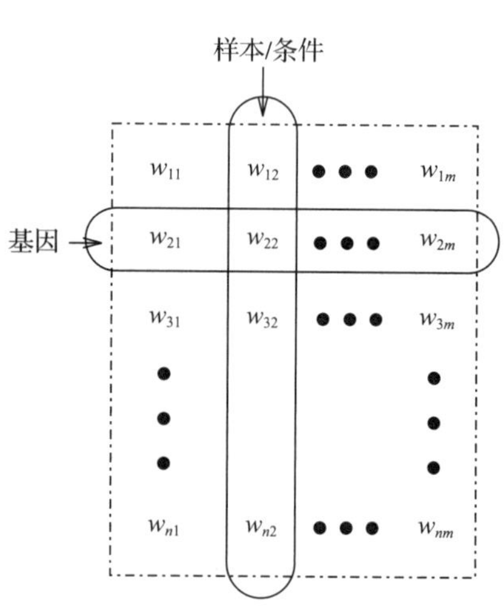

图 9.5　微阵列数据矩阵

从聚类角度来看，基因表达数据矩阵可以在两个维度分析：基因维度和样本 / 条件维度。

- 在基因维度进行分析时，将每个基因视为一个对象，而将样本 / 条件视为属性。在基因维度上挖掘，可以发现多个基因的共有模式，或将基因聚类成组。例如，可能发现表明它们自身相似性的基因组，比如生物信息学中的发现途径，这是被高度关注的。
- 在分析样本 / 条件维度时，将样本 / 条件看作对象，而把基因看作属性。通过这种方式，可以发现样本 / 条件的模式，或将样本 / 条件聚类成组。例如，通过比较一组肿瘤样本和非肿瘤样本，发现基因表达的差异。

例 9.10　基因表达。在生物信息学的研究与开发中，基因表达矩阵很流行。例如，一项重要的任务是使用新基因和已知类的其他基因的表达数据对新的基因分类。对称地，也可以使用新样本（例如，新患者）和已知类的其他样本（例如，肿瘤和非肿瘤）的表达数据对新样本分类。对于理解疾病机理和临床治疗，这种任务的价值无法估量。□

由此可见，许多基因表达数据挖掘问题都与聚类分析密切相关。然而，这里面临的挑战是，在很多情况下，需要同时在两个维度上进行聚类（例如，基因和样本 / 条件），而不是在一个维度上聚类（例如，基因或样本 / 条件）。此外，与前文所讨论的聚类模型不同，基因表达数据上的簇是一个子矩阵，并且通常具有如下特点：

- 只有少量基因参与到一个簇中。
- 一个簇只涉及少量样本 / 条件。
- 一个基因可能参与多个簇，也可能不参与任何簇。这对于处理噪声非常有帮助，因为不必将噪声点强制分配到簇中。
- 一个样本 / 条件可能涉及多个簇，也可能完全不涉及任何簇。

为了发现基因 - 样本 / 条件矩阵中的簇，对于双聚类，需要满足如下要求的聚类技术：

- 一个基因簇只使用样本 / 条件的一个子集定义。
- 一个样本 / 条件簇只使用基因的一个子集定义。
- 簇既不是*互斥的*（例如，一个基因可能参与多个簇），也不是*穷举的*（例如，一个基因可能不参与任何簇）。

双聚类分析不仅在生物信息学领域发挥作用，在其他应用领域也具有重要价值。以推荐系统为例。

例 9.11　利用双聚类构建推荐系统。假设一家电子商务公司收集了顾客对产品的评价数据，并利用这些数据向顾客推荐产品。该数据可以用顾客 - 产品矩阵建模，其中每行代表一个顾客，每列代表一种产品。矩阵的每个元素代表一个顾客对一种产品的评价，该评价可以是一个评分（例如，喜欢、有点喜欢、不喜欢）或购买行为（例如，购买、不购买）。如图 9.6 所示。

	产品			
	w_{11}	w_{12}	$\cdots$	w_{1m}
顾客	w_{21}	w_{22}	$\cdots$	w_{2m}
	$\cdots$	$\cdots$	$\cdots$	$\cdots$
	w_{n1}	w_{n2}	$\cdots$	w_{nm}

图 9.6　顾客 - 产品矩阵

顾客 - 产品矩阵可以在两个维度上进行分析：顾客维度和产品维度。将每个顾客看作一个对象，将每种产品看作一个属性，就能发现具有类似偏好或购买模式的顾客群体。将产品视为对象，顾客视为属性，则可以挖掘顾客兴趣类似的产品组。

此外，该公司还可以同时在顾客和产品上挖掘簇。这样的簇同时包含一个顾客子集，并且涉及产品的一个子集。例如，公司对发现都喜欢同一组产品的顾客组特别感兴趣。这种簇是顾客 - 产品矩阵中的一个子矩阵，其中所有的元素都具有较高的值。使用这种簇，公司可以进行双向推荐。首先，公司可以向与该簇中的顾客相似的新顾客推荐产品。其次，公司可以向顾客推荐与该簇涉及的产品相似的新产品。□

与基因表达数据矩阵一样，顾客 - 产品矩阵中的双聚类通常具有如下特点：

- 只有少量顾客参与一个簇。
- 一个簇只涉及少量产品。
- 一个顾客可能参与多个簇，也可能完全不参与任何簇。
- 一种产品可能被多个簇所涉及，也可能完全不涉及任何簇。

双聚类可以应用于顾客－产品矩阵，挖掘满足以上要求的簇。

9.3.2 双簇的类型

“如何对双簇建模并挖掘它们？”首先，从基本概念开始。为简单起见，在讨论中，使用“基因”和“条件”来指代这两个维度。讨论也可以扩展到其他应用。例如，可以简单地用“顾客”和“产品”分别替换“基因”和“条件”来处理顾客－产品双聚类问题。

设 $A=\{a_1,\cdots,a_n\}$ 为基因集合，$B=\{b_1,\cdots,b_m\}$ 为条件集合，设 $\boldsymbol{E}=[e_{ij}]$ 为基因表达数据矩阵，即基因－条件矩阵，其中 $1\leqslant i\leqslant n$ 且 $1\leqslant j\leqslant m$。子矩阵 $I\times J$ 由基因子集 $I\subseteq A$ 和条件子集 $J\subseteq B$ 定义。例如，在图 9.7 所示的矩阵中，$\{a_1,a_{33},a_{86}\}\times\{b_6,b_{12},b_{36},b_{99}\}$ 就是一个子矩阵。

	···	b_6	···	b_{12}	···	b_{36}	···	b_{99}	···
a_1	···	60	···	60	···	60	···	60	···
···	···	···	···	···	···	···	···	···	···
a_{33}	···	60	···	60	···	60	···	60	···
···	···	···	···	···	···	···	···	···	···
a_{86}	···	60	···	60	···	60	···	60	···
···	···	···	···	···	···	···	···	···	···

图 9.7　基因－条件矩阵，一个子矩阵、一个双簇

双簇是一个子矩阵，其中基因和条件都遵循一致模式。可以基于这种模式定义不同双簇的类型。

- 作为最简单的情况，如果对于任意 $i\in I$ 和 $j\in J, e_{ij}=c$（其中 c 是常数），那么子矩阵 $I\times J(I\subseteq a, J\subseteq B)$ 是一个**具有常数值的双簇**。例如，图 9.7 中的子矩阵 $\{a_1,a_{33},a_{86}\}\times\{b_6,b_{12},b_{36},b_{99}\}$ 就是一个具有常数值的双簇。
- 如果一个双簇中每行都有一个常数值，尽管不同行可以有不同的值，那么这个双簇就是有趣的。一个**行上具有相同常数值的双簇**是一个子矩阵 $I\times J$，使得对于任何 $i\in I$ 和 $j\in J$，都有 $e_{ij}=c+\alpha_i$，其中 α_i 是行 i 的调节量。例如，图 9.8 展示了一个行上具有常数值的双簇。

  对称地，一个**列上具有常数值的双簇**是一个子矩阵 $I\times J$，使得对于任意 $i\in I$ 和 $j\in J$，都有 $e_{ij}=c+\beta_j$，其中 β_j 是列 j 的调节量。
- 如果行以与列同步的方式改变，并且反之亦然。在数学上，一个**具有相干（coherent）值的双簇**（也称为**基于模式的簇**）是一个子矩阵 $I\times J$，使得对于任何 $i\in I$ 和 $j\in J$，都有 $e_{ij}=c+\alpha_i+\beta_j$，其中 α_i 和 β_j 分别是行 i 和列 j 的调节量。例如，图 9.9 显示了一个具有相干值的双簇。

  可以证明，当且仅当对于任意 $i_1,i_2\in I$ 和 $j_1,j_2\in J$，有 $e_{i_1j_1}-e_{i_2j_1}=e_{i_1j_2}-e_{i_2j_2}$ 时，$I\times J$ 才是一个具有相干值的双簇。此外，还可以用乘法代替加法定义具有相干值的双簇，即 $e_{ij}=c\cdot(\alpha_i\cdot\beta_j)$。显然，行或列上具有常数值的双簇是具有相干值的双簇的特例。

10	10	10	10	10
20	20	20	20	20
50	50	50	50	50
0	0	0	0	0

图 9.8　行上具有常数值的双簇

10	50	30	70	20
20	60	40	80	30
50	90	70	110	60
0	40	20	60	10

图 9.9　具有相干值的双簇

- 在某些应用中，可能只对矩阵中元素的变化量改变感兴趣，而不关系元素变化前后的准确值。一个**行上具有相干演变（coherent evolution）的双簇**是一个子矩阵 $I\times J$，使得对于 $i_1,i_2\in I$ 和 $j_1,j_2\in J$，有 $(e_{i_1j_1}-e_{i_2j_1})(e_{i_1j_2}-e_{i_2j_2})\geqslant 0$。图 9.10 显示了行上具有相干演变的双簇。对称地，也可以定义列上具有相干

10	50	30	70	20
20	100	50	1 000	30
50	100	90	120	80
0	80	20	100	10

图 9.10　行上具有相干演变的双簇

演变的双簇。

接下来将研究如何挖掘双簇。

9.3.3 双聚类方法

上面对双簇类型定义仅考虑了理想情况。在实际数据集中，这样完美的双簇很罕见。当它们确实存在时，它们通常很小。随机噪声可能影响 e_{ij} 的读数，从而阻止了双簇以完美形状出现。

在含噪声的数据中发现双簇的方法主要有两类。**基于最优化的方法**（Optimization-based method）执行迭代搜索。在每次迭代中，具有最高显著性得分的子矩阵被识别为双簇。这一过程在用户指定的条件满足时终止。考虑到计算开销，通常使用贪婪搜索，找到局部最优的双簇。**枚举方法**（enumeration method）使用一个容忍阈值（tolerance threshold）指定被挖掘的双簇对噪声的容忍度，然后尝试枚举所有满足要求的双簇的子矩阵。分别以 δ-Cluster 算法和 MaPle 算法为例解释这些思想。

利用 δ-Cluster 算法最优化

对于一个子矩阵 $I \times J$，第 i 行的均值为

$$e_{iJ} = \frac{1}{|J|}\sum_{j \in J} e_{ij} \tag{9.18}$$

对称地，第 j 列的均值为

$$e_{Ij} = \frac{1}{|I|}\sum_{i \in I} e_{ij} \tag{9.19}$$

子矩阵中所有元素的均值为

$$e_{IJ} = \frac{1}{|I||J|}\sum_{i \in I, j \in J} e_{ij} = \frac{1}{|I|}\sum_{j \in I} e_{iJ} = \frac{1}{|J|}\sum_{j \in J} e_{Ij} \tag{9.20}$$

作为双簇的子矩阵的质量可以通过均方残差来度量：

$$H(I \times J) = \frac{1}{|I||J|}\sum_{i \in I, j \in J} (e_{ij} - e_{iJ} - e_{Ij} + e_{IJ})^2 \tag{9.21}$$

如果子矩阵 $I \times J$ 满足条件 $H(I \times J) \leqslant \delta$，其中 $\delta \geqslant 0$ 是一个阈值，那么这个子矩阵是一个 **δ- 双簇**（δ-bicluster）。当 δ=0 时，$I \times J$ 是一个具有相干值的完美双簇。通过设置 $\delta > 0$，用户可以指定相对于完美双簇，每个元素的平均噪声容忍度，在式（9.21）中，每个元素上的残差（residue）如下

$$\text{residue}(e_{ij}) = e_{ij} - e_{iJ} - e_{Ij} + e_{IJ} \tag{9.22}$$

极大 δ- 双簇是一个 δ- 双簇 $I \times J$，使得不存在另一个 δ- 双簇 $I' \times J'$，$I \subseteq I'$，$J \subseteq J'$ 且至少有一个真包含成立。找出最大的极大双簇是计算量巨大的。因此，可以使用启发式贪婪搜索方法来获得局部最优的簇。算法的运行分两个阶段。

- 在删除阶段，从整个矩阵开始。当矩阵的均方残差超过 δ 时，迭代删除行和列。在每次迭代中，对于每一行 i，计算均方残差

$$d(i) = \frac{1}{|J|}\sum_{j \in J} (e_{ij} - e_{iJ} - e_{Ij} + e_{IJ})^2 \tag{9.23}$$

此外，对于第一列 j，计算均方残差

$$d(j) = \frac{1}{|I|}\sum_{i \in I} (e_{ij} - e_{iJ} - e_{Ij} + e_{IJ})^2 \tag{9.24}$$

删除具有最大均方残差的行或列。这一阶段结束时，得到一个子矩阵 $I \times J$，即一个 δ-

双簇。然而，该子矩阵可能不是极大的。

- 在增加阶段，只要满足 δ- 双簇的要求，就迭代地扩展在删除阶段得到的 δ- 双簇 $I \times J$。在每次迭代中，会考虑那些不在当前双簇 $I \times J$ 中的所有行和所有列，通过计算它们的均方残差，将均方残差最小的行或列添加到当前 δ- 双簇中。

这种贪婪算法只能发现一个 δ- 双簇。为了找到多个不严重重叠的双簇，可以运行该算法多次。在每次运行输出一个 δ- 双簇后，可以用随机数替换输出的双簇中的元素。尽管贪婪算法也许既不能找到最优的双簇，也不会找出所有双簇，但它在处理大型矩阵时非常快。

9.3.4 使用 MaPle 枚举所有双簇

如上所述，一个子矩阵 $I \times J$ 是具有相干值的双簇，当且仅当任意 $i_1, i_2 \in I$ 和 $j_1, j_2 \in J$，有 $e_{i_1j_1} - e_{i_2j_1} = e_{i_1j_2} - e_{i_2j_2}$。对于任意 2×2 的子矩阵 $I \times J$，可以定义一个 p-score 为

$$p\text{-score}\begin{pmatrix} e_{i_1j_1} & e_{i_1j_2} \\ e_{i_2j_1} & e_{i_2j_2} \end{pmatrix} = |(e_{i_1j_1} - e_{i_2j_1}) - (e_{i_1j_2} - e_{i_2j_2})| \tag{9.25}$$

一个子矩阵 $I \times J$ 是一个 δ-p 簇（基于模式的簇），如果矩阵 $I \times J$ 的每个 2×2 子矩阵的 p-score 最大值为 δ，其中 $\delta \geqslant 0$ 是一个阈值，说明相对于完美双簇，用户对噪声的容忍度。这里，p-score 控制双簇中每个元素上的噪声，而均方残差则捕获平均噪声。

δ-p 簇的一个有趣性质为：如果 $I \times J$ 是一个 δ-p 簇，那么 $I \times J$ 的所有 $x \times y(x,y \geqslant 2)$ 子矩阵也都是 δ-p 簇。这种单调性可以得到非冗余 δ-p 簇的简洁表示。一个 δ-p 簇是极大的，如果不能把更多的行或列添加到该簇，而同时仍然保持 δ-p 簇性质。为了避免冗余，只需要计算所有极大的 δ-p 簇，而不是所有的 δ-p 簇。

MaPle 是一种枚举所有极大 δ-p 簇的算法。它采用集合枚举树和深度优先搜索，系统地枚举条件的每种组合。该枚举框架与频繁模式挖掘的模式增长方法（第 4 章）相同。以基因表达数据为例，对于每个条件组合 J，MaPle 找出基因的最大子集 I，使得 $I \times J$ 是一个 δ-p 簇。如果 $I \times J$ 不是其他 δ-p 簇的子矩阵，则 $I \times J$ 是一个极大的 δ-p 簇。

可能存在大量的条件组合。MaPle 利用 δ-p 簇的单调性剪去许多无效果的组合。对于一个条件组合 J，如果不存在基因子集 I，使得 $I \times J$ 成为一个 δ-p 簇，则不必考虑 J 的任何超集。此外，仅当 J 中的 $(|J|-1)$ 个子集 J'，$I \times J'$ 都是 δ-p 簇时，才考虑将 $I \times J$ 视为 δ-p 簇的候选。MaPle 还采用了一些修剪策略来加快搜索，同时保留返回所有极大 δ-p 簇的完整性。例如，当考察当前的 δ-p 簇 $I \times J$ 时，MaPle 收集所有可能用于扩展该簇的基因和条件。如果这些候选基因和条件，连同 I 和 J 一起，形成了一个已找到的 δ-p 簇的一个子矩阵，则 $I \times J$ 和 J 的任何超集的搜索都可以被剪枝。关于 MaPle 算法的更多信息，感兴趣的读者可以参阅文献注释。

这里，一个有趣的观察是，MaPle 中极大 δ-p 簇搜索有点类似于挖掘频繁闭模式。因此，MaPle 借用了深度优先框架和用于频繁模式挖掘的模式增长方法的修剪技术的思想。这是频繁模式挖掘和聚类分析可以共享类似的技术和思想的一个范例。

MaPle 和其他枚举所有双簇算法的一个优点是，它们保证了结果的完整性，不会遗漏任何重叠的双簇。然而，这种枚举算法的挑战是，如果矩阵变得非常庞大，比如数十万顾客和数百万种产品的顾客 - 产品矩阵，这些算法可能会变得非常耗时。

9.4 聚类的维归约方法

子空间聚类算法试图在原始数据空间的子空间中发现簇。在某些情况下，构造一个新的空间，比使用原始数据空间的子空间效果更好。这就是聚类高维数据的维归约方法的动机。

本节将深入探讨用于聚类高维数据的维归约方法。

首先从传统的线性维归约方法出发，以主成分分析（Principal Component Analysis，PCA）为例。随后，将探讨维归约方法和矩阵分解方法，并以非负矩阵分解（Nonnegative Matrix Factorization，NMF）方法为例，介绍了通用框架，并解释 NMF 与传统 k- 均值聚类之间的关系。最后转换视角，讨论谱聚类，它基于相似图构建新的特征空间并执行聚类操作。

9.4.1 用于聚类的线性维归约方法

在许多应用中，对高维数据进行聚类分析面临两个来自数据集的挑战。

首先，当采集高维数据集时，属性之间可能存在相关性。举例来说，如果使用三台摄像机来检测物体的空间位置，也就是将物体的位置投影到三个二维空间中。如果每台摄像机捕捉物体的二维坐标，那么每个物体的数据将在一个六维空间中记录下来。然而，由于这个物体实际上位于一个三维空间中，其底层位置信息其实可以用三个固有维度来充分描述。因此，这三台摄像机所采集的数据之间可能存在一定程度的相关性和冗余。换言之，尽管数据集可能具有许多维度，但底层结构和关系可能本质上只有较低的维度，并且往往很难发现。

其次，对不同属性的观察可能采用不同的测量单位，并且没有得到适当的规范化处理。例如，不同摄像机可能使用不同的单位记录坐标，有些可能采用米制单位，而其他可能采用英制单位。此外，这三台摄像机可能不是正交设置的，其中两台可能彼此靠近，而另一台可能距离较远。换句话说，记录的数据可能会被拉伸。

维归约，也称为维度缩减（dimension reduction），将一个高维数据集转化到一个低维空间，仅使用较低维度就可以表示原始数据保留的有意义属性，理想情况下可以接近底层结构的固有维度。为了理解这一概念，将通过示例进行讲解。

例 9.12 在派生空间中聚类。图 9.11 展示了两个点簇。不能在原始空间 $X\times Y$ 的任何子空间中对这些点聚类，因为这两个点集最终都会投影到 x 轴和 y 轴的重叠区域上。

如果构造一个新的维度 $-\frac{\sqrt{2}}{2}x+\frac{\sqrt{2}}{2}y$（如图中虚线所示），会怎么样？通过将这些点投影到这个新的维度上，两个簇就变得显而易见。 □

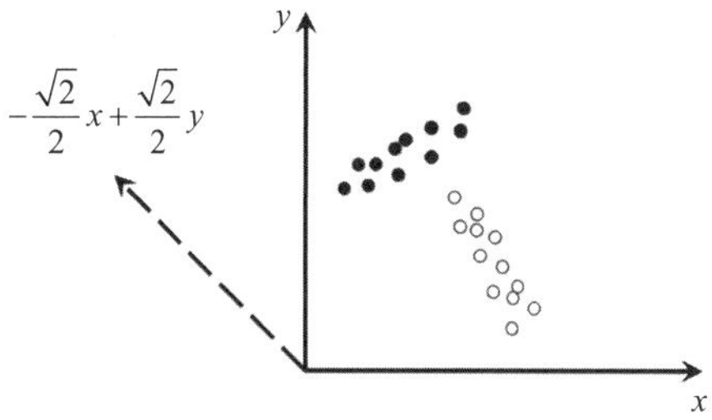

图 9.11 在派生空间中进行聚类可能更加有效

尽管例 9.12 只涉及两个维度，但构建新空间的思想（使得隐藏在数据中的聚类结构变得明显）可以扩展到高维数据。最理想的情况是，新构造的空间应该具有较低的维度。

有许多维归约方法，其中**主成分分析**（PCA）常用于确定重新表达数据集的最有意义的要素。在进行聚类分析之前，可以首先使用 PCA 来降低数据集的维数，从而消除或减少属性之间的相关性，并对属性进行规范化。

为了更清晰地说明 PCA 原理。给定 n 个数据对象，每个对象有 m 个维度。为了表示原始数据集，可以构建一个 $n\times m$ 矩阵 $\boldsymbol{X}$，其中每行表示一个对象，每列表示一个维度。通过**线性变换**试图找到一个 $m\times m$ 矩阵 $\boldsymbol{P}$，使得 $\boldsymbol{XP}=\boldsymbol{Y}$，其中 $\boldsymbol{Y}$ 是另一个 $m\times n$ 矩阵。直观上来说，矩阵 $\boldsymbol{P}$ 代表了一个旋转和拉伸的操作，使 $\boldsymbol{X}$ 转换为 $\boldsymbol{Y}$，而 $\boldsymbol{P}$ 的列则构成了一组新的基向量，重新表示 $\boldsymbol{X}$ 的行数据。为了进一步说明，设 $\boldsymbol{x}_1,\cdots,\boldsymbol{x}_n$ 是 $\boldsymbol{X}$ 的行，$\boldsymbol{p}_1,\cdots,\boldsymbol{p}_m$ 是 $\boldsymbol{P}$ 的列。那么，现在有

$$XP = \begin{bmatrix} x_1 \\ \vdots \\ x_n \end{bmatrix} [p_1 \ \cdots \ p_m] \begin{bmatrix} x_1 p_1 & \cdots & x_1 p_m \\ \vdots & \ddots & \vdots \\ x_n p_1 & \cdots & x_n p_m \end{bmatrix} = Y = \begin{bmatrix} y_1 \\ \vdots \\ y_n \end{bmatrix}$$

式中 $y_1, \cdots, y_n$ 是 Y 的行，由此

$$y_i = [x_i p_1 \ \cdots \ x_i p_m]$$

如上所示，每个数据对象 x_i 通过与 p 的相应列进行点积运算转换为 y_i。换言之，y_i 是 x_i 在 $p_1, \cdots, p_m$ 基上的投影。通过这个转换，数据集 X 使用新的基向量 $p_1, \cdots, p_m$ 表达为 Y。

总的来说，PCA 通过选择一个合适的基 P，以最佳方式将 X 重新表达为 Y，从而使信号最大化，噪声最小化。可以用 PCA 来衡量原始表示 X 中的噪声和冗余。回顾一下，两个属性 A 和 B 之间的相关性可以通过协方差 $\sigma_{AB}^2 = \frac{1}{n}\sum_{i=1}^{n} a_i b_i$ 来度量，数值越大表示相关性越高。为了度量 X 中每两个维度之间的相关性，PCA 通过构造协方差矩阵 $C_X = \frac{1}{n} X^{\mathrm{T}} X$ 来计算每一对维度之间的协方差。协方差矩阵 C_X 反映了原始表示 X 中的噪声和冗余。

通过将 X 变换为 Y，PCA 试图消除或减少由原始数据空间中维度之间的相关性引起的冗余。因此，Y 的协方差矩阵 C_Y 应具有两个关键特性。首先，C_Y 中的所有非对角项都为零，即新基向量中的所有维度相互独立。其次，Y 中的维度应按方差大小排序，方差越大，表示该维度携带的信号越多，因此该维度越重要。

协方差矩阵 C_X 和 C_Y 之间的关联如下：

$$\begin{aligned} C_Y &= \frac{1}{n} Y^{\mathrm{T}} Y = \frac{1}{n} (XP)^{\mathrm{T}} (XP) = \frac{1}{n} P^{\mathrm{T}} X^{\mathrm{T}} XP = P^{\mathrm{T}} \left(\frac{1}{n} X^{\mathrm{T}} X \right) P \\ &= P^{\mathrm{T}} C_X P \end{aligned} \tag{9.26}$$

根据线性代数，对于每个对称矩阵，都可以通过其特征向量构成的正交矩阵进行对角化。协方差矩阵 C_X 显然是对称矩阵。矩阵 P 中每个列向量 p_i 都是 $C_X = \frac{1}{n} X^{\mathrm{T}} X$ 的特征向量，P 正是所需要的变换矩阵。这些特征向量按照特征值递减的顺序排列。

总结上述原理，实际应用中对数据集 X 计算 PCA 可以分为以下三个步骤

1. **规范化 X。**对 X 中的每个维度，计算每列的均值，然后从该维度上的每个观测值中减去这个均值，并用标准差进行规范化。具体来说，矩阵中的每个元素 x_{ij} 都会被规范化为 $\frac{x_{ij} - \mu_j}{\delta_j}$，其中 μ_j 和 δ_j 分别是第 j 列的均值和标准差。为简单起见，仍使用 X 表示规范化矩阵。

2. **计算协方差矩阵 C_X 的特征向量。**计算原始数据的协方差矩阵 C_X 的特征向量，这些特征向量将构成新的基。

3. **选取前 k 个特征向量，并将原始数据转换到新的维归约空间中。**特征值反映了相应特征向量上的方差。可以选择前 k 个特征向量作为新的基向量，并进行维归约，使累积的特征值在总特征值之和中占主导地位。

例 9.13　假设一个具有四个对象的三维数据集：

$$X = \begin{bmatrix} 5 & 9 & 3 \\ 4 & 10 & 6 \\ 3 & 8 & 11 \\ 6 & 3 & 7 \end{bmatrix}$$

规范化后的矩阵为

$$X=\begin{bmatrix}0.387 & 0.482 & -1.135\\ -0.387 & 0.804 & -0.227\\ -1.162 & 0.161 & 1.286\\ 1.162 & -1.447 & 0.076\end{bmatrix}$$

协方差矩阵为

$$C_X=\begin{bmatrix}0.750 & -0.411 & -0.439\\ -0.411 & 0.549 & -0.152\\ -0.439 & -0.152 & 0.750\end{bmatrix}$$

三个特征向量分别为 $[-1.339, 0.567, 1]^{\mathrm{T}}$，特征值为 1.252；$[0.282, -1.089, 1]^{\mathrm{T}}$，特征值为 0.793；$[1.270, 1.237, 1]^{\mathrm{T}}$，特征值为 0.004。由此，变换矩阵为

$$P=\begin{bmatrix}-1.339 & 0.282 & 1.270\\ -0.567 & -1.098 & 1.237\\ 1 & 1 & 1\end{bmatrix}$$

相应地，X 被转换为

$$Y=XP=\begin{bmatrix}-8.798 & -5.472 & 20.483\\ -5.026 & -3.852 & 23.45\\ 2.447 & 3.062 & 24.706\\ -2.735 & 5.398 & 18.331\end{bmatrix}$$

由于最后一个特征值 0.004 相对于前两个特征值非常小，因此可以将 Y 中的最后一个维度丢弃，从而将维度从 3 降到 2。也就是说，可以使用前两个特征向量作为基向量，在二维空间中表示该数据集。表示为

$$\begin{bmatrix}-8.798 & -5.472\\ -5.026 & -3.852\\ 2.447 & 3.062\\ -2.735 & 5.398\end{bmatrix}$$

概括地说，PCA 的核心思想是假定沿着少量主成分的方差方向就能够很好地描述高维数据集。PCA 不需要参数，可以将 PCA 应用于任何数值数据集。一方面，这是它的优势，因为它易于使用，而且因此被广泛使用。另一方面，PCA 对数据源的不可知性也是它的一个弱点，因为它不能利用任何背景知识进行维归约。

9.4.2 非负矩阵分解

"常用的非负矩阵分解方法背后的直观思想是什么？" m 维空间中 n 个对象的数据集 X 可以用一个 $n\times m$ 的矩阵表示，其中每行代表一个对象，每列代表一个维度。直觉上，将 X 中的对象聚类成 k 个簇的问题可以建模为将 X 分解为两个矩阵 W 和 H，使得 $X\approx HW$，其中 H 是一个 $n\times k$ 的矩阵，表示 n 个对象如何分配到 k 个簇中，W 是一个 $k\times m$ 的矩阵，W 中的每一行表示一个簇的"中心"。一个对象可以被分配到多个簇中。因此，H 中的项都是非负的。在这里，不希望 H 中有负项，因为一个对象和一个簇之间的负权重很难解释。

例如，数据库中有 2 429 幅人脸图像，每幅图像的像素为 19×19。这样就构造了一个 $2\,429\times 361$ 的矩阵。图 9.12 显示了 7×7 蒙太奇，右上方显示的人脸示例是通过 NMF 学习的一些基本图像以线性叠加方式来近似表示的，这种表示方式采用了加法效应（additive manner)。权重显示在 7×7 的网格中，其中正值用黑色像素显示。得到的叠加结果显示在等号的另一侧。

从形式上来说，假设一个 $n\times m$ 的非负矩阵 $\boldsymbol{X}$ 包含 n 个数据的行向量。将 $\boldsymbol{X}$ 分解为两个矩阵

$$\boldsymbol{X}\approx\boldsymbol{HW} \tag{9.27}$$

其中 $\boldsymbol{X}\in\mathbf{R}^{n\times m}$，$\boldsymbol{H}\in\mathbf{R}^{n\times k}$，$\boldsymbol{W}\in\mathbf{R}^{k\times m}$，并且 $\boldsymbol{X}\geqslant0$，$\boldsymbol{H}\geqslant0,\boldsymbol{W}\geqslant0$。一般情况下，矩阵 $\boldsymbol{H}$ 和 $\boldsymbol{W}$ 的秩远小于 $\boldsymbol{X}$ 的秩，即 $k\ll\min\{m,n\}$。

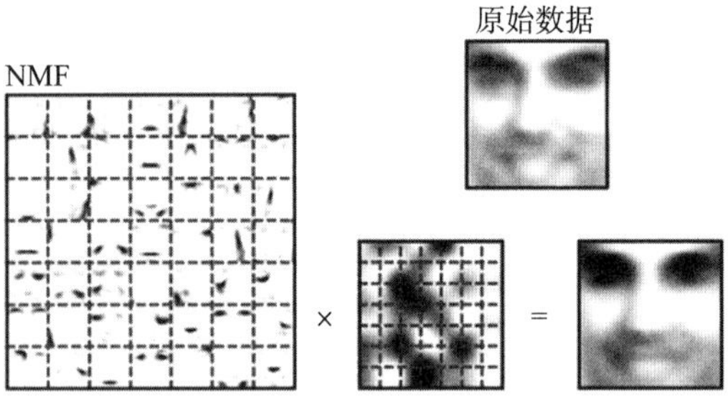

图 9.12　NMF 在图像聚类中的应用实例

来源：摘自 D.D.Lee 和 H.S.Seung, *Nature* Vol.401, October 21,1999。

在给定 $\boldsymbol{X}$ 的情况下，可能存在多个不同的矩阵满足式（9.27）。**非负矩阵分解**（NMF）通过最小化一个目标代价函数（cost function）来完成因子分解，这个函数用于度量分解的质量，即评估分解如何能够更好地代表原始数据。最常见的代价函数是误差平方和，即，

$$J_{\mathrm{SSE}}=|\boldsymbol{X}-\boldsymbol{HW}|^2=\sum_{1\leqslant i\leqslant n,1\leqslant j\leqslant m}|x_{ij}-\sum_{l=1}^{k}h_{ik}w_{kj}|^2$$

其中，x_{ij}、h_{ij} 和 w_{ij} 分别是矩阵 $\boldsymbol{X}$、$\boldsymbol{H}$ 和 $\boldsymbol{W}$ 第 i 行和 j 列的元素。J_{SSE} 越小，$\boldsymbol{HW}$ 越接近 $\boldsymbol{X}$。

另一个经常使用的代价函数是信息散度（information divergence）或 Kullback-Leibler 信息数。[⊖]

$$J_{\mathrm{ID}}=\sum_{1\leqslant i\leqslant n,1\leqslant j\leqslant m}\left[x_{ij}\log\frac{x_{ij}}{(\boldsymbol{HW})_{ij}}-x_{ij}+(\boldsymbol{HW})_{ij}\right]$$

NMF 与前文讨论的许多聚类问题均有着密切的联系。例如，如果限制 $\boldsymbol{H}^{\mathrm{T}}\boldsymbol{H}=\boldsymbol{I}$，也就是说，对簇的分配是正交的，那么 NMF 在数学上等同于 k- 均值聚类。为了理解其中的原理，令 $\boldsymbol{c}_1,\cdots,\boldsymbol{c}_k$ 分别表示 k 个簇的中心。由于 $\boldsymbol{H}$ 是数据对象如何分配到簇的指示器，如果数据对象 $\boldsymbol{x}_i$ 属于簇 $\boldsymbol{c}_l$，则 $h_{il}=1$；否则 $h_{il}=0$。k- 均值聚类的目标函数为

$$J=\sum_{i=1}^{n}\sum_{l=1}^{k}h_{il}\,|\,\boldsymbol{x}_i-\boldsymbol{c}_l\,|\,2=|\boldsymbol{X}-\boldsymbol{HW}|^2$$

通过组合不同的约束条件和目标代价函数，NMF 可以等价于一些其他类型的聚类问题，如概率潜在语义索引（probabilistic latent semantic indexing）和核 k- 均值聚类。

*如何计算 NMF 中的因式分解？*遗憾的是，与 PCA 不同，NMF 不能在有效时间内得到精确解。这里，介绍 Lee 和 Seung 的*乘法更新规则*（multiplicative update rule)，该方法在实现上非常简单。该算法的工作原理如下。

1. 将 $\boldsymbol{W}$ 和 $\boldsymbol{H}$ 分别随机初始化为 $k\times m$ 和 $n\times k$ 非负矩阵。

2. 在第 l 次迭代中，更新 $\boldsymbol{W}$ 和 $\boldsymbol{H}$ 中的元素为

$$h_{ij}^{l+1}=h_{ij}^{l}\frac{(\boldsymbol{X}(\boldsymbol{W}^{l})^{\mathrm{T}})_{ij}}{(\boldsymbol{H}^{l}(\boldsymbol{W}^{l})^{\mathrm{T}}\boldsymbol{W}^{l})_{ij}}$$

和

$$w_{ij}^{l+1}=w_{ij}\frac{(\boldsymbol{X}(\boldsymbol{H}^{l+1})^{\mathrm{T}})_{ij}}{((\boldsymbol{H}^{l+1})^{\mathrm{T}}\boldsymbol{H}^{l+1}\boldsymbol{W}^{l})_{ij}}$$

⊖ 在计算 I- 散度时，采用以下约定：$\frac{0}{0}=0, 0\log0=0$，并且对于 $v>0$，有 $\frac{v}{0}=\infty$。

3. 重复步骤 2，直到 $\boldsymbol{W}$ 和 $\boldsymbol{H}$ 稳定。

简而言之，这是一种 EM 算法（9.1.3 节）。在每次迭代中，首先使用当前簇 $\boldsymbol{W}$ 更新隶属度分配矩阵 $\boldsymbol{H}$，这是 E- 步。然后更新矩阵 $\boldsymbol{M}$ 中的簇中心，即 M- 步。

NMF 提供了一个灵活而强大的工具，通过使用不同的目标函数和组合不同的约束，可以表达广泛的聚类问题。与此同时，这种灵活性和表达能力伴随着一定的成本。在实际应用中，使用 NMF 存在一系列挑战。首先，NMF 的结果通常对初始化值敏感。因此，有许多方法被提出来用于改善 NMF 的初始化。例如，可以利用一些简单方法的聚类结果作为 NMF 的初始化，也可以尝试不同的随机初始化，并从多次运行中选择最佳估计。其次，为 NMF 设置一个适当的停止标准（stopping criterion）绝非易事。在实践中，可以设置最大迭代次数或最大运行时间。此外，还可以使用一些启发式方法，例如为目标代价函数或改进设置一个阈值。最后，当 NMF 应用于大型和高维数据集时，可扩展性常常是一个关注点。

9.4.3 谱聚类

“谱聚类方法已经得到了广泛应用。那么谱聚类背后的主要思想是什么呢？”正如在 9.2.1 节所讨论的，由于维度诅咒的存在，对于高维数据集，在原始数据空间中测量成对距离可能不够可靠，不适合进行聚类分析。图 9.13 提供了这一观点的直观解释。图中展示了两组点，一组是白色的，另一组是黑色的。点 a 和点 b 属于两个不同的簇。然而，在原始数据空间中，点 a 和点 b 之间的距离较短，甚至比点 a 与白色簇内的其他一些点（例如 c）之间的距离还要短。因此，如果仅仅依赖原始数据空间中的成对距离来直接构建簇，那么得到的结果可能是不具备实际意义的。

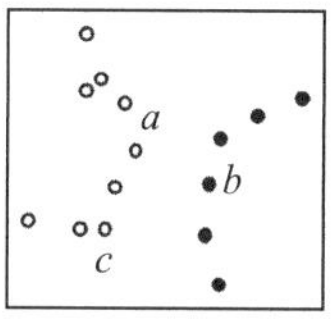

图 9.13　原始数据空间中的成对距离在聚类中可能并不可靠

为了处理维度诅咒，谱聚类的核心思想是：紧密的邻域关系比所有可能的数据对象对之间的成对距离更可靠。谱聚类分为三个步骤。首先，谱聚类将原始对象数据集转化为一个相似图，将每个对象表示为一个节点，边连接着紧密邻近的对象。然后谱聚类试图将数据点嵌入到一个空间中，使得簇更加明显。最后，可以使用经典的聚类算法，如 k- 均值算法，来提取这些簇。图 9.14 展示了谱聚类方法的一般框架。

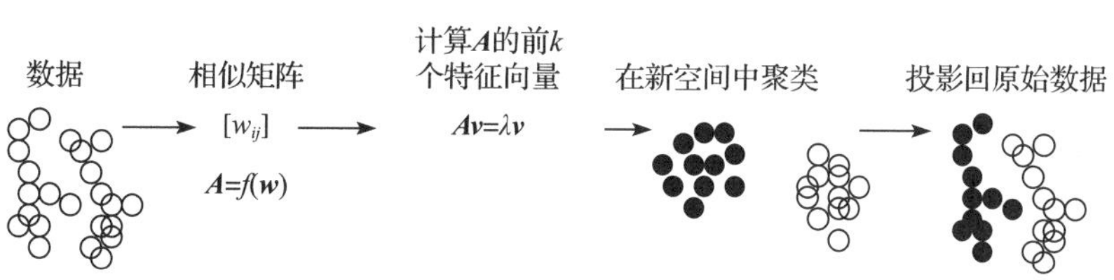

图 9.14　谱聚类方法的框架

接下来以 Ng-Jordan-Weiss 算法为例，逐步解释谱聚类的思想。

相似图

谱聚类通过识别彼此近邻的对象来连接这些对象并构建簇。换句话说，只有当两个对象彼此靠近时，它们才被认为是相似的。这可以通过构造相似图来实现。在数学上，假设 $\boldsymbol{X}=\{\boldsymbol{x}_1,\cdots,\boldsymbol{x}_n\}$ 是 m 维空间中的一组对象，，即每个数据对象 $\boldsymbol{x}_i(1\leqslant i\leqslant n)$ 是一个 m 维行向量。假设所有对象对 $\boldsymbol{x}_i$ 和 $\boldsymbol{x}_j(1\leqslant i,j\leqslant n)$ 之间的距离度量 $d(\boldsymbol{x}_i,\boldsymbol{x}_j)\geqslant 0$。第一步，谱聚类构建了一个相似图 $G=(V,E)$，其中每个对象 $\boldsymbol{x}_i$ 都是图中的一个顶点。在相似图中，通常有三种典型的方法来确定边的连接方式。

- **ϵ- 邻域图**连接了所有成对距离小于或等于 ϵ 的点，其中 ϵ 是一个参数。由于 ϵ 通常是一个较小的数字，因此所有边都被视为无权重。
- **最近邻图**将每个顶点与其 k 个最近邻连接起来。请注意，k- 最近邻关系不是对称的；也就是说，$\boldsymbol{x}_i$ 可能是 $\boldsymbol{x}_j$ 的 k 个最近邻之一，但是 $\boldsymbol{x}_j$ 不一定是 $\boldsymbol{x}_i$ 的 k 个最近邻之一。为了使最近邻图成为无向且无权重的，有几种方法。例如，在 k- 最近邻图中，只要满足 $\boldsymbol{x}_i$ 是 $\boldsymbol{x}_j$ 的 k 个最近邻之一，就使用一条不带权重的边将其连接起来。而双向 k- 最近邻图则在此基础上将 $\boldsymbol{x}_j$ 是否是 $\boldsymbol{x}_i$ 的 k 个最近邻之一考虑进来，同样边也不带权重。
- **完全连通图**派生了一种新的相似函数，使得仅当相邻近的节点对有正的相似性数值。例如，高斯相似函数

$$\mathrm{sim}(\boldsymbol{x}_i,\boldsymbol{x}_j)=\mathrm{e}^{-\frac{d(\boldsymbol{x}_i,\boldsymbol{x}_j)^2}{2\sigma^2}}$$

就能达到此目的，其中 σ 是一个控制邻域宽度的参数，其作用类似于 ϵ- 邻域图方法中的参数 ϵ。

用 W 表示相似图。对于顶点 $\boldsymbol{x}_i$ 和 $\boldsymbol{x}_j$，如果它们在相似图中连通，则设置 $w_{ij}>0$；否则为 0。此外，$d_i=\sum_{j=1}^{n}w_{ij}$ 是顶点 $\boldsymbol{x}_i$ 的度。度矩阵 $\boldsymbol{D}$ 是一个对角矩阵，其对角线上的元素为 $d_1,\cdots,d_n$。

Ng-Jordan-Weiss 算法利用距离度量并构造一个完全连通图。具体来说，它计算一个相似性矩阵 $\boldsymbol{W}$，使得

$$w_{ij}=\mathrm{e}^{-\frac{dist(o_i,o_j)^2}{2\sigma^2}}$$

其中 σ 是缩放参数（scaling parameter）。在 Ng-Jordan-Weiss 算法中，w_{ii} 被设置为 0。

寻找新空间

在将一组对象转化为一个相似图后，其中对象通过邻域关系相互连接，直观上，可以研究信息如何在相似图的顶点之间传播。通常，信息的源头是簇的中心。遵循这一思想，梯度描述了信息流动的方向，而梯度的散度则提供了在每个点处向量场的源头数量。在数学上可使用普拉斯算子[⊖]，这是一种微分算子，用于计算欧几里得空间中函数梯度的散度。

在相似图上应用拉普拉斯算子有两种常见的方法。最常用的方法是非规范化图拉普拉斯，它由 $L=D-W$ 定义。另一种方法使用规范化图拉普拉斯，其定义为 $L=D^{-\frac{1}{2}}WD^{-\frac{1}{2}}$。

为了在一个空间中嵌入相似图中的节点，使得簇更为突出，可以提取拉普拉斯矩阵的前 k 个特征向量，即对于非规范化图拉普拉斯矩阵来说，是前 k 个最小特征值对应的特征向量，或者对于规范化图拉普拉斯矩阵来说，是前 k 个最大特征值对应的特征向量。在使用这 k 个特征向量作为基向量表示的空间中，节点会聚集成簇。

Ng-Jordan-Weiss 算法采用规范化图拉普拉斯，并使用前 k 个特征向量。它将前 k 个特征向量 $\boldsymbol{u}_1,\cdots,\boldsymbol{u}_k$ 按列堆叠成矩阵 $\boldsymbol{U}\in\mathbb{R}^{n\times k}$，并将 $\boldsymbol{U}$ 的行规范化，形成矩阵 $\boldsymbol{T}$，即 $t_{ij}=\dfrac{u_{ij}}{\sqrt{\sum_{l=1}^{k}u_{il}^2}}$。设 $\boldsymbol{y}_i$ 为 $\boldsymbol{T}$ 的第 i 行，即对象 $\boldsymbol{x}_i$ 在新空间中的嵌入。

提取簇

可以采用经典聚类算法，例如 k- 均值算法，在上一步中由前 k 个特征向量形成的新空间

⊖ 如果 f 是一个二阶可微的实值函数，则 f 的拉普拉斯算子是 $\Delta f=\nabla^2 f=\nabla\cdot\nabla f$，其中 $\nabla f=\left(\dfrac{\partial}{\partial x_i},\cdots,\dfrac{\partial}{\partial x_n}\right)$。等价地，$\Delta f=\sum_{i=1}^{n}\dfrac{\partial^2 f}{\partial x_i^2}$。

中提取簇。

Ng-Jordan-Weiss 算法在矩阵 $\boldsymbol{Y}$ 的行向量 $\boldsymbol{y}_1,\cdots,\boldsymbol{y}_n$ 上应用 k- 均值算法，形成簇 $C_1,\cdots,C_n$。然后，根据聚类 $\boldsymbol{Y}$ 获得的结果，将原始数据点分配到相应的簇。换句话说，当且仅当矩阵 $\boldsymbol{Y}$ 的第 i 行被分配到第 j 个簇 C_j 时，原始对象 o_i 才会被分配到第 j 个簇。

在谱聚类方法中，新空间的维数通常设置为所需的簇数。此设置期望每个新维度都能表现出一个簇。

谱聚类在高维应用中，比如图像处理等领域，是有效的。从理论上讲，当满足特定条件时，该算法表现良好。然而，可伸缩性是一个挑战。在大型矩阵上计算特征向量是非常昂贵的。谱聚类可以与其他聚类方法结合使用，比如双聚类。

9.5 聚类图和网络数据

在图和网络数据上进行聚类分析可以提取有价值的知识和信息。这种数据在许多应用中日益普遍。在 9.5.1 节中将介绍聚类图和网络数据的应用和挑战。然后，在 9.5.2 节将讨论这种聚类相似性度量方法。最后，在 9.5.3 节将介绍关于图聚类的方法。

一般而言，术语“图”和“网络”可以互换地使用。在本节的其余部分中，主要使用术语“图”。

9.5.1 应用场景和挑战

假设你是一家大型公司的客户关系经理，你注意到与顾客及其购买行为有关的许多数据可以利用图更好地建模。

例 9.14 偶图。该公司的顾客购买行为可以用一个偶图（bipartite graph）来表示。在偶图中，顶点可以划分成两个不相交的集合，使得每条边都连接一个集合中的一个顶点与另一个集合中的一个顶点。一个顶点集代表顾客，每个顶点表示一个顾客。另一个集合代表产品，每个顶点表示一种产品。边连接顾客和产品，表示顾客对产品的购买。如图 9.15 所示。

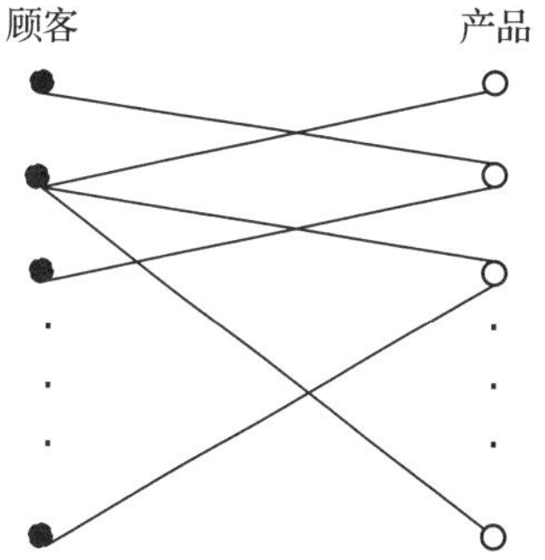

图 9.15 表示顾客购买数据的偶图

“通过对顾客 - 产品偶图进行聚类分析能够得到什么类型的知识？”通过对顾客聚类，将购买类似产品集的顾客放入一组，客户关系经理可以进行产品推荐。例如，假设 Ada 属于一个顾客簇，其中的大多数顾客在过去 6 个月内都购买了一款热门游戏，但 Ada 尚未购买。作为经理，你可以向她推荐这款游戏。

或者，可以对产品聚类，使得被类似的顾客组购买的产品聚在一起，这种聚类信息也可以用于产品推荐。例如，如果扫地机器人和智能炊具属于相同产品簇，那么当一个顾客购买了扫地机器人后，就可以向他可以推荐智能炊具。 □

偶图在很多应用中被广泛使用。下面介绍另一个例子。

例 9.15 Web 搜索引擎。在 Web 搜索引擎中存储了搜索日志，以记录用户的查询和点击链接信息（点击链接信息反馈了用户在搜索结果中点击了哪些页面）。查询和点击链接信息可以用一个偶图表示，其中两组顶点分别对应于查询和网页。如果用户在查询时点击了一个网页，则用边连接相应查询和该网页。通过查询 - 网页偶图上的聚类分析，可以获得有价值的信息。例如，如果每个查询的点击链接信息都相似，可以识别用不同语言提出但意指相同事物的查询。

另一个例子，网络上的所有网页构成了一个有向图，又称 Web 图，其中每个网页都是一个顶点，每个超链接都是从源页面指向目标页面的一条边。在 Web 图上进行聚类分析可以揭示社区，发现中心和权威网页，并检测垃圾网页。□

除了偶图外，聚类分析也可以应用于其他类型的图，如例 9.16。

例 9.16　社交网络。社交网络是一种社交结构，可以表示为一个图，其中顶点代表个人或组织，边是这些顶点之间的相互依赖关系，例如表示朋友关系、共同兴趣或合作活动等。对于一家公司，所有客户可以形成一个社交网络，其中每个客户是一个顶点，如果两个客户相互认识，就用一条边连接。

作为一名客户关系经理，希望通过聚类分析从客户社交网络发现有用的信息和知识。可以从该网络发现簇，其中在同一簇中的客户相互认识或有共同的朋友。同一个簇中的客户可能会在购买决策方面相互影响。此外，还可以设计沟通渠道，告知簇中的“核心人物”（即，簇中连接“最好”的人），使得促销信息可以快速传播。这样，可以使用客户簇来提升公司的销售。

另一个例子，科学出版物的作者构成了一个社交网络，其中作者是顶点，如果两个作者共同发表一个出版物，他们之间就会连接一条边。一般而言，该网络是一个加权图，因为两个作者之间的边可以携带一个权重，表示合作的强度，比如两位作者（两端的顶点）共同发表了多少出版物。对共同作者网络进行聚类分析，可以提供有关作者社区与合作模式的见解。实际上，在（社交）网络分析的语境中，将聚类视为查找良好的连通子图也被称为社区检测。□

“*对图和网络数据进行聚类分析时是否存在特殊的挑战？*”在迄今为止讨论的大部分聚类算法中，对象都用一组属性表示。图和网络数据的独有特征是只给出对象（顶点）以及它们之间的联系（边）。没有明确定义的维度或属性。为了在图和网络数据上进行聚类分析，主要存在两个新挑战。

- “*如何度量图中两个对象之间的相似性？*”不能使用诸如欧几里得距离这样的传统的距离度量，而是需要开发新的度量来量化其相似性。这种测度通常不是度量，因而对于有效的聚类方法的开发就提出了新的挑战。图的相似性度量将在 9.5.2 节中进行讨论。
- “*如何设计在图和网络数据上有效的聚类模型和方法？*”图和网络数据通常是复杂的，具有比传统聚类分析应用更复杂的拓扑结构。许多图数据集规模庞大，如 Web 图至少包含数百亿网页。图还可能是稀疏的，在平均情况下，一个顶点只连接图中的少量其他顶点。为了发现隐藏在数据深处准确而有用的知识，需要一个好的聚类方法来适应这些因素。图和网络数据的聚类方法将在 9.5.3 节讨论。

9.5.2　相似性度量

“*如何度量图中两个顶点之间的相似性或距离？*”本节主要介绍两种度量方法：*测地距和基于随机游走的距离。*

测地距

图中两个顶点之间距离的一种简单度量是两个顶点之间的最短路径。形式上，顶点 u 和 v 之间的**测地距**（geodesic distance）$d(u,v)$，是指两个顶点之间最短路径的边数表示的长度。对于图中两个不连通的顶点，测地距被定义为无穷大，即如果 u 和 v 不连通，$d(u,v)=+\infty$。

利用测地距，还可以定义用于图分析和聚类的一些其他有用的度量。给定一个无向图 $G=(V,E)$，其中 V 是顶点集，E 是边集，定义如下：

- 对于图中的任意顶点 $v\in V$，v 的**离心率**（eccentricity）用 $eccen(v)$ 表示，是 v 与 V 中任

意其他顶点 $u \in V-\{v\}$ 之间的最大测地距。也就是说，

$$eccen(v)=\max_{u \in V-\{v\}}\{d(u,v)\}$$

v 的离心率捕获了它与图中最远的顶点的远近程度。

- 图 G 的**半径**是图的所有顶点的最小离心率。即，

$$r=\min_{v \in V}\{eccen(v)\} \tag{9.28}$$

半径捕获了图中“最靠近中心的点”和“最远边界”之间的距离。

- 图 G 的**直径**是图的所有顶点的最大离心率。即，

$$l=\max_{v \in V}\{eccen(v)\}=\max_{u,v \in V}\{dist(u,v)\} \tag{9.29}$$

直径表示了任意一对顶点之间的最大距离。**外围顶点**（peripheral vertex）是指达到直径的顶点 v。

例 9.17 基于测地距的度量。考虑图 9.16 中的图 G，顶点 a 的离心率是 2。即 $eccen(a)=2$，由于 $eccen(b)=2$，并且 $eccen(c)=eccen(d)=eccen(e)=3$，因此图 G 的半径是 2，直径是 3。注意，不必有“直径 $=2\times$ 半径”。顶点 c、d 和 e 都是外围顶点。

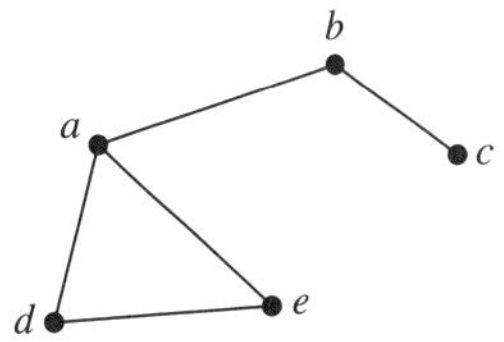

图 9.16 一个图 G，其中顶点 c、d 和 e 都是外围顶点

SimRank：基于随机游走和结构情境的相似性

对于某些应用，使用测地距来度量图中顶点之间的相似性可能不合适。这里引入 SimRank，一种基于随机游走和图的结构情境的相似性度量方法。在数学中，随机游走是一个轨迹，由连续的随机步长组成。

例 9.18 社交网络中人之间的相似性。考虑如何度量例 9.16 的公司客户社交网络中两个顶点之间的相似性。这里，相似性可以解释为网络中两个网络参与者之间的亲密度，即就该网络表现的联系而言两个人的亲密程度。

“*用测地距度量这种网络中的相似性和亲密程度的效果如何？*”假设 Ada 和 Bob 是该网络中的两个客户，并且该网络是无向的。测地距（即 Ada 和 Bob 之间最短路径的长度）是信息可以从 Ada 传递到 Bob（或相反）的最短路径。然而，对于公司的客户关系管理来说，这种信息通常是无用的，因为公司一般不想从一个客户向另一个发送特定的消息。因此，测地距不适合这种应用。

“*在社交网络中，相似性是什么意思？*”考虑两种定义相似性的方式：

- 如果社交网络中的两个客户拥有相似的近邻，那么他们被认为是相似的。这种启发式是直观的，是因为实践中，从许多共同朋友那里接受推荐的两个人通常会做出相似的决策。这种相似性是基于顶点的局部结构（即邻域），因此被称为*基于结构情境的相似性*（structural context-based similarity）。
- 假设公司将促销信息发给社交网络中的 Ada 和 Bob。Ada 和 Bob 可能随机地将这些信息转发给他们在网络中的朋友（或近邻）。Ada 和 Bob 之间的亲密性可以用其他客户同时收到源于发给 Ada 和 Bob 的促销信息的似然来度量。这种相似性基于网络上的随机游走可达性，因而称作*基于随机游走的相似性*（similarity based on random walk）。

下面将详细介绍什么是基于结构情境和基于随机游走的相似性。 □

基于结构情境的相似性的直观意义是，如果图中两个顶点与相似的顶点相连接，则它们是相似的。为了衡量这种相似性，首先需要定义个体邻域（individual neighborhood）的概念。在有向图 $G=(V,E)$ 中，V 是顶点集，$E \subseteq V \times V$ 是边集，对于顶点 $v \in V$，v 的*个体入邻域*（individual in-neighborhood）被定义为

$$I(v)=\{u|(u,v)\in E\} \quad (9.30)$$

类似地，v 的个体出邻域（individual out-neighborhood）被定义为

$$O(v)=\{w|(v,w)\in E\} \quad (9.31)$$

按照例 9.18 的直观解释，定义了 SimRank，一种基于结构情境的相似性，对于任意一对顶点，其值都在 0 到 1 之间。对于任意顶点 $v\in V$，该顶点与其自身的相似性为 $s(v,v)=1$，因为邻域是相同的。对于顶点 $u,v\in V$ 且 $u \neq v$，可以定义

$$s(u,v)=\frac{C}{|I(u)||I(v)|}\sum_{x\in I(u)}\sum_{y\in I(v)} s(x,y) \quad (9.32)$$

其中 C 是 0 到 1 之间的常数。一个顶点可能没有入近邻，因此，当 $I(u)$ 或 $I(v)$ 为 $\varnothing$ 时，定义式（9.32）的值为 0。参数 C 指定了相似性沿着边传播时的衰减率。

SimRank 也可以用矩阵表示。设 $\boldsymbol{A}$ 为列规范化的邻接矩阵，其中，如果存在从 v_i 到 v_j 的边，则 $\boldsymbol{A}_{ij}=\frac{1}{|I(v_j)|}$，否则为 0。设 $\boldsymbol{S}$ 为 SimRank 矩阵，其中 $\boldsymbol{S}_{ij}$ 是顶点 v_i 和 v_j 之间的 SimRank。那么，

$$\boldsymbol{S}=\max\{C(\boldsymbol{A}^{\mathrm{T}}\boldsymbol{S}\boldsymbol{A}),\boldsymbol{I}\}$$

其中 $\boldsymbol{I}$ 是一个单位矩阵。

"如何计算 SimRank？"一种直观的方法是迭代计算式（9.32），直到达到不动点。设 $s_i(u,v)$ 为第 i 轮计算的 SimRank 得分。首先，令

$$s_0(u,v)=\begin{cases}0, & u\neq v,\\ 1, & u=v\end{cases} \quad (9.33)$$

此后，使用式（9.32）由 s_i 计算 s_{i+1}，

$$s_{i+1}(u,v)=\frac{C}{|I(u)||I(v)|}\sum_{x\in I(u)}\sum_{y\in I(v)} s_i(x,y) \quad (9.34)$$

可以证明，$\lim_{i\to\infty} s_i(u,v)=s(u,v)$。近似计算 SimRank 的其他方法在文献注释（9.9 节）中给出。

现在，思考基于随机游走的相似性。一个有向图是强连通的，如果对于任意两个顶点 u 和 v，都存在一条从 u 到 v 的路径和另一条从 v 到 u 的路径。在一个强连通的图 $G=(V,E)$ 中，对于任意两个顶点 $u,v\in V$，可以定义从 u 和 v 的期望距离（expected distance）

$$d(u,v)=\sum_{t:u\rightsquigarrow v} P[t]l(t) \quad (9.35)$$

其中 $u\rightsquigarrow v$，是一条从 u 开始到 v 结束的路径，可能包含环，但直到结束时才到达 v。对于一条路径 $t=w_1\to w_2\to\cdots\to w_k$，其长度为 $l(t)=k-1$。路径的概率定义为

$$P[t]=\begin{cases}\prod_{i=1}^{k-1}\frac{1}{|O(w_i)|}, & l(t)>0,\\ 0, & l(t)=0\end{cases} \quad (9.36)$$

为了度量顶点 w 接收到一个同时来自 u 和 v 信息的概率，将期望距离扩展到期望相遇距离（expected meeting distance）的概念，即

$$m(u,v)=\sum_{t:(u,v)\rightsquigarrow(x,x)} P[t]l(t) \quad (9.37)$$

其中 $(u,v)\rightsquigarrow(x,x)$ 是一对长度相同的路径 $u\rightsquigarrow x$ 和 $v\rightsquigarrow x$。使用一个介于 0 到 1 之间的常数 C，可将期望相遇概率（expected meeting probability）定义为

$$p(u,v)=\sum_{t:(u,v)\rightsquigarrow(x,x)} P[t]C^{l(t)} \quad (9.38)$$

这是一种基于随机游走的相似性度量方法。这里，参数 C 表示在轨迹中的每一步继续行走的概率。

对于任意两个顶点 u 和 v，$s(u,v)=p(u,v)$。也就是说，SimRank 同时基于结构情境和随机游走。

个性化 PageRank 和主题 PageRank

在像 Web 这样的大型网络中，消息传递和用户访问都可以用随机游走来模拟。用户从一个节点 u 出发，随机选择 u 的一个出边继续前行，并到达下一个节点。同样假设用户终止随机游走的概率为 $\alpha(0 \leqslant \alpha \leqslant 1)$。随机游走可以用来模拟从一个节点到另一个节点的距离或相似性。[⊖]下面将介绍两个基于随机游走的相似性度量的方法。

给定一个源节点 u 和一个目标节点 v，**个性化 PageRank**（Personalized PageRank，PPR）通过随机游走从 u 开始到 v 的概率来模拟 v 与 u 的相似性。形式上，v 关于 u 的 PPR 为

$$PPR(u,v)=P[t \text{ 在 } v \text{ 处结束} \mid \text{随机游走 } t \text{ 从 } u \text{ 开始}] \tag{9.39}$$

不难看出 PPR 是不对称的。也就是说，一般情况下，$PPR(u,v) \neq PPR(v,u)$。可以证明

$$\sum_{u \in V} PPR(u,v) = |V| \cdot PR(v)$$

其中 $PR(v)$ 是 v 的 PageRank。

现在思考一个更为复杂的场景，其中某些节点可能包含多个主题。例如，在 Web 图中，一个页面可能有多个预定义的主题，如“政治”“体育”“艺术”等。假设一个用户对某个选定的主题感兴趣，例如“政治”，那么他就会进行有倾向性的随机游走。之所以称之为有倾向性的随机游走，是因为用户在选择起始节点和外链接时，遵循节点与所选主题相关的概率分布。这样一来，图中的每个节点都有一个概率，即在关于所选主题的有倾向性随机游走中到达该节点的可能性，这个概率被称为所选主题的**主题 PageRank**。

假设 $T_1,\cdots,T_l$ 表示正在考虑的主题。对于一个节点 u，让 $TPR(u,T_i)(1 \leqslant i \leqslant l)$ 表示 u 是相对于主题 T_i 的有倾向性随机游走的终点的概率。向量 $\boldsymbol{T}_u = \langle TPR(u,T_1),\cdots,TPR(u,T_l)\rangle$ 被称为 u 的**主题 PageRank**（Topical PageRank，TPR），它表示 u 在各种主题中的重要性。对于节点 u 和 v，可以通过计算它们的 TPR 向量之间的相似性来度量 u 和 v 之间的相似性。例如，可以通过计算 $\boldsymbol{T}_u$ 和 $\boldsymbol{T}_v$ 之间的余弦相似性来评估节点 u 和 v 之间的相似性。

请注意，PPR 可以看作 TPR 的一个特例，其中只有源节点 u 属于所选主题，并且每次重启都会专门返回到 u，在这种情况下，对出边的选择服从均匀分布。

从数学角度，对于主题 T_i，将 $\boldsymbol{TPR} = [TPR(u_1,T_i)\cdots TPR(u_n,T_i)]^{\mathrm{T}}$ 定义为记录了图中所有节点的 TPR 向量。设 $\boldsymbol{P}$ 为转移矩阵，确保

$$\boldsymbol{P}_{ij}^{\mathrm{T}} = \begin{cases} \dfrac{1}{|o(u_i)|}, & (u_i,u_j) \in E, \\ 0, & \text{否则} \end{cases}$$

设 α 为阻尼系数，使得在每一步中，以 α 的概率终止当前的随机游走并重新开始。于是，可以得到

$$\boldsymbol{TPR}=(1-\alpha) \cdot \boldsymbol{P} \cdot \boldsymbol{TPR}+\alpha \cdot \boldsymbol{S} \tag{9.40}$$

其中，$\boldsymbol{S}$ 是主题 T_i 在图中所有节点上的分布。

计算 TPR 的一种直接方法是随机初始化式（9.40）中的 $\boldsymbol{TPR}$，随后迭代更新该式。

⊖ 在 7.6.3 节，讨论了如何使用随机游走来模拟图中节点之间的邻近性。

9.5.3　图聚类方法

本节将探讨如何在图上进行聚类。首先，理解图聚类的直观思想。然后，将介绍两类常用的图聚类方法。

在图中发现簇的直观做法是把图分割成若干块，每块构成一个簇，这样簇内部的顶点很好地连接，而不同簇之间的顶点以很弱的方式连接。对于图 $G=(V,E)$，**割**（cut）C=(S,T) 是图 G 中顶点 V 的一个划分，使得 $V=S\cup T$ 且 $S\cap T=\varnothing$。割的割集是边集 $\{(u,v)\in E|u\in S,v\in T\}$。割的大小是割集的边数。对于加权图，割的大小是割集中边的加权和。

“对于导出图中的簇，什么样的割最小？”在图论和一些网络应用中，最小割非常重要。如果一个割的大小不大于任何其他割，则称这个割为最小割。存在计算图的最小割的多项式时间算法，可以在图聚类中使用这些算法吗？

例 9.19　割与簇。在图 9.17 中的图 G，该图中有两个簇 $\{a,b,c,d,e,f\}$，$\{g,h,i,j,k\}$，以及一个离群点 l。

假设割 $C_1=(\{a,b,c,d,e,f,g,h,i,j,k\},\{l\})$。只有一条边 (e,l) 跨越由 C_1 创建的两个分区。因此 C_1 的割集为 $\{(e,l)\}$，其大小为 1。（请注意，连通图中，任何割的大小都不能小于 1。）作为最小割，C_1 并不能导致好的聚类，因为它仅将离群点 l 与图中其他点分开。

割 $C_2=(\{a,b,c,d,e,f,l\},\{g,h,i,j,k\})$ 导致比 C_1 好得多的聚类。C_2 的割集中包括连接图中两个“自然簇”的边。具体来说，割集中的边 (d,h) 和 (e,k)，连接 d，h，e 和 k，其中大多数边都属于一个簇。

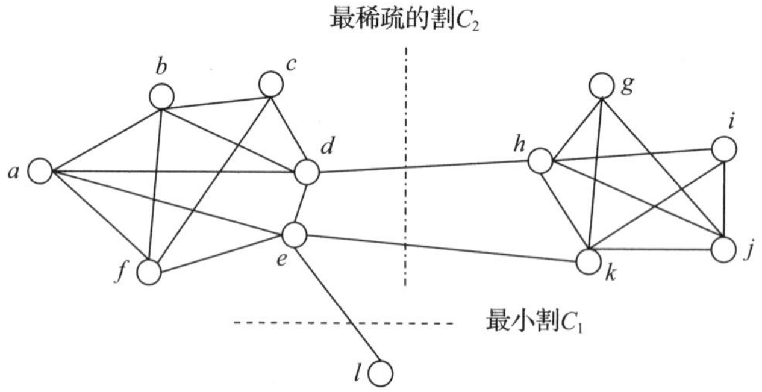

图 9.17　图 G 和两种割

例 9.19 表明，使用最小割不一定能得到良好的聚类结果。因此，最好的选择是采用这样的割，其中对于割集中涉及边的每个顶点 u，大多数与 u 相连的边都属于同一个簇。具体来说，可以定义顶点 u 的度为 $deg(u)$，即连接到 u 的边数。割 $C=(S,T)$ 的稀疏度可以被定义为

$$\Phi=\frac{\text{割的大小}}{\min\{|S|,|T|\}} \tag{9.41}$$

一个割如果其稀疏度不大于任何其他割的稀疏度，那么它就是最稀疏的割。可能存在多个最稀疏的割。

在例 9.19 和图 9.17 中，C_2 是一个最稀疏的割。以稀疏度作为目标函数，最稀疏的割试图最小化穿越分区的边的数量，并平衡分区的大小。

假设在图 $G=(V,E)$ 上进行聚类，将图划分为 k 个簇。聚类的**模块性**（modularity）用于评估聚类的质量，其定义如下：

$$Q=\sum_{i=1}^{k}\left(\frac{l_i}{|E|}-\left(\frac{d_i}{2|E|}\right)^2\right) \tag{9.42}$$

其中 l_i 表示第 i 个簇内顶点之间的边数，d_i 表示第 i 个簇内顶点的度数和。图聚类的模块性是指，落入单个簇的所有边所占的比例与如果随机连接图中顶点所得到的落入单个簇的所有边所占的比例之差。图的最佳聚类可以最大化模块性。

从理论上讲，许多图聚类问题都可以看作在图上寻找好的割，例如最稀疏的割。然而，在实践中存在很多挑战：

- **计算成本高：** 很多图割问题都是计算开销很大的。例如，最稀疏的割问题是 NP 难的。因此，在大型图上找出最优解是不现实的。必须在有效性、可伸缩性与质量之间寻求一个折中。
- **复杂的图：** 图可能比之前描述的更加复杂，可能涉及权重或环。
- **高维度：** 图可能有很多顶点。在相似性矩阵中，顶点用向量表示（矩阵的一行），其维度是图中的顶点数。此外，顶点和边上也可能包含各种属性。因此，图聚类方法必须能够处理高维度问题。
- **稀疏性：** 大型图通常是稀疏的，指在平均情况下，每个顶点只与少量其他顶点相连接。由大型稀疏图得到的矩阵可能也是稀疏的。

针对这些挑战，有不同的图聚类方法。在此介绍一些有代表性的算法。

图上的一般高维聚类方法

第一组方法基于一般的高维数据聚类方法。它们使用相似性度量，比如在 9.5.2 节中讨论的那些，从图中提取相似性矩阵。然后可以在相似性矩阵上使用一般的聚类方法来发现簇。通常使用高维数据的聚类方法。例如，在许多情况下，一旦得到相似性矩阵，就可以使用谱聚类方法（9.4 节）。谱聚类可以逼近最优图割解。更多信息，请参阅文献注释（9.9 节）。

基于图结构搜索的特定聚类方法

第二组方法是特定于图的。特定的图聚类方法通过搜索图的结构来进行，这些方法旨在寻找良好连通的组件作为簇。以 SCAN（Structural Clustering Algorithm for Networks，网络结构聚类算法）方法为例。

给定无向图 $G=(V,E)$，对于顶点 $u\in V$，u 的邻域被 $\Gamma(u)=\{v\,|\,(u,v)\in E\}\cup\{u\}$。使用结构情境相似性的思想，SCAN 用规范化的公共邻域大小来度量两个顶点 $u,v\in V$ 之间的相似性。即

$$\sigma(u,v)=\frac{|\Gamma(u)\cap\Gamma(v)|}{\sqrt{|\Gamma(u)||\Gamma(v)|}} \qquad (9.43)$$

计算得到的数值越大，两个顶点越相似。SCAN 使用相似性阈值 ε 来定义簇的隶属关系。对于顶点 $u\in V$，u 的 ε- 邻域定义为 $N_\varepsilon(u)=\{v\in\Gamma(u)\,|\,\sigma(u,v)\geqslant\varepsilon\}$。$u$ 的 ε- 邻域包含与 u 的结构情境相似性至少为 ε 的所有近邻。

在 SCAN 中，**核心顶点**是簇内的顶点。也就是说，如果 $|N_\varepsilon(u)|\geqslant\mu$ 且 $u\in V$，u 就是核心顶点，其中 μ 是点数阈值（popularity threshold）。SCAN 从核心顶点出发增长（grow）簇。如果顶点 v 在核心顶点 u 的 ε- 邻域内，那么 v 就会被分配到与 u 相同的簇。簇增长的过程持续，直到所有的簇都不能进一步增长。这一过程类似于基于密度的聚类方法 DBSCAN（8.4.1 节）。

如果 $v\in N_\varepsilon(u)$，则可以从核心顶点 u 直接到达顶点 v。从传递角度来说，可以从核心顶点 u 到达顶点 v，如果存在顶点序列 $w_1,\cdots,w_n$，使得可以从 u 直接到达 w_1，对于可以从 w_{i-1} 直接到达 $w_i(1<i\leqslant n)$，并且可以从 w_n 直接到达 v。此外，两个顶点 $u,v\in V$（它们可能是也可能不是核心顶点）是连通的，如果存在一个核心 w 可以 u 和 v 都是从 w 到达的。簇中的所有顶点都是连通的。一个簇是最大的顶点集，使得该集合中的每对顶点都是连通的。

有些顶点可能不属于任何簇。如果 u 的邻域 $\Gamma(u)$ 包含来自多个簇的顶点，那么称它为中心（hub）。如果一个顶点既不属于任何簇，也不是中心，则它是离群点（outlier）。

SCAN 的搜索框架与 DBSCAN 的聚类过程非常相似。SCAN 寻找图的割，其中每个簇都是基于结构情境的传递相似性连接的顶点集合。SCAN 的一个优点是其时间复杂度与边的数量呈线性关系。在大且稀疏的图中，边的数量与顶点的数量在同一数量级。因此，SCAN 在聚类大型图时具有良好的可伸缩性。

基于概率图模型的方法

基于概率图模型的方法将图视为由概率模型生成的一组观测值。因此，基于概率图模型的方法会在社区生成方面使用一些启发式方法来寻找图中的簇，将簇视为图中的社区。它们通常使用一些概率图结构模型来描述顶点之间的依赖关系，其中顶点之间通过边连接。

常用的概率图模型主要有三类：有向图模型、无向图模型和混合图模型。第一类，有向图模型主要基于潜在变量，利用顶点的相似性和簇结构生成边。第二类，无向图模型通常基于场结构，利用近邻顶点之间的簇标签的一致性来识别簇。最后，混合图模型将有向图模型和无向图模型转化成统一的因子图并检测簇。

通过众所周知的基于随机块模型（SBM）来阐述其基本思想。为了便于理解，请参考图 9.18a 中的图 G，其中含有三个簇。图 9.18b 显示了邻接矩阵，将节点根据它们所属的簇进行排序。邻接矩阵中的黑点表示连接两个顶点的边。如图所示，如果将顶点分配到正确的簇中，那么每个簇在邻接矩阵中都是一个稠密块，因为簇中的顶点之间有稠密的连接，而跨簇（即块）的边是相对稀疏的。SBM 试图从图中学习一种描述图块结构的生成模型，其中一个块对应一个簇。

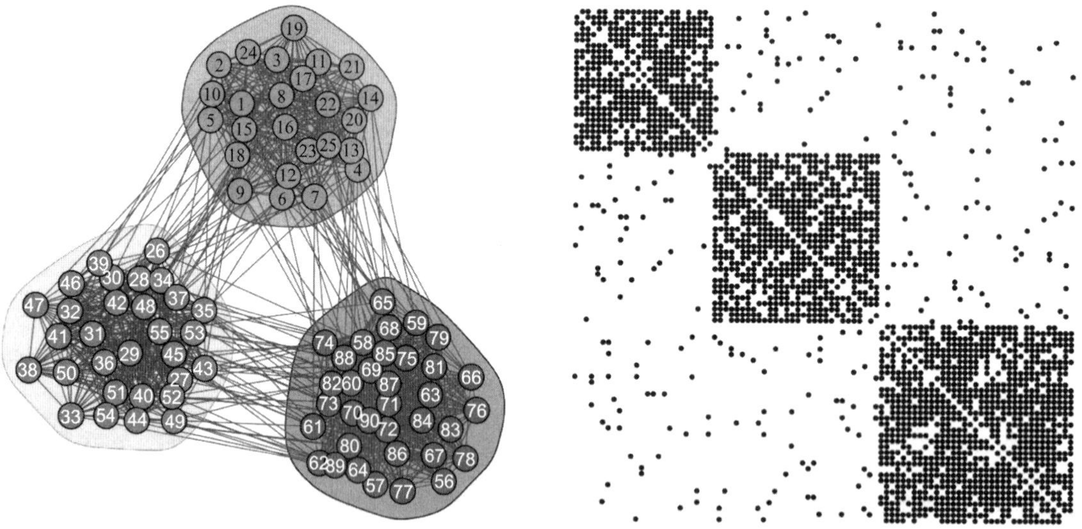

a）图 G　　b）G 的邻接矩阵

图 9.18　显示块 / 簇结构的图和相似性矩阵

来源：改编自 Lee 和 Wilkinson *Applied Network Science* (2019) 4:122。

下面介绍图 $G=(V, E)$ 的生成过程，其中 $V=\{u_1,\cdots,u_n\}$ 是顶点集，$E\subseteq V\times V$ 是边集。用 $\boldsymbol{A}$ 表示邻接矩阵。假设想要在图中建立 K 个簇。为了模拟将顶点分配到簇的过程，对于一个顶点 $u_i(1\leqslant i\leqslant n)$，定义一个 K 维向量 $\boldsymbol{Z}_i$，其中，除一个值为 1 的元素代表 u_i 所属的簇，其他元素都为 0。例如，在图 9.18a 中，$\boldsymbol{Z}_1=[100]^{\mathrm{T}}$。将所有 $\boldsymbol{Z}_i$ 放在一起，得到一个 $n\times K$ 的簇隶

属度矩阵（Cluster membership matrix）$\boldsymbol{Z}=[\boldsymbol{Z}_1 \cdots \boldsymbol{Z}_n]^{\mathrm{T}}$。为了模拟边的生成过程，定义了一个 $K\times K$ 的块矩阵（block matrix）$\boldsymbol{C}$，其中 $\boldsymbol{C}_{ij}(1\leqslant i,j\leqslant K)$ 表示在簇 i 和簇 j 之间出现边的概率。显然，$\boldsymbol{C}_{ij}$ 是簇 i 内部出现边的概率。矩阵 $\boldsymbol{C}$ 不一定是对称的。实际上，一个非对称的块矩阵可以用于模拟块之间的有向边。

SBM 假设，给定顶点的簇隶属度 $\boldsymbol{Z}$，连接两个顶点 u_i 和 u_j 的边是条件独立的，也就是说，$\boldsymbol{A}_{ij}$ 服从伯努利分布，其成功概率为 $\boldsymbol{Z}_i^{\mathrm{T}}\boldsymbol{C}\boldsymbol{Z}_j$。且如果满足 $(i,j)\neq(i',j')$，则 $\boldsymbol{A}_{ij}$ 与 $\boldsymbol{A}_{i'j'}$ 是相互独立的。这个假设基于随机等价（stochastic equivalence）概念。因此，两个块 i 和 j 之间的边的总数是一个服从二项分布的随机变量，其均值为 $\boldsymbol{C}_{ij}\cdot b_i\cdot b_j$，其中 b_i 和 b_j 分别是分配到簇 i 和簇 j 的顶点数。

基于上述假设，给定一个簇隶属度矩阵 $\boldsymbol{Z}$ 和一个块矩阵 $\boldsymbol{C}$，图的邻接矩阵 $\boldsymbol{A}$ 的似然为

$$\pi(\boldsymbol{A}\mid\boldsymbol{Z},\boldsymbol{C})=\prod_{1\leqslant i<j\leqslant n}\pi(\boldsymbol{A}_{ij}\mid\boldsymbol{Z},\boldsymbol{C})=\prod_{1\leqslant i<j\leqslant n}[(\boldsymbol{Z}_i^{\mathrm{T}}\boldsymbol{C}\boldsymbol{Z}_j)^{\boldsymbol{A}_{ij}}(1-\boldsymbol{Z}_i^{\mathrm{T}}\boldsymbol{C}\boldsymbol{Z}_j)^{1-\boldsymbol{A}_{ij}}] \tag{9.44}$$

如果是有向图，可以简单地将式（9.44）中的索引由 $1\leqslant i\leqslant j\leqslant n$ 替换为 $1\leqslant i,j\leqslant n,\ i\neq j$。式（9.44）也称为伯努利随机块模型。

要使用式（9.44）在图中寻找簇，需要初始化 $\boldsymbol{Z}$ 和 $\boldsymbol{C}$。通常，假设不同顶点分配到簇是相互独立的，即，$\boldsymbol{Z}_i$ 和 $\boldsymbol{Z}_j$ 在先验（prior）条件下是相互先验独立的。此外，通过假设存在一个簇 $\boldsymbol{\theta}=[\theta_1 \cdots \theta_n]^{\mathrm{T}}$ 的先验分布，满足 $\sum_{i=1}^{K}\theta_i=1$，可以得到 $P(\boldsymbol{Z}_{ij})=\theta_j$，也就是说，顶点 u_i 被分配到簇 j 的概率为 θ_j。换句话说，顶点 u_i 被分配到簇服从多项式分布，其概率为 $\boldsymbol{\theta}$，因此

$$\pi(\boldsymbol{Z}\mid\boldsymbol{\theta})=\prod_{i=1}^{n}\boldsymbol{Z}_i^{\mathrm{T}}\boldsymbol{\theta}=\prod_{i=1}^{n}\boldsymbol{\theta}^{\mathrm{T}}\boldsymbol{Z}_i=\prod_{i=1}^{K}\theta_i^{b_i} \tag{9.45}$$

在上述 SBM 模型中，邻接矩阵 $\boldsymbol{A}$ 是输入，块矩阵 $\boldsymbol{C}$ 和簇先验分布 $\boldsymbol{\theta}$ 是参数，簇隶属度矩阵 $\boldsymbol{Z}$ 则是输出。要对 $\boldsymbol{Z}$ 进行推导，需要先为 $\boldsymbol{C}$ 和 $\boldsymbol{\theta}$ 赋值。假设 $\boldsymbol{C}$ 具有独立的 Beta 先验分布，即 $\boldsymbol{C}_{ij}\sim\mathrm{Beta}(\boldsymbol{P}_{ij},\boldsymbol{Q}_{ij})$，其中 $\boldsymbol{P}$ 和 $\boldsymbol{Q}$ 是所有元素均为正超参数（positive hyperparameter）的 $K\times K$ 矩阵。还假设 $\boldsymbol{\theta}$ 来自 $\mathrm{Dirichlet}(\alpha\boldsymbol{I}_K)$ 分布，其中参数 α 来自 $\mathrm{Gamma}(a,b)$ 先验分布。那么，$\boldsymbol{Z}$，$\boldsymbol{\theta}$，$\boldsymbol{C}$ 和 α 的联合后验（joint posterior）满足以下条件。

$$\begin{aligned}\pi(\boldsymbol{Z},\boldsymbol{\theta},\boldsymbol{C},\boldsymbol{\alpha}\mid\boldsymbol{A})&\propto\pi(\boldsymbol{A},\boldsymbol{Z},\boldsymbol{\theta},\boldsymbol{C},\alpha)\\&=\pi(\boldsymbol{A}\mid\boldsymbol{Z},\boldsymbol{\theta},\boldsymbol{C},\boldsymbol{\alpha})\cdot\pi(\boldsymbol{Z}\mid\boldsymbol{\theta},\boldsymbol{C},\alpha)\cdot\pi(\boldsymbol{\theta}\mid\boldsymbol{C},\alpha)\cdot\pi(\boldsymbol{C}\mid\alpha)\\&=\pi(\boldsymbol{A}\mid\boldsymbol{Z},\boldsymbol{C})\cdot\pi(\boldsymbol{Z}\mid\boldsymbol{\theta})\cdot\pi(\boldsymbol{\theta}\mid\alpha)\cdot\pi(\alpha)\\&\propto\prod_{1\leqslant i<j\leqslant n}[(\boldsymbol{Z}_j^{\mathrm{T}}\boldsymbol{C}\boldsymbol{Z}_j)^{\boldsymbol{A}_{ij}}(1-\boldsymbol{Z}_j^{\mathrm{T}}\boldsymbol{C}\boldsymbol{Z}_j)^{1-\boldsymbol{A}_{ij}}]\cdot\prod_{i=1}^{n}\boldsymbol{Z}_i^{\mathrm{T}}\boldsymbol{\theta}\cdot\left[\Gamma(K\alpha)\boldsymbol{I}\{\sum_{i=1}^{K}\theta_i=1\}\prod_{i=1}^{K}\frac{\theta_i^{\alpha-1}}{\Gamma(\alpha)}\right]\cdot\\&\quad\prod_{1\leqslant i\leqslant j\leqslant K}[\boldsymbol{C}_{ij}^{\boldsymbol{P}_{ij}-1}(1-\boldsymbol{C}_{ij}^{\boldsymbol{Q}_{ij}-1})]\cdot\alpha^{a-1}\mathrm{e}^{-b\alpha}\end{aligned} \tag{9.46}$$

根据式（9.46），可以使用马尔可夫链蒙特卡罗（Markov chain Mote Carlo）方法进行推理。

存在多种随机块模型的变体，它们涵盖不同的约束条件和背景知识。请查阅文献注释以获取相关的引用资料。

9.6　半监督聚类

在传统的聚类分析中，待聚类的数据对象通常没有标签。然而，在一些应用场景中，待聚类数据可能具有一些领域知识，这些知识可以帮助进行聚类分析。考虑以下示例。

例 9.20　对部分标记的数据聚类。假设想要构建一个恶意软件检测器。现已收集了大量主机系统的图像。你和同事们将其中一小部分图像标记为两个类别：恶意软件图像和普通图

像。因为时间和人力资源有限，无法对大部分甚至全部图像进行标记。那么，应该如何充分利用这些数据？

一个直接的想法是使用已标记数据来构建一个分类器。然而，已标记数据的比例非常小。基于如此少量的数据构建的分类器可能不够准确，并且无法充分利用大量未标记的数据。也就是说，绝大部分数据无法被分类方法所利用。 □

半监督聚类方法针对具有一定领域知识的聚类分析场景。这些方法建立在聚类方法的基础上，并结合了不同类型的领域知识以增强聚类效果。在本节中，将根据除未标记数据之外可用的不同类型的领域知识，讨论不同类型的半监督聚类方法。

9.6.1 标记部分数据的半监督聚类

例 9.20 展示了这种情况，即待聚类的数据中只有一小部分数据被标记。如何能够最大限度地利用这些标记数据，以增强现有的聚类方法，比如 k- 均值算法？

假设 $D=\{x_1,\cdots,x_n\}$ 为待聚类对象集，K 为目标簇数。此外，设 $S_1,\cdots,S_K \subset D$ 是 K 个互斥的标记对象的子集，若 $x_i \in S_j(1 \leqslant i \leqslant n,\ 1 \leqslant j \leqslant K)$，则表明对象 x_i 属于簇 C_j，且 $S_j \cap S_{j'} = \varnothing(1 \leqslant j < j' \leqslant K)$。设 $S = \bigcup_{j=1}^{K} S_j$。

约束 k- 均值方法扩展了经典的 k- 均值算法，充分利用标记数据。其核心思想是使用已标记的数据来生成簇的初始均值。约束 k- 均值算法的工作步骤如下。

1. 对于每个簇 $j(1 \leqslant j \leqslant K)$，计算标记子集 S_j 的均值 c_j。即，$c_j = \dfrac{\sum_{x_i \in S_j} x_i}{|S_j|}$。

2. 将 D 中的所有对象分配到簇中。对于任意对象 $x_i \in D$，有两种情况。若 $x_i \in S$，则存在一个标记子集 $S_j(1 \leqslant j \leqslant K)$，使得 $x_i \in S_j$。则将 x_i 分配给簇 C_j。如果 $x_i \notin S$，则将 x_i 分配到其与簇均值最接近的簇 C_j 中，即 $j=\mathrm{argmin}_k\{dist(x_i,c_k)\}$。

3. 更新簇 $C_1,\cdots,C_K$ 的均值。即，对于 $1 \leqslant j \leqslant K$，更新均值 $c_j = \dfrac{\sum_{x_i \in C_j} x_i}{|C_j|}$。

4. 重复步骤 2 和 3，直到算法收敛（类似于 k- 均值算法的收敛条件）。

约束 k- 均值算法完全信任标签。如步骤 2 所示，它总是将有标签的对象分配到标签所在的簇中。但是，如果带标签的数据包含一些错误怎么办呢？标签中可能的错误可以通过另一种半监督聚类方法来处理，即种子 k- 均值（seeded k-means）算法，它与约束 k- 均值算法相似，仅步骤 2 有所不同。在步骤 2 中，种子 k- 均值算法将对象分配给其与簇均值最近的簇，无论对象是否带标签。

9.6.2 基于成对约束的半监督聚类

用于聚类分析的领域知识不仅可以来自单个对象的标签，还可以源于某些对象之间的成对关系。

例 9.21 基于成对约束的聚类分析。假设你是一家批发公司的客户关系经理，想使用聚类方法将客户公司的代表划分为多组，以便针对每个组定制不同的营销活动。同一客户公司可能有多个代表，他们应被邀请参加同一活动。为了表达这种领域知识，需要设定“必须联系”的约束，以确保应该被同时邀请的每一对代表都在同一组中。

此外，可能有两个客户所在的公司是竞争对手。希望确保两个来自竞争对手公司的代表不会被邀请参加同一个活动。因此，希望在不应被邀请参加同一活动的每对代表之间指定不

能联系约束。因此，你需要设定“不能联系”的约束，以确保不应该被同时邀请的每一对代表都被分到不同的组中。 □

成对约束明确规定一对或一组实例如何在聚类分析中被分组。这类约束常见的类型有以下两种：

- **必须联系约束**（must-link constraint）。如果在两个对象 x 和 y 上指定了必须联系约束，那么在聚类分析的输出结果中，x 和 y 应被分配到同一个簇中。必须联系约束具有传递性。即，如果 must-link(x, y) 且 must-link(y, z)，那么 must-link(x, z)。
- **不能联系约束**（cannot-link constraint）。不能联系约束与必须联系约束相反。如果在两个对象 x 和 y 上指定了不能联系约束，那么在聚类分析的输出中，x 和 y 应属于不同的簇。不能联系约束可能是蕴涵的。也就是说，如果 cannot-link(x, y)，must-link(x, x')，must-link(y, y')，那么 cannot-link(x', y')。

“如何在聚类方法中加入成对约束？”COP-k- 均值算法是对经典 k- 均值算法的一种改进，以适应成对约束。从本质上讲，COP-k- 均值算法以遵守约束的方式将对象分配到簇中。设 $D=\{x_1, \cdots, x_n\}$ 是待聚类的对象集。

该算法的工作原理如下：

1. 在 D 中任意选择 K 个对象作为初始的簇中心 $c_1,\cdots,c_K$，确保这 K 个对象之间不存在必须联系约束。

2. 将每个对象 $x_i(1 \leqslant i \leqslant n)$ 分配到其与簇均值最接近且不违反成对约束的簇 $C_j(1 \leqslant j \leqslant K)$ 中。即，

$$H(x_i)=\{C_j|1 \leqslant k \leqslant K, x_i \text{ 分配到 } C_j \text{ 中时不违反任何约束 }\}$$

成为可以容纳 x_i 而不违反任何约束的簇集。然后

$$j = \arg\min_{k \in H(x_i)} \{dist(x_i, c_k)\}$$

3. 更新聚类 $C_1,\cdots,C_K$ 的均值。也就是说，对于 $1 \leqslant j \leqslant K$，更新均值 $c_j = \frac{\sum_{x_i \in C_j} x_i}{|C_j|}$。

4. 重复步骤 2 和 3，直到算法收敛（类似于 k- 均值算法的收敛条件）。

因为 COP-k- 均值算法确保每个步骤都不违反任何约束，因此它无须回溯。它是一种贪婪算法，用于生成满足所有约束的簇，前提是约束之间不存在冲突。

虽然 COP-k- 均值算法严格遵守指定的作为*硬约束*的必须联系约束和不能联系约束，但在某些应用场景中，人们可能希望将这些约束视为*软约束*。当聚类违反软约束时，仅会对该聚类施加惩罚。因此，聚类的优化目标包括两部分：优化聚类质量和最小化违反约束的惩罚。总体目标函数是聚类质量分数和惩罚分数的组合。

例如，PCK 均值算法扩展了 k- 均值算法，并通过修改目标函数来处理软约束。设 ML 是一组必须联系约束。也就是对于任意 $(x_i, x_j) \in ML$，x_i 和 x_j 之间存在一个必须联系约束。设 CL 为一组不能联系约束。即对于任意 $(x_i, x_j) \in CL$，x_i 和 x_j 之间存在一个不能联系约束。PCK 均值通过最小化以下目标函数来处理软约束：

$$\sum_{k=1}^{K} \sum_{x_i, x_j \in C_k} dist(x_i, x_j)^2 + \sum_{x_i, x_j \in ML} p_{x_i, x_j}^{ML} I(C(x_i) \neq C(x_j)) + \sum_{x_i, x_j \in CL} p_{x_i, x_j}^{CL} I(C(x_i) = C(x_j))$$

其中 $I(\cdot)$ 在参数为 true 时返回 1，否则返回 0；$C(x_i)$ 标识 x_i 被分配到的簇的 id，并且 P_{x_i,x_j}^{ML} 和 P_{x_i,x_j}^{CL} 分别表示违反 x_i 和 x_j 之间的必须联系和不能联系约束的惩罚。

该目标函数中的第一项是所有对象的误差平方和，这也是 k- 均值算法的目标。第二项和

第三项分别是对违反必须联系和不能联系约束的处罚。

9.6.3 半监督聚类的其他背景知识类型

前文以部分标记数据和成对约束为例，说明背景知识如何有助于聚类分析，以及如何扩展传统的聚类方法以充分利用可用的背景知识。实际上，可用于聚类分析的背景知识并不仅限于前文所讨论的两种类型。下面，将用一些示例来说明其他类型的背景知识。请注意，本节不会深入探讨相应的聚类算法。相反，鼓励感兴趣的读者研究相关文献，文献注释提供了一系列指引。

半监督层次聚类

层次聚类返回的是一个树状图，而不仅仅是对对象的划分。因此，层次聚类可以容纳更丰富的背景知识。同时，一些在划分聚类方法中使用的约束可能需要进行扩展或修改。

例如，对于一个完整的树状图，数据集中的所有对象都位于根节点，即最一般的层级。在最精细的层级上，每个对象都位于一个单独的簇中。因此每个必须联系约束都需要在根层级得到满足，而每个不能联系约束将在最精细的层级得到满足。对于层次聚类，必须联系和不能联系约束需要提供更多的背景信息。举个例子，当对动物种类进行层次聚类时，分类学家可能会在鸭嘴兽和针鼹之间指定一个*之前必须联系*约束，这意味着这两个物种在与其他物种聚类之前应该聚类在一起。分类学家还可以通过指定排序约束（鸭嘴兽、针鼹、海狸）来提供更多的领域知识。该约束意味着，在生成的层次聚类树状图中，鸭嘴兽和针鼹应先聚类在一起，然后再与海狸一起聚类到更高层级。

与结果变量关联的簇

在某些应用场景中，希望找到与一个或多个给定变量相关联的簇。结果变量通常是用户感兴趣的一些未观察到的簇的“噪声代理”(noisy surrogate)。

例如，市场经理可以通过聚类分析，将客户分成若干组。使用聚类方法可以从客户资料中获得客户特征，如住址、家庭收入、性别和年龄。经理希望找到与公司销售产品的年度消费金额这一结果变量相关联的簇。图 9.19 展示了这一想法。数据点的灰度反映了年度消费总额，颜色越深表示消费越高。如果不考虑这个结果变量，可能会形成四个簇：*A*、*B*、*C* 和 *D*。如果应用层次聚类，可以将 *A* 和 *B* 合并为一个二级簇，将 *C* 和 *D* 合并为另一个二级簇。但是，当考虑结果变量时，由于 *B* 和 *C* 中的点的消费总额更相似，因此更希望将 *B* 和 *C* 合并为二级簇。结果变量的背景知识可以为形成簇提供一些有用的指导。

基于半监督聚类的主动和交互式学习

像必须联系和不能联系约束这样的背景知识，对于半监督聚类非常有帮助。然而，用户可能很难对大数据集指定必须联系和不能联系约束。为了解决这一问题，人们探索了基于半监督聚类的主动和交互式学习方法（active and interactive learning for semisupervised clustering）。

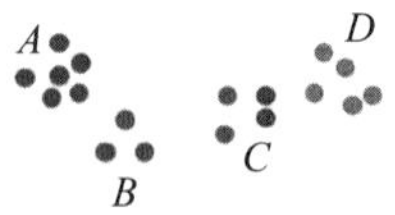

图 9.19 与结果变量相关的聚类

可以通过*主动学习*获得重要的必须联系和不能联系约束。例如，让用户提供成对关系信息，从而在每个簇中至少获取一个对象，并向用户发出少量请求。具体流程是，选取一个距离所有其他点最远的对象和现有簇中的另一个对象，并要求用户判断是否应该将必须联系约束放在这两个对象上。如果应该，那么就将最远点分配到该簇。如果不应该，则为最远点创建一个新簇。重复这一过程，直到获得足够多的初始簇。

用户的反馈不仅可以在聚类开始时被接纳，也可以在整个迭代聚类过程中进行交互。例如，用户可以对中间结果中的聚类质量进行交互式反馈。反馈的类型可以包括（1）将某个对象放入错误的簇中；（2）将某个对象移动到更合适的簇中；（3）两个对象应被放在同一簇中（类似于必须联系约束）；（4）两个对象应该被放在不同的簇中（类似于不能联系约束）。聚类算法可以接受这些反馈，通过直接调整簇分配或调整相似性度量并重新运行聚类过程来更新簇。

9.7 总结

- 在传统的聚类分析中，对象被互斥地分配到一个簇中。然而，在许多应用中，需要以模糊或概率的方式将一个对象分配到一个或多个簇中。**模糊聚类**和**基于概率模型的聚类**允许一个对象同时属于一个或多个簇。**划分矩阵**记录了对象属于簇的隶属度。
- **基于概率模型的聚类**假设每个簇是一个参数分布。利用待聚类的数据作为观测样本，可以估计簇的参数。
- **混合模型**假设观测对象是来自多个概率簇的混合体。从概念上讲，每个观测对象都是通过如下方法独立生成的，首先根据簇概率选择一个概率簇，然后根据所选定簇的概率密度函数选择一个样本。
- **期望最大化（EM）算法**是一个框架，它逼近统计模型参数的最大似然或后验概率估计。EM 算法可以用于计算模糊聚类和基于概率模型的聚类。
- **高维数据**对聚类分析提出了一些挑战，包括如何对高维簇建模和如何搜索这些簇。**维度诅咒**主要是由许多不相关或相关属性、数据稀疏性、相似性度量的距离集中效应以及优化困难引起的。
- 聚类方法可以针对两种不同类型的子空间，即**轴平行子空间**和**任意定向子空间**。高维数据的聚类方法主要有两类：**聚类方法**和**维归约方法**。**聚类方法**旨在原空间的子空间中搜索簇，进一步可分为**子空间聚类方法**、**投影聚类方法**和**双聚类方法**。**维归约方法**旨在创建一个新的低维空间，并在新空间中搜索簇。
- **双聚类方法**能够同时聚类对象和属性。双簇的类型包括**具有常数值**、**行上 / 列上具有常数值**、**具有相干值**、**行上 / 列上具有相干演变的双簇**。双聚类方法的两种主要类型是基于**最优化的方法**和**枚举方法**。
- **维归约**是将高维数据集转换到低维空间的过程，以便在低维空间中表示原始数据保留的重要特征，理想情况下接近原始数据底层结构的固有维度。
- 有很多维归约方法。**主成分分析**（PCA）常被用来确定重新表达数据集的最有意义的基。**非负矩阵分解**（NMF）将数据集 $\boldsymbol{X}$ 分解为 $\boldsymbol{X} \approx \boldsymbol{HW}$，其中 $\boldsymbol{H}$ 和 $\boldsymbol{W}$ 中的元素均是非负的。$\boldsymbol{H}$ 和 $\boldsymbol{W}$ 分别表示对象分配到簇的方式和簇的“中心”。**谱聚类**利用相似性矩阵构建新的维度。
- **聚类图**和**网络数据**有许多应用，如社交网络分析和 Web 搜索。主要的挑战包括如何度量图中对象之间的相似性，以及为图和网络数据设计聚类模型和方法。
- **测地距**是图中两个顶点之间最短路径的边数表示的长度，可用于度量顶点之间的相似性。像社交网络这类图中的相似性，也可以通过结构情境和随机游走进行度量。SimRank 是一种基于结构情境和随机游走的相似性度量方法。图的其他相似性度量方法包括**个性化 PageRank** 和**主题 PageRank**。
- 图聚类可以建模为计算**图割**。**最稀疏的割**导致好的聚类，而**模块性**可以用于度量聚类的质量。处理大型图数据时，计算图割面临着一系列挑战，包括计算成本高、复杂的图、高维度和稀疏性。

- **一般图聚类方法**首先通过使用相似性度量从图中提取相似性矩阵，然后在这个矩阵上应用一般聚类方法来发现簇。SCAN是一种具有代表性的图聚类算法，其通过搜索图结构来识别良好连通的组件作为簇。**基于概率图模型的方法**将图视为概率模型生成的一组观测结果，并在社区生成方面使用一些启发式方法来寻找图中的簇，将簇作为图中的社区。**随机块模型**（SBM）就是一个典型例子。
- **半监督聚类**使用领域知识来提升聚类效果。这种领域知识包括部分标记的数据、对象之间的成对约束，以及其他形式的信息。可以对部分经典的聚类算法进行改进，以适应这些额外的约束条件。

9.8　练习

9.1　传统的聚类方法是严格的，因为它们要求每个对象互斥地只属于一个簇。解释为什么这是模糊聚类的特例。可以使用 k- 均值作为例子。

9.2　假设现有一个电子商务公司销售 1 000 种产品 $P_1, \cdots, P_{1\,000}$，有三名顾客 Ada、Bob 和 Cathy，其中 Ada 和 Bob 购买了 3 种同样的产品 P_1、P_2 和 P_3。Ada 和 Bob 又独立地随机购买了其中 7 种产品（不包括已购买的 3 种产品）。Cathy 随机购买了 10 种产品。使用欧几里得距离，$dist(\text{Ada, Bob}) > dist(\text{Ada, Cathy})$ 的概率是多少？如果使用 Jaccard 相似性（第 2 章）呢？从这个例子中你学到了什么？

9.3　请证明 k- 中心点方法也可以在 EM 算法框架中实现。

9.4　在混合模型的 EM 算法中，如果对于所有单变量高斯分布 $\Theta_j(1 \leqslant j \leqslant k)$，有 $\sigma_j=\sigma$，即都具有相同的标准差。你可以简化 E- 步和 M- 步的计算吗？

9.5　请证明 $I \times J$ 是一个具有相干值的双簇，当且仅当对于任意 $i_1, i_2 \in I$，$j_1, j_2 \in J$，满足 $e_{i_1 j_1} - e_{i_2 j_1} = e_{i_1 j_2} - e_{i_2 j_2}$。

9.6　在软投影聚类方法 LAC 中，请说明如何利用 EM 算法计算权重和簇。

9.7　比较 MaPle 算法（9.3 节）和挖掘频繁闭模式算法 CLOSET（Pei, Han 和 Mao [PHM00]）。两种算法的主要相似之处和差别是什么？

9.8　在二维空间中给定 20 个数据点，其第一主成分为 $u = \left(\frac{1}{\sqrt{2}}, \frac{1}{\sqrt{2}}\right)'$。

a. 假设在点 $(2,2)'$ 处添加一个额外的数据点，这将如何影响第一主成分？

b. 假设在点 $(3,0)'$ 处添加一个额外的数据点，这将如何影响第一主成分？

c. 假设在点 $(5,0)'$ 处添加无限多个数据点，这将如何影响第一主成分？

9.9　在 d 维空间中给定 n 个数据元组，可以将其表示为一个 $n \times d$ 矩阵 $\boldsymbol{X}$，其中 $\boldsymbol{X}$ 的行代表不同的数据元组，列代表不同的特征。在 9.4.2 节中介绍的非负矩阵分解（NMF）执行矩阵低秩近似，其约束是两个低秩矩阵必须是非负的。假设 k- 均值聚类也可以被看作矩阵低秩近似的一种特殊形式。基于此，比较这两种聚类方法的主要相似之处和差别。

a. 证明 k- 均值聚类是矩阵低秩估计的一种特殊形式。也就是说，k- 均值的优化目标等价于

$$\{\boldsymbol{W}^*, \boldsymbol{H}^*\} = \arg\min_{\boldsymbol{W},\boldsymbol{H}} \|\boldsymbol{X} - \boldsymbol{HW}\|_{\text{fro}}^2 \tag{9.47}$$

其中 $\|\cdot\|_{\text{fro}}$ 是矩阵的 Frobenius 范数，$\boldsymbol{H}$ 和 $\boldsymbol{W}$ 是两个具有适当约束的低秩矩阵。特别地，说明分别对 $\boldsymbol{H}$ 和 $\boldsymbol{W}$ 加了什么尺寸的约束？通过对 $\boldsymbol{H}$ 和 $\boldsymbol{W}$ 施加哪些额外的约束，可以使得式（9.47）等价于 k- 均值的优化目标？

b. 基于上述分析，NMF 和 k- 均值之间有哪些共同点和不同点？

9.10　假设一个 $n \times n$ 的相似性矩阵 $\boldsymbol{W}$，其元素表示相应数据元组之间的相似性（即 $W(i, j)$ 表示元组 i 和 j 之间的相似性）。将该数据元组划分为两个簇。定义一个长度为 n 的簇隶属度向量 $\boldsymbol{q}$：如果数据元组 i 属于簇 A，则 $q(i)=1$；如果属于簇 B，则 $q(i)=-1$。寻找这两个簇的一种方法是最小化所谓的割集大小，该大小可用于度量不同簇之间的相似性。

$$q^* = \arg\min_{q\in\{-1,1\}^n} J = \frac{1}{4}\sum_{i,j=1}^{n}(q(i)-q(j))^2 W(i,j) \tag{9.48}$$

a. 证明割集大小为 $J=\frac{1}{2}\boldsymbol{q}^{\mathrm{T}}(\boldsymbol{D}-\boldsymbol{W})\boldsymbol{q}$，其中 $\boldsymbol{D}$ 是矩阵 $\boldsymbol{W}$ 的度矩阵，$D(i,i)=\sum_{j=1}^{n}W(i,j)$，对于 $j\neq i$ 有 $D(i,j)=0$，T 是向量的转置。

b. 直接优化式（9.48）比较困难，因为簇隶属度向量 $\boldsymbol{q}$ 是一个二元向量。在实践中，放松对 $\boldsymbol{q}$ 的限制，允许其取实数值，并试图解决以下优化问题。证明式（9.49）的最优解是与 $\boldsymbol{D}-\boldsymbol{W}$ 的第二小特征值对应的特征向量。

$$q^* = \arg\min_{q\in\mathbf{R}^n} \boldsymbol{q}^{\mathrm{T}}(\boldsymbol{D}-\boldsymbol{W})\boldsymbol{q} \qquad \text{s.t.}\sum_{i=1}^{n}q(i)^2 = n \tag{9.49}$$

9.11　SimRank 是用于聚类图和网络数据的相似性度量。

a. 证明：对于 SimRank 计算，$\lim_{i\to\infty} s_i(u,v)=s(u,v)$。

b. 证明：对于 SimRank，$s(u,v)=p(u,v)$。

9.12　在大型稀疏图中，在平均情况下，每个节点的度都很低。使用 SimRank 的相似性矩阵仍然很稀疏吗？如果是，在什么意义下？如果不是，为什么？解释你的答案。

9.13　比较 SCAN 算法（9.5.3 节）和 DBSCAN 算法（8.4.1 节），两种算法的相似处和差别是什么？

9.14　考虑划分聚类和对簇的如下约束：每个簇中的对象数量必须在 $\frac{n}{k}(1-\delta)$ 和 $\frac{n}{k}(1+\delta)$ 之间，其中 n 是数据集中的对象总数，k 是期望的簇数量，δ 在 [0, 1) 中是一个参数。请描述如何扩展 k- 均值算法来处理这一约束，讨论该约束是硬约束和软约束的两种情况。

9.9　文献注释

Höppner，Klawonn，Kruse 和 Runkler[HKKR99] 给出了模糊聚类的详细讨论。模糊 c- 均值算法（例 9.7 基于此算法）由 Bezdek[Bez81] 提出。Fraley 和 Raftery[FR02] 给出了基于模型的簇分析和概率模型的全面综述。McLachlan 和 Basford[MB88] 系统介绍了聚类分析中的混合模型和应用。

Dempster，Laird 和 Rubin[DLR77] 被公认为首次引进 EM 算法，并对其命名。然而，正如 [DLR77] 中所承认的那样，EM 算法的思想以前“在不同的环境下多次提出”。Wu[Wu83] 给出了 EM 算法的正确分析。

混合模型和 EM 算法广泛用于许多数据挖掘应用中。基于模型的聚类、混合模型和 EM 算法的介绍可以在最近的机器学习和统计学习教科书中找到，如 Bishop[Bis06]，Marsland[Mar09] 和 Alpaydin[Alp11]。

正如 Beyer 等人 [BGRS99] 所指出的，维度增加严重影响距离函数。它对分类、聚类和半监督学习的各种技术都有显著的影响（Radovanović，Nanopoulos 和 Ivanović[RNI09]）。

Kriegel，Kröger 和 Zimek[KKZ09] 给出了关于高维数据聚类方法的全面综述。CLIQUE 算法由 Agrawal，Gehrke，Gunopulos 和 Raghavan[AGGR98] 开发，PROCLUS 算法由 Aggarwal 等人 [APW⁺99] 提出。

双聚类技术最初是由 Hartigan[Har72] 提出的。术语双聚类是由 Mirkin[Mir98] 创造的。Cheng 和 Church[CC00] 把双聚类引入基因表达数据分析。关于双聚类模型和方法的研究有很多。Madeira 和 Oliveira[MO04] 以及 Tanay，Sharan 和 Shamir[TSS04] 给出了生物数据分析中双聚类的全面综述。δ-p 簇的概念由 Wang，Wang，Yang 和 Yu[WWYY02] 引进。在本章中，分别以 Cheng 和 Church[CC00] 提出的 δ- 聚类算法和 Pei 等人 [PZC⁺03] 提出的 MaPle 算法，阐述基于最优化方法和枚举方法的双聚类。

维归约是一个涉及多个领域的课题。其详细的调查，请参见 [CG15]。非负矩阵分解由 Paatero 和 Tapper[PT94] 以及 Lee 和 Seung[LS99] 提出。Donath 和 Hoffman[DH73] 以及 Fiedler[Fie73] 开创了谱聚类。本章以 Ng，Jordan 和 Weiss[NJW01] 提出的算法为例。有关谱聚类的教程，请参见 Luxburg[Lux07] 和 Filippone 等人 [FCMR08]。

聚类图和网络数据是一个重要且快速发展的课题。Schaeffer[Sch07]、Nascimento 和 de Carvalho[Nd11]、Aggarwal 和 Wang[AW10]、Malliaros 和 Vazirgiannis[MV13] 提供了多项调查。SimRank 相似性度量由 Jeh 和 Widom[JW02] 提出。PageRank 和个性化 PageRank 由 Page，Brin，Motwani 和 Winograd[PBMW98] 提出。Bahmani，Chowdhury 和 Geol[BCG10] 讨论了快速增量和个性化 PageRank。Xu 等人 [XYFS07] 提出了 SCAN 算法。Arora，Rao 和 Vazirani[ARV09] 讨论了最稀疏的割和近似算法。Holland，Laskey 和 Leinhardt[HLL83] 首先提出了随机块模型。Rohe，Chatterjee 和 Yu[RCY11] 讨论了谱聚类和高维随机块模型。

半监督聚类已经被广泛研究 [BBM02，BBM04，GCB04，Bai13]。Wagstaff，Cardie，Rogers 和 Schrödl[WCRS01] 提出了约束 *k*- 均值算法。Basu，Banerjee 和 Mooney[BBM02] 开发了种子 *k*- 均值算法。COP-*k*- 均值算法由 Wagstaff 等人 [WCRS01] 提出。聚类约束方面的研究也取得了显著进展。Davidson，Wagstaff 和 Basu[DWB06] 提出了信息性和一致性的度量方法。Zheng 和 Li[ZL11] 提出了半监督层次聚类的框架。Settles[Set10] 对主动学习文献给出了全面综述。Cohn，Caruana 和 Mccallum[CCM03] 讨论了如何在半监督聚类中使用交互式学习。

深度学习

本章将介绍深度学习，这是一种功能强大的人工神经网络，被广泛应用于计算机视觉、自然语言处理、机器翻译、社交网络分析等领域。深度学习已经被用于各种数据挖掘任务中，包括分类、聚类、离群点检测和强化学习。本章将从介绍基本概念开始（10.1 节），然后逐步介绍训练有效深度学习模型的关键算法技术（10.2 节），以及常用的深度学习模型架构，包括卷积神经网络（10.3 节）、循环神经网络（10.4 节）和图神经网络（10.5 节）。

10.1 基本概念

10.1.1 什么是深度学习

深度学习以**人工神经网络**（ANN，简称神经网络）为基础。图 10.1 展示了一个神经网络的示例，稍后将会深入探讨其细节。简单地说，**神经网络**是由一组相互连接的输入输出单元所组成的，其中每个连接都有一个与之关联的权重。在学习阶段，网络以不断更新权重的方式进行学习，以便能够正确地预测每组输入元组所对应的目标值，目标值可以是类标签等。

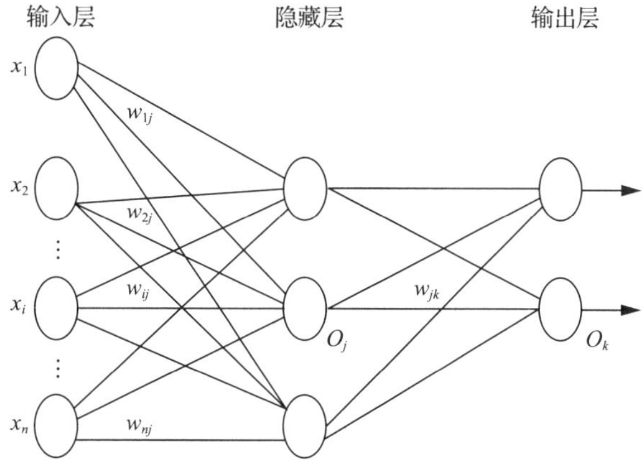

图 10.1 多层前馈神经网络

神经网络由一组相互连接的**单元**组成。那么，什么是单元呢？其实，在前面已经见过它了！第 6 章曾介绍过一些基本的分类器，如感知机和 logistic 回归分类器。考虑一个具有 n 个属性的数据元组 $\boldsymbol{X}$, $\boldsymbol{X}=(X_1,X_2,\cdots,X_n)$。感知机和 logistic 回归分类器首先对不同的属性或特征进行线性加权求和，公式为 $\sum_{i=1}^{n}X_iw_i+b$，其中 $w_i(i=1,\cdots,n)$ 是权重，b 是偏差标量。然后，感知机将处理后的结果通过符号函数（sign）进行映射，来预测类标签 $\hat{y}$，即 $\hat{y}=\text{sign}(\sum_{i=1}^{n}X_iw_i+b)$，其中 sign 函数定义如下：若 $z\geqslant 0$，$\text{sign}(z)=1$，否则 $\text{sign}(z)=0$。类似地，logistic 回归分类器也处理的是线性加权和的结果，即使用 sigmoid 函数来预测类的后验概率 P，即 $P(y=1|\boldsymbol{X})=\sigma(\sum_{i=1}^{n}X_iw_i+b)$，其中 sigmoid 函数为 $\sigma(z)=\dfrac{1}{1+\exp(-z)}$。在神经

网络中，感知机和 logistic 回归分类器都可以被看作一个单元。

从形式上来看，一个单元可以被视为一个数学函数。首先，单元会对输入数据进行线性加权求和，然后用激活函数对上一步得到的结果进行处理。**激活函数** $f(\cdot)$ 通常是一个非线性函数，如感知机中的符号（sign）函数和 logistic 回归分类器中的 sigmoid 函数 $\sigma(\cdot)$。在 10.2 节中将会介绍可选择的其他激活函数。对深度学习算法来说，引入两个额外的符号是很方便的。第一个是激活函数的净输入 $I=\sum_{i=1}^{n}X_iw_i+b$；第二个是单元的输出 $O=f(I)$。图 10.2 是一个单元的图示说明。

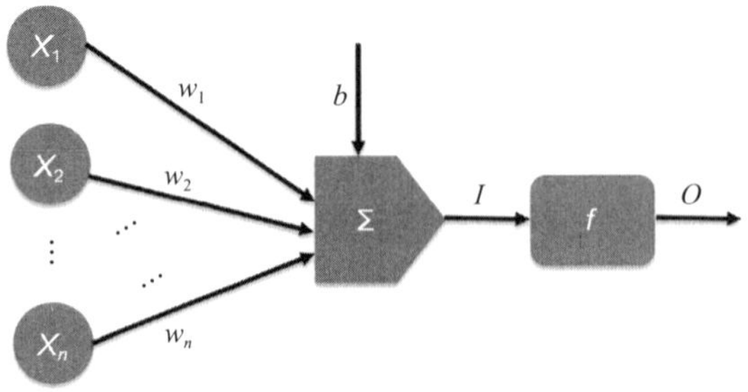

图 10.2　一个单元的图示

注：给定输入 $X_1,\cdots,X_n$，一个单元对它们进行线性加权求和，然后通过激活函数 $f(\cdot)$ 进行处理。$I=\sum_{i=1}^{n}X_iw_i+b$ 是激活函数的输入，$O=f(I)$ 是单元的输出。$w_i(i=1,\cdots,n)$ 是权重，b 是偏差。

神经网络本质上是由相互连接的单元所组成的。根据单元之间组织方式的不同，神经网络可分为不同类型。其中，有一种非常重要且功能强大的神经网络类型——**多层前馈神经网络**。从形式上看，多层前馈神经网络由一个输入层、一个或多个隐藏层和一个输出层组成。图 10.1 给出了一个多层前馈神经网络的例子。

神经网络的每一层都由单元（神经元）组成。在对神经网络进行训练时，先将每组训练数据集的属性或特征同时输入到**输入层**的单元中。然后，这些输入经过加权处理后同时传递到第二层神经元，即**隐藏层**。隐藏层单元的输出可以作为下一隐藏层的输入，以此类推。隐藏层的数量可以根据需要来确定（本例中只有一个隐藏层）。最后一个隐藏层的输出被输入到组成**输出层**的单元中，输出层输出网络对给定数据集的预测。

输入层中的单元称为**输入单元**。隐藏层和输出层中的单元有时被称为**神经元**，这是由于它们在符号上类似于生物神经元，此外它们也可以被称为**输出单元**。图 10.1 中的多层前馈神经网络有两层输出单元，因此，可以称其为**两层**神经网络。请注意，这里输入层不被计算在内，因为它仅用于将输入值传递到下一层。换句话说，输入单元的激活函数始终是一个恒等函数：$O=f(I)=I$。类似地，包含两个隐藏层的网络被称为三层神经网络，以此类推。这是一个前馈网络，因为没有一个权重会循环回到输入单元或上一层的输出单元。它在连接上是**全连接**的，意味着每个单元向下一层的每个单元提供输入。

在多层前馈神经网络中，每个输出单元都将上一层输出的加权和作为输入（参见图 10.1），并对输入应用非线性激活函数。如果知道连接各层的权重和各单元的激活函数，就可以将任何数据元组输入神经网络的输入层，并从输出层计算其输出，从而用于分类、聚类等。也就是说，多层前馈神经网络能够将类预测建模为输入的非线性组合。从统计学的角度来看，神经网络执行的是非线性回归任务。只要有足够的隐藏单元和足够的训练样本，具有足够深度和宽度的多层前馈网络就能近似任何函数。并且，在多层前馈神经网络中，每个隐藏单元的输出都被用作下一层单元的输入。这就赋予了神经网络一种惊人的能力，它能从较简单的特征中学习到更复杂的、通常语义上更有意义的特征。也意味着，从图 10.1 中的左侧到右侧，通过多层的连接，神经网络能够逐渐学习到越来越抽象和复杂的特征。

与之前提到的其他数据挖掘方法（如 logistic 回归和支持向量机（SVM））相比，神经网络具有两个主要优势：第一，神经网络能够学习将输入的数据映射到输出（如类标签）的任何非线性函数。这意味着神经网络可以更好地处理复杂的数据关系。第二，神经网络能够自动进行特征学习。这意味着神经网络可以从原始数据中学习到最有效的特征表示，而无须手动进行特征工程，使得神经网络在处理高维数据和大规模数据集时更加灵活和强大。

接下来，以图 10.3 中的经典 XOR 问题来进一步说明这点。在图 10.3a 中，有四个训练元组，每个训练元组由两个属性 X_1 和 X_2 组成。其中两个正训练元组分别位于 (0,1) 和 (1,0)，两个负训练元组分别位于 (0,0) 和 (1,1)。经过前期不断实验，可以发现没有任何一个单个线性分类器（如感知机）能够将这两个正样本与两个负样本分开，因此这个训练集是线性不可分的。不过，却可以使用两个感知机（图 10.3a 中的两条虚线）来将两者分开。第一个感知机的形式是 $O_1 = \text{sign}(X_2-X_1-0.5)$，第二个感知机的形式是 $O_2 = \text{sign}(X_2-X_1+0.5)$。通过组合这两个感知机（每个感知机都是一个线性分类器），可以得到一个非线性分类器，从而完美地将这两个正样本与两个负样本分开；也就是说，如果 $X_2-X_1-0.5 \geqslant 0$ 或 $X_2-X_1+0.5 < 0$，就将其预测为正样本；否则，将其预测为负样本。

如图 10.3b 中所示，这个非线性分类器可以通过一个两层前馈神经网络实现，图中标出了每个单元的权重和标量。神经网络的隐藏层中有 U_3 和 U_4 两个单元，每个单元接收 U_1 和 U_2 的输出（即 X_1 和 X_2）来构建一个感知机。其中，单元 U_3 对应于图 10.3a 中的第一个感知机，它的输出 $O_1 = \text{sign}(X_2-X_1-0.5)$；单元 U_4 对应于图 10.3a 中显示的第二个感知机，它的输出 $O_2 = \text{sign}(X_2-X_1+0.5)$。在输出层中，只有一个单元 U_5，它利用两个隐藏单元（O_1 和 O_2）的输出来构建另一个感知机，表示为 $y = \text{sign}(O_2-O_1-0.5)$（在图 10.3c 中以虚线表示）。这样，就能将这两个正样本与两个负样本分开。这个神经网络共有三层，输入层包含两个单元（U_1 和 U_2），每个单元只是将相应的输入属性（X_1 和 X_2）传递到隐藏层。本例中，使用 sign() 函数作为所有神经元（U_3、U_4 和 U_5）的激活函数，这种神经网络也被称为多层感知机（MLP）。

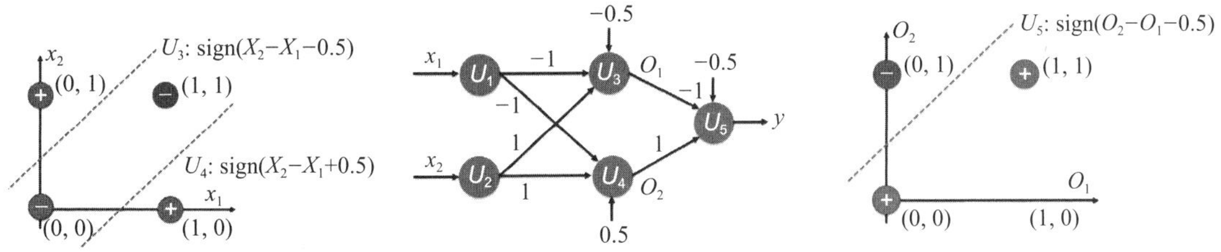

a）输入 4 个元组　　b）MLP　　c）两个隐藏单元的输出

图 10.3　将 sign 函数作为激活函数的两层前馈神经网络（也称为多层感知机 MLP），此神经网络解决了 XOR 问题。请注意，在图 c 中，两个负样本共享相同的表示 (O_1, O_2)，都位于 (0, 1)

在本例中，单元 U_5（即第三个感知机）以 O_1 和 O_2 作为其输入特征（即单元 U_3 和 U_4 的输出）。这意味着，O_1 和 O_2 都可以看作隐藏单元学习到的新特征。O_1 表示输入元组是高于（$O_1 = 1$）还是低于（$O_1 = 0$）第一个感知机的决策边界（图 10.3a 中上面的虚线）。同样，O_2 表示输入元组是高于（$O_2 = 1$）还是低于（$O_2 = 0$）第二个感知机的决策边界（图 10.3a 中下面的虚线）。相比于原始的输入属性（X_1 和 X_2），O_1 和 O_2 学习到的特征在语义上更具意义。同样地，在图 10.3c 中可以看到，具有这两个新学到特征的数据项是线性可分的。相比之下，在原始的特征空间中（图 10.3a），这些训练元组无法通过任何线性分类器相互分离。通过神经网络的隐藏层学习到的新特征，可以将原始的非线性问题转化为在新的特征空间中的线性可分问题，从而成功解决了 XOR 问题。

神经网络具备自动学习特征的能力，这自然地促使人们使用具有多个隐藏层的神经网络处理一些更复杂的问题，也就是是**深度神经网络**。深度神经网络具有惊人的能力，可以在不同的抽象层次上学习和表示特征。每个隐藏层都可以看作一个层次，它学习比较简单的特征，而较高层的特征则是基于较低层特征的组合而学习得到的。具体来说，深度神经网络通过堆叠多个隐藏层，每一层都进行特征学习和表示。较低层的隐藏层学习到的特征是相对简单的，之后这些较简单的特征会传递到更高层的隐藏层，这些隐藏层会学习到更复杂、更抽象的特征。

以下是两个例子。在计算机视觉领域，有一种称为卷积神经网络的深度神经网络（将在 10.3 节介绍），可以实现从输入图像中识别不同的对象（例如，汽车、人、动物）。神经网络的输入层包含原始像素（例如，每个输入单元一个像素），这些原始像素代表最低语义级别的特征。第一个隐藏层的输出（即从输入层的原始像素学习到的特征）可能对应于图像的边缘。[⊖]第二个隐藏层的输出（即从第一个隐藏层的边缘学到的特征）可能对应于图像的轮廓或角点。第三个隐藏层的输出（即从第二个隐藏层的边缘和轮廓学到的特征）可能对应于图像的部分对象（例如，鼻子、车轮）。最后，输出层可以很容易地学习一个分类器，该分类器可以根据输出层的不同神经元的活动来识别不同的对象。在文本挖掘中可以构建一种称为循环神经网络的深度神经网络（将在 10.4 节介绍），将文本文档分类到不同的类别中。第一层可以将原始字符作为输入，并输出标记（例如，单词、标点符号）；第二层以标记作为输入，并输出短语；最后输出层以短语作为输入，并输出输入文档所属的类别。虽然直接使用输入数据的原始特征（例如图像的原始像素、文档的字符）训练分类器（例如用于对象识别或文档分类的 logistic 回归）非常困难，但深度神经网络可以将这个任务分解为一系列相互依赖的子任务（每个隐藏层或输出层一个），每个子任务都从前一层的特征中学习语义上更有意义的特征。

一方面，由于用于训练深度神经网络的核心算法框架——**反向传播算法**，与传统的只有少数隐藏层的前馈神经网络基本保持一致。因此，在进一步介绍深度神经网络之前，先在 10.1.2 节介绍这个算法。另一方面，由于深度神经网络具有更多的层，因此它的训练难度大大增加。在 10.1.3 节中将介绍深度神经网络训练过程中遇到的问题，并在 10.2 节中介绍这些问题的解决方案。

深度学习与**表示学习**密切相关。表示学习的目标是从输入数据中自动学习有效的表示（即特征、属性），以便于进行后续的数据挖掘任务，如分类和聚类。请注意，表示学习的涵盖范围比深度学习更广，因为表示学习存在从输入数据中自动学习表示的非神经网络方法。例如，主成分分析（PCA）就是一种经典的表示学习方法（在第 2 章中介绍过），通过将输入属性进行线性组合来提取主成分，这些主成分可以被视为从数据中学习到的新特征。

10.1.2 反向传播算法

图 10.3 中的神经网络预先设置好了权重和偏差值。然而，在解决实际问题时，这些参数的理想值往往是未知的。因此要在神经网络中使用**反向传播**算法，从训练元组中自动学习这些参数。

反向传播算法通过迭代处理训练元组，将网络对每个元组的预测值与实际的目标值进行比较，从而逐步更新神经网络的权重和偏差。其中，目标值既可以是训练元组的已知类标

⊖ 在计算机视觉中，“边缘”是指一组相邻像素的颜色或灰度强度突然发生变化的地方。

签（用于分类问题），也可以是一个连续值（用于数值预测）。对于每个训练元组，反向传播算法都要对权重和偏差值进行调整，从而减少网络预测值与实际目标值之间的差异（如均方损失）。这些调整是沿着“反向”进行的，即从输出层开始，通过每个隐藏层传播到第一个隐藏层，因此被称为反向传播。虽然不能保证每次训练都会达到最优解，但通常情况下，当学习过程停止时，权重的调整会趋于收敛。

该算法的汇总如图 10.4 所示，其中 I_i 表示输入，O_i 表示输出，δ_i 表示误差。如果这是你第一次接触神经网络学习，可能会觉得很别扭。不过，一旦你熟悉了这个过程，就会发现每个步骤本身都很简单。本章接下来的部分将介绍这些步骤。请注意，图 10.4 中描述的算法使用的是均方损失和 sigmoid 激活函数。实际上，也可以使用其他类型的损失函数或激活函数来推广图 10.4 中的算法。

算法：反向传播。使用反向传播算法的神经网络学习，用于分类或数值预测。

输入：

- D，由训练元组及其相关目标值组成的数据集；
- η，学习率；
- *network*，一个多层前馈网络。

输出：一个训练好的神经网络（即每个隐藏或输出单元的权重 w_{ij} 和偏差 b_j）。

方法：

初始化 *network* 中的所有权重和偏差；
while 终止条件未满足 {
  for D 中的每个带有目标输出 T 的训练元组 $\boldsymbol{X}$ {
    // 前向传播输入：
    for 每个输入层单元 j {
      $O_j = I_j$；// 输入单元的输出是其实际输入值
    for 每个隐藏或输出单元 j {
      $I_j = \sum_i w_{ij} O_i + b_j$；// 计算单元 j 相对于前一层单元 i 的净输入
      $O_j = \dfrac{1}{1+\mathrm{e}^{-I_j}}$；} // 计算每个单元 j 的输出（sigmoid 激活）
    // 反向传播误差：
    for 输出层中的每个单元 j
      $\delta_j = O_j(1-O_j)(T_j-O_j)$；// 计算误差（均方损失）
    for 隐藏层中的每个单元 j，从最后一个隐藏层到第一个隐藏层
      $\delta_j = O_j(1-O_j)(\sum_l \delta_l w_{jl})$；// 计算相对于下一个更高层 l 的误差
    for *network* 中的每个权重 w_{ij} {
      $\Delta w_{ij} = \eta \delta_j O_i$；// 权重增量
      $w_{ij} = w_{ij} + \Delta w_{ij}$；} // 权重更新
    for *network* 中的每个偏差 b_j {
      $\Delta b_j = \eta \delta_j$；// 偏差增量
      $b_j = b_j + \Delta b_j$；} // 偏差更新
    } }

图 10.4 反向传播算法

初始化权重：在神经网络中，权重和偏差的初始值对网络的学习和性能至关重要。通常，权重和偏差会被初始化为小的随机数。例如，可以使用在一定范围内（如 −1.0 到 1.0 或 −0.5 到 0.5）随机生成的数值作为初始值。这种随机初始化的目的是打破对称性，以便网络可以从不同的起点开始学习，而不陷入相同的局部最优解。在图 10.5 的示例中，U_3 和 U_4 连接到了相同输入的单元（U_1 和 U_2）。如果它们的初始权重相同（即 $w_{13} = w_{14}$，$w_{23} = w_{24}$），则 U_3 和 U_4

无法区分彼此，因为它们的权重将以相同的方式更新，并始终相同。为了确保 U_3 和 U_4 能够学习到不同的特征，需要确保它们的初始权重不同，即 $w_{13} \neq w_{14}$ 且 $w_{23} \neq w_{24}$。除了随机初始化外，下一节将介绍一种名为"预训练"的有效策略，能够以某种方式预设神经网络参数。

每个训练元组 $\boldsymbol{X}$ 都有一个目标输出 T，它可以是分类任务的实际类标签或回归任务的数值。其处理步骤可以参考图 10.5。

前向传播输入：首先，将训练元组输入到神经网络的输入层。输入会原封不动地通过输入单元。也就是说，输入单元 j 的输出 O_j 等于其输入值 I_j。然后，计算隐藏层和输出层中的每个单元的净输入和输出。其中，净输入指的是该单元接收到的所有输入的线性加权和。图 10.2 显示了一个隐藏层或输出层单元的结构。每个这样的单元都有多个输入，这些输入实际上是上一层中与之连接的单元的输出。每个连接都有一个权重，在计算单元的净输入时，需要将与当前单元连接的每个输入与其对应的权重相乘，再对乘积的结果进行求和。给定隐藏层或输出层中的单元 j，其净输入 I_j 为

$$I_j = \sum_i w_{ij} O_i + b_j \tag{10.1}$$

其中，w_{ij} 是从前一层单元 i 到单元 j 的连接权重，O_i 是前一层单元 i 的输出，b_j 是单元的偏差。偏差作为一个阈值来调整单元的净输入。㊀

如图 10.2 所示，隐藏层和输出层中的每个单元都接收其净输入，然后对其应用激活函数。应用激活函数表示该单元所代表的神经元的激活。在这里，使用的是 sigmoid 函数（在第 6 章中曾使用 sigmoid 函数来训练 logistic 回归分类器）。sigmoid 函数是一种常用的激活函数，它可以将净输入值映射到一个介于 0 和 1 之间的输出值。给定单元 j 的净输入 I_j，则单元 j 的输出 O_j 的计算公式为

$$O_j = \frac{1}{1+\mathrm{e}^{-I_j}} \tag{10.2}$$

这个函数也被称为*压缩函数*，因为它能将一个较大的输入域映射到 0 到 1 的较小范围上。在一些分类问题中，数据不是线性可分的，即无法通过一条直线或一个超平面将不同类别的数据完全分开。因此，需要使用非线性函数（如 sigmoid 函数）来进行处理。sigmoid 函数是非线性且可微的，这使得反向传播算法能够处理线性不可分的分类问题。

在通过神经网络进行前向传播计算时，需要计算每个隐藏层的输出值 O_j，直到输出层。这些输出值代表了网络在当前输入下的预测结果或中间表示。在这个过程中，神经网络可以将这些中间输出值缓存（保存）起来，以便在后续的反向传播误差过程中重复使用这些值，减少计算量。

反向传播误差：通过将神经网络中的误差信息从输出层向输入层进行传递，可以反映当前网络预测的准确性，进而用于更新权重和偏差。对于输出层的单元 j，误差 δ_j 的计算公式如下：

$$\delta_j = O_j(1-O_j)(O_j - T_j) \tag{10.3}$$

其中，O_j 是单元 j 的实际输出，T_j 是给定训练元组的已知目标值。请注意，对于一些数据挖掘任务，如多类分类问题，会有多个输出单元（每个类标签为一个单元）。为了区分这些单元，引入了索引 j 来表示不同的输出单元。对于较简单的任务（如二分类或回归），输出层中只有一个单元。在这种情况下，索引 j 可以省略。在式（10.3）中，$O_j(1-O_j)$ 是 sigmoid 函数

㊀ 为了理解这一点，可从概念上将偏差 b_j 看作线性回归模型中的偏差标量。换句话说，它表示在没有来自前一层的任何输出（即 $O_i = 0$）的情况下，净输入 I_j 的默认（即偏差）值。

关于净输入的导数，即 $\frac{\partial O_j}{\partial I_j}=O_j(1-O_j)$，这个导数表示了隐藏层单元 j 对净输入的敏感性。

为了计算隐藏层中单元 j 的误差，即衡量隐藏层单元 j 的预测值与目标值之间的差异，需要考虑下一层单元中与单元 j 相互连接的单元误差加权和。隐藏层单元 j 的误差 δ_j 计算方式如下：

$$\delta_j=O_j(1-O_j)(\sum_l \delta_l w_{jl}) \tag{10.4}$$

其中 w_{jl} 是从单元 j 连接到下一层单元 l 的权重，δ_l 是单元 l 的误差，而 $O_j(1-O_j)$ 是 sigmoid 函数关于净输入的导数，即 $\frac{\partial O_j}{\partial I_j}=O_j(1-O_j)$。

权重和偏差将根据传播的误差进行更新，其中权重的更新遵循如下公式，其中 Δw_{ij} 表示权重 w_{ij} 的变化。

$$\Delta w_{ij}=\eta\delta_j O_i \tag{10.5}$$

$$w_{ij}=w_{ij}-\Delta w_{ij} \tag{10.6}$$

在式（10.5）中，η 代表**学习率**（learning rate），它是一个常数，通常取值在 0 到 1 之间。反向传播使用梯度下降法来搜索一组合适的权重，目的是最小化网络的预测值与已知目标值之间的均方损失。[㊀]其中，学习率的作用是平衡权重更新的速度和准确性。选择合适的学习率可以避免陷入局部最小值。如果学习率设置得过小，学习过程会变得非常缓慢，需要更多的迭代次数才能达到收敛；如果设置得过大，可能会导致权重在不合适的解之间来回振荡。根据经验，学习率通常可以设置为 $1/t$，其中 t 是到目前为止训练集的迭代次数。这种设置方式可以使学习率随着训练的进行逐渐减小，增加了找到全局最优解的机会。在 10.2.2 节将会对学习率 η 进行详细讨论。

偏差可以通过如下公式进行更新，其中 Δb_j 代表偏差 b_j 的变化量：

$$\Delta b_j=\eta\delta_j \tag{10.7}$$

$$b_j=b_j-\Delta b_j \tag{10.8}$$

对于给定的元组 $\boldsymbol{X}$ 和目标值 $\boldsymbol{T}$，设 $\hat{T}$ 为 $\boldsymbol{X}$ 的预测输出。预测值 $\hat{T}$ 是输出单元的输出，也是权重和偏差标量的（复杂）函数。对于图 10.4 中的算法，使用均方损失 L 来衡量训练元组 $\boldsymbol{X}$ 的预测值 $\hat{T}$ 与实际目标值 T 之间的差异。均方损失定义为 $L=\frac{1}{2}(T-\hat{T})^2$。某些情况下（如多类分类），训练元组 $\boldsymbol{X}$ 可能具有多个目标值，此时 $\boldsymbol{T}$ 和 $\hat{\boldsymbol{T}}$ 都是向量形式，即 $\boldsymbol{T}=(T_1,T_2,\cdots,T_C)$，$\hat{\boldsymbol{T}}=(\hat{T}_1,\hat{T}_2,\cdots\hat{T}_C,)$。均方损失可以以类似的方式定义，即 $L=\frac{1}{2}\sum_{j=1}^{C}(T_j-\hat{T}_j)^2$。在式（10.3）和式（10.4）中，误差项 δ_i 表示损失 L 相对于单元 i 的净输入的导数，即 $\delta_i=\frac{\partial L}{\partial I_i}$。它用来衡量损失函数对于单元 i 的敏感性，用于计算梯度并进行权重和偏差的更新。在式（10.6）和式（10.8）中，使用了梯度下降法更新权重和偏差。其主要目的是使损失 L 最大限度地减少。在一些文献中，误差项 δ_i 被定义为损失 L 相对于单元 i 输出的导数，表示如下：$\delta_i=\frac{\partial L}{\partial O_i}$。可以根据这个定义开发与图 10.4 类似的算法，但是一些数学细节上（例如更新误差项的公式）会有所不同。图 10.5 展示了反向传播算法的示意图。

㊀ 在第 7 章中，梯度下降法被用于训练 logistic 回归分类器。

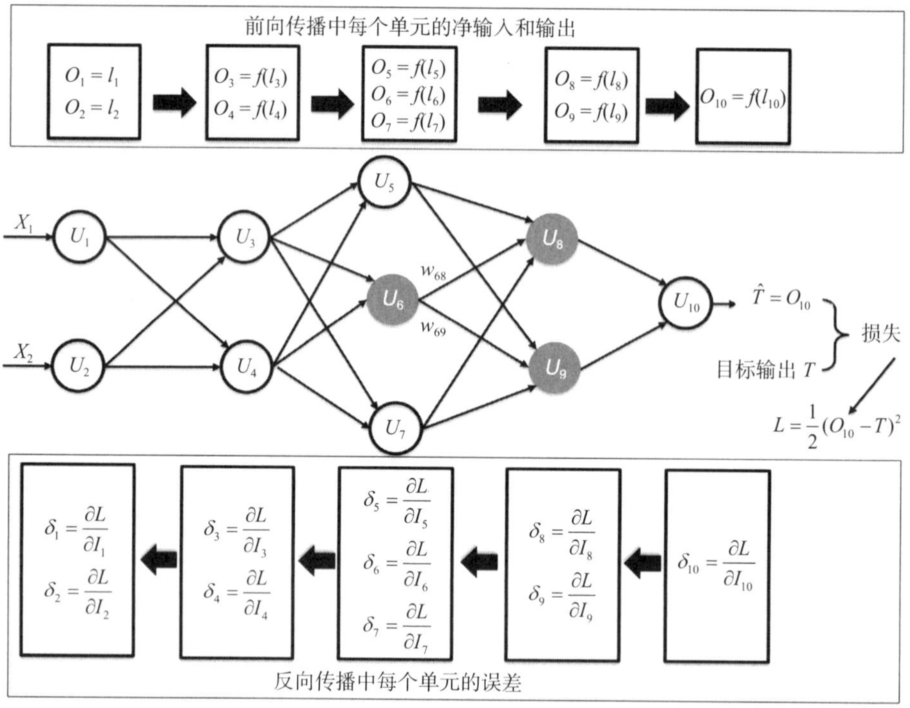

图 10.5 反向传播算法示意图

注：事先给定一个训练元组，算法首先前向传播每个单元的净输入和输出（图的上部分）。然后，算法反向传播每个单元的误差（图的下部分）。单元 10 的输出O_{10}给出了预测的目标值$\hat{T} = O_{10}$，它是权重和偏差标量的函数。反向传播的目标是通过调整权重和偏差标量，使神经网络的预测输出尽可能与实际目标输出 T 匹配。这可以通过最小化损失函数 L 来实现，其中损失函数定义为$L = \frac{1}{2}(T - \hat{T})^2$，$\hat{T}$表示神经网络的预测输出。单元的误差可以基于它连接到的下一层单元的误差进行递归计算。例如，在图中，单元 6 的误差可以根据单元 8 和单元 9 的误差进行计算（图中阴影部分），即：$\delta_6 = O_6(1 - O_6)(w_{68}\delta_8 + w_{69}\delta_9)$。为了清晰起见，图中没有显示其他单元之间的偏差标量或权重。需要注意的是，整个过程中并不需要计算$\delta_1 = \delta_2 = 0$，因为输入单元（U_1和U_2）只是将输入属性传递：$O_1 = I_1 = X_1$和$O_2 = I_2 = X_2$。

在图 10.4 的 while 循环中，每次迭代被称为一个 epoch。下面将会介绍寻找参数理想值的两种策略。第一种策略是，在每个 epoch 中，都根据当前训练元组的误差更新权重和偏差值，这种策略会对单个元组进行权重更新。第二种策略中，权重和偏差增量（Δw_{ij} 和 Δb_j）可以在变量中累加，这样在训练集中的所有元组（称为**全批量**，full batch）均给出后，权重和偏差值就会被更新。理论上，反向传播的数学推导应采用后一种策略，因为以这种方式计算出的梯度给出了减少目标值与训练元组预测值之间损失的最佳方向。在实际操作中，却经常使用另一种策略，称为**随机梯度下降**，其原理如下：在每个 epoch 中，随机独立地抽取一小部分训练元组（称为**小批量**，mini-batch），用抽取的元组来更新权重和偏差。每个训练元组的权重和偏差增量都会累积起来，具体公式为 $\Delta b_j = \eta\sum_k \delta_j^k$ 和 $\Delta w_{ij} = \eta\sum_k \delta_j^k O_j^k$。其中 k 是指所抽取的小部分训练元组（mini-batch）的索引。与随机梯度下降不同的是，标准梯度下降在每个 epoch 中需要使用所有训练元组来计算精确的梯度。这意味着需要对整个训练集进行前向传播和误差反向传播，然后才能计算出精确的梯度。相比之下，随机梯度下降法需要更多的 epoch 才能结束，但它在每个 epoch 中只需抽取少量的元组来计算估计梯度。由于随机梯度下降只需要计算估计的梯度，而不是精确的梯度，它能够更快地估计每个 epoch 的梯度，这使得权重和偏差的更新可以更快地进行。又因为随机梯度下降只需要抽取少量的训练元组来计算梯度，进而在每个 epoch 中进行了更少的计算和更新步骤。因此随机梯度下降通常比标准梯度下降的整体运行时间更短。请参考图 10.6 进行说明和比较。

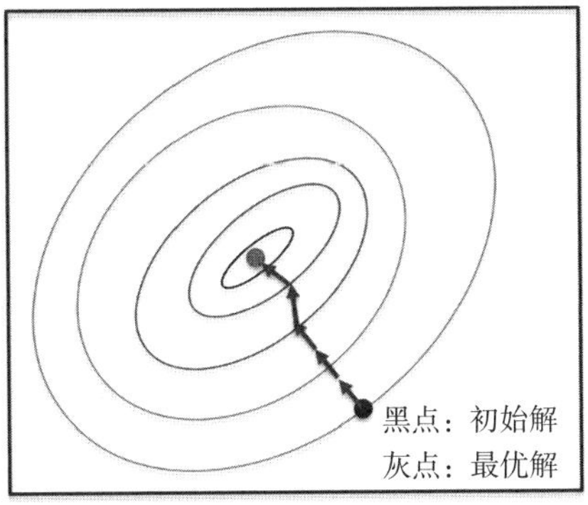

a）梯度下降

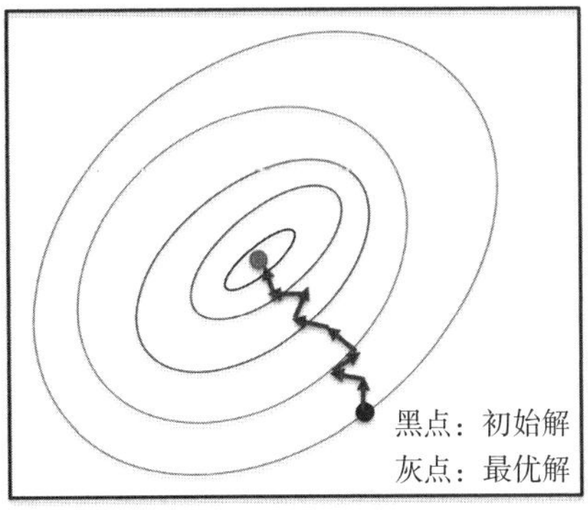

b）随机梯度下降

图 10.6　梯度下降与随机梯度下降的比较

注：图中的每个椭圆表示要最小化的函数（如神经网络中的损失函数）的等高线。图 a 中的箭头表示通过梯度下降算法找到了减少目标函数值的最佳方向，进而尽力找到最优解。同时，也要保证神经网络用较少的 epoch 来找到最优解。然而，在每个 epoch 中，神经网络需要使用所有的训练元组来找到最佳方向（即梯度）。图 b 中的箭头表示通过随机梯度下降算法找到了一个近似最佳方向来减少损失函数值。它需要更多的 epoch 来找到最优解。然而，在每个 epoch 中，神经网络只需要使用一小部分训练元组。总体而言，随机梯度下降通常比梯度下降具有更高的计算效率。

终止条件：训练停止的条件包括

- 在前一个 epoch 中，所有的权重增量（Δw_{ij}）都小于某个指定的阈值；
- 在前一个 epoch 中，错误分类的样本所占的百分比低于某个阈值；
- 达到预先指定的 epoch 数量。

在实际训练过程中，权重可能需要经过数十万次的迭代最终才会收敛。

"反向传播算法的效率如何？"这可以通过训练网络所花费的时间来衡量。对于包含 $|D|$ 个元组和 w 个权重的网络，每个 epoch 的时间复杂度为 $O(|D| \times w)$。然而，在最坏的情况下，训练网络所需的 epoch 数量可能是输入数量的 n 次方。可见，网络收敛所需的时间有很大的变化空间。因此，在 10.2 节中将介绍一些关键的算法技术来加快训练。

例 10.1　反向传播算法学习的样本计算。 图 10.7 展示了一个多层前馈神经网络。设学习率 η 为 0.9，表 10.1 给出了初始权重和偏差值，以及第一个训练元组 $\boldsymbol{X}=(1,0,1)$，类标签为 1。

这个例子展示了在给定的第一个训练元组 $\boldsymbol{X}$ 的情况下，反向传播算法的计算过程。首先，将该元组输入到网络中，并计算每个单元的净输入和输出，这些值如表 10.2 所示。然后再计算每个单元的误差并进行反向传播，误差值如表 10.3 所示。权重和偏差的更新如表 10.4 所示。□

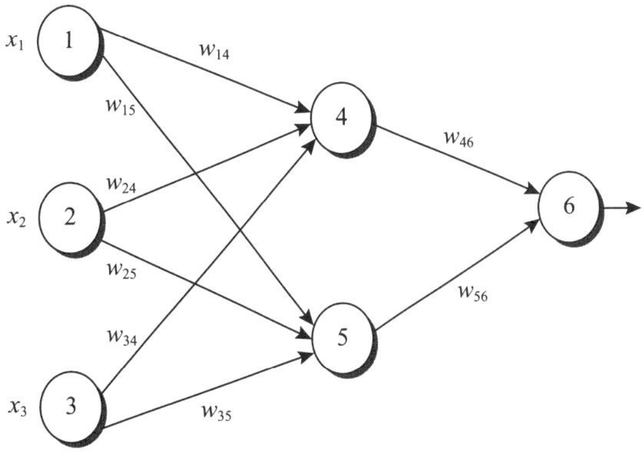

图 10.7　多层前馈神经网络的示例

表 10.1　初始输入、权重和偏差值

x_1	x_2	x_3	w_{14}	w_{15}	w_{24}	w_{25}	w_{34}	w_{35}	w_{46}	w_{56}	b_4	b_5	b_6
1	0	1	0.2	−0.3	0.4	0.1	−0.5	0.2	−0.3	−0.2	−0.4	0.2	0.1

表 10.2　计算净输入和输出

单元，j	净输入，I_j	输出，O_j
4	$0.2 + 0 - 0.5 - 0.4 = -0.7$	$1/(1 + e^{0.7}) = 0.332$
5	$-0.3 + 0 + 0.2 + 0.2 = 0.1$	$1/(1 + e^{-0.1}) = 0.525$
6	$(-0.3)(0.332) - (0.2)(0.525) + 0.1 = -0.105$	$1/(1 + e^{0.105}) = 0.474$

表 10.3　计算每个单元的误差值

单元，j	误差，δ_j
6	(0.474)(1 − 0.474)(1 − 0.474) = 0.1 311
5	(0.525)(1 − 0.525)(0.131 1)(− 0.2) = −0.006 5
4	(0.332)(1 − 0.332)(0.131 1)(− 0.3) = −0.008 7

表 10.4　计算权重和偏差的更新值

权重 / 偏差	新值
w_{46}	−0.3 − (0.9)(0.131 1)(0.332) = −0.339
w_{56}	−0.2 − (0.9)(0.131 1)(0.525) = −0.262
w_{14}	0.2 − (0.9)(−0.008 7)(1) = 0.208
w_{15}	−0.3 − (0.9)(−0.006 5)(1) = −0.294
w_{24}	0.4 − (0.9)(−0.008 7)(0) = 0.4
w_{25}	0.1 − (0.9)(−0.006 5)(0) = 0.1
w_{34}	−0.5 − (0.9)(−0.008 7)(1) = −0.492
w_{35}	0.2 − (0.9)(−0.006 5)(1) = 0.206
b_6	0.1 − (0.9)(0.131 1) = −0.180
b_5	0.2 − (0.9)(−0.006 5) = 0.206
b_4	−0.4 − (0.9)(−0.008 7) = −0.392

“如何使用训练好的网络对未知的样本数据进行分类呢?”要对未参与训练的样本 $\boldsymbol{X}$ 进行分类，需要先将数据样本输入到训练好的网络中，并计算每个单元的净输入和输出。如果每个类都有一个输出节点，那么具有最高值的输出节点将决定输入样本 $\boldsymbol{X}$ 的预测类标签，即从输出单元 $O_i(i = 1,\cdots,C)$ 中选择具有最大输出值的类作为预测结果。或者，也可以使用 SoftMax 将输出 $O_i(i = 1,\cdots,C)$ 转换为输入样本属于不同类的概率，SoftMax 的具体公式如下：

$$\frac{e^{O_i}}{\sum_{i=1}^{C} e^{O_i}}$$

这里，O_i 是第 i 个输出单元的输出，C 是输出单元的总数（例如，现有类的数量）。如果只有一个输出节点，则输出节点的输出值大于或等于 0.5 时可以被视为正样本，而输出值小于 0.5 时可以被视为负样本。

前馈神经网络的矩阵表示

可以使用矩阵来简洁地表示一个 L 层前馈神经网络。具体如下：首先，将每个数据元组用一个 n_0 维属性向量 $\boldsymbol{X} = (x_1,\cdots,x_{n_0})$ 表示，其中 n_0 是属性的个数。设每个隐藏层或输出层有 n_i 个单元。这里用长度为 $n_i(i = 0,\cdots,L)$ 的向量 $\boldsymbol{h}_i$ 表示每层单元的输出，其中 $\boldsymbol{h}_0 = \boldsymbol{X}$，$\boldsymbol{h}_L$ 包含所有输出单元的输出。之后，将连接第 $(i-1)$ 层和第 i 层的所有权重用一个 $n_{i-1} \times n_i$ 的权重矩阵 $\boldsymbol{W}_i$ 表示，并用一个 n_i 维向量 $\boldsymbol{b}_i(i = 1,\cdots,L)$ 表示隐藏层或输出层的所有偏差值。然后，每个隐藏层或输出层将前一层的向量 $\boldsymbol{h}_{i-1}$ 转换为另一个向量 $\boldsymbol{h}_i$，即 $\boldsymbol{h}_i = f(\boldsymbol{W}_i\boldsymbol{h}_{i-1} + \boldsymbol{b}_i)$，其中激活函数 $f(\cdot)$ 对向量中的每个元素都进行相应操作。$f()$ 函数中的 $(\boldsymbol{W}_i\boldsymbol{h}_{i-1} + \boldsymbol{b}_i)$ 被称为仿射变换。⊖在前馈神经网络中，每个隐藏层和输出单元都与前一层的所有单元相连。这种连接方式被称为全连接。利用这种矩阵形式表示法，长度为 L 的链式图可以表示整个前馈神经网络。

例 10.2　对于图 10.5 中的四层神经网络可以使用如图 10.8 的矩阵来表示，这是一个长度为 4 的链式图。由于图 10.5 有两个输入单元，因此 $\boldsymbol{h}_0$ 是一个长度为 2 的向量。同样地，第一个隐藏层有两个隐藏单元，所以 $\boldsymbol{h}_1$ 是一个长度为 2 的向量。以此类推，第二个隐藏层有三个隐藏单元，所以 $\boldsymbol{h}_2$ 是一个长度为 3 的向量；第三个隐藏层有两个隐藏单元，所以 $\boldsymbol{h}_3$ 是一个长度为 2 的向量；最后，输出层只有一个输出单元，所以 $\boldsymbol{h}_4$ 是一个长度为 1 的向量（标量）。

⊖ 从数学上讲，仿射变换是一种线性方法，通过平移、缩放、剪切或旋转将一个向量变换为另一个向量。

偏差向量 $\boldsymbol{b}_i$ 的长度与相应的 $\boldsymbol{h}_i$ 相同 (i = 1,2,3,4)。权重矩阵 $\boldsymbol{W}_i$ 的大小由 $\boldsymbol{h}_{i-1}$ 的长度（行数）和 $\boldsymbol{h}_i$ 的长度 (i = 1,2,3,4)（列数）决定。例如，由于 $\boldsymbol{h}_0$ 和 $\boldsymbol{h}_1$ 的长度都为 2，所以权重矩阵 $\boldsymbol{W}_1$ 的大小为 2×2；由于 $\boldsymbol{h}_2$ 的长度为 3，但 $\boldsymbol{h}_3$ 的长度为 2，因此权重矩阵 $\boldsymbol{W}_2$ 的大小为 3×2。对于神经网络中的每一层 (i = 1,2,3,4)，隐藏层的输出 $\boldsymbol{h}_i$ 是通过对前一层的输出 $\boldsymbol{h}_{i-1}$ 进行仿射变换，并应用权重矩阵 $\boldsymbol{W}_i$ 和偏差向量 $\boldsymbol{b}_i$ 的非线性激活函数 $f()$ 计算得到的。 □

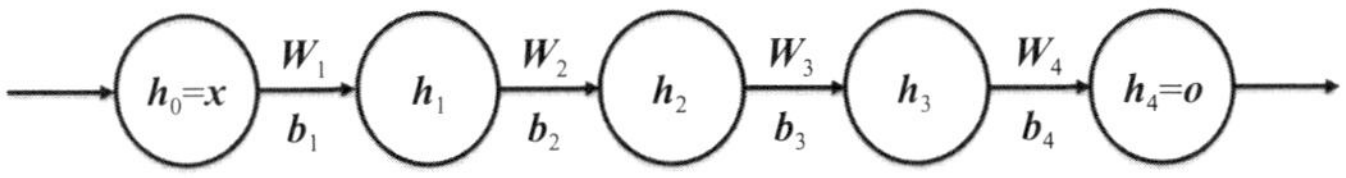

图 10.8 图 10.5 中前馈神经网络的矩阵形式表示。$\boldsymbol{h}_0$ 表示输入单元（即 $\boldsymbol{h}_0 = \boldsymbol{x}$），$\boldsymbol{h}_4$ 表示输出单元（即 $\boldsymbol{h}_4 = \boldsymbol{o}$）。对于 $\boldsymbol{h}_1$、$\boldsymbol{h}_2$、$\boldsymbol{h}_3$，它们分别表示相应层的隐藏单元

大多数深度学习模型都是以矩阵形式训练的，并且无论是前向传播还是反向传播阶段，矩阵乘法[⊖]都是主要的计算瓶颈。为了加速这个过程，深度学习模型通常使用 GPU（图形处理单元）而不是 CPU（中央处理单元）进行训练。相比于 CPU，GPU 具有两个对于训练深度学习模型非常重要的优势。首先，GPU 可以优化带宽，这意味着 GPU 擅长获取矩阵乘法所需的大量内存。其次，优化带宽的潜在代价是高内存访问延迟，而 GPU 通过线程并行技术解决了这一问题。

10.1.3 训练深度学习模型的重要挑战

正如前面提到的，图 10.4 中的反向传播算法是训练深度神经网络的关键算法框架，并且在过去几十年中，这个算法框架基本保持不变。接下来的部分将从优化的角度对反向传播算法进行仔细研究，进而找到算法的主要挑战。

给定一组训练元组 $\{(\boldsymbol{X}^1, T^1),\cdots,(\boldsymbol{X}^m, T^m)\}$，其中 $\boldsymbol{X}^l$ 和 T^l 分别是第 $l(l=1,\cdots,m)$ 个元组的输入属性向量和目标值。前馈神经网络的架构，包括网络的层数、每层的单元数以及每个单元所使用的激活函数都已经预先确定。这意味着网络的结构是已知的，但网络的权重（w_{ij}）和偏差值（b_j）仍是未知的。反向传播算法的目标是通过自适应地调整网络的权重和偏差值，来实现误差 E 的最小化或近似最小化训练，E 的公式如下：

$$E(\boldsymbol{\theta}) = \frac{1}{m}\sum_{l=1}^{m}\text{Loss}(\hat{T}(\boldsymbol{X}^l,\boldsymbol{\theta}),T^l) \tag{10.9}$$

其中，Loss() 是每个元组的损失函数，通常用于度量预测输出与目标值之间的差异，如图 10.4 中的均方损失。$\boldsymbol{\theta}$ 表示算法要学习的所有模型参数，包括所有权重（w_{ij}）和偏差值（b_j）。这些模型参数是网络中的可学习参数，通过反向传播算法来调整它们以优化网络的性能。$\hat{T}(\boldsymbol{X}^l,\boldsymbol{\theta})$ 是第 l 个元组的预测目标值，它是模型参数 $\boldsymbol{\theta}$ 的一个（复杂的）函数。整体的训练误差 $E(\boldsymbol{\theta})$ 是所有 m 个训练元组的平均损失，它表示模型在整个训练集上的预测误差程度。通过最小化训练误差 $E(\boldsymbol{\theta})$，可以使网络的预测尽可能接近真实目标值。反向传播从对模型参数 $\boldsymbol{\theta}_0$ 的初始猜测开始，用以下公式迭代地更新参数，直到算法终止。

$$\boldsymbol{\theta}_{t+1}=\boldsymbol{\theta}_t-\eta\boldsymbol{g}_t \tag{10.10}$$

其中 $\boldsymbol{\theta}_t$ 表示第 t 次迭代时的模型参数，η 是学习率，$\boldsymbol{g}_t$ 是训练误差 $E(\boldsymbol{\theta})$ 相对于模型参数 $\boldsymbol{\theta}$ 的梯度。在全批量梯度下降方法中，需要对所有 m 个训练元组计算才能得到 $\boldsymbol{g}_t$。这意味着在每次参数更新时，需要计算整个训练集上的梯度。这种方法可以提供全局的梯度信息，但计算

⊖ 训练深度学习模型中其他计算密集型组件包括卷积，这是一种称为卷积神经网络的深度学习模型中的关键操作，将在 10.3 节中介绍。

成本较高，特别是在大规模数据集上。在随机梯度下降方法中，$\boldsymbol{g}_t$ 通过小批量的训练元组估计得到。在算法终止时，$\boldsymbol{\theta}^*$ 是在最后一次迭代中学习到的模型参数，包括所有的权重（w_{ij}）和偏差值 b_j。

在深度神经网络中需要不断地优化目标函数，因此会面临很多挑战。第一个挑战（**优化**）是，确保 $\boldsymbol{\theta}^*$ 是高质量的解，以最小化式（10.9）中的 $E(\boldsymbol{\theta})$。如果目标函数是凸函数（如图 10.6 所示），那么梯度下降可以保证在任何初始解 $\boldsymbol{\theta}_0$ 的情况下找到最优解 $\boldsymbol{\theta}^*$。凸函数具有单个全局最小值，因此梯度下降可以通过迭代逐步收敛到最优解。然而，在深度神经网络中，训练误差函数 $E(\boldsymbol{\theta})$ 几乎总是非凸的，这意味着它具有多个局部最小值和可能的鞍点。如图 10.9 所示，这也导致了梯度下降时会遇到一些问题：

（1）算法可能陷入高代价的局部最小值，而无法达到全局最小值；

（2）算法可能停滞在梯度接近零的平台上，导致进展缓慢；算法可能跳过理想的搜索区域，而陷入梯度非常大的“悬崖”区域；

（3）算法可能被误导停在鞍点上，鞍点是梯度为零但既不是局部最小值也不是最大值的点。

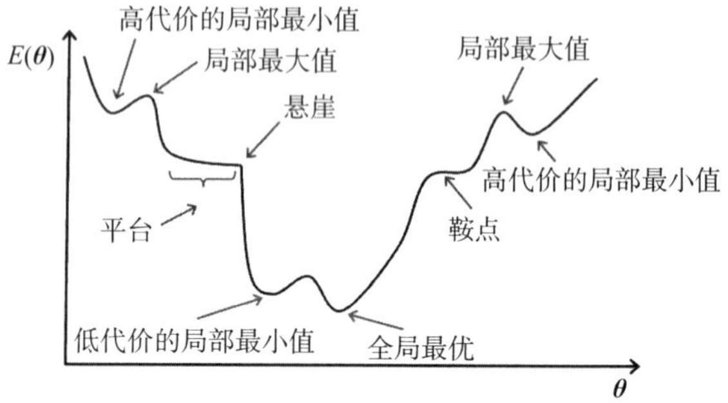

图 10.9 非凸性导致训练深度神经网络面临优化挑战的示例

需要注意的是，在实践中，由于深度神经网络的训练误差函数 $E(\boldsymbol{\theta})$ 的复杂性，寻找全局最小值通常是不现实和不必要的。相反，大多数算法的目标都是以计算量较小的方式寻找高质量的局部最小值，即具有较低训练误差 $E(\boldsymbol{\theta})$ 的局部最小值。

第二个挑战（**泛化**）是过拟合。在式（10.9）中，$E(\boldsymbol{\theta})$ 是（近似的）训练误差。然而，对于深度神经网络而言，真正想要的其实是使*泛化误差*最小，即在未来看不见的测试元组上的分类误差。根据第 6 章中学到的知识，可以得到一个深度神经网络模型，其参数确实能最小化训练误差 $E(\boldsymbol{\theta})$，但在测试元组上却表现不佳。这种过拟合很可能发生，特别是考虑到深度神经网络的高复杂性，即它有很多层和模型参数，而标记的训练元组数量有限。

因此，10.2 节中将介绍一些解决这两个挑战的关键技术。

10.1.4 深度学习架构概述

对于 L 层前馈神经网络来说，它主要为处理*多维*数据而设计。也就是说，每个数据元组由一个 n_0 维的特征或属性向量 $\boldsymbol{X}=(x_1,\cdots,x_{n_0})$ 表示，其中 n_0 是属性的数量。前馈神经网络是最常见的深度学习架构之一，但是除了前馈神经网络之外，还有其他种类的深度学习架构，它们专门设计用于处理不同类型的输入数据。这些架构包括：

1）卷积神经网络（CNN）：用于处理*网格状*数据，如图像。CNN 通过卷积和池化等操作来提取图像中的特征，并在分类、目标检测等任务中取得了很大成功。

2）循环神经网络（RNN）：用于处理*序列*数据，如语音、文本等。RNN 具有记忆能力，能够捕捉数据中的时序信息，适用于机器翻译、语音识别等任务。

3）图神经网络（GNN）：用于处理*关系型*数据，如社交网络、分子结构等。GNN 能够对图结构进行学习，并在节点分类、图分类等问题中展现出强大的能力。

表 10.5 概述了这些典型的深度学习架构。这些深度学习架构的详细内容将分别在 10.3 节

(CNN)、10.4 节(RNN)和 10.5 节(GNN)中介绍。

表 10.5 典型深度学习架构总览

	多维数据	网格数据	序列数据	图数据
数据类型	Features:credit rating, account balance $x = (4.5, 500, 3.5)$ #deposits, #withdraws		x = "I love watching movies."	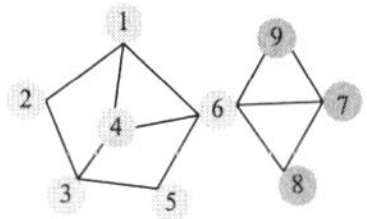
	前馈神经网络	CNN	RNN	GNN
深度学习架构	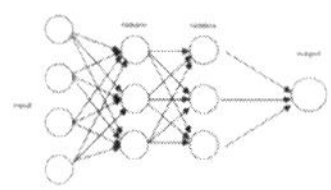	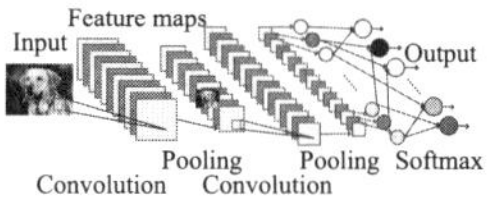	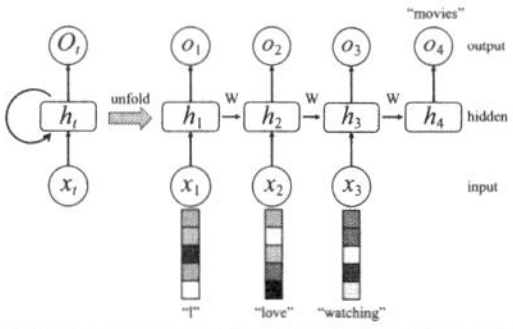	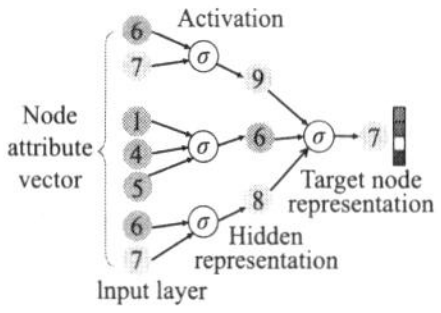

10.2 改进深度学习模型的训练

本节将介绍一些关键的算法技术,以解决在 10.1.3 节中提到的两个挑战(优化和泛化)。

10.2.1 响应性激活函数

图 10.4 的反向传播算法使用了 sigmoid 函数 $\sigma(I)$ 作为激活函数,其中激活函数的表示为 $O=\sigma(I)=\dfrac{1}{1+\mathrm{e}^{-I}}\in(0,1)$,它的导数是 $\dfrac{\partial O}{\partial I}=O(1-O)$。对于输出单元 j,其误差 δ_j 可以通过下列公式计算:$\delta_j=O_j(1-O_j)(T_j-O_j)$。其中 T_j 是训练元组的实际目标值,O_j 是预测目标值。可以看到,如果 O_j 接近 1 或 0,$O_j(1-O_j)$ 将接近 0,从而误差 $\delta_j\approx 0$。根据图 10.4 中的第 16 行和第 18 行可以看到,权重增量 Δw_{ij} 和偏差增量 Δb_j 将接近 0,导致在该轮中权重和偏差值几乎保持不变。由于 $\sigma(O)\in(0,1)$,在任一种情况下($O_j\approx 1$ 或 $O_j\approx 0$),该输出单元都是饱和的,因为其输出接近极限值之一。当输出单元"饱和"时,式(10.10)中的梯度 $\boldsymbol{g}_t$ 接近于零,这可能导致(随机)梯度下降过程在更新模型参数 $\boldsymbol{\theta}$ 时进展非常缓慢甚至停滞不前,即 $\boldsymbol{\theta}_{t+1}\approx\boldsymbol{\theta}_t$。这样的情况在图 10.9 中被称为"平台",表示训练过程无法继续提升,因为梯度几乎为零。

这个问题在从输出层向隐藏层反向传播误差时可能会进一步恶化。从图 10.4 中的第 14 行可以看出,由于一组小数字的递归相乘,隐藏单元 j 的误差 δ_j 可能很快趋近于零。为了计算隐藏单元 j 的误差 δ_j,首先需要汇总与单元 j 连接的下一层中单元的误差,即 $\sum_l \delta_l w_{jl}$,然后通过隐藏单元 j 的 sigmoid 函数的导数 $O_j(1-O_j)$ 对这个汇总结果进行衰减。由于 sigmoid 函数导数的取值范围介于 0 和 1 之间,当误差经过多个乘法和导数操作时,它们的乘积会逐渐缩小,使误差趋近于零。当递归地向后传播误差项时,即使输出单元本身没有饱和问题,由于乘法和 sigmoid 函数导数的作用,从输出层向隐藏层传播的误差也可能会迅速接近零。这意味着隐藏单元的梯度也会变得非常小或接近零,从而在反向传播过程中消失。因此,相应的模型参数 θ(权重和偏差值)几乎保持不变。

解决**梯度消失**问题的有效方法之一是用更不容易饱和的激活函数来替代 sigmoid 函数。其中一个例子是**修正线性单元**(ReLU)。ReLU 激活函数的定义如下:当 $I>0$ 时,$O=f(I)=I$;当 $I\leqslant 0$ 时,$O=f(I)=0$。换句话说,如果输入的加权和为负,ReLU 单元会输出 0(即该单元处于不激活状态),否则,它会将正的加权和直接作为输出。与 sigmoid 函数相比,ReLU 函数的输出只在净输入为负时饱和。这意味着,ReLU 激活函数对于正数净输入没有上限,不会出

现饱和现象，从而避免了梯度消失问题。ReLU 函数相对于其净输入的导数可以表示为[⊖]

$$
\text{导数}=\begin{cases}\dfrac{\partial O}{\partial I}=1, & I>1,\\[2mm] \dfrac{\partial O}{\partial I}=0, & I\leqslant 0\end{cases}
$$

那么，如果使用 ReLU 函数而不是 sigmoid 函数作为激活函数时会发生什么情况呢？在给定的 epoch 中，如果单元 j 不活跃（即加权和为负且输出为零），其误差项 δ_j 将为零。这意味着在给定的 epoch 中，该单元的参数（权重和偏差值）将保持不变，不会被更新。对于活跃的单元（即输出 $O_j=I_i>0$），由于 ReLU 函数的导数恒定为 1，只需将其连接到的下一层所有单元的误差项累加起来，而无须对其用小数字进行衰减（例如，使用 sigmoid 函数的 $O_j(1-O_j)$）。这样，即使在深度神经网络中误差项被传播到很多层，也能有效地避免梯度消失问题。在每个层中，只有激活的单元会有效地传递梯度，而非活跃的单元的梯度将保持为零，不会对参数的更新产生影响。请参见图 10.10 进行理解。

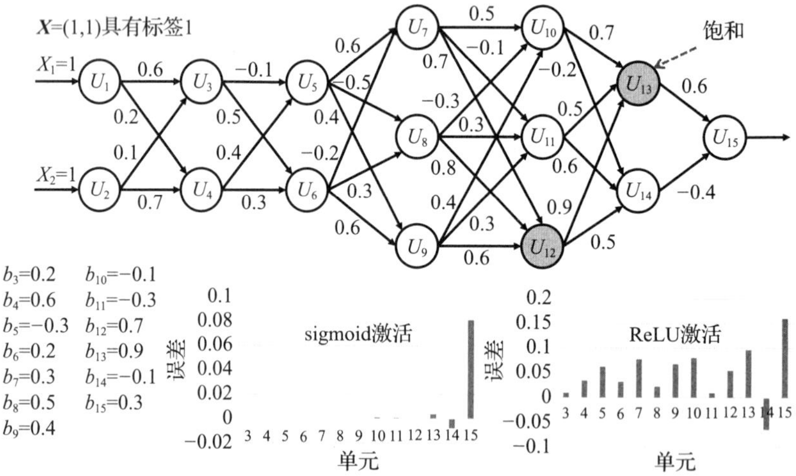

图 10.10　由 sigmoid 激活函数引起的梯度消失问题及 ReLU 如何避免该问题的示例

注：权重和偏差按照图中所示进行初始化。对于两种不同的隐藏单元激活函数（即 ReLU 和 sigmoid），每个单元的误差 $\delta(i)$ 在柱状图中进行了汇总。单元 12 和 13 的输出（即 $O(12)$ 和 $O(13)$）接近于 1，因此出现了饱和现象。这意味着使用 sigmoid 作为激活函数时，误差在反向传播过程中显著减小，而 ReLU 激活则在不同层的不同单元上产生相当的误差。

除了 ReLU 函数之外，还存在一些其他激活函数，这些函数相对于 sigmoid 函数响应更快，因此更不容易遇到梯度消失的问题。表 10.6 对此进行了总结。

10.6　对常见激活函数的总结

名称	定义 ($f(I)$)	图像	$f(I)$ 的导数	导数图像
sigmoid	$\dfrac{1}{1+e^{-I}}$	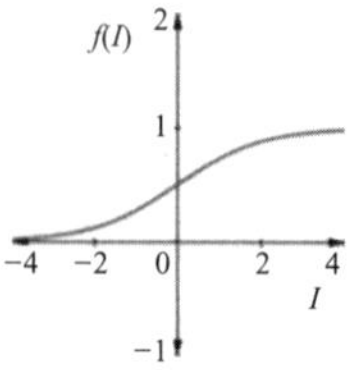	$f(I)(1-f(I))$	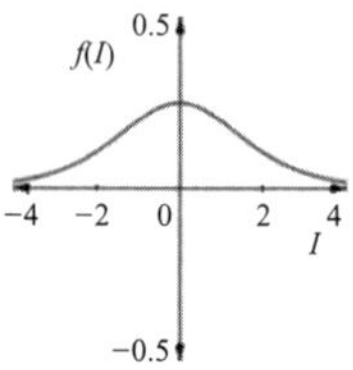

⊖ 如果净输入 $I=0$，ReLU 函数的导数不存在。可以简单地将其设置为 0。从数学上讲，当 $I=0$ 时，可以将单元输出相对于净输入的任意数字设置在 0 和 1 之间，称为次梯度。

（续）

名称	定义 ($f(I)$)	图像	$f(I)$ 的导数	导数图像
Tanh	$\dfrac{e^I - e^{-I}}{e^I + e^{-I}}$	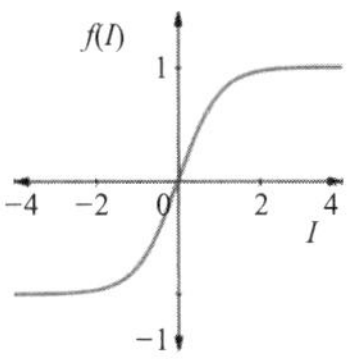	$1-f(I)^2$	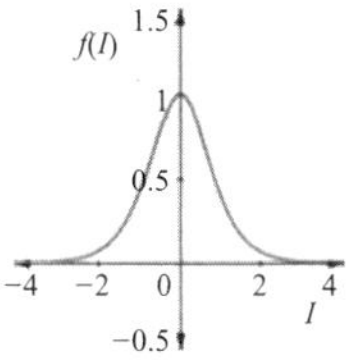
ReLU	$\begin{cases}0, & I \leqslant 0, \\ I, & I > 0\end{cases}$	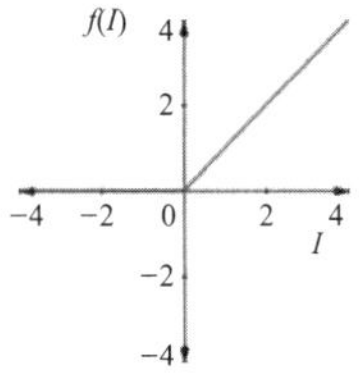	$\begin{cases}0, & I \leqslant 0, \\ 1, & I \geqslant 0\end{cases}$	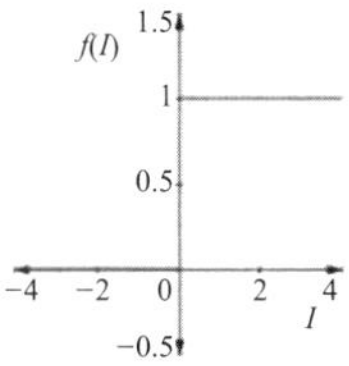
Leaky ReLU	$\begin{cases}0.01 \times I, & I < 0, \\ I, & I \geqslant 0\end{cases}$	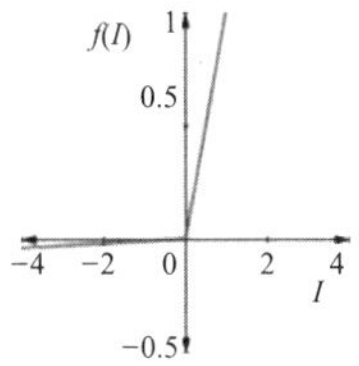	$\begin{cases}0.01, & I < 0, \\ 1, & I \geqslant 0\end{cases}$	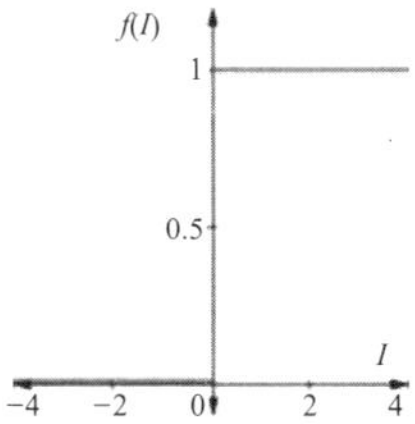
ELU	$\begin{cases}\alpha(e^I - 1), & I \leqslant 0, \\ I, & I > 0\end{cases}$	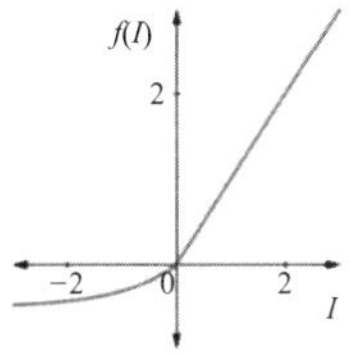	$\begin{cases}\alpha e^I, & I \leqslant 0, \\ 1, & I > 0\end{cases}$	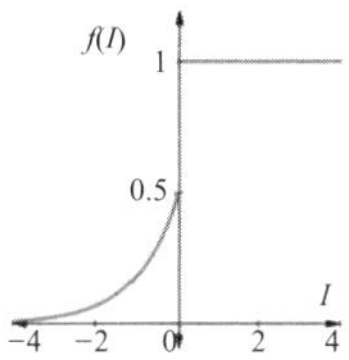

10.2.2 自适应学习率

对于图 10.4 中反向传播算法中的学习率 η（等价地，式（10.10）中的 η），如果它太小，模型参数 $\boldsymbol{\theta}$ 的更新会变得非常缓慢，算法可能需要很多次迭代才能终止。另一方面，如果学习率 η 过大，算法可能会在某些迭代周期内“跳过”所需的搜索区域。例如，若当前模型参数 $\boldsymbol{\theta}_t$ 处于图 10.11 中的梯度悬崖的边缘，在较大学习率的更新后，模型参数 $\boldsymbol{\theta}_{t+1}$ 可能会跳过低代价的局部最小值，甚至是全局最小值，导致算法最终陷入高成本的局部最小值。在其他情况下，过大的学习率还可能会导致算法在局部最小值附近振荡，无法收敛，从而需要很长时间才能终止。因此，与在整个反向传播算法中固定学习率相比，更合理的选择是使用一个随着 epoch 数 t 变化的自适应学习率 η_t。

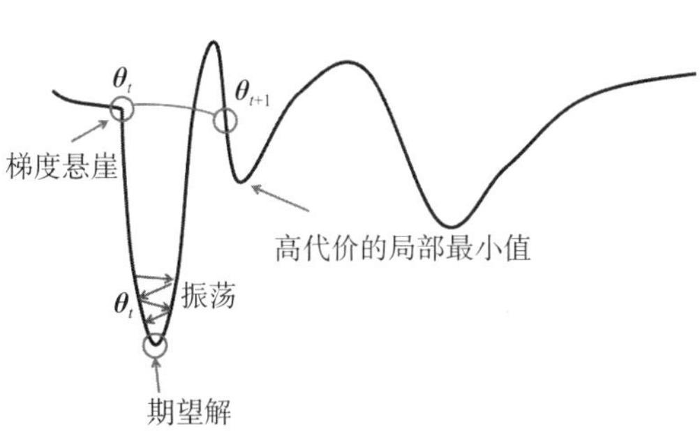

图 10.11 过大学习率导致跳过期望解或在期望解周围振荡的示例

一种通用的策略是随着算法的进行逐渐减小学习率。也就是说，随着迭代次数或 epoch 数的增加，学习率会变得越来越小。算法开始时，模型参数很可能离期望解很远。因此，使用较大的学习率就可以加速模型在参数空间中的移动，使其更接近期望的解。而随着算法的进展，当前模型参数很可能处于最终期望解的附近。因此，使用较小的学习率，就可以避免在期望解上振荡甚至跳过期望解。请参考图 10.12。

一个简单的策略是使学习率 η_t 与 epoch 数 t 成反比，即

$$\eta_t = \frac{1}{t}\eta_0$$

其中 η_0 是手动设置的初始学习率（例如，例 10.1 中的 $\eta_0 = 0.9$）。在一定的 epoch 数 T（例如，$T = 10\,000$）之后，通常将学习率设置为一个较小的常数 η_∞（如 $\eta_\infty = 10^{-9}$），以防止学习率趋近于零。在这种情况下，自适应学习率 η_t 可以在初始学习率 η_0 和最小学习率 η_∞ 之间进行线性插值。η_t 具体的公式如下：

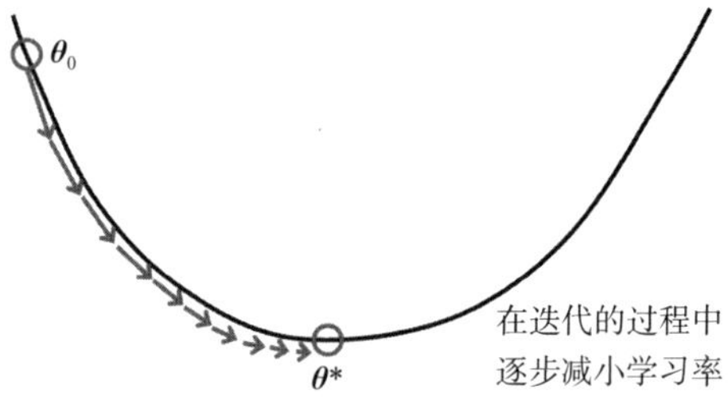

图 10.12　自适应学习率的示意图。随着迭代次数的增加，学习率逐渐减小

$$\eta_t = \begin{cases} \left(1-\frac{t}{T}\right)\eta_0 + \frac{t}{T}\eta_\infty, & t \leqslant T, \\ \eta_\infty, & t > T \end{cases}$$

可以看到，随着算法的进展（即 t 的增加），学习率会对最小学习率 η_∞ 赋予更多的权重 $\left(\frac{t}{T}\right)$，从而变得更小，直到达到一定的 epoch 数 T。

在很多情况下，式（10.10）中的梯度 $\boldsymbol{g}_t$ 的大小是反向传播算法整体进展的重要指标。对于给定的模型参数 $\boldsymbol{\theta}_i$（如两个单元之间的连接权重），可以使用历史梯度值的平方和的平方根来衡量其大小，即

$$r_i = \sqrt{\sum_{k=1}^{t-1} \boldsymbol{g}_{i,k}^2}$$

其中，r_i 的值反映了模型参数 $\boldsymbol{\theta}_i$ 在过去 epoch 中（即从 epoch 1 到 epoch $(t-1)$）梯度变化的累积情况。因此，如果 r_i 较大，意味着在前几个 epoch 中，模型参数 $\boldsymbol{\theta}_i$ 的梯度变化较大，算法在更新这些参数时取得了较大的进展。此时应该使用较小的学习率来调整参数 $\boldsymbol{\theta}_i$，以保持稳定且不错过较优的解。AdaGrad（自适应梯度算法）使用了相同的策略，即根据梯度大小的倒数来设置自适应学习率 η_t。η_t 如下列公式所示：

$$\eta_t = \frac{1}{\rho + r_i}\eta_0$$

公式中的 ρ 是一个小的常数（例如，$\rho = 10^{-8}$），用于避免梯度大小 r_i 为零时产生的数值不稳定性。注意，梯度幅度 r_i 关于 epoch 数变化，在算法开始时可以将其设置为 0，示例见表 10.7。

表 10.7　自适应学习率策略的比较，线性与 AdaGrad($\eta_0 = 0.9$, $\eta_\infty = 10^{-9}$, $T = 1\,000$, $\rho = 10^{-8}$)。可以观察到，对于 AdaGrad，较大的历史梯度值会导致学习率的较大变化，而线性策略的学习率不依赖于历史梯度

epoch 数 (t)	梯度值	线性学习率	AdaGrad 学习率
1	0.923	0.899 1	0.975 1
2	0.831	0.898 2	0.724 7
3	0.756	0.897 3	0.619 0
4	0.324	0.896 4	0.604 2
5	0.517	0.895 5	0.570 8
6	0.453	0.894 6	0.548 6
7	0.967	0.893 7	0.472 6

（续）

epoch 数 (t)	梯度值	线性学习率	AdaGrad 学习率
8	1.153	0.892 8	0.404 3
9	1.072	0.891 9	0.364 2
10	0.879	0.891 0	0.343 2

在 AdaGrad 算法中，历史 epoch 的梯度值 $\boldsymbol{g}_{i,k}^2(k=1,\cdots,t-1)$ 会被平等地考虑，并不会对最近的梯度值给予更大的权重。然而，如果想让算法对最近的梯度值更加敏感，特别是当最近的梯度值较大时，希望进一步减小学习率，以提高收敛速度，可以使用 RMSProp（即均方根传播）算法实现这样的思想。RMSProp 算法使用指数衰减的历史梯度值加权平方和来衡量梯度幅度 r_i。与 AdaGrad 相比，研究发现 RMSProp 在训练深度神经网络时具有更快的收敛速度。这是因为 RMSProp 对于最近的梯度值更加敏感，可以更准确地调整学习率，以适应不同参数的变化情况。

10.2.3 dropout

深度神经网络的一个重要优势在于它能够学习特征的层次结构。然而，这种层次结构的学习也可能导致过拟合问题，这意味着算法可能学习到了一些虚假的特征，这会导致训练误差很小，但测试误差却很高。

避免深度神经网络学习这些虚假特征的一个简单但非常有效的策略是 dropout。它的工作原理如下：在反向传播算法的某个 epoch 中，先随机地丢弃或关闭一些非输出单元，即删除相应单元的所有输入连接和输出连接。然后在训练过程中，对每个训练元组在 dropout 网络上执行标准的前向传播和反向传播操作（例如，图 10.4 中的操作），以更新模型参数（包括权重和偏差值）。在前向传播中，被丢弃的神经元将被关闭，其输出为零。在反向传播中，只有没有被丢弃的神经元才会对模型参数（如权重和偏差）的更新产生影响。被丢弃的神经元的模型参数在当前 epoch 保持不变，直到它们在下一个未被丢弃的 epoch 进行更新。这样可以将被丢弃的神经元视为"冻结"，不参与参数更新。

例 10.3 在这个例子中，有一个两层前馈神经网络，如图 10.13a 所示。在反向传播中，可以通过删除单元的所有输入连接和输出连接（图 10.13b 中的虚线）来随机丢弃隐藏单元 U_3。通过上述操作，可以得到一个 dropout 网络。然后再执行标准的前向传播和反向传播操作来更新 dropout 网络上的模型参数（包括权重和偏差）。在下一个 epoch 中，可以再创建另一个 dropout 网络，来更新模型参数。这个过程会一直重复，每个 epoch 都会创建一个新的 dropout 网络来更新模型参数。 □

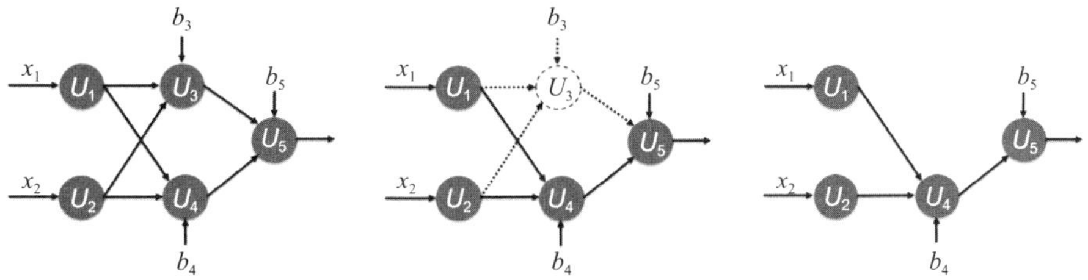

a）初始网络　　b）dropout U_3　　c）dropout 后的网络

图 10.13　创建一个 dropout 网络的示意图

在深度神经网络中，如果有 n 个非输出单元，那么可能存在指数级数量的 dropout 网络。例如，对于一个两层前馈神经网络而言，就有九个 dropout 网络，如图 10.14 所示。需要注意的是，dropout 网络永远不会丢弃输出单元。从数学上讲，可能存在多达 2^n 个 dropout 网络。然而，如果没有任何一条路径从输入单元到输出单元，那么反向传播算法将无法使用该网络来更新模型参数，因此此种单元的丢弃方式是被忽略的。对于上例中的图 10.13a，如果网络同时丢弃 U_3 和 U_4，这两个输入单元将与输出单元 U_5 断开连接，因此反向传播算法将无法使用该网络来更新模型参数，所以需要忽略这个 dropout 网络（由 U_1、U_2 和 U_5 组成）。

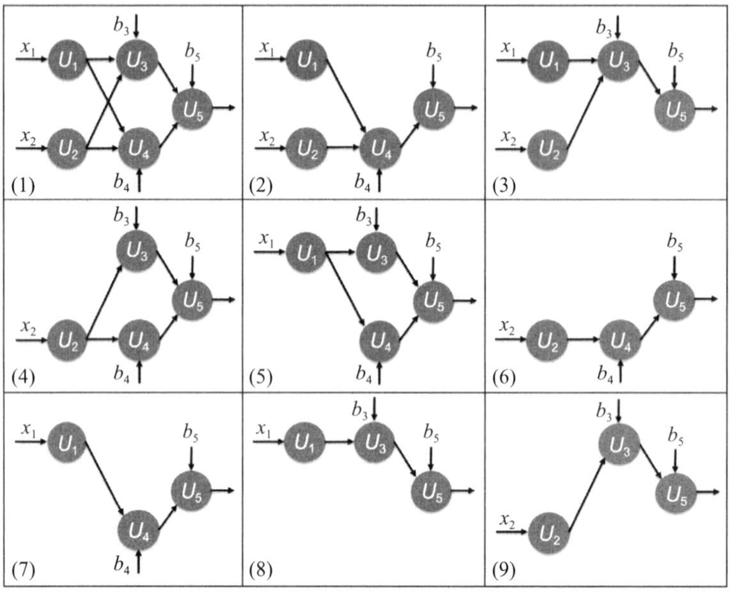

图 10.14　图 10.13 中的前馈神经网络的 dropout 网络

即使忽略所有完全断开连接的 dropout 网络，仍然有大量的 dropout 网络可供反向传播算法用来更新模型参数。然而在实际应用中，并不需要创建所有可能的 dropout 网络，因为这会非常耗时。相反，可以使用二进制掩码门来模拟 dropout 操作。即为每个非输出单元引入一个掩码门（在图 10.15 中表示为矩形节点）。在每个 epoch，掩码门 r_j（$j = 1, 2, 3, 4$）输出一个伯努利随机变量。具体来说，掩码门 r_j 以概率 $\rho(0 < \rho < 1)$ 输出 1，并以概率 $1-\rho$ 输出 0，其中 ρ 是保留率，表示保留该单元的概率，而 $(1-\rho)$ 是丢弃率，表示丢弃该单元的概率。如果将保留率设置为 0.5，那么平均而言，每个 epoch 有一半的非输出单元会被丢弃。每个掩码门的输出都会与每个单元净输入相乘，进而模拟了 dropout 的效果。当掩码门的输出为 1 时，净输入乘以 1，即保留该单元的激活；当掩码门的输出为 0 时，净输入乘以 0，即丢弃该单元的激活。在训练过程中使用 dropout 时，由于丢弃了一部分单元，模型的输出可能会受到影响。为了使测试阶段的模型输出与最终的 dropout 网络的预期输出大致匹配，可以将最终的模型参数 $\boldsymbol{\theta}^*$ 缩放 ρ 倍。例如，如果丢弃率 $\rho = 0.5$，则平均而言，原始网络中的单元数量是 dropout 网络中的单元数量的两倍。因此，在测试阶段，可以将模型参数 $\boldsymbol{\theta}^*$ 缩放 0.5 倍，从而使输出与最终的 dropout 网络的预期输出相当。另一种替代方法是反

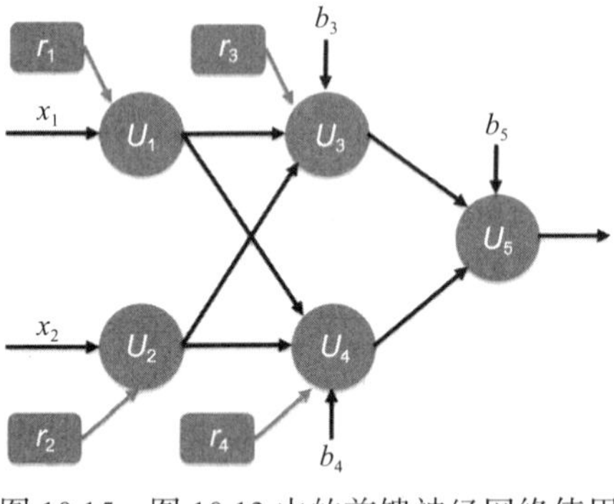

图 10.15　图 10.13 中的前馈神经网络使用二进制掩码门 r_j（$j = 1, 2, 3, 4$）实现的 dropout 网络

向丢弃（inverted dropout）。即在训练过程中，将非丢弃单元的输出按比例缩放 $1/\rho$。这意味着保留率 ρ 越低，保持活跃的单元就越少，需要进行更多的缩放。通过这种方式，可以使激活函数的取值在训练和测试阶段范围保持一致。

*为什么在实践中 dropout 方法表现出了良好的效果？*从优化的角度来看，dropout 可以被视为一种正则化技术。通过随机地丢弃或关闭一些输入或隐藏单元，dropout 迫使模型对随机噪声具有鲁棒性。这样一来，学到的特征更有可能很好地泛化到未来的测试元组，从而只产生一些较小的测试误差。同时，还可以将 dropout 和 6.7 节介绍的集成方法进行类比。dropout 可以看作集成方法的一种形式。集成方法通过创建多个模型，并对它们的预测结果进行聚合来提高模型的性能。在 dropout 中，每个 dropout 网络可以看作一个基础模型，它们通过随机采样输入和隐藏单元而得到。通过训练每个 dropout 网络，并在不同的 dropout 网络上进行预测的聚合，可以获得一个更加鲁棒和泛化能力更强的模型。需要注意的是，dropout 与传统的集成方法（如装袋法）之间存在一些微妙的区别。在装袋法中，每个基础模型是在独立的自助样本上训练的，而在 dropout 中，每个 dropout 网络是在相同的训练集上进行训练的。这种差异使得 dropout 在计算上更加高效，并且能够在每个 epoch 中更新模型参数，而不需要重新创建独立的自助样本。

10.2.4 预训练

在深度学习中，由于目标函数的非凸性，初始模型参数 $\boldsymbol{\theta}_0$ 的选择会对解的质量产生重要影响。如图 10.9 所示，如果初始模型参数位于合适的区域（例如图 10.9 中悬崖和鞍点之间的区域），使用反向传播算法，最终会得到一个低成本的局部最小值甚至全局最小值。然而，如果初始模型参数不在适当的区域，可能会得到一个高成本的局部最小值，或者算法可能会停留在平台或鞍点。为了解决这些问题，预训练是一种常用的方法。**预训练**的目标是在适当的区域初始化模型参数（例如前馈神经网络的权重和偏差值）。

一种有效的预训练方法是*贪婪监督预训练*，它的目标是以贪婪的方式逐层预设模型的参数。其一般策略是先训练一系列相对简单的模型（如层数少得多的神经网络），然后利用这些模型的学习参数作为提示，帮助训练原始的复杂模型。

例 10.4 以图 10.16a 中的四层前馈神经网络为例，来解释贪婪监督预训练的工作原理。请注意，为了清晰起见，在图 10.16 中未显示偏差值。贪婪监督预训练方法并不是直接找到所有非输入层单元的模型参数（权重和偏差值），而是以迭代的方式进行预训练。每次迭代的目标是预训练一个隐藏层的模型参数。在第一次迭代中，算法将重点放在一个简单的模型上（见图 10.16b），该模型具有两个输入单元（U_1 和 U_2），一个输出单元（U_{10}）和来自第一个隐藏层的两个隐藏单元（U_3 和 U_4）。之后再使用反向传播算法来找到这个简单模型的参数，包括隐藏单元 U_3 和 U_4 和输出单元 U_{10} 的权重和偏差值，在这个过程中，暂时忽略学习到的输出单元 U_{10} 的模型参数（表示为图 10.16b 中的虚线）。然后，在第二次迭代中，添加了另一个隐藏层，即图 10.16a 中原始网络的第二个隐藏层中的三个隐藏单元（U_5、U_6 和 U_7），从而提高了模型的复杂性。这样，可以得到一个三层前馈神经网络（图 10.16c）。在这次迭代中，要将第一次迭代中学到的隐藏单元的参数固定（在图 10.16c 中以粗线表示），并使用反向传播算法训练这个模型，找到第二个隐藏层和输出单元的模型参数，此时可以暂时忽略输出单元的模型参数。最后，在第三次迭代中，将再次增加模型的复杂性，添加了原始模型第三个隐藏层的两个隐藏单元（U_8 和 U_9）。在这次迭代中，需要将目前为止已经预训练的隐藏单元的模型参数（U_3、U_4、U_5、U_6 和 U_7）进行固定（在图 10.16d 中以粗线表示），并使用反向传播算法训练这个模型，找到新添加的隐藏单元（U_8 和 U_9）和输出单元 U_{10} 的权重和偏差值，最终得到了一个完整的四层前馈神经网络，如图 10.16d 所示。□

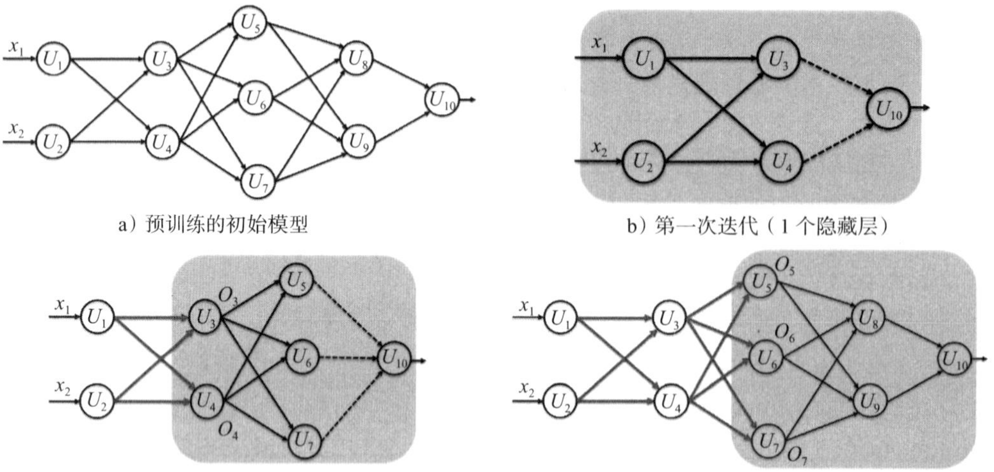

a）预训练的初始模型　　b）第一次迭代（1 个隐藏层）

c）第二次迭代（2 个隐藏层）　　d）第三次迭代（3 个隐藏层）

图 10.16　贪婪监督预训练的图解

注：图中没有显示输出单元的偏差值。在这个图中，输出单元所学习的权重（虚线表示）在除了最后一次迭代之外的所有过程中都是被忽略的。也就是说，在预训练过程中，输出单元的权重并没有得到更新。这说明在预训练过程中，之前迭代中学习到的隐藏层权重是固定的，用粗线表示。每次迭代中，新添加的隐藏层的权重和偏差值是进行预训练的。这表示在预训练过程中，模型会专门处理新添加的隐藏层，以便为其找到合适的权重和偏差值。在每次迭代中，模型使用一个两层前馈网络，并进行反向传播来预训练新添加的隐藏层的参数。同时，上一次迭代的最后一个隐藏层的输出作为输入单元传递给当前迭代的前馈网络。

总而言之，贪婪监督训练从一个只有一个隐藏层的简单模型开始。在每次迭代中，它都会逐步添加一个额外的隐藏层，同时保持从前一次迭代中学习到的隐藏单元的模型参数不变，再使用反向传播算法来找到新添加的隐藏单元的模型参数。如此反复，直到网络中添加了原始模型的所有隐藏层。最后一次迭代的模型参数将用作原始深度学习模型的初始模型参数。这种方法被称为预训练模型。这是一种贪婪方法，因为在每次迭代时，需要将前一次迭代中隐藏单元的模型参数固定不变。由于前一次迭代的隐藏单元模型参数被固定，每次迭代的预训练等效于训练一个两层神经网络，其中前一次迭代的最后一个隐藏层的输出作为输入单元。图 10.16b ～ d 中的阴影框表示了这个过程。

预训练后通常会进行微调。在微调阶段中，网络将预训练得到的模型参数作为初始解，并使用反向传播算法来进一步优化模型参数。换句话说，微调过程会对预训练得到的初始参数进行调整。

上述预训练方法是有监督的，因为在每次迭代中，反向传播算法都需要训练元组中的实际目标值来学习（或预设）新添加的隐藏层的模型参数。预训练方法还可以在无监督学习环境中使用。例如，可以使用一种特殊类型的神经网络，称为自编码器（autoencoder，将在 10.2.6 节介绍），来预训练深度神经网络。此外，除了单独的监督或无监督预训练之外，还可以采用结合两种策略的混合预训练方法。

使用预训练的另一个场景是迁移学习。正如第 7 章中介绍的，在典型的迁移学习环境中，存在一个源挖掘任务，比如对电影的推文情感分类，该任务具有大量标记训练元组；同时还存在一个目标挖掘任务，例如对电子产品的推文情感分类，该任务的标记训练元组非常有限。首先，在源任务上训练一个深度神经网络（称为源网络）。然后，为目标任务创建另一个深度神经网络（称为目标网络）。这两个网络几乎完全相同，包括相同数量的隐藏层和每层的隐藏单元。最重要的是，目标网络的隐藏单元的模型参数与源网络相同。也就是说，使用源网络的参数来预训练目标网络的隐藏单元。最后，使用有限的标记训练元组运行反向传播算法，对目标网络的输出单元参数进行微调。这样，预训练通过共享源任务的参数，有助于提高目标挖掘任务的泛化性能。

10.2.5 交叉熵

在 10.1.2 节介绍的反向传播算法（图 10.4）中，应用了均方损失来测量实际（T）和预测（O）目标值之间的差异。然而对于分类任务，通常使用**交叉熵**（cross-entropy）作为损失函数。接下来将举例说明并比较二分类任务的交叉熵函数和均方损失函数。

对于二分类任务，每个训练元组 $\boldsymbol{X}$ 都有一个实际的目标值。即如果 $\boldsymbol{X}$ 属于正类，T=1；如果 $\boldsymbol{X}$ 属于负类，T=0。因此，在这种情况下，神经网络只需要一个输出单元。为了进行二分类任务的预测，网络中使用 sigmoid 作为激活函数，输出单元的输出为一个介于 0 和 1 之间的实数，表示给定训练元组属于正类的后验概率（即 $O = P(T = 1|\boldsymbol{X})$）。交叉熵度量实际目标值和预测目标值之间的不一致程度，如下所示：

$$\text{Loss}(T, \text{O}) = -T \log O - (1-T)\log(1-O) \tag{10.11}$$

在这个计算公式中，按惯例设置 0log 0 = 0。当预测输出 O 与实际类标签 T 一致时，交叉熵损失较小。例如，如果实际类标签 T 为 1，那么 $\text{Loss}(T,O) = -\log(O)$ 会随着预测输出 O 的增加而单调减少。换句话说，当模型对正类的后验概率（即预测输出 O）越自信时，损失越小。相反，如果实际类标签 T 为 0，那么 $\text{Loss}(T,O) = -\log(1-O)$ 会随着预测输出 O 的增加而单调增加。需要注意的是，交叉熵损失与第 6 章中介绍的 logistic 回归分类器中的负对数似然损失是相同的。

图 10.17 比较了在二分类任务中使用 sigmoid 激活函数的单个输出单元的均方损失和交叉熵损失。正如在 10.1.2 节中所分析到的，对于均方误差，当输出单元饱和时（即 $O \approx 0$ 或 $O \approx 1$），即使预测输出与实际输出不匹配（即 $|T-O|$ 较大），输出单元的误差 $\delta \approx 0$。这是由于均方误差损失函数的梯度计算中，对于饱和的输出值，梯度会接近零，导致梯度消失问题。而交叉熵损失函数可以自然地避免这种梯度消失问题。在图 10.17 中，输出单元的误差 $\delta = O-T$。因此，只要预测输出与实际输出有较大的差距（即 $|T-O|$ 较大），即使输出单元本身饱和（$O \approx 0$ 或 $O \approx 1$），误差 δ 也不会消失。图 10.18 进一步说明了当输出单元饱和时，交叉熵损失如何避免梯度消失问题。

对于多分类任务，假设共有 C 个类标签。实际的目标值 $\boldsymbol{T}$ 是一个长度为 C 的二元向量，即 $\boldsymbol{T} = (T_1,T_2,\cdots,T_C)$，其中 $T_j = 1\ (j = 1,\cdots,C)$ 表示训练元组属于第 j 类；$T_j = O$ 表示不属于第 j 类。由于有 C 个输出单元，因此预测的目标值 $\boldsymbol{O}$ 也是一个长度为 C 的向量：$\boldsymbol{O} = (O_1,O_2,\cdots,O_C)$，其中 $O_j = P(T = j\,|\boldsymbol{X})\ (j = 1,\cdots,C)$。这种情况下的交叉熵定义如下：

$$\text{Loss}(\boldsymbol{T},\boldsymbol{O}) = -\sum_{j=1}^{C} T_j \log O_j \tag{10.12}$$

	均方误差	交叉熵
损失	$\frac{1}{2}(T-O)^2$	$-T\log O-(1-T)\log(1-O)$
误差 δ	$O(1-O)(O-T)$	$O-T$

图 10.17　二分类中交叉熵和均方误差的比较

注：在二分类任务中，O 是输出单元的输出，并且只需要一个输出单元 O 来判断类别。最后一行是使用 sigmoid 激活函数进行反向传播中输出单元的误差 δ。

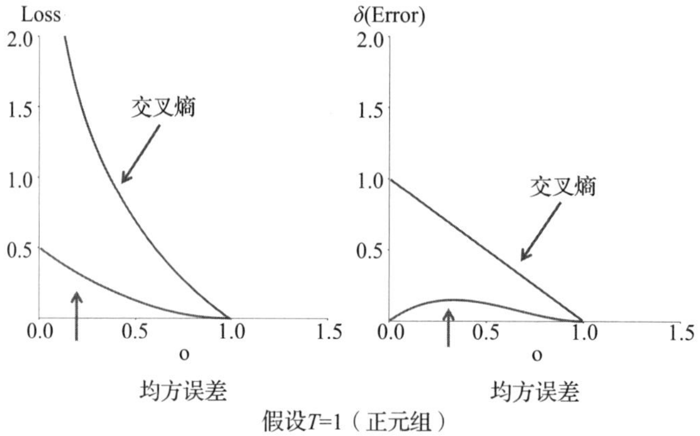

图 10.18　交叉熵和均方误差的说明，假设训练元组是一个正元组（即 $T=1$）

10.2.6　自编码器：无监督深度学习

Autoencoder 的介绍。图 10.4 中的反向传播算法需要实际的目标值 T 来指导模型的训练。对于回归问题，目标值 T 可以是实值输出；对于分类问题，目标值 T 可以是离散值输出。这意味着训练过程是有监督的。但是，如果没有这种监督呢？还能使用反向传播算法来训练前馈神经网络吗？答案是肯定的。其具体方法如下：在网络训练过程中，首先将网络中输出层和输入层设置相同数量的单元，并且将输入数据 $\boldsymbol{x}$ 作为目标输出 $\boldsymbol{T}=\boldsymbol{x}$。然后，使用反向传播算法来最小化预测输出 $\hat{\boldsymbol{T}}$ 与目标输出 $\boldsymbol{T}=\boldsymbol{x}$ 之间的损失。换句话说，这个方法的目的是利用神经网络来重建输入数据 $\boldsymbol{x}$。这种神经网络被称为**自编码器**。

最简单的自编码器包含一个隐藏层（如图 10.19a 所示），由编码器 f 和解码器 g 两部分组成。编码器 f 对应于将输入 $\boldsymbol{x}$ 映射（编码）到潜在表示（或输入的编码）$\boldsymbol{h}$ 的隐藏层。解码器 g 对应于将潜在表示 $\boldsymbol{h}$ 映射（解码）到预测输出 $\hat{\boldsymbol{T}}$ 的输出层。输出层与输入层具有相同的单元数。自编码器的目标是使用预测输出 $\hat{\boldsymbol{T}}$ 来重建输入 $\boldsymbol{x}$。这可以通过反向传播算法实现，以最小化预测输出 $\hat{\boldsymbol{T}}$ 与原始输入 $\boldsymbol{x}$ 之间的差异，即最小化 Loss($\boldsymbol{x}$, $\hat{\boldsymbol{T}}$)。其中，常见的损失函数可以是均方误差或交叉熵损失。在实际应用中，可以有多个层的编码器 f 和解码器 g（图 10.19b），即堆叠自编码器。

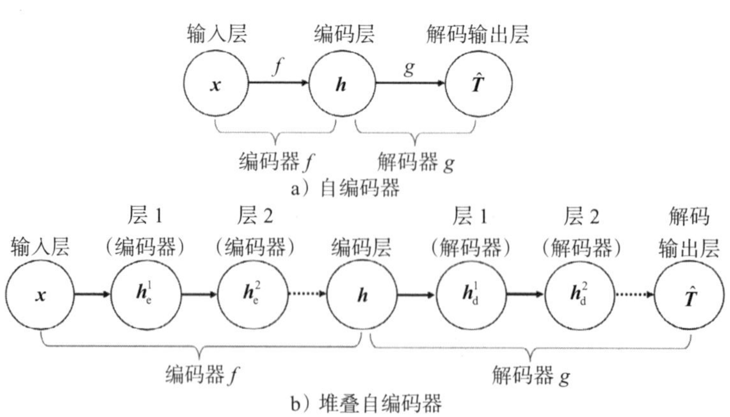

图 10.19　自编码器（a）和堆叠自编码器（b）

注：在这两种情况下，$\boldsymbol{x}$、$\boldsymbol{h}$ 和 $\hat{\boldsymbol{T}}$ 都是向量，输出层的单元数与输入层相同。通过最小化 Loss($\boldsymbol{x}$, $\hat{\boldsymbol{T}}$)，目标是通过输出 $\hat{\boldsymbol{T}}$ 重建输入 $\boldsymbol{x}$，其中 Loss() 是损失函数（例如，均方误差、交叉熵等）。

自编码器的一个主要问题是它可能只是简单地将输入复制到输出，而没有学习到有用的特征表示。这种情况发生在使用与输入层相同数量的隐藏单元和线性激活函数的情况下，如图 10.19a 所示。为了解决这个问题，可以通过限制自编码器的架构。其中，一种约束是要求隐藏层的单元数少于输入层的单元数，这样强制自编码器对输入数据进行压缩，并在解码时进行重建，可以迫使自编码器学习到数据的关键特征。另一种约束是对模型参数施加正则化项，例如要求潜在表示 $\boldsymbol{h}$ 是稀疏的。通过引入稀疏性约束，使自编码器只使用少数激活的隐藏单元来表示输入数据。此外，还可以使用**去噪训练**的方法解决上面提到的问题。即预先向输入数据添加噪声，然后让自编码器**重建**无噪声的输入数据。这样训练的目的是最小化自编码器的输出与扰动版本的输入之间的损失。

由此可见，自编码器可以很自然地用于无监督学习。接下来，给出三个将自编码器应用于无监督学习的例子：维归约、深度聚类和无监督预训练。

用于维归约的自编码器：如果编码器层的隐藏单元数量小于输入单元的数量，则自编码器（见图 10.19a）或堆叠自编码器（见图 10.19b）可以有效地实现维归约。这在概念上类似于第 2 章中介绍的主成分分析（PCA）。实际上，如果解码器使用线性激活函数和均方误差作为损失函数，图 10.19a 中的自编码器就等同于 PCA。通过在解码器中使用非线性激活函数或堆叠多个自编码器（图 10.19b），（堆叠的）自编码器能够学习比 PCA 更强大的输入数据低维表示。这意味着它可以学习到数据中更复杂的结构和特征，从而提供更好的维归约性能。

用于深度聚类的自编码器：为了对高维数据进行聚类，一种自然的解决方案是在低维空间中寻找簇，因为在低维空间中聚类结构比原始空间更明显。一般来说，在深度聚类中，通常有两种策略可以应用自编码器，详见图 10.20。

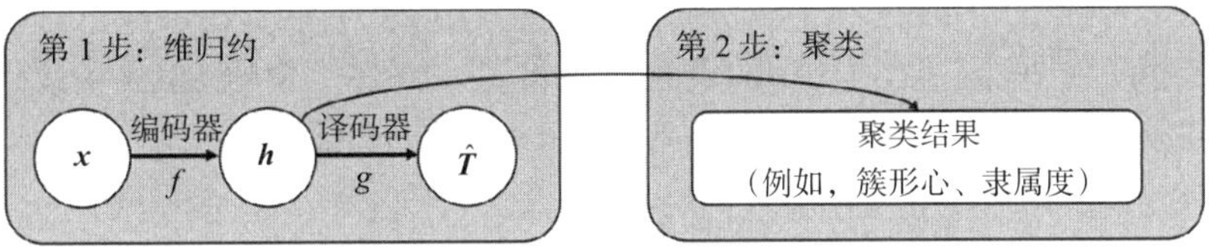

a）先维归约后聚类

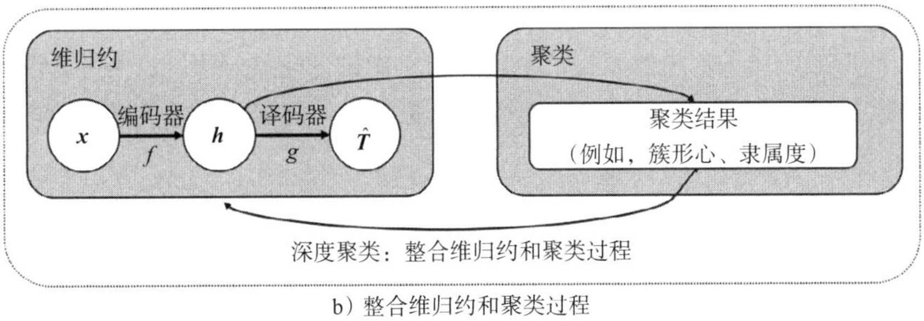

b）整合维归约和聚类过程

图 10.20 应用自编码器作为聚类高维数据维归约技术的两种策略的说明。为清楚起见，这里先假设只有一个编码器层和一个解码器层

第一种策略是先维归约后聚类。在这种策略中，自编码器被用作降维工具，将高维输入数据（例如，图 10.19a 中的 $\boldsymbol{x}$）映射到低维空间。通过减少数据的维度，自编码器可以提取数据中的重要特征，并帮助揭示数据的聚类结构。然后，对低维空间 $\boldsymbol{h}$ 应用传统的聚类算法（如 k- 均值）。这种策略的优势在于，维归约是作为聚类任务的预处理步骤进行的。一旦找到了低维空间 $\boldsymbol{h}$，便可以轻松地在其上应用任何现成的聚类算法。不过，由于维归约步骤是在聚类步骤之前进行的，输入数据集的聚类结构可能在低维空间中变得模糊不清。这是因为在低维空间中，原始高维空间中分离良好的两个簇可能会相互重叠或混合在一起，从而影响聚

类结果的质量。

第二种策略旨在将维归约和聚类过程整合在一起。换句话说，第二种策略是将维归约步骤嵌入聚类步骤中，以便在低维空间中能够更好地保留输入数据的聚类结构。在这种策略中，可以使用各种不同的维归约方法（如 PCA、自编码器、矩阵分解等）和各种聚类方法（如 k-均值、非负矩阵分解、概率聚类方法等）。当使用深度学习模型（例如自编码器）进行维归约步骤时，这种策略被称为*深度聚类*。深度学习模型具有强大的表示学习能力，可以学习到更复杂的数据特征和结构，因而带来更好的聚类质量。然而，与第一种策略相比，深度聚类通常会以增加计算为代价来获得更好的聚类质量。

*那么，如何才能将维归约和聚类整合在一起呢？*下面以自编码器（用于维归约步骤）和 k-均值（用于聚类步骤）为例，从优化的角度解释其主要思想。

自编码器的目标是找到最佳的编码器 f 和解码器 g 来重建输入数据，也就是最小化重建损失：

$$\min \sum_{i=1}^{N} \| \hat{\boldsymbol{T}}_i - \boldsymbol{x}_i \|_2^2, \text{ 其中 } \hat{\boldsymbol{T}}_i = g(f(\boldsymbol{x}_i)) \tag{10.13}$$

回想一下，k-均值（第 8 章介绍过）的目标是最小化另一种损失，即误差平方和（SSE）损失，来找到每个输入数据元组 $\boldsymbol{x}_i(i=1,\cdots,N)$ 的最佳簇中心 $\boldsymbol{c}_j(j=1,\cdots,C)$ 以及簇隶属度。误差平方和（SSE）如下：

$$\min \sum_{i=1}^{N} \sum_{\boldsymbol{x}_i \in \boldsymbol{C}_j} \| \boldsymbol{x}_i - \boldsymbol{c}_j \|_2^2 \tag{10.14}$$

现在，为了将维归约（式 (10.14)）和聚类（式（10.13））整合在一起，需要通过最小化上述两种类型损失（即式（10.13）中的重建损失和式（10.14）中的 SSE）的线性加权和，同时找到最佳的编码器 f、解码器 g、簇中心 $\boldsymbol{c}_j\ (j=1,\cdots,C)$ 和簇隶属度：

$$\min \underbrace{\sum_{i=1}^{N} \| \hat{\boldsymbol{T}}_i - \boldsymbol{x}_i \|_2^2}_{\text{重建损失}} + \alpha \underbrace{\sum_{i=1}^{N} \sum_{f(\boldsymbol{x}_i) \in \boldsymbol{C}_j} \| f(\boldsymbol{x}_i) - \boldsymbol{c}_j \|_2^2}_{\text{SSE}} \tag{10.15}$$

其中，$\hat{\boldsymbol{T}}_i = g(f(\boldsymbol{x}_i))$ 表示自编码器中解释码的输出，$\alpha > 0$ 是一个正则化参数，用于平衡两种类型损失的相对权重。需要注意的是，式（10.15）中的 SSE 是使用 $f(\boldsymbol{x}_i)$ 是编码器 f 的输出，而不是原始输入数据 $\boldsymbol{x}_i$。这是与第一种策略（即先维归约再聚类）的关键区别。这样，维归约和聚类两个步骤便整合在了一起。

为解决式（10.15）中的优化问题，可以使用迭代算法。迭代算法由两个交替的步骤组成：首先，固定自编码器的编码器 f 和解码器 g，对编码器的输出 $f(\boldsymbol{x}_i)$ 运行 k-均值算法，以找到当前的簇中心 $\boldsymbol{c}_j(j=1,\cdots,C)$ 和每个输入数据元组的簇隶属度。然后，固定簇中心 $\boldsymbol{c}_j(j=1,\cdots,C)$ 和簇隶属度，训练一个自动编码器来更新编码器 f 和解码器 g。通过迭代更新自编码器，使其能够基于当前的簇中心和簇隶属度，生成一个更适合聚类任务的低维表示（即 $f(\boldsymbol{x}_i)$），这样可以较好地保留聚类结构。

深度聚类提供了一个强大且灵活的框架，可以将维归约和聚类过程整合在一起。例如，除了自动编码器之外，还可以根据特定的输入数据类型（如用于处理图像的 CNN，用于处理序列的 RNN，用于处理图数据的 GNN）替代式（10.15）中使用的深度学习架构。此外，还可以使用非负矩阵分解（NMF，在第 9 章中介绍过）或 Kullback-Leibler（KL）散度作为聚类步骤的损失函数替代式（10.15）中的 SSE 损失函数。KL 散度损失是另一种常用的损失函数，它可以最小化当前簇形心的分布和目标分布之间的 KL 散度，这对于深度聚类非常有效。

用于无监督预训练的自编码器：无监督预训练是一种使用自编码器来预训练前馈神经网络的方法。与 10.2.4 节介绍的贪婪监督预训练类似，自编码器可以用贪婪层的方式逐层预训练前馈神经网络的模型参数。为了预训练第 k 层的模型参数，将前 k 层的输入层和所有隐藏层保留，并看作编码器 f，并将第 k 层之后所有隐藏层和输出层替换为一个与输入层具有相同单元数的新输出层，作为解码器 g。通过在该自编码器上运行反向传播算法，可以获得第 k 层的预设（或预训练）模型参数。

10.2.7 其他技术

有一些技术可以极大改进深度学习模型的训练，如响应性激活函数（如 10.2.1 节中的 ReLU）、自适应学习率（10.2.2 节）、dropout（10.2.3 节）、预训练（10.2.4 节）、交叉熵损失函数（10.2.5 节）和自编码器（10.2.6 节）。在本节中，将会介绍一些进一步改进深度学习模型训练的其他技术。

梯度爆炸问题

从图 10.9 中可以看出，在接近梯度 $\boldsymbol{g}_t$ 幅度较大的“梯度悬崖”时，随机梯度下降法更新的模型参数可能会跳过理想区域。在实践中，造成梯度悬崖的一个常见原因是反向传播算法。例如，人们常使用 ReLU 激活函数作为隐藏单元的激活函数来避免梯度消失问题。此时，在反向传播过程中，对于一个处于活跃状态的隐藏单元 j（即 $I_j > 0$），其误差 δ_j 是下一层隐藏单元误差的累积（即 $\delta_j = \sum_l \delta_l w_{jl}$）。因此，如果当前权重 w_{jl} 较大，反向传播可能会放大误差。也就是说，误差 δ_j 的大小可能明显大于来自下一层的误差。即在使用深度神经网络传播误差时，下层隐藏单元的误差可能会更大，从而导致梯度悬崖。这种现象被称为*梯度爆炸*。

在 10.2.2 节中介绍的自适应学习率（如 AdaGrad 或 RMSProp）可以缓解梯度爆炸问题。这是因为，若当前迭代的梯度幅度较大，自适应学习率方法（例如 AdaGrad 和 RMSProp）会自动减少自适应学习率，从而减少模型参数的更新（即 $\boldsymbol{\theta}_{t+1} = \boldsymbol{\theta}_t - \eta_t \boldsymbol{g}_t$）。另一种简单而有效的处理梯度爆炸问题的方法是*梯度裁剪*。其具体的解决方法是设置一个阈值 c 作为梯度最大幅度的上限。如果在给定的时间内，梯度的幅度超过这个阈值，就要对梯度进行规范化处理，以减小其幅度。具体来说，如果欧几里得范数 $\|\boldsymbol{g}_t\| > c$，设置 $\tilde{\boldsymbol{g}}_t = \boldsymbol{g}_t \cdot \frac{c}{\|\boldsymbol{g}_t\|}$。然后，使用规范化梯度 $\tilde{\boldsymbol{g}}_t$ 来更新模型的参数，即 $\boldsymbol{\theta}_{t+1} = \boldsymbol{\theta}_t - \eta_t \tilde{\boldsymbol{g}}_t$。

提前停止

如 10.1.3 节所述，反向传播算法旨在最小化式 (10.9) 中的 (近似) 训练误差。因此，在一定次数的 epoch 后，算法可能继续降低目标函数值 $E(\boldsymbol{\theta})$，但训练好的模型在未来的测试元组上却表现不佳，即发生过拟合现象。为了避免这种过拟合，一种有效的方法是*提前停止*（early stopping）。具体做法是在反向传播算法的每个 epoch 中，都使用当前 epoch 学习到的模型参数在一个单独的验证集上计算验证误差。验证集是从训练数据中独立取出来的一部分数据，不参与模型的训练过程，而是用于评估模型的泛化能力。如果验证误差在一定数量的连续 epoch（如连续 10 或 100 个周期）内没有减少，就可以终止算法，即使训练误差可能仍在继续减少。

批量规范化

从优化的角度来看，式（10.10）中的梯度 $\boldsymbol{g}_t$ 提供了更新模型参数的方向，以减少式（10.9）中的训练误差。式（10.10）中有一个关于（随机）梯度下降的隐式假设，即来自其他单元的模型参数是固定的。然而，反向传播算法（图 10.4）会在一个 epoch 内更新所有模型参数，而不仅仅是一个参数。这种批量更新的方式有助于更快地收敛和优化整个网络。

为解决上面两种更新参数方法差异，一个简单而有效的策略是**批量规范化**（batch normalization）。其工作原理如下：对标准的反向传播算法进行一个简单的改动，即对输入或隐藏单元的输出进行 z-score 规范化。具体来说，在给定的反向传播周期中，抽取一个包含 m 个元组的小批量数据集。然后，对于每个输入或隐藏单元 j，使用当前的模型参数来计算给定单元 j 在每个元组上的输出：$O_j^1,\cdots,O_j^m$，其中上标表示不同的训练元组。之后，计算出 $O_j^1,\cdots,O_j^m$ 的样本均值 μ_j 和样本标准差 σ_j。最后，再对单元 j 的输出进行 z-score 规范化，即对每个样本的输出进行如下规范化计算：

$$\tilde{O}_j^l=\frac{O_j^l-\mu_j}{\sigma_j}(l=1,\cdots,m)$$

其中 l 表示样本的索引，$\tilde{O}_j^l$ 表示规范化后的输出。在反向传播算法的其余计算中，也均使用规范化后的输出 $\tilde{O}_j^l(l=1,\cdots,m)$。z-score 规范化方法已在第 2 章中介绍。

基于矩的方法

式（10.10）中描述了使用当前梯度 $\boldsymbol{g}_t$ 来更新模型参数的方法。具体来说，在每个 epoch 中，模型参数是沿着当前梯度的负方向移动或更新的。数学表示为：$\boldsymbol{\theta}_{t+1}=\boldsymbol{\theta}_t+\Delta\boldsymbol{\theta}$，其中 $\Delta\boldsymbol{\theta}=-\eta\boldsymbol{g}_t$，$\eta$ 是学习率。另一种方法是使用**矩** $\boldsymbol{r}_t$ 来更新模型参数，更新公式为：$\boldsymbol{\theta}_{t+1}=\boldsymbol{\theta}_t+\boldsymbol{r}_t$。与梯度下降法仅使用当前梯度 $\boldsymbol{g}_t$ 更新模型参数不同，这种方法里的矩 r_t 是一个累积的量，它考虑了所有历史梯度。

矩的计算方法如下：在算法开始时，将矩初始化为零向量（即 $\boldsymbol{r}_0=\boldsymbol{O}$）。在每个 epoch 中，都根据公式 $\boldsymbol{r}_t=\alpha\boldsymbol{r}_{t-1}-\eta\boldsymbol{g}_t$ 更新矩，其中 $0<\alpha<1$ 是衰减因子，η 是学习率，$\boldsymbol{g}_t$ 是当前梯度。从这个公式中可以看到，矩 $\boldsymbol{r}_t$ 是根据历史梯度的指数衰减平均值计算得到的，权重越高，说明最近的梯度越大。在基于矩的方法中，可以使用类似于 AdaGrad 或 RMSProp 的策略，以自适应地选择学习率。在深度学习中，一种常用的具有自适应学习率的基于矩的方法是 Adam（Adaptive Moment Estimation，自适应矩估计）。

快捷连接

在标准的前馈神经网络中，信息从输入层前向传播到输出层，然后将误差和梯度反向传播。然而，当网络变得更深，隐藏层数量增加时，前向传播和反向传播这些信息变得愈发困难。这可能导致梯度消失或爆炸的问题，即梯度在传播过程中逐渐变得非常小或非常大，导致训练困难和模型性能下降。为了解决这个问题，除了已经介绍的一些技术外（如使用响应性激活函数、预训练、交叉熵损失函数等），另一种简单而有效的方法是使用快捷连接（也称为跳跃连接）。图 10.21 提供了一个快捷连接的示例，其中在网络中添加了额外的连接，将较低层的输出直接连接到不相邻的较高层，跳过中间的一层或多层。

如果较低层（本例中为 k 层）与快捷连接所连接到的较高层（本例中为 $(k+2)$ 层）具有相同的单元数，这些额外的连接就可以简单地复制较低层的输出作为较高层的额外输入，这种方式对应的网络被称为 resNet，即残差网络（residual network）。

若第 k 层和第 $(k+2)$ 层具有不同的单元，则需要引入额外的参数作为权重来连接不同的单元，即将第 k 层中的单元连接到第 $(k+2)$ 层中。这种快捷连接对应的网络可以被看作 HighwayNets，因为相对于正常连接（下方链式图的箭头）来说，快捷连接能够快速地前向和反向传递信息（如输入、输出、误差、梯度）。研究发现，这些快捷连接可以大大缓解梯度消失的问题，因为它们提供了更直接的信息传递路径，使得梯度能够更轻松地传播回较低层。

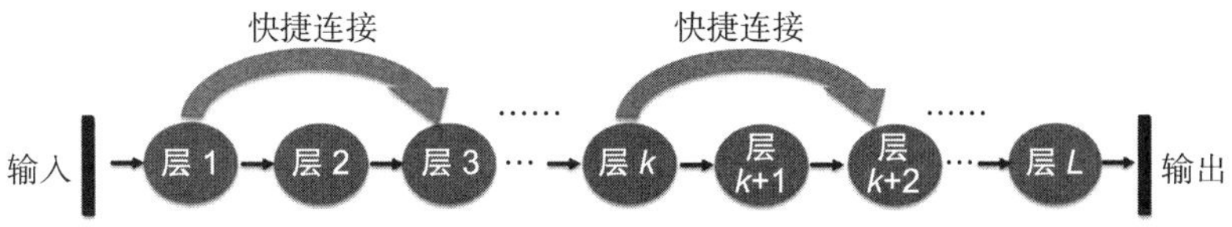

图 10.21 快捷连接的图示

注：图下方的链式图代表一个具有 L 层的标准前馈神经网络，每一层由一组神经元组成。上方的箭头是捷径连接，它将下一层的单元连接到不相邻的上一层单元，跳过中间的一层或多层。在这个例子中，快捷连接直接连接了第 k 层和第 $(k+2)$ 层，跳过了第 $(k+1)$ 层。通过这些添加的连接，提供了额外的"捷径"，允许输入信号直接前向传播到输出，并且误差和梯度可以更快地反向传播。

10.3 卷积神经网络

卷积神经网络（CNN）是最成功的深度学习模型之一，在众多应用中取得了巨大的成功。例如，CNN 在图像目标识别任务的最先进方法中发挥核心作用；CNN 已用于人脸识别，且能够应对旋转和部分遮挡等挑战性场景。在医疗保健领域，CNN 也已被应用于检测生物标记、患者健康风险评估以及药物再利用（即药物发现）等。CNN 还被应用于时间序列数据的分析，如预测未来测量结果和异常检测。此外，CNN 在 AlphaGo 计算机程序中的应用同样引起了广泛关注。（AlphaGo 是由 DeepMind 开发的一款程序，于 2016 年在围棋比赛中战胜了世界冠军。）

CNN 是为处理网格状数据设计的，最典型的例子是图像数据。在数学上，CNN 将输入的网格数据表示为多维数组（即张量）。例如，时间序列数据（一维网格）可以表示为一维张量（即一维数组），其中每个元素提供了相应时间戳的测量结果。灰度图像可以表示为二维张量，它是一个矩阵，其中每个元素表示对应像素的灰度。而彩色图像则可以表示为三维张量，第三维代表不同的颜色通道（例如红、绿、蓝）。

CNN 的特征提取过程从一维卷积操作开始（10.3.1 节），逐步推广到多维卷积（10.3.2 节），用于处理更高维度的网格数据，如二维图像和三维图像。基于多维卷积操作，CNN 又引入了卷积层（10.3.3 节），这是构建卷积神经网络的基本组件，接下来将会展开介绍各个概念。

10.3.1 引入卷积操作

假设有一个一维时间序列数据，如室温随时间的变化。在某些情况下，人们可能只对温度的总体趋势感兴趣，而不关心温度的噪声或微小波动。为此，人们可以将输入时间序列中的原始温度值替换为相应时间戳附近的平均温度，从而得到平滑的输入时间序列。在另一种情况下，人们希望检测在某些时间戳是否有温度突变。为此，人们可以计算相邻时间戳之间的温度差异。那么，有没有什么方法可以自动地从输入数据中提取这些信号或特征（如平均值、差值），而不需要手动指定具体的规则或阈值呢？一种可以用来解决这个问题的强大技术叫作**卷积**，它是 CNN 中的关键操作。

在深度学习中，给定一个由张量来表示的输入 $\boldsymbol{I}$ 和一个同样由张量表示的**核** $\boldsymbol{K}$（也称为过滤器），其中核的大小通常小于输入的张量大小。卷积操作生成的**特征图** $\boldsymbol{S}$ 也是一个张量。人们常使用符号$*$来表示卷积操作，即 $\boldsymbol{S}=\boldsymbol{I}*\boldsymbol{K}$。直观地说，特征图 $\boldsymbol{S}$ 中的每个元素代表了输入张量对应位置元素的特征。它是由输入张量对应元素附近的元素的线性和来生成的，其中线性权重由核 $\boldsymbol{K}$ 提供。

如果输入数据 $\boldsymbol{I}$ 是一维的，则将其表示为一个长度为 N 的一维数组，让数组 $\boldsymbol{I}$ 的索引从 1 开始，即数组 $\boldsymbol{I}$ 的第一个元素和最后一个元素分别是 $\boldsymbol{I}[1]$ 和 $\boldsymbol{I}[N]$。核 $\boldsymbol{K}$ 也是一个一维数组，

其长度 P 通常比输入数据 $\boldsymbol{I}$ 小得多，即 $P \ll N$。通常选择 P 为奇数，并将核中间元素的索引设为 0，即核 $\boldsymbol{K}$ 的第一个元素是 $\boldsymbol{K}\left[-\frac{P-1}{2}\right]$，最后一个元素是 $\boldsymbol{K}\left[\frac{P-1}{2}\right]$。根据这些符号，一维卷积操作可以正式定义为[⊖]

$$\boldsymbol{S}[i]=\sum_{p=-\frac{P-1}{2}}^{\frac{P-1}{2}} \boldsymbol{I}[i+p]\boldsymbol{K}[p],(i=1,\cdots,N) \tag{10.16}$$

其中，特征图 $\boldsymbol{S}$ 的索引从 1 开始。为了计算特征图 $\boldsymbol{S}$ 中的元素 $\boldsymbol{S}[i]$，首先找到输入数据 $\boldsymbol{I}$ 中索引为 i 的元素。然后，以元素 $\boldsymbol{I}[i]$ 为中心，绘制一个大小为 P 的邻域（或窗口），在该邻域中包含了前后各 $\frac{P-1}{2}$ 个元素。最后，使用核 $\boldsymbol{K}$ 中对应的元素来对邻域中的每个元素进行加权求和，并将加权和作为特征图 $\boldsymbol{S}$ 中的元素 $\boldsymbol{S}[i]$。总结起来，一维卷积操作是将核与一维输入进行滑动窗口的加权求和，生成特征图。通过选择合适的窗口大小和核权重，可以从输入数据中提取出重要的局部特征，为后续的学习和任务提供有用的中间表示。

换句话说，可以将卷积操作看作核 $\boldsymbol{K}$ 在输入 $\boldsymbol{I}$ 上的*遍历*过程，而特征图 $\boldsymbol{S}$ 是输入 $\boldsymbol{I}$ 对核的响应。也就是说，当核 $\boldsymbol{K}$ 每次访问输入 $\boldsymbol{I}[i]$ 中的一个元素时，它都会识别一个邻域，即

$$\left\{\boldsymbol{I}\left[i-\frac{P-1}{2}\right],\cdots,\boldsymbol{I}\left[i+\frac{P-1}{2}\right]\right\}$$

这个邻域的大小与核大小相同，在计算机视觉中被称为 $\boldsymbol{I}[i]$ 的*感受野*。感受野中的所有元素根据核中的元素加权求和后，生成特征图 $\boldsymbol{S}$ 中的相应元素。这个加权和可以看作输入元素 $\boldsymbol{I}[i]$ 对核的*响应*。这个过程可以等价地表示为感受野和核之间的点积操作，其中感受野中的元素与核的对应元素进行相乘，并将结果相加。

根据式（10.16），在计算特征图时会存在边界问题。也就是说，当计算特征图的前几个或后几个元素时，根据式（10.16），输入 $\boldsymbol{I}$ 中没有足够的元素。例如，为计算 $\boldsymbol{S}[1]$，式（10.16）需要使用以下元素：

$$\boldsymbol{I}\left[-\frac{P-1}{2}+1\right],\cdots,\boldsymbol{I}[0]$$

但它们并不存在于输入 $\boldsymbol{I}$ 中。为解决这个问题，可以采用**零填充**的方法。具体来说，可以在 $\boldsymbol{I}[1]$ 之前和 $\boldsymbol{I}[N]$ 之后分别添加 $\frac{P-1}{2}$ 个零。通过零填充，可以保证对于特征图中的每个元素，都存在足够的输入元素进行计算。如果没有零填充，生成的特征图 $\boldsymbol{S}$ 的大小将小于输入 $\boldsymbol{I}$ 的大小。另一个影响特征图大小的因素是*步长*（stride），它控制着核中心在计算卷积时如何移动。如果步长为 1，核中心将访问输入的每个元素；如果步长为 2，这意味着在进行卷积操作时，核的中心会跳过一个元素，只访问输入中的每隔一个元素，因此特征图的大小约为输入的一半，以此类推。在本节中，将始终假设步长为 1，并且对输入进行适当的零填充，以保持特征图与输入大小相同。

例 10.5　如图 10.22 所示，在这个例子中，输入 $\boldsymbol{I}$ 有 8 个元素，即 $\boldsymbol{I}[1]=10$，$\boldsymbol{I}[2]=50$，$\boldsymbol{I}[3]=30$，$\boldsymbol{I}[4]=40$，$\boldsymbol{I}[5]=50$，$\boldsymbol{I}[6]=80$，$\boldsymbol{I}[7]=90$，$\boldsymbol{I}[8]=85$，$N=8$。卷积核 $\boldsymbol{K}$ 有 3 个元素（$P=3$），

⊖ 存在几种替代的卷积定义，它们对输入、核或特征图使用不同的索引机制。例如，一维卷积也可以定义为 $\boldsymbol{S}[i]=\sum_{p}\boldsymbol{I}[i-p]\boldsymbol{K}[p]$，这相当于在中心 $\boldsymbol{K}[0]$ 翻转核后的式（10.16）。在文献中，式（10.16）中的一维卷积也被称为互相关。

需要注意的是，卷积核的中间元素索引为 0，即 $\boldsymbol{K}[-1] = 0.25$，$\boldsymbol{K}[0] = 0.50$，$\boldsymbol{K}[1] = 0.25$。计算特征图 $\boldsymbol{S}$ 中的第 2 个元素（$\boldsymbol{S}[2]$）的步骤如下：首先找到输入序列 $\boldsymbol{I}$ 中对应的元素（$\boldsymbol{I}[2] = 50$）。然后，再以 $\boldsymbol{I}[2]$ 为中心绘制一个大小为 3 的窗口。这个窗口包含了 $\boldsymbol{I}[1] = 10$、$\boldsymbol{I}[2] = 50$ 和 $\boldsymbol{I}[3] = 30$ 这三个元素。接下来，使用卷积核 $\boldsymbol{K}$ 中对应的元素对窗口中的三个元素进行加权求和，并将结果作为 $\boldsymbol{S}[2]$ 的值。具体计算如下：$\boldsymbol{S}[2] = \boldsymbol{K}[-1]\times\boldsymbol{I}[1]+\boldsymbol{K}[0]\times\boldsymbol{I}[2]+\boldsymbol{K}[1]\times\boldsymbol{I}[3]=0.25\times10+0.50\times50+0.25\times30=35$。为了计算 $\boldsymbol{S}[1]$ 和 $\boldsymbol{S}[8]$，需要在输入序列 $\boldsymbol{I}$ 的开头（$\boldsymbol{I}[1]$ 之前）和结尾（$\boldsymbol{I}[8]$ 之后）进行零填充，即将 $\boldsymbol{I}[0]$ 和 $\boldsymbol{I}[9]$ 设置为 0。通过进行零填充后再按照式（10.16）计算 $\boldsymbol{S}[1]$ 和 $\boldsymbol{S}[8]$ 的值，即 $\boldsymbol{S}[1]=0.25\times0+0.50\times10+0.25\times50=17.5$，$\boldsymbol{S}[8]=0.25\times90+0.50\times85+0.25\times0=65$。 □

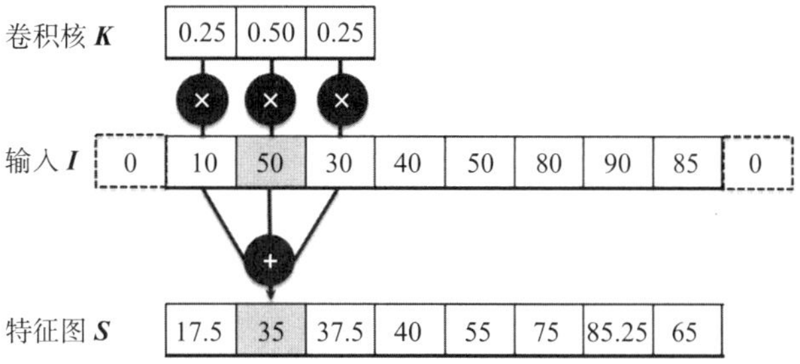

图 10.22 一维卷积示例

注：输入 $\boldsymbol{I}$ 有 8 个元素，卷积核有 3 个元素。为了确保特征图得到的 $\boldsymbol{S}$ 与输入 $\boldsymbol{I}$ 具有相同的长度，要在 $\boldsymbol{I}[1]$ 之前和 $\boldsymbol{I}[8]$ 之后分别填充一个 0（两个虚线框），在卷积操作中，核 $\boldsymbol{K}$ 的每个元素与输入序列 $\boldsymbol{I}$ 的相应元素进行逐元素相乘，然后将所有乘积结果相加，得到输出特征图 $\boldsymbol{S}$ 中的一个元素。三行列表之间的线和圆表示了在计算输出特征图 $\boldsymbol{S}$ 中的某个元素（例如 $\boldsymbol{S}[2]$）时，如何使用核 $\boldsymbol{K}$ 中的权重从相应的输入元素（例如 $\boldsymbol{I}[2]$）及其邻域的元素进行计算。三个元素 $\boldsymbol{I}[1]$、$\boldsymbol{I}[2]$ 和 $\boldsymbol{I}[3]$，形成 $\boldsymbol{I}[2]$ 的感受野。

上述卷积操作可以被看作一个特征提取过程，在上述例子中，假设卷积核 $\boldsymbol{K}=(1/3,1/3,1/3)$。在这种情况下，卷积操作可以被视为平滑算子。此处平滑算子的作用是对输入的对应元素的局部邻域进行平均化处理。如果选择另一个卷积核 $\boldsymbol{K} = (-1,0,1)$ 对同样的输入进行处理，卷积操作将充当变化（或差异）检测器。这种变化检测可以捕捉输入中的边缘、轮廓或其他显著变化的特征。

10.3.2 多维卷积

如果输入 $\boldsymbol{I}$ 是一个大小为 $N\times M$ 的二维矩阵，那么卷积核（或过滤器）$\boldsymbol{K}$ 也是一个大小为 $P\times Q$ 的二维矩阵，其中 $P \ll N$ 和 $Q \ll M$。P 和 Q 通常被设置为奇数，常设置为 $P=Q=3$ 或 $P=Q=5$。二维卷积操作之后将生成如下的二维特征图 $\boldsymbol{S}$：

$$\boldsymbol{S}[i][j]=\sum_{q=-\frac{Q-1}{2}}^{\frac{Q-1}{2}}\sum_{p=-\frac{P-1}{2}}^{\frac{P-1}{2}}\boldsymbol{I}[i+p][j+q]\boldsymbol{K}[p][q],(i=1,\cdots,N;j=1,\cdots,M) \tag{10.17}$$

其中，输入和特征图的第一个元素分别是 $\boldsymbol{I}[1][1]$ 和 $\boldsymbol{S}[1][1]$，输入和特征图的最后一个元素分别是 $\boldsymbol{I}[N][M]$ 和 $\boldsymbol{S}[N][M]$。与一维卷积类似，二维卷积核的中心元素被索引为 $\boldsymbol{K}[0][0]$。这意味着核中的一些元素具有负的索引。同时，为了确保特征图的大小与输入相同，还需要对输入 $\boldsymbol{I}$ 进行零填充。

例 10.6 图 10.23 所展示的是二维卷积如何工作的例子。要计算特征图 $\boldsymbol{S}[1][2]$ 中的元素，首先要找到输入 $\boldsymbol{I}[1][2]$ 对应的元素，并绘制以 $\boldsymbol{I}[1][2]$ 为中心的感受野（即一个 3×3

的矩阵，边框线为灰色）。同时，将卷积核的中心元素索引为 $\boldsymbol{K}[0][0]$。与一维卷积类似，将 $\boldsymbol{I}[1][2]$ 的感受野中的每个元素与核 $\boldsymbol{K}$ 中的相应元素进行加权，并将结果求和：$\boldsymbol{S}[1][2] = \boldsymbol{I}[0][1]\times\boldsymbol{K}[-1][-1] + \boldsymbol{I}[0][2]\times\boldsymbol{K}[-1][0] + \boldsymbol{I}[0][3]\times\boldsymbol{K}[-1][1] + \boldsymbol{I}[1][1]\times\boldsymbol{K}[0][-1] + \boldsymbol{I}[1][2]\times\boldsymbol{K}[0][0] + \boldsymbol{I}[1][3]\times\boldsymbol{K}[0][1] + \boldsymbol{I}[2][1]\times\boldsymbol{K}[1][-1] + \boldsymbol{I}[2][2]\times\boldsymbol{K}[1][0] + \boldsymbol{I}[2][3]\times\boldsymbol{K}[1][1]= 0\times0 + 0\times1 + 0\times0 + 1\times1 + 1\times0 + 1\times1 + 0\times1 + 0\times1 + 1\times1= 3$。由于在输入 $\boldsymbol{I}$ 周围填充了零，因此根据式（10.17）可以计算特征图 $\boldsymbol{S}$ 中的其他元素。图 10.23 的右侧显示了计算得到的特征图 $\boldsymbol{S}$。　□

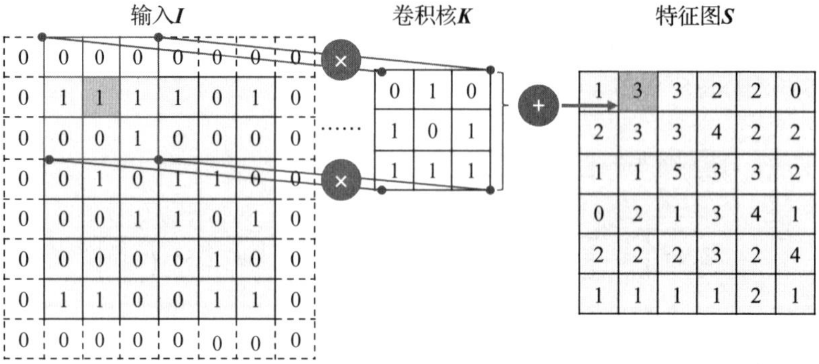

图 10.23　二维卷积的例子

注：输入 $\boldsymbol{I}$ 是一个 6×6 的二元矩阵。卷积核 $\boldsymbol{K}$ 是一个 3×3 的二元矩阵。在输入 $\boldsymbol{I}$ 周围补零。以灰色为边界的 3×3 矩阵构成 $\boldsymbol{I}[1][2]$ 的感受野。

当输入为多维张量时，同样可以将上述定义推广到一维卷积（式（10.16））和二维卷积（式（10.17））。例如，如果输入是一个三维张量，首先需要定义一个比输入小得多的三维张量，再通过对式（10.17）中二维卷积推广，便可以输出一个三维特征图。这个过程与一维或二维卷积类似。也就是说，让卷积核在输入的每个元素上进行遍历或滑动。特征图元素计算过程如下：先找到特征图元素对应的每个输入元素，将输入元素的感受野元素与卷积核元素之间进行点积操作，再求和。该求和结果成为特征图的相应元素。原则上，在零填充的帮助下，可以使核沿着三个维度遍历或滑动。因此，特征图 $\boldsymbol{S}$ 也可以是一个三维张量。

在许多具有三维向量的实际应用中（如计算机视觉），人们常使用上述三维卷积的变体。例如，给定一幅输入图像，将其表示为一个大小为 $N\times M\times R$ 的三维张量 $\boldsymbol{I}$，其中 N 和 M 分别表示图像的宽度和高度，R 表示图像的深度（例如，R=3 表示图像的三个颜色通道，包括红色、绿色和蓝色）。实际上，卷积核 $\boldsymbol{K}$ 在空间上（宽度和高度维度）是局部的，但在深度维度上是完全的。也就是说，卷积核 $\boldsymbol{K}$ 的大小为 $P\times Q\times R$，其中 $P \ll N$，$Q \ll M$，但核的深度与输入张量 $\boldsymbol{I}$ 的深度相同。这样定义的三维卷积操作可以表示为

$$\boldsymbol{S}[i][j]=\sum_{q=-\frac{Q-1}{2}}^{\frac{Q-1}{2}}\sum_{p=-\frac{P-1}{2}}^{\frac{P-1}{2}}\sum_{r=1}^{R}\boldsymbol{I}[i+p][j+q][r]\boldsymbol{K}[p][q][r],(i=1,\cdots,N;j=1,\cdots,M)\qquad(10.18)$$

其中输入、核和特征图的索引定义方式与一维和二维卷积类似。需要注意的是，三维卷积操作中，卷积核在深度维度上的索引从 1 开始，与输入的深度维度的索引保持一致。这意味着在输入上滑动卷积核时，只允许卷积核沿着输入的宽度和高度维度滑动。因此，得到的特征图 $\boldsymbol{S}$ 是一个二维矩阵（而不是三维张量），在零填充的辅助下，它与输入共享相同的宽度和高度，并且步长设置为 1。见图 10.24 的说明。

*为什么需要三维卷积？*在图 10.24 的例子中，为了生成特征图中的一个元素，需要求核与相应感受野之间的点积。如果将输入视为固定值，并将卷积核作为模型的参数，那么需要

的参数数量为 $P\times Q\times R$，其中 P、Q 和 R 分别表示核的宽度、高度和深度。而在三维卷积中需要进行参数共享，即使用相同的卷积核遍历整个输入以生成特征图。这意味着每个特征图中的元素都是由同一个卷积核生成的。因此，只需要一个单独的卷积核和 $P\times Q\times R$ 个参数就可以生成整个特征图 $\boldsymbol{S}$。相比之下，如果使用全连接的前馈神经网络生成特征图，特征图中的每个元素需要连接到输入的所有元素。这意味着每个元素需要 $N\times M\times R$ 个参数，且特征图的每个不同元素与输入具有不同的连接集，不同连接集之间没有参数共享。因此，三维卷积更加高效，并且可以更好地处理大规模的数据输入。假设特征图的大小与输入相同，且通过零填充和将步长设置为 1，那么使用全连接的前馈神经网络将需要 $N\times M\times R\times N\times M$ 个参数，这明显多于三维卷积。具体如图 10.25 所示。

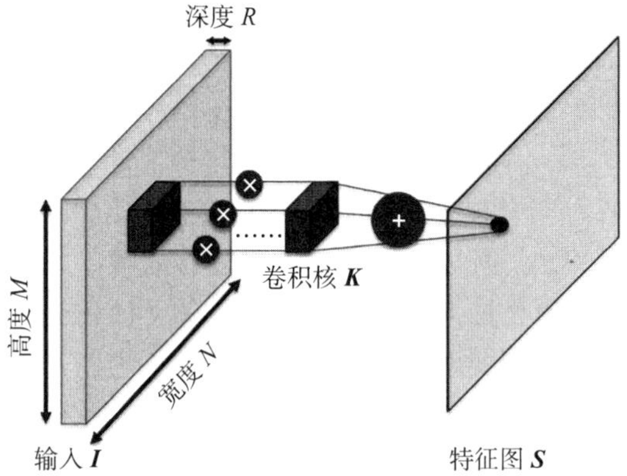

图 10.24　三维卷积的示例

注：核 $\boldsymbol{K}$ 在宽度和高度维度上是局部的，但在深度维度上是完全的（即 $\boldsymbol{K}$ 与输入 $\boldsymbol{I}$ 有相同的深度）。特征图 $\boldsymbol{S}$ 是一个二维矩阵。

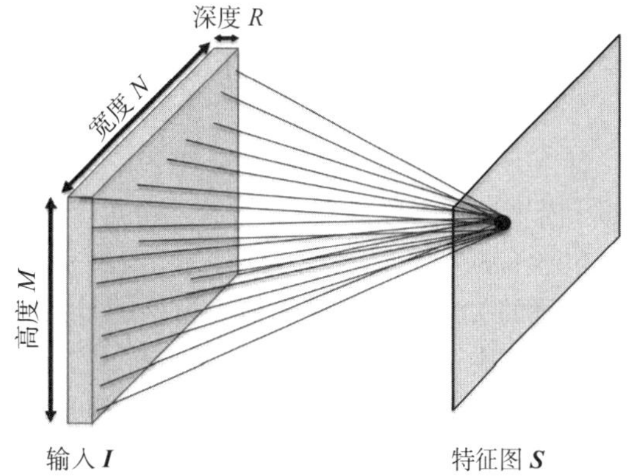

图 10.25　使用全连接层生成特征图的示例

注：特征图的每个元素（右边的黑点）与输入的每个元素（左边）相连接。这意味着特征图的不同元素之间没有参数共享。与三维卷积（图 10.24）相比，它需要更多的参数。

例 10.7　假设给定图像大小为 $320\times 280\times 3$，目标是生成大小为 320×280 的特征图。如果使用大小为 $5\times 5\times 3$ 的卷积核（核的深度与输入的通道数相同），那么只需要 $5\times 5\times 3=75$ 个参数来计算特征图。相比之下，如果使用全连接层，则需要 $320\times 280\times 3\times 320\times 280=24\ 084\ 480\ 000$（超过 240 亿！）个参数。请注意，为了简单起见，这里暂时先忽略用于偏差值的附加参数。□

卷积操作还有两个其他优势。首先，与全连接的前馈神经网络相比，卷积操作使用的卷积核是*局部*或*稀疏连接*的。这意味着在计算卷积时，只需要关注给定元素周围的一个小邻域，即感受野，就能计算生成特征图的相应元素。因为卷积操作只需要考虑某个位置附近的信息，这在计算机视觉等应用中非常有用，例如可以用于检测边缘或物体部分的特征。其次，在三维卷积操作中，使用相同的核在图像的不同位置进行卷积操作。这就为一些应用（如计算机视觉）带来了一个重要的性质，即*平移等价性*。平移等价性的含义是：如果先对图像进行平移，再应用卷积操作，其结果等同于先应用卷积，再对其结果进行平移。例如，如果使用一个卷积核来检测图像的边缘，那么将图像的每个像素位置平移相同数量后，依然可以使用相同的核来检测平移后的边缘，这种性质在计算机视觉等领域中非常有用。在数学上，假设函数 $f(x)$ 表示卷积，函数 $g(x)$ 表示平移（例如移动像素位置），那么对于任意输入 x，$f(g(x))=g(f(x))$。因此，卷积操作是平移等价的，这意味着如果先平移图像（函数 $g(x)$）再应用卷积（函数 $f(x)$），结果等同于先应用卷积（函数 $f(x)$）然后平移它（函数 $g(x)$）。

10.3.3 卷积层

在**卷积层**中，通常会有多个卷积核，它们被组织成一个张量（见图 10.26 左侧第二个框）。其中，每个卷积核都会应用于输入量（input volume），执行卷积操作。在这里，每个卷积核都是与输入具有相同深度的，即与输入具有相同的通道数（例如，彩色图像的通道数）。因此，当一个卷积核与输入进行卷积操作时，将生成一个二维特征图。通过将所有的卷积核应用于输入，会得到多个特征图，且这些特征图的数量与卷积核的数量是相同的。此后，将所有的特征图堆叠（组织）成一个三维的特征图张量。特征图张量的深度表示生成的特征图的数量，因此与卷积核的数量相同。

对于卷积操作生成的特征图张量，还需要进行另外两种运算，即**非线性激活**和**池化**操作。非线性激活的常见选择是 ReLU（修正线性单元），它的作用是将特征图中的所有负元素设为零，同时保持所有其他元素不变。

非线性激活的输出特征图张量被传递到池化操作中进行进一步处理。池化操作本质上是一种下采样操作，其工作原理如下。对于每个特征图，首先需要将其划分为几个不重叠的区域（沿宽度和高度维度）。然后，将每个区域内的所有元素聚合为一个单独的元素，典型的聚合包括 maximum（最大池化）和 average（平均池化）。通过池化操作，可以有效减小特征图张量的大小，从而降低整个模型的复杂度。这对于防止过拟合是非常有帮助的。池化操作的输出称为输出量（output volume），它是一个与特征图张量具有相同深度的张量，但其宽度和高度更小（见图 10.26 右侧第二个框）。此外，池化操作（特别是最大池化）有助于使输出量对于特征图中的小扰动具有鲁棒性。例如，如果特征图中的元素值由于噪声或少量位置偏移而发生轻微变化，最大池化的输出通常保持不变。对于后一种情况，最大池化的输出在输入发生小幅度平移（如少量位置偏移）时保持（近似）不变，这也被称为近似平移不变性。

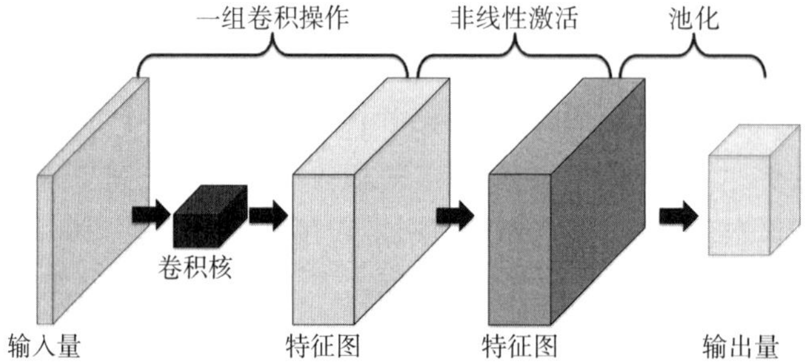

图 10.26　卷积层

注：卷积层接受输入（通常是图像或特征图）并生成一个输出，输入输出两者都是以三维张量的形式表示。这意味着输入和输出都是由宽度、高度和深度（通道数）组成的。卷积层由一组卷积操作组成，后跟一个非线性激活函数（例如 ReLU）和一个池化操作。在卷积操作之后，应用非线性激活函数对生成的特征图进行激活，然后进行池化操作。（在一些文献中，卷积层可能仅指卷积操作的集合；而 ReLU 非线性激活和池化操作则分别称为两个独立的层，即 ReLU 层和池化层。）卷积层中的每个卷积核分别应用于输入，生成一个特征图。卷积核的数量与生成的特征图的数量相同。池化操作减小特征图的宽度和高度，但保持深度不变。池化通常是通过在每个池化窗口中选择最大值（最大池化）或计算平均值（平均池化）来实现的。

例 10.8　图 10.27 是一个池化操作的示例。图 10.27a 展示了一个大小为 4 × 4 的特征图，将其划分成 4 个大小为 2 × 2 的区域，并用不同的灰度进行表示。在最大池化操作中（见图 10.27b），每个区域中的所有元素被聚合为最大值。例如，左上角区域的 4 个元素汇总为 max(1,3,3,9) = 9。在平均池化操作中（见图 10.27c），每个区域中的所有元素被聚合为平均值。例如，左上角区域的 4 个元素汇总为 ave(1,3,3,9) = 4。图 10.27b 和 c 中其他区域元素的计算方式与此类似。在图 10.27d 中，原始特征图（图 10.27a）进行了一个小的平移操作，即将所有元素向左移动一个位置。通过这种平移，最右边的列将变为空白，因此用 0 进行填充。平移后的特征图（图 10.27d）进行最大池化操作得到的结果（图 10.27e）与图 10.27b 几乎相同。这意味着，最大池化操作对少量平移来说是近似不变的。 □

1	3	2	4
3	9	2	4
1	3	3	2
4	2	2	5

a）原始特征图

9	4
4	5

b）最大池化

4	3
2.5	3

c）平均池化

3	2	4	0
9	2	4	0
3	3	2	0
2	2	5	0

d）平移后的特征图

9	4
3	5

e）图（d）的最大池化

图 10.27　池化操作示例

注：图 a 表示一个大小为 4×4 的原始特征图，不同灰度代表了用于池化的不同区域。图 b 表示特征图 a 经过最大池化操作后得到的结果。图 c 表示特征图 a 经过平均池化操作后得到的结果。图 d 表示特征图 a 经过一个小的平移操作，即将每个元素向左移动一个位置，并在最右边的列上用零进行填充。图 e 表示经过小平移后的特征图 d 进行最大池化操作后得到的结果，与图 b 中的最大池化结果大致相同。

卷积神经网络（CNN）是至少有一个卷积层的神经网络。图 10.28 展示了 CNN 的典型架构，它由一个三维张量作为输入量，然后是 L 个卷积层和一个输出层。如前所述，每个卷积层通常包括一组卷积操作，然后是 ReLU 非线性激活和池化操作。⊖不同卷积层中的所有核以及输出层的权重和偏差构成了 CNN 的模型参数，这些参数将在训练阶段通过优化算法（如梯度下降）进行学习。

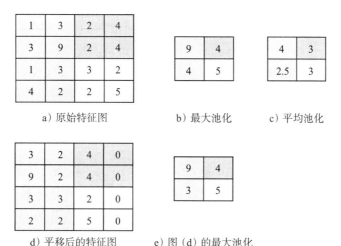

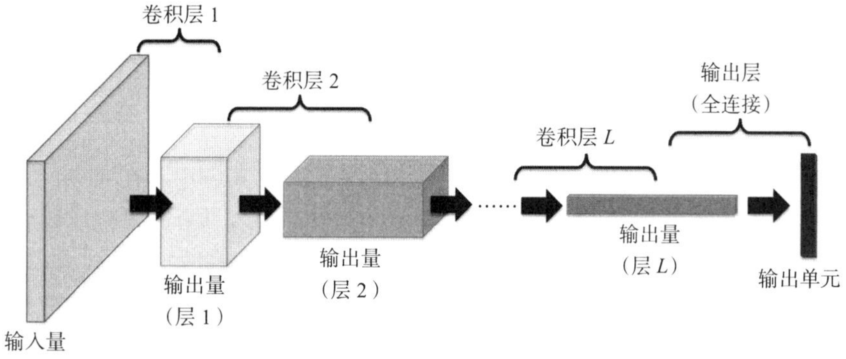

图 10.28　CNN 示例，由一个输入，L 个卷积层和 1 个全连接输出层组成

每个卷积层由多个核组成，每个卷积核的深度与输入量的深度相同，并分别应用于输入量。池化操作会减小输出量的宽度和高度。由于在不同卷积层之间重复池化，输出量（见图 10.28）的宽度和高度将不断缩小，而输出量的深度始终与相应卷积层的核数相同。对于二

⊖ 根据卷积神经网络的具体设计，在某些卷积层中，ReLU 激活函数或池化操作可能会被省略。

分类问题，输出层只需一个输出单元。而对于多类分类任务，输出层需要与类数量相同的输出单元。与前馈神经网络类似，CNN 的输出层通常也是一个全连接层，即每个输出单元都与上一个卷积层的输出量中的所有元素相连。在输出层，常使用 sigmoid 作为激活函数，并使用交叉熵作为损失函数。

卷积神经网络的层数（即深度）通常对模型性能具有关键作用。这是因为，随着卷积神经网络深度的增加，网络更有能力学习输入数据（例如图像）更复杂和更强大的表示。这是因为较后的层能够从更大的感受野中搜索和学习特征，提取更高级别的抽象特征。这反过来又可以提高分类精度。例如，LeNet（它是 20 世纪 90 年代早期流行的 CNN 架构之一）由 8 层组成。而现代的卷积神经网络通常具有 100 层以上的深度（如 ResNet 和 DenseNet）。通过不断增加 CNN 的深度，可以显著提高图像识别任务的精度。

10.4 循环神经网络

循环神经网络（RNN）是一种强大的模型，可用于处理序列数据，例如文本、音频和时间序列数据等。在文本处理方面，循环神经网络及其相关技术在机器翻译、问答系统、句子分类（如情感分类）和标记分类（如信息抽取）等应用中起着核心作用。在音频处理方面，循环神经网络已成功应用于语音识别和语音合成等许多重要应用领域。在时间序列处理方面，循环神经网络为卷积神经网络的预测和异常检测提供了一种替代方法。当循环神经网络与卷积神经网络结合时，可以应用于一种有趣的应用，即视觉问答（VQA），它可以回答关于给定图像的问题，问题和答案都是自然语言的形式。RNN 还在其他领域有广泛应用，例如在计算生物学中，用于基于氨基酸序列的蛋白质结构预测；在电子商务中，用于建模用户兴趣随时间演化的时序推荐系统；以及在机器人辅助微创手术（MIS）中，系统利用一种特殊的 RNN 架构，称为长短期记忆（LSTM，Long Short-Term Memory），学习如何对手术患者进行缝线打结。

在 RNN 中，输入表示为一串值 $(\boldsymbol{x}^1, \boldsymbol{x}^2, \cdots, \boldsymbol{x}^T)$，其中每个值 $\boldsymbol{x}^t(t = 1,\cdots,T)$ 都对应于特定的位置或时间戳 t，T 是序列的长度。在自然语言处理中，序列可以是一个句子，其中每个值 $\boldsymbol{x}^t$ 表示句子中的第 t 个单词，T 是句子的总长度（即单词数）。而在时间序列中，序列可以是不同时间戳下的温度测量序列，其中每个值 $\boldsymbol{x}^t$ 表示第 t 个时间戳的温度值，T 表示时间戳的总数量。在这两个应用（以及其他序列数据分析）中，关键在于对*序列之间的依赖性*进行建模。例如，在时间序列中，不同时间戳的温度测量值可能具有强相关性；在自然语言处理中，同一个句子中的不同单词也通常会相互关联，形成语法和语义上的连贯性。

接下来将在 10.4.1 节中介绍基本的循环神经网络模型及其应用。在 RNN 中，一个主要的挑战是如何有效地建模*长期依赖关系*。为了解决这个问题，要应用到*门控循环神经网络*（Gate Recurrent Neural Network，简称门控 RNN），这将在 10.4.2 节中进行介绍。此外，在 10.4.3 节中还将介绍其他用于解决长期依赖问题的技术，如注意力机制。

10.4.1 基本 RNN 模型和应用

在许多应用中都会自然而然地出现序列数据。以自然语言处理为例，给定一个输入句子，其目标可能是预测整个句子的整体标签（即*句子级分类*，如情感分类）；或者预测相同句子中的下一个单词；或者预测每个输入单词的标签（即*元组级分类*，例如在信息提取任务中判别单词是位置、人名还是其他）；另外，也可以实现*问答任务*，即输入一个问题句子，输出一个回答句子；或者进行不同语言之间的*机器翻译*，预测另一个语言的序列。对于上述这些应用，准确地建模序列之间的依赖关系是其关键。要理解这一点，假设现在有“汤姆在比赛中击败杰克”和“杰克在比赛中击败汤姆”两个句子。这两个句子有完全相同的长度、相同的词。然而，由于同一词的顺序不同，这两个句子的意思完全不同，这强调了顺序的重要性。需要注意的是，顺序相关性并不仅限于附近的位置或时间戳。[⊖]例如，同一个地点的温度可能呈现每日周期性模式，不同日期上午 8 点左右的温度测量值可能相似。因此为了预测整个句子的情感，可能需要将句子中相距较远的两个词放在一起考虑，下一节中将会对这一点进行详细讨论。

“那么，什么是循环神经网络呢？”接下来，将会以“预测下一个单词”为例来说明 RNN 的基本架构。

例 10.9 假设有一个部分句子：“Illinois is the land of”，现在目标是预测下一个可能出现的单词（例如“Lincoln”或“Corn”），这时就可以应用图 10.29 所示的 RNN 模型。

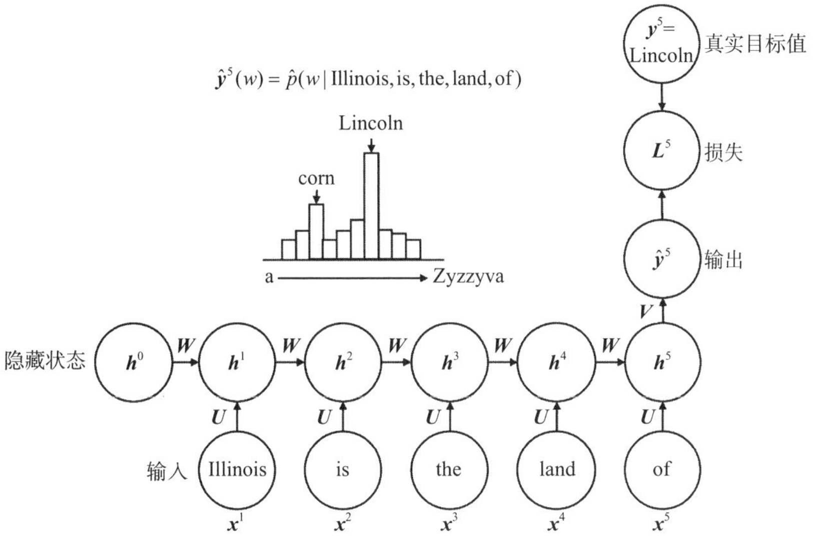

图 10.29 RNN 示例，图中 RNN 由 5 个输入单元、5 个隐藏单元和 1 个输出单元组成

在 RNN 模型中，有三种类型的单元：**输入单元**、**隐藏单元**和**输出单元**。这些单元在 RNN 中扮演不同的角色。输入单元中的 $\boldsymbol{x}^t$ 表示给定位置的输入数据。在例 10.9 中，输入是一个包含 5 个单词的句子。因此，在图 10.29 中有 5 个输入单元，每个输入单元对应一个单词。例如，$\boldsymbol{x}^1$ =“Illinois”，$\boldsymbol{x}^2$ =“is”，以此类推。因此，对于 RNN 模型中的每个隐藏单元，它会连接到相应输入单元和前一个时间戳的隐藏单元。在图 10.29 的示例中，隐藏单元 $\boldsymbol{h}^2$ 连接到时间戳 2 处的输入单元 $\boldsymbol{x}^2$ 和时间戳 1 处的隐藏单元 $\boldsymbol{h}^1$。总共有 6 个隐藏单元，其中 5 个 $(\boldsymbol{h}^1,\cdots,\boldsymbol{h}^5)$ 对应着 5 个输入单元。需要注意的是，$\boldsymbol{h}^1$ 的“前一个隐藏状态”应该是 $\boldsymbol{h}^0$。由于序列从时间戳 1 开始，因此可以将 $\boldsymbol{h}^0$ 默认设置为零向量。在图 10.29 中，只有一个输出单元 $\hat{\boldsymbol{y}}^5$ 与最后一个隐藏单元 $\boldsymbol{h}^5$ 相连，因此，最后使用输出单元 $\hat{\boldsymbol{y}}^5$ 来预测下一个单词。

在 RNN 模型中，每个隐藏单元 $\boldsymbol{h}^t$ 被表示为一个向量，也称为隐藏状态。同样，每个输入 $\boldsymbol{x}^t$ 和每个输出 $\hat{\boldsymbol{y}}^t$ 也分别表示为向量。在给定的例子中，假设词汇表的大小为 N，其中包含从“a”到“Zyzzyva”的所有可能的单词。由于每个输入单元 $\boldsymbol{x}^t$ 表示一个单词，因此要将 $\boldsymbol{x}^t$ 表示为一个 N 维的 one-hot 向量。换句话说，向量 $\boldsymbol{x}^t$ 是一个 N 维向量，其中只有与输入单词对应的元素设为 1，其余元素都设为 0。这种表示方式使得模型可以对每个输入单词进行区

⊖ 在本节中，“位置”和“时间戳”这两个术语可以互换使用。

分，并且每个输入单元对应于词汇表中的一个单词。同样地，输出 $\hat{\boldsymbol{y}}^t$（上述例子中，t=5）也是一个 N 维向量，给定时间戳 t 之前的输入 $(\boldsymbol{x}^1,\cdots,\boldsymbol{x}^t)$，其中元素表示对应单词的条件概率。$\hat{\boldsymbol{y}}^5(w)$ 表示在输入部分句子"Illinois is the land of"时，单词 w 出现的条件概率。从图 10.29 中可以看到，在所有可能的单词中，$\hat{\boldsymbol{y}}^5$(Lincoln) 具有最高的条件概率值。因此，"Lincoln"被选为"Illinois is the land of"预测的下一个单词。 □

总而言之，在 RNN 模型中输入单元连接到隐藏单元；隐藏单元连接到下一个时间戳处的下一个隐藏单元；隐藏单元可以连接到输出单元，用于产生模型的预测结果。在图 10.29 的示例中，只有最后一个隐藏单元 $\boldsymbol{h}^5$ 与输出单元 $\hat{\boldsymbol{y}}^5$ 直接相连，产生最终的预测输出。为了描述输入单元、隐藏单元和输出单元之间的连接关系，需要三个不同的权重矩阵，分别是**输入层－隐藏层**权重矩阵 $\boldsymbol{U}$、**隐藏层－隐藏层**权重矩阵 $\boldsymbol{W}$ 和**隐藏层－输出层**权重矩阵 $\boldsymbol{V}$。根据图 10.29 中的示例，RNN 模型被正式定义为

$$\boldsymbol{h}^t = f(\boldsymbol{U}\boldsymbol{x}^t + \boldsymbol{W}\boldsymbol{h}^{t-1} + \boldsymbol{a}) \tag{10.19}$$

$$\hat{\boldsymbol{y}}^T = g(\boldsymbol{V}\boldsymbol{h}^T + \boldsymbol{b}) \tag{10.20}$$

其中 T 是输入序列的长度（图 10.29 示例中的 T=5），$\boldsymbol{a}$ 和 $\boldsymbol{b}$ 是两个偏差向量，$f()$ 表示隐藏状态的激活函数，典型的选择是 tanh 函数，它可以将值映射到 $[-1, 1]$ 的范围内。$g()$ 表示输出单元的激活函数，典型的选择是 softmax 函数，它可以将值向量转换为表示概率分布的向量。为了训练 RNN 模型并找到最优的权重矩阵 $\boldsymbol{U}$、$\boldsymbol{W}$ 和 $\boldsymbol{V}$ 以及偏差向量 $\boldsymbol{a}$ 和 $\boldsymbol{b}$，图 10.29 中的 RNN 模型还添加了一些额外的节点。这些节点包括真实目标值（在这个例子中 $\boldsymbol{y}^T$ = "Lincoln"）和损失函数 L，后者用于度量预测输出 $\hat{\boldsymbol{y}}^T$ 和真实目标值 $\boldsymbol{y}^T$ = "Lincoln"之间的差异。在训练 RNN 模型时，可以选择使用均方损失或交叉熵损失作为损失函数。

仔细观察式（10.19）和（10.20），式（10.19）中的隐藏状态 $\boldsymbol{h}^t$ 均是通过以下方式产生的：首先，对输入 $\boldsymbol{x}^t$ 执行一个线性变换，即 $\boldsymbol{U}\boldsymbol{x}^t$；同时，对前一个隐藏状态 $\boldsymbol{h}^{t-1}$ 也进行线性变换，即 $\boldsymbol{W}\boldsymbol{h}^{t-1}$；将两个线性变换的结果相加，并加上偏差向量 $\boldsymbol{a}$，实现偏移操作，即 $\boldsymbol{U}\boldsymbol{x}^t + \boldsymbol{W}\boldsymbol{h}^{t-1} + \boldsymbol{a}$；最后，将 $\boldsymbol{U}\boldsymbol{x}^t + \boldsymbol{W}\boldsymbol{h}^{t-1} + \boldsymbol{a}$ 输入非线性激活函数 $f()$ 中，得到隐藏状态 $\boldsymbol{h}^t$。从式（10.20）中，可以发现输出 $\hat{\boldsymbol{y}}^T$ 的生成过程与之类似。具体过程如下：对应隐藏状态进行线性变换 $(\boldsymbol{V}\boldsymbol{h}^T)$，再加上偏差向量 $\boldsymbol{b}$ 实现偏移，最后通过激活函数 $g()$ 生成输出 $\hat{\boldsymbol{y}}^T$。

将式（10.19）和式（10.20）与前馈神经网络的矩阵形式 $(\boldsymbol{h}_i = f(\boldsymbol{W}_i\boldsymbol{h}_{i-1} + \boldsymbol{b}_i))$ 相比较，可以看出它们之间似乎存在一些相似之处。"*那么，RNN 和前馈神经网络之间的关系是什么呢？*"实际上，若删除图 10.29 中的 $\boldsymbol{x}^2,\boldsymbol{x}^3,\boldsymbol{x}^4,\boldsymbol{x}^5$ 和 $\boldsymbol{h}^0$，剩下的网络就可以被视为一个前馈神经网络。它将 $\boldsymbol{x}^1$ 作为输入，通过 5 个隐藏层（每个对应于一个隐藏状态 $\boldsymbol{h}^t$），最终输出 $\hat{\boldsymbol{y}}^5$。但是，在这个例子中，输出 $\hat{\boldsymbol{y}}^5$（预测的单词）只依赖于第一个输入（第一个单词"Illinois"）。在 RNN 模型中，通过将每个隐藏状态 $\boldsymbol{h}^t$（t=1,2,3,4,5）与其相应的输入 $\boldsymbol{x}^t$ 相连，使得预测输出 $\hat{\boldsymbol{y}}^5$ 依赖于所有的输入单元，即 $\boldsymbol{x}^1,\cdots,\boldsymbol{x}^5$。RNN 模型与前馈神经网络的另一个重要区别如下所示：在 RNN 中，式（10.19）中使用相同的隐藏层－隐藏层权重矩阵 $\boldsymbol{W}$、相同的输入层－隐藏层权重矩阵 $\boldsymbol{U}$ 和相同的偏差向量 $\boldsymbol{a}$。换句话说，式（10.19）在某种意义上是**递归**的，即具有相同参数的相同方程应用于不同的时间戳。相比之下，在前馈神经网络中，不同层中的权重矩阵和偏差向量通常是不同的。式（10.19）也可以被视为一种参数共享技术，因为不同的输入单元和不同的隐藏层分别共享相同的权重矩阵和偏差向量。类似地，卷积神经网络中的参数共享（即在输入图像的不同位置应用相同的卷积核）显著减少了模型的参数数量，在 RNN 模型中只有三个权重矩阵（$\boldsymbol{U}$、$\boldsymbol{W}$、$\boldsymbol{V}$）和两个偏差向量（$\boldsymbol{a}$ 和 $\boldsymbol{b}$），这明显少于具有相同

层数的前馈神经网络的模型参数数量。

“那么，为什么不将 CNN 应用于序列数据呢？”事实上，由于序列数据可以被视为一维网格数据，因此的确可以使用一维卷积神经网络（一维 CNN）来对输入序列进行建模，例如图 10.29 中的句子。然而，一维 CNN 和 RNN 之间存在着微妙且重要的差异。回想一下，CNN 中的连接始终是局部的，因为输出单元中的每个元素仅由卷积核和感受野（即输入的相应元素的小邻域）决定。因此，在图 10.29 的示例中，预测的单词 $\hat{\boldsymbol{y}}^5$ 可能只依赖于输入句子的最后几个单词（例如，“the”“land”“of”）。相比之下，RNN 模型由于其递归性质（式（10.19）），可以捕捉到长期依赖关系。在图 10.29 的示例中，预测的单词依赖于之前输入的五个单词中的每一个。这是因为 RNN 模型中的隐藏状态可以传递和存储之前的信息，从而允许模型考虑到整个序列的上下文。因此，尽管一维 CNN 可以用于序列数据的建模，但 RNN 在处理序列数据时，特别是在需要考虑长期依赖的情况下，因为其具有递归性质，所以更为适用。

在图 10.29 的例子中，输入句子“Illinois is the land of”缺少了最后一个单词。而在 RNN 模型中，只有一个输出单元 $\hat{\boldsymbol{y}}^5$ 连接到最后一个隐藏状态 $\boldsymbol{h}^5$，因此要使用输出单元 $\hat{\boldsymbol{y}}^5$ 来预测缺失的最后一个单词。通常，在预测下一个单词的任务中，人们希望 RNN 模型能够根据当前所观察到的句子成分来预测下一个单词。为此，人们引入了一个输出单元 $\hat{\boldsymbol{y}}^t$，连接到每个隐藏状态 $\boldsymbol{h}^t$。输出单元用于根据 RNN 模型迄今为止所见到的部分句子（包括 $\boldsymbol{x}^1,\cdots,\boldsymbol{x}^t$）来预测下一个单词。请看图 10.30 中的一个例子，来更好地理解这个概念。

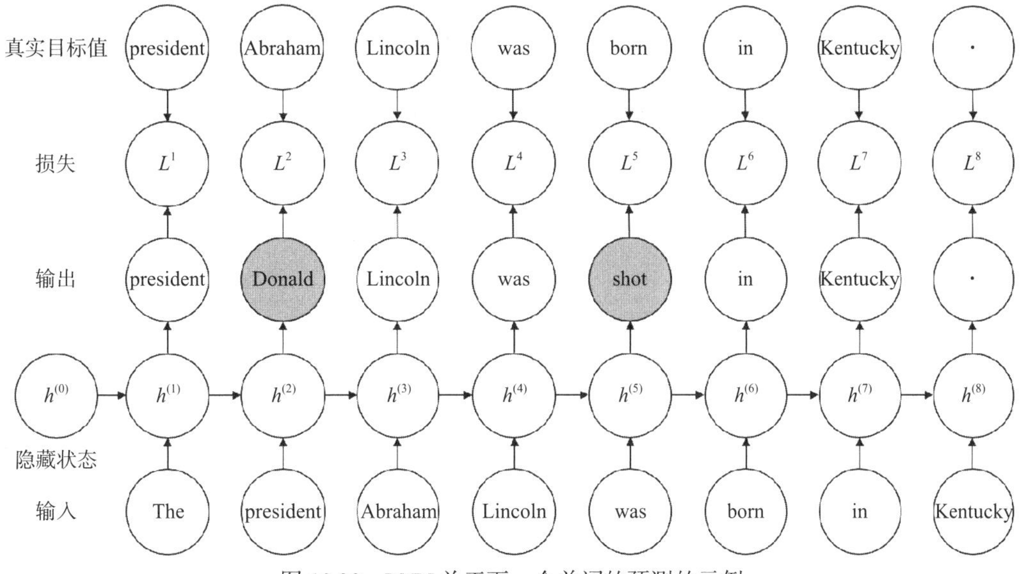

图 10.30 RNN 关于下一个单词的预测的示例

注：每个输出单元 $\hat{\boldsymbol{y}}^t$ 根据模型目前为止看到的部分句子预测下一个单词 $(\boldsymbol{x}^1,\cdots,\boldsymbol{x}^t)$。一共有 8 个时间戳 $t=1, 2, \cdots, 8$。两个阴影节点（“Donald”和“shot”）是错误的预测。为了清晰起见，模型参数，包括输入层－隐藏层权重矩阵、隐藏层－隐藏层权重矩阵、隐藏层－输出层权重矩阵和偏差向量暂时没有显示出来。

例 10.10 图 10.30 展示了一个具有 8 个输入单元、8 个隐藏状态和 8 个输出单元的 RNN 模型。输入 $\boldsymbol{x}^t(t=1,\cdots,8)$ 代表一个句子“The president Abraham Lincoln was born in Kentucky”。每个隐藏状态 $\boldsymbol{h}^t$ 都连接到一个输出单元 $\hat{\boldsymbol{y}}^t$，该单元用于根据模型迄今为止所看到的部分句子 $(\boldsymbol{x}^1,\cdots,\boldsymbol{x}^t)$ 来预测下一个单词。例如，$\hat{\boldsymbol{y}}^1$ =“president”是部分句子“The”的下一个预测单词（仅考虑第一个单词 $\boldsymbol{x}^1$）；$\hat{\boldsymbol{y}}^4$ =“was”是部分句子“The president Abraham

Lincoln”的下一个预测单词（考虑前四个单词 $\boldsymbol{x}^1,\boldsymbol{x}^2,\boldsymbol{x}^3,\boldsymbol{x}^4$）。这些预测中有一些是错误的，例如 $\hat{\boldsymbol{y}}^2$ = “Donald”和 $\hat{\boldsymbol{y}}^5$ = “shot”。因此需要将每个输出单元的预测值与真实目标值进行比较，以衡量它们之间的差异（或损失）。通过最小化总损失 $\sum_{t=1}^{8} L^t$ 来训练 RNN 模型（即找到最佳的模型参数）。□

除了可以预测下一个单词，图 10.29 和图 10.30 中的 RNN 模型还可以用于其他应用。例如，图 10.29 中的 RNN 模型可用于*句子级预测*，即预测整个句子的标签（例如，输入句子的整体情感）；图 10.30 中的 RNN 模型可用于*元组级预测*，即为输入句子中的每个单词（即标记）预测标签（例如，可以使用该模型对输入句子中的每个单词进行实体识别，判断每个单词是表示“人”还是“位置”等实体类型）。

除了图 10.29 和图 10.30 中的两个 RNN 模型之外，还有许多不同类型的 RNN。图 10.31 给出了一些例子。在图 10.31a 中的 RNN 模型中，没有输出单元。这种类型的 RNN 通常被用于学习输入序列的隐藏表示。也就是说，最后一个隐藏状态 $\boldsymbol{h}^T$ 提供了整个输入序列的向量表示，这个向量可以作为数据挖掘任务（例如分类、聚类和异常检测）的输入特征。[⊖]在图 10.31b 中的 RNN 模型中，输入单元共享相同的向量 $\boldsymbol{x}$。如果输入向量 $\boldsymbol{x}$ 是图像的（隐藏）表示（例如，从 CNN 模型中学习得到的特征），则 RNN 模型可以用于图像描述。输出单元生成一组关键字，每个输出单元对应一个关键字，用来描述输入图像。

对于目前介绍的 RNN 模型（图 10.29、图 10.30 和图 10.31a ～ b），信息是从过去传播到未来（即从 $\boldsymbol{h}^t$ 到 $\boldsymbol{h}^{t+1}$）。对于像下一个单词预测这样的应用，这个假设是合理的。然而，在某些应用中，仅根据过去的信息来对当前状态进行预测存在局限性。以信息提取为例，为了预测当前单词是“位置”“人”还是“其他”，需要同时考虑当前单词之前和之后的单词。在这种情况下，一个合理的选择是使用*双向 RNN*（图 10.31c）。在双向 RNN 模型（图 10.31c）中，引入了一个额外的隐藏状态 $\boldsymbol{p}^t$，每个时间戳一个。与隐藏状态 $\boldsymbol{h}^t$ 类似，每个 $\boldsymbol{p}^t$ 从相应的输入单元 $\boldsymbol{x}^t$ 连接到相应的输出单元 $\hat{\boldsymbol{y}}^t$。然而，新引入的隐藏状态 $\boldsymbol{p}^t$ 中的信息是从未来传播到过去（即从 $\boldsymbol{p}^t$ 传播到 $\boldsymbol{p}^{t-1}$）。通过将输出单元 $\hat{\boldsymbol{y}}^t$ 连接到两个隐藏单元（$\boldsymbol{h}^t$ 和 $\boldsymbol{p}^t$），双向 RNN 模型允许当前状态依赖于来自过去和未来的输入单元（即整个输入序列）。这样的设计使得模型能够在预测时综合考虑上下文信息，从而提高对当前状态的准确性和丰富性。

通过将这些 RNN 模型组合在一起，可以将它们应用于更复杂的任务。其中一个例子是*机器翻译*，其目标是将源语言中的一个句子（例如，“ I speak English”）自动转换成目标语言中的另一个句子（例如，“ Yo hablo inglés”，西班牙语）。机器翻译的一种方法是将两个 RNN 模型连接在一起，如下所示：第一个 RNN 模型（如图 10.31a 所示）将源句子作为输入，其最后一个隐藏状态 $\boldsymbol{h}_S^T$ 生成整个源句子的向量表示。第二个 RNN 模型（如图 10.31b 所示）将第一个 RNN 模型的最后一个隐藏状态 $\boldsymbol{h}_S^T$ 作为输入，生成目标语言的另一个句子。第二个 RNN 模型的另一种选择是使用图 10.30 中的 RNN 模型进行下一个单词的预测，并将第一个 RNN 模型的最后一个隐藏状态作为第二个 RNN 模型的初始隐藏状态 $\boldsymbol{h}_D^0$。这种方法的优点是可以利用到目前为止已经翻译的内容（作为第二个 RNN 模型的输入）来提高剩余句子的翻译准确性。见图 10.32 的示例。通过将两个 RNN 连接在一起，能够将一个序列（如原始句子）迁移到另一个序列（如目标句子）。这种方法被称为*序列到序列学习*（sequence-to-sequence learning，简称 seq2seq）。

⊖ 如果输入序列是一个句子，$\boldsymbol{h}^T$ 被称为句子嵌入。同样，每个 $\boldsymbol{h}^t$ $(t = 1,2,\cdots)$ 提供了相应单词的向量表示，并考虑了前面的上下文，称为上下文的单词嵌入。

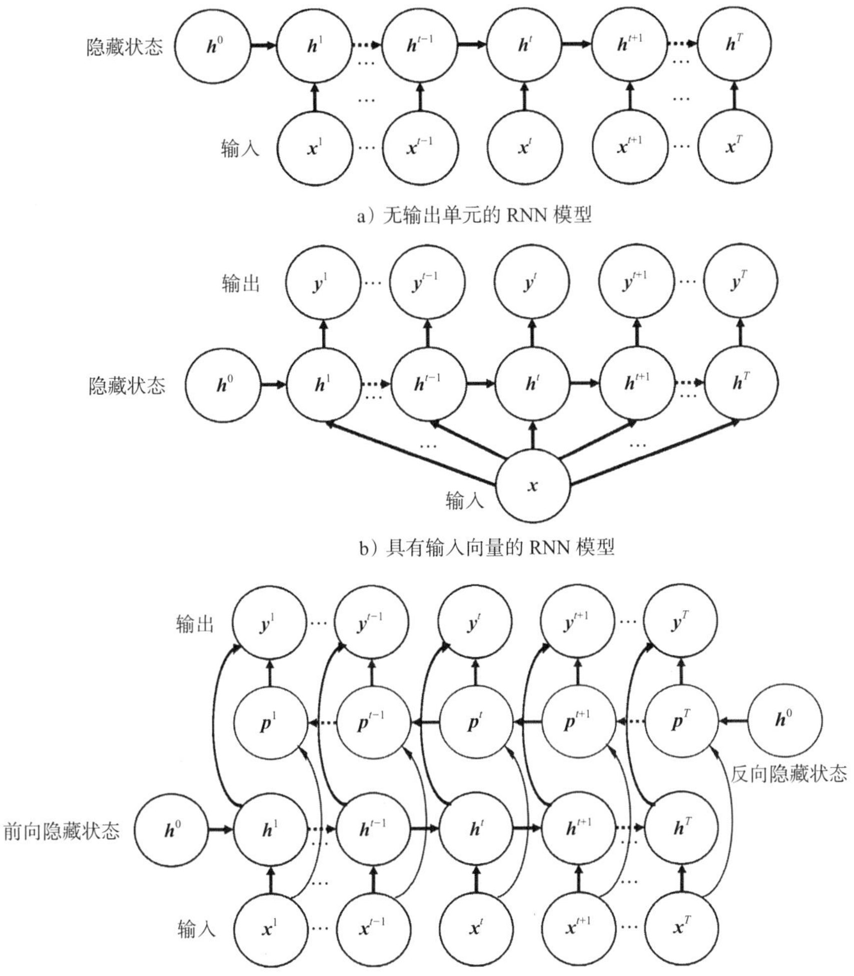

a）无输出单元的 RNN 模型

b）具有输入向量的 RNN 模型

c）双向 RNN 模型

图 10.31 不同类型的 RNN 示例

注：图 a 中展示的是没有任何输出单元的 RNN 模型。图 b 中展示的是具有输入向量的 RNN 模型。图 c 中展示的是双向 RNN。为了更清晰的展示 RNN 模型的结构，这里没有显示 RNN 的模型参数。

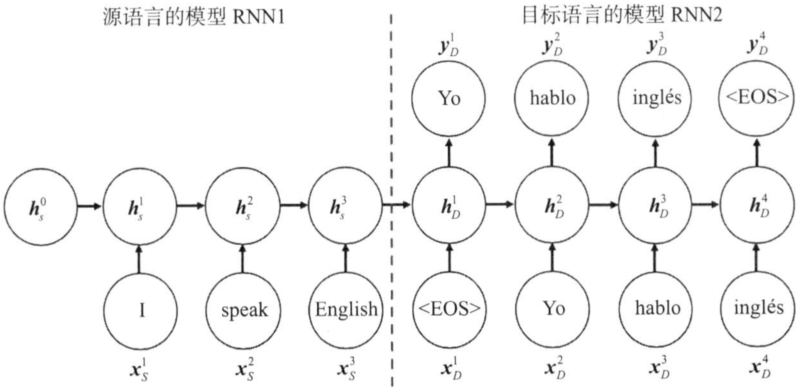

图 10.32 使用两个 RNN 模型进行机器翻译的示例

注：第二个 RNN 模型的第一个输入单元是一个特殊的标记 <EOS>，表示句子结束。这将导致第二个 RNN 开始产生第一个输出（“Yo”）。该过程将继续，直到第二个 RNN 模型输出一个特殊的标记 <EOS>。

来源：改编自 Charu C. Aggarwal 的“神经网络和深度学习”。

10.4.2 门控循环神经网络

RNN 面临的一个主要挑战是如何处理**长期依赖性**（long-term dependence）。回顾例 10.9 中预测下一个单词的问题。假设目前 RNN 已经预测了单词 “Illinois”，下一个预测的单词 w 可能是 “Lincoln” 或 “corn”，因为这两个单词都与 “Illinois” 相关，而且 “Illinois” 与预测的目标之间只有很短的距离（即只有 4 个其他单词），在这种情况下，图 10.29 的 RNN 模型就能很好地处理这个问题。现在，来看一个较为复杂的例子。

例 10.11 假设有一个句子 “The Urbana Sweetcorn Festival is held in every August... There will be live music, food, beers... Enjoy the fresh corn”。在这里先假设没有最后一个单词 “corn”，此时希望通过其余的句子来预测它。如果观察前面的短期词（如，“Enjoy”“the”“fresh”）预测出的词 w 很可能是食物或娱乐。但是，如果想缩小特定食物或娱乐的范围，就必须进一步回溯输入的句子，找到关键字 “Sweetcorn”。在这个例子中，预测词 w 与其相关的关键词 “Sweetcorn” 之间的距离很大。换句话说，它们之间的依赖关系是长期的。 □

从概念上来说，到目前为止看到的 RNN 模型应该仍然能够捕捉到这种长期依赖关系，方法是将所有前面出现的单词的信息传播到后面想要进行预测的地方。不过，要实现这种能力，就需要使用具有多个隐藏状态（每个前面的单词对应一个隐藏状态）的深度 RNN。与深度前馈神经网络类似，训练深度 RNN 也非常具有挑战性，这同样是由于梯度消失或梯度爆炸。更糟糕的是，由于深度 RNN 的递归性（即相同的激活函数（式（10.19））被重复应用于不同的隐藏状态），其梯度消失或梯度爆炸问题可能会进一步加剧。

长短期记忆（LSTM）模型是解决 RNN 中长期依赖问题最成功的技术之一。图 10.33 提供了传统 RNN 模型和 LSTM 模型之间的图示比较。首先，图 10.33a 展示了没有任何输出单元的传统 RNN 模型，与图 10.31a 中的 RNN 模型相同。为了更好地说明这一点，这里引入了向量拼接操作，它将两个向量连接起来形成一个新的向量。在图 10.33 中，向量拼接用一个黑点表示，它将输入 $\boldsymbol{x}^t$ 和前一个隐藏状态 $\boldsymbol{h}^{t-1}$ 连接起来，形成一个新的向量 $[\boldsymbol{x}^t,\boldsymbol{h}^{t-1}]$，其长度等于 $\boldsymbol{x}^t$ 和 $\boldsymbol{h}^{t-1}$ 的长度之和。在图 10.33a 中，连接后的向量 $[\boldsymbol{x}^t,\boldsymbol{h}^{t-1}]$ 被馈送给非线性激活函数（例如 tanh），生成新的隐藏状态 $\boldsymbol{h}^t$，并传递到下一个隐藏单元。请注意，这个过程等价于式（10.19）。为说明这一点，不妨假设将 tanh 作为式（10.19）中的激活函数 $f()$。此时，再引入一个 2×2 的矩阵 $\tilde{\boldsymbol{W}}$ 来表示权重，其中第一个对角块对应输入层 - 隐藏层权重矩阵 $\boldsymbol{U}$，第二个对角块对应隐藏层 - 隐藏层权重矩阵 $\boldsymbol{W}$，而两个非对角块为零。因此，式（10.19）变成 $\boldsymbol{h}^t=\tanh(\tilde{\boldsymbol{W}}[\boldsymbol{x}^t,\boldsymbol{h}^{t-1}]+\boldsymbol{a})$，这与图 10.33a 中的隐藏单元描述相同。通过反复应用相同的激活函数（用先前的输入 $\boldsymbol{x}^{t-1}$ 和其先前的隐藏状态 $\boldsymbol{h}^{t-2}$ 代替 $\boldsymbol{h}^{t-1}$，以此类推），可以观察到随着时间间隔 τ 的增大，远处的输入 $\boldsymbol{h}^{t-\tau}$ 对当前隐藏状态 $\boldsymbol{h}^t$ 的影响会迅速减小。

一种 LSTM 模型（图 10.31b）通过用 **LSTM 单元**取代传统 RNN 模型中的隐藏单元来解决这个问题，LSTM 单元显示为图 10.31b 中的灰色框。与传统的 RNN 模型类似，LSTM 单元将输入 $\boldsymbol{x}^t$ 和之前的隐藏状态 $\boldsymbol{h}^{t-1}$ 连接在一起，并产生一个新的隐藏状态 $\boldsymbol{h}^t$。然而，LSTM 单元与传统的 RNN 模型不同之处在于，它引入了一个额外的输入，称为**单元状态**（cell state）$\boldsymbol{C}^t$。单元状态是 LSTM 模型的关键，它专门用于长时间积累（或记忆）过去的信息，从而解决长期依赖性难题。

“LSTM 如何应对这个长期依赖的挑战呢？”请仔细看图 10.34。在给定的时间戳 t 处，LSTM 单元将上一个单元状态 $\boldsymbol{C}^{t-1}$ 作为输入（左上角），对其进行更新，并将更新后的单元状态 $\boldsymbol{C}^t$ 输入到下一个时间戳（右上角）。LSTM 单元的设计旨在实现两个看似相互竞争的目标。首先，它需要长期积累过去的信息，以应对长期依赖的挑战。同时，LSTM 单元也需要根据当前的输入信息来更新单元状态，以便“忘记”过去不相关的信息。这是因为并非所有过去的信息都对当前预测或决策有用，而且过多的过去信息可能会干扰模型的学习。为了实现这些设计目标，LSTM 模型引入了三个**门控单元**，即遗忘门（$\boldsymbol{f}^t$）、输入门（$\boldsymbol{i}^t$）和输出门（$\boldsymbol{o}^t$），

在 LSTM 单元中，每个门控单元都接收拼接向量 $[\boldsymbol{x}^t, \boldsymbol{h}^{t-1}]$ 作为输入，并通过 sigmoid 激活函数 $\sigma()$ 进行处理。由于 sigmoid 激活函数的输出范围在 0 到 1 之间，因此通过将 sigmoid 激活函数的输出与相应的变量（用 × 标记的圆）相乘，可以控制要传递或删除多少与相应变量有关的信息。具体而言，三个门控单元的定义如下：

$$\boldsymbol{f}^t = \sigma(\boldsymbol{W}_f[\boldsymbol{x}^t, \boldsymbol{h}^{t-1}] + \boldsymbol{a}_f) \tag{10.21}$$

$$\boldsymbol{i}^t = \sigma(\boldsymbol{W}_i[\boldsymbol{x}^t, \boldsymbol{h}^{t-1}] + \boldsymbol{a}_i) \tag{10.22}$$

$$\boldsymbol{o}^t = \sigma(\boldsymbol{W}_o[\boldsymbol{x}^t, \boldsymbol{h}^{t-1}] + \boldsymbol{a}_o) \tag{10.23}$$

其中权重矩阵和偏差向量的下标用于区分不同的门：f 表示遗忘门，i 表示输入门，o 表示输出门。

遗忘门（$\boldsymbol{f}^t$）的输出与前一个单元状态（$\boldsymbol{C}^{t-1}$）的每个元素相乘。即，它用于控制前一个单元状态 $\boldsymbol{C}^{t-1}$ 的信息被删除（或“遗忘”）的程度：当遗忘门的输出 f^t 越小，被遗忘的信息就越多。为了更新单元状态，首先要将 $[\boldsymbol{x}^t, \boldsymbol{h}^{t-1}]$ 拼接向量输入 tanh 激活函数，生成一个临时单元状态，即

$$\tilde{\boldsymbol{C}}^t = \tanh(\boldsymbol{W}_c[\boldsymbol{x}^t, \boldsymbol{h}^{t-1}] + \boldsymbol{a}_c)$$

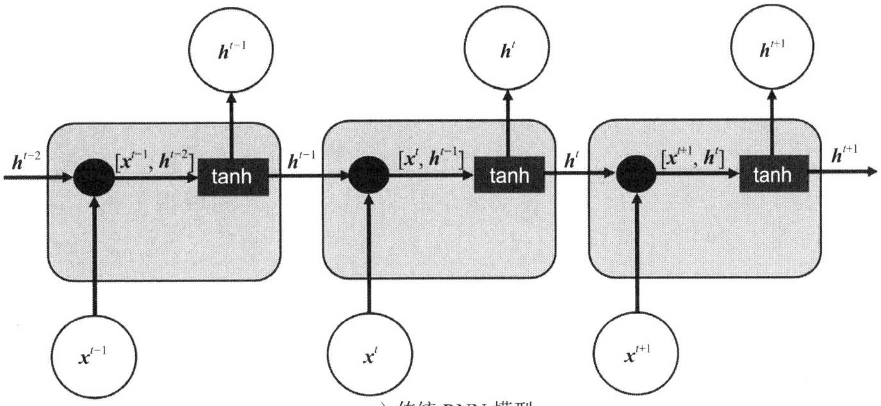

a）传统 RNN 模型

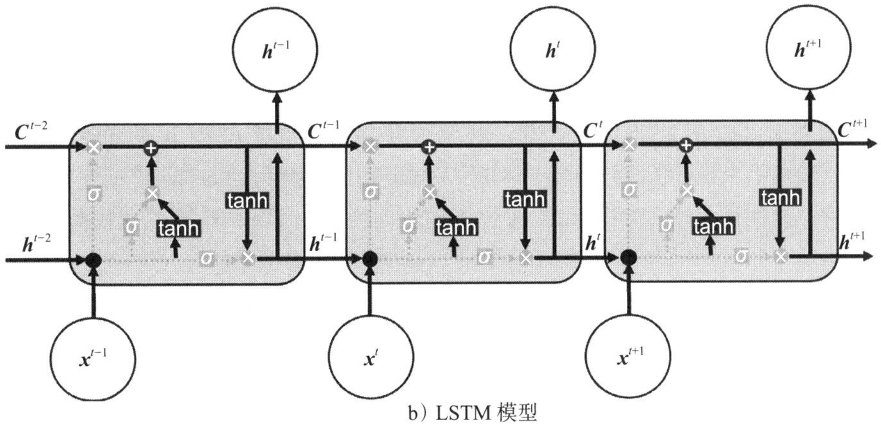

b）LSTM 模型

图 10.33 传统 RNN 模型（a）和 LSTM 模型（b）之间的比较

注：图 a 中的每个灰色框都是 RNN 模型的一个隐藏单元。图 b 中的每个灰色框都是 LSTM 模型的一个 LSTM 单元。黑点（在隐藏单元或 LSTM 单元的左侧）表示向量连接操作。为清晰起见，没有显示输出单元和偏差向量。

来源：改编自 http://colah.github.io/posts/2015-08-Understanding-LSTMs/。

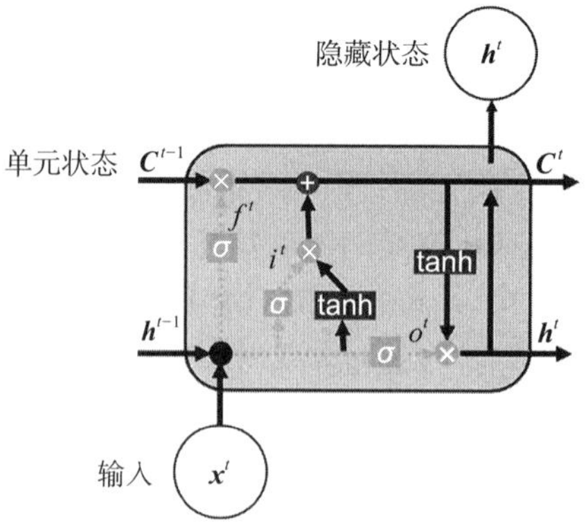

图 10.34　LSTM 单元的示意图

注：黑点表示向量拼接操作，它将两个向量连接起来形成一个新的向量。两个 tanh 层分别用于生成临时单元状态（中间底部）和临时隐藏状态（右侧中间）。三个门控单元用于控制通过相应变量传递的信息数量，这些门控单元包括：遗忘门（$\boldsymbol{f}^t$）用于控制旧单元状态中哪些信息应该被遗忘；输入门（$\boldsymbol{i}^t$）用于控制临时单元状态中哪些新信息应该被纳入；输出门（$\boldsymbol{o}^t$）用于控制临时隐藏状态中哪些信息应该输出给下一个时间戳。

来源：改编自 http://colah.github.io/posts/2015-08-Understanding-LSTMs/。

其中 $\boldsymbol{W}_c$ 是临时单元状态的权重矩阵，$\boldsymbol{a}_c$ 是偏差向量。接下来，$\tilde{\boldsymbol{C}}^t$ 则与输入门 $\boldsymbol{i}^t$ 相乘，进一步用于更新单元的状态，即

$$\boldsymbol{C}^t = \underbrace{\boldsymbol{f}^t}_{\text{遗忘门}} \cdot \overbrace{\boldsymbol{C}^{t-1}}^{\text{旧单元状态}} + \underbrace{\boldsymbol{i}^t}_{\text{输入门}} \cdot \overbrace{\tilde{\boldsymbol{C}}^t}^{\text{临时单元状态}} \tag{10.24}$$

式（10.24）中，遗忘门（$\boldsymbol{f}^t$）控制着删除（或“遗忘”）多少来自旧单元状态 $\boldsymbol{C}^{t-1}$ 的信息，而输入门（$\boldsymbol{i}^t$）控制着添加多少来自临时单元状态的新信息。通过调整遗忘门和输入门，LSTM 单元在积累过去信息（来自 $\boldsymbol{C}^{t-1}$）和更新新信息（来自 $\tilde{\boldsymbol{C}}^t$）之间取得平衡。这种平衡允许 LSTM 模型在长期依赖问题中长期记忆过去的信息，并根据当前输入进行适当的更新。

最后，使用更新后的单元状态 $\boldsymbol{C}^t$ 生成临时隐藏状态 $\tilde{\boldsymbol{h}}^t$：

$$\tilde{\boldsymbol{h}}^t = \tanh(\boldsymbol{W}\boldsymbol{C}^t + \boldsymbol{a})$$

并进一步与输出门 $\boldsymbol{o}^t$ 相乘以生成新的隐藏状态 $\boldsymbol{h}^t$。$\boldsymbol{h}^t$ 公式如下：

$$\boldsymbol{h}^t = \underbrace{\boldsymbol{o}^t}_{\text{输出门}} \cdot \underbrace{\tilde{\boldsymbol{h}}^t}_{\text{临时隐藏状态}} \tag{10.25}$$

可以看到，LSTM 模型的关键在于利用各种门控单元来控制信息的传递量。具体来说，遗忘门 $\boldsymbol{f}^t$ 控制着旧单元状态 $\boldsymbol{C}^{t-1}$ 中保留（或遗忘）的信息量；输入门 $\boldsymbol{i}^t$ 控制着从临时单元状态到更新单元状态的新信息量；输出门 $\boldsymbol{o}^t$ 控制着从新单元状态到生成新隐藏状态的信息量。这种带有门控函数的 RNN 模型被称为**门控循环神经网络**。此外，LSTM 模型还存在许多变体。例如，有些变体只使用两个门控单元，通过将输入门设置为 $\boldsymbol{i}^t=1-\boldsymbol{f}^t$ 来简化模型。还有一些变体进一步合并了单元状态和隐藏状态，被称为门控循环单元（GRU）。

LSTM 模型及其变体已成功应用于机器翻译、语音识别、图像描述、问答等多种实际任务。

10.4.3　解决长期依赖性的其他技术

除了门控循环神经网络之外，还有其他技术可以解决长期依赖性问题。例如，可以应用快捷连接方法（10.2.7 节），在不相邻的隐藏状态之间添加额外的连接；或者，可以用更长的连接替换相邻隐藏状态之间的某些连接，这样可以增加信息在时间维度上的传播距离。此外，可以向权重接近 1 的隐藏单元添加自连接，以便更好地保留历史信息（这种单元被称为泄漏

单元)。

另一种解决长期依赖性问题的替代策略是使用**注意力**机制。在机器翻译实例中（图 10.32），将源语言中的句子归纳为第一个 RNN 模型最后一个时间戳的隐藏状态，并将其作为第二个 RNN 模型的初始隐藏状态。这种方法在处理较短的句子时往往很有效。然而，当待翻译的句子变长甚至变成段落时，随着第二个 RNN 模型的时间戳的增加，这种摘要向量对翻译的影响逐渐减弱。换句话说，摘要向量 $\boldsymbol{h}_S^T$ 与当前要翻译的单词 $\boldsymbol{x}_D^t$ 之间的距离变得越来越远。

注意力机制通过引入额外输入（称为上下文向量）来扩增第二个 RNN 模型中的每个隐藏状态，以解决长序列中注意力衰减的问题。在图 10.32 的例子的基础上，添加一个上下文向量 $\boldsymbol{c}^j$ 来扩增第二个 RNN 模型中的四个隐藏状态，得到的 RNN 模型如图 10.35 所示。直观地说，对于第二个 RNN 模型的给定时间戳 j，上下文向量 $\boldsymbol{c}^j$ 将关注第一个 RNN 模型的隐藏状态，这些状态与当前隐藏状态 $\boldsymbol{h}_D^j$ 最相关。通过引入上下文向量和注意力机制，第二个 RNN 模型能够在处理长序列时更好地关注重要的源语言信息，从而提高翻译质量。上下文向量 $\boldsymbol{c}^j$ 与隐藏状态 $\boldsymbol{h}_D^j$ 拼接，生成新的隐藏状态 $\tilde{\boldsymbol{h}}_D^j$，这个新的隐藏状态用于产生相应的预测输出 $\boldsymbol{y}_D^j$（即在第 j 个位置的翻译单词）。

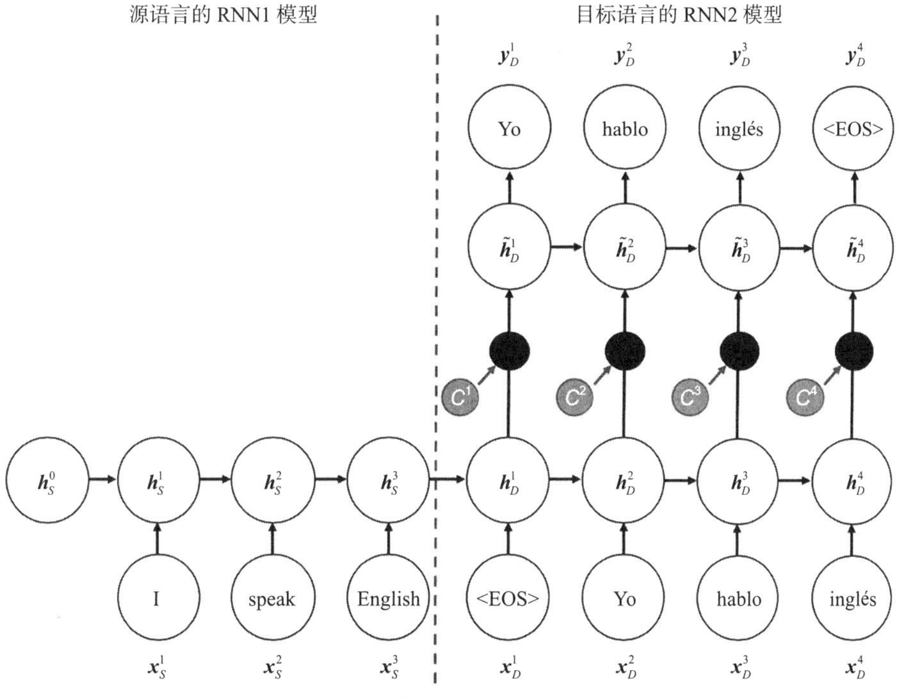

图 10.35 在 RNN 模型中使用注意力机制进行机器翻译的示例

注：黑点表示向量拼接操作。$\boldsymbol{c}^1,\boldsymbol{c}^2,\boldsymbol{c}^3,\boldsymbol{c}^4$是上下文向量。上下文向量$\boldsymbol{c}^j$与隐藏状态$\boldsymbol{h}_D^j$拼接以产生新的隐藏状态$\tilde{\boldsymbol{h}}_D^j$，它反过来用于产生输出$\boldsymbol{y}^j$。

"如何获得上下文向量？"如果源语言和目标语言中的单词完全对齐（即，目标语言中的第 j 个单词总是对应于源语言中的第 j 个单词），这时只需要简单的设置 $\boldsymbol{c}^j=\boldsymbol{h}_S^j$。然而，由于不同语言之间的语法差异，几乎不存在完美的对齐。因此，为了获得上下文向量，需要引入一个对齐向量 $\boldsymbol{a}$。对齐向量 $\boldsymbol{a}$ 与源语言中的序列长度相同，其元素用于衡量第一个 RNN 模型的相应隐藏状态与第二个 RNN 模型的当前隐藏状态之间的相关性。即

$$\boldsymbol{a}(i)=\mathrm{Rel}(\boldsymbol{h}_S^i,\boldsymbol{h}_D^j)$$

其中 Rel() 是一个相关性得分函数。然后，再对对齐向量 $\boldsymbol{a}$ 施加一些约束条件，即

$$\sum_i \boldsymbol{a}(i)=1, \boldsymbol{a}(i)\geqslant 0$$

这些约束条件使得对齐向量 $\boldsymbol{a}$ 可以被解释为第一个 RNN 模型的第 i 个隐藏状态与第二个 RNN 模型的第 j 个隐藏状态对齐的概率。有了对齐向量 $\boldsymbol{a}$，上下文向量的形式表示为

$$\boldsymbol{c}^j=\sum_i \boldsymbol{a}(i)\boldsymbol{h}_S^i \tag{10.26}$$

换句话说，上下文向量 $\boldsymbol{c}^j$ 是第一个 RNN 模型的隐藏状态序列的加权平均值。这里的权重是基于第一个 RNN 模型的隐藏状态与第二个 RNN 模型的当前隐藏状态 $\boldsymbol{h}_D^j$ 的相关性来确定的。具体来说，对齐向量 $\boldsymbol{a}$ 中的每个元素对应着第一个 RNN 模型的一个隐藏状态与第二个 RNN 模型的当前隐藏状态 $\boldsymbol{h}_D^j$ 之间的相关性。如果对齐向量 $\boldsymbol{a}$ 的所有元素都是非零的，那么每个隐藏状态都会对第二个 RNN 模型的当前隐藏状态 $\boldsymbol{h}_D^j$ 产生影响，这被称为*全局注意力*。全局注意力允许第二个 RNN 模型在生成输出时充分考虑第一个 RNN 模型中的所有隐藏状态。如果对齐向量 $\boldsymbol{a}$ 只有部分元素非零，那么只有一部分隐藏状态会对第二个 RNN 模型的当前隐藏状态 $\boldsymbol{h}_D^j$ 产生影响，这被称为*局部注意力*。局部注意力机制使得第二个 RNN 模型可以更加关注与当前时间戳最相关的隐藏状态。如果对齐向量 $\boldsymbol{a}$ 中只有一个元素非零，那么只有一个隐藏状态会对第二个 RNN 模型的当前隐藏状态 $\boldsymbol{h}_D^j$ 产生影响，这被称为*硬注意力*。硬注意力机制在每个时间戳选择一个最相关的隐藏状态，将其作为上下文向量，并忽略其他隐藏状态。

计算对齐向量 $\boldsymbol{a}$ 的一种典型方法是对不同隐藏状态 $\boldsymbol{a}(i)$ 之间的得分函数进行 softmax 计算：

$$\boldsymbol{a}(i)=\frac{\exp(\text{score}(\boldsymbol{h}_S^i,\boldsymbol{h}_D^j))}{\sum_{i'}\exp(\text{score}(\boldsymbol{h}_S^{i'},\boldsymbol{h}_D^{j'}))} \tag{10.27}$$

其中得分函数 $\text{score}(\boldsymbol{h}_S^i,\boldsymbol{h}_D^j)$ 用于衡量两个隐藏状态之间的非规范化相关性得分。常见的得分函数包括点积：$\text{score}(\boldsymbol{h}_S^i,\boldsymbol{h}_D^j)=\boldsymbol{h}_S^i\cdot\boldsymbol{h}_D^j$，其中 · 表示点积操作；以及双线性得分函数：$\text{score}(\boldsymbol{h}_S^i,\boldsymbol{h}_D^j)=(\boldsymbol{h}_S^i)^{\mathrm{T}}\boldsymbol{W}_a\boldsymbol{h}_D^j$，其中矩阵 $\boldsymbol{W}_a$ 是模型的参数，T 表示向量转置运算。除此之外，人们甚至还可以使用单层全连接神经网络，将两个隐藏状态 $(\boldsymbol{h}_S^i,\boldsymbol{h}_D^j)$ 作为输入来计算得分函数。得分函数所计算的得分（称为注意力权重）提供了一种自然的解释方式，因为它们表明不同隐藏状态 $\boldsymbol{h}_S^i(i=1,2,\cdots)$ 相对于当前隐藏状态 $\boldsymbol{h}_D^j$ 的相对重要性。

注意力机制为解决长期依赖问题提供了一种有效的方法。一个用于文本挖掘的强大深度学习架构，称为 Transformer，就是基于称为*自注意力*的注意力机制构建的，不需要使用任何递归神经网络。在 Transformer 发明之初，它在机器翻译等多个序列到序列任务中的表现优于基于 RNN 的最佳方法。这表明注意力机制在解决长期依赖问题方面的有效性和优越性。一个广为人知的应用了注意力机制的模型是 BERT（Bidirectional Encoder Representations from Transformers，Transformers 的双向编码器表示），其中的注意力机制也因其在许多自然语言处理任务中的出色表现而备受赞誉。

在 LSTM 模型中，单元状态可以被看作一种内部或内隐的记忆，用来解决长期依赖问题。然而，如果将内存作为显式或外部内存单独管理，并让数据挖掘模型（如 RNN 模型）通过读写操作访问内存，这就成为了一种更加强大的技术，称为*内存机制*。一些基于内存机制的模型包括*神经图灵机*和*记忆网络*。这些模型通过引入额外的存储组件（如外部内存）来扩展模型的记忆能力。

10.5 图神经网络

图数据[⊖]本质上是通过边连接的节点（或顶点）的集合。图数据在许多应用中都存在，每个节点代表一个实体，边表示不同实体之间的关系或连接。例如，在社交网络中，节点表示用户，边表示用户之间的友谊；在电力网络中，节点表示发电厂，边表示连接两个发电厂的电力线路；在金融交易网络中，节点表示金融账户，边表示两个账户之间的交易关系；在生物信息学中，蛋白质 - 蛋白质相互作用（PPI）网络的节点表示蛋白质，边表示不同蛋白质之间的相互作用关系。图 10.36 展示了一些不同应用领域的示例图。

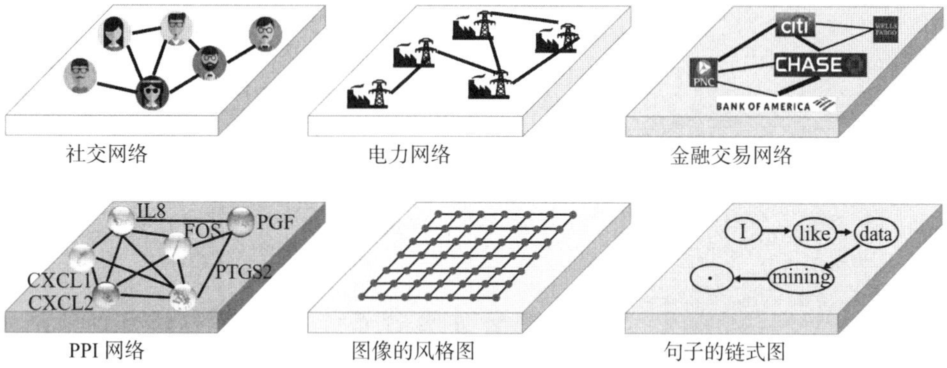

图 10.36 各种图的应用

图神经网络（graph neural network，GNN）的核心思想是将图数据转化为多维数据，图中的每个节点都表示为一个多维向量。例如，如果可以将社交网络中的每个用户表示为一个多维向量，就可以利用其训练一个分类模型（如决策树、logistic 回归），来预测用户是否可能离开社交网络（流失预测）。或者，可以对用户的向量表示应用聚类算法，找到一组相似的用户（社区检测）。同样地，如果可以将金融交易网络中的每个金融账户表示为一个向量，就可以应用离群点检测技术（将在第 11 章介绍）来发现欺诈账户（欺诈检测）。或者，可以将电力网络中发电厂的向量表示输入回归模型，以预测发电厂在不久的将来发生故障的可能性（故障预测）。最后，还可以根据从用户 - 项目评分图中得出的向量表示，来计算用户和项目之间的相似性，以预测用户可能喜欢哪些项目（推荐系统）。

*“那么，如何将图数据转化为多维向量呢？”*在本节中，将首先介绍图神经网络（GNN）的一些基本概念，主要介绍可以解决这个问题的深度学习模型（10.5.1 节）。之后再介绍一种特殊类型的 GNN，称为图卷积网络（GCN）（10.5.2 节），以及其他类型的 GNN（10.5.3 节）。

10.5.1 基本概念

在数学上，一个有 n 个节点的图可以用大小为 $n \times n$ 的邻接矩阵 $\boldsymbol{A}$ 来表示。其中，邻接矩阵 $\boldsymbol{A}$ 的行和列分别表示图中的节点。给定两个节点 i 和 j，如果它们之间存在连接，则将邻接矩阵中相应的元素设置为 1（即 $\boldsymbol{A}(i, j) = \boldsymbol{A}(j, i) = 1$）；否则，将其设置为 0。[⊖]因此邻接矩阵提供了图中节点之间连接的信息。此外，图的节点或边可能具有属性，这可以用节点（或边）的属性矩阵 $\boldsymbol{X}$ 表示，其中矩阵的行对应节点（或边），列对应属性，矩阵的元素表示属性值。需

⊖ 在文献中，图数据也被称网络数据。在本节中，“图”和“网络”这两个术语可以互换使用。

⊖ 为简洁起见，假设图是无向的（这意味着如果从节点 i 到节点 j 有边，则从节点 j 到节点 i 也有一条边）和无权的（这意味着邻接矩阵 $\boldsymbol{A}$ 是一个二元矩阵）。也可以将本节中描述的技术推广到有向加权图。

要注意的是，10.3 节和 10.4 节中介绍的网格（如图像）和序列（如文本）也可以被视为一种特殊类型的图。例如，可以将图像表示为一个网格图，其中的节点是像素，相邻的像素通过边相互连接，而 RGB 颜色值可以视为像素的属性。类似地，可以将一个句子表示为链式图，其中节点是单词，相邻的单词通过边相互连接。

例 10.12　如图 10.37a 所示，有一个无向无权的社交网络。该网络包含 6 个用户，每个用户有 3 个属性，包括性别、年龄和职业。因此，可以用一个 6×6 的邻接矩阵 $\boldsymbol{A}$（图 10.37b）和一个 6×3 的节点属性矩阵 $\boldsymbol{X}$（图 10.37c）来表示该网络。邻接矩阵 $\boldsymbol{A}$ 的每一行和每一列都代表一个用户。例如，第一行和第一列表示用户 1，第二行和第二列表示用户 2，以此类推。邻接矩阵 $\boldsymbol{A}$ 中的每个元素表示对应的两个用户是否相连。例如，由于用户 1 和用户 3 相连，因此 $\boldsymbol{A}(1,3) = \boldsymbol{A}(3,1) = 1$。另外，由于用户 2 和用户 5 不相连，因此 $\boldsymbol{A}(2,5) = \boldsymbol{A}(5,2) = 0$。属性矩阵 $\boldsymbol{X}$ 的每一行表示一个用户，而每一列表示一个属性。例如，$\boldsymbol{X}$ 的第一列表示用户是男性（1）还是女性（0），$\boldsymbol{X}$ 的第二列表示用户是年轻人（1）还是老年人（0），$\boldsymbol{X}$ 的第三列表示用户是学生（1）还是教授（0）。属性矩阵 $\boldsymbol{X}$ 的元素表示相应用户在相应属性上的属性值。例如，由于第一个用户是一名年轻的男学生，因此 $\boldsymbol{X}(1,1) = 1$（男性），$\boldsymbol{X}(1,2) = 1$（年轻），$\boldsymbol{X}(1,3) = 1$（学生）。 □

图 10.37　图 a 是一个简单的社交网络。社交网络的拓扑由其邻接矩阵 $\boldsymbol{A}$ 表示（见图 b），节点属性由属性矩阵 $\boldsymbol{X}$ 表示（见图 c）。节点的二维嵌入向量用 $\boldsymbol{Z}$ 表示（见图 d）

图神经网络的目标是使用神经网络将图中的节点（或子图或整个图）映射为低维向量。在图 10.37 的例子中，GNN 将每个用户映射为一个二维向量（见图 10.37d）。这种低维向量也被称为节点的嵌入或表示。[⊖]因此，图神经网络这个术语有时与图嵌入或网络表示学习互换使用。本章中之所以选择图神经网络一词，是为了强调使用神经网络技术来学习节点嵌入。此后，学习到的节点嵌入可以用作各种下游应用的输入，如节点分类、图聚类、离群点检测和链接预测。

10.5.2　图卷积网络

图卷积网络（GCN）是高效的图神经网络模型之一。在 GCN 中，给定具有节点属性 $\boldsymbol{X}$ 的输入图 $\boldsymbol{A}$，使用一组权重矩阵 $W^l(l = 1, \cdots, L)$（每层对应一个权重矩阵）来生成节点嵌入矩阵 $\boldsymbol{Z}^l$，其中每行是相应节点的嵌入。下面将对 GCN 的算法步骤进行描述，见图 10.38。

预处理和初始化：为了使 GCN 模型能够保留节点自身的嵌入并聚合相邻节点的嵌入，先向 $\boldsymbol{A}$ 矩阵中的每个节点添加一个自环，这相当于对邻接矩阵 $\boldsymbol{A}$ 使用单位矩阵 $\boldsymbol{I}$ 进行更新（即算法第 1 步），其中 $\boldsymbol{I}(i,i) = 1$，$\boldsymbol{I}(i,j) = 0(i, j = 1,\cdots,n$ 且 $i \neq j)$，n 是节点的数量。然后，在第 2 步中，需要计算更新的邻接矩阵 $\boldsymbol{A}$ 的度矩阵 $\boldsymbol{D}$。度矩阵的每个元素 $\boldsymbol{D}(i,i)$ 表示节点 i 的度，即节点 i 与

⊖ 不要将网络表示学习中的“网络”一词与 GNN 中的“网络”一词混淆。对于前者，“网络”一词指的是输入的图数据。

其相邻节点的连接数。即 $\boldsymbol{D}(i,i)=\sum_{j=1}^{n}\boldsymbol{A}(i,j)$。对于其他非对角线元素，将其设置为 0，即对于所有 $i \neq j(i,j=1,\cdots,n)$，设置 $\boldsymbol{D}(i,j)=0$。在第 3 步中，使用度矩阵 $\boldsymbol{D}$，计算规范化的邻接矩阵 $\hat{\boldsymbol{A}}$：$\hat{\boldsymbol{A}}=\boldsymbol{D}^{-1/2}\boldsymbol{A}\boldsymbol{D}^{-1/2}$，$\hat{\boldsymbol{A}}$ 也称为矩阵 $\boldsymbol{A}$ 的图拉普拉斯规范化形式。即矩阵 $\hat{\boldsymbol{A}}$ 的每个元素 $\hat{\boldsymbol{A}}(i,j)$ 都是通过对邻接矩阵 $\boldsymbol{A}$ 中相应元素的源节点和目标节点度的平方根进行规范化得到的：

$$\hat{\boldsymbol{A}}(i,j)=\frac{\boldsymbol{A}(i,j)}{\sqrt{\boldsymbol{D}(i,i)}\sqrt{\boldsymbol{D}(j,j)}}$$

在第 4 步中，初始嵌入被简单地设置为输入节点的属性矩阵，即 $\boldsymbol{Z}^0=\boldsymbol{X}$。

算法：用于在不同层生成节点嵌入的**图卷积网络**。

输入：

- $\boldsymbol{A}$, $n\times n$ 大小的输入图的邻接矩阵；
- $\boldsymbol{X}$, $n\times d$ 大小的节点属性矩阵；
- $\boldsymbol{W}^l\ (l=1,\cdots,L)$，每层的权重矩阵；
- L，层数；
- f，非线性激活函数（例如 sigmoid 或 ReLU 函数）。

输出：节点嵌入矩阵 $\boldsymbol{Z}^l\ (l=1,\cdots,L)$。

方法：

```
    // 预处理和初始化
(1) 为每个节点添加一个自环：A ← A + I，其中 I 是单位矩阵；
(2) 计算 A 的度矩阵 D；
(3) 规范化 Â = D^{-1/2} A D^{-1/2}；
(4) 初始化 Z^0 = X；
(5) for (l = 1,…,L){ // 对于 GCN 的每一层
        // 传播
(6)     Z̃^{l-1} = Â Z^{l-1}； // 聚合邻居嵌入
        // 线性变换
(7)     Z̄^l = Z̃^{l-1} W^l； // 聚合嵌入的线性变换
        // 非线性激活
(8)     Z^l = f(Z̄^l)； // 线性变换嵌入的非线性激活
(9) }
```

图 10.38 图卷积网络。图中假设权重是给定的，同时为了简洁起见，偏差向量被省略

逐层生成节点嵌入：逐层生成节点嵌入是指在图卷积网络（GCN）或其他类似的模型中，通过多个层的迭代，逐步生成节点的表示或嵌入。在逐层生成节点嵌入的过程中，每个层都对前一层的节点嵌入进行更新和改进。这个过程根据上一层 $\boldsymbol{Z}^{l-1}$ 的节点嵌入，通过以下三个步骤来生成给定层 $\boldsymbol{Z}^l$ 的节点嵌入：首先（第 6 步），在第 l 层中，对于每个节点 i 的前一个节点嵌入的每个维度 p，将其相邻节点的嵌入进行加权聚合，即

$$\tilde{\boldsymbol{Z}}^{l-1}(i,p)=\sum_{j=1}^{n}\hat{\boldsymbol{A}}(i,j)\boldsymbol{Z}^{l-1}(j,p)$$

这一步骤也称为传播，在矩阵形式中可表示为 $\tilde{\boldsymbol{Z}}^{l-1}=\hat{\boldsymbol{A}}\boldsymbol{Z}^{l-1}$

接着（第 7 步），GCN 通过权重矩阵 $\boldsymbol{W}^l$ 对聚合嵌入进行线性变换得到 $\bar{\boldsymbol{Z}}^l$，即 $\bar{\boldsymbol{Z}}^l=\tilde{\boldsymbol{Z}}^{l-1}\boldsymbol{W}^l$

换句话说，通过将加权聚合嵌入与权重矩阵 $\boldsymbol{W}^l$ 相乘，可以对加权聚合嵌入的不同维度进行加权求和：

$$\bar{\boldsymbol{Z}}^l(i,p)=\sum_{j=1}^{n}\tilde{\boldsymbol{Z}}^{l-1}(i,j)\boldsymbol{W}^l(j,p)$$

最后（第 8 步），GCN 对线性变换后的嵌入矩阵 $\bar{\boldsymbol{Z}}^l$ 应用非线性激活函数，如 sigmoid 函数或 ReLU 函数。

在 GCN 中，最后两步类似于前馈神经网络的全连接层。它们将聚合嵌入矩阵 $\tilde{\boldsymbol{Z}}^{l-1}$ 作为输入，使用权重矩阵 $\boldsymbol{W}^l$ 作为模型参数，并将第 l 层的节点嵌入矩阵 $\boldsymbol{Z}^l$ 作为输出（第 8 步）。具体公式如下：

$$\boldsymbol{Z}^l = f(\tilde{\boldsymbol{Z}}^{l-1}\boldsymbol{W}^l) \tag{10.28}$$

式（10.28）也被称为批处理实现。在批处理实现中（即考虑所有节点的情况），将 n 个节点（或 n 个样本）的嵌入堆叠成一个 $n \times d^l$ 的矩阵 $\boldsymbol{Z}^l$，其中 d^l 是第 l 层的嵌入维度。$\boldsymbol{Z}^l$ 的每一行表示一个节点（或样本）的嵌入。对于单独的节点或样本，可以重写式（10.28），即

$$\boldsymbol{Z}^l(i,:) = f(\tilde{\boldsymbol{Z}}^{l-1}(i,:)\boldsymbol{W}^l) \tag{10.29}$$

其中 $\boldsymbol{Z}^l(i,:)$ 表示第 l 层节点 i 的嵌入值 $(i = 1,\cdots,n)$。这种表示方式的微妙之处在于，GCN 通常使用行向量（例如 $\boldsymbol{Z}^l(i,:)$）来表示节点的嵌入，而在其他深度学习模型（如前馈神经网络、CNN、RNN）和其他 GNN 模型（如 GraphSAGE）中，数据样本（如节点）的嵌入通常由列向量表示。这两种形式可以相互转换。例如，式（10.29）等效于如下式子：

$$(\boldsymbol{Z}^l(i,:))^{\mathrm{T}} = f((\boldsymbol{W}^l))^{\mathrm{T}}(\tilde{\boldsymbol{Z}}^{l-1}(i,:)^{\mathrm{T}})$$

其中列向量 $(\boldsymbol{Z}^l(i,:))^{\mathrm{T}}$ 是行向量 $\boldsymbol{Z}^l(i,:)$ 的转置形式。

GCN 与前馈神经网络之间的主要区别在于信息传播（第 6 步）的方式。在 GCN 的每一层中，首先聚合上一层节点的嵌入矩阵 $\boldsymbol{Z}^{l-1}$，然后使用聚合后的嵌入矩阵 $\tilde{\boldsymbol{Z}}^{l-1}$ 作为该层的输入，即 $\tilde{\boldsymbol{Z}}^{l-1} = \hat{\boldsymbol{A}}\boldsymbol{Z}^{l-1}$，而不是直接使用 $\boldsymbol{Z}^{l-1}$ 作为该层的输入。图 10.39 是两者之间的比较。

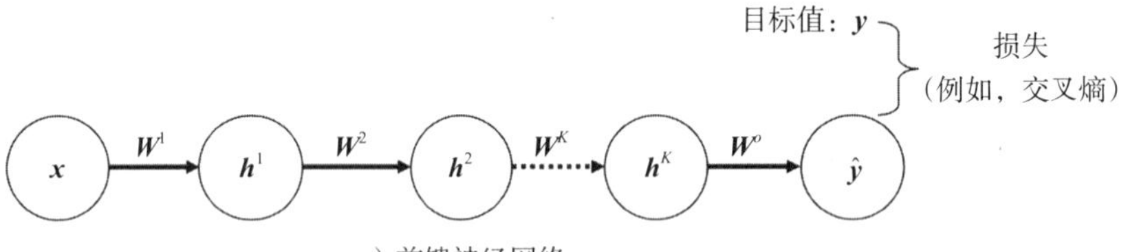

a）前馈神经网络

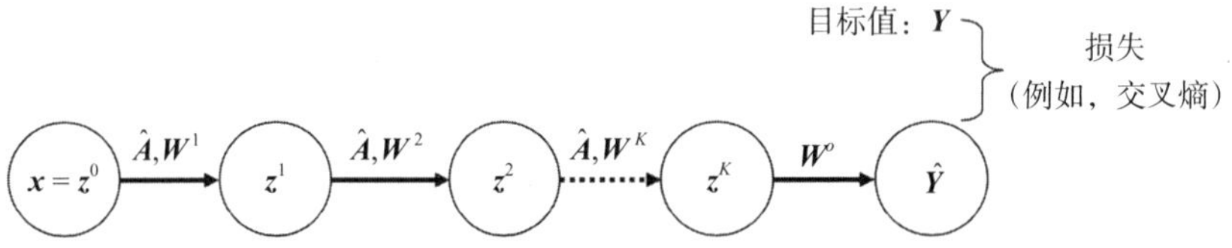

b）图卷积神经网络

图 10.39　GCN 和前馈神经网络之间的概念比较。在矩阵形式中，主要区别在于 GCN 中有将规范化图拉普拉斯矩阵 $\hat{\boldsymbol{A}}$ 作为额外传播（即聚合）的步骤

“但是，为什么要引入这个额外的（传播或聚合）步骤？图 10.38 中 GCN 算法的哪个部分对应于卷积？”回想一下，在传统的二维卷积中，模型使用固定大小的过滤器（例如 3×3 的小矩阵）来处理局部邻域的数据，并将其加权聚合为特征图中的一个元素。然而，在图卷积网络中，由于图结构的特殊性，节点的邻域大小不同，并且邻域内节点没有自然的顺序，因此无法直接应用传统卷积操作。因此，第 6 步中的传播提供了一种巧妙的方法来解决这些问题，具体如下。首先，矩阵 $\hat{\boldsymbol{A}}$ 的第 i 行非零项定义了节点 i 的邻域，表示为 $\mathcal{N}(i) = \{j \mid j \neq i, \hat{\boldsymbol{A}}(i,j) \neq 0\}$，类似于二维卷积中的感受野。然后，再根据 $\hat{\boldsymbol{A}}$ 中的相应元素对节点 i 的相邻节点嵌入进行加权求和（类似于二维卷积中的过滤器）。最后，通过线性加权和将来自邻域的聚合嵌入与节点 i 的当前嵌入相结合，作为节点 i 的更新嵌入，更新后的嵌入类似

于二维卷积中特征图中相应的元素：

$$\tilde{\boldsymbol{Z}}^{l-1}(i,:)=\sum_{j=1}^{n}\hat{\boldsymbol{A}}(i,j)\boldsymbol{Z}^{l-1}(j,:)=\sum_{j\in\mathcal{N}(i)}\hat{\boldsymbol{A}}(i,j)\boldsymbol{Z}^{l-1}(j,:)+\hat{\boldsymbol{A}}(i,i)\boldsymbol{Z}^{l-1}(i,:)$$

见图 10.40 的示例。

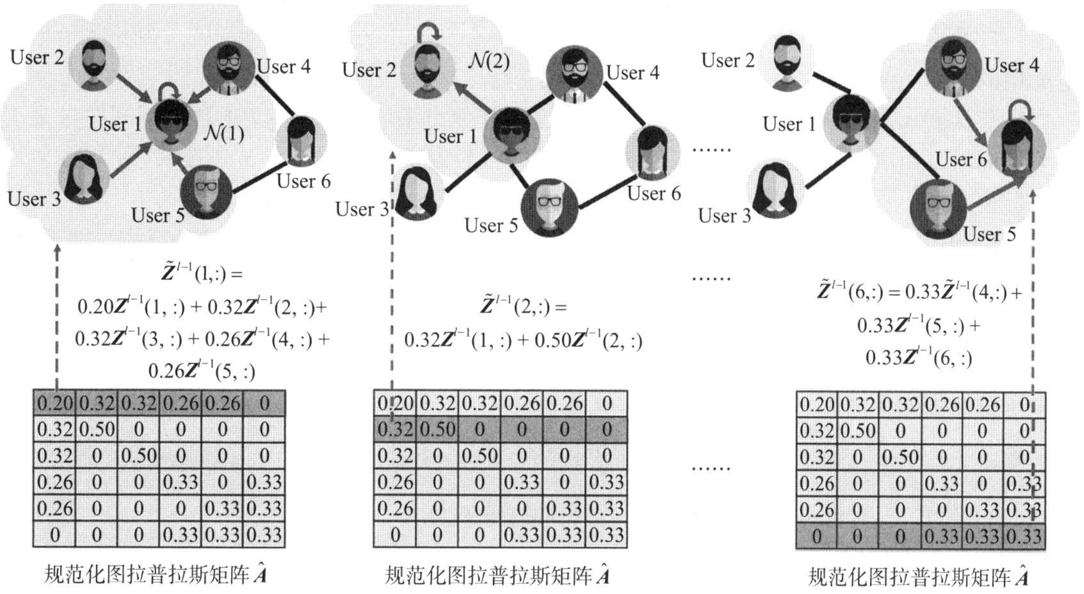

图 10.40 GCN 中卷积操作的说明

注：对于节点 i，规范化图拉普拉斯矩阵 $\hat{\boldsymbol{A}}(i,:)$ 的第 i 行中的非零元素确定了节点 i 的邻域 $\mathcal{N}(i)$ 和节点 i 本身（即阴影区域）。为了更新节点 i 的嵌入 $\tilde{\boldsymbol{Z}}^{l-1}(i,:)$，首先聚合其相邻节点的嵌入。这个过程可以看作将相邻节点的嵌入传播到当前节点 i。通过将相邻节点的嵌入与相应的权重进行加权聚合，并求和，得到节点 i 的聚合嵌入。这个聚合嵌入将包含相邻节点的信息，并用于更新节点 i 的表示。

例 10.13 使用例 10.12 来介绍 GCN 算法，其中先考虑第一层 GCN（即 l=1）。计算结果如图 10.41 所示。给定输入 $\boldsymbol{Z}^0=\boldsymbol{X}$（节点属性矩阵）和规范化图拉普拉斯矩阵 $\hat{\boldsymbol{A}}$（在第 1 ～ 3 步中计算），首先通过第 6 步计算相邻节点嵌入的加权聚合，并输出聚合结果 $\tilde{\boldsymbol{Z}}^{l-1}$。在这之后，根据第 7 步，使用权重矩阵 $\boldsymbol{W}^l$ 对聚合嵌入 $\tilde{\boldsymbol{Z}}^{l-1}$ 进行线性变换得到 $\bar{\boldsymbol{Z}}^l$，这里假设第一层的权重矩阵 $\boldsymbol{W}^l$ 是固定的。然后，将线性变换的输出 $\bar{\boldsymbol{Z}}^l$ 通过一个非线性激活函数（本例中使用 sigmoid 函数），得到输出节点嵌入矩阵 $\boldsymbol{Z}^l$。 □

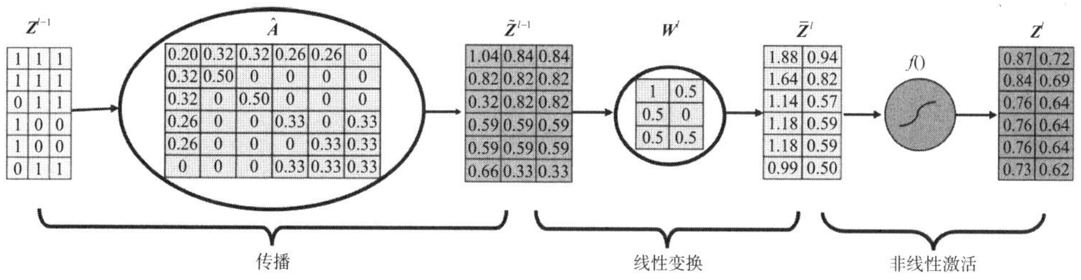

图 10.41 单层 GCN 计算步骤的示例（$l=1$）

在图 10.38 的 GCN 算法中，假设已经给定了权重矩阵 $\boldsymbol{W}^l$（对于所有的 $l=1,\cdots,L$）。如果这些参数是未知的，但却知道一部分节点的类标签，那么可以使用以下方法来学习这些模型参数：首先在图 10.38 的最后一层添加一个没有传播步骤的全连接层（例如，使用 sigmoid 激活函数）。这样，将原始 GCN 模型的输出作为扩展层的输入。然后，可以使用反向传播算法（图 10.4）来学习权重矩阵 $\boldsymbol{W}^l$（例如，以交叉熵为损失函数）。

10.5.3 其他类型的图神经网络

在图 10.38 中的 GCN 模型中，使用了加权和来聚合邻近节点的嵌入。这里的权重由规范化图拉普拉斯矩阵 $\hat{\boldsymbol{A}}$ 中的相应元素确定。然而，聚合方法还有许多其他选择，因此产生了其他类型的图神经网络（GNN）模型。

与节点嵌入由行向量表示的 GCN 不同，这些其他类型的 GNN 模型通常使用列向量来表示节点嵌入，而不是行向量。为了避免与 GCN 的符号混淆，本节使用 $\boldsymbol{h}_i^l$ 来表示第 l 层中节点 i 的嵌入，这是一个列向量。同样，节点的属性由列向量 x_i（$i=1,\cdots,n$）表示。

GraphSAGE 算法（Graph SAmple and aggreGatE）可以看作对图卷积网络的泛化。图 10.42 中概括了 GraphSAGE 算法。在图中，可以看到 GraphSAGE 和 GCN 之间的主要区别在于第 4 步，GraphSAGE 在此处使用了聚合函数（agg）来聚合相邻节点的嵌入。agg 在这里除了可以像 GCN 那样对相邻节点的嵌入进行线性加权求和外，还支持许多其他类型的聚合。例如，可以使用如下的池化聚合器：

$$\tilde{\boldsymbol{h}}_i^{l-1}=\max(g(\boldsymbol{W}_{\text{pool}}\boldsymbol{h}_j^{l-1}+\boldsymbol{b}),\forall j\in\mathcal{N}(i)) \tag{10.30}$$

算法：GraphSAGE，用于在不同层生成节点嵌入。

输入：
- $\boldsymbol{A}$，$n\times n$ 大小的输入图的邻接矩阵；
- $\boldsymbol{x}_i(i=1,\cdots,n)$，长度为 d 的节点属性向量；
- $\boldsymbol{W}^l,\boldsymbol{U}^l(l=1,\cdots,L)$，每层的权重矩阵；
- L，层数；
- f，非线性激活函数（例如 sigmoid 或 ReLU 函数）；
- agg，聚合方法。

输出：不同层的节点嵌入向量 $\boldsymbol{h}_i^l(l=1,\cdots,L,i=1,\cdots,n)$。

方法：

```
(1) 初始化 h_i^0 = x_i (i = 1,…,n);
(2)     for (l = 1,…,L){ // 对于 GraphSAGE 的每一层
(3)         for (i = 1,…,n){ // 对于每个节点
                // 通过聚合方法 agg 进行邻域聚合
(4)             h̃_i^{l-1} = agg(h_i^{l-1}, ∀j ∈ N(i)); //N(i): 节点 i 的邻域
                // 线性变换
(5)             h̄_i^l = W^l h̃_i^{l-1} + U^l h_i^{l-1};
                // 非线性激活
(6)             h_i^l = f(h̄_i^l);
(7)         }
(8)     }
```

图 10.42　GraphSAGE, 为了简洁，只给出了权重，没有给出偏差向量

其中 g 是池化聚合器的激活函数，$\boldsymbol{W}_{\text{pool}}$ 和 $\boldsymbol{b}$ 分别是相应的权重矩阵和偏差向量。池化聚合器首先通过全连接层对相邻节点的嵌入进行处理，然后将全连接层输出的元素最大值作为聚合结果。除了池化聚合器，GraphSAGE 还支持其他类型的聚合方式。例如，可以使用 LSTM 模

型对相邻节点的随机排列进行聚合，从而聚合相邻节点的嵌入。GraphSAGE 和 GCN 之间的另一个细微区别在于第 5 步，其中 GraphSAGE 使用单独的权重矩阵 $\boldsymbol{U}^l$ 来更新节点 i 当前的嵌入 $\boldsymbol{h}_i^{l-1}$。[⊖]这意味着对于每个节点，更新嵌入的权重矩阵都是不同的，而不像 GCN 中所有节点共享相同的权重矩阵。

目前，人们还开发了许多其他类型的图神经网络（GNN）。例如，在基于传播的空间图卷积网络中，可以简单地添加相邻节点的嵌入作为聚合嵌入 $\tilde{\boldsymbol{Z}}^{l-1}$。再比如，在图注意力网络中，可以使用注意力机制（类似于 10.4.3 节中介绍的机制）来学习相邻节点嵌入在聚合过程中的影响（或权重）。

GCN 及其变体（如基于传播的空间 GCN 和 GraphSAGE）通常采用监督方式进行训练，这意味着它们需要一组带标签的训练元组（即节点）来学习模型参数。其实，现在有很多方法（如 LINE、DeepWalk、node2vec）可以在无监督的情况下学习节点嵌入，而无须访问标记的节点。这些方法的核心思想是找到节点嵌入，使嵌入空间中节点之间的相似性与输入图中的相似性相对应。

这里介绍的 GNN 模型主要用于学习节点嵌入，以捕捉输入图的拓扑信息（如邻接矩阵 $\boldsymbol{A}$）。知识图嵌入（如 TransE 及其变体）旨在找到节点和边的嵌入，以捕捉知识图的丰富语义信息（如节点和边的属性）。

GNN 的模型参数通常在不同节点之间共享，这是 GNN 具有归纳特性的关键之一。当模型参数训练完成后，就可以使用这些参数来生成未见过的节点的嵌入表示。这种参数共享的机制使得 GNN 能够在训练过程中学习到节点的共享特征，然后将这些特征应用于未见过的节点，从而推断它们的嵌入。若可以获得节点的嵌入表示，就可以进一步对它们进行聚合，从而获得整个图的嵌入表示。

图神经网络（GNN）是一个活跃的研究领域，其中存在许多开放的研究问题。以下将用三个例子来说明这点：

（1）深度问题：目前大多数 GNN 使用相对较少的层数（如 L=2 或 3）。当层数增加时，学习到的节点嵌入往往会出现“过平滑”[⊜]的问题，导致嵌入失去区分性。因此，如何设计更深层次的且不出现过平滑问题的图神经网络仍然是一个悬而未决的问题。[⊜]

（2）子图嵌入问题：大多数现有的 GNN 旨在学习单个节点或整个图的嵌入表示。然而，在问题回答、群组推荐等方面有着大量应用的子图嵌入领域却少有研究。

（3）多源图问题：来自某些应用领域（如金融、社交网络）的图往往是从多个来源收集的，每个来源都具有不同的节点和边特征。如何构建有效的 GNN 模型来处理这种多源图，如何将来自不同图的节点嵌入到同一嵌入空间，是另一个活跃的研究领域。

10.6 总结

- **神经网络**是由相互连接的单元组成。每个**单元**都是一个数学函数，通过接收输入的线性加权和，并将其传递给激活函数来生成输出。**激活函数**通常是非线性函数，如 sign 函数、sigmoid 函数和 ReLU 函数，用于引入非线性特性和增加模型的表达能力。**深度神经网络**是一种多层神经网络，它能够逼近任何非线性函数，并学习数据的层次结构

⊖ 这相当于首先将 $\tilde{\boldsymbol{h}}_i^{l-1}$ 和 $\boldsymbol{h}_i^{l-1}$ 拼接起来，然后对拼接后的向量应用线性变换。

⊜ 这意味着即使对于那些不同且相距甚远的节点，它们的嵌入也可能变得相似。

⊜ 另一种类型的 GNN，称为门控图神经网络，通过门控循环单元（GRU）更新节点嵌入，可以处理超过 20 层。尽管如此，如何使 GNN 更深仍然是未来研究的一个方向。

和抽象特征。

- **多层前馈神经网络**通常包含一个输入层、一个或多个隐藏层和一个输出层。在矩阵形式下，多层前馈神经网络可以表示为链式图。
- **反向传播**是一种基于梯度下降的技术，用于训练神经网络的模型参数。它通过将误差从输出层反向传播到输入层，更新网络中的权重和偏差值，以最小化网络预测和实际目标输出之间的损失函数。它包括：前向传播，将净输入经过网络计算得到输出，并计算损失函数；反向计算梯度，从输出层向输入层传播误差，并根据梯度更新网络参数。
- 训练深度神经网络面临两个主要挑战：**优化**和**泛化**。优化挑战是指以计算高效的方式找到训练损失函数的低成本局部最小值。泛化挑战是指确保训练好的深度神经网络在未见过的测试数据上表现良好。
- **梯度消失**是指在反向传播过程中，损失函数关于某些单元输入的梯度逐渐减小并趋近于零，这会导致反向传播算法陷入高成本区域或需要很长时间才能收敛。梯度消失的一个常见原因是激活函数的输出饱和，它们在某些输入范围内的导数接近于零。为了缓解梯度消失问题，可以使用具有更快响应速度的激活函数，如修正线性单元（ReLU）。
- 在反向传播中使用**自适应学习率**可以加速算法的收敛并防止振荡。常用的策略之一是将学习率设置为与 epoch 数量或累积的历史梯度大小成反比。这意味着在训练过程中学习率逐渐减小，使得在接近收敛时可以更精确地调整模型参数。
- **dropout** 是一种用于提高反向传播算法泛化性能的有效策略。它在每个 epoch 中随机丢弃一些非输出单元，并使用剩余的网络来更新模型参数。这样可以减少网络对单个单元的依赖性，使网络更鲁棒并减少过拟合的风险。
- **预训练**将深度神经网络的初始模型参数预设在一个合适的区域。它有助于加快反向传播算法的收敛速度，并提高模型的泛化能力。其中一种常用的预训练策略是监督贪婪预训练，它在固定之前添加的层的参数的同时，逐步添加隐藏层并预训练新添加层的参数。
- 对于分类任务，通常使用**交叉熵**作为损失函数。即使在单元已饱和的情况下，交叉熵也有助于缓解梯度消失问题。
- **卷积神经网络**（CNN）是针对网格状数据（如图像）进行处理的有效深度学习模型。在 CNN 中，**卷积**操作是关键步骤。通过使用给定的输入和卷积核，卷积操作可以生成特征图，其中卷积核在输入的不同位置之间共享。CNN 模型通常由一组**卷积层**组成，而卷积层又由一组核组成，通常采用**非线性激活**和**池化操作**。CNN 模型是指至少具有一个卷积层的神经网络。
- **循环神经网络**（RNN）是用于处理序列数据（如文本）的有效深度学习模型。RNN 模型中有三种主要类型的单元，包括输入单元、隐藏单元和输出单元。在不同的时间戳之间共享相同的**输入层 - 隐藏层权重矩阵**、**隐藏层 - 隐藏层权重矩阵**和**隐藏层 - 输出层权重矩阵**。RNN 面临的一个主要挑战是处理**长期依赖问题**。**长短期记忆**（LSTM）是解决长期依赖问题的最成功技术之一。LSTM 中的关键部分是每个 LSTM 的**单元状态**，它旨在积累过去的长期信息并同时利用当前信息来更新单元状态。LSTM 通过遗忘门、输入门和输出门三个**门控单元**来实现这些设计目标。另一个解决长期依赖的有效方法是**注意力**机制。
- **图神经网络**（GNN）的目标是使用神经网络将图的节点映射为低维向量（称为**节点嵌**

入)。**图卷积网络**(GCN)是一种有效的 GNN 模型。给定一个具有节点属性的输入图,GCN 模型使用一组权重矩阵(每层一个权重矩阵),在每层中生成节点嵌入。GCN 各层的关键操作包括**传播**、**线性变换**和**非线性激活**。

10.7 练习

10.1 下表的训练数据来自员工数据库。数据已经进行了概括性处理,例如,"31 ~ 35"表示 31 ~ 35 岁的年龄范围。对于给定的表头,计数表示具有给定的部门、状态、年龄和工资值的数据元组的数量。

部门	状态	年龄	工资	计数
sales	senior	31 ~ 35	46K ~ 50K	30
sales	junior	26 ~ 30	26K ~ 30K	40
sales	junior	31 ~ 35	31K ~ 35K	40
systems	junior	21 ~ 25	46K ~ 50K	20
systems	senior	31 ~ 35	66K ~ 70K	5
systems	junior	26 ~ 30	46K ~ 50K	3
systems	senior	41 ~ 45	66K ~ 70K	3
marketing	senior	36 ~ 40	46K ~ 50K	10
marketing	junior	31 ~ 35	41K ~ 45K	4
secretary	senior	46 ~ 50	36K ~ 40K	4
secretary	junior	26 ~ 30	26K ~ 30K	6

设状态为类标签属性。

a. 为给定的数据集设计一个多层前馈神经网络,并且对输入层和输出层中的节点进行标记。

b. 利用(a)中得到的多层前馈神经网络,在给定的训练实例 (sales, senior, 31...35, 46K...50K) 中进行训练,并且展示出反向传播算法迭代一次后的权重值。同时,指出你的初始权重值、偏差和使用的学习率。

10.2 a. **各种激活函数的导数**。给出激活函数(包括表 10.6 中的 sigmoid、tanh 和 ELU)的导数的数学推导细节。

b. **反向传播算法**。如图 10.5 所示,假设有一个以 sigmoid 为激活函数和以均方损失 L 为损失函数的多层前馈神经网络。证明(1)式(10.3),用于计算输出单元的误差(δ_{10});(2)式(10.4),用于计算隐藏单元的误差 δ_9 和 δ_6(提示:考虑链式法则);(3)式(10.5),计算更新的权重(提示:考虑损失相对于权重的导数)。

c. **不同的激活函数之间的联系**。假设有 sigmoid 函数 $\sigma(I)=\dfrac{1}{1+e^{-I}}$ 和双曲正切函数 $\tanh(I)=\dfrac{e^{I}-e^{-I}}{e^{I}+e^{-I}}$,用数学证明 $\tanh(I)$ 如何通过平移和缩放转换成 sigmoid 函数。

10.3 **前馈神经网络**。在本练习中需要实现一个用于二分类任务的前馈神经网络。网络的目标是根据电子邮件的属性(例如,词频、连续大写字母序列的长度)预测它是垃圾邮件(标记为 1)还是非垃圾邮件(标记为 0)。数据集的详细描述可以在 http://archive.ics.uci.edu/ml/datasets/Spambase 中找到。为了完成这个训练,你需要做到以下两点:

a. 构建一个可以实现垃圾邮件预测任务的多层前馈神经网络,并从预测准确率、F1 值、AUC-ROC 曲线角度对模型进行评估;

b. 比较不同激活函数和不同深度 / 宽度下模型的性能。

10.4 **自编码器**。自编码器是一种用于无监督学习的经典神经网络。

a. 通过证明 PCA 的损失函数等价于经过线性激活处理的自编码器的均方误差,并且这里的自编码器的编码器和解码器共享相同的参数，进而证明 PCA 是自编码器的一个特殊情况。

b. 实现一个具有非线性激活函数的自编码器，并且使用（1）均方误差和（2）二元交叉熵作为损失函数。注意当使用二元交叉熵时，每个数据点应该规范化为 [0,1]。将自编码器应用在 MNIST 数据集上，并且在分类精度和重建图像的可视化方面将其与 PCA 进行比较，MNIST 数据集可以在 http://yann.lecun.com/exdb/mnist/ 上找到。对于分类任务，首先使用自编码器或 PCA 获取数据的特征，然后使用这些特征对线性 SVM 或 logistic 回归模型进行训练。

10.5 **dropout**。（a）解释为什么 dropout 可以用来缓解过拟合问题。（b）假设有一个简单的两层神经网络 $y = \boldsymbol{W}_2(\boldsymbol{W}_1\boldsymbol{x} + \boldsymbol{b}_1) + b_2$，其中 $\boldsymbol{x}\in\mathbf{R}^3$，$\boldsymbol{W}_1\in\mathbf{R}^{2\times 3}$，$\boldsymbol{b}_1\in\mathbf{R}^2$，$\boldsymbol{W}_2\in\mathbf{R}^2$，$b_2\in\mathbf{R}$。会产生多少可能的不断开网络连接的 dropout 网络？

10.6 **预训练自编码器**。

a. 为什么预训练有助于参数学习或收敛？

b. 怎么样去预训练一个自编码器？

10.7 **损失函数**。考虑接下来的两个损失函数，即（1）均方误差损失函数 $\text{Loss}(T,O)=\frac{1}{2}(T-O)^2$，（2）二分类的交叉熵损失函数 $\text{Loss}(T,O)=-T\log O-(1-T)\log(1-O)$，同时假设激活函数是 sigmoid。

a. 给出在反向传播过程中输出单元的误差 δ 的推导，并比较上述两个损失函数（例如，它们可能产生的潜在问题）。

b. 再将交叉熵损失推广到多分类的情况。目标是输出一个长度为 C 的 one-hot 向量（C 表示一共有多少个类），非零元素的索引（即 1）表示类标签。输出也是一个长度为 C 的向量 O，表示为 $O=[O_1, O_2, \cdots, O_C]$。给出输出单元的分类交叉熵损失和误差 δ 的推导。（提示：有两个关键步骤（1）通过 0 和 1 之间缩放使输出值规范化。（2）根据二分类交叉熵损失的定义推导多分类交叉熵的损失，其中损失可以表示为 $\text{Loss}(T,O)=-\sum_{i=1}^{2}T_i\log(O_i)$。）

10.8 卷积神经网络和前馈神经网络之间的关键区别是什么？为什么卷积神经网络被广泛用于网格状数据？

10.9 **二维卷积**。给出图 10.43 中的输入和两个卷积核，

a. 利用卷积核 $\boldsymbol{K}_1$，$\boldsymbol{K}_2$ 分别计算特征图（步长定义为 1，$\boldsymbol{I}$ 的周围填充 0）；

b. 如果步长设置为 2，重新计算特征图；

c. 对（a）中获得的特征图分别应用下采样过程、最大池化和平均池化（过滤器大小为 2×2）后，计算新的特征图。

输入 $\boldsymbol{I}$

0	1	0	0	1	1	0	0
0	1	0	1	1	0	1	1
1	0	0	1	0	1	0	1
1	0	1	0	1	0	0	1
1	1	0	1	0	0	1	0
0	0	1	0	0	1	0	1
1	1	0	1	0	0	1	0
1	0	1	1	0	0	0	1

卷积核

$\boldsymbol{K}_1$

0	1	0
0	0	1
1	1	1

$\boldsymbol{K}_2$

1	1	0
0	1	1
1	0	1

图 10.43　输入是一个 8×8 二元矩阵两个卷积核大小为 3×3

10.10 **训练 LSTM 模型**。在长序列中训练 LSTM 模型通常是比较困难的，回答下列问题：

a. 为什么训练 LSTM 模型比较难？

b. 如何缓解这个问题？

10.11 **LSTM 和 GRU**。将 LSTM 模型和 GRU 模型进行比较，并回答下列问题：

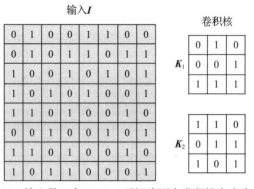

a. 它们有什么共同点？

b. 它们之间有什么区别？

c. 它们的优点和缺点是什么？

10.12 假设将图卷积网络（GCN）应用于网格状图（例如图像），然而并没有规范化邻接矩阵（即删除图 10.38 中的第 2 ～ 3 步）。解释为什么它本质上是一个具有特殊类型过滤器的二维卷积。

10.13 本练习将从图谱信号处理的角度推导 10.5.2 节所示的图卷积网络。图上的经典卷积可以通过 $\boldsymbol{y}=\boldsymbol{U}g_\theta(\boldsymbol{\Lambda})\boldsymbol{U}^{\mathrm{T}}\boldsymbol{x}$ 来计算，其中 $\boldsymbol{x}\in\mathbf{R}^N$ 是输入的图信号（即，表示某个特征维度上所有节点的特征值的标量的向量）。矩阵 $\boldsymbol{U}$ 和 $\boldsymbol{\Lambda}$ 表示规范化图拉普拉斯矩阵的特征分解：$\boldsymbol{L}=\boldsymbol{I}-\boldsymbol{D}^{-\frac{1}{2}}\boldsymbol{A}\boldsymbol{D}^{-\frac{1}{2}}=\boldsymbol{U}\boldsymbol{\Lambda}\boldsymbol{U}^{\mathrm{T}}$，$g_\theta(\boldsymbol{\Lambda})$ 是特征值的函数，经常用作滤波函数。

a. 若直接使用经典的图卷积公式，其中 $g_\theta(\boldsymbol{\Lambda})=\mathrm{diag}(\boldsymbol{\theta})$ ，$\boldsymbol{\theta}\in\mathbf{R}^N$ 来计算输出 $\boldsymbol{y}$，潜在的缺点是什么？

b. 假设使用 K 多项式过滤器，即 $g_\theta(\boldsymbol{\Lambda})=\sum_{k=0}^{K}\theta_k\boldsymbol{\Lambda}^k$，与上面的过滤器 $g_\theta(\boldsymbol{\Lambda})=\mathrm{diag}(\boldsymbol{\theta})$ 相比，有什么好处？

c. 在过滤器 $g_\theta(\boldsymbol{\Lambda})=\sum_{k=0}^{K}\theta_k\boldsymbol{\Lambda}^k$ 上利用第 K 阶 Chebyshev 多项式逼近，滤波函数可表示为 $g_{\theta'}(\boldsymbol{\Lambda})\approx\sum_{k=0}^{K}\theta'_kT_k(\tilde{\boldsymbol{\Lambda}})$，加上重新缩放的 $\tilde{\boldsymbol{\Lambda}}$：$\tilde{\boldsymbol{\Lambda}}=\dfrac{2}{\lambda\max}\boldsymbol{\Lambda}-\boldsymbol{I}$，其中 $\lambda_{\max}$ 表示 L 的最大特征值，$\boldsymbol{\theta}'\in\mathbf{R}^K$，表示 Chebyshev 系数。Chebyshev 多项式可通过下式递归计算：$T_k(z)=2zT_{k-1}(z)-T_{k-2}(z)$，同时，$T_0(z)=1$，$T_1(z)=z$。现根据拉普拉斯矩阵推导近似谱图卷积公式，计算复杂度。

d. 进一步简化为 $K=1$，$\lambda_{\max}=2$ 和 $\theta=\theta'_0=-\theta'_1$，以 $\boldsymbol{A}$ 为邻接矩阵，$\boldsymbol{X}\in\mathbf{R}^{N\times C}$ 为输入节点属性矩阵，推导输入图的图卷积层。

10.14 此练习的目标是实现和学习图 10.38 所示的图卷积网络（GCN）。特别地，需要在 Cora 数据集上应用两层 GCN 进行半监督节点分类。数据可以在 https://linqs.soe.ucsc.edu/data 上下载。具体来说，首先基于引用关系（即一篇论文引用另一篇论文，两篇论文之间存在一条无向边）构建无向图，节点的属性表示词的内容；随机划分 500 个节点用于验证，1 000 个节点用于测试，其余用于训练。将隐藏维度设置为 64。使用 ReLU 和 softmax 函数分别作为第一层和第二层的非线性激活函数。对于半监督节点分类，使用交叉熵损失函数和 Adam 优化器，学习率为 0.01，dropout 率为 0.5。实现上述模型，评估并给出节点分类的准确率。

10.8 文献注释

深度学习的历史可以追溯到很久以前，自 20 世纪 40 年代以来，它经历了三次浪潮。第一次浪潮发生在 20 世纪 40—60 年代，当时感知器（单个神经元）在 1958 年被发明出来。感知器可以执行简单的分类任务，即找到线性分类决策边界。这一发明的重要意义在于证明了通过学习单个神经元可以实现相对简单的分类任务。第二次浪潮发生在 20 世纪 80—90 年代，当时反向传播算法于 1986 年被发明出来，用于训练前馈神经网络。这一算法的出现证明了神经网络通过以网络形式连接许多简单单元（如感知器），可以获得更复杂和智能的学习系统，例如非线性分类器。由于单元之间的连接，这波浪潮中的神经网络学习也被称为*连接主义学习*或*连接主义*。第三次浪潮始于 2006 年左右，一直持续到本书写作之时。这一波浪潮的重大突破在于发明了许多先进的技术，通常被统称为“深度学习”，用于有效地训练大型深度神经网络。经过训练的深度神经网络展现出了强大的能力，在计算机视觉、自然语言处理、社交媒体分析等许多应用领域取得了接近甚至超越人类的性能。第三次浪潮的成功有三个关键原因。首先，可用的大规模带标签训练数据使得训练深度神经网络成为可能。其次，计算能力的显著提高，特别是由于图形处理单元（GPU）等硬件的发展，可以更快地进行大规模并行计算。最后，训练大型深度神经网络的算法取得了显著进步，包括更有效的反向传播算法、正则化技术和优化算法等。

为了描述大脑中神经元的工作原理，McCulloch 和 Pitts [MP43] 利用电路模拟了一个简单的神经网络的操作。Hebb[Heb49] 提出了著名的 "Hebbian 学习规则"，该规则指出在人类学习中，神经元之间的连接会被增强。Rosenblatt[Ros58] 提出了二分类感知器算法，它是一种监督学习的神经网络算法。Widrow 和 Hoff[WH60] 开发了第一个应用于实际应用的神经网络，称为 MADALINE。Fukushima[Fuk75] 开发了第一个用于无监督学习的多层神经网络。反向传播算法是由 Rumelhart，Hinton 和 Williams[RHW86b] 提出的，它被视为多层神经网络的重要里程碑。反向传播算法通过在网络中反向传播误差来训练网络，从而使网络能够学习复杂的非线性关系。Funahashi[Fun89] 从数学上证明了具有 sigmoid 激活函数的多层神经网络具有近似任意连续映射的能力，例如二分类器。这证明了多层神经网络的强大表达能力和逼近性质。

训练深度神经网络存在一系列挑战。这里提到两个挑战：激活函数和优化方法。从激活函数的角度来看，整流器是一种常用的激活函数。它最早由 Hahnloser 和 Seung [HS00] 提出，后来被 Nair 和 Hinton [NH10] 应用于受限玻尔兹曼机中的隐藏单元。除了整流器，还有其他类型的激活函数被提出，如 Maas，Hannun 和 Ng [MHN] 的 Leaky ReLU；He，Zhang，Ren 和 Sun[HZRS15] 的 Parametric ReLU；Clevert，Unterthiner 和 Hochreiter [CUH15] 的 ELU；以及 Ramachandran，Zoph 和 Le [RZL17] 的 Swish。从优化的角度来看，为了减少计算负担，随机逼近的思想被引入到基于梯度下降的深度神经网络优化中（参考 Robbins 和 Monro [RM51]，Kiefer 和 Wolfowitz [KW+52]）。这个思想的关键是用估计值替代实际梯度。为了加速随机梯度下降（SGD）的计算，Qian [Qia99] 引入了动量机制（momentum），其中引入一个参数来保持前一步的梯度。Nesterov[Nes83] 的 Nesterov 加速梯度（NAG）通过估计损失函数的值来改进梯度计算。为了设置合适的学习率，人们开发了几种方法。举例来说，Duchi，Hazan 和 Singer[DHS11] 的 AdaGrad 根据每个维度的参数大小自适应地调整学习率；Zeiler [Zei12] 中的 Adadelta 通过在给定的窗口大小中聚合过去的梯度来调整学习率。Hinton，Srivastava 和 Swersky[HSS] 的 RMSProp 进一步解决了 AdaGrad 的学习率递减问题。Adam 和 AdaMax 是由 Kingma 和 Ba [KB14] 开发的优化方法，其中 Adam 结合了动量和 RMSProp 的优点，而 AdaMax 是基于无穷范数的 Adam 变体。Dozat[Doz16] 的 NAdam 将 Nesterov 动量融入 Adam。其他优化梯度下降的技术包括：Bengio，Louradour，Collobert 和 Weston[BLCW09] 的课程学习，它以有意义的顺序管理训练样本。Ioffe 和 Szegedy [IS15] 对每个小批量进行批量规范化，这使得使用更大的学习率成为可能。Neelakantan 等人 [NVL+15] 向每个梯度添加高斯噪声，这改进了对更深网络的训练，使网络更鲁棒。为了提高训练效率，Glorot 和 Bengio [GB10] 以及 He 等人 [HZRS15] 提出了新的参数初始化方案。

为了防止网络过度拟合，Srivastava 等人 [SHK+14] 提出了一种称为 dropout 的方法，在训练过程中随机停用节点。这个方法在许多相关著作中得到了探讨和应用，如 Wang 和 Manning [WM13]；Ba 和 Frey [BF13]；Pham，Bluche，Kermorvant 和 Louradour[PBKL14]；Dahl，Sainath 和 Hinton[DSH13]；Kingma，Salimans 和 Welling[KSW15]；Gal 和 Ghahramani[GG16]。Prechelt [Pre98] 介绍了一种利用验证集进行早期停止的技术，它可以用于深度学习中防止过拟合。关于深度学习中使用的预训练方法，可以参考 Erhan，Courville，Bengio 和 Vincent [ECBV10]；Yu 和 Seltzer [YS11]；Saxe，McClelland 和 Ganguli[SMG13]；Radford，Narasimhan，Salimans 和 Sutskever[RNSS18]；以及 Devlin，Chang，Lee 和 Toutanova[DCLT18] 的相关研究。对于无监督

任务，请参阅 Barlow [Bar89]；Sanger [San89]；Baldi [Bal12]；Figueiredo 和 Jain [FJ02]；Radford，Meta 和 Chintala [RMC15]；以及 Le [Le13] 的相关研究。关于半监督学习，可以参考 Chapelle，Scholkopf 和 Zien[CSZ09] 以及 Zhu [Zhu05] 的介绍。

人们提出了许多反向传播的变体。其中一些变体涉及网络拓扑结构的动态调整，例如 Mézard 和 Nadal[MN89]；Fahlman 和 Lebiere [FL90]；Le Cun，Denker 和 Solla[LDS89]；以及 Harp，Samad 和 Guha[HSG89]) 的工作。这些方法旨在通过动态调整网络的结构来改进反向传播算法的性能。此外，人们还提出了调整学习率和动量参数的动态方法（如 Jacobs [Jac88]）。其他变体在 Chauvin 和 Rumelhart[CR95] 中进行了讨论。关于神经网络的书籍包括 Rumelhart 和 McClelland [RM86]；Hecht-Nielsen[HN90]；Hertz，Krogh，Palmer [HKP91]；Chauvin 和 Rumelhart [CR95]；Bishop [Bis95]；Ripley (Rip96)；还有 Haykin [Hay99]。许多关于机器学习的书籍，如 Mitchell [Mit97] 以及 Russell 和 Norvig [RN95]，也很好地解释了反向传播算法。

Yang，Fu，Sidiropoulos 和 Hong[YFSH17] 建议集成自编码器和 k- 均值来同时找到簇和嵌入。Xie，Girshick 和 Farhadi[XGF16] 在深度聚类中引入了 KL 散度。Yang，Fu 和 Sidiropoulos[YFS16] 提出了联合非负矩阵分解和 k- 均值来处理潜在聚类。关于深度聚类在图像数据中的应用，请参见 Caron，Bojanowski，Joulin 和 Douze [CBJD18] 以及 Yang，Parikh 和 Batra[YPB16]。

卷积以数学为基础，已被广泛应用于信号处理等各个领域。卷积神经网络（CNN）的灵感来自视觉皮层 [HW62]，是深度学习中最成功的架构之一。Waibel 等人 [WHH+89] 提出了第一个 CNN 模型，用于语音识别的时间延迟神经网络（TDNN）。LeCun 等人 [LBD+89] 应用二维卷积操作识别手写邮政编码。LeCun，Bottou，Bengio 和 Haffner [LBBH98] 的 LeNet-5 代表了 CNN 的一个里程碑。Krizhevsky，Sutskever 和 Hinton [KSH12] 介绍了第一个深度 CNN（DCNN）架构——AlexNet，它在 ImageNet 数据集 [DDS+09] 上取得了卓越的性能。VGGNets [SZ15] 和 GoogLeNets [SLJ+15] 证明了在卷积层中具有小的过滤器的更深层次的架构可以取得更好的效果。DCNN 容易受到梯度消失和梯度爆炸问题的影响。为了解决这个问题，He，Zhang，Ren 和 Sun[HZRS16] 引入了深度残差学习并提出了残差网络（ResNet）。Huang，Liu，Van Der Maaten 和 Weinberger[HLVDMW17] 利用了 ResNet 中的跨连接思想，引入了具有稠密连接的稠密卷积网络（DenseNet）。

这些 CNN 模型不仅在图像分类任务中取得了卓越的性能，而且还是其他应用的基础。DeepFace [TYRW14] 和 FaceNet [SKP15] 分别采用 AlexNet [KSH12] 和 GoogLeNets [SLJ+15] 的变体进行人脸识别。R-CNN [GDDM14]、Fast R-CNN [Gir15]、Faster R-CNN [RHGS15]、Mask R-CNN [HGDG17] 是目标检测和分割领域的代表性工作。DeepPose [TS14] 和双流 CNN[SZ14] 分别采用 CNN 进行人体姿态估计和动作识别。DCGAN [RMC16] 引入了一个用于生成图像的反卷积神经网络。Shen，Wu 和 Suk [SWS17] 综述了基于 CNN 的医学图像分析方法。除了计算机视觉任务外，CNN 还被用于语音识别 [AHMJP12]、自然语言处理 [Kim14] 和时间序列分析 [WYO17]。

循环神经网络（RNN)[RHW86a] 是另一种经典的神经网络架构，用于对序列数据进行建模。受人类大脑记忆机制的启发，Little [Lit74] 和 Hopefield [Hop82] 引入了（Little-）Hopefield 网络，这是具有二元阈值的最早形式的 RNN 之一。Elman 网络 [Elm90] 是 Hopefield 网络的推广，被称为*简单循环网络*。Schuster 和 Paliwal [SP97] 引入了双向 RNN（BRNN)，使当前状态不仅从过去收集输入信息，还从未来收集输入信息。Hochreiter 和 Schmidhuber [HS97] 提出了最流行的循环神经网络之一的长短期记忆网络（LSTM)，以解决训练简单循环神经网络时梯度消失的问题。Cho 等人 [CVMG+14] 通过引入门控循环单元（GRU）来简化 LSTM。

RNN 也被广泛用于自然语言和时间序列等序列数据的建模。在自然语言处理领域，RNN 模型已经成为大多数任务的基础，如机器翻译 [SVL14, CVMG+14, BCB15]、对话系统 [LGB+16, WVM+17]、命名实体识别 [LBS+16]、解析 [DBL+15]、语音识别 [GS05, GMH13]。RNN 还被用于时间序列分类 [FFW+19, LKEW16]、缺失值恢复 [CPC+18]、未来值预测 [CMA94] 和无监督特征学习 [LKL14]。

除了独立使用 CNN 和 RNN 模型外，这些模型还联合用于多模态深度学习 [BAM18]，如图像描述 [VTBE15, XBK+15]、图像合成 [RAY+16, OOS17]、视觉问答 [AAL+15, LYBP16]、医疗报告生成 [JXX18]、视频分析 [SMS15, YHNHV+15]。

图神经网络（GNN）是指图结构数据上的神经网络结构。一种开拓性的 GNN 架构 [SGT+08] 是从循环模型扩展而来的，并通过节点邻域、节点和边标签的传播函数迭代更新每个节点的状态，直到达到状态平衡。Li，Zemel，Brockschmidt 和 Tarlow [LTBZ15] 提出的门控 GNN 使用门控循环单元作为循环传播函数。Defferrard、Bresson 和 Vandergheynst [DBV16] 建议将图 CNN 与循环单元相结合，以捕获图的空间和时间模式 [SDVB18]，而 VGRNN [HHN+19] 集成了变分图自编码器 [KW16b]，以学习动态图的潜在表示。此外，SSE [DKD+18] 应用了节点状态的随机更新。所有这些模型都是图循环神经网络。

图卷积神经网络的灵感来自经典的 CNN 和图信号处理 [SNF+13]。Bruna，Zaremba，Szlam 和 LeCun[BZSL13] 建议使用基于谱的图卷积来学习潜在图表示。Defferrard，Bresson 和 Vandergheynst[DBV16] 随后用 Chebyshev 多项式近似谱图卷积。GCN[KW16a] 是一种成熟的模型，填补了基于谱和基于空间的图卷积神经网络之间的空白。Hamilton，Ying 和 Leskovec [HYL17] 提出了一种具有多个聚合算子的归纳模型 graphSage。FastGCN 建议在每个卷积层采样固定数量的节点 [CMX18]。图注意力网络（GAT）[VCC+17] 将注意力机制应用于邻域聚合。图同质网络（GIN）[XHLJ18] 使用多层感知器作为聚合函数，并被证明与 Shervashidze 等人 [SSVL+11] 的 Weisfeiler Lehman 图同质测试一样强大。其他基于空间的模型包括 [NAK16, GSR+17, MBM+17]。所有这些 GNN 都用于同质网络。对于异质网络，Zhang 等人 [ZSH+19] 通过设计包含不同节点类型的邻域聚合，提出了异质图神经网络（HetGNN）。图 CNN 被广泛应用于网络具有多种节点类型的应用中，例如文本分类 [YML19]、推荐参考 [WHW+19, YHC+18]。除了不同的图卷积层，还设计了几个图池化算子来自适应地学习层次图表示。Ying 等人 [YYM+18] 提出了 DiffPool，通过 GNN 学习软聚类分配，并在不同分辨率下粗化输入图。Gao 和 Ji[GJ19] 提出了图 U-Net，使用 top-*k* 节点选择来进行图池化，Lee，Lee 和 Kang[LLK19] 提出的 SAGPool 利用 GCN[KW16a] 来选择重要节点进行池化。

对于无监督学习，网络嵌入技术（有时被认为是浅层表示学习）已被广泛研究。Tang 等人提出了 LINE [TQW+15]，该方法保留一阶和二阶结构邻近性，并最小化基于 KL 散度的损失函数。DeepWalk [PARS14] 遵循 word2vec [MSC+13] 的思想，并通过截断的随机游走来生成上下文节点，这些节点在 Skip-gram 类型的损失函数中使用。Node2vec [GL16] 结合了广度优先采样（BFS）和深度优先采样（DFS）来进行上下文节点采样。除了网络嵌入，Kipf 和 Welling[KW16b] 提出了变分图自编码器（VGAE），它使用 GCN [KW16a] 作为编码器，并在解码器中重建输入图。GraphSage [HYL17] 也可以通过使用 Skip-gram 损失函数推广到无监督方式。改编自 deep infomax [HFLM+18]，deep graph infomax（DGI）[VFH+18] 最大化了补丁表示和图汇总之间的互信息。

在大数据时代，网络往往是多源的。在学习多源网络的节点表示时，往往会遇到不同网络中嵌入向量的空间差异问题。为了解决这个问题，Du 和 Tong 提出了 MrMine，它基于网络的多分辨率特性来学习同一空间中多个网络的节点嵌入 [DT19]。Origin [ZTX⁺19] 利用非刚性点集配准来解决嵌入空间视差问题。解决这个问题的另一个角度是通过 GNN 学习图到图的转换函数。Jin 等人提出了利用对抗性训练来对齐生成图的分布 [JYBJ19]，Guo 等人提出了图到图转换模型来研究网络协同进化 [GZN⁺19]。Zhang 等人提出的 NetTrans [ZTX⁺20] 学习了如何将源网络转换为目标网络，以及如何通过编码器 - 解码器架构将跨网络的节点关联起来。

近年来，深度学习中出现了生成模型的新兴研究趋势。生成式对抗网络（GAN）融合了对抗学习的思想来生成新的数据样本，是由 Goodfellow 等人 [GPAM⁺14] 提出的。GAN 在各种应用中得到了广泛研究，从高分辨率图像生成 [RMC15, LTH⁺17, BSM17]、图像到图像转换 [ZPIE17, HZLH17]、文本 / 对话生成 [YZWY17, GLC⁺18, LMS⁺17]、文本到图像合成 [ZXL⁺17]、图表示学习 [WWW⁺18]、到医疗记录生成 [CBM⁺17]。生成模型的一些变体包括来自 Kingma 和 Welling 的变分自编码器（VAE）[KW13]。详细介绍参见 Doersch [Doe16]。

深度学习也应用于其他数据挖掘问题。例如，在强化学习中，深度神经网络被用来估计状态值函数（即 Q 函数）（Mnih 等人 [MKS⁺15, MKS⁺13, MBM⁺16] 和 Lillicrap 等人 [LHP⁺15]）。研究发现，深度神经网络容易受到输入数据非常细微扰动的对抗性活动的影响。这种对对抗性攻击导致神经网络的性能下降，包括 Szegedy 等人 [SZS⁺13] 的图像数据分类错误，Tabacof，Tavares 和 Valle[TTV16] 的生成模型的图像重建错误，Papernot，McDaniel，Swami 和 Harang[PMSH16] 的 LSTM 单词序列分类错误，Lin 等人 [LHL⁺17] 的深度强化学习的奖励减少，以及 GNN 在节点分类等任务中的性能降低（Dai 等人 [DLT⁺18] 以及 Zügner，Akbarnejad 和 Günnemann [ZAG18]）。为了进一步理解和解释机器学习模型的结果，已经在这个方向进行了研究，请参见 Du，Liu 和 Hu [DLH19] 的介绍。在一个分散的场景中，数据样本存储在多个本地设备中，可以协作学习共享的机器学习模型被称为联邦学习 [KMY⁺16, SCST17]。自动机器学习（AutoML）研究将有效的特征处理和机器学习算法应用于新数据集的问题（Feurer 等人 [FKE⁺15] 以及 Hutter，Kotthoff 和 Vanschoren [HKV19]）。

离群点检测

假设你是信用卡公司的交易审计员。为了保护客户免受信用卡欺诈，你会特别关注那些与典型情况相比有所不同的信用卡使用情况。例如，如果某个持卡人的购买金额远高于平常，而且购买发生在离持卡人居住城市很远的地方，那么这次购买就是可疑的。你希望能够在这些交易发生后尽早发现它们并联系持卡人进行验证。这是许多信用卡公司的常规做法。*数据挖掘技术可以帮助检测可疑交易吗?*

大多数信用卡交易都是正常的。然而，如果一张信用卡被盗，它的交易模式通常会发生巨大变化——购买地点和购买物品往往与真正的持卡人和其他客户有很大不同。信用卡欺诈检测背后的一个基本思想是识别那些与正常交易非常不同的交易。

离群点检测（也被称为*异常检测*）是一种寻找行为与期望明显不同的数据对象的过程。这些数据对象被称为**离群点**或**异常**。离群点检测在许多重要应用中发挥着关键作用，包括但不限于欺诈检测、医疗保健、公共安全和安防、工业损坏检测、图像处理、传感器和视频网络监视、国家安全以及入侵检测等领域。

离群点检测和聚类分析是两个高度相关的任务。聚类分析旨在找到数据集中的主要模式并相应地组织数据，而离群点检测则试图捕捉那些与主要模式明显不同的特殊情况。离群点检测和聚类分析具有不同的目的和方法。在方法上，离群点检测可以是有监督的，也可以是无监督的，而聚类分析通常是无监督的，不需要先验标签或类别信息。

本章将介绍离群点检测技术。首先，在 11.1 节中概述离群点的不同类型和离群点检测方法。然后，按照不同的方法分类对离群点进行详细讨论。11.2 节介绍统计方法，11.3 节介绍基于邻近性的方法，11.4 节介绍基于重构的方法，11.5 节介绍基于聚类和分类的方法。在接下来的 11.6 节探讨挖掘情境和集体离群点的方法。最后，在 11.7 节讨论在高维数据中进行离群点检测的技术。

11.1 基本概念

首先明确离群点的定义，并对不同类型的离群点进行分类。随后，将讨论离群点检测所面临的挑战。最后，将概述离群点检测的方法。

11.1.1 什么是离群点

假设使用给定的统计过程生成一组数据对象。**离群点**是指与其他对象显著偏离的数据对象，就像它是由不同的机制生成的一样。为了便于在本章中介绍，我们将那些不是离群点的数据对象称为“正常”或预期数据，而将离群点称为“异常”数据。

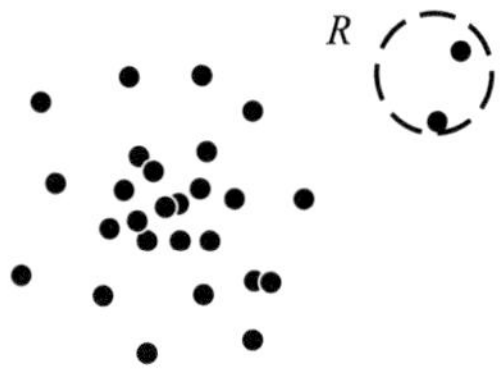

图 11.1 区域 R 中的对象是离群点

例 11.1 离群点。在图 11.1 中，大多数对象大致遵循高斯分布。然而，区域 R 中的对象明显不同。它们不太可

能与数据集中的其他对象遵循相同的分布。因此，区域 R 中的对象被认定为数据集中的离群点。 □

离群点与噪声数据是不同的。如第 2 章所述，噪声是测量变量中的随机误差或方差。一般来说，在数据分析中（包括离群点检测在内），噪声并不是我们感兴趣的对象。例如，在信用卡欺诈检测中，客户的购买行为可以建模为随机变量。客户可能会产生一些看上去类似“随机误差”或“方差”的“噪声交易”，如某天支付了更贵的午餐，或比平时多喝了一杯咖啡。此类交易不应被视为离群点；否则信用卡公司将因核实太多的交易而承担沉重的成本，也可能因多次误报而失去客户。与许多其他数据分析和数据挖掘任务一样，在进行离群点检测之前，通常需要消除或降低噪声的影响，以确保结果的准确性和可靠性。

离群点的有趣之处在于它们被怀疑不是由与其余数据相同的机制生成的。因此，在离群点检测中，重要的是要证明为什么检测到的离群点是由其他机制生成的。这通常是通过对其余数据做出各种假设，并展示检测到的离群点明显违反这些假设来实现的。

离群点检测与演变数据集中的*新颖性检测*相关。例如，通过监控新内容不断涌现的社交媒体网站，新颖性检测可以及时识别出新主题和趋势。这些新主题可能最初会表现为离群点。在这个意义上，离群点检测和新颖性检测在建模和检测方法上有一些相似之处。然而，两者之间的一个关键区别在于，在新颖性检测中，一旦确认了新主题，它们通常会被纳入正常行为模型中，以便后续实例不再被视为离群点。

11.1.2 离群点的类型

离群点通常可以分为三类，即全局离群点、情境（或条件）离群点和集体离群点。让我们来看看这些类型。

全局离群点

在给定的数据集中，如果一个数据对象与其余数据显著偏离，那么它就是一个**全局离群点**。全局离群点有时被称为*点异常*，是最简单的离群点类型。大多数离群点检测方法旨在找到全局离群点。

例 11.2 全局离群点。再次考虑图 11.1 中的点。区域 R 中的点明显偏离了数据集的其余部分，因此是全局离群点。 □

检测全局离群点的关键问题是找到一个适当的和查询应用相关的偏离度量。基于不同的度量方法，离群值检测方法被划分为不同的类别。我们稍后会详细讨论这个问题。

全局离群点检测在许多应用中都非常重要。例如，在计算机网络入侵检测中，如果某个计算机的通信行为与正常模式存在显著差异（例如，在短时间内广播大量数据包），这种行为可能被视为全局离群点，并可能表明该计算机受到了黑客攻击。另一个例子是在交易审计系统中，不符合常规模式的交易被视为全局离群点，需要进行进一步的审查。

情境离群点

*“今天的温度是 28℃。这是异常的（即离群点）吗？”*这取决于情境，例如时间和地点。如果在多伦多的冬天，那么它是一个离群点。如果在多伦多的夏天，那么这是正常的。与全局离群点检测不同，在这种情况下，今天的温度值是否是离群点取决于情境——日期、地点，可能还有其他因素。

在给定的数据集中，如果一个数据对象相对于对象的特定情境显著偏离，那么它就是**情境离群点**。情境离群点也称为*条件离群点*，即在特定情境条件下它们可能是离群点。因此，在情境离群点检测中，情境必须作为问题定义的一部分进行指定。一般来说，在情境离群点检测中，研究数据对象的属性被分为两组：

- **情境属性**：数据对象的情境属性定义了对象的情境。在温度的例子中，情境属性可以是日期和地点。
- **行为属性**：行为属性定义了对象的特征，并用于评估对象是否在它所属情境中是离群点。在温度的例子中，行为属性可能是温度、湿度和压力。

与全局离群点检测不同，在情境离群点检测中，一个数据对象是否是离群点不仅取决于行为属性，还取决于情境属性。行为属性值在一个情境中可能被视为离群点（例如，对于多伦多的冬天，28℃是离群点），但在另一个情境中可能不是离群点（例如，对于多伦多的夏天，28℃不是离群点）。

情境离群点是局部离群点的扩展，局部离群点是在基于密度的离群点分析方法中引入的概念。在数据集中，如果一个对象的密度相对于它的近邻显著不同，则被称为**局部离群点**。我们将在 11.3.2 节更详细地讨论局部离群点分析。

全局离群点检测可以被视为情境离群点检测的一个特殊情况，其中情境属性集为空。换句话说，全局离群点检测将整个数据集作为情境。相比之下，情境离群点分析为用户提供了更大的灵活性，允许用户在不同情境中检查离群点，这在许多应用中是非常有益的。

例 11.3 情境离群点。在信用卡欺诈检测中，分析人员可能会考虑不同情境中的离群点。例如，当我们观察到某个客户使用情况超过其信用额度 90%，如果将他归为信用额度较低的客户群体，那么这种行为可能不会显得特别异常。然而，如果类似的行为经常出现在高收入的客户群体中，那么这就可能被视为一种离群点。这种离群点可能暗示着潜在的商机——为这样的客户提供更高的信用额度可能会带来新的收入。 □

在具体应用中，情境离群点检测的结果不仅取决于对象在行为属性空间中与大多数对象偏离的程度，还取决于情境属性的意义。通常情况下，情境属性应由领域专家确定，可以视为输入背景知识的一部分。然而，在许多应用中，获取足够的信息以确定情境属性或收集高质量的情境属性数据都不容易。

“*如何在情境离群点检测中制定有意义的情境？*”一个直接的方法是简单地使用情境属性的分组作为情境。然而，这可能不是有效的，因为许多分组可能数据不足或存在噪声。更一般的方法是使用数据对象在情境属性空间中的邻近性。我们将在 11.3 节中详细讨论这种方法。

集体离群点

假设你是一家电子商店的供应链经理，每天需要处理成千上万的订单和发货。对于单个订单的发货延迟，可能并不被视为离群点，因为偶尔会出现发货延迟的情况。然而，如果一天内有 100 个订单出现延迟，这就形成了一个离群点，需要引起注意。虽然每个订单单独考虑时可能并不被视为离群点，但作为一个整体，这 100 个订单确实存在异常情况，需要对此进行仔细研究以了解发货问题。

在给定数据集中，如果数据对象的一个子集作为一个整体与整个数据集显著偏离，那么它们就形成了一个**集体离群点**。需要强调的是，单独的数据对象可能不是离群点。

例 11.4 集体离群点。在图 11.2 中，黑色对象作为一个整体形成了一个集体离群点，因为这些对象的密度远高于数据集中的其他对象。然而，就整个数据集而言，每个黑色对象单独并不是离群点。 □

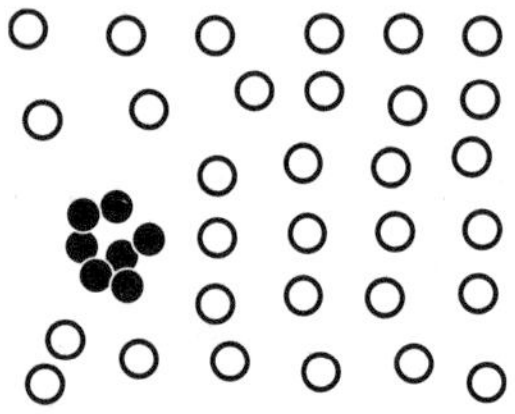

图 11.2 黑色对象形成一个集体离群点

集体离群点检测在许多应用场景中具有重要作用。例如，在入侵检测中，从一个计算机向另一个计算机发送的拒绝服务数据包被认为是正常的，并不被视为离群点。然而，如果多个计算机不断地相互发送拒绝服务数据包，那么它们作为一个整体应被视为集体离群点。参与的计算机可能受到了攻击。再举一个例子，在股票交易中，同一只股票在双方之间进行正常交易是常见的。然而，如果同一只股票在短时间内频繁地在一小部分人之间进行大量交易，这可能被视为集体离群点。这可能是市场操纵的迹象。

与全局或情境离群点检测不同，在集体离群点检测中，我们不仅需要考虑单个对象的行为，还需要考虑对象组的行为。因此，要检测集体离群点，我们需要了解数据对象之间关系的背景知识，比如对象之间的距离或相似性度量。

总之，一个数据集可能有多种类型的离群点。此外，一个对象可能属于多种类型的离群点。在商业中，不同类型的离群点可能用于各种应用或不同目的。全局离群点检测是最简单的。情境离群点检测需要背景信息来确定情境属性和情境。集体离群点检测需要背景信息来建模对象之间的关系，以找到离群点组。

11.1.3 离群点检测的挑战

离群点检测在许多应用中都非常有用，但也面临着许多挑战，比如：

- **有效地建模正常对象和离群点**。离群点检测的质量高度依赖于对正常对象（非离群）和离群点的建模。通常情况下，对正常数据的全面建模非常具有挑战性，甚至是不可能的。这部分原因在于在应用中很难列举出所有可能的正常行为。

  正常和异常对象（离群点）之间的边界通常不是清晰的，而是存在一个广泛的灰色区域。因此，虽然一些离群点检测方法会为输入数据集中的每个对象分配“正常”或“离群点”标签，但其他方法会为每个对象分配一个“离群度”得分㊀，以衡量其与正常模式的偏离程度。
- **特定应用的离群点检测**。在技术上，选择用于描述数据对象的相似性或距离度量和关系模型对于离群点检测至关重要。不幸的是，这样的选择通常是与应用相关的。不同的应用可能有非常不同的要求。例如，在临床数据分析中，一个小的偏差可能足以证明是离群点。相反，在市场分析中，对象通常会受到较大的波动，因此需要显著的偏差来证明是离群点。离群点检测高度依赖于应用类型，这使得开发一种普遍适用的离群点检测方法变得不可能。因此，必须针对特定应用开发专门的离群点检测方法。
- **在离群点检测中处理噪声**。如前所述，离群点与噪声是不同的。众所周知，真实数据集的质量往往很差。噪声通常不可避免地存在于许多应用中收集到的数据中。噪声可能以属性值的偏差甚至缺失值形式出现。低数据质量和噪声的存在给离群点检测带来了巨大挑战。它们可能扭曲数据，模糊了正常对象和离群点之间的区别。此外，噪声和缺失数据可能会“隐藏”离群点，并降低离群点检测的效果——离群点可能“伪装”成噪声点，而离群点检测方法可能错误地将一个噪声点识别为离群点。
- **可解释性**。在一些应用场景中，用户可能不仅希望检测离群点，还希望了解为什么检测到的对象是离群点。为了满足可解释性的要求，一种离群值检测方法必须为检测提供理由。例如，可以使用统计方法来证明一个对象可能是离群点的程度，该证明基于该对象由生成大多数数据的相同机制生成的可能性。对象由相同机制生成的可能性越小，对象是离群点的可能性就越大。

㊀ 在一些文献中，它也被称为“异常度”得分。

11.1.4 离群点检测方法概述

文献中和实际应用中有许多离群点检测方法。在这里，我们提出了两种正交的方式来对离群点检测方法进行分类。首先，根据用于分析的数据样本是否具有领域专家提供的标签对离群点检测方法进行分类，这些标签可用于构建离群点检测模型。其次，根据它们对正常对象和离群点的假设，将方法分成不同的组。

监督、半监督和无监督方法

如果可以获得领域专家标记的正常或离群点样本，则可以用它们来构建离群点检测模型。所使用的方法可以分为监督方法、半监督方法和无监督方法。

监督方法。监督方法对正常数据和离群点进行建模。领域专家检查和标记底层数据的样本。离群点检测可以被建模为一个分类问题（第 6 和 7 章）。任务是学习一个可以识别离群点的分类器，样本用于训练和测试。在某些应用中，专家可能只标记正常对象，不符合正常对象模型的任何其他对象都被报告为离群点。还有一些其他方法会对离群点进行建模，并将不符合离群点模型的对象视为正常。

虽然有多种分类方法可以应用，但监督离群点检测仍然面临着以下挑战：

- 两个类（即正常对象与离群点）的不平衡性。也就是说，离群点的数量通常比正常对象的数量要少得多。因此，可以使用处理不平衡类的方法（6.7.5 节），比如过采样（即复制）离群点，以增加它们在用于构建分类器的训练集中的分布。由于数据中离群点的数量很少，领域专家检查并用于训练的样本数据甚至可能无法充分代表离群点分布。离群点样本的缺乏可能会限制构建分类器的能力。为了解决这些问题，一些方法会“编造”人工离群点。
- 在许多离群点检测应用中，尽可能多地捕捉离群点（即离群点检测的敏感性或召回率）比不将正常对象误标为离群点更为重要。因此，当使用分类方法进行监督离群点检测时，必须适当解释，以考虑召回率上的应用兴趣。

总之，监督离群点检测方法在训练和解释分类率时必须谨慎，因为与正常数据样本相比，离群点很少见。

无监督方法。在某些应用场景中，标记为“正常”或“离群点”的对象是不可用的。因此，必须使用无监督学习方法。

无监督离群点检测方法有一个隐含的假设：正常对象在某种程度上是“聚类”的。换句话说，无监督离群点检测方法期望正常对象比离群点更频繁地遵循一种模式。正常对象不必归为具有高相似性的一个组。相反，它们可以形成多个组，每个组具有独有的特征。而离群点通常预期在特征空间中远离任何一组正常对象。

这个假设并不总是成立。例如，在图 11.2 中，正常对象并没有共享任何明显的模式。相反，它们是均匀分布的。反而集体离群点在一个小区域内具有很高的相似性。无监督方法无法有效地检测这样的离群点。在一些应用中，正常对象的分布是多样化的，许多这样的对象并不遵循明显的模式。例如，在一些入侵检测和计算机病毒检测问题中，正常活动非常多样化，许多活动不属于高质量簇。在这种情况下，无监督方法可能具有较高的误报率，它们可能将许多正常对象误标为离群点（在这些应用中为入侵或病毒），并让许多实际的离群点未被检测到。由于入侵和病毒之间的高相似性（即它们必须攻击目标系统中的关键资源），使用监督方法对离群点建模可能会更加有效。

许多聚类方法可以被改进为无监督离群点检测方法。其核心思想是首先找到簇，然后不属于任何簇的数据对象可以被标记为离群点。然而，这种方法存在两个问题。首先，不属于任何簇的数据对象可能是噪声而不是离群点。其次，首先找到簇然后再找离群点通常成本较高。通常假设离群点比正常对象要少得多。在能够处理真正关键的离群点之前，必须处理大量的非目标数据（即正常对象），这一点并不令人满意。最近的无监督离群点检测方法采用各种巧妙的思路，可以直接处理离群点而无须明确和完全地找到簇。11.3 节和 11.5.1 节将介绍基于邻近和基于聚类的方法。

半监督方法。在许多应用场景中，虽然我们能够获取一些带有标签的数据样本，但这些标签的数量通常非常有限。这意味着可能只有少量正常对象和离群点被标记，而大部分数据都是没有标记的。为了解决这个问题，半监督离群点检测方法被开发出来。

半监督离群点检测方法可以被看作半监督学习方法的应用（7.5.1 节）。例如，当一些带标签的正常对象可用时，我们可以将它们与附近的未标记对象一起使用，来训练一个正常对象的模型。然后这个正常对象的模型可以用来检测离群点——那些不符合正常对象模型的对象被分类为离群点。

如果只有一些带标签的离群点可用，半监督离群点检测会变得更棘手。少量带标签的离群点不太可能代表所有可能的离群点。因此，仅基于少量带标签的离群点建立离群点模型不太可能有效。为了提高离群点检测的质量，我们可以从无监督方法学习的正常对象模型中获取帮助。对于半监督方法的更多信息，感兴趣的读者可以参考本章末尾的文献注释。

统计方法、基于邻近性的方法和基于重构的方法

如前所述，离群点检测方法对离群点与数据其他部分做出了假设。根据所做的假设，我们可以将离群点检测方法分为三种类型：统计方法、基于邻近性的方法和基于重构的方法。

统计方法。统计方法（也称为**基于模型的方法**）对正常数据对象做假设。假设正常的数据对象是由统计（随机）模型生成的，不符合模型的数据则是离群点。

例 11.5　使用统计（高斯）模型检测离群点。在图 11.1 中，除了区域 R 中的数据点之外，其他数据点都拟合高斯分布 g_D，在数据空间位置 $\boldsymbol{x}$ 处，$g_D(\boldsymbol{x})$ 给出 $\boldsymbol{x}$ 处的概率密度。因此，高斯分布 g_D 可以用来对正常数据进行建模，即数据集中的大多数数据点都拟合高斯分布。对于区域 R 中的每个对象 $\boldsymbol{y}$，我们可以估计 $g_D(\boldsymbol{y})$，即该点拟合高斯分布的概率。由于 $g_D(\boldsymbol{y})$ 非常低，$\boldsymbol{y}$ 不太可能由高斯模型生成，因此是离群点。□

统计方法的有效性高度依赖于统计模型对给定数据的假设是否成立。有许多种统计模型。例如，统计模型可以是参数化的或非参数化的。离群点检测的统计方法在 11.2 节中详细讨论。

基于邻近性的方法。基于邻近性的方法假设如果对象在特征空间中的最近邻较远，即对象与其最近邻的接近程度显著偏离同一数据集中大多数其他对象与其最近邻的接近程度，那么该对象就是离群点。

例 11.6　使用邻近性检测离群点。再次考虑图 11.1 中的对象。如果我们使用对象的三个最近邻来建模对象的邻近性，那么区域 R 中的对象与数据集中其他对象显著不同。对于区域 R 中的两个对象，到它们的第二和第三最近邻的距离比任何其他对象到其邻居的距离都要远得多。因此，我们可以基于邻近性将区域 R 中的对象标记为离群点。□

基于邻近性的方法的有效性在很大程度上取决于所使用的邻近性（或距离）度量。在某些应用中，这样的度量无法轻易获取。此外，基于邻近性的方法通常难以检测到一组彼此相邻的离群点。基于邻近性的离群点检测主要有两种类型，即基于距离和基于密度的离群点检测。基于邻近性的离群点检测将在 11.3 节中详细讨论。

基于重构的方法。基于重构的离群点检测方法的建立基于以下思想。由于正常数据样本通常具有一定的相似性，它们往往可以用一种比其原始表示更为简洁的方式表示（例如，每个数据样本的属性向量）。通过这种简洁表示，我们可以有效地重构正常样本的原始表示。而对于那些无法通过这种替代简洁表示很好地重构的样本，我们将其标记为离群点。

基于重构的离群点检测方法主要分为两种类型，即基于矩阵分解的数值型数据离群点检测方法；以及基于模式压缩的分类数据离群点检测方法。关于基于重构的离群点检测将在 11.4 节中详细讨论。

本章的其余部分将讨论离群点检测的方法。

11.2 统计方法

与聚类的统计方法类似，用于离群点检测的统计方法也对数据的正常性做出假设。它们假设数据集中的正常对象是由随机过程（例如生成模型）生成的。因此，正常对象出现在随机模型的高概率区域中，而位于低概率区域的对象则是离群点。

用于离群点检测的统计方法的基本思想是学习拟合给定数据集的生成模型，然后将模型低概率区域中的对象识别为离群点。然而，学习生成模型有许多不同的方法。一般来说，根据模型的类型和学习方法，用于离群点检测的统计方法可以分为两大类：*参数方法*和*非参数方法*。

参数方法假设正常数据对象由具有有限参数 Θ 的参数分布生成。参数分布的概率密度函数是 $f(\boldsymbol{x},\Theta)$，给出了对象 $\boldsymbol{x}$ 由该分布生成的概率，这个值越小，对象 $\boldsymbol{x}$ 就越可能是一个离群点。

非参数方法不假设具有有限参数的先验统计模型。相反，非参数方法试图从输入数据中确定模型。需要注意的是，大多数非参数方法并不假设模型完全不含参数。（这样的假设几乎使得从数据中学习模型成为不可能的任务。）相反，非参数方法通常认为参数的数量和性质是灵活的，不是事先固定的。非参数方法的示例包括直方图和核密度估计。

11.2.1 参数方法

在本小节中，我们介绍几种简单但实用的参数方法用于离群点检测。首先，讨论基于正态分布的单变量数据的离群点检测方法。之后探讨如何使用多个参数分布处理多变量数据。

基于正态分布的单变量离群点检测

只涉及一个属性或变量的数据称为*单变量数据*。为简单起见，我们通常假设数据是由正态分布生成的。然后，我们可以从输入数据中学习正态（即高斯）分布的参数，并将概率较低的点识别为离群点。

让我们从单变量数据开始，将尝试通过假设数据遵循正态分布来检测离群点。

例 11.7 使用最大似然法进行单变量离群点检测。假设过去 10 年中某城市 7 月份的平均温度值按值升序排列为 24.0℃，28.9℃，28.9℃，29.0℃，29.1℃，29.1℃，29.2℃，29.2℃，29.3℃和 29.4℃。假设平均温度遵循正态分布，由两个参数确定：均值 μ 和标准差 σ。

我们可以使用*最大似然法*来估计参数 μ 和 σ。也就是说，最大化对数似然函数：

$$\ln \mathcal{L}(\mu,\sigma^2)=\sum_{i=1}^{n}\ln f(x_i \mid (\mu,\sigma^2))=-\frac{n}{2}\ln(2\pi)-\frac{n}{2}\ln\sigma^2-\frac{1}{2\sigma^2}\sum_{i=1}^{n}(x_i-\mu)^2 \quad (11.1)$$

其中 n 是样本的总数，在这个例子中是 10。

对 μ 和 σ^2 求导，并解一阶导数方程组，得到以下的最大似然估计值：

$$\hat{\mu}=\bar{x}=\frac{1}{n}\sum_{i=1}^{n}x_i \quad (11.2)$$

$$\hat{\sigma}^2 = \frac{1}{n}\sum_{i=1}^{n}(x_i - \overline{x})^2 \tag{11.3}$$

在这个例子里有

$$\hat{\mu} = \frac{24.0+28.9+28.9+29.0+29.1+29.1+29.2+29.2+29.3+29.4}{10} = 28.61$$

$$\begin{aligned}\hat{\sigma}^2 = &((24.0-28.61)^2+(28.9-28.61)^2+(28.9-28.61)^2+(29.0-28.61)^2+\\&(29.1-28.61)^2+(29.1-28.61)^2+(29.2-28.61)^2+(29.2-28.61)^2+\\&(29.3-28.61)^2+(29.4-28.61)^2)/10 \simeq 2.29\end{aligned}$$

根据文中所述，得到 $\hat{\sigma} = \sqrt{2.29} = 1.51$。最偏离的数值 24.0℃，与估计的均值相差 4.61℃。我们知道在正态分布的假设下，$\mu \pm 3\sigma$区间包含了 99.7% 的数据。因为 $\frac{4.61}{1.51}=3.04>3$，所以值 24.0℃由正态分布生成的概率小于 0.15%，因此可以被识别为离群点。□

例 11.7 详细说明了一种简单但实用的离群点检测方法。该方法简单地将任何偏离均值超过 3σ的对象标记为离群点，其中 σ 是标准差。

这种直接的统计离群点检测方法也可以用于可视化。例如，箱线图方法（在第 2 章中描述）使用五数概括（图 11.3）绘制单变量输入数据：最小的非离群值（Min）、下四分位数（Q_1）、中位数（Q_2）、上四分位数（Q_3）和最大的非离群值（Max）。四分位距（IQR）定义为 Q_3-Q_1。任何比 Q_1 小 1.5 × IQR 或比 Q_3 大 1.5 × IQR 的对象都被视为离群点，因为在 $Q_1-1.5\times$IQR 和 $Q_3+1.5\times$IQR 区间内包含了 99.3% 的对象。这个做法的理念类似于将 3σ作为正态分布的阈值。

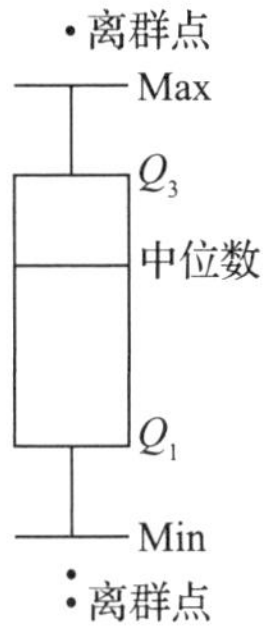

图 11.3　使用箱线图来可视化离群点

另一种用于单变量离群点检测的简单统计方法是 Grubbs 检验（也称为最大标准化残差检验）。对于数据集中的每个对象 x，我们定义一个 z 分数（z-score）：

$$z = \frac{|x-\mu|}{\sigma} \tag{11.4}$$

这里 μ 代表输入数据的均值，σ 代表标准差。一个对象 x 是离群点，如果

$$z \geqslant \frac{n-1}{\sqrt{n}}\sqrt{\frac{t^2_{\alpha/(2n),n-2}}{n-2+t^2_{\alpha/(2n),n-2}}} \tag{11.5}$$

其中 $t^2_{\alpha/(2n),n-2}$ 是显著性水平 $\alpha/(2n)$ 下的 t 分布的值，n 是数据集中的对象数。

多变量离群点检测

多变量数据涉及两个或多个属性或变量。许多单变量离群点检测方法可以扩展到多变量数据离群点检测。其核心思想是将多变量离群点检测任务转化为单变量离群点检测问题。以下用两个例子来说明。

例 11.8　使用马氏距离进行多变量离群点检测。对于一个多变量数据集，设 $\overline{\boldsymbol{o}}$ 为样本均值向量。对于数据集中的一个对象 $\boldsymbol{o}$，从 $\boldsymbol{o}$ 到 $\overline{\boldsymbol{o}}$ 的马氏距离的平方为

$$MDist(\boldsymbol{o},\overline{\boldsymbol{o}}) = (\boldsymbol{o}-\overline{\boldsymbol{o}})^{\mathrm{T}}\boldsymbol{S}^{-1}(\boldsymbol{o}-\overline{\boldsymbol{o}}) \tag{11.6}$$

其中 $\boldsymbol{S}$ 是协方差矩阵。

$MDist(\boldsymbol{o},\overline{\boldsymbol{o}})$ 是单变量，于是可以对它进行 Grubbs 检验。因此，我们可以将多变量离群点检测任务转换为单变量离群点检测任务，转换如下：

1. 计算多变量数据集的均值向量。

2. 对于每个对象 $\boldsymbol{o}$，计算 $MDist(\boldsymbol{o},\bar{\boldsymbol{o}})$，即从 $\boldsymbol{o}$ 到 $\bar{\boldsymbol{o}}$ 的马氏距离的平方。

3. 在转换后的单变量数据集 $\{MDist(\boldsymbol{o},\bar{\boldsymbol{o}}) \mid \boldsymbol{o} \in D\}$ 中检测离群点。

4. 如果确定 $MDist(\boldsymbol{o},\bar{\boldsymbol{o}})$ 是离群点，那么 $\boldsymbol{o}$ 也被视为离群点。□

第二个例子使用 χ^2 统计量来衡量对象与输入数据集的均值之间的距离。

例 11.9　使用 χ^2 统计量进行多变量离群点检测。在正态分布的假定下，χ^2 统计量也可以用来捕获多变量离群点。对于一个对象 $\boldsymbol{o}$，χ^2 统计量是

$$\chi^2 = \sum_{i=1}^{n} \frac{(o_i - E_i)^2}{E_i} \qquad (11.7)$$

其中 o_i 是 $\boldsymbol{o}$ 在第 i 个维度上的值，E_i 是所有对象在第 i 个维度上的均值，n 是维度数。如果 χ^2 统计量很大，则该对象就是离群点。□

使用混合参数分布

假设数据是由正态分布生成的在许多情况下都是有效的。然而，当实际数据分布复杂时，这种假设可能过于简化。在这种情况下，我们假设数据是由多个参数分布混合生成的。

例 11.10　使用混合参数分布进行多变量离群点检测。考虑图 11.4 中的数据集。这里有两个大的簇 C_1 和 C_2。假设数据是由正态分布生成的并不适用于这里。估计的均值位于两个簇之间，并不在任何一个簇内部。位于两个簇之间的对象不能被检测为离群点，因为它们接近均值。□

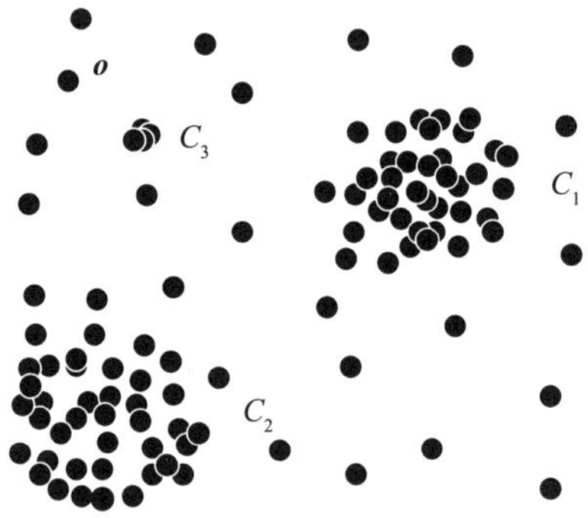

图 11.4　一个复杂的数据集

为了解决这个问题，假设正常数据对象是由多个正态分布生成的，这里是两个。也就是说，假设有两个正态分布，$\Theta_1(\mu_1,\sigma_1)$ 和 $\Theta_2(\mu_2,\sigma_2)$。对于数据集中的对象 $\boldsymbol{o}$，$\boldsymbol{o}$ 由这两个分布混合生成的概率可以表示为

$$P(\boldsymbol{o} \mid \Theta_1,\Theta_2) = w_1 f_{\Theta_1}(\boldsymbol{o}) + w_2 f_{\Theta_2}(\boldsymbol{o})$$

其中 f_{Θ_1} 和 f_{Θ_2} 分别是 Θ_1 和 Θ_2 的概率密度函数，w_1 和 w_2 是两个概率密度函数的权重。我们可以使用期望最大化（EM）算法（第 9 章）从数据中学习参数 μ_1、σ_1、μ_2、σ_2、w_1 和 w_2，就像我们在聚类的混合模型中所做的那样。每个簇由一个学习到的正态分布表示。如果一个对象 $\boldsymbol{o}$ 不属于任何簇，也就是说，它由这两个分布组合生成的概率非常低，那么它被检测为离群点。

例 11.11　使用多个簇进行多变量离群点检测。图 11.4 中显示的大多数数据对象要么在 C_1 中，要么在 C_2 中。其他表示噪声的对象在数据空间中均匀分布。一个小的簇 C_3 非常可疑，因为它既不靠近 C_1，也不靠近 C_2。因此，C_3 中的对象应被检测为离群点。

需要注意的是，无论我们假设给定数据是否遵循正态分布或多个分布的混合，都很难识别 C_3 中的对象。这是因为 C_3 中对象的局部密度很高，使得对象的概率比一些噪声对象更高，如图 11.4 中的 $\boldsymbol{o}$。□

为了解决例 11.11 中出现的问题，可以假设正常数据对象由正态分布或多个正态分布的混合生成，而离群点则由另一个分布生成。启发式地，我们可以对生成离群点的分布添加约束。例如，如果离群点分布在一个更大的区域中，则可以合理地假设这个分布具有更大的方差。在技术上，我们可以赋予 $\sigma_{\text{outlier}} = k\sigma$，其中 k 是用户指定的参数，σ 是生成正常数据的正

态分布的标准差。同样，可以使用 EM 算法来学习参数。

11.2.2 非参数方法

在非参数离群点检测方法中，“正常数据”的模型是从输入数据中学习的，而不是先验地假设一个。非参数方法通常对数据做出较少的假设，因此可以适用于更多的场景。

例 11.12 使用直方图进行离群点检测。一家电子商店记录了每笔客户交易的购买金额。图 11.5 使用直方图（参见第 2 章）以百分比形式绘制了所有交易的金额。其中 60% 的交易金额在 0.00 ～ 1 000 美元之间。

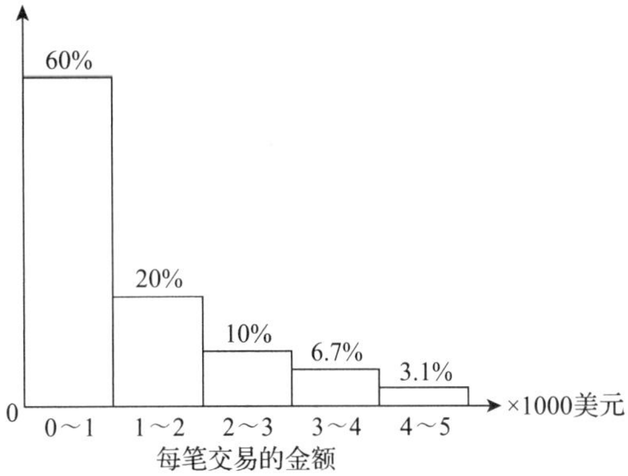

图 11.5 交易中购买金额的直方图

我们可以使用直方图作为一个非参数统计模型来捕获离群点。例如，7 500 美元的交易金额可以被视为离群点，因为只有 1−(60%+20%+10%+6.7%+3.1%) = 0.2% 的交易金额高于 5 000 美元。另一方面，385 美元的交易金额可以被视为正常，因为它落入了包含 60% 交易的箱（或桶）。 □

正如前面的例子所示，直方图是一个经常用于检测离群点的非参数统计模型。该过程涉及以下两个步骤。

步骤 1：直方图构建。在此步骤中，我们使用输入数据（训练数据）构建直方图。直方图可以是例 11.12 中的单变量的，或者如果输入数据是多维的，则可以是多变量的。

需要注意的是，尽管非参数方法不假设先验统计模型，但通常需要用户指定参数从数据中学习模型。例如，要构建一个良好的直方图，用户必须指定直方图的类型（例如等宽或等深）和其他参数（例如直方图中的箱数或每个箱的大小）。与参数方法不同，这些参数不指定数据分布的类型（例如高斯分布）。

步骤 2：离群点检测。要确定一个对象 $\boldsymbol{o}$ 是否是离群点，可以将其与直方图进行比较。最简单的方法是如果对象落入直方图的任一箱中，则将其视为正常对象。否则，将其视为离群点。

对于更复杂的方法，我们可以使用直方图为对象分配一个离群度得分。在例 11.12 中，我们可以让对象的离群度得分为其所在箱的体积的倒数。例如，7 500 美元的交易金额的离群度得分为 1/0.2%=500，而 385 美元的交易金额的得分为 1/60%=1.67。这些分数表明 7 500 美元的交易金额比 385 美元的交易金额更有可能是离群点。

使用直方图作为离群点检测的非参数模型的一个缺点是很难选择合适的箱大小。一方面，如果箱大小设置得太小，许多正常对象可能会落入空的或稀有的箱中，从而被误识别为离群点，这导致高假正率和低精确度。另一方面，如果箱大小设置得太大，离群点对象可能会渗入一些频繁的箱中，从而“伪装”成正常值，将导致高假负率和低召回率。

为了解决这个问题，可以采用核密度估计来估计数据的概率密度分布。我们把观察到的对象视为周围区域高概率密度的指示器。在某一点的概率密度取决于该点到观察对象的距离，使用*核函数*对样本点对其邻域的影响建模。核函数 $K()$ 是一个非负实值可积函数，满足以下两个条件：

- $\int_{-\infty}^{+\infty} K(u)\mathrm{d}u = 1$。

- 对于所有的 u 值，$K(-u)=K(u)$。

一个频繁使用的核函数是均值为 0、方差为 1 的标准高斯函数：

$$K\left(\frac{x-x_i}{h}\right)=\frac{1}{\sqrt{2\pi}}\mathrm{e}^{-\frac{(x-x_i)^2}{2h^2}} \tag{11.8}$$

设 $x_1,\cdots,x_n$ 是一个随机变量 f 的独立同分布样本，那么概率密度函数的核函数近似为

$$\hat{f}_h(x)=\frac{1}{nh}\sum_{i=1}^{n}K\left(\frac{x-x_i}{h}\right) \tag{11.9}$$

其中 $K()$ 是核函数，h 是带宽，充当平滑参数。

一旦通过核密度估计近似了数据集的概率密度函数，我们就可以使用估计的密度函数 $\hat{f}$ 来检测离群点。对于一个对象 o，$\hat{f}(o)$ 给出了对象由随机过程生成的估计概率。如果 $\hat{f}(o)$ 很高，那么对象很可能是正常的。否则，o 很可能是离群点。这一步骤通常类似于参数方法中的相应步骤。

总体而言，用于离群点检测的统计方法从数据中学习模型，以区分离群点和正常数据对象。使用统计方法的优势在于离群点检测可能在统计上是合理的。当然，这仅在关于底层数据的统计假设符合现实约束时才成立。

高维数据的数据分布通常复杂且难以完全理解。因此，对高维数据进行离群点检测仍然是一个巨大的挑战。高维数据的离群点检测将在 11.7 节进一步讨论。

统计方法的计算成本取决于模型。当使用简单的参数模型（例如，高斯模型）时，拟合参数通常需要线性时间。当使用更复杂的模型（例如，混合模型，其中使用 EM 算法进行学习）时，逼近最佳参数值通常需要多次迭代。然而，每次迭代通常与数据集的大小呈线性关系。对于核密度估计，模型学习成本可能高达二次方。一旦模型学习完成，离群点检测成本通常都非常小。

11.3 基于邻近性的方法

给定特征空间中一组对象后，可以使用距离度量来量化对象之间的相似性。直观上，远离其他对象的对象可以被视为离群点。基于邻近性的方法假设离群点与其最近邻的接近程度显著偏离数据集中大多数其他对象与其最近邻的接近程度。

基于邻近性的离群点检测方法分为两种类型：基于距离的方法和基于密度的方法。基于距离的离群点检测方法查看对象的**邻域**，该邻域由给定半径定义。如果对象的邻域中没有足够的其他点，则将该对象视为离群点。基于密度的离群点检测方法研究对象及其邻居的密度。如果对象的密度相对于其邻居的密度要低得多，则将该对象识别为离群点。

让我们从基于距离的离群点开始。

11.3.1 基于距离的离群点检测

基于邻近性的离群点检测的一个代表性方法是**基于距离的离群点检测**。对于要分析的数据对象集 D，用户可以指定一个距离阈值 r，以定义一个对象的合理邻域。对于每个对象 $\boldsymbol{o}$，我们可以检查 $\boldsymbol{o}$ 的 r- 邻域中的其他对象的数量。如果 D 中大多数对象都远离 $\boldsymbol{o}$，即不在 $\boldsymbol{o}$ 的 r- 邻域中，那么可以将 $\boldsymbol{o}$ 视为离群点。

形式上，设 $r(r\geqslant 0)$ 为距离阈值，$\pi(0<\pi\leqslant 1)$ 为分数阈值。如果满足

$$\frac{\|\{\boldsymbol{o}'\mid dist(\boldsymbol{o},\boldsymbol{o}')\leqslant r\}\|}{\|D\|}\leqslant\pi \tag{11.10}$$

其中 $dist(\cdot,\cdot)$ 是一个距离度量，则对象 $\boldsymbol{o}$ 为 $DB(r,\pi)$- 离群点。

等价地，我们可以通过检查对象 $\boldsymbol{o}$ 与其 k 个最近邻居 $\boldsymbol{o}_k$ 之间的距离来确定对象 $\boldsymbol{o}$ 是否为 $DB(r,\pi)$- 离群点，其中 $k=\lceil \pi \| D \| \rceil$。如果 $dist(\boldsymbol{o},\boldsymbol{o}_k)>r$，则对象 $\boldsymbol{o}$ 是一个离群点，因为在这种情况下，除了 $\boldsymbol{o}$ 之外，在 $\boldsymbol{o}$ 的 r- 邻域内的对象少于 k 个。

“我们如何计算 $DB(r,\pi)$- 离群点？”一个直接的方法是使用嵌套循环检查每个对象的 r- 邻域，如图 11.6 所示。对于对象 $\boldsymbol{o}_i\,(1\leqslant i\leqslant n)$，计算 $\boldsymbol{o}_i$ 与其他对象之间的距离，并计算 $\boldsymbol{o}_i$ 的 r- 邻域内的其他对象数量。一旦我们在距离 $\boldsymbol{o}_i$ 的 r 范围内找到 $\pi\cdot n$ 个其他对象，内部循环就可以终止，此时 $\boldsymbol{o}_i$ 已经违反了式（11.10），因此不是 $DB(r,\pi)$- 离群点。另一方面，如果 $\boldsymbol{o}_i$ 完成了内部循环，这意味着 $\boldsymbol{o}_i$ 在 r 半径内的邻居少于 $\pi\cdot n$，因此它是一个 $DB(r,\pi)$- 离群点。

算法：基于距离的离群点检测。

输入：

- 对象集 $D=\{\boldsymbol{o}_1,\cdots,\boldsymbol{o}_n\}$，阈值 $r(r>0)$ 和 $\pi(0<\pi\leqslant 1)$；

输出：D 中的 $DB(r,\pi)$- 离群点。

方法：

for $i=1,\cdots,n$ **do**
　$count \leftarrow 0$
　for $j=1,\cdots,n$ **do**
　　if $i\neq j$ **and** $dist(\boldsymbol{o}_i,\boldsymbol{o}_j)\leqslant r$ **then**
　　　$count \leftarrow count+1$
　　　if $count \geqslant \pi\cdot n$ **then**
　　　　exit {$\boldsymbol{o}_i$ 不是 $DB(r,\pi)$- 离群点}
　　　endif
　　endif
　endfor
　print $\boldsymbol{o}_i$ {根据式（11.10），$\boldsymbol{o}_i$ 是 $DB(r,\pi)$- 离群点}
endfor;

图 11.6　$DB(r,\pi)$- 离群点检测的嵌套循环算法

直接的嵌套循环方法需要 $O(n^2)$ 的时间。不过实际的 CPU 运行时间通常与数据集大小呈线性关系。这是因为对于绝大多数的正常对象，当数据集中的离群点数量较小时，内部循环会提前终止。相应地，只有一小部分离群点会被检查。

11.3.2　基于密度的离群点检测

基于距离的离群点如 $DB(r,\pi)$- 离群点，只是离群点的一种类型。具体而言，基于距离的离群点检测对数据集采取全局视角。这样的离群点可以被视为“全局离群点”。原因有二：

- 一个 $DB(r,\pi)$- 离群点距离数据集中至少 $(1-\pi)\times 100\%$ 的对象很远（由参数 r 量化）。换句话说，这样的离群点远离了大多数数据。
- 检测基于距离的离群点需要两个全局参数 r 和 π，这些参数适用于每个离群点。

许多现实世界的数据集具有更复杂的结构，其中的对象可能被视为相对于它们局部邻域而言的离群点，而不是相对于全局数据分布的离群点。让我们看一个例子。

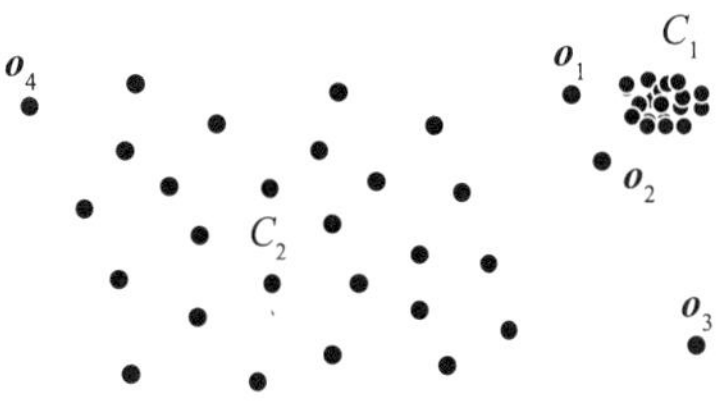

图 11.7　全局离群点和局部离群点

例 11.13　基于局部邻近性的离群点。考虑图 11.7 中的数据点。有两个簇：C_1 是稠密的，C_2 是稀疏的。对象 $\boldsymbol{o}_3$ 可以被检测为基于距离的离群点，因为它远离大多数数据集。

现在，让我们考虑对象 $\boldsymbol{o}_1$ 和 $\boldsymbol{o}_2$。它们是离群点吗？一方面，$\boldsymbol{o}_1$ 和 $\boldsymbol{o}_2$ 到稠密簇 C_1 中对象的距离小于 C_2 簇中的一个对象与其最近邻之间的平均距离。因此，$\boldsymbol{o}_1$ 和 $\boldsymbol{o}_2$ 不是基于距离的离群点。事实上，如果我们将 $\boldsymbol{o}_1$ 和 $\boldsymbol{o}_2$ 归类为 $DB(r, \pi)$-离群点，我们不得不将 C_2 簇中的所有对象都归类为 $DB(r, \pi)$-离群点。

另一方面，相对于簇 C_1 局部考虑时，$\boldsymbol{o}_1$ 和 $\boldsymbol{o}_2$ 可以被识别为离群点，因为 $\boldsymbol{o}_1$ 和 $\boldsymbol{o}_2$ 与 C_1 中的对象明显偏离。此外，$\boldsymbol{o}_1$ 和 $\boldsymbol{o}_2$ 也远离 C_2 中的对象。

总的来说，基于距离的离群点检测方法无法捕捉像 $\boldsymbol{o}_1$ 和 $\boldsymbol{o}_2$ 这样的局部离群点。请注意，对象 $\boldsymbol{o}_4$ 与其最近邻之间的距离比 $\boldsymbol{o}_1$ 与其最近邻之间的距离要大得多。然而，由于 $\boldsymbol{o}_4$ 是簇 C_2（稀疏簇）的局部，因此它不被视为局部离群点。□

"我们如何表达如例 11.13 中所示的局部离群点呢？" 这里的关键思想是，我们需要比较对象周围的密度与其局部邻居周围的密度。基于密度的离群点检测方法的基本假设是，正常对象周围的密度类似于其邻居周围的密度，而离群点对象周围的密度与其邻居周围的密度显著不同。

基于上述，基于密度的离群点检测方法使用一个对象相对于其邻居的相对密度来指示该对象是离群点的程度。

现在，让我们考虑如何测量给定对象集 D 中对象 $\boldsymbol{o}$ 的相对密度。对象 $\boldsymbol{o}$ 的 *k-距离*，记为 $dist_k(\boldsymbol{o})$，是 $\boldsymbol{o}$ 与另一个对象 $\boldsymbol{p}(\boldsymbol{p} \in D)$ 之间的距离 $dist(\boldsymbol{o}, \boldsymbol{p})$，如果满足：

- 至少有 k 个对象 $\boldsymbol{o}' \in D / \{\boldsymbol{o}\}$ 使得 $dist(\boldsymbol{o},\boldsymbol{o}') \leqslant dist(\boldsymbol{o}, \boldsymbol{p})$。
- 最多有 $k-1$ 个对象 $\boldsymbol{o}'' \in D / \{\boldsymbol{o}\}$ 使得 $dist(\boldsymbol{o},\boldsymbol{o}'') \leqslant dist(\boldsymbol{o}, \boldsymbol{p})$。

换句话说，$dist_k(\boldsymbol{o})$ 是 $\boldsymbol{o}$ 与其 k 个最近邻居之间的距离。因此，$\boldsymbol{o}$ 的 *k-距离邻域*包含所有与 $\boldsymbol{o}$ 的距离不大于 $dist_k(\boldsymbol{o})$ 的对象，表示为

$$N_k(\boldsymbol{o}) = \{\boldsymbol{o}' \mid \boldsymbol{o}' \in D, dist(\boldsymbol{o},\boldsymbol{o}') \leqslant dist_k(\boldsymbol{o})\} \tag{11.11}$$

注意，$N_k(\boldsymbol{o})$ 可能包含超过 k 个对象，因为可能有多个对象与 $\boldsymbol{o}$ 的距离相同。

我们可以使用从 $N_k(\boldsymbol{o})$ 中对象到 $\boldsymbol{o}$ 的平均距离作为 $\boldsymbol{o}$ 的局部密度度量。然而，这样一个直接的度量存在一个问题：如果 $\boldsymbol{o}$ 有非常近的邻居 $\boldsymbol{o}'$ 使得 $dist(\boldsymbol{o},\boldsymbol{o}')$ 非常小，那么距离度量的统计波动可能会异常高。为了解决这个问题，我们可以通过增加一个平滑效应来转换成以下可达性距离度量。

对于两个对象，$\boldsymbol{o}$ 和 $\boldsymbol{o}'$，如果 $dist(\boldsymbol{o},\boldsymbol{o}') > dist_k(\boldsymbol{o})$，那么从 $\boldsymbol{o}'$ 到 $\boldsymbol{o}$ 的*可达性距离*是 $dist(\boldsymbol{o},\boldsymbol{o}')$；否则，它是 $dist_k(\boldsymbol{o})$。也就是说，

$$reachdist_k(\boldsymbol{o} \leftarrow \boldsymbol{o}') = \max\{dist_k(\boldsymbol{o}), dist(\boldsymbol{o},\boldsymbol{o}')\} \tag{11.12}$$

在这里，k 是用户指定的参数，用于控制平滑效果。本质上，k 指定了用于确定对象的局部密度的最小邻域。重要的是，可达性距离并不对称，也就是说，通常情况下，$reachdist_k(\boldsymbol{o} \leftarrow \boldsymbol{o}') \neq reachdist_k(\boldsymbol{o}' \leftarrow \boldsymbol{o})$。

现在，我们可以定义一个对象 $\boldsymbol{o}$ 的*局部可达性密度*：

$$lrd_k(\boldsymbol{o}) = \frac{\| N_k(\boldsymbol{o}) \|}{\sum_{\boldsymbol{o}' \in N_k(\boldsymbol{o})} reachdist_k(\boldsymbol{o}' \leftarrow \boldsymbol{o})} \tag{11.13}$$

在这里用于离群点检测的密度度量与基于密度的聚类（11.5.1 节）中的密度度量有一个关键的区别。在基于密度的聚类中，为了确定一个对象是否可以被视为基于密度的簇中的核心对象，我们使用两个参数：一个半径参数 r，用于指定邻域的范围，以及 r-邻域中的最少点数。这两个参数都是全局的，并应用于每个对象。相反，受到相对密度是发现局部离群点的

关键的启发，我们使用参数 k 来量化邻域，不需要指定邻域中的最少对象数作为密度的要求。我们改为计算一个对象的局部可达性密度，并将其与该对象邻居的可达性密度进行比较，以量化对象被视为离群点的程度。

我们定义一个对象 $\boldsymbol{o}$ 的局部离群因子：

$$LOF_k(\boldsymbol{o}) = \frac{\sum_{\boldsymbol{o}' \in N_k(\boldsymbol{o})} \frac{lrd_k(\boldsymbol{o}')}{lrd_k(\boldsymbol{o})}}{\| N_k(\boldsymbol{o}) \|} = \sum_{\boldsymbol{o}' \in N_k(\boldsymbol{o})} lrd_k(\boldsymbol{o}') \cdot \sum_{\boldsymbol{o}' \in N_k(\boldsymbol{o})} reachdist_k(\boldsymbol{o}' \leftarrow \boldsymbol{o}) \tag{11.14}$$

局部离群因子（LOF）是对象 $\boldsymbol{o}$ 的局部可达性密度与其 k 个最近邻居的局部可达性密度之比的平均值。$\boldsymbol{o}$ 的局部可达性密度越低（即项 $\sum_{\boldsymbol{o}' \in N_k(\boldsymbol{o})} reachdist_k(\boldsymbol{o}' \leftarrow \boldsymbol{o})$ 越小），以及 $\boldsymbol{o}$ 的 k 个最近邻居的局部可达性密度越高，LOF 值就越高。这正好捕捉了一个局部离群点，其局部密度相比于其 k 个最近邻居的局部密度相对较低。

局部离群因子具有一些良好的特性。首先，对于一个位于簇内部偏中心的对象，如图 11.7 中 C_2 簇中心的点，局部离群因子接近于 1。这个特性确保了簇内部的对象，无论该簇是稠密的还是稀疏的，都不会被错误地标记为离群点。

其次，对于一个对象 $\boldsymbol{o}$，$LOF(\boldsymbol{o})$ 的含义很容易理解。以图 11.8 中的对象为例。对于对象 $\boldsymbol{o}$，令

$$direct_{\min}(\boldsymbol{o}) = \min\{reachdist_k(\boldsymbol{o}' \leftarrow \boldsymbol{o}) \mid \boldsymbol{o}' \in N_k(\boldsymbol{o})\} \tag{11.15}$$

为对象 $\boldsymbol{o}$ 到其 k 个最近邻居的最小可达性距离。类似地，定义

$$direct_{\max}(\boldsymbol{o}) = \max\{reachdist_k(\boldsymbol{o}' \leftarrow \boldsymbol{o}) \mid \boldsymbol{o}' \in N_k(\boldsymbol{o})\} \tag{11.16}$$

我们还考虑 $\boldsymbol{o}$ 的 k 个最近邻的邻居。设

$$indirect_{\min}(\boldsymbol{o}) = \min\{reachdist_k(\boldsymbol{o}'' \leftarrow \boldsymbol{o}') \mid \boldsymbol{o}' \in N_k(\boldsymbol{o}) \text{且} \boldsymbol{o}'' \in N_k(\boldsymbol{o}')\} \tag{11.17}$$

$$indirect_{\max}(\boldsymbol{o}) = \max\{reachdist_k(\boldsymbol{o}'' \leftarrow \boldsymbol{o}') \mid \boldsymbol{o}' \in N_k(\boldsymbol{o}) \text{且} \boldsymbol{o}'' \in N_k(\boldsymbol{o}')\} \tag{11.18}$$

可以证明 $LOF(\boldsymbol{o})$ 的界如下：

$$\frac{direct_{\min}(\boldsymbol{o})}{indirect_{\max}(\boldsymbol{o})} \leqslant LOF(\boldsymbol{o}) \leqslant \frac{direct_{\max}(\boldsymbol{o})}{indirect_{\min}(\boldsymbol{o})} \tag{11.19}$$

这个结果清楚地表明，LOF（局部离群因子）能够捕捉对象的相对密度。

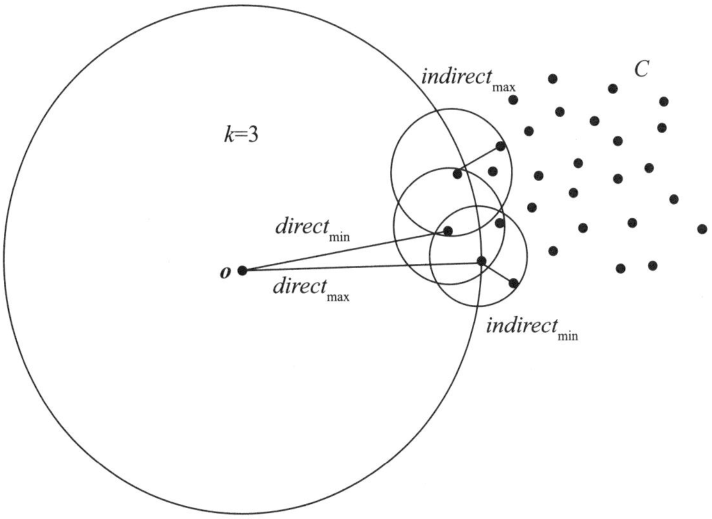

图 11.8　$LOF(\boldsymbol{o})$ 的性质

11.4 基于重构的方法

基于重构的离群值检测方法的基本思想如下：由于正常的数据样本之间存在某些相似性，它们通常可以用一种更简洁的方式来表示（例如，每个数据样本的属性向量）。通过这种简洁的表示，我们可以很好地重构正常样本的原始表示。另外对于那些无法通过这种简洁表示进行良好重构的样本，我们将其标记为离群点。

例 11.14 如图 11.9a 所示，给定一组研究人员，其中每个研究人员均由其发表论文的会议列表描述。或者，我们用更简洁的方式，即研究领域，来表示每个作者，如图 11.9b 所示。对于大多数作者，我们可以使用这种简洁的表示来完美地重构他们在图 11.9a 中的原始表示。例如，给定 John、Tom 和 Bob 的简洁表示“数据挖掘”，我们可以推断（即重构）他们的发表会议是“KDD”和“ICDM”。同样，给定 Van 和 Roy 的简洁表示“软件工程”，我们可以推断（即重构）他们的发表会议是“FSE”和“ICSE”。由此得出结论，他们都是“正常”的研究人员，在这个例子中意味着他们都专注于一个特定的研究领域（例如，“数据挖掘”或“软件工程”）。然而，对于 Carl，我们只能根据他的简洁表示（“软件工程”）推断他的发表会议是“FSE”和“ICSE”，而忽略了他在重要会议（即“ICDM”）上的发表。换句话说，Carl 的原始表示和重构表示之间存在差异。也就是说，Carl 的重构质量较低，我们将他标记为离群点，在这个例子中意味着他可能是一名多学科研究人员，主要发表“软件工程”相关领域的论文，但也在一些数据挖掘领域发表论文（例如“ICDM”）。从概念上讲，如果我们将每个简洁表示（如“数据挖掘”和“软件工程”）视为一个簇，则在此示例中，Carl 被标记为离群点，因为他是唯一既属于“数据挖掘”簇又属于“软件工程”簇的研究人员，而其余研究人员只属于单个簇（即“数据挖掘”或“软件工程”）。[⊖] □

研究人员	发表会议（原始表示）
John	KDD,ICDM
Tom	KDD,ICDM
Bob	KDD,ICDM
Carl	ICDM,FSE,ICSE
Van	FSE,ICSE
Roy	FSE,ICSE

a）原始表示

研究人员	研究领域（简洁表示）
John	Data Mining
Tom	Data Mining
Bob	Data Mining
Carl	Software Engineering
Van	Software Engineering
Roy	Software Engineering

b）简洁表示

图 11.9 利用重构方法检测离群研究人员的示例

注：“KDD”和“ICDM”是数据挖掘领域的两个会议；“FSE”和“ICSE”是软件工程领域的两个会议。图 a 使用发表会议的原始作者表示。图 b 使用研究领域的简洁作者表示。

基于重构的离群点检测方法中的关键问题包括：如何找到简洁的表示，如何使用简洁的表示重构原始数据样本，以及如何衡量重构的质量（即好坏）。在本节中，将介绍两种基于重构的离群点检测方法：基于矩阵分解的数值型数据离群点检测方法和基于模式压缩方法的分类数据离群点检测方法。

11.4.1 基于矩阵分解的数值型数据离群点检测

对于具有数值属性（即特征）的数据，我们将每个数据样本表示为一个属性向量，整个输

⊖ 需要注意的是，这与 11.5.1 节中介绍的基于聚类的离群点检测是不同的，在聚类方法中，离群点通常被定义为不属于任何簇或远离其所属簇中心的数据元组。

入数据集则由数据矩阵表示，其中行表示不同的数据样本，列表示不同的属性，数据矩阵的元素对应数据样本的属性值。在这种情况下，可用于检测离群点的一种强大技术是矩阵分解。此方法通过两个或更多低秩矩阵来近似数据矩阵，这些矩阵作为原始数据矩阵的简洁表示，同时提供了重构原始数据矩阵的自然方式。每个数据样本的重构误差用作离群度的指标：重构误差越高，给定的数据样本就越可能是离群点。算法总结如图 11.10 所示，详细说明如下。

算法：基于**矩阵分解**的离群点检测

输入：

- $\boldsymbol{X}_i=(X_{i,1},\cdots,X_{i,m})(i=1,\cdots,n)$，$n$ 个数据样本，每个样本由一个 m 维数值属性向量表示；
- r，秩；
- k，离群点个数。

输出：k 个离群点的集合。

方法：

// $\boldsymbol{X}$ 的每一行都是一个数据样本

（1） 将输入数据样本表示为 $n\times m$ 数据矩阵 $\boldsymbol{X}$；

（2） 用两个秩为 r 的矩阵近似数据矩阵：$\boldsymbol{X}\approx\boldsymbol{FG}$；

（3） **for** $(i=1,\cdots,n)$ {// 对于每个样本

// 计算重构误差

// $\boldsymbol{F}(i,j)$ 是 $\boldsymbol{F}$ 中第 i 行第 j 列的元素

// $\boldsymbol{G}(j,:)$ 是 $\boldsymbol{G}$ 的第 j 行

（4） 计算 $r_i=\|\boldsymbol{X}_i-\hat{\boldsymbol{X}}_i\|^2=\|\boldsymbol{X}_i-\sum_{j=1}^{r}\boldsymbol{F}(i,j)\boldsymbol{G}(j,:)\|^2$

}

（5） 返回具有最大重构误差 $r_i(i=1,\cdots,n)$ 的 k 个样本。

图 11.10 基于矩阵分解的离群点检测

首先将输入数据样本表示为一个数据矩阵 $\boldsymbol{X}$（第 1 步），其中行表示数据样本，列表示属性（即特征）。然后（第 2 步），用两个矩阵 $\boldsymbol{F}$ 和 $\boldsymbol{G}$ 的乘积近似数据矩阵 $\boldsymbol{X}$。这里很重要的一点是，$\boldsymbol{F}$ 和 $\boldsymbol{G}$ 的秩应该比数据矩阵小得多（即 $r\ll m$）。这样，矩阵 $\boldsymbol{G}$ 的 r 行提供了一种更简洁的方式来表示输入数据样本，即 $\boldsymbol{G}(j,:)(j=1,\cdots,r)$ 是新的简洁表示。同时，矩阵 $\boldsymbol{F}$ 告诉我们如何使用这种简洁的表示来重构原始的数据样本，即 $\hat{\boldsymbol{X}}_i=\sum_{j=1}^{r}\boldsymbol{F}(i,j)\boldsymbol{G}(j,:)$，其中 $\boldsymbol{F}(i,j)$ 是 $\boldsymbol{F}$ 在第 i 行和第 j 列的元素。原始数据样本 $\boldsymbol{X}_i$ 和重构后的样本 $\hat{\boldsymbol{X}}_i$ 之间的平方距离称为重构误差（第 4 步），它度量相应数据样本的离群度。最后，在第 5 步中，我们返回具有最大重构误差的 k 个数据样本作为离群点。

例 11.15 对于例 11.14，我们将每个作者表示为一个四维二元向量，指示作者是否在相应的会议上发表论文，其中四个维度分别是“KDD”“ICDM”“FSE”和“ICSE”四个会议。例如，John 表示为 (1,1,0,0)，表示他在“KDD”和“ICDM”上都发表过论文；Carl 表示为 (0,1,1,1)，表示他在不包括“KDD”的其余会议上都发表过论文。我们将所有六个作者的特征向量组织为一个 6×4 数据矩阵 $\boldsymbol{X}$（图 11.11 左侧）。然后，我们用两个秩为 2 的低秩矩阵 $\boldsymbol{F}$ 和 $\boldsymbol{G}$ 的乘积来近似数据矩阵 $\boldsymbol{X}$（图 11.11 中部）。与数据矩阵 $\boldsymbol{X}$ 中原始的四个特征相比，矩阵 $\boldsymbol{G}$ 的两行提供了一种简洁的表示方法。例如，$\boldsymbol{G}$ 的第一行表示数据挖掘研究领域，第二行表示软件工程研究领域。有了 $\boldsymbol{F}$ 的行的帮助，我们可以使用 $\boldsymbol{G}$ 中的简洁表示来重构每个作者的原始表示。例如，John 的重构表示为 $1\times(1,1,0,0)+0\times(0,0,1,1)=(1,1,0,0)$，Carl 的重构表示为 $0\times(1,1,0,0)+1\times(0,0,1,1)=(0,0,1,1)$。我们将所有六个作者的重构表示放在另一个矩阵 $\hat{\boldsymbol{X}}$ 中（图 11.11 右侧）。然后，计算原始数据矩阵 $\boldsymbol{X}$ 和重构数据矩阵 $\hat{\boldsymbol{X}}$ 的行之间的平方距离，并把它用作相应作者的离群度得分。在本例中，所有作者的重构误差都为零，但是 Carl 的重构误差为 1。因此，我们将 Carl 标记为一个离群点。 □

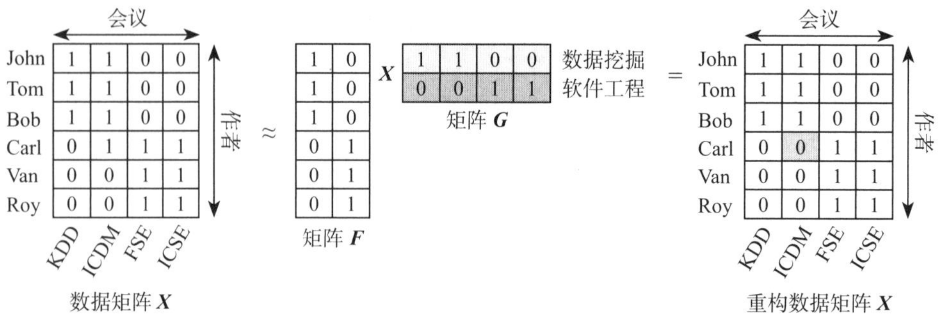

图 11.11　基于矩阵分解的方法检测例 11.14 中的离群点

注：通过将原始数据矩阵（在左侧）近似为两个低秩矩阵 $\boldsymbol{F}$ 和 $\boldsymbol{G}$ 的乘积（在中间），它提供了原始特征的另一种更加简洁的表示形式。通过比较原始表示和重构表示（在右侧）来计算每个作者的重构误差，可以提供每个作者离群度的指标。在本例中，除 Carl 外所有研究人员的重构误差都为 0，因此将 Carl 标记为一个离群的作者。

“那么，我们如何找到这两个神奇的低秩矩阵 $\boldsymbol{F}$ 和 $\boldsymbol{G}$ 呢？”有许多方法可供选择。其中一个流行的选择是使用奇异值分解（SVD）。给定一个输入数据矩阵 $\boldsymbol{X}$，SVD 将其近似为三个秩为 r 的矩阵的乘积。

$$\boldsymbol{X} \approx \boldsymbol{U\Sigma V}^{\mathrm{T}} \tag{11.20}$$

其中，$\boldsymbol{U}$ 和 $\boldsymbol{V}$ 是正交矩阵，它们的列分别被称为数据矩阵 $\boldsymbol{X}$ 的左奇异向量和右奇异向量，$\boldsymbol{V}^{\mathrm{T}}$ 是矩阵 $\boldsymbol{V}$ 的转置，$\boldsymbol{\Sigma}$ 是一个对角线上有非负元素的对角矩阵，这些元素称为奇异值。为了进行离群点检测，我们可设 $\boldsymbol{F}=\boldsymbol{U\Sigma}$，$\boldsymbol{G}=\boldsymbol{V}^{\mathrm{T}}$。请参见图 11.12 进行说明。

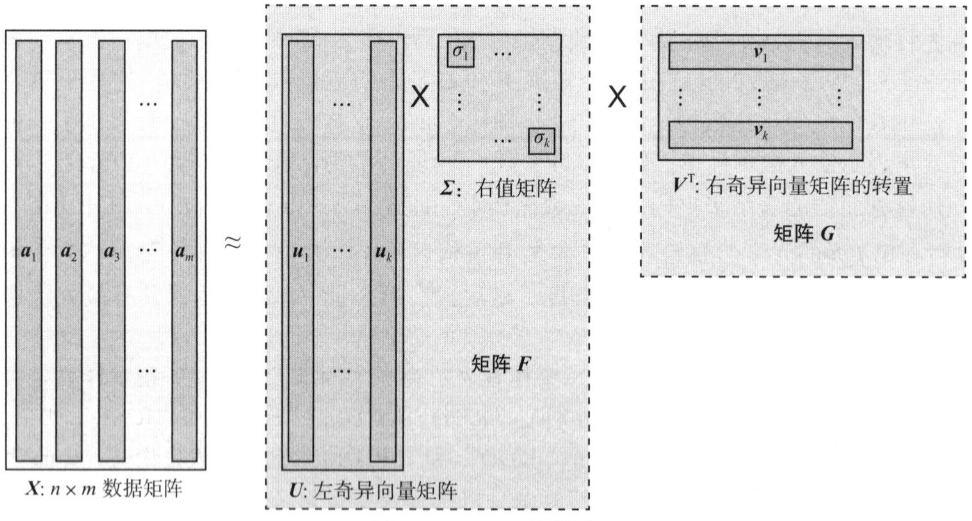

图 11.12　SVD 的说明

注：给定一个数据矩阵 $\boldsymbol{X}$（在左侧），SVD 通过三个秩为 r 的矩阵的乘积来近似它。左奇异向量矩阵 $\boldsymbol{U}$ 和奇异值矩阵 $\boldsymbol{\Sigma}$ 的乘积在图 11.11 中成为矩阵 $\boldsymbol{F}$，右奇异向量矩阵 $\boldsymbol{V}$ 的转置 $\boldsymbol{V}^{\mathrm{T}}$ 在图 11.11 中成为矩阵 $\boldsymbol{G}$。当数据矩阵 $\boldsymbol{X}$ 居中时（即其每列具有零样本均值），矩阵 $\boldsymbol{V}$ 的列是矩阵 $\boldsymbol{X}$ 的前 r 个主成分。

完整的 SVD 数学细节超出了本书的范围。许多软件包可用于计算给定数据矩阵的 SVD。SVD 的一个吸引人的特性在于其最佳逼近性。这意味着，在所有秩为 r 的矩阵中，SVD 通过 L_2 范数和 Frobenius 范数提供了对原始数据矩阵的最佳逼近。SVD 的另一个有趣特性在于它与 PCA 的密切关系。特别地，如果数据矩阵 $\boldsymbol{X}$ 是“居中的”，即 $\boldsymbol{X}$ 的每列（即特征）具有零样本均值（我们可以通过 z-score 规范化来实现这一点），则矩阵 $\boldsymbol{V}$ 的列（即右奇异向量）恰好

是输入数据的前 r 个主成分。（为什么这是正确的，留给读者作为练习。）

SVD 的一个潜在限制是，即使输入数据矩阵 $\boldsymbol{X}$ 本身是稀疏的，低秩矩阵（$\boldsymbol{F}$ 和 $\boldsymbol{G}$）通常仍然是稠密的，这使得对用户解释检测结果有些困难。为了解决这个问题，基于示例的矩阵分解被开发出来。例如，CX 分解首先从数据矩阵 $\boldsymbol{X}$ 中抽取（替换）几列以组成矩阵 $\boldsymbol{F}$，然后通过将数据矩阵 $\boldsymbol{X}$ 投影到由矩阵 $\boldsymbol{F}$ 张成的列空间上找到矩阵 $\boldsymbol{G}$。[⊖]在 CX 分解中，矩阵 $\boldsymbol{F}$ 中重复或线性相关的列之间存在冗余，这些列对于改善重构误差（离群点的指标）没有影响，但浪费了时间和空间资源。一种改进的基于示例的矩阵分解方法称为 Colibri，它仅使用数据矩阵 $\boldsymbol{X}$ 的线性独立列来构建矩阵 $\boldsymbol{F}$。研究发现，无论是 CX 分解还是 Colibri 都可以提高离群点检测的效率和可解释性。

例 11.16 假设我们有一组作者，每个作者都由他在两个会议中发表的论文数量来表示，其中包括“KDD”（数据挖掘会议）和“ISBM”（计算生物学会议）。因此，输入数据矩阵 $\boldsymbol{X}$ 是一个 $n\times 2$ 矩阵，其中每行（即图 11.13a 中的圆圈）是一个作者，n 是作者数量。如果我们使用 SVD 对数据矩阵 $\boldsymbol{X}$ 进行分解，$\boldsymbol{X}\approx\boldsymbol{FG}$，那么矩阵 $\boldsymbol{G}$ 的每一列都是 $\boldsymbol{X}$ 的右奇异向量，是数据矩阵的所有行的线性组合（图 11.13b）。因此，得到的矩阵 $\boldsymbol{G}$ 是稠密的，矩阵 $\boldsymbol{F}$ 也是。相比之下，基于示例的分解（例如，图 11.13c ～ d 中的 CX 分解和 Colibri）使用实际数据样本（例如，抽样的作者）构建矩阵 $\boldsymbol{G}$，这种方法比 SVD 更易解释、计算效率更高。为了检测异常作者，可以使用第一个奇异向量（图 11.13b），或者使用 CX 分解（图 11.13c）或 Colibri（图 11.13d）中任意采样数据点作为简洁的表示。之后一个具有高重构误差（由虚线长度表示）的作者（例如，图中右下角的作者）被标记为离群点。请注意，此示例中发现的离群点的含义与例 11.14 大不相同。在例 11.14 中，大多数（即正常的）作者属于两个研究领域之一（“数据挖掘”或“软件工程”），但 Carl 属于两个领域，因此被标记为异常作者。相比之下，对于大多数（即正常的）作者，在“ISMB”中发表的论文数量与在“KDD”中发表的论文数量呈正相关，这可以通过简洁的表示（例如，第一个奇异向量）来捕捉到。右下角的作者，在“KDD”中发表了大量论文，但在“ISMB”中几乎没有发表论文，因此被标记为离群点。 □

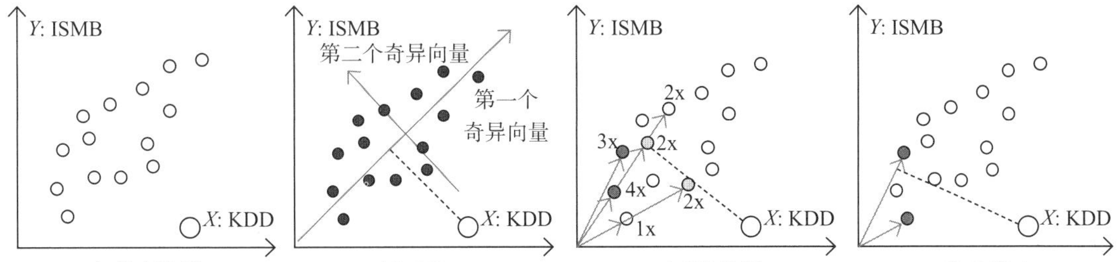

a）输入数据 b）SVD c）CX 分解 d）Colibri

图 11.13 SVD、CX 分解和 Colibri 之间的图示比较

注：a）输入数据：每个圆圈代表一个作者，由两个特征（“KDD”和“ISMB”）表示。b）SVD 找到最优分解，其中两个右奇异向量（两个箭头）与两个对应奇异值组成矩阵 $\boldsymbol{G}$。每个右奇异向量都是所有输入作者的线性组合，使得 $\boldsymbol{G}$ 成为稠密的矩阵。c）CX 分解随机抽取一些实际作者（灰色的圆圈）来构建矩阵 $\boldsymbol{G}$，有些抽样的列可能是重复的（由相应圆圈的编号表示）。d）Colibri 使用两个线性独立的抽样作者（两个灰色圆圈）来构建矩阵 $\boldsymbol{G}$。使用第一个奇异向量，或者使用 CX 分解或 Colibri 中的一个抽样数据点，我们可以将右下角的作者标记为离群点，其重构误差（虚线）很大。

⊖ 数学上，假设矩阵 $\boldsymbol{F}$ 由从数据矩阵 $\boldsymbol{X}$ 中进行采样的列组成。我们将 $\boldsymbol{X}$ 近似表示为 $\boldsymbol{X}\approx\boldsymbol{F}(\boldsymbol{F}^{\mathrm{T}}\boldsymbol{F})^{+}\boldsymbol{F}^{\mathrm{T}}\boldsymbol{X}$，其中 + 表示矩阵的伪逆。我们设置矩阵 $\boldsymbol{G}=(\boldsymbol{F}^{\mathrm{T}}\boldsymbol{F})^{+}\boldsymbol{F}^{\mathrm{T}}\boldsymbol{X}$。

当输入数据矩阵 $\boldsymbol{X}$ 非负时，一种自然的选择是使用非负矩阵分解（NMF，在第 9 章中介绍过）。通常，非负项更容易解释，因为它们通常对应于输入数据的实际“部分”(例如，如果输入数据是人脸图像，则对应于鼻子、眼睛等)。典型的 NMF 方法对两个分解矩阵（$\boldsymbol{F}$ 和 $\boldsymbol{G}$）施加非负约束。然而，在图 11.11 中，我们使用*残差矩阵* $\boldsymbol{R}=\boldsymbol{X}-\boldsymbol{F}\boldsymbol{G}$ 来检测离群点（例如，如果残差矩阵 $\boldsymbol{R}$ 的行的平方范数很高，则对应数据被标记为离群点）。因此，自然而然地要求残差矩阵 $\boldsymbol{R}$ 而不是分解矩阵 $\boldsymbol{F}$ 和 $\boldsymbol{G}$ 非负。具有这种类型约束（即残差矩阵元素必须非负）的矩阵分解称为*非负残差矩阵分解*（NrMF）。NrMF 更具有可解释性，可以检测出对应数据样本的某些实际行为或活动的离群点。

例 11.17　如果一个 IP 源向一个网络中的许多目的地发送数据包，那么它可能会被检测为可疑的端口扫描器。此外，如果我们发现一组用户总是给另一组用户好评，这可能会被视为一种合谋型的虚假评论行为。如果我们把这些行为或活动（例如，“发送数据包”“给予好评”等）用矩阵分解的语言来描述，那么这就意味着残差矩阵中对应的元素应该是非负的。　□

另一种方法称为*鲁棒 PCA*，要求残差矩阵 $\boldsymbol{R}$ 是稀疏的，大部分行为空。该方法的思想如下：对于绝大多数正常数据元组，它们可以通过分解矩阵完美地重构，而对于少数异常的数据元组，它们会产生非零的重构误差，这些误差会由残差矩阵中相应的非空行进行指示。

基于矩阵分解的方法是线性方法，更简洁的新表示是原始特征的线性组合。例如，在 SVD 中，每个右奇异向量都是输入数据的原始特征的线性组合。在图 11.9 的示例中，“数据挖掘”的新表示是会议“KDD”和“ICDM”的线性组合的结果。如果我们希望捕获原始特征之间的非线性关系，可以使用*自编码器*（这是第 10 章中介绍的一种无监督深度学习架构）来重构原始数据样本。同样，具有高重构误差的数据样本被标记为离群点。

11.4.2　基于模式压缩方法的分类数据离群点检测

对于具有分类属性的输入数据，我们可以将分类属性转换为二元属性，然后应用基于矩阵分解的方法来检测离群点。

	收入	信用	购买
John	高	高	高
Amy	高	高	高
Carl	低	低	低
Mary	低	低	低
Tom	高	低	中
Jim	高	低	低

图 11.14　包含“收入”“信用”和“购买”分类属性的输入数据。每个分类属性有三个值，包括“高”“中”和“低”

例 11.18　给定图 11.14 中的一个输入数据集，其中每行代表一个客户，其由三个分类属性描述：“收入”“信用”和“购买”。为了检测异常客户，我们首先将输入数据集转换为图 11.15a 中的二元数据矩阵 $\boldsymbol{B}$。由于每个分类属性有三种可能的值，包括“高”“中”和“低”，因此将其转换为三个二元属性。(如何将分类属性转换为二元属性已在第 2 章介绍。) 接下来，我们通过两个低秩矩阵的乘积来近似二元数据矩阵 $\boldsymbol{B}$，例如图 11.15b 中的矩阵，这些矩阵又用于重构原始数据矩阵 $\boldsymbol{B}$。通过比较原始和重构的数据矩阵，我们发现前四个客户的重构误差都是零。另一方面，Tom 和 Jim 的重构误差分别为 2.5 和 1.34，因此两者都被标记为离群点。　□

当分类属性具有许多不同的值时，二元数据矩阵 $\boldsymbol{B}$ 将有许多列，因为我们需要为每个分类属性值创建单独的列（即二元特征）。这可能会使矩阵分解过程计算密集，检测结果难以解释。例如，在图 11.15b 中仅查看分解矩阵 $\boldsymbol{F}$ 和 $\boldsymbol{G}$，可能很难判断为什么“Tom”和“Jim”被标记为离群点。*那么，我们如何做得更好呢？*

另一种方法是使用**基于模式压缩**的方法来检测输入数据具有分类属性的离群点。

	I/H	I/M	I/L	C/H	C/M	C/L	P/H	P/M	P/L
John	1	0	0	1	0	0	1	0	0
Amy	1	0	0	1	0	0	1	0	0
Carl	0	0	1	0	0	1	0	0	1
Mary	0	0	1	0	0	1	0	0	1
Tom	1	0	0	0	0	1	0	1	0
Jim	1	0	0	0	0	1	0	0	1

a）将输入的分类数据表示为二元矩阵 ***B***

1	0
1	0
0	1
0	1
0.5	0.5
0.3	0.7

矩阵 ***F***

×

1	0	0	1	0	0	1	0	0
0	0	1	0	0	1	0	0	1

矩阵 ***G***

b）两个分解矩阵

	I/H	I/M	I/L	C/H	C/M	C/L	P/H	P/M	P/L
John	1	0	0	1	0	0	1	0	0
Amy	1	0	0	1	0	0	1	0	0
Carl	0	0	1	0	0	1	0	0	1
Mary	0	0	1	0	0	1	0	0	1
Tom	0.5	0	0.5	0.5	0	0.5	0.5	0	0.5
Jim	0.3	0	0.7	0.3	0	0.7	0.3	0	0.7

c) 重构后的矩阵

图 11.15　使用基于矩阵分解的方法来检测具有分类属性的输入数据的离群点

注：a）通过将分类属性转换为二元属性，将输入数据表示为二元数据矩阵 ***B***。b）两个分解矩阵 ***F*** 和 ***G*** 近似二元数据矩阵 ***B***。“I/H”“I/M” 和 “I/L” 分别表示 “收入” 属性值为 “高”“中” 和 “低”。同样，“C/H”“C/M” 和 “C/L” 分别表示 “信用” 属性值为 “高”“中” 和 “低”。而 “P/H”“P/M” 和 “P/L” 分别表示 “购买” 属性值为 “高”“中” 和 “低”。c）重构后的矩阵。

对于图 11.14 中的输入数据集，我们可以构造一个编码表（也称为字典），如图 11.16 所示。乍一看，这张表可能有点抽象。让我们解释一下细节。

编码单词	编码	使用次数	编码长度
[I/H,C/H,P/H]	01	2	2
[I/L,C/L,P/L]	10	2	2
[I/H,C/L]	11	2	2
[P/M]	001	1	3
[P/L]	010	1	3

图 11.16　图 11.14 输入数据的编码表

图 11.16 的第一列由一组编码单词组成，也称为模式。每个编码单词或模式（例如“[I/H，C/H，P/H]”）由一个或多个项目组成，这些项目实际上是属性 - 值对（例如“I/H”表示“收入”的值为“高”）。（回想一下我们在第 7 章基于模式的分类中使用的类似符号。）图 11.16 的第二列包含用于表示相应编码单词的二进制编码，最后一列仅是每个编码的长度

（即在相应编码中使用了多少位）。[一]现在，我们可以使用第一列中的编码单词以更简洁的方式来表示原始输入数据样本。例如，对于 John 和 Amy，我们使用第一个编码单词“[I/H，C/H，P/H]”来分别表示他们。同样，对于 Carl 和 Mary，我们使用第二个编码单词“[I/L，C/L，P/L]”来分别表示他们。另一方面，对于 Tom，我们需要两个编码单词，包括“[I/H，C/L]”和“[P/M]”，才能表示他；而对于 Jim，我们也需要两个编码单词来表示他，包括“[I/H，C/L]”和“[P/L]”。如果给定的编码单词用于表示数据样本，我们称该数据样本*覆盖*相应的编码单词。给定的编码单词用于表示整个数据集的总次数，是该编码单词的使用次数（即图 11.16 的第三列）。例如，“[I/H，C/H，P/H]”的使用次数为 2，因为它用于同时表示 John 和 Amy；“[P/M]”的使用次数为 1，因为它仅用于表示 Tom。

一旦我们有了输入数据样本的简洁表示，我们就可以将编码长度用作离群度指标。编码长度越长，给定的数据样本越可能是离群点。对于图 11.14 中的示例，John 由单个编码单词“[I/H，C/H，P/H]”表示，编码长度为 2（即“01”）。同样，Amy、Carl 和 Mary 的编码长度也为 2。另一方面，Tom 由两个编码单词表示，包括“[I/H，C/L]”和“[P/M]”，总编码长度为 5；Jim 也由两个编码单词表示，包括“[I/H，C/L]”和“[P/L]”，总编码长度为 5。因此，我们将 Tom 和 Jim 都标记为异常的客户。与矩阵分解方法相比，在可解释性方面，基于模式压缩的方法在检测具有分类属性的离群点方面具有优势。例如，通过查看 Tom 和 Jim 覆盖的编码单词，一个典型的模式，即“[I/H，C/L]”（高收入但信用评分低），显得特殊。因此，尽管 Tom 和 Jim 的收入都很高，但他们的低信用评分可能是造成他们的低购买活动的原因。

*你可能会想，我们如何从输入数据集中获取编码表？为什么某些编码单词（例如“[I/H，C/H，P/H]”）分配比其他编码单词（例如“[I/H，C/L]”“[P/L]”）更短的编码？为什么编码长度是离群度的合理指标？*基于模式的压缩方法通常使用*最小描述长度*（MDL）原则来寻找最优编码表。完整的 MDL 数学细节超出了本书范围，有兴趣的读者可参考文献注释。简单地说，MDL 原则倾向于选择能以最简洁的方式描述输入数据集的模型 M。也就是说，它偏爱可以最小化以下成本的模型 M：

$$L(M)+L(D\,|\,M) \tag{11.21}$$

其中 $L(M)$ 是模型本身描述的位长度，$L(D|M)$ 是使用给定模型 M 描述数据集 D 的位长度。

在离群点检测设置中，模型都是可能的编码表。图 11.16 中 $L(M)$ 是描述前两列的编码成本，包括实际编码单词（例如“[I/H，C/H，P/H]”）和相应的编码（例如“01”）的编码成本。直观地说，为了最小化 $L(M)$，我们会倾向于使用简洁的编码表（例如，具有少量短编码单词）。$L(D|M)$ 是使用给定编码表 M 描述输入数据集的总成本，它是使用给定编码表编码每个数据样本的编码长度之和。直观地说，为了最小化 $L(D|M)$，一方面，我们应该选择全面的编码单词集，以便每个输入数据样本可以由所选编码单词的子集表示。另一方面，我们应该选择频繁出现的编码单词，如果一个编码单词经常用于表示不同的输入数据样本，我们应该为它分配一个较短的编码。[二]这种方式可以最小化总编码成本 $L(D|M)$。因此，如果给定数据样本的编码长度很长，则表明它是由稀有的、非频繁的模式（编码单词）表示的，因此看起来是异常的。

[一] 结果表明，对于离群点检测任务，与检测结果相关的是编码单词的长度，而不是实际的编码。

[二] 根据香农熵，给定编码 c 的最优编码长度为 $\log\frac{\sum_i \text{usage}(i)}{\text{usage}(c)}$。编码 c 的使用次数越高，其编码长度就越短。

11.5 基于聚类和分类的方法

根据监督是否可用，也就是训练元组的标签（指示其为正常样本还是离群点），我们可以将离群点检测技术分为**基于聚类**和**基于分类**的方法。基于聚类的方法是无监督的方法，通过检查对象和簇之间的关系来检测离群点。直观地说，离群点可能是属于一个小而偏远的簇的对象，也可以是不属于任何簇的对象。离群点的概念与簇的概念密切相关。基于分类的方法本质上是监督的方法，将离群点检测视为分类问题。基于分类的离群点检测方法的一般思路是训练一个分类模型，用于区分正常数据和离群点。

11.5.1 基于聚类的方法

一般来说，基于聚类的离群点检测有三种方法。考虑一个对象。

- 对象是否属于任何一个簇？如果不属于，则该对象被识别为离群点。
- 对象与它最近的簇之间是否存在很大的距离？如果是，则该对象为离群点。
- 该对象是否属于一个小的或稀疏的簇？如果是，则该簇中的所有对象都是离群点。

让我们看看这些方法的例子。

例 11.19 将离群点定义为不属于任何簇的对象。群居动物（例如山羊和鹿）在群体中生活和移动。通过离群点检测，我们可以将不属于群体的动物识别为离群点。这些动物可能是迷路或受伤的。

在图 11.17 中，每个点代表一个生活在群体中的动物。使用基于密度的聚类方法，例如 DBSCAN，得到黑色点属于簇。白色点 ***a*** 不属于任何簇，因此被认为是离群点。 □

基于聚类的离群点检测的第二种方法考虑对象与其最近的簇之间的距离。如果距离很远，则该对象可能是相对于簇的离群点。这种方法可以检测与簇相关的个别离群点。

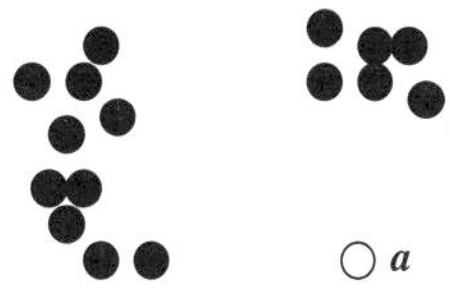

图 11.17 对象 ***a*** 是一个离群点，因为它不属于任何簇

例 11.20 使用到最近簇的距离进行基于聚类的离群点检测。使用 *k*-均值聚类方法，我们可以将图 11.18 中的数据点分成三个簇，如图中不同符号所示。每个簇的中心用 + 标记。

对于每个对象 $\boldsymbol{o}$，我们可以根据对象与最接近的中心之间的距离为其分配一个离群度得分。假设离 $\boldsymbol{o}$ 最近的中心为 $\boldsymbol{c}_o$；那么 $\boldsymbol{o}$ 和 $\boldsymbol{c}_o$ 之间的距离为 $dist(\boldsymbol{o},\boldsymbol{c}_o)$，而 $\boldsymbol{c}_o$ 和分配给 $\boldsymbol{c}_o$ 的对象之间的平均距离为 l_{c_o}。比率 $\frac{dist(\boldsymbol{o},\boldsymbol{c}_o)}{l_{c_o}}$ 用于衡量 $dist(\boldsymbol{o},\boldsymbol{c}_o)$ 相对于平均值的差异程度。比率越大，则 $\boldsymbol{o}$ 距离中心越远，$\boldsymbol{o}$ 越有可能是离群点。在图 11.18 中，点 ***a***、***b*** 和 ***c*** 与它们对应的中心相对较远，因此被认为是离群点。 □

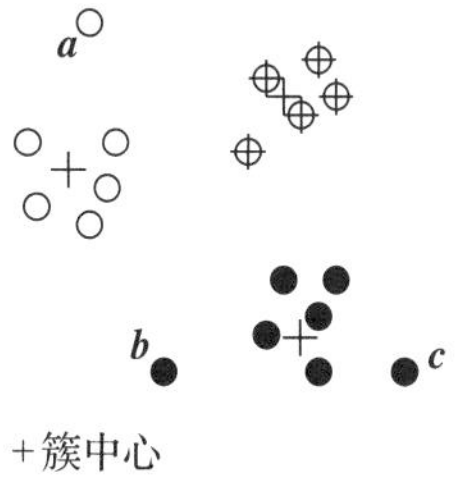

图 11.18 离群点 (***a***,***b***,***c***) 与它们最接近的簇中心距离较远

这种方法也可以用于入侵检测，如例 11.21 所述。

例 11.21 基于聚类的离群点检测用于入侵检测。有一种自助（bootstrap）方法，通过考虑数据点与训练数据集中簇之间的相似性，来检测 TCP 连接数据中的入侵。该方法包括三个步骤。

1. 使用训练数据集查找正常数据的模式。具体而言，TCP 连接数据按日期等方式分段。在每个片段中找到频繁项集。在大多数片段中出现的频繁项集被视为正常数据的模式，并被称为“基础连接”。

2. 训练数据中包含基础连接的连接被视为无攻击。这样的连接被聚类成组。

3. 将原始数据集中的数据点与第 2 步挖掘的簇进行比较。任何相对于簇而言被认为是离群点的点都被认为是可能的攻击。 □

请注意，我们迄今为止看到的每种方法都只检测单个对象为离群点，因为它们将对象逐个与数据集中的簇进行比较。然而，在大型数据集中，一些离群点可能是相似的并形成一个小的簇。例如，在入侵检测中，使用类似策略攻击系统的黑客可能会形成一个簇。迄今为止讨论的方法可能会被这些离群点所欺骗。

为了解决这个问题，基于聚类的离群点检测的第三种方法可以识别小的或稀疏的簇，认为这些簇中的对象也是离群点。例如 FindCBLOF 算法，其工作原理如下。

1. 在数据集中查找簇，并按大小排序。该算法认为大多数数据点不是离群点。它使用参数 $\alpha(0\leqslant\alpha\leqslant1)$ 来区分大簇和小簇。任何包含至少 α（例如 α=30%）的数据集的簇被视为“大簇”。其余的簇被称为“小簇”。

2. 为每个数据点分配*基于簇的局部离群因子*（CBLOF）。对于属于大簇的点，其 CBLOF 为该点和簇之间的相似性与簇的大小的乘积。对于属于小簇的点，其 CBLOF 为小簇的大小和该点与最近大簇之间的相似性的乘积。

CBLOF 以一种统计方式定义了一个点和簇之间的相似性，表示该点属于该簇的概率。该值越大，该点和簇之间的相似性就越高。CBLOF 分数可以检测远离任何簇的离群点。此外，远离任何大簇的小簇被认为由离群点组成。具有最低 CBLOF 分数的点被怀疑为离群点。

例 11.22 在小簇中检测离群点。图 11.19 中的数据点形成三个簇：大簇 C_1 和 C_2 以及小簇 C_3。对象 ***o*** 不属于任何簇。

使用 CBLOF，FindCBLOF 可以识别 ***o*** 和簇 C_3 中的点为离群点。对于 ***o***，最近的大簇是 C_1。CBLOF 分数仅是 ***o*** 和 C_1 之间的相似性，这很小。对于 C_3 中的点，最近的大簇是 C_2。尽管簇 C_3 中有三个点，但是这些点与簇 C_2 之间的相似性较低，而 $|C_3|=3$ 很小；因此，C_3 中的点的 CBLOF 分数很小。 □

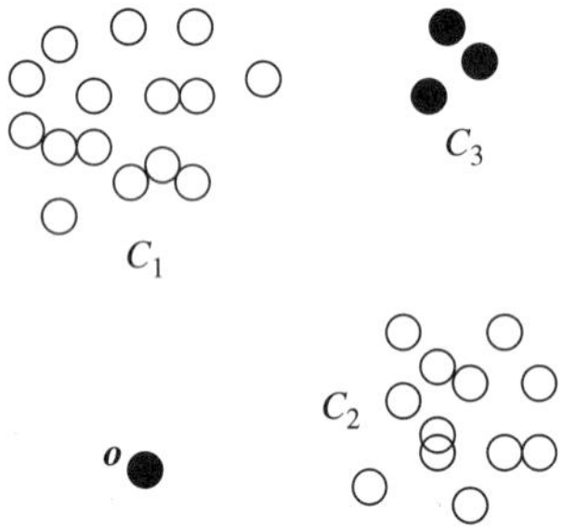

图 11.19 小簇中的离群点

如果基于聚类的方法必须在检测离群点之前找到簇，那么可能会产生很高的计算成本。为了提高效率，已经开发了几种技术。例如，**固定宽度聚类**是用于检测离群点的具有线性时间的一种技术。它的思想既简单又有效：如果簇的中心在点的预定义距离阈值以内，就会将点分配给这个簇。如果一个点不能被分配到任何簇中，就会创建一个新的簇。在某些条件下，距离阈值可以从训练数据中学习。

基于聚类的离群点检测方法具有以下优点。首先，这类方法以一种无监督的方式，在不需要任何标记数据的情况下进行离群点检测。它们适用于许多数据类型。簇可以视为对数据的概括。一旦得到了簇，基于聚类的方法只需要将对象与簇进行比较，即可确定该对象是否为离群点。这个过程通常很快，因为簇的数量通常比对象的总数要少得多。

基于聚类的离群点检测的缺点是它的有效性高度依赖于所使用的聚类方法。这些方法可能并未针对离群点检测进行优化。聚类方法通常对大型数据集来说成本很高，这可能会成为瓶颈。

11.5.2 基于分类的方法

我们考虑一个包含标记为“正常”和其他标记为“离群点”的样本的训练集。基于训练集可以构建分类器，任何分类方法都可以使用。然而，这种蛮力方法对于离群点检测效果不佳，因为训练集通常存在严重的偏差。也就是说，正常样本的数量很可能远远超过离群点样本的数量。这种不平衡情况，即离群点样本数量不足，可能会导致我们无法构建准确的分类器。以系统入侵检测为例。由于大多数系统访问是正常的，因此很容易获得正常事件的良好表示。然而，枚举所有潜在的入侵是不可行的，因为新的和意外的入侵不时发生。因此，必须面对离群点（或入侵）样本的数量不足的情况。

为了克服这个挑战，基于分类的离群点检测方法通常使用单类模型。也就是说，构建一个分类器仅描述正常类。任何不属于正常类的样本都被视为离群点。例如，在**单类支持向量机**（one-class SVM）中，它试图在变换的高维空间（称为再生核希尔伯特空间，简称 RKHS）中找到一个最大间隔超平面，该超平面将正常数据元组和表示离群点的原点分离。在**支持向量数据描述**（SVDD）中，它试图找到包含所有正常元组的最小超球面。

例 11.23　使用单类模型进行离群点检测。考虑图 11.20 中的训练集，其中白色点是标记为“正常”的样本，黑色点是标记为“离群点”的样本。为了构建一个离群点检测模型，我们可以使用分类方法（如第 7 章所述）学习正常类的决策边界。给定一个新对象，如果该对象在正常类的决策边界内，则将其视为正常情况。如果对象在决策边界之外，则它被声明为离群点。

仅使用正常类的模型来检测离群点的优点是，该模型可以检测到新的离群点，这些离群点可能不接近训练集中的任何离群点。只要这些新的离群点落在正常类的决策边界之外，这种情况就会发生。□

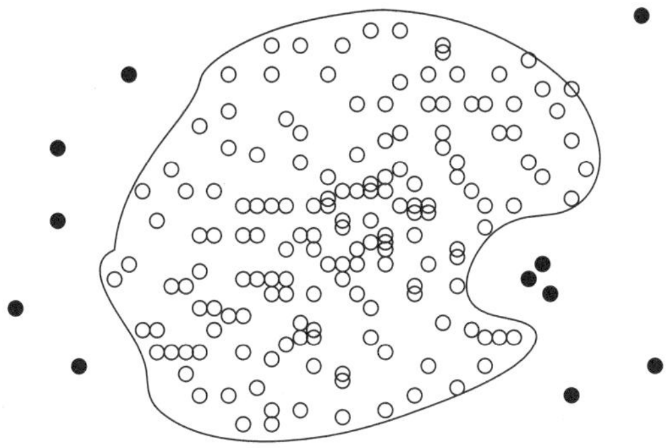

图 11.20　学习正常类的模型

使用正常类的决策边界的想法可以扩展到处理正常对象可能属于多个类的情况。例如，一家电子商店接受退货。顾客可以出于多种原因（对应于类）退货，例如“产品设计缺陷”和“产品在运输过程中损坏”。每个这样的类都被视为正常。为了检测离群点，商店可以针对每个正常类学习一个模型。为了确定一个类是不是离群点，我们可以在该类上运行每个模型。如果该类不符合任何模型，则它被认定为离群点。

可以进一步将基于分类的方法和基于聚类的方法结合起来，以半监督学习的方式检测离群点。

例 11.24　使用半监督学习进行离群点检测。如图 11.21 所示，其中对象被标记为“正常”“离群点”或根本没有标记。使用基于聚类的方法，我们找到了一个大簇 C 和一个小簇 C_1。因为 C 中的一些对象带有“正常”的标签，所以我们可以将该簇中的所有对象（包括那些没有标签的对象）视为正常对象。使用该簇的单类模型可以识别离群点中的正常对象。同样，因为 C_1 中的一些对象带有“离群点”的标签，我们将 C_1 中的所有对象都声明为离群点。任何没有落在 C 的模型中的对象（例如 $\boldsymbol{a}$）也被视为离群点。□

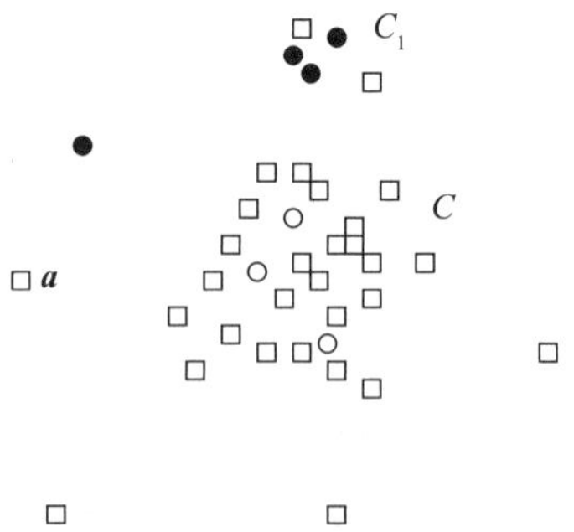

图 11.21 通过半监督学习检测离群点

基于分类的方法可以通过从带有标签的样本中学习，将人类领域知识纳入检测过程中。一旦构建了分类模型，只需要将要检查的对象与从训练数据中学习到的模型进行比较，即可迅速完成离群点检测。基于分类的方法的质量很大程度上取决于训练集的可用性和质量。在许多应用中，很难获得代表性和高质量的训练数据，这限制了基于分类的方法的适用性。一个有前景的解决方案是将离群点检测和主动学习（在第 7 章介绍）结合起来，借助于人类注释者，为每个类（例如正常类、离群点）获得少量标记的训练样本。

11.6 挖掘情境和集体离群点

在给定的数据集中，如果一个对象相对于该对象的特定情境显著偏离，则该对象是一种**情境离群点**（或*条件离群点*）（11.1 节）。情境是使用**情境属性**定义的。这些属性在很大程度上依赖于应用，并且通常由用户作为情境离群点检测任务的一部分提供。情境属性可以包括空间属性、时间、网络位置和复杂结构化属性。此外，**行为属性**定义了对象的特征，用于评估该对象是否是它所属的情境中的离群点。

例 11.25 情境离群点。为了确定位置的温度是否异常（即是否为离群点），指定位置信息的属性可以作为情境属性。这些属性可以是空间属性（例如经度和纬度）或图或网络中的位置属性。时间也可以被用来描述情境属性。在客户关系管理中，一个客户是否为离群点可能取决于具有相似资料的其他客户。在这种情况下，定义客户资料的属性为离群点检测提供了情境。 □

与一般的离群点检测相比，识别具有情境背景的离群点需要分析相应的情境信息。根据情境是否可以被清晰识别，情境离群点检测方法可以分为两类。

11.6.1 将情境离群点检测转化为传统离群点检测

这类方法适用于可以清晰识别情境的情况。基本思想是将情境离群点检测问题转化为经典的离群点检测问题。具体而言，对于给定的数据对象，我们可以通过两个步骤来评估该对象是否为离群点。第一步，使用情境属性来识别对象的情境。第二步，在该情境中使用传统的离群点检测方法计算对象的离群度得分。

例 11.26 情境可以被清晰识别时的情境离群点检测。在客户关系管理中，我们可以在客户组的情境中检测异常客户。假设一家电子商店记录了四个属性的客户信息，即 *age_group*（即 25 岁以下、25 ～ 45 岁、45 ～ 65 岁和 65 岁以上）、*postal_code*、*number_of_transactions_per_year* 和 *annual_total_transaction_amount*。属性 *age_group* 和 *postal_code* 作为情境属性，而属性 *number_of_transactions_per_year* 和 *annual_total_transaction_amount* 则

是行为属性。□

在此设置中检测情境离群点，对于一个客户 **c**，我们可以使用属性 *age_group* 和 *postal_code* 来定位 **c** 的情境。然后，我们可以将 **c** 与同一组中的其他客户进行比较，并使用传统的离群点检测方法，如前面讨论过的一些方法，来确定 **c** 是否为离群点。

情境可以在不同粒度级别上指定。假设同一家电子商店还针对属性 *age*、*postal_code*、*number_of_transactions_per_year* 和 *annual_total_transaction_amount* 维护了更详细的客户信息。我们仍然可以按照 *age* 和 *postal_code* 对客户进行分组，然后在每个组中查找离群点。如果落入某一组的客户数量非常少甚至为零怎么办？对于一个客户 **c**，如果相应的情境中包含非常少的客户甚至没有其他客户，则使用精确情境评估 **c** 是否为离群点是不可靠甚至不可能的。

为了克服这个挑战，我们可以假设年龄相似、居住在相同地区的客户应该具有类似的正常行为。这种假设有助于概括情境并提高离群点检测的效果。例如，使用一组训练数据，我们可以学习情境属性数据的混合模型 U，以及行为属性数据的另一个混合模型 V。还可以学习一个映射 $p(V_i|U_j)$，以捕捉属于情境属性簇 U_j 的数据对象 $\boldsymbol{o}$ 由行为属性簇 V_i 生成的概率。然后可以计算离群度得分，如下所示：

$$S(\boldsymbol{o})=\sum_{U_j}p(\boldsymbol{o}\in U_j)\sum_{V_i}p(\boldsymbol{o}\in V_j)p(V_i\,|\,U_j) \tag{11.22}$$

因此，情境离群点问题被转化为使用混合模型的离群点检测。

11.6.2　建模关于情境的正常行为

在一些应用中，将数据清晰地划分为情境是不方便或不可行的。例如，考虑在线商店记录客户在搜索日志中的浏览行为的情况。对于每个客户，数据日志包含客户搜索和浏览的产品序列。商店对情境离群点感兴趣，例如客户突然购买与他最近浏览的产品无关的产品。然而，在这种应用中，无法轻松指定情境，因为不清楚之前浏览的多少产品应该被视为情境，这个数量可能因产品而异。

第二类情境离群点检测方法建模与情境相关的正常行为模型。该方法使用训练数据集训练一个模型，该模型根据情境属性值预测期望的行为属性值。为了确定数据对象是否是情境离群点，可以将模型应用于对象的情境属性。如果对象的行为属性值与模型预测的值显著偏离，则可以将对象认定为情境离群点。

通过使用将情境和行为联系起来的预测模型，避免了显式识别特定情境的问题。可以使用多种分类和预测技术构建此类模型，例如回归、马尔可夫模型和有限状态自动机等。对于更多细节，读者可以参考第 6 章和第 7 章的分类内容以及 11.10 节的文献注释。

总之，情境离群点检测通过考虑情境来增强传统的离群点检测方法，这在许多应用中是非常重要的。它使得我们能够检测出其他方法无法检测到的离群点。例如，考虑一个信用卡用户，其收入水平很低，但消费模式与百万富翁相似。如果使用收入水平来定义情境，则可以将此用户检测为情境离群点。如果没有情境信息，此类用户可能无法被检测为离群点，因为她确实和许多百万富翁共享消费模式。在离群点检测中考虑情境还有助于避免误报。不考虑情境，如果训练集中的大多数客户不是百万富翁，则百万富翁的购买交易可能会被错误地检测为离群点。这可以通过将情境信息纳入离群点检测来进行纠正。

11.6.3　挖掘集体离群点

如果一组数据对象作为整体显著偏离整个数据集，即使该组中的每个单独对象可能不是离群点，该组数据对象也形成了一个集体离群点（11.1 节）。为了检测集体离群点，我们必须研究数据集的结构，即多个数据对象之间的关系。这使得这个问题比传统和情境离群点检测更加困难。

“我们如何探索数据集的结构？”这通常取决于数据的性质。对于时间数据（例如时间序列）中的离群点检测，需要探索由时间形成的结构，这些结构在时间序列或子序列的片段中出现。对于空间数据中的集体离群点检测，需要探索局部区域。同样，在图和网络数据中，需要探索子图。每种结构都是其相应数据类型固有的。

情境离群点检测和集体离群点检测在探索结构方面有一些相似之处。在情境离群点检测中，结构是由显式指定的情境属性定义的情境。而在集体离群点检测中，关键的区别在于这些结构往往没有明确定义，并且必须作为离群点检测过程的一部分进行发现。

与情境离群点检测类似，集体离群点检测方法也可以分为两类。第一类方法将问题简化为传统的离群点检测。这些方法的策略是识别结构单元，例如子序列、时间序列段、局部区域或子图，并将每个结构单元视为数据对象并提取特征。基于此，集体离群点检测问题转化为使用提取的特征对这些结构化对象集合进行离群点检测。如果表示原始数据集中一组对象的结构单元在提取特征的空间中与预期趋势显著偏离，则结构单元被认为是集体离群点。

例 11.27 图数据上的集体离群点检测。让我们看看如何在商店的在线顾客社交网络中检测集体离群点。假设社交网络视为未标记的图。网络的每个可能子图都可以视为结构单元。对于每个子图 S，令 $|S|$ 表示 S 中的顶点数，$freq(S)$ 表示 S 在网络中的频数。即，$freq(S)$ 是与 S 同构的不同子图在网络中出现的次数。我们可以使用这两个特征来检测异常子图。一个异常子图是包含多个顶点的集体离群点。

一般来说，小的子图（例如由边或稠密子图连接的一对顶点或单个顶点）预计会频繁出现，而大的子图预计不会频繁出现。使用前面的简单方法，我们可以检测到非常低频的小子图或惊人频繁的大子图，这些是社交网络中的异常结构。 □

预先定义用于集体离群点检测的结构单元可能是困难的或不可能的。因此，第二类方法直接对结构单元的预期行为进行建模。例如，为了在时间序列中检测集体离群值，一种方法是从序列中学习一个马尔可夫模型。然后，如果子序列与模型显著偏离，可以将其声明为集体离群点。

总之，由于探索数据的结构具有很大的挑战，集体离群点检测是一个复杂的问题。通常使用启发式方法进行探索，这可能依赖于特定应用。此外，由于挖掘过程复杂，计算成本通常很高。尽管在实践中非常有用，但集体离群点检测仍然是一个具有挑战性的方向，需要进一步的研究和发展。

11.7 高维数据中的离群点检测

在某些应用中，我们可能需要在高维数据中检测离群点，然而维度诅咒给有效的离群点检测带来了巨大的挑战。随着维度的增加，对象之间的距离可能会受到噪声的严重影响，这意味着在高维空间中，两个点之间的距离和相似性可能不再反映点之间的真实关系。因此，传统的离群点检测方法，主要基于邻近性或密度来识别离群点，在维度增加时会逐渐失效。

理想情况下，针对高维数据的离群点检测方法应该能够应对以下挑战。

- **离群点的解释：**方法不仅应该能够检测离群点，还应该能够提供对离群点的解释。由于高维数据集涉及许多特征（或维度），仅仅检测离群点而不解释为什么它们是离群点并不是很有用。离群点的解释可能来自表示离群点的特定子空间或关于对象“离群度”的评估。这样的解释可以帮助用户理解离群点的潜在含义和重要性。

- **数据稀疏性：** 方法应该能够处理高维空间中的稀疏数据。随着维度的增加，对象之间的距离变得更容易受到噪声的影响，因此高维空间中的数据往往是稀疏的。
- **数据子空间：** 方法应该适当地对离群点进行建模，例如，应自适应表示离群点的子空间，并捕捉数据的局部行为。对所有子空间使用固定距离阈值来检测离群点并不是一个好主意，因为随着维度的增加，两个对象之间的距离会单调增加。
- **关于维度的可扩展性：** 随着维度的增加，子空间的数量呈指数级增长。对搜索空间（包含所有可能的子空间）进行穷举式探索是不可扩展的。

高维数据的离群点检测方法可以分为以下几种。包括扩展传统的离群点检测（11.7.1 节）、在子空间中查找离群点（11.7.2 节）、离群点检测集成（11.7.3 节）、基于深度学习的方法（11.7.4 节）和建模高维离群点（11.7.5 节）。

11.7.1　扩展传统的离群点检测

在高维数据中进行离群点检测的一种方法是扩展传统的离群点检测方法。它使用传统的基于邻近性的离群点模型。然而，为了克服在高维空间中邻近性度量的恶化，它采用替代度量或构建子空间，并在其中检测离群点。

HilOut 算法是这种方法的一个例子。HilOut 寻找基于距离的离群点，但在离群点检测中使用距离排名而不是绝对距离。具体来说，对于每个对象 $\boldsymbol{o}$，HilOut 找到 $\boldsymbol{o}$ 的 k 个最近邻，表示为 $nn_1(\boldsymbol{o}),\cdots,nn_k(\boldsymbol{o})$，其中 k 是应用相关的参数。对象 $\boldsymbol{o}$ 的权重定义为

$$w(\boldsymbol{o})=\sum_{i=1}^{k} dist(\boldsymbol{o}, nn_i(\boldsymbol{o})) \tag{11.23}$$

所有对象按权重降序排列。权重前 l 个对象被输出为离群点，其中 l 是另一个用户指定的参数。

对每个对象计算 k 个最近邻的成本很高，在维度很高且数据库很大时难以扩展。为解决可扩展性问题，HilOut 采用空间填充曲线来实现一种近似算法，该算法在运行时间和空间上关于数据库大小和维度都具有可扩展性。

除了像 HilOut 这样的方法在高维情况下能够检测到整个空间中的离群值，还有一些其他方法通过降维（第 2 章）将高维离群值检测问题降低到低维。其思想是将高维空间缩减到一个低维空间，在这个空间中正常对象仍然可以与离群点区分开。如果能找到这样的低维空间，那么就可以应用传统的离群点检测方法。基于此，11.4 节介绍的基于矩阵分解的方法可用于找到这样的低维空间。例如，图 11.10 中右侧矩阵 $\boldsymbol{G}$ 的行提供了输入数据元组在低维空间中的表示。

为了降低维度，可以使用或扩展通用的特征选择和提取方法进行离群点检测。例如，使用主成分分析（PCA）提取低维空间。启发式地，首选方差较低的主成分，因为在这样的维度上，正常对象很可能彼此接近，而离群点通常偏离大多数对象。请注意，这与将 PCA 用作通用降维工具时的情况不同，后者偏好方差较高的主成分。

通过扩展传统的离群点检测方法，我们可以重用在该领域研究中获得的许多经验。然而，这些新方法存在一些限制。首先，它们无法针对子空间检测离群点，因此可解释性有限。其次，仅当存在一个低维空间，其中正常对象和离群点能够良好分离时，降维才可行。这个假设可能不成立。

11.7.2 在子空间中查找离群点

在高维数据中进行离群点检测的另一种方法是在各种子空间中搜索离群点。其独特的优势在于，如果在一个低维度的子空间中发现某个对象是离群点，那么该子空间将提供关键信息，解释该对象为何以及在何种程度上是离群点。由于高维数据中维度数量庞大，这种洞察力在应用中具有非常高的价值。

例 11.28 子空间中的离群点。一家电子商店的客户关系经理想要找到异常客户。该商店维护一个包含许多属性和客户交易历史的庞大客户信息数据库，该数据库是高维的。

假设发现一个名为 Alice 的客户在一个较低维度的子空间中是离群点，该子空间包含平均交易金额和购买频率这两个维度，而她的平均交易金额明显高于大多数客户，而购买频率则显著较低。子空间本身解释了 Alice 为何以及在何种程度上是离群点。利用这些信息，可以想办法提高她在商店购物的频率，获得更好的收益。 □

“我们如何检测子空间中的离群点？” 基于网格的子空间离群点检测方法的主要思想如下：考虑将数据投影到各种子空间中。如果在一个子空间中，发现某个区域的密度远低于平均水平，则该区域可能包含离群点。为了找到这样的投影，首先以等深度的方式将数据划分成一个个网格。也就是说，每个维度被分成 ϕ 个等深度的范围，其中每个范围包含对象的一部分 $f=\frac{1}{\phi}$。采用等深度分割是因为不同维度的数据可能具有不同的局部性。等宽度的空间分割可能无法反映这种局部性差异。

接下来，我们搜索在子空间中由范围定义的显著稀疏的区域。为了量化我们所说的“显著稀疏”，我们考虑由 k 个维度上的 k 个范围形成的 k 维立方体。假设数据集包含 n 个对象。如果对象是独立分布的，那么落入 k 维区域的对象的期望数量是 $\left(\frac{1}{\phi}\right)^k n = f^k n$。在 k 维区域中点的数量的标准差是 $\sqrt{f^k(1-f^k)n}$。假设一个特定的 k 维区域 C 包含 $n(C)$ 个对象。C 的**稀疏系数**可以定义为

$$S(C)=\frac{n(C)-f^k n}{\sqrt{f^k(1-f^k)n}} \tag{11.24}$$

如果 $S(C)<0$，那么 C 包含的对象比期望的要少。$S(C)$ 的值越小（即越负），C 就越稀疏，C 中的对象在子空间中就越有可能是离群点。

通过假设 $S(C)$ 遵循正态分布，我们可以使用正态分布表来确定对象的显著性水平，衡量该对象是否明显偏离了数据先验假设为均匀分布的平均值。通常，均匀分布假设并不成立。然而，稀疏系数仍然提供了对区域“离群度”的直观度量。

要找到稀疏系数值显著小的立方体，一种蛮力的方法是在每个可能的子空间中搜索每个立方体。然而，这样做的代价是指数级的。可以采用基于进化的搜索策略，以牺牲准确性为代价提高效率。有关详细信息请参考文献注释（11.10 节）。具有极小稀疏系数值的立方体包含的对象被输出为离群点。此外，*遗传算法*在搜索理想立方体方面是有效的。

总之，在子空间中搜索离群点的优势在于，由于子空间所提供的情境使得所发现的离群点往往会被更好地理解。[⊖]搜索高效和可扩展是挑战所在。

⊖ 因此，我们可以看到基于子空间的离群点检测和情境离群点检测是密切相关的。

11.7.3　离群点检测集成

在高维数据中检测离群点的另一种有效方法是通过集成。其过程如图 11.22 所示。给定一个输入数据集 $\boldsymbol{X}$（图 11.22 左侧），其中有 n 个数据元组（行）位于 d 维空间中（列），集成方法首先创建 K 个基础探测器（图 11.22 中间）。对于每个基础探测器，首先将输入数据集表示为维数 d' 的随机子空间 $\boldsymbol{X}_i(i=1,\cdots,K)$，其中维数 d' 远小于原始特征维数（即 $d' \ll d$），然后使用现成的离群点检测方法（例如 LOF）为每个数据元组分配离群度得分。我们用长度为 n 的向量 $\boldsymbol{y}_i(i=1,\cdots,K)$ 来表示所有 n 个数据元组的离群度得分。之后，我们聚合来自 K 个基础探测器的检测结果，以另一个长度为 n 的向量 $\boldsymbol{y}$ 表示所有输入数据元组的整体离群度得分（图 11.22 右侧）。最后，我们将具有最高整体离群度得分的数据元组标记为离群点。

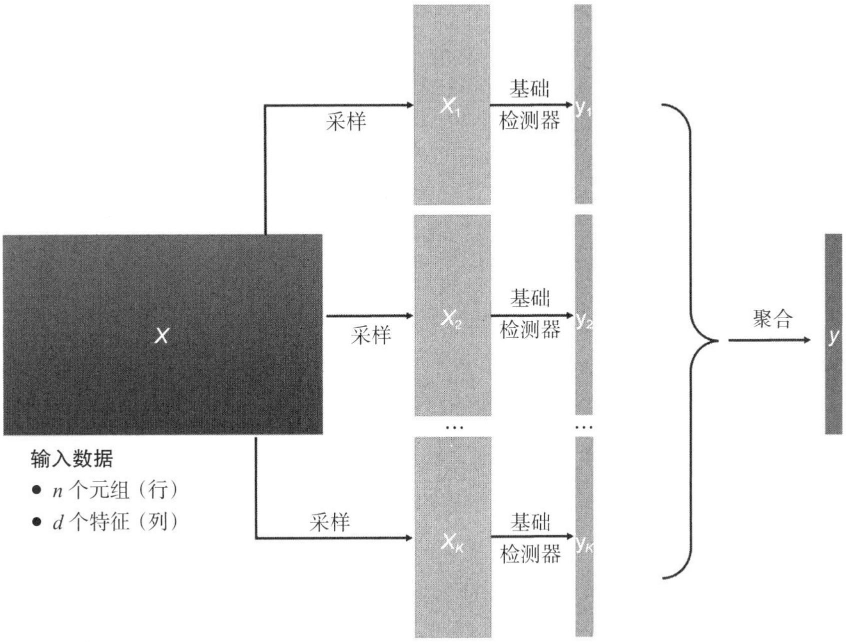

图 11.22　使用集成方法检测高维数据中离群点的图像示例

注：（左）在 d 维空间中具有 n 个数据元组（行）的输入数据集（列）。（中）K 个基础探测器。（右）聚合的检测结果。

在离群点检测集成中有两个关键问题，包括（1）如何在随机子空间中表示输入数据，以及（2）如何聚合基础探测器的检测结果。对于（1），有两种常用的方法，包括特征装袋（feature bagging）和旋转装袋（rotated bagging）。对于特征装袋，我们随机选择一些原始特征来形成随机子空间中输入数据的表示；而对于旋转装袋，我们首先生成维度为 $d'(d' \ll d)$ 的随机子空间，然后将输入数据投影到该子空间中。概念上，如果我们将输入数据集表示为 $n \times d$ 数据矩阵 $\boldsymbol{X}$，特征装袋会选择 $\boldsymbol{X}$ 的 $d'(d' \ll d)$ 个真实列作为随机子空间中输入数据集的表示，而旋转装袋则首先生成 d' 个正交向量，然后将输入数据矩阵 $\boldsymbol{X}$ 投影到由这 d' 个向量张成的子空间中。

为了聚合基础探测器的检测结果，我们可以使用均值聚合或最大聚合。在均值聚合中，给定数据元组的整体离群度是来自 K 个基础探测器的离群度得分的平均值；而在最大聚合中，给定数据元组的整体离群度是来自 K 个基础探测器的离群度得分的最大值。两种聚合方法都需要在聚合之前对基础探测器的离群度得分进行规范化（例如 min-max 规范化，z-score 规范化），规范化的重要性在于它使得一个基础探测器的离群度得分不会压倒其他基础探测器的得分。

11.7.4　通过深度学习驯服高维度

在高维数据离群点检测的背景下，基于深度学习的方法具有两个优势。首先，深度学习方法（例如，自编码器、前馈神经网络、卷积神经网络、循环神经网络、图神经网络）能够生成输入数据元组的向量表示（即嵌入），其维度远小于原始维度，因此自然地缓解了高维度挑战。其次，由于深度学习具有学习语义表示的强大能力，生成的嵌入通常能捕捉到不同输入特征之间复杂的（例如，非线性的）相互作用，因此能够检测到其他方法（例如基于线性矩阵分解的方法）可能忽略的离群点。

有两种基本策略可以利用深度学习进行高维离群点检测，接下来我们将介绍这两种策略。图 11.23 展示了一个示意图。

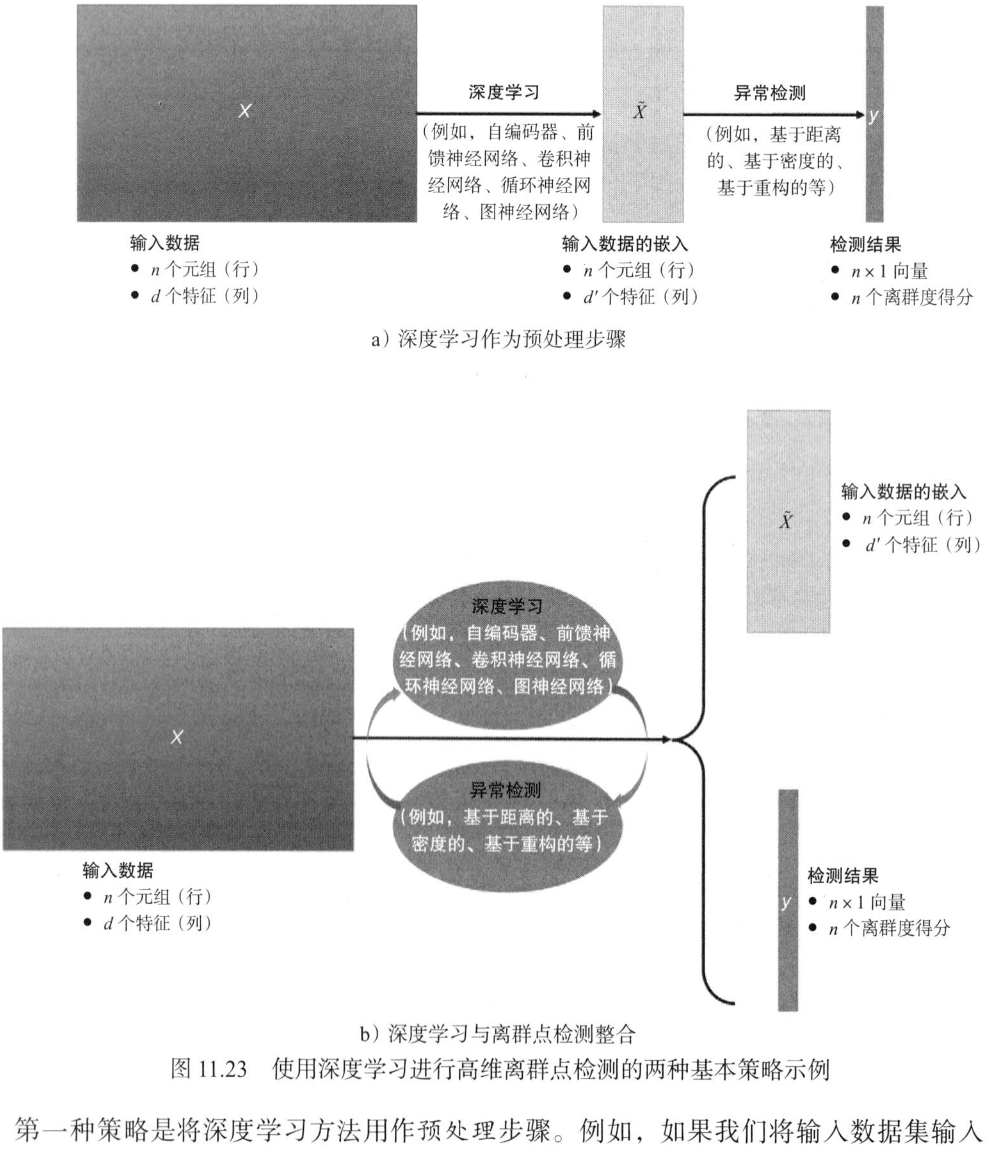

图 11.23　使用深度学习进行高维离群点检测的两种基本策略示例

第一种策略是将深度学习方法用作预处理步骤。例如，如果我们将输入数据集输入自编码器，编码器的输出会在一个更低维空间中生成输入数据元组的嵌入。然后，我们可以以此嵌入作为输入使用离群点检测方法（例如基于邻近性的方法、基于重构的方法）来检测离群点。这种策略的优点在于其简单性。原则上，我们可以使用各种深度学习模型在较低维空间中生成输入数据的嵌入，例如用于空间数据的前馈神经网络、用于网格数据的卷积神经网络、用于时序数据的循环神经网络，以及用于图数据的图神经网络。学习到的嵌入可以进一步输入各种现成的离群点检测方法，无须重新训练或修改。然而，这种策略将嵌入学习阶段和离群点检测阶段分离，可能导致次优的检测结果。例如，学习到的嵌入空间中的离群点可能与正常元组混合在一起，因此被离群点检测方法错过。

第二种策略旨在将嵌入学习和离群点检测整合在一起。换句话说，它试图找到适用于检测离群点的输入数据元组的嵌入，并同时生成嵌入和检测结果。与第一种策略相比，它通常具有更高的检测准确性。这种策略的基本思想是通过深度学习模型替换现有的离群点检测方法的某个组件。以单类支持向量机（one-class SVM）为例。回顾传统的单类支持向量机（11.5.2 节），它试图在转换后的高维空间（即 RKHS）中寻找一个最大间隔超平面，将表示离群点的原点与正常数据元组分隔开来。为此，它解决了一个涉及 $\boldsymbol{w}^{\mathrm{T}}\boldsymbol{\phi}(\boldsymbol{x})$ 组件的优化问题，其中 $\boldsymbol{w}$ 是权重向量，$\boldsymbol{\phi}(\boldsymbol{x})$ 是 RKHS 中输入数据 $\boldsymbol{x}$ 的特征向量。在**单类神经网络**（OC-NN）中，它通过一个前馈神经网络来替换超平面的输出（即 $\boldsymbol{w}^{\mathrm{T}}\boldsymbol{\phi}(\boldsymbol{x})$），其中输出层产生离群度得分，而最后一个隐藏层产生输入数据的嵌入。通过将嵌入学习和离群点检测结合起来，OC-NN 的性能要优于传统的单类支持向量机。

另一个例子是**偏差网络**（Deviation Networks，DevNet）。回顾单变量离群点检测（11.2.1 节），一种简单而有效的离群点检测方法是基于 z 分数的 Grubbs 检验：$z=\frac{|x-\mu|}{\sigma}$，其中 x 是输入特征值，μ 和 σ 分别是样本均值和样本标准差。对于高维数据，DevNet 将原始特征值 x 替换为其离群度得分 $f(x,\Theta)$。离群度得分 $f(x,\Theta)$ 由一个深度学习模型（例如具有线性输出层的前馈神经网络）产生，其中 x 作为输入，而 Θ 是深度学习模型的模型参数。此外，DevNet 分别用正常元组的离群度得分的样本均值和样本标准差替换 μ 和 σ。㊀DevNet 在检测准确性方面相比其他方法获得了显著的改进。

11.7.5　建模高维离群点

在高维数据中进行离群点检测的另一种替代方法是直接开发高维离群点的新模型。这些模型通常避免使用邻近性度量，而是采用新的启发式方法来检测离群点，这些方法在高维数据中不会退化。

让我们以基于角度的离群点检测（Angle-Based Outlier Detection，ABOD）为例来进行分析。

例 11.29　基于角度的离群点。图 11.24 包含了形成一个簇的一组点，除了点 $\boldsymbol{c}$ 是一个离群点。对于每个点 $\boldsymbol{o}$，我们检查每对点 $\boldsymbol{x}$，$\boldsymbol{y}$ 的角度 $\angle \boldsymbol{xoy}$，其中 $\boldsymbol{x}\neq\boldsymbol{o}$，$\boldsymbol{y}\neq\boldsymbol{o}$。图中以 $\angle \boldsymbol{dae}$ 角度为例。

㊀ DevNet 所做的另一个微妙的改变是删除了 z 分数定义中的绝对值符号。换句话说，它只关注由深度学习模型产生的离群度得分的上尾。离群度得分越大，给定的元组就越有可能是离群点。

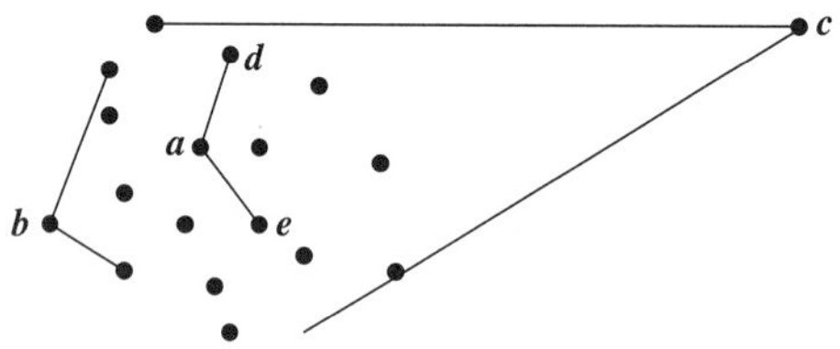

图 11.24　基于角度的离群点

请注意，在簇的中心点（例如 $\boldsymbol{a}$）处形成的角度差异很大。对于处于簇边界的点（例如 $\boldsymbol{b}$），角度变化较小。对于离群点（例如 $\boldsymbol{c}$），角度变化要小得多。这一观察结果表明，我们可以使用一个点的角度方差来确定该点是否是离群点。 □

我们可以将角度和距离结合起来建模离群点。数学上，对于每个点 $\boldsymbol{o}$，使用距离加权的角度方差作为离群度得分。也就是说，给定点集 D，对于点 $\boldsymbol{o} \in D$，定义**基于角度的离群因子**（Angle-Based Outlier Factor，ABOF）如下：

$$ABOF(\boldsymbol{o}) = \mathrm{VAR}_{\boldsymbol{x},\boldsymbol{y}\in D,\boldsymbol{x}\neq\boldsymbol{o},\boldsymbol{y}\neq\boldsymbol{o}} \frac{\langle \overrightarrow{\boldsymbol{ox}}, \overrightarrow{\boldsymbol{oy}} \rangle}{dist(\boldsymbol{o},\boldsymbol{x})^2 dist(\boldsymbol{o},\boldsymbol{y})^2} \tag{11.25}$$

在上述公式中，$\langle , \rangle$ 表示标量积（即点积）运算符，VAR 表示方差，$dist(,)$ 表示范数距离。

显然，一个点距离簇越远，角度方差越小，ABOF 值就越小。ABOD 计算每个点的 ABOF 值，并按照 ABOF 值的升序输出数据集中的点列表。

对数据库中每个点计算精确的 ABOF 是昂贵的，需要 $O(n^3)$ 的时间复杂度，其中 n 是数据库中的点数。显然，这种精确算法在大型数据集上无法扩展。目前已经开发了近似方法来加速计算。基于角度的离群点检测思想已经推广到处理任意数据类型。有关更多细节，请参阅文献注释（11.10 节）。

开发适用于高维离群点的原生模型可能会带来有效的方法。然而，找到用于检测高维离群点的良好启发式方法是困难的。在大型和高维数据集上的效率和可扩展性是主要挑战。

11.8　总结

- 假设使用给定的统计过程生成一组数据对象。离群点是与其他对象显著偏离的数据对象，就像它是由不同机制生成的一样。
- **离群点的类型**包括全局离群点、情境离群点和集体离群点。一个对象可能是多种类型的离群点。
- **全局离群点**是最简单的离群点形式，也是最容易检测的。**情境离群点**在对象的特定情境中显著偏离（例如，在冬季的情境中，多伦多的温度值 28℃是一个离群点）。如果数据对象作为整体明显偏离整个数据集，即使单个数据对象可能不是离群点，那么数据对象的一个子集就形成了**集体离群点**。集体离群点检测需要背景信息来建模对象之间的关系，以找到离群点组。
- 离群点检测的**挑战**包括寻找合适的数据模型、离群点检测系统对所涉及的应用的依赖性，寻找区分离群点和噪声的方法，以及为识别离群点提供解释。
- 离群点检测方法可以根据用于分析数据的样本是否具有专家提供的标签来进行**分类**，这些标签可以用于构建离群点检测模型。在这种情况下，检测方法可以分为监督、半监督或无监督方法。另外，离群点检测方法也可以根据其对正常对象和离群点的假设进行分类。这种分类包括统计方法、基于邻近性的方法和基于重构的方法。

- **统计离群点检测方法**（或**基于模型的方法**）假设正常数据对象遵循一个统计模型，不符合该模型的数据被视为离群点。这种方法可以是参数的（假设数据由参数分布生成），也可以是非参数的（在不事先假设模型的情况下学习数据的模型）。对于多变量数据，参数方法可以使用马氏距离、χ^2 统计量或多个参数模型的混合方法。直方图和核密度估计是非参数方法的例子。
- **基于邻近性的离群点检测方法**假设如果一个对象与其最近邻的邻近性明显偏离了数据集中大多数其他对象与它们邻居的邻近性，则该对象是一个离群点。基于距离的离群点检测方法会参考一个对象的邻域，该邻域由给定的半径定义。如果一个对象的邻域中没有足够多的其他点，那么它就是一个离群点。在基于密度的离群点检测方法中，如果一个对象的密度相对于其邻居的密度明显较低，那么它就是一个离群点。
- **基于聚类的离群点检测方法**假设正常数据对象属于大型且稠密的簇，而离群点属于小型或稀疏的簇，或者不属于任何簇。
- **基于分类的离群点检测方法**通常使用单类模型。也就是说，构建一个分类器来描述正常类。任何不属于正常类的样本都被视为离群点。
- 在**情境离群点检测**和**集体离群点检测**中，探索数据中的结构是关键。在情境离群点检测中，结构通过情境属性定义为情境。在集体离群点检测中，结构是隐含的，并作为挖掘过程的一部分来探索。为了检测这样的离群点，一种方法是将问题转化为传统的离群点检测问题。另一种方法是直接对结构进行建模。
- **高维数据的离群点检测方法**可以分为五种主要方法，包括扩展传统的离群点检测方法、在子空间中寻找离群点、离群点检测集成、基于深度学习的方法以及对高维离群点建模。

11.9 练习

11.1 提供一个应用示例，其中全局离群点、情境离群点和集体离群点都具有重要意义。有哪些属性？情境属性和行为属性是什么？在集体离群点检测中，对象之间的关系是如何建模的？

11.2 提供一个应用示例，其中正常对象和离群点之间的边界通常不清晰，因此必须对对象的离群程度进行良好估计。

11.3 采用一种简单的半监督离群点检测方法。讨论以下场景：(a) 只有一些正常对象的标记示例；(b) 只有一些离群点的标记示例。

11.4 使用等深直方图设计一种为对象分配离群度得分的方法。

11.5 考虑基于距离的嵌套循环离群点挖掘方法（图 11.6）。假设数据集中的对象是随机排列的，即每个对象出现在某个位置上的概率相同。证明当离群点的数量相对于整个数据集中对象的总数很小时，期望的距离计算次数与对象的数量呈线性关系。

11.6 在 11.3.2 节的基于密度的离群点检测方法中，局部可达性密度的定义存在潜在问题：可能出现 $lrd_k(\boldsymbol{o})=\infty$。解释为什么会出现这种情况，并提出解决问题的方法。

11.7 因为簇可能形成层次结构，离群点可能属于不同的粒度级别。提出一种基于聚类的离群点检测方法，可以在不同级别找到离群点。

11.8 在半监督学习的离群点检测中，在训练数据集中使用没有标签的对象的优势是什么？

11.9 给定一个用户－社区二分图，其中节点是用户和社区，链接表示用户和社区之间的成员关系。我们可以通过其邻接矩阵 $\boldsymbol{A}$ 表示该二分图，其中 $\boldsymbol{A}(i,j)=1$ 表示用户 i 属于社区 j；否则 $\boldsymbol{A}(i,j)=0$。我们进一步通过两个低秩矩阵的乘积来近似邻接矩阵 $\boldsymbol{A}$，即 $\boldsymbol{A}\approx\boldsymbol{FG}$，其中 $\boldsymbol{F}$ 和 $\boldsymbol{G}$ 是两个低秩矩阵。描述如何利用上述低秩逼近结果来检测 (a) 离群用户和 (b) 离群的用户－社区成员关系。

11.10 描述一种将支持向量数据描述（SVDD）和深度学习整合，用于离群点检测的方法。

11.11 为了理解为什么基于角度的离群点检测是一种启发式方法，给出一个不适用的示例。你能提出一种解决这个问题的方法吗？

11.10 文献注释

Hawkins [Haw80] 从统计角度定义了离群点。关于离群点和离群点检测的调查或教程，请参阅 Chandola，Banerjee 和 Kumar [CBK09]；Hodge 和 Austin [HA04]；Agyemang，Barker 和 Alhajj [ABA06]；Markou 和 Singh [MS03a，MS03b]；Patcha 和 Park [PP07]；Beckman 和 Cook [BC83]；Ben-Gal [BG05]；以及 Bakar，Mohemad，Ahmad 和 Deris [BMAD06]。关于时序数据的离群点检测，请参阅 Gupta，Gao，Aggarwal 和 Han [GGAH13]。关于图数据的离群点检测，请参阅 Akoglu，Tong 和 Koutra [ATK15]。Song 等人 [SWJR07] 提出了条件离群点和情境离群点检测的概念。关于离群点检测的综合教材，请参阅 Aggarwal [Agg15c]。

Fujimaki，Yairi 和 Machida [FYM05] 提出了使用一组标记的“正常”对象进行半监督离群点检测的示例。关于使用标记的离群点进行半监督离群点检测的示例，请参阅 Dasgupta 和 Majumdar [DM02]。关于主动学习的离群点检测，请参阅 He 和 Carbonell [HC08]；Prateek 和 Ashish [JK09]；He，Liu 和 Richard [HLL08]；Hospedales，Gong 和 Xiang [HGX11]；以及 Zhou 和 He [ZHCD15]。

Shewhart [She31] 假设大多数对象服从高斯分布，并使用 3σ 作为识别离群点的阈值，其中 σ 是标准差。箱线图用于在各种应用中检测和可视化离群点，例如医学数据（Horn，Feng，Li 和 Pesce [HFLP01]）。Grubbs 检验在 Grubbs [Gru69]、Stefansky [Ste72] 以及 Anscombe 和 Guttman [AG60] 中进行了描述。Laurikkala，Juhola 和 Kentala [LJK00] 以及 Aggarwal 和 Yu [AY01] 将 Grubbs 检验扩展到检测多变量离群点。Ye 和 Chen [YC01] 研究了使用 χ^2 统计量来检测多变量离群点。

Agarwal [Aga06] 使用高斯混合模型来捕捉“正常数据”。Abraham 和 Box [AB79] 假设离群点由一个具有明显较大方差的正态分布生成。Eskin [Esk00] 使用 EM 算法来学习正常数据和离群点的混合模型。

基于直方图的离群点检测方法在入侵检测领域（Eskin [Esk00] 和 Eskin 等人 [EAP⁺02]）和故障检测领域（Fawcett 和 Provost [FP97]）中非常流行。

基于距离的离群点的概念是由 Knorr 和 Ng [KN97] 提出的。人们探索了基于索引、嵌套循环和基于网格的方法（Knorr 和 Ng [KN98] 以及 Knorr，Ng 和 Tucakov [KNT00]），以加速基于距离的离群点检测。Bay 和 Schwabacher [BS03] 以及 Jin，Tung 和 Han [JTH01] 指出，嵌套循环方法的 CPU 运行时间通常关于数据库大小进行扩展。Tao，Xiao 和 Zhou [TXZ06] 提出了一种算法，即通过固定的主内存扫描数据库三次，找到所有基于距离的离群点。对于更大的内存，他们提出了一种只使用一到两次扫描的方法。

基于密度的离群点的概念最初是由 Breunig，Kriegel，Ng 和 Sander [BKNS00] 提出的。以基于密度的离群点检测为主题的各种方法包括 Jin，Tung 和 Han [JTH01]；Jin，Tung，Han 和 Wang [JTHW06]；以及 Papadimitriou 等人 [PKGF03]。这些方法在估计密度的方式上存在差异。

在 [IK04] 中，使用了奇异值分解（SVD）和相关技术来检测计算机系统中的离群点。Papadimitriou，Sun 和 Faloutsos [PSF05] 开发了增量 SVD，用于发现协同演化时间序列数据中的离群点。在 [BSM09] 中，主成分分析（PCA）用于检测异常流量。有关基于示例的矩阵分解，请参阅 Mahoney 和 Drineas [MD09] 以及 Tong 等人 [TPS⁺08]。对于非负残差矩阵分解，请参阅 Tong 和 Lin [TL11]。Xu，Constantine 和 Sujay 提出了用于离群点检测的鲁棒 PCA [XCS12]。Vreeken，Leeuwen 和 Siebes [VvLS11] 首次开发了基于模式压缩的离群点检测方法。Akoglu，Tong，Vreeken 和 Faloutsos [ATVF12] 通过构建多个编码表进一步改进了该方法。

例 11.21 中讨论的自助法是由 Barbara 等人 [BLC⁺03] 开发的。FindCBOLF 算法由 He，Xu 和 Deng [HXD03] 提出。关于在离群点检测方法中使用固定宽度聚类的方法，请参考 Eskin 等人 [EAP⁺02]；Mahoney 和 Chan [MC03]；以及 He，Xu 和 Deng [HXD03] 的研究。Barbara，Wu 和 Jajodia [BWJ01] 在网络入侵检测中使用了多类分类。

Song 等人 [SWJR07] 和 Fawcett，Provost [FP97] 提出了一种将情境离群点检测问题转化为传统离群点检测问题的方法。Yi 等人 [YSJ⁺00] 使用回归技术来检测协同演化序列中的情境离群点。例 11.26 中关于图数据的集体离群点检测的思想源于 Noble 和 Cook [NC03] 的研究。

HilOut 算法由 Angiulli 和 Pizzuti [AP05] 提出。Aggarwal 和 Yu [AY01] 开发了基于稀疏系数的子空间离群点检测方法。Kriegel，Schubert 和 Zimek [KSZ08] 提出了基于角度的离群点检测方法。

Zhou 和 Paffenroth 引入了深度自编码器用于离群点检测 [ZP17]。Chalapathy，Menon 和 Chawla 提出了将单类支持向量机与神经网络相结合，以实现有效的离群点检测 [CMC18]。Pang，Shen 和 Hengel 开发了用于深度离群点检测的偏差网络。关于基于深度学习的离群点检测的调查，请参阅 Chalapathy 和 Chawla [CC19] 以及 Pang, Shen, Cao 和 Hengel [PSCH20]。

离群点检测在许多领域有着广泛的应用，包括金融 [NHW⁺11，ZZY⁺17]、医疗保健 [vCPM⁺16]、会计 [MBA⁺09]、入侵检测 [ZZ06]、多臂赌博机 [ZWW17，BH20] 以及错误信息 [ZG20] 等。

数据挖掘趋势和研究前沿

作为一个相对新兴的研究领域，数据挖掘自 20 世纪 80 年代诞生以来取得了显著进展。如今，数据挖掘已经无处不在，应用于各个领域，商业化的数据挖掘系统和服务也层出不穷。然而，数据挖掘仍然存在许多挑战。在本章，我们将给出一些关于数据挖掘未来趋势和研究前沿的例子，作为读者进一步深入学习的引子。12.1 节概述了挖掘复杂数据类型的方法，扩展了本书介绍的概念和任务。这种挖掘包括挖掘文本数据、图和网络数据以及时空数据。12.2 节将介绍更多关于数据挖掘应用的内容，包括情感和意见分析、真实性验证和错误信息识别、信息传播和疾病传播以及生产力和团队科学。12.3 节简要介绍其他数据挖掘方法，包括对非结构化数据进行结构化处理、数据增强、因果分析、以网络为背景的数据挖掘和自动机器学习。12.4 节讨论数据挖掘的社会影响。

12.1 挖掘丰富的数据类型

12.1.1 挖掘文本数据

世界上的数据可以以高度结构化的形式进行组织，例如典型的关系型数据库中的数据，或者以介于结构化和非结构化数据之间的半结构化数据格式存在，例如 XML、JSON 和 HTML 文件等。然而，超过 80% 的世界数据以非结构化格式存在，例如来自各种书籍、电子邮件、评论、文章、网站、新闻、产品评论或社交媒体的文本数据，以及视频、图像和音频等富媒体格式的数据。

文本挖掘，也称为文本分析，是从文本中提取高质量信息（例如结构、模式和摘要）的过程。文本挖掘通常涉及从文本中挖掘结构，推导出结构化数据内的模式，并评估和解释输出。典型的文本挖掘任务包括概念 / 实体提取、提取命名实体之间的关系、分类发现、情感分析、文本分类、文本聚类和文档摘要。

为了完成不同的文本挖掘任务，已经开发出了一系列的方法。一般来说，这些方法可以分为监督方法、半监督方法、远程监督方法、弱监督方法和自监督方法五类。以文档分类为例。监督方法使用一组已经由人工标注好的文档作为训练数据，并应用一些典型的分类方法，如支持向量机或 logistic 回归，建立文本分类模型，然后可以用于对未知文档进行分类。半监督方法通过结合标记和未标记的文档构建模型。远程监督方法根据在一些通用或远程领域（如维基百科或常识知识库）中提供的标签来构建模型。弱监督方法依赖少量标记文档或关键词以及大量未标记数据来建立模型。最后，自监督方法通过基于大量未标记数据自主建模，无须进行数据标记。

自然语言理解的表示学习。对于文本挖掘来说，一个根本性重要的问题是如何表示文本基元（例如单词、短语、句子和文档），以及如何从非结构化文本中学习有效的表示。早期的研究使用基于符号的表示方法，例如使用 one-hot 向量表示单词（即在单词出现的位置赋值 1，其他位置赋值 0），并使用词袋模型表示文档。然而，基于符号的表示方法面临着数据稀疏性和高维度挑战。近年来的研究使用分布式表示方法，其中每个对象（例如单词）都用低维实值稠密向量表示（或编码）。通过深度神经网络架构，可以使用大量未标记的自然语言文本数据有效地学习分布式表示。分布式表示可以以更紧凑和平滑的方式表示数据，通过基于文本对象的情境对对象进行编码，从而携带更丰富的语义信息。我们首先考察其中一个相关的技术：词嵌入（word embedding）。

词嵌入。自然语言中的大量词汇所携带的丰富语义信息使得这些词汇本质上处于高维空间中。词嵌入将这些词从高维空间编码为连续的低维向量空间，使得在嵌入空间中意义相似的词更加接近。生成这种嵌入的方法包括语言建模和特征学习技术，如神经网络、基于词共现矩阵的降维、概率模型、可解释的知识库方法以及考虑情境信息的显式表示等。

Word2vec 是由 Mikolov 等人在 2013 年左右在 Google 开发的一种流行的词嵌入方法。Word2vec 是一个两层神经网络，通过将大量文本语料库作为输入，在一个通常具有几百个维度的向量空间中为语料库中的每个唯一词分配一个相应的向量，并以此来处理文本。在语料库中共享相似情境的词在向量空间中的位置彼此接近。例如，词“瑞典”可以与挪威、丹麦、芬兰、瑞士、比利时、荷兰等相邻。在有足够的数据、用法和情境的情况下，Word2vec 可以根据词过去的出现情况对词的含义进行高度准确的推测。

Word2vec 可以利用两种模型架构之一来生成词的分布式表示（见图 12.1[⊖]）：（1）连续词袋模型（Continuous Bag-Of-Words，CBOW），（2）连续跳字模型（Continuous Skip-gram，Skip-gram）。在给定语料库的情况下，CBOW 模型通过从周围的情境词窗口预测当前词，其中情境词的顺序不影响预测（词袋假设）。另一方面，Skip-gram 模型使用当前词来预测周围的情境词窗口，它给予附近的情境词更高的权重，而给予远离的情境词较低的权重。根据开发者的说法，CBOW 比 Skip-gram 更快，并且对于常见词有稍微更高的准确性，而 Skip-gram 在少量训练数据下表现良好，并且能够较好地表示罕见的词或短语。

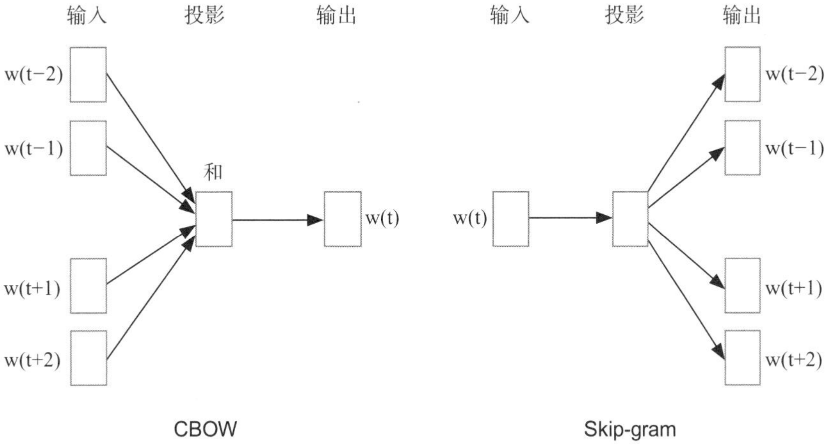

图 12.1　Word2vec 的两种模型架构：CBOW 和 Skip-gram

在 Word2vec 之后，还有许多词嵌入方法被提出，其中值得注意的是由斯坦福大学开发的 GloVe（Global Vectors 的缩写）和 Facebook 开发的 fastText。GloVe 结合了全局矩阵分解和局部情境窗口方法的特点；fastText 将每个词表示为字符的 n-gram，允许嵌入向量捕捉有关后缀和前缀的信息，并使用子词信息丰富词向量。除了将词嵌入到欧几里得空间中，还可以将

⊖ 图改编自 T. Mikolov, K. Chen, G. Corrado, J. Dean, “Efficient estimation of word representations in vector space”：arXiv:1301.3781。

词嵌入到双曲空间中以建模层次结构，例如 Poincaré 嵌入。由于余弦相似性是在球形空间中计算，所以推荐在球形空间中进行嵌入。此外，词嵌入还应考虑其全局情境（例如周围段落或整个短文档中）与其局部情境的集成。这导致了一种新的算法——JoSE，它进行（局部和全局的）联合球形嵌入。除了仅基于底层语料库计算且不需要任何监督的词嵌入之外，用户还可以根据自己的偏好影响嵌入计算，例如使嵌入按主题（例如科学、政治、体育）或按地区（例如美国、欧洲）进行聚类。一种用户引导的主题嵌入方法 CatE，在嵌入计算中使用用户提供的类别名称作为弱监督。

预训练语言模型。从 2018 年左右的 ELMo 和 BERT 开始，近年来的研究在预训练语言模型（PLM）的框架下产生了一系列新方法。这些预训练语言模型使用比词嵌入方法更大的语料库、更多的参数和更多的计算资源，在大规模语料库上预训练大型有效的模型。它们使用多层神经网络根据情境计算词的动态表示。也就是说，它们捕捉了一个词在不同情境中应该具有不同含义的微妙之处，生成了情境的词嵌入，从而能够区分不同情境中的多个词义。此外，许多模型采用了预训练和微调流程，即在预训练（用于初始化）和下游任务的微调中使用相同的神经网络结构。预训练语言模型在其多层网络参数中隐式编码了各种语言知识和模式，并在许多自然语言处理基准测试中取得了最先进的性能。通过探索大规模数据和强大的计算能力，新的预训练语言模型不断涌现，不断推进自然语言处理和文本挖掘的发展。

文本挖掘主要专注于以下几个任务。

信息抽取（IE）。信息抽取是从非结构化或半结构化文档中自动提取结构化信息的任务。IE 中最典型的子任务包括：（1）命名实体识别（NER），通过使用领域内的现有知识或从其他句子中提取的信息，识别已知实体名称（如人物和组织机构）、位置、时间表达式和某些类型的数值表达式；（2）指代消解，检测文本段之间的指代和回指链接，特别是找到先前提取的命名实体之间的链接；（3）关系提取（RE），识别实体之间的关系（例如，Jeff 住在芝加哥）。事件提取也是 IE 中一种常见的子任务，它提取通常由动词及其相关对象表示的事件，例如“逮捕嫌疑人”或“给孩子接种疫苗”。短语挖掘是在 5.6 节中介绍的一种从文档中查找有意义的单词或多词短语的方法，有助于实体 / 事件提取。虽然通常使用人工注释的文档来训练 NER 模型，但最近的研究一直在探索使用维基百科或其他现有的常规或领域特定的知识库、预训练语言模型和文本嵌入方法来减少人工注释的工作的弱监督或远程监督方法。

分类构建。分类是对事物或概念进行结构化（通常是层次化）组织或分类的方式。不同的应用可能需要根据一些用户定义的要素（例如地区与主题）以不同的方式组织对象 / 概念，甚至以不同的方式组织多个层次。因此，根据不同的语料库或应用构建不同的多方位分类是可取的。手动开发和维护分类工作量大且成本高昂。此外，领域建模者可能有自己的观点，这可能不可避免地导致不一致。自动分类构建使用文本分析技术为领域或语料库自动生成分类，以避免上述问题。分类还可以根据语料库的动态更新自动维护或扩展。分类可用于组织和索引知识（存储为文档、文章、视频等），对文档进行分类，帮助用户搜索和理解存储在大型语料库中的知识，并在许多其他知识工程任务中提供结构化指导。

文本聚类和主题建模。文本聚类是将一组未标记的文本（例如文档、句子、单词）按照某种方式分组，使得同一簇中的文本彼此之间比此簇文本与其他簇中的文本更相似。文本聚类算法处理文本并根据某些相似性度量确定数据中是否存在自然簇（组）。文本聚类可以在许多文本分析任务中发挥作用，例如文档检索（通过添加相似文档来提高召回率）、层次分类生成、语言翻译和社交媒体分析。

主题建模是一种特殊的文本聚类分析，其目的是发现文本体中存在的隐藏语义结构，特别是出现在文档集合中的一组抽象的“主题”（即相似词的簇）。典型的主题模型包括概率主题模型，如潜在狄利克雷分配（Latent Dirichlet Allocation，LDA）和概率潜在语义分析（Probabilistic Latent Semantic Analysis，PLSA），这些模型基于统计方法发现大规模文本体的潜在语义结构。人们正在探索不同的嵌入和预训练语言模型用于主题建模。主题模型可以帮助我们组织和提供洞察力，以理解大量非结构化文本体。当然，它还有许多其他应用。

文本分类。文本分类分析开放式文本（例如文档、消息或网页）并将其分配到一组预定义的主题或类别中。由于人工注释者手动文本分类需要耗费时间、昂贵且不可扩展，因此许多算法已经被开发用于自动化文本分类，其采用了监督或半监督的方法。监督方法需要大量的训练数据（即由专家注释或标记的带有人类反馈的数据）来构建高质量的分类模型。半监督方法使用部分标记的文本和大量未标记的数据作为训练数据。它的进一步发展导致了*弱监督文本分类方法*，这些方法将标记数据减少到非常小的数量（例如仅使用类标签名称），以进行有效的文本分类。文本分类器可以用于组织、结构化和分类几乎任何类型的文本。它具有广泛的应用，如情感分析、主题标签、垃圾邮件检测和意图检测。

文本摘要。自动文本摘要是从单个或多个文本（通常是文档）中创建代表最重要或相关信息的文本子集的过程。依据文本的类型，文本摘要可分为*单文档摘要*和*多文档摘要*。文本摘要一般有两种方法：*提取*和*抽象*。*提取式摘要*从原始数据中提取内容（例如关键句子或关键短语），而不进行修改。*抽象式摘要*建立原始内容的内部语义表示，然后使用该表示来创建更接近人类表达的摘要。最近的研究还提出了*提取-重写*方法来进行文本摘要，可以看作提取式方法和抽象式方法的结合。此外，还可以通过*机器辅助*生成候选摘要，再对候选摘要进行人工处理。

文献注释

作为一门跨学科的研究领域，文本挖掘与自然语言处理密切相关。有一些综合性的书籍涵盖了文本挖掘（例如，Agarwal 和 Zhai [AZ12]；Zong，Xia 和 Zhang [ZXZ21]）、自然语言处理（例如，Jurafsky 和 Martin [JM09]；Manning 和 Schuetze [MS01]），以及自然语言处理的表示学习（例如，Liu，Lin 和 Sun [LLS20]）。

早期的研究提出了词向量表示的概念，例如 Salton，Wong 和 Yang [SWY75]。随后，学术界开始关注学习自然语言处理中的分布式表示，Bengio，Courville 和 Vincent [BCV13] 在早期进行了综述。之后，Google 的 Mikolov 等人 [MSC+13] 提出了 Word2vec；斯坦福大学的 Pennington，Socher 和 Manning [PSM14] 提出了 GloVe；Facebook 的 Bojanowski，Grave，Joulin 和 Mikolov [BGJM16] 提出了 fastText。除此之外，Nickel 和 Kiela [NK17] 提出了用于学习层次化表示的 Poincaré 嵌入方法。另外，Meng 等人 [MHW+19] 提出了一种名为 JoSE 的联合球形嵌入方法，并进一步发展出了用户引导的主题嵌入，如 CatE [MHW+20]，以及用户引导的层次主题嵌入，如 JoSH [MZH+20b]。

近年来，预训练语言模型（PLM）引起了研究界的广泛关注。其中，Vaswani 等人提出了自注意力机制 [VSP+17]。从 Peters 等人的 ELMo [PNI+18] 和 Devlin 等人的 BERT [DCLT19] 开始，最近的研究已经涌现出多种新的方法，包括 RoBERTa [LOG+19]、XLNet [YDY+19] 和 ELECTRA [CLLM20] 等。这些模型大多基于深度学习架构 Transformer [VSP+17]。有关最近提出的 Transformer 的综述可参考 [LWLQ21]。

关于各种文本挖掘任务的进展，包括信息提取、分类构建、文本聚类和主题建模、文本分类以及文本摘要等，在自然语言处理、机器学习、数据挖掘和数据科学领域的各个论坛上已经进行了调研和综述，本书不再赘述。

12.1.2 时空数据

空间和时间在许多应用中扮演着重要的角色，例如智慧城市、流行病学、地球科学、生态学、气候学、天文学和航天学等领域。一般而言，许多数据挖掘原理和方法（包括本书介绍的）都可以被调整以适用于处理时空数据。然而，时空数据具有一些独特的特性，这给数据挖掘技术带来了新的挑战和机遇。接下来，让我们简要讨论时空数据及其应用的三个重要方面：独特性质、数据类型和数据模型。

时空数据的自相关性和异质性

时空数据及其应用中普遍存在两个重要特征：自相关性和异质性。

*自相关性*是指在时空数据中，相邻的位置和时间往往具有依赖性和相关性。以道路交通为例，一个交叉口此时的交通状态通常与同一时刻相邻交叉口的交通状态高度相关，同时与上一时刻（如五分钟前）该交叉口的交通状态也存在高度相关性。这种自相关性使得时空数据具有一定的连续性和相关性。

*异质性*则表示时空数据在分布上往往是不均匀的和非平稳的。例如，在城市中，一个交叉口的道路交通状况在工作日和周末可能呈现出不同的周期性模式。除此之外，由于季节变化、地方特征以及国家经济发展等因素的影响，时空数据可能会呈现更加复杂的长期变化。

自相关性和异质性为时空数据的建模提出了更复杂的要求，同时也为新的数据挖掘技术带来了新的机遇。

时空数据类型

时空数据通常具有一些高级数据类型，用于在应用中表示更复杂的语义。特别是事件、轨迹、点参考数据和栅格数据是与时空数据及应用相关的最重要的数据类型。

*事件*是在特定空间位置和时间点发生的事情。例如，在智能城市管理中，交通事故发生在某个地点和某个时间。为了更准确地描述事件，我们可以使用多边形来表示空间区域，并使用起始和结束时间戳来表示事件发生的时间范围。

对于事件数据，常见的操作包括计算事件之间的交集和相似性 / 差异。例如，我们可以将森林火灾和降雨分别记录为两个事件，每个事件都包含一定的空间范围和时间范围。这两个事件的交集返回它们的重叠区域和时间，有助于研究降雨对缓解森林火灾的影响。此外，我们还可以对公路事故进行聚类，并识别位置、时间和其他相关属性之间的模式。为了衡量位置的相似性，除了使用欧几里得距离，我们还可以考虑道路网络中的最短路径距离。对于时间的相似性，除了绝对时间差之外，我们还可以考虑一天或者一周的周期性。如上周二下午 12:30 发生的事故与本周四下午 1:05 发生的事故可能非常相似，因为它们都发生在工作日的中午左右。

*轨迹*是物体在时空上的路径。例如，追踪车辆的移动会生成其轨迹数据。轨迹数据在许多时空应用中非常常见，如运输、流行病学、天文学和生态学等。对于轨迹数据，常见的操作包括确定两个轨迹之间的关系。例如，要确定两个轨迹是否相交，我们需要检查在空间和时间上两个对象是否曾经接近，例如在一个最大空间距离 $\Delta d > 0$ 和一个最大时间窗口 $\Delta t > 0$ 内，两个轨迹是否相交。

在许多时空数据挖掘任务中，我们对随时间演变的场景感兴趣。例如，气象学家可能希望记录空间和时间中的温度场。有两种常见的方式可以获取观测数据来重建和估计目标变量的温度场。

第一种方法是收集*点参考数据*。例如，温度数据通常可以使用移动传感器（如飘浮在空中的气象气球）进行收集。虽然温度场在空间和时间上是连续的，但数据是使用这些离散的参考点收集的，然后再进行场景的重建。一些常用的点参考数据操作包括场景的重建和非平稳空间随机过程的建模。例如，基于点参考数据，可以使用平滑技术重建空间 - 时间变量的场景。此外，可以应用变异函数模型来描述和分析非平稳空间随机过程的行为。

另一种方法是通过在固定的空间位置和时间点记录观测数据来收集*栅格数据*。一般而言，栅格数据集可以表示为 $S \times T$ 的形式，其中 S 是一组固定位置，T 是一组固定时间点。每对 $(s,t) \in S \times T$ 都与位置 s 和时间 t 处的观测值相关联。栅格数据在许多应用中广泛使用，如医学成像、人口统计和遥感等。对于栅格数据，常用的操作包括将栅格数据转换为更高或更低的分辨率。例如，道路交通数据通常通过在道路两侧设置传感器和摄像头以栅格数据的形式周期性（例如每分钟）地收集。然而，在某些应用中，可能需要获得具有更高分辨率的交通数据。例如，假设我们想要估计一段小巷的交通情况，但该小巷并没有设置传感器或摄像头。虽然我们可以在连接小巷的主要道路上收集数据，但这些数据无法提供小巷段的具体信息。为了解决这个问题，可以使用插值方法将栅格数据转换为更高的分辨率。此外，如果希望获得更低分辨率的交通数据，例如在更大的道路级别上，可以应用聚合方法。

时空数据模型

使用事件、轨迹、点参考数据和栅格数据这四种数据类型，我们可以表示时空应用中的多种数据对象，例如点、轨迹、时间序列、空间地图和栅格等。一般而言，空间数据有三种模型：对象模型、场模型和空间网络模型。*对象模型*使用点、线和多边形来描述空间数据对象，并且可以关联其他属性。例如，在道路交通挖掘中，可以使用点来描述车辆，使用线来描述道路，使用多边形来描述交通拥堵区域。*场模型*将空间信息描述为一个函数，适用于建模连续的空间数据。例如，可以使用场模型来描述地理空间上的温度、湿度和其他气象变量。*空间网络模型*使用图来表示空间元素之间的关系。例如，道路网络模型可以用来描述兴趣点之间的道路距离。

时间数据也有三种模型：时间快照模型、时间变化模型和事件 / 过程模型。在*时间快照模型*中，同一主题的空间层与不同时间戳相关联。例如，为了模拟野火的发展，可以收集不同时间点的遥感空间图像作为野火的不同空间层。*时间变化模型*使用起始时间和增量变化来表示空间主题。例如，使用时间变化模型来描述车辆的移动，可以记录起始时间、初始位置以及速度、方向和加速度等信息。*事件 / 过程模型*使用时间间隔记录多个事件和过程的发生。例如，可以使用事件和过程模型来表示全球的火山活动，从而方便对比不同时间和地点的活动。

由于空间和时间信息具有丰富而独特的数据类型和数据模型，许多通用的数据挖掘方法在处理空间和时间应用时可能需要进行调整。此外，为了挖掘时空数据中独特的空间和时间关系，可能需要开发特定的方法。

文献注释

关于挖掘时空数据的综述论文有 Atluri, Karpatne 和 Kumar [AKK18]；Shekhar, Vatsavai 和 Celik [SVC08] 等。

12.1.3 图和网络

随着信息、生物学、工业等领域的技术进步，世界变得比以往任何时候都更加互联。许多现实世界的复杂系统由大量相互作用的组件组成，例如在线社交平台的用户、基因关系系统中的分子调控因子（例如 DNA、RNA 等）以及复杂监控系统中的不同功能传感器。从数学上讲，这类复杂系统通常可以通过图或网络[㊀]进行抽象和建模，它由一组节点（即系统中的对

㊀ 在此之后，我们将图和网络互换使用。

象）通过一组边（即对象之间的相互作用）相互连接而成。

图可以从不同的方面进行分类。举几个例子，根据图中是否存在节点和边的属性，可以将其分类为普通图和属性图。根据图是否随时间变化，可以将其分类为静态图和动态图。此外，根据节点和边是否具有不同类型，可以分别将其分类为同质网络和异质网络。例 12.1 对同质网络和异质网络进行了说明。

例 12.1　在一个同质合作网络中，每个节点代表一个作者，每条边表示两个作者之间的合著关系，如图 12.2a 所示。在一个异质的文献网络中，除了作者节点之外，还存在其他类型的节点（例如，论文、会议、术语等）。相应地，不同类型的边描述了不同的语义关系。例如，论文和会议之间的边表示"发表于"关系，而论文和术语之间的边（例如，关键词）则意味着该术语出现在论文中。□

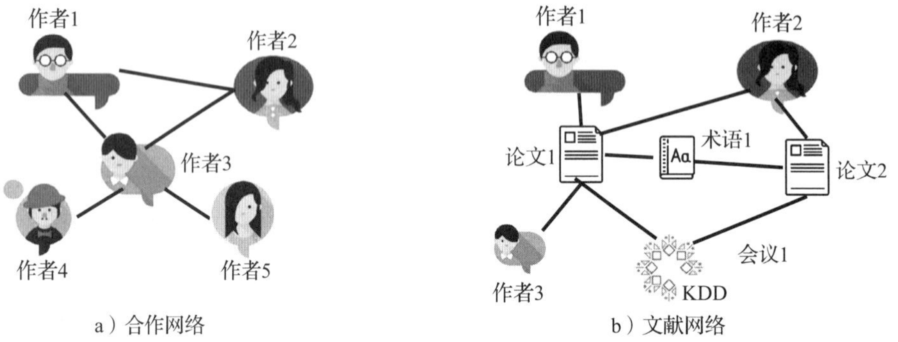

图 12.2　同质网络和异质网络的例子

我们如何从图中发现见解和模式？图挖掘一直是一个非常活跃的研究领域。在这里，我们给出了三个例子，包括（1）图建模，（2）异质网络挖掘，（3）知识图谱挖掘。

图建模。了解图是如何创建和形成的，对于发现图结构模式和识别图的基本机制起着关键作用。此外，它有助于对社交网络进行匿名处理，以保护用户隐私。图建模问题旨在研究和模拟真实世界图背后的生成机制。在过去几十年中，这个问题得到了广泛研究，并提出了各种图生成模型。这里介绍以下图模型，包括（1）Erdos-Rényi（ER）图模型及其变体，（2）真实图生成器，（3）深度图生成模型。

- **ER 图模型**。著名的 ER 图模型及其变体假设特定的概率分布，基于这些分布随机添加边。经典的 ER 图模型假设每条边具有固定的存在概率，并且与其他边的存在无关。尽管在数学上很优雅，但 ER 模型导致了指数度分布，与现实世界图的度分布（如社交网络的幂律度分布）不符。相比之下，幂律随机图模型明确假设度分布遵循幂律分布。
- **真实图生成器**。与 ER 图模型不同，真实图生成器旨在创建能够模拟现实世界图的一个或多个属性的简洁模型。其中一类模型是基于优先连接的模型，通过迭代地添加节点和边来增长图，并保持富者愈富的原则，如 Barabási-Albert 模型（即 BA 模型）及其变体 AB 模型。另一个真实图生成器是随机 Kronecker 图模型，它从一个小种子图开始迭代应用 Kronecker 乘积来增长图。
- **深度图生成模型**。前面介绍的传统模型是手工设计的，适应于一些特定特征的图，但可能缺乏灵活性，无法捕捉各种类型的图（例如分子图）。随着图神经网络（在第 10 章介绍）的发展，经典的深度生成模型可以扩展到图领域。与之前的图模型不同，深度图生成模型通过应用深度学习模型，如变分自编码器、生成对抗网络和深度自回归模型，直接学习生成能够高度逼真地模拟真实图的合成图。

尽管深度图生成模型因为其学习能力能够对图的潜在特征建模，但通常需要较高的训练成本，因此效率低于传统的图模型。与传统的图模型方法不同，基于图神经网络的建模方法通常缺乏可解释性，难以确定模型关注的是图的哪些方面或模式。此外，现有的大多数图建模方法都集中在同质网络上，对异质网络的建模研究相对较少。

异质网络挖掘。与同质网络相比，具有多种类型节点和边的异质网络具有捕捉丰富语义的优势。异质网络中的一个核心概念是*元路径*（metapath），它是一系列关系的序列，表示多种类型节点之间的特定语义含义。例如，在图 12.2b 中，作者 1- 论文 1- 作者 3 是元路径作者 - 论文 - 作者的一个实例，表示合著关系。这种丰富的语义有助于网络上的各种数据挖掘任务，如相似性搜索、分类、聚类和网络嵌入等，下面对这些任务进行详细说明。首先，相似性搜索旨在衡量节点之间的相似性，并返回与给定查询节点最相似的前 k 个节点。相较于同质网络，异质网络考虑了不同物理含义的元路径。由于元路径能够捕捉多种类型节点之间的特定语义含义，因此节点之间的相似性可能会发生变化，并呈现出不同的排名结果。这使得异质网络在衡量节点相似性时更加准确。其次，节点分类任务旨在将不同类型的节点分配到不同的标签中。在传递设置中，可以利用不同元路径导出的相似性矩阵，通过一致性假设来推断节点标签。再次，不同元路径的语义差异可能导致不同的聚类结果，代表着不同的含义。最后，异质网络嵌入旨在学习节点的低维嵌入向量，这些向量可以用于其他下游任务。在绝大多数异质网络嵌入方法中，元路径被用作构建节点邻域的核心组成部分，用于表示学习。

目前大多数异质网络方法依赖领域知识手动定义有意义的元路径。然而，设计不良的元路径可能削弱而非增强挖掘模型的有效性，为了解决这个问题，一个有前景的研究方向是从输入数据中获取元路径的信息，而不依赖手动预定义的元路径，从而自动推断异质网络的结构和语义。

知识图谱挖掘。知识图谱本质上是一个有向异构多图，通常用于通过人类可解释的语义将不同类型的概念和实体进行连接。它在许多应用中被广泛使用。例如，基于 DBPedia[⊖]构建的知识图谱能够链接维基百科中的不同概念和实体（例如人物、地点等），并应用于问答和事实核查。Google 知识图谱通过整合来自多个来源的信息来增强搜索引擎。而产品知识图谱则描述了产品之间的关系和相关事实，为许多电子商务服务带来便利。尽管知识图谱带来了巨大的好处，但构建和更新它们并非易事。以非结构化文本构建知识图谱为例，传统方法依赖于预先指定的本体和大量的人工标注，这使得在人们获取新知识时扩展知识图谱变得不切实际。减少甚至避免人工劳动以实现知识图谱的自动构建一直是一个长期存在的任务。具体而言，提取式构建通常包含信息提取作为其关键阶段，涉及许多自然语言处理和文本挖掘任务（例如语义角色标注）。最近的知识图谱构建方法通过训练语言模型展示了产生新颖且多样的常识知识的有希望的途径。此外，知识图谱上的典型数据挖掘任务包括链接预测（即一个实体与另一个实体是否具有特定关系）、实体消解（即两个实体是否表示同一对象）和三元组分类。这些任务的大多数现有方法通常基于表示学习。

尽管对知识图谱进行了广泛的研究，但仍存在许多限制和挑战。例如，除了在信息提取任务中的特定挑战之外，知识图谱的提取式构建通常仅限于文本中明确提及的知识。此外，仍需要付出巨大努力来实现自动高精度的知识图谱构建和动态更新。借助知识图谱，许多有趣的数据挖掘应用目前尚未充分开发，例如医疗人工智能、对话式人工智能和学术搜索引擎等。

⊖ https://wiki.dbpedia.org/。

文献注释

ER 图模型由 Erdős-Rényi 在 1960 年首次提出，它假设图中的边以相同的概率存在（Erdős 和 Rényi [ER60]）。由于其简单而优雅的规则，ER 图模型成为最广泛研究的图模型之一，并经常作为许多网络分析的起点（Lyzinski，Fishkind 和 Priebe [LFP14]；Guimera，Sales-Pardo 和 Amaral [GSPA04]）。幂律随机图模型进一步扩展了 ER 模型，通过随机插入边使节点的度序列符合幂律分布（Aiello，Chung 和 Lu [ACL00]）。随机块模型可以被视为 ER 模型的广义图模型，并将社区结构编码到图中（Holland，Laskey 和 Leinhardt [HLL83]）。遵循富者恒富的优先连接原则，BA 图模型在每次迭代中添加一个新节点，并将其与一些现有节点连接起来，概率与其节点度数成比例（Barabási 和 Albert [BA99]）。Dangalchev，Mendes 和 Samukhin 提出通过考虑现有节点及其相应邻居的度数来扩展 BA 模型的吸引力（Dorogovtsev，Fernando，Mendes 和 Samukhin [DMS00]）。AB 模型进一步将边重连过程应用于 BA 模型（Albert 和 Barabási [AB00]）。森林火灾模型也遵循优先连接原则，通过迭代将新节点连接到与均匀选择的代言节点相连的一些节点（Leskovec，Kleinberg 和 Faloutsos [LKF05]）。Kronecker 图生成器通过在中间邻接矩阵和自身之间递归应用 Kronecker 乘法来模拟图（Leskovec 等人 [LCK⁺10]）。另一个随机图生成器 Watts-Strogatz 模型（Watts 和 Strogatz [WS98]），捕捉了许多真实图的小世界特性（例如，短平均路径长度和高聚类系数）。为了提高图模型的灵活性和表达能力，提出了许多深度图生成模型。包括 GraphVAE，利用变分自编码器（VAE）和图匹配来学习如何根据其向量表示构建图（Simonovsky 和 Komodakis [SK18]）。Graphite 在 GraphVAE 的基础上利用迭代细化图构建过程（Grover，Zweig 和 Ermon [GZE19]）。此外，NetGAN 利用生成对抗网络（GAN）生成保留了真实图中许多模式的大规模图，而无须明确指定这些模式（Bojchevski，Shchur，Zügner 和 Günnemann [BSZG18]）。GAN 也可以用于生成分子图（De Cao 和 Kipf [DCK18] 以及 Wang 等人 [WWW⁺18]）。此外，GraphRNN 采用深度自回归模型以顺序生成的方式生成合成图（You 等人 [YYR⁺18]）。

基于元路径的一种代表性相似性度量是 PathSim，主要关注与查询节点具有相同类型的节点，通过对称元路径来评估它们之间的连接程度以及共享相似可见性的程度（Sun 等人 [SHY⁺11]）。随后设计的 HeteSim 不仅衡量了同类型节点之间的相关性，还包括不同类型节点之间的相关性（Shi 等人 [SKH⁺14]）。在节点分类方面，GNetMine 通过保持每种类型的边的一致性来对节点进行分类（Ji 等人 [JSD⁺10]）。而 HetPathMine 则将不同类型边的一致性概念扩展到具有不同语义含义的元路径上，从而提升节点分类的表现（Luo，Guan，Wang 和 Lin [LGWL14]）。对于异质网络上的节点聚类，PathSelClus 通过学习不同元路径的权重，生成节点簇（Sun 等人 [SNH⁺13]）。此外，在异质网络嵌入方面，metapath2vec 采用基于元路径的随机游走来构建节点的情境，并通过 SkipGram 模型进行负采样，从而学习节点嵌入向量（Dong，Chawla 和 Swami [DCS17]）。为了进一步提升节点表示的聚合效果，注意力机制被引入，通过使用元路径生成邻居，从而在节点邻居之间进行有效的表示聚合（Wang 等人 [WJS⁺19]）。

许多知识图谱构建方法都依赖于开放信息提取（Fader，Soderland 和 Etzioni[FSE11]；Schmitz 等人 [SSB⁺12]；以及 Mehta，Singhal 和 Karlapalem[MSK19]）。COMET 则是一种采用 Transformer 语言模型进行知识图谱构建的生成方法（Bosselut 等人 [BRS⁺19]）。在其他挖掘任务中，基于嵌入的方法得到广泛应用。例如，通过知识图谱嵌入方法，包括基于翻译的方法（Bordes 等人 [BUGD⁺13]；Wang，Zhang，Feng 和 Chen[WZFC14]）、基于旋转的方法（Sun，Deng，Nie 和 Tang[SDNT19]）以及基于神经网络的方法（Dettmers，Minervini，Stenetorp 和 Riedel[DMSR18]），可以自然地学习到实体和关系嵌入，用于链接预测、三元组分类等任务。知识图谱对齐是另一个任务，旨在将不同知识图谱中的实体进行对齐，在知识融合中发挥关键作用。有许多知识图谱对齐方法，包括基于知识图谱嵌入的方法（Zhu，Xie，Liu 和 Sun[ZXLS17]；Sun，Hu，Zhang 和 Qu[SHZQ18]）以及基于图神经网络的方法（Wang，Lv，Lan 和 Zhang[WLLZ18]；Xu 等人 [XWY+19]；以及 Yan 等人 [YLB+21]）。此外，还有许多其他知识感知应用的研究，包括问答（Chen，Wu 和 Zaki[CWZ19]；Huang，Zhang，Li 和 Li[HZLL19]）、事实核查（Shi 和 Weninger[SW17]）和推荐（Zhang 等人 [ZYL+16] 和 Wang 等人 [WHC+19]）等。

12.2 数据挖掘应用

12.2.1 情感和观点的数据挖掘

在许多应用场景中，我们希望对用户生成的数据进行数据挖掘，比如电子商务平台上的产品评论。在挖掘用户生成的数据时，一个关键任务是理解文本中表达的情感。这一任务由数据挖掘领域中的一个特定分支来完成，即情感分析和观点挖掘。

什么是情感和观点

从字面上看，情感是“对某种情境或事件的态度或看法”，是一种感觉或情绪。而观点是“对某事形成的看法或判断，不一定基于事实或知识”。情感和观点密切相关但微妙不同。例如，句子“I find data mining highly interesting”表达了一种情感，而“I believe data mining is promising and useful for industry applications”更像是一个观点。微妙的差别在于，一个人可能具有第一个句子中表达的情感，而对第二个句子中的观点表示赞同或反对。然而，总体而言，这两个句子的潜在含义是高度相关的。此外，尽管许多观点暗示着积极或消极的情感，但有些则不然。例如，观点“I think she will move to Canada after graduation”并没有带有积极或消极的情感。

情感分析和观点挖掘技术

情感分析和观点挖掘是一个高度跨学科的方向。首先，由于我们需要处理文本，自然语言处理技术被广泛应用于情感分析和观点挖掘中的文本处理。此外，情感分析和观点挖掘中的许多问题可以建模为分类问题，比如判断产品评论是积极的还是消极的。在许多场景中，人们可能还希望根据用户的观点对他们进行分组，因此需要进行聚类分析。在情感分析和观点挖掘中，离群点也是有用的。例如，心理健康助手的应用可以分析社交媒体数据，如用户帖子，以识别可能的极端观点。因此，情感分析和观点挖掘中经常使用机器学习和数据挖掘技术。由于情感和观点是由人类表达和理解的，因此自然情感分析和观点挖掘必须借鉴心理学和社会科学的见解，同时又可以作为这些科学的技术工具。

情感分析和观点挖掘是一个高度动态的应用领域，因为不断涌现的新媒体类型将会导致新的情感和观点表达方式。在这个快速发展的领域中，无法将所使用的数据挖掘技术限定在特定范围内。相反，情感分析和观点挖掘将持续吸纳和适应数据挖掘领域的最新发展，以迎接新的应用挑战。现在，让我们简要介绍一些在情感分析和观点挖掘中广泛探索的技术方向。

首先，我们可以在不同层次和粒度上进行情感和观点的分析。在最高层次上，文档级情感分类确定整个文档（如评论）是表达了积极的还是消极的情感。在较低的粒度上，句子级分析研究一句话是表达了积极的、消极的还是中性的观点。经常使用的第三个层次是目标级别，它关注观点和相关目标。例如，句子“I really like the pasta in this restaurant, but am not a big fan for the dessert here”表达了对“pasta”的积极观点和对该餐厅“dessert”的消极观点。目标级别的情感分析和观点挖掘可以跨越多个句子。

其次，为了识别文档或句子中表达的情感和观点，我们可以制作情感/观点词典并进行情感分类。作为一种直观而实用的想法，可以将一系列词语和短语识别为情感/观点词典，作为情感的指标，例如“good”“wonderful”“fantastic”表示积极情感，“poor”“bad”“awful”表示消极情感。基于情感/观点词典，可以进行情感分类。然而，在许多情况下，仅凭这些情感/观点词典是不足的，或者可能对特定领域过于简单。例如，在大多数领域中，“suck”是负面情感的一个词。然而，在讨论吸尘器时，“My new vacuum cleaner really sucks”这样的评论实际上是积极的。此外，并非每个包含情感词汇的句子都表达情感。例如，“What is the best pasta in your restaurant”这个句子包含了一个常用的情感词汇“best”，但并没有表达任何情感。与此同时，一个不包含任何情感词汇的句子可能表达某种情感，比如“My new earbuds stop pairing with my laptop after a week”表达了一种消极情感。许多研究致力于提取和编制情感/观点词典，并处理使用这些词典进行情感分类时的微妙之处。

再次，一般有两种类型的文本内容可以进行情感分析和观点挖掘。第一种类型是独立的帖子，如社交媒体中的产品评论和博客。第二种类型是在线对话，如讨论和辩论。分析对话内容要困难得多，因为多轮对话中各个部分之间存在交互和相互依赖的特性。在对话内容中还存在一些新类型的情感，如一致和分歧。此外，与独立帖子相比，在对话内容上可以进行更多的数据挖掘任务，例如检查对话中某人的情感是否一致或矛盾，以及找到在对话中分享相似情感和观点的参与者群体。

从次，挖掘意图是与情感分析和观点挖掘密切相关的一项数据挖掘任务，因为在许多情况下，意图可能暗示情感并表达观点。例如，句子“I cannot wait to see the new movie next Monday”表达了强烈的积极情感，而句子“I just want to return this microphone immediately to the store”传达了明确的消极情感。实际上，以上两个句子代表了另一种情感，即渴望。挖掘意图是情感分析和观点挖掘中一个自然、有趣且具有挑战性的技术方向。

最后，由于情感和观点可能被滥用，为了使得数据挖掘对社会有积极的作用，探索垃圾观点检测和评估评论质量是很重要的。具体而言，垃圾观点是指以隐藏动机攻击脆弱的产品、服务、组织和个人的虚假或恶意观点。一个重要的挑战是垃圾观点通常不仅仅以个别和独立的帖子形式存在。相反，垃圾观点经常以协调一致的方式出现。因此，成功检测垃圾观点不仅涉及自然语言处理和上述情感分析和观点挖掘技术，还涉及其他数据挖掘技术，如网络挖掘。

情感分析和观点挖掘应用

情感分析和观点挖掘具有许多应用。无法列举所有应用或设计一个包容所有应用的分类。在这里，根据情感分析和观点挖掘的结果如何以及由谁使用，我们简要介绍情感分析和观点挖掘应用的三个主要类别。

情感分析和观点挖掘的结果可以帮助人们了解目标对象的优点和缺点。例如，在电子商务中，对产品评论应用情感分析和观点挖掘，我们可以汇总客户对产品及其各个方面的意见。分析和挖掘的结果可以被客户用于购买决策，被电子商务平台和供应商用于供应链优化，被产品制造商用于产品改进和新产品开发。对于这类应用的情感分析和观点挖掘的关键任务包括，目标级别的情感分析和情感分析与客户分类的整合。

情感分析和观点挖掘的结果也可以直接被其他人工智能体所使用。也就是说，结果被自动化系统获取以触发行动。例如，在股市预测的应用中，情感分析和观点挖掘被广泛应用于留言板帖子、社交媒体（如 Twitter 消息）、实时新闻（如彭博新闻）和许多其他相关媒体信息来源。分析和挖掘可以直接产生买入和卖出信号，因此可以被在线交易系统用于在股市中采取行动。这种实时情感分析和观点挖掘面临几个重要挑战。首先，这样的情感分析和观点挖掘系统必须高效且可扩展，以便能够实时处理海量内容。其次，这样的系统必须高度准确，因为任何错误都可能导致实时交易等操作的损失或错失商机。最后，这样的系统必须具有高度的鲁棒性，因为不同内容中存在许多不同类型的噪声，甚至可能遭受来自垃圾观点者的恶意攻击。

情感分析和观点挖掘还可用于监测和政府管理。换句话说，这一类应用涉及公众的情感和观点。举例来说，在选举政治中，候选人和媒体可能会监测随时间的变化公众对各个政党和候选人的情感和观点。一些政府也可能监测网络空间中的情感和观点，作为打击网络暴力、恐怖主义和种族主义等行为的一部分。除了一般情感分析和观点挖掘的通用要求外，这类任务还面临一些新的挑战，如公平性和隐私保护。

文献注释

情感分析和观点挖掘起源于 21 世纪初，至今仍是数据挖掘、自然语言处理、机器学习等领域中一个充满活力的跨学科领域。关于这一主题有许多研究论文，一些信息丰富的调研和评论书籍包括 Liu [Liu20]; Shanahan, Qu 和 Wiebe [SQW06]; Liu [Liu12]; Pang 和 Lee [PL08]; 以及 Cambria 和 Hussain [CH15a]。

12.2.2 真值发现与错误信息识别

真值发现

由于各种信息源提供了大量信息，同一数据项可能会在不同来源中具有不同的值。当然，人们可能希望有一些自动化方法来帮助评估网络上信息的质量和可信度，特别是当同一数据项具有不同值时。这引出了数据挖掘中的一项重要任务，称为*真值发现*（也称为*真值挖掘*或*事实发现*），即不同数据源提供的数据项信息存在冲突时，评估和选择数据项的实际真实值。真值发现是一项重要的任务，因为人们越来越依赖在线资源来查找可信信息并做出关键决策。真值发现对于来自多个数据源的数据集成也很重要，因为评估和选择高质量值对于构建集成的可靠数据存储至关重要。

真值发现问题可以分为两个子类：单一真值和多真值。单一真值，即*单一事实发现*，一个数据项只允许有一个真实值（例如，一个人的出生日期或一个国家的首都）。在这种情况下，为给定数据项提供的不同值可能相互矛盾，而这些值和信息源可能是正确的也可能是错误的。然而，*多真值发现*，允许有多个真实值（例如，论文的作者或团队的成员）。此时，真值是一组值，不同的值可以提供部分真值，为给定数据项提供更多正确值和更少不正确值的信息源被认为更有价值。

早期的研究提出了一些简单的投票方法，即每个来源对某个数据项的值进行投票，并选择得票最高的值作为真实值。然而，不可靠的来源或简单地复制他人信息的来源可能会把事情搞砸，因为它们可能会在投票中占据多数并压倒可靠的来源。因此，真值发现算法必须考虑数据源可靠性并估计数据源的可信度。

我们可以依靠监督学习根据所提供值的人工标记来为信息源分配可靠性分数吗？不幸的是，这可能不现实，因为信息源太多，而且这些来源提供的事实数量太多。基于大量未标记数据的弱监督或自监督方法可能是更现实的解决方案。

图 12.3 说明了单一真值发现的过程，其中链接 s_k–f_j–o_i 表示对象 o_i 受到源 s_k 提供的事实 f_j 的支持。最初，我们假设所有源都是独立的并且具有同等的可信度。由于对于 o_2，f_3 由三个源 s_1、s_3 和 s_4 支持，但 f_4 仅由一个源 s_2 支持，因此 f_3 可能更可靠。由此，我们可以断言 s_1、s_3 和 s_4 可能比 s_2 更可信。那么对于 o_1，f_1 可能比 f_2 更可靠，因为 f_1 由 s_1 支持，而 f_2 由 s_2 支持。

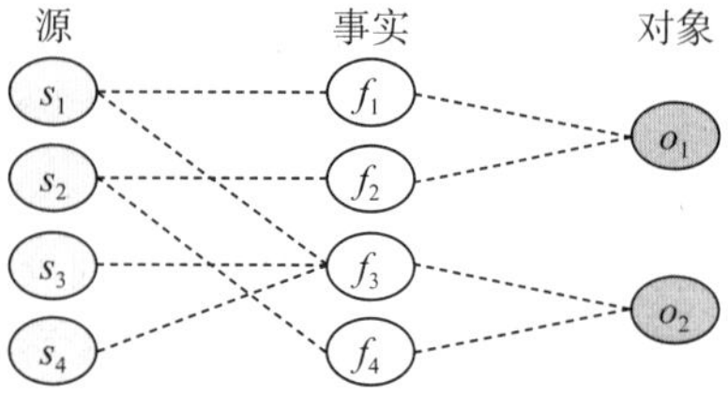

图 12.3　真值发现

这个例子表明真值发现需要以相互增强的方式计算源可信度和事实项可靠性。源可信度通常不是先验已知的，而是通过迭代方法估计的。在真值发现算法的每一步，都会重新计算每个数据源的可信度分数，从而改进对真实值的评估，进一步更好地估计数据源的可信度。当所有值达到收敛状态时，这个过程结束。

为了有效发现真值，检测复制行为非常重要，因为复制可以轻松传播错误值，导致许多源投票支持错误值，并使真值发现过程复杂化。通常系统会减少与复制值相关的投票权重，甚至根本不计算它们。在某些应用中，数据源针对不同类别的数据可能具有不同的可信度。例如，专门销售儿童书籍的书商可能会提供有关儿童书籍的高质量信息，但无法提供有关其他书籍（例如科学和工程）的可靠信息。在这种情况下，可以针对不同类别的对象分别计算数据源的可信度。

对于多真值发现，数据源可信度的评估应考虑数据项（例如，一本书的作者）的多个真值。为数据项提供更正确值的数据源应该受到奖励，但为数据项提供不正确值的数据源应该受到惩罚。迭代相互增强方法、基于贝叶斯的推理方法和基于概率图模型的方法已经被开发用于此类分析。此外，更复杂的方法还应该考虑域覆盖和复制行为，以更好地估计源的可信度。

一些真值调查方法评估基于数值的事实的置信度（例如，某城市的人口或某个地区某个时间的温度）。即使对于可信数据源，也很可能提供略有不同的数值（例如，取决于时间和测量方法）。因此，对来源可信度和事实置信度的评估应该基于数据分布，并且仅将那些明显偏离规范的答案视为错误答案。基于这些观察，类似的真值调查机制已经被开发出来了。

错误信息识别

与从冲突信息中识别正确信息的真值发现不同，更具挑战性的任务是识别错误信息。错误信息是由某些数据源故意创建的虚假、不准确或误导性信息，并且无论欺骗的意图如何都会传播。错误信息的典型例子包括虚假谣言、侮辱和恶作剧。其他相关术语包括虚假信息和假新闻，虚假信息是故意欺骗的错误信息的子集（例如恶意恶作剧、捏造信息和虚假宣传），假新闻是指新闻形式的虚假信息。错误信息的恶劣影响在于在人群中引起恐惧和怀疑，因为这些人可能认为错误信息是可信或真实的。

在信息时代，社交网站已成为传播错误信息、虚假新闻和宣传的显著媒介。与传统媒体相比，社交媒体上的错误信息传播速度更快。因为在信息发布前缺乏监管和审查，社交媒体上的任何用户都可以快速生成信息并将其传播给其他用户，而无须确认其真实性。

真值发现中对信息源和事实项的分析思路也可以用于错误信息识别。例如，可以探索来源可信度和事实项可信度之间的相互增强。多个新闻机构或权威网站（即由负责任的编辑管理的网站）提供的一致信息可以被认为是可信的。如果来源提供更多可信信息并且不提供或提供更少不可信信息，则该来源更值得信赖。对于同一事件 / 事实的相互冲突的信息，由多个可信来源一致提供的信息更有可能是可信的，而那些由不太可信的来源提供并与可信来源相冲突的信息可能是错误信息。

在今天的社交媒体环境中，海量信息由不同的团体、政党和国家提供，存在着利益冲突。因此，在识别错误信息方面需要更加警惕。仅仅依赖对事实的简单投票是不够的，因为捏造信息可能会在由具有相似利益或偏见的群体传播的情况下重复数百次，从而被公众误认为是真实信息。我们需要制定方法来区分虚假信息和真实信息，并采取其他措施，例如通过教育培养信息素养和媒体素养，运用常识知识和开放的心态培养批判性思维，持有公正的观点，避免仅仅根据个人的喜好或信仰进行有动机的推理。最终，错误信息的识别将取决于个人的心智模式和世界观信仰，同时考虑错误信息的重复、错误信息与正确信息之间的时间滞后以及错误信息与正确信息之间的相对一致性。

使用算法事实检查器标记或消除虚假新闻和错误信息正成为打击错误信息传播的前沿。自动检测错误信息的方法仍在积极研究中，通过进一步发展自然语言处理、社交网络分析、信息提取、聚类和分类等方法，以评估所提供信息的质量或可信度。无论如何，一些大型信息技术公司正在部署有效的软件程序，以检测和提示可能的错误信息，并为事实核查提供额外信息。

文献注释

近年来真值发现得到许多研究者的关注 [LGM⁺15]。对于信息源与网页排名中提供的信息之间交互作用的研究可以追溯到 Kleinberg[Kle99]。Yin，Han 和 Yu[YHY08] 提出了 TruthFinder，这是一种基于信息源可信度和事实项可靠性之间相互增强关系的真值发现方法。Li 等人研究了深层网络中结构化数据的真值发现 [LDL⁺12]。Dong 和 Srivastava 从数据集成的角度进行了一系列的真值发现研究 [DS15]。Zhao 等人 [ZRGH12] 研究了在多真值假设下的真值发现。

错误信息的历史可以追溯到数千年前，当时人类开始使用不同的手段进行交流。在信息时代，社交网站已成为虚假信息、假新闻和宣传传播的显著媒介，吸引了许多数据科学研究者研究虚假信息及其虚假信息的检测和处理。从数据科学的角度，可以在 Berti-Équille 和 Borge-Holthoefer[BÉBH15]，Shu 和 Liu[SL19] 以及 Wu 等人 [WMCL19] 的研究中找到一些最近研究的概况。

12.2.3 信息和疾病传播

数据挖掘在理解信息和疾病传播方面一直发挥着重要作用，主要是由于数字数据在以前所未有的规模和速度产生。例如，Twitter 在 2013 年以每天 4 亿条推文的速度产生推文，Snapchat 在 2014 年每天产生 7 亿张新照片和视频。这一领域研究的数据挖掘问题可以分为两类，即预测问题和优化问题。预测和优化问题的基础是传播模型，其中包括信息扩散模型和计算流行病学模型。

信息和疾病传播有许多应用。举几个例子，对于社交媒体，它有助于预测哪些信息（例如，Twitter 的一条推文）可能会走红，检测开始传播虚假信息的谣言源，并在虚假信息广泛传播之前抑制其传播（例如，通过适当传播真实信息或暂停主要传播者的账户等）。对于计算流行病学，它有助于揭示流行病可能发生的关键网络条件（例如，流行病阈值）。

传播的预测问题。信息和疾病传播存在各种预测场景，包括以下内容：

- *分类和回归*。基本的分类和回归问题通常旨在通过预定义的流行度度量，根据未来指定时间的扩散来预测一条信息的流行度。分类问题侧重于信息是否会流行，回归问题侧重于预测流行度得分。

- 围绕发布的预测。可以在信息发布之前或发布之后不久进行预测。在发布之前，可用的功能和周围的信息往往非常有限。发布后预测的目的是通过观察早期的传播情况来预测已发布信息的未来传播情况，这比发布前的预测提供了更可靠的信息。
- 不同粒度的预测。信息扩散预测可以在不同的信息和用户粒度上进行。在更细的粒度上，可以对单个信息或用户执行预测。在较粗的粒度上，可以对用户组或信息簇执行预测。此外，在更复杂的场景中，不同粒度的预测是同时执行的。

传播的优化问题。在这里，我们讨论通常在（社交）网络场景中的一些代表性的信息扩散优化问题。

- 影响力最大化。影响力最大化的目标是通过选择一组最佳的初始感染节点来启动级联过程，从而最大化受感染节点的平均数或总数。主要挑战包括如何合并时间信息以及如何处理模型可扩展性。
- 源定位。一般来说，源定位的目标是通过对级联的部分观察来识别网络中的源。典型的源定位方法有两个阶段。首先，从历史级联数据推断扩散模型参数。其次，根据扩散模型和可能不完整的级联确定源头。当观察到的级联不完整时（在一些实际应用中经常出现这种情况），制定的源定位优化目标通常很难实现。
- 活动塑造。活动塑造旨在引导用户的活动。从数据挖掘的角度来看，正式的定义可能会有所不同，具体取决于实际的激励措施和具体目标。与影响力最大化问题相比，活动塑造在以下三个方面有所不同。首先，活动塑造具有可变的激励，而影响力最大化通常仅具有固定的激励。其次，活动塑造通常多次使用多个操作，而影响力最大化通常一次使用相同的操作。最后，活动塑造可能包括各种目标，而影响力最大化的目标主要是最大化影响力。
- 图连通性优化。信息或疾病传播所通过的图的连通性对传播结果具有深远的影响。图连通性优化旨在操纵图拓扑来影响信息传播结果。例如，一个典型实例是在固定预算下添加（或删除）一组边或节点来最大化（或最小化）图上信息的传播。

信息扩散问题的模型。信息扩散问题的传播模型的分类如图 12.4 所示。

- 基于特征的模型。基于特征的模型利用监督数据挖掘模型进行信息扩散预测，模型使用的特征包括时间特征、局部和全局结构特征、用户和项目特征、信息内容特征等。
- 生成模型。许多信息扩散过程可以被视为连续时域中的事件序列，因此可以自然地用统计生成方法来刻画，例如流行病模型和各种随机点过程。代表性的生成模型包括泊松过程、生存分析、霍克斯过程、流行病模型等。具体地讲，对于泊松过程，它通常作为强化泊松过程使用，其中强化机制单独添加了项目的适应度和时间衰减函数。对于生存分析，它通过具体设计的危险函数和生存概率来表征信息扩散过程。对于霍克斯过程，常常很难在事件数据中区分级联事件。解决这一问题的关键思想是将每个用户的事件建模为计数过程。根据用户的行为来源，活动可以分为外生（来自网络外部）和内生（用户之间的交互）活动，而外生强度可以用霍克斯过程进行建模。流行病模型通常可以与基于自激点过程的模型一起使用，将传播过程建模为时间和事件先前历史的函数来预测某些事件的发生率。
- 深度学习模型。最近，深度学习模型已被应用于信息扩散问题中。与传统模型相比，深度学习模型没有对信息扩散过程做出假设（如生成机制等），因此通常非常灵活。此外，深度学习模型能够使用各种神经模块（如 RNN 和 CNN）来整合多模态数据（例如文本和图像）。这个方向受到了极大的关注，并正在快速发展。

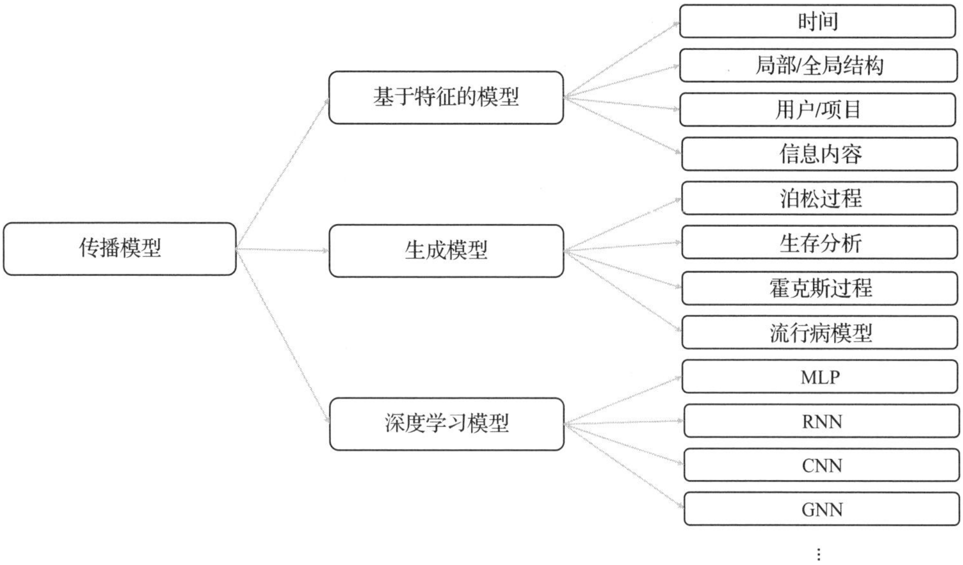

图 12.4 信息传播模型的分类

来源：改编自 Zhou，Xu，Trajcevski 和 Zhang[ZXTZ21]。

计算流行病学模型。流行病学中有许多用于模拟疾病传播的计算模型，例如众所周知的易感－感染－易感（SIS）、易感－感染－康复（SIR）和易感－暴露－感染－消除（SEIR）模型及其变体。基本 SIS 模型仅包含易感（S）和感染（I）状态，以及这两种状态之间的状态转移概率。SEIR 模型是最常用的模型之一，它将个体划分为易感（S）、暴露（E）、感染（I）和康复（R）四个状态。状态之间的转移只能按照 S → E → I → R 的顺序进行。不同状态之间的转移可以表示为非线性动态过程。在流行病建模中，关键任务包括：（1）设计适当的流行病学模型，其中包括用于估计的目标变量（例如通过添加额外的状态和转移规则来修改 SEIR 模型）；（2）通过求解非线性动态过程相应的偏导数方程来估计目标变量。需要注意的是，现实世界中的流行病往往比这些基本流行病学模型更加复杂，例如考虑潜伏期和政策影响等因素。此外，偏导数方程通常无法直接求解，因此需要使用观察数据或监督数据挖掘方法来估计变量值。

该领域的研究正在迅速发展并面临许多关键挑战，前景广阔。特别是自 COVID-19 暴发以来，流行病模型引起了广泛关注。最近提出的技术主要集中在预测传播率、死亡病例数以及政府控制传播政策的影响等方面，以帮助人们和政府在疾病全球大流行期间增进对疾病传播的理解并采取相应行动。然而，在源定位和活动塑造方面仍然存在许多技术挑战。例如，我们如何准确识别具有少量级联的源，以及如何对更复杂的塑造行为进行建模？这些问题需要进一步的研究和探索。此外，传播模型的可预测性和可解释性也是当前需要深入探究的问题。例如，预测模型的基本可预测性是指什么？模型能够在多大程度上准确预测信息的流行度？另外，如何解释各种预测任务中所使用的端到端深度模型的结果？

文献注释

Kempe, Kleinberg 和 Tardos[KKT03] 在影响力最大化领域是最具影响力的学者之一。他们在社交网络场景中建立了第一个可证明的近似保证的高效算法。Gomez-Rodriguez 等人 [GRSD+16] 发现，在连续时间内找到最大化影响力的源节点集合是 NP 难问题。为了解决这个问题，Gomez-Rodriguez 等人 [GRSD+16] 发现了影响函数具有次模性质，可以通过贪婪算法（ConTinEst）最大化原始影响函数的次模函数，并获得约 63% 的可证明最优性保证。在

Gomez-Rodriguez 等人 [GRSD⁺16] 之后，Tong 等人 [TWTD16] 引入了动态独立级联模型，并提出了动态社交网络中的自适应影响力最大化方法。Tang 等人 [TSX15] 开发了 IMM，采用基于鞅的新算法设计，实现了最先进的近似保证和经验效率。

对于源定位，Farajtabar 等人 [FRZ⁺15] 提出了一种采样策略，利用扩散模型中的两个辅助分布来逼近不完全级联的似然。研究表明，当级联的数量较少时，定位源节点是困难的。最近，Chen,Tong 和 Ying[CTY19] 研究了重建扩散过程的整个历史，而不仅仅是识别扩散源的问题。Yu 和 Jian[YP19] 进行了全面的调查。

对于活动塑造，Farajtabar 等人 [FDR⁺14] 将总体活动表示为外部因素引起的外生活动和用户之间交互作用引起的内生活动的总和；外生强度和平均总体强度具有线性关系，这为不同活动塑造任务的许多优化形式打开了大门。最近的流行病建模和控制研究包括 Car 等人 [CBŠA⁺20]；Ardabili 等人 [AMG⁺20]；Poirier 等人 [PLC⁺20]。Zhou 等人 [ZXTZ21] 针对信息扩散预测问题的基于特征、生成模型和深度学习模型提供了全面的综述。

12.2.4 生产力与团队科学

近年来，人们对了解团队表现、团队成员的生产力以及团队所产出内容的影响越发感兴趣。团队被定义为具有不同角色和职位的一组人，作为一个整体功能，团队成员共同协作以实现特定目标。在现代组织（例如科技公司或政府机构）中，组织常常依赖于团队的层级结构来提升生产力。往往，团队嵌入或者运作在诸如通信网络或社交网络等基础网络之上。

例 12.2 在现实世界的场景中观察到不同类型的团队。例如，在电影制作中，导演、演员、设计师和编辑互相合作，在一段时间内完成一部电影。在足球或篮球等体育运动中，球员和教练依靠其他成员（如物理治疗师），为了赢得比赛而努力。协调特定研究项目或产品的研究人员或软件开发人员也可以被视为一个团队，团队成员共享相同的目标并具备必要的技能。此外，这些团队可以嵌入在一个网络中。具体来说，对于一个电影团队网络，如果两位演员曾经参与过同一部电影，他们会被连接起来。电影团队网络的属性可以是演员参与的电影类型（例如科幻、喜剧、动作）。同样，对于一个研究团队，我们可以将合作撰写论文看作网络结构，将专业知识看作成员的属性（例如机器学习、系统、计算机视觉）。 □

数据挖掘技术已被用来回答团队科学中的以下关键问题，包括（1）团队绩效表征——如何揭示区分高绩效团队和陷入困境团队的关键特征模式；（2）团队绩效预测——如何在任务开始前或开始后不久预测团队的绩效；（3）团队绩效优化——如何通过调整团队构成进一步提升团队绩效；（4）团队绩效解释——如何直观地解释团队绩效预测和优化结果。

团队绩效表征。一般而言，团队的关键组成部分包括：（1）团队领导者和成员；（2）团队成员协作的环境（如网络）；（3）团队所从事的任务。研究发现，团队绩效与多种模式之间存在着强相关性，例如作为协作结果的集体智慧和前 k 名成员的平均表现。对团队绩效进行描述时面临着挑战，这源于上面三个组成部分。首先，不同的团队成员具备不同类型的技能和社交联系。其次，任务的性质因特定应用场景而异，例如研究团队的协作任务与团体运动中的竞争任务。再次，团队所嵌入或运作的环境（如网络）通常规模庞大、时间动态高度变化、噪声干扰且信息不完整。此外，准确量化团队绩效也是一项挑战。例如，要找到一个单一指标来精确衡量研究团队的绩效很难，甚至可以说是不可能的。相反，我们通常必须依赖一系列代理绩效指标，如论文的引用次数、成员的 H 指数和下载次数。所有这些因素都使团队绩效的描述成为一个具有挑战性的问题。现有的文献将团队绩效描述为虚拟团队（如在线游戏）和面对面互动团队（如运动或研究团队）集体智慧的结果。

团队绩效预测。准确预测团队绩效是理解构建高绩效团队基本原理的关键步骤。在学术界，需要预测学术实体（例如研究人员）的长期表现。有效的团队绩效预测算法应该能够（1）识别关键特征（如合著网络拓扑、研究主题）；（2）建模所识别特征与团队绩效之间的相关性；（3）编码团队演化的动态过程。除了团队绩效预测外，重要的还有通过建模内容影响力与团队动态之间的时间相关性，在更精细的层面上预测团队所产生内容的影响力（例如，预测一篇研究论文在发表后 10 年内的引用次数）。此外，团队及其成员共同构成整体 – 部分关系的特定实例，其中团队是整体实体，成员是部分实体。整体 – 部分关系往往超出线性相关性。例如，团队（整体实体）的绩效通常不仅仅是其成员（部分实体）的生产力之和（加权和）。通过建模团队绩效与成员生产力之间的非线性相关性，通常可以进一步提高预测性能。

团队绩效优化。在许多实际应用中，团队负责人通常需要优化团队组成以最大化其绩效。例如，在篮球比赛中，球员之间的轮换取决于当前的策略和球员的身体状况，我们将这种替换称为团队成员更替。在这里，一个关键的洞察是，一个有效的团队成员更替算法不仅应该考虑到团队成员的技能，还要考虑网络连接性。换句话说，应在团队所操作的网络环境中衡量替换前后团队的相似性。类似的方法已经被用于其他团队优化场景。举几个例子，如果团队负责人因预算削减而希望缩减团队规模，可能的解决方案是选择一个对原始团队影响最小的成员离开（即团队缩减）；在其他情况下，我们可能希望根据新任务的要求引入具有特定技能和协作结构的新团队成员（即团队扩张）；如果在现有团队中有两个或更多的团队成员无法相处，可以考虑将其中一个与另一个团队成员进行交换（即团队冲突解决）。此外，现实世界的团队是复杂而动态的系统，配置和团队绩效随时间变化。因此，关键是建模团队绩效和团队优化策略之间的动态相关性，以实时维持一个高绩效的团队（即实时团队优化），其中强化学习（在第 7 章中介绍）可能提供有效的解决方案。

团队绩效解释。关于团队绩效预测和优化的大部分文献旨在回答哪个团队最有可能成功，谁是替换离开团队成员的最佳候选人，或者对于扩张团队来说最好的策略是什么等问题。然而，对于为什么团队绩效预测算法"认为"某个团队将获得成功或遇到困难，或者为什么团队优化算法在给定情景下推荐特定行动，直观解释很少见。关于可解释的团队绩效预测和优化的文献往往借助影响函数这一根植于鲁棒统计学的技术，来识别关键因素（如团队成员、团队成员的技能、不同团队成员之间的连接性），以解释团队绩效预测或优化结果。例如，给定团队的关键组成部分（即成员、网络、任务），可以从多个组成部分的角度解释绩效预测结果（例如，哪些任务相对于其他任务更为关键？）。多层次的解释提供了对预测结果的全面理解。在解释团队绩效优化方面，现有方法识别了对团队优化结果具有影响力的网络元素（如边和节点）。例如，在团队成员更替中，最佳候选人可能具有与离开的成员几乎相同的协作结构，并且具备与离开成员相同的重要技能，这使得该候选人成为一个有利的替代者。

文献注释

团队的定义由 Hackman 和 Katz [HK10] 正式提出，他们定义团队是为了集体目标而存在的"有目的的社会系统"。在现实应用中存在不同类型的团队，例如 GitHub 团队（Thung，Bissyand，Lo 和 Jiang [TBLJ13]）和运动团队（Duch，Waitzman 和 Amaral [DWA10]）。

在团队绩效预测方面，Uzzi，Mukherjee，Stringer 和 Jones [UMSJ13] 旨在通过评估先前工作的非典型组合来预测研究成果的影响，而 Yan 等人 [YTL+11] 则提出利用有效内容和情境特征进行引用次数预测。Li 和 Tong [LT15] 提出了一种联合预测模型，用于在更复杂的场景中预测长期学术影响，包括特征和预测网络动态、领域异质性之间的非线性关系。对于性能轨迹预测，Li，Tong，Tang 和 Fan [LTTF16] 引入了一种新的预测模型，可以同时满足预测一致性和参数平滑性两个要求。为了进一步理解个体成员与团队最终结果之间的关系，Li 等人 [LTW⁺17] 共同建模了部分 - 整体相关性和部分 - 部分相互依赖性。

在团队绩效优化方面，现有的工作可以通过使用有效且高效的基于图相似性的算法（Li 等人 [LTC⁺15，LTC⁺17]）和动态团队形成（Zhou，Li 和 Tong [ZLT19]）来良好实现静态团队成员替换任务。此外，Li，Tong 和 Liu [LTL18] 提出从多层次的角度解释网络化预测结果。对于团队优化结果，Zhou 等人 [ZLC⁺18] 旨在通过可视化技术提供直观的优化结果解释。Li 和 Tong [LT20] 介绍了团队网络科学的计算基础，涵盖了从预测、优化到解释的内容。

12.3 数据挖掘的方法论和系统

12.3.1 对用于知识挖掘的非结构化数据进行结构化处理：一种数据驱动的方法

随着海量非结构化数据的动态存储或流式传入，将数据转化为知识的一个重要方法是系统地将非结构化的富含文本的数据转换为有组织的、相对结构化的数据，以便能够有效地根据用户的请求提取知识。在将非结构化数据转化为结构化知识的不同方法中，我们提倡一种远程监督、数据驱动的方法，如图 12.5 所示。这种方法的本质是充分利用现有的知识库，例如维基百科、特定领域词典以及从海量语料库计算得到的预训练语言模型，探索远程监督或人类引导的弱监督的潜力，并进行信息提取、分类构建、文档分类、知识图谱或信息网络的构建和丰富。这种信息丰富的结构将有助于海量文本中的知识发现。其中许多功能组件仍在积极研究和开发中，在以下讨论中，我们将概述一些重要的进展或主要思想。

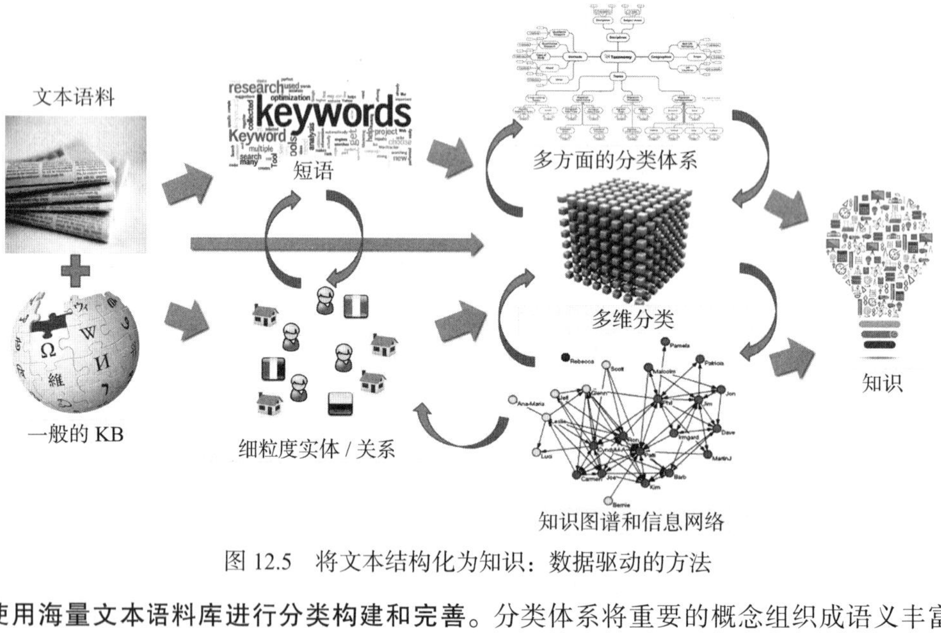

图 12.5 将文本结构化为知识：数据驱动的方法

使用海量文本语料库进行分类构建和完善。分类体系将重要的概念组织成语义丰富的结构，在将海量非结构化文本数据组织成相对有组织的结构方面可能发挥关键作用。在科学、工程、生物医学和商业等不同领域，有许多由人类策划的分类体系。然而，适用于特定应用的分类体系应该是多面的，并且依赖于语料库和应用。因此，通常希望（1）根据可用的语料库和应用需求，生成依赖于语料库或应用的新分类体系；（2）完善现有的分类体系，这可能最初是由领域专家构建 / 提供的、但已经过时或不适用于特定应用；（3）根据语料库和预期应用，扩展人类提供的不完整的分类框架。在所有这些情况下，人工大量注释可能成本高昂且不一致，通常需要开发一种弱监督或远程监督的方法来自动或半自动地完成此操作（例如与人类专家交互）。

近年来，弱监督或远程监督的方法已经用于分类体系的生成和扩展。例如，在集合扩展中开发了一种 Rank-Ensemble 方法，可以自动从用户提供的一小组种子中进行扩展，这些种子表示一组具有类似语义的项目（例如，一组美国州），经过扩展生成同一组中其他实体的附加实体（例如，其余的美国州）。这种集合扩展方法可以通过对负集并行扩展（相互保护并避免语义漂移）或通过探索预训练语言模型的能力来进一步增强。此外，可以通过从一个小样本分类体系开始，并进行深度和宽度扩展形成更完整的层次结构来生成分类体系，或通过基于嵌入的分层聚类生成分类体系。此外，可以通过添加新兴术语或删除过时术语来扩展分类体系。通过评估更新后的分类体系的语义一致性和平衡性，可以逐步进行适当的分类体系修改。

弱监督文本分类。文本可能是海量的、多样化的、多粒度的，在复杂、动态的环境中依靠人类对文本数据进行注释的成本很高。尽管有许多用于文档分类的监督方法，但通常更为现实和可行的是依赖具有一小组标记数据和大量未标记文本数据的弱监督文本分类。给定一小组标签，这些标签可以是信息丰富的类别名称，也可以是一些人工提供的关键词、标记的文档或它们的组合，关键挑战是如何基于大量未标记数据扩大种子集。已经探索了几种有效的弱监督文本分类方法：（1）使用嵌入方法生成伪文档，然后基于生成的伪文档和大量未标记的文本数据训练神经网络（例如 WeSTClass）；（2）使用类别引导的嵌入生成类别独特的关键字或短语，有效地扩大了种子集（例如 CatE）；（3）使用预训练的语言模型（例如 BERT）生成类别独特的关键字，以提高弱监督分类的质量（例如 LOTClass）。

在许多实际应用中，文本分类可能需要考虑大量的类（例如，研究论文的潜在主题）和多个标签（例如，一篇论文可以被一组标签或主题标记）。通常很难获取大量的人工标记文档。幸运的是，大量的类通常组织成一个分类体系。可以开发基于分类体系的层次多标签文本分类方法（例如 TaxoClass），以使用类层次结构用一组类标记每个文档，方法如下。首先，类的表面名称由分类体系中的节点表示，这样的骨架结构可以用于生成具有类别区分的关键字或短语（例如，使用分层文本嵌入方法），并用作监督信号。其次，多类分类方案可以首先识别文档的几个最重要的类作为其“核心类”，然后检查核心类的父类 / 祖先类以生成其余的相关标签。再次，由于在顶层只需要考虑少量候选类，因此通过自顶向下搜索可以更容易地搜索正确类，并且对于“核心类”的搜索可以沿着最有可能的高层节点向下遍历分类体系以找到有希望的路径。最后，可以使用文本蕴涵模型计算文档类的相似性，识别文档的核心类，采用置信核心类来训练增强型分类器；通过多标签自训练来推广分类器。

通过情境感知的远程监督进行细粒度信息提取。与仅识别属于几种主要类型（如人物、组织、地点、时间）之一的实体不同，进行细粒度实体识别以提取实体在特定情境中所扮演的具体角色往往更有用（例如，特朗普在不同情境中可以是商人、总统或前总统）。为了识别句子或段落中实体的情境角色，首先可以使用数据驱动短语挖掘方法生成实体提及候选和关系短语，然后进行远程监督，找到适用于待检查实体的细粒度类型。远程监督的监督信息可以来自维基百科、领域特定字典或其他知识库中的“类型标记”实体，ClusType 方法基于关系短语的软聚类原则传播参数实体的类型信息（两个关系短语相似，则其前后实体的类型相似），通过联合优化多视角关系短语的聚类和关系短语的类型传播以实现良好的性能。嵌入表示也可以用于类型推断和关系短语聚类。此外，基于分类体系的监督模型和预训练语言模型也可以用于细粒度实体识别。其总体理念是使用人工选择的分类体系作为指导，在字典、嵌入表示和预训练语言模型的基础上生成属于分类体系相应节点类的附加术语 / 短语。具有附加术语 / 短语的丰富分类体系可以用于分类体系指导的文本分类和细粒度命名实体识别。当一个实体可能具有多种潜在类型时，根据分类体系信息，最适合局部情境的类型将对应细粒度类型赋予最高置信度。

知识图谱 / 信息网络构建。知识图谱和信息网络是帮助将非结构化数据转化为结构和知识的重要结构。知识图谱包括一组实体，与它们相应的属性和值相联系，以及一组连接实体的（可能带标签的）边。图可以通过包含分类信息以及与边或属性 / 值相关联的条件 / 概率来进一步结构化，指示在何种条件 / 概率下该关系成立。异质信息网络可能不将一个实体（例如作者）视为另一个实体（例如论文）的属性值，而是将它们视为通过带标签边（例如写作）相连接的异质类型实体。

使用远程或弱监督对于从海量文本构建知识图谱 / 信息网络是有益的。分类体系引导的文本分类可以将文本分配到相应的节点或子图。这将有助于通过细粒度实体识别提取与特定实体及其相关属性 / 值相关的信息。在海量文本数据中，一个实体可能与不同的属性 / 值相关联，并在不同的时间或条件下与不同的实体链接。如果不明确适当的条件，将这些不同的关联合并到单一的“全局”知识图谱中很容易引起混淆。因此，在许多情况下，通常更有用的是从与特定情境对应的一组文档构建局部知识图谱，并在类似条件下使用这些局部知识图谱。

文献注释

许多研究一直致力于这一重要的研究前沿：将非结构化数据转化为结构化的知识挖掘。近年来在数据驱动、弱监督或远程监督方法方面取得了重要进展（例如，Wang 和 Han [WH15]；Liu，Shang 和 Han [LSH17]；Ren 和 Han [RH18]；以及 Zhang 和 Han [ZH19]）。具体包括（1）用于从海量非结构化文本中提取信息实体的弱监督 / 远程监督或无监督短语挖掘（例如，Shang 等人 [SLJ⁺18] 的 AutoPhrase 和 Gu 等人 [GWB⁺21] 的 UCPhrase）。（2）远程监督或本体指导的细粒度命名实体识别或基于预训练语言模型的命名实体识别（例如，Ren 等人 [REKW⁺15] 的 ClusType；Wang 等人 [WHS⁺21] 的 ChemNER；以及 Meng 等人 [MZH⁺21] 的 RoSTER）。（3）基于嵌入表示的分类体系构建和扩展（例如，Zhang 等人 [ZTC⁺18] 的 TaxoGen；Shen 等人 [SWL⁺18] 的 HiExpan；Huang 等人 [HXM⁺20] 的 SetCoExpan；以及 Shen 等人 [SSX⁺20] 的 TaxoExpan）。（4）弱监督和 / 或本体指导的文本分类（例如 Meng，Shen，Zhang 和 Han[MSZH18] 的 WeSTClass；Meng 等人 [MZH⁺20a] 的 LoTClass；以及 Shen 等人 [SQM⁺21] 的 TaxoClass）。

12.3.2 数据增强

高性能的数据挖掘模型通常需要大量的标记数据样本进行训练。然而，在许多领域中，由于数据隐私、昂贵的劳动成本、数据不平衡和不断增长的新数据，我们可能只能获得有限数量的标记数据。例如，在医学图像处理领域，磁共振成像（MRI）是一种重要的数据资源，在美国其平均成本超过 2000 美元。此外，出于对隐私的考虑，许多患者可能不愿意提供其 MRI 图像供数据分析使用。因此，在广泛的实际应用中，我们必须使用有限的训练数据来训练数据挖掘模型，这可能导致过拟合问题。目前已经提出了一些解决方案，比如第 7 章介绍的使用弱监督进行分类。在这里，我们简要介绍另一种有前景的技术，称为**数据增强**。总体而言，数据增强的核心思想是丰富训练数据集，以帮助数据挖掘和机器学习模型提取有意义的特征进行泛化。简单地说，数据增强方法可以分为基本方法和基于学习的方法。

数据增强的关键思想是利用数据样本的不变性特征。例 12.3 说明了不同类型数据样本的不变性。

例 12.3 对于图像分类任务，人类视觉系统可以从不同的角度识别猫；对于音频数据，大多数语音在时域和频域上有部分损失；对于网络数据，如社交网络，如果将当前用户组与另一组用户添加一些新的关系，当前用户组的隐藏用户档案不会有显著变化。 □

基本方法。得益于人类识别系统的强大泛化能力和鲁棒性，基本数据增强方法开发了一组可以通过人类识别系统验证的操作，用于生成增强样本。通过增强样本训练，数据挖掘模型有望具有与人类识别系统一样的鲁棒性，从而能够提取具有更强泛化能力的特征。例如，在大多数情况下，翻转的图像与原始图像具有相同的标签，可以与原始图像一起添加到训练集中。其他基本的图像增强方法包括调整颜色空间、旋转、擦除部分图像等。我们在图 12.6 中提供了几个基本图像增强方法的示例。

由于不变性特征存在于各种类型的数据中，基本增强方法也可以用于提升更为广泛的任务。例如，随机擦除部分片段的音频可以用作增强的音频识别数据。基于基本增强方法，接下来，我们进一步介绍三种典型的基于学习的增强方法，包括增强策略学习、基于生成对抗网络（GAN）方法和对抗性训练。

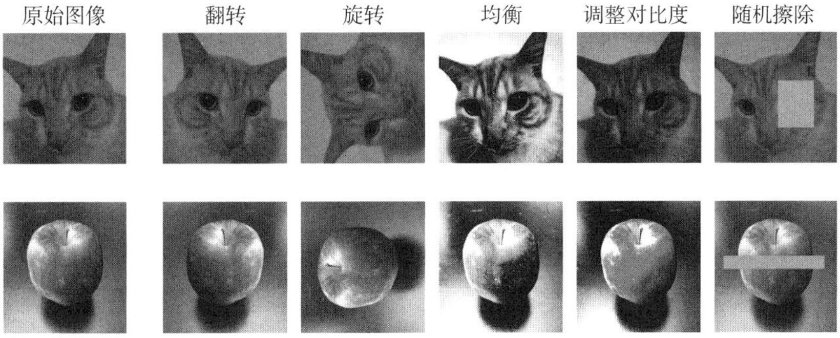

图 12.6 图像数据上的基本增强示例

增强策略学习。大多数基本数据增强方法都以人类识别系统的指导为中心，这可能会使工作流程在某种程度上是临时的和次优的。例如，为了实现更全面的增强，一些工作将多种基本增强结合在一起作为*增强策略*。然而，并非所有策略都提供同样的信息。例如，直观上，通过“翻转 + 旋转”增强的样本可能不如通过“旋转 + 均衡”增强的样本提供的信息丰富。为了自动搜索最佳的增强策略，现有的工作（例如 AutoAugment 等）通过一系列子策略来定义增强策略，每个子策略由特定的操作和相应的幅度组成。例如，增强策略可以分为两个子策略，第一个子策略是将图像*旋转* x 度，第二个子策略是将图像的幅度*均衡*为 y。然后，参数化的策略选择模型（例如循环神经网络）搜索不同子策略的组合作为候选策略。最后，AutoAugment 将其表述为一个元学习问题，其过程如下：（1）策略选择模型选择一组增强策略来丰富数据集；（2）使用增强数据训练用于特定任务的另一个目标模型（例如，用于图像分类的卷积神经网络）；（3）它（通过验证集）验证训练良好的目标模型的性能，并提供反馈以更新策略选择模型。

基于 GAN 的方法。通过增强策略选择模型，可以自动且更准确地执行增强过程。然而，用户仍然需要分配特定的基本增强方法来构建搜索空间，并且有效性也可能受到基本增强方法能力的限制。事实上，多种变换可以保持数据标签的不变性，但仍然不能用基本增强方法有效地表示。例如，一只奔跑的猫和一只睡觉的猫都应该被标记为“一只猫”，但是，我们不能应用基本增强方法的任何组合来将奔跑的猫图像转换为睡觉的猫图像。GAN 的发展为数据增强问题提供了新的解决方案。GAN 的完整细节超出了本书的范围，简而言之，GAN 的训练可以被视为其两个组件（包括生成器和鉴别器）之间的猫鼠游戏，其中生成器试图模仿真实数据样本的分布，而鉴别器则经过优化可以有效地区分生成的样本和真实样本。因此，对于数据稀缺场景，特别是数据不平衡场景，基于 GAN 的数据增强方法可以通过从样本丰富的类中学习来丰富数据样本有限的类。具体来说，通过使用大量样本类（例如奔跑的狗和睡觉的狗）训练 GAN，生成器学会了通过导入多种姿势来欺骗鉴别器。然后，如果用户将生成器的输入从狗图像更改为猫图像，则生成器预计会生成奔跑的猫和睡觉的猫。先前介绍的方法很难涵盖诸如改变图像中动物的姿势等有价值的变换。相比之下，基于 GAN 的方法可以有效地处理它。值得一提的是，这一系列方法与少样本学习场景中的“想象力”（或“幻觉”）概念密切相关。有兴趣的读者可以参考文献注释。

对抗性训练。基于学习的数据增强的另一个相关工作是对抗性训练，其直觉与基于 GAN 的方法有一些共同点。对抗性训练的动机在于大量学习模型的脆弱性。经验和理论结果都表明，对原始数据样本的不明显的扰动通常会极大地改变数据挖掘模型的输出。然而，每个故事都有两面性，通过将棘手的扰动样本混合到训练样本中，事实证明训练后的模型比使用原始训练样本训练的模型更加鲁棒。

相较于基本增强方法和增强策略学习方法需要预定义的基本操作（例如图像数据的翻转、旋转）来指导增强，增强策略学习、基于 GAN 的方法和对抗性训练都依赖于通常从大量数据中学习的参数化组件。对于增强策略学习方法，它们可能会遇到效率问题，因为策略选择模型的每次更新都需要来自一组增强样本的重新训练目标模型的反馈。对于基于 GAN 的增强方法，原则上，增强可以被视为*迁移学习*的实例，通过该实例，模型从具有大量数据样本的类中学习流形，以构建具有有限数量数据样本的类流形。然而，在许多任务（例如医学成像处理）中，很难找到具有大量数据样本的类，如何从其他数据丰富的领域设计有效的迁移学习机制是关键挑战。对于对抗性训练来说，虽然它与数据增强方法有内在的联系，但也存在一些细微的区别：（1）通过对抗性训练“增强”的样本与人类识别系统的原始样本几乎相同，因为它们受到“不明显”的扰动；（2）对抗性训练的目标是提高模型的鲁棒性（防御对抗性攻击），而数据增强的目标是提高模型的泛化性。

文献注释

由 Cubuk 等人 [CZM⁺18] 提出的 AutoAugment 是自动化增强过程的开创性工作，但需要大量计算资源。在基于 GAN 的方法中，由 Antoniou 等人 [ASE17] 提出的 DAGAN 是第一个将 GAN 模型纳入数据增强任务的研究，并在各种应用中激发了大量基于 GAN 的研究，例如 Shao, Wang 和 Yan[SWY19] 进行的机器故障诊断和 Shin 等人 [STR⁺18] 进行的医学图像分析。Wang 等人 [WGHH18] 为少样本学习场景开发的“幻觉”策略与基于 GAN 的方法密切相关。Shorten 和 Khoshgoftaar [SK19] 对图像数据的增强做出了全面的调查。

对于其他数据类型，如音频数据，Park 等人 [PCZ⁺19] 开发了 SpecAugment，通过对频域和时域进行增强，实现了强大的性能提升。对于图结构化数据的增强仍然是未经充分探索的领域。由 Ding 等人 [DTZ18] 开发的基于 GAN 的解决方案之一 GraphSGAN 表明，数据增强可以有效地提高半监督学习在图数据上的性能。You 等人 [YCS⁺20] 通过预定义的基本操作对图数据进行增强，以提高图表示学习的性能。

12.3.3　从相关性到因果关系

数据挖掘模型在许多应用中取得了巨大的成就，涵盖了从股市预测到推荐系统等各个领域。然而，大部分现有的数据挖掘方法本质上是相关性分析，而在因果分析方面所做的工作相对较少。一般而言，相关性分析是研究不同观察变量之间的统计关联，而因果分析则侧重于它们之间的因果关系。例 12.4 说明了这两种分析之间的区别。

例 12.4　假设冬天气温很低，电费和食品开销都很高。在这种情况下，我们观察到了三个变量：低温、高电费和高食品开销。高电费和高食品开销之间存在相关性。然而，并不是高电费导致了高食品开销，反之亦然。相反，因果关系可能是低温导致了食品开销和电费的增加。□

与相关性分析相比，因果分析的挑战可以通过其主要任务来解释，包括因果发现和因果推断。

- 因果发现是定性分析。例如，如果我们想改变某些特定变量的值，我们应该操纵哪些变量？
- 因果推断则是定量分析。例如，如果我们修改某个变量的值，某些特定变量会发生什么样的定量变化？

因果发现相比相关性分析更加困难，可能需要一些先验的专业知识；而对于因果推断，需要进行精心设计复杂实验，如 A/B 测试，实验过程中其他变量保持不变。

因果分析可以应用于数据挖掘模型的不同方面。例如，好的因果发现可以提高黑盒深度学习模型的可解释性。在某些智能系统（例如大学招生系统）中，因果分析可以帮助避免与某些敏感变量（例如性别）相关的不公平结果。此外，因果分析可以提高模型的鲁棒性。

因果分析的分类如图 12.7 所示。我们根据它们的任务将现有方法分为不同的类别。对于因果发现，传统方法包括基于约束的算法、基于得分的算法和功能性因果模型。Peter-Clark（PC）算法在生成可能的因果图时同时测试条件独立性。基于得分的算法评估生成的因果图的得分。在功能性因果模型中，变量被构建为具有直接原因和噪声作为输入的函数的输出。为了应对大数据带来的挑战，已经证明可以通过对搜索空间添加限制来解决高维情况。对于因果推断任务，假设所有混淆变量都能被观察到，有三类代表性的方法：回归调整、倾向得分方法和协变量平衡方法。回归调整基于反事实分析来估计平均处理效应（ATE）得分。倾向得分方法旨在将每个实例匹配到一个集合，并在每个集合内估计 ATE。协变量平衡方法中，经典方法熵平衡（EB）被用于学习实例权重，而不是使用倾向得分对实例进行加权。通常，在实际应用中存在一些未观察到的混淆变量，这意味着因果模型中的后门路径不能被条件阻止。为了处理这些情况，提出了工具变量（IV）和前门准则。IV 的使用允许我们在两个阶段分析因果效应。相关 IV 对处理的效应在第一阶段进行分析，然后在第二阶段分析处理对结果的影响。在前门准则中，中介变量被设置为阻止从处理到结果的路径，从而更容易进行带有未观察到的混淆变量的因果推断。在大数据的支持下，一些先进的学习方法出现在因果推断中。神经网络和集成模型被应用于提高因果模型的表示能力。

目前因果分析的趋势是双重的。在大数据时代，研究人员的目标是用数据驱动的策略取代传统方法中的先验知识。深度学习方法已经变得流行起来，它可以集成到因果模型中，以进一步提高性能。在因果分析中仍然存在一些未解决的问题。例如，当处理很复杂或随时间变化时，因果关系分析就会变得更加困难。因果关系分析的许多应用，如黑盒解释、模型的鲁棒性和公平性仍有待探索。

文献注释

Spirtes 等人 [SGSH00] 首先生成一个骨架因果图，然后确定每条边的方向。Chicker 等人 [Chi02] 在结构方程中设置加性高斯噪声，并基于结构方程计算因果图的得分函数。Shimizu

等人 [SHH⁺06] 将检测因果关系转化为一个下三角矩阵估计任务。Nandy 等人 [NHM⁺18] 验证了从低维情况到高维情况的理论一致性。

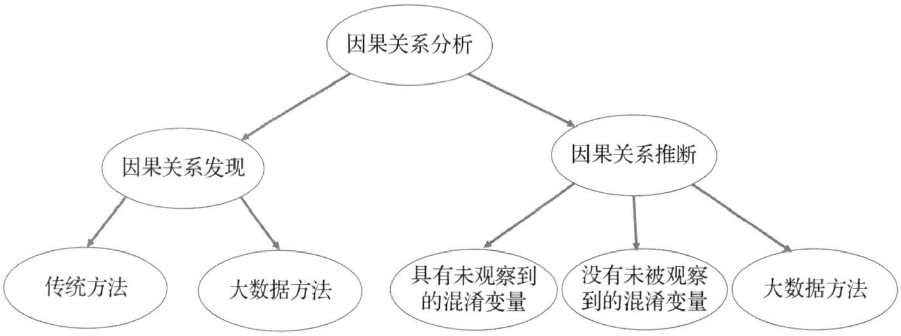

图 12.7　因果分析的分类

来源：改编自 Guo 等人 [GCL⁺20] 的研究。

对于因果推断任务，Hirano 等人 [HIR03] 使用反事实概率构建不同实例的权重。Louizos 等人 [LSM⁺17] 采用变分自编码器学习实例的潜在表示。Hill 等人 [Hil11] 利用贝叶斯加性树获得条件平均处理效应 (CATE)。Shalit 等人 [SJS17] 关注个体因果效应，并借助神经网络给出了一个泛化界限。在 Wager 等人 [WA18] 中，非参数随机森林分析了异质处理效应，这也是一个代表性的集成模型。

12.3.4　将网络作为情境

网络（即图）不仅出现在许多高影响力的应用领域中，而且已经成为各种数据挖掘和机器学习问题中不可或缺的组成部分。具体而言，网络不仅成为一种无处不在的数据类型（有关挖掘网络和图数据的一些代表性研究，请参阅 12.1.3 节），而且提供了一个强大的情境，将来自不同来源不同类型的数据与不同数据挖掘算法联系起来。我们将这种现象称为“*X* 的网络”，其中不同的 *X*（即实体、数据集或数据挖掘模型）通过底层情境网络相互连接。换句话说，底层情境网络的每个节点与一个代表实体、数据集或数据挖掘模型的 *X* 相关联或映射。特别是当每个 *X* 代表一个实体（例如用户、网页、设备等）时，“*X* 的网络”简单等同于我们在 12.1.3 节中看到的典型网络或图数据。当每个 *X* 代表整个数据集或数据挖掘模型时，我们可以利用“*X* 的网络”来加强建模能力，并提升各种实际应用中的挖掘性能。让我们看一些例子，包括时间序列网络、网络的网络和回归模型网络。

时间序列网络。时间序列网络的一个典型例子是复杂的监控系统，如下所示。

例 12.5　一个用于监控侵入行为的复杂系统通常与监测多种类型信号的设备集成在一起，信号包括比率频率以及温度。这些设备通过情境传感器网络进行连接，并生成特定的共同演化时间序列数据以监测异常活动。图 12.8a 展示了一个说明示例。其中节点代表由边连接在一起的不同设备，边则代表设备之间的相似性或相关性。每个设备监测一种特定类型的信号（即时间序列）。这里显示了所有设备监测到的温度时间序列。□

在上述示例中，每个设备（例如传感器）提供监测特定活动方面的信号（例如时间序列），这样单一的监测可能无法准确地检测异常活动。底层情境网络是设备之间的网络（即传感器网络），网络中的边捕捉了不同设备之间的相关性。通过挖掘多个相互关联的信号（即多个时间序列）以及底层的传感器网络，可以帮助更加精确地检测异常活动。 在时间序列数据网络中进行数据挖掘的核心思想为：（1）使用传统信号处理方法（例如卡尔曼滤波器）或深度神经网络（例如长短期记忆）对每个时间序列进行建模；（2）利用情境网络对不同的时间序列模型进行正则化。

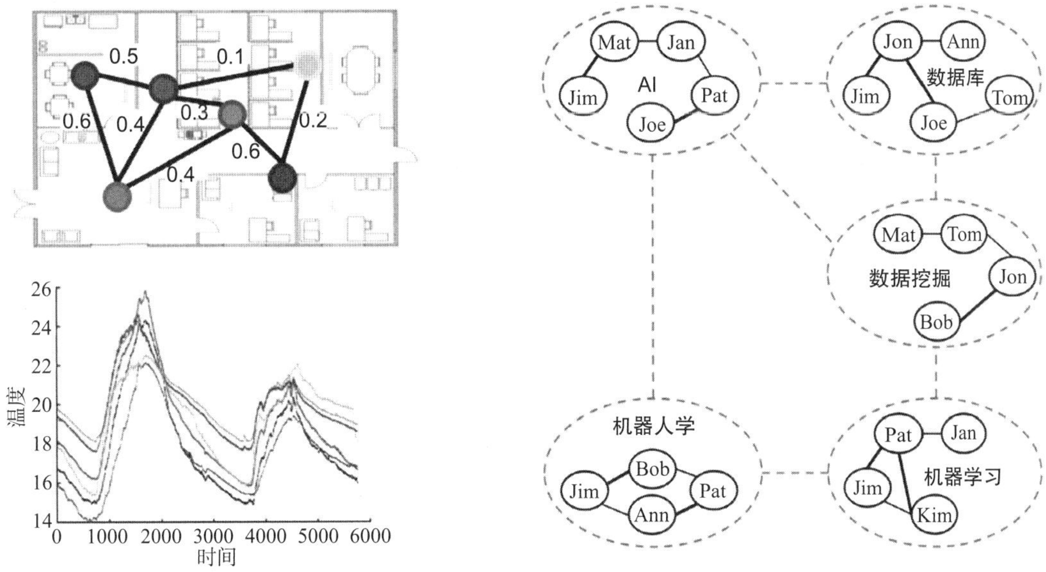

a）时间序列网络　　b）网络的网络

图 12.8　X 的网络的说明示例。a）以节点为温度时间序列的传感器网络的例子（改编自 Cai 等人 [CTF+15]）。b）以节点为特定领域的协作网络的研究领域网络的例子

网络的网络。当情境网络中的每个 *X*（即节点）本身代表另一个特定领域的网络时，它对应于网络的网络模型。接下来让我们看一个示例。

例 12.6　各位作者在不同的研究领域（例如数据挖掘、数据库、机器学习等）中相互合作发表论文，从而形成一组特定领域的协作网络，如图 12.8b 所示。这些协作网络由一个研究领域网络连接，其边可以衡量不同领域之间的相似性或相关性。请注意，如果某些作者有多个研究兴趣，他们可能存在于多个领域中。□

网络的网络模型相较于其他复杂网络模型，主要优势有两个方面。首先，将特定领域的网络与情境网络连接，模型明确地编码了层次结构，从而可以利用这种复杂数据集的多分辨率特性来进行挖掘任务。其次，情境网络通过在不同特定领域网络共享的公共节点（例如，在多个领域发表论文的同一作者）上引入*跨网络一致性原则*，为挖掘任务提供额外的正则化。

数据挖掘模型的网络。当每个 *X* 是一个数据挖掘模型时，我们可以使用 *X* 的网络将多个潜在相关的数据挖掘模型连接起来。例 12.7 展示了团队绩效预测的例子（有关数据挖掘在团队科学中的应用的介绍请参见 12.2.4 节）。在底层情境网络的帮助下，不同的绩效预测模型可以相互“借用”数据，从而相互提升预测性能。在这种设置中，情境网络可以作为基于图的正则化项，应用于绩效预测模型的参数上。

例 12.7　一个组织成功的关键因素是不同特定任务团队之间的协调与合作（例如，IT 公司中的研究团队、生产团队、人力资源团队等）。团队之间的协作可以被建模为一个情境网络。每个团队都有一个回归模型来预测其绩效，这些回归模型通过情境网络相互连接。□

X 的网络模型是一个尚未充分探索的领域，具有许多可能的未来方向。首先，情境网络的构建对整体性能至关重要，而一个构建不良的情境网络甚至可能影响性能。例如，情境网络通常通过计算领域之间的相似性来构建边。然而，对于特定任务来说，什么是“最佳”的

相似性度量仍然不清楚。其次，就 X 而言，有许多其他选项，使得该模型可以应用于更多的应用领域，例如来自不同领域的知识图谱或数据库、异质网络和表示学习模型等。最后，另一个未来的方向是将其他数据挖掘问题与 X 的网络集成，包括对抗学习、公平性和可解释性学习等。

文献注释

关于时间序列网络，Cai，Tong，Fan 和 Ji[CTFJ15] 提出了一种动态情境矩阵分解方法，以学习时间序列和情境网络结构背后的共同潜在因素。Li，Yu，Shahabi 和 Liu [LYSL17] 提出了一种带有扩散卷积门控循环单元的序列到序列架构，用于捕捉传感器网络背后的空间信息和时间序列的时态信息。类似地，其他时空预测方法也可以被视为时间序列网络上的预测（如 Yu，Yin 和 Zhu [YYZ17] 以及 Geng 等人 [GLW⁺19]）。这些模型专注于单模时间序列。对于更复杂的系统，其中共同演变时间序列的每个时间快照都是多模张量（例如，描述温度、风速等），建模时可以采用张量分解来保留多模时间序列的情境约束和时间平滑性（Cai 等人 [CTF⁺15]）。此外，Jing，Tong 和 Zhu [JTZ21] 提出了一个深度学习模型，该模型通过张量图卷积网络捕捉显式关系，并通过张量循环神经网络捕捉时间动态的隐式关系。

对于网络的网络，Ni，Tong，Fan 和 Zhang [NTFZ14] 提出应用跨网络一致性原则，即如果多个领域密切相关，则多个特定领域网络共享节点的排名得分应该相似。类似地，Ni，Tong，Fan 和 Zhang [NTFZ15] 提出了一种聚类方法，假设在两个高度相似的特定领域网络中，共同节点的簇分配应该相似。此外，对于图分类任务，通过将每个图实例构造为情境网络的节点，可以以另一种方式学习图实例（即特定领域网络）级和情境网络级的分类器（Li 等人 [LRC⁺19]）。

最后，对于数据挖掘模型网络，Li 和 Tong [LT15] 提出了一个联合预测模型，该模型将单个预测模型与主网络连接，并鼓励密切相关的预测模型的参数保持一致。

12.3.5 自动化机器学习：方法和系统

数据挖掘和机器学习模型已得到广泛应用，以处理计算机视觉、自然语言处理等领域的各种应用。然而，现实世界中存在众多不同的设置（例如，任务和数据集），因此为每个任务构建和训练适当的挖掘模型无疑是耗时的。此外，领域专家（例如，生物学和商业领域的专家）并不总是熟悉挖掘模型的详细实现，更不用说为特定领域应用构建和调整适当的挖掘模型了。

例 12.8 假设一位股票交易者希望预测一些他感兴趣的公司的股票价格，但他对用于建模时间序列的数据挖掘或机器学习模型并不熟悉，也不知道如何构建和训练一个准确的预测模型。在这种情况下，交易者可以利用自动化机器学习平台来寻找最优模型及其超参数。 □

为了解决这些问题，人们提出了自动化机器学习（Auto-ML），并且近年来引起了大量研究关注。Auto-ML 可以分为两个主要类别，包括（1）自动化特征工程（Auto-FE），它自动检测最具代表性和信息丰富的特征，（2）自动化模型和超参数调整（Auto-MHT），它自动构建机器学习模型并调整超参数。Auto-ML 最常用的技术包括强化学习（RL）、进化算法（EA）、贝叶斯优化（BO）和梯度算法（GA）。Auto-ML 的分类体系如图 12.9 所示。

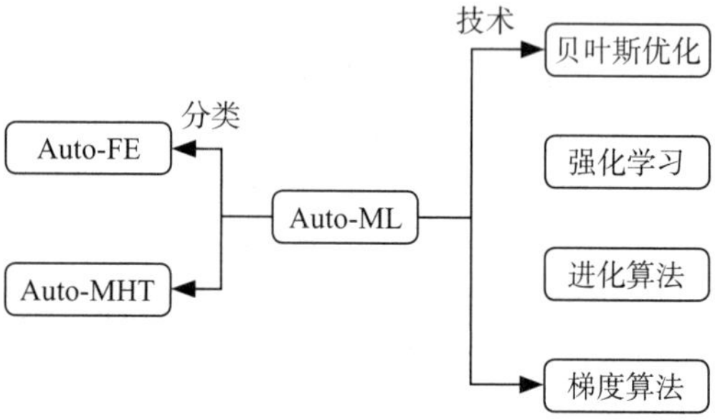

图 12.9 Auto-ML 的分类体系

在 Auto-FE 类别中，基于强化学习的方法构建了一个包含转换操作和特征的所有组合的转换图。最终的目标是学习转换图中的最优路径，从而实现最佳性能。基于进化算法的方法构建了一棵树来表示特征的转换。在 Auto-MHT 类别中，贝叶斯优化是最常用的方法之一，它利用概率模型（例如高斯过程）找到超参数的最优设置。强化学习是调优超参数和设计机器学习管道的另一种广泛采用的方法。还有些方法将超参数调优问题视为一个多臂老虎机问题，其中学习模型的超参数被视为臂。策略梯度被用于训练智能体来构建最优的神经架构。基于进化算法的方法主要侧重于找到最优的机器学习模型架构或管道。这一方法已经构造了一个树状的机器学习管道，其中叶节点代表输入数据，中间节点代表特定的机器学习模型。Auto-ML 也可以被看作锦标赛选择的案例，它反复比较两个随机选择的架构，然后选择性能更好的那个进入下一代。基于梯度的方法通常将神经架构编码到一个连续的空间中。有些方法在训练过程中将对操作的类别选择放宽到所有可能操作的 softmax 函数，而另一些方法则通过编码器将输入网络架构映射到隐藏表示中，然后通过解码器生成新的网络架构。对此感兴趣的读者可以查阅文献以获取其他相关研究。

Auto-ML 面临几个关键挑战。第一个挑战是 Auto-FE 和 Auto-MHT 缺乏权威的基准。截至本书编写时，对于 Auto-FE，尚没有关于训练设置和特征转换操作的标准协议。对于 Auto-MHT，特别是深度学习模型，现有的名为 NAS-Bench-101 的基准仅考虑了基于单元的搜索空间，而对于整个网络空间仍然没有基准。第二个挑战是 Auto-ML 的效率。许多用于深度学习模型的 Auto-MHT 方法在时间和资源上消耗巨大。此外，一些模型在评估阶段还需要较长的时间。第三个挑战是如何将人类知识或经验融入 Auto-ML，以找到整个搜索空间的合适子空间。第四个挑战是 Auto-ML 的可解释性。如果 Auto-ML 框架的用户能够理解为何选择了这些特征和特定的架构，将会很有帮助。第五个挑战是应用范围。大多数现有的 Auto-ML 框架侧重于分类和回归任务。针对更复杂任务，如图像字幕和推荐系统的 Auto-ML 框架仍然未被充分探索。

文献注释

Auto-FE 操作输入数据特征以提高模型性能。Khurana 等人 [KST18] 和 Chen 等人 [CLL+19] 使用强化学习来找到最佳的数据转换序列。Tran 等人 [TXZ16] 和 Viegas 等人 [VRG+18] 通过进化算法生成树状结构的数据转换。还有一些其他 Auto-FE 的方法。Kanter 等人 [KV15] 和 Katz 等人 [KSS16] 利用截断奇异值分解和随机森林选择特征。

Auto-MHT 旨在为给定的数据集和任务获得最优的模型或其超参数。对于传统的机器学习方法，Snoek 等人 [SLA12] 和 Hutter 等人 [HHLB11] 分别提出了依赖高斯过程和随机森林的基于贝叶斯优化的方法。Li 等人 [LJD+17] 使用强化学习调整超参数。Olson 等人 [OBUM16] 和 Chen 等人 [CWM+18] 分别提出了基于树的进化算法和基于层的进化算法。对于深度学习方法，Jin 等人 [JSH19] 引入了基于贝叶斯优化算法的 Auto-Keras 进行神经架构搜索。Zoph 等人 [ZL16, ZVSL18] 使用强化学习的策略梯度和近端策略优化来搜索最佳的神经网络。Real 等人 [RMS+17, RAHL19] 提出了基于进化算法的方法，通过锦标赛选择过程的变体搜索最佳的神经架构（Goldberg 和 Deb[GD91]）。基于遗传算法的方法将架构编码为连续向量表示。Liu 等人 [LSY18] 和 Luo 等人 [LTQ+18] 分别使用混合操作和编码器 – 解码器来学习神经架构的连续表示。

12.4　数据挖掘、人类和社会

12.4.1　保护隐私的数据挖掘

数据挖掘的目的是从数据中获取有价值的知识，但同时也涉及隐私保护的问题。例如，

2012年有一家大型零售公司通过分析数据，定义了一种怀孕识别的模式：如果一名女性同时购买了25种特定产品，那么这名女性可能怀孕了。通过该模式准确地识别出一名少女怀孕，并向她发送了婴儿产品的广告。这个女孩的父亲在收到广告后才发现女儿怀孕。这种行为侵犯了该少女的隐私，也引发了公众对数据挖掘中隐私保护问题的关注和担忧。

在数据分析过程中，隐私泄露可能会给数据所有者、数据用户、数据挖掘服务提供商以及整个社会带来巨大的风险。例如，隐私泄露可能会导致业务上的重大风险。随着大数据和数据挖掘技术的不断发展，个人信息被重新识别和匿名被破坏的可能性也越来越高。例如，用户可能在保证匿名的协议下对产品进行评论，但是通过数据挖掘技术，该用户的个人信息可能会被重新识别，从而侵犯了用户的隐私。此外，数据泄露或滥用分析数据可能会引起诉讼和相应的财务责任。在道德层面上，仅仅因为某些知识可以被发现，某些事件可以被预测，那么这些知识是否应该被使用，预测是否应该被执行？

当从数据中重新识别一个对象（如用户）成为可能时，大量的方法被开发出来对数据进行匿名化和保护隐私。例如，k-匿名性（Samarati 和 Sweeney [SS98]）是最早和最基本的技术之一。参见表12.1，其中包含了一组个人记录。列“ID”仅用于参考，不会被公开。我们希望向研究者公开数据，以便他们调查残疾人群的分布。因此，列“残疾”将会原样公开。表中的“地址”和“年龄”属性是识别属性。假设我们想要保护所有残疾人的隐私。直接发布原始表格将立即泄露R3和R5～R8的记录的隐私，因为使用地址和年龄信息可以识别出残疾人。k-匿名性的思想是对识别属性中的数据进行概括，使得每一条发布的记录在识别属性上至少与$k-1$条其他记录相同。例如，表12.2显示了一个四匿名化的例子，每个元组在识别属性上与其他三个元组相同，因此无法从发布的数据中以高于$1/k$的概率重新识别出一个元组，在这个例子中是1/4。当我们生成一个k-匿名性时，我们试图做出尽可能小的改变，以便尽可能地保留数据的实用性。例如，在表12.2中包含R5～R8记录的第二组中，街道名“Franklin Avenue”被保留，只有街道号码被去掉。

表12.1 一个包含敏感隐私数据属性“残疾”的数据集

ID	地址	年龄	残疾
R1	12 Front Street, Central Park, MyState	32	否
R2	38 Main Street, Central Park, MyState	43	否
R3	16 Front Street, Central Park, MyState	35	是
R4	833 Clinton Drive, Central Park, MyState	40	否
R5	1654 Franklin Avenue, Central Park, MyState	74	是
R6	235 Franklin Avenue, Central Park, MyState	78	是
R7	2323 Franklin Avenue, Central Park, MyState	72	是
R8	392 Franklin Avenue, Central Park, MyState	75	是

表12.2 一个包含敏感隐私数据属性“残疾”的数据集

ID	地址	年龄	残疾
R1	Central Park, MyState	[30～45]	否
R2	Central Park, MyState	[30～45]	否
R3	Central Park, MyState	[30～45]	是
R4	Central Park, MyState	[30～45]	否
R5	Franklin Avenue, Central Park, MyState	[70～75]	是
R6	Franklin Avenue, Central Park, MyState	[70～75]	是
R7	Franklin Avenue, Central Park, MyState	[70～75]	是
R8	Franklin Avenue, Central Park, MyState	[70～75]	是

k-匿名性简单且可以在一定程度上保护隐私。然而，它容易受到多种攻击，尤其是当攻击者掌握了一些背景知识时。例如，在表 12.2 中，记录 R5 ～ R8 的群体在敏感属性“残疾”上具有相同的值。因此，即使识别属性进行了 k-匿名化，这四个记录的敏感值仍然可能被泄露。这被称为同质性攻击（Machanavajjhala，Gehrke，Kifer 和 Venkitasubramaniam [MGKV06]）。作为另一个例子，如果攻击者可能了解到背景知识，即年龄在 [70 ～ 75] 之间的人群中，残疾的概率至少是平均水平的两倍，那么攻击者可以发起背景知识攻击（Machanavajjhala，Gehrke，Kifer 和 Venkitasubramaniam [MGKV06]），以增加获得这个年龄组中受害者敏感信息的机会。

为了描述数据库中群体的模式，同时保护个人信息，差分隐私（Dwork，McSherry，Nissim 和 Smith [DMNS06]）被开发出来。差分隐私的主要思想是，我们允许用户对数据集中的记录群体进行聚合，但不能以高置信度确定一个人是否属于该群体。因此，由于无法准确判断一个单独的个体是否属于一个特定群体，差分隐私保护了个人的隐私。

在技术上，一个随机化算法 $\mathcal{A}$ 是 ϵ-差分隐私的，如果对于所有相邻的数据集 D_1 和 D_2（即 D_1 和 D_2 在单个元素上有所不同），以及 $\mathcal{A}$ 的所有可能的输出 S，有 $P[\mathcal{A}(D_1)\in S]\leqslant e^{\epsilon}P[\mathcal{A}(D_2)\in S]$。换句话说，对于任意两个相邻数据集 D_1 和 D_2，$e^{-\epsilon}\leqslant\frac{P[\mathcal{A}(D_1)\in S]}{P[\mathcal{A}(D_2)\in S]}\leqslant e^{\epsilon}$。这里，$\epsilon$ 是一个取小实数的参数。例如，当 $\epsilon=0.01$ 时，$0.99\leqslant\frac{P[\mathcal{A}(D_1)\in S]}{P[\mathcal{A}(D_2)\in S]}\leqslant 1.01$。由于 D_1 和 D_2 产生的结果的概率非常接近，攻击者不能准确地确定 D_1 和 D_2 之间的唯一差异元素是否参与了计算，因此该元素的隐私被保护。当 $\epsilon=0$ 时，隐私保护的水平最大，因为算法输出 $\mathcal{A}(D_1)$ 和 $\mathcal{A}(D_2)$ 具有无法区分的分布。在这种情况下，输出结果不反映任何关于数据的有用信息。因此，通过调整 ϵ 的值，可以在隐私保护和数据实用性之间找到平衡。

我们如何添加噪声以实现差分隐私？给定函数 f，f 的全局敏感度是 f 在所有相邻数据集 D_1 和 D_2 上的最大差值，即 $GS_f=\max_{D_1,D_2}\|f(D_1)-f(D_2)\|_1$，其中 $\|\cdot\|_1$ 是 L_1 范数。我们可以设计一个随机化算法 $\mathcal{A}(D)=f(D)+Z$，其中 $Z\sim \mathrm{Lap}\left(\frac{GS_f}{\epsilon}\right)$ 是遵循尺度为 $\frac{GS_f}{\epsilon}$ 的拉普拉斯分布的随机噪声。以 μ 为中心，尺度为 b 的拉普拉斯分布的概率密度函数为 $h(x)=\frac{1}{2b}e^{-\frac{|x-\mu|}{b}}$。

有些函数的全局敏感度很容易计算，例如求和、计数和最大值。然而，还有很多函数的全局敏感度很难计算，甚至是无穷大的，例如 k-均值聚类的最大直径和子图计数。为了权衡隐私保护需求和数据实用性，差分隐私有许多放宽的版本。

隐私泄露可能发生在多个场景中，不仅限于数据所有者和数据挖掘结果消费者之间。在使用共同数据进行数据挖掘的不同数据所有者之间，也可能发生隐私泄露。例如，多家公司可能希望共同选择 k 个地点建立产品发货站，以便为客户提供快速的配送服务。为了解决这个问题，他们可能会在客户地址数据上进行 k-均值聚类。然而，这些公司可能不想共享客户地址信息，因为这些信息可能被视为客户的私人信息和每家公司的商业秘密。那么这些公司如何在不泄露敏感地址信息的情况下，使用他们的数据共同进行数据挖掘？

联邦学习和联邦分析是应对这一挑战的一个通用框架。它们应用数据挖掘方法来分析存储在数据所有者设备和站点上的本地数据。这种方法的核心思想是在每个数据所有者的本地数据上执行计算，并仅将聚合后的结果传输给中央服务器或其他用户，从而确保单个数据所有者的详细数据不会被传输或泄露。通过这种方式，联邦学习和联邦分析能够在保护隐私的同时进行有效的数据挖掘和分析。

例如，在联邦方式下对 n 个所有者的数据进行 k-均值计算，中央服务器不会将所有者的数据整合成一个单一的数据集。相反，它会随机选择初始的 k 个中心，并将这些中心发送给每个所有者。每个所有者在其本地数据上计算分配给每个中心的数据对象，以及每个簇的更新后的本地中心。然后，只有 k 个更新后的本地中心和对于每个更新的中心，分配的对象数量和类内变化（式（9.1））被报告给中央服务器。任何具体的数据记录都保留在数据所有者内部，从未与中央服务器或其他数据所有者共享。接着，中央服务器从所有者那里收集本地信息并更新全局 k 个中心。这个过程可以多次迭代，直到全局 k 个中心变得稳定。

联邦学习和联邦分析为实现数据挖掘和数据分析协作提供了一种有前景的方式。通过联邦方式，可以建立各种模型，如分类器、聚类和数据分布。联邦学习可以以水平或垂直的方式发生。在水平联邦学习方面，每个数据所有者拥有的数据遵循相同的模式。这意味着各个所有者的数据具有一定的相似性和可比性。在垂直联邦学习方面，不同的数据所有者只有一组对象的某些属性的数据。这使得每个所有者的数据具有独特性，可以互补地提供更全面的信息。在上述示例中，我们假设了集中式联邦学习，其中有一个中央服务器来协调挖掘过程的不同步骤和协调参与的数据所有者。另一方面，去中心化的联邦学习则是由参与的数据所有者自己协调。最近，为了适应具有非常不同的计算和通信能力的异构用户，开发了异构联邦学习。这种学习方式结合了集中式和去中心化的优点，能够更好地平衡隐私保护、计算能力和通信能力的要求。

数据挖掘中的隐私保护确实远远超出了单纯的技术层面，它需要社会和法律的多方面努力。在立法方面，各国政府和国际组织已经制定了多项法律法规来保护个人隐私和数据安全。例如，欧盟（EU）和美国建立了相关的法规和指令来保护个人隐私。1995 年欧洲议会和理事会的 95/46/EC 指令以及 1996 年美国卫生与公众服务部（HHS）的《健康保险可携带性和责任法案》(HIPAA）都是基于匿名化和去身份识别的法规。此外，一般数据保护条例（EU GDPR）是欧盟关于数据和数据保护的法规，它赋予个人对个人数据的控制权，通过在欧盟内统一监管简化了国际业务的监管环境。

12.4.2　人类与算法的交互

到目前为止，我们主要关注为数据挖掘模型设计有效和可扩展的算法。“但是这些算法是如何与人类（即系统管理员、终端用户）交互的？”*人类与算法的交互*旨在优化人类智能和数据挖掘算法之间的协作，从而提高系统性能和用户体验。以下是对这个问题的详细阐述：（1）利用人类智能解决对算法来说困难的任务（即众包）；（2）利用人为干预进一步改进数据挖掘算法（即人在环中）；（3）通过算法改进人类的查询策略（即机器在环中）；（4）促进人类与算法之间的有效协作（即人机协作）。

众包。众包的目标是利用人类智能解决那些机器学习和数据挖掘算法难以独立解决的问题，如识别图片中特定的植物，对网站上的产品进行评级，或者为一个简短的段落写一个总结。众包的应用非常广泛，主要应用领域如下。首先，众包的一个重要应用是生成具有高质量标签的数据样本，包括二元或分类标签、句子翻译、图像标注等。为了提高众包标签的质量，一些研究将每个数据样本呈现给多个工作者，并通过总结工作者的回应获得最终标签。标签生成的另一个研究方向是通过考虑其他工作者对同一实例的回应，从而评估工作者的质量（即同行预测）。其次，众包广泛应用于评估学习模型和调试学习系统中的故障组件。对于模型评估，通过众包可以确定无监督主题模型的输出是否有意义（即，从文章中提取的关键词对用户理解文章有多大帮助）。此外，众包能够评估一些关键领域如医学诊断中模型预测的可解释性。在调试 AI 系统方面，整个 AI 系统包含多个离散组件，用于完成复杂的任务，众包可以帮助识别 AI 系统中的最弱组件。最后，在依赖于人类判断或领域知识的 AI 系统中，人类智能已经被探索。这样的混合 AI 系统在聚类、规划和调度、事件预测和预测等任务中，常常比单个人类或学习算法能达到更好的性能。除了机器学习和数据挖掘研究，众包平台在心理学和社会科学研究中也被广泛利用，用于进行社会行为实验，从而促进跨学科研究的发展，并帮助深入理解人类与学习算法之间的交互（例如，人们是否信任预测结果，以及他们如何对在线购物中推荐的商品做出反应）。

人在环中。人在环中（HITL）的目标是有效地将人类智能融入学习算法的开发中，以创建先进的 AI 系统。人类在 AI 系统中的干预可以有各种形式。在训练阶段，监督学习任务（如图像分类、语音识别）通常依赖于人类来获得具有注释（即标签）的高质量数据样本，并设计适用于特定场景的算法。深度神经网络的最新趋势已经使自动化 AI 系统变得越来越强大和复杂。然而，深度学习方法的内在黑盒属性使得对最终用户解释预测结果极具挑战性。因此，具有充分背景知识的人类智能对于提高模型解释预测的能力至关重要，特别是在健康保健和司法系统等社会关键领域。此外，人类智能也可以作为评估器，对旨在生成结果解释的算法进行评估，这也是人类在系统中的一个重要角色（即，提高解释的质量）。在医学科学中，专家的经验和先验知识对于标注医学数据至关重要。例如，在医学图像获取中，需要某种专业知识来标记图像中的信息区域，以便进行精确的计算机辅助诊断。未来的信息物理系统（CPS）也依赖于与人类意图更紧密的联系，以开发具有大量智能设备（如智能手机、传感器、计算资源等）的强大和复杂的系统。

机器在环中。与人在环中的系统相比，机器在环中更注重利用学习算法支持工作人员完成某些任务。机器在环中的目标是探索最好的方法将学习算法整合到人类决策制定中。例如，现有的工作研究了将算法融入创意写作思维的可能性。另一个有趣的应用是利用人工智能技术帮助用户实现快速和创造性的绘图。考虑到标注数据通常很昂贵，需要大量的人力，有时由于隐私限制，标注数据的数量有限，因此主动学习（AL）中的许多工作都集中在最大限度地减少用于训练的标注数据的数量，同时达到可比的性能。

人机协作。网络环境下团队科学的最新进展（见 12.2.4 节），以及数据挖掘和机器学习算法的飞速发展，孕育了一种涉及人类智能体和学习算法的独特团队形式（即人机团队，简称 HMT）。人类和算法具有互补的技能。因此，人类智能体和机器智能体之间的协调团队合作可能比仅由人类或仅由机器组成的团队能达到更好的性能。人机协作的核心挑战包括：（1）有效建模人机团队中的协调、沟通和合作，需要考虑到其异质性、层次性和动态性；（2）准确预测静态和动态场景下的团队性能；（3）从提高学习算法和更新人机互动的角度出发改进人机团队以提高性能。图 12.10 展示了人机协作的示例，其中图 12.10a 是 HMT 的概述，表示了 HMT 网络中的关键组件和交互。图 12.10b 为包含人类和机器成员的网络防御场景提供了更多细节，其中安全智能体（即机器）的目标是识别可疑的网络活动，网络分析师（即人类）可以为机器智能体提供反馈（例如注释），并解决困难的案例。在该系统中，通过人机成员之间的团队间 / 团队内信息共享，实现有效的网络防御。

文献注释

众包在各种任务中进行了广泛探索。例如，Raykar 等人 [RYZ+10] 提出了利用众包生成图像标注，以训练计算机视觉模型。Miao 等人研究了针对众包系统的对抗性活动问题 [MLS+18]。众包技术还被用于提高医学诊断的可靠性，Li 等人 [LDL+17] 进行了相关研究。

为了解决数据标签的噪声问题，Khetan 和 Oh [KO16] 引入了一种自适应方案，来平衡模型性能和预算。为了从大量嘈杂的标签中推断真实标签，Zhou 和 He [ZH16] 首次利用张量增强和补全提高所获得标签的质量。对于异构数据，Zhou 和 He [ZH17] 提出了一个学习框架，可以有效利用数据异构性的结构信息，以提高模型的普适性和质量。工作者的质量是决定标签准确性的关键因素，为了应对这一挑战，Zhou，Ying 和 He [ZYH19] 提出了一个优化框架，通过研究跨网络行为来建模任务和工作者的双重异构性。

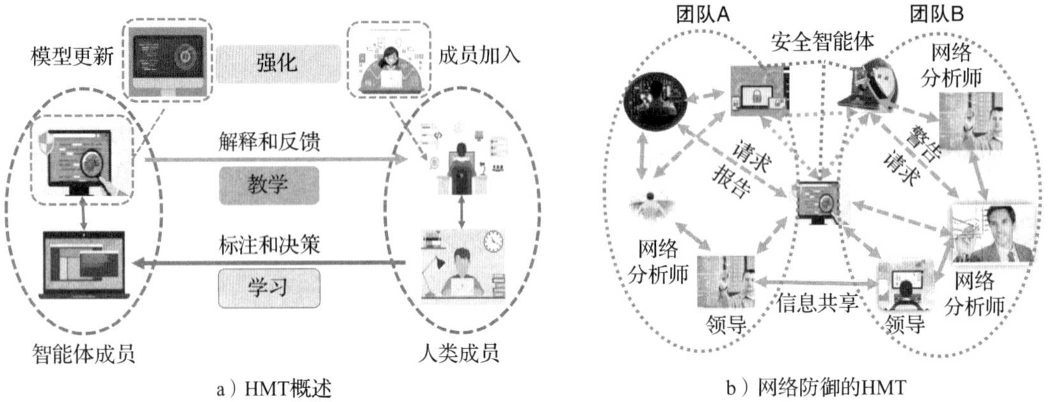

图 12.10 人机协作示意图

通过在构建混合智能系统中引入人在环中，可以基于共享知识促进聚类算法的发展，Heikinheimo 和 Ukkonen [HU13] 对此进行了研究。人类智能也被用来有效地选择高质量的训练集以构建机器学习模型（即机器教学）。例如，Zhou，Nelakurthi 和 He [ZNH18] 提出了一个新颖的教学框架，监督众包进行标注。在一些标签质量不完美的情况下，Zhou 等人提出了一种自适应方法，通过机器教师和工作者之间的顺序交互来提高标注质量。人类还可以支持机器学习算法的可解释性：Lai，Carton 和 Tan [LCT20] 旨在通过高质量的解释来协助人类决策；Mothilal，Sharma 和 Tan [MST20] 提出了一个生成和评估反事实解释的框架，以帮助用户理解学习算法。

12.4.3 超越最大化准确率的挖掘：公平性、可解释性和鲁棒性

随着数据量的不断增长以及数据挖掘技术的快速发展，自动化决策在各种应用领域变得无处不在。例如，像 Facebook 和 Instagram 这样的社交媒体应用程序可以根据用户的喜好和社交网络自动推荐多媒体内容和好友。像 LinkedIn 和 XING 这样的公司采用基于数据挖掘的系统，在招聘和雇佣过程中对潜在候选人进行排序。㊀美国的法庭采用 COMPAS 算法预测再犯可能性，据报道其精度超过了经过训练的人类。㊁对于这些应用和许多其他应用，除了准确性（例如，推荐和排名的精确度和召回率，以及再犯预测的 AUC）之外，我们还需要考虑其他一些重要的指标。在这一节，我们将介绍其中三个：公平性、可解释性和鲁棒性。

公平性。尽管数据挖掘技术可能很有前景，但如果使用不当，可能存在潜在的、通常是无意的偏见。

为了解决数据挖掘技术中的公平性问题，首先要问的问题是如何正式定义公平性。从数据挖掘的角度来看，公平性的定义可以分为群体公平性、个体公平性和反事实公平性。首先，

㊀ https://emerj.com/ai-sector-overviews/machine-learning-for-recruiting-and-hiring/。

㊁ https://news.berkeley.edu/2020/02/14/algorithms-are-better-than-people-in-predicting-recidivism-study-says/。

群体公平性包括三个子类别，即人口平等（即统计平等）、均等机会和预测率平等。具体来说，人口平等表示预测结果的概率应与敏感属性（例如，性别、种族等）无关。均等机会表示对于不同的敏感属性，给定相同标签的同一预测结果的条件概率应该相等。预测率平等意味着对于不同的敏感属性，给定预测结果的标签的条件概率应该相等。其次，个体公平性的想法是保护个体之间的相似性，即相似的个体应该受到相似的对待。最后，反事实公平性的目标是纠正标签变量的预测，这些预测由于个体的敏感属性而被不公平地改变了。它提供了一种检查替换敏感属性可能产生的潜在影响的方法。

一般来说，公平学习算法有三种类型的策略，包括预处理、训练时优化和后处理。预处理方法的关键思想是学习个体特征的表示，以消除敏感属性的影响。学习到的表示反过来用于下游数据挖掘任务，以便可以实施个体公平性或人口平等。训练时优化的关键思想是在原始目标函数中使用额外的正则化器或约束，用于相应的数据挖掘任务。训练时优化的方法通常可以在减轻偏差和保持原始挖掘精度之间取得良好的权衡。对于使用实值预测分数（例如，用于预测贷款违约的 FICO 分数）的分类器，后处理的关键思想是为每个组找到一个适当的阈值，使用原始的得分函数以实现某些类型的公平性约束（例如均等机会）。预处理和后处理都不需要更改原始的数据挖掘模型（例如分类器）。这三类学习算法的总结见表 12.3。

算法公平性是一个活跃的研究领域，有许多可能的未来方向。举几个例子，除了检查数据挖掘模型外，人们还可以仔细审查数据以及检查偏差是如何在数据生成过程中首次引入的。除了当前研究的主要关注点是静态的一次性问题，研究反馈回路和人为干预对数据挖掘系统潜在偏差的长期影响也很有趣。对于公平学习模型本身，效用与个体或群体公平性之间的理论和实验权衡值得进一步研究。

表 12.3　公平算法总结，以分类为例说明

公平学习算法	预处理	训练时优化	后处理
关键思想	学习特征表示以减轻敏感属性的影响	在原始挖掘任务的目标中使用额外的约束条件	修改学习模型的阈值以满足公平性约束
优点	（1）可用于任何下游任务 （2）无须修改分类器 （3）测试时无须访问敏感属性	（1）相对良好的性能 （2）在准确性和公平性指标之间灵活权衡 （3）测试时无须访问敏感属性	（1）可应用于任何分类器之后 （2）相对较好的性能 （3）无须修改分类器
缺点	（1）只能优化统计平等和个体公平性 （2）相对较低的性能	（1）任务特定的求解器 （2）需要修改分类器（可能不可行）	（1）测试时需要访问敏感属性 （2）没有明确的准确性和公平性权衡

可解释性。大多数现有的数据挖掘和机器学习方法都是“黑盒”，因此对于终端用户（通常不是数据挖掘专家）来说，理解挖掘过程或结果是困难的。数据挖掘模型和系统缺乏可解释性和透明度，这将引起信任、安全和可争议性等问题。

例 12.9　通过患者的用词或脑部 MRI 图像进行阿尔茨海默病[㊀]的 AI 辅助诊断在数据挖掘研究中受到了广泛的关注。然而，如果模型不能提供人类（医生）可以解释的预测，结果将面临信任和可靠性问题。在另一个应用中，由于无法让人们对诸如 COMPAS 等专有的累犯预测器提出异议，缺乏可争议性使其受到了严厉的批判。[㊁]　□

在第 7 章，我们学习了一些解释分类的基本技术。除此之外，还开发了许多可解释的数

㊀ https://www.scientificamerican.com/article/ai-assesses-alzheimers-risk-by-analyzing-word-usage/。

㊁ https://www.theatlantic.com/technology/archive/2018/01/equivant-compas-algorithm/550646/。

据挖掘方法。举几个例子，有些研究使用每个特征的汇总统计作为解释；一些方法将特征汇总统计可视化为直观的解释；一些方法旨在探索模型的自解释组件，例如线性模型中的权重或决策树的学习树结构；其他方法则专注于识别关键数据点（包括现有的和新创建的样本），以使模型变得可解释。

鲁棒性。另一个重要方面是数据挖掘模型的鲁棒性。一般而言，鲁棒的数据挖掘模型应满足测试结果与训练结果一致的条件，或者在无意插入噪声和有意的对抗性攻击下，测试结果保持稳定。

例 12.10　鲁棒性最为著名的例子之一是卷积神经网络（CNN）进行的图像分类。研究人员发现，对于人眼来说几乎察觉不到的轻微修改（例如，在图像中插入一些额外的较暗像素）可能导致 CNN 模型产生截然不同的分类结果。 □

对抗性攻击的分类体系如图 12.11 所示，基于四个标准（即对抗伪造、对手的知识、对抗特异性和攻击频率）。常见的防御策略可分为*反应性方法*和*主动性方法*。反应性方法在数据挖掘模型构建后检测对抗性示例，而主动性方法试图在攻击者生成对抗性示例之前使挖掘模型更加鲁棒。代表性的反应性方法包括对抗性检测、输入重构和网络验证；代表性的主动性方法包括网络蒸馏、对抗性（重新）训练和分类器鲁棒化。除了对抗性攻击和防御之外，其他鲁棒性研究还关注模型性能的稳定性。例如，研究模型鲁棒性的一种有趣方法是通过一场游戏。考虑一个分类器，通过这场游戏设计鲁棒分类器的目标是，在给定该分类器知识的情况下，选择测试数据的分布以最大化预期损失，同时最小化损失。

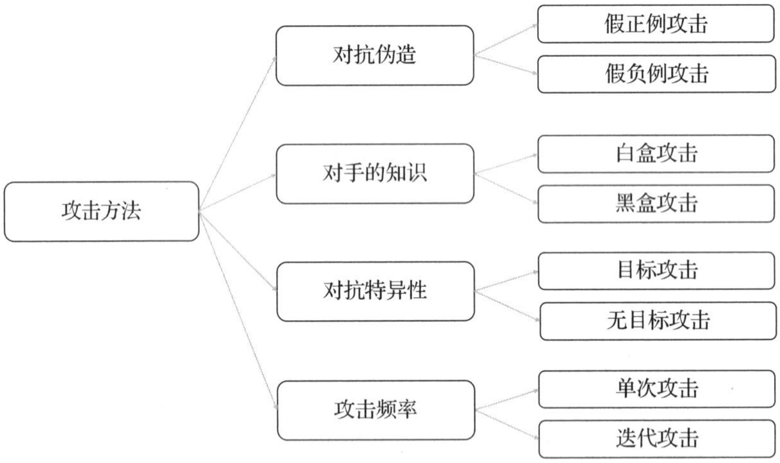

图 12.11　对抗性攻击的分类体系

文献注释

Calmon 等人 [CWV+17] 开发了一种用于学习数据转换的凸优化方法，以减轻歧视、限制单个数据样本中的失真，并保持效用。Gordaliza 等人 [GDBFL19] 试图检测二元分类规则何时缺乏公平性，并通过两种公平性定义（即不同的影响和平衡错误率）来对抗潜在的歧视。Zemel 等人 [ZWS+13] 开发了一种优化方法，用于维护群体公平性并找到模糊数据的良好表示。Lum 等人构建了一个统计框架，用于移除特征中的敏感信息。Calders，Kamiran 和 Pechenizkiy[CKP09] 为确保个体公平性，开发了一个精确的模型，该模型的预测与给定的二元（敏感）属性无关。Kang 等人 [KHMT20] 为图挖掘定义了个体公平性，并开发了去偏方法，用于解决图挖掘任务中的公平性问题。

Molnar[Mo20] 全面总结了基本的可解释的机器学习方法。Samek 等人 [SWM17] 提出了两种解释深度学习模型预测的方法。一种方法计算预测对输入变化的敏感度，另一种方法根据输入变量来分解决策。Lundberg 等人 [LNV+18] 探讨了一种可解释的机器学习方法，用于预防手术中的低氧血症，这在机器学习和生物信息学领域引起了广泛关注。Holzinger[Ho18] 全面阐述了各种可解释的机器学习，并指出了未来的几个方向。

Ren 等人 [RZQL20] 全面调查了对抗性攻击和防御方法的最新进展。Papernot 等人利用网络蒸馏来防御对抗性示例对深度神经网络的攻击 [PMW+16]。Goodfellow 等人 [GSS14] 和 Huang 等人 [HXSS15] 提议在训练阶段包括对抗性示例，并在训练的每一步生成对抗性示例以将它们注入训练集。Zugner 等人 [ZAG18] 介绍了图上的对抗性攻击问题，重点关注图卷积网络的训练阶段。Bagnell 等人围绕一类广泛的监督学习算法开发了一个包装器框架，以确保在输入分布变化时的鲁棒行为 [Bag05]。

12.4.4　数据挖掘造福社会

近年来，数据挖掘技术已被应用于各种具有重要社会影响的领域，统称为“数据挖掘造福社会”。让我们看一个铅水管检测项目的例子。

例 12.11　由于铅水管的腐蚀，密歇根州弗林特市的饮用水受到严重污染，对公共健康产生了重大影响。由于大多数水管服务记录不完整甚至遗失，城市官员对铅水管的具体位置不确定。密歇根大学的一组研究人员领导的 ActiveRemediation 项目采用了各种机器学习和数据挖掘技术来指导管道更换过程。例如，它结合了 XGBoost（第 6 章介绍的一种集成技术）和层次贝叶斯空间模型，以估算水管中含有有害物质的概率。此外，还使用了主动学习技术（在第 7 章介绍），用于识别需要检查的房屋并引导数据收集过程。自 2016 年首次部署以来，ActiveRemediation 项目取得了惊人的 70% 的准确度，并成功在 2017 年之前更换了 6228 根含有有害金属的水管。□

通过利用数据挖掘技术，已经在教育、公共卫生、打击信息操纵、社会关怀与城市规划、公共安全、交通运输等多种应用中产生了积极的社会影响（见表 12.4 的汇总）。例如，各种数据挖掘模型（如随机森林和 Adaboost）已被用来识别需要干预才能按时高中毕业的学生；一个名为 EpiDeep 的深度学习方法已经被开发出来，用于预测流行病的未来趋势，提高了预测的准确性和可解释性；使用 RBF 核函数的 SVM 分类器已经被证明可以有效地检测社交媒体上的谣言；一种名为 FLORAL 的多模态转移学习方法已被开发出来，能够在不同的城市之间转移语义相关的字典，并用源城市的知识丰富目标城市的特征表示；包括 logistic 回归在内的广义线性模型已被用于预测来自诸如推特、新闻和博客等多个数据源的公民抗议活动；已经开发出了多智能体强化学习框架，用来模拟共享出行平台上需求和供应之间复杂、高维的动态变化。

表 12.4　数据挖掘的应用和相关技术。改编自 Shi，Wang 和 Fang[SWF20]

应用	关键的数据挖掘技术	应用	关键的数据挖掘技术
教育	随机森林 logistic 回归	社会关怀与城市规划	梯度提升决策树 Adaboost 迁移学习
公共卫生	长短期记忆（LSTM） 自编码器 深度聚类	公共安全	广义线性模型（GLM） 朴素贝叶斯（NB）
打击信息操纵	具有径向基核函数的支持向量机 马尔可夫随机场（MRF） 图注意力网络（GAT）	交通运输	需求和供应建模 多智能体强化学习

数据挖掘造福社会的主要挑战来自以下几个方面。首先是数据稀缺，通常很难从实际场景中收集大规模数据，这可能会影响监督数据挖掘方法的性能。为了应对这个挑战，研究人员在当前的一些工作中使用了无监督学习或迁移学习。其次是评估，由于数据挖掘造福社会的主要目标是解决具有重大社会后果的实际问题，仅仅依靠标准评估指标可能不足够。因此，重要的是制定特定于应用领域的评估指标。然后是人在环中，领域专家（如社会工作者和医生）拥有许多关键的知识和经验，应该加以利用以进一步改进数据挖掘方法。因此，如何将这种人类知识无缝地纳入数据挖掘过程，并建立有效的人机交互，是另一个重要的研究挑战。最后是可持续部署，数据挖掘造福社会的最终目标是开发在现实世界中可持续部署的模型。然而，目前只有少数项目完全实现了这一目标，原因包括合作伙伴的合作意愿和资金状况。

文献注释

Abernethy 等人 [ACF+18] 开发了 ActiveRemediation 来检测含有有害金属的管道。他们结合 XGBoost 和层次贝叶斯空间模型来估计管道含有有害物质的概率，并使用 Importance Weighted Active Learning 选择需要检查的房屋。Lakkaraju 等人 [LAS+15] 开发了一种方法，用于识别需要干预才能按时高中毕业的学生。他们基于从实际场景收集的数据对各种数据挖掘模型（如随机森林和 Adaboost）进行了全面比较。Baytas 等人 [BXZ+17] 开发了时间感知 LSTM（T-LSTM），能够处理患者记录中的不规则时间间隔。将 T-LSTM 与自编码器结合，引入了一种无监督方法，可以仅通过患者历史记录将其分组。Adhikari，Xu，Ramakrishnan 和 Prakash [AXRP19] 设计了一种称为 EpiDeep 的新型深度学习方法，该方法从历史数据中学习嵌入以预测流行病的未来趋势。借助学到的嵌入，EpiDeep 能够找到与当前季节最接近的历史季节，从而提高性能和可解释性。Fan 等人 [YLYY12] 使用带有 RBF 核函数的 SVM 分类器来检测微博平台上的谣言。Rayana 和 Akoglu [RA15] 开发了一种新方法 SpEagle，通过元数据（文本、时间戳、评分）和关系数据（评论网络）检测垃圾评论。SpEagle 支持无监督和半监督设置，仅使用有限标记数据即可显著提高性能。Wei，Zheng 和 Yang [WZY16] 开发了一种称为 FLORAL 的多模态迁移学习方法，以解决城市计算任务中的数据不足挑战。FLORAL 在空气质量预测问题上进行了评估，在实际场景的数据上表现出优越的性能。Avvenuti 等人 [ACM+14] 提出了一种紧急管理系统 EARS，用于发现有关地震等突发危机事件的有意义的推文。通过精心设计的特征提取和检测规则，EARS 能够以相对较低的误报率检测地震事件并及时通知相关方。Ramakrishnan 等人 [RBM+14] 开发了 EMBERS 系统，旨在通过多个数据源（如推文、新闻、博客和其他来源）预测公民抗议活动。

许多数据挖掘模型，如 logistic 回归和广义线性模型，已被用于预测来自不同来源的数据，这些预测被融合以生成最终结果。Lin，Zhao，Xu 和 Zhou [LZXZ18] 提出了一种多智能体强化学习框架，用于模拟共享平台上需求和供给之间复杂且高维的动态关系。通过对动作、奖励和状态进行适当设计，该框架在动态变化的环境中实现了不同智能体之间的高效协调。

数学背景

符号命名约定

除非另有说明，本章中统一使用大写粗体字母来表示矩阵（例如 $\boldsymbol{A}$），小写粗体字母表示向量（例如 $\boldsymbol{u}$），小写字母表示标量（例如 c）。在这里采用类似于 NumPy 库的索引规则对矩阵索引进行约定：使用 $\boldsymbol{A}[i,j]$ 来表示矩阵 $\boldsymbol{A}$ 中的元素，其中 i 代表行号，j 代表列号。例如，$\boldsymbol{A}$ 的第 i 行第 j 列的元素可以表示为 $\boldsymbol{A}[i,j]$。当使用索引 $[i,:]$ 时，表示取矩阵 $\boldsymbol{A}$ 的第 i 行；$[:,j]$ 表示取矩阵 $\boldsymbol{A}$ 的第 j 列。使用上标 T 来表示矩阵的转置操作。例如，矩阵 $\boldsymbol{A}$ 的转置可以表示为 $\boldsymbol{A}^{\mathrm{T}}$。使用上标加号（+）来表示矩阵的伪逆操作。例如，矩阵 $\boldsymbol{A}$ 的伪逆可以表示为 $\boldsymbol{A}^{+}$。

A.1 概率与统计

A.1.1 典型分布的概率密度函数

在统计学和概率论中，连续随机变量的概率密度函数（Probability Density Function，PDF）是一个描述随机变量的输出值在某个特定样本点附近的相对可能性的函数。任何 PDF 都必须满足下面两个条件：

（1）$\forall x, f(x) \geqslant 0$，

（2）$\int_{-\infty}^{\infty} f(x)\mathrm{d}x = 1$。

对于不同的连续随机变量，其概率密度函数可以有不同的形式。一些典型的概率密度函数的形式如下：

- **均匀分布**：$X \sim U(a,b)$，其中 $a < b$。该分布的均值为 $(a+b)/2$，方差为 $(b-a)^2/12$。均匀分布的 PDF 表达式如下：

$$f(x) = \begin{cases} \dfrac{1}{b-a}, & a < x < b, \\ 0, & \text{其他} \end{cases}$$

- **指数分布**：$X \sim E(\lambda)$，其中 $\lambda > 0$。这个分布的均值是 $1/\lambda$，方差为 $1/\lambda^2$。指数分布的 PDF 表达式如下所示：

$$f(x) = \begin{cases} \lambda \mathrm{e}^{-\lambda x}, & x \geqslant 0, \\ 0, & \text{其他} \end{cases}$$

- **正态分布**：$X \sim \mathcal{N}(\mu,\sigma)$，其中 $-\infty < \mu < +\infty$ 且 $\sigma > 0$。该分布的均值为 μ，方差为 σ^2。正态分布的 PDF 表达式如下：

$$f(x) = \frac{1}{\sqrt{2\pi}\sigma} \mathrm{e}^{-\frac{(x-\mu)^2}{2\sigma^2}}$$

- **伽马（Gamma）分布**：$X \sim \mathrm{Gamma}(\alpha,\beta)$，其中 α 和 β 是参数且 $\alpha > 0$ 和 $\beta > 0$。该分布的均值为 α/β，方差为 α/β^2。伽马分布的 PDF 表达式如下：

$$f(x,\beta,\alpha)=\frac{\beta^{\alpha}}{\Gamma(\alpha)}x^{\alpha-1}\mathrm{e}^{-\beta x},\ x>0$$

其中$\Gamma(\alpha)=\int_0^{\infty}t^{\alpha-1}\mathrm{e}^{-t}\mathrm{d}t$是伽马函数。

- **贝塔分布**：$X\sim\mathrm{Beta}(a,b)$，其中$0<x<1$，$a>0$和$b>0$。该分布的均值是$a/(a+b)$，方差是$ab/[(a+b)^2(a+b+1)]$。贝塔分布的PDF表达式如下：

$$f(x,a,b)=\frac{\Gamma(a+b)}{\Gamma(a)\Gamma(b)}x^{a-1}(1-x)^{b-1},\quad a>0,b>0$$

其中$\Gamma(\cdot)$是伽马函数。

A.1.2 MLE和MAP

最大似然估计（Maximum Likelihood Estimation, MLE）和最大后验估计（Maximum A Posteriori, MAP）是用于估计参数的两种常见的统计方法。在这两种方法中，需要先假设有一组观测数据点$\boldsymbol{X}=\{\boldsymbol{x}_i\}(i=1,2,\cdots,n)$，这些数据点满足独立同分布（i.i.d., independent and identically distributed）条件。MLE和MAP的目标都是找到一个最优参数θ。

在最大似然估计中，先假设存在一个真实的但未知的固定参数θ，获取θ的过程如下：

$$\begin{aligned}\theta_{\mathrm{MLE}}&=\arg\max_{\theta}P(X\mid\theta)\\&=\arg\max_{\theta}\prod_i P(x_i\mid\theta)\end{aligned}\tag{A.1}$$

上述方程的对数形式如下：

$$\begin{aligned}\theta_{\mathrm{MLE}}&=\arg\max_{\theta}\log P(X\mid\theta)\\&=\arg\max_{\theta}\log\prod_i P(x_i\mid\theta)\\&=\arg\max_{\theta}\sum_i\log P(x_i\mid\theta)\end{aligned}\tag{A.2}$$

在MAP中，将θ视为一个随机变量。因此，根据贝叶斯法则可以得到：

$$\begin{aligned}P(\theta\mid X)&=\frac{P(X\mid\theta)P(\theta)}{P(X)}\\&\propto P(X\mid\theta)P(\theta)\end{aligned}\tag{A.3}$$

因此，

$$\begin{aligned}\theta_{\mathrm{MAP}}&=\arg\max_{\theta}\log P(X\mid\theta)P(\theta)\\&=\arg\max_{\theta}\log\prod_i P(x_i\mid\theta)P(\theta)\\&=\arg\max_{\theta}\sum_i\log P(x_i\mid\theta)+\log P(\theta)\end{aligned}\tag{A.4}$$

由上式可以看到，MLE和MAP之间的区别在于最终项：$\log P(\theta)$，其代表了参数θ的先验分布。

A.1.3 显著性检验

显著性检验是一种统计方法，是指事先对总体（随机变量）的参数或总体分布形式做出假设，然后利用样本信息来判断这个假设是否合理。这个假设就叫作*原假设*（null hypothesis），记作H_0。原假设H_0通常声称某个特定数值并*无差异*。它的相反假设被称为*备择假设*（alternative hypothesis），记作H_{a}。若H_{a}描述的参数大于或小于H_0中的数值，则认为H_{a}是单侧备择假设。若H_{a}描述的参数不同于H_0中的数值，则认为H_{a}是双侧备择假设。显著性水平

（α）是指在 H_0 成立的情况下但显著性检验结果建议拒绝 H_0 的错误概率。一般来说，常见的显著性水平 α 包括 0.001、0.005、0.01 和 0.05。在进行显著性检验之前，需要先选择适当的显著性水平 α。在进行显著性检验后，会计算出一个称为 p 值（p-value）的统计量。p 值来衡量观测数据支持原假设的程度。如果 p 值小于之前选择的显著性水平 α，应该拒绝 H_0；相反，如果 p 值大于 α，则接受 H_0。

显著性检验的过程可以总结如下：

（1）提出原假设（H_0）和备择假设（H_a）。

（2）根据观测数据确定显著性水平 α，并选择合适的检验方法。

（3）使用表格或统计软件找到 p 值。

（4）比较 p 值和 α，决定是否接受 H_0。

接下来将详细介绍两种最常用的检验方法（z 检验和 t 检验）。

z 检验

z 检验（z-test）适用于样本量较大或方差已知的情况。假设数据服从正态分布。

（1）单样本 z 检验（one-sample z-test）。当想要比较样本均值 $\bar{x}$ 与总体均值 μ 时，可以使用单样本 z 检验，计算 z 分数（z-score）的公式如下：

$$z\text{-score} = \frac{\bar{x} - \mu}{\sigma / \sqrt{n}}$$

其中 σ 表示已知的总体标准差，n 是样本量。在计算出 z 分数之后，就可以通过 p 值表或统计软件找到对应的 p 值。如果 p 值小于选定的显著性水平 α，则拒绝 H_0；否则，接受 H_0。

（2）双样本 z 检验（two-sample z-test）。比较两个独立样本的均值之间是否存在显著差异，可以使用双样本 z 检验，计算 z 分数的公式如下：

$$z\text{-score} = \frac{(\bar{x}_1 - \bar{x}_2) - (\mu_1 - \mu_2)}{\sqrt{\frac{\sigma_1^2}{n_1} + \frac{\sigma_2^2}{n_2}}}$$

其中 $\bar{x}_1$ 和 $\bar{x}_2$ 是样本均值，μ_1、μ_2 是总体均值，σ_1、σ_2 是总体标准差，n_1、n_2 是样本量。剩下的过程与单样本 z 检验相同。

t 检验

t 检验（t-test）适用于样本量较小（如 $n < 30$）且方差未知的情况。同时，也需要假定数据服从正态分布。

（1）单样本 t 检验（one-sample t-test）。单样本 t 检验是一种用于比较样本均值 $\bar{x}$ 与总体均值 μ 之间差异的统计方法，具体公式如下：

$$t = \frac{\bar{x} - \mu}{s / \sqrt{n}}$$

其中 s 为样本标准差，n 为样本量。在计算得到 t 后，可以通过 p 值表或统计软件找到对应的 p 值。如果 p 值小于所选择的显著性水平 α，则拒绝 H_0；否则，接受 H_0。

（2）双样本 t 检验（two-sample t-test）。可以使用双样本 t 检验来评估两个独立样本的均值之间是否存在显著差异。具体公式如下：

$$t = \frac{(\bar{x}_1 - \bar{x}_2) - (\mu_1 - \mu_2)}{\sqrt{\frac{s_1^2}{n_1} + \frac{s_2^2}{n_2}}}$$

其中 $\bar{x}_1$、$\bar{x}_2$ 是样本均值，μ_1、μ_2 是总体均值，s_1、s_2 是样本标准差，n_1、n_2 是样本量。剩下

的过程与单样本 t 检验相同。

A.1.4　密度估计

密度估计（Density Estimation，DE）的目标是使用一组观测数据来估计随机变量的潜在概率分布。具体来说，给定一组从未知分布 P 中采样的 n 个观测数据 $x_1, x_2, \cdots, x_n$，密度估计旨在还原生成这些数据的概率密度函数。密度估计是回归、分类和聚类等各种任务中的基本技术。

现有的密度估计方法可以分为两类：非参数方法和参数方法。

（1）非参数方法：不要求对概率分布的形式做出具体的假设。

（2）参数方法：假设概率分布具有特定的形式，并尝试估计这个分布函数的参数。

对于非参数密度估计，不限制概率分布 P 的形式，也不指定分布的参数。本文将介绍四种非参数的密度估计方法。

- **直方图**（Histogram）：直方图可能是最简单和最常用的概率密度估计器。为方便起见，先假设 $x_i \in [0,1]$，其中 $i \in \{1,\cdots,n\}$，当 $x_i \notin [0,1]$ 时，$P(x_i)=0$。直方图首先将区域 $[0,1]$ 划分为 M 个区间，这些区间的宽度为 $h=1/M$。因此，给定一个数据点 x_i 及其相关的区间 B，其概率密度可以估计为

$$\hat{P}(x_i) = \frac{\#\, B\text{中的数据点}}{n}\frac{1}{h} \tag{A.5}$$

直方图的基本思想是将距离较近的数据点（即位于同一区间内的数据点）分配相同的概率密度。

- **朴素估计器**（Naive Estimator）：真实概率密度 $P(x_i)$ 可以定义为

$$P(x_i) = \lim_{h\to 0}\frac{1}{2h}P\{x_i - h < x < x_i + h\} \tag{A.6}$$

其中 $P(x_i)$ 可以估计为 $\hat{P}(x_i)$，其表达式为

$$\hat{P}(x_i) = \frac{\#\,(x_i - h, x_i + h)\text{中的数据点}}{2nh}$$

$\hat{P}(x_i)$ 可以进一步表示为

$$\hat{P}(x_i) = \frac{1}{nh}\sum_{t=1}^{n} g\left(\frac{x_i - x_t}{h}\right) \tag{A.7}$$

其中 $g(x)$ 的定义如下：

$$g(x) = \begin{cases} \frac{1}{2}, & -1 < x < 1, \\ 0, & \text{其他} \end{cases}$$

相对于直方图，朴素估计器的做法是以给定的数据点为中心，创建宽度为 $2h$ 的区间。

- **核估计器**（Kernel Estimator）：通过将朴素估计器中的 $g(\cdot)$ 替换为一个非负且对称的函数 $K(z)$（称为核函数），就可以得到核估计器。其中 $K(z)$ 满足下列条件：

$$\int_{-\infty}^{+\infty} K(z)\mathrm{d}z = 1 \tag{A.8}$$

因此可以获得如下核密度估计器：

$$\hat{P}(z) = \frac{1}{nh}\sum_{t=1}^{n} K\left(\frac{z - x_t}{h}\right) \tag{A.9}$$

其中，h 称为带宽，是核密度估计器中的平滑参数。直观来看，核密度估计是一种将

输入数据 X_i 平滑成小的密度波峰的方法。这些波峰的形状由核函数决定，而 h 则决定了波峰的宽度。最终的估计结果是通过对所有输入数据的对应数值进行聚合得到的。高斯分布是一个常用的核函数选择，其具有两个性质：（1）非负的，（2）对称的。

- **最近邻方法**（Nearest Neighbor）：最近邻方法基于数据点之间的距离来捕获输入数据的局部信息。在使用 L_2 范数来定义两个数据点 $\boldsymbol{x}_i$ 和 $\boldsymbol{x}_j$ 之间的距离 $d(\boldsymbol{x}_i,\boldsymbol{x}_j)=\|\boldsymbol{x}_i-\boldsymbol{x}_j\|_2$ 后，可将 $d_k(\boldsymbol{y})$ 定义为数据点 $\boldsymbol{y}$ 与其第 k 个最近邻之间的距离。最近邻密度估计方法如下：

$$\hat{P}(\boldsymbol{y})=\frac{k-1}{2nd_k(\boldsymbol{y})} \tag{A.10}$$

设 $d_{i,k}$ 为 $\boldsymbol{x}_i$ 与 $\{\boldsymbol{x}_1,\cdots,\boldsymbol{x}_n\}\backslash\{\boldsymbol{x}_i\}$ 中第 k 个最近数据点之间的距离，$K(\cdot)$ 为核函数。由此可以进一步获得核估计器的一种变体：

$$\hat{P}(\boldsymbol{y})=\frac{1}{n}\sum_{i=1}^{n}\frac{1}{hd_{i,k}}K\left(\frac{\boldsymbol{y}-\boldsymbol{x}_i}{hd_{i,k}}\right) \tag{A.11}$$

式中的带宽由距离 $d_{i,k}$ 决定。同样地，可以从式子中观察到，在数据点稀疏的区域（即，较大的 $d_{i,k}$），核函数将更加平坦。

在参数密度估计中，假设了概率密度函数的形式已知，例如高斯分布，目标是估计该分布的特定参数，比如均值和方差。通常情况下，根据给定的一组观测数据点 $\{\boldsymbol{x}_1,\boldsymbol{x}_2,\cdots,\boldsymbol{x}_n\}$ 和由参数 θ 描述的分布，即 $P(\boldsymbol{x};\theta)$，来计算使得 $P(\boldsymbol{x};\hat{\theta})$ 最符合观测结果的估计值 $\hat{\theta}$ 。根据输入数据的不同，参数密度估计可分为：有标签的监督学习、无标签的无监督学习（如聚类）和有部分标签的半监督学习，这取决于观测数据中包含多少标签信息。此外，还可以使用最大似然估计或最大后验估计来估计相应参数的值。MLE 和 MAP 已在前面的部分介绍过。

A.1.5 方差－偏差权衡

在统计学中，偏差（bias）是指估计器的期望预测值与其预测的真实值之间的差异。如果估计器的偏差较高，意味着它无法准确捕捉输入特征与真实输出之间的相关性，可能导致欠拟合的问题。另一方面，方差（variance）表示估计器在预测方面的可变性。如果估计器的方差较高，其会对输入特征的微小变化非常敏感，导致过拟合问题。一般来说，可以通过增加模型的复杂度（例如增加可学习参数的数量）来减小偏差。然而，增加模型复杂度的同时也可能会导致模型过拟合问题。因此，寻找合适的平衡点以尽可能同时减小偏差和方差是模型训练中的一项挑战。在本文中，利用了偏差－方差分解的数学分析方法，对学习算法的泛化误差进行如下数学分析。

给定一组来自 $P(X,Y)$ 的独立同分布的样本 $D=\{(\boldsymbol{x}_1,y_1),\cdots,(\boldsymbol{x}_n,y_n)\}$。将从数据集 D 中学习到的模型表示为 $f_D(\cdot)$。由此，平方损失中泛化误差（即期望测试误差）的计算公式为

$$\mathbb{E}_{(\boldsymbol{x},y)\sim P}[(f_D(\boldsymbol{x})-y)^2]=\int_{\boldsymbol{x},y}(f_D(\boldsymbol{x})-y)^2P(\boldsymbol{x},y)\mathrm{d}\boldsymbol{x}\mathrm{d}y \tag{A.12}$$

同时，也可以将从 D 中学习到的模型的一个随机变量表示为 $f_D(\cdot)$，$\bar{f}(\cdot)$ 表示期望的学习模型。这样，期望测试误差可以进一步分解为

$$\begin{aligned}\mathbb{E}_{\boldsymbol{x},y,D}[(f_D(\boldsymbol{x})-y)^2]&=\mathbb{E}_{\boldsymbol{x},y,D}[(f_D(\boldsymbol{x})-\bar{f}(\boldsymbol{x})+\bar{f}(\boldsymbol{x})-y)^2]\\&=\mathbb{E}_{\boldsymbol{x},D}[(f_D(\boldsymbol{x})-\bar{f}(\boldsymbol{x}))^2]+\mathbb{E}_{\boldsymbol{x},y}[(\bar{f}(\boldsymbol{x})-y)^2]\end{aligned} \tag{A.13}$$

式（A.13）成立是因为 $\mathbb{E}_{\boldsymbol{x},y,D}[(f_D(\boldsymbol{x})-\bar{f}(\boldsymbol{x}))(\bar{f}(\boldsymbol{x})-y)]=0$。在式（A.13）中，等式最右边第一项 $\mathbb{E}_{\boldsymbol{x},D}[(f_D(\boldsymbol{x})-\bar{f}(\boldsymbol{x}))^2]$ 为方差。同样地，将等式最右边第二项 $\mathbb{E}_{\boldsymbol{x},y}[(\bar{f}(\boldsymbol{x})-y)^2]$ 进行分解，其中 $\bar{y}$ 是真实标记：

$$\begin{aligned}\mathbb{E}_{\boldsymbol{x},y}[(\bar{f}(\boldsymbol{x})-y)^2]&=\mathbb{E}_{\boldsymbol{x},y}[(\bar{f}(\boldsymbol{x})-\bar{y}+\bar{y}-y)^2]\\&=\mathbb{E}_{\boldsymbol{x},y}[(\bar{f}(\boldsymbol{x})-\bar{y})^2]+\mathbb{E}_{\boldsymbol{x},y}[(\bar{y}-y)^2]\end{aligned} \quad (A.14)$$

式（A.14）中第二个等式是基于 $\mathbb{E}_{\boldsymbol{x},y}[(\bar{f}(\boldsymbol{x})-\bar{y})(\bar{y}-y)]=0$ 得到的，第一项 $\mathbb{E}_{\boldsymbol{x},y}[(\bar{f}(\boldsymbol{x})-\bar{y})^2]$ 代表平方偏差，第二项 $\mathbb{E}_{\boldsymbol{x},y}[(\bar{y}-y)^2]$ 是数据中不可消除的噪声。

综上所述，期望测试误差（即泛化误差）可以是偏差、方差和数据噪声的组合。

A.1.6 交叉验证和重叠验证

交叉验证

用于训练传统数据挖掘模型的数据通常被划分为训练集、验证集和测试集。在验证集上表现最佳的模型最终会在测试集上进行评估。然而，当数据稀缺时，这种划分方法可能导致训练集的样本数量不足，限制了模型的学习能力。交叉验证可以用来解决这一难题。在 k- 折交叉验证中，原始数据集被划分为 k 个子集（折）。在每一次训练中，模型都使用 $k-1$ 个子集进行训练，并在剩余的子集上进行验证。这个过程会重复 k 次，通过将 k 次运行的性能指标取平均值，便能得到模型的最终性能得分。特别地，当 k 等于数据集中的样本总数 n 时，这种技术被称为“留一交叉验证”。

重叠验证

给定一个数据集 $\mathcal{D}_n \triangleq \{(\boldsymbol{x}_i, y_i)\}_{i=1}^n$，其中 $\boldsymbol{x}_i \in \mathbf{R}^d, y_i \in \mathcal{Y}$，并且样本满足独立同分布。假设在数据集上拟合预测模型 $f(\boldsymbol{x};\theta)$：$\mathbf{R}^d \to \mathcal{Y}$，其中 θ 是模型的参数。假设现在有一个新的测试数据点 $(\boldsymbol{x}_{n+1}, y_{n+1})$，重叠验证（Jackknife）算法的目标是构建一个置信区间 $C_{n,\alpha}(\boldsymbol{x}_{n+1})$，使得目标值 y_{n+1} 被置信区间覆盖的概率至少为 $1-\alpha$，具体公式如下：

$$\mathbb{P}\{y_{n+1} \in C_{n,\alpha}(\boldsymbol{x}_{n+1})\} \geqslant 1-\alpha \quad (A.15)$$

先定义一下用到的符号。设 $\mathcal{R}=\{r_1,\cdots,r_n\}$，$\hat{Q}^+_{n,\alpha}$ 被定义为集合 $\mathcal{R}$ 的经验分布的（$1-\alpha$）分位数，具体表示如下：

$$\hat{Q}^+_{n,\alpha}(\mathcal{R}) \triangleq \mathcal{R}\text{中第}\lceil(1-\alpha)(n+1)\rceil\text{个最小值} \quad (A.16)$$

同样地，$\hat{Q}^-_{n,\alpha}$ 表示经验分布的 α 分位数：

$$\hat{Q}^-_{n,\alpha}(\mathcal{R}) \triangleq \mathcal{R}\text{中第}\lceil\alpha(n+1)\rceil\text{个最小值} \quad (A.17)$$

构建置信区间的一种简单方法是使用训练数据集上的残差 $|y_i - f(\boldsymbol{x}_i;\hat{\theta})|$ 的（$1-\alpha$）分位数。然而，由于过拟合问题，训练数据集上的残差通常小于测试点上的残差。因此，使用该方法构建的区间可能会导致覆盖概率小于目标概率 $1-\alpha$。为了解决过拟合问题，重叠验证算法使用留一残差来计算置信区间。即对于每个样本 $i=1,\cdots,n$，训练一个预测模型 $f(\boldsymbol{x}_i;\hat{\theta}_i)$，该模型在去除第 i 个样本的数据集 $\mathcal{D}_n \setminus \{(\boldsymbol{x}_i,y_i)\}$ 上进行训练，并计算留一残差 $r_i=|y_i - f(\boldsymbol{x}_i;\hat{\theta}_i)|$。然后，使用完整的训练数据集对模型 $f(\boldsymbol{x}_i;\hat{\theta})$ 进行训练，重叠验证算法构建的置信区间为

$$C_{n,\alpha}(\boldsymbol{x}_{n+1}) = f(\boldsymbol{x}_{n+1};\hat{\theta}) \pm \hat{Q}^+_{n,\alpha}(\mathcal{R}) \quad (A.18)$$

其中 $\mathcal{R}$ 是留一残差集合，表示为 $\mathcal{R}=\{r_1,\cdots,r_n\}$。

A.2 数值优化

为清晰起见，本节使用带括号的上标（例如，(t)，$(t+1)$）来区分不同时间步长（即迭代）的参数。

A.2.1 梯度下降

批量梯度下降

给定损失函数 $L(\boldsymbol{\theta}^{(t)})$ 和相应的关于模型参数 $\boldsymbol{\theta}^{(t)}$ 的梯度信息 $\nabla L(\boldsymbol{\theta}^{(t)})$。一种简单但通常有效的方法是使用梯度下降（GD）来获得损失函数的（局部）最小值，它也被称为最陡下降法：

$$\boldsymbol{\theta}^{(t+1)} = \boldsymbol{\theta}^{(t)} - \eta \nabla L(\boldsymbol{\theta}^{(t)}) \tag{A.19}$$

其中 $\eta > 0$ 是学习率，表示更新的步长。需要注意的是，如果损失函数在整个数据集上进行评估，即

$$L(\boldsymbol{\theta}^{(t)}) = \sum_i L_i(\boldsymbol{\theta}^{(t)}) \tag{A.20}$$

其中 i 是数据点的索引，那么这种方法就被称为批量梯度下降（batch gradient descent）。

随机梯度下降

为了（1）降低每次迭代中的计算成本，（2）引入随机性来避免陷入局部最小值，随机梯度下降法（SGD）的工作原理如下：

$$\boldsymbol{\theta}^{(t+1)} = \boldsymbol{\theta}^{(t)} - \eta \nabla L_i(\boldsymbol{\theta}^{(t)}) \tag{A.21}$$

其中，损失函数只在从整个数据集中随机抽样的单个数据点 i 上进行评估。为了兼顾效果和效率，一种替代方法称为小批量梯度下降法，即在每次迭代中随机抽样一个小批量（例如由 32 个数据点组成），然后在抽样的小批量上评估损失函数和梯度信息，以引导优化过程。

A.2.2 梯度下降法的变体

动量

动量（momentum）通过重复使用上一步的更新向量（即 $\boldsymbol{\theta}^{(t-1)}$）来防止更新的振荡，具体如下：

$$\begin{aligned} \Delta\boldsymbol{\theta}^{(t)} &= \gamma \Delta\boldsymbol{\theta}^{(t-1)} + \eta \nabla L(\boldsymbol{\theta}^{(t)}) \\ \boldsymbol{\theta}^{(t+1)} &= \boldsymbol{\theta}^{(t)} - \Delta\boldsymbol{\theta}^{(t)} \end{aligned} \tag{A.22}$$

需要注意的是，基于用于计算损失和梯度的数据点的选择，动量（以及后面介绍的几乎所有方法）可以以批量、小批量或随机的方式进行工作。在实践中，小批量方式是最常见的。

Adagrad

Adagrad（自适应梯度算法）旨在根据之前步骤的梯度自适应地调整学习率。其更新公式如下：

$$\boldsymbol{\theta}^{(t+1)} = \boldsymbol{\theta}^{(t)} - \frac{\eta}{\sqrt{\boldsymbol{G}^{(t)} + \epsilon}} \nabla L(\boldsymbol{\theta}^{(t)}) \tag{A.23}$$

其中 ϵ 是一个平滑超参数，用于防止除以零错误（divide-by-zero error），$\boldsymbol{G}^{(t)}$ 是一个对角矩阵，其元素 $\boldsymbol{G}^{(t)}[i,i]$ 表示时间步长 t 之前的第 i 个变量的梯度平方和。因此，如果一个变量在历史中接收到一个较大的梯度，它在当前时间步长中将获得一个较小的学习率。请注意，$\frac{\eta}{\sqrt{\boldsymbol{G}^{(t)} + \epsilon}}$ 通常是一个矩阵，并且 $\frac{\eta}{\sqrt{\boldsymbol{G}^{(t)} + \epsilon}}$ 与 $\nabla L(\boldsymbol{\theta}^{(t)})$ 之间存在矩阵 - 向量乘法。

Adadelta

Adadelta（自适应学习率调整方法）是通过将单调递增的平方梯度总和改为指数衰减平均值，推广了 Adagrad 的思想。具体而言，期望平方梯度总和 $E(\boldsymbol{g}^2)$ 计算方法如下：

$$E((\boldsymbol{g}^{(t)})^2) = \rho E((\boldsymbol{g}^{(t-1)})^2) + (1-\rho)(\nabla L(\boldsymbol{\theta}^{(t)}))^2 \tag{A.24}$$

其中，ρ 是一个衰减超参数，并且 $(\nabla L(\boldsymbol{\theta}^{(t)}))^2[i] = (\nabla L(\boldsymbol{\theta}^{(t)})[i])^2$，通过将梯度的均方根定义为

$\mathrm{RMS}(\boldsymbol{g}^{(t)})=\sqrt{E((\boldsymbol{g}^{(t)})^2)+\epsilon}$，参数的更新可以表示为如下形式：

$$\Delta\boldsymbol{\theta}^{(t)}=\frac{\eta}{\mathrm{RMS}(\boldsymbol{g}^{(t)})}\nabla L(\boldsymbol{\theta}^{(t)}) \tag{A.25}$$

此外，为了使 $\Delta\boldsymbol{\theta}^{(t)}$ 与 $\boldsymbol{\theta}^{(t)}$ 的单位匹配（这是 SGD、动量法和其他优化器忽略的），Adadelta 将 $\Delta\boldsymbol{\theta}^{(t)}$ 校准为

$$\Delta\boldsymbol{\theta}^{(t)}=\frac{\mathrm{RMS}(\Delta\boldsymbol{\theta}^{(t-1)})}{\mathrm{RMS}(\boldsymbol{g}^{(t)})}\nabla L(\boldsymbol{\theta}^{(t)}) \tag{A.26}$$

其中 $\mathrm{RMS}(\Delta\boldsymbol{\theta}^{(t)})=\sqrt{E((\Delta\boldsymbol{\theta}^{(t)})^2)+\epsilon}$，且

$$E((\Delta\boldsymbol{\theta}^{(t)})^2)=\rho E((\Delta\boldsymbol{\theta}^{(t-1)})^2)+(1-\rho)(\Delta\boldsymbol{\theta}^{(t)})^2 \tag{A.27}$$

最后，Adadelta 按照如下方式更新参数：

$$\boldsymbol{\theta}^{(t+1)}=\boldsymbol{\theta}^{(t)}-\Delta\boldsymbol{\theta}^{(t)} \tag{A.28}$$

RMSProp

RMSProp 与 Adadelta 有着相似的思想，尽管它们是独立开发的。RMSProp 按照以下方式更新参数：

$$\boldsymbol{\theta}^{(t+1)}=\boldsymbol{\theta}^{(t)}-\frac{\eta}{\sqrt{E((\boldsymbol{g}^{(t)})^2)+\epsilon}}\nabla L(\boldsymbol{\theta}^{(t)}) \tag{A.29}$$

其中

$$E((\boldsymbol{g}^{(t)})^2)=\rho E((\boldsymbol{g}^{(t-1)})^2)+(1-\rho)(\nabla L(\boldsymbol{\theta}^{(t)}))^2 \tag{A.30}$$

Adam

自适应矩估计法（Adaptive Moment Estimation，Adam）是另一种方法，通过估计两个矩来自适应地调整学习率。一阶矩和二阶矩计算方式如下：

$$\begin{aligned}\boldsymbol{m}^{(t)}&=\beta_1\boldsymbol{m}^{(t-1)}+(1-\beta_1)\nabla L(\boldsymbol{\theta}^{(t)})\\ \boldsymbol{v}^{(t)}&=\beta_2\boldsymbol{v}^{(t-1)}+(1-\beta_2)(\nabla L(\boldsymbol{\theta}^{(t)}))^2\end{aligned} \tag{A.31}$$

通过以下方式对这两个矩进行校准：

$$\begin{aligned}\hat{\boldsymbol{m}}^{(t)}&=\frac{\boldsymbol{m}^{(t)}}{1-\beta_1^t}\\ \hat{\boldsymbol{v}}^{(t)}&=\frac{\boldsymbol{v}^{(t)}}{1-\beta_2^t}\end{aligned} \tag{A.32}$$

其中，β_1^t 和 β_2^t 分别表示 β_1 和 β_2 的 t 次方，Adam 按照以下方式更新参数：

$$\boldsymbol{\theta}^{(t+1)}=\boldsymbol{\theta}^{(t)}-\frac{\eta}{\sqrt{\hat{\boldsymbol{v}}^{(t)}}+\epsilon}\hat{\boldsymbol{m}}^{(t)} \tag{A.33}$$

AdaMax

AdaMax 是 Adam 基于无穷范数的变体。矩向量的计算如下：

$$\begin{aligned}\boldsymbol{m}^{(t)}&=\beta_1\boldsymbol{m}^{(t-1)}+(1-\beta_1)\nabla L(\boldsymbol{\theta}^{(t)})\\ \boldsymbol{v}^{(t)}&=\max(\beta_2\boldsymbol{v}^{(t-1)},|\nabla L(\boldsymbol{\theta}^{(t)})|)\end{aligned} \tag{A.34}$$

AdaMax 按照以下方式更新参数：

$$\boldsymbol{\theta}^{(t+1)}=\boldsymbol{\theta}^{(t)}-\frac{\eta}{(1-\beta_1^t)\boldsymbol{v}^{(t)}}\boldsymbol{m}^{(t)} \tag{A.35}$$

其中 β_1^t 表示 β_1 的 t 次方。

A.2.3 牛顿法

牛顿法

给定一个关于单个变量 θ 的函数 $f(\theta^{(t)})$，牛顿法（Newton's method）的目的是通过以下近似方式找到函数 $f(\theta^{(t)})=0$ 的根：

$$\theta^{(t+1)}=\theta^{(t)}-\frac{f(\theta^{(t)})}{f'(\theta^{(t)})} \tag{A.36}$$

从几何学的角度来看，更新后的 $\theta^{(t+1)}$ 是函数 f 在 $\theta^{(t)}$ 处的切线与 x 轴的交点。

给定一个关于参数 $\boldsymbol{\theta}^{(t)}$ 的损失函数 $L(\boldsymbol{\theta}^{(t)})$，全局最小值和局部最小值都满足 $\nabla L(\boldsymbol{\theta}^{(t)})=0$。因此，通过将式（A.36）扩展到多变量情况，并将 $f(\theta^{(t)})$ 替换为 $\nabla L(\boldsymbol{\theta}^{(t)})$，牛顿法的形式如下：

$$\boldsymbol{\theta}^{(t+1)}=\boldsymbol{\theta}^{(t)}-\boldsymbol{H}^{-1}\nabla L(\boldsymbol{\theta}^{(t)}) \tag{A.37}$$

式子中的 $\boldsymbol{H}$ 是损失函数 L 关于 $\boldsymbol{\theta}^{(t)}$ 的 Hessian 矩阵。当问题是凸问题时，即 Hessian 矩阵是正定的时，牛顿法能取得不错的效果。

拟牛顿法

请注意，在式（A.37）中寻找最优解需要使用 Hessian 矩阵 $\boldsymbol{H}$，但某些情况下 Hessian 矩阵不可用，而且计算 Hessian 矩阵的逆矩阵的成本很高。为了解决这个问题，人们提出了一系列对 Hessian 矩阵的近似方法，它们被称为拟牛顿法（quasi-Newton method）。

拟牛顿法的一般公式如下：

$$\boldsymbol{\theta}^{(t+1)}\leftarrow\boldsymbol{\theta}^{(t)}-(\boldsymbol{B}^{(t)})^{-1}\nabla L(\boldsymbol{\theta}^{(t)}) \tag{A.38}$$

其中，$\boldsymbol{B}^{(t)}$ 是对 Hessian 矩阵 $\boldsymbol{H}$ 的近似。一个良好的 Hessian 矩阵近似（即 $\boldsymbol{B}$）应该满足下面的条件：

$$\boldsymbol{B}^{(t+1)}(\boldsymbol{\theta}^{(t+1)}-\boldsymbol{\theta}^{(t)})=\nabla L(\boldsymbol{\theta}^{(t+1)})-\nabla L(\boldsymbol{\theta}^{(t)}) \tag{A.39}$$

这个条件被称为割线方程（secant equation）。考虑式（A.39）的一维情况：

$$f''(\theta^{(t+1)})=\frac{f'(\theta^{(t+1)})-f'(\theta^{(t)})}{\theta^{(t+1)}-\theta^{(t)}} \tag{A.40}$$

因此很容易地根据式（A.40）重写式（A.38）的一维版本，如下所示：

$$\theta^{(t+1)}\leftarrow\theta^{(t)}-\frac{\theta^{(t)}-\theta^{(t-1)}}{f'(\theta^{(t)})-f'(\theta^{(t-1)})}f'(\theta^{(t)}) \tag{A.41}$$

上述公式被称为割线法，是拟牛顿法的其中一种。事实上，各种拟牛顿法都是将割线法推广到多维情境中。在这里仅介绍一种最常用的多维拟牛顿法 Broyden-Fletcher-Goldfarb-Shanno（BFGS）。关于其他拟牛顿法可以参阅文献注释。

尽管割线法在一维情境中取得了不错的效果，但是若想将其引入多维情况中并不简单。这是因为获得式（A.39）中的矩阵 $\boldsymbol{B}$ 时缺乏足够的信息。由于在计算逆矩阵时很耗时，所以直接用下列公式研究 $\boldsymbol{B}^{-1}$：

$$\begin{aligned}&\min_{(\boldsymbol{B}^{(t+1)})^{-1}}\ \|(\boldsymbol{B}^{(t+1)})^{-1}-(\boldsymbol{B}^{(t)})^{-1}\|_{\mathrm{F}}\\&\text{s.t.}\ ((\boldsymbol{B}^{(t+1)})^{-1})^{\mathrm{T}}=(\boldsymbol{B}^{(t+1)})^{-1}\\&\Delta\boldsymbol{\theta}^{(t)}=(\boldsymbol{B}^{(t+1)})^{-1}\boldsymbol{y}^{(t)}\end{aligned} \tag{A.42}$$

式中的 $\Delta\boldsymbol{\theta}^{(t)}=\boldsymbol{\theta}^{(t+1)}-\boldsymbol{\theta}^{(t)}$，$\boldsymbol{y}^{(t)}=\nabla L(\boldsymbol{\theta}^{(t+1)})-\nabla L(\boldsymbol{\theta}^{(t)})$，并且 $\|\cdot\|_{\mathrm{F}}$ 表示 Frobenius 范数。式（A.42）的第一个约束条件要求 $\boldsymbol{B}$ 的逆矩阵是对称矩阵，第二个约束条件是满足式（A.39）中割线方程。为了使 $\boldsymbol{B}$ 是对称矩阵，同时又要确保 $(\boldsymbol{B}^{(t+1)})^{-1}$ 和 $(\boldsymbol{B}^{(t)})^{-1}$ 之间的紧密性，BFGS 方法将通过以下方式增量更新矩阵 $\boldsymbol{B}$：

$$\boldsymbol{B}^{(t+1)}=\boldsymbol{B}^{(t)}+\boldsymbol{U}^{(t)}+\boldsymbol{V}^{(t)}=\boldsymbol{B}^{(t)}+\alpha\boldsymbol{u}\boldsymbol{u}^{\mathrm{T}}+\beta\boldsymbol{v}\boldsymbol{v}^{\mathrm{T}} \tag{A.43}$$

式中的 $\boldsymbol{u}$ 和 $\boldsymbol{v}$ 是两个线性无关的向量，α 和 β 是两个常量。回顾式（A.39）中的割线方程，可以得到如下公式：

$$\boldsymbol{B}^{(t)}\Delta\boldsymbol{\theta}^{(t)}+\alpha\boldsymbol{u}\boldsymbol{u}^{\mathrm{T}}\Delta\boldsymbol{\theta}^{(t)}+\beta\boldsymbol{v}\boldsymbol{v}^{\mathrm{T}}\Delta\boldsymbol{\theta}^{(t)}=\boldsymbol{y}^{(t)} \tag{A.44}$$

通过设置 $\boldsymbol{u}=\boldsymbol{y}^{(t)}$ 和 $\boldsymbol{v}=\boldsymbol{B}^{(t)}\Delta\boldsymbol{\theta}^{(t)}$，可以得到 $\alpha=\dfrac{1}{(\boldsymbol{y}^{(t)})^{\mathrm{T}}\Delta\boldsymbol{\theta}^{(t)}}$，$\beta=\dfrac{-1}{(\Delta\boldsymbol{\theta}^{(t)})^{\mathrm{T}}\boldsymbol{B}^{(t)}\Delta\boldsymbol{\theta}^{(t)}}$。因此式（A.43）也可以写成下列形式：

$$\boldsymbol{B}^{(t+1)}=\boldsymbol{B}^{(t)}+\frac{\boldsymbol{y}^{(t)}(\boldsymbol{y}^{(t)})^{\mathrm{T}}}{(\boldsymbol{y}^{(t)})^{\mathrm{T}}\Delta\boldsymbol{\theta}^{(t)}}-\frac{\boldsymbol{B}^{(t)}\Delta\boldsymbol{\theta}^{(t)}(\Delta\boldsymbol{\theta}^{(t)})^{\mathrm{T}}\boldsymbol{B}^{(t)}}{(\Delta\boldsymbol{\theta}^{(t)})^{\mathrm{T}}\boldsymbol{B}^{(t)}\Delta\boldsymbol{\theta}^{(t)}} \tag{A.45}$$

Sherman-Morrison-Woodbury 公式可以实现在增量更新 $\boldsymbol{B}^{-1}$ 的同时，也不必担心出现多个矩阵的逆运算，因此可以得到式（A.46）：

$$(\boldsymbol{B}^{(t+1)})^{-1}=\left(\boldsymbol{I}-\frac{\Delta\boldsymbol{\theta}^{(t)}(\boldsymbol{y}^{(t)})^{\mathrm{T}}}{(\boldsymbol{y}^{(t)})^{\mathrm{T}}\Delta\boldsymbol{\theta}^{(t)}}\right)(\boldsymbol{B}^{(t)})^{-1}\left(\boldsymbol{I}-\frac{\boldsymbol{y}^{(t)}(\Delta\boldsymbol{\theta}^{(t)})^{\mathrm{T}}}{(\boldsymbol{y}^{(t)})^{\mathrm{T}}\Delta\boldsymbol{\theta}^{(t)}}\right)+\frac{\Delta\boldsymbol{\theta}^{(t)}(\Delta\boldsymbol{\theta}^{(t)})^{\mathrm{T}}}{(\boldsymbol{y}^{(t)})^{\mathrm{T}}\Delta\boldsymbol{\theta}^{(t)}} \tag{A.46}$$

A.2.4 坐标下降法

坐标下降法（coordinate descent）的核心思想是将整体问题分解成多个小问题来解决。具体来说，假设有一个损失函数 $L(\boldsymbol{\theta})$，在每次迭代中，坐标下降法会选择其中一个参数，比如第一个参数 $\boldsymbol{\theta}[1]$，在将其他参数固定的情况下，尝试最小化损失函数。接着，它会选择下一个参数，比如第二个参数 $\boldsymbol{\theta}[2]$，将其他参数保持不变，再次最小化损失函数，这个过程会一直循环。块坐标下降是坐标下降法的一种扩展，它不仅可以优化单个参数，还可以同时优化一组参数（参数子集）。

有一个典型的例子可以展示出坐标下降法效果良好，这个例子是稀疏编码，其损失函数如下：

$$L(\boldsymbol{\Theta},\boldsymbol{\Phi})=\|\boldsymbol{X}-\boldsymbol{\Theta}\boldsymbol{\Phi}\|_{\mathrm{F}}^{2}+\lambda\sum_{i}\|\boldsymbol{\Theta}[i]\|_{1} \tag{A.47}$$

其中，$\boldsymbol{\Theta}$ 是系数矩阵，而 $\boldsymbol{\Phi}$ 是一组过完备的基向量。通过使用 $\boldsymbol{\Theta}$ 和 $\boldsymbol{\Phi}$ 来重构训练数据 $\boldsymbol{X}$。稀疏编码问题要求系数具有很少的非零项，或者这些非零项离零比较远，可以通过式（A.47）的第二项来衡量。这个问题本身并不是关于系数和基向量的凸问题。但是，如果固定其中一个参数（$\boldsymbol{\Theta}$ 或 $\boldsymbol{\Phi}$），然后针对另一个最小化损失函数，问题就变成了凸问题。通过块坐标下降法，交替更新 $\boldsymbol{\Theta}$ 和 $\boldsymbol{\Phi}$ 两个参数，有望更有效地解决这个问题。

A.2.5 二次规划法

如果优化问题的目标函数是二次型的且约束是仿射的（即线性或仿射函数），这个问题就被称为二次规划（Quadratic Programming，QP）问题。具体来说，二次规划问题的目标函数如下：

$$\begin{aligned}&\min\ a+\boldsymbol{b}^{\mathrm{T}}\boldsymbol{x}+\frac{1}{2}\boldsymbol{x}^{\mathrm{T}}\boldsymbol{C}\boldsymbol{x}\\&\text{s.t.}\ \boldsymbol{P}\boldsymbol{x}\leqslant\boldsymbol{d}\\&\qquad\boldsymbol{Q}\boldsymbol{x}=\boldsymbol{e}\end{aligned} \tag{A.48}$$

不失一般性，这里需要假设矩阵 $\boldsymbol{C}$ 是对称矩阵。

一个典型的二次规划法的例子是约束回归分析：

$$\begin{aligned}&\min_{\boldsymbol{x}}\ \|\boldsymbol{A}\boldsymbol{x}-\boldsymbol{b}\|_{2}^{2}\\&\text{s.t.}\ \boldsymbol{I}[i]\leqslant\boldsymbol{x}[i]\leqslant\boldsymbol{u}[i],\forall i\end{aligned} \tag{A.49}$$

上述式子也等价于

$$\begin{aligned}&\min_{x}\ \ \boldsymbol{x}^{\mathrm{T}}\boldsymbol{A}^{\mathrm{T}}\boldsymbol{A}\boldsymbol{x}-2\boldsymbol{b}^{\mathrm{T}}\boldsymbol{A}\boldsymbol{x}+\boldsymbol{b}^{\mathrm{T}}\boldsymbol{b}\\&\text{s.t.}\ \ \boldsymbol{l}[i]\leqslant\boldsymbol{x}[i]\leqslant\boldsymbol{u}[i],\forall i\end{aligned}\tag{A.50}$$

对于各种二次规划问题有多种解决方案。本节提供了解决带等式约束的二次规划（Equality-constrained QP，EQP）问题的方法。而对于一般的 QP 问题，可以在文献注释中找到相关的解决方案。EQP 指的是只包含等式约束的 QP 问题，其目标函数为如下形式：

$$\begin{aligned}&\min\ \ \boldsymbol{b}^{\mathrm{T}}\boldsymbol{x}+\frac{1}{2}\boldsymbol{x}^{\mathrm{T}}\boldsymbol{C}\boldsymbol{x}\\&\text{s.t.}\ \ \boldsymbol{Q}\boldsymbol{x}=\boldsymbol{e}\end{aligned}\tag{A.51}$$

其中常数项被省略。如果 $\boldsymbol{x}^*$ 是一个 EQP 的解，必要条件就是存在一个 $\boldsymbol{\lambda}^*$ 向量，满足以下 KKT（Karush-Kuhn-Tucker）系统：

$$\begin{bmatrix}\boldsymbol{C} & \boldsymbol{Q}^{\mathrm{T}}\\ \boldsymbol{Q} & 0\end{bmatrix}\begin{bmatrix}-\boldsymbol{p}\\ \lambda^*\end{bmatrix}=\begin{bmatrix}\boldsymbol{b}+\boldsymbol{C}\boldsymbol{x}\\ \boldsymbol{Q}\boldsymbol{x}-\boldsymbol{e}\end{bmatrix}\tag{A.52}$$

其中 $\boldsymbol{x}$ 是解的估计值，并且使 $\boldsymbol{x}^*=\boldsymbol{x}+\boldsymbol{p}$。如果矩阵 $\boldsymbol{Q}$ 是正定的，那么可以基于式（A.52）来计算 $\boldsymbol{\lambda}^*$：

$$(\boldsymbol{Q}\boldsymbol{C}^{-1}\boldsymbol{Q}^{\mathrm{T}})\lambda^*=\boldsymbol{Q}\boldsymbol{C}^{-1}\boldsymbol{b}+\boldsymbol{e}\tag{A.53}$$

因此，通过下列式子可以得到 $\boldsymbol{p}$ 和最终的解 $\boldsymbol{x}^*$：

$$\boldsymbol{C}\boldsymbol{p}=\boldsymbol{Q}^{\mathrm{T}}\lambda^*-\boldsymbol{b}-\boldsymbol{C}\boldsymbol{x}\tag{A.54}$$

A.3　矩阵和线性代数

A.3.1　线性系统 $\boldsymbol{Ax=b}$

在本节中，即将讨论三种不同类别的 $\boldsymbol{Ax=b}$ 线性系统：

（1）$\boldsymbol{A}\in\mathbf{R}^{n\times n}$，矩阵 $\boldsymbol{A}$ 是一个标准的方阵；

（2）$\boldsymbol{A}\in\mathbf{R}^{n\times m}$，$n>m$，矩阵 $\boldsymbol{A}$ 的行数大于列数（超定）；

（3）$\boldsymbol{A}\in\mathbf{R}^{n\times m}$，$n<m$，矩阵 $\boldsymbol{A}$ 的行数小于列数（欠定）。

标准系统

如果矩阵 $\boldsymbol{A}$ 是可逆的，那么可以直接使用矩阵的逆 $\boldsymbol{A}^{-1}$ 来求解这个系统，如下所示：

$$\boldsymbol{A}\boldsymbol{x}=\boldsymbol{b}\Rightarrow\boldsymbol{x}=\boldsymbol{A}^{-1}\boldsymbol{b}\tag{A.55}$$

迭代方法提供了一种间接求解线性系统的方法。广泛使用的迭代方法包括雅可比法、Richardson 方法、Krylov 子空间方法等。迭代方法的主要思想是选择合适的 $\boldsymbol{S}$ 和 $\boldsymbol{d}$，并建立一个迭代形式：

$$\boldsymbol{x}^{(k+1)}=\boldsymbol{S}\boldsymbol{x}^{(k)}+\boldsymbol{d}\tag{A.56}$$

在每次迭代中，残差误差 $\|\boldsymbol{x}^{(k)}-\boldsymbol{x}^*\|$ 逐渐减小，其中 $\boldsymbol{x}^*$ 是 $\boldsymbol{Ax=b}$ 的解。经过若干次迭代后，$\boldsymbol{x}^{(k)}$ 逐渐收敛到 $\boldsymbol{x}^*$。

预处理方法的目标是找到一个简化的矩阵 $\boldsymbol{P}$，该矩阵接近于 $\boldsymbol{A}$，即（$\boldsymbol{A-P}$）的秩较低或范数较小。然后，求解 $\boldsymbol{P}^{-1}\boldsymbol{A}\boldsymbol{x}=\boldsymbol{P}^{-1}\boldsymbol{b}$ 而不是 $\boldsymbol{Ax=b}$，因为处理 $\boldsymbol{P}^{-1}\boldsymbol{A}$ 通常更快。一些典型的 $\boldsymbol{P}$ 选择包括具有 $\boldsymbol{A}$ 的主对角线的对角矩阵、复制 $\boldsymbol{A}$ 相应部分的上三角矩阵等。

超定系统

假设矩阵 $\boldsymbol{A}$ 具有独立的列，即矩阵 $\boldsymbol{A}$ 的秩等于 m（其中 m 是未知数的数量），如下所示：

$$\boldsymbol{A}\boldsymbol{x}=\boldsymbol{b}\Leftrightarrow\boldsymbol{A}^{\mathrm{T}}\boldsymbol{A}\boldsymbol{x}=\boldsymbol{A}^{\mathrm{T}}\boldsymbol{b}\Leftrightarrow\boldsymbol{x}=(\boldsymbol{A}^{\mathrm{T}}\boldsymbol{A})^{-1}\boldsymbol{A}^{\mathrm{T}}\boldsymbol{b}\tag{A.57}$$

那么可以使用最小二乘法来求解超定系统 $\boldsymbol{Ax}=\boldsymbol{b}$。最小二乘法的思想是最小化残差的平方和，即最小化 $\|\boldsymbol{Ax}-\boldsymbol{b}\|^2$。

如果 $\boldsymbol{A}^{\mathrm{T}}\boldsymbol{A}$ 不可逆，最小二乘解是 $\boldsymbol{x}=\boldsymbol{A}^{+}\boldsymbol{b}$，其中 $\boldsymbol{A}^{+}$ 是 $\boldsymbol{A}$ 的伪逆矩阵。伪逆通常使用奇异值分解（SVD）来计算，SVD 将矩阵 $\boldsymbol{A}$ 分解为 $\boldsymbol{U\Sigma V}^{\mathrm{T}}$，然后可以计算伪逆 $\boldsymbol{A}^{+}=\boldsymbol{V\Sigma}^{-1}\boldsymbol{U}^{\mathrm{T}}$。

欠定系统

对于欠定系统，存在许多最小二乘解，其中 $\boldsymbol{A}^{+}\boldsymbol{b}$ 是具有最小范数 $\|\boldsymbol{x}\|^2$ 的最小二乘解。与超定系统类似，当 $\boldsymbol{A}$ 有独立的行时，即 $\mathrm{rank}(\boldsymbol{A})=n$，可以得到：

$$\boldsymbol{Ax}=\boldsymbol{b}\Leftrightarrow \boldsymbol{x}=\boldsymbol{A}^{\mathrm{T}}(\boldsymbol{AA}^{\mathrm{T}})^{-1}\boldsymbol{b} \tag{A.58}$$

在某些情况下需要通过添加一个 L_2 惩罚项来对线性系统进行正则化。因此优化目标变成了最小化以下形式的问题：

$$\min\|\boldsymbol{Ax}-\boldsymbol{b}\|^2+\delta^2\|\boldsymbol{x}\|_2^2 \tag{A.59}$$

式子中 δ^2 是用来调整惩罚项的权重。这种正则化方法等价于解以下形式的方程：

$$(\boldsymbol{A}^{\mathrm{T}}\boldsymbol{A}+\delta^2\boldsymbol{I})\boldsymbol{x}=\boldsymbol{A}^{\mathrm{T}}\boldsymbol{b}$$

这种方法称为岭回归（ridge regression）。

A.3.2　向量和矩阵的范数

向量的范数

向量的范数是将向量空间 V 映射到实值的函数，即 $\|\cdot\|:V\to\mathbf{R}$。给定一个向量 $\boldsymbol{v}$，上述函数度量向量 $\boldsymbol{v}$ 的长度，即 $\|\boldsymbol{v}\|$。对于每个 $\boldsymbol{v}$，$\boldsymbol{w}\in V$ 和 $c\in\mathbf{R}$，以下三个性质始终成立。

- 正定：$\|\boldsymbol{v}\|\geqslant 0$ 并且 $\|\boldsymbol{v}\|=0\Leftrightarrow\boldsymbol{v}=0$。
- 绝对齐次性：$\|c\boldsymbol{v}\|=|c|\|\boldsymbol{v}\|$，其中 $|c|$ 是 c 的绝对值。
- 三角不等式：$\|\boldsymbol{v}+\boldsymbol{w}\|\leqslant\|\boldsymbol{v}\|+\|\boldsymbol{w}\|$。

接下来，将给出一些广泛使用的向量范数定义：

- L_1 范数（曼哈顿范数）：$\|\boldsymbol{v}\|_1=\sum_i|\boldsymbol{v}[i]|$。
- L_2 范数（欧几里得范数）：$\|\boldsymbol{v}\|_2=\sqrt{\sum_i(\boldsymbol{v}[i])^2}=\sqrt{\boldsymbol{v}^{\mathrm{T}}\boldsymbol{v}}$。
- L_∞ 范数：$\|\boldsymbol{v}\|_\infty=\max_i|\boldsymbol{v}[i]|$。

矩阵的范数

诱导矩阵的范数可以由向量范数诱导而来，公式如下：

$$\|\boldsymbol{A}\|=\max_{\boldsymbol{v}\neq\boldsymbol{0}}\frac{\|\boldsymbol{Av}\|}{\|\boldsymbol{v}\|} \tag{A.60}$$

除了向量范数满足的性质外，诱导矩阵范数还具有以下性质，对于所有的矩阵 $\boldsymbol{A}$、$\boldsymbol{B}$ 和向量 $\boldsymbol{v}$ 都成立：

（1）$\|\boldsymbol{Av}\|\leqslant\|\boldsymbol{A}\|\,\|\boldsymbol{v}\|$，

（2）$\|\boldsymbol{AB}\|\leqslant\|\boldsymbol{A}\|\,\|\boldsymbol{B}\|$。

接下来即将介绍如何计算一些典型的矩阵范数：

- L_1 范数是 $\boldsymbol{A}$ 的列的最大 L_1 范数，表示为 $\|\boldsymbol{A}\|_1=\max_j\sum_i|\boldsymbol{A}[i,j]|$。
- L_2 范数是 $\boldsymbol{A}$ 的最大奇异值，表示为 $\|\boldsymbol{A}\|_2=\sqrt{\max\mathrm{eig}(\boldsymbol{A}^{\mathrm{T}}\boldsymbol{A})}$，其中 $\max\mathrm{eig}(\cdot)$ 表示最大特征值。
- L_∞ 范数是 $\boldsymbol{A}$ 的行的最大 L_1 范数，表示为 $\|\boldsymbol{A}\|_\infty=\max_i\sum_j|\boldsymbol{A}[i,j]|$。

- Frobenius 范数是由矩阵 $\boldsymbol{A}$ 的奇异值 $\sigma_i(i=1,\cdots,r)$ 导出的，即 $\|\boldsymbol{A}\|_{\mathrm{F}}^2=\sigma_1^2+\cdots+\sigma_r^2$，其中 r 是矩阵 $\boldsymbol{A}$ 的秩，它也可以由下面公式推导出：$\|\boldsymbol{A}\|_{\mathrm{F}}^2=\sum_{ij}|\boldsymbol{A}[i,j]|^2$。

A.3.3 矩阵分解

特征值和特征分解

对于一个方阵 $\boldsymbol{A}\in\mathbf{R}^{n\times n}$，如果存在 $\lambda\in\mathbf{R}$ 和 $\boldsymbol{x}\in\mathbf{R}^n$（$\boldsymbol{x}$ 不等于零向量），满足 $\boldsymbol{Ax}=\lambda\boldsymbol{x}$，那么就称 λ 为 $\boldsymbol{A}$ 的一个特征值，$\boldsymbol{x}$ 则是对应的特征向量。[⊖]由 $\boldsymbol{Ax}=\lambda\boldsymbol{x}$，可以得到 $(\boldsymbol{A}-\lambda\boldsymbol{I})\boldsymbol{x}=\boldsymbol{0}$，因为 $\boldsymbol{x}$ 不是零向量，所以 $\boldsymbol{A}-\lambda\boldsymbol{I}$ 不可逆，其行列式必须为零。由于要计算 $\boldsymbol{A}$ 的所有特征值，所以需要解方程 $\det(\boldsymbol{A}-\lambda\boldsymbol{I})=0$。由于该方程对 λ 有 n 个不同的根，所以总共有 n 个特征值，且其中可能有重复。

特征值与矩阵的迹（迹是主对角线元素之和）和行列式之间存在一些有用的关系：

- 特征值的和等于矩阵的迹：$\operatorname{tr}(\boldsymbol{A})=\sum_{i=1}^n\lambda_i$。
- 特征值的乘积等于矩阵的行列式：$\det(\boldsymbol{A})=\prod_{i=1}^n\lambda_i$。

当矩阵 $\boldsymbol{A}$ 有 n 个独立的特征向量时，它可以分解为

$$\boldsymbol{A}=\boldsymbol{X\Lambda X}^{-1} \tag{A.61}$$

其中 $\boldsymbol{X}$ 的列向量是 $\boldsymbol{A}$ 的 n 个特征向量，$\boldsymbol{\Lambda}$ 是一个对角矩阵，其对角线上的元素是 $\boldsymbol{A}$ 的 n 个特征值。这种分解被称为特征分解。需要注意的是，对称矩阵总是有 n 个独立的特征向量，因此总可以进行特征分解。从 $\boldsymbol{A}=\boldsymbol{X\Lambda X}^{-1}$ 中可以得到 $\boldsymbol{A}^k=\boldsymbol{X\Lambda}^k\boldsymbol{X}^{-1}$，这意味着 $\boldsymbol{A}^k$ 的特征值为 $\lambda_1^k,\lambda_2^k,\cdots,\lambda_n^k$。此外，对于任意向量 $\boldsymbol{v}\in\mathbf{R}^n$，它可以表示为 $\boldsymbol{v}=c_1\boldsymbol{x}_1+c_2\boldsymbol{x}_2+\cdots+c_n\boldsymbol{x}_n$。这提供了一种更容易计算 $\boldsymbol{A}^k\boldsymbol{v}$ 的方式：

$$\boldsymbol{A}^k\boldsymbol{v}=c_1\lambda_1^k\boldsymbol{x}_1+\cdots+c_n\lambda_n^k\boldsymbol{x}_n \tag{A.62}$$

奇异值分解

给定一个秩为 r 的 $m\times n$ 矩阵 $\boldsymbol{A}$，$\boldsymbol{A}$ 的 SVD 可以写作

$$\boldsymbol{A}=\boldsymbol{U\Sigma V}^{\mathrm{T}} \tag{A.63}$$

其中 $\boldsymbol{U}\in\mathbf{R}^{m\times n}$ 是包含 $\boldsymbol{AA}^{\mathrm{T}}$ 的正交特征向量的正交矩阵，$\boldsymbol{V}\in\mathbf{R}^{n\times n}$ 是包含 $\boldsymbol{A}^{\mathrm{T}}\boldsymbol{A}$ 的正交特征向量的正交矩阵，$\boldsymbol{\Sigma}\in\mathbf{R}^{m\times n}$ 是一个满足 $\boldsymbol{\Sigma}_{ii}=\sigma_i$，$i=1,\cdots,r$，其他元素都是零的矩阵。称 $G_1,\cdots,G_r$ 为奇异值，这些奇异值都是正的，并按降序排列。需要注意的是，与特征分解不同，SVD 适用于任何大小的矩阵。

为了计算 SVD，首先对 $\boldsymbol{A}^{\mathrm{T}}\boldsymbol{A}$ 进行特征分解，得到正交的特征向量 $\boldsymbol{v}_1,\boldsymbol{v}_2,\cdots,\boldsymbol{v}_r$。根据 SVD 的形式，可以得到 $\boldsymbol{Av}_k=\boldsymbol{u}_k\sigma_k$，其中 $k=1,2,\cdots,r$。因此，$\boldsymbol{u}_k=\boldsymbol{Av}_k/\sigma_k$，其中 $k=1,2,\cdots,r$。对于 $\boldsymbol{V}$ 的最后 $n-r$ 列，有 $\boldsymbol{Av}_k=\boldsymbol{0}$，其中 $k=r+1,r+2,\cdots,n$。因此，$\boldsymbol{v}_{r+1},\boldsymbol{v}_{r+2},\cdots,\boldsymbol{v}_n$ 是矩阵 $\boldsymbol{A}$ 的零空间的标准正交基。类似地，$\boldsymbol{u}_{r+1},\boldsymbol{u}_{r+2},\cdots,\boldsymbol{u}_m$ 是矩阵 $\boldsymbol{A}^{\mathrm{T}}$ 的零空间的标准正交基。

利用 SVD，$\boldsymbol{A}$ 可以表示为一系列一阶矩阵的和：

$$\boldsymbol{A}=\sigma_1\boldsymbol{u}_1\boldsymbol{v}_1^{\mathrm{T}}+\cdots+\sigma_r\boldsymbol{u}_r\boldsymbol{v}_r^{\mathrm{T}} \tag{A.64}$$

这为矩阵的近似提供了重要因子。具体来说，奇异值 $\sigma_1,\sigma_2,\cdots,\sigma_r$ 按照其重要性进行排序。第一项 $\sigma_1\boldsymbol{u}_1\boldsymbol{v}_1^{\mathrm{T}}$ 是最接近 $\boldsymbol{A}$ 的一阶矩阵，这意味着对于 L_2 范数和 Frobenius 范数，只有当一阶矩阵 $\boldsymbol{B}=\sigma_1\boldsymbol{u}_1\boldsymbol{v}_1^{\mathrm{T}}$ 时，$\|\boldsymbol{A}-\boldsymbol{B}\|$ 的值才达到最小。此外，$\boldsymbol{A}_k=\sigma_1\boldsymbol{u}_1\boldsymbol{v}_1^{\mathrm{T}}+\sigma_2\boldsymbol{u}_2\boldsymbol{v}_2^{\mathrm{T}}+\cdots+\sigma_k\boldsymbol{u}_k\boldsymbol{v}_k^{\mathrm{T}}$ 是最接近 $\boldsymbol{A}$ 的 k 阶近似矩阵。

⊖ 特征向量通常具有单位长度。

A.3.4 子空间

向量空间的子空间是线性代数中的一个重要概念。本节中，首先介绍向量空间的概念，然后介绍子空间的概念，最后将展示一些典型的子空间示例。

向量空间

在形式上，向量空间 VS 是一个特定向量的集合，使得

（1）任意两个向量空间内的向量，它们的和也必须在向量空间内，即 $\forall \boldsymbol{x},\boldsymbol{y}\in VS$ 满足 $\boldsymbol{x}+\boldsymbol{y}\in VS$。

（2）任意向量空间内的向量与任意实数 λ 的乘积也必须在向量空间中，即 $\forall \boldsymbol{x}\in VS$ 与 $\forall \lambda\in \mathbf{R}$ 满足 $\lambda\cdot\boldsymbol{x}\in VS$。

子空间

子空间的定义与向量空间相似。在形式上，向量空间 VS 的子空间 SS 满足以下条件：

（1）SS 是 VS 的一个非空子集；

（2）任意两个属于子空间的向量，它们的和也必须在子空间内，即 $\forall \boldsymbol{x},\boldsymbol{y}\in SS$ 满足 $\boldsymbol{x}+\boldsymbol{y}\in SS$。

（3）任意属于子空间的向量与任意实数 λ 的乘积也必须在子空间中，即 $\forall \boldsymbol{x}\in SS$ 与 $\forall \lambda\in \mathbf{R}$ 满足 $\lambda\cdot\boldsymbol{x}\in SS$。

根据上面对子空间的定义，显然一个向量空间 VS 可以包含两个平凡子空间：

- 零向量空间 Z：这个子空间只包含一个向量，即零向量（原点）。
- 向量空间本身 VS：这个子空间包含向量空间 VS 中的所有向量，因为它满足所有向量空间的性质。

在 $\mathbf{R}^n$ 空间中，除了这两个平凡子空间（零向量空间和整个 $\mathbf{R}^n$ 空间），任何包含原点的超平面也都是 $\mathbf{R}^n$ 的子空间。但是，不包含原点的超平面不是 $\mathbf{R}^n$ 的子空间。例如，在 $\mathbf{R}^2$ 空间中，穿过原点的任何直线都是 $\mathbf{R}^2$ 的子空间，但不经过原点的直线不是 $\mathbf{R}^2$ 的子空间。

子空间的概念与扩张空间（span）的概念密切相关。形式上，给定一组向量 S，它的扩张空间 $span(S)$ 是一个包含 S 中所有向量的线性组合的向量集合。扩张空间的定义如下：

$$span(S)=\left\{\sum_{i=1}^{k}\lambda_i\boldsymbol{x}_i \mid k\in\mathbf{N},\boldsymbol{x}_i\in S,\lambda_i\in\mathbf{R}\right\} \tag{A.65}$$

一个子空间可以由一组向量构建。假设有一组向量 $S=\{\boldsymbol{x}_1,\boldsymbol{x}_2,\cdots,\boldsymbol{x}_m\}$，其中 $\forall \boldsymbol{x}_i\in VS$ 且 $i\in[1,2,\cdots,m]$，那么 $span(S)$ 就是向量空间 VS 的一个子空间。换句话说，对于任何子空间 SS，总是可以找到一组向量 S，使得它的扩张空间是 SS：$span(S)=SS$。

对于一个矩阵 $\boldsymbol{A}\in\mathbf{R}^{n\times m}$，它的行的扩张空间是 $\mathbf{R}^m$ 的一个子空间，而它的列的扩张空间是 $\mathbf{R}^n$ 的一个子空间。这两个子空间分别被称为行空间（row space）和列空间（column space）。

考虑线性方程 $\boldsymbol{A}\boldsymbol{x}=\boldsymbol{0}$，其中 $\boldsymbol{A}\in\mathbf{R}^{m\times n}$，$\boldsymbol{x}\in\mathbf{R}^n$，这个方程的解被称为零空间（null space），通常表示为 $null(\boldsymbol{A})$。零空间是 $\mathbf{R}^n$ 的一个子空间，即

$$null(\boldsymbol{A})=\{\boldsymbol{x}\mid \boldsymbol{A}\boldsymbol{x}=\boldsymbol{0}\} \tag{A.66}$$

A.3.5 正交性

线性代数中的正交性（orthogonality）概念是初等几何中垂直性的一种推广，用来描述两条直线呈 90 度相交的关系。正交性是研究向量空间和子空间的重要概念。

正交向量

如果两个向量$\boldsymbol{x} \in \mathbf{R}^n$和$\boldsymbol{y} \in \mathbf{R}^n$，它们的内积（inner product）等于零，即$\boldsymbol{x}^{\mathrm{T}}\boldsymbol{y}=0$，则称这两个向量正交。这可以表示为

$$\boldsymbol{x}^{\mathrm{T}}\boldsymbol{y}=\sum_{i=1}^{n}\boldsymbol{x}[i]\cdot\boldsymbol{y}[i]=0 \tag{A.67}$$

如果$\boldsymbol{x}^{\mathrm{T}}\boldsymbol{y}=0$，那么$\boldsymbol{x}$和$\boldsymbol{y}$之间的夹角是90度；如果$\boldsymbol{x}^{\mathrm{T}}\boldsymbol{y}<0$，则夹角大于90度；如果$\boldsymbol{x}^{\mathrm{T}}\boldsymbol{y}>0$，则夹角小于90度。

正交性的一个有用的性质是，如果非零向量集合$\{\boldsymbol{x}_1,\boldsymbol{x}_2,\cdots,\boldsymbol{x}_m\}$相互正交，那么向量之间是线性独立的。

如果进一步假设$\boldsymbol{x}$和$\boldsymbol{y}$是单位向量（即它们的长度为1），那么它们被称为标准正交向量（orthonormal vector）。

在研究子空间或空间内的几何或线性函数时，总是很方便地找到一组基向量（basis vector）来简化计算。例如，任何$\mathbf{R}^2$中的向量$\boldsymbol{x}$都可以很容易地表示为坐标向量$\boldsymbol{e}_1=[1,0]^{\mathrm{T}}$和$\boldsymbol{e}_2=[0,1]^{\mathrm{T}}$的线性组合：$\boldsymbol{x}=\boldsymbol{x}[1]\boldsymbol{e}_1+\boldsymbol{x}[2]\boldsymbol{e}_2$。除了自然标准正交基（即坐标向量），还有其他常用的正交基，如$\boldsymbol{v}_1=[\cos\theta,\sin\theta]^{\mathrm{T}}$和$\boldsymbol{v}_2=[-\sin\theta,\cos\theta]^{\mathrm{T}}$。

正交子空间

给定向量空间中的两个子空间SS_1和SS_2，如果对于任意来自SS_1的向量$\boldsymbol{x}$和来自SS_2的向量$\boldsymbol{y}$，它们的内积等于零，即$\forall \boldsymbol{x}\in SS_1$，$\forall \boldsymbol{y}\in SS_2$，$\boldsymbol{x}^{\mathrm{T}}\boldsymbol{y}=0$，则这两个子空间是正交的。

在$\mathbf{R}^2$空间中，所有穿过$\mathbf{0}$的直线都是其子空间。如果两条直线之间的夹角为90度，那么它们就是正交的。此外，零子空间$\{\mathbf{0}\}$与$\mathbf{R}^2$的所有子空间都是正交的。

在矩阵方程$\boldsymbol{A}\boldsymbol{x}=\mathbf{0}$中，有两个密切相关的子空间：矩阵$\boldsymbol{A}$的行空间和零空间。这两个子空间是正交的，因为矩阵$\boldsymbol{A}$的每一行与满足$\boldsymbol{A}\boldsymbol{x}^*=\mathbf{0}$的任何向量$\boldsymbol{x}^*$的内积都为零：$\boldsymbol{A}[i,:]\boldsymbol{x}=0$。

正交补空间（orthogonal complement）是与正交子空间相关的重要概念。形式上，给定向量空间VS的一个子空间SS，所有与SS正交的向量组成的向量空间称为SS的正交补空间，表示为$SS^{\perp}$。

根据这个术语，可以明显看出，矩阵$\boldsymbol{A}$的零空间是矩阵$\boldsymbol{A}$的行空间的正交补空间。

一个有趣的性质是，向量空间VS的维度等于子空间SS的维度与其正交补空间$SS^{\perp}$的维度之和。

A.4 信号处理的概念和工具

A.4.1 熵

在信息论中，熵用来衡量随机变量的不确定性程度。假设随机变量X可能的取值是离散的，概率质量函数（Probability Mass Function，PMF）$p_X(x)=P(X=x,x\in\mathcal{X})$。那么离散随机变量$X$的熵$H(X)$可以用以下公式表示：

$$H(X)=-\sum_{x}p_X(x)\log p_X(x)=\mathbb{E}_{x\sim p_X}[-\log p_X(x)] \tag{A.68}$$

在连续随机变量的情况下，这种随机变量的不确定性程度称为差分熵（differential entropy）。假设有一个连续随机变量Y，其概率密度函数为$p_Y(y)$，那么连续随机变量Y的差分熵$H(Y)$可以用以下公式表示：

$$H(Y)=-\int_{y}p_Y(y)\log p_Y(y)\mathrm{d}x=\mathbb{E}_{y\sim p_Y}[-\log p_Y(y)] \tag{A.69}$$

备注

- 假设 0log 0 = 0。这个假设的原理是 $\lim_{x\to 0} x\log x = 0$。
- 如果对数的底数是 2，熵的度量单位是比特（bit）。如果对数的底数是 e，熵的度量单位是纳特（nat）。除非另有说明，在本节中通常使用底数为 2 的对数来计算熵。

其他常用的熵度量

- 联合熵（joint entropy）：给定两个随机变量 X 和 Y 的联合随机变量 (X, Y)，其概率质量函数为 $p_{XY}(x, y)$，联合随机变量 (X, Y) 的联合熵 $H(X, Y)$ 总结如下：

$$H(X,Y) = -\sum_{x,y} p_{XY}(x,y)\log p_{XY}(x,y) = \mathbb{E}_{(x,y)\sim p_{XY}}[-\log p_{XY}(x,y)] \tag{A.70}$$

- 条件熵（conditional entropy）：给定两个随机变量 X 和 Y，给定随机变量 Y 时随机变量 X 的条件熵 $H(X\mid Y)$ 总结如下：

$$H(X\mid Y) = -\sum_{x,y} p_{XY}(x,y)\log \frac{p_{XY}(x,y)}{p_Y(y)} = \mathbb{E}_{(x,y)\sim p_{XY}}\left[-\log \frac{p_{XY}(x,y)}{p_Y(y)}\right] \tag{A.71}$$

  其中，$p_Y(y)$ 是随机变量 Y 的边际概率质量函数（marginal PMF）。

熵的性质

- 熵总是非负的，即 $H(X) \geqslant 0$，$\forall X$。
- 熵遵循链式法则，即 $H(X, Y) = H(X) + H(Y|X)$。
- 熵 $H(X)$ 是关于概率质量函数 $p_X(x)$ 的一个凹函数。
- 当分布均匀时，熵达到最大值，即 $H(X) \leqslant \log n$，且当 $p_X(x) = \frac{1}{n}$ 时，$H(X) = \log n$。
- 如果 X 和 Y 是两个独立的随机变量，那么它们的联合熵等于各自熵之和，即 $H(X+Y) = H(X) + H(Y)$，条件熵是 $H(X|Y) = H(X)$。
- 熵不会随着另一个随机变量的信息而增加，即对于随机变量 X 和 Y，条件熵 $H(X|Y)$ 永远不会大于 X 的熵，即 $H(X|Y) \leqslant H(X)$。
- 法诺不等式（Fano's inequality）：法诺不等式的原理是，在使用另一个随机变量 Y 对随机变量 X 进行估计时，出现估计错误的概率取决于在给定 Y 的情况下对 X 的确定程度。假设存在一个马尔可夫链 $X \to Y \to \tilde{X}$，其中 $\tilde{X}$ 是通过对 Y 应用某个函数得到的对 X 的估计值（即 $f(Y) = \tilde{X}$）。令 e 表示 $X \neq \tilde{X}$ 的事件，$P(e)$ 表示发生 $X \neq \tilde{X}$ 的概率，则有法诺不等式：

$$H(X\mid Y) \leqslant H(X\mid \tilde{X}) \leqslant H(e) + P(e)\log|\mathcal{X}| \tag{A.72}$$

  其中，$\mathcal{X}$ 是包含 X 所有可能取值的支持集（support set），$|\mathcal{X}|$ 是 X 的基数（即可能取值的数量）。

A.4.2　KL 散度

信息论中，Kullback-Leibler 散度（KL 散度）或相对熵是用来衡量两个概率分布之间差异的一种方法。给定一个随机变量 X，一个真实分布 p_X 和一个目标分布 q_X，概率分布 p_X 和 q_X 之间的 KL 散度 $D_{\mathrm{KL}}(p_X\|q_X)$ 定义如下：

$$D_{\mathrm{KL}}(p_X \parallel q_X) = \mathbb{E}_{x\sim p_X}\left[\log \frac{p_X(x)}{q_X(x)}\right] = \begin{cases} \sum_x p_X(x)\log \frac{p_X(x)}{q_X(x)}, & X\text{为离散随机变量,} \\ \int_{x\sim p_X} p_X(x)\log \frac{p_X(x)}{q_X(x)}\mathrm{d}x, & X\text{为连续随机变量} \end{cases} \tag{A.73}$$

备注

为了使 KL 散度的定义有效，假设有以下三个约定成立：

- $0\log\frac{0}{0}=0$
- $0\log\frac{0}{q_X(x)}=0$
- $p_X(x)\log\frac{p_X(x)}{0}=\infty$

也就是说，如果在真实分布中存在某个值 $x\sim p_X(x)$，且 $p_X(x)>0$，$q_X(x)=0$，那么 $D_{\mathrm{KL}}(p_X\|q_X)=\infty$。

KL 散度的性质

- KL 散度总是非负的，即对于任何两个概率分布 p 和 q，都有 $D_{\mathrm{KL}}(p\|q)\geqslant 0$。
- KL 散度不是对称的，即 $D_{\mathrm{KL}}(p\|q)\neq D_{\mathrm{KL}}(q\|p)$。
- KL 散度不是一个度量，因为它既不是对称的，也不满足三角不等式。
- KL 散度为 0，当且仅当对于随机变量 x 有 $p_X=q_X$，即 $p_X=q_X\Leftrightarrow D_{\mathrm{KL}}(p_X\|q_X)=0$。
- KL 散度遵循链式法则，即对于联合分布的 KL 散度，有以下关系：$D_{\mathrm{KL}}(p_{XY}\|q_{XY})=D_{\mathrm{KL}}(p_X\|q_X)+D_{\mathrm{KL}}(p_{Y|X}\|q_{Y|X})$
- KL 散度关于给定的概率质量函数 p_X 和 q_X 是凸函数。

A.4.3　互信息

在信息论中，两个随机变量的*互信息*是用另一个随机变量的先验知识衡量一个随机变量的信息量。给定两个随机变量 X 和 Y，随机变量 X 和 Y 的互信息 $I(X;Y)$ 定义如下：

$$I(X;Y)=\mathbb{E}_{(x,y)\sim p_{XY}}\left[\log\frac{p_{XY}(x,y)}{p_X(x)p_Y(x)}\right]=\begin{cases}\sum_{(x,y)}p_{XY}(x,y)\log\frac{p_{XY}(x,y)}{p_X(x)p_Y(x)}, & X,Y\text{是离散随机变量}\\ \int_{(x,y)\sim p_{XY}}p_{XY}(x,y)\log\frac{p_{XY}(x,y)}{p_X(x)p_Y(x)}\mathrm{d}x\mathrm{d}y, & X,Y\text{是连续随机变量}\end{cases}\tag{A.74}$$

式中，p_{XY} 为联合随机变量 (X,Y) 的联合分布，p_X 为随机变量 X 的边际分布，p_Y 为随机变量 Y 的边际分布。

互信息与 KL 散度的关系。从 KL 散度的角度来看，两个随机变量 X 和 Y 的互信息 $I(X;Y)$ 等价于它们的联合分布 p_{XY} 与它们的边际分布的乘积 $p_X\otimes p_Y$ 之间的 KL 散度。这种互信息与 KL 散度之间的关系总结如下：

$$I(X;Y)=D_{\mathrm{KL}}(p_{XY}\|p_X\otimes p_Y)\tag{A.75}$$

互信息与熵之间的关系。从熵的角度来看，两个随机变量 X 和 Y 的互信息量化了通过观察其中一个随机变量来减少对另一个随机变量的不确定性的程度。互信息与熵之间的关系总结如下：

$$I(X;Y)=H(X)-H(X|Y)=H(Y)-H(Y|X)=H(X)+H(Y)-H(X,Y)\tag{A.76}$$

根据熵的链式法则，最后一个等式成立。

条件互信息。给定三个随机变量 X、Y 和 Z，随机变量 X 和 Y 在给定 Z 的条件下的条件互信息可总结如下：

$$I(X;Y|Z)=\mathbb{E}_{(x,y,z)\sim p_{XYZ}}\left[\log\frac{p_{X,Y|Z}(x,y|z)}{p_{X|Z}(x|z)p_{Y|Z}(y|z)}\right]=H(X|Z)-H(X|Y,Z) \tag{A.77}$$

互信息的性质

（1）互信息是非负的，即 $I(X;Y)\geqslant 0$，$\forall X,Y$。

（2）互信息是对称的，即 $I(X;Y)=I(Y;X)$。

（3）随机变量与自身的互信息是该随机变量的熵，即 $I(X;X)=H(X)$。

（4）两个独立随机变量的互信息为零，即如果随机变量 X 与 Y 是独立的，那么 $I(X;Y)=0$。

（5）互信息满足链式法则，即 $I(X;Y,Z)=I(X;Y)+I(X;Z|Y)$，其中 $I(X;Y,Z)$ 表示 X 与联合随机变量 (Y,Z) 之间的互信息。

（6）数据处理不等式。假设随机变量 Y 是通过对随机变量 X 应用某个函数 f 获得的（即 $Y=f(X)$），而随机变量 Z 是通过处理随机变量 Y 获得的（例如，通过对随机变量 Y 应用某个函数 g，得到 $Z=g(Y)$）。数学上，对于三个随机变量 X、Y、Z 的马尔可夫链 $X\to Y\to Z$，数据处理不等式表明：

$$I(X;Z)\leqslant I(X;Y) \tag{A.78}$$

其中等号成立当且仅当 $I(X;Y|Z)=0$。

（7）可以利用两个随机变量之间的互信息和联合熵来推断两个随机变量的信息变化（Variation of Information, VI）度量，即 $d(X,Y)=H(X,Y)-I(X;Y)$。

A.4.4 离散傅里叶变换（DFT）和快速傅里叶变换（FFT）

除非另有说明，本节中将会使用术语“序列”表示离散时间（discrete-time）序列，并使用“N”表示有限离散时间序列的长度或周期离散时间序列的周期长度。

有限序列。有限序列（finite sequence）是长度为 N 的序列，通常表示为 $x[n]$：[㊀]

$$x[n]=\begin{cases}\text{某个数}, & 0\leqslant n\leqslant N-1,\\ 0, & \text{其他}\end{cases} \tag{A.79}$$

有限序列与周期序列（periodic sequence）之间的关系。可以直观地看到，任何有限序列 $x[n]$ 都可以对应一个周期序列 $\tilde{x}[n]$，这之间的关系可以表示为

$$\tilde{x}[n]=\sum_{t=-\infty}^{+\infty}x[n-tN]=x[(n\ \mathrm{mod.}\ N)] \tag{A.80}$$

式子中的 mod. 是取模操作。

类似地，有限序列 $x[n]$ 可以从其对应的周期序列 $\tilde{x}[n]$ 中提取出来。这个提取的过程可以表示为

$$x[n]=\begin{cases}\tilde{x}[n], & n\in\{0,\cdots,N-1\},\\ 0, & \text{其他}\end{cases} \tag{A.81}$$

周期序列的离散傅里叶级数。给定一个周期为 N 的周期序列 $\tilde{x}[n]$，周期序列 $\tilde{x}[n]$ 的离散傅里叶级数（Discrete Fourier Series，DFS）$\tilde{X}[k](k\in\{0,\cdots,N-1\})$ 可以通过以下分析和综合方程来表示[㊁]：

㊀ 这里使用斜体小写字母表示信号序列，使用 $[i]$ 表示该序列中的第 i 个位置。

㊁ 这里使用斜体大写字母表示频率域中的序列。

$$\text{分析方程：}\quad \tilde{X}[k]=\sum_{n=0}^{N-1}\mathrm{e}^{-i(2\pi/N)kn}\tilde{x}[n]$$
$$\text{综合方程：}\quad \tilde{x}[n]=\sum_{k=0}^{N-1}\mathrm{e}^{i(2\pi/N)kn}\tilde{X}[k] \tag{A.82}$$

有限序列的离散傅里叶变换（DFT）。由于有限序列 $x[n]$ 是周期序列 $\tilde{x}[n]$ 的一个周期，为了保持时间域和频率域之间的对偶性，有限序列 $x[n]$ 的 DFT $X[k]$ 对应于其相应周期序列 $\tilde{x}[n]$ 的一个周期的 DFS $\tilde{X}[k]$。因此，有限序列 $x[n]$ 的 DFT 的分析和综合方程如下：

$$\text{分析方程：}\quad X[k]=\sum_{n=0}^{N-1}\mathrm{e}^{-i(2\pi/N)kn}x[n]$$
$$\text{综合方程：}\quad x[n]=\sum_{k=0}^{N-1}\mathrm{e}^{i(2\pi/N)kn}X[k] \tag{A.83}$$

值得一提的是，矩阵 $\boldsymbol{W}$ 被称为 DFT 矩阵，其中 $\boldsymbol{W}[i,j]=\mathrm{e}^{-i(2\pi/N)ij}$。

DFT（离散傅里叶变换）的性质

- 线性。给定两个有限序列 $x_1[n]$ 和 $x_2[n]$，它们对应的 DFT 分别为 $X_1[k]$ 和 $X_2[k]$。如果定义一个新的有限序列 $x_3[n]=ax_1[n]+bx_2[n]$，那么新序列 $x_3[n]$ 的 DFT 为
$$X_3[k]=aX_1[k]+bX_2[k] \tag{A.84}$$
- 给定一个有限序列 $x[n]$ 和它的 DFT $X[k]$，如果在时间窗口内进行长度为 m 的循环移位，可以得到新的有限序列 $x_1[n]=x[((n-m)\bmod. N)]$，那么新序列 $x_1[n]$ 的 DFT $X_1[k]$ 为
$$X_1[k]=\mathrm{e}^{-i(2\pi/N)km}X[k] \tag{A.85}$$
- 对于一组 N 维复向量，向量 $\boldsymbol{u}_k=[\mathrm{e}^{-i(2\pi/N)k0},\mathrm{e}^{-i(2\pi/N)k1},\cdots,\mathrm{e}^{-i(2\pi/N)k(N-1)}]$ 构成了正交基，满足 $\boldsymbol{u}_k^{\mathrm{T}}\boldsymbol{u}_k^*=N$。
- Parseval 定理。对于两个序列 $x_1[n]$ 和 $x_2[n]$，它们的 DFT 分别为 $X_1[k]$ 和 $X_2[k]$。Parseval 定理如下表示：
$$\sum_{n=0}^{N-1}x_1[n]x_2^*[n]=\frac{1}{N}\sum_{k=0}^{N-1}X_1[k]X_2^*[k] \tag{A.86}$$
  在 Parseval 定理中，$X_2^*[k]$ 表示序列 $X_2[k]$ 的共轭转置，$X_2^*[n]$ 表示序列 $x_2[n]$ 的共轭转置。
- 对偶性。给定一个序列 $x[n]$ 和其 DFT $X[k]$，由 DFT 的对偶性可以得到 $X[k]$ 的 DFT，为 $Nx[(-k\bmod. N)]$。
- 给定一个有限序列 $x[n]$ 和其 DFT $X[k]$，如果所有的值都是实数，有
$$X[k]=X^*[(-k\bmod. N)] \tag{A.87}$$
  这叫作偶对称（even symmetry）。这里，$X^*[k]$ 是 X 的共轭转置。如果所有的值都是虚数，有
$$X[k]=-X^*[(-k\bmod. N)] \tag{A.88}$$

这被称为奇对称（odd symmetry）。

- 给定三个有限序列 $x_1[n]$、$x_2[n]$ 和 $x_3[n]$ 及其对应的 DFT $X_1[k]$、$X_2[k]$ 和 $X_3[k]$，如果 $X_3[k]=X_1[k]X_2[k]$，可以得到下列式子：
$$x_3[n]=\sum_{m=0}^{N-1}x_2[m]x_1[((n-m)\bmod. N)] \tag{A.89}$$

FFT。FFT（快速傅里叶变换）是一组有效计算有限序列的 DFT（离散傅里叶变换）的算法，其基础理论涵盖从算术到数论的多个领域。FFT 广泛应用于数学、工程和音乐等许多现

实场景。FFT 的关键原理是将长度为 N 的序列的 DFT 计算分解成计算多个较小子序列。一些代表性的 FFT 算法包括互质因子算法（Prime-Factor Algorithm，PFA）、Cooley-Tuck 算法、Goertzel 算法和 Winograd 算法。有关 FFT 算法的详细信息，请参考相关文献。

A.5 文献注释

概率密度函数（PDF）和显著性检验在许多统计学著作中都有介绍（Larsen 和 Marx [LM05]，Casella 和 Berger [CB21]）。MLE 和 MAP 的概念也广泛涵盖在许多机器学习的书籍中（Bishop [Bis06b] 以及 James，Witten，Hastie 和 Tibshirani [JWHT]）。交叉验证由 Bishop [Bis06b] 所描述。重叠验证由 Barber，Candes，Ramdas 和 Tibshirani [BCRT21] 所介绍。GD、SGD、GD 的变体、坐标下降法和牛顿法在很多初级和高级的书籍中都有介绍，如 Goodfellow，Bengio 和 Courville [GBC16] 以及 Boyd，Boyd 和 Vandenberghe [BBV04]。Dennis 和 Moré 提供了拟牛顿法的详细研究 [DM77]。二次规划（QP）由 Boyd，Boyd 和 Vandenberghe[BBV04] 系统地介绍。QP 的解决方案是多用途的，如主动集法（Murty 和 Yu [MY88]）、内点法（Wright [Wri97]）等。线性代数的基本概念、理论和应用，由 Strang [Str93，Str19] 以及 Leon，Bica 和 Hohn [LBH06] 全面介绍。

密度估计旨在近似潜在的概率密度函数，其在统计学教材中一直是一个重要的主题（Silverman [Sil18] 以及 Devroye 和 Lugosi [DL12]）。使用核技巧进行密度估计的方法也得到了广泛研究，例如 Botev，Grotowski 和 Kroese [BGK10] 以及 Sheather 和 Jones [SJ91]。除了浅层方法外，基于神经网络的密度估计方法在各种应用中得到了深入探讨 (Likas [Lik01] 和 Magdon-Ismail 和 Atiya [MIA99])。密度估计被广泛应用于多个高影响应用领域，包括风力发电预测（He 和 Li [HL18]）和大规模传感器网络的数据分布预测（Nakamura 和 Hasegawa [NH16]）。偏差 - 方差权衡代表了一个相互竞争的场景，即不可能同时减少学习模型的偏差和方差。许多人都致力于理解偏差 - 方差权衡（Belkin，Hsu，Ma 和 Mandal [BHMM19]）。例如，Yang 等人重新研究了神经网络中的偏差 - 方差问题 [YYY+20]。Li 等人采用偏差 - 方差权衡来提高人脸识别的性能 [LSG11]。

许多与信息论相关的书籍（如 Cover[Cov99]）涵盖了熵、Kullback-Leibler（KL）散度和互信息等基本概念。Oppenheim [Opp99] 对离散傅里叶变换（DFT）进行了系统研究，并引入了几种快速傅里叶变换（FFT）算法，以高效计算 DFT。互质因子算法（PFA）最初由 Good [Goo58] 提出。Cooley 和 Tuck 提出了基于分治（divide-and-conquer）思想的 Cooley-Tuck 算法 [CT65]，后来发现这是对 Gauss [Gau66] 提出的插值两颗小行星轨迹算法的再发现。Goertzel 通过使用 Goertzel 滤波器解决数字滤波问题，提出了 Goertzel 算法 [G+58]。Winograd 通过借鉴循环卷积计算的思想，提出了 Winograd 算法 [Win78]，实现了高效的 DFT 计算。

参考文献

[AAD+96] S. Agarwal, R. Agrawal, P.M. Deshpande, A. Gupta, J.F. Naughton, R. Ramakrishnan, S. Sarawagi, On the computation of multidimensional aggregates, in: Proc. 1996 Int. Conf. Very Large Data Bases (VLDB'96), Bombay, India, Sept. 1996, pp. 506–521.

[AAL+15] Stanislaw Antol, Aishwarya Agrawal, Jiasen Lu, Margaret Mitchell, Dhruv Batra, C. Lawrence Zitnick, Devi Parikh, Vqa: visual question answering, in: Proc. 2015 Int. Conf. Computer Vision (ICCV'15), Santiago, Chile, Dec. 2015, pp. 2425–2433.

[AAP01] R. Agarwal, C.C. Aggarwal, V.V.V. Prasad, A tree projection algorithm for generation of frequent itemsets, Journal of Parallel and Distributed Computing 61 (2001) 350–371.

[AB79] B. Abraham, G.E.P. Box, Bayesian analysis of some outlier problems in time series, Biometrika 66 (1979) 229–248.

[AB00] Réka Albert, Albert-László Barabási, Topology of evolving networks: local events and universality, Physical Review Letters 85 (24) (2000) 5234.

[ABA06] M. Agyemang, K. Barker, R. Alhajj, A comprehensive survey of numeric and symbolic outlier mining techniques, Intelligent Data Analysis 10 (2006) 521–538.

[ABKS99] M. Ankerst, M. Breunig, H.-P. Kriegel, J. Sander, OPTICS: ordering points to identify the clustering structure, in: Proc. 1999 ACM-SIGMOD Int. Conf. Management of Data (SIGMOD'99), Philadelphia, PA, USA, June 1999, pp. 49–60.

[ACF+18] Jacob Abernethy, Alex Chojnacki, Arya Farahi, Eric Schwartz, Jared Webb, Activeremediation: the search for lead pipes in flint, Michigan, in: Proc. 2018 ACM SIGKDD Int. Conf. Knowledge Discovery and Data Mining (KDD'18), London, UK, Aug. 2018, pp. 5–14.

[ACL00] William Aiello, Fan Chung, Linyuan Lu, A random graph model for massive graphs, in: Proc. 2000 ACM Symp. Theory of Computing (SOTC'00), Portland, OR, USA, May. 2000, pp. 171–180.

[ACM+14] Marco Avvenuti, Stefano Cresci, Andrea Marchetti, Carlo Meletti, Maurizio Tesconi, Ears (earthquake alert and report system) a real time decision support system for earthquake crisis management, in: Proc. 2014 ACM SIGKDD Int. Conf. Knowledge Discovery and Data Mining (KDD'14), New York, NY, USA, Aug. 2014, pp. 1749–1758.

[AD91] H. Almuallim, T.G. Dietterich, Learning with many irrelevant features, in: Proc. 1991 Nat. Conf. Artificial Intelligence (AAAI'91), Anaheim, CA, USA, July 1991, pp. 547–552.

[AEEK99] M. Ankerst, C. Elsen, M. Ester, H.-P. Kriegel, Visual classification: an interactive approach to decision tree construction, in: Proc. 1999 Int. Conf. Knowledge Discovery and Data Mining (KDD'99), San Diego, CA, USA, Aug. 1999, pp. 392–396.

[AEMT00] K.M. Ahmed, N.M. El-Makky, Y. Taha, A note on "beyond market basket: generalizing association rules to correlations", SIGKDD Explorations 1 (2000) 46–48.

[AG60] F.J. Anscombe, I. Guttman, Rejection of outliers, Technometrics 2 (1960) 123–147.

[Aga06] D. Agarwal, Detecting anomalies in cross-classified streams: a bayesian approach, Knowledge and Information Systems 11 (2006) 29–44.

[AGAV09] E. Amigó, J. Gonzalo, J. Artiles, F. Verdejo, A comparison of extrinsic clustering evaluation metrics based on formal constraints, Information Retrieval 12 (2009).

[Agg07] Charu C. Aggarwal, An Introduction to Data Streams, Springer, 2007.

[Agg15a] Charu C. Aggarwal, Data Classification, Morgan Springer, 2015.

[Agg15b] Charu C. Aggarwal, Data Mining: The Textbook, Springer, 2015.

[Agg15c] Charu C. Aggarwal, Outlier analysis, in: Data Mining, Springer, 2015, pp. 237–263.

[AGGR98] R. Agrawal, J. Gehrke, D. Gunopulos, P. Raghavan, Automatic subspace clustering of high dimensional data for data mining applications, in: Proc. 1998 ACM-SIGMOD Int. Conf. Management of Data (SIGMOD'98), Seattle, WA, USA, June 1998, pp. 94–105.

[AGM04] F.N. Afrati, A. Gionis, H. Mannila, Approximating a collection of frequent sets, in: Proc. 2004 ACM SIGKDD Int. Conf. Knowledge Discovery in Databases (KDD'04), Seattle, WA, USA, Aug. 2004, pp. 12–19.

[AGS97] R. Agrawal, A. Gupta, S. Sarawagi, Modeling multidimensional databases, in: Proc. 1997 Int. Conf. Data Engineering (ICDE'97), Birmingham, England, April 1997, pp. 232–243.

[Aha92] D. Aha, Tolerating noisy, irrelevant, and novel attributes in instance-based learning algorithms, International Journal of Man-Machine Studies 36 (1992) 267–287.

[AHMJP12] Ossama Abdel-Hamid, Abdel-rahman Mohamed, Hui Jiang, Gerald Penn, Applying convolutional neural networks concepts to hybrid nn-hmm model for speech recognition, in: Proc. 2012 Int. Conf. Acoustics, Speech and Signal Processing (ICASSP'12), Kyoto, Japan, March 2012, pp. 4277–4280.

[AHS96] P. Arabie, L.J. Hubert, G. De Soete, Clustering and Classification, World Scientific, 1996.

[AHWY03] C.C. Aggarwal, J. Han, J. Wang, P.S. Yu, A framework for clustering evolving data streams, in: Proc. 2003 Int. Conf. Very Large Data Bases (VLDB'03), Berlin, Germany, Sept. 2003, pp. 81–92.

[AHWY04] C.C. Aggarwal, J. Han, J. Wang, P.S. Yu, A framework for projected clustering of high dimensional data streams, in: Proc. 2004 Int. Conf. Very Large Data Bases (VLDB'04), Toronto, Canada, Aug. 2004, pp. 852–863.

[AIS93] R. Agrawal, T. Imielinski, A. Swami, Mining association rules between sets of items in large databases, in: Proc. 1993 ACM-SIGMOD Int. Conf. Management of Data (SIGMOD'93), Washington, DC, USA, May 1993, pp. 207–216.

[AK93] T. Anand, G. Kahn, Opportunity explorer: navigating large databases using knowledge discovery templates, in: Proc. 1993 Workshop Knowledge Discovery in Databases (KDD'93), Washington, DC, USA, July 1993, pp. 45–51.

[AKK18] Gowtham Atluri, Anuj Karpatne, Vipin Kumar, Spatio-temporal data mining: a survey of problems and methods, ACM Computing Surveys 51 (4) (August 2018).

[AL99] Y. Aumann, Y. Lindell, A statistical theory for quantitative association rules, in: Proc. 1999 Int. Conf. Knowledge Discovery and Data Mining (KDD'99), San Diego, CA, USA, Aug. 1999, pp. 261–270.

[All94] B.P. Allen, Case-based reasoning: business applications, Communications of the ACM 37 (1994) 40–42.

[Alp11] E. Alpaydin, Introduction to Machine Learning, 2nd ed., MIT Press, 2011.

[AMG+20] Sina F. Ardabili, Amir Mosavi, Pedram Ghamisi, Filip Ferdinand, Annamaria R. Varkonyi-Koczy, Uwe Reuter, Timon Rabczuk, Peter M. Atkinson, Covid-19 outbreak prediction with machine learning, Algorithms 13 (10) (2020) 249.

[AMS+96] R. Agrawal, M. Mehta, J. Shafer, R. Srikant, A. Arning, T. Bollinger, The Quest data mining system, in: Proc. 1996 Int. Conf. Data Mining and Knowledge Discovery (KDD'96), Portland, OR, USA, Aug. 1996, pp. 244–249.

[AP94] A. Aamodt, E. Plazas, Case-based reasoning: foundational issues, methodological variations, and system approaches, AI Communications 7 (1994) 39–52.

[AP05] F. Angiulli, C. Pizzuti, Outlier mining in large high-dimensional data sets, IEEE Transactions on Knowledge and Data Engineering 17 (2005) 203–215.

[APW+99] C.C. Aggarwal, C. Procopiuc, J. Wolf, P.S. Yu, J.-S. Park, Fast algorithms for projected clustering, in: Proc. 1999 ACM-SIGMOD Int. Conf. Management of Data (SIGMOD'99), Philadelphia, PA, USA, June 1999, pp. 61–72.

[ARV09] S. Arora, S. Rao, U. Vazirani, Expander flows, geometric embeddings and graph partitioning, Journal of the ACM 56 (2009) 5:1–5:37.

[AS94a] R. Agrawal, R. Srikant, Fast algorithm for mining association rules in large databases, Research Report RJ 9839, IBM Almaden Research Center, San Jose, CA, USA, June 1994.

[AS94b] R. Agrawal, R. Srikant, Fast algorithms for mining association rules, in: Proc. 1994 Int. Conf. Very Large Data Bases (VLDB'94), Santiago, Chile, Sept. 1994, pp. 487–499.

[AS96] R. Agrawal, J.C. Shafer, Parallel mining of association rules: design, implementation, and experience, IEEE Transactions on Knowledge and Data Engineering 8 (1996) 962–969.

[ASE17] Antreas Antoniou, Amos J. Storkey, Harrison Edwards, Data augmentation generative adversarial networks, CoRR, arXiv:1711.04340 [abs], 2017.

[ASS00] E.L. Allwein, R.E. Shapire, Y. Singer, Reducing multiclass to binary: a unifying approach for margin classifiers, Journal of Machine Learning Research 1 (2000) 113–141.

[ATK15] Leman Akoglu, Hanghang Tong, Danai Koutra, Graph based anomaly detection and description: a survey, Data Mining and Knowledge Discovery 29 (3) (2015) 626–688.

[ATVF12] Leman Akoglu, Hanghang Tong, Jilles Vreeken, Christos Faloutsos, Fast and reliable anomaly detection in categorical data, in: Proc. 2012 Int. Conf. Information and Knowledge Management (CIKM'12), Maui, HI, USA, Oct. 2012, pp. 415–424.

[AV07] D. Arthur, S. Vassilvitskii, K-means++: the advantages of careful seeding, in: Proc. 2007 ACM-SIAM Symp. Discrete Algorithms (SODA'07), Tokyo, Japan, 2007, pp. 1027–1035.

[AW10] Charu C. Aggarwal, Haixun Wang, A Survey of Clustering Algorithms for Graph Data, Springer US, Boston, MA, USA, 2010, pp. 275–301.

[AXRP19] Bijaya Adhikari, Xinfeng Xu, Naren Ramakrishnan, B. Aditya Prakash, Epideep: exploiting embeddings for epidemic forecasting, in: Proc. 2019 ACM SIGKDD Int. Conf. Knowledge Discovery and Data Mining (KDD'19), Anchorage, AK, USA, Aug. 2019, pp. 577–586.

[AY99] C.C. Aggarwal, P.S. Yu, A new framework for itemset generation, in: Proc. 1998 ACM Symp. Principles of Database Systems (PODS'98), Seattle, WA, USA, June 1999, pp. 18–24.

[AY01] C.C. Aggarwal, P.S. Yu, Outlier detection for high dimensional data, in: Proc. 2001 ACM-SIGMOD Int. Conf. Management of Data (SIGMOD'01), Santa Barbara, CA, USA, May 2001, pp. 37–46.

[AZ12] Charu C. Aggarwal, ChengXiang Zhai (Eds.), Mining Text Data, Springer, 2012.

[BA97] L.A. Breslow, D.W. Aha, Simplifying decision trees: a survey, Knowledge Engineering Review 12 (1997) 1–40.

[BA99] Albert-László Barabási, Réka Albert, Emergence of scaling in random networks, Science 286 (5439) (1999) 509–512.

[Bag05] J. Andrew Bagnell, Robust supervised learning, in: Proc. 2005 AAAI Conf. Artificial Intelligence (AAAI'05), Pittsburgh, PA, USA, 2005, pp. 714–719.

[Bai13] Eric Bair, Semi-supervised clustering methods, Wiley Interdisciplinary Reviews: Computational Statistics 5 (5) (2013) 349–361.

[Bal12] Pierre Baldi, Autoencoders, unsupervised learning, and deep architectures, in: Proc. 2012 ICML Workshop Unsupervised and Transfer Learning (ICML'12), Bellevue, WA, USA, July 2012, pp. 37–49.

[BAM18] Tadas Baltrušaitis, Chaitanya Ahuja, Louis-Philippe Morency, Multimodal machine learning: a survey and taxonomy, IEEE Transactions on Pattern Analysis and Machine Intelligence 41 (2) (2018) 423–443.

[Bar89] Horace B. Barlow, Unsupervised learning, Neural Computation 1 (3) (1989) 295–311.

[Bay98] R.J. Bayardo, Efficiently mining long patterns from databases, in: Proc. 1998 ACM-SIGMOD Int. Conf. Management of Data (SIGMOD'98), Seattle, WA, USA, June 1998, pp. 85–93.

[BB98] A. Bagga, B. Baldwin, Entity-based cross-document coreferencing using the vector space model, in: Proc. 1998 Annual Meeting of the Association for Computational Linguistics and Int. Conf. Computational Linguistics (COLING-ACL'98), Montreal, Canada, Aug. 1998.

[BBD+02] B. Babcock, S. Babu, M. Datar, R. Motwani, J. Widom, Models and issues in data stream systems, in: Proc. 2002 ACM Symp. Principles of Database Systems (PODS'02), Madison, WI, USA, June 2002, pp. 1–16.

[BBM02] Sugato Basu, Arindam Banerjee, Raymond J. Mooney, Semi-supervised clustering by seeding, in: Proc. 2002 Int. Conf. Machine Learning (ICML'02), San Francisco, CA, USA, 2002, pp. 27–34.

[BBM04] Sugato Basu, Mikhail Bilenko, Raymond J. Mooney, A probabilistic framework for semi-supervised clustering, in: Proc. 2004 ACM SIGKDD Int. Conf. Knowledge Discovery and Data Mining (KDD'04), New York, NY, USA, Association for Computing Machinery, 2004, pp. 59–68.

[BBN+17] Amin Beheshti, Boualem Benatallah, Reza Nouri, Van Munin Chhieng, HuangTao Xiong, Xu Zhao, Coredb: a data lake service, in: Proc. 2017 Conf. Information and Knowledge Management (CIKM'17), New York, NY, USA, Nov. 2017, pp. 2451–2454.

[BBV04] Stephen Boyd, Stephen P. Boyd, Lieven Vandenberghe, Convex Optimization, Cambridge University Press, 2004.

[BC83] R.J. Beckman, R.D. Cook, Outlier...s, Technometrics 25 (1983) 119–149.

[BCB15] Dzmitry Bahdanau, Kyunghyun Cho, Yoshua Bengio, Neural machine translation by jointly learning to align and translate, in: Proc. 2015 Int. Conf. Learning Representation (ICLR'15), San

Diego, CA, USA, May 2015.

[BCG01] D. Burdick, M. Calimlim, J. Gehrke, MAFIA: a maximal frequent itemset algorithm for transactional databases, in: Proc. 2001 Int. Conf. Data Engineering (ICDE'01), Heidelberg, Germany, April 2001, pp. 443–452.

[BCG10] Bahman Bahmani, Abdur Chowdhury, Ashish Goel, Fast incremental and personalized pagerank, Proceedings of the VLDB Endowment 4 (3) (December 2010) 173–184.

[BCP93] D.E. Brown, V. Corruble, C.L. Pittard, A comparison of decision tree classifiers with backpropagation neural networks for multimodal classification problems, Pattern Recognition 26 (1993) 953–961.

[BCRT21] Rina Foygel Barber, Emmanuel J. Candes, Aaditya Ramdas, Ryan J. Tibshirani, Predictive inference with the jackknife+, The Annals of Statistics 49 (1) (2021) 486–507.

[BCV13] Yoshua Bengio, Aaron C. Courville, Pascal Vincent, Representation learning: a review and new perspectives, IEEE Transactions on Pattern Analysis and Machine Intelligence 35 (8) (2013) 1798–1828.

[BD+99] Kristin Bennett, Ayhan Demiriz, et al., Semi-supervised support vector machines, in: Proc. 1999 Conf. Neural Information Processing Systems (NIPS'99), Denver, CO, USA, Dec. 1999, pp. 368–374.

[BDF+97] D. Barbará, W. DuMouchel, C. Faloutos, P.J. Haas, J.H. Hellerstein, Y. Ioannidis, H.V. Jagadish, T. Johnson, R. Ng, V. Poosala, K.A. Ross, K.C. Servcik, The New Jersey data reduction report, Buletin of the Technical Committee on Data Engineering 20 (Dec. 1997) 3–45.

[BDG96] A. Bruce, D. Donoho, H.-Y. Gao, Wavelet analysis, IEEE Spectrum 33 (Oct 1996) 26–35.

[BDJ+05] D. Burdick, P. Deshpande, T.S. Jayram, R. Ramakrishnan, S. Vaithyanathan, OLAP over uncertain and imprecise data, in: Proc. 2005 Int. Conf. Very Large Data Bases (VLDB'05), Trondheim, Norway, Aug. 2005, pp. 970–981.

[Ber06] P. Berkhin, in: A Survey of Clustering Data Mining Techniques, Springer Berlin Heidelberg, Berlin, 2006, pp. 25–71.

[Bez81] J.C. Bezdek, Pattern Recognition with Fuzzy Objective Function Algorithms, Plenum Press, 1981.

[BF13] Jimmy Ba, Brendan Frey, Adaptive dropout for training deep neural networks, in: Proc. 2013 Conf. Neural Information Processing Systems (NIPS'13), Lake Tahoe, NV, USA, Dec. 2013, pp. 3084–3092.

[BFOS84] L. Breiman, J. Friedman, R. Olshen, C. Stone, Classification and Regression Trees, Wadsworth International Group, 1984.

[BFR98] P. Bradley, U. Fayyad, C. Reina, Scaling clustering algorithms to large databases, in: Proc. 1998 Int. Conf. Knowledge Discovery and Data Mining (KDD'98), New York, NY, USA, Aug. 1998, pp. 9–15.

[BG05] I. Ben-Gal, Outlier detection, in: O. Maimon, L. Rockach (Eds.), Data Mining and Knowledge Discovery Handbook: A Complete Guide for Practitioners and Researchers, Kluwer Academic, 2005.

[BGJM16] Piotr Bojanowski, Edouard Grave, Armand Joulin, Tomas Mikolov, Enriching word vectors with subword information, Transactions of the Association for Computational Linguistics 5 (2016) 135–146.

[BGK10] Zdravko I. Botev, Joseph F. Grotowski, Dirk P. Kroese, Kernel density estimation via diffusion, The Annals of Statistics 38 (5) (2010) 2916–2957.

[BGKW03] C. Bucila, J. Gehrke, D. Kifer, W. White, DualMiner: a dual-pruning algorithm for itemsets with constraints, Data Mining and Knowledge Discovery 7 (2003) 241–272.

[BGMP03] F. Bonchi, F. Giannotti, A. Mazzanti, D. Pedreschi, ExAnte: anticipated data reduction in constrained pattern mining, in: Proc. 2003 European Conf. Principles and Practice of Knowledge Discovery in Databases (PKDD'03), Cavtat-Dubrovnik, Croatia, Sept. 2003, pp. 59–70.

[BGRS99] K.S. Beyer, J. Goldstein, R. Ramakrishnan, U. Shaft, When is "nearest neighbor" meaningful?, in: Proc. 1999 Int. Conf. Database Theory (ICDT'99), Jerusalem, Israel, Jan. 1999, pp. 217–235.

[BGV92] B. Boser, I. Guyon, V.N. Vapnik, A training algorithm for optimal margin classifiers, in: Proc. 1992 Conf. Computational Learning Theory (COLT'92), San Mateo, CA, USA, July 1992, pp. 144–152.

[BH20] Yikun Ban, Jingrui He, Generic outlier detection in multi-armed bandit, in: Proc. 2020 ACM SIGKDD Int. Conf. Knowledge Discovery and Data Mining (KDD'20), March 2020, pp. 913–923.

[BHMM19] Mikhail Belkin, Daniel Hsu, Siyuan Ma, Soumik Mandal, Reconciling modern machine-learning practice and the classical bias–variance trade-off, Proceedings of the National Academy of Sciences 116 (32) (2019) 15849–15854.

[Bis95] C.M. Bishop, Neural Networks for Pattern Recognition, Oxford University Press, 1995.

[Bis06a] C.M. Bishop, Pattern Recognition and Machine Learning, Springer, 2006.

[Bis06b] Christopher M. Bishop, Pattern Recognition, 2006.

[BKNS00] M.M. Breunig, H.-P. Kriegel, R. Ng, J. Sander, LOF: identifying density-based local outliers, in: Proc. 2000 ACM-SIGMOD Int. Conf. Management of Data (SIGMOD'00), Dallas, TX, USA, May 2000, pp. 93–104.

[BLC$^+$03] D. Barbara, Y. Li, J. Couto, J.-L. Lin, S. Jajodia, Bootstrapping a data mining intrusion detection system, in: Proc. 2003 ACM Symp. Applied Computing (SAC'03), March 2003.

[BLCW09] Yoshua Bengio, Jérôme Louradour, Ronan Collobert, Jason Weston, Curriculum learning, in: Proc. 2009 Int. Conf. Machine Learning (ICML'09), Montreal, QC, Canada, June 2009, pp. 41–48.

[BM98a] A. Blum, T. Mitchell, Combining labeled and unlabeled data with co-training, in: Proc. 11th Conf. Computational Learning Theory (COLT' 98), Madison, WI, USA, 1998, pp. 92–100.

[BM98b] Paul S. Bradley, Olvi L. Mangasarian, Feature selection via concave minimization and support vector machines, in: Proc. 1998 Int. Conf. Machine Learning (ICML'98), Madison, WI, USA, July 1998, pp. 82–90.

[BMAD06] Z.A. Bakar, R. Mohemad, A. Ahmad, M.M. Deris, A comparative study for outlier detection techniques in data mining, in: Proc. 2006 IEEE Conf. Cybernetics and Intelligent Systems, Bangkok, Thailand, 2006, pp. 1–6.

[BMS97] S. Brin, R. Motwani, C. Silverstein, Beyond market basket: generalizing association rules to correlations, in: Proc. 1997 ACM-SIGMOD Int. Conf. Management of Data (SIGMOD'97), Tucson, AZ, USA, May 1997, pp. 265–276.

[BMUT97] S. Brin, R. Motwani, J.D. Ullman, S. Tsur, Dynamic itemset counting and implication rules for market basket analysis, in: Proc. 1997 ACM-SIGMOD Int. Conf. Management of Data (SIGMOD'97), Tucson, AZ, USA, May 1997, pp. 255–264.

[BN92] W.L. Buntine, T. Niblett, A further comparison of splitting rules for decision-tree induction, Machine Learning 8 (1992) 75–85.

[BP92] J.C. Bezdek, S.K. Pal, Fuzzy Models for Pattern Recognition: Methods That Search for Structures in Data, IEEE Press, 1992.

[BPT97] E. Baralis, S. Paraboschi, E. Teniente, Materialized view selection in a multidimensional database, in: Proc. 1997 Int. Conf. Very Large Data Bases (VLDB'97), Athens, Greece, Aug. 1997, pp. 98–112.

[BPW88] E.R. Bareiss, B.W. Porter, C.C. Weir, Protos: an exemplar-based learning apprentice, International Journal of Man-Machine Studies 29 (1988) 549–561.

[BR99] K. Beyer, R. Ramakrishnan, Bottom-up computation of sparse and iceberg cubes, in: Proc. 1999 ACM-SIGMOD Int. Conf. Management of Data (SIGMOD'99), Philadelphia, PA, USA, June 1999, pp. 359–370.

[Bre96] L. Breiman, Bagging predictors, Machine Learning 24 (1996) 123–140.

[Bre01] L. Breiman, Random forests, Machine Learning 45 (2001) 5–32.

[BRS$^+$19] Antoine Bosselut, Hannah Rashkin, Maarten Sap, Chaitanya Malaviya, Asli Celikyilmaz, Yejin Choi, Comet: commonsense transformers for automatic knowledge graph construction, arXiv preprint, arXiv:1906.05317, 2019.

[BS97] D. Barbara, M. Sullivan, Quasi-cubes: exploiting approximation in multidimensional databases, SIGMOD Record 26 (1997) 12–17.

[BS03] S.D. Bay, M. Schwabacher, Mining distance-based outliers in near linear time with randomization and a simple pruning rule, in: Proc. 2003 ACM SIGKDD Int. Conf. Knowledge Discovery and Data Mining (KDD'03), Washington, DC, USA, Aug 2003, pp. 29–38.

[BSM09] Daniela Brauckhoff, Kave Salamatian, Martin May, Applying pca for traffic anomaly detection: problems and solutions, in: Proc. 2009 Int. Conf. Computer Communications (INFOCOM'09), Rio de Janeiro, Brazil, Apr. 2009, pp. 2866–2870.

[BSM17] David Berthelot, Thomas Schumm, Luke Metz, Began: boundary equilibrium generative adversarial networks, arXiv preprint, arXiv:1703.10717, 2017.

[BSZG18] Aleksandar Bojchevski, Oleksandr Shchur, Daniel Zügner, Stephan Günnemann, Netgan: generating graphs via random walks, in: Proc. 2018 Int. Conf. Machine Learning (ICML'18), Stockholmsmässan, Stockholm, Sweden, July 2018, pp. 610–619.

[BT99] D.P. Ballou, G.K. Tayi, Enhancing data quality in data warehouse environments, Communications of the ACM 42 (1999) 73–78.

[BU95] C.E. Brodley, P.E. Utgoff, Multivariate decision trees, Machine Learning 19 (1995) 45–77.

[BUGD+13] Antoine Bordes, Nicolas Usunier, Alberto Garcia-Duran, Jason Weston, Oksana Yakhnenko, Translating embeddings for modeling multi-relational data, in: Proc. 2013 Conf. Neural Information Processing Systems (NIP'13), Lake Tahoe, NV, USA, Dec. 2013, pp. 1–9.

[Bun94] W.L. Buntine, Operations for learning with graphical models, Journal of Artificial Intelligence Research 2 (1994) 159–225.

[Bur98] C.J.C. Burges, A tutorial on support vector machines for pattern recognition, Data Mining and Knowledge Discovery 2 (1998) 121–168.

[BW00] D. Barbara, X. Wu, Using loglinear models to compress datacube, in: Proc. 2000 Int. Conf. Web-Age Information Management (WAIM'2000), Shanghai, China, June 2000, pp. 311–322.

[BWJ01] D. Barbara, N. Wu, S. Jajodia, Detecting novel network intrusion using bayesian estimators, in: Proc. 2001 SIAM Int. Conf. Data Mining (SDM'01), Chicago, IL, USA, April 2001.

[BXZ+17] Inci M. Baytas, Cao Xiao, Xi Zhang, Fei Wang, Anil K. Jain, Jiayu Zhou, Patient subtyping via time-aware lstm networks, in: Proc. 2017 ACM SIGKDD Int. Conf. Knowledge Discovery and Data Mining (KDD'17), Halifax, NS, Canada, Aug. 2017, pp. 65–74.

[BZSL13] Joan Bruna, Wojciech Zaremba, Arthur Szlam, Yann LeCun, Spectral networks and locally connected networks on graphs, arXiv preprint, arXiv:1312.6203, 2013.

[BÉBH15] Laure Berti-Équille, Javier Borge-Holthoefer, Veracity of Data: From Truth Discovery Computation Algorithms to Models of Misinformation Dynamics, Synthesis Lectures on Data Management, Morgan & Claypool Publishers, 2015.

[Cat91] J. Catlett, Megainduction: Machine Learning on Very large Databases, Ph.D. Thesis, University of Sydney, 1991.

[CB21] George Casella, Roger L. Berger, Statistical Inference, Cengage Learning, 2021.

[CBJD18] Mathilde Caron, Piotr Bojanowski, Armand Joulin, Matthijs Douze, Deep clustering for unsupervised learning of visual features, in: Proc. 2018 European Conf. Computer Vision (ECCV'18), Munich, Germany, Sep. 2018, pp. 132–149.

[CBK09] V. Chandola, A. Banerjee, V. Kumar, Anomaly detection: a survey, ACM Computing Surveys 41 (2009) 1–58.

[CBM+17] Edward Choi, Siddharth Biswal, Bradley Malin, Jon Duke, Walter F. Stewart, Jimeng Sun, Generating multi-label discrete patient records using generative adversarial networks, arXiv preprint, arXiv:1703.06490, 2017.

[CBŠA+20] Zlatan Car, Sandi Baressi Šegota, Nikola Anjelić, Ivan Lorencin, Vedran Mrzljak, Modeling the spread of Covid-19 infection using a multilayer perceptron, in: Computational and Mathematical Methods in Medicine, 2020, 2020.

[CC00] Y. Cheng, G. Church, Biclustering of expression data, in: Proc. 2000 Int. Conf. Intelligent Systems for Molecular Biology (ISMB'00), La Jolla, CA, USA, Aug. 2000, pp. 93–103.

[CC19] Raghavendra Chalapathy, Sanjay Chawla, Deep learning for anomaly detection: a survey, arXiv preprint, arXiv:1901.03407, 2019.

[CCLR05] B.-C. Chen, L. Chen, Y. Lin, R. Ramakrishnan, Prediction cubes, in: Proc. 2005 Int. Conf. Very Large Data Bases (VLDB'05), Trondheim, Norway, Aug. 2005, pp. 982–993.

[CCM03] David Cohn, Rich Caruana, Andrew Mccallum, Semi-supervised clustering with user feedback, Technical report, 2003.

[CCS93] E.F. Codd, S.B. Codd, C.T. Salley, Beyond decision support, Computer World 27 (July 1993).

[CD97] S. Chaudhuri, U. Dayal, An overview of data warehousing and OLAP technology, SIGMOD Record 26 (1997) 65–74.

[CDH+02] Y. Chen, G. Dong, J. Han, B.W. Wah, J. Wang, Multi-dimensional regression analysis of time-series data streams, in: Proc. 2002 Int. Conf. Very Large Data Bases (VLDB'02), Hong Kong, China, Aug. 2002, pp. 323–334.

[CDH+06] Y. Chen, G. Dong, J. Han, J. Pei, B.W. Wah, J. Wang, Regression cubes with lossless compression and aggregation, IEEE Transactions on Knowledge and Data Engineering 18 (2006) 1585–1599.

[CG15] John P. Cunningham, Zoubin Ghahramani, Linear dimensionality reduction: survey, insights, and generalizations, Journal of Machine Learning Research 16 (1) (January 2015) 2859–2900.

[CG16] Tianqi Chen, Carlos Guestrin, Xgboost: a scalable tree boosting system, in: Proc. 2016 ACM SIGKDD Int. Conf. Knowledge Discovery and Data Mining (KDD'16), San Francisco, CA, USA, Aug. 2016, pp. 785–794.

[CGC94] A. Chaturvedi, P. Green, J. Carroll, K-means, k-medians and k-modes: special cases of partitioning multiway data, in: The Classification Society of North America (CSNA) Meeting Presentation, Houston, TX, USA, 1994.

[CGC01] A. Chaturvedi, P. Green, J. Carroll, K-modes clustering, Journal of Classification 18 (2001) 35–55.

[CH67] T. Cover, P. Hart, Nearest neighbor pattern classification, IEEE Transactions on Information Theory 13 (1967) 21–27.

[CH92] G. Cooper, E. Herskovits, A Bayesian method for the induction of probabilistic networks from data, Machine Learning 9 (1992) 309–347.

[CH15a] Erik Cambria, Amir Hussain, Sentic Computing: A Common-Sense-Based Framework for Concept-Level Sentiment Analysis, 1st edition, Springer Publishing Company, Incorporated, 2015.

[CH15b] Renato Cordeiro De Amorim, Christian Hennig, Recovering the number of clusters in data sets with noise features using feature rescaling factors, Information Sciences 324 (December 2015) 126–145.

[Cha03] S. Chakrabarti, Mining the Web: Discovering Knowledge from Hypertext Data, Morgan Kaufmann, 2003.

[Chi02] David Maxwell Chickering, Optimal structure identification with greedy search, Journal of Machine Learning Research 3 (Nov) (2002) 507–554.

[CHN+96] D.W. Cheung, J. Han, V. Ng, A. Fu, Y. Fu, A fast distributed algorithm for mining association rules, in: Proc. 1996 Int. Conf. Parallel and Distributed Information Systems (PDIS'96), Miami Beach, FL, USA, Dec. 1996, pp. 31–44.

[CHNW96] D.W. Cheung, J. Han, V. Ng, C.Y. Wong, Maintenance of discovered association rules in large databases: an incremental updating technique, in: Proc. 1996 Int. Conf. Data Engineering (ICDE'96), New Orleans, LA, USA, Feb. 1996, pp. 106–114.

[Chr06] Ronald Christensen, Log-Linear Models and Logistic Regression, Springer Science & Business Media, 2006.

[CHY96] M.S. Chen, J. Han, P.S. Yu, Data mining: an overview from a database perspective, IEEE Transactions on Knowledge and Data Engineering 8 (1996) 866–883.

[CK98] M. Carey, D. Kossman, Reducing the braking distance of an SQL query engine, in: Proc. 1998 Int. Conf. Very Large Data Bases (VLDB'98), New York, NY, USA, Aug. 1998, pp. 158–169.

[CKP09] Toon Calders, Faisal Kamiran, Mykola Pechenizkiy, Building classifiers with independency constraints, in: Proc. 2009 Int. Conf. Data Mining (ICDM'09), Miami, FL, USA, Dec. 2009, pp. 13–18.

[Cle93] W. Cleveland, Visualizing Data, Hobart Press, 1993.

[CLL+19] Xiangning Chen, Qingwei Lin, Chuan Luo, Xudong Li, Hongyu Zhang, Yong Xu, Yingnong Dang, Kaixin Sui, Xu Zhang, Bo Qiao, et al., Neural feature search: a neural architecture for automated feature engineering, in: Proc. 2019 Int. Conf. Data Mining (ICDM'19), Beijing, China, Nov. 2019, pp. 71–80.

[CLLM20] Kevin Clark, Minh-Thang Luong, Quoc V. Le, Christopher D. Manning, ELECTRA: pre-training text encoders as discriminators rather than generators, in: Proc. 2020 Int. Conf. Learning Representations (ICLR'20), Apr. 2020.

[ClZ06] O. Chapelle, B. Schölkopf, A. Zien, Semi-Supervised Learning, MIT Press, 2006.

[CM94] S.P. Curram, J. Mingers, Neural networks, decision tree induction and discriminant analysis: an empirical comparison, Journal of the Operational Research Society 45 (1994) 440–450.

[CMA94] Jerome T. Connor, R. Douglas Martin, Les E. Atlas, Recurrent neural networks and robust time series prediction, IEEE Transactions on Neural Networks 5 (2) (1994) 240–254.

[CMC05] H. Cao, N. Mamoulis, D.W. Cheung, Mining frequent spatio-temporal sequential patterns, in: Proc. 2005 Int. Conf. Data Mining (ICDM'05), Houston, TX, USA, Nov. 2005, pp. 82–89.

[CMC18] Raghavendra Chalapathy, Aditya Krishna Menon, Sanjay Chawla, Anomaly detection using one-class neural networks, arXiv preprint, arXiv:1802.06360, 2018.

[CMX18] Jie Chen, Tengfei Ma, Cao Xiao, Fastgcn: fast learning with graph convolutional networks via importance sampling, arXiv preprint, arXiv:1801.10247, 2018.

[CMZS15] Ricardo J.G.B. Campello, Davoud Moulavi, Arthur Zimek, Jörg Sander, Hierarchical density estimates for data clustering, visualization, and outlier detection, ACM Transactions on Knowledge

Discovery from Data 10 (1) (July 2015).

[CN89] P. Clark, T. Niblett, The CN2 induction algorithm, Machine Learning 3 (1989) 261–283.

[CNHD11] Xiao Cai, Feiping Nie, Heng Huang, Chris Ding, Multi-class l2, 1-norm support vector machine, in: Proc. 2011 Int. Conf. Data Mining (ICDM'11), Vancouver, BC, Canada, Dec. 2011, pp. 91–100.

[Coh95] W. Cohen, Fast effective rule induction, in: Proc. 1995 Int. Conf. Machine Learning (ICML'95), Tahoe City, CA, USA, July 1995, pp. 115–123.

[Coo90] G.F. Cooper, The computational complexity of probabilistic inference using Bayesian belief networks, Artificial Intelligence 42 (1990) 393–405.

[Cov99] Thomas M. Cover, Elements of Information Theory, John Wiley & Sons, 1999.

[CPC+18] Zhengping Che, Sanjay Purushotham, Kyunghyun Cho, David Sontag, Yan Liu, Recurrent neural networks for multivariate time series with missing values, Scientific Reports 8 (1) (2018) 1–12.

[CR95] Y. Chauvin, D. Rumelhart, Backpropagation: Theory, Architectures, and Applications, Lawrence Erlbaum, 1995.

[Cra89] S.L. Crawford, Extensions to the CART algorithm, International Journal of Man-Machine Studies 31 (Aug. 1989) 197–217.

[CRST06] B.-C. Chen, R. Ramakrishnan, J.W. Shavlik, P. Tamma, Bellwether analysis: predicting global aggregates from local regions, in: Proc. 2006 Int. Conf. Very Large Data Bases (VLDB'06), Seoul, Republic of Korea, Sept. 2006, pp. 655–666.

[CS93a] P.K. Chan, S.J. Stolfo, Experiments on multistrategy learning by metalearning, in: Proc. 1993 Int. Conf. Information and Knowledge Management (CIKM'93), Washington, DC, USA, Nov. 1993, pp. 314–323.

[CS93b] P.K. Chan, S.J. Stolfo, Toward multi-strategy parallel & distributed learning in sequence analysis, in: Proc. 1993 Int. Conf. Intelligent Systems for Molecular Biology (ISMB'93), Bethesda, MD, USA, July 1993, pp. 65–73.

[CS14] Girish Chandrashekar, Ferat Sahin, A survey on feature selection methods, Computers & Electrical Engineering 40 (1) (2014) 16–28.

[CST00] N. Cristianini, J. Shawe-Taylor, An Introduction to Support Vector Machines and Other Kernel-Based Learning Methods, Cambridge Univ. Press, 2000.

[CSZ09] Olivier Chapelle, Bernhard Scholkopf, Alexander Zien, Semi-supervised learning (Chapelle, O. et al., Eds.; 2006) [Book reviews], IEEE Transactions on Neural Networks 20 (3) (2009) 542.

[CT65] James W. Cooley, John W. Tukey, An algorithm for the machine calculation of complex Fourier series, Mathematics of Computation 19 (90) (1965) 297–301.

[CTF+15] Yongjie Cai, Hanghang Tong, Wei Fan, Ping Ji, Qing He, Facets: fast comprehensive mining of coevolving high-order time series, in: Proc. 2015 ACM SIGKDD Int. Conf. Knowledge Discovery and Data Mining (KDD'15), Sydney, NSW, Australia, Aug. 2015, pp. 79–88.

[CTFJ15] Yongjie Cai, Hanghang Tong, Wei Fan, Ping Ji, Fast mining of a network of coevolving time series, in: Proc. 2015 SIAM Int. Conf. Data Mining (SDM'15), Vancouver, BC, Canada, May. 2015, pp. 298–306.

[CTTX05] G. Cong, K.-Lee Tan, A.K.H. Tung, X. Xu, Mining top-k covering rule groups for gene expression data, in: Proc. 2005 ACM-SIGMOD Int. Conf. Management of Data (SIGMOD'05), Baltimore, MD, USA, June 2005, pp. 670–681.

[CTY19] Zhen Chen, Hanghang Tong, Lei Ying, Inferring full diffusion history from partial timestamps, IEEE Transactions on Knowledge and Data Engineering 32 (7) (2019) 1378–1392.

[CUH15] Djork-Arné Clevert, Thomas Unterthiner, Sepp Hochreiter, Fast and accurate deep network learning by exponential linear units (elus), arXiv preprint, arXiv:1511.07289, 2015.

[CVMG+14] Kyunghyun Cho, Bart Van Merriënboer, Caglar Gulcehre, Dzmitry Bahdanau, Fethi Bougares, Holger Schwenk, Yoshua Bengio, Learning phrase representations using RNN encoder–decoder for statistical machine translation, in: Proc. 2014 Conf. Empirical Methods in Natural Language Processing (EMNLP'14), Doha, Qatar, Oct. 2014, pp. 1724–1734.

[CWM+18] Boyuan Chen, Harvey Wu, Warren Mo, Ishanu Chattopadhyay, Hod Lipson, Autostacker: a compositional evolutionary learning system, in: Proc. 2018 Genetic and Evolutionary Computation Conf. (GECCO'18), Kyoto, Japan, July 2018, pp. 402–409.

[CWV+17] Flavio P. Calmon, Dennis Wei, Bhanukiran Vinzamuri, Karthikeyan Natesan Ramamurthy, Kush R. Varshney, Optimized pre-processing for discrimination prevention, in: Proc. 2017 Conf. Neural Information Processing Systems (NIP'17), Long Beach, CA, USA, Dec. 2017, pp. 3995–4004.

[CWZ19] Yu Chen, Lingfei Wu, Mohammed J. Zaki, Bidirectional attentive memory networks for question answering over knowledge bases, arXiv preprint, arXiv:1903.02188, 2019.

[CYHH07] H. Cheng, X. Yan, J. Han, C.-W. Hsu, Discriminative frequent pattern analysis for effective classification, in: Proc. 2007 Int. Conf. Data Engineering (ICDE'07), Istanbul, Turkey, April 2007, pp. 716–725.

[CYHY08] H. Cheng, X. Yan, J. Han, P.S. Yu, Direct discriminative pattern mining for effective classification, in: Proc. 2008 Int. Conf. Data Engineering (ICDE'08), Cancun, Mexico, April 2008.

[CZM+18] Ekin Dogus Cubuk, Barret Zoph, Dandelion Mané, Vijay Vasudevan, Quoc V. Le, Autoaugment: learning augmentation policies from data, CoRR, arXiv:1805.09501 [abs], 2018.

[Dar10] A. Darwiche, Bayesian networks, Communications of the ACM 53 (2010) 80–90.

[Das91] B.V. Dasarathy, Nearest Neighbor (NN) Norms: NN Pattern Classification Techniques, IEEE Computer Society Press, 1991.

[Dau92] I. Daubechies, Ten Lectures on Wavelets, Capital City Press, 1992.

[DB95] T.G. Dietterich, G. Bakiri, Solving multiclass learning problems via error-correcting output codes, Journal of Artificial Intelligence Research 2 (1995) 263–286.

[DBK+97] H. Drucker, C.J.C. Burges, L. Kaufman, A. Smola, V.N. Vapnik, Support vector regression machines, in: M. Mozer, M. Jordan, T. Petsche (Eds.), Advances in Neural Information Processing Systems, Vol. 9, MIT Press, 1997, pp. 155–161.

[DBL+15] Chris Dyer, Miguel Ballesteros, Wang Ling, Austin Matthews, Noah A. Smith, Transition-based dependency parsing with stack long short-term memory, in: Proc. 2015 Association Computational Linguistics (ACL'15), Beijing, China, July 2015, pp. 334–343.

[DBV16] Michaël Defferrard, Xavier Bresson, Pierre Vandergheynst, Convolutional neural networks on graphs with fast localized spectral filtering, in: Proc. 2016 Conf. Neural Information Processing Systems (NIPS'16), Barcelona, Spain, Dec. 2016, pp. 3844–3852.

[DCK18] Nicola De Cao, Thomas Kipf, Molgan: an implicit generative model for small molecular graphs, arXiv preprint, arXiv:1805.11973, 2018.

[DCLT18] Jacob Devlin, Ming-Wei Chang, Kenton Lee, Kristina Toutanova, Bert: pre-training of deep bidirectional transformers for language understanding, arXiv preprint, arXiv:1810.04805, 2018.

[DCLT19] Jacob Devlin, Ming-Wei Chang, Kenton Lee, Kristina Toutanova, BERT: pre-training of deep bidirectional transformers for language understanding, in: Proc. 2019 Conf. North American Chapter of the Association for Computational Linguistics: Human Language Technologies (NAACL-HLT'19), Minneapolis, MN, USA, June 2019, pp. 4171–4186.

[DCS17] Yuxiao Dong, Nitesh V. Chawla, Ananthram Swami, metapath2vec: scalable representation learning for heterogeneous networks, in: Proc. 2017 ACM SIGKDD Int. Conf. Knowledge Discovery and Data Mining (KDD'17), Halifax, NS, Canada, Aug. 2017, pp. 135–144.

[DDS+09] Jia Deng, Wei Dong, Richard Socher, Li-Jia Li, Kai Li, Li Fei-Fei, Imagenet: a large-scale hierarchical image database, in: Proc. 2009 Conf. Computer Vision and Pattern Recognition (CVPR'09), Miami, FL, USA, Sep. 2009, pp. 248–255.

[DE84] W.H.E. Day, H. Edelsbrunner, Efficient algorithms for agglomerative hierarchical clustering methods, Journal of Classification 1 (1984) 7–24.

[DGK04] Inderjit S. Dhillon, Yuqiang Guan, Brian Kulis, Kernel k-means: spectral clustering and normalized cuts, in: Proceedings of the Tenth ACM SIGKDD International Conference on Knowledge Discovery and Data Mining, KDD '04, New York, NY, USA, Association for Computing Machinery, 2004, pp. 551–556.

[DH73] W.E. Donath, A.J. Hoffman, Lower bounds for the partitioning of graphs, IBM Journal of Research and Development 17 (1973) 420–425.

[DHL+01] G. Dong, J. Han, J. Lam, J. Pei, K. Wang, Mining multi-dimensional constrained gradients in data cubes, in: Proc. 2001 Int. Conf. Very Large Data Bases (VLDB'01), Rome, Italy, Sept. 2001, pp. 321–330.

[DHL+04] G. Dong, J. Han, J. Lam, J. Pei, K. Wang, W. Zou, Mining constrained gradients in multidimensional databases, IEEE Transactions on Knowledge and Data Engineering 16 (2004) 922–938.

[DHS01] R.O. Duda, P.E. Hart, D.G. Stork, Pattern Classification, 2nd ed., John Wiley & Sons, 2001.

[DHS11] John Duchi, Elad Hazan, Yoram Singer, Adaptive subgradient methods for online learning and stochastic optimization, Journal of Machine Learning Research 12 (7) (2011).

[Die02] Thomas G. Dietterich, Machine learning for sequential data: a review, in: Joint IAPR Int. Workshops Statistical Techniques in Pattern Recognition (SPR) and Structural and Syntactic Pattern Recognition (SSPR), Springer, 2002, pp. 15–30.

[DJ03] T. Dasu, T. Johnson, Exploratory Data Mining and Data Cleaning, John Wiley & Sons, 2003.

[DJMS02] T. Dasu, T. Johnson, S. Muthukrishnan, V. Shkapenyuk, Mining database structure; or how to build a data quality browser, in: Proc. 2002 ACM-SIGMOD Int. Conf. Management of Data (SIGMOD'02), Madison, WI, USA, June 2002, pp. 240–251.

[DKD+18] Hanjun Dai, Zornitsa Kozareva, Bo Dai, Alex Smola, Le Song, Learning steady-states of iterative algorithms over graphs, in: Proc. 2018 Int. Conf. Machine Learning (ICML'18), Stockholm, Sweden, July 2018, pp. 1106–1114.

[DL97] M. Dash, H. Liu, Feature selection methods for classification, Intelligent Data Analysis 1 (1997) 131–156.

[DL99] G. Dong, J. Li, Efficient mining of emerging patterns: discovering trends and differences, in: Proc. 1999 Int. Conf. Knowledge Discovery and Data Mining (KDD'99), San Diego, CA, USA, Aug. 1999, pp. 43–52.

[DL12] Luc Devroye, Gábor Lugosi, Combinatorial Methods in Density Estimation, Springer Science & Business Media, 2012.

[DLH19] Mengnan Du, Ninghao Liu, Xia Hu, Techniques for interpretable machine learning, Communications of the ACM 63 (1) (2019) 68–77.

[DLR77] A.P. Dempster, N.M. Laird, D.B. Rubin, Maximum likelihood from incomplete data via the EM algorithm, Journal of the Royal Statistical Society, Series B 39 (1977) 1–38.

[DLT+18] Hanjun Dai, Hui Li, Tian Tian, Xin Huang, Lin Wang, Jun Zhu, Le Song, Adversarial attack on graph structured data, arXiv preprint, arXiv:1806.02371, 2018.

[DLY97] M. Dash, H. Liu, J. Yao, Dimensionality reduction of unsupervised data, in: Proc. 1997 IEEE Int. Conf. Tools with AI (ICTAI'97), IEEE Computer Society, 1997, pp. 532–539.

[DM77] John E. Dennis Jr, Jorge J. Moré, Quasi-Newton methods, motivation and theory, SIAM Review 19 (1) (1977) 46–89.

[DM02] D. Dasgupta, N.S. Majumdar, Anomaly detection in multidimensional data using negative selection algorithm, in: Proc. 2002 Congress on Evolutionary Computation (CEC'02), Washington DC, USA, 2002, pp. 1039–1044.

[DMNS06] Cynthia Dwork, Frank McSherry, Kobbi Nissim, Adam Smith, Calibrating noise to sensitivity in private data analysis, in: Proc. 2006 Theory of Cryptography Conf. (TCC'06), New York, NY, USA, March 2006, pp. 265–284.

[DMS00] Sergey N. Dorogovtsev, José Fernando, F. Mendes, Alexander N. Samukhin, Structure of growing networks with preferential linking, Physical Review Letters 85 (21) (2000) 4633.

[DMSR18] Tim Dettmers, Pasquale Minervini, Pontus Stenetorp, Sebastian Riedel, Convolutional 2d knowledge graph embeddings, in: Proc. 2018 AAAI Conf. Artificial Intelligence (AAAI'18), New Orleans, LA, USA, 2018, pp. 1811–1818.

[DNR+97] P. Deshpande, J. Naughton, K. Ramasamy, A. Shukla, K. Tufte, Y. Zhao, Cubing algorithms, storage estimation, and storage and processing alternatives for OLAP, Buletin of the Technical Committee on Data Engineering 20 (1997) 3–11.

[Doe16] Carl Doersch, Tutorial on variational autoencoders, arXiv preprint, arXiv:1606.05908, 2016.

[Dom94] P. Domingos, The RISE system: conquering without separating, in: Proc. 1994 IEEE Int. Conf. Tools with Artificial Intelligence (TAI'94), New Orleans, LA, USA, 1994, pp. 704–707.

[Dom99] P. Domingos, The role of Occam's razor in knowledge discovery, Data Mining and Knowledge Discovery 3 (1999) 409–425.

[Doz16] Timothy Dozat, Incorporating Nesterov Momentum into Adam, 2016.

[DP96] P. Domingos, M. Pazzani, Beyond independence: conditions for the optimality of the simple Bayesian classifier, in: Proc. 1996 Int. Conf. Machine Learning (ICML'96), Bari, Italy, July 1996, pp. 105–112.

[DP97] J. Devore, R. Peck, Statistics: The Exploration and Analysis of Data, Duxbury Press, 1997.

[DR99] D. Donjerkovic, R. Ramakrishnan, Probabilistic optimization of top N queries, in: Proc. 1999 Int. Conf. Very Large Data Bases (VLDB'99), Edinburgh, UK, Sept. 1999, pp. 411–422.

[DS98] Norman R. Draper, Harry Smith, Applied Regression Analysis, Vol. 326, John Wiley & Sons, 1998.

[DS15] Xin Luna Dong, Divesh Srivastava, Big Data Integration. Synthesis Lectures on Data Management, Morgan & Claypool Publishers, 2015.

[DSH13] George E. Dahl, Tara N. Sainath, Geoffrey E. Hinton, Improving deep neural networks for lvcsr using rectified linear units and dropout, in: Proc. 2013 Int. Conf. Acoustics, Speech and Signal Processing (ICASSP'13), Vancouver, BC, Canada, 2013, pp. 8609–8613.

[DT93] V. Dhar, A. Tuzhilin, Abstract-driven pattern discovery in databases, IEEE Transactions on Knowledge and Data Engineering 5 (1993) 926–938.

[DT19] Boxin Du, Hanghang Tong, Mrmine: multi-resolution multi-network embedding, in: Proc. 2019 ACM Int. Conf. Information and Knowledge Management (CIKM'19), Beijing, China, Nov. 2019, pp. 479–488.

[DTZ18] Ming Ding, Jie Tang, Jie Zhang, Semi-supervised learning on graphs with generative adversarial nets, in: Proc. 2018 Int. Conf. Information and Knowledge Management (CIKM'18), Torino, Italy, Oct. 2018, pp. 913–922.

[DWA10] Jordi Duch, Joshua S. Waitzman, Luís A. Nunes Amaral, Quantifying the performance of individual players in a team activity, PLoS ONE 5 (6) (06 2010) 1–7.

[DWB06] I. Davidson, K.L. Wagstaff, S. Basu, Measuring constraint-set utility for partitional clustering algorithms, in: Proc. 2006 European Conf. Principles and Practice of Knowledge Discovery in Databases (PKDD'06), Berlin, Germany, Sept. 2006, pp. 115–126.

[DYXY07] W. Dai, Q. Yang, G. Xue, Y. Yu, Boosting for transfer learning, in: Proc. 2007 Int. Conf. Machine Learning (ICML'07), Corvallis, OR, USA, June 2007, pp. 193–200.

[EAP+02] E. Eskin, A. Arnold, M. Prerau, L. Portnoy, S. Stolfo, A geometric framework for unsupervised anomaly detection: detecting intrusions in unlabeled data, in: Proc. 2002 Int. Conf. of Data Mining for Security Applications, 2002.

[ECBV10] Dumitru Erhan, Aaron Courville, Yoshua Bengio, Pascal Vincent, Why does unsupervised pre-training help deep learning?, in: Proc. 2010 Int. Conf. Artificial Intelligence and Statistics (AISTATS'10), Chia Laguna Resort, Sardinia, Italy, May 2010, pp. 201–208.

[Ega75] J.P. Egan, Signal Detection Theory and ROC Analysis, Academic Press, 1975.

[EKSW+14] Ahmed El-Kishky, Yanglei Song, Chi Wang, Clare R. Voss, Jiawei Han, Scalable topical phrase mining from text corpora, Proceedings of the VLDB Endowment 8 (3) (2014).

[EKSX96] M. Ester, H.-P. Kriegel, J. Sander, X. Xu, A density-based algorithm for discovering clusters in large spatial databases, in: Proc. 1996 Int. Conf. Knowledge Discovery and Data Mining (KDD'96), Portland, OR, USA, Aug. 1996, pp. 226–231.

[EKX95] M. Ester, H.-P. Kriegel, X. Xu, Knowledge discovery in large spatial databases: focusing techniques for efficient class identification, in: Proc. 1995 Int. Symp. Large Spatial Databases (SSD'95), Portland, ME, USA, Aug. 1995, pp. 67–82.

[Elk97] C. Elkan, Boosting and naive Bayesian learning, Technical Report CS97-557, Department of Computer Science and Engineering, Univ. Calif. at San Diego, Sept. 1997.

[Elk01] C. Elkan, The foundations of cost-sensitive learning, in: Proc. 2001 Int. Joint Conf. Artificial Intelligence (IJCAI'01), Seattle, WA, USA, Aug. 2001, pp. 973–978.

[Elm90] Jeffrey L. Elman, Finding structure in time, Cognitive Science 14 (2) (1990) 179–211.

[ER60] Paul Erdős, Alfréd Rényi, On the evolution of random graphs, Publications of the Mathematical Institute of the Hungarian Academy of Sciences 5 (1) (1960) 17–60.

[Esk00] E. Eskin, Anomaly detection over noisy data using learned probability distributions, in: Proc. 17th Int. Conf. Machine Learning (ICML'00), 2000.

[ET93] B. Efron, R. Tibshirani, An Introduction to the Bootstrap, Chapman & Hall, 1993.

[Fan15] Huang Fang, Managing data lakes in big data era: what's a data lake and why has it became popular in data management ecosystem, in: Proc. 2015 Int. Conf. Cyber Technology in Automation, Control, and Intelligent Systems (CYBER'15), Shenyang, China, 2015, pp. 820–824.

[FBF77] J.H. Friedman, J.L. Bentley, R.A. Finkel, An algorithm for finding best matches in logarithmic expected time, ACM Transactions on Mathematical Software 3 (1977) 209–226.

[FCMR08] Maurizio Filippone, Francesco Camastra, Francesco Masulli, Stefano Rovetta, A survey of kernel and spectral methods for clustering, Pattern Recognition 41 (1) (2008) 176–190.

[FDR+14] Mehrdad Farajtabar, Nan Du, Manuel Gomez Rodriguez, Isabel Valera, Hongyuan Zha, Le Song, Shaping social activity by incentivizing users, in: Proc. 2014 Conf. Neural Information Processing Systems (NIP'14), Montreal, QC, Canada, Dec. 2014, pp. 2474–2482.

[FFW+19] Hassan Ismail Fawaz, Germain Forestier, Jonathan Weber, Lhassane Idoumghar, Pierre-Alain

Muller, Deep learning for time series classification: a review, Data Mining and Knowledge Discovery 33 (4) (2019) 917–963.
[FG02] M. Fishelson, D. Geiger, Exact genetic linkage computations for general pedigrees, Disinformation 18 (2002) 189–198.
[FGK+05] R. Fagin, R.V. Guha, R. Kumar, J. Novak, D. Sivakumar, A. Tomkins, Multi-structural databases, in: Proc. 2005 ACM SIGMOD-SIGACT-SIGART Symp. Principles of Database Systems (PODS'05), Baltimore, MD, USA, June 2005, pp. 184–195.
[FH51] E. Fix, J.L. Hodges Jr., Discriminatory analysis, non-parametric discrimination: consistency properties, Technical Report 21-49-004(4), USAF School of Aviation Medicine, Randolph Field, Texas, 1951.
[FH87] K. Fukunaga, D. Hummels, Bayes error estimation using Parzen and k-nn procedure, IEEE Transactions on Pattern Analysis and Machine Learning 9 (1987) 634–643.
[FH95] Y. Fu, J. Han, Meta-rule-guided mining of association rules in relational databases, in: Proc. 1995 Int. Workshop on Integration of Knowledge Discovery with Deductive and Object-Oriented Databases (KDOOD'95), Singapore, Dec. 1995, pp. 39–46.
[FHT08] Jerome Friedman, Trevor Hastie, Robert Tibshirani, Sparse inverse covariance estimation with the graphical lasso, Biostatistics 9 (3) (2008) 432–441.
[FHZ+18] Jun Feng, Minlie Huang, Li Zhao, Yang Yang, Xiaoyan Zhu, Reinforcement learning for relation classification from noisy data, in: Proc. 2018 Nat. Conf. Artificial Intelligence (AAAI'18), New Orleans, LA, USA, Feb. 2018, pp. 5779–5786.
[FI90] U.M. Fayyad, K.B. Irani, What should be minimized in a decision tree?, in: Proc. 1990 Nat. Conf. Artificial Intelligence (AAAI'90), Boston, MA, USA, Aug. 1990, pp. 749–754.
[FI92] U.M. Fayyad, K.B. Irani, The attribute selection problem in decision tree generation, in: Proc. 1992 Nat. Conf. Artificial Intelligence (AAAI'92), San Jose, CA, USA, July 1992, pp. 104–110.
[Fie73] M. Fiedler, Algebraic connectivity of graphs, Czechoslovak Mathematical Journal 23 (1973) 298–305.
[FJ02] Mario A.T. Figueiredo, Anil K. Jain, Unsupervised learning of finite mixture models, IEEE Transactions on Pattern Analysis and Machine Intelligence 24 (3) (2002) 381–396.
[FKE+15] Matthias Feurer, Aaron Klein, Katharina Eggensperger, Jost Springenberg, Manuel Blum, Frank Hutter, Efficient and robust automated machine learning, in: Proc. 2015 Conf. Neural Information Processing Systems (NIPS'15), Montreal, QC, Canada, Dec. 2015, pp. 2962–2970.
[FL90] S. Fahlman, C. Lebiere, The cascade-correlation learning algorithm, Technical Report CMU-CS-90-100, Computer Sciences Department, Carnegie Mellon University, 1990.
[Fle87] R. Fletcher, Practical Methods of Optimization, John Wiley & Sons, 1987.
[FMMT96] T. Fukuda, Y. Morimoto, S. Morishita, T. Tokuyama, Data mining using two-dimensional optimized association rules: scheme, algorithms, and visualization, in: Proc. 1996 ACM-SIGMOD Int. Conf. Management of Data (SIGMOD'96), Montreal, Canada, June 1996, pp. 13–23.
[Fox97] John Fox, Applied Regression Analysis, Linear Models, and Related Methods, Sage Publications, Inc, 1997.
[FP97] T. Fawcett, F. Provost, Adaptive fraud detection, Data Mining and Knowledge Discovery 1 (1997) 291–316.
[FPP07] D. Freedman, R. Pisani, R. Purves, Statistics, 4th ed., W. W. Norton & Co., 2007.
[FPSSe96] U.M. Fayyad, G. Piatetsky-Shapiro, P. Smyth, R. Uthurusamy (Eds.), Advances in Knowledge Discovery and Data Mining, AAAI/MIT Press, 1996.
[FR02] C. Fraley, A.E. Raftery, Model-based clustering, discriminant analysis, and density estimation, Journal of the American Statistical Association 97 (2002) 611–631.
[Fre09] David A. Freedman, Statistical Models: Theory and Practice, Cambridge University Press, 2009.
[Fri77] J.H. Friedman, A recursive partitioning decision rule for nonparametric classifiers, IEEE Transactions on Computers 26 (1977) 404–408.
[Fri01] J.H. Friedman, Greedy function approximation: a gradient boosting machine, The Annals of Statistics 29 (2001) 1189–1232.
[Fri03] N. Friedman, Pcluster: Probabilistic agglomerative clustering of gene expression profiles, Technical Report 2003-80, Hebrew Univ, 2003.
[FRZ+15] Mehrdad Farajtabar, Manuel Gomez Rodriguez, Mohammad Zamani, Nan Du, Hongyuan Zha, Le Song, Back to the past: source identification in diffusion networks from partially observed

cascades, in: Proc. 2015 Int. Conf. Artificial Intelligence and Statistics (AISTATS'15), San Diego, CA, USA, May 2015, pp. 232–240.

[FS97] Y. Freund, R.E. Schapire, A decision-theoretic generalization of on-line learning and an application to boosting, Journal of Computer and System Sciences 55 (1997) 119–139.

[FSE11] Anthony Fader, Stephen Soderland, Oren Etzioni, Identifying relations for open information extraction, in: Proc. 2011 Conf. Empirical Methods in Natural Language Processing (EMNLP'11), Edinburgh, UK, July 2011, pp. 1535–1545.

[FSGM+98] M. Fang, N. Shivakumar, H. Garcia-Molina, R. Motwani, J.D. Ullman, Computing iceberg queries efficiently, in: Proc. 1998 Int. Conf. Very Large Data Bases (VLDB'98), New York, NY, USA, Aug. 1998, pp. 299–310.

[Fuk75] Kunihiko Fukushima, Cognitron: a self-organizing multilayered neural network, Biological Cybernetics 20 (3–4) (1975) 121–136.

[Fun89] Ken-Ichi Funahashi, On the approximate realization of continuous mappings by neural networks, Neural Networks 2 (3) (1989) 183–192.

[FW94] J. Furnkranz, G. Widmer, Incremental reduced error pruning, in: Proc. 1994 Int. Conf. Machine Learning (ICML'94), New Brunswick, NJ, USA, July 1994, pp. 70–77.

[FYM05] R. Fujimaki, T. Yairi, K. Machida, An approach to spacecraft anomaly detection problem using kernel feature space, in: Proc. 2005 Int. Workshop on Link Discovery (LinkKDD'05), Chicago, IL, USA, 2005, pp. 401–410.

[G+58] Gerald Goertzel, et al., An algorithm for the evaluation of finite trigonometric series, The American Mathematical Monthly 65 (1) (1958) 34–35.

[Gau66] Carl Friedrich Gauss, Nachlass: Theoria interpolationis methodo nova tractata, Carl Friedrich Gauss Werke 3 (1866) 265–327.

[GB10] Xavier Glorot, Yoshua Bengio, Understanding the difficulty of training deep feedforward neural networks, in: Proc. 2010 Int. Conf. Artificial Intelligence and Statistics (AISTATS'10), Chia Laguna Resort, Sardinia, Italy, May 2010, pp. 249–256.

[GB14] Pedram Ghamisi, Jon Atli Benediktsson, Feature selection based on hybridization of genetic algorithm and particle swarm optimization, IEEE Geoscience and Remote Sensing Letters 12 (2) (2014) 309–313.

[GBC16] Ian Goodfellow, Yoshua Bengio, Aaron Courville, Deep Learning, MIT Press, 2016.

[GCB+97] J. Gray, S. Chaudhuri, A. Bosworth, A. Layman, D. Reichart, M. Venkatrao, F. Pellow, H. Pirahesh, Data cube: a relational aggregation operator generalizing group-by, cross-tab and sub-totals, Data Mining and Knowledge Discovery 1 (1997) 29–54.

[GCB04] Nizar Grira, Michel Crucianu, Nozha Boujemaa, Unsupervised and semi-supervised clustering: a brief survey, in: "A Review of Machine Learning Techniques for Processing Multimedia Content", Report of the MUSCLE European Network of Excellence (FP6), 2004.

[GCL+20] Ruocheng Guo, Lu Cheng, Jundong Li, P. Richard Hahn, Huan Liu, A survey of learning causality with data: problems and methods, ACM Computing Surveys 53 (4) (2020) 1–37.

[GD91] David E. Goldberg, Kalyanmoy Deb, A comparative analysis of selection schemes used in genetic algorithms, in: Foundations of Genetic Algorithms, Vol. 1, Elsevier, 1991, pp. 69–93.

[GDBFL19] Paula Gordaliza, Eustasio Del Barrio, Gamboa Fabrice, Jean-Michel Loubes, Obtaining fairness using optimal transport theory, in: Proc. 2019 Int. Conf. Machine Learning (ICML'19), Long Beach, CA, USA, June 2019, pp. 2357–2365.

[GDDM14] Ross Girshick, Jeff Donahue, Trevor Darrell, Jitendra Malik, Rich feature hierarchies for accurate object detection and semantic segmentation, in: Proc. 2014 Conf. Computer Vision and Pattern Recognition (CVPR'14), Columbus, OH, USA, June 2014, pp. 580–587.

[GFS+01] H. Galhardas, D. Florescu, D. Shasha, E. Simon, C.-A. Saita, Declarative data cleaning: language, model, and algorithms, in: Proc. 2001 Int. Conf. Very Large Data Bases (VLDB'01), Rome, Italy, Sept. 2001, pp. 371–380.

[GG92] A. Gersho, R.M. Gray, Vector Quantization and Signal Compression, Kluwer Academic, 1992.

[GG16] Yarin Gal, Zoubin Ghahramani, Dropout as a bayesian approximation: representing model uncertainty in deep learning, in: Proc. 2016 Int. Conf. Machine Learning (ICML'16), New York City, NY, USA, June 2016, pp. 1050–1059.

[GGAH13] Manish Gupta, Jing Gao, Charu C. Aggarwal, Jiawei Han, Outlier detection for temporal data: a survey, IEEE Transactions on Knowledge and Data Engineering 26 (9) (2013) 2250–2267.

[GGN+14] Liang Ge, Jing Gao, Hung Ngo, Kang Li, Aidong Zhang, On handling negative transfer and imbalanced distributions in multiple source transfer learning, Statistical Analysis and Data Mining: The ASA Data Science Journal 7 (4) (2014) 254–271.

[GGR99] V. Ganti, J.E. Gehrke, R. Ramakrishnan, CACTUS—clustering categorical data using summaries, in: Proc. 1999 Int. Conf. Knowledge Discovery and Data Mining (KDD'99), San Diego, CA, USA, 1999, pp. 73–83.

[GGRL99] J. Gehrke, V. Ganti, R. Ramakrishnan, W.-Y. Loh, BOAT—optimistic decision tree construction, in: Proc. 1999 ACM-SIGMOD Int. Conf. Management of Data (SIGMOD'99), Philadelphia, PA, USA, June 1999, pp. 169–180.

[GHL06] H. Gonzalez, J. Han, X. Li, Flowcube: constructing RFID flowcubes for multi-dimensional analysis of commodity flows, in: Proc. 2006 Int. Conf. Very Large Data Bases (VLDB'06), Seoul, Republic of Korea, Sept. 2006, pp. 834–845.

[GHLK06] H. Gonzalez, J. Han, X. Li, D. Klabjan, Warehousing and analysis of massive RFID data sets, in: Proc. 2006 Int. Conf. Data Engineering (ICDE'06), Atlanta, GA, USA, April 2006, p. 83.

[Gir15] Ross Girshick, Fast r-cnn, in: Proc. 2015 Int. Conf. Computer Vision (ICCV'15), Santiago, Chile, Dec. 2015, pp. 1440–1448.

[GJ19] Hongyang Gao, Shuiwang Ji, Graph u-nets, arXiv preprint, arXiv:1905.05178, 2019.

[GK13] Raymond Greenlaw, Sanpawat Kantabutra, Survey of clustering: algorithms and applications, International Journal of Information Retrieval Research 3 (2) (April 2013) 1–29.

[GKR98] D. Gibson, J.M. Kleinberg, P. Raghavan, Clustering categorical data: an approach based on dynamical systems, in: Proc. 1998 Int. Conf. Very Large Data Bases (VLDB'98), New York, NY, USA, Aug. 1998, pp. 311–323.

[GL16] Aditya Grover, Jure Leskovec, node2vec: scalable feature learning for networks, in: Proc. 2016 ACM SIGKDD Int. Conf. Knowledge Discovery and Data Mining (KDD'16), San Francisco, CA, USA, Aug. 2016, pp. 855–864.

[GLC+18] Jiaxian Guo, Sidi Lu, Han Cai, Weinan Zhang, Yong Yu, Jun Wang, Long text generation via adversarial training with leaked information, in: Proc. 2018 Nat. Conf. Artificial Intelligence (AAAI'18), New Orleans, LA, USA, Feb. 2018, pp. 5141–5148.

[GLH12] Quanquan Gu, Zhenhui Li, Jiawei Han, Generalized Fisher score for feature selection, arXiv preprint, arXiv:1202.3725, 2012.

[GLH15] Salvador García, Julián Luengo, Francisco Herrera, Data Preprocessing in Data Mining, Springer, 2015.

[GLW00] G. Grahne, L.V.S. Lakshmanan, X. Wang, Efficient mining of constrained correlated sets, in: Proc. 2000 Int. Conf. Data Engineering (ICDE'00), San Diego, CA, USA, Feb. 2000, pp. 512–521.

[GLW+19] Xu Geng, Yaguang Li, Leye Wang, Lingyu Zhang, Qiang Yang, Jieping Ye, Yan Liu, Spatiotemporal multi-graph convolution network for ride-hailing demand forecasting, in: Proc. 2019 AAAI Conf. Artificial Intelligence (AAAI'19), Honolulu, HI, USA, Jan. 2019, pp. 3656–3663.

[GM99] A. Gupta, I.S. Mumick, Materialized Views: Techniques, Implementations, and Applications, MIT Press, 1999.

[GMH13] Alex Graves, Abdel-rahman Mohamed, Geoffrey Hinton, Speech recognition with deep recurrent neural networks, in: Proc. 2013 Int. Conf. Acoustics, Speech and Signal Processing (ICASSP'13), Vancouver, BC, Canada, May 2013, pp. 6645–6649.

[GMMO00] S. Guha, N. Mishra, R. Motwani, L. O'Callaghan, Clustering data streams, in: Proc. 2000 Symp. Foundations of Computer Science (FOCS'00), Redondo Beach, CA, USA, 2000, pp. 359–366.

[GMP+09] J. Ginsberg, M.H. Mohebbi, R.S. Patel, L. Brammer, M.S. Smolinski, L. Brilliant, Detecting influenza epidemics using search engine query data, Nature 457 (Feb. 2009) 1012–1014.

[GMV96] I. Guyon, N. Matic, V. Vapnik, Discovering informative patterns and data cleaning, in: U.M. Fayyad, G. Piatetsky-Shapiro, P. Smyth, R. Uthurusamy (Eds.), Advances in Knowledge Discovery and Data Mining, AAAI/MIT Press, 1996, pp. 181–203.

[Gol89] D. Goldberg, Genetic Algorithms in Search, Optimization, and Machine Learning, Addison-Wesley, 1989.

[Goo58] Irving John Good, The interaction algorithm and practical Fourier analysis, Journal of the Royal Statistical Society, Series B, Methodological 20 (2) (1958) 361–372.

[GPAM+14] Ian Goodfellow, Jean Pouget-Abadie, Mehdi Mirza, Bing Xu, David Warde-Farley, Sherjil Ozair, Aaron Courville, Yoshua Bengio, Generative adversarial nets, in: Proc. 2014 Conf. Neural Information Processing Systems (NIPS'14), Montreal, QC, Canada, Dec. 2014, pp. 2672–2680.

[GRG98] J. Gehrke, R. Ramakrishnan, V. Ganti, RainForest: a framework for fast decision tree construction of large datasets, in: Proc. 1998 Int. Conf. Very Large Data Bases (VLDB'98), New York, NY, USA, Aug. 1998, pp. 416–427.

[GRS98] S. Guha, R. Rastogi, K. Shim, CURE: an efficient clustering algorithm for large databases, in: Proc. 1998 ACM-SIGMOD Int. Conf. Management of Data (SIGMOD'98), Seattle, WA, USA, June 1998, pp. 73–84.

[GRS99] S. Guha, R. Rastogi, K. Shim, ROCK: a robust clustering algorithm for categorical attributes, in: Proc. 1999 Int. Conf. Data Engineering (ICDE'99), Sydney, Australia, Mar. 1999, pp. 512–521.

[GRSD+16] Manuel Gomez-Rodriguez, Le Song, Nan Du, Hongyuan Zha, Bernhard Schölkopf, Influence estimation and maximization in continuous-time diffusion networks, ACM Transactions on Information Systems 34 (2) (2016) 1–33.

[Gru69] F.E. Grubbs, Procedures for detecting outlying observations in samples, Technometrics 11 (1969) 1–21.

[GS05] Alex Graves, Jürgen Schmidhuber, Framewise phoneme classification with bidirectional lstm and other neural network architectures, Neural Networks 18 (5–6) (2005) 602–610.

[GSPA04] Roger Guimera, Marta Sales-Pardo, Luís A. Nunes Amaral, Modularity from fluctuations in random graphs and complex networks, Physical Review E 70 (2) (2004) 025101.

[GSR+17] Justin Gilmer, Samuel S. Schoenholz, Patrick F. Riley, Oriol Vinyals, George E. Dahl, Neural message passing for quantum chemistry, arXiv preprint, arXiv:1704.01212, 2017.

[GSS14] Ian J. Goodfellow, Jonathon Shlens, Christian Szegedy, Explaining and harnessing adversarial examples, arXiv preprint, arXiv:1412.6572, 2014.

[Gup97] H. Gupta, Selection of views to materialize in a data warehouse, in: Proc. 1997 Int. Conf. Database Theory (ICDT'97), Delphi, Greece, Jan. 1997, pp. 98–112.

[GWB+21] Xiaotao Gu, Zihan Wang, Zhenyu Bi, Yu Meng, Liyuan Liu, Jiawei Han, Jingbo Shang, UCPhrase: unsupervised context-aware quality phrase tagging, in: Proc. 2021 ACM SIGKDD Int. Conf. Knowledge Discovery and Data Mining (KDD'21), 2021, pp. 478–486.

[GZ03a] B. Goethals, M. Zaki, An introduction to workshop on frequent itemset mining implementations, in: Proc. 2003 Int. Workshop on Frequent Itemset Mining Implementations (FIMI'03), Melbourne, FL, USA, Nov. 2003.

[GZ03b] G. Grahne, J. Zhu, Efficiently using prefix-trees in mining frequent itemsets, in: Proc. 2003 Int. Workshop on Frequent Itemset Mining Implementations (FIMI'03), Melbourne, FL, USA, Nov. 2003.

[GZE19] Aditya Grover, Aaron Zweig, Stefano Ermon, Graphite: iterative generative modeling of graphs, in: Proc. 2019 Int. Conf. Machine Learning (ICML'19), Long Beach, CA, USA, June 2019, pp. 2434–2444.

[GZN+19] Xiaojie Guo, Liang Zhao, Cameron Nowzari, Setareh Rafatirad, Houman Homayoun, Sai Manoj Pudukotai Dinakarrao, Deep multi-attributed graph translation with node-edge co-evolution, in: Proc. 2019 Int. Conf. Data Mining (ICDM'19), Beijing, China, Nov. 2019, pp. 250–259.

[HA04] V.J. Hodge, J. Austin, A survey of outlier detection methodologies, Artificial Intelligence Review 22 (2004) 85–126.

[HAC+99] J.M. Hellerstein, R. Avnur, A. Chou, C. Hidber, C. Olston, V. Raman, T. Roth, P.J. Haas, Interactive data analysis: the control project, IEEE Computer 32 (July 1999) 51–59.

[Han98] J. Han, Towards on-line analytical mining in large databases, SIGMOD Record 27 (1998) 97–107.

[Har68] P.E. Hart, The condensed nearest neighbor rule, IEEE Transactions on Information Theory 14 (1968) 515–516.

[Har72] J. Hartigan, Direct clustering of a data matrix, Journal of the American Statistical Association 67 (1972) 123–129.

[Har75] J.A. Hartigan, Clustering Algorithms, John Wiley & Sons, 1975.

[Haw80] D.M. Hawkins, Identification of Outliers, Chapman and Hall, London, 1980.

[Hay99] S.S. Haykin, Neural Networks: A Comprehensive Foundation, Prentice Hall, 1999.

[Hay08] S. Haykin, Neural Networks and Learning Machines, Prentice Hall, Saddle River, NJ, USA, 2008.

[HBV01] M. Halkidi, Y. Batistakis, M. Vazirgiannis, On clustering validation techniques, Journal of Intelligent Information Systems 17 (2001) 107–145.

[HC08] Jingrui He, Jaime G. Carbonell, Nearest-neighbor-based active learning for rare category detection, in: Proc. 2008 Conf. Neural Information Processing Systems (NIPS'08), Vancouver, BC, Canada, Dec. 2008, pp. 633–640.

[HCN05] Xiaofei He, Deng Cai, Partha Niyogi, Laplacian score for feature selection, in: Proc. 2005 Conf.

Neural Information Processing Systems (NIPS'05), Dec. 2005, pp. 507–514.
[Heb49] Donald Olding Hebb, The Organization of Behavior: a Neuropsychological Theory, J. Wiley/Chapman & Hall, 1949.
[Hec96] D. Heckerman, Bayesian networks for knowledge discovery, in: Advances in Knowledge Discovery and Data Mining, MIT Press, 1996, pp. 273–305.
[HF95] J. Han, Y. Fu, Discovery of multiple-level association rules from large databases, in: Proc. 1995 Int. Conf. Very Large Data Bases (VLDB'95), Zurich, Switzerland, Sept. 1995, pp. 420–431.
[HFLM+18] R. Devon Hjelm, Alex Fedorov, Samuel Lavoie-Marchildon, Karan Grewal, Phil Bachman, Adam Trischler, Yoshua Bengio, Learning deep representations by mutual information estimation and maximization, arXiv preprint, arXiv:1808.06670, 2018.
[HFLP01] P.S. Horn, L. Feng, Y. Li, A.J. Pesce, Effect of outliers and nonhealthy individuals on reference interval estimation, Clinical Chemistry 47 (2001) 2137–2145.
[HG05] K.A. Heller, Z. Ghahramani, Bayesian hierarchical clustering, in: Proc. 22nd Int. Conf. Machine Learning (ICML'05), Bonn, Germany, 2005, pp. 297–304.
[HG07] A. Hinneburg, H.-H. Gabriel, DENCLUE 2.0: fast clustering based on kernel density estimation, in: Proc. 2007 Int. Conf. Intelligent Data Analysis (IDA'07), Ljubljana, Slovenia, 2007, pp. 70–80.
[HGC95] D. Heckerman, D. Geiger, D.M. Chickering, Learning Bayesian networks: the combination of knowledge and statistical data, Machine Learning 20 (1995) 197–243.
[HGDG17] Kaiming He, Georgia Gkioxari, Piotr Dollár, Ross Girshick, Mask r-cnn, in: Proc. 2017 Int. Conf. Computer Vision (ICCV'17), Venice, Italy, Oct. 2017, pp. 2961–2969.
[HGL+11] Keith Henderson, Brian Gallagher, Lei Li, Leman Akoglu, Tina Eliassi-Rad, Hanghang Tong, Christos Faloutsos, It's who you know: graph mining using recursive structural features, in: Proc. 2011 ACM SIGKDD Int. Conf. Knowledge Discovery and Data Mining (KDD'11), San Diego, CA, USA, Aug. 2011, pp. 663–671.
[HGQ16] Rihan Hai, Sandra Geisler, Christoph Quix, Constance: an intelligent data lake system, in: Proc. 2016 ACM-SIGMOD Int. Conf. Management of Data (SIGMOD'16), New York, NY, USA, June 2016, pp. 2097–2100.
[HGX11] Timothy M. Hospedales, Shaogang Gong, Tao Xiang, Finding rare classes: active learning with generative and discriminative models, IEEE Transactions on Knowledge and Data Engineering 25 (2) (2011) 374–386.
[HH01] R.J. Hilderman, H.J. Hamilton, Knowledge Discovery and Measures of Interest, Kluwer Academic, 2001.
[HHLB11] Frank Hutter, Holger H. Hoos, Kevin Leyton-Brown, Sequential model-based optimization for general algorithm configuration, in: Proc. 2011 Int. Conf. Learning and Intelligent Optimization (LION'11), Rome, Italy, Jan. 2011, pp. 507–523.
[HHN+19] Ehsan Hajiramezanali, Arman Hasanzadeh, Krishna Narayanan, Nick Duffield, Mingyuan Zhou, Xiaoning Qian, Variational graph recurrent neural networks, in: Proc. 2019 Conf. Neural Information Processing Systems (NeurIPS'19), Vancouver, BC, Canada, Dec. 2019, pp. 10701–10711.
[HHW97] J. Hellerstein, P. Haas, H. Wang, Online aggregation, in: Proc. 1997 ACM-SIGMOD Int. Conf. Management of Data (SIGMOD'97), Tucson, AZ, USA, May 1997, pp. 171–182.
[Hil11] Jennifer L. Hill, Bayesian nonparametric modeling for causal inference, Journal of Computational and Graphical Statistics 20 (1) (2011) 217–240.
[HIR03] Keisuke Hirano, Guido W. Imbens, Geert Ridder, Efficient estimation of average treatment effects using the estimated propensity score, Econometrica 71 (4) (2003) 1161–1189.
[HK91] P. Hoschka, W. Klösgen, A support system for interpreting statistical data, in: G. Piatetsky-Shapiro, W.J. Frawley (Eds.), Knowledge Discovery in Databases, AAAI/MIT Press, 1991, pp. 325–346.
[HK98] A. Hinneburg, D.A. Keim, An efficient approach to clustering in large multimedia databases with noise, in: Proc. 1998 Int. Conf. Knowledge Discovery and Data Mining (KDD'98), New York, NY, USA, Aug. 1998, pp. 58–65.
[HK10] J. Hackman, Nancy Katz, Group Behavior and Performance, Vol. 32, 06 2010.
[HKKR99] F. Höppner, F. Klawonn, R. Kruse, T. Runkler, Fuzzy Cluster Analysis: Methods for Classification, Data Analysis and Image Recognition, Wiley, 1999.
[HKN+16] Alon Halevy, Flip Korn, Natalya F. Noy, Christopher Olston, Neoklis Polyzotis, Sudip Roy, Steven Euijong Whang, Goods: organizing Google's datasets, in: Proc. 2016 Int. Conf. Management of Data(SIGMOD'16), New York, NY, USA, June 2016, pp. 795–806.

[HKP91] J. Hertz, A. Krogh, R.G. Palmer, Introduction to the Theory of Neural Computation, Addison Wesley, 1991.

[HKP11] J. Han, M. Kamber, J. Pei, Data Mining: Concepts and Techniques, 3rd ed., Morgan Kaufmann, 2011.

[HKV19] Frank Hutter, Lars Kotthoff, Joaquin Vanschoren, Automated Machine Learning: Methods, Systems, Challenges, Springer Nature, 2019.

[HL18] Yaoyao He, Haiyan Li, Probability density forecasting of wind power using quantile regression neural network and kernel density estimation, Energy Conversion and Management 164 (2018) 374–384.

[HLL83] Paul W. Holland, Kathryn Blackmond Laskey, Samuel Leinhardt, Stochastic blockmodels: first steps, Social Networks 5 (2) (1983) 109–137.

[HLL08] Jingrui He, Yan Liu, Richard Lawrence, Graph-based rare category detection, in: Proc. 2008 Int. Conf. on Data Mining (ICDM'08), Pisa, Italy, Dec. 2008, pp. 833–838.

[HLLT16] Chen Huang, Yining Li, Chen Change Loy, Xiaoou Tang, Learning deep representation for imbalanced classification, in: Proc. 2016 Conf. Computer Vision and Pattern Recognition (CVPR'16), Las Vegas, NV, USA, June 2016, pp. 5375–5384.

[HLVDMW17] Gao Huang, Zhuang Liu, Laurens Van Der Maaten, Kilian Q. Weinberger, Densely connected convolutional networks, in: Proc. 2017 Conf. Computer Vision and Pattern Recognition (CVPR'17), Honolulu, HI, USA, July 2017, pp. 4700–4708.

[HMA09] Parisa Haghani, Sebastian Michel, Karl Aberer, Distributed similarity search in high dimensions using locality sensitive hashing, in: Proc. 2009 Int. Conf. Extending Database Technology (EDBT'09), Saint Petersburg, Russia, Mar. 2009, pp. 744–755.

[HMM86] J. Hong, I. Mozetic, R.S. Michalski, AQ15: Incremental learning of attribute-based descriptions from examples, the method and user's guide, Report ISG 85-5, UIUCDCS-F-86-949, Department of Comp. Science, University of Illinois at Urbana-Champaign, 1986.

[HMS66] E.B. Hunt, J. Marin, P.T. Stone, Experiments in Induction, Academic Press, 1966.

[HMS01] D.J. Hand, H. Mannila, P. Smyth, Principles of Data Mining, MIT Press, 2001.

[HN90] R. Hecht-Nielsen, Neurocomputing, Addison Wesley, 1990.

[Hol18] Andreas Holzinger, From machine learning to explainable ai, in: Proc. 2018 Symp. Digital Intelligence for Systems and Machines (DISA'18), Kosice, Slovakia, Aug. 2018, pp. 55–66.

[Hop82] John J. Hopfield, Neural Networks and Physical Systems with Emergent Collective Computational Abilities, Vol. 79, National Acad Sciences, 1982, pp. 2554–2558.

[HP07] M. Hua, J. Pei, Cleaning disguised missing data: a heuristic approach, in: Proc. 2007 ACM SIGKDD Intl. Conf. Knowledge Discovery and Data Mining (KDD'07), San Jose, CA, USA, Aug. 2007.

[HPDW01] J. Han, J. Pei, G. Dong, K. Wang, Efficient computation of iceberg cubes with complex measures, in: Proc. 2001 ACM-SIGMOD Int. Conf. Management of Data (SIGMOD'01), Santa Barbara, CA, USA, May 2001, pp. 1–12.

[HPS97] J. Hosking, E. Pednault, M. Sudan, A statistical perspective on data mining, Future Generations Computer Systems 13 (1997) 117–134.

[HPY00] J. Han, J. Pei, Y. Yin, Mining frequent patterns without candidate generation, in: Proc. 2000 ACM-SIGMOD Int. Conf. Management of Data (SIGMOD'00), Dallas, TX, USA, May 2000, pp. 1–12.

[HR02] Geoffrey E. Hinton, Sam T. Roweis, Stochastic neighbor embedding, in: Advances in Neural Information Processing Systems 15 [Neural Information Processing Systems, NIPS 2002, December 9-14, 2002, Vancouver, BC, Canada], 2002, pp. 833–840.

[HRU96] V. Harinarayan, A. Rajaraman, J.D. Ullman, Implementing data cubes efficiently, in: Proc. 1996 ACM-SIGMOD Int. Conf. Management of Data (SIGMOD'96), Montreal, Canada, June 1996, pp. 205–216.

[HS54] Brian Hopkins, J.G. Skellam, A new method for determining the type of distribution of plant individuals, Annals of Botany 18 (2) (04 1954) 213–227.

[HS97] Sepp Hochreiter, Jürgen Schmidhuber, Long short-term memory, Neural Computation 9 (8) (1997) 1735–1780.

[HS00] Richard H.R. Hahnloser, H. Sebastian Seung, Permitted and forbidden sets in symmetric threshold-linear networks, in: Proc. 2000 Conf. Neural Information Processing Systems (NIPS'00), Denver, CO, USA, 2000, pp. 217–223.

[HSG89] S.A. Harp, T. Samad, A. Guha, Designing application-specific neural networks using the genetic algorithm, in: Proc. 1989 Conf. Neural Information Processing Systems (NIPS'89), Denver, CO, USA, Nov. 1989, pp. 447–454.

[HSS] Geoffrey Hinton, Nitish Srivastava, Kevin Swersky, Neural networks for machine learning, online course material.

[HSS08] Thomas Hofmann, Bernhard Schölkopf, Alexander J. Smola, Kernel methods in machine learning, The Annals of Statistics 36 (3) (2008) 1171–1220.

[HT98] T. Hastie, R. Tibshirani, Classification by pairwise coupling, The Annals of Statistics 26 (1998) 451–471.

[HTF09] T. Hastie, R. Tibshirani, J. Friedman, The Elements of Statistical Learning: Data Mining, Inference, and Prediction, 2nd ed., Springer Verlag, 2009.

[HU13] Hannes Heikinheimo, Antti Ukkonen, The crowd-median algorithm, in: Proc. 2013 Conf. Human Computation and Crowdsourcing (HCOMP'13), Palm Springs, CA, USA, Nov. 2013.

[Hua98] Z. Huang, Extensions to the k-means algorithm for clustering large data sets with categorical values, Data Mining and Knowledge Discovery 2 (1998) 283–304.

[Hub96] B.B. Hubbard, The World According to Wavelets, A. K. Peters, 1996.

[HW62] David H. Hubel, Torsten N. Wiesel, Receptive fields, binocular interaction and functional architecture in the cat's visual cortex, The Journal of Physiology 160 (1962) 106.

[HXD03] Z. He, X. Xu, S. Deng, Discovering cluster-based local outliers, Pattern Recognition Letters 24 (June 2003) 1641–1650.

[HXM+20] Jiaxin Huang, Yiqing Xie, Yu Meng, Jiaming Shen, Yunyi Zhang, Jiawei Han, Guiding corpus-based set expansion by auxiliary sets generation and co-expansion, in: Proc. 2020 the Web Conf. (WWW'20), Apr. 2020, pp. 2188–2198.

[HXSS15] Ruitong Huang, Bing Xu, Dale Schuurmans, Csaba Szepesvári, Learning with a strong adversary, arXiv preprint, arXiv:1511.03034, 2015.

[HYL17] Will Hamilton, Zhitao Ying, Jure Leskovec, Inductive representation learning on large graphs, in: Proc. 2017 Conf. Neural Information Processing Systems (NIPS'17), Long Beach, CA, USA, Dec. 2017, pp. 1024–1034.

[HZLH17] Rui Huang, Shu Zhang, Tianyu Li, Ran He, Beyond face rotation: global and local perception gan for photorealistic and identity preserving frontal view synthesis, in: Proc. 2017 Int. Conf. Computer Vision (ICCV'17), Venice, Italy, Oct. 2017, pp. 2439–2448.

[HZLL19] Xiao Huang, Jingyuan Zhang, Dingcheng Li, Ping Li, Knowledge graph embedding based question answering, in: Proc. 2019 Int. Conf. Web Search and Data Mining (WSDM'19), Melbourne, VIC, Australia, Feb. 2019, pp. 105–113.

[HZRS15] Kaiming He, Xiangyu Zhang, Shaoqing Ren, Jian Sun, Delving deep into rectifiers: surpassing human-level performance on imagenet classification, in: Proc. 2015 Int. Conf. Computer Vision (ICCV'15), Santiago, Chile, Dec. 2015, pp. 1026–1034.

[HZRS16] Kaiming He, Xiangyu Zhang, Shaoqing Ren, Jian Sun, Deep residual learning for image recognition, in: Proc. 2016 Conf. Computer Vision and Pattern Recognition (CVPR'16), Las Vegas, NV, USA, June 2016, pp. 770–778.

[IGG03] C. Imhoff, N. Galemmo, J.G. Geiger, Mastering Data Warehouse Design: Relational and Dimensional Techniques, John Wiley & Sons, 2003.

[IK04] Tsuyoshi Idé, Hisashi Kashima, Eigenspace-based anomaly detection in computer systems, in: Proc. 2004 ACM SIGKDD Int. Conf. Knowledge Discovery and Data Mining (KDD'04), Seattle, WA, USA, Aug. 2004, pp. 440–449.

[IKA02] T. Imielinski, L. Khachiyan, A. Abdulghani, Cubegrades: generalizing association rules, Data Mining and Knowledge Discovery 6 (2002) 219–258.

[Inm96] W.H. Inmon, Building the Data Warehouse, John Wiley & Sons, 1996.

[Inm16] Bill Inmon, Data Lake Architecture: Designing the Data Lake and Avoiding the Garbage Dump, 1st edition, Technics Publications, LLC, Denville, NJ, USA, 2016.

[IS15] Sergey Ioffe, Christian Szegedy, Batch normalization: accelerating deep network training by reducing internal covariate shift, arXiv preprint, arXiv:1502.03167, 2015.

[IWM98] A. Inokuchi, T. Washio, H. Motoda, An apriori-based algorithm for mining frequent substructures from graph data, in: Proc. 2000 European Symp. Principles of Data Mining and Knowledge Discovery (PKDD'00), Lyon, France, Sept. 1998, pp. 13–23.

[Jac88] R. Jacobs, Increased rates of convergence through learning rate adaptation, Neural Networks 1 (1988) 295–307.

[Jai10] A.K. Jain, Data clustering: 50 years beyond k-means, Pattern Recognition Letters 31 (2010).

[Jam85] M. James, Classification Algorithms, John Wiley & Sons, 1985.

[JBD05] X. Ji, J. Bailey, G. Dong, Mining minimal distinguishing subsequence patterns with gap constraints, in: Proc. 2005 Int. Conf. Data Mining (ICDM'05), Houston, TX, USA, Nov. 2005, pp. 194–201.

[JD88] A.K. Jain, R.C. Dubes, Algorithms for Clustering Data, Prentice Hall, 1988.

[Jen96] F.V. Jensen, An Introduction to Bayesian Networks, Springer Verlag, 1996.

[JK09] Prateek Jain, Ashish Kapoor, Active learning for large multi-class problems, in: Proc. 2009 Conf. on Computer Vision and Pattern Recognition (CVPR'09), Miami, FL, USA, June 2009, pp. 762–769.

[JM09] Dan Jurafsky, James H. Martin, Speech and Language Processing: An Introduction to Natural Language Processing, Computational Linguistics, and Speech Recognition, 2nd edition, Prentice Hall, 2009.

[JMF99] A.K. Jain, M.N. Murty, P.J. Flynn, Data clustering: a survey, ACM Computing Surveys 31 (1999) 264–323.

[Joh97] G.H. John, Enhancements to the Data Mining Process, Ph.D. Thesis, Computer Science Department, Stanford University, 1997.

[JSD+10] Ming Ji, Yizhou Sun, Marina Danilevsky, Jiawei Han, Jing Gao, Graph regularized transductive classification on heterogeneous information networks, in: Proc. 2010 Joint European Conf. Machine Learning and Practice of Knowledge Discovery in Databases (ECML-PKDD'10), Barcelona, Spain, Sep. 2010, pp. 570–586.

[JSH19] Haifeng Jin, Qingquan Song, Xia Hu, Auto-keras: an efficient neural architecture search system, in: Proc. 2019 ACM SIGKDD Int. Conf. Knowledge Discovery and Data Mining (KDD'19), Anchorage, AK, USA, Aug. 2019, pp. 1946–1956.

[JTH01] W. Jin, A.K.H. Tung, J. Han, Mining top-n local outliers in large databases, in: Proc. 2001 ACM SIGKDD Int. Conf. Knowledge Discovery in Databases (KDD'01), San Fransisco, CA, USA, Aug. 2001, pp. 293–298.

[JTHW06] W. Jin, A.K.H. Tung, J. Han, W. Wang, Ranking outliers using symmetric neighborhood relationship, in: Proc. 2006 Pacific-Asia Conf. Knowledge Discovery and Data Mining (PAKDD'06), Singapore, April 2006.

[JTZ21] Baoyu Jing, Hanghang Tong, Yada Zhu, Network of tensor time series, arXiv preprint, arXiv: 2102.07736, 2021.

[JW92] R.A. Johnson, D.A. Wichern, Applied Multivariate Statistical Analysis, 3rd ed., Prentice Hall, 1992.

[JW02] G. Jeh, J. Widom, SimRank: a measure of structural-context similarity, in: Proc. 2002 ACM SIGKDD Int. Conf. Knowledge Discovery and Data Mining (KDD'02), Edmonton, Canada, July 2002, pp. 538–543.

[JWHT] Gareth James, Daniela Witten, Trevor Hastie, Robert Tibshirani, An Introduction to Statistical Learning, Vol. 112, Springer, 2013.

[JXX18] Baoyu Jing, Pengtao Xie, Eric Xing, On the automatic generation of medical imaging reports, in: Proc. 2018 Association for Computational Linguistics (ACL'18), Melbourne, Australia, July 2018, pp. 2577–2586.

[JYBJ19] Wengong Jin, Kevin Yang, Regina Barzilay, Tommi Jaakkola, Learning multimodal graph-to-graph translation for molecule optimization, in: Proc. 2019 Int. Conf. Learning Representations (ICLR'19), New Orleans, LA, USA, May 2019.

[Kas80] G.V. Kass, An exploratory technique for investigating large quantities of categorical data, Applied Statistics 29 (1980) 119–127.

[KB14] Diederik P. Kingma, Jimmy Ba, Adam: a method for stochastic optimization, arXiv preprint, arXiv:1412.6980, 2014.

[Kec01] V. Kecman, Learning and Soft Computing, MIT Press, 2001.

[Ker92] R. Kerber, Discretization of numeric attributes, in: Proc. 1992 Nat. Conf. Artificial Intelligence (AAAI'92), AAAI/MIT Press, 1992, pp. 123–128.

[KF09] D. Koller, N. Friedman, Probabilistic Graphical Models: Principles and Techniques, The MIT Press, 2009.

[KH95] K. Koperski, J. Han, Discovery of spatial association rules in geographic information databases, in: Proc. 1995 Int. Symp. Large Spatial Databases (SSD'95), Portland, ME, USA, Aug. 1995, pp. 47–66.

[KH97] I. Kononenko, S.J. Hong, Attribute selection for modeling, Future Generations Computer Systems 13 (1997) 181–195.

[KHC97] M. Kamber, J. Han, J.Y. Chiang, Metarule-guided mining of multi-dimensional association rules using data cubes, in: Proc. 1997 Int. Conf. Knowledge Discovery and Data Mining (KDD'97), Newport Beach, CA, USA, Aug. 1997, pp. 207–210.

[KHK99] G. Karypis, E.-H. Han, V. Kumar, CHAMELEON: a hierarchical clustering algorithm using dynamic modeling, Computer 32 (1999) 68–75.

[KHMT20] Jian Kang, Jingrui He, Ross Maciejewski, Hanghang Tong, Inform: individual fairness on graph mining, in: Proc. 2020 ACM SIGKDD Int. Conf. Knowledge Discovery and Data Mining (KDD'20), Aug. 2020, pp. 379–389.

[Kim14] Yoon Kim, Convolutional neural networks for sentence classification, in: Proc. 2014 Conf. Empirical Methods in Natural Language Processing (EMNLP'14), Doha, Qatar, Oct. 2014, pp. 1746–1751.

[KJ97] R. Kohavi, G.H. John, Wrappers for feature subset selection, Artificial Intelligence 97 (1997) 273–324.

[KK01] M. Kuramochi, G. Karypis, Frequent subgraph discovery, in: Proc. 2001 Int. Conf. Data Mining (ICDM'01), San Jose, CA, USA, Nov. 2001, pp. 313–320.

[KKT03] David Kempe, Jon Kleinberg, Éva Tardos, Maximizing the spread of influence through a social network, in: Proc. 2003 ACM SIGKDD Int. Conf. Knowledge Discovery and Data Mining (KDD'03), Washington, DC, USA, Aug. 2003, pp. 137–146.

[KKW+10] H.S. Kim, S. Kim, T. Weninger, J. Han, T. Abdelzaher, NDPMine: efficiently mining discriminative numerical features for pattern-based classification, in: Proc. 2010 European Conf. Machine Learning and Principles and Practice of Knowledge Discovery in Databases (ECMLPKDD'10), Barcelona, Spain, Sept. 2010.

[KKZ09] H.-P. Kriegel, P. Kroeger, A. Zimek, Clustering high-dimensional data: a survey on subspace clustering, pattern-based clustering, and correlation clustering, ACM Transactions on Knowledge Discovery from Data 3 (2009) 1–58.

[KL17] Pang Wei Koh, Percy Liang, Understanding black-box predictions via influence functions, in: Proc. 2017 Int. Conf. Machine Learning (ICML'17), Sydney, NSW, Australia, Aug. 2017, pp. 1885–1894.

[KLA+08] M. Khan, H. Le, H. Ahmadi, T. Abdelzaher, J. Han, DustMiner: troubleshooting interactive complexity bugs in sensor networks, in: Proc. 2008 ACM Int. Conf. Embedded Networked Sensor Systems (SenSys'08), Raleigh, NC, USA, Nov. 2008.

[Kle99] Jon M. Kleinberg, Authoritative sources in a hyperlinked environment, Journal of the ACM 46 (5) (1999) 604–632.

[KLV+98] R.L. Kennedy, Y. Lee, B. Van Roy, C.D. Reed, R.P. Lippman, Solving Data Mining Problems Through Pattern Recognition, Prentice Hall, 1998.

[KMN+02] T. Kanungo, D.M. Mount, N.S. Netanyahu, C.D. Piatko, R. Silverman, A.Y. Wu, An efficient k-means clustering algorithm: analysis and implementation, IEEE Transactions on Pattern Analysis and Machine Intelligence 24 (2002) 881–892.

[KMR+94] M. Klemettinen, H. Mannila, P. Ronkainen, H. Toivonen, A.I. Verkamo, Finding interesting rules from large sets of discovered association rules, in: Proc. 1994 Int. Conf. Information and Knowledge Management (CIKM'1994), Gaithersburg, MD, USA, Nov. 1994, pp. 401–408.

[KMY+16] Jakub Konečný, H. Brendan McMahan, Felix X. Yu, Peter Richtárik, Ananda Theertha Suresh, Dave Bacon, Federated learning: strategies for improving communication efficiency, arXiv preprint, arXiv:1610.05492, 2016.

[KN97] E. Knorr, R. Ng, A unified notion of outliers: properties and computation, in: Proc. 1997 Int. Conf. Knowledge Discovery and Data Mining (KDD'97), Newport Beach, CA, USA, Aug. 1997, pp. 219–222.

[KN98] E. Knorr, R. Ng, Algorithms for mining distance-based outliers in large datasets, in: Proc. 1998 Int. Conf. Very Large Data Bases (VLDB'98), New York, NY, USA, Aug. 1998, pp. 392–403.

[KNT00] E.M. Knorr, R.T. Ng, V. Tucakov, Distance-based outliers: algorithms and applications, The VLDB Journal 8 (2000) 237–253.

[KO16] Ashish Khetan, Sewoong Oh, Achieving budget-optimality with adaptive schemes in crowdsourcing, in: Proc. 2016 Conf. Neural Information Processing Systems (NIP'16), Barcelona, Spain, Dec. 2016, pp. 4844–4852.

[Koh95] R. Kohavi, A study of cross-validation and bootstrap for accuracy estimation and model selection, in: Proc. 1995 Joint Int. Conf. Artificial Intelligence (IJCAI'95), Montreal, Canada, Aug. 1995, pp. 1137–1143.

[Kol93] J.L. Kolodner, Case-Based Reasoning, Morgan Kaufmann, 1993.

[Kon95] I. Kononenko, On biases in estimating multi-valued attributes, in: Proc. 14th Joint Int. Conf. Artificial Intelligence (IJCAI'95), Vol. 2, Montreal, Canada, Aug. 1995, pp. 1034–1040.

[Kot88] P. Koton, Reasoning about evidence in causal explanation, in: Proc. 1988 Nat. Conf. Artificial Intelligence (AAAI'88), Aug. 1988, pp. 256–263.

[KP00] Eamonn J. Keogh, Michael J. Pazzani, Scaling up dynamic time warping for data mining applications, in: Proc. 2000 ACM SIGKDD Int. Conf. Knowledge Discovery and Data Mining (KDD'00), Boston, MA, USA, Aug. 2000, pp. 285–289.

[KPS03] R.M. Karp, C.H. Papadimitriou, S. Shenker, A simple algorithm for finding frequent elements in streams and bags, ACM Transactions on Database Systems 28 (2003).

[KR90] L. Kaufman, P.J. Rousseeuw, Finding Groups in Data: An Introduction to Cluster Analysis, John Wiley & Sons, 1990.

[KR02] R. Kimball, M. Ross, The Data Warehouse Toolkit: The Complete Guide to Dimensional Modeling, 2nd ed., John Wiley & Sons, 2002.

[KRTM08] R. Kimball, M. Ross, W. Thornthwaite, J. Mundy, The Data Warehouse Lifecycle Toolkit, John Wiley & Sons, Hoboken, NJ, USA, 2008.

[KS95] Ron Kohavi, Dan Sommerfield, Feature subset selection using the wrapper method: overfitting and dynamic search space topology, in: Proc. 1995 ACM SIGKDD Int. Conf. Knowledge Discovery and Data Mining (KDD'95), Montreal, Canada, Aug. 1995, pp. 192–197.

[KSH12] Alex Krizhevsky, Ilya Sutskever, Geoffrey E. Hinton, Imagenet classification with deep convolutional neural networks, in: Proc. 2012 Conf. Neural Information Processing Systems (NIPS'12), Lake Tahoe, NV, USA, Dec. 2012, pp. 1097–1105.

[KSS16] Gilad Katz, Eui Chul Richard Shin, Dawn Song, Explorekit: automatic feature generation and selection, in: Proc. 2016 Int. Conf. Data Mining (ICDM'16), Barcelona, Spain, Dec. 2016, pp. 979–984.

[KST18] Udayan Khurana, Horst Samulowitz, Deepak Turaga, Feature engineering for predictive modeling using reinforcement learning, in: Proc. 2018 AAAI Conf. Artificial Intelligence (AAAI'18), New Orleans, LA, USA, Feb. 2018, pp. 3407–3414.

[KSV+16] Danai Koutra, Neil Shah, Joshua T. Vogelstein, Brian Gallagher, Christos Faloutsos, Deltacon: principled massive-graph similarity function with attribution, ACM Transactions on Knowledge Discovery from Data 10 (3) (2016) 28:1–28:43.

[KSW15] Durk P. Kingma, Tim Salimans, Max Welling, Variational dropout and the local reparameterization trick, in: Proc. 2015 Conf. Neural Information Processing Systems (NIPS'15), Montreal, QC, Canada, Dec. 2015, pp. 2575–2583.

[KSZ08] H.-P. Kriegel, M. Schubert, A. Zimek, Angle-based outlier detection in high-dimensional data, in: Proc. 2008 ACM SIGKDD Int. Conf. on Knowledge Discovery and Data Mining (KDD'08), Las Vegas, NV, USA, Aug. 2008, pp. 444–452.

[KV15] James Max Kanter, Kalyan Veeramachaneni, Deep feature synthesis: towards automating data science endeavors, in: Proc. 2015 Int. Conf. Data Science and Advanced Analytics (NSAA'15), Paris, France, Oct. 2015, pp. 1–10.

[KW+52] Jack Kiefer, Jacob Wolfowitz, et al., Stochastic estimation of the maximum of a regression function, The Annals of Mathematical Statistics 23 (3) (1952) 462–466.

[KW13] Diederik P. Kingma, Max Welling, Auto-encoding variational Bayes, arXiv preprint, arXiv:1312.6114, 2013.

[KW16a] Thomas N. Kipf, Max Welling, Semi-supervised classification with graph convolutional networks, arXiv preprint, arXiv:1609.02907, 2016.

[KW16b] Thomas N. Kipf, Max Welling, Variational graph auto-encoders, arXiv preprint, arXiv:1611.07308, 2016.

[Lam98] W. Lam, Bayesian network refinement via machine learning approach, IEEE Transactions on Pattern Analysis and Machine Intelligence 20 (1998) 240–252.

[LAS+15] Himabindu Lakkaraju, Everaldo Aguiar, Carl Shan, David Miller, Nasir Bhanpuri, Rayid Ghani, Kecia L. Addison, A machine learning framework to identify students at risk of adverse academic outcomes, in: Proc. 2015 ACM SIGKDD Int. Conf. Knowledge Discovery and Data Mining (KDD'15), Sydney, NSW, Australia, Aug. 2015, pp. 1909–1918.

[Lau95] S.L. Lauritzen, The EM algorithm for graphical association models with missing data, Computational Statistics & Data Analysis 19 (1995) 191–201.

[LB11] G. Linoff, M.J.A. Berry, Data Mining Techniques: For Marketing, Sales, and Customer Relationship Management, 3rd ed., John Wiley & Sons, 2011.

[LBBH98] Yann LeCun, Léon Bottou, Yoshua Bengio, Patrick Haffner, Gradient-based learning applied to document recognition, Proceedings of the IEEE 86 (11) (1998) 2278–2324.

[LBD+89] Yann LeCun, Bernhard Boser, John S. Denker, Donnie Henderson, Richard E. Howard, Wayne Hubbard, Lawrence D. Jackel, Backpropagation applied to handwritten zip code recognition, Neural Computation 1 (4) (1989) 541–551.

[LBH06] Steven J. Leon, Ion Bica, Tiina Hohn, Linear Algebra with Applications, Pearson Prentice Hall, Upper Saddle River, NJ, USA, 2006.

[LBS+16] Guillaume Lample, Miguel Ballesteros, Sandeep Subramanian, Kazuya Kawakami, Chris Dyer, Neural architectures for named entity recognition, in: Proc. 2016 Conf. of the North American Chapter of the Association for Computational Linguistics: Human Language Technologies (NAACL-HLT'16), San Diego, CA, USA, June 2016, pp. 260–270.

[LCH+09] D. Lo, H. Cheng, J. Han, S. Khoo, C. Sun, Classification of software behaviors for failure detection: a discriminative pattern mining approach, in: Proc. 2009 ACM SIGKDD Int. Conf. Knowledge Discovery and Data Mining (KDD'09), Paris, France, June 2009.

[LCK+10] Jure Leskovec, Deepayan Chakrabarti, Jon Kleinberg, Christos Faloutsos, Zoubin Ghahramani, Kronecker graphs: an approach to modeling networks, Journal of Machine Learning Research 11 (2) (2010).

[LCT20] Vivian Lai, Samuel Carton, Chenhao Tan, Harnessing explanations to bridge AI and humans, CoRR, arXiv:2003.07370 [abs], 2020.

[LCW+17] Jundong Li, Kewei Cheng, Suhang Wang, Fred Morstatter, Robert P. Trevino, Jiliang Tang, Huan Liu, Feature selection: a data perspective, ACM Computing Surveys 50 (6) (2017) 1–45.

[LDH+08] C.X. Lin, B. Ding, J. Han, F. Zhu, B. Zhao, Text Cube: computing IR measures for multidimensional text database analysis, in: Proc. 2008 Int. Conf. Data Mining (ICDM'08), Pisa, Italy, Dec. 2008.

[LDL+12] Xian Li, Xin Luna Dong, Kenneth Lyons, Weiyi Meng, Divesh Srivastava, Truth finding on the deep web: is the problem solved?, Proceedings of the VLDB Endowment 6 (2) (2012) 97–108.

[LDL+17] Yaliang Li, Nan Du, Chaochun Liu, Yusheng Xie, Wei Fan, Qi Li, Jing Gao, Huan Sun, Reliable medical diagnosis from crowdsourcing: discover trustworthy answers from non-experts, in: Proc. 2017 Int. Conf. Web Search and Data Mining (WSDM'17), Cambridge, United Kingdom, Feb. 2017, pp. 253–261.

[LDR00] J. Li, G. Dong, K. Ramamohanrarao, Making use of the most expressive jumping emerging patterns for classification, in: Proc. 2000 Pacific-Asia Conf. Knowledge Discovery and Data Mining (PAKDD'00), Kyoto, Japan, April 2000, pp. 220–232.

[LDS89] Y. Le Cun, J.S. Denker, S.A. Solla, Optimal brain damage, in: Proc. 1989 Conf. Neural Information Processing Systems (NIPS'89), Denver, CO, USA, Nov 1989.

[Le98] H. Liu, H. Motoda (Eds.), Feature Extraction, Construction, and Selection: A Data Mining Perspective, Kluwer Academic, 1998.

[Le13] Quoc V. Le, Building high-level features using large scale unsupervised learning, in: Proc. 2013 Int. Conf. Acoustics, Speech and Signal Processing (ICASSP'13), Vancouver, BC, Canada, May 2013, pp. 8595–8598.

[Lea96] D.B. Leake, CBR in context: the present and future, in: D.B. Leake (Ed.), Cased-Based Reasoning: Experiences, Lessons, and Future Directions, AAAI Press, 1996, pp. 3–30.

[LFP14] Vince Lyzinski, Donniell E. Fishkind, Carey E. Priebe, Seeded graph matching for correlated Erdös-Rényi graphs, Journal of Machine Learning Research 15 (1) (2014) 3513–3540.

[LGB+16] Jiwei Li, Michel Galley, Chris Brockett, Jianfeng Gao, Bill Dolan, A diversity-promoting objective function for neural conversation models, in: Proc. 2016 Conf. of the North American Chapter of the Association for Computational Linguistics: Human Language Technologies (NAACL-HLT'16), San Diego, CA, USA, June 2016, pp. 110–119.

[LGGRG+20] Julián Luengo, Diego García-Gil, Sergio Ramírez-Gallego, Salvador García, Francisco Herrera, Big Data Preprocessing: Enabling Smart Data, Springer, 2020.

[LGM+15] Yaliang Li, Jing Gao, Chuishi Meng, Qi Li, Lu Su, Bo Zhao, Wei Fan, Jiawei Han, A survey on truth discovery, SIGKDD Explorations 17 (2) (2015) 1–16.

[LGWL14] Chen Luo, Renchu Guan, Zhe Wang, Chenghua Lin, Hetpathmine: a novel transductive classification algorithm on heterogeneous information networks, in: Proc. 2014 European Conf. Information Retrieval (ECIR'14), Amsterdam, the Netherlands, Apr. 2014, pp. 210–221.

[LHC97] B. Liu, W. Hsu, S. Chen, Using general impressions to analyze discovered classification rules, in: Proc. 1997 Int. Conf. Knowledge Discovery and Data Mining (KDD'97), Newport Beach, CA, USA, Aug. 1997, pp. 31–36.

[LHF98] H. Lu, J. Han, L. Feng, Stock movement and n-dimensional inter-transaction association rules, in: Proc. 1998 SIGMOD Workshop Data Mining and Knowledge Discovery (DMKD'98), Seattle, WA, USA, June 1998, pp. 12:1–12:7.

[LHG04] X. Li, J. Han, H. Gonzalez, High-dimensional OLAP: a minimal cubing approach, in: Proc. 2004 Int. Conf. Very Large Data Bases (VLDB'04), Toronto, Canada, Aug. 2004, pp. 528–539.

[LHL+17] Yen-Chen Lin, Zhang-Wei Hong, Yuan-Hong Liao, Meng-Li Shih, Ming-Yu Liu, Min Sun, Tactics of adversarial attack on deep reinforcement learning agents, arXiv preprint, arXiv:1703.06748, 2017.

[LHM98] B. Liu, W. Hsu, Y. Ma, Integrating classification and association rule mining, in: Proc. 1998 Int. Conf. Knowledge Discovery and Data Mining (KDD'98), New York, NY, USA, Aug. 1998, pp. 80–86.

[LHP01] W. Li, J. Han, J. Pei, CMAR: accurate and efficient classification based on multiple class-association rules, in: Proc. 2001 Int. Conf. Data Mining (ICDM'01), San Jose, CA, USA, Nov. 2001, pp. 369–376.

[LHP+15] Timothy P. Lillicrap, Jonathan J. Hunt, Alexander Pritzel, Nicolas Heess, Tom Erez, Yuval Tassa, David Silver, Daan Wierstra, Continuous control with deep reinforcement learning, arXiv preprint, arXiv:1509.02971, 2015.

[LHTD02] H. Liu, F. Hussain, C.L. Tan, M. Dash, Discretization: an enabling technique, Data Mining and Knowledge Discovery 6 (2002) 393–423.

[LHXS06] H. Liu, J. Han, D. Xin, Z. Shao, Mining frequent patterns on very high dimensional data: a top-down row enumeration approach, in: Proc. 2006 SIAM Int. Conf. Data Mining (SDM'06), Bethesda, MD, USA, April 2006.

[LHY+08] X. Li, J. Han, Z. Yin, J.-G. Lee, Y. Sun, Sampling Cube: a framework for statistical OLAP over sampling data, in: Proc. 2008 ACM SIGMOD Int. Conf. Management of Data (SIGMOD'08), Vancouver, BC, Canada, June 2008.

[Lik01] Aristidis Likas, Probability density estimation using artificial neural networks, Computer Physics Communications 135 (2) (2001) 167–175.

[Lit74] William A. Little, The existence of persistent states in the brain, Mathematical Biosciences 19 (1–2) (1974) 101–120.

[Liu06] B. Liu, Web Data Mining: Exploring Hyperlinks, Contents, and Usage Data, Springer, 2006.

[Liu12] Bing Liu, Sentiment Analysis and Opinion Mining, Morgan/Claypool Publishers, 2012.

[Liu20] B. Liu, Sentiment Analysis: Mining Opinions, Sentiments, and Emotions, Studies in Natural Language Processing, Cambridge University Press, 2020.

[LJD+17] Lisha Li, Kevin Jamieson, Giulia DeSalvo, Afshin Rostamizadeh, Ameet Talwalkar, Hyperband: a novel bandit-based approach to hyperparameter optimization, Journal of Machine Learning Research 18 (1) (2017) 6765–6816.

[LJK00] J. Laurikkala, M. Juhola, E. Kentala, Informal identification of outliers in medical data, in: Proc. 5th Int. Workshop on Intelligent Data Analysis in Medicine and Pharmacology, Berlin, Germany, Aug. 2000, pp. 20–24.

[LKCH03] Y.-K. Lee, W.-Y. Kim, Y.D. Cai, J. Han, CoMine: efficient mining of correlated patterns, in: Proc. 2003 Int. Conf. Data Mining (ICDM'03), Melbourne, FL, USA, Nov. 2003, pp. 581–584.

[LKEW16] Zachary C. Lipton, David C. Kale, Charles Elkan, Randall Wetzel, Learning to diagnose with lstm recurrent neural networks, in: Proc. 2016 Int. Conf. Learning Representations (ICLR'16), San Juan, Puerto Rico, May 2016.

[LKF05] Jure Leskovec, Jon Kleinberg, Christos Faloutsos, Graphs over time: densification laws, shrinking diameters and possible explanations, in: Proc. 2005 ACM SIGKDD Int. Conf. Knowledge Discovery and Data Mining (KDD'05), Chicago, IL, USA, Aug. 2005, pp. 177–187.

[LKL14] Martin Längkvist, Lars Karlsson, Amy Loutfi, A review of unsupervised feature learning and deep learning for time-series modeling, Pattern Recognition Letters 42 (2014) 11–24.

[LL17] Scott M. Lundberg, Su-In Lee, A unified approach to interpreting model predictions, in: Proc. 2017 Conf. Neural Information Processing Systems (NIPS'17), Long Beach, CA, USA, Dec.

2017, pp. 4768–4777.

[LLK19] Junhyun Lee, Inyeop Lee, Jaewoo Kang, Self-attention graph pooling, arXiv preprint, arXiv:1904.08082, 2019.

[LLLY03] G. Liu, H. Lu, W. Lou, J.X. Yu, On computing, storing and querying frequent patterns, in: Proc. 2003 ACM SIGKDD Int. Conf. Knowledge Discovery and Data Mining (KDD'03), Washington, DC, USA, Aug. 2003, pp. 607–612.

[LLMZ04] Z. Li, S. Lu, S. Myagmar, Y. Zhou, CP-Miner: a tool for finding copy-paste and related bugs in operating system code, in: Proc. 2004 Symp. Operating Systems Design and Implementation (OSDI'04), San Francisco, CA, USA, Dec. 2004.

[Llo57] S.P. Lloyd, Least squares quantization in PCM, IEEE Transactions on Information Theory 28 (1982) 128–137; original version: Technical Report, Bell Labs, 1957.

[LLS00] T.-S. Lim, W.-Y. Loh, Y.-S. Shih, A comparison of prediction accuracy, complexity, and training time of thirty-three old and new classification algorithms, Machine Learning 40 (2000) 203–228.

[LLS20] Zhiyuan Liu, Yankai Lin, Maosong Sun, Representation Learning for Natural Language Processing, Springer, 2020.

[LM97] K. Laskey, S. Mahoney, Network fragments: representing knowledge for constructing probabilistic models, in: Proc. 1997 Conf. Uncertainty in Artificial Intelligence (UAI'97), Morgan Kaufmann, San Francisco, CA, USA, Aug. 1997, pp. 334–341.

[LM98] H. Liu, H. Motoda, Feature Selection for Knowledge Discovery and Data Mining, Kluwer Academic, 1998.

[LM05] Richard J. Larsen, Morris L. Marx, An Introduction to Mathematical Statistics, Prentice Hall, 2005.

[LMS+17] Jiwei Li, Will Monroe, Tianlin Shi, Sébastien Jean, Alan Ritter, Dan Jurafsky, Adversarial learning for neural dialogue generation, arXiv preprint, arXiv:1701.06547, 2017.

[LNHP99] L.V.S. Lakshmanan, R. Ng, J. Han, A. Pang, Optimization of constrained frequent set queries with 2-variable constraints, in: Proc. 1999 ACM-SIGMOD Int. Conf. Management of Data (SIGMOD'99), Philadelphia, PA, USA, June 1999, pp. 157–168.

[LNV+18] Scott M. Lundberg, Bala Nair, Monica S. Vavilala, Mayumi Horibe, Michael J. Eisses, Trevor Adams, David E. Liston, Daniel King-Wai Low, Shu-Fang Newman, Jerry Kim, et al., Explainable machine-learning predictions for the prevention of hypoxaemia during surgery, Nature Biomedical Engineering 2 (10) (2018) 749–760.

[LOG+19] Yinhan Liu, Myle Ott, Naman Goyal, Jingfei Du, Mandar Joshi, Danqi Chen, Omer Levy, Mike Lewis, Luke Zettlemoyer, Veselin Stoyanov, RoBERTa: a robustly optimized bert pretraining approach, arXiv preprint, arXiv:1907.11692, 2019.

[Los01] D. Loshin, Enterprise Knowledge Management: The Data Quality Approach, Morgan Kaufmann, 2001.

[LPH02] L.V.S. Lakshmanan, J. Pei, J. Han, Quotient cube: how to summarize the semantics of a data cube, in: Proc. 2002 Int. Conf. Very Large Data Bases (VLDB'02), Hong Kong, China, Aug. 2002, pp. 778–789.

[LPWH02] J. Liu, Y. Pan, K. Wang, J. Han, Mining frequent item sets by opportunistic projection, in: Proc. 2002 ACM SIGKDD Int. Conf. Knowledge Discovery in Databases (KDD'02), Edmonton, Canada, July 2002, pp. 239–248.

[LPZ03] L.V.S. Lakshmanan, J. Pei, Y. Zhao, QC-Trees: an efficient summary structure for semantic OLAP, in: Proc. 2003 ACM-SIGMOD Int. Conf. Management of Data (SIGMOD'03), San Diego, CA, USA, June 2003, pp. 64–75.

[LRC+19] Jia Li, Yu Rong, Hong Cheng, Helen Meng, Wenbing Huang, Junzhou Huang, Semi-supervised graph classification: a hierarchical graph perspective, in: Proc. 2019 the Web Conf. (WWW'19), San Francisco, CA, USA, May 2019, pp. 972–982.

[LS95] H. Liu, R. Setiono, Chi2: feature selection and discretization of numeric attributes, in: Proc. 1995 IEEE Int. Conf. Tools with AI (ICTAI'95), Washington, DC, USA, Nov. 1995, pp. 388–391.

[LS97] W.Y. Loh, Y.S. Shih, Split selection methods for classification trees, Statistica Sinica 7 (1997) 815–840.

[LS99] Daniel D. Lee, H. Sebastian Seung, Learning the parts of objects by non-negative matrix factorization, Nature 401 (6755) (1999) 788–791.

[LSBZ87] P. Langley, H.A. Simon, G.L. Bradshaw, J.M. Zytkow, Scientific Discovery: Computational Explorations of the Creative Processes, MIT Press, 1987.

[LSG11] Annan Li, Shiguang Shan, Wen Gao, Coupled bias–variance tradeoff for cross-pose face recognition, IEEE Transactions on Image Processing 21 (1) (2011) 305–315.

[LSH17] Jialu Liu, Jingbo Shang, Jiawei Han, Phrase Mining from Massive Text and Its Applications, Morgan & Claypool, 2017.

[LSM+17] Christos Louizos, Uri Shalit, Joris Mooij, David Sontag, Richard Zemel, Max Welling, Causal effect inference with deep latent-variable models, arXiv preprint, arXiv:1705.08821, 2017.

[LSST+02] Huma Lodhi, Craig Saunders, John Shawe-Taylor, Nello Cristianini, Chris Watkins, Text classification using string kernels, Journal of Machine Learning Research 2 (Feb 2002) 419–444.

[LSW97] B. Lent, A. Swami, J. Widom, Clustering association rules, in: Proc. 1997 Int. Conf. Data Engineering (ICDE'97), Birmingham, England, April 1997, pp. 220–231.

[LSW+15] Jialu Liu, Jingbo Shang, Chi Wang, Xiang Ren, Jiawei Han, Mining quality phrases from massive text corpora, in: Proc. 2015 ACM SIGMOD Int. Conf. Management of Data (SIGMOD'15), Melbourne, Australia, May 2015, pp. 1729–1744.

[LSY18] Hanxiao Liu, Karen Simonyan, Yiming Yang, Darts: differentiable architecture search, arXiv preprint, arXiv:1806.09055, 2018.

[LT15] Liangyue Li, Hanghang Tong, The child is father of the man: foresee the success at the early stage, in: Proc. 2015 ACM SIGKDD Int. Conf. Knowledge Discovery and Data Mining (KDD'15), Sydney, NSW, Australia, Aug. 2015, pp. 655–664.

[LT20] Liangyue Li, Hanghang Tong, Computational Approaches to the Network Science of Teams, Cambridge University Press, 2020.

[LTBZ15] Yujia Li, Daniel Tarlow, Marc Brockschmidt, Richard Zemel, Gated graph sequence neural networks, arXiv preprint, arXiv:1511.05493, 2015.

[LTC+15] Liangyue Li, Hanghang Tong, Nan Cao, Kate Ehrlich, Yu-Ru Lin, Norbou Buchler, Replacing the irreplaceable: fast algorithms for team member recommendation, in: Proc. 2015 Int. Conf. World Wide Web (WWW'15), Florence, Italy, May 2015, pp. 636–646.

[LTC+17] Liangyue Li, Hanghang Tong, Nan Cao, Kate Ehrlich, Yu-Ru Lin, Norbou Buchler, Enhancing team composition in professional networks: problem definitions and fast solutions, IEEE Transactions on Knowledge and Data Engineering 29 (3) (2017) 613–626.

[LTH+17] Christian Ledig, Lucas Theis, Ferenc Huszár, Jose Caballero, Andrew Cunningham, Alejandro Acosta, Andrew Aitken, Alykhan Tejani, Johannes Totz, Zehan Wang, et al., Photo-realistic single image super-resolution using a generative adversarial network, in: Proc. 2017 Conf. Computer Vision and Pattern Recognition (CVPR'17), Honolulu, HI, USA, July 2017, pp. 4681–4690.

[LTL18] Liangyue Li, Hanghang Tong, Huan Liu, Towards explainable networked prediction, in: Proc. 2018 Int. Conf. Information and Knowledge Management (CIKM'18), Torino, Italy, Oct. 2018, pp. 1819–1822.

[LTQ+18] Renqian Luo, Fei Tian, Tao Qin, Enhong Chen, Tie-Yan Liu, Neural architecture optimization, arXiv preprint, arXiv:1808.07233, 2018.

[LTTF16] Liangyue Li, Hanghang Tong, Jie Tang, Wei Fan, *iPath*: forecasting the pathway to impact, in: Proc. 2016 SIAM Int. Conf. Data Mining (SDM'16), May 2016, pp. 468–476.

[LTW+17] Liangyue Li, Hanghang Tong, Yong Wang, Conglei Shi, Nan Cao, Norbou Buchler, Is the whole greater than the sum of its parts?, in: Proc. 2017 ACM SIGKDD Int. Conf. Knowledge Discovery and Data Mining (KDD'17), Aug. 2017, pp. 295–304.

[Lux07] U. Luxburg, A tutorial on spectral clustering, Statistics and Computing 17 (2007) 395–416.

[LV88] W.Y. Loh, N. Vanichsetakul, Tree-structured classification via generalized discriminant analysis, Journal of the American Statistical Association 83 (1988) 715–728.

[LW67] G.N. Lance, W.T. Williams, A general theory of classificatory sorting strategies: 1. Hierarchical systems, Computer Journal 9 (4) (02 1967) 373–380.

[LWLQ21] Tianyang Lin, Yuxin Wang, Xiangyang Liu, Xipeng Qiu, A survey of transformers, arXiv preprint, arXiv:2106.04554, 2021.

[LYBP16] Jiasen Lu, Jianwei Yang, Dhruv Batra, Devi Parikh, Hierarchical question-image co-attention for visual question answering, in: Proc. 2016 Conf. Neural Information Processing Systems (NIPS'16), Barcelona, Spain, Dec. 2016, pp. 289–297.

[LYSL17] Yaguang Li, Rose Yu, Cyrus Shahabi, Yan Liu, Diffusion convolutional recurrent neural network: data-driven traffic forecasting, arXiv preprint, arXiv:1707.01926, 2017.

[LZ05] Z. Li, Y. Zhou, PR-Miner: automatically extracting implicit programming rules and detecting violations in large software code, in: Proc. 2005 ACM SIGSOFT Symp. Foundations Software Eng. (FSE'05), Lisbon, Portugal, Sept. 2005.

[LZXZ18] Kaixiang Lin, Renyu Zhao, Zhe Xu, Jiayu Zhou, Efficient large-scale fleet management via multi-agent deep reinforcement learning, in: Proc. 2018 ACM SIGKDD Int. Conf. Knowledge Discovery and Data Mining (KDD'18), London, UK, Aug. 2018, pp. 1774–1783.

[MA03] S. Mitra, T. Acharya, Data Mining: Multimedia, Soft Computing, and Bioinformatics, John Wiley & Sons, 2003.

[MAA05] A. Metwally, D. Agrawal, A. El Abbadi, Efficient computation of frequent and top-k elements in data streams, in: Proc. 2005 Int. Conf. Database Theory (ICDT'05), Edinburgh, UK, Jan. 2005.

[Mac67] J. MacQueen, Some methods for classification and analysis of multivariate observations, in: Proc. 5th Berkeley Symp. Mathematical Statistics and Probability, Vol. 1, 1967, pp. 281–297.

[Mag94] J. Magidson, The CHAID approach to segmentation modeling: CHI-squared automatic interaction detection, in: R.P. Bagozzi (Ed.), Advanced Methods of Marketing Research, Blackwell Business, 1994, pp. 118–159.

[MAR96] M. Mehta, R. Agrawal, J. Rissanen, SLIQ: a fast scalable classifier for data mining, in: Proc. 1996 Int. Conf. Extending Database Technology (EDBT'96), Avignon, France, Mar. 1996, pp. 18–32.

[Mar09] S. Marsland, Machine Learning: An Algorithmic Perspective, Chapman and Hall/CRC, 2009.

[MATL+17] Yair Movshovitz-Attias, Alexander Toshev, Thomas K. Leung, Sergey Ioffe, Saurabh Singh, No fuss distance metric learning using proxies, in: Proc. 2017 Int. Conf. Computer Vision (ICCV'17), Venice, Italy, Oct. 2017.

[MB88] G.J. McLachlan, K.E. Basford, Mixture Models: Inference and Applications to Clustering, John Wiley & Sons, 1988.

[MBA+09] Mary McGlohon, Stephen Bay, Markus G. Anderle, David M. Steier, Christos Faloutsos, SNARE: a link analytic system for graph labeling and risk detection, in: Proc. 2009 ACM SIGKDD Int. Conf. Knowledge Discovery and Data Mining (KDD'09), Paris, France, June 2009, pp. 1265–1274.

[MBM+16] Volodymyr Mnih, Adria Puigdomenech Badia, Mehdi Mirza, Alex Graves, Timothy Lillicrap, Tim Harley, David Silver, Koray Kavukcuoglu, Asynchronous methods for deep reinforcement learning, in: Proc. 2016 Int. Conf. Machine Learning (ICML'16), New York City, NY, USA, June 2016, pp. 1928–1937.

[MBM+17] Federico Monti, Davide Boscaini, Jonathan Masci, Emanuele Rodola, Jan Svoboda, Michael M. Bronstein, Geometric deep learning on graphs and manifolds using mixture model cnns, in: Proc. 2017 Conf. Computer Vision and Pattern Recognition (CVPR'17), Honolulu, HI, USA, July 2017, pp. 5115–5124.

[MC03] M.V. Mahoney, P.K. Chan, Learning rules for anomaly detection of hostile network traffic, in: Proc. 2003 Int. Conf. Data Mining (ICDM'03), Melbourne, FL, USA, Nov. 2003.

[MC12] Fionn Murtagh, Pedro Contreras, Algorithms for hierarchical clustering: an overview, WIREs Data Mining and Knowledge Discovery 2 (1) (2012) 86–97.

[MD88] M. Muralikrishna, D.J. DeWitt, Equi-depth histograms for extimating selectivity factors for multi-dimensional queries, in: Proc. 1988 ACM-SIGMOD Int. Conf. Management of Data (SIGMOD'88), Chicago, IL, USA, June 1988, pp. 28–36.

[MD09] Michael W. Mahoney, Petros Drineas, CUR matrix decompositions for improved data analysis, Proceedings of the National Academy of Sciences of the United States of America (2009) 697–702.

[Mei03] M. Meilă, Comparing clusterings by the variation of information, in: Proc. 16th Annual Conf. Computational Learning Theory (COLT'03), Washington, DC, USA, Aug. 2003, pp. 173–187.

[Mei05] M. Meilă, Comparing clusterings: an axiomatic view, in: Proc. 22nd Int. Conf. Machine Learning (ICML'05), Bonn, Germany, 2005, pp. 577–584.

[MFS95] D. Malerba, E. Floriana, G. Semeraro, A further comparison of simplification methods for decision tree induction, in: D. Fisher, H. Lenz (Eds.), Learning from Data: AI and Statistics, Springer Verlag, 1995.

[MGK+08] Mohammad M. Masud, Jing Gao, Latifur Khan, Jiawei Han, Bhavani Thuraisingham, A practical approach to classify evolving data streams: training with limited amount of labeled data, in: Proc. 2008 Int. Conf. Data Mining (ICDM'08), Pisa, Italy, Dec. 2008, pp. 929–934.

[MGKV06] A. Machanavajjhala, J. Gehrke, D. Kifer, M. Venkitasubramaniam, L-diversity: privacy beyond k-anonymity, in: Proc. 2006 Int. Conf. Data Engineering (ICDE'06), Atlanta, GA, USA, Apr. 2006, p. 24.

[MH95] J.K. Martin, D.S. Hirschberg, The time complexity of decision tree induction, Technical Report ICS-TR 95-27, Department of Information and Computer Science, Univ. California, Irvine, CA,

USA, Aug. 1995.
[MHN] Andrew L. Maas, Awni Y. Hannun, Andrew Y. Ng, Rectifier nonlinearities improve neural network acoustic models, in: Proc. ICML (Vol. 30. No. 1), 2013.
[MHW+19] Yu Meng, Jiaxin Huang, Guangyuan Wang, Chao Zhang, Honglei Zhuang, Lance M. Kaplan, Jiawei Han, Spherical text embedding, in: Proc. 2019 Conf. Neural Information Processing Systems (NeurIPS'19), Vancouver, BC, Canada, Dec. 2019, pp. 8206–8215.
[MHW+20] Yu Meng, Jiaxin Huang, Guangyuan Wang, Zihan Wang, Chao Zhang, Yu Zhang, Jiawei Han, Discriminative topic mining via category-name guided text embedding, in: Proc. 2020 the Web Conf. (WWW'20), Apr. 2020, pp. 2121–2132.
[MIA99] Malik Magdon-Ismail, Amir Atiya, Neural Networks for Density Estimation, 1999.
[Mic92] Z. Michalewicz, Genetic Algorithms + Data Structures = Evolution Programs, Springer Verlag, 1992.
[Min89] J. Mingers, An empirical comparison of pruning methods for decision-tree induction, Machine Learning 4 (1989) 227–243.
[Mir98] B. Mirkin, Mathematical classification and clustering, Journal of Global Optimization 12 (1998) 105–108.
[Mit96] M. Mitchell, An Introduction to Genetic Algorithms, MIT Press, 1996.
[Mit97] T.M. Mitchell, Machine Learning, McGraw-Hill, 1997.
[MK91] M. Manago, Y. Kodratoff, Induction of decision trees from complex structured data, in: G. Piatetsky-Shapiro, W.J. Frawley (Eds.), Knowledge Discovery in Databases, AAAI/MIT Press, 1991, pp. 289–306.
[MKS+13] Volodymyr Mnih, Koray Kavukcuoglu, David Silver, Alex Graves, Ioannis Antonoglou, Daan Wierstra, Martin Riedmiller, Playing atari with deep reinforcement learning, arXiv preprint, arXiv: 1312.5602, 2013.
[MKS+15] Volodymyr Mnih, Koray Kavukcuoglu, David Silver, Andrei A. Rusu, Joel Veness, Marc G. Bellemare, Alex Graves, Martin Riedmiller, Andreas K. Fidjeland, Georg Ostrovski, et al., Human-level control through deep reinforcement learning, Nature 518 (7540) (2015) 529–533.
[ML14] Fionn Murtagh, Pierre Legendre, Ward's hierarchical agglomerative clustering method: which algorithms implement ward's criterion?, Journal of Classification 31 (3) (2014) 274–295.
[MLS+18] Chenglin Miao, Qi Li, Lu Su, Mengdi Huai, Wenjun Jiang, Jing Gao, Attack under disguise: an intelligent data poisoning attack mechanism in crowdsourcing, in: Proc. 2018 the Web Conf. (WWW'18), Lyon, France, Apr. 2018, pp. 13–22.
[MM95] J. Major, J. Mangano, Selecting among rules induced from a hurricane database, Journal of Intelligent Information Systems 4 (1995) 39–52.
[MM02] G. Manku, R. Motwani, Approximate frequency counts over data streams, in: Proc. 2002 Int. Conf. Very Large Data Bases (VLDB'02), Hong Kong, China, Aug. 2002, pp. 346–357.
[MN89] M. Mézard, J.-P. Nadal, Learning in feedforward layered networks: the tiling algorithm, Journal of Physics 22 (1989) 2191–2204.
[MO04] S.C. Madeira, A.L. Oliveira, Biclustering algorithms for biological data analysis: a survey, IEEE/ACM Transactions on Computational Biology and Bioinformatics 1 (2004) 24–45.
[Mol20] Christoph Molnar, Interpretable Machine Learning, Lulu.com, 2020.
[MP43] Warren S. McCulloch, Walter Pitts, A logical calculus of the ideas immanent in nervous activity, Bulletin of Mathematical Biophysics 5 (4) (1943) 115–133.
[MP69] M.L. Minsky, S. Papert, Perceptrons: An Introduction to Computational Geometry, MIT Press, 1969.
[MS01] Christopher D. Manning, Hinrich Schütze, Foundations of Statistical Natural Language Processing, MIT Press, 2001.
[MS03a] M. Markou, S. Singh, Novelty detection: a review—part 1: statistical approaches, Signal Processing 83 (2003) 2481–2497.
[MS03b] M. Markou, S. Singh, Novelty detection: a review—part 2: neural network based approaches, Signal Processing 83 (2003) 2499–2521.
[MSC+13] Tomas Mikolov, Ilya Sutskever, Kai Chen, Greg S. Corrado, Jeff Dean, Distributed representations of words and phrases and their compositionality, in: Proc. 2013 Conf. Neural Information Processing Systems (NIPS'13), Lake Tahoe, NV, USA, Dec. 2013, pp. 3111–3119.
[MSK19] Aman Mehta, Aashay Singhal, Kamalakar Karlapalem, Scalable knowledge graph construction over text using deep learning based predicate mapping, in: Proc. 2019 the Web Conf. (WWW'19),

San Francisco, CA, USA, May 2019, pp. 705–713.

[MSS+98] Sebastian Mika, Bernhard Schölkopf, Alexander J. Smola, Klaus-Robert Müller, Matthias Scholz, Gunnar Rätsch, Kernel pca and de-noising in feature spaces, in: NIPS, Vol. 11, 1998, pp. 536–542.

[MST94] D. Michie, D.J. Spiegelhalter, C.C. Taylor, Machine Learning, Neural and Statistical Classification, Ellis Horwood, Chichester, UK, 1994.

[MST20] Ramaravind K. Mothilal, Amit Sharma, Chenhao Tan, Explaining machine learning classifiers through diverse counterfactual explanations, in: Proc. 2020 Conf. Fairness, Accountability, and Transparency (FAT'20), May 2020, pp. 607–617.

[MSZH18] Yu Meng, Jiaming Shen, Chao Zhang, Jiawei Han, Weakly-supervised neural text classification, in: Proc. 2018 Int. Conf. Information and Knowledge Management (CIKM'18), Torino, Italy, Oct. 2018, pp. 983–992.

[MTV94] H. Mannila, H. Toivonen, A.I. Verkamo, Efficient algorithms for discovering association rules, in: Proc. 1994 Workshop Knowledge Discovery in Databases (KDD'94), Seattle, WA, USA, July 1994, pp. 181–192.

[MTV97] H. Mannila, H. Toivonen, A.I. Verkamo, Discovery of frequent episodes in event sequences, Data Mining and Knowledge Discovery 1 (1997) 259–289.

[Mur98] S.K. Murthy, Automatic construction of decision trees from data: a multi-disciplinary survey, Data Mining and Knowledge Discovery 2 (1998) 345–389.

[MV13] Fragkiskos D. Malliaros, Michalis Vazirgiannis, Clustering and community detection in directed networks: a survey, Physics Reports 533 (4) (2013) 95–142.

[MVDGB08] Lukas Meier, Sara Van De Geer, Peter Buhlmann, The group lasso for logistic regression, Journal of the Royal Statistical Society, Series B, Statistical Methodology 70 (1) (2008) 53–71.

[MW99] D. Meretakis, B. Wüthrich, Extending naive Bayes classifiers using long itemsets, in: Proc. 1999 Int. Conf. Knowledge Discovery and Data Mining (KDD'99), San Diego, CA, USA, Aug. 1999, pp. 165–174.

[MXC+07] Q. Mei, D. Xin, H. Cheng, J. Han, C. Zhai, Semantic annotation of frequent patterns, ACM Transactions on Knowledge Discovery from Data 15 (2007) 321–348.

[MY88] Katta G. Murty, Feng-Tien Yu, Linear Complementarity, Linear and Nonlinear Programming, Vol. 3, Citeseer, 1988.

[MY97] R.J. Miller, Y. Yang, Association rules over interval data, in: Proc. 1997 ACM-SIGMOD Int. Conf. Management of Data (SIGMOD'97), Tucson, AZ, USA, May 1997, pp. 452–461.

[MZH+20a] Yu Meng, Yunyi Zhang, Jiaxin Huang, Chenyan Xiong, Heng Ji, Chao Zhang, Jiawei Han, Text classification using label names only: a language model self-training approach, in: Proc. 2020 Conf. Empirical Methods in Natural Language Processing (EMNLP'20), Nov. 2020, pp. 9006–9017.

[MZH+20b] Yu Meng, Yunyi Zhang, Jiaxin Huang, Yu Zhang, Chao Zhang, Jiawei Han, Hierarchical topic mining via joint spherical tree and text embedding, in: Proc. 2020 ACM SIGKDD Int. Conf. Knowledge Discovery and Data Mining (KDD'20), 2020, pp. 1908–1917.

[MZH+21] Yu Meng, Yunyi Zhang, Jiaxin Huang, Xuan Wang, Yu Zhang, Heng Ji, Jiawei Han, Distantly-supervised named entity recognition with noise-robust learning and language model augmented self-training, in: Proc. 2021 Conf. Empirical Methods in Natural Language Processing (EMNLP'21), Nov. 2021.

[NAK16] Mathias Niepert, Mohamed Ahmed, Konstantin Kutzkov, Learning convolutional neural networks for graphs, in: Proc. 2016 Int. Conf. Machine Learning (ICML'16), New York City, NY, USA, June 2016, pp. 2014–2023.

[NB86] T. Niblett, I. Bratko, Learning decision rules in noisy domains, in: M.A. Brammer (Ed.), Expert Systems '86: Research and Development in Expert Systems III, British Computer Society Specialist Group on Expert Systems, Dec. 1986, pp. 25–34.

[NC03] C.C. Noble, D.J. Cook, Graph-based anomaly detection, in: Proc. 2003 ACM SIGKDD Int. Conf. Knowledge Discovery and Data Mining (KDD'03), Washington, DC, USA, Aug 2003, pp. 631–636.

[Nd11] Mariá C.V. Nascimento, André C.P.L.F. de Carvalho, Spectral methods for graph clustering – a survey, European Journal of Operational Research 211 (2) (2011) 221–231.

[Nes83] Yurii E. Nesterov, A method for solving the convex programming problem with convergence rate o (1/k^2), Doklady Akademii Nauk SSSR 269 (1983) 543–547.

[NH94] R. Ng, J. Han, Efficient and effective clustering method for spatial data mining, in: Proc. 1994 Int. Conf. Very Large Data Bases (VLDB'94), Santiago, Chile, Sept. 1994, pp. 144–155.

[NH10] Vinod Nair, Geoffrey E. Hinton, Rectified linear units improve restricted Boltzmann machines, in: Proc. 2010 Int. Conf. Machine Learning (ICML'10), Haifa, Israel, June 2010, pp. 807–814.

[NH16] Yoshihiro Nakamura, Osamu Hasegawa, Nonparametric density estimation based on self-organizing incremental neural network for large noisy data, IEEE Transactions on Neural Networks and Learning Systems 28 (1) (2016) 8–17.

[NHM+18] Preetam Nandy, Alain Hauser, Marloes H. Maathuis, et al., High-dimensional consistency in score-based and hybrid structure learning, The Annals of Statistics 46 (6A) (2018) 3151–3183.

[NHW+11] Eric W.T. Ngai, Yong Hu, Yiu Hing Wong, Yijun Chen, Xin Sun, The application of data mining techniques in financial fraud detection: a classification framework and an academic review of literature, Decision Support Systems 50 (3) (2011) 559–569.

[NJ02] Andrew Y. Ng, Michael I. Jordan, On discriminative vs. generative classifiers: a comparison of logistic regression and naive Bayes, in: Advances in Neural Information Processing Systems, 2002, pp. 841–848.

[NJW01] A.Y. Ng, M.I. Jordan, Y. Weiss, On spectral clustering: analysis and an algorithm, in: Proc. 2001 Conf. Neural Information Processing Systems (NIP'01), Vancouver, BC, Canada, Dec. 2001, pp. 849–856.

[NK17] Maximilian Nickel, Douwe Kiela, Poincaré embeddings for learning hierarchical representations, in: Proc. 2017 Conf. Neural Information Processing Systems (NIP'17), Long Beach, CA, USA, Dec. 2017, pp. 6338–6347.

[NKNW96] J. Neter, M.H. Kutner, C.J. Nachtsheim, L. Wasserman, Applied Linear Statistical Models, 4th ed., Irwin, 1996.

[NLHP98] R. Ng, L.V.S. Lakshmanan, J. Han, A. Pang, Exploratory mining and pruning optimizations of constrained associations rules, in: Proc. 1998 ACM-SIGMOD Int. Conf. Management of Data (SIGMOD'98), Seattle, WA, USA, June 1998, pp. 13–24.

[Nov63] Albert B. Novikoff, On convergence proofs for perceptrons, Technical report, STANFORD RESEARCH INST MENLO PARK CA, 1963.

[NTFZ14] Jingchao Ni, Hanghang Tong, Wei Fan, Xiang Zhang, Inside the atoms: ranking on a network of networks, in: Proc. 2014 ACM SIGKDD Int. Conf. Knowledge Discovery and Data Mining (KDD'14), New York, NY, USA, Aug. 2014, pp. 1356–1365.

[NTFZ15] Jingchao Ni, Hanghang Tong, Wei Fan, Xiang Zhang, Flexible and robust multi-network clustering, in: Proc. 2015 ACM SIGKDD Int. Conf. Knowledge Discovery and Data Mining (KDD'15), Sydney, NSW, Australia, Aug. 2015, pp. 835–844.

[NVL+15] Arvind Neelakantan, Luke Vilnis, Quoc V. Le, Ilya Sutskever, Lukasz Kaiser, Karol Kurach, James Martens, Adding gradient noise improves learning for very deep networks, arXiv preprint, arXiv:1511.06807, 2015.

[NW99] J. Nocedal, S.J. Wright, Numerical Optimization, Springer Verlag, 1999.

[NWH17] Feiping Nie, Xiaoqian Wang, Heng Huang, Multiclass capped ℓp-norm svm for robust classifications, in: Proc. 2017 Nat. Conf. Artificial Intelligence (AAAI'17), San Francisco, CA, USA, Feb. 2017.

[NXJ+08] Feiping Nie, Shiming Xiang, Yangqing Jia, Changshui Zhang, Shuicheng Yan, Trace ratio criterion for feature selection, in: AAAI, Vol. 2, 2008, pp. 671–676.

[OBUM16] Randal S. Olson, Nathan Bartley, Ryan J. Urbanowicz, Jason H. Moore, Evaluation of a tree-based pipeline optimization tool for automating data science, in: Proc. 2016 Genetic and Evolutionary Computation Conf. (GECCO'16), Denver, CO, USA, July 2016, pp. 485–492.

[OFG97] E. Osuna, R. Freund, F. Girosi, An improved training algorithm for support vector machines, in: Proc. 1997 IEEE Workshop Neural Networks for Signal Processing (NNSP'97), Amelia Island, FL, USA, Sept. 1997, pp. 276–285.

[OG95] P. O'Neil, G. Graefe, Multi-table joins through bitmapped join indices, SIGMOD Record 24 (Sept. 1995) 8–11.

[Ols03] J.E. Olson, Data Quality: The Accuracy Dimension, Morgan Kaufmann, 2003.

[Omi03] E. Omiecinski, Alternative interest measures for mining associations, IEEE Transactions on Knowledge and Data Engineering 15 (2003) 57–69.

[OMM+02] L. O'Callaghan, A. Meyerson, R. Motwani, N. Mishra, S. Guha, Streaming-data algorithms for high-quality clustering, in: Proc. 2002 Int. Conf. Data Engineering (ICDE'02), San Fransisco,

CA, USA, Apr. 2002, pp. 685–696.
[OOS17] Augustus Odena, Christopher Olah, Jonathon Shlens, Conditional image synthesis with auxiliary classifier GANs, in: Proc. 2017 Int. Conf. Machine Learning (ICML'17), Sydney, Australia, Aug. 2017, pp. 2642–2651.
[Opp99] Alan V. Oppenheim, Discrete-Time Signal Processing, Pearson Education India, 1999.
[OQ97] P. O'Neil, D. Quass, Improved query performance with variant indexes, in: Proc. 1997 ACM-SIGMOD Int. Conf. Management of Data (SIGMOD'97), Tucson, AZ, USA, May 1997, pp. 38–49.
[ORS98] B. Özden, S. Ramaswamy, A. Silberschatz, Cyclic association rules, in: Proc. 1998 Int. Conf. Data Engineering (ICDE'98), Orlando, FL, USA, Feb. 1998, pp. 412–421.
[Pag89] G. Pagallo, Learning DNF by decision trees, in: Proc. 1989 Int. Joint Conf. Artificial Intelligence (IJCAI'89), Morgan Kaufmann, 1989, pp. 639–644.
[PARS14] Bryan Perozzi, Rami Al-Rfou, Steven Skiena, Deepwalk: online learning of social representations, in: Proc. 2014 ACM SIGKDD Int. Conf. Knowledge Discovery and Data Mining (KDD'14), New York, NY, USA, Aug. 2014, pp. 701–710.
[PBKL14] Vu Pham, Théodore Bluche, Christopher Kermorvant, Jérôme Louradour, Dropout improves recurrent neural networks for handwriting recognition, in: Proc. 2014 Int. Conf. Frontiers in Handwriting Recognition (ICFHR'14), Crete, Greece, Sep. 2014, pp. 285–290.
[PBMW98] L. Page, S. Brin, R. Motwani, T. Winograd, The pagerank citation ranking: bringing order to the web, in: Proc. 1998 Int. World Wide Web Conf. (WWW'98), Brisbane, Australia, 1998, pp. 161–172.
[PBTL99] N. Pasquier, Y. Bastide, R. Taouil, L. Lakhal, Discovering frequent closed itemsets for association rules, in: Proc. 1999 Int. Conf. Database Theory (ICDT'99), Jerusalem, Israel, Jan. 1999, pp. 398–416.
[PCT+03] F. Pan, G. Cong, A.K.H. Tung, J. Yang, M. Zaki, CARPENTER: finding closed patterns in long biological datasets, in: Proc. 2003 ACM SIGKDD Int. Conf. Knowledge Discovery and Data Mining (KDD'03), Washington, DC, USA, Aug. 2003, pp. 637–642.
[PCY95a] J.S. Park, M.S. Chen, P.S. Yu, An effective hash-based algorithm for mining association rules, in: Proc. 1995 ACM-SIGMOD Int. Conf. Management of Data (SIGMOD'95), San Jose, CA, USA, May 1995, pp. 175–186.
[PCY95b] J.S. Park, M.S. Chen, P.S. Yu, Efficient parallel mining for association rules, in: Proc. 1995 Int. Conf. Information and Knowledge Management (CIKM'95), Baltimore, MD, USA, Nov. 1995, pp. 31–36.
[PCZ+19] Daniel S. Park, William Chan, Yu Zhang, Chung-Cheng Chiu, Barret Zoph, Ekin D. Cubuk, Quoc V. Le, Specaugment: a simple data augmentation method for automatic speech recognition, in: Proc. 2019 Conf. International Speech Communication Association (ISCA'19), Graz, Austria, Sep. 2019, pp. 2613–2617.
[Pea88] J. Pearl, Probabilistic Reasoning in Intelligent Systems, Morgan Kauffman, 1988.
[PHL01] J. Pei, J. Han, L.V.S. Lakshmanan, Mining frequent itemsets with convertible constraints, in: Proc. 2001 Int. Conf. Data Engineering (ICDE'01), Heidelberg, Germany, April 2001, pp. 433–442.
[PHL04] Lance Parsons, Ehtesham Haque, Huan Liu, Subspace clustering for high dimensional data: a review, SIGKDD Explorations Newsletter 6 (1) (June 2004) 90–105.
[PHM00] J. Pei, J. Han, R. Mao, CLOSET: an efficient algorithm for mining frequent closed itemsets, in: Proc. 2000 ACM-SIGMOD Int. Workshop on Data Mining and Knowledge Discovery (DMKD'00), Dallas, TX, USA, May 2000, pp. 11–20.
[PHMA+01] J. Pei, J. Han, B. Mortazavi-Asl, H. Pinto, Q. Chen, U. Dayal, M.-C. Hsu, PrefixSpan: mining sequential patterns efficiently by prefix-projected pattern growth, in: Proc. 2001 Int. Conf. Data Engineering (ICDE'01), Heidelberg, Germany, April 2001, pp. 215–224.
[PHMA+04] J. Pei, J. Han, B. Mortazavi-Asl, J. Wang, H. Pinto, Q. Chen, U. Dayal, M.-C. Hsu, Mining sequential patterns by pattern-growth: the PrefixSpan approach, IEEE Transactions on Knowledge and Data Engineering 16 (2004) 1424–1440.
[PI97] V. Poosala, Y. Ioannidis, Selectivity estimation without the attribute value independence assumption, in: Proc. 1997 Int. Conf. Very Large Data Bases (VLDB'97), Athens, Greece, Aug. 1997, pp. 486–495.
[PKGF03] S. Papadimitriou, H. Kitagawa, P.B. Gibbons, C. Faloutsos, Loci: fast outlier detection using the local correlation integral, in: Proc. 2003 Int. Conf. Data Engineering (ICDE'03), Bangalore, India,

March 2003, pp. 315–326.

[PKMT99] A. Pfeffer, D. Koller, B. Milch, K. Takusagawa, SPOOK: a system for probabilistic object-oriented knowledge representation, in: Proc. 1999 Conf. Uncertainty in Artificial Intelligence (UAI'99), Stockholm, Sweden, 1999, pp. 541–550.

[PKZT01] D. Papadias, P. Kalnis, J. Zhang, Y. Tao, Efficient OLAP operations in spatial data warehouses, in: Proc. 2001 Int. Symp. Spatial and Temporal Databases (SSTD'01), Redondo Beach, CA, USA, July 2001, pp. 443–459.

[PL08] Bo Pang, Lillian Lee, Opinion mining and sentiment analysis, Foundations and Trends in Information Retrieval 2 (1–2) (January 2008) 1–135.

[Pla98] J.C. Platt, Fast training of support vector machines using sequential minimal optimization, in: B. Schoelkopf, C.J.C. Burges, A. Smola (Eds.), Advances in Kernel Methods—Support Vector Learning, MIT Press, 1998, pp. 185–208.

[PLC+20] Canelle Poirier, Dianbo Liu, Leonardo Clemente, Xiyu Ding, Matteo Chinazzi, Jessica Davis, Alessandro Vespignani, Mauricio Santillana, Real-time forecasting of the Covid-19 outbreak in Chinese provinces: machine learning approach using novel digital data and estimates from mechanistic models, Journal of Medical Internet Research 22 (8) (2020) e20285.

[PM11] Jia Pan, Dinesh Manocha, Fast gpu-based locality sensitive hashing for k-nearest neighbor computation, in: Proceedings of the 19th ACM SIGSPATIAL International Conference on Advances in Geographic Information Systems, 2011, pp. 211–220.

[PM12] Jia Pan, Dinesh Manocha, Bi-level locality sensitive hashing for k-nearest neighbor computation, in: 2012 IEEE 28th International Conference on Data Engineering, IEEE, 2012, pp. 378–389.

[PMSH16] Nicolas Papernot, Patrick McDaniel, Ananthram Swami, Richard Harang, Crafting adversarial input sequences for recurrent neural networks, in: Proc. 2016 Military Communications Conf. (MILCOM'16), Baltimore, MD, USA, Nov. 2016, pp. 49–54.

[PMW+16] Nicolas Papernot, Patrick McDaniel, Xi Wu, Somesh Jha, Ananthram Swami, Distillation as a defense to adversarial perturbations against deep neural networks, in: Proc. 2016 Symp. Security and Privacy (SP'16), San Jose, CA, USA, May 2016, pp. 582–597.

[PNI+18] Matthew E. Peters, Mark Neumann, Mohit Iyyer, Matt Gardner, Christopher Clark, Kenton Lee, Luke Zettlemoyer, Deep contextualized word representations, in: Proc. 2018 Conf. North American Chapter of the Association for Computational Linguistics: Human Language Technologies (NAACL-HLT'18), New Orleans, LA, USA, June 2018, pp. 2227–2237.

[PP07] A. Patcha, J.-M. Park, An overview of anomaly detection techniques: existing solutions and latest technological trends, Computer Networks 51 (2007).

[PPHM09] Mark M. Palatucci, Dean A. Pomerleau, Geoffrey E. Hinton, Tom Mitchell, Zero-shot learning with semantic output codes, in: Proc. 2009 Conf. Neural Information Processing Systems (NIPS'09), Vancouver, BC, Canada, Dec. 2009.

[Pre98] Lutz Prechelt, Early stopping-but when?, in: Neural Networks: Tricks of the Trade, Springer, 1998, pp. 55–69.

[PS85] F.P. Preparata, M.I. Shamos, Computational Geometry: An Introduction, Springer Verlag, 1985.

[PS91] G. Piatetsky-Shapiro, Discovery, analysis, and presentation of strong rules, in: Proc. 1991 Workshop on Knowledge Discovery in Databases (KDD'91), July 1991, pp. 229–248.

[PSCH20] Guansong Pang, Chunhua Shen, Longbing Cao, Anton van den Hengel, Deep learning for anomaly detection: a review, arXiv preprint, arXiv:2007.02500, 2020.

[PSF91] G. Piatetsky-Shapiro, W.J. Frawley, Knowledge Discovery in Databases, AAAI/MIT Press, 1991.

[PSF05] Spiros Papadimitriou, Jimeng Sun, Christos Faloutsos, Streaming pattern discovery in multiple time-series, in: Proc. 2005 Int. Conf. Very Large Data Bases (VLDB'05), Trondheim, Norway, Sep. 2005, pp. 697–708.

[PSM14] Jeffrey Pennington, Richard Socher, Christopher D. Manning, GloVe: global vectors for word representation, in: Proc. 2014 Conf. Empirical Methods in Natural Language Processing (EMNLP'14), Doha, Qatar, Oct. 2014, pp. 1532–1543.

[PT94] Pentti Paatero, Unto Tapper, Positive matrix factorization: a non-negative factor model with optimal utilization of error estimates of data values, EnvironMetrics 5 (2) (1994) 111–126.

[PTCX04] F. Pan, A.K.H. Tung, G. Cong, X. Xu, COBBLER: combining column and row enumeration for closed pattern discovery, in: Proc. 2004 Int. Conf. Scientific and Statistical Database Management (SSDBM'04), Santorini Island, Greece, June 2004, pp. 21–30.

[PY10] S.J. Pan, Q. Yang, A survey on transfer learning, IEEE Transactions on Knowledge and Data Engineering 22 (2010) 1345–1359.

[Pyl99] D. Pyle, Data Preparation for Data Mining, Morgan Kaufmann, 1999.

[PZC+03] J. Pei, X. Zhang, M. Cho, H. Wang, P.S. Yu, Maple: a fast algorithm for maximal pattern-based clustering, in: Proc. 2003 Int. Conf. Data Mining (ICDM'03), Melbourne, FL, USA, Dec. 2003, pp. 259–266.

[QCJ93] J.R. Quinlan, R.M. Cameron-Jones, FOIL: a midterm report, in: Proc. 1993 European Conf. Machine Learning (ECML'93), Vienna, Austria, Apr. 1993, pp. 3–20.

[Qia99] Ning Qian, On the momentum term in gradient descent learning algorithms, Neural Networks 12 (1) (1999) 145–151.

[QR89] J.R. Quinlan, R.L. Rivest, Inferring decision trees using the minimum description length principle, Information and Computation 80 (Mar. 1989) 227–248.

[Qui86] J.R. Quinlan, Induction of decision trees, Machine Learning 1 (1986) 81–106.

[Qui87] J.R. Quinlan, Simplifying decision trees, International Journal of Man-Machine Studies 27 (1987) 221–234.

[Qui88] J.R. Quinlan, An empirical comparison of genetic and decision-tree classifiers, in: Proc. 1988 Int. Conf. Machine Learning (ICML'88), Ann Arbor, MI, USA, June 1988, pp. 135–141.

[Qui89] J.R. Quinlan, Unknown attribute values in induction, in: Proc. 1989 Int. Conf. Machine Learning (ICML'89), Ithaca, NY, USA, June 1989, pp. 164–168.

[Qui90] J.R. Quinlan, Learning logic definitions from relations, Machine Learning 5 (1990) 139–166.

[Qui93] J.R. Quinlan, C4.5: Programs for Machine Learning, Morgan Kaufmann, 1993.

[Qui96] J.R. Quinlan, Bagging, boosting, and C4.5, in: Proc. 1996 Nat. Conf. Artificial Intelligence (AAAI'96), Vol. 1, Portland, OR, USA, Aug. 1996, pp. 725–730.

[RA87] E.L. Rissland, K. Ashley, HYPO: a case-based system for trade secret law, in: Proc. 1st Int. Conf. Artificial Intelligence and Law, Boston, MA, USA, May 1987, pp. 60–66.

[RA15] Shebuti Rayana, Leman Akoglu, Collective opinion spam detection: bridging review networks and metadata, in: Proc. 2015 ACM SIGKDD Int. Conf. Knowledge Discovery and Data Mining (KDD'15), Sydney, NSW, Australia, Aug. 2015, pp. 985–994.

[RAHL19] Esteban Real, Alok Aggarwal, Yanping Huang, Quoc V. Le, Regularized evolution for image classifier architecture search, in: Proc. 2019 AAAI Conf. Artificial Intelligence (AAAI'19), Honolulu, HI, USA, Jan. 2019, pp. 4780–4789.

[RAY+16] Scott Reed, Zeynep Akata, Xinchen Yan, Lajanugen Logeswaran, Bernt Schiele, Honglak Lee, Generative adversarial text to image synthesis, in: Proc. 2016 Int. Conf. Machine Learning (ICML'16), New York City, NY, USA, June 2016, pp. 1060–1069.

[RBE+17] Alexander Ratner, Stephen H. Bach, Henry Ehrenberg, Jason Fries, Sen Wu, Christopher Ré, Snorkel: rapid training data creation with weak supervision, in: Proc. 2017 Int. Conf. Very Large Data Bases (VLDB'17), 2017, pp. 269–282.

[RBKK95] S. Russell, J. Binder, D. Koller, K. Kanazawa, Local learning in probabilistic networks with hidden variables, in: Proc. 1995 Joint Int. Conf. Artificial Intelligence (IJCAI'95), Montreal, Canada, Aug. 1995, pp. 1146–1152.

[RBM+14] Naren Ramakrishnan, Patrick Butler, Sathappan Muthiah, Nathan Self, Rupinder Khandpur, Parang Saraf, Wei Wang, Jose Cadena, Anil Vullikanti, Gizem Korkmaz, et al., 'Beating the news' with embers: forecasting civil unrest using open source indicators, in: Proc. 2014 ACM SIGKDD Int. Conf. Knowledge Discovery and Data Mining (KDD'14), New York, NY, USA, Aug. 2014, pp. 1799–1808.

[RC07] R. Ramakrishnan, B.-C. Chen, Exploratory mining in cube space, Data Mining and Knowledge Discovery 15 (2007) 29–54.

[RCY11] Karl Rohe, Sourav Chatterjee, Bin Yu, Spectral clustering and the high-dimensional stochastic blockmodel, The Annals of Statistics 39 (4) (2011) 1878–1915.

[Red01] T. Redman, Data Quality: The Field Guide, Digital Press (Elsevier), 2001.

[REKW+15] Xiang Ren, Ahmed El-Kishky, Chi Wang, Fangbo Tao, Clare R. Voss, Heng Ji, Jiawei Han, ClusType: effective entity recognition and typing by relation phrase-based clustering, in: Proc. 2015 Int. Conf. Knowledge Discovery and Data Mining (KDD'15), Sydney, NSW, Australia, Aug. 2015, pp. 995–1004.

[RH01] V. Raman, J.M. Hellerstein, Potter's wheel: an interactive data cleaning system, in: Proc. 2001 Int. Conf. Very Large Data Bases (VLDB'01), Rome, Italy, Sept. 2001, pp. 381–390.

[RH07] A. Rosenberg, J. Hirschberg, V-measure: a conditional entropy-based external cluster evaluation measure, in: Proc. 2007 Joint Conf. on Empirical Methods in Natural Language Processing and Computational Natural Language Learning (EMNLP-CoNLL'07), Prague, Czech Republic, June 2007, pp. 410–420.

[RH18] Xiang Ren, Jiawei Han, Mining Structures of Factual Knowledge from Text: An Effort-Light Approach, Morgan & Claypool, 2018.

[RHGS15] Shaoqing Ren, Kaiming He, Ross Girshick, Jian Sun, Faster r-cnn: towards real-time object detection with region proposal networks, in: Proc. 2015 Conf. Neural Information Processing Systems (NIPS'15), Montreal, QC, Canada, Dec. 2015, pp. 91–99.

[RHW86a] D.E. Rumelhart, G.E. Hinton, R.J. Williams, Learning internal representations by error propagation, in: D.E. Rumelhart, J.L. McClelland (Eds.), Parallel Distributed Processing, MIT Press, 1986.

[RHW86b] David E. Rumelhart, Geoffrey E. Hinton, Ronald J. Williams, Learning representations by back-propagating errors, Nature 323 (6088) (1986) 533–536.

[Rip96] B.D. Ripley, Pattern Recognition and Neural Networks, Cambridge University Press, 1996.

[RM51] Herbert Robbins, Sutton Monro, A stochastic approximation method, The Annals of Mathematical Statistics (1951) 400–407.

[RM86] D.E. Rumelhart, J.L. McClelland, Parallel Distributed Processing, MIT Press, 1986.

[RMC15] Alec Radford, Luke Metz, Soumith Chintala, Unsupervised representation learning with deep convolutional generative adversarial networks, arXiv preprint, arXiv:1511.06434, 2015.

[RMC16] Alec Radford, Luke Metz, Soumith Chintala, Unsupervised representation learning with deep convolutional generative adversarial networks, in: Proc. 2016 Int. Conf. on Learning Representations (ICLR'16), San Juan, Puerto Rico, May 2016.

[RMKD05] Michael T. Rosenstein, Zvika Marx, Leslie Pack Kaelbling, Thomas G. Dietterich, To transfer or not to transfer, in: Proc. 2005 Conf. Neural Information Processing Systems (NIPS'05), 2005, pp. 1–4.

[RMS98] S. Ramaswamy, S. Mahajan, A. Silberschatz, On the discovery of interesting patterns in association rules, in: Proc. 1998 Int. Conf. Very Large Data Bases (VLDB'98), New York, NY, USA, Aug. 1998, pp. 368–379.

[RMS+17] Esteban Real, Sherry Moore, Andrew Selle, Saurabh Saxena, Yutaka Leon Suematsu, Jie Tan, Quoc V. Le, Alexey Kurakin, Large-scale evolution of image classifiers, in: Proc. 2017 Int. Conf. Machine Learning (ICML'17), Sydney, NSW, Australia, Aug. 2017, pp. 2902–2911.

[RN95] S. Russell, P. Norvig, Artificial Intelligence: A Modern Approach, Prentice-Hall, 1995.

[RNI09] M. Radovanović, A. Nanopoulos, M. Ivanović, Nearest neighbors in high-dimensional data: the emergence and influence of hubs, in: Proc. 2009 Int. Conf. Machine Learning (ICML'09), Montreal, QC, Canada, June 2009, pp. 865–872.

[RNSS18] Alec Radford, Karthik Narasimhan, Tim Salimans, Ilya Sutskever, Improving Language Understanding by Generative Pre-Training, 2018.

[Roh73] F. Rohlf, Algorithm 76. Hierarchical clustering using the minimum spanning tree, Computer Journal 16 (01 1973) 93–95.

[Ros58] Frank Rosenblatt, The perceptron: a probabilistic model for information storage and organization in the brain, Psychological Review 65 (6) (1958) 386.

[RPT15] Bernardino Romera-Paredes, Philip Torr, An embarrassingly simple approach to zero-shot learning, in: Proc. 2015 Int. Conf. Machine Learning (ICML'15), Lille, France, July 2015, pp. 2152–2161.

[RS89] C. Riesbeck, R. Schank, Inside Case-Based Reasoning, Lawrence Erlbaum, 1989.

[RS97] K. Ross, D. Srivastava, Fast computation of sparse datacubes, in: Proc. 1997 Int. Conf. Very Large Data Bases (VLDB'97), Athens, Greece, Aug. 1997, pp. 116–125.

[RS98] R. Rastogi, K. Shim, Public: a decision tree classifier that integrates building and pruning, in: Proc. 1998 Int. Conf. Very Large Data Bases (VLDB'98), New York, NY, USA, Aug. 1998, pp. 404–415.

[RSC98] K.A. Ross, D. Srivastava, D. Chatziantoniou, Complex aggregation at multiple granularities, in: Proc. 1998 Int. Conf. of Extending Database Technology (EDBT'98), Valencia, Spain, Mar. 1998, pp. 263–277.

[RSD+17] Raghu Ramakrishnan, Baskar Sridharan, John R. Douceur, Pavan Kasturi, Balaji Krishnamachari-Sampath, Karthick Krishnamoorthy, Peng Li, Mitica Manu, Spiro Michaylov, Rogério Ramos, Neil Sharman, Zee Xu, Youssef Barakat, Chris Douglas, Richard Draves, Shrikant S. Naidu, Shankar Shastry, Atul Sikaria, Simon Sun, Ramarathnam Venkatesan, Azure data lake store: a hyperscale distributed file service for big data analytics, in: Proc. 2017 ACM Int. Conf. Management of Data (SIGMOD'17), New York, NY, USA, May 2017, pp. 51–63.

[RSG16] Marco Tulio Ribeiro, Sameer Singh, Carlos Guestrin, "Why should I trust you?" explaining the predictions of any classifier, in: Proc. 2016 ACM SIGKDD Int. Conf. Knowledge Discovery and Data Mining (KDD'16), San Francisco, CA, USA, Aug. 2016, pp. 1135–1144.

[RWL10] Pradeep Ravikumar, Martin J. Wainwright, John D. Lafferty, High-dimensional Ising model selection using $\ell 1$-regularized logistic regression, The Annals of Statistics 38 (3) (2010) 1287–1319.

[RYZ+10] Vikas C. Raykar, Shipeng Yu, Linda H. Zhao, Gerardo Hermosillo Valadez, Charles Florin, Luca Bogoni, Linda Moy, Learning from crowds, Journal of Machine Learning Research 11 (43) (2010) 1297–1322.

[RZL17] Prajit Ramachandran, Barret Zoph, Quoc V. Le, Searching for activation functions, arXiv preprint, arXiv:1710.05941, 2017.

[RZQL20] Kui Ren, Tianhang Zheng, Zhan Qin, Xue Liu, Adversarial attacks and defenses in deep learning, Engineering 6 (3) (2020) 346–360.

[SA95] R. Srikant, R. Agrawal, Mining generalized association rules, in: Proc. 1995 Int. Conf. Very Large Data Bases (VLDB'95), Zurich, Switzerland, Sept. 1995, pp. 407–419.

[SA96] R. Srikant, R. Agrawal, Mining sequential patterns: generalizations and performance improvements, in: Proc. 5th Int. Conf. Extending Database Technology (EDBT'96), Avignon, France, Mar. 1996, pp. 3–17.

[SAM96] J. Shafer, R. Agrawal, M. Mehta, SPRINT: a scalable parallel classifier for data mining, in: Proc. 1996 Int. Conf. Very Large Data Bases (VLDB'96), Bombay, India, Sept. 1996, pp. 544–555.

[SAM98] S. Sarawagi, R. Agrawal, N. Megiddo, Discovery-driven exploration of OLAP data cubes, in: Proc. 1998 Int. Conf. of Extending Database Technology (EDBT'98), Valencia, Spain, Mar. 1998, pp. 168–182.

[San89] Terence D. Sanger, Optimal unsupervised learning in a single-layer linear feedforward neural network, Neural Networks 2 (6) (1989) 459–473.

[SB18] Richard S. Sutton, Andrew G. Barto, Reinforcement Learning: An Introduction, MIT Press, 2018.

[SBMU98] C. Silverstein, S. Brin, R. Motwani, J.D. Ullman, Scalable techniques for mining causal structures, in: Proc. 1998 Int. Conf. Very Large Data Bases (VLDB'98), New York, NY, USA, Aug. 1998, pp. 594–605.

[SBSW98] B. Schlökopf, P.L. Bartlett, A. Smola, R. Williamson, Shrinking the tube: a new support vector regression algorithm, in: Proc. 1998 Conf. Neural Information Processing Systems (NIPS'98), Denver, CO, USA, Dec. 1998, pp. 330–336.

[Sch86] J.C. Schlimmer, Learning and representation change, in: Proc. 1986 Nat. Conf. Artificial Intelligence (AAAI'86), Philadelphia, PA, USA, 1986, pp. 511–515.

[Sch07] S.E. Schaeffer, Graph clustering, Computer Science Review 1 (2007) 27–64.

[SCST17] Virginia Smith, Chao-Kai Chiang, Maziar Sanjabi, Ameet S. Talwalkar, Federated multi-task learning, in: Proc. 2017 Conf. Neural Information Processing Systems (NIPS'17), Long Beach, CA, USA, Dec. 2017, pp. 4424–4434.

[SCZ98] G. Sheikholeslami, S. Chatterjee, A. Zhang, WaveCluster: a multi-resolution clustering approach for very large spatial databases, in: Proc. 1998 Int. Conf. Very Large Data Bases (VLDB'98), New York, NY, USA, Aug. 1998, pp. 428–439.

[SDJL96] D. Srivastava, S. Dar, H.V. Jagadish, A.V. Levy, Answering queries with aggregation using views, in: Proc. 1996 Int. Conf. Very Large Data Bases (VLDB'96), Bombay, India, Sept. 1996, pp. 318–329.

[SDN98] A. Shukla, P.M. Deshpande, J.F. Naughton, Materialized view selection for multidimensional datasets, in: Proc. 1998 Int. Conf. Very Large Data Bases (VLDB'98), New York, NY, USA, Aug. 1998, pp. 488–499.

[SDNT19] Zhiqing Sun, Zhi-Hong Deng, Jian-Yun Nie, Jian Tang, Rotate: knowledge graph embedding by relational rotation in complex space, arXiv preprint, arXiv:1902.10197, 2019.

[SDRK02] Y. Sismanis, A. Deligiannakis, N. Roussopoulos, Y. Kotidis, Dwarf: shrinking the petacube, in: Proc. 2002 ACM-SIGMOD Int. Conf. Management of Data (SIGMOD'02), Madison, WI, USA, June 2002, pp. 464–475.

[SDVB18] Youngjoo Seo, Michaël Defferrard, Pierre Vandergheynst, Xavier Bresson, Structured sequence modeling with graph convolutional recurrent networks, in: Proc. 2018 Int. Conf. on Neural Information Processing (ICONIP'18), Siem Reap, Cambodia, Dec. 2018, pp. 362–373.

[SE10] G. Seni, J.F. Elder, Ensemble Methods in Data Mining: Improving Accuracy Through Combining

Predictions, Morgan and Claypool, 2010.
[Set10] B. Settles, Active learning literature survey, Computer Sciences Technical Report 1648, University of Wisconsin-Madison, 2010.
[SF86] J.C. Schlimmer, D. Fisher, A case study of incremental concept induction, in: Proc. 1986 Nat. Conf. Artificial Intelligence (AAAI'86), Philadelphia, PA, USA, 1986, pp. 496–501.
[SFB99] J. Shanmugasundaram, U.M. Fayyad, P.S. Bradley, Compressed data cubes for OLAP aggregate query approximation on continuous dimensions, in: Proc. 1999 Int. Conf. Knowledge Discovery and Data Mining (KDD'99), San Diego, CA, USA, Aug. 1999, pp. 223–232.
[SG92] P. Smyth, R.M. Goodman, An information theoretic approach to rule induction, IEEE Transactions on Knowledge and Data Engineering 4 (1992) 301–316.
[SGSH00] Peter Spirtes, Clark N. Glymour, Richard Scheines, David Heckerman, Causation, Prediction, and Search, MIT Press, 2000.
[SGT+08] Franco Scarselli, Marco Gori, Ah Chung Tsoi, Markus Hagenbuchner, Gabriele Monfardini, The graph neural network model, IEEE Transactions on Neural Networks 20 (1) (2008) 61–80.
[She31] W.A. Shewhart, Economic Control of Quality of Manufactured Product, D. van Nostrand Company, 1931.
[SHH+06] Shohei Shimizu, Patrik O. Hoyer, Aapo Hyvärinen, Antti Kerminen, Michael Jordan, A linear non-Gaussian acyclic model for causal discovery, Journal of Machine Learning Research 7 (10) (2006).
[Shi99] Y.-S. Shih, Families of splitting criteria for classification trees, Statistics and Computing 9 (1999) 309–315.
[SHK00] N. Stefanovic, J. Han, K. Koperski, Object-based selective materialization for efficient implementation of spatial data cubes, IEEE Transactions on Knowledge and Data Engineering 12 (2000) 938–958.
[SHK+14] Nitish Srivastava, Geoffrey Hinton, Alex Krizhevsky, Ilya Sutskever, Ruslan Salakhutdinov, Dropout: a simple way to prevent neural networks from overfitting, Journal of Machine Learning Research 15 (1) (2014) 1929–1958.
[Sho97] A. Shoshani, OLAP and statistical databases: similarities and differences, in: Proc. 1997 ACM Symp. Principles of Database Systems(PODS'97), Tucson, AZ, USA, May 1997, pp. 185–196.
[SHX04] Z. Shao, J. Han, D. Xin, MM-Cubing: computing iceberg cubes by factorizing the lattice space, in: Proc. 2004 Int. Conf. on Scientific and Statistical Database Management (SSDBM'04), Santorini Island, Greece, June 2004, pp. 213–222.
[SHY+11] Yizhou Sun, Jiawei Han, Xifeng Yan, Philip S. Yu, Tianyi Wu, Pathsim: meta path-based top-k similarity search in heterogeneous information networks, Proceedings of the VLDB Endowment 4 (11) (2011) 992–1003.
[SHZQ18] Zequn Sun, Wei Hu, Qingheng Zhang, Yuzhong Qu, Bootstrapping entity alignment with knowledge graph embedding, in: Proc. 2018 Joint Conf. Artificial Intelligence (IJCAI'18), Stockholm, Sweden, July 2018, pp. 4396–4402.
[Sil18] Bernard W. Silverman, Density Estimation for Statistics and Data Analysis, Routledge, 2018.
[SJ91] Simon J. Sheather, Michael C. Jones, A reliable data-based bandwidth selection method for kernel density estimation, Journal of the Royal Statistical Society, Series B, Methodological 53 (3) (1991) 683–690.
[SJ03] Catherine A. Sugar, Gareth M. James, Finding the number of clusters in a dataset: an information-theoretic approach, Journal of the American Statistical Association 98 (January 2003) 750–763.
[SJS17] Uri Shalit, Fredrik D. Johansson, David Sontag, Estimating individual treatment effect: generalization bounds and algorithms, in: Proc. 2017 Int. Conf. Machine Learning (ICML'17), Sydney, NSW, Australia, Aug. 2017, pp. 3076–3085.
[SK08] J. Shieh, E. Keogh, iSAX: indexing and mining terabyte sized time series, in: Proc. 2008 ACM SIGKDD Int. Conf. on Knowledge Discovery and Data Mining (KDD'08), Las Vegas, NV, USA, Aug. 2008.
[SK18] Martin Simonovsky, Nikos Komodakis, Graphvae: towards generation of small graphs using variational autoencoders, in: Proc. 2018 Int. Conf. Artificial Neural Networks (ICANN'18), Rhodes, Greece, Oct. 2018, pp. 412–422.
[SK19] Connor Shorten, Taghi M. Khoshgoftaar, A survey on image data augmentation for deep learning, Journal of Big Data 6 (2019) 60.
[SKH+14] Chuan Shi, Xiangnan Kong, Yue Huang, S. Yu Philip, Bin Wu, Hetesim: a general framework

for relevance measure in heterogeneous networks, IEEE Transactions on Knowledge and Data Engineering 26 (10) (2014) 2479–2492.

[SKP15] Florian Schroff, Dmitry Kalenichenko, James Philbin, Facenet: a unified embedding for face recognition and clustering, in: Proc. 2015 Conf. Computer Vision and Pattern Recognition (CVPR'15), Boston, MA, USA, June 2015, pp. 815–823.

[SL19] Kai Shu, Huan Liu, Detecting Fake News on Social Media. Synthesis Lectures on Data Mining and Knowledge Discovery, Morgan & Claypool Publishers, 2019.

[SLA12] Jasper Snoek, Hugo Larochelle, Ryan P. Adams, Practical bayesian optimization of machine learning algorithms, arXiv preprint, arXiv:1206.2944, 2012.

[SLJ+15] Christian Szegedy, Wei Liu, Yangqing Jia, Pierre Sermanet, Scott Reed, Dragomir Anguelov, Dumitru Erhan, Vincent Vanhoucke, Andrew Rabinovich, Going deeper with convolutions, in: Proc. 2015 Conf. Computer Vision and Pattern Recognition (CVPR'15), Boston, MA, USA, June 2015, pp. 1–9.

[SLJ+18] Jingbo Shang, Jialu Liu, Meng Jiang, Xiang Ren, Clare R. Voss, Jiawei Han, Automated phrase mining from massive text corpora, IEEE Transactions on Knowledge and Data Engineering 30 (10) (2018) 1825–1837.

[SLT+01] S. Shekhar, C.-T. Lu, X. Tan, S. Chawla, R.R. Vatsavai, Map cube: a visualization tool for spatial data warehouses, in: H.J. Miller, J. Han (Eds.), Geographic Data Mining and Knowledge Discovery, Taylor and Francis, 2001, pp. 73–108.

[SMG13] Andrew M. Saxe, James L. McClelland, Surya Ganguli, Exact solutions to the nonlinear dynamics of learning in deep linear neural networks, arXiv preprint, arXiv:1312.6120, 2013.

[SMS15] Nitish Srivastava, Elman Mansimov, Ruslan Salakhudinov, Unsupervised learning of video representations using lstms, in: Proc. 2015 Int. Conf. Machine Learning (ICML'15), Lille, France, July 2015, pp. 843–852.

[SMT91] J.W. Shavlik, R.J. Mooney, G.G. Towell, Symbolic and neural learning algorithms: an experimental comparison, Machine Learning 6 (1991) 111–144.

[SNF+13] David I. Shuman, Sunil K. Narang, Pascal Frossard, Antonio Ortega, Pierre Vandergheynst, The emerging field of signal processing on graphs: extending high-dimensional data analysis to networks and other irregular domains, IEEE Signal Processing Magazine 30 (3) (2013) 83–98.

[SNH+13] Yizhou Sun, Brandon Norick, Jiawei Han, Xifeng Yan, Philip S. Yu, Xiao Yu, Pathselclus: integrating meta-path selection with user-guided object clustering in heterogeneous information networks, ACM Transactions on Knowledge Discovery from Data 7 (3) (2013) 1–23.

[SOMZ96] W. Shen, K. Ong, B. Mitbander, C. Zaniolo, Metaqueries for data mining, in: U.M. Fayyad, G. Piatetsky-Shapiro, P. Smyth, R. Uthurusamy (Eds.), Advances in Knowledge Discovery and Data Mining, AAAI/MIT Press, 1996, pp. 375–398.

[SON95] A. Savasere, E. Omiecinski, S. Navathe, An efficient algorithm for mining association rules in large databases, in: Proc. 1995 Int. Conf. Very Large Data Bases (VLDB'95), Zurich, Switzerland, Sept. 1995, pp. 432–443.

[SON98] A. Savasere, E. Omiecinski, S. Navathe, Mining for strong negative associations in a large database of customer transactions, in: Proc. 1998 Int. Conf. Data Engineering (ICDE'98), Orlando, FL, USA, Feb. 1998, pp. 494–502.

[SP97] Mike Schuster, Kuldip K. Paliwal, Bidirectional recurrent neural networks, IEEE Transactions on Signal Processing 45 (11) (1997) 2673–2681.

[SQM+21] Jiaming Shen, Wenda Qiu, Yu Meng, Jingbo Shang, Xiang Ren, Jiawei Han, TaxoClass: hierarchical multi-label text classification using only class names, in: Proc. 2021 Conf. of the North American Chapter of the Association for Computational Linguistics: Human Language Technologies (NAACL-HLT'21), 2021, pp. 4239–4249.

[SQW06] James G. Shanahan, Yan Qu, Janyce Wiebe (Eds.), Computing Attitude and Affect in Text: Theory and Applications, The Information Retrieval Series, vol. 20, Springer, 2006.

[SR81] R. Sokal, F. Rohlf, Biometry, Freeman, 1981.

[SS88] W. Siedlecki, J. Sklansky, On automatic feature selection, International Journal of Pattern Recognition and Artificial Intelligence 2 (1988) 197–220.

[SS94] S. Sarawagi, M. Stonebraker, Efficient organization of large multidimensional arrays, in: Proc. 1994 Int. Conf. Data Engineering (ICDE'94), Houston, TX, USA, Feb. 1994, pp. 328–336.

[SS98] Pierangela Samarati, Latanya Sweeney, Protecting Privacy when Disclosing Information: k-Anonymity and its Enforcement through Generalization and Suppression, Technical report, SRI International, 1998.

[SS01] G. Sathe, S. Sarawagi, Intelligent rollups in multidimensional OLAP data, in: Proc. 2001 Int. Conf. Very Large Data Bases (VLDB'01), Rome, Italy, Sept. 2001, pp. 531–540.

[SSB+12] Michael Schmitz, Stephen Soderland, Robert Bart, Oren Etzioni, et al., Open language learning for information extraction, in: Proc. 2012 Joint Conf. Empirical Methods in Natural Language Processing and Computational Natural Language Learning (EMNLP-CoNLL'12), Jeju Island, Republic of Korea, July 2012, pp. 523–534.

[SSSSC11] Shai Shalev-Shwartz, Yoram Singer, Nathan Srebro, Andrew Cotter, Pegasos: primal estimated sub-gradient solver for svm, Mathematical Programming 127 (1) (2011) 3–30.

[SSVL+11] Nino Shervashidze, Pascal Schweitzer, Erik Jan Van Leeuwen, Kurt Mehlhorn, Karsten M. Borgwardt, Weisfeiler-Lehman graph kernels, Journal of Machine Learning Research 12 (9) (2011).

[SSX+20] Jiaming Shen, Zhihong Shen, Chenyan Xiong, Chunxin Wang, Kuansan Wang, Jiawei Han, TaxoExpan: self-supervised taxonomy expansion with position-enhanced graph neural network, in: Proc. 2020 the Web Conf. (WWW'20), Apr. 2020, pp. 486–497.

[ST96] A. Silberschatz, A. Tuzhilin, What makes patterns interesting in knowledge discovery systems, IEEE Transactions on Knowledge and Data Engineering 8 (Dec. 1996) 970–974.

[ST10] Nambiraj Suguna, Keppana Thanushkodi, An improved k-nearest neighbor classification using genetic algorithm, International Journal of Computer Science Issues 7 (2) (2010) 18–21.

[STA98] S. Sarawagi, S. Thomas, R. Agrawal, Integrating association rule mining with relational database systems: alternatives and implications, in: Proc. 1998 ACM-SIGMOD Int. Conf. Management of Data (SIGMOD'98), Seattle, WA, USA, June 1998, pp. 343–354.

[Ste72] W. Stefansky, Rejecting outliers in factorial designs, Technometrics 14 (1972) 469–479.

[Sto74] M. Stone, Cross-validatory choice and assessment of statistical predictions, Journal of the Royal Statistical Society 36 (1974) 111–147.

[STPH16] Jingbo Shang, Wenzhu Tong, Jian Peng, Jiawei Han, Dpclass: an effective but concise discriminative patterns-based classification framework, in: Proc. 2016 SIAM Int. Conf. Data Mining (SDM'16), Miami, FL, USA, May 2016, pp. 567–575.

[STR+18] Hoo-Chang Shin, Neil A. Tenenholtz, Jameson K. Rogers, Christopher G. Schwarz, Matthew L. Senjem, Jeffrey L. Gunter, Katherine P. Andriole, Mark Michalski, Medical image synthesis for data augmentation and anonymization using generative adversarial networks, in: Proc. 2018 Conf. Simulation and Synthesis in Medical Imaging (SASHIMI'18), Granada, Spain, Sep. 2018, pp. 1–11.

[Str93] Gilbert Strang, Introduction to Linear Algebra, Vol. 3, Wellesley-Cambridge Press, Wellesley, MA, USA, 1993.

[Str19] Gilbert Strang, Linear Algebra and Learning from Data, Wellesley-Cambridge Press, Cambridge, 2019.

[SVA97] R. Srikant, Q. Vu, R. Agrawal, Mining association rules with item constraints, in: Proc. 1997 Int. Conf. Knowledge Discovery and Data Mining (KDD'97), Newport Beach, CA, USA, Aug. 1997, pp. 67–73.

[SVC08] Shashi Shekhar, Ranga Vatsavai, Mete Celik, Spatial and spatiotemporal data mining: recent advances, in: Next Generation of Data Mining, 2008.

[SVL14] Ilya Sutskever, Oriol Vinyals, Quoc V. Le, Sequence to sequence learning with neural networks, in: Proc. 2014 Conf. Neural Information Processing Systems (NIPS'14), Montreal, QC, Canada, Dec. 2014, pp. 3104–3112.

[SW49] C.E. Shannon, W. Weaver, The Mathematical Theory of Communication, University of Illinois Press, 1949.

[SW17] Baoxu Shi, Tim Weninger, Proje: embedding projection for knowledge graph completion, in: Proc. 2017 AAAI Conf. Artificial Intelligence (AAAI'17), San Francisco, CA, USA, Feb. 2017, pp. 1236–1242.

[Swe88] J. Swets, Measuring the accuracy of diagnostic systems, Science 240 (1988) 1285–1293.

[SWF20] Zheyuan Ryan Shi, Claire Wang, Fei Fang, Artificial intelligence for social good: a survey, arXiv preprint, arXiv:2001.01818, 2020.

[SWJR07] X. Song, M. Wu, C. Jermaine, S. Ranka, Conditional anomaly detection, IEEE Transactions on Knowledge and Data Engineering 19 (2007).

[SWL+18] Jiaming Shen, Zeqiu Wu, Dongming Lei, Chao Zhang, Xiang Ren, Michelle T. Vanni, Brian M. Sadler, Jiawei Han, HiExpan: task-guided taxonomy construction by hierarchical tree expansion, in: Proc. 2018 ACM SIGKDD Int. Conf. Knowledge Discovery and Data Mining (KDD'18), London, UK, Aug. 2018, pp. 2180–2189.

[SWM17] Wojciech Samek, Thomas Wiegand, Klaus-Robert Müller, Explainable artificial intelligence: understanding, visualizing and interpreting deep learning models, arXiv preprint, arXiv:1708.08296, 2017.

[SWS17] Dinggang Shen, Guorong Wu, Heung-Il Suk, Deep learning in medical image analysis, Annual Review of Biomedical Engineering 19 (2017) 221–248.

[SWY75] Gerard Salton, Anita Wong, Chung-Shu Yang, A vector space model for automatic indexing, Communications of the ACM 18 (11) (1975) 613–620.

[SWY19] Siyu Shao, Pu Wang, Ruqiang Yan, Generative adversarial networks for data augmentation in machine fault diagnosis, Computers in Industry 106 (2019) 85–93.

[SZ14] Karen Simonyan, Andrew Zisserman, Two-stream convolutional networks for action recognition in videos, in: Proc. 2014 Conf. Neural Information Processing Systems (NIPS'14), Montreal, QC, Canada, Dec. 2014, pp. 568–576.

[SZ15] Karen Simonyan, Andrew Zisserman, Very deep convolutional networks for large-scale image recognition, in: Proc. 2015 Int. Conf. on Learning Representations (ICLR'15), San Diego, CA, USA, May 2015.

[SZS+13] Christian Szegedy, Wojciech Zaremba, Ilya Sutskever, Joan Bruna, Dumitru Erhan, Ian Goodfellow, Rob Fergus, Intriguing properties of neural networks, arXiv preprint, arXiv:1312.6199, 2013.

[TBLJ13] Ferdian Thung, Tegawend Bissyand, David Lo, Lingxiao Jiang, Network structure of social coding in github, in: Proc. 2013 Euromicro Conf. Software Maintenance and Reengineering (CSMR'13), March 2013, pp. 323–326.

[TC01] Simon Tong, Edward Y. Chang, Support vector machine active learning for image retrieval, in: Proc. 2001 Int. Conf. Multimedia (Multimedia'01), Ottawa, Ontario, Canada, Oct. 2001, pp. 107–118.

[TD02] D.M.J. Tax, R.P.W. Duin, Using two-class classifiers for multiclass classification, in: Proc. 2002 Int. Conf. Pattern Recognition (ICPR'02), Quebec, Canada, Aug. 2002, pp. 124–127.

[TFP06] Hanghang Tong, Christos Faloutsos, Jia-Yu Pan, Fast random walk with restart and its applications, in: Proc. 2006 Int. Conf. Data Mining (ICDM'06), Hong Kong, China, Dec. 2006, pp. 613–622.

[Tib96] Robert Tibshirani, Regression shrinkage and selection via the lasso, Journal of the Royal Statistical Society, Series B, Methodological 58 (1) (1996) 267–288.

[Tib11] Robert Tibshirani, Regression shrinkage and selection via the lasso: a retrospective, Journal of the Royal Statistical Society, Series B, Statistical Methodology 73 (3) (2011) 273–282.

[TK08] S. Theodoridis, K. Koutroumbas, Pattern Recognition, 4th ed., Academic Press, 2008.

[TKS02] P.-N. Tan, V. Kumar, J. Srivastava, Selecting the right interestingness measure for association patterns, in: Proc. 2002 ACM SIGKDD Int. Conf. Knowledge Discovery in Databases (KDD'02), Edmonton, Canada, July 2002, pp. 32–41.

[TL11] Hanghang Tong, Ching-Yung Lin, Non-negative residual matrix factorization with application to graph anomaly detection, in: Proc. 2011 SIAM Int. Conf. Data Mining (SDM'11), Mesa, AZ, USA, Apr. 2011, pp. 143–153.

[Toi96] H. Toivonen, Sampling large databases for association rules, in: Proc. 1996 Int. Conf. Very Large Data Bases (VLDB'96), Bombay, India, Sept. 1996, pp. 134–145.

[TPS+08] Hanghang Tong, Spiros Papadimitriou, Jimeng Sun, Philip S. Yu, Christos Faloutsos, Colibri: fast mining of large static and dynamic graphs, in: Proc. 2008 ACM SIGKDD Int. Conf. Knowledge Discovery and Data Mining (KDD'08), Las Vegas, NV, USA, Aug. 2008, pp. 686–694.

[TQW+15] Jian Tang, Meng Qu, Mingzhe Wang, Ming Zhang, Jun Yan, Qiaozhu Mei, Line: large-scale information network embedding, in: Proc. 2015 the Web Conf. (WWW'15), Florence, Italy, May 2015, pp. 1067–1077.

[TS14] Alexander Toshev, Christian Szegedy, Deeppose: human pose estimation via deep neural networks, in: Proc. 2014 Conf. Computer Vision and Pattern Recognition (CVPR'14), Columbus, OH, USA, June 2014, pp. 1653–1660.

[TSK05] P.N. Tan, M. Steinbach, V. Kumar, Introduction to Data Mining, Addison Wesley, 2005.

[TSKK18] P.N. Tan, M. Steinbach, A. Karpatne, V. Kumar, Introduction to Data Mining, 2nd edition, Pearson, 2018.

[TSR+05] Robert Tibshirani, Michael Saunders, Saharon Rosset, Ji Zhu, Keith Knight, Sparsity and smoothness via the fused lasso, Journal of the Royal Statistical Society, Series B, Statistical Methodology

67 (1) (2005) 91–108.
[TSS04] A. Tanay, R. Sharan, R. Shamir, Biclustering algorithms: a survey, in: Handbook of Computational Molecular Biology, Chapman & Hall, 2004, pp. 26:1–26:17.
[TSX15] Youze Tang, Yanchen Shi, Xiaokui Xiao, Influence maximization in near-linear time: a martingale approach, in: Proc. 2015 ACM SIGMOD Int. Conf. Management of Data (MOD'15), Melbourne, Victoria, Australia, June 2015, pp. 1539–1554.
[TTV16] Pedro Tabacof, Julia Tavares, Eduardo Valle, Adversarial images for variational autoencoders, arXiv preprint, arXiv:1612.00155, 2016.
[TWTD16] Guangmo Tong, Weili Wu, Shaojie Tang, Ding-Zhu Du, Adaptive influence maximization in dynamic social networks, IEEE/ACM Transactions on Networking 25 (1) (2016) 112–125.
[TXZ06] Y. Tao, X. Xiao, S. Zhou, Mining distance-based outliers from large databases in any metric space, in: Proc. 2006 ACM SIGKDD Int. Conf. Knowledge Discovery in Databases (KDD'06), Philadelphia, PA, USA, Aug. 2006, pp. 394–403.
[TXZ16] Binh Tran, Bing Xue, Mengjie Zhang, Genetic programming for feature construction and selection in classification on high-dimensional data, Memetic Computing 8 (1) (2016) 3–15.
[TYRW14] Yaniv Taigman, Ming Yang, Marc'Aurelio Ranzato, Lior Wolf, Deepface: closing the gap to human-level performance in face verification, in: Proc. 2014 Conf. Computer Vision and Pattern Recognition (CVPR'14), Columbus, OH, USA, June 2014, pp. 1701–1708.
[UBC97] P.E. Utgoff, N.C. Berkman, J.A. Clouse, Decision tree induction based on efficient tree restructuring, Machine Learning 29 (1997) 5–44.
[UFS91] R. Uthurusamy, U.M. Fayyad, S. Spangler, Learning useful rules from inconclusive data, in: G. Piatetsky-Shapiro, W.J. Frawley (Eds.), Knowledge Discovery in Databases, AAAI/MIT Press, 1991, pp. 141–157.
[UMSJ13] Brian Uzzi, Satyam Mukherjee, Michael Stringer, Benjamin Jones, Atypical combinations and scientific impact, Science (New York, N.Y.) 342 (10 2013) 468–472.
[Utg88] P.E. Utgoff, An incremental ID3, in: Proc. Fifth Int. Conf. Machine Learning (ICML'88), San Mateo, CA, USA, 1988, pp. 107–120.
[Val87] P. Valduriez, Join indices, ACM Transactions on Database Systems 12 (1987) 218–246.
[Vap95] V.N. Vapnik, The Nature of Statistical Learning Theory, Springer Verlag, 1995.
[Vap98] V.N. Vapnik, Statistical Learning Theory, John Wiley & Sons, 1998.
[VC71] V.N. Vapnik, A.Y. Chervonenkis, On the uniform convergence of relative frequencies of events to their probabilities, Theory of Probability and Its Applications 16 (1971) 264–280.
[VC06] M. Vuk, T. Curk, ROC curve, lift chart and calibration plot, Metodološki Zvezki 3 (2006) 89–108.
[VCC+17] Petar Veličković, Guillem Cucurull, Arantxa Casanova, Adriana Romero, Pietro Lio, Yoshua Bengio, Graph attention networks, arXiv preprint, arXiv:1710.10903, 2017.
[vCPM+16] Guido van Capelleveen, Mannes Poel, Roland M. Mueller, Dallas Thornton, Jos van Hillegersberg, Outlier detection in healthcare fraud: a case study in the medicaid dental domain, International Journal of Accounting Information Systems 21 (2016) 18–31.
[vdMPvdH09] Laurens van der Maaten, Eric Postma, Jaap van den Herik, Dimensionality reduction: a comparative review, Tilburg centre for Creative Computing, TiCC TR 2009–005, 2009.
[VFH+18] Petar Veličković, William Fedus, William L. Hamilton, Pietro Liò, Yoshua Bengio, R. Devon Hjelm, Deep graph infomax, arXiv preprint, arXiv:1809.10341, 2018.
[VLK19] Arnaud Van Looveren, Janis Klaise, Interpretable counterfactual explanations guided by prototypes, arXiv preprint, arXiv:1907.02584, 2019.
[VMZ06] A. Veloso, W. Meira, M. Zaki, Lazy associative classification, in: Proc. 2006 Int. Conf. Data Mining (ICDM'06), 2006, pp. 645–654.
[vR90] C.J. van Rijsbergen, Information Retrieval, Butterworth, 1990.
[VRG+18] Felipe Viegas, Leonardo Rocha, Marcos Gonçalves, Fernando Mourão, Giovanni Sá, Thiago Salles, Guilherme Andrade, Isac Sandin, A genetic programming approach for feature selection in highly dimensional skewed data, Neurocomputing 273 (2018) 554–569.
[VSKB10] S. Vichy N. Vishwanathan, Nicol N. Schraudolph, Risi Kondor, Karsten M. Borgwardt, Graph kernels, Journal of Machine Learning Research 11 (2010) 1201–1242.
[VSP+17] Ashish Vaswani, Noam Shazeer, Niki Parmar, Jakob Uszkoreit, Llion Jones, Aidan N. Gomez, Lukasz Kaiser, Illia Polosukhin, Attention is all you need, in: Proc. 2017 Conf. Neural Information Processing Systems (NIP'17), Long Beach, CA, USA, Dec. 2017, pp. 5998–6008.
[VTBE15] Oriol Vinyals, Alexander Toshev, Samy Bengio, Dumitru Erhan, Show and tell: a neural image

caption generator, in: Proc. 2015 Conf. Computer Vision and Pattern Recognition (CVPR'15), Boston, MA, USA, June 2015, pp. 3156–3164.

[VvLS11] Jilles Vreeken, Matthijs van Leeuwen, Arno Siebes, Krimp: mining itemsets that compress, Data Mining and Knowledge Discovery 23 (1) (2011) 169–214.

[VWI98] J.S. Vitter, M. Wang, B.R. Iyer, Data cube approximation and histograms via wavelets, in: Proc. 1998 Int. Conf. Information and Knowledge Management (CIKM'98), Washington, DC, USA, Nov. 1998, pp. 96–104.

[WA18] Stefan Wager, Susan Athey, Estimation and inference of heterogeneous treatment effects using random forests, Journal of the American Statistical Association 113 (523) (2018) 1228–1242.

[War63] Joe H. Ward, Hierarchical grouping to optimize an objective function, Journal of the American Statistical Association 58 (301) (1963) 236–244.

[WCH10] T. Wu, Y. Chen, J. Han, Re-examination of interestingness measures in pattern mining: a unified framework, Data Mining and Knowledge Discovery 21 (2010) 371–397.

[WCRS01] Kiri Wagstaff, Claire Cardie, Seth Rogers, Stefan Schrödl, Constrained k-means clustering with background knowledge, in: Proc. 2001 Int. Conf. Machine Learning (ICML'01), San Francisco, CA, USA, 2001, pp. 577–584.

[Wei04] G.M. Weiss, Mining with rarity: a unifying framework, SIGKDD Explorations 6 (2004) 7–19.

[WF05] I.H. Witten, E. Frank, Data Mining: Practical Machine Learning Tools and Techniques, 2nd ed., Morgan Kaufmann, 2005.

[WFHP16] I.H. Witten, E. Frank, M.A. Hall, C.J. Pal, Data Mining: Practical Machine Learning Tools and Techniques, 4th ed., Morgan Kaufmann, 2016.

[WFYH03] Haixun Wang, Wei Fan, Philip S. Yu, Jiawei Han, Mining concept-drifting data streams using ensemble classifiers, in: Proc. 2003 ACM SIGKDD Int. Conf. Knowledge Discovery and Data Mining (KDD'03), Washington, DC, USA, Aug. 2003, pp. 226–235.

[WGHH18] Yu-Xiong Wang, Ross B. Girshick, Martial Hebert, Bharath Hariharan, Low-shot learning from imaginary data, in: Proc. 2018 Conf. Computer Vision and Pattern Recognition (CVPR'18), June 2018, pp. 7278–7286.

[WH60] Bernard Widrow, Marcian E. Hoff, Adaptive switching circuits, Technical report, Stanford Univ Ca Stanford Electronics Labs, 1960.

[WH15] Chi Wang, Jiawei Han, Mining Latent Entity Structures, Morgan & Claypool, 2015.

[WHC+19] Xiang Wang, Xiangnan He, Yixin Cao, Meng Liu, Tat-Seng Chua, Kgat: knowledge graph attention network for recommendation, in: Proc. 2019 ACM SIGKDD Int. Conf. Knowledge Discovery and Data Mining (KDD'19), Anchorage, AK, USA, Aug. 2019, pp. 950–958.

[WHH+89] Alex Waibel, Toshiyuki Hanazawa, Geoffrey Hinton, Kiyohiro Shikano, Kevin J. Lang, Phoneme recognition using time-delay neural networks, IEEE Transactions on Acoustics, Speech, and Signal Processing 37 (3) (1989) 328–339.

[WHH00] K. Wang, Y. He, J. Han, Mining frequent itemsets using support constraints, in: Proc. 2000 Int. Conf. Very Large Data Bases (VLDB'00), Cairo, Egypt, Sept. 2000, pp. 43–52.

[WHLT05] J. Wang, J. Han, Y. Lu, P. Tzvetkov, TFP: an efficient algorithm for mining top-k frequent closed itemsets, IEEE Transactions on Knowledge and Data Engineering 17 (2005) 652–664.

[WHP03] J. Wang, J. Han, J. Pei, CLOSET+: searching for the best strategies for mining frequent closed itemsets, in: Proc. 2003 ACM SIGKDD Int. Conf. Knowledge Discovery and Data Mining (KDD'03), Washington, DC, USA, Aug. 2003, pp. 236–245.

[WHS+21] Xuan Wang, Vivian Hu, Xiangchen Song, Shweta Garg, Jinfeng Xiao, Jiawei Han, ChemNER: fine-grained chemistry named entity recognition with ontology-guided distant supervision, in: Proc. 2021 Conf. Empirical Methods in Natural Language Processing (EMNLP'21), Nov. 2021.

[WHW+19] Xiang Wang, Xiangnan He, Meng Wang, Fuli Feng, Tat-Seng Chua, Neural graph collaborative filtering, in: Proc. 2019 Int. ACM SIGIR Conf. Research and Development in Information Retrieval (SIGIR'19), Paris, France, July 2019, pp. 165–174.

[WI98] S.M. Weiss, N. Indurkhya, Predictive Data Mining, Morgan Kaufmann, 1998.

[Wid95] J. Widom, Research problems in data warehousing, in: Proc. 1995 Int. Conf. Information and Knowledge Management(ICKM'95), Baltimore, MD, USA, Nov. 1995, pp. 25–30.

[Win78] Shmuel Winograd, On computing the discrete Fourier transform, Mathematics of Computation 32 (141) (1978) 175–199.

[WJS+19] Xiao Wang, Houye Ji, Chuan Shi, Bai Wang, Yanfang Ye, Peng Cui, Philip S. Yu, Heterogeneous graph attention network, in: Proc. 2019 the Web Conf. (WWW'19), San Francisco, CA, USA, May 2019, pp. 2022–2032.

[WK91] S.M. Weiss, C.A. Kulikowski, Computer Systems That Learn: Classification and Prediction Methods from Statistics, Neural Nets, Machine Learning, and Expert Systems, Morgan Kaufmann, 1991.

[WK05] J. Wang, G. Karypis, HARMONY: efficiently mining the best rules for classification, in: Proc. 2005 SIAM Conf. Data Mining (SDM'05), Newport Beach, CA, USA, April 2005, pp. 205–216.

[WLFY02] W. Wang, H. Lu, J. Feng, J.X. Yu, Condensed cube: an effective approach to reducing data cube size, in: Proc. 2002 Int. Conf. Data Engineering (ICDE'02), San Fransisco, CA, USA, April 2002, pp. 155–165.

[WLLZ18] Zhichun Wang, Qingsong Lv, Xiaohan Lan, Yu Zhang, Cross-lingual knowledge graph alignment via graph convolutional networks, in: Proc. 2018 Conf. Empirical Methods in Natural Language Processing (EMNLP'18), Brussels, Belgium, Nov. 2018, pp. 349–357.

[WM13] Sida Wang, Christopher Manning, Fast dropout training, in: Proc. 2013 Int. Conf. Machine Learning (ICML'13), Atlanta, GA, USA, June 2013, pp. 118–126.

[WMCL19] Liang Wu, Fred Morstatter, Kathleen M. Carley, Huan Liu, Misinformation in social media: definition, manipulation, and detection, SIGKDD Explorations 21 (2) (2019) 80–90.

[Wri97] Stephen J. Wright, Primal-Dual Interior-Point Methods, SIAM, 1997.

[WS98] Duncan J. Watts, Steven H. Strogatz, Collective dynamics of "small-world" networks, Nature 393 (6684) (1998) 440–442.

[WS09] Kilian Q. Weinberger, Lawrence K. Saul, Distance metric learning for large margin nearest neighbor classification, Journal of Machine Learning Research 10 (2) (2009).

[WS15] Fei Wang, Jimeng Sun, Survey on distance metric learning and dimensionality reduction in data mining, Data Mining and Knowledge Discovery 29 (2) (2015) 534–564.

[WSF95] R. Wang, V. Storey, C. Firth, A framework for analysis of data quality research, IEEE Transactions on Knowledge and Data Engineering 7 (1995) 623–640.

[Wu83] C.F.J. Wu, On the convergence properties of the EM algorithm, The Annals of Statistics 11 (1983) 95–103.

[WVM$^+$17] Tsung-Hsien Wen, David Vandyke, Nikola Mrkšić, Milica Gašić, Lina M. Rojas-Barahona, Pei-Hao Su, Stefan Ultes, Steve Young, A network-based end-to-end trainable task-oriented dialogue system, in: Proc. 2017 Conf. European Chapter of the Association for Computational Linguistics (EACL'17), Valencia, Spain, Apr. 2017, pp. 438–449.

[WW96] Y. Wand, R. Wang, Anchoring data quality dimensions in ontological foundations, Communications of the ACM 39 (1996) 86–95.

[WWW$^+$18] Hongwei Wang, Jia Wang, Jialin Wang, Miao Zhao, Weinan Zhang, Fuzheng Zhang, Xing Xie, Minyi Guo, Graphgan: graph representation learning with generative adversarial nets, in: Proc. 2018 AAAI Conf. Artificial Intelligence (AAAI'18), New Orleans, LA, USA, Feb. 2018, pp. 2508–2515.

[WWYY02] H. Wang, W. Wang, J. Yang, P.S. Yu, Clustering by pattern similarity in large data sets, in: Proc. 2002 ACM-SIGMOD Int. Conf. Management of Data (SIGMOD'02), Madison, WI, USA, June 2002, pp. 418–427.

[WXH08] T. Wu, D. Xin, J. Han, ARCube: supporting ranking aggregate queries in partially materialized data cubes, in: Proc. 2008 ACM SIGMOD Int. Conf. Management of Data (SIGMOD'08), Vancouver, BC, Canada, June 2008, pp. 79–92.

[WXMH09] T. Wu, D. Xin, Q. Mei, J. Han, Promotion analysis in multi-dimensional space, Proceedings of the VLDB Endowment 2 (2009) 109–120.

[WYM97] W. Wang, J. Yang, R. Muntz, STING: a statistical information grid approach to spatial data mining, in: Proc. 1997 Int. Conf. Very Large Data Bases (VLDB'97), Athens, Greece, Aug. 1997, pp. 186–195.

[WYO17] Zhiguang Wang, Weizhong Yan, Tim Oates, Time series classification from scratch with deep neural networks: a strong baseline, in: Proc. 2017 Int. Joint Conf. Neural Networks (IJCNN'17), Anchorage, AK, USA, May 2017, pp. 1578–1585.

[WZFC14] Zhen Wang, Jianwen Zhang, Jianlin Feng, Zheng Chen, Knowledge graph embedding by translating on hyperplanes, in: Proc. 2014 AAAI Conf. Artificial Intelligence (AAAI'14), Quèbec City, Quèbec, Canada, July 2014, pp. 1112–1119.

[WZY16] Ying Wei, Yu Zheng, Qiang Yang, Transfer knowledge between cities, in: Proc. 2016 ACM SIGKDD Int. Conf. Knowledge Discovery and Data Mining (KDD'16), San Francisco, CA, USA,

Aug. 2016, pp. 1905–1914.

[WZYM19] Wei Wang, Vincent W. Zheng, Han Yu, Chunyan Miao, A survey of zero-shot learning: settings, methods, and applications, ACM Transactions on Intelligent Systems and Technology 10 (2) (2019) 13:1–13:37.

[XBK+15] Kelvin Xu, Jimmy Ba, Ryan Kiros, Kyunghyun Cho, Aaron Courville, Ruslan Salakhudinov, Rich Zemel, Yoshua Bengio, Show, attend and tell: neural image caption generation with visual attention, in: Proc. 2015 Int. Conf. Machine Learning (ICML'15), Lille, France, July 2015, pp. 2048–2057.

[XCS12] Huan Xu, Constantine Caramanis, Sujay Sanghavi, Robust pca via outlier pursuit, IEEE Transactions on Information Theory 58 (5) (2012) 3047–3064.

[XCYH06] D. Xin, H. Cheng, X. Yan, J. Han, Extracting redundancy-aware top-k patterns, in: Proc. 2006 ACM SIGKDD Int. Conf. Knowledge Discovery in Databases (KDD'06), Philadelphia, PA, USA, Aug. 2006, pp. 444–453.

[XGF16] Junyuan Xie, Ross Girshick, Ali Farhadi, Unsupervised deep embedding for clustering analysis, in: Proc. 2016 Int. Conf. Machine Learning (ICML'16), New York City, NY, USA, June 2016, pp. 478–487.

[XHCL06] D. Xin, J. Han, H. Cheng, X. Li, Answering top-k queries with multi-dimensional selections: the ranking cube approach, in: Proc. 2006 Int. Conf. on Very Large Data Bases (VLDB'06), Seoul, Republic of Korea, Sept. 2006.

[XHLJ18] Keyulu Xu, Weihua Hu, Jure Leskovec, Stefanie Jegelka, How powerful are graph neural networks?, arXiv preprint, arXiv:1810.00826, 2018.

[XHLW03] D. Xin, J. Han, X. Li, B.W. Wah, Star-cubing: computing iceberg cubes by top-down and bottom-up integration, in: Proc. 2003 Int. Conf. Very Large Data Bases (VLDB'03), Berlin, Germany, Sept. 2003, pp. 476–487.

[XHSL06] D. Xin, J. Han, Z. Shao, H. Liu, C-cubing: efficient computation of closed cubes by aggregation-based checking, in: Proc. 2006 Int. Conf. Data Engineering (ICDE'06), Atlanta, GA, USA, April 2006.

[XHYC05] D. Xin, J. Han, X. Yan, H. Cheng, Mining compressed frequent-pattern sets, in: Proc. 2005 Int. Conf. Very Large Data Bases (VLDB'05), Trondheim, Norway, Aug. 2005, pp. 709–720.

[XJRN02] Eric Xing, Michael Jordan, Stuart J. Russell, Andrew Ng, Distance metric learning with application to clustering with side-information, in: Proc. 2002 Conf. Neural Information Processing Systems (NIPS'02), Vancouver, BC, Canada, Dec. 2002, pp. 521–528.

[XOJ00] Y. Xiang, K.G. Olesen, F.V. Jensen, Practical issues in modeling large diagnostic systems with multiply sectioned Bayesian networks, International Journal of Pattern Recognition and Artificial Intelligence IJPRAI'00 (2000) 59–71.

[XPK10] Zhengzheng Xing, Jian Pei, Eamonn J. Keogh, A brief survey on sequence classification, SIGKDD Explorations 12 (1) (2010) 40–48.

[XSA17] Yongqin Xian, Bernt Schiele, Zeynep Akata, Zero-shot learning - the good, the bad and the ugly, in: Proc. 2017 Conf. Computer Vision and Pattern Recognition (CVPR'17), Honolulu, HI, USA, July 2017, pp. 3077–3086.

[XSH+04] H. Xiong, S. Shekhar, Y. Huang, V. Kumar, X. Ma, J.S. Yoo, A framework for discovering co-location patterns in data sets with extended spatial objects, in: Proc. 2004 SIAM Int. Conf. Data Mining (SDM'04), Lake Buena Vista, FL, USA, April 2004.

[XT15] Dongkuan Xu, Yingjie Tian, A comprehensive survey of clustering algorithms, Annals of Data Science 2 (2) (2015) 165–193.

[XW05] Rui Xu, D. Wunsch, Survey of clustering algorithms, IEEE Transactions on Neural Networks 16 (3) (2005) 645–678.

[XWY+19] Kun Xu, Liwei Wang, Mo Yu, Yansong Feng, Yan Song, Zhiguo Wang, Dong Yu, Cross-lingual knowledge graph alignment via graph matching neural network, arXiv preprint, arXiv: 1905.11605, 2019.

[XYFS07] X. Xu, N. Yuruk, Z. Feng, T.A.J. Schweiger, SCAN: a structural clustering algorithm for networks, in: Proc. 2007 ACM SIGKDD Int. Conf. Knowledge Discovery in Databases (KDD'07), San Jose, CA, USA, Aug. 2007.

[YC01] N. Ye, Q. Chen, An anomaly detection technique based on a chi-square statistic for detecting intrusions into information systems, Quality and Reliability Engineering International 17 (2001) 105–112.

[YCHX05] X. Yan, H. Cheng, J. Han, D. Xin, Summarizing itemset patterns: a profile-based approach, in: Proc. 2005 ACM SIGKDD Int. Conf. Knowledge Discovery in Databases (KDD'05), Chicago, IL, USA, Aug. 2005, pp. 314–323.

[YCS+20] Yuning You, Tianlong Chen, Yongduo Sui, Ting Chen, Zhangyang Wang, Yang Shen, Graph contrastive learning with augmentations, in: Proc. 2020 Conf. Neural Information Processing Systems (NeurIPS'20), Dec. 2020.

[YDY+19] Zhilin Yang, Zihang Dai, Yiming Yang, Jaime G. Carbonell, Ruslan Salakhutdinov, Quoc V. Le, XLNet: generalized autoregressive pretraining for language understanding, in: Proc. 2019 Conf. Neural Information Processing Systems (NeurIPS'19), Vancouver, BC, Canada, Dec. 2019, pp. 5754–5764.

[YFB01] C. Yang, U. Fayyad, P.S. Bradley, Efficient discovery of error-tolerant frequent itemsets in high dimensions, in: Proc. 2001 ACM SIGKDD Int. Conf. Knowledge Discovery in Databases (KDD'01), San Fransisco, CA, USA, Aug. 2001, pp. 194–203.

[YFM+97] K. Yoda, T. Fukuda, Y. Morimoto, S. Morishita, T. Tokuyama, Computing optimized rectilinear regions for association rules, in: Proc. 1997 Int. Conf. Knowledge Discovery and Data Mining (KDD'97), Newport Beach, CA, USA, Aug. 1997, pp. 96–103.

[YFS16] Bo Yang, Xiao Fu, Nicholas D. Sidiropoulos, Learning from hidden traits: joint factor analysis and latent clustering, IEEE Transactions on Signal Processing 65 (1) (2016) 256–269.

[YFSH17] Bo Yang, Xiao Fu, Nicholas D. Sidiropoulos, Mingyi Hong, Towards k-means-friendly spaces: simultaneous deep learning and clustering, in: Proc. 2017 Int. Conf. Machine Learning (ICML'17), Sydney, NSW, Australia, Aug. 2017, pp. 3861–3870.

[YH02] X. Yan, J. Han, gSpan: graph-based substructure pattern mining, in: Proc. 2002 Int. Conf. Data Mining (ICDM'02), Maebashi, Japan, Dec. 2002, pp. 721–724.

[YH03] X. Yin, J. Han, CPAR: classification based on predictive association rules, in: Proc. 2003 SIAM Int. Conf. Data Mining (SDM'03), San Fransisco, CA, USA, May 2003, pp. 331–335.

[YHC+18] Rex Ying, Ruining He, Kaifeng Chen, Pong Eksombatchai, William L. Hamilton, Jure Leskovec, Graph convolutional neural networks for web-scale recommender systems, in: Proc. 2018 ACM SIGKDD Int. Conf. Knowledge Discovery and Data Mining (KDD'18), London, UK, Aug. 2018, pp. 974–983.

[YHNHV+15] Joe Yue-Hei Ng, Matthew Hausknecht, Sudheendra Vijayanarasimhan, Oriol Vinyals, Rajat Monga, George Toderici, Beyond short snippets: deep networks for video classification, in: Proc. 2015 Conf. Computer Vision and Pattern Recognition (CVPR'15), Boston, MA, USA, June 2015.

[YHY08] Xiaoxin Yin, Jiawei Han, Philip S. Yu, Truth discovery with multiple conflicting information providers on the web, IEEE Transactions on Knowledge and Data Engineering 20 (6) (2008) 796–808.

[YJ06] Liu Yang, Rong Jin, Distance metric learning: a comprehensive survey, Michigan State University 2 (2) (2006) 4.

[YK09] L. Ye, E. Keogh, Time series shapelets: a new primitive for data mining, in: Proc. 2009 ACM SIGKDD Int. Conf. Knowledge Discovery and Data Mining (KDD'09), Paris, France, June 2009.

[YLB+21] Yuchen Yan, Lihui Liu, Yikun Ban, Baoyu Jing, Hanghang Tong, Dynamic knowledge graph alignment, in: Proc. 2021 AAAI Conf. Artificial Intelligence (AAAI'21), Vancouver, BC, Canada, 2021, pp. 4564–4572.

[YLYY12] Fan Yang, Yang Liu, Xiaohui Yu, Min Yang, Automatic detection of rumor on sina Weibo, in: Proc. 2012 ACM SIGKDD Workshop Mining Data Semantics (MDS'12), Beijing, China, Aug. 2012, pp. 1–7.

[YML19] Liang Yao, Chengsheng Mao, Yuan Luo, Graph convolutional networks for text classification, in: Proc. 2019 Nat. Conf. Artificial Intelligence (AAAI'19), Honolulu, HI, USA, Jan. 2019, pp. 7370–7377.

[YP19] Yu Yang, Jian Pei, Influence analysis in evolving networks: a survey, IEEE Transactions on Knowledge and Data Engineering (2019).

[YPB16] Jianwei Yang, Devi Parikh, Dhruv Batra, Joint unsupervised learning of deep representations and image clusters, in: Proc. 2016 Conf. Computer Vision and Pattern Recognition (CVPR'16), Las Vegas, NV, USA, June 2016, pp. 5147–5156.

[YS11] Dong Yu, Michael L. Seltzer, Improved bottleneck features using pretrained deep neural networks, in: Proc. 2011 Conf. Int. Speech Communication Association (INTERSPEECH'11), Florence, Italy, Aug. 2011, pp. 237–240.

[YSJ+00] B.-K. Yi, N. Sidiropoulos, T. Johnson, H.V. Jagadish, C. Faloutsos, A. Biliris, Online data mining for co-evolving time sequences, in: Proc. 2000 Int. Conf. Data Engineering (ICDE'00), San Diego, CA, USA, Feb. 2000, pp. 13–22.

[YTL+11] Rui Yan, Jie Tang, Xiaobing Liu, Dongdong Shan, Xiaoming Li, Citation Count Prediction: Learning to Estimate Future Citations for Literature, 10 2011, pp. 1247–1252.

[YWY07] J. Yuan, Y. Wu, M. Yang, Discovery of collocation patterns: from visual words to visual phrases, in: Proc. IEEE Conf. Computer Vision and Pattern Recognition (CVPR'07), Minneapolis, MN, USA, June 2007.

[YYH03] H. Yu, J. Yang, J. Han, Classifying large data sets using SVM with hierarchical clusters, in: Proc. 2003 ACM SIGKDD Int. Conf. Knowledge Discovery and Data Mining (KDD'03), Washington, DC, USA, Aug. 2003, pp. 306–315.

[YYH05] X. Yan, P.S. Yu, J. Han, Graph indexing based on discriminative frequent structure analysis, ACM Transactions on Database Systems 30 (2005) 960–993.

[YYM+18] Zhitao Ying, Jiaxuan You, Christopher Morris, Xiang Ren, Will Hamilton, Jure Leskovec, Hierarchical graph representation learning with differentiable pooling, in: Proc. 2018 Conf. Neural Information Processing Systems (NeurIPS'18), Montréal, Canada, Dec. 2018, pp. 4800–4810.

[YYR+18] Jiaxuan You, Rex Ying, Xiang Ren, William Hamilton, Jure Leskovec, Graphrnn: generating realistic graphs with deep auto-regressive models, in: Proc. 2018 Int. Conf. Machine Learning (ICML'18), Stockholm, Sweden, July 2018, pp. 5708–5717.

[YYY+20] Zitong Yang, Yaodong Yu, Chong You, Jacob Steinhardt, Yi Ma, Rethinking bias-variance trade-off for generalization of neural networks, in: International Conference on Machine Learning, PMLR, 2020, pp. 10767–10777.

[YYZ17] Bing Yu, Haoteng Yin, Zhanxing Zhu, Spatio-temporal graph convolutional networks: a deep learning framework for traffic forecasting, arXiv preprint, arXiv:1709.04875, 2017.

[YZWY17] Lantao Yu, Weinan Zhang, Jun Wang, Yong Yu, Seqgan: sequence generative adversarial nets with policy gradient, in: Proc. 2017 Nat. Conf. Artificial Intelligence (AAAI'17), San Francisco, CA, USA, Feb. 2017, pp. 2852–2858.

[YZYH06] X. Yan, F. Zhu, P.S. Yu, J. Han, Feature-based substructure similarity search, ACM Transactions on Database Systems 31 (2006) 1418–1453.

[ZAG18] Daniel Zügner, Amir Akbarnejad, Stephan Günnemann, Adversarial attacks on neural networks for graph data, in: Proc. 2018 ACM SIGKDD Int. Conf. Knowledge Discovery and Data Mining (KDD'18), London, UK, Aug. 2018, pp. 2847–2856.

[Zak00] M.J. Zaki, Scalable algorithms for association mining, IEEE Transactions on Knowledge and Data Engineering 12 (2000) 372–390.

[Zak01] M. Zaki, SPADE: an efficient algorithm for mining frequent sequences, Machine Learning 40 (2001) 31–60.

[ZDN97] Y. Zhao, P.M. Deshpande, J.F. Naughton, An array-based algorithm for simultaneous multidimensional aggregates, in: Proc. 1997 ACM-SIGMOD Int. Conf. Management of Data (SIGMOD'97), Tucson, AZ, USA, May 1997, pp. 159–170.

[Zei12] Matthew D. Zeiler, Adadelta: an adaptive learning rate method, arXiv preprint, arXiv:1212.5701, 2012.

[ZG20] Xichen Zhang, Ali A. Ghorbani, An overview of online fake news: characterization, detection, and discussion, Information Processing & Management 57 (2) (2020) 102025.

[ZH02] M.J. Zaki, C.J. Hsiao, CHARM: an efficient algorithm for closed itemset mining, in: Proc. 2002 SIAM Int. Conf. Data Mining (SDM'02), Arlington, VA, USA, April 2002, pp. 457–473.

[ZH16] Yao Zhou, Jingrui He, Crowdsourcing via tensor augmentation and completion, in: Proc. 2016 Int. Joint Conf. Artificial Intelligence (IJCAI'16), New York, NY, USA, July 2016, pp. 2435–2441.

[ZH17] Y. Zhou, J. He, A randomized approach for crowdsourcing in the presence of multiple views, in: Proc. 2017 Int. Conf. Data Mining (ICDM'17), New Orleans, LA, USA, Nov. 2017, pp. 685–694.

[ZH19] Chao Zhang, Jiawei Han, Multidimensional Mining of Massive Text Data, Morgan & Claypool, 2019.

[ZHCD15] Dawei Zhou, Jingrui He, K. Selçuk Candan, Hasan Davulcu, Muvir: multi-view rare category detection, in: Proc. 2015 Int. Joint Conf. Artificial Intelligence (IJCAI'15), Buenos Aires, Argentina, July 2015, pp. 4098–4104.

[ZHGL13] Yan-Ming Zhang, Kaizhu Huang, Guanggang Geng, Cheng-Lin Liu, Fast knn graph construction with locality sensitive hashing, in: Proc. 2013 Joint European Conf. Machine Learning and Knowledge Discovery in Databases (ECML-PKDD'13), Prague, Czech Republic, Sep. 2013,

pp. 660–674.
[ZHL+98] O.R. Zaïane, J. Han, Z.N. Li, J.Y. Chiang, S. Chee, MultiMedia-Miner: a system prototype for multimedia data mining, in: Proc. 1998 ACM-SIGMOD Int. Conf. Management of Data (SIGMOD'98), Seattle, WA, USA, June 1998, pp. 581–583.
[Zhu05] X. Zhu, Semi-supervised learning literature survey, Computer Sciences Technical Report 1530, University of Wisconsin-Madison, 2005.
[ZHZ00] O.R. Zaïane, J. Han, H. Zhu, Mining recurrent items in multimedia with progressive resolution refinement, in: Proc. 2000 Int. Conf. Data Engineering (ICDE'00), San Diego, CA, USA, Feb. 2000, pp. 461–470.
[ZJ20] Mohammed J. Zaki, Wagner Meira Jr., Data Mining and Machine Learning: Fundamental Concepts and Algorithms, 2nd ed., Cambridge University Press, 2020.
[ZKF05] Ying Zhao, George Karypis, Usama Fayyad, Hierarchical clustering algorithms for document datasets, Data Mining and Knowledge Discovery 10 (2) (2005) 141–168.
[ZL06] Z.-H. Zhou, X.-Y. Liu, Training cost-sensitive neural networks with methods addressing the class imbalance problem, IEEE Transactions on Knowledge and Data Engineering 18 (2006) 63–77.
[ZL11] Li Zheng, Tao Li, Semi-supervised hierarchical clustering, in: Proc. 2011 Int. Conf. Data Mining (ICDM'11), Vancouver, BC, Canada, Dec. 2011, pp. 982–991.
[ZL16] Barret Zoph, Quoc V. Le, Neural architecture search with reinforcement learning, arXiv preprint, arXiv:1611.01578, 2016.
[ZLC+18] Qinghai Zhou, Liangyue Li, Nan Cao, Norbou Buchler, Hanghang Tong, Extra: explaining team recommendation in networks, in: Proc. 2018 Conf. Recommender Systems (RecSys'18), Vancouver, BC, Canada, Oct. 2018, pp. 492–493.
[ZLT19] Qinghai Zhou, Liangyue Li, Hanghang Tong, Towards real time team optimization, in: Proc. 2019 Int. Conf. Big Data (BigData'19), Los Angeles, CA, USA, Dec. 2019, pp. 1008–1017.
[ZNH18] Yao Zhou, Arun Reddy Nelakurthi, Jingrui He, Unlearn what you have learned: adaptive crowd teaching with exponentially decayed memory learners, in: Proc. 2018 ACM SIGKDD Int. Conf. Knowledge Discovery and Data Mining (KDD'18), London, UK, Aug. 2018, pp. 2817–2826.
[ZP17] Chong Zhou, Randy C. Paffenroth, Anomaly detection with robust deep autoencoders, in: Proc. 2017 ACM SIGKDD Int. Conf. Knowledge Discovery and Data Mining (KDD'17), Halifax, NS, Canada, Aug. 2017, pp. 665–674.
[ZPIE17] Jun-Yan Zhu, Taesung Park, Phillip Isola, Alexei A. Efros, Unpaired image-to-image translation using cycle-consistent adversarial networks, in: Proc. 2017 Int. Conf. Computer Vision (ICCV'17), Venice, Italy, Oct. 2017, pp. 2223–2232.
[ZPOL97] M.J. Zaki, S. Parthasarathy, M. Ogihara, W. Li, Parallel algorithm for discovery of association rules, Data Mining and Knowledge Discovery 1 (1997) 343–374.
[ZQL+11] F. Zhu, Q. Qu, D. Lo, X. Yan, J. Han, P.S. Yu, Mining top-*k* large structural patterns in a massive network, in: Proc. 2011 Int. Conf. Very Large Data Bases (VLDB'11), Seattle, WA, USA, Aug. 2011, pp. 807–818.
[ZRGH12] Bo Zhao, Benjamin I.P. Rubinstein, Jim Gemmell, Jiawei Han, A bayesian approach to discovering truth from conflicting sources for data integration, in: Proc. 2012 Int. Conf. Very Large Data Bases (VLDB'12), Istanbul, Turkey, 2012, pp. 550–561.
[ZRL96] T. Zhang, R. Ramakrishnan, M. Livny, BIRCH: an efficient data clustering method for very large databases, in: Proc. 1996 ACM-SIGMOD Int. Conf. Management of Data (SIGMOD'96), Montreal, Canada, June 1996, pp. 103–114.
[ZS02] N. Zapkowicz, S. Stephen, The class imbalance program: a systematic study, Intelligence Data Analysis 6 (2002) 429–450.
[ZSH+19] Chuxu Zhang, Dongjin Song, Chao Huang, Ananthram Swami, Nitesh V. Chawla, Heterogeneous graph neural network, in: Proc. 2019 ACM SIGKDD Int. Conf. Knowledge Discovery and Data Mining (KDD'19), Anchorage, AK, USA, Aug. 2019, pp. 793–803.
[ZTC+18] Chao Zhang, Fangbo Tao, Xiusi Chen, Jiaming Shen, Meng Jiang, Brian M. Sadler, Michelle T. Vanni, Jiawei Han, TaxoGen: constructing topical concept taxonomy by adaptive term embedding and clustering, in: Proc. 2018 ACM SIGKDD Int. Conf. Knowledge Discovery and Data Mining (KDD'18), London, UK, Aug. 2018, pp. 2701–2709.
[ZTX+19] Si Zhang, Hanghang Tong, Jiejun Xu, Yifan Hu, Ross Maciejewski, Origin: non-rigid network alignment, in: Proc. 2019 Int. Conf. Big Data (BigData'19), Los Angeles, CA, USA, Dec. 2019, pp. 998–1007.
[ZTX+20] Si Zhang, Hanghang Tong, Yinglong Xia, Liang Xiong, Jiejun Xu, Nettrans: neural cross-network

transformation, in: Proc. 2020 ACM SIGKDD Int. Conf. Knowledge Discovery and Data Mining (KDD'20), Aug. 2020, pp. 986–996.

[ZVSL18] Barret Zoph, Vijay Vasudevan, Jonathon Shlens, Quoc V. Le, Learning transferable architectures for scalable image recognition, in: Proc. 2018 Conf. Computer Vision and Pattern Recognition (CVPR'18), Salt Lake City, UT, USA, June 2018, pp. 8697–8710.

[ZWS+13] Rich Zemel, Yu Wu, Kevin Swersky, Toni Pitassi, Cynthia Dwork, Learning fair representations, in: Proc. 2013 Int. Conf. Machine Learning (ICML'13), Atlanta, GA, USA, June 2013, pp. 325–333.

[ZWW17] Honglei Zhuang, Chi Wang, Yifan Wang, Identifying outlier arms in multi-armed bandit, in: Proc. 2017 Conf. Neural Information Processing Systems (NIPS'17), Dec. 2017, pp. 5204–5213.

[ZXL+17] Han Zhang, Tao Xu, Hongsheng Li, Shaoting Zhang, Xiaogang Wang, Xiaolei Huang, Dimitris N. Metaxas, Stackgan: text to photo-realistic image synthesis with stacked generative adversarial networks, in: Proc. 2017 Int. Conf. Computer Vision (ICCV'17), Venice, Italy, Oct. 2017, pp. 5907–5915.

[ZXLS17] Hao Zhu, Ruobing Xie, Zhiyuan Liu, Maosong Sun, Iterative entity alignment via joint knowledge embeddings, in: Proc. 2017 Int. Joint Conf. Artificial Intelligence (IJCAI'17), Melbourne, Australia, Aug. 2017, pp. 4258–4264.

[ZXTZ21] Fan Zhou, Xovee Xu, Goce Trajcevski, Kunpeng Zhang, A survey of information cascade analysis: models, predictions, and recent advances, ACM Computing Surveys 54 (2) (2021) 1–36.

[ZXZ21] Chengqing Zong, Rui Xia, Jiajun Zhang, Text Data Mining, Springer Singapore, 2021.

[ZYH+07] F. Zhu, X. Yan, J. Han, P.S. Yu, H. Cheng, Mining colossal frequent patterns by core pattern fusion, in: Proc. 2007 Int. Conf. Data Engineering (ICDE'07), Istanbul, Turkey, April 2007.

[ZYH19] Yao Zhou, Lei Ying, Jingrui He, Multi-task crowdsourcing via an optimization framework, ACM Transactions on Knowledge Discovery from Data 13 (3) (2019) 27:1–27:26.

[ZYHY07] F. Zhu, X. Yan, J. Han, P.S. Yu, gPrune: a constraint pushing framework for graph pattern mining, in: Proc. 2007 Pacific-Asia Conf. Knowledge Discovery and Data Mining (PAKDD'07), Nanjing, China, May 2007.

[ZYL+16] Fuzheng Zhang, Nicholas Jing Yuan, Defu Lian, Xing Xie, Wei-Ying Ma, Collaborative knowledge base embedding for recommender systems, in: Proc. 2016 ACM SIGKDD Int. Conf. Knowledge Discovery and Data Mining (KDD'16), San Francisco, CA, USA, Aug. 2016, pp. 353–362.

[ZZ06] Jiong Zhang, Mohammad Zulkernine, Anomaly based network intrusion detection with unsupervised outlier detection, in: Proc. 2006 Int. Conf. Communications (ICC'06), Istanbul, Turkey, June 2006, pp. 2388–2393.

[ZZH09] D. Zhang, C. Zhai, J. Han, Topic cube: topic modeling for OLAP on multidimensional text databases, in: Proc. 2009 SIAM Int. Conf. on Data Mining (SDM'09), Sparks, NV, USA, April 2009.

[ZZY+17] Si Zhang, Dawei Zhou, Mehmet Yigit Yildirim, Scott Alcorn, Jingrui He, Hasan Davulcu, Hanghang Tong, Hidden: hierarchical dense subgraph detection with application to financial fraud detection, in: Proc. 2017 SIAM Int. Conf. Data Mining (SDM'17), Houston, TX, USA, Apr. 2017, pp. 570–578.